秦皇岛市
自然生态志

吕国新　孙继胜 / 主　编

中国环境出版集团 · 北京

图书在版编目（CIP）数据

秦皇岛市自然生态志 / 吕国新，孙继胜主编. -- 北京 : 中国环境出版集团，2022.6
ISBN 978-7-5111-5136-0

Ⅰ. ①秦… Ⅱ. ①吕… ②孙… Ⅲ. ①自然资源—资源管理—概况—秦皇岛 Ⅳ. ①F124.5

中国版本图书馆CIP数据核字（2022）第072176号

审图号：冀秦S（2021）01号

出 版 人 武德凯
责任编辑 曹 玮 葛 莉
责任校对 薄军霞
装帧设计 宋 瑞 连 勇

出版发行 中国环境出版集团
（100062 北京市东城区广渠门内大街16号）
网 址：http://www.cesp.com.cn
电子邮箱：bjgl@cesp.com.cn
联系电话：010-67112765（编辑管理部）
发行热线：010-67125803，010-67113405（传真）
印 刷 北京中科印刷有限公司
经 销 各地新华书店
版 次 2022年6月第1版
印 次 2022年6月第1次印刷
开 本 787×1092 1/16
印 张 40
字 数 1016千字
定 价 388.00元

《秦皇岛市自然生态志》
编纂委员会

主　　任　张瑞书　秦皇岛市委副书记、市长
副 主 任　薛永纯　秦皇岛市委常委、常务副市长
　　　　　耿世刚　河北环境工程学院副院长
顾　　问　孔繁德　河北环境工程学院原副院长、教授
委　　员　吕国新　秦皇岛市人民政府秘书长、办公厅主任
　　　　　孙志川　秦皇岛市人民政府常务副秘书长、办公厅常务副主任
　　　　　郭晓城　秦皇岛市国土资源局局长
　　　　　杨永会　秦皇岛市环境保护局局长
　　　　　陈宝奎　秦皇岛市水务局局长
　　　　　夏　溢　秦皇岛市农业局局长
　　　　　张西敏　秦皇岛市林业局局长
　　　　　陈小虎　秦皇岛市海洋和渔业管理局局长
　　　　　居丽玲　秦皇岛市气象局局长
　　　　　张卫东　秦皇岛市科技局副局长
　　　　　杨玉山　河北省地矿局秦皇岛矿产水文工程地质大队队长
　　　　　张彦龙　国家海洋局秦皇岛海洋环境监测中心站站长
　　　　　孙继胜　秦皇岛市人民政府地方志办公室主任
　　　　　魏国印　河北环境工程学院生态学系主任、教授

（秦政办字〔2017〕47号，2017年5月2日印发）

主　　审　吕国新　杨学功
主　　编　吕国新　孙继胜
副 主 编　魏国印　李淑萍
编写人员　（以姓氏笔画为序）
　　　　　王连龙　王满光　刘小丹　孙继胜　李淑萍
　　　　　吴　畴　范沙沙　赵　明　赵忠宝　赵美微
　　　　　柏　祥　秦　津　徐学哲　郭晓丹　塔　莉
　　　　　彭红丽　曾广娟　谭海霞　魏国印　魏建梅

相关单位撰稿人

秦皇岛市国土资源局：赵文阁　赵秋芳　张大为　宋明磊
秦皇岛市环境保护局：刘子钢
秦皇岛市水务局：曹春晨
秦皇岛市农业局：王光明　齐鸣箫
秦皇岛市林业局：顾铁光　朱晓博
秦皇岛市海洋和渔业管理局：王惊涛　刘家友
秦皇岛市气象局：齐文君
秦皇岛市科学技术局：孙　颖　张春利　云朝阳
河北省地矿局秦皇岛矿产水文工程地质大队：孟凡杰　刘剑波　邱若峰　刘松涛　张甲波
国家海洋局秦皇岛海洋环境监测中心站：赵志刚　姚　远　张万磊　李　建　孙　飞

照片拍摄者和提供者（以姓氏笔画排序）

王　翔　王守民　王满光　王春和　方志强　田利君　邝　建　朱文泊
朱永发　刘玉辉　刘学忠　闫宗学　关　欣　孙继胜　孙梦晓　李志光
李利锋　杨玉忠　杨海峰　肖吉地　狄巨宽　张兴瑞　张春平　张德志
范怀良　周雪峰　郎晓光　孟凡军　赵洪辉　赵爱停　柳　柏　徐学哲
高宏颖　郭万海　唐河滨　龚玉存　崔重辉　崔振辉　崔雷雷　董建寅
韩　瑞　焦同生　鲁家玢　薛晓丽　魏军营

照片资料提供单位（排名不分先后）

青龙满族自治县地方志中心
山海关区地方志编纂中心
卢龙县地方志办公室
卢龙县引青灌区管理处
北戴河地方志编研中心
抚宁区地方志编纂委员会办公室
北戴河新区地方志办公室
昌黎县地方志办公室

评审专家

邱新立　中国地方志指导小组办公室副主任、博士生导师、研究员
莫多闻　北京大学城市与环境学院原党委书记、博士生导师、教授
刘定震　北京师范大学生命科学学院博士生导师、教授
边红枫　东北师范大学环境学院副院长、博士生导师、教授
谭烈飞　北京市地方志编纂委员会办公室原副主任，《北京志》副主编、编审
颜越虎　浙江省人民政府地方志办公室省志工作部主任，《浙江通志》总编室主任、副编纂，研究员
刘明华　河北省秦皇岛环境监测中心主任、正高级工程师

序　一

党的十八大报告指出，建设生态文明是关系人民福祉、关乎民族未来的长远大计。要把生态文明建设放在突出地位，努力建设美丽中国，实现中华民族永续发展。9年来，以习近平同志为核心的党中央把生态文明建设作为统筹推进“五位一体”总体布局和协调推进“四个全面”战略布局的重要内容，谋划开展了一系列根本性、长远性、开创性工作，推动生态文明建设和生态环境保护从实践到认识发生了历史性、转折性、全局性变化。

地处东北、华北两大经济区接合部和环渤海经济圈中心地带的秦皇岛市，坚决贯彻“绿水青山就是金山银山”理念，坚定不移地实施“生态立市”战略，生态环境保护工作成绩斐然，人民群众获得感和幸福感明显增强。为更全面了解秦皇岛市自然生态的历史与现状，全面提升生态文明建设的水平，建设美丽秦皇岛，2016年10月，在河北环境工程学院生态保护资深专家孔繁德教授的提议下，秦皇岛市人民政府批准编纂《秦皇岛市自然生态志》。在中国共产党成立100周年之际，《秦皇岛市自然生态志》的出版可谓正当其时。

秦皇岛是一座具有深厚底蕴的历史文化名城，也是一座崇德向善、和谐宜居的创新之城、文明之城、生态之城，是著名的滨海旅游、休闲、度假胜地和全国最早、中国北方最大的休疗地。秦皇岛市位于燕山山脉东段丘陵地区与山前平原地带，是河北省划定的生态保护红线4个重点区域之一，呈护佑京津之势，生态地位极其重要。境内汇集了海洋、森林、湿地三大生态系统，自然生境类型多样，由北向南分布着山地、丘陵、平原、海岸、浅海等自然景观，气候温和，自然环境优越；境内自然资源丰富，尤其是海洋、旅游资源优势突出。实践证明，秦皇岛市自然生态的综合效益显著，是经济社会发展的宝贵资源和主要基础，是“生态立市”战略的可靠支撑。

《秦皇岛市自然生态志》在秦皇岛市人民政府地方志办公室、河北环境工程学院及秦皇岛市各有关部门的合作下，以习近平新时代中国特色社会主义思想为指导，秉承“为国修志，传承文明”的精神，以发展脉络为主线，以关键项目为节点，与“生态立市、产业强市、开放兴市、文明铸市”战略紧密结合，志书结构清晰、内容科学、方法创新，比较全面、系统、客观地记述了秦皇岛市自然生态环境的历史与现状，凸显了新时代生态文明建设和秦皇岛市的特色，充分展现了自然和谐之美，抒写了生态多样之美，传达了人与自然和谐共生的理念。

《秦皇岛市自然生态志》的编纂历时 4 年，即将付梓。全书门类齐全、编排有序、通今博古、文出有据，是一部集秦皇岛市域自然环境、自然资源、自然灾害、生物多样性及自然生态系统保护的资料史书，具有较高的史料价值、科学价值和学术价值。希望各方人士以此书为鉴，关心、支持秦皇岛市生态环境保护事业，推动生态文明建设再上新台阶。

谨此为序。

贾　峰

2021 年 8 月

贾峰，生态环境部宣传教育中心主任。

序　二

一部人类文明的发展史，就是一部人与自然的关系史。习近平总书记指出，人与自然是生命共同体，人类必须尊重自然、顺应自然、保护自然。只有主动发现、了解、保护和科学利用好身边宝贵的自然资源，才能加速构建起人与自然和谐共生的现代化建设新格局，推动中华民族永续发展。

秦皇岛市是我国著名的滨海旅游城市，它北依燕山、南临渤海，气候温和湿润，生态环境优美，大海、河流、湿地、森林、山脉交相辉映，以 162.7 千米中国北方最美沙质岸线、1 200 多种森林生态系统植物、400 多种陆栖脊椎动物和 500 多种野生鸟类资源为代表的独特生态环境，造就了这里绮丽的地理风貌和丰富的自然资源。境内汇集山、海、关、城、湖泊等丰富的旅游资源，夏无酷暑、冬无严寒，被誉为“天然氧吧”。因良好的生态、洁净的海水和宜人的气候，秦皇岛每年都吸引着数千万国内外游客来此避暑休闲。可以说，这座城市因生态而兴，生态就是其特质，更是其生存之基、立市之本、发展之源。

“十三五”期间，秦皇岛市委、市政府坚持以习近平生态文明思想为指引，围绕打造京津冀城市群生态标兵城市，坚持生态优先、绿色发展，深入推进蓝天、碧水、净土保卫战，全市生态环境治理和保护水平不断提高，林木覆盖率达到 60%。秦皇岛市先后获得全国文明城市、国家卫生城市、国家森林城市等“国字号”荣誉，碧海金沙、绿树青山成为秦皇岛的最美底色、最靓品牌，成为建设现代化、国际化沿海强市、美丽港城的坚强保障。

为了保留珍贵的自然生态资料、记录秦皇岛人保护生态的艰辛历程、为后人留下可资借鉴的经验教训，2016 年 10 月，河北环境工程学院孔繁德教授向秦皇岛市政府提出了《关于编写〈秦皇岛市自然生态志〉的建议》。我和常务副市长薛永纯同志认为此建议意义重大，决定以秦皇岛市人民政府地方志办公室为牵头单位，负责研究组织实施此项工作。2017 年 4 月成立了以我为主任、薛永纯同志为副主任、吕国新同志为主编的《秦皇岛市自然生态志》编纂委员会；

5月，编纂工作正式启动。经过3年多的努力，由秦皇岛市人民政府地方志办公室、河北环境工程学院共同完成了《秦皇岛市自然生态志》。全书以秦皇岛丰富的地理自然资源为蓝本，从自然环境资源的概况到生态环境保护，于翔实的记录中辅以各种图表，图文并茂、通俗易懂，集科学性、普及性、艺术性于一体，将秦皇岛的故事娓娓道来，系统全面地将秦皇岛的自然环境和风土人情呈现给读者的同时，也为保护开发利用好秦皇岛生态资源奠定了坚实基础。

期望通过此书，读者能够进一步感受大自然的多彩神奇，感受秦皇岛的无穷魅力，爱上秦皇岛这片沃土，与我们共享自然的馈赠，共赏生命的诗篇。

2020年冬于岛上

张瑞书，2015年2月—2021年1月任中共秦皇岛市委副书记、市长。

凡　例

一、本志以马克思列宁主义、毛泽东思想、邓小平理论、“三个代表”重要思想、科学发展观、习近平新时代中国特色社会主义思想为指导，坚持辩证唯物主义和历史唯物主义的立场、观点和方法，坚持实事求是的原则，全面客观地记述秦皇岛市自然生态环境的历史与现状，以及生态文明建设取得的重大进展和积极成效，如实反映人与自然和谐、绿色、健康发展的理念。

二、本志上限起于事物的发端，下限迄为2016年12月31日。为保持事物的完整性，个别事物的记述时限适当下延。

三、本志以2016年12月31日秦皇岛市所辖的行政区划为记述范围。2016年12月31日，秦皇岛市辖海港区、北戴河区、山海关区、抚宁区和昌黎县、卢龙县、青龙满族自治县，以及代行行政区划职能的秦皇岛经济技术开发区、北戴河新区。

秦皇岛市域范围内行政区划变换频繁，均按当时行政区划记述。行政区划发生变化的，同时括注2016年12月行政区划。中华人民共和国成立前，曾出现平州、北平郡、兴平府、平滦路、永平路、平滦府、永平府及临榆县等行政区划，以及山海卫军事组织，而这些名称已经消失。中华人民共和国成立后，秦皇岛市辖域范围由初期的辖海港区、山海关区、北戴河区3个区，到1983年实行市管县体制，增辖抚宁县、昌黎县、卢龙县、青龙县4个县；青龙县于1986年12月被撤销，原辖域建立青龙满族自治县；抚宁县于2015年8月被撤销，建立抚宁区，原抚宁县石门寨镇、驻操营镇、杜庄镇划归海港区，原抚宁县牛头崖镇划归北戴河区。

为保持行政区划名称的连续性，1949—2016年的记述范围需涵盖这两个时间段的，以抚宁区（县）、青龙（满族自治）县来表述；不清楚是抚宁区还是抚宁县行政区划辖域的，使用“原抚宁县”来表述。

四、本志采用章节体，一般设章、节、目三级。首设概述、大事记，其后依次为地质、地貌、海洋、气候、水文、土壤、陆生植物与动物、自然资源、自然灾害、生物多样性与自然生态系统健康、自然资源价值与自然生态系统服务功能价值、生态功能区划与自然生态保护 12 章，末尾为参考文献、编后记。

五、本志采用述、记、志、传、图（照片）、表、录等体裁，以志为主。除概述、无题序外，一般不作议论。图（照片）随文放置，力求图文并茂。大事记以编年体为主，辅以纪事本末体，同一日、月、年内发生的不同事件，分段记述。

六、本志采用规范的现代汉语书面语体文，行文力求准确、严谨、朴实、简洁、流畅。

七、本志纪年，清代及其以前的朝代，按各朝代帝王年号纪年，同时括注公元纪年。1912 年及以后，采用公元纪年。公元纪年用阿拉伯数字书写。

八、本志标点符号遵循国家标准化管理委员会 2011 年发布的《标点符号用法》（GB/T 15834—2011）。计量单位名称、符号的使用，按照国家技术监督局 1993 年发布的《量和单位》（GB/T 3100 ～ 3102—1993）的规定执行，一般情况下使用国际单位制。为避免国际单位制和市制计量单位换算过程中产生误解，同时括注原市制计量单位及其数据。

九、本志数字遵循国家质量监督检验检疫总局、国家标准化管理委员会于 2011 年发布的《出版物上数字用法》（GB/T 15835—2011）。

十、本志所用资料来源于各承编部门、档案、书刊、调查记录、调研报告等。所用数据来自秦皇岛市统计局及相关市直单位和部门。

目　录

图目录

表目录

概　述

秦皇岛市位于河北省东北部，北纬 39°24′ ～ 40°37′，东经 118°33′ ～ 119°51′，南临渤海湾，北依燕山山脉，东接辽宁省，西隔滦河与唐山市相望，北与承德市接壤，西近北京市、天津市，是东北、华北两大经济区的接合部和环渤海经济圈的中心地带，交通便捷，京山、京秦、大秦、秦沈、沈山 5 条国铁干线在此交会，津秦铁路客运专线、京沈高速、沿海高速、承秦高速贯通全境，秦皇岛北戴河民航机场开通多条空中航线，秦皇岛是全国进一步对外开放的沿海港口城市之一。2016 年 12 月，秦皇岛市陆域面积为 7 802.93 千米 ^{2}，大陆海岸线长 162.7 千米，海域面积为 1 805.27 千米 ^{2}；行政区划辖海港区（主城区）、北戴河区、山海关区、抚宁区 4 个城市区和昌黎县、卢龙县、青龙满族自治县 3 个县，全市户籍常住人口为 309.46 万人[①]。

秦皇岛市地跨陆域生态系统与海域生态系统两种生态介质，是东北区生态系统与华北区生态系统的过渡地段。从北向南分布着山地、丘陵、平原、海岸、浅海等自然景观，生境类型多样，资源丰富，尤其是海洋、旅游资源优势突出。

秦皇岛市是一座美丽的、集旅游与避暑于一体的现代化港口城市，有国家历史文化名城——山海关，素有“长城滨海公园”“京津后花园”的美誉，是京津冀经济圈中一颗璀璨明珠。

秦皇岛市地质构造发育完善，在强烈的岩浆活动以及复杂的外力作用下，形成了比较齐全的生态地形、地貌。构造由东西向断裂和北东向断裂控制，地形北高南低，地形的分布特点与全国的地形类似，呈西北—东南向的阶梯分布。大地构造单元属中朝准地台—燕山台褶带和华北断坳的一部分。地貌类型分为构造侵蚀中低山区、构造剥蚀丘陵台地区和堆积平原区。海洋地处渤中坳陷和山海关隆起两个三级地质构造单元之间。海岸类型齐全，其中基岩海岸和砂质海岸地貌发育典型。潮间带地貌主要包括岩滩、砾石滩、海滩、河口等，浅海地貌主要为水下浅滩、水下

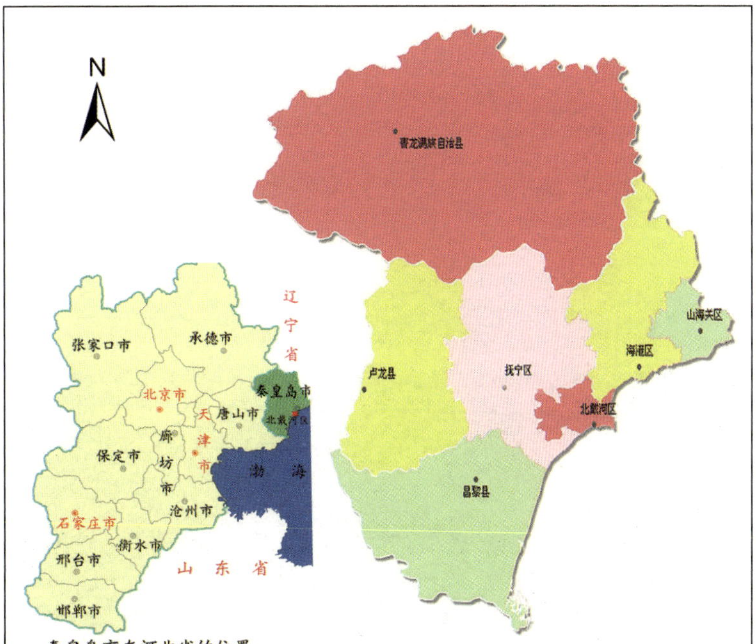

秦皇岛市在河北省的位置

---

①秦皇岛市统计局、国家统计局秦皇岛调查队编《秦皇岛统计年鉴 2017》。

三角洲、水下沙坝和古河道等。

按照中国科学院编著的《中国气候区划（初稿）》，秦皇岛市属于东部季风区暖温带半湿润气候，光照、湿度适中，降水丰沛、雨热同期，受海洋影响，气候比较温和，春季少雨干燥，夏季温热无酷暑，秋季凉爽多晴天，冬季漫长无严寒。秦皇岛市年平均气温为10.6℃，各县区年平均降水量为644.5～693.1毫米，年平均相对湿度为59.3%～62.83%，年平均日照时数为2 581.3～2 901.6小时，年平均无霜期为165～200天。

秦皇岛市地表水、地下水都很丰富，东临渤海，水文条件很好。境内河流分属滦河与冀东沿海河流两大水系，流域面积超过30千米^{2}的河流有55条，其中流域面积超过100千米^{2}的河流为23条，主要河流有滦河、青龙河、洋河、石河、汤河、戴河、饮马河。地下水按储水条件可分为基岩裂隙水、岩溶水与松散岩类孔隙水三大类。

秦皇岛市海岸线东起山海关区张庄金丝河口，西至昌黎县滦河口。海区潮间带面积为31.1千米^2，海岛面积为0.82千米^2。潮汐主要受渤海海峡进入的潮波影响，以正规全日潮和不正规全日潮为主，正规半日潮和不正规半日潮也经常出现，具有潮力弱、潮差小的特点。多年平均潮位为88厘米。波浪以风浪为主，风浪频率为96%，涌浪频率为38%。多年平均波高0.5米，多年平均表层水温为12℃，冰期为108天，多年平均海水盐度为29.83‰，近海海水酸度值在8.15左右。秦皇岛市海岸有20.5千米长的基岩海岸、砾石质海岸和少量粉沙淤泥质海岸，其余均为沙质海岸。山海关区老龙头、海港区东山、北戴河区金山嘴一带为岬湾式海岸。石河口至新开河之间岸段有多条国内海岸罕见的砾石堤。北戴河区海滩有连岛沙坝。由洋河口到滦河口分布有沙丘海岸，被誉为“黄金海岸”。

秦皇岛市土壤的成土母质主要为残坡积风化物和洪积物，基岩以花岗岩与片麻岩为主；地带性土壤有棕壤和褐土，非地带性土壤主要有潮土、滨海盐土、风沙土、水稻土、石质土、新积土、沼泽土、粗骨土。

秦皇岛市植物区系属泛北极植物区的中国—日本植物亚区，是第三纪植物区系的直接后代，具有典型的暖温带植物区系特点，以菊科、禾本科、蔷薇科、豆科植物为主；植被区兼有华北、东北、蒙新三大植被区的特点，按植被分布可以划分为北部中低山针叶阔叶林区、长城沿线针阔叶混交林区、丘陵平原栽培植被区、滨海落叶阔叶林盐砂生植被区；植被类型以针叶林、落叶阔叶林、灌丛、灌草丛、盐生草甸、水生植被、栽培植被为主。秦皇岛市动物区系属季风区耐湿动物群，全境属温带森林—森林草原农田动物群，包括冀北山地丘陵针叶阔叶林动物群、平原农田动物群、滨海平原盐生植被动物群。

截至2016年年底，秦皇岛市土地总面积7 802.93千米^2，其中耕地1 883.21千米^2、园地900.87千米^2、林地2 231.05千米^2、草地1 288.23千米^2、城镇村及工矿用地784.29千米^2、交通运输用地176.19千米^2、水域及水利设施用地363.60千米^2、其他用地175.49千米^2。多年平均水资源总量为15.706 8亿米^3，其中地表水11.743 3亿米^3、地下水3.963 5亿米^3（扣除重复量）。水资源可利用量13.505 5亿米^3，其中地表水资源可利用量7.354 6亿米^3、地下水可开采量6.150 9亿米^3。

秦皇岛市海洋资源主要有海岸港址资源、海洋生物资源、滨海旅游资源，以及海水、海底矿藏等未利用的海洋资源。此外，还拥有0.05万千米^{2}的浅海、13.33千米^{2}适合发展养殖业的滩涂和0.01万千米^{2}的捕捞作业渔场。

秦皇岛市林业用地面积为444 800公顷，其中有林地面积314 000公顷、宜林地62 374公顷、未成林造林地21 473公顷、疏林地8 393公顷、苗圃地960公顷、灌木林地37 593公顷、其他林地7公顷；秦皇岛市活立木蓄积513.2万米^3，森林覆盖率为46.75%。辖区内有团林林场、渤海林场、海滨林场、山海关林场、祖山林场、都山林场6家国有林场。

秦皇岛市矿产资源中优势矿种有煤、金、铁、水泥灰岩及非金属建材，主要分布在北部山区及柳江盆地地区。已发现各类矿产56种，其中金属矿产17种、非金属矿产36种、液体矿产3种，共计86处矿产地。

秦皇岛市农业三大优势产业为蔬菜、畜牧和水产，已成为京津地区重要的商品猪供应基地、全国主要的肉鸡出口加工基地、全国最大的毛皮动物养殖基地、全国最大的海湾扇贝养殖基地、全国水产品加工示范基地和河北省最大的水产品加工出口基地，其中昌黎县、抚宁区被确定为环渤海设施蔬菜重点区域县（区）。全市农业产业化经营率达到69.5%，昌黎县被认定为国家农业产业化示范基地县。

秦皇岛市旅游资源类型极其丰富，截至2016年年底各类旅游资源共计386个，其中自然旅游资源77个、人文旅游资源122个、旅游服务资源187个，先后获“中国优秀旅游城市”“最美中国·休闲度假、健康旅游目的地城市”“中国观鸟之都”“全国避暑旅游城市”等称号。2016年，获批建设国家全域旅游示范区，为此秦皇岛市积极推动旅游“下海、上山、入村”，打造山海康养旅游度假区。

秦皇岛市气候灾害主要有寒潮降温、大风、冰雹、暴雨、旱灾等，洪水灾害多由暴雨及滦河洪水形成，沿古长城一线的燕山迎风坡，为暴雨中心地带。全市海洋灾害主要有风暴潮、海冰、海雾、海上大风、赤潮、绿潮以及海平面上升、海岸侵蚀和海水入侵等；抚宁区、北戴河区和山海关区海域海洋灾害风险等级较低，但受赤潮和海浪等影响较大。全市位于华北平原地震带的宁河—滦县地震构造小区的东部边缘，区域内有北东、北北东、北西向和近东西向断裂，

为地震多发区；地质灾害种类繁多，主要有崩塌、滑坡、泥石流、采空塌陷、岩溶塌陷及地裂缝等。农作物生物灾害常发病虫害主要有 10 类 65 种，包括水稻病虫害 13 种、小麦病虫害 7 种、玉米病虫害 10 种、甘薯病虫害 4 种、杂粮病虫害 5 种、花生病虫害 4 种、马铃薯病虫害 1 种、地下虫害 4 种、检疫性病虫 11 种、杂食性及有潜在危害病虫 6 种；农田杂草发现病虫害 16 科 78 种；森林生物灾害主要有赤松毛虫、美国白蛾等所造成的灾害。

秦皇岛市拥有森林、湿地、农田等各类陆地生态系统与向海域延伸的海洋生态系统。境内陆生植物分属138科共1 360种，具有资源意义的植物1 000种以上，其中列入《中国植物红皮书——稀有濒危植物》及国家重点保护植物第一批、第二批的珍稀保护植物23种。其中，木本植物62科101属350种、乔木树种20科38属77种、灌木树种18科29属43种、经济林树种16科16属52种。全市有古树名木36科67属103种，总数76 958株。林种结构包括沿海防护林、“三北”（东北、华北、西北）防护林、用材林、经济林、特种用途林和以生产果品为主的经济林。动物资源比较丰富，共有陆栖脊椎动物4纲29目85科417种。兽类共6目11科60余种，其中列入《河北省重点保护陆生野生动物名录》（冀政函〔2005〕149号）共7种；爬行类共2目5科10余种，两栖类有7种；鸟类共20目78科504种。其中，国家一级重点保护鸟类20种、国家二级重点保护鸟类56种、河北省重点保护鸟类27种，列入中国生物多样性保护行动计划、优先保护的鸟类19种；列入国家二类保护鸟类的有49种、河北省保护鸟类的有28种。2015年，秦皇岛市被中国野生动物保护协会授予“中国观鸟之都”称号。总的来说，鸟、海岸和森林是秦皇岛市独特而又宝贵的生态名片。

秦皇岛市湿地生态系统类型多样，湿地类型齐全，主要有水库水面、河流水面、湖泊水面、坑塘水面、沟渠、沼泽、芦苇地和滩涂湿地等。全市湿地面积为61 106公顷，其中沿海湿地38 441公顷、河流湿地11 719公顷、人工湿地10 946公顷。河流、湖泊有淡水鱼类共17科44种。

秦皇岛市粮食作物主要有稻类、小麦、玉米、高粱、谷子、豆类、薯类等；经济作物有棉花、花生、芝麻、麻类、烟草等；蔬菜有100余种。畜群资源林牧区以养牛、羊、兔为主，粮食区以养猪、鸡为主。

秦皇岛市海洋生态系统类型多样，环境特征和生物群落各异。拥有海岸潟湖、基岩海岸、沙质海岸等典型生态系统，生态功能重要，保护价值高。秦皇岛市海洋生物包括浮游生物、底栖生物和游泳生物三大类群，共计680种，其中动物508种、植物172种。中肋骨条藻、海洋舟形藻等浮游植物70种；夜虫、水母、毛虾等浮游动物49种；文昌鱼、毛蚶等底栖动物369种，其中文昌鱼为国家二级保护动物。根据《河北省海洋主体功能区规划》（冀政字〔2018〕11号），秦皇岛市局部海洋生态系统健康状况堪忧，北戴河区海滩、七里海海岸潟湖等典型生态系统处于亚健康、高风险状态。山海关区、昌黎县可利用海域空间资源较匮乏。海岸线开发强度较大，

自然岸线保有率较低，部分原始海岸风貌丧失，公众亲海空间减少，海洋公益服务功能萎缩。为此，秦皇岛市大力开展近岸海域环境综合整治，海洋牧场和北戴河区近海生态修复示范区已成为环渤海海域治理典范。

秦皇岛市空气质量总体良好。《河北省环境状况公报》历年数据显示，秦皇岛市均达到了国家二类区环境空气质量标准。秦皇岛市所在滦河水系水质总体良好，主要污染物化学需氧量浓度总体呈下降趋势，氨氮和化学需氧量浓度均值均达到地表水III类水质标准；通过对湖库水质富营养化评价，秦皇岛市石河水库、洋河水库水质状况均为优良，其中石河水库富营养化程度为中营养型，洋河水库为轻度富营养型。根据秦皇岛市 5 个海水环境质量监测点位监测，近岸海域海水一类水质比例 40%，二类水质比例 60%，近岸海域水质良好。

2015 年，对秦皇岛市自然资源价值进行测算，总价值为 6 992.58 亿元，其中，海洋资源价值 23.45 亿元、森林资源价值 50.37 亿元、水资源价值 40.76 亿元、农田资源价值 98.56 亿元、草地资源价值 33.79 亿元、土地资源价值 6 686.93 亿元、矿产资源价值约为 58.72 亿元。2015 年，秦皇岛市自然资产总值为 35 457.69 亿元。其中，非生态资产为 7 861.42 亿元，包括国土资源资产 6 686.93 亿元、矿产资源资产 1 174.49 亿元；生态资产为 27 596.27 亿元，包括森林生态资产 11 101.55 亿元、海洋生态资产 8 145.55 亿元、湿地生态资产 2 540.06 亿元、农田生态资产 3 358.99 亿元、草地生态资产 2 321.77 亿元；还有独立核算得到的鸟类资产 119.60 亿元、名树古木资产 8.75 亿元。2015 年，秦皇岛市森林、海洋、农田、湿地四类生态系统的生态服务价值合计为 860.27 亿元，各生态系统服务价值大小顺序为森林＞海洋＞农田＞湿地，单位面积平均生态服务价值大小顺序为湿地（21.22 万元 / 公顷）＞海洋（13.14 万元 / 公顷）＞农田（10.25 万元 / 公顷）＞森林（7.95 万元 / 公顷）。与同年秦皇岛市地区生产总值相比，是 GDP 的 0.64 倍，从人均生态服务功能价值量来看，年人均价值为 2.62 万元。

根据《全国主体功能区规划》（国发〔2010〕46 号），秦皇岛市位于国家层面的优化开发区域—环渤海地区—京津冀地区。根据《全国生态功能区划（修编版）》（环境保护部　中国科学院公告　2015 年　第 61 号），秦皇岛市北部部分区域位于全国重要生态功能区—水源涵养重要区—京津冀北部水源涵养重要区。根据全国生态功能区划方案，秦皇岛市涉及 3 类功能区，分别是生态调节功能区—水源涵养功能区—京津冀北部水源涵养功能区、产品提供功能区—农产品提供功能区—冀东平原农产品提供功能区、人居保障功能区—大都市群人居保障功

能区—京津冀大都市群。根据《全国海洋主体功能区规划》（国发〔2015〕42号），秦皇岛市海域属于渤海湾海域优化开发区域，拥有4个海洋国家级水产种质资源保护区。根据《全国水土保持区划（试行）》（办水保〔2012〕512号），秦皇岛市位于北方土石山区—燕山及辽西山地丘陵区—燕山山地丘陵水源涵养生态维护区。根据《水利部办公厅关于印发〈全国水土保持规划国家级水土流失重点预防区和重点治理区复核划分成果〉的通知》（办水保〔2013〕188号），秦皇岛市抚宁县、青龙满族自治县为燕山国家级水土流失重点预防区。

根据《河北省主体功能区规划》（2013年内部资料），海港区、山海关区、北戴河区、昌黎县为河北省优化开发区域，抚宁县、卢龙县、青龙满族自治县为限制开发区域。根据《河北省建设京津冀生态环境支撑区规划（2016—2020年）》（冀政发〔2016〕8号）与《河北省生态环境保护“十三五”规划》（冀政字〔2017〕10号），秦皇岛市处于燕山—太行山生态涵养区和海岸海域生态防护区。根据《河北省海洋主体功能区规划》，山海关区、海港区为优化开发区域；昌黎县、北戴河区、抚宁区海域为重点海洋生态功能区，其中昌黎县海域为重要地理生境保护型生态功能区，北戴河区、抚宁区海域为人文与景观资源保护型生态功能区，属限制开发区域；昌黎黄金海岸国家级自然保护区、北戴河国家湿地公园为禁止开发区域。根据《河北省水利厅关于发布省级水土流失重点预防区和重点治理区的公告》，北戴河区、昌黎县为沿海省级水土流失重点预防区，海港区、山海关区、卢龙县为燕山省级水土流失重点治理区。

根据《秦皇岛市生态市建设规划（2006—2020年）》（内部资料），全市分为三级生态功能区，即北部中低山生态保护区、中部丘陵平原生态建设与保护区、南部沿海环境综合整治区；根据《秦皇岛市生态专项建设规划研究报告（2016—2020年）》，分为燕山东部生态涵养区、滨海生态防护区。

截至2016年年底，秦皇岛市拥有昌黎黄金海岸国家级自然保护区、柳江盆地地质遗迹国家级自然保护区、青龙都山省级自然保护区、老岭市级自然保护区4个自然保护区，北戴河国家级风景名胜区、板厂峪省级风景名胜区2个风景名胜区，山海关国家森林公园、海滨国家森林公园、青龙满族自治县祖山省级森林公园、青龙满族自治县南山省级森林公园、抚宁区渤海省级森林公园、昌黎县黄金海岸省级森林公园6个森林公园，柳江国家地质公园1个地质公园，北戴河国家湿地公园、青龙湖国家湿地公园（试点）、卢龙一渠百库国家湿地公园（试点）3个湿地公园，桃林口水库水源地、洋河水库水源地、石河水库水源地3个水源地保护区，集发农业观光园及北戴河村片区1个农业公园。

秦皇岛市生态系统多样性、物种多样性丰富，具有较强的典型性、珍稀性和自然性，生态过程明显，生态效益和综合效益很高，但北部山区和南部沿海及海岸生态比较脆弱。因此，秦皇岛市秉持“绿水青山就是金山银山”理念，坚定实施“生态立市”战略，加快打造京津冀生态标兵城市，努力建设河北省最干净城市、全国生态文明先行示范区和国家森林城市，实施了系列攻坚战，使生态质量得到明显改善。例如，开展了天然林保护、退耕还林、矿山生态修复、山水林田湖海生态建设等工程，在河北省率先建立市、县、乡、村四级河长制，保护河流、海洋和湿地，大力开展工业排污治理、水污染整治等。

大事记

商周时期（约公元前1600年—公元前256年）

燕（建都蓟，位于今北京市）经孤竹国（今秦皇岛市辖域为其核心区域，都城位于今卢龙县）至山海关附近形成车马大道，为古碣石道。此道，曾数次易名，是今国道京哈公路的前身。

北齐天保七年（556年）

是年　齐发动军民丁壮筑长城。长城“自西河（今山西汾阳）总秦戍（今山西大同西北），东至于海（指山海关附近渤海），前后所筑东西凡三千余里[①]，每十里一戍，其要害置州镇，凡二十五所”。

元至元二十二年（1285年）

是年　以诸路逃亡汉人俘虏或奴隶及僧道还俗者，屯田于瑞州西（今山海关一带），开耕濒海荒地。

明洪武元年（1368年）

是年　自北平（今北京）东行，经通州、三河、永平府（治所位于今卢龙县城）、山海关至辽东（指挥使司，位于今辽宁省辽阳市），为京师通往辽东的主要道路，沿路设驿。

明洪武十七年（1384年）

是年　永平府（治所位于今卢龙县城）留守傅有德，奏请疏通滦河、漆河（今青龙河），开通漕运。

明嘉靖三十七年（1558年）

七月　蝗灾，年荒岁饥，山海关内外时有饿殍。山海关兵部分司主事陈绾上书，请开海禁。

明隆庆五年（1571年）

十二月　永平府（治所位于今卢龙县城）兴修水利。

明万历七年（1579年）

是年　蓟镇总兵戚继光派参将吴惟忠率众修筑山海关老龙头入海石城。

明崇祯七年（1634年）

是年　秦皇岛地区发生海啸，漂没沿海居民无数。

明崇祯八年（1635年）

是年　秦皇岛地区瘟疫流行。

清顺治元年（1644年）

是年　京师（今北京）经三河、丰润、卢龙、山海关达盛京（今辽宁省沈阳）的“御道”，沿路设驿。后称京榆路、平榆路、京山公路、京沈公路（南线）。1980年全国公路普查时把

---

①1里＝0.5千米。

京沈（南线）、沈长、长哈 3 线连为一体，统称京哈公路，编号 102 国道。至 2016 年年底，京哈公路秦皇岛市辖段实长 92.2 千米。

清顺治十八年（1661 年）

八月　清廷厉行迁海政策，命濒海居民迁移内地 30 里，烧宅舍，焚积聚，伐树木，荒田地。

清雍正四年（1726 年）

三月　卢龙（县）诸处兴修水利。

清雍正十二年（1734 年）

三月　虎入山海关城。

清乾隆十四年（1749 年）

是年　人工开凿东岭道，打通今海港区义院口至今青龙满族自治县山神庙的道路。

清乾隆四十七年（1782 年）

夏　临榆（治所位于今山海关城）等县饥荒。

清嘉庆二十三年（1818 年）

六月二十四日　大雨如注，山洪陡发，抚宁（县）洋河桥座冲塌 30 余处，临榆（县）石河桥座被冲 80 余处，青龙河正副桥座全部被冲，水涨四尺[①]，新建桥木冲走 30 余根。

清光绪九年（1883 年）

六月　大雨连旬，滦河改道。永平府城（今卢龙县城）街水深至丈余。卢龙（县）倒房 3 612 间，昌黎（县）倒房 493 间，山海关（城）街衢水淹，车马难行，旗民衙署及民房塌漏甚多。

清光绪十四年（1888 年）

五月四日　昌黎（县）地震，城内源影寺塔顶震落坠地。

是年　卢龙（县）武山开始采石。

清光绪十七年（1891 年）

五月　津榆铁路唐山至山海关段动工。清光绪十九年，津榆铁路全线通车，今秦皇岛市辖境设石门、九龙山、昌黎、留守营、北戴河、汤河、山海关 7 座火车站。

清光绪二十三年（1897 年）

冬　秦皇岛东山（大致位于今秦皇求仙入海处景区）西毗港湾的海面上，架设第一座木质栈桥码头，长 40 米，前沿有排筏漂浮。

清光绪二十四年（1898 年）

3 月 26 日　秦皇岛被清政府辟为通商口岸。同时，划定戴河以东至金山嘴沿海向内 1.5 千米为各国人士避暑地，准中外人士杂居。

清光绪二十五年（1899 年）

春，秦皇岛固定式码头开工建设。至 1915 年，秦皇岛大、小码头全部建成，共 7 个泊位。

是年，汤河火车站至秦皇岛码头的港区铁路建成。

1912 年

是年　天津大毕庄至临榆县（县治所位于山海关城）建成简易公路，称大榆路，或称津榆路。秦皇岛市辖段为古代由中原通往辽东的车马大道。1980 年山海关至广州的公路，统称山广公路，编号 205 国道。至 2016 年年底，山广公路秦皇岛市辖段实长 101.28 千米。

---

①1 尺≈0.33 米。

1915 年

秋　柳江铁路（柳江煤矿—京奉铁路汤河站）动工修建，次年 9 月建成通车。后延伸至京奉铁路秦皇岛火车站西南，柳江铁路全长 22.48 千米。1943 年秋，因高庄铁路桥被炸毁停运。

1916 年

是年　秦皇岛街市形成，有各类商号 175 家，居民人口达 6 840 人。1925 年，人口达 14 920 人。

1919 年

夏　莲花石公园建成，位于联峰山东南麓，占地面积 8.87 公顷（133 亩[①]），是秦皇岛地区第一个公园。

1921 年

六月　津榆铁路唐山至山海关段双轨铁路动工，1923 年竣工。

是年　昌黎汇文农场引进美国巴克夏种猪。

1923 年

7 月 18 日　长城铁路（小峪沟矿区—长城车站）动工兴建，次年秋竣工通车，全长 26 千米。1952 年 4 月 1 日，铁路改线后停运。

1930 年

1 月　秦皇岛海域发生冰冻，距岸延伸 100 英里（160.934 4 千米）外。20 世纪 30 年代以后，秦皇岛海上严重封冻年还有 1936 年、1947 年 、1958 年、1960 年 、1969 年，约 10 年一次。

1934 年

3 月　伪热河省公署强令青龙县农民种植鸦片。至 1936 年，青龙县罂粟种植已增到 544.73 公顷（8 171.1 亩）。

1948 年

11 月 27 日　秦皇岛解放。12 月，秦榆市建立。次年 3 月，秦榆市改称秦皇岛市。

1949 年

7 月　秦皇岛地区普降大暴雨，持续 1 月有余，发生特大洪涝灾害，淹没村庄、倒塌房屋、刮倒树木无数，昌黎县沿滦河流域水深达 4 米，青龙县政府驻地双山子因被水淹迁往大杖子。

1950 年

6 月 9 日　市政府发布《关于保护海滨风景区林木的布告》（林字第 1 号）。

1952 年

5 月中旬　秦山地方铁路（秦皇岛—上庄坨）开工建设，8 月底竣工。在长城铁路、柳江铁路的基础上改造而成。经 1962 年、1988 年两次工程建设，延伸至青龙满族自治县山神庙，正线全长 43.8 千米。

是年　山海关机场建成，为军用飞机场。1984 年，改为军民合用。2016 年 3 月 31 日，秦皇岛北戴河机场正式通航启用后，山海关机场恢复为军用。

1953 年

是年　中国科学院动物研究所在昌黎县林区进行食虫鸟的调查研究，1955 年结束。其调研成果集结为《河北昌黎果区主要食虫鸟类的调查研究》，1958 年于科学出版社出版。

---

①1 亩≈666.7 米^2。

1954 年

8 月 8—9 日　秦皇岛地区普降大雨，致京山铁路（2003 年更名为京秦铁路）暂时停运。

1955 年

是年　秦皇岛气象观测站成立，这标志着秦皇岛市开始有规范气象观测记录。

1956 年

是年　青龙县八道河乡沙河村发生赤松毛虫灾害。这是秦皇岛地区关于赤松毛虫灾害的最早文字记录。

1957 年

7 月　秦皇岛市自来水工程——北戴河水厂在北戴河海滨建成，工程由国务院和全国总工会共同投资。次年，海港区、山海关区水厂相继建成。

1958 年

1 月 10 日　市委召开“除四害”（“四害”即老鼠、麻雀、蚊子、苍蝇，1960 年被重新定义为老鼠、蟑螂、苍蝇、蚊子）、讲卫生动员大会。会后，全市掀起大规模的突击“除四害”运动。

3 月　秦皇岛港乙码头开工建设，1962 年建成并投入使用。

1959 年

7 月 21 日　秦皇岛地区普降大暴雨。至 22 日，一般降雨量 200 毫米，最大降雨量达 360 毫米。城区街道可行船，京山铁路（2003 年更名为京秦铁路）因水灾中断交通 7 天。

10 月　洋河水库工程动工兴建。次年 8 月 8 日，主体工程竣工拦洪，总库容 3.86 亿米 ^{3}，控制流域面积为 755 千米 ^{2}，是一座集供水、防洪、灌溉、发电等综合利用的大（Ⅱ）型水利枢纽工程。

1960 年

是年　秦皇岛地区旱情严重，持续至 1961 年。

1964 年

8 月 13 日　秦皇岛地区沿海发生海啸，并伴有暴风雨。

1969 年

1—3 月　秦皇岛市海域出现严重冰冻，一般结冰厚度为 30 厘米，最厚冰凌达 80 厘米，海上石油钻井平台被冰推倒，秦皇岛港航道堵塞达 57 天。

11 月　青龙县水胡同水库动工兴建，1975 年 7 月建成蓄水，总库容量为 4 042 万米 ^{3}，控制流域面积 100 千米 ^{2}。

1970 年

3 月 30 日　秦皇岛渔轮码头工程开工建设，1972 年建成并投入使用。建成的专用港池面积 9.6 万米 ^{2}，池内最大水深 −6.5 米，最小水深 −2.4 米，平均水深 −4 米，最多可容纳渔船 300 余艘。

1972 年

1 月 3 日　石河水库开工建设，1975 年 7 月竣工并投入使用，总库容量为 7 000 米 ^{3}。

3 月 29 日　中共秦皇岛市委批转北戴河区委《关于对毁山毁林情况及处理意见的报告》。指出，1971 年以来，北戴河风景区毁林 170 万株，海滨林场范围内毁林 10 万余株，紧靠海北公路的太平庄后山全长千余米山上树木破坏严重。要求切实做好山林和风景林区的维护管理工作。

4 月　秦皇岛港原油码头一期工程开工建设，1973 年 10 月简易投产，次年 11 月全部交付使用。这是中国第一座输油管道码头。

11 月　石河水库西干渠开工建设，1973 年 11 月东干渠开工建设，1976 年 5 月 10 日东、西干渠建成通水，干渠总长 60 千米，可扩大控制水浇地面积 8 666.67 公顷（13 万亩）。

1973 年

4 月　秦皇岛港原油码头二期工程开工建设，1978 年年底缓建，1984 年 5 月 18 日复工，当年 12 月 15 日竣工。总投资 909 万元，设计能力为年出口原油 500 万吨。二期工程的竣工，使秦皇岛港原油码头能停靠 5 万吨级的油轮，并可以运输成品油，大大提高了秦皇岛港的运输能力。

1974 年

2 月　秦皇岛市革命委员会环境保护办公室成立。

1975 年

7 月 29—30 日　秦皇岛地区普降大到暴雨，并伴有大风。

1976 年

3 月 14—15 日　秦皇岛市全市第一次环境保护工作会议召开。会议通过《关于我市环境保护工作总结和今后意见的报告》。这是秦皇岛市第一次召开环境保护工作会议。

7 月 28 日　凌晨 3 时 42 分，唐山—丰南一带发生强烈地震，波及今秦皇岛市辖境。其中，秦皇岛市地震伤亡 897 人，昌黎县震亡 869 人，抚宁县震亡 200 人，卢龙县震亡 228 人，青龙县震亡 1 人。地震造成公路裂缝、桥梁移位、交通中断，“天下第一关”箭楼东墙外裂 5 厘米。1996 年 7 月 24 日，联合国减灾署主席埃罗一行到青龙满族自治县考察在 1976 年唐山—丰南一带大地震中靠科学预测和行政管理有机结合仅一人伤亡的情况。是年，青龙满族自治县被联合国经济和社会事务部列为“科学研究与行政管理相结合取得成效”的典型，副县长刘志新参加联合国抗震救灾会议并作主题发言。同时，青龙满族自治县抗震减灾展览在联合国总部举办。

是年　引青灌区工程始建，分 3 期完工。第一期工程，1976 年 12 月 25 日动工，1978 年 5 月 6 日竣工，完成渠首至大岭段 15.7 千米主干渠的开挖、砌筑硬渠工程。一期工程完工后直接转入第二期工程，完成开凿大岭隧洞及开挖大岭以南至康家岭 34.3 千米渠段，至 1982 年年底完成。渠道总长 409 千米，灌区实浇地面积为 5 333.33 公顷（8 万亩）。第三期工程，1989 年 11 月 5 日动工，1991 年 4 月全部竣工，4 条分干渠全长 67 千米，灌溉土地 4 800 公顷（7.2 万亩）。

是年　马鹿头骨等动物骨骼、牙齿化石在卢龙县武山喀斯特溶洞被发现。这些化石于 1982 年经中国科学院古脊椎动物研究所鉴定，距今 100 万年～ 50 万年。1986 年，武山喀斯特溶洞被确定为秦皇岛市重点文物保护单位。

1978 年

9 月 28 日　石河公路大桥动工兴建，1979 年 3 月竣工，全长 478.84 米。

是年　秦皇岛港煤码头一期工程正式开工，1983 年 12 月 21 日交付使用。这是国家重点建设工程之一，也是中国自行设计施工和制造的第一座机械化程度较高的大型现代化煤炭输出专用码头。

1979 年

12 月 18 日　全市普降大雨。临近冬至降大雨，历史罕见。

是年　青龙县西双山公社宋杖子村小佟杖子南发现辽金古矿井遗址。1985 年，村民又挖出半圆形铝锭，重 9 千克，铸有“十二三”字迹。

1980 年

1 月 17—19 日　秦皇岛市第二次环境保护会议召开，180 多人出席会议。会议传达贯彻河北省第二次环境保护会议精神，学习中共中央转发的国务院环境保护领导小组《环境保护工作汇报要点》（中发〔1978〕79 号）和《中华人民共和国环境保护法》，讨论《秦皇岛市1980—1981 年环境保护规划意见》，研究关于排放有毒有害污水收费、综合利用、奖励等问题，并就存在问题提出解决的具体办法。

2 月 1 日　秦皇岛市革命委员会印发《关于排放有毒有害污水收费的暂行规定实施细则》。细则从收费金额核算、禁止区域、港作船只的油性污水处理等方面做出具体规定，自 1980 年2 月 1 日起执行。

同日　秦皇岛市革命委员会印发《关于排放烟尘收费办法的暂行规定》。规定共 11 条，是为促进秦皇岛市厂矿企事业单位严格管理和节约燃料、加速废气治理，以及减轻和消除空气污染而制定的。

4 月 11 日　秦皇岛市环境保护局成立。

4 月　秦皇岛港煤二期工程开工建设，1984 年 9 月竣工，1985 年 3 月通过国家验收，7 月18 日举行投产仪式。

5 月 20 日　秦皇岛市发布《关于加强林业保护的布告》。

5 月 31 日　秦皇岛市党政领导和日本富山市市长在北戴河海滨碣石园共同栽种了象征日中友好的虎皮松树。

6 月 11 日　秦皇岛市制定《渔港防止水域污染暂行规定》，从防污监督范围和各种船只排放污物要求等 15 个方面做出具体规定。

8 月 8 日　秦皇岛市印发《关于加强水产资源繁殖保护的公告》，具体规定了水产资源繁殖保护的有关问题和奖励措施。

1981 年

6 月　北京师范大学研究所孔繁德在抚宁县下平山公社山羊寨村（今属海港区石门寨镇）小南山采石场发现石灰岩溶洞，洞内有多种不完整的动物化石。1982 年 5 月进行挖掘工作，挖出化石 2 000 余千克，有斑鬣狗等哺乳动物化石 29 种和鸟类化石 1 种，其中已灭绝动物 9 种。

是年　抚宁县县城西发现汉代骊城遗址。

1982 年

3 月 1 日　京秦（北京—秦皇岛）铁路全线开工。1984 年简易开通，1985 年 12 月开始使用电力机车，1986 年 12 月 11 日通过国家验收。它是国家“六五”时期重点建设项目，与秦皇岛港配套，是晋煤外运的重要通道，也是国内第一条复线电气化铁路。2003 年 6 月，更名为京山线。

5 月 12 日　《秦皇岛市城市园林绿化管理办法》印发。

6 月 18 日　《秦皇岛市水资源管理办法》印发。

8月25日—9月4日　中国地质学会成立60周年庆祝大会暨中新生代地质讨论会在北戴河召开，420余名代表参加会议。此外，还邀请澳大利亚、英国、美国、德国、希腊、加拿大、法国、日本等国家和香港的54名地质学家参加庆祝活动。

11月16日　中共秦皇岛市委召开第三十九次常委会议，研究讨论了全市节约用水问题。会议议定开发柳江盆地、金丝河水源；要求各单位要积极打井，恢复利用自备水源，要大力节约生产用水。

12月　秦皇岛北戴河风景区（山海关）被国务院批准为第一批全国重点风景名胜区。

1983年

3月3日　经国务院批准，秦皇岛市实行市管县管理体制，原属唐山地区的抚宁、昌黎、卢龙、乐亭4个县划归秦皇岛市。同年5月23日，乐亭县被划归唐山市，原属承德地区的青龙县被划归秦皇岛市，秦皇岛市辖海港区、山海关区、北戴河区和抚宁县、昌黎县、卢龙县、青龙县。

9月23日　北戴河区丁庄大队渔民在金山嘴浅海处捕到一只体长1.9米、重300千克的海龟，比较罕见。

1984年

1月28日　21时，抚宁县驻操营区北部熊顶盖山发生火灾，经7个多小时的扑救，山火被扑灭。

2月26—29日　河北省林业厅召开全省林业劳动模范先进单位表彰大会，卢龙县和秦皇岛市园林处汤河苗圃、抚宁县石门寨工委英武山大队、昌黎县才庄公社分别被授予“先进县”和“模范单位”称号。

3月30日　中共秦皇岛市委、市政府召开全市春季植树造林广播动员大会，号召全市人民动员起来，把秦皇岛这座海滨旅游之城打扮得更加美丽。

4月21日　秦皇岛港煤码头三期工程开工，1989年11月4日通过国家验收，1990年7月1日交付使用。

6月16日　《秦皇岛日报》报道，由城乡建设环境保护部城市规划院、规划局与河北省规划院组成的秦皇岛市城市规划工作组，经调查分析，初步对海岸线作出如下规划：海港区范围内岸线基本满足商港、渔港、军港的建设和发展要求，并安排省航运岸线；北戴河岸线的规划，待确定北戴河性质之后，再具体确定；山海关区岸线，从石河口至山海关船厂，结合老龙头的开放，开辟为旅游开发区和经济开发区岸线，山海关船厂以东为备用工业岸线；海港区与北戴河之间的海滨林场岸线，辟为旅游开发岸线，海港区东部军港与山海关区之间留作城市远期备用岸线。

8月1日　北戴河海滨游览码头投入使用，这是秦皇岛市第一座浮动码头。

8月14日　中共中央总书记胡耀邦对北戴河区建设问题作出指示：要搞一个长远规划，其中包括如何解决北戴河区的用水、道路建设、污染治理、环境美化、高层建筑以及公共浴场、海上活动和挖沙子等问题。

9月　秦皇岛港丙、丁杂货码头工程开工建设，1993年7月24日工程竣工并通过国家验收。

10月　南戴河旅游度假区开工建设，1987年建成对外开放。经多年开发建设，至2016年年底建成区面积达5.53千米^2。

12月　海港区东部污水处理厂开工建设，1987年12月23日竣工。

是年　青龙县牛心山村小石盘庄旁发现辽金遗址。

是年　河北省昌黎果树研究所培育的苹果新品种胜利、葵花分获国家发明奖三等奖、四等奖。

1985 年

2 月 11 日　河北省 12 城市绿化美化红旗竞赛评比揭晓，秦皇岛市名列第三。

7 月 24 日　林业部部长兼国家绿化委员会主任汪宾就秦皇岛市环境美化指出：秦皇岛是个旅游城市，要强调绿化，保护树木，设计要为树木让路，保护自然美。要见缝栽树，不要见缝搞建筑，建筑和绿化要同步进行，建筑不要太拥挤，要留出空地搞绿化。

是月　河北省昌黎果树研究所研究的鸭梨优质高产稳产栽培技术获国家发明奖二等奖，冀中梨树病虫综合防病技术获国家发明奖三等奖。

8 月　新开河港工程动工。1995 年 4 月，建成投入使用，共 4 个泊位。因港口坐落在新开河入海口，得名“新开河港”。1995 年 6 月，更名为“秦皇岛新港”。

是年　昌黎县黄金海岸开发工程启动。经过多年开发建设，至 2016 年年底，黄金海岸建成区总面积达 6.2 千米^2。

是年　青龙县娄杖子乡狮子坪村后庄户自然村发现辽金遗址。

是年　抚宁县榆关镇发现汉代遗址。

1986 年

5 月 27 日　《秦皇岛市关于加强海参资源保护的有关规定》印发。市政府决定在近海海域海参资源分布区建立海参保护区，实行轮捕轮养。

7 月　秦皇岛市水产局开始承担河北省水产局下达的对虾增殖放流任务，当年人工放流中国对虾幼苗 4 406 万尾。后近海海域增殖放流活动经常开展，2005 年开始实行一年一次，至 2016 年年底，累计放流 100 亿单位，增殖放流品种有中国对虾、杂色蛤、褐牙鲆、三疣梭子蟹、半滑舌鳎、海参、河豚等。

8 月 13 日　中共中央总书记胡耀邦视察昌黎县黄金海岸旅游度假区，指出黄金海岸旅游度假区要注意防止污染，附近不要搞工厂。

9 月　中国第一条多功能垃圾处理船“环卫一号”在秦皇岛港投入使用。

是月　卢龙县杨黄岭乡孟团店村农民冯树海在村西骚龙河捞取兽头骨化石一具。经专家鉴定，系马鹿头骨化石，距今 1.5 万～ 1 万年。

12 月 2 日　经国务院批准，撤销青龙县，建立青龙满族自治县。

12 月　河北省沿海公路北戴河海滨至黄金海岸段开工建设。后秦皇岛市辖段经 3 次分段建设，1995 年 8 月 24 日全线贯通。沿海公路秦皇岛市辖段，东起山海关区冀辽交界，西至昌黎县与乐亭县交界的姜各庄大桥，全长 21 千米。

是年　北戴河秦行宫遗址大面积发掘工作开始。历时 5 年，发掘面积近 1.6 万米^2，发现四大组 14 个单元的宫殿建筑基址。1991 年 2 月，遗址被评为全国“七五”期间十大考古新发现。1996 年 11 月，被列为第四批全国重点文物保护单位。

1987 年

8 月 1 日　全国政协副主席钱伟长视察山海关区，并对景区建设和环境保护作出指示。

8 月 3 日　全国人大常委会副主任王任重在视察燕塞湖（石河水库）时提出保护好水源的

问题。

9月22日　为期14天的卢龙县范庄村古墓发掘工作完成。据专家考证，古墓结构为“黄肠题凑”，墓地占地面积2 500米^2，出土了甲胄、剑、弩、箭簇、铜镜、笥等文物。

9月27日　秦皇岛市《关于保护鸟类的布告》印发。

是年　北戴河国际观鸟协会成立。

1988年

4月12日　抚宁县深河乡朱家峪村北山发生火灾，烧毁松山130余公顷、荒山460余公顷。

6月11日　大秦铁路二期工程（大石庄—秦皇岛段）开工，1992年11月14日贯通。大秦铁路全长653千米，其中秦皇岛市辖境长242.2千米，设卢龙北、抚宁北、西张庄、柳村南、秦皇岛东5个货运车站。

9月22日　世界银行专家考察团一行9人到秦皇岛市考察、评估利用世界银行贷款发展沿海滩涂、对虾养殖和水利工程完善配套等项目。

1989年

6月2日　为保证城市用水安全，秦皇岛市政府决定对石河水库水源地实行全面保护措施。

9月6日　秦皇岛市政府决定通过集资兴建“引青济秦”工程。“引青济秦”工程全长79.7千米，总投资2.36亿元，以洋河为界分东、西两线。东线工程，是年10月1日动工，1990年4月18日竣工通水。西线工程于1990年5月5日动工，1991年2月15日，西线西关庄隧洞副1号至2号洞16时贯通，5月19日竣工通水。1991年6月26日“引青济秦”工程全线竣工祝捷大会召开，水利部授予秦皇岛市水利建设最高荣誉奖——“大禹杯”。1994年9月24日引青济秦应急工程正式通过国家验收。1999年12月10日，东线扩建工程开工，2000年3月29日竣工通水。

9月7日　秦皇岛市林业部门首次在海港区东山公园发现美国白蛾，1990年扩至市区。1990年7月，秦皇岛市政府成立查访美国白蛾总指挥部，制定《秦皇岛市美国白蛾立体综合防治方案》并发出紧急通知，要求各地立即调查美国白蛾疫情。1995年，美国白蛾疫情最重，全省沿海一带普遍发生。经全面防治，2007年以后发生面积逐年下降，2011年开始有防治任务的县区全部实现达标。

1990年

1月1日　海港区文建里垃圾转运楼建成并投入使用，这是秦皇岛市第一座机械化垃圾转运楼。

3月30日　国家海洋局秦皇岛海洋管区成立。

3月　北戴河鸟类保护区成立，赤土山千亩滩涂被纳入保护范围。林业部在此设立鸟类观测点。

5月17日　渤海水产增殖科学实验基地北戴河中心增殖试验站建成。

6月27日—7月4日　因夜光藻急剧繁殖，北戴河区海滨至秦皇岛港港区发生赤潮，面积110千米^2。

6月30日　“引青济秦”工程北戴河水厂建成投产。

9月30日　经国务院批准，昌黎黄金海岸自然保护区被列为全国首批5个国家级海洋类型自然保护区之一。这是河北省第一个国家级海洋类型自然保护区。

1991 年

5 月 25 日 《秦皇岛市河道采砂管理若干规定》印发。

6 月 3 日 《秦皇岛市政府关于加强地质勘查市场管理的通知》印发。

7 月 28—29 日 秦皇岛市普降大到暴雨。其中，市区降水量 127 毫米，为 30 年一遇的大汛。

8 月 16 日 卢龙县“中绿 1 号”绿豆间作套种主体种植新技术，被农业部列为国家重大农业推广项目，在黄淮海地区大面积推广。

10 月 28 日 温泉堡水库开工建设，1994 年完成主体工程并拦洪，总库容 697 万米^3，实际灌溉面积 66.67 公顷，坝址以上控制流域面积 25 万千米^2。

12 月 3 日 治理大马坊河、小马坊河、护城河、新开河 4 条河道工程正式开工，次年 8 月 8 日竣工。

是年 北戴河区获“全国绿化工作先进区”称号。

是年 经林业部批准，秦皇岛海滨森林公园建立，为生态自然保护区。

1992 年

1 月 北戴河区联峰山龙山山顶发现秦汉遗址。

7 月 21 日 经河北省林业厅批准，老岭自然保护区成立，为市级自然保护区。

11 月 5 日 “八五”时期国家重点工程建设项目——桃林口水库工程举行开工典礼仪式。1997 年 8 月 28 日桃林口水库下闸蓄水，1998 年 12 月工程全部竣工。桃林口水库坝址以上控制流域面积 5 060 千米^2，总库容 8.59 亿米^3，是一座供水、灌溉、发电等综合利用的大（Ⅱ）型水利枢纽工程。

1993 年

3 月 15 日 渤海林场被批准为河北省级“渤海森林公园”。

4 月 26 日 秦皇岛港煤码头四期工程开工，1997 年 7 月 1 日试投产，12 月 18 日通过国家正式验收并交付使用。

11 月 20 日 渤海林场被林业部评为“全国国营林场 100 佳”。

12 月 13 日 秦皇岛市海洋环境保护工作协调领导小组及其办事机构成立，领导小组由海洋管理、港监、渔政等有关部门组成。

是年 秦皇岛市被建设部评为全国城市容貌环境综合整治优秀城市，位列河北省第一。

1994 年

6 月 9 日 河北省环保执法检查团听取秦皇岛市有关部门的环保执法自查情况汇报，内容涉及贯彻执行《中华人民共和国森林法》《中华人民共和国野生动物保护法》《中华人民共和国水土保持法》情况，以及汤河和护城河污水治理、生活垃圾处理、环境系统环保执法、农业生态环境保护等。河北省检查团在秦工作期间，检查了 11 家企事业单位和市区护城河、汤河和抚宁县人造河；对秦皇岛市党政领导重视、措施得力、环保执法成效显著表示满意；对各部门积极配合，及时查处违法案件，形成环保执法合力给予了充分肯定。

1995 年

5 月 大秦铁路亿吨配套工程——秦皇岛西疏解工程开工，1997 年 10 月 25 日开通运营。

7 月 18 日 秦皇岛野生动物园举行开园典礼。动物园占地面积 333.33 公顷（5 000 亩），有各类珍稀动物80余种1 000多头。

8月12日　国务院总理李鹏视察秦皇岛野生动物园，并题词：“保护野生动物，热爱自然，了解自然。”

8月14日　全国人大常委会原副委员长廖汉生视察秦皇岛野生动物园，并题词：“走向自然，返璞归真。”

11月17日　全国人大常委会环境资源保护委员会有关领导到秦皇岛市检查指导环境保护工作，指出，秦皇岛市环保治理工作成绩显著，特别是在加强环保法制建设、加强海洋环境保护等方面都积累了宝贵经验；要求，秦皇岛市环保部门应加强对北戴河海滨浴场的维护和管理，彻底解决海域污染的问题。

11月18日　大秦铁路亿吨配套工程柳（村）山（海关）线三线并行特大桥铺架合龙，这是国内唯一的三线并行特大桥。

1996年

3月6日　旧石器在抚宁县兔耳山西麓第二阶地上被发现。经鉴定，属于更新世晚期，距今约两万年。

3月28日　秦皇岛市第三次环境保护工作会议召开，会议总结1995年环保工作，提出1996年环保工作将以《环境保护“九五”计划和2010年长远规划暨碧水、蓝天、绿地计划》为目标，加大执法力度，强化监督管理。

3月　卢龙县被中国特产之乡命名宣传活动组委会授予“中国甘薯之乡”。

5月16日　秦皇岛市政府决定从1996年开始，凡在秦皇岛市范围内从事浅海水产滩涂增殖、养殖生产的单位及个人，一律核发水面增养殖使用证。

9月　京秦高速公路秦皇岛段（卢龙县夹河滩村—山海关区边墙子村）主线工程开工。1999年7月竣工并通车，全长85.21千米。

12月19日　秦皇岛市防震减灾快速反应系统工程通过省级鉴定。

1997年

3月4—7日　中华人民共和国林业部、日本环境厅和湿地国际亚太组织联合主办的湿地与水禽保护（东北亚）国际研讨会在海港区北辰度假村召开，来自中国、日本、蒙古、韩国、俄罗斯、澳大利亚和美国（驻华使馆）的政府代表，《湿地公约》执行局、《保护野生动物迁徙物种公约》执行局、日本野鸟协会、世界自然基金会、国际鹤类基金会等国际组织的代表，以及中国各有关部门的代表、专家学者共120余人出席会议。会议发表著名的湿地保护世界公约——《北戴河宣言》，并将北戴河地区及周边湿地命名为“北戴河湿地”，纳入国际湿地保护网络。

3月　秦皇岛港10万吨级航道工程开工，次年12月26日通过国家验收并交付使用。

4月23日　秦皇岛市政府召开重点污染治理专题会，要求坚决完成污染减排任务，对秦皇岛港务局、耀华玻璃集团等15家重度污染企业提出确保2000年前达标排放的要求。

6月7日　山海关机场一架“运五”飞机起飞，在青龙满族自治县草碾乡进行飞播造林作业。飞播面积为3 333.33公顷（5万亩），主播树种为油松。使用飞机播种造林填补了全市林业发展史的空白。

7月5日　秦皇岛市政府召开环保座谈会。会议指出，解决环境问题，保护好碧水、蓝天、绿地，关系到保护和发展秦皇岛市的经济优势，关系到秦皇岛市在国内外的形象。

7 月 9 日　河北省第一座拱形橡胶坝在青龙满族自治县水胡同水库大坝堰顶落成。

8 月 19 日　秦皇岛港戊己码头工程开工，2002 年 9 月 17 日通过验收并对外开放。

10 月 8 日　青龙满族自治县小杂粮在河北省农业博览会上被评为名优新特产品。后参展全国第三届农业博览会，得到国务院副总理姜春云、农业部部长刘江的好评。

12 月 3 日　秦皇岛市政府常务会议通过《创建花园式城市规划》。

12 月 7 日　长寿山森林公园被林业部批准为国家森林公园。2003 年，更名为山海关国家森林公园。

是年　沿海公路河北大街至北戴河区刘庄月季园段改建工程开工，次年 6 月竣工，成为秦皇岛市一条重要的景观道路。改建工程完成后，此段更名为滨海大道。

1998 年

2 月 6 日　北戴河西、东部污水处理厂工程被国家计划委员会批复。9 月 27 日，正式开工。2000 年 6 月 26 日北戴河东部污水处理厂竣工通水，2001 年 9 月 26 日北戴河西部污水处理厂竣工通水。工程总投资 1.08 亿元，建设规模为 7 万吨 / 日，采用氧化沟工艺进行二级处理。它的建成标志着秦皇岛市已具备了彻底治理洋河口以东、汤河口以西大片陆域和海域严重污染问题的条件。

3 月 31 日　中波友好秦皇岛水果示范园在北戴河园艺场东山果园开工，首批从波兰引进苹果、樱桃、悬钩子、草莓 4 个树种的 13 个品种（品系）。

4 月 3 日　北戴河区被评为“全国花园式城市”。

4 月 7 日　作为中日友好使者的 600 株樱花树被种植在北戴河鸽子窝公园。

5 月 7 日　山海关鸟语林建成，这是河北省首家集观赏性、知识性、趣味性为一体的大型观赏鸟类和鸟类表演的乐园。

5 月 8 日　古代冰川运动遗留物——冰臼群在祖山森林公园被发现。

5 月 14 日　秦皇岛市第四次环境保护工作会议在迎宾大厦召开。会议强调，要处理好经济建设、城市建设、资源开发、项目建设同环境保护的关系，重点抓好防治工业污染及重点区域水污染、搞好城市环境综合治理、保护生态环境等工作。

6 月 28 日　“中华环保世纪行”记者团一行 40 多人到秦皇岛市，就海洋环境保护工作进行采访考察。这次大型采访活动主题是“建设万里文明海疆”。

9 月　沿海公路海港区建设大街至山海关区老龙头段改建工程开工，次年 6 月完成，成为秦皇岛市一条重要的景观大道。改建工程完成后更名为龙源大道，后又改称龙海大道。

10 月　秦皇岛市海堤工程开工。2001 年 4 月完工，2001 年 10 月 25 日通过验收。工程包括山海关区石河口至沙河口海堤、北戴河区戴河口海堤、抚宁县南戴河开发区海堤、昌黎县滦河三角洲及东沙河海堤工程 4 个部分。

1999 年

1 月 20 日　《秦皇岛市抗震设防区划》通过专家评审。

是月　秦皇岛市自 1 月 1 日起禁止销售车用含铅汽油。

3 月　秦山液体化工码头开工建设，2001 年 6 月底竣工。

5 月 8 日　99 生态环境游——“海天杯”首届北戴河国际观鸟大赛在联峰山公园举行，新发现蓝额红尾鸲、白尾歌鸲、栗冠莺、黑翅鸢4种鸟类。

5月19日　秦皇岛市第五次环境保护工作会议召开。会议强调，要大力发展城市绿色经济，走珍惜资源、清洁生产、绿色消费、保护环境的可持续发展道路；对有污染不治理、假治理、明治暗抗的要进行公开曝光，环保部门要严厉查处。

5月　经省政府批准，柳江盆地地质遗迹保护区建立。2005年7月，经国务院批准，晋升为国家级自然保护区。

7月1日　秦皇岛市海洋预报台成立。

10月5日　秦皇岛市获“国家园林城市”称号。

2000年

1月1日　北戴河区沿海一带出现历史上少见的雨凇现象。

3月22日　秦皇岛市营造森林领导小组发出通知，在龙源大道南侧沿海荒滩建设“公仆林”“青年林”“巾帼林”“八一林”“劳模林”，由社会各界自愿认种认养。

4月28日　京沈高速铁路客运专线秦皇岛段开工，2001年9月30日建成。这是中国首条高速铁路客运专线，其设计时速为160千米/时以上。

5月　棕腹仙鹟、欧夜鹰、蒙古百灵首次在秦皇岛市被发现。

6月　卢龙县被中国地区开发促进会授予“中国酿酒葡萄生产基地”。

7月2日　北戴河沿海风景线综合整治工程竣工。

7月31日—8月3日　第六届国际古植物学大会在秦皇岛市召开，这是首次在亚洲举办的此类会议。大会由中国科学院植物研究所和中国科学院南京地质古生物研究所共同主办，英国、美国、德国、法国、日本、澳大利亚、加拿大、阿根廷、智利、巴西、南非、挪威、瑞典、俄罗斯、波兰、捷克、罗马尼亚、匈牙利和中国等30多个国家和地区的210多位学者参加，其中有美国国家科学院、英国皇家学会、瑞典皇家科学院、俄罗斯科学院的7名院士和中国的4名院士。

8月9日　昌黎县被中国地区开发促进会授予“中国酿酒葡萄之乡”。

8月17日　首届国际果树技术培训班开学典礼在昌黎县黄金海岸河北省干部培训中心举行。

是月　全国首座海洋信息电子显示屏在海港区西浴场落成，主要为暑期发布浴场预报和海洋预报。

9月11日　河北省环保执法检查组在秦皇岛市进行为期10天的环境执法检查，重点检查了城市空气、地面水、噪声功能区划制定及达标，以及海域海水及入海河流水质改善、直接或间接向海域排污企业的治理、关停情况。检查组对秦皇岛市环保执法检查工作给予了充分肯定。

9月　经国务院批准，北戴河沿海湿地、滦河口湿地、黄金海岸湿地被列入重要湿地名录。

11月1日　浅野水泥有限公司、海燕安全玻璃有限公司、华燕邦迪制管有限公司、渤海铝业有限公司、中阿化肥有限公司成为首批河北省工业污染治理达标企业。

11月22日　全国创建绿色学校活动表彰会在深圳召开，山海关区南园中学被评为创建绿色学校活动先进学校，河北省仅有4所学校受到表彰。

11月30日　中共秦皇岛市八届十次全委（扩大）会议召开。会议提出，要坚持旅游兴市、港口兴市、科技兴市和可持续发展战略，把秦皇岛市建设成生态型、国际型、现代化的工业港口旅游城市。

是年　山海关旅游景区、秦皇岛野生动物园、秦皇岛新澳海底世界被评为全国首批AAAA级旅游景区（点）。至2016年年底，全市有AAAA级景区15家。

2001年

1月1日　秦皇岛市禁止使用和销售含磷洗涤用品。

1月31日　秦皇岛市被国家海洋局列为全国第二批海域使用管理示范区。

3月1—3日　河北省政府环保目标考核检查组抵秦皇岛检查2000年环保目标完成情况。期间，检查组听取秦皇岛市2000年环保目标完成情况的汇报，并深入部分企业进行检查。检查组认为，秦皇岛市环保工作成果明显，在全省处于领先水平。

4月26日　中国野生动物保护协会秦皇岛野生动物救护中心建成，这是全国第一个国家级野生动物救护中心。

7月4日　位于海港区沙河入海口的100米宽彩色橡胶坝主体完工并蓄水。

7月16日　中共河北省委副书记、省长钮茂生到秦皇岛市调研城市建设、海岸线整治、环境保护等方面情况。

7月26日　由河北省人大常委会、省国土资源厅、《河北日报》社、河北电视台、《燕赵都市报》社等单位组成的“燕赵环保世纪行”采访组一行19人抵秦。采访组听取秦皇岛市关于海洋环境保护工作汇报，采访市内部分医院污水治理情况及抚宁、北戴河、山海关、昌黎等县（区）一些企业、海岸线环境整治情况。

8月16日　秦皇岛市最长的公路大桥——沙河特大桥主体工程完工。

9月3日　青龙、昌黎、山海关3个县区分别被国家林业局命名为“中国苹果之乡”“中国葡萄之乡”“中国大樱桃之乡”。

9月27日　中共秦皇岛市委、市政府召开全市创建环境保护模范城市动员大会。会议提出：全市两年内、北戴河一年内达到省内环保模范城标准，同时开始实施《秦皇岛市创建环境保护模范城市实施方案》。

11月　青龙满族自治县“龙富”牌红富士苹果获中国国际博览会名牌产品称号，并跻身24个全国苹果知名品牌之列。

是月　秦皇岛数字化地震台网建成并投入使用。

12月12日　中共秦皇岛市委、市政府在全市“洁美绿”工作会议上公布《秦皇岛市关于城市绿化工作的实施意见》，号召全市各单位、团体以及群众自愿为绿化城市捐款。截至12月29日，全市各界捐款总额达607.99万元。

12月20日　秦皇岛柳江国家地质公园经国土资源部批准建立。

是年　抚宁县石门寨镇潘庄村北发现北方少见的具有重大考古价值的古瓷窑遗址。

2002年

2月　秦皇岛市区大汤河综合治理工程开工建设，11月20日完工。工程总投资3 520万元，涉及大汤河防潮闸加固工程改造、和平大街桥北侧建橡胶坝、大汤河左岸堤防工程3项内容。

3月14日　青龙满族自治县凉水河乡发现石灰岩溶洞群。这些地下溶洞形成和发育年代久远，为中国北方罕见。2003年12月，溶洞景观被全部深挖完毕。溶洞分布在距今十五六亿年前的上元界灰岩地层中，长约2 000米，分上下5层，有大、小洞穴10余个，洞洞相连形成溶洞群，具有科普和观赏价值。

3月22日　由群众救助的35只大型猛禽在北戴河鸽子窝海滩放飞大自然。这是中国首次大规模地放飞国家一、二级重点保护的大型猛禽。

3月　卢龙县被省农业厅授予“河北甘薯之乡”。

4月1日　长城旅游公路秦皇岛段全线开工，2017年5月23日全线贯通，全长442.6千米。

4月2日　《秦皇岛市“退城进郊”企业搬迁暂行办法》印发，旨在改善城市区生态环境、保障人民群众身体健康、促进工业企业技术改造、加快企业改革和产业结构调整步伐。

4月5日　黑天鹅在山海关鸟语林孵化成功，这是中国北方首次成功孵化黑天鹅。此次共成功孵化3只。

4月28—30日　河北省创建环保模范城区检查团抵秦。经过认真检查，北戴河区、秦皇岛经济技术开发区通过验收，跃入全省首批环保模范城区。

5月20日　昌黎县泥井镇小庄村发现古文化遗址。经考证，石制品属新石器时代遗物，陶器为战国、汉代遗物。

6月22日　《秦皇岛市大比例尺海洋功能区划》通过国家海洋局海域司、河北省海洋局组织的专家评审。

7月8日　南戴河国际娱乐中心中华荷园建成开园。中华荷园占地面积600公顷，是中国近海最大的荷花园。

10月28日　京秦铁路提速改造工程竣工。工程完成后，列车运行时速可由140千米/时提高到200千米/时。

11月1日　秦皇岛海上溢油应急反应中心成立，这是国内第一家溢油应急反应联合性组织机构。

11月22日　海港区污水处理厂项目签约启动，2004年8月2日竣工，8月23日通水成功。项目占地面积6.28公顷，总投资1.15亿元，采用A/O工艺进行二级处理，设计污水处理能力12万吨/日。项目被列入国务院批准的《渤海碧海行动计划》和《海河流域水污染防治规划》。

是年　秦皇岛市退耕还林工程开始启动。至2008年，完成返耕造林38 866.67公顷，其中返耕地造林14 200公顷、匹配荒山荒地造林19 666.67公顷、封山育林6 311.11公顷。截至2016年，全市共实施森林抚育经营12 933.33公顷，补植补造4 640公顷。

2003年

1月26日　秦皇岛市人工影响天气办公室在小麦和葡萄酒主产区、昌黎县部分地区开展人工增雪作业，作业影响区域积雪厚度增加5～6厘米。这是秦皇岛市历史上第一次进行人工增雪作业。

4月　秦皇岛市市容环境综合整治“百日行动”启动。8月7日，市容环境综合整治“百日行动”总结表彰暨动员大会召开。期间，全市共出动25万人次，清除建筑和生活垃圾39万吨、卫生死角1 560余处，市区增加绿地80万米^2，主干道两侧重点建筑立面整饰一新。“百日行动”从是年开始每年一次，持续5年。

5月20日　全长6.5千米、总面积5.8万千米^{2}的滨海大道草坪改造工程完工。绿化带由天津园林规划设计院设计，以“海”为主题，选用“常绿植物组成模纹”图案，寓意海的流动性。改造后所需灌溉用水量比改造前节约50%。

5月　秦皇岛市森林防火指挥中心开工建设。2004年8月竣工，8月30日投入使用。中心总投资120万元，是国内一流的森林防火指挥中心。

7月19—20日　河北省政协海洋环境视察团到秦皇岛市视察海洋资源的开发与保护、海洋生态环境的破坏与保护、船舶及输油作业管理、港口油污的治理工作。

是月　秦皇岛市领导集体到北戴河湿地考察，要求进一步做好北戴河湿地和鸟类保护工作。

10月20日　兴凯湖路（杨庄户立交桥—102国道）开工建设，2005年10月10日竣工，全长2 190米。2015年3月15日南延工程（杨庄户立交桥—西部快速路）开工，9月14日完工。至此，兴凯湖路成为秦皇岛市西部交通网的重要道路。

10月20—21日　国家园林城市检查组对秦皇岛市巩固提高国家园林城市创建成果进行复查。复查认为，秦皇岛市1999年被评为园林城市以来，园林绿化工作取得突破性进展，特别是在贯彻国务院有关文件精神方面，走在了全国前列。

12月16日　秦皇岛市被省政府授予"河北省环保模范城市"称号。

2004年

2月1日　大汤河口橡胶坝工程开工兴建，9月22日竣工并开始蓄水。工程总投资1 671.2万元，坝长180米，坝高3.2米。

2月27日　抚宁县沼气城项目一期工程完工并投入使用，1 000户居民开始使用沼气。沼气城项目利用秦皇岛骊骅淀粉股份有限公司治理污水中产生的沼气，2002年启动，总投资4 331.2万元。

3月13日　团市委联合市水务局、市环保局、市林业局等单位在人民广场举行"保卫母亲河、建设绿色家园"启动仪式，号召人们从自我做起，从一点一滴做起，保护好赖以生存的环境。上千名各界群众参加启动仪式。

3月30—31日　全国人大常委会副委员长许嘉璐在秦皇岛市视察指出，要强力推进生态家园富民工程，让更多的农民受益，把对环境的污染、资源的破坏降到最低。

4月6日　《秦皇岛市"百矿复绿"工程实施方案》印发。

4月24日　秦皇岛市科技馆首批专业馆揭（授）牌仪式在北戴河集发生态农业示范观光园举行。首批挂牌的市科技馆专业馆共4家，其中北戴河集发生态农业示范观光园为市科技馆农业馆、新澳海底世界为市科技馆海洋生物馆、燕大科技园为市科技馆高新技术馆、华夏葡萄酿酒有限公司为市科技馆葡萄酒酿造工艺馆。

7月26—28日　以全国政协副主席周铁农为团长的全国政协视察团到秦皇岛市视察渤海海域环境治理与可持续发展情况。

11月28日　秦皇岛经济技术开发区黄河道环境景观工程被中国风景园林学会评为中国优秀园林工程二等奖。

12月6日　沿海高速公路秦皇岛至冀津界段正式开工建设。2007年10月通车，秦皇岛市境内长65千米。

2005年

3月2日　河北省环保考核组结束对秦皇岛市为期3天的检查。考核组认为，秦皇岛市形成了"党委领导、政府负责、人人监督、环保部门统一监管、有关部门分工合作、企业积极治理、群众广泛参与"的环保工作领导体制和工作机制；环境质量得到改善，城市空气质量位居全省前茅，海水浴场水质优于国家标准；城市环境综合整治工作成效显著；区域流域污染防治计划顺利进行；环保严查行动取得显著成果，重点污染源实现稳定达标；环境保护创建工作取得突破。

4 月 25 日　秦皇岛塞诺德动物养殖有限公司成功孵育野生隼，此为国内首例人工孵育的野生隼。

6 月　《秦皇岛鸟类图志》由香港文汇出版社出版。这是河北省首部关于鸟类资源及鸟类生态环境的专业志书。

是年　在《中国国家地理》杂志社主办、全国 34 家媒体协办的“中国最美的地区”评选活动中，昌黎黄金海岸以“沙漠与大海的吻痕”的独有特色入选“中国最美八大海岸”，位居第五。

是年　河北省文物研究所和昌黎县文保所联合考古队经近两个月的抢救性发掘，在昌黎县裴家堡村发现一座构造完备的辽金时代村落遗迹。共发现数个灰坑、灰沟，出土了大量陶器、瓷器、铁器碎片及铜钱、矿渣等物。此次发掘是冀东濒海平原第一次大面积辽金遗址考古发掘。

是年　秦皇岛市水产局在桃林口水库开展内陆淡水水域增殖放流活动，投放白鲢、鲂鱼鱼苗 1.5 万千克。至 2016 年年底，分别在桃林口水库、洋河水库、石河水库开展增殖放流活动，累计投放 5 000 万尾，大多为滤食性鱼类，品种有鲢鱼、草鱼、鲤鱼、鲂鱼等。

2006 年

4 月 6 日　在 2005 年中国人居环境奖获奖城市（项目）中，大汤河改造工程获“中国人居环境范例奖”，秦皇岛市成为河北省唯一获此殊荣的城市。

5 月 11 日　秦皇岛市获“全国园林绿化先进城市”称号，成为全国 104 个获此荣誉的城市之一。

8 月 2 日　引青济秦东西线对接工程开工，2007 年 10 月 14 日全线贯通，2008 年 4 月 22 日通水典礼在卢龙县燕窝庄村举行。工程全长 16.179 千米。

9 月 26 日　在第十届中国（廊坊）农产品交易会上，秦皇岛市 11 种参展农产品被评为农交会名优农产品，其中“金富宁”牌金冠苹果获农交会“果王”称号。

11 月　国家环保总局中国环境监测总站公布全国 52 个国控城市声环境质量报告，秦皇岛市跻身全国十大安静城市，位列第六。

12 月下旬　在板厂峪景区施工的工人在灵仙洞发现大量的动物骨骼和牙齿化石。后经中国科学院古脊椎动物与古人类研究所、中国地质大学联合发掘，发现斑鬣狗、马鹿、狼、野猪、獾、野兔等动物化石，其中一具斑鬣狗骨架是世界上迄今所发现的最完整的。

2007 年

1 月 10 日　秦皇岛市第六次环境保护大会召开。会议总结了“十五”规划以来的环境保护工作情况并就“十一五”规划期间秦皇岛市环境保护工作进行部署。会议强调，“十一五”是全市经济社会发展的重要时期，削减主要污染物排放总量、降低单位国内生产总值（GDP）能耗和单位工业增加值用水量以及提高森林覆盖率等任务十分艰巨，要坚持以生态城市为主线，以建设资源节约型和环境友好型社会为目标，加强重点区近岸海域和城市污染防治、农村污染防治和生态保护等。会上，市政府与重点企业签订《“十一五”规划期间主要污染物排放总量削减目标责任书》。

2月27日　中共秦皇岛市委、市政府召开全市创建全国绿化模范城市动员大会，出台《关于创建全国绿化模范城市的意见》，与各县、区政府签订目标责任状。9月3—5日，创建全国绿化模范城市检查团对秦皇岛市绿化模范城市创建情况进行检查验收。检查团认为，秦皇岛市绿化建设体现了规划科学、生态优先、系统完善、结构合理、植物多样、色彩丰富、以人为本的要求，使秦皇岛市呈现了青山披绿、绿树成荫的滨海城市的独特景观，整体绿化指标达到或超过全国绿化模范城市的规定标准。秦皇岛市的绿色理念、建设模式和成就水平可以和国内城市甚至和国外一些城市相媲美。12月2日，秦皇岛市被全国绿化委员会授予“全国绿化模范城市”称号。

3月7日　京东板栗经国家质量监督检验检疫总局审核批准实施地理标志产品保护，其保护范围为秦皇岛市、唐山市、承德市的11个县（市）。其中，秦皇岛市的青龙满族自治县、抚宁县、卢龙县列入保护范围，保护面积3.79万公顷（56.8万亩）。

6月5日　中国历史上规模最大的海陆空立体海上溢油演习——“2007年渤海溢油应急演习”在秦皇岛港西锚地附近海域举行。

7月3日　秦皇岛市政府与中冶建设高新工程技术有限公司就山海关和抚宁两个污水处理工程项目签订合作协议，当年开工，2009年建成。山海关污水处理厂2010年1月投入运营，同年3月28日验收，采用BOT运营模式和A^2/O主体工艺，处理规模为4万吨/日；抚宁污水处理厂2010年6月28日通过验收并投入运营，采用BOT经营模式和布鲁塞尔氯化沟主体工艺，处理规模为5万吨/日。

9月6日　秦皇岛海事局与辽宁省葫芦岛海事局签订海上搜救、船舶溢油清除应急联动协作协议，标志着双方应急联动协作机制建立。

9月26—28日　在第十一届中国（廊坊）农产品交易会上，秦皇岛市组织36个农业产业化龙头企业及特色农产品生产基地生产的150余种产品参展。有19家单位的27种农产品被评为名优农产品，抚宁县大新寨的“金富宁”牌金冠苹果继上届农交会之后，再次荣获“果王”称号。

10月10日　秦皇植物园一期工程开工。2008年7月16日，一期工程竣工并开园。经3期工程建设，2009年8月11日全部竣工。植物园占地面积28.7公顷，总投资2.5亿元，是秦皇岛市第一座集科普展示、植物游览、休闲游憩于一体的多功能植物园。在“2008中国环境艺术高峰论坛暨中国环境艺术示范工程经验交流会”上，获首届中国环境艺术奖。

10月25日　秦皇岛市政府与河北省建设投资公司签署《合作开发风力资源的框架协议》。根据协议，2007—2020年河北建设投资新能源公司计划投资71.5亿元，在秦皇岛市建设8万～10万千瓦装机的陆地风电场和20万～30万千瓦装机的海上风电场。

是年　山海关景区入选中国首批AAAAA景区。

2008年

2月19日　山海关石河橡胶坝工程竣工并投入使用。

5月6日　秦皇岛市环境保护工作会议召开。会上，《秦皇岛市“七河”（青龙河、饮马河、贾河、洋河、人造河、戴河、石河）污染综合整治方案》出台，市政府与有关县区、乡镇及企业签订治理目标责任状，连续3年实施县域“七河”治理工程。工程总投资15.53亿元，涉及43个大项。至2010年年底，共完成污染综合整治工程41项，完成投资11.3亿元，减排化学需氧量1.2万吨，与2008年相比，贾河、饮马河、人造河主要污染物化学需氧量浓度分别下降75%、70%和80%。2010年，秦皇岛市实施的“七河”治理工程，被河北省环保厅授予“2010年全省重点河流水质改善奖”。

5月21—23日　河北省节能减排工作领导小组对秦皇岛市节能减排工作进行督导检查。督导组认为，秦皇岛市对节能减排工作高度重视，切实将污染减排工作列入重要议事日程。下一步工作中要继续落实节能减排目标责任制，确保“十一五”期间节能目标的全面完成。

6月2日　《秦皇岛市自然灾害救助应急预案》颁布实施。

6月18日　秦皇岛生活垃圾焚烧发电改建项目开工。项目总投资4.6亿元，占地面积8.67公顷（130亩），2010年1月投入运营。

8月6日　河北省海洋局经省政府同意发布最新海岸线修测成果。成果显示，秦皇岛市海岸线长162.7千米，其中市区海岸线长80.7千米、抚宁县海岸线长17.1千米、昌黎县海岸线长64.9千米。

9月19日　秦皇岛市建筑垃圾处理厂建成并投入使用。工程总投资1 033万元，占地面积41 085.8米^2。

11月23日　津秦客运专线秦皇岛段开工仪式在北戴河火车站西货场举行，2013年12月1日正式通车。

11月30日　秦皇岛市被授予“中国生态旅游百强市”称号。

是年　秦皇岛市政府对抚宁县石门寨地区16家水泥企业的23座水泥生产立窑、2座悬窑全部爆破拆除，取缔落后产能241.6万吨。经过治理，石门寨地区环境质量明显改善，困扰秦皇岛市多年的“北尘”问题得到根本解决。

2009年

2月27日　秦皇岛排水有限公司挂牌成立，标志着全市排水和污水处理一体化管理体制形成。

3月20日　国内第一头克隆和牛、秦皇岛市首例克隆动物——小牛“贝贝”繁育成功，为市畜牧局与廊坊一家生物科技公司合作完成。

4月20日　秦皇岛鸟类博物馆对外开放，馆内收藏200余种鸟类标本和图片。这是全国第一家专业鸟类标本博物馆。

5月16日　青龙满源污水处理厂开工建设，是年12月完工。2010年6月29日通过建设项目环保验收。项目位于青龙镇河南村，占地面积2.67公顷（40亩），采用奥贝尔氧化沟和“V”形滤池相结合的工艺，出水排放标准为《城镇污水处理厂污染物排放标准》（GB 18918—2002）一级A排放标准，处理规模2万吨/日。

6月7日　承秦高速公路正式开工建设，2011年年底竣工通车。

6月16日　秦皇岛市第一家污泥处理厂——市绿港污泥处理厂建成并正式投入使用，这标志着秦皇岛市污水和污泥处理已经形成完整的产业链。

6月　秦皇岛沿海海域出现一类新的有害藻华，持续约40天，藻华致海水呈黄褐色，扇贝等出现滞长现象。类似藻华至2014年连续出现。经中国科学院与国家海洋局北海环境监测中心科研人员合作，2012年首次确认此藻华成因，其原因种为抑食金球藻，这种微微型藻“赤潮”被命名为褐潮。

9月8日　河北省文物普查队在青龙满族自治县双山子镇黄杖子村岭上自然村发现旧石器时代遗址。经专家判断，为距今3万年以前的旧石器时代遗址。这在秦皇岛市是首次发现，刷新了秦皇岛市人类活动的历史。

9月17—19日　河北省人大常委会“双三十”[30个重点县（市、区）和30家重点企业]节能减排执法检查团到秦皇岛，就秦皇岛市被列入“双三十”的县区、企业履行节能减排目标承诺落实情况进行执法检查。

10月9日　河北省环保厅通报2008年度全省环境综合整治定量考核结果，秦皇岛市以94.90分位列全省11个设区市之首。

是年　卢龙县城污水处理厂开工建设，2010年6月验收并投入运营，采取BOO经营模式和周期循环活性污泥法（CASS）、活性砂滤池、曝气生物滤池相结合的工艺，处理规模为1万吨/日。2018年5月30日二期扩容进水试运行，处理能力达到2万吨/日。

是年　秦皇岛柳江地学博物馆开工建设。2014年5月18日建成开馆。博物馆位于抚宁县石门寨镇上庄坨村（今属海港区），建筑面积8 122米^2，由地球科学厅、柳江盆地地质遗迹厅等5个单元组成。

2010年

2月1日　《秦皇岛市环境噪声污染的防治管理办法（试行）》自是日起实施，这是秦皇岛市首部关于噪声污染治理的规定。

3月8日　“在水一方”节能减排标准化项目通过省级验收。这是河北省房地产行业第一个通过省级节能减排重点标准化项目验收的项目。

4月23日　河北省委、省政府召开全省节能减排电视电话会议，通报全省各市节能减排工作目标考核结果，秦皇岛市因在考核中被评为优秀受到表彰。

5月10日　2010中国北戴河国际观鸟比赛颁奖暨摄影大展启动仪式在北戴河举行。观鸟比赛从4月的第一周（河北省“爱鸟周”）开始，历时近40天，来自中国、英国、美国、荷兰、韩国、新加坡、日本等国家的21支观鸟队参赛，最终英国野翅膀队获得一等奖。摄影展从4月“爱鸟周”开始至11月“保护野生动物宣传月”结束，活动主题为“关注生态、爱护鸟类、和谐发展、助推旅游”。在观鸟比赛中，首次在北戴河观测到棕腹柳莺。

6月26日　中国野生动物保护协会秦皇岛野生动物救护中心与东北林业大学共同筹办的科研教学实训基地揭牌。

10月　海港区北港镇、青龙满族自治县祖山镇被河北省环保厅、住房和城乡建设厅授予“河北省省级环境优美城镇”称号。

12月8日　秦皇岛市海洋牧场增殖有限公司秦皇海参加工厂正式投入运营，这是河北省首家海参加工厂。

12月29日　青龙满族自治县被命名为“县级园林县城”。

是年　秦皇岛《深入开展燃煤锅炉和工业窑炉污染综合整治实施方案》印发。

是年　中华全国总工会北戴河疗养院获“全国绿化模范单位”称号，秦皇岛市林业局张立军、武警北戴河疗养院陈晓光获“全国绿化奖章”。

是年　昌黎县贾河污水处理厂开工建设，2012年投入试运营。采用高级组合塘污水生态处理（深度曝气技术）＋紫外线消毒工艺，处理规模为7万吨/日。2016年，进行提标改造，

2017 年 4 月提标改造工程通过验收并投入正式运行。

是年　秦皇岛市实施海滨景观带生态修复工程。

2011 年

4 月 12 日　11 时左右，抚宁县大新寨镇大石窑村附近渤海林场发生火灾。火灾发生后，中共中央政治局委员、国务院副总理回良玉作出重要批示，省委书记张云川、省长陈全国紧急调度部署，并带领省有关领导连夜赶赴火场，指导扑救工作。秦皇岛市委、市政府、市人大常委会、市政协、秦皇岛军分区领导根据各自分工，组织专业扑火队、武警部队、周边群众 780 人第一时间进入火场扑救。同时，调集抚宁、青龙两县 13 990 人投入扑火工作。至 19 日上午 10 时，火场各区域明火全部扑灭，火灾集中扑救行动结束。

4 月　北戴河沿海湿地公园被列为国家湿地公园建设试点。2015 年正式挂牌。

是年　河流跨界断面水质目标考核和生态补偿金机制实施。

是年　城区河道环境整治“百日攻坚”行动开展。

是年　《秦皇岛市沿海地区开发建设环境保护规划》《秦皇岛市渤海环境保护行动计划》《秦皇岛市渤海近岸海域“十二五”规划》等印发。

2012 年

2 月 8 日　《秦皇岛市北戴河及相邻地区近岸海域环境综合整治工作方案》印发。北戴河及相邻地区近岸海域环境综合整治计划分 3 年实施，涉及工业污染源治理、城镇污水处理及配套设施建设、农业面源污染防治、河流入海污染治理、固体废物处置、浅海养殖区整治及水生生态修复与整治、侵蚀岸滩修复、沿海防护林建设、海洋环境保障，以及石油开采、船舶和港口污染防治十大工程。3 月 27 日，首批北戴河及相邻地区近岸海域环境综合整治工程开工。

3 月 25 日　秦皇岛市政府召开污染减排工作会议，对 2012 年减排工作进行部署，并与农业、城管、公安等部门主要负责人及 2012 年重点减排企业法人代表签订主要污染物总量减排目标责任书。

3 月　《秦皇岛市委、市政府关于着力改善发展环境的实施方案》和《秦皇岛市委、市政府关于着力改善生态环境的实施方案》印发。

4—5 月　秦皇岛市委、市政府印发《北戴河及相邻地区近岸海域违法违规排污综合整治工作责任追究办法（试行）》。5 月 31 日，全市大会召开，会上宣读了《北戴河及相邻地区近岸海域违法违规排污综合整治工作责任追究办法（试行）》。6 月 7 日，渤海环境保护及北戴河海域环境综合整治工作会议在秦皇岛市召开，会议对海域环境综合整治工作进行再检查、再部署、再落实。

5 月 11 日　城市西部快速路竣工通车。工程东起海港区河北大街与西环路交叉口，西至北戴河区联峰北路，全长 9.78 千米，总投资 20.68 亿元。

5 月 12 日　中国野生动物保护协会、河北省野生动物保护协会和秦皇岛市人民政府主办的 2012 中国·北戴河国际旅游观鸟摄影大展暨全国“爱鸟周”活动在秦皇岛野生动物救护中心启动。

5 月 31 日　秦皇岛市关停违法违规排污企业和环境卫生整治攻坚战动员会召开。会上，市政府对关停违法违规排污企业和环境卫生整治工作进行安排部署，并与各县（区）政府签订目标责任书。

5月　北戴河老虎石浴场及周边岬湾海岸修复工程开始实施，至2015年7月结束。

5月　秦皇岛北戴河国际机场开工建设，2016年3月31日建成并投入使用。机场位于昌黎县晒甲坨村南，占地面积156.67公顷（2 350亩），总投资4.87亿元。

6月5日　秦皇岛市船舶污染应急指挥中心挂牌成立，这是河北省首个市级船舶污染应急指挥中心。

6月9日　河北省委书记、省人大常委会主任张庆黎，省委副书记、省长张庆伟到秦皇岛市第一污水处理厂升级改造及中水回用工程建设现场考察，听取北戴河近岸海域环境综合整治情况介绍，了解污水处理厂升级改造工程方案和进展情况。

6月27日　秦皇岛市举行北戴河海域消除赤潮应急演练。

7月20日　秦皇岛市北戴河环境监测分站正式启用。

7月21日—8月4日　全市平均降雨量达567.9毫米，创1978年以后的最大纪录。其中，8月1—4日全市平均降雨量285.8毫米，是历年8月上旬平均降雨量的3.4倍多，是1962年以后的最大值，全市共有77个水文雨量站次日雨量超过100毫米。全市有9个县（区）、89个乡镇、252.68万人受灾，因灾直接经济损失167亿元。

7月25日　秦皇岛市环境监控指挥中心投入运行。

10月26—27日　河北省人大常委会“着力改善发展环境、着力改善生态环境”专项视察组，对秦皇岛市改善“两个环境”（发展环境、生态环境）工作进行视察指导。

11月21日　昌黎大滩48兆瓦风力发电工程项目开工。2015年11月30日，正式与国家电网并网送电。大滩风力发电项目，位于昌黎县刘台庄镇，由河北建设昌黎新天风能有限公司投资，中国二十二冶集团和河北省电力勘测研究院公司承建。项目总投资10亿元，装机总容量100兆瓦，分两期建设。这是冀东地区首个低风速风力发电项目，标志着秦皇岛市风电项目实现零的突破。

12月16日　昌黎县城郊区郝宋庄被农业部评为“全国一村一品示范村镇”。

是年　《秦皇岛市关于进一步加强扬尘污染控制的通知》印发。

2013年

1月1日　秦皇岛市5个具有$PM_{2.5}$监测能力的监测站正式启动，实时发布环境监测的各种数值。

3月12日　河北省委常委、秦皇岛市委书记田向利，市委副书记、市长朱浩文发表《弘扬绿色理念　建设生态港城》倡议书。号召全市人民立即行动起来，从我做起，从现在做起，努力完成2013年人工造林6 666.67公顷（10万亩）、封山育林4 000公顷（6万亩）、义务植树600万株的绿化任务，以生态建设的实际成效助推秦皇岛市大发展、快发展、科学发展。3月29日，开展了“关爱自然”大规模义务植树活动，在海滨林场、海港区河东村等处栽植毛白杨1.5万株。

4月26日　秦皇岛市政府召开“北戴河及相邻地区近岸海域环境综合整治动员会”。

5月21日　河北省政府督导检查组就北戴河及相邻地区近岸海域环境综合整治工程进行督导检查。截至检查当日，秦皇岛市组织实施了海洋污染治理、滨海生态修复等十大整治工程，共完成工程项目66项，投资15.8亿元，关停违法违规排污企业207家，淘汰落后生产线24条，城乡环境面貌大幅改善，北戴河近岸海域水质明显好转。检查组对秦皇岛市关于北戴河及相邻地区近岸海域综合整治工作取得的成果给予肯定。

5月　海港区西浴场海滩修复工程开始实施，2015年5月完成。

6月20日　蔡家坟商代遗址考古发掘工作启动，历时3个月。遗址位于卢龙县蔡家坟村北岭的商代遗址，为邻河台地，东西宽120米，南北长260米，文化层厚约4.5米。

是日　“我们的朋友——鸟”北戴河世界野生鸟类摄影展在北戴河鸟类博物馆开幕，全市鸟类摄影爱好者拍摄的近600幅野生鸟类摄影作品参展。

6月28日　“亲吻自然·秦皇岛风光”摄影展在北戴河奥林匹克大道公园开展。摄影展展出摄影作品120幅，取材于秦皇岛市的自然人文风光。

6月　北戴河新区洋河—葡萄岛段岸线整治修复工程实施，2015年12月完成。

10月19日　《秦皇岛市大气污染防治行动计划实施方案》和工业企业大气污染综合治理、压减钢铁产能、削减燃煤消费总量、关停违法违规大气污染企业、燃煤锅炉治理、港口煤尘治理等18个专项实施方案印发。

10月　秦皇岛市大气污染防治行动领导小组及其办公室成立。

是月　都山省级自然保护区建立。保护区总面积470千米^2，森林覆盖率达97.2%。

12月1日　《秦皇岛市大气污染防治行动督导考核办法》印发。

12月4日　秦皇岛市环境保护志愿者行动启动仪式在中国环境管理干部学院举行。志愿行动内容包括陆续开展环境保护志愿服务项目征集、大气污染防治等环境保护知识宣讲、关爱生态环境、绿化港城、美化家园等。

是年　截至年底，全市16个村通过省级生态村验收。即海港区北港镇东连峪村、西连峪村；海阳镇郭高庄村；抚宁县抚宁镇下庄管区香营村；卢龙县石门镇东阚各庄村；双望镇四新庄村；青龙满族自治县肖营子镇王子店村、五指山村、肖营子村、高丽铺村、下抱榆槐村、乱梨沟村、白家店村、薛杖子村、温泉村、赵杖子村。

2014年

1月6日　环境保护部大气污染防治工作检查组抵秦，听取了秦皇岛市大气污染防治工作的汇报，并对下一阶段防治工作提出具体指导意见。

1月22日　《秦皇岛市生态功能区规划》印发。

2月23日　河北省化解钢铁过剩产能第二次“周日行动”在秦皇岛市举行，青龙满族自治县燕山冶金铸造有限公司的2座高炉被拆除。

3月29日　“关爱自然、改善生态”义务植树志愿服务活动在全市开展。市领导田向利、商黎光、刘辰彦、杨宏、傅永国等与数千名志愿者参加植树活动。截至4月10日，全市共完成春季造林4 266.67公顷（6.4万亩），共栽植树木400多万株，80多万人次参加造林工作。

4月21日　15时30分，抚宁县大新寨镇猩猩峪村山林发生火灾。经过2 000余名部队官兵、专业扑火队和当地干部群众的合力奋战，至23日11时40分，现场明火全部被扑灭。

5月23日　人工鱼礁投放活动在秦皇岛海洋牧场增养殖有限公司海域举行。第一次使用新研制的“秦皇”号恢复生态船，通过底开仓式的卸力释放，一次投放人工鱼礁1 500米^3。

6月1日—9月1日　北戴河区政府在北戴河海域实施首次暑期“封海”行动。

11月15日　秦皇岛港煤炭堆场防风网主体及附属配套设施工程全部完工。秦皇岛港煤尘治理工程从2007年全面展开，累计建设防风网5 038米，为国内规模最大的防风网工程。

12 月 16 日　国家海洋局海域综合管理司司长潘新春一行到秦皇岛市就北戴河及相邻地区近岸海域环境综合整治工作进行调研。2014 年全市以改善北戴河及相邻地区近岸海域水质为目标，着力加强造纸、淀粉、食品和粉丝等重点行业的污染防治，巩固提高饮马河、贾河、人造河等入海河流和青龙河的整治成果。北戴河及相邻地区近岸海水水质按照监测的 9 项指标评价，均符合《海水水质标准》（GB 2097—1997）二类海水水质标准限值要求，海水水质界定为清洁。调研组表示，秦皇岛海域环境综合整治所做的工作、取得的成效，值得肯定。

是年　秦皇岛市政府 3 次召开全市主要入海河流水质、北戴河近岸海域环境综合整治暨节能减排工作调度会。全市近岸海域海水环境质量总体较好，春、夏、秋季全市达到第一类和第二类海水水质标准的海域面积为 1 787 千米^2、1 651 千米^2 和 1 805 千米^2，分别占管辖海域面积的 99.00%、91.50% 和 100.00%。全市二氧化硫和氮氧化物 2 项污染物排放量分别为 73 544 吨、89 604 吨，比 2013 年分别削减 8.52% 和 9%。

是年　北戴河国家湿地公园及周边湿地保护与恢复项目开始逐步实施。

2015 年

1 月　秦皇岛市获“中国观鸟之都”称号，为国内第二个获此称号的城市。

2 月 27 日　秦皇岛市市长办公会议召开，研究大气和水污染防治工作，在全省率先实施市领导“河长负责制”。

是月　秦皇岛市政府委托国家林业局调查规划设计院编制完成《河北北戴河国家湿地公园及周边生态修复专项规划（2014—2020 年）》。

3 月 12 日　秦皇岛市政府在全市范围内开展关停取缔黏土实心砖瓦窑集中行动。对昌黎县、卢龙县、青龙满族自治县各 1 处，抚宁县 2 处污染严重、破坏耕地的砖瓦窑进行同步拆除，拆除面积 3.22 公顷。

3 月 30 日　昌黎黄金海岸湿地、北戴河沿海湿地、滦河口湿地被列入河北省重要湿地名录。

5 月 9 日　全国“爱鸟周”活动之“中国观鸟之都——秦皇岛”授牌仪式暨中国·北戴河第五届国际旅游观鸟摄影大展启动仪式在秦皇岛鸟类博物馆举行。

5 月 20 日　秦皇岛市凯盛环保服务有限公司正式投产运营，这是河北省首家餐厨废弃物处理厂。

5 月 23 日　中共秦皇岛市委副书记、市长张瑞书到抚宁县杜庄经济开发区和石门寨就企业治污和石河上游河道垃圾治理工作调研，研究探讨治污措施，确保区域生态环境得到持续改善。

5 月 26 日　秦皇岛市政府召开大气污染防治调度会。会议强调，生态环境是秦皇岛的金色名片。全市各级各部门要高度重视，确保全面完成目标任务，推动全市大气和水环境质量得到明显改善。

6 月 5 日　中共秦皇岛市委常委、副市长邢留逮带领市水务局、城市管理局、环境保护局和海港区政府的负责人，到海港区大马坊河、小马坊河、大马坊河东支、护城河检查河道水质及“河长制”落实情况。

6 月 8 日　《秦皇岛市推行“河长制”管理实施方案》印发。这标志着全市市、县、乡、村四级“河长制”在河北省率先推行。按照“一河一长、分级负责、属地管理、条块结合、全流域包干”的管理体系，实现包河到人，市委书记、市长分别担任总河长、副总河长，并分别任戴河、洋河的河长，四大班子领导成员编组分包境内石河、汤河、青龙河、滦河等其余 15

条河流。全市共设立市级河长 34 名、县级河长 113 名、乡级村级河长 1 463 名，使得每条河、每个河段、每米河道都有人管理、有人负责，形成四级河长齐抓共管、覆盖全市所有河流和全部流域范围的河道管理体系。通过截污染、畅河道、造水面、添景观等综合措施，着力打造“水清、河畅、岸绿、生态”的河流水系。至 2016 年年底，8 条主要河流水环境功能区达标率比上年增长 13.8%，3 条河流恢复Ⅲ类水质，海水浴场水质达到Ⅰ类水质标准。

6 月 30 日　为控制低空污染，确保全市空气质量持续改善，全市拆除燃煤锅炉集中行动举行。这是 2015 年确定的污染减排重点工作之一。

7 月 18 日　在北京举行的首届全国生态文明建设高峰论坛暨城市与景区生态文明成果发布会上，秦皇岛市被授予“全国十佳生态文明城市”称号，是河北省唯一获此殊荣的城市。

7 月 23 日　国务院批复同意秦皇岛市调整部分行政区划，同意撤销抚宁县，设立抚宁区；将原抚宁县的石门寨镇、驻操营镇、杜庄镇划归海港区，将原抚宁县的牛头崖镇划归北戴河区。

8 月 25 日　河北省国土资源厅厅长潘爱良一行到秦皇岛市视察海洋环境保护工作，查看了岸滩整治修复、北戴河近岸海域赤潮应急消除、海洋环境监测预警预报、海监基地建设等项目并听取汇报。

8 月 26 日　秦皇岛市推进农村垃圾治理长效机制建设动员会召开。会议对卢龙县农村环卫市场化的做法进行总结、推广，对推进农村垃圾治理长效机制建设进行动员、部署。

11 月 1 日　北戴河集发农业观光园及北戴河村片区被农业部中国村社发展促进会认定为“中国农业公园”，成为全市首个、全省第二个、2015 年北方地区唯一获此国家级称号的园区。

11 月 13 日　秦皇岛市举行“关爱自然，绿化家园”义务植树活动，市领导及社会各界志愿者 3 000 多人参加。此次植树活动中，完成造林面积 20 公顷，栽植白蜡树苗 2.2 万株。

12 月　山海关石河南岛生态保护与修复工程实施，2017 年 12 月完成。南岛岛体修复面积 37.5 公顷。

是月　山海关旅游海滩岸线修复工程实施，2016 年 12 月完成。

是月　青龙湖（桃林口水库）流域建设成国家级湿地公园（试点）。

是年　《秦皇岛市 2015 年度水污染防治行动实施方案》印发。方案从加快城镇污水治理设施及配套管网建设、加强工业企业废水深度治理、推进农业农村污染防治、加大饮用水水源地保护和监管力度、加强水环境监测能力建设等方面开展水污染防治，并将年度工作分解落实到各县（区）政府和相关部门，签订了责任状。

是年　秦皇岛市重点开展“四大行业”（钢铁、水泥、电力、玻璃）污染治理攻坚、淘汰燃煤锅炉、拆除实心黏土砖瓦窑和大气污染“冬防”专项行动。年内压减钢铁产能 95 万吨，淘汰水泥落后产能 205 万吨。全市规模以上工业煤炭消费量 788.94 万吨，比 2014 年削减 53.04 万吨。淘汰燃煤锅炉 598 台 1 295.37 蒸吨，拆除废弃烟囱 37 根。关停取缔实心黏土砖瓦窑 60 座。实施重点行业脱硫除尘改造项目 33 项。淘汰黄标车 6 474 台，全面供应国五标准车用汽油、柴油。

是年　秦皇岛市启动实施天然林保护工程。至 2017 年 7 月 31 日，共停止天然林商业性采伐面积 60 108.8 公顷。

2016 年

1 月 25 日　中共秦皇岛市委书记孟祥伟首次对分包的戴河河道进行徒步踏查，推进戴河生态治理和周边环境改造。

2 月 29 日　中共秦皇岛市委副书记、市长张瑞书对分包的洋河进行首次徒步踏查，推进洋河生态治理和周边环境改造。

2 月　北戴河区被全国绿化委员会授予“全国绿化模范单位”，市林业局林业推广站副站长李德成被授予“全国绿化奖章”。

3 月 8 日　首届“唤醒蓝天”河北省城市环保接力活动在秦皇岛市举行。这是全国首例以城市接力形式宣传环保的大型活动。

3 月 21 日　中共秦皇岛市委书记孟祥伟主持召开会议，就进一步做好全市环保工作进行专题研究。会议强调，进一步提高对环保工作的认识，坚决不要带有污染的 GDP，进一步改善秦皇岛生态环境，着力打造京津冀都市群生态标兵城市，以生态良好实现城市的整体升值。

5 月 25—26 日　北戴河海域海洋环境保护及监测预警现场工作会召开。会议要求，要进一步抓好污染排查监测，抓实生态保护工程，强化环境执法检查，完善应急处置预案，确保北戴河海域水质和生态环境持续向好。

5 月 30 日　秦皇岛市大气污染防治工作会议召开。市委副书记、市长张瑞书出席会议并强调，大气污染防治工作责任重大，任务艰巨，各级各部门要进一步增强责任感，切实把大气污染防治工作抓紧、抓实、抓细，最大程度减少污染物排放，促进空气质量进一步改善。

7 月 20 日　自 4 时开始，秦皇岛市出现区域性大暴雨天气。截至 21 日 6 时 40 分，52 个雨量点超过 200 毫米，其中 8 个雨量点超过 300 毫米，最大雨量点为祖山（614 毫米），其次为花厂峪（447 毫米），平均降雨量 194 毫米。全市受灾人口 89.51 万人次，灾害造成经济损失 34.82 亿元。

7 月 23 日　《秦皇岛市划定畜禽禁养区限养区的规定》印发。

10 月 18 日　北戴河滨海湿地及水鸟保护国际研讨会在秦皇岛市举行。中国国际经济交流中心理事长曾培炎，河北省委副书记、省长张庆伟，保尔森基金会主席亨利·保尔森，国家林业局副局长李树铭出席开幕式并致辞。会议由中国国际湿地公约履约办公室、保尔森基金会、中国国际经济交流中心、河北省人民政府共同主办。

12 月　卢龙县“一渠百库”区域建设成为国家级湿地公园（试点）。

11 月底　宁海大道全线贯通。宁海大道原称秦抚快速路，西起抚宁区抚昌黄公路，东至秦皇岛经济技术开发区黄河道，2009 年启动，全长 24.096 千米。

12 月 31 日　北戴河国家级海洋公园选划通过国家海洋局组织的专家评审。

是年　《秦皇岛市关于进一步加强农作物秸秆综合利用和禁止露天焚烧工作的意见》印发，这标志着秦皇岛市全面禁止露天焚烧秸秆。

是年　青龙满族自治县林业局被全国绿化委员会、人力资源和社会保障部、国家林业局授予“全国绿化先进单位”。

第一章

地质

地质是整个自然生态的根基。地壳运动形成了地球表面最基本的地貌轮廓。地壳的组成物质（岩石、矿物、化学元素）是地球表层自然生态环境最基本的物质基础，与地球表层的其他圈层（大气圈、水圈、土壤圈、生物圈）通过水循环、大气循环、生物循环、地质循环等进行着复杂的能量转化和物质交换，对陆地水环境、土壤形成过程、土壤理化性质、生物的生长发育以及大气的组成都有重要的影响。

根据《河北省北京市天津市区域地质志》，秦皇岛市所处的大地构造单元属中朝准地台（$Ⅰ_2$）——燕山台褶带（$Ⅱ_2$）和华北断坳（$Ⅱ_2^4$）的一部分。以青龙—滦县大断裂为界，西部属燕山台褶带（$Ⅱ_2^2$）马兰峪复式背斜（$Ⅲ_2^7$）的东段，包括遵化穹褶束（$Ⅳ_2^{25}$）和蓟县凹褶束（$Ⅳ_2^{27}$）；东部则属山海关台拱（$Ⅲ_2^8$）。以固安—昌黎大断裂为界，以南部分属华北断坳（$Ⅱ_2^4$）的黄骅台陷（$Ⅲ_2^{14}$）和南堡断凹（$Ⅳ_2^{52}$）的北东部分。见图 1-1。

秦皇岛市三大岩石类型齐全，矿产资源丰富，为发展工矿业提供了良好的物质基础。主要有煤矿、铝土矿、耐火黏土和可烧制玻璃的石英砂岩、烧制水泥的石灰岩。此外，还有广泛分布的用作建筑石板、雕刻石材和路基石料等的花岗岩、正长岩和辉长岩等岩浆侵入体；还有铁铜矿、铅锌矿、重晶石等金属矿产，它们常产于岩浆侵入体周围。

第一节　地质构造

一、构造单元

1. 遵化穹褶束（$Ⅳ_2^{25}$）

此构造单元为马兰峪复式背斜核部的东段，枢纽向西倾伏，因而平面上呈东宽西窄的“舌状”，宽 20 ～ 60 千米，主要由太古代变质基底组成，此区的结晶基底至少经历 3 次主要的褶皱运动。后期酸性侵入岩体发育，大体沿轴迹位置呈串珠状分布，侵入时代主要在中侏罗世末期，与复式背斜具同生关系。区内有一平面呈楔形的北西向断块，长约 30 千米，宽约 10 千米，主要由中元古界至寒武系地层组成，边缘部位覆有零星的中侏罗统，岩层走向同主构造方向一致，均为北西向，地层总厚度不足 2 500 米，且缺失大红峪以下层位，上部则以龙山组直接超覆于雾迷山组之上。此断块在区域构造格局中极不协调，其上的中元古界、上元古界又与东临地区相近。因此，推测此地体属来自东南方向的推覆嵌入块体与复式背斜同期形成，并属同一应力场的产物，秦皇岛市正处在“舌根”的中心部位。

2. 蓟县凹褶束（$Ⅳ_2^{27}$）

此构造单元为马兰峪复式背斜的南翼。主要由一套中元古界、上元古界地层组成，由北而南迭次排列，南部近边缘一带零星分布有寒武—奥陶系及中侏罗统地层。此区沉积厚度巨大，构造变动相对微弱，以次级褶皱为主，多呈宽缓的短轴背、向斜，轴向近东西。区内侵入岩不发育，见有少量中基性岩脉，仅有一处盘山花岗岩株。

3. 山海关台拱（$Ⅲ_2^8$）

此构造单元为河北省最东部的一个横向Ⅲ级构造单元，北侧以密云—喜峰口大断裂为界，

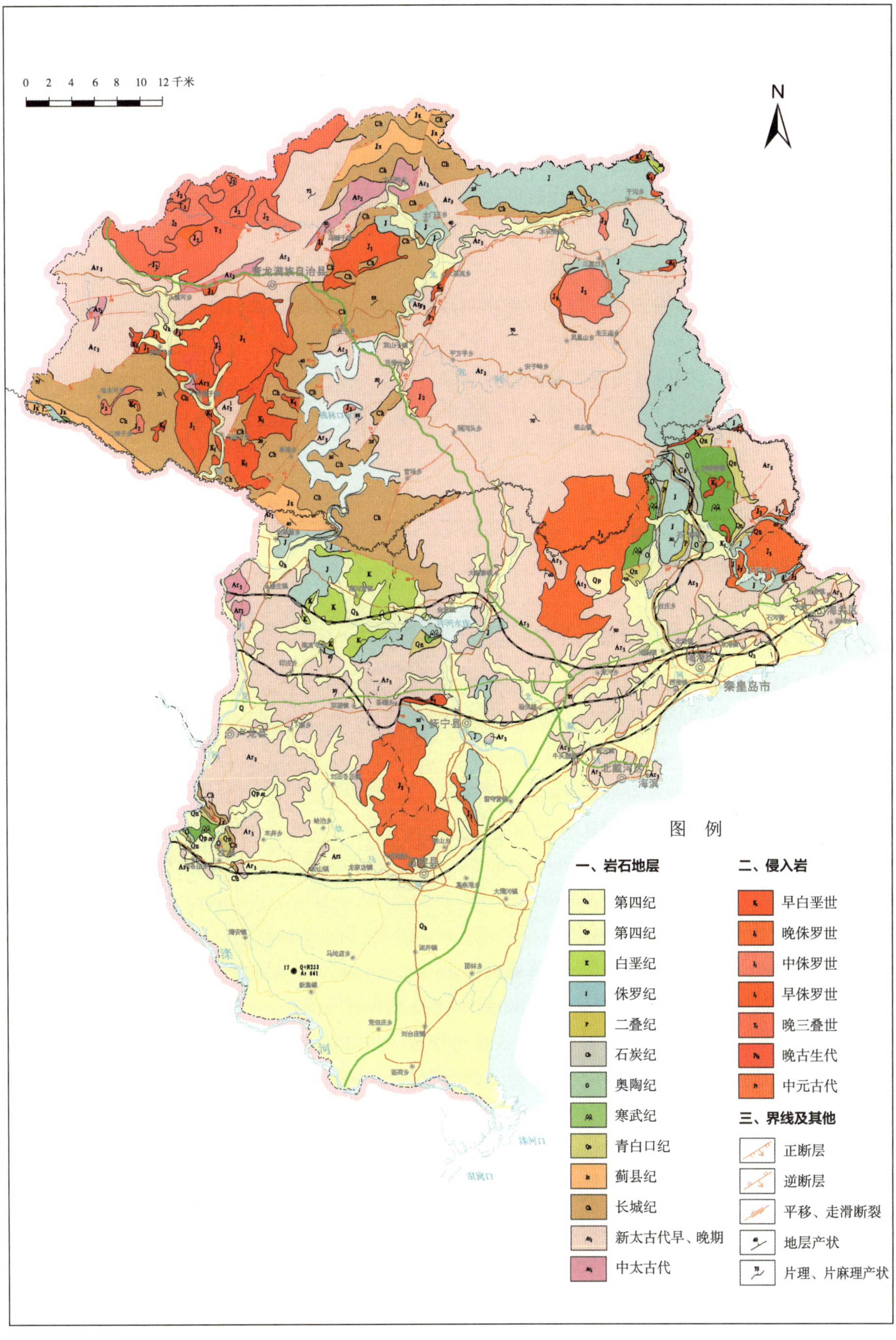
0 2 4 6 8 10 12 千米
N
青龙满族自治县
秦皇岛市
抚宁县
北戴河区
海滨
图 例
一、岩石地层
第四纪
第四纪
白垩纪
侏罗纪
二叠纪
石炭纪
奥陶纪
寒武纪
青白口纪
蓟县纪
长城纪
新太古代早、晚期
中太古代
二、侵入岩
早白垩世
晚侏罗世
中侏罗世
早侏罗世
晚三叠世
晚古生代
中元古代
三、界线及其他
正断层
逆断层
平移、走滑断裂
地层产状
片理、片麻理产状

图 1-1 秦皇岛市地质图

西侧以青龙—滦县大断裂为界，南缘以固安—昌黎大断裂为界，向东伸入辽宁省境内，平面略呈指向西南的锐角三角形。此区自中元古代以后与西部的马兰峪复式背斜开始分化。北北东向的青龙—滦县大断裂是当时燕山海槽东部边缘一个主要的同生断裂，此断裂西侧（即马兰峪复式背斜）在中生代大幅度坳陷，而断裂东侧（即山海关台拱区）则基本保持了正性状态，直到晚元古代长龙山期才遭受海侵超覆。因此，此区主要由太古代基底组成，整体为一硕大的紫苏花岗片麻岩—混合花岗岩穹窿。燕山旋回的岩浆侵入及喷发活动均较强烈。区内未再进一步划分Ⅳ级构造单元。

4. 南堡断凹（$Ⅳ_{2}^{52}$）

秦皇岛市仅占南堡断凹的一部分，分布在昌黎县城—南戴河以南一带，北边以固安—昌黎大断裂为界，南到渤海，地表均为第四纪沉积物。其下基岩发育齐全，自中元古界、上元古界至侏罗系、白垩系，累计厚度逾万米。

二、褶皱·断裂

秦皇岛市经历了多次构造运动，造成错综复杂的构造格局，断裂构造极为发育，褶皱构造明显，岩浆活动强烈（见图 1-2）。

图 1-2　吴庄褶皱

1. 褶皱构造

双山子紧闭同斜复式褶皱：此复式背斜位于青龙满族自治县茨榆山—双山子—大巫岚一带，总体展布为北北东向，此褶皱长约 40 千米，宽 5 ～ 10 千米，轴面倾向 290° ～ 310°，倾角 10° ～ 15°。为一北西向的弧形不对称复式褶皱。由滦县岩群和朱杖子岩群构成的背向斜的构造格局。褶皱北端的栅栏杖子一带翘起，向南西倾伏，其背向斜的轴迹基本平行，呈同斜倒转形态。此褶皱为早元古代吕梁运动的产物。

阳山复式背斜：此复式背斜轴部位于卢龙县南东的阳家山—响水峪一带，轴向北西 10° ～ 20°，轴面向西陡倾，西翼岩层产状相对稳定，次级构造不发育。东翼为倒转翼，岩层产状多变，次级褶皱发育，后期次级断裂发育，由新太古代早期滦县岩群构成（原单塔子群白庙子组）。

柳江复式向斜：此复式向斜位于海港区下平山—义院口一带，向斜盆地长 15 千米左右，宽 10 千米左右，为一轴向北东 10° 的不对称向斜，轴面向北西倾斜，轴向过老君顶抵崔家湾一带渐转为北西 15°。向斜核部由中侏罗系髫髻山组组成，两翼由上元古界至侏罗系地层组成，南北两端分别被北西向正断层和北东东向逆断层所截断。

武山向斜：此向斜位于卢龙县石门一带，核部由奥陶系地层组成，两翼为中元古界、上元古界及寒武系地层，轴向北西 50°，向斜南部受滦县北山逆断层破坏，形态不完整，两端在断层以北未再出露。北翼地层齐全，形态宽阔，并发育一系列平行主轴向的次级背、向斜和沿走向断层。

河潮营向斜：此向斜位于抚宁区北东 3.5 千米河潮营附近，轴向北东 15°，长约 5.5 千米，核部及南部多被第四系覆盖，仅在北端出露侏罗系下统下花园组。根据钻孔资料，向斜由下花园组煤系地层组成，向斜北端以 10° 角翘起，北部两翼倾角 50°，南东翼 30° ～ 40°，向斜宽 2 ～ 2.5 千米，轴面向北西倾斜。

除以上大的褶皱构造外，秦皇岛市范围内尚存在 10 余个较小的向斜、背斜构造。

2. 断裂构造

秦皇岛市断裂构造十分发育，可分为大断裂和一般断裂（长度大于 5 千米）两级。大断裂是指介于深断裂与一般断裂之间的一级断裂，在发展过程中具有继承性活动的特点，平面展布可延伸上百千米，但切割深度一般未深入硅镁层，对两侧某些地史、断代的发展具有一定的控制意义，往往是Ⅲ级构造单元的分界线；一般断裂主要有近东西向和北东向—北北东向两组，北西—北北西向次之。见图 1-3 ～图 1-5。

图 1-3　吴庄断层

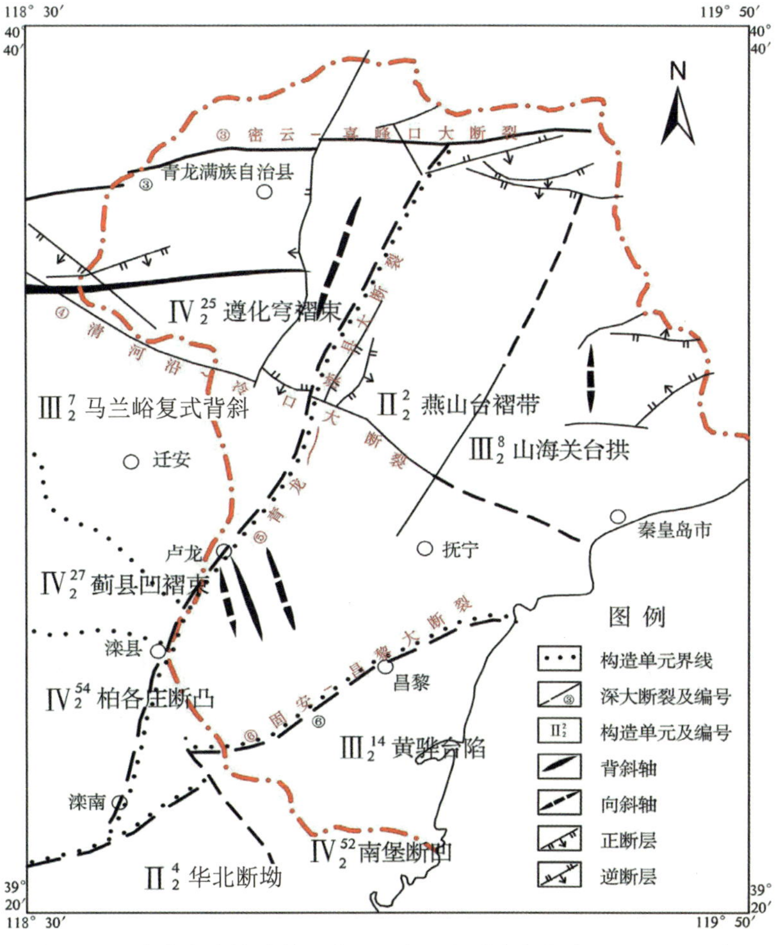

图 1-4　秦皇岛市构造单元分区及主要断裂分布图（1:1 000 000）

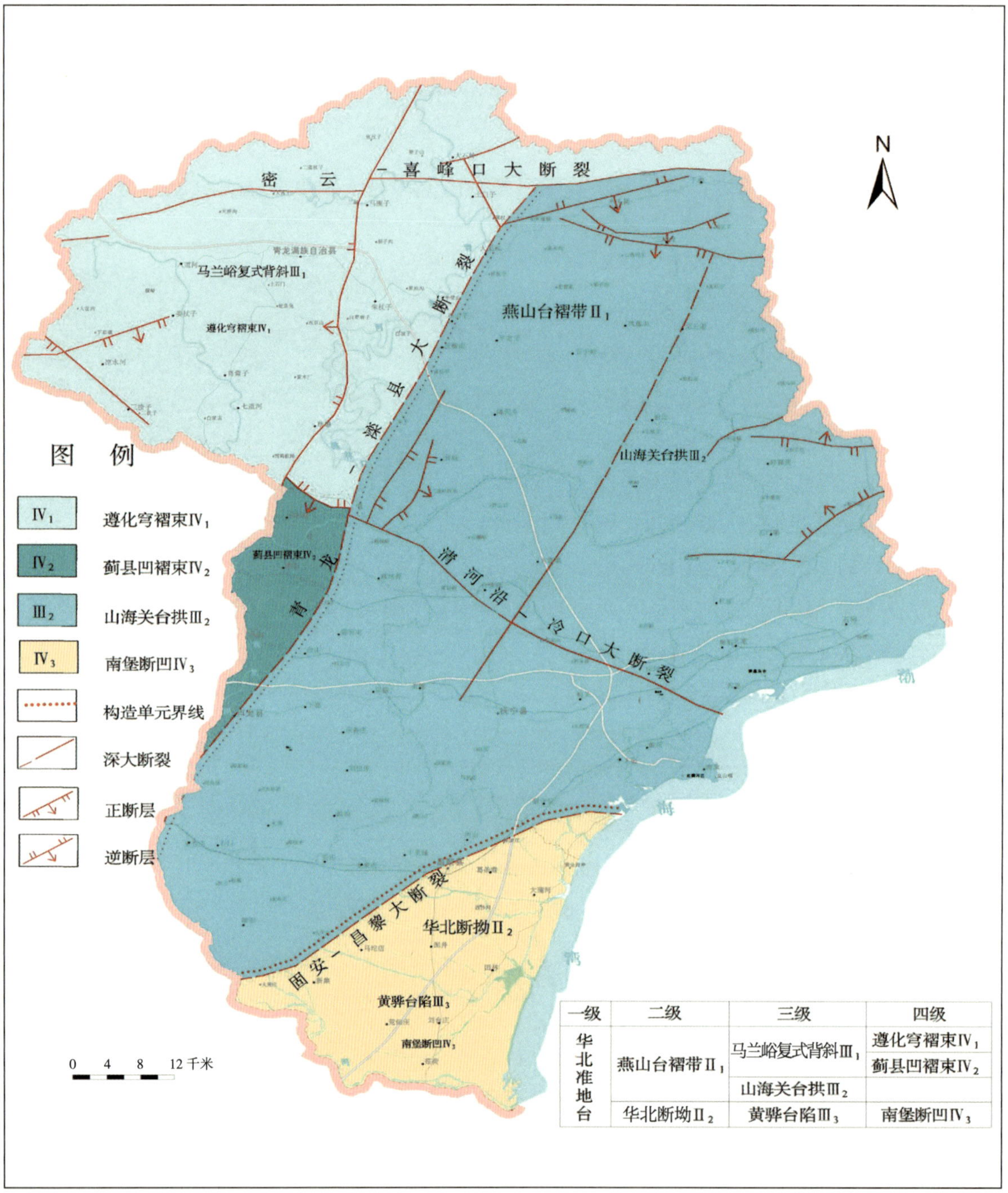

图 1-5　秦皇岛市地质构造单元分区图

密云—喜峰口大断裂：此大断裂自密云至喜峰口全长约 220 千米，向东延入辽宁省，断裂带宽数十米至数百米不等；走向近东西，由多条断裂及多个断面组成，断面陡倾 80° 以上，喜峰口以西断面北倾、以东断面南倾，具有压剪性特征。此断裂形成于新太古代，印支至燕山期活动最为强烈，由南东向北西发生大规模推覆并产生强烈的右行剪切，平移约 40 千米，使北侧中元古代地层形成一系列叠瓦状斜冲构造。大断裂以北形成裂陷槽地，以南则形成一系列东西向、串珠状排列的早侏罗世花岗质岩体。

清河沿—冷口大断裂：此大断裂带北西出青龙满族自治县至宽城满族自治县境内，南东至鸽子窝入海。秦皇岛市主要发育于青龙满族自治县清河沿—冷口一带，总体走向北西 70°左右，断裂破碎带宽数十米至 200 米，由碎裂岩和糜棱岩组成，断裂面向南西陡倾，属压扭性断裂，切割深度较大，具有继承性活动特点，对青龙满族自治县西南部的楔形断块具有明显的控制作用。

青龙河—滦县大断裂：此大断裂沿青龙河谷分布，向北延出区外，向南经卢龙县、滦县，隐入华北平原，总体走向北东 25° 左右，向北西陡倾，长 150 千米以上。破碎带由碎裂岩组成，最宽可达 200 ～ 300 米，其内糜棱岩化带及片理岩化带普遍发育，擦痕、劈理成群出现，局部并见有硅化现象及热泉露头，属压扭性断裂。根据断裂对两侧地层的控制关系，推测其形成于新太古代晚期至古元古代，位于青龙—双山子—朱杖子一带，断裂导致了朱杖子期中基性熔岩的线性喷发，新太古代晚期开始差异活动，断裂西盘连续堆积了千米厚的碎屑岩系，其底砾岩层的砾石组分大部来自正向隆起的东盘，属坡下冲积洪积堆积成因，中生代—新生代继承性活动。断裂具有多期活动性，据记载曾诱发过多次地震。

固安—昌黎隐伏大断裂：此大断裂位于燕山山前平原区，全线隐伏。西起固安，向东经廊坊、宝坻、倴城、昌黎，再往东入渤海。沿线多处被北北东向或北西向断层平面错移，呈错落折线，在北纬 39°30′ ～ 39°40′ 区间分布，走向近东西向，长约 320 千米。断面南倾，倾角 60° ～ 80°，主要控制古近纪及侏罗纪、白垩纪的沉积。此断裂为华北断坳的北界，中新生代仍继续活动。

草碾—马圈子一般断裂带：此一般断裂带位于青龙满族自治县草碾—马圈子一带。大致呈北东 5° 略作“S”形伸展，长 60 千米以上，倾向北西，倾角 75° ～ 80°，由 20 余条断裂组成。

抚宁—牛心山一般断裂带：此一般断裂带位于抚宁城西—青龙满族自治县牛心山一带。长 60 千米以上，大致呈北东 40° 方向展布，由多条挤压破碎带组成，均赋存于太古界变质岩系之中。

北桦尖—鹿尾山一般断裂带：此一般断裂带位于宽城满族自治县北桦尖至卢龙县鹿尾山一带。长 50 千米以上，宽约 10 千米，范围内有 10 余条断裂带出现，互相平行排列，断裂带走向北西 45° ～ 60°，断面走向呈舒缓波状，倾角 40° ～ 60°，多与岩层走向一致。沿断裂带发育着破碎带、断层角砾、糜棱岩，断裂带两侧多为中元古界、上元古界地层，边部深入太古界中，断裂带内岩浆活动、蚀变微弱。

第二节　地　层

一、变质基底

依据基底变质岩系原岩建造类型及其经历的地质改造作用的差异，秦皇岛市全区内大体可划分出 2 个变质岩区，即以青龙河北北东向大断裂为界，以西为遵化—迁安中高级变质岩区，以东为青龙河花岗—绿岩带变质构造岩区，二者在原岩建造类型及其所经历的地质改造作用等方面均存在较大差异。详见表 1-1、图 1-6。

表 1-1　秦皇岛市变质基底岩石（地层）单位划分一览表

变质岩区	时　代	岩石（地层）单位		原岩建造类型	主要岩性（岩石组合）
青龙河花岗—绿岩带变质构造岩区	新太古代晚期	姜女庙变质钾长花岗岩	秦皇岛市变质花岗岩系列	钾长花岗岩	变质钾长花岗岩
		山海关变质花岗岩		花岗岩	变质花岗岩
		潘庄变质二长花岗岩		二长花岗岩	中粗粒变质黑云二长花岗岩
		望海店变质花岗闪长岩		花岗闪长岩	灰白色中粗粒变质花岗闪长岩
		平方子变质斜长花岗岩		斜长花岗岩	灰白色中细粒变质斜长花岗岩
		柳各庄变质石英闪长岩		石英闪长岩	中粗粒变质石英闪长岩
		朱杖子岩群		以沉积碎屑岩为主	变质砾岩、二云片岩、黑云斜长变粒岩、镁铁闪石磁铁石英岩
	新太古代早期	牛心山片麻岩	安子岭片麻岩套	奥长花岗岩	灰白色中细粒黑云斜长片麻岩
		柏和松片麻岩		花岗闪长岩	中细粒黑云角闪斜长片麻岩
		化石岭片麻岩		闪长岩	中粗粒角闪斜长片麻岩
		安子岭片麻岩		角闪二长岩	黑云透辉斜长片麻岩
		鲁杖子岩组	滦县岩群	基性火山岩夹中酸性火山碎屑岩	以薄层状斜长角闪岩为主夹片岩
		阳山岩		以中酸性火山碎屑岩及半黏土质粉砂岩为主，下部夹基性火山岩及硅铁质岩	以黑云变粒岩为主，上部夹片岩，下部夹角闪变粒岩、薄层斜长角闪岩及磁铁石英岩
遵化—迁安中高级变质岩区	新太古代早期	石门岩墙	汉儿庄片麻岩套	辉绿岩	斜长角闪岩
		青杨树角闪二辉斜长片麻岩		辉长岩	角闪二辉斜长片麻岩
		八道河角闪二长片麻岩		花岗闪长岩	（含斑或不含斑）角闪二长片麻岩
		秋花峪浅色斜长片麻岩		奥长花岗岩	浅色（角闪）斜长片麻岩
		小关庄（透辉）角闪斜长片麻岩		闪长岩	（透辉）角闪斜长片麻岩
		遵化岩群		上部以中酸性火山碎屑—沉积碎屑岩为主，下部以基性火山岩及硅铁质岩为主	上部以黑云斜长变粒岩为主，下部以（透辉）斜长角闪岩为主，夹磁铁石英岩
	中太古代	麻达峪岩墙		辉绿岩	二辉麻粒岩
		太平寨紫苏花岗（闪长）岩	迁西片麻岩套	花岗（闪长）岩	紫苏花岗（闪长）岩
		龙新庄紫苏奥长花岗质片麻岩		奥长花岗岩	浅色含紫苏斜长片麻岩
		三屯营紫苏英云—花岗闪长质片麻岩		英云闪长岩（主）—花岗闪长岩	紫苏（透辉、角闪）黑云斜长片麻岩
		迁西岩群		以基性熔岩和中酸性火山喷发岩为主，夹沉积碎屑岩及硅铁质岩	以暗色中细粒麻粒岩、紫苏黑云变粒岩为主夹透辉斜长角闪岩及磁铁石英岩

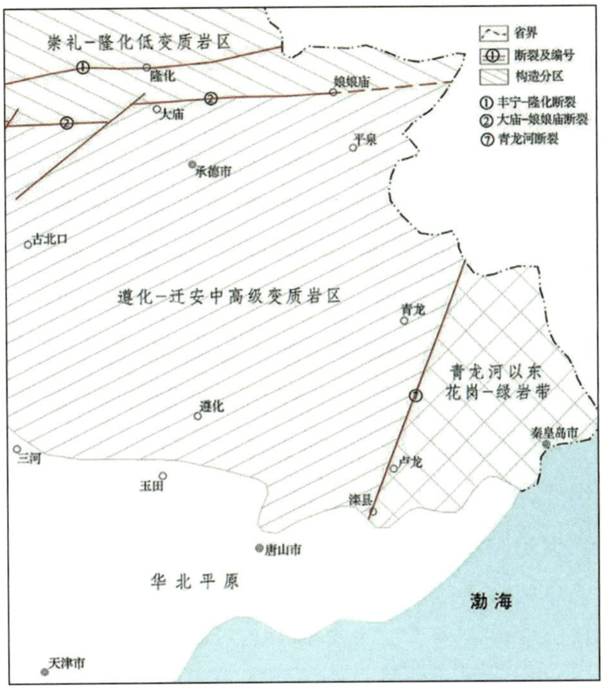

图 1-6 秦皇岛市及其周边地区变质构造分区图

1. 青龙河花岗—绿岩带变质构造岩区

此岩区主要由新太古代低级变质的两套表壳岩和两套变质深成（侵入）岩组成。

滦县岩群（Ar_3L）：此岩群主要分布在卢龙县、青龙满族自治县大巫岚—茨榆山、抚宁区深河一带，原称为双山子群，以规模不等的残留体、包裹体形式分布于安子岭片麻岩套之中，是原单塔子群或八道河群中的表壳岩部分。此岩群为秦皇岛市的主要含铁层位之一，如庙沟铁矿、三合店铁矿等均产于此层位；下部为阳山岩组（$Ar_3y.$），主要岩石组合为黑云斜长变粒岩，夹斜长角闪岩及磁铁石英岩，中上部为夹片岩。上部为鲁杖子岩组（$Ar_3lz.$），基本相当于原双山子群鲁杖子组中的表壳岩部分。主要由薄层状斜长角闪岩夹各种片岩及黑云角闪斜长变粒岩等组成。

滦县岩群变质程度为角闪岩相，岩石面理发育，变形强烈，至少经历过 3 期褶皱变形改造，以韧性变形为主。据安子岭片麻岩套与滦县岩群的接触关系分析，安子岭片麻岩套及滦县岩群中所获得的年龄数据（2 600 百万年）只能表示安子岭片麻岩套侵位之后曾遭受一次区域性变质变形事件的年龄，故将滦县岩群的形成时代置于新太古代早期。

安子岭片麻岩套（Ar_3^1Agn）：此岩套广泛分布于东部安子岭一带，原 1:20 万山海关幅称之为混合杂岩及三屯营组片麻岩，河北省地质志称之为拉马沟组及跑马场组，孙大中称之为八道河群王厂组。根据 1:5 万区调成果，它是一套岩石类型、结构构造均十分复杂的变质深成杂岩体，总体呈穹窿状产出，其与滦县岩群呈侵入或交代侵入接触，常见有规模不等的滦县岩群（斜长角闪岩、变粒岩）包体，岩石普遍具有中粗粒片麻状构造。根据岩石矿物组合、化学特征，结合其产出状态和相互穿插关系，可进一步划分为安子岭片麻岩、化石岭片麻岩、柏和松片麻岩和牛心山片麻岩，岩石化学成分特征分别相当于辉长岩、闪长岩、花岗闪长岩和斜长花岗岩。

安子岭片麻岩套的变质程度为角闪岩相，岩石变形强烈，片麻理发育，以韧性变形为主，形成时代为新太古代早期。

朱杖子岩群（Ar_3zz）：此岩群分布于青龙满族自治县柞栏杖子—朱杖子—厂房子一带，相当于原朱杖子群，前人均认为属早元古代。此岩群底部的复成分岩的砾石成分主要来自安子岭片麻岩套中的各种变质深成岩和滦县岩群中的变粒岩及斜长角闪岩，说明其与下伏滦县岩群鲁杖子岩现呈不整合接触。

在双山子镇西行 2 千米青龙河南岸一个侵位于朱杖子岩群的变质石英闪长岩小岩株中所获得的（2450±8）百万年的锆石 U-Pb 一致线年龄，与在往东约 3 千米柳各庄变质石英闪长岩（2528±42）百万年的同位素年龄十分接近，说明朱杖子岩群在柳各庄变质石英闪长岩侵位之前就已形成，此岩群的形成时代应属新太古代晚期。岩石变余层理构造清晰，为绿片岩相变质。

朱杖子岩群的岩石组成，自底砾岩之上大体可分为 3 个部分：下部以灰色、深灰色中厚层细粒二云变粒岩为主，夹少量黑云角闪片岩、云母片岩，局部夹磁铁石英岩和磁铁角闪岩（如栅栏杖子铁矿）；中部主要由千枚状片岩组成，夹二云片岩、二云变粒岩及变质砂砾岩；上部则以二云变粒岩及黑云角闪变粒岩为主，夹各种片岩（如石榴二云变粒岩、二云石英变粒岩、黑云角闪片岩等）并夹多层磁铁石英岩及磁铁角闪岩透镜体（如厂房子铁矿等）。

柳各庄变质石英闪长岩：其主要分布于抚宁区马各庄—柳各庄—青龙满族自治县茨榆山一带。总体特征为变质程度普遍甚微，为绿帘—绿片岩相，具有明显的侵入岩貌特征，与围岩的侵入关系十分清楚。岩石一般为中粗粒花岗结构，不具片麻理。但受后期韧性剪切带影响，局部变形强烈，形成构造面理（类片麻状构造）。

秦皇岛市变质花岗岩系列：其分布于青龙河断裂以东地区，山海关隆起之上。前人划为均质混合岩或混合花岗岩，直到 20 世纪 80 年代中期，才被公认为变质侵入岩。此系列的总体特征为变质程度弱，故均具明显的侵入岩特征，且与围岩侵入关系十分清楚，除在局部地段受后期韧性变形带的影响出现面理（似片麻状构造）。如图 1-7 所示。一般不具片理；片理岩浆的总体演化趋势由中酸性向酸碱性转变。锆石 U-Pb 同位素年龄在 2412 百万～2552 百万年。该系列包括 5 个岩石单位，分别为平方子变质斜长花岗岩、望海店变质花岗闪长岩、潘庄变质二长花岗岩、山海关变质花岗岩及姜女庙变质钾长花岗岩。

图 1-7 张崖子村西风化的混合花岗岩体

2. 遵化—迁安中高级变质岩区

秦皇岛市主要由中太古代和新太古代早期的两套表壳岩和两套变质深成岩组成。

迁西岩群（Ar_2Q）：主要分布于迁西—迁安一带，原为三屯营组或王厂组中的部分表壳岩，在秦皇岛市呈规模不等的表壳岩包体，零星分布于迁西片麻岩套之中。岩石组合主要为暗色中粒基性麻粒岩及含紫苏辉石的黑云斜长变粒岩，夹透辉斜长角闪岩及辉石磁铁石英岩。其为秦皇岛市的主要含铁层位之一，如大石岭铁矿等。

迁西片麻岩套（Ar_2Qgn）：主要分布于迁西—迁安一带。在秦皇岛市呈不规则状断续分布于八道河及大石岭一带，原为三屯营组或王厂组中的部分变质深成岩或混合花岗岩。迁西片麻岩套是由原迁西群中解体出来的一套麻粒岩相长英质片麻岩。根据其岩石矿物组合特征、岩石化学特征，结合其产出状态和相互穿插关系，可进一步划分为三屯营紫苏英云—花岗闪长质片麻岩、龙新庄紫苏奥长花岗质片麻岩和太平寨紫苏花岗（闪长）岩。秦皇岛市以三屯营紫苏英云—花岗闪长质片麻岩出露较为广泛，根据其变形变质特征和 1:5 万区调成果，其形成时代为中太古代晚期。

遵化岩群（Ar_3Z）：下部以斜长角闪岩类为主，夹少量斜长变粒岩及磁铁石英岩；上部主要为黑云斜长变粒岩夹少量斜长角闪岩。其中的磁铁石英岩为秦皇岛市的主要含铁层位之一，如湾杖子铁矿、大棒锤沟铁矿等。

汉儿庄片麻岩套（Ar_3Hgn）：在秦皇岛市分布广泛，是从原迁西群三屯营组或八道河群王厂组变质岩系中重新厘定出来的一套高角闪岩相成分较为复杂的变质深成杂岩，与遵化岩群的侵入接触关系较为明显。在宏观上表现出较明显的侵入岩岩貌特征，局部尚可见到变余半自形岩浆结构。

根据其岩石矿物组合特征，岩石化学特征，结合其产出状态和相互穿插关系，可进一步划分为石门岩墙、小关庄（透辉）角闪斜长片麻岩、秋花峪浅色斜长片麻岩、八道河角闪二长片麻岩、青杨树角闪二辉斜长片麻岩，秦皇岛市以八道河片麻岩出露最为广泛。根据其变形变质特征和 1:5 万区调成果，其形成时代为新太古代早期。

二、盖层地质特征

秦皇岛区域地层可分为元古界（Pt）、古生界（Pz）、中生界（Mz）、新生界（Kz），其中元古界又分中元古界、上元古界，详见表 1-2。

表 1-2 秦皇岛市地层一览表（表跨页）

界	系	统	组	代 号	厚度 / 米	主要岩性	备 注
新生界（Kz）	第四系（Q）	全新统	未分	Qh	0 ～ 40	黄土状亚黏土、亚砂土、含岩屑亚砂土、含碎屑亚黏土、砂、粉砂、黏土、淤泥及砾石、砂砾石等	分布于河床、漫滩及山间谷地
		更新统	未分	Qp	0 ～ 40	含砾亚黏土、含岩屑亚黏土、亚砂土、含钙质结核和僵结石等	分布于河流III级阶地、盆地边缘
中生界（Mz）	白垩系（K）	中统	南天门组	K_2n	1 974	上部以砾岩、砂砾岩为主，夹砂岩、粉砂岩、泥岩；中部杂色泥岩、泥页岩、粉砂质页岩夹粉砂岩、泥灰岩，中上部夹较多砾岩透镜体；下部为砂砾岩、砂岩、粉砂岩及少量泥岩	主要分布在大巫岚盆地
		下统	义县组	K_1y	180 ～ 390	杂色安山岩、安山质角砾（集块岩）熔岩夹流纹质凝灰岩	主要分布在燕河营盆地
	侏罗系（J）	上统	张家口组	J_3z	300 ～ 575	流纹岩、斑流岩、流纹质凝灰岩、熔结凝灰岩、粗面岩、石英粗面岩夹安山岩、砂砾夹层或透镜体	主要分布在柳江盆地、大巫岚盆地、建昌营盆地之中

界	系	统	组	代 号	厚度 / 米	主要岩性	备 注
中生界（Mz）	侏罗系（J）	中统	土城子组	J_2tch	150 ～ 572	砂砾岩、砂岩、泥岩夹凝灰质粉砂岩、局部油页岩	主要分布在柳江盆地、大巫岚盆地、建昌营盆地之中
			髫髻山组	J_2t	588 ～ 1 605	底部安山质集块岩、角砾岩夹凝灰质砂岩，向上为安山岩、安山质集块熔岩、辉石安山岩、角闪安山岩夹细砾岩、粉砂岩，局部夹碳质页岩	
		下统	下花园组	J_1x	357	顶部为碳质页岩夹煤层；上部为粉砂岩、碳质页岩、石英砂岩夹含砾粗砂岩；下部为砾岩、含砾粗砂岩、砂岩、粉砂岩、碳质页岩及煤	
	三叠系（T）	上统	杏石口组	T_3x	165 ～ 280	含砾粗粒长石砂岩、岩屑石英砂岩、碳质页岩夹粉砂岩及煤线	出露于柳江盆地黑山窑一带
古生界（Pz）	二叠系（P）	上统	未分	P_2	115 ～ 280	顶部为岩屑砂岩、粉砂岩夹泥岩；上部为粉砂岩、粉砂质页岩、泥质页岩；下部为含砾粗砂岩、页岩、砾质砂岩	出露于柳江盆地一带
		下统	未分	P_1	21 ～ 110	顶部为碳质页岩夹煤线；上部为粉砂质泥岩、页岩；中部为含砾粗砂岩、含球形铁质结核；下部为含砾粗砂岩、细砂岩、长石石英砂岩	
	石炭系（C）	上统	太原组	C_3t	95 ～ 118	上部为泥质岩屑石英砂岩、碳质页岩夹煤层；中部为铁质砂岩、岩屑石英砂岩、粉砂岩；下部为泥质岩屑石英砂岩、碳质页岩、泥页岩、钙质页岩、粉砂质页岩	柳江盆地主要含煤岩系
		中统	本溪组	C_2b	64 ～ 71	粉砂质页岩、碳质页岩、泥钙质页岩、夹石英砂岩、泥灰岩夹煤层，局部铝土质页岩层	
	奥陶系（O）	中统	未分	O_2	71.2 ～ 110	以粉晶白云岩为主，下部细晶白云岩、粉晶白云质灰岩、竹叶状砾屑灰岩，上部细粉晶白云岩夹少量灰岩	分布于柳江、武山盆地、清河沿一带
		下统	未分	O_1	223 ～ 608	豹皮状灰岩、竹叶状灰岩、细粉晶灰岩夹页岩	
	寒武系（$\in$）	上统	未分	$\in_3$	147	竹叶状灰岩、鲕状灰岩、泥晶灰岩、砂质粉砂质页岩、生物碎屑灰岩	主要分布于柳江盆地，青龙满族自治县西部及卢龙县武山一带
		中统	未分	$\in_2$	234	含云母粉砂质页岩、长石石英粗砂岩、鲕状灰岩、竹叶状灰岩、钙质页岩	
		下统	未分	$\in_1$	416	豹皮状灰岩、泥晶白云岩、泥质页岩、含砂泥灰岩夹页岩；顶部为铁质砂岩	
上元古界（Pt_3）	青白口系（Qn）		景儿峪组	Qnj	0 ～ 32	底部为石英砂岩；中部为 2 ～ 3 层海绿石石英砂岩；上部以泥晶灰岩为主	分布于柳江、武山一带，其他地区零星出露
			龙山组	Qnl	80 ～ 186	底部为砾岩；下部为含砾粗砂岩、石英砂岩、细砂岩；上部为粉质砂岩	
中元古界（Pt_2）	蓟县系（Jx）		雾迷山组	Jxw	3622	上部白云质砂岩、粗巨晶白云岩及石英砂岩，下部燧石条带白云岩、沥青质白云岩	长城沿线一带及青龙满族自治县东北部
			杨庄组	Jxy	799	上部白云质石英砂岩、含燧石条带白云岩、石英砂岩；下部含铁质砂质白云岩、含砾砂质白云岩、泥质白云岩	
	长城系（Ch）		高于庄组	Chg	1 031	燧石条带白云岩、含锰泥质白云岩、泥晶白云岩夹钙质页岩	
			大红峪组	Chd	170 ～ 350	石英岩状砂岩、长石石英砂岩，上部泥晶白云岩、燧石条带白云岩及砾岩	
			团山子组	Cht	150 ～ 300	含粉砂泥晶白云岩夹砂岩、砂质页岩	
			串岭沟组	Chch	120 ～ 168	砂质页岩、粉砂岩、纸片状粉砂岩及碳质页岩	
			常州沟组	Chc	180 ～ 200	砂砾岩、含砾长石石英粗砂岩、砂岩、粉砂岩、粉砂质页岩	

1. 中元古界（Pt_2）、上元古界（Pt_3）

此界地质由一套未变质或轻变质的地台型海相富镁碳酸盐及碎屑岩、黏土岩组成。自下而上划分为长城系、蓟县系、青白口系。

（1）中元古界长城系（Ch）

主要分布于青龙满族自治县大石岭以北，前白枣山—桃林口一带及长城沿线。根据岩石组合特征划分 5 个组，即常州沟组、串岭沟组、团山子组和大红峪组、高于庄组两个海进沉积旋回。

常州沟组（Chc）：以碎屑岩为主，主要由黄褐色—浅红色砂砾岩和白色石英岩状砂岩组成，黑灰色粉砂岩、页岩次之，与下伏地层朱杖子群为不整合接触。

串岭沟组（Chch）：下部为含铁砂岩，黄褐色粉质页岩夹黄绿色粉砂岩，黑、深灰色叶片状或纸片状粉砂质页岩；上部为黑色碳质页岩夹含砂泥页岩、白云岩。

团山子组（Cht）：以深灰色含铁白云岩、含粉砂泥晶白云岩为主，夹黄色砂岩和绿色砂质页岩。

大红峪组（Chd）：由灰白色石英岩状砂岩、长石石英砂岩、白色巨厚层石英岩状砂岩、砾岩、含燧石泥晶、细晶白云岩和燧石条带白云岩等组成。与下伏地层整合或假整合接触，局部可见超覆于太古界之上。

高于庄组（Chg）：主要岩性为燧石条带白云岩含锰泥质白云岩、碳质页岩、隐晶白云岩、钙质页岩等，常见锰结核。

（2）中元古界蓟县系（Jx）

分布于青龙满族自治县大石岭北部长城沿线及卢龙县武山北坡。自下而上出露有杨庄组、雾迷山组、缺失洪水庄组和铁岭组。

杨庄组（Jxy）：以碳酸盐岩为主，碎屑岩和黏土岩较少。改组岩性为下部浅紫红色、浅肉红色厚层含铁砂质白云岩、含砾砂质白云岩、泥质白云岩等；上部白云质石英砂岩、含燧石条带白云岩、石英砂岩等。

雾迷山组（Jxw）：下部灰—深灰色厚层燧石条带白云岩、条纹状沥青质白云岩；上部灰白色白云质砂岩、中—粗晶白云岩、巨晶白云岩及石英砂岩。

（3）上元古界青白口系（Qn）

雾迷山期后，受冷口断裂的影响，秦皇岛市西北部地壳开始抬升，结束蓟县系的沉积作用，造成秦皇岛市缺失洪水庄组和铁岭组地层。至上元古界，秦皇岛市东部燕河营、柳江地区及南部武山一带下降为滨海湖盆，开始接受青白口系沉积，但仍缺失下马岭组。青白口系地层直接覆盖于太古界混合花岗岩之上，自下而上出露有龙山组和景儿峪组，主要分布于柳江盆地和燕河营盆地东南侧。

龙山组(Qnl)：超覆于太古代—元古代混合花岗岩之上，接触面上普遍存在底砾岩层，分为上下两段。下段底部为砾岩，向上由灰白—深灰色厚层含砾粗砂岩、粗粒石英砂岩及细砂岩构成 4 ～ 5 个由粗至细的正向韵律层。层面上对称波痕发育，上部为紫红色中厚层含海绿石石英砂岩状砂岩、薄层细砂岩夹黄绿色粉砂质页岩，砂岩中交错层及波痕十分发育；上段为紫红色粉砂质页岩夹黄绿色页岩，见图 1-8。

图 1-8　张崖子新太古界变质花岗岩与元古界长龙山组砂岩沉积

景儿峪组（Qnj）：底部为深灰色厚层中—粗粒石英砂岩；中部有 2 ～ 3 层含海绿石粗粒长石砂岩；上部为杂色板状泥晶灰岩、泥晶白云岩。与下伏龙山组为连续沉积。

2. 古生界（Pz）

古生界地层主要分布于柳江盆地和武山盆地之中，以柳江盆地为主，西北边缘部分寒武系、奥陶系、石炭系和二叠系地层分布于山神庙至拿子峪一带，除缺失奥陶系上统、志留系、泥盆系、石炭系下统外，其他地层均有出露。此外，在西南小马坪南部，有寒武系地层呈构造断块零星分布，为冷口断裂的残留体。

（1）寒武系（∈）

此地层是一套以碳酸盐为主的浅海相沉积，化石较丰富，按其岩相、岩性及化石划分为下、中、上三统。

寒武系下统（$\in_1$）：主要岩性为褐灰色豹皮状沥青质粉晶灰岩、褐黄色含砾巨屑泥晶白云岩、灰白—深灰色中厚—厚层含燧石结核、团块白云质灰岩（图 1-9），鲜紫红色厚层泥质页岩、棕黄色薄层含砾角砾状泥灰岩、土黄色钙质泥灰岩时夹浅绿色页岩薄层、紫红—猪肝色厚层页岩夹数层灰—灰紫色薄层泥灰岩。顶部发育一层鲜紫色铁质页岩，局部为灰岩，产葛万藻、褶盾虫、山东壳虫等化石。

图 1-9　柳江盆地沙河象鼻山组成岩石寒武系下统府君山组石灰岩

寒武系中统（$\in_2$）：暗紫色含云母粉砂质页岩夹泥质长石石英粗砂岩及灰色中厚层含石英细砂亮晶鲕粒灰岩、紫红色中厚层小竹叶鲕粒泥灰条带灰岩互层，间夹灰绿色粉砂质页岩、深灰色中厚—厚层含砾屑鲕粒灰岩夹猪肝色泥钙质页岩、薄层泥质条带灰岩、厚层含泥质条带鲕粒灰岩夹生屑灰岩及灰绿色粉砂质页岩，顶部为豹皮状泥质条带灰岩夹厚层鲕粒灰岩和生屑灰岩（图 1-10），产德氏虫、李三虫等化石。

图 1-10　寒武系中统张夏组藻灰岩

寒武系上统（$\in_3$）：褐色中厚层竹叶状灰岩（图 1-11）、厚层鲕粒灰岩、紫灰—黄灰色粉砂质页岩、紫色厚层竹叶状灰岩夹薄层含海绿石鲕粒灰岩、灰—浅绿色薄板状白云质细粉晶灰岩、泥晶灰岩夹中厚层细粉晶鲕粒灰岩、紫色砂质页岩、暗紫色云母质页岩、薄板状灰岩或相变为黄绿色页岩、灰白—浅灰色薄板状泥质条带灰岩夹竹叶鲕粒灰岩或黄绿色页岩，上部灰色中厚层生屑、粉屑竹叶状灰岩夹薄层泥裂灰岩及钙质

图 1-11　寒武系上统长山组竹叶状灰岩

页岩，产蝴蝶虫、长山虫、褶盾虫、方头虫等化石。

（2）奥陶系（O）

此地层为一套海相碳酸盐建造，与下伏地层为连续沉积，此区只有中、下统，缺失上统。分布于柳江盆地（图 1-12、图 1-13）、卢龙县武山—石门一带。

奥陶系下统（O_1）：灰色厚层小豹皮状灰岩、薄层灰岩夹竹叶状灰岩及页岩，厚层灰岩、薄层泥质条纹灰岩夹竹圳状灰岩、灰色中厚层含泥纹白云质条带细粉晶灰岩夹竹叶状薄层灰岩及黄绿色页岩、黄绿色泥钙质页岩，产小栉虫、链房螺等化石。

图 1-12　奥陶系下统亮甲山组石灰岩

图 1-13　亮甲山沉积岩层理

奥陶系中统（O_2）：以灰白色中厚层粉晶白云岩为主，局部含燧石结核，底部为黄灰色薄层细粒白云岩，其上为深灰色角砾状含生屑砾屑细粉晶白云质灰岩和一层灰白色似竹叶状砾状灰岩，上部为灰黑色薄板状细粉晶白云岩夹少量灰岩。产冬纳氏螺、松旋螺等化石。

（3）石炭系（C）

以碎屑岩为主夹灰岩和煤，为一套海陆交互的含煤建造，按其沉积旋回、岩性、岩相、生物化石特征，此区仅存中、上统，缺失下统，与下伏奥陶系中统呈平行不整合接触，地层主要分布在柳江盆地内。

石炭系中统（C_2）：主要为黄灰—灰绿色粉砂质页岩、灰黑色碳质页岩、黄绿色泥钙质页岩夹石英砂岩、铝土质页岩及薄层泥灰岩，下部为可采煤一层，底部为黄褐色—深红色含铁质结构粗粒泥铁质岩屑砂岩或可相变为含铁质结核粉砂质页岩，其上为铝土质砂岩及铝土质页岩，上部夹泥灰岩透镜体，顶部为灰黑色碳质页岩夹少量黄褐色粉砂质页岩。产科达、猫眼鳞木、开平脉羊齿等化石。

石炭系上统（C_3）：下部褐灰色薄—中厚层中细粒铁泥质岩屑石英砂岩、局部夹少量铝土质、碳质页岩；黑色碳质页岩、泥页岩夹铝土质细砂岩、粉砂岩及煤层；黄绿色—灰绿色泥钙质页岩、粉砂质页岩夹薄层石英细砂岩及泥质砂岩。中部黄灰色薄层铁质泥砂岩；灰黑色碳质页岩夹黄灰色薄层细粒岩屑石英砂岩、石英粗、粉砂岩及灰岩透镜体和煤层。上部为黄灰色泥质中—细粒岩屑石英砂岩，局部含铁质结核；灰黑色碳质页岩夹二层煤及泥质细粒岩屑石英砂岩，图 1-14 为柳江盆地欢喜岭石炭系上统太原组杂砂岩球状风化。产帚楔叶、脉羊齿等化石。

（4）二叠系（P）

为一套陆相粗屑含煤建造，与石炭系上统呈整合接触，按岩性特征划分为下统和上统，出露位置同石炭系。

图 1-14　柳江盆地欢喜岭石炭系上统太原组杂砂岩球状风化

二叠系下统（P_1）：下部为黄褐色中厚层含砾粗砂岩、细砂岩、长石石英砂岩，中部为褐色厚层含砾粗砂岩，有球形铁质结核，上部紫色、黄灰色粉砂质泥岩、页岩，顶部为碳质页岩夹煤线。

二叠系上统（P_2）：下部为黄褐色中厚层含砾粗砂岩、紫色页岩；褐黄—紫色薄板—中厚层泥质含砾粗—巨粒岩屑石英砂岩、砾质砂岩及紫红色砾岩，向上逐渐过渡为黄灰色细粒砂岩、黄绿色粉砂质页岩、浅紫红色砖红色泥质页岩；顶部有一层浅黄—灰色薄层泥质中粒岩屑砂岩及砖红色粉砂岩透镜体，局部夹薄层灰色泥岩。产肋木化石。

3. 中生界（Mz）

中生界火山沉积地层，主要分布于大巫岚盆地、建昌盆地、永安堡盆地和柳江盆地。秦皇岛市中生界地层除缺失三叠系中、下统和晚白垩系外，其他地层均较发育。

（1）三叠系上统（T_3）

三叠系出露于柳江盆地的东翼，仅保留了上统的杏石口组（原黑山窑组），以角度不整合超覆二叠系上统之上。

杏石口组（T_3x）：为灰黑色厚层含砾粗粒长石砂岩、含砾巨粒长石砂岩、泥质粗粒长石岩屑石英砂岩与灰黑色碳质页岩、黄绿色页岩互层，间夹薄层粉砂岩及灰白色厚层砂岩；中上部夹 1 ～ 2 层煤线，与下伏二叠系上统多呈角度不整合，但在瓦家山一带为平行不整合，在黑山窑附近最发育，向北逐渐变薄。

（2）侏罗系（J）

为一套陆相火山岩沉积地层，可划分为下、中、上三统四组，主要分布于青龙满族自治县土门子—干沟以北周杖子—山神庙，卢龙县燕河营、刘家营和海港区河潮营一带。

侏罗系下统（J_1）：秦皇岛市仅保留了下花园组（J_1x）。改组下部为灰白—黄绿色巨厚—厚层砾岩、中厚层含砾粗砂岩、粗粒杂砂岩夹泥质石英粉砂岩、黄绿色页岩、碳质页岩及煤层；上部为黑色碳质页岩与石英粉砂岩、中细粒长石英杂砂岩互层夹黄绿色页岩、砾岩及含砾粗砂岩；顶部为碳质页岩夹煤层。

侏罗系中统（J_2）：秦皇岛市侏罗系中统由下至上划分 2 个组——髫髻山组和土城子组。髫髻山组（J_2t）岩性以深灰、灰、灰绿色辉石安山岩为主，夹紫色、灰色角闪安山岩，普通安山岩，安山集块岩及杂色安山质细砾岩、凝灰质粉砂岩、砂质页岩，局部夹黑色碳质页岩及煤线和薄层煤，底部普遍有一层灰紫、灰绿色安山集块岩，安山质凝灰角砾岩夹凝灰质粉砂岩薄层；土城子组（J_2tch）岩性为紫色、紫灰色厚层安山质中—粗砾砾岩夹少量的砂岩。页岩、白云质砂岩、凝灰质粉砂岩、含油质页岩、油页岩。

侏罗系上统（J_3）：秦皇岛市仅有张家口组（J_3z）。改组岩性为安山质凝灰岩、紫色角砾岩化流纹岩、浅红色斑状流纹岩、含岩屑斑状流纹岩夹少量流纹质熔岩、角砾岩、流纹质凝灰岩、辉石安山岩等。

（3）白垩系（K）

为一套陆源碎屑岩及中性火山岩地层，仅保留下统义县组和中统南天门组，主要分布于青龙满族自治县大巫岚、大龙腰子—冰沟一带（图1-15）及卢龙县燕河营盆地。

白垩系下统（K_1y）：以杂色安山岩、安山质熔岩、流纹岩、安山质角砾岩为主，其次为含铁钙质凝灰质粉砂岩、安山集块岩、凝灰砾岩、安山质砾岩、凝灰质熔岩、凝灰岩、杂色砂岩，与下伏侏罗系地层不整合或假整合接触。

白垩系中统（K_2n）：下部以灰绿色、灰色中厚层砾岩，粉砂岩，砂质页岩为主，夹泥岩、凝灰岩及不稳定的凝灰质砾岩，中部为灰、灰绿色中粗砾岩夹砾岩；上部为紫红色中细砾岩与泥岩互层，时夹灰绿色页岩及煤线；顶部为紫色砾岩夹紫红色粉砂岩。

图 1-15　柳江盆地板厂峪中生界白垩系古火山口

4. 新生界（Kz）

秦皇岛市新生界分布广泛，主要位于南部平原区、山间盆地及沟谷地带，堆积物类型复杂，有松散的砂、砾石及黄土状亚黏土、亚砂土夹泥煤、草煤等。根据沉积类型、接触关系划分，秦皇岛市仅见第四系更新统和全新统。

更新统（Qp）：零星分布于河谷的Ⅲ级和Ⅳ级阶地之上及卢龙县、抚宁区、海港区山间盆地的边缘地带，主要由含砾石黏土、含岩屑亚黏土、亚砂土组成，有红色、棕黄色含角砾、岩屑的黏土、含砾亚黏土，有红褐色、黄红色含砾亚黏土、黏土、黄土状亚黏土、亚砂土、含钙质结核和僵结石。厚度 0 ～ 25 米。

全新统（Qh）：主要分布于平原区，其次各主干河流的河床、河漫滩及山间沟地，可划分以下 7 种类型：河流冲积，主要为砾石、粗砂，越向下游颗粒越细，近海处成分为细砂和粉砂；冲洪积，呈洪积扇分布于山前、丘陵地带，主要为黄色、灰黄色黄土状亚砂土和含砾亚黏土；残坡积，为浅黄、粉黄色含岩屑亚砂土、亚黏土；坡积，分布于市区南部，为棕褐色碎屑亚黏土；风积，分布于海滨一带为黄灰色细砂和粉砂；湖积，地层为黑色黏土、淤泥，下部为灰黑色、黄褐色粉砂及亚砂土，间夹黑色黏土质粉砂和泥碳质薄层；海积，分布于海滩和岩岸Ⅰ级阶地，主要为灰—灰白色含砾细砂和粉砂，以含大量贝壳碎片及有孔虫为其特征。见图 1-16、图 1-17。

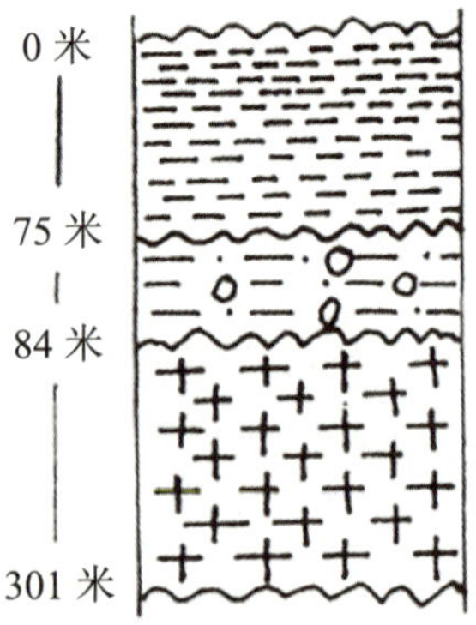

图 1-16　昌黎县地王酿酒总厂厂院地震观测井岩性柱状剖面图（摘自《昌黎县志（1986—2002）》）

图 1-17　昌黎县杨古泊地域全新统冲积层柱状剖面图（摘自《昌黎县志（1986—2002）》）

第三节　岩浆岩

一、喷出岩

中生代中、晚侏罗世，秦皇岛市曾经发生爆炸式火山喷发，在柳江向斜核部、大巫岚周围及燕河营盆地附近出露有喷出岩。秦皇岛市出露喷出岩较少，主要有侏罗世中期的髫髻山期、晚期的张家口期及白垩世早期的义县期。髫髻山期主要分布在柳江向斜核部和大巫岚周围一带，均由安山岩组成，出露面积几十至上百平方千米；张家口期只在燕河营盆地的东南侧和西侧零星出露，呈北东向延伸，厚度 332 ～ 400 米，岩性为流纹岩夹凝灰角砾岩；义县期与张家口期分布基本一致，厚度在 240 米，岩性为安山岩夹流纹岩。

安山岩类：属于岩浆岩中的中性岩类，安山岩中 SiO_2 含量变化较大（52% ～ 63%），平均含量为 58.17%。岩体呈深灰、紫红、暗褐等色，蚀变后呈绿色。似斑状结构、气孔构造、块状构造，有的气孔被方解石、石英、绿泥石等充填形成杏仁状构造。斑晶主要为斜长石、角闪石、辉石等，基质为隐晶质或玻璃质。根据斑晶矿物成分含量，可划分为角闪安山岩、辉石安山岩和斜长安山岩等。

流纹岩：属于岩浆岩中的酸性岩类，流纹岩中 SiO_2 含量大于 69%。岩体为暗灰色、灰红色。似斑状结构、流纹构造、气孔构造，其斑晶主要为正长石和石英组成，晶体形状为方形板状，基质为隐晶质或玻璃质。

粗面岩类：属于岩浆岩中的中性岩类，粗面岩中 SiO_2 平均含量为 60% 左右。岩体呈浅肉红色、紫红色。似斑状结构、块状构造、气孔构造、流纹构造。基质为隐晶质或玻璃质。根据其矿物成分含量可划分为粗面岩和石英粗面岩，根据其构造类型可以划分为流纹构造粗面岩和块状粗面岩。秦皇岛市的板厂峪地区有此岩分布。

二、侵入岩

秦皇岛市侵入岩十分发育（图 1-18、图 1-19），早期前寒武纪变质深成岩广泛分布于遵化—迁安中高级变质岩区及青龙河花岗—绿岩带变质构造岩区；元古代超基性侵入岩多沿北东向构造带发育，主要分布在山海关台拱内；中生代侵入岩主要以晚三叠世都山超单元、早侏罗世肖营子超单元、晚侏罗世—早白垩世雾灵山—响山超单元等 3 套超单元组合。见表 1-3。

图 1-18　昌黎县碣石山水岩寺侏罗系细粒花岗岩与斑状花岗岩接触关系素描图（摘自《昌黎县志（1986—2002）》）

图 1-19　花厂峪侵入岩

表 1-3　秦皇岛市侵入岩一览表

时　代		岩体位置	产状、岩体规模	岩　性
新太古代		新太古代侵入岩主要有花岗岩、钾长花岗岩、二长花岗岩等侵入岩以及伟晶岩和细晶岩脉。新太古代侵入岩经历了 20 多亿年的地质作用，除少数伟晶岩岩脉外，大部分已发生变质作用。经变质作用变为变质岩的岩体，详见前面变质基底岩石部分。残留的伟晶岩岩脉主要有花岗伟晶岩岩脉（鸽子窝、老虎石和联峰山等地均有分布）、石英伟晶岩岩脉（鸽子窝和联峰山等地有分布）、正长伟晶岩岩脉（柳江盆地鸡冠山有分布）、闪长岩岩脉（联峰山有分布）		
元古代		响山岩体的西侧和西南侧、牛心山、吉利峪、乱泥沟及黄砬子沟	多呈椭圆形、圆形及脉状产出。岩体规模一般很小，为 0.1 ～ 0.2 千米 ^{2}	岩石受不同程度的区域变质作用和混合岩化作用，普遍具有透闪石化、蛇纹石化，岩性主要为辉石岩和角闪石岩
中生代	晚三叠世	都山	岩基产出，面积大于 300 千米 ^{2}，呈长椭圆形	角闪辉石岩、石英二长闪长岩、含斑石英二长岩、花岗闪长岩、二长花岗岩和正长花岗岩
	早侏罗世	肖营子	岩基产出，面积约 150 千米 ^{2}，总体近似椭圆形	石英二长闪长岩、石英二长岩、二长花岗岩和正长花岗岩
		杨杖子	呈岩基产出，面积不足 80 千米 ^{2}，总体呈北东向展布的不规则状	石英二长岩、二长闪长岩、二长花岗岩和正长花岗岩
	晚侏罗世—早白垩世	响山	呈岩基产出，面积大于 200 千米 ^{2}，总体呈北北东向展布的椭圆形	钾长花岗岩和碱性花岗岩
		卧龙岗	呈岩基产出，面积约 45 千米 ^{2}，圆形	斑状花岗闪长岩和细粒花岗岩
		楼子山	呈岩株产出，面积约 13 千米 ^{2}，圆形	石英闪长岩、二长花岗岩和花岗斑岩

太古代：变质深成岩已在变质基底特征中作过详细叙述，在此不再赘述。

元古代：超基性侵入岩在区内超基性侵入体多沿北东向构造带成群出现，主要分布在响山岩体的西侧和西南侧，另外在牛心山、吉利峪、乱泥沟及黄砬子沟均有出露，多呈椭圆形、圆形及脉状产出，岩体规模一般很小，为 0.1 ～ 0.2 千米 ^{2}，大者为 0.5 千米 ^{2}。侵入于滦县岩群、朱杖子岩群和安子岭片麻岩套中，岩石均受不同程度的区域变质作用和混合岩化作用，普遍具有透闪石化、蛇纹石化，岩性主要为辉石岩和角闪石岩。

中生代：侵入岩分为晚三叠世、早侏罗世、晚侏罗世—早白垩世 3 个时代。

晚三叠世都山超单元在冀东地区主要分布于蓟县的盘山，宽城满族自治县的棒槌崖、碾子峪，青龙满族自治县的都山、水胡同。

都山岩体位于青龙满族自治县城西北约 7 千米，呈岩基产出，面积大于 300 千米 ^{2}，呈长椭圆形，侵入于太古代变质岩系和中元古代盖层中，并被中侏罗世、早白垩世岩体侵入，主要由角闪辉石岩、石英二长闪长岩、含斑石英二长岩、花岗闪长岩、二长花岗岩和正长花岗岩等组成。根据其矿物成分、结构构造、岩石化学特征及产出关系可划分为 8 个单元，总体构成都山岩浆岩序列。岩浆活动受北东向和东西向构造控制，以中心式侵入为主。早侏罗世肖营子超单元沿密云—喜峰口断裂带南侧呈东西向成串分布，形态各异，冀东地区主要分布于遵化市茅山、罗文峪，迁西县高家店、青山口，青龙满族自治县肖营子、杨杖子。肖营子岩体位于青龙满族自治县西南部，呈北东向展布，面积约 150 千米 ^{2}，总体近似椭圆形。主要由石英二长闪长岩、石英二长岩、二长花岗岩和正长花岗岩等组成。根据其矿物成分、结构构造、岩石化学特征及产出关系，可划分为 4 个单元，总体构成肖营子岩浆岩序列。岩浆活动受北东向和北西向构造控制，以中心式侵入为主。杨杖子岩体位于青龙县城东，呈岩基产出，面积不足 80 千米 ^{2}，总体呈北东向展布的不规则状。主要由石英二长岩、二长闪长岩、二长花岗岩和正长花岗岩组成，属于肖营子岩浆岩序列。岩浆活动主要受北东向构造控制，以中心式侵入为主。其侵入时代与肖营子岩体同期略早，为早侏罗世，属燕山运动中期的产物。

晚侏罗世—早白垩世雾灵山—响山超单元分布于青龙满族自治县的响山、卧龙岗、楼子山，昌黎县的后石湖山、碣石山，河北省滦平县、承德县、兴隆县和北京市密云区交接的雾灵山。

响山岩体位于青龙满族自治县东南部，呈岩基产出，面积大于 200 千米 ^{2}。总体呈北北东向展布的椭圆形，主要由钾长花岗岩和碱性花岗岩等组成，可划分为 4 个单元，总体构成响山花岗岩序列。岩浆活动主要受北东向和东西向构造控制，以中心式被动侵位为主。岩浆成因类型为 A 类，其侵入时代为晚侏罗世—早白垩世，属燕山运动晚期的产物。卧龙岗岩体位于青龙满族自治县东部三星口以南，呈圆形岩基产出，面积约 45 千米 ^{2}。主要由斑状花岗闪长岩和细粒花岗岩组成，可划分为 3 个单元，总体构成卧龙岗序列。岩浆活动主要受东西向和北东向构造控制，以中心式侵入为主。其侵入时代为晚侏罗世—早白垩世。楼子山岩体位于青龙满族自治县中部茨榆山东南，呈圆形岩株产出，面积约 13 千米 ^{2}。主要由石英闪长岩、二长花岗岩和花岗斑岩组成，可划分为 4 个单元，总体构成楼子山序列。岩浆活动主要受北东向构造控制，以中心式侵入为主，侵入时代为晚侏罗世—早白垩世。响山岩体、卧龙岗岩体和楼子山岩体均属燕山运动晚期的产物。

秦皇岛市全区各类岩脉较为发育，以中酸性为主，主要受断裂构造控制，大多为燕山运动的产物。

花岗岩属深成侵入岩，即岩浆沿岩石圈的破裂带上升侵入地壳时，在地壳深处冷凝而成的岩石。SiO_2 含量多在 66% 以上，属岩浆岩中的酸性岩类。种类多，有细粒花岗岩、中粗粒花岗岩、碱性花岗岩、碱性斑状花岗岩、黑云母花岗岩等。颜色较浅，为肉红色或灰白色，略具黑色斑点。具有明显的块状构造。多以岩基、岩株状产出。

据前人研究，响山花岗岩体分为中心相和边缘相，两者为渐变关系。中心相为灰白色中粗粒碱性花岗岩，边缘相为肉红色斑状花岗岩。中心相中粗粒花岗岩，呈灰白色，镜下鉴定具花岗文象结构，主要矿物有钾长石（60% ～ 65%）、斜长石（微量）、石英（35%）、碱性角闪石（＜ 5%），副矿物有磁铁矿、磷灰石等。边缘相中细粒斑状花岗岩，呈肉红色，镜下鉴定具斑状结构，斑晶为微斜长石、奥长石，基质为花岗结构。主要矿物有钾长石（45%）、钠—奥长石（15%）、石英（30%）、黑云母（＜ 10%）。副矿物有磷灰石、磁铁矿、锆石等。

花岗闪长岩属深成侵入岩，属酸性岩类。主要矿物是斜长石、钾长石、石英和普通角闪石，含有较多的斜长石和暗色矿物，且斜长石多于钾长石，暗色矿物一般以普通角闪石为主。石英含量比花岗岩低。因此，花岗闪长岩是比花岗岩酸度较低的岩石。岩石的颜色呈灰绿色或暗灰色，比花岗岩略深一些。具有明显的块状构造，多为岩脉、岩株状产出。

石英二长岩属深成侵入岩，酸性岩类。主要矿物是钾长石、斜长石和石英等，钾长石和斜长石数量略等。属于花岗岩和花岗闪长岩之间的过渡性岩石，颜色较浅，具有明显的块状构造，多以岩基、岩株状产出。

石英闪长岩属深成侵入岩，中性岩类。主要矿物为中性斜长石、普通角闪石和少量石英（6% ～ 10%），一般为灰色或灰绿色，斑状结构、块状构造，岩体多呈岩株、岩床或岩墙状产出。

花岗斑岩属浅成侵入岩，大致在地下 3 000 米到地表之间的岩浆侵入活动形成的岩石，酸性岩类，呈灰白色、浅肉红色，斑状结构、块状构造，肉红色钾长石、石英作斑晶，基质为细晶—微晶质，岩体呈岩墙、岩株状产出。

闪长玢岩属浅成侵入岩，是大致在地下 3 000 米到地表之间的岩浆侵入活动中形成的岩石，中性岩类，多为灰色、灰绿色，具明显斑状结构，基质为细粒或隐晶结构，斑晶为中性斜长石和普通角闪石，岩体常呈岩床、岩墙产出，分布在潮水峪、老炼炉等地，见图 1-20。

图 1-20　潮水峪灰绿玢岩岩脉

辉绿岩属浅成侵入岩，是大致在地下 3 000 米到地表之间的岩浆侵入活动中形成的岩石，属基性岩类。岩体暗绿色或黑色。主要矿物有斜长石和辉石。细粒结构到隐晶结构，块状构造。岩体呈岩床、岩墙或岩脉产出。辉绿岩分布在亮甲山和燕塞湖等地。

正长斑岩属浅成侵入岩，是大致在地下 3 000 米到地表之间的岩浆侵入活动中形成的岩石。岩体暗红色或黄色。斑状结构，斑晶为正长石，基质为细粒—隐晶质的正长石、石英等。块状构造。多呈岩墙产出。分布在牛鼻子山及燕塞湖一带。

石英正长斑状岩属浅成侵入岩，大致在地下 3 000 米到地表之间的岩浆侵入活动形成的岩石。岩体颜色为浅肉红色，似斑状结构。主要矿物有正长石和石英。块状构造。多呈岩株产出。分布在柳江盆地一带。

第四节 沉积岩

沉积岩按其成因和组成成分可分为碎屑岩类、黏土岩类、化学岩和生物化学岩类，秦皇岛市的沉积岩类型齐全。

一、碎屑岩类

碎屑岩类主要由先成岩石受侵蚀、风化、结构破碎产生的碎屑物质经胶结而成，部分碎屑岩由火山喷发碎屑物组成。根据碎屑颗粒的大小，碎屑岩类又分为砾岩、砂岩和粉砂岩。

1. 砾岩

砾岩由直径在2毫米以上的岩石碎屑组成（含量55%）。秦皇岛市的砾岩主要有：中元古界长城系大红峪组的砾岩，分布在长城沿线一带及青龙满族自治县东北部；上元古界青白口系龙山组底部的砾岩，主要分布于柳江、武山一带；中生界侏罗系下花园组下部的砾岩，主要分布在柳江盆地、大巫岚盆地、建昌营盆地之中；中生界白垩系南天门组上部有砾岩，主要分布在大巫岚盆地。

秦皇岛市的砾岩按成分可分为单成分砾岩和复成分砾岩。单成分砾岩同种成分的砾石占75%以上。这种单一成分可以是稳定性较高的岩屑或矿屑，也可以是风化稳定性较低的岩屑。前者主要是石英岩质砾岩，它是长期改造的产物，多见于滨岸沉积；后者常见为石灰岩质角砾岩，它是岩石破碎后快速堆积并被埋藏的产物。复成分砾岩中含有多种成分的砾石，任何一种成分的砾石都不超过50%，砾岩的成分直接与母岩有关，这种砾岩在河流沉积及山前堆积物中常见。

2. 砂砾岩

砂砾岩也叫含砾砂岩，碎屑颗粒较大，属于复成分砂岩，多属河流相沉积。砂砾岩的填隙物主要为泥级细杂基（包括灰泥、云泥、黏土泥基）和砂级、粉砂级粗杂基，胶结物以碳酸盐为主，含少量绿泥石和黄铁矿。

秦皇岛市的砂砾岩主要有：中元古界长城系常州沟组的砂砾岩，分布在长城沿线一带及青龙满族自治县东北部；古生界二叠系含砾粗砂岩，分布在柳江盆地；中生界侏罗系土城子组的砂砾岩，主要分布在柳江盆地、大巫岚盆地、建昌营盆地之中；中生界白垩系南天门组砂砾岩，主要分布在大巫岚盆地。

3. 砂岩

砂岩由0.05～2毫米的碎屑（含量50%）胶结而成，是碎屑岩中最常见的一种。

秦皇岛市的砂岩主要有：中元古界长城系常州沟组含砾长石石英粗砂岩、砂岩；中元古界长城系大红峪组石英岩状砂岩、长石石英砂岩；中元古界蓟县系杨庄组和雾迷山组的白云质石英砂岩、石英砂岩，主要分布在长城沿线一带及青龙满族自治县东北部；上元古界青白口系由下部为含砾粗砂岩、石英砂岩、细砂岩的长龙山组和底部为石英砂岩，中部为2～3层海绿石石英砂岩的景儿峪组组成，主要分布于柳江、武山一带；古生界寒武系有长石石英粗砂岩和铁质砂岩，主要分布于柳江盆地，青龙满族自治县西部及卢龙县武山一带；古生界石炭系太原组有泥质岩屑石英砂岩、铁质砂岩、岩屑石英砂岩和泥质岩屑石英砂岩，二叠系岩屑砂岩、细砂岩、长石石英砂岩，主要分布在柳江盆地；中生界三叠系岩屑石英砂岩，主要分布在柳江盆地；中生界侏罗系和白垩系的砂岩、石英砂岩等，主要分布在柳江盆地（图 1-21）、大巫岚盆地、建昌营盆地之中。

图 1-21　柳江盆地薄层砂岩

石英砂岩：石英含量大于 90%，以硅质胶结为主，有少量铁质胶结。秦皇岛市的石英砂岩在不同的层位上其颜色、粒度、分选性、磨圆程度及胶结物成分等方面都有所不同。例如，上元古界青白口系长龙山组的石英砂岩为白色，局部含海绿石而带浅绿色；古生界石炭系的石英砂岩为深灰色至白色；侏罗系的石英砂岩为深灰色。其中常发育有平行层理、大型板状、楔状和槽状交错层理。多为滨海沉积成因。

长石石英砂岩：长石含量为 10% ～ 25%，石英含量为 75% ～ 90%，按基质含量分为长石石英砂岩和长石石英杂砂岩。长石石英砂岩在不同层位上颜色也不同，长石石英砂岩在青白口系长龙山组为灰白色，风化后为黄白色；北票组的长石石英砂岩为灰色，风化后为灰褐色。北票组的长石石英杂砂岩为灰黑色，风化后呈暗褐色，属大陆湖泊相沉积。

长石砂岩：长石含量＞ 25%、石英含量＜ 75%。按其基质含量也可分为长石砂岩和长石杂砂岩。长龙山组有长石砂岩，黑山窑一带北票组，石门寨、潮水峪一带上石盒子组有长石杂砂岩。长石砂岩和长石杂砂岩在野外不易区分，两者在颜色上、碎屑含量上、磨圆程度及分选性方面，都没有明显差异，只是支撑类型不同。

岩屑长石砂岩：长石和岩屑含量＞ 25%、石英含量＜ 75%，岩屑少于长石碎屑，按基质含量也可分为岩屑长石砂岩和岩屑长石杂砂岩。此类岩石风化面呈土黄色或黄褐色，新鲜面黄白色或灰白带黄色，有的稍带绿色；粒度类型较多，有含细砾巨粗粒的，横向往往相变为砾岩层，也有含砾或不含砾的中粗粒和中细粒的。磨圆度差，分选性差。岩屑长石杂砂岩的新鲜面颜色呈发绿的灰黑色或呈黄灰色。

长石质岩屑砂岩：石英含量＜ 65%、岩屑含量 25% ～ 75%、长石含量 10% ～ 50%，岩屑含量大于长石含量。按基质可分为长石质岩屑砂岩和长石质岩屑杂砂岩。长石质岩屑砂岩颜色较深，多呈灰绿色，风化面呈灰黑色带黄褐色。长石质岩屑杂砂岩多呈灰绿色，风化面常带铁锈色，粒度分选差，往往有细砾级碎屑混积，磨圆度较差。胶结物成分有铁质和泥质等。

粉砂岩：由 50% 以上 0.005 ～ 0.05 毫米的碎屑胶结而成，是一种介于细砂岩与黏土岩之间的岩石。秦皇岛市的粉砂岩主要有：中元古界长城系常州沟组粉砂岩和串岭沟组的粉砂岩、纸片状粉砂岩，主要分布在长城沿线一带及青龙满族自治县东北部；上元古界青白口系长龙山组的粉质砂岩，古生界石炭系太原组和二叠系的粉砂岩，主要分布在柳江盆地；中生界侏罗系和白垩系的粉砂岩，主要分布在柳江盆地、大巫岚盆地、建昌营盆地之中。区内的粉砂岩因形成环境不同，其成分和颜色也有明显差异，如浅海相粉砂岩成分以石英、海绿石和白云母为主，颜色浅；大陆湖泊相虽然矿物成分以石英为主，但因含有有机质，颜色较深，呈深灰和黑灰等色；而在干燥炎热气候的大陆相沉积的粉砂岩，也以石英为主，但因含 Fe_2O_3，岩体呈紫红色。

火山碎屑岩：主要由火山碎屑物质组成的岩石，火山碎屑物质 50% ~ 90%，经压实或压积作用成岩。火山碎屑岩从粒度上可分为集块岩、火山角砾岩和凝灰岩 3 种类型。秦皇岛市的火山碎屑岩主要有：中生界侏罗系髫髫山组的安山质集块岩、安山质集块熔岩，张家口组的流纹质凝灰岩、熔结凝灰岩，白垩系义县组的山质角砾（集块岩）熔岩夹流纹质凝灰岩，主要分布在柳江盆地、燕河营盆地。

二、黏土岩类

黏土岩主要由 50% 以上直径小于 0.005 毫米的黏土物质所形成的一类岩石。黏土岩类又可以分为黏土、泥岩和页岩。

秦皇岛市的黏土岩类主要有：中元古界长城系常州沟组粉砂质页岩、串岭沟组的碳质页岩和团山子组的砂质页岩，主要分布在长城沿线一带及青龙满族自治县东北部；古生界石炭系本溪组的粉砂质页岩、碳质页岩、泥钙质页岩（局部铝土质页岩），太原组的碳质页岩、泥页岩、钙质页岩、粉砂质页岩，二叠系的碳质页岩、粉砂质泥岩和页岩，主要分布在柳江盆地；中生界三叠系碳质页岩、侏罗系碳质页岩和白垩系的杂色泥岩、泥页岩、粉砂质页岩，主要分布在柳江盆地、大巫岚盆地等地区；新生界第四系的含砾亚黏土、含岩屑亚黏土、黄土状亚黏土、黏土等，主要分布于河床、漫滩、河流阶地等地段。此区黏土岩岩石类型多，不同沉积环境下形成的黏土岩在成分上、颜色上也不同。如石炭系和二叠系主要是黑色、灰色、褐灰色、深灰色的泥岩、页岩及铝土质岩，寒武系和青白口系主要是紫色、红色、黄绿色的泥岩和页岩。

三、化学岩和生物化学岩类

化学岩和生物化学岩是各种母岩在化学风化和剥蚀作用中所形成的溶液和胶体溶液，经化学作用或生物化学作用沉淀而成，有铝铁锰质岩、硅磷质岩和碳酸盐岩等。秦皇岛市碳酸盐岩较多，主要有：中元古界长城系大红峪组泥晶白云岩、燧石条带白云岩，高于庄组燧石条带白云岩、含锰泥质白云岩、泥晶白云岩，中元古界蓟县系杨庄组含燧石条带白云岩、含铁质砂质白云岩、含砾砂质白云岩、泥质白云岩，蓟县系雾迷山组燧石条带白云岩、沥青质白云岩等，主要分布在长城沿线一带及青龙满族自治县东北部，古生界寒武系竹叶状灰岩、鲕状灰岩、泥晶灰岩、生物碎屑灰岩、豹皮状灰岩、泥晶白云岩和细粉晶灰岩等，主要分布于柳江盆地、青龙满族自治县西部及卢龙县武山一带。碳酸盐岩主要有石灰岩和白云岩两种类型，在柳江盆地常见，见表 1-4、图 1-22 ～图 1-24。

表 1-4　柳江盆地常见碳酸盐岩一览表（表跨页）

类　别	主要岩性
生物碎屑灰岩	以生物碎屑为主，生物碎屑量达 50% 以上，碎屑呈棱角状，大小混积，后被亮晶方解石胶结，有时含有海绿石自生矿物，代表水动力强度较大的环境，属浅海强冲刷带的沉积
鲕状灰岩	鲕粒含量＞ 50%。鲕粒为钙质，大小不均匀。多种形态鲕粒混积。分鲕核与同心层两部分。鲕核多以微晶灰岩粉屑为主，个别为生物粉屑。在搅动的海水中形成隐晶质的同心层，鲕粒呈接触式—孔隙式胶结，胶结物为亮晶方解石。鲕状灰岩形成于温暖的浅海搅动带

<table>
<tr><th colspan="2">类　别</th><th colspan="2">主要岩性</th></tr>
<tr><td rowspan="2">砾屑灰岩</td><td>灰色砾屑灰岩</td><td>灰色砾屑灰岩的砾屑为柳江盆地内生成的隐晶灰岩或微晶泥灰岩碎屑，碎屑可分出原地和异地两种。异地砾屑灰岩，经过一定距离的搬运，有一定程度的磨圆；因分选差，砾石大小混杂。原地砾屑灰岩，砾屑一般有明显的棱角，原地破碎就地堆积的</td><td rowspan="2">砾屑含量大于50%，一般粒度为数厘米，平面上砾屑呈薄饼状，剖面上呈狭长状，形似竹叶，又称竹叶状灰岩</td></tr>
<tr><td>紫色具氧化圈砾屑灰岩</td><td>紫色具氧化圈砾屑灰岩的砾屑，其表皮被氧化，呈现紫红色的氧化圈；砾屑在岩层内成放射状、菊花状以及不规则状的杂乱排列；分选性差。砾屑被含氧化铁的钙质胶结，胶结物中含自生海绿石矿物，表明此砾屑灰岩形成于浅海动荡的环境，被水流冲碎的砾屑经过一定距离的搬运和磨蚀，沉积后又经受过露出水面暴露氧化和淡水的影响</td></tr>
<tr><td colspan="2">泥屑、砂屑、砾屑白云质灰岩</td><td colspan="2">碎屑具有碎屑沉积的特点，如水平层理、斜层理。泥屑、砂屑、砾屑白云质灰岩与化学沉积岩不同，表面有粒度感</td></tr>
<tr><td colspan="2">微晶灰岩</td><td colspan="2">岩体的新鲜面呈青灰色，风化面为浅灰色，结晶颗粒肉眼难以分辨。显微镜下见方解石呈不规则的他形镶嵌结构。岩层呈薄层、中层或厚层块状构造，是浅海相较深水环境下沉积的岩石</td></tr>
<tr><td colspan="2">泥灰岩</td><td colspan="2">泥质含量在25%～50%，风化面可明显见到泥状物质，风化面呈土黄色，新鲜面多为浅灰色。钙质含量＞50%，滴稀盐酸激烈起泡并有泥状物浮起。一般呈薄层状或条带状产出，并与微晶灰岩共生，位于海侵层位的上部，是浅海较深水环境的沉积</td></tr>
<tr><td colspan="2">微晶白云质灰岩</td><td colspan="2">风化面为土黄色，新鲜面为黄灰色。成分以方解石为主，白云石含量为25%～50%，白云石富集部位为肉红色，显微镜下有交代方解石的特点（白云石内有方解石的残余晶体）。微晶白云质灰岩往往位于海退层位的上部，其下部为泥质灰岩或微晶灰岩。其顶部多出现细晶白云岩，反映浅海较深水环境下的沉积</td></tr>
<tr><td colspan="2">细晶白云岩</td><td colspan="2">风化面和新鲜面均为肉黄色，多呈中细粒结构。柳江盆地白云岩常与白云质灰岩共生，夹带燧石结核或条带</td></tr>
<tr><td colspan="2">虫孔状灰岩及豹皮状灰岩</td><td colspan="2">以虫孔构造发育而得名。虫孔垂直层面或斜交层面，也有平行层面的细管状虫孔。虫孔是底栖生物活动的孔道痕迹。被钻孔的灰岩本身具有水平层理，水平层理的细层由灰质粉屑组成，反映浅海较深水静水环境沉积。在灰岩中有时分布有白云质团块，在风化后的表面上往往呈土黄色或棕褐色的花斑状，白云质花斑与周围灰质成分之间的界线参差不齐，白云质花斑内自形白云石为主，表明白云质不均匀交代灰岩所致</td></tr>
<tr><td rowspan="2">藻灰岩</td><td>隐藻灰岩</td><td>岩体风化面呈灰黑色，新鲜面灰色，藻体形态不甚清楚，以黑色有机炭组分富集为标志，此岩层以中厚层为主，层内构造均匀，是潮间潟湖环境沉积形成的</td><td rowspan="2">由钙藻堆积形成的石灰岩，或者由藻类生命活动产生的石灰岩。岩体由藻体、藻体间碎屑充填物及化学沉淀胶结物3种物质组成</td></tr>
<tr><td>叠层石灰岩</td><td>藻体为纹层状，由富藻纹层和富碳酸盐纹层两种基本层构成。其中，富藻纹层藻类组分含量多，有机质含量高，碳酸盐沉积物少，颜色较暗；富碳酸盐纹层藻类组分含量少，有机质含量低，颜色较浅。一般来说，在风暴期或高潮期，被风暴水流或潮汐水流带来的碳酸盐颗粒和泥，将大量地被富黏液的藻所捕获，从而形成富碳酸盐的纹层；相反，在非风暴期，则主要形成富藻的纹层</td></tr>
</table>

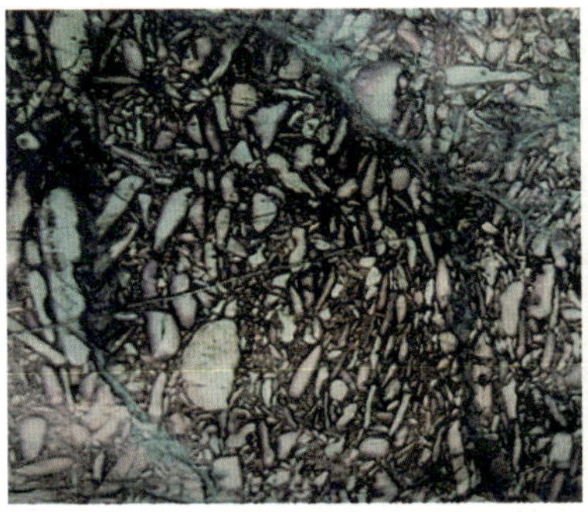
图 1-22　薄层灰岩

图 1-23　豹皮状灰岩（亮甲山）

图 1-24　竹叶状灰岩

第五节 变质岩

变质岩是由变质作用形成的。秦皇岛市变质作用按其作用的方式分为接触变质作用、区域变质作用和混合岩化作用。

一、接触变质作用

秦皇岛市接触变质作用类型有热接触变质作用和交代接触变质作用，二者均发生在燕山晚期花岗岩与不同时代的围岩接触带上。

热接触变质岩：如花岗岩与中寒武统徐庄组、张夏组页岩、灰质泥岩、灰岩等接触时形成的接触变质岩，没有物质成分的交代现象，仅为不同程度的热变质作用。有不太明显的重结晶，泥质岩石受热变黑、变硬、密度变大，可见变余层理构造，大多数仅达到角岩化程度，只有局部地方可见灰质泥岩变质形成钙硅酸盐角岩，部分石灰岩重结晶变成大理岩。

交代接触变质岩：如响山岩体与中下寒武统碳酸盐岩接触带，围岩发生交代接触变质，以透辉石榴石矽卡岩为代表。此外，还有硅化灰岩、透闪石大理岩、阳起石大理岩等。

大理岩：变质岩的一种，因在云南省大理县盛产而得名。岩体颜色有白色、灰色等。主要组成矿物是方解石和白云石，此外含有硅灰石、滑石、透闪石、透辉石、斜长石、石英等。具有粒状变晶结构，块状（有时为条带状）构造。

透辉石榴石矽卡岩：主要矿物有钙铁榴石、透辉石—钙铁榴石、磁铁矿和黄铜矿等。

二、区域变质作用

区域变质作用是在大面积范围内，岩石受岩浆作用、地壳运动综合影响使岩石结构、构造和矿物成分发生变化的过程。其与岩浆作用、构造运动有一定联系，又称造山变质作用。区域性热流增高是发生区域变质作用的主要因素。原岩在温度、压力及化学活动性流体的作用下，岩石中的矿物普遍发生重结晶和重组合作用，并产生片理化和柔性变形，形成结晶片岩。

秦皇岛市见到的区域变质岩均以混合岩内的残留体出现，但仍具有老基底变质岩特点。区内此类变质岩类型相当丰富，如分布在青龙满族自治县平方子铁矿处的角闪黑云斜长片麻岩、黑云斜长变粒岩、角闪斜长片麻岩和黑云绿泥石片岩；再如，分布在吴家房—鸡冠山、联峰山的角闪斜长片麻岩、斜长角闪岩、浅粒岩、角闪岩等。

角闪黑云斜长片麻岩：岩体呈绿色与灰白色，呈条纹状相间分布，粒状变晶结构，片麻状构造，主要由角闪石、黑云母、斜长石、石英组成。

黑云斜长变粒岩：岩石呈灰—浅灰色，鳞片变晶结构，平行粒状构造。矿物成分主要由斜长石（45% ～ 50%）、黑云母（20% 左右）、角闪石（20% 左右）、透辉石（7% ～ 8%）、石英（5% 左右）组成，含少量钾长石、绢云母、绿帘石、黄铁矿；副矿物成分有磷灰石、锆石、金红石等。

黑云绿泥石片岩： 呈绿色至暗绿色，鳞片状或鳞片粒状，有时含有白色条带。矿物组成主要为绿泥石及少量黑云母。常具有小褶皱。

斜长角闪岩： 呈绿黑色，中细粒粒状变晶结构，片麻状构造，主要矿物有普通角闪石（含量大于 40%）、绢云母化斜长石（含量小于 60%）以及少量辉石、绿泥石化黑云母等。

角闪石岩： 呈黑绿色，粒状变晶结构，块状构造，主要矿物有普通角闪石（含量大于 80%）、辉石（含量 10%）以及少量黑云母、斜长石、磷灰石等。

角闪斜长片麻岩： 呈绿黑色，中粗粒变晶结构，片麻状构造，主要矿物有斜长石（其中钠更长石含量 45% ～ 60%）、绿帘石—黝帘石化角闪石（其中变余辉石含量 15%），还有分布在角闪石周围的黑云母和石英。

三、混合岩化作用

在区域性变质作用的后期，地壳内部热流继续升高，产生深处热液和重熔（溶）的熔浆流体相对已变质的岩石进行交代作用、交代结晶作用、贯入作用，从而使原有岩石改造成一种介于变质岩与若浆岩之间的岩石。这种转化过程称为区域性混合岩化作用。区域性混合岩化作用形成的变质岩可分为混合岩化变质岩、注入混合岩、混合片麻岩和混合花岗岩 4 种类型。

混合岩化变质岩类： 在变质岩中出现轻微的混合岩化现象，脉体数量小于 15%，是介于混合岩与正常结晶片岩之间的过渡类型，如混合岩化斜长角闪片麻岩、混合岩化斜长角闪岩。

注入混合岩类： 基本以基体岩石为主，脉体数量在 15% ～ 50%，基体与脉体界线非常清晰。以注入作用为主，局部有交代作用，如角砾状混合岩、条带状混合岩。

混合片麻岩类： 混合岩化作用相当强烈，脉体数量大于 50%。由于广泛的交代、交代结晶和交代重结晶等一系列复杂变化，花岗质脉体与变质岩残留体无明显区别和界线，残留暗色矿物呈条带状排列，形成条带状混合片麻岩，如张岩子所见的混合片麻岩。

混合花岗岩类： 是混合岩化作用最强烈的产物。岩石成分总的说来相当于花岗岩或花岗闪长岩，仍可留有一定数量的暗色矿物较集中的斑点、条痕或团块，呈不均匀分布，大体代表残留基体，含量较多就构成阴影状、雾迷状构造。秦皇岛市出露的混合岩多属混合花岗岩，如东山码头。混合花岗岩大体上经历了两阶段：第一阶段，区域变质作用的晚期出现的混合岩化作用，把原来的变质岩改造成混合质变质岩。混合岩化轻微，呈面型分布，岩石中条带状脉体与基体界线清楚，脉体总量小于 50%，为长英质脉，其岩石易于鉴定。第二阶段，在此基础上叠加具有明显岩浆侵位特点的岩浆花岗岩，受构造控制明显。秦皇岛市出露的混合花岗岩是绥中花岗岩（Υ_2）的一部分。据 1:20 万山海关幅区域地质测量报告，区内有两期混合岩化交代作用：第一期为区域性入式钾质交代。即同位素年龄为 18.6 亿～ 21.4 亿年的区域性混合岩化期；第二期为脉体注入硅质交代，沿片理注入的石英脉体切穿前期长英质混合条带，即同位素年龄为 17.5 亿～ 18.2 亿年花岗岩化期。张岩子、秦皇岛市东山码头即属中带均质混合岩。秦皇岛市混合花岗岩以混合岩化作用为主，晚期花岗岩浆的作用也有所表现（具明显的结晶结构），但因局限于工作范围或研究程度，未发现明显的花岗岩浆侵位现象，因此暂定为以混合岩化作用为主、并带有岩浆作用特点的混合花岗岩。

第六节　化石·矿物

一、化石

1. 生物化石种类

秦皇岛市的化石产地主要集中在柳江盆地。柳江盆地沉积地层中古生物化石丰富，尤以寒武纪的三叶虫、奥陶系的头足动物、石炭—二叠纪和侏罗纪的古植物，以及新生代的古脊椎动物化石最为著名。

莱德利基虫属于节肢动物门，三叶虫纲，莱德利基虫目，是亚洲和大洋洲早寒武世地层中最常见的化石之一。其特征为：头大，尾小；头鞍前狭后宽，呈锥形；眼长，新月形。见图 1-25。

毕雷氏虫是三叶虫纲褶颊虫目的一属。头部半圆形，头鞍短锥形，具 3 对浅头鞍沟，颈沟明显；内边缘及固定颊均宽大，无眼；活动颊极窄，具颊刺；尾部较小，分 3 节，边缘清楚。在中寒武世分布在亚洲、欧洲及北美洲。在中国主要产于北方中寒武统下部，在中国云南与越南交界处也有发现。见图 1-26、图 1-27。

图 1-25　莱德利基虫化石

图 1-26　毕雷氏虫头部化石

图 1-27　毕雷氏虫尾部化石

德氏虫是节肢动物门、三叶虫纲、褶颊虫目的一属。头部宽，头鞍长，近柱状，向前德氏虫逐渐收缩，具 3 对短头鞍沟；固定颊宽度约与头鞍宽度相等。眼叶中等大小，眼脊窄；无内边缘，外边缘宽而凸起；尾部大，半圆形，分节清楚。出现尾轴锥形，后端圆；肋节向外伸出形成长短不同的尾刺；壳面具疣点。其化石分布主要在中寒武世和晚寒武世早期的亚洲东部。在中国主要产于北方中寒武统上部，上寒武统下部也有产出。见图 1-28。

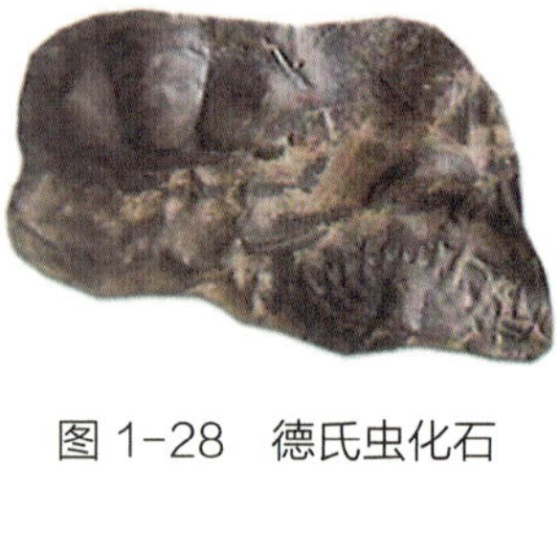

图 1-28　德氏虫化石

叉尾虫是节肢动物门、三叶虫纲、耸棒头虫目的一属。头盖近梯形，头鞍大，凸出显著，两边近平行，前端两侧有明显的凹坑，有 3 对短而不清楚的头鞍沟；颈环凸，中部略宽，且有一长颈刺；前边缘极窄；固定颊狭，眼叶较小，位于中部；尾部大，近梯形，中轴柱状，凸起甚高；尾轴及肋部均分节明显，具 5 ～ 6 对尾刺，后侧端的一对或两对尾刺粗而长，呈叉状，其余尾刺短小；壳面布满疣点。其化石主要在中寒武世的亚洲、欧洲及大洋洲。在中国主要产

图 1-29　叉尾虫尾部化石

图 1-30　叉尾虫头部化石

图 1-31　蝴蝶虫化石

于北方中寒武统上部。见图 1-29、图 1-30。

蝴蝶虫是三叶虫纲、褶颊虫目的一属。头部宽，头鞍长，锥形或切锥形；眼叶中等大小，无眼脊，位于头盖中部；尾部小，尾椎锥形，后端尖，肋节伸出成侧刺；胸部 12 节；壳面光滑或具疣点。主要分布于晚寒武世的亚洲。在中国主要产于北方上寒武统下部崮山组。见图 1-31。

蝙蝠虫尾部前侧端伸出一对粗大的长刺，两大刺之间具小锯齿。蝙蝠虫产自山东省，长 23 毫米，是中国稀有的三叶虫化石之一，系 5 亿年前海栖古动物，俗名蝙蝠石。完整虫体长 3 ～ 8 厘米，其中以尾甲形态最具鉴别意义，尾部具一对强大的前肋刺，对称生于左右两侧，其间为锯齿状小刺。尾甲完整呈清晰的立体状保存，而且大小相间，形似群鸟飞翔。蝙蝠虫多保存在质地细致的泥灰岩和钙质页岩中，利用其加工制作的砚台，被称为“蝙蝠砚”。主要分布在华北地区，尤以山东省西部最盛，湖南省西部及云南省也有产出，属晚寒武世。见图 1-32。

图 1-32　蝙蝠虫化石

扬子贝是古无脊锥动物，腕足动物门、有铰纲、共凸贝目、克拉克贝科扬子贝属。产于中国南方中奥陶统。在国内扬子地台广泛分布，是此地区中奥陶统的一种代表性化石。在中国塔里木、土耳其和哈萨克斯坦等地的中奥陶统地层中也有零星分布，但以华南上扬子区的地质延限最长、产地最多、化石最为丰富、种级分异也最为强烈。见图 1-33。

图 1-33　扬子贝化石

鸮头贝是古无脊柱动物，是腕足纲的一属。壳大而隆凸，近于圆形。腹壳的壳喙弯曲如钩，形似喙。壳面平滑，无饰纹。出现在中泥盆世。见图 1-34。

褶盾虫属于三叶虫纲褶颊虫目。头鞍大，近柱形，鞍沟 3 对，常相连接，褶盾虫头鞍前叶圆球形，大而突出；前边缘极窄，无边缘沟；固定颊近三角形；眼叶小，位于前端；尾部横宽，中轴粗而凸起，肋部平，可具边缘；壳面具线纹或粒点。此虫生活在晚寒武世晚期，分布于亚洲及北美洲。见图 1-35、图 1-36。

图 1-34　鸮头贝化石

图 1-35　褶盾虫化石 1

图 1-36　褶盾虫化石 2

中国正形贝是腕足动物门有铰纲正形贝目的一属。壳体半圆形或近方形，铰合线直而宽；两壳多为平凸型，背壳上有一个微弱的中槽；铰合面发育，均具三角孔，腹铰合面弯曲，喙部钩状，背较合面平坦；壳面具粗正形贝圆而不分叉的壳线，壳线上及其间隙内有细密的壳纹；齿板高强，肌痕面卵形，位于齿板之间的窗腔内；主突起单刃状，厚薄不定。出现在奥陶纪的世界各地，中国南北方奥陶系地层均有产出。见图 1-37。

阿门角石属于古无脊锥动物，头足纲鹦鹉螺亚纲的一属。壳直，体管大，偏中心，呈串珠状，内体管发育；横切面略呈椭圆形；隔壁较密，隔壁颈为短弯颈式，颈缘很长并与隔壁接触或相距甚近。此属与珠角石相似，其主要区别在于此属的体管节更扁宽，隔壁颈极短，颈缘很长并与隔壁接触或相距甚近。在中国多产于北方马家沟组，常见于中国北方奥陶系地层中。见图 1-38。

古等称虫是节肢动物门、三叶虫纲、褶颊虫目的一属。化石产于中国北方中奥陶统。背壳前后端均圆润，头鞍长，中部收缩，前端扩大；背沟宽而深；固定颊狭，后侧翼大；眼叶小；面线前支在头鞍的前下方相遇；胸部 8 节，中轴宽；尾部半圆形至半椭圆形，光滑，中轴窄长，伸达边缘，不分节，边缘宽而明显。见图 1-39、图 1-40。

图 1-37　中国正形贝化石

图 1-38　阿门角石化石

图 1-39　古等称虫头部化石

图 1-40　古等称虫尾部化石

芦木为古植物，属木贼纲，楔叶植物化石的一属。乔木，高可达 30 米；茎有节，节间具纵脊和纵沟，上下节的纵脊交互排列；叶线形或披针形，具单脉，轮生于节上；茎中间有一很大的髓部。生存于早石炭世至晚二叠世。发现的化石多数是髓部的印模，通称“髓部石核”或“髓模”。中石炭世至二叠纪分布于世界各地。中国常见于中—下石炭统和二叠系。见图 1-41。

轮叶为羊齿植物，有节类，出现在距今 2.6 亿年的早二叠世。叶轮生，线形、倒披针形，每轮有叶数枚，长短大致相等或不同，不连合或在基部微连合，略呈放射状排列。见图 1-42。

脉羊齿是裸子植物门、种子蕨纲的一属。至少三次羽状复叶；小羽片舌形、长椭圆形、卵形、宽线形等，顶端尖或钝圆，基部心形；叶脉羽状，中脉明显，延伸到小羽片全长的 1/2 或 2/3 处就分散；侧脉分叉一至数次，无邻脉。早石炭世晚期至早二叠世，以中—晚石炭世最盛。常见的有产于中石炭统的标准化石，如甘肃靖远组的大脉羊齿。见图 1-43。

图 1-41　芦木化石

图 1-42　轮叶化石

图 1-43　脉羊齿化石

图 1-44 栉羊齿化石

栉羊齿系栉羊齿属。多次羽状复叶，羽轴表面光滑或具细纵纹；小羽片舌形、椭圆形、矩形；基部整个着生于末级羽轴上或略收缩，两侧边近平行，全缘；叶脉羽状，中脉一般明显。晚石炭世至二叠纪最盛。见图 1-44。

图 1-45 楔叶化石

楔叶是小型的木质藤本植物，茎细长，一般直径不超过 1 厘米，单轴式分叉，节间表面纵脊在节部直通；有的在节间部位有刺，节部与不定根；茎、枝解剖为星状中柱，无髓，初生木质部三角形，次生木质部发达，管胞伸长，末端尖，具圆或椭圆形的具缘纹孔。楔叶类中已灭绝的楔叶目的代表属，出现于晚泥盆世到晚二叠世，在晚石炭世早期至早二叠世最繁盛，个别延续至三叠纪。见图 1-45。

图 1-46 鳞木化石

鳞木是石松类（化石）中已灭绝的鳞木类最有代表性的一属，出现于石炭—二叠纪，乔木状，与封印木和芦木共同繁殖在热带沼泽地区，形成森林，是石炭—二叠纪重要的成煤原始物料。见图 1-46。

网格长身贝属于腕足动物门，具铰纲，长身贝目中的长身贝亚目。壳中到大，圆方形，腹壳高凸，背壳浅凹；铰合线长而直，主端钝方，形成耳翼；壳面布满放射线，后部有同心线或同心皱，与放射线交织成网格状。出现于早石炭纪。见图 1-47。

舌形贝包括现存和古代绝灭类型的一类腕足动物。最初见于寒武系，很可能起源于寒武系以前。舌形贝类是无铰小腕足类，壳由几丁质组成。现生属（海豆芽属）见于正常的海洋环境，但在不适于大多数生物生活的多泥、缺氧的半咸水中更为普遍。小舌形贝属是寒武系的化石，外形和构造上都与现代海豆芽属相似。鳞舌形贝属（大致出现于晚寒武世）外形不同于其他舌形贝类，形态更像泪滴。舌形贝类是提供环境信息的有用化石，对于地层对比作用不大，是寒武纪腕足动物群的重要成员。见图 1-48。

似银杏是裸子植物银杏植物叶化石的一属，是银杏类植物的一个营养叶的形态属。似银杏一般是指那些与银杏属植物的叶形相似但在角质层特征或其他解剖学特征上有重大差别，或解剖学特征不清楚的叶化石。叶片呈扇形，具长叶柄。不分裂或分裂成舌状或带状似银杏的裂片。叶脉多次分叉。似银杏叶形和脉序与现代银杏很难区分，但表皮细胞不同，一般用于记载表皮构造不明的中生代银杏叶化石。中三叠世至新近纪，但侏罗纪至早白垩世最盛，大多分布于北半球。在中国主要产于各地侏罗纪，上三叠统也有发现。见图 1-49。

图 1-47 网格长身贝化石

图 1-48 舌形贝化石

图 1-49 似银杏化石

2. 生物化石出土地

（1）山羊寨小南山石灰岩溶洞化石

小南山位于海港区石门寨镇山羊寨村南80米，其海拔高度173.60米，相对高度约50米。1981年6月，北京师范大学研究生孔繁德在野外考察时，在山羊寨小南山社采石场发现裂隙式石灰岩溶洞，洞内有大量哺乳动物等化石。溶洞分南北相连的两部分。其中，北面溶洞较小，上部高1米，宽0.8米，厚1米；下部高2米，宽1.5米，厚3米。溶洞上层发现的哺乳动物化石以食肉类居多，如直隶狼；下层则奇蹄类动物占优势，如犀牛。南面溶洞较大，主要由洞穴角砾岩充填，夹杂有少量哺乳动物化石，其中有三薄层含有骨骼碎屑和极少量的炭屑。在这两个相连溶洞的底部都有后期形成的新溶洞，新溶洞顶壁上有钟乳石，钟乳石中包含着哺乳动物化石碎片。距这两个相连溶洞南部约5米的大致同一水平位置的小型石灰岩裂隙中，也堆积有少量哺乳动物化石。1982年5月，北京师范大学协同中国科学院古脊椎动物与古人类研究所联合进行挖掘，共挖出52箱化石，重2 000余千克。此后，陆续有长春地质学院、河北地质矿产局地调队、石家庄经济学院、西北大学地质学系等单位的地质工作者对山羊寨的洞穴堆积做了发掘与研究。现溶洞已遭破坏，仅剩洞穴残余堆积。

图1-50　山羊寨大仓鼠化石

此群整个动物组合超过100种，这是中国北方第四纪动物群中属种类型最为丰富的化石地点之一。这些动物生活时代属于新生代第四纪中更新世时期，也有部分属晚更新世。见图1-50。

山羊寨化石洞大型动物化石的挖掘研究，对秦皇岛市乃至整个华北、东北的第四纪哺乳动物分布与迁移和第四纪自然环境的演变特征、古人类的活动等科研课题的探索都具有重要意义。通过对山羊寨化石中各种动物生存环境条件的研究和对化石填充物做孢粉分析实验，可以反映当时此地区已由温和湿润的落叶阔叶林气候向凉干方向逐渐演变。

（2）板厂峪灵仙洞斑鬣狗等化石

板厂峪景区位于海港区驻操营镇。2006年12月下旬，在板厂峪景区开发过程中，工人们偶然在半山腰处的一个山洞中发现大量的动物骨骼和牙齿化石，他们迅速联系了中国科学院古脊椎动物与古人类研究所的专家。2007年1月中下旬，国内权威专家先后两次造访灵仙洞，看过化石后认定，这些动物化石是在中国乃至亚欧大陆已经灭绝的、现仅存于非洲大陆的斑鬣狗化石。2007年3月，板厂峪景区灵仙洞内发现国内第一个完整的斑鬣狗头骨化石；8月初，发现迄今为止第一具斑鬣狗躯体化石。2007年8月开始，由中国科学院古脊椎动物与古人类研究所、中国地质大学组成的联合发掘队伍抵达灵仙洞，有组织、有计划地对灵仙洞进行发掘。在灵仙洞发现的斑鬣狗化石标本达上千件，至少代表了30个不同个体，包括3具骨架，其中一具骨架堪称是世界上迄今所发现最完整的，不仅头骨、脊椎骨、肋骨、上肢以及前爪无一遗漏，就连极难保存的腕骨和趾骨也完整无缺。发掘出的斑鬣狗化石，其数量和质量在世界上具有唯一性。此外，还发现一些其他动物化石，如马鹿、狼、野猪、獾、野兔等，共计 26 属 27 种。根据动物群组成、地质地貌以及堆积物的综合分析判断，灵仙洞斑鬣狗的时代可能属于中更新世晚期至晚更新世早期，动物群的生态组合反映当时处于一个温热偏干、半封闭或开阔的山间草原而周边山上有树林的生态环境。见图 1-51。

图 1-51　板厂峪灵仙洞及其出土的斑鬣狗化石

（3）武山喀斯特溶洞动物化石

武山位于卢龙县石门镇，距县城南 15 千米。古化石洞在武山北麓的西北隅，其西靠滦河，当地人称此洞为“狼洞”，洞已坍毁。1976 年，阚各庄人开山采石时溶洞被整体暴露，在清渣中发现一批兽骨化石。1982 年，河北省地质二队取样后经北京古脊椎动物研究所碳 14 年代测定，其年代为距今 100 万～ 50 万年。1985 年，天津自然博物馆王尚尊到卢龙县，对武山溶洞出土的鹿头骨化石进行鉴定，认为在距今 10 万年左右。同年，溶洞尾部（东面）又发现灰烬层，其地质年代属新生代第四纪全新世。已出土的兽骨化石有犀牛齿、无名兽头盖骨及部分兽肢骨化石，均在卢龙县文化馆保存。1985 年 6 月底，武山石矿第四采区工人在武山北麓的高中部位又发现一溶洞，溶洞内也有化石，岩浆与骨化石混结在一起，重 100 千克，被保存在卢龙县文化馆。见图 1-52。7 月，河北省文物研究所考古专业技术人员对此处进行考察，并从现场采集到动物化石、灰烬，初步认为这里可能是古人类遗址，但有待进一步调查和发掘，取得可靠证据。据庄坨采石工人魏宝全介绍：“1976 年前，采石时曾发现人头骨化石，弃于西北处乱石渣中。”

图 1-52　武山喀斯特溶洞化石（卢龙县文保所馆藏）

二、矿物

秦皇岛市三大岩类齐全，矿物种类丰富，主要矿物有长石、石英、云母、辉石、角闪石、方解石等。

金 Au：金属等轴晶系，良好晶体罕见，一般为块状、粒状和薄片状。颜色为金黄至浅黄色，条痕与颜色相同，金属光泽，不透明。莫氏硬度为 2.5 ～ 3，相对密度为 15.6 ～ 19.3，无解理，具延展性。良导体。不氧化，不溶于酸，能溶于王水。金有山金和砂金两种，山金多产于石英脉中，又称脉金。富积于河砂中的，称为砂金。秦皇岛市的花岗岩—绿岩带中的裂隙中充填石英脉型金矿。

石墨 C：石墨属六方晶系，完整晶体极少，常为鳞片状、片状、粒状、块状集合体。铁黑色或钢灰色，条痕为黑灰色。结晶良好者具强金属光泽，块状体光泽暗淡，不透明。莫氏硬度 1 ～ 2，相对密度 2.09 ～ 2.33，有一组极完全解理，薄片具挠性。具滑腻感，高度导电性，耐高温。化学性质稳定，不溶于酸。石墨多见于变质岩中。青龙满族自治县有石墨矿。

黄铁矿 FeS_2：黄铁矿为等轴晶系，晶形有六面体、八面体、五角十二面体及其聚形。六面体晶面上有与棱平行的条纹，各晶面上的条纹互相垂直。有时呈块状、粒状集合体或球状结核体。黄铁矿莫氏硬度 6 ～ 6.5，相对密度 4.9 ～ 5.2，无解理，断口参差状。颜色为浅黄（铜黄）色，表面常有斑点状的黄褐色，条痕为黑色（带微绿），具金属光泽。黄铁矿易风化，风化后可变成褐铁矿和硫酸，后者为强腐蚀酸。秦皇岛市石炭系山西组和太原组地层中含有较多的黄铁矿结核。

黄铜矿 $CuFeS_2$：黄铜矿为正方晶系，晶体为正方四面体及其聚形，但少见完好晶形，多呈致密块状或分散粒状。颜色为金黄色（表面常有锈色），条痕绿黑色，金属光泽，不透明。莫氏硬度为 3.5 ～ 4，相对密度为 4.1 ～ 4.3，解理不清楚，性脆。黄铜矿是容易变化的矿物，在外生条件下常变成孔雀石、蓝铜矿、辉铜矿等次生矿物。黄铜矿在一些侵入岩中可见。

方铅矿 PbS：方铅矿属等轴晶系，晶体常为六面体或六面体与八面体的聚形。集合体常呈粒状或致密块状。颜色为铅灰色，金属光泽，条痕为黑灰色。莫式硬度为 2.5 ～ 2.75，三组完全解理，解理面相互平行，性脆，相对密度为 7.4 ～ 7.6。具弱导电性。主要分布在上平山矿化带中。

闪锌矿 ZnS：闪锌矿为等轴晶系，晶体为四面体及其聚形，晶面上常有三角形花纹，一般多为具有六组解理的致密块状或粒状集合体。颜色由淡黄色、黄褐至铁黑色，条痕呈浅黄或浅褐色。具半金属光泽（深色闪锌矿）、金刚光泽（新鲜解理面）或稍具松脂光泽（浅色闪锌矿）。半透明（浅色闪锌矿）到不透明（深色闪锌矿）。莫氏硬度为 3.5 ～ 4，相对密度为 3.9 ～ 4.2。六组完全解理，可劈成菱形十二面体形状，性脆。闪锌矿常与方铅矿共生。主要分布在上平山矿化带中。

萤石 CaF_2：萤石又名氟石，等轴晶系，晶体常呈六面体、八面体等，或六面体的穿插双晶，六面体晶面上常有与棱平行的嵌木地板式的条纹。集合体多呈具有明显解理的致密块状。颜色有浅绿、浅紫、白色和玫瑰红色等，玻璃光泽，透明至半透明。莫氏硬度为 4，性脆，相对密度为 3.01 ～ 3.25，八面体解理（四组）完全。在紫外线、阴极射线照射下或加热发蓝光或紫色荧光。萤石常与石英、方解石、重晶石、方铅矿等共生。主要分布在上平山矿化带中。

石英 SiO_2：石英属氧化物及氢氧化物类矿物。石英有多种同质多象变体。一般所称的石英，多泛指 α- 石英，晶体多为六方柱及菱面体，柱面上有明显的横纹。石英在岩石空洞中常形成晶簇，在花岗岩类岩石中呈无晶形的颗粒状，在石英脉中多呈致密块状。根据石英的结晶程度可分为两类：一类为石英晶体，其颜色各种各样，质纯者无色透明，含杂质时会有各种颜色。这类石英具有典型的玻璃光泽，莫氏硬度为 7，无解理，贝壳状断口，相对密度为 2.5 ～ 2.8。另一类为隐晶体，主要由 SiO_2 胶体溶液沉淀而成，具有脂肪光泽或蜡状光泽，半透明，贝壳状断口。白色或灰白色者称玉髓；由白、灰、红等不同颜色组成，具明显同心层或平行条带结构者称玛瑙。石英常见于各类岩石中，分布广泛，秦皇岛市的石英砂岩、花岗片麻岩、花岗岩以及滨海现代沉积物中均有比较高的含量。

赤铁矿 Fe_2O_3：赤铁矿分为镜铁矿和沉积型赤铁矿两类。镜铁矿，三方晶系，晶体多为板状，普通多为叶片状、鳞片状及块状集合体。钢灰色至铁黑色，条痕为樱红色，金属光泽，不透明。莫氏硬度为 5.5 ～ 6，相对密度为 5.0 ～ 5.3，性脆，无磁性；沉积型赤铁矿常呈鲕状、肾状、块状或粉末状。暗红色，条痕呈樱桃红色，半金属光泽，硬度较小。上庄坨喷出岩中见赤铁矿条带。

磁铁矿 Fe_3O_4 **或** $FeO \cdot Fe_2O_3$：磁铁矿为等轴晶系，晶体常呈小八面体，少数为菱形十二面体，通常呈粒状或块状集合体。颜色为铁黑色，条痕为黑色，金属光泽或半金属光泽，不透明。莫氏硬度 5.5 ～ 6，相对密度为 4.9 ～ 5.2，无解理，具有强磁性。上庄坨安山岩中见磁铁矿条带，在联峰山黑云母片麻岩中见磁铁矿透镜体。

褐铁矿 $Fe_2O_3 \cdot nH_2O$：褐铁矿是许多氢氧化铁和含水氧化铁等胶体矿物集合体的总称。成分不纯，水的含量变化也很大。一般呈致密块状、土状或疏松多孔状，又常呈钟乳状、肾状、葡萄状等。颜色为黄褐、黑褐至黑色，条痕黄褐色（铁锈色），半金属或土状光泽，不透明。莫氏硬度为 4 ～ 5.5，风化后硬度小于 2，可染手，相对密度为 2.7 ～ 4.3。褐铁矿为一种重要的炼铁矿石。褐铁矿多为含铁胶体溶液在湖海沉积而成，或者是含铁矿物的风化产物。戴庄—王庄铁矿点中见褐铁矿。

铝土矿 $Al_2O_3 \cdot nH_2O$：铝土矿不是单一矿物，而是由若干铝的氢氧化物所组成的集合体，其中包括三水铝石、一水硬铝石及一水软铝石等。其含量和比例随地而有不同。此外，还常含有赤铁矿、高岭土及其他杂质等，总称为铝土矿。当 $Al_2O_3 > 40\%$，$Al_2O_3/SiO_2 > 2:1$ 时，才具有工业价值。一般呈胶体存在，多呈豆状、鲕状、致密块状和土状产出。颜色多种多样，白、灰、灰绿、黄、褐、暗褐等颜色。非金属光泽。莫氏硬度为 2.5 ～ 7，相对密度为 2.35 ～ 3.5。半贝壳状至不平坦状断口。铝土矿没有黏性、无可塑性，手感粗糙，无滑腻感。铝土矿主要是在湿热气候条件下由岩石风化在原地或经搬运沉积而成。柳江向斜两翼有铝土矿矿层。

正长石 $K[AlSi_3O_8]$ **或** $K_2O \cdot Al_2O_3 \cdot 6SiO_2$：正长石属硅酸盐类矿物。正长石属于钾长石和钠长石不完全类质同象系列。正长石属单斜晶系，晶体呈板状或短柱状，在岩石中多为晶形不完全的短柱状颗粒，在伟晶岩中可形成巨大的晶体，晶体多为肉红色或浅黄色，具有玻璃光泽，解理面有珍珠光泽，半透明，有两组呈正交的解理（一组完全，一组中等），莫氏硬度为 6，相对密度为 2.56 ～ 2.58。正长石在地表水及 CO_2 的作用下容易风化变成高岭土或铝土矿。秦皇岛市的长石岩屑砂岩、正长花岗片麻岩和花岗岩等岩体中有正长石。

斜长石 $Na[AlSi_3O_8]\text{-}Ca[Al_2Si_2O_8]$ **或** $Na_2O \cdot Al_2O_3 \cdot 6SiO_2\text{-}CaO \cdot Al_2O_3 \cdot 2SiO_2$：斜长石属

硅酸盐类矿物。斜长石是由钠长石和钙长石所组成的类质同象混合物，二者之间可按任意比例混合。斜长石属三斜晶系，晶体呈柱状或板状，在晶面或解理面上可见到细而平行的双晶纹。在岩石中斜长石多呈柱状、板状、细粒状颗粒，白色至灰白色，玻璃光泽，半透明，有两组斜交的解理（一组完全，一组中等），夹角为 86°24′ ～ 86°50′ 或 93°10′ ～ 93°36′，莫氏硬度为 6 ～ 6.5，相对密度为 2.60 ～ 2.76。斜长石在地表水及 CO_2 的作用下容易风化变成高岭土或铝土矿。秦皇岛市的长石岩屑砂岩、正长花岗片麻岩和花岗岩等岩体中有正长石。

黑云母 $[K(Mg，Fe)_3(AlSi_3O_{10})(OH，F)_2]$：黑云母是含镁、铁的云母。黑云母呈黑褐、黑绿至黑色，玻璃光泽或珍珠光泽，透明或半透明，有一组极完全的解理，易剥成具弹性的光滑透明薄片，莫氏硬度为 2 ～ 3，相对密度为 2.7 ～ 3.1，属单斜晶系，晶体呈假六方柱状或板状，一般呈片状或鳞片状。黑云母在地表条件下极易风化成绿泥石等次生矿物。侵入岩中的黑云母多呈鳞片状集合体，叠置厚度比较大，呈书页状。在联峰山新太古界花岗片麻岩中可见直径超过 2 厘米、叠置厚度为 0.5 厘米的黑云母鳞片集合体。

白云母 $[KAl_2(AlSi_3O_{10})(OH)_2]$：白云母是基本不含铁的云母。白云母呈无色、浅色及浅黄等颜色，玻璃光泽或珍珠光泽，透明或半透明，有一组极完全的解理，易剥成具弹性的光滑透明薄片，莫氏硬度为 2 ～ 3，相对密度为 2.7 ～ 3.1，属单斜晶系，晶体呈假六方柱状或板状，一般呈片状或鳞片状。白云母性质稳定不易被风化，是电器、电子工业的重要绝缘材料。在秦皇岛市滨海沙滩上分布有较多的白云母碎屑。抚宁区、青龙满族自治县有白云母矿。

普通辉石 $(Ca, Na)(Mg, Fe, Al)[(Si, Al)_2O_6]$：辉石种类很多，普通辉石为单斜晶系，晶形呈短柱状，横剖面近似正方形或八边形，集合体为粒状或致密块状。在岩石中常呈分散粒状或粒状集合体。颜色为绿黑至黑色，条痕为浅灰绿色，具玻璃光泽（风化面暗淡），近不透明。两组柱面解理完全，相交近直角，夹角分别为 87°、93°。莫氏硬度为 5 ～ 6，相对密度为 3.23 ～ 3.52。辉石在地表容易风化分解，在热水作用下极易变为绿帘石及绿泥石等。在秦皇岛市侏罗纪的喷出岩中可见辉石斑晶，早白垩世侵入的辉绿岩中见辉石斑晶。

普通角闪石 $Ca_2Na(Mg, Fe^{2+})_4(Al, Fe^{3+})[(Si, Al)_4O_{11}]_2[OH]_2$：普通角闪石为单斜晶系，晶形呈长柱状，横剖面为近菱形的六边形。角闪石在岩石中常呈分散柱状、粒状及其集合体。颜色为绿黑至黑色，条痕为浅灰绿色，具玻璃光泽（风化面暗淡），近不透明。两组柱面解理完全，相交成 56° 与 124°。莫氏硬度为 5 ～ 6，相对密度为 3.1 ～ 3.4。普通角闪石在地表容易风化分解，在热水作用下易变为绿帘石及绿泥石等。秦皇岛市侏罗纪时期侵入的花岗岩中可见角闪石晶体和集合体，在侏罗纪的喷出岩中可见角闪石斑晶。

高岭石 $Al_4[Si_4O_{10}][OH]_8$ **或** $Al_2O_3 \cdot 2SiO_2 \cdot 2H_2O$：高岭石主要是富铝硅酸盐矿物特别是长石的风化产物。高岭石属单斜晶系，一般呈隐晶质、分散粉末状、土状集合体。白色、灰白色或略带浅绿、浅黄、浅红、浅蓝等颜色。条痕为白色，土状光泽。莫氏硬度 1 ～ 2.5，相对密度 2.6 ～ 2.63。高岭石有吸水性（可黏舌），掺水有可塑性，湿润时有黏土味，干土块有粗糙感。高岭石为主要黏土矿物之一。通常所见大都是高岭石及其近似矿物和其他杂质的混合物，通称高岭土。在秦皇岛市的长石岩屑砂岩表面可见到。

绿泥石：绿泥石是一组化学成分和物理性质近似的类质同象矿物的总称，成分复杂，最常见的为富含镁质的正绿泥石 $(Mg，Fe)_5Al[AlSi_3O_{10}][OH]_8$。绿泥石为单斜晶系，完好晶体极少。晶体常呈片状、板状，集合体为鳞片状。颜色为浅绿至深绿色，珍珠光泽或脂肪光泽，透明至半透明。莫氏硬度为 2.0 ～ 2.5，相对密度为 2.6 ～ 2.85，单向解理极完全，可裂成薄片，具有挠性。岩浆岩中的镁铁矿物，如黑云母、角闪石、辉石等在低温热水作用下易形成绿泥石。在秦皇岛市蚀变的花岗岩中可见到绿泥石。

绿帘石 $Ca_2(Al，Fe)_3[Si_2O_7][SiO_4]O[OH]$：绿帘石成分复杂，主要为钙铝铁的硅酸盐类。绿帘石为单斜晶系，晶体常沿 *Y* 轴方向伸长成柱状或板状，晶面上有平行 *Y* 轴方向的明显条纹。普通绿帘石呈柱状、针状或纤维状集合体。颜色为黄绿、暗绿至黑绿色，晶面为玻璃光泽，透明至半透明。莫氏硬度为 6 ～ 7，相对密度为 3.25 ～ 3.5，一组完全解理。绿帘石为变质矿物，在热水作用下，岩石中富含钙铝铁的矿物，如辉石、角闪石、绿泥石等常变为绿帘石。秦皇岛市辉绿玢岩中的辉石，有的已经绿帘石化。

绿柱石 $Be_3Al_2[Si_6O_{18}]$：绿柱石属六方晶系，常形成完整的六方柱状晶体，柱面有直立的条纹，晶体大小不等，有时呈晶簇或针状集合体。颜色为浅绿色，有时呈浅蓝、黄色或无色。玻璃光泽，透明至半透明。莫氏硬度为 7.5 ～ 8，相对密度为 2.69 ～ 2.70。不溶于酸。绿柱石常与黄玉、电气石、黑钨矿等共生。绿柱石为提炼铍的重要矿石。秦皇岛市有绿柱石（铍矿）。

石榴子石 $R_3''R_2'''[SiO_4]_3$：石榴子石成分多种多样，最常见的是铁铝石榴子石及钙铁石榴子石。石榴子石属等轴晶系，晶体发育良好，呈菱形十二面体、四角三八面体，或两者的聚形。石榴子石有时晶体很小如石榴子，有时很大，常呈分散粒状或粒状集合体。颜色呈深红、红褐、棕、绿、黑等色，玻璃及脂肪光泽，半透明。莫氏硬度为 6.5 ～ 7.5，相对密度为 3.5 ～ 4.3，无解理，断口参差状，性脆。化学性质稳定，不易风化。常见于变质岩中，有的产于岩浆岩中。响山花岗岩体与中、下寒武统碳酸盐岩接触带处的矿体中见石榴子石矿物。

方解石 $CaCO_3$：方解石属三方晶系，晶体常呈菱面体、复三方偏三角面体及其聚形。方解石的集合体多呈块状、粒状、鲕状、钟乳状及晶簇等，如出现在大理岩中的粒状集合体、出现在鲕粒灰岩中的鲕状集合体等。纯净的方解石无色透明，称为冰洲石。方解石一般为乳白色，含杂质则为灰色，具有玻璃光泽，莫氏硬度为 3，相对密度为 2.71，三组菱面解理完全。滴稀盐酸起泡剧烈。方解石是石灰岩和大理岩的重要造岩矿物。

白云石 $CaMg[CO_3]_2$：白云石为三方晶系，晶体常呈菱面体，但晶面稍弯曲成弧形，集合体多呈块状、粒状。颜色为乳白、粉红或灰绿等色，玻璃光泽。莫氏硬度为 3.5 ～ 4，相对密度为 2.8 ～ 2.9。三组菱面解理完全。在稀盐酸中分解缓慢。白云石比方解石更耐风化，所以在风化面上白云石常常突出在碳酸盐岩表面上。

蓝铜矿 $Cu_3[CO_3]_2(OH)_2$：晶体属单斜晶系的碳酸盐矿物，经常与孔雀石共生。厚板状小晶体，集合体呈晶簇状或致密块状。颜色和条痕均为天蓝色，晶体具玻璃光泽。莫氏硬度为 3.5 ～ 4，相对密度为 3.7 ～ 3.9。晶体有解理。遇酸起泡。蓝铜矿是由原生铜矿氧化而成的次生矿物，颜色鲜艳，往往形成铜矿带的标志。主要分布在上平山矿化带中。

孔雀石 $Cu_2[CO_3][OH]_2$：晶体属单斜晶系的碳酸盐矿物，经常与蓝铜矿共生。晶体少见，针状或柱状晶体，一般多呈钟乳石状、肾状、葡萄状等隐晶集合体。孔雀石的颜色和条痕均为翠绿色，具玻璃光泽。莫氏硬度为 3.4 ～ 4，性脆，相对密度为 3.9 ～ 4.1。晶体具有两组完全解理。滴酸后立即起泡。孔雀石是由原生铜矿氧化而成的次生矿物，颜色鲜艳，往往形成铜矿带的标志。主要分布在上平山矿化带中。

白铅矿 $PbCO_3$：白铅矿晶体属三方晶系的碳酸盐矿物。晶体呈板柱状，常形成假六方对称的三连晶。集合体呈致密块状、钟乳状或土状。白色，含杂质时略带其他浅色，玻璃至金刚光泽，断口呈油脂光泽。无解理，贝壳状断口。莫氏硬度 3 ～ 3.5，性极脆，相对密度 6.4 ～ 6.6。滴盐酸起泡。主要分布在上平山矿化带中。

重晶石 $BaSO_4$：重晶石属斜方晶系，晶体常呈板状或柱状。一般呈致密块状、板状或粒状集合体。纯净的重晶石无色透明，含有杂质而被染成灰白色、淡红色、淡褐色等颜色，玻璃光泽，透明至半透明。莫氏硬度为 2.5 ～ 3.5，性脆，相对密度为 4.3 ～ 4.7。一般具有三组完全解理，夹角等于或近 90°。不溶于酸，与盐酸不起作用。重晶石与方解石相似，但方解石比重比重晶石小，溶于酸，容易区别。主要分布在上平山矿化带中。

秦皇岛市复杂的地质作用造就了多姿多彩的地貌景观；地质条件是一个生态系统的重要物质基础，秦皇岛市地层的基底主要是以变质花岗岩和片麻岩为主，在此基础上形成的土壤和水体质量都较高，再加上复杂的地貌条件，是此区生物多样性较高的重要原因；秦皇岛市断裂构造十分发育，在此基础上可形成优质的矿泉水资源。但是秦皇岛市断裂构造发育，是导致地震的重要地质背景，是地震多发区；燕山中低山青龙满族自治县一带，易发生崩塌、滑坡、泥石流地质灾害。例如，秦皇岛市出露于燕山地区的太古界、下元古界老变质岩，由于其岩体本身的结构、构造和矿物成分特点，经风化后堆积大量的固体松散物质，是泥石流灾害的高易发区。另外，燕山寒武系碳酸盐岩地层中如存在软弱地层，则容易发生滑坡、崩塌地质灾害。秦皇岛市的石英砂岩、石灰岩山地植被覆盖率低，多为基岩裸露荒山，生态环境较差。此外，岩石、矿产资源，如果开发利用不当，也会对自然环境质量产生不利的影响。

第二章

地貌

秦皇岛市地貌类型按成因可分为构造地貌、侵蚀地貌和堆积地貌；按形成动力可分为重力地貌、流水地貌、岩溶地貌、风沙地貌和海岸地貌；按形态可分为山地、丘陵、平原、盆地、河谷、海岸带等，见图 2-1。

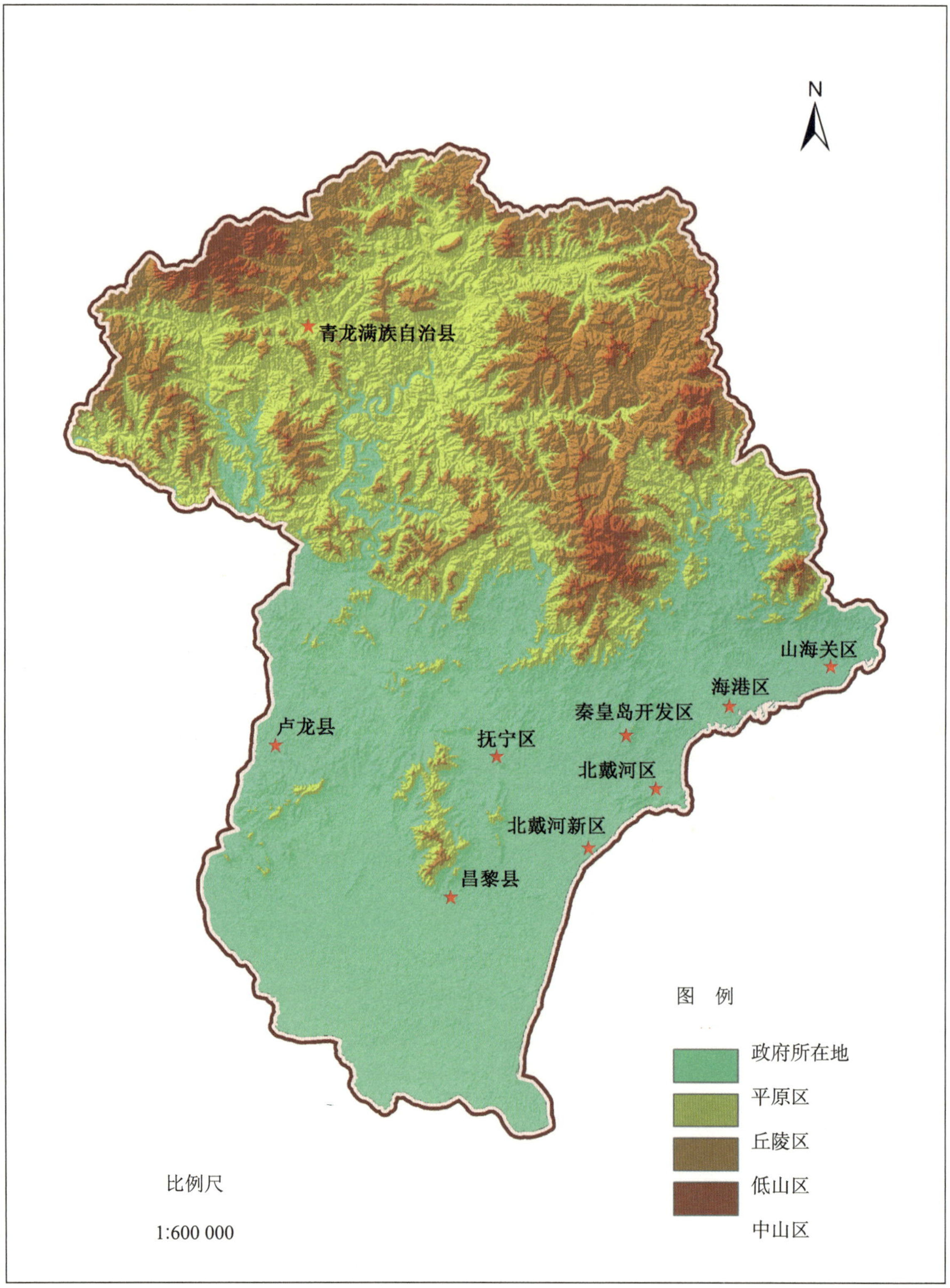

图 2-1　秦皇岛市地貌图

秦皇岛市地质构造由东西向断裂和北西向断裂控制。地形趋势是西北高、东南低，并形成山地、丘陵、平原、浅海4个地带，呈梯形分布；北部山地分成3个阶梯，由西北向东南依次降低，其中青龙满族自治县都山为第一阶梯，老岭（祖山）、响山为第二个阶梯，碣石山为第三阶梯。山地之间和山地南部，有起伏和缓的丘陵，东西延伸，为山地与平原的过渡地带；在山地丘陵的南部是平原。侵蚀平原略有起伏，呈东北—西南向延伸，向南和缓降低。在河流出山口和侵蚀平原南部，分布着堆积平原。在平原南侧，为东北—西南向延伸的海岸带，既有海蚀地貌，又有海积地貌。沿海海域，属大陆架的边缘地带。

秦皇岛市山与海相距很近，从东北向西南山与海的距离逐步增加，在山海关只有10千米左右，海港区大约20千米，北戴河区和抚宁区南戴河大约30千米，到昌黎县滦河口大约40千米。

秦皇岛市气候受地貌条件的影响较大。全市地处燕山迎风坡多雨区，各地年降水量650～700毫米，比处于同一纬度的西北地区多2倍，比华北地区南部也偏多近200毫米。受地形雨的影响，秦皇岛市北部山区多处暴雨中心地带，降水量大。受海洋的调节，气温的年变化有冬暖夏凉的特点。年平均气温10℃左右，比同一纬度的东北地区约偏高2℃。此外，秦皇岛市受海、陆地形影响，风的变化具有海陆风的特征。受海陆风环流的影响，除青龙满族自治县外，各县区5—10月盛行偏南风和偏北风。由于夏季受海风影响较大，导致7月为全年大雾天气最多的月份。

秦皇岛市境内绝大部分河流走向是由西向东南，最后注入渤海。源于燕山南麓浅山丘陵区的冀东独流入海河流均源短、流急，属典型的山溪型河流。年平均径流量是山区多、平原少；流速是山区大，平原小，山区水能蕴藏量较大。但平原地下水资源较为丰富，亦有其优势。

复杂的地质、地貌条件使秦皇岛市的成土母质和地形多样性较高，再加上生物、人为等因素的影响，导致成土条件的多样性，进而使区内的成土过程和土壤类型具有多样性的特点。

秦皇岛市地貌类型丰富，有山地、丘陵、平原、盆地、海岸5种地貌类型，而且形成了一些极具观赏性的地貌景观。这些地貌景观都是重要的旅游资源，如距今5.4亿～2.5亿年古海洋中沉积物石灰岩形成了象鼻山、溶洞等华北罕见的岩溶地貌；距今2.5亿～6 500万年的中生代花岗岩山体高大雄伟，陡峭险峻，形成了多峡谷、险峰、绝壁等奇特险峻、秀丽幽深的山地旅游景观；由于近邻海岸，海陆交互作用形成了诱人的滨海风景，如形成国内最大的沿海沙丘、潟湖，还有各种海蚀、海积地貌景观，使秦皇岛市成为著名的自然地貌景观旅游胜地。

第一节　山　地

秦皇岛市山地位于燕山东段和黑山西南，主要分布在抚宁区、海港区、山海关区、卢龙县、昌黎县的北部和青龙满族自治县的全境，面积为4 538.4千米^2，占全市陆域面积的58.16%，是面积最大的地貌类型，属中低山。秦皇岛市海拔1千米以上的山7座，其中最高峰为都山，主峰海拔1 846.3米。

一、山地地貌

1. 构造地貌

秦皇岛市的山地属于燕山山脉，位于燕山东段，主要是构造运动形成。中生代以前，全区虽有强烈的构造运动和岩浆活动，但总体趋势是大幅度下降，有较厚的沉积。中生代除小面积有短期下降外，一直在抬升趋势控制下，侏罗纪和白垩纪的燕山运动，有大量花岗岩形成和火山喷发，并造成大面积的褶皱和较多的断裂，奠定了秦皇岛市地形的基本轮廓。新生代的喜马拉雅运动，对秦皇岛市也产生了一定影响，使山地进一步抬升。由于构造运动的复杂，造成了山地地形多变的特点。从山地看，有褶皱山、褶皱—断块山、断块山，还有不规则岩浆活动形成的大面积花岗岩和安山岩山体，也多被断裂断开，故断块山占比重最大，无大的连续的山脉。从走向看，以东西走向为主。就单体山而言，东西、南北、东北—西南、西北—东南走向均有，南部以南北走向为多。境内均属中低山，但因多断块山，山势多显陡峭、峻拔。

图 2-2　祖山骆驼峰

2. 侵蚀地貌

在构造地貌的基础上，随着山体逐步抬升，各种外营力对其进行不同的加工修饰。流水侵蚀、溶蚀、冰蚀、雪蚀、风蚀造成境内山区千姿百态的宏观和微观地貌特征。其中，流水侵蚀作用形成的长沟深谷遍布整个深山区，成为境内山区最突出的特点之一。流水侵蚀与山地抬升基本平衡，山地抬升强烈，而流水下切速度也加快，形成境内的一些“V”形河谷。构造运动的间歇，北部山地形成几级不同海拔高度的侵蚀面，河谷形成几级不同高度的侵蚀阶地和堆积阶地。流水沿花岗岩解理裂隙侵蚀，加上冰胀等作用，形成悬阳洞、朝阳洞、水帘洞等少见的花岗岩洞穴和奇峰怪石的花岗岩地貌，成为旅游观赏的重要景观，见图 2-2、图 2-3。

图 2-3　祖山五人岭

二、主要山体及山峰

1. 都山

都山（图 2-4）又名马都山。位于青龙满族自治县西北部，与宽城满族自治县交界处。面积 210 多千米 ^{2}，主峰海拔 1 846.3 米，是秦皇岛市境最高峰，为燕山山脉东段主峰。山体由角闪辉石岩、石英二长闪长岩、花岗闪长岩、二长花岗岩等岩体构成。北坡陡，南坡缓，多深谷，少台地。为中生代燕山运动形成。植被主要由天然次生林、针阔混交林组成，垂直变化明显。因山顶有白石堆积而成的“石海”景观，被誉为“都山积雪”（图 2-5），为“口外”古八景之一。都源河发源于此山。

图 2-4　都山

图 2-5　“都山积雪”

2. 祖山

祖山（图 2-6）原称“老岭”，又称“箭笴山”“临榆山”“茶盘山”“箭苛岭”“黄崖”等。祖山，因其高大雄伟、如周围群山之祖而得名。位于青龙满族自治县东南部，面积 300 多千米 ^{2}，主峰黑尖顶海拔 1 424.2 米。山体由中粗粒碱性花岗岩和斑状花岗岩构成，形成于中生代燕山运动。此山层峦叠嶂，幽谷险峻，尤其是花岗岩地貌，怪石林立，妙趣横生，景色优美。森林覆盖率高，主要为针阔叶混交林，并有国家三级保护渐危种植物——天女木兰，是“旅游圣境”。

图 2-6　祖山

3. 响山

响山位于青龙满族自治县东南部，海港区北部，跨越两县（区）。面积约 60 千米 ^{2}，主峰海拔 1 421.8 米。山体由中粗粒碱性花岗岩和钾长花岗岩构成，形成于中生代燕山运动。森林覆盖率较高，为针阔叶混交林。

4. 花果山

花果山位于青龙满族自治县东南部，祖山主峰西侧，为祖山的一部分，分南北两峰，南峰海拔 1 182 米，北峰海拔 895 米。山体由中粗粒碱性花岗岩和斑状花岗岩构成，形成于中生代燕山运动。植被较稀疏，为针阔叶混交林和灌木群落。花岗岩地貌发育，胜景众多，有水帘洞、仙人洞、二郎石、“白蛇吐布”瀑布等奇景。

5. 鞍子山

鞍子山位于青龙满族自治县东南，东临海港区界，面积约 15 千米 ^{2}，主峰海拔 1 167.7 米，山势险要，坡陡沟深。山体为石英斑岩、流纹岩、凝灰岩等，中生代燕山运动形成。植被较好，为天然次生林，以针阔叶混交林为主。

6. 熊顶盖

熊顶盖位于海港区北部，与青龙满族自治县交界处，南北走向，面积 15 千米 ^{2}，主峰海拔 1 085.7 米。山体由侏罗系石英斑岩、流纹岩、凝灰角砾岩等组成，中生代燕山运动形成。植被为针阔叶混交林。

7. 花峪顶

花峪顶位于海港区北部，南临熊顶盖山，南北走向，面积 15 千米 ^{2}，主峰海拔 1 059 米。山体由石英斑岩、流纹岩、凝灰角砾岩等组成，中生代燕山运动形成。植被为针阔叶混交林。

8. 寿桃山

寿桃山位于青龙满族自治县北部偏东，南北走向，面积 16 千米 ^{2}，主峰海拔 978 米，北坡缓，南坡陡，少沟岔。山体由白云岩、安山岩、凝灰岩和砂岩构成，中生代燕山运动形成。植被为天然次生林，为针阔叶混交林。

9. 歪顶子山

歪顶子山位于青龙满族自治县东部，西北—东南走向，面积约 16 千米 ^{2}，主峰海拔 967.3 米，山峰西倾，西坡陡峭，东、北坡较缓，沟谷纵横。山体由斑状花岗闪长岩及似均质混合岩组成，中生代燕山运动形成。植被为针阔叶混交林。

10. 背牛顶

背牛顶（图 2-7）位于抚宁区北部，与青龙满族自治县交界处，长城经此。面积约 10 千米 ^{2}，主峰海拔 956 米，为突兀孤峰，四周陡峭似墙。山体由碱性花岗岩组成，中生代燕山运动形成。植被为针阔叶混交林。

图 2-7　背牛顶（右图摄于 1917 年）

11. 大峪顶

大峪顶位于山海关区北部，南临大流子山，西临石河，地跨海港区和山海关区，面积约 34 千米 ^{2}，主峰海拔 926 米，山高沟深，有后石胡山、缝峪山、东山梁、顶山、太平山、大黑崖山、小黑崖山等山峰。山体由中粗粒花岗岩、安山岩、流纹岩、似混合花岗岩组成，中生代燕山运动形成。植被为针阔叶混交林。

12. 黄牛顶

黄牛顶位于抚宁区北部，面积 22 千米 ^{2}，主峰海拔 895 米。山体由斑状花岗岩和似均质混合岩组成，中生代燕山运动形成。植被较稀疏，为针阔叶混交林。

13. 巨尺山

巨尺山又名笔架山，位于青龙满族自治县西南部，西北—东南走向，面积 16 千米 ^{2}，主峰海拔 863.6 米，东坡缓，西坡陡。山体由正长斑岩、闪长岩构成，中生代燕山运动形成。植被为天然次生林的针阔叶混交林。

14. 天桥山

天桥山位于青龙满族自治县南部偏西，面积约 10 千米 ^{2}，主峰海拔 854.2 米。山体由石英斑岩、片麻岩、斜长角闪岩组成，燕山运动形成。植被为针阔叶混交林。

15. 大流子山

大流子山位于山海关区北部，南临角山，西南临石河，南北走向，面积约 8 千米 ^{2}，主峰海拔 782 米，山陡沟长，有英武山、大横岭、小横岭、黄岭山、肖山、南天门等山峰。山体由侏罗系中粗粒碱性花岗岩、安山岩、流纹岩等组成，中生代燕山运动形成。植被为针阔叶混交林，覆盖率较高。

16. 碣石山

碣石山（图 2-8）位于昌黎县北部，与卢龙县和抚宁区交界处，面积约 35 千米 ^{2}，主峰海拔 695.1 米，为近海最高峰。山体由细粒花岗岩和斑状角闪花岗岩组成。分南北对峙的两座峰峦，有天桥柱、小碣石、东五峰山、西五峰山等山峰。植被为针阔叶混交林，以油松和灌草丛为主。此山因古籍记载秦始皇、汉武帝等登临而成为历史名山。又因峰峦叠嶂，奇石嵯峨，山水辉映，成为著名风景旅游胜地。

图 2-8　碣石山

17. 尖山槐

尖山槐位于卢龙县北端，长城边。东西走向，面积 10 千米^2，主峰海拔 626.6 米，为卢龙县“第一高峰”。山体由中元古界白云岩组成，中生代造山运动形成。植被较稀疏。

18. 老绝顶

老绝顶位于卢龙县东南部，与抚宁区、昌黎县交界处，面积约 12 千米^2，主峰海拔 590.7 米。山体由细粒花岗岩组成，中生代燕山运动形成。植被为针阔叶混交林。

19. 五顶凤凰山

五顶凤凰山位于抚宁区西北，南北走向，面积 15 千米^2，主峰海拔 582 米，山有五顶，山上有 2 个常年滴水岩洞，名“滴水朝阳洞”。山体由变质闪长岩组成，燕山造山运动形成。植被为针阔叶混交林，以针叶树为主。

20. 兔耳山

兔耳山位于抚宁区西部，南北走向，面积约 10 千米^2，主峰海拔 571 米，两峰峭立，形似兔耳，故名。山体由斑状角闪花岗岩组成，中生代燕山造山运动形成。植被为针阔叶混交林，以针叶树为主。处交通要道，历史上在此地曾发生数次战事。

21. 角山

角山（图 2-9）位于山海关城北，东北—西南走向，面积约 12 千米^2，主峰海拔 566 米。山体由似均质混合岩组成，中生代燕山运动形成。植被为针阔叶混交林，以针叶树为主。山势陡峭，长城蜿蜒而上，雄伟壮观，为著名旅游区。

22. 冠座顶

冠座顶位于卢龙县东南部，东南临老绝顶，面积 4 千米^2，主峰海拔 522 米。山体由细粒花岗岩和斑状角闪花岗岩组成，中生代燕山运动形成。植被为针阔叶混交林，以针叶树为主。

23. 老君顶

老君顶位于海港区北部，南北走向，面积 5 千米^2，主峰海拔 493.7 米。山体由石炭系沉积岩组成，以页岩、铝土岩为主，中生代燕山造山运动形成。植被为针阔叶混交林，以针叶树为主。

图 2-9 角山（下图摄于民国年间）

24. 东城子山

东城子山位于卢龙县东部偏南，东临抚宁区，西北—东北走向。面积 2 千米^2，主峰海拔 489.4 米，山势三面陡峭，北坡缓，山腰有山洞。山体由斑状角闪花岗岩构成，中生代燕山运动形成。植被多灌丛，东坡有松林。

25. 阳山

图 2-10　阳山

阳山（图 2-10）位于卢龙县中部偏南，东西走向，面积 10 千米 ^{2}，主峰海拔 352 米。山体由斑状混合岩和闪长玢岩脉组成。山势三面陡峭，北坡缓。植被为针阔叶混交林，以松、洋槐树为主。

26. 天马山

天马山（图 2-11）位于抚宁区中部偏西，洋河水库东南岸，面积 1.5 千米 ^{2}，主峰海拔 295 米，山顶似马头。陡壁上有明将戚继光等人文字摩崖，为省重点文物保护单位。山体由变质闪长岩和中粗粒角闪花岗岩组成，中生代燕山造山运动形成。植被以松树为主。

图 2-11　天马山

27. 六音山

六音山位于卢龙县南部，西北—东南走向，面积 4.5 千米 ^{2}，主峰海拔 292.6 米。山体由黏土质灰岩、白云岩、泥灰岩、豹皮状灰岩、均质混合岩组成，中生代燕山造山运动形成。山有 3 峰，名牛耳山、城子山、书院山。相传，书院山为孤竹国君之子伯夷、叔齐读书处，山南壁有“夷齐读书处”文字摩崖。

28. 武山

武山位于卢龙县西南，与昌黎县交界处，西临滦河，西北—东南走向，面积 4.5 千米 ^{2}，主峰海拔 287 米，山有 5 峰。山体由古生界白云岩、豹皮灰岩、鲕状灰岩等组成，中生代燕山造山运动形成（图 2-12）。

图 2-12　武山

第二节 丘 陵

秦皇岛市丘陵面积为 1 863.8 千米 ^{2}，占全市陆域面积的 23.89%。

一、丘陵地貌

山间丘陵：位于秦皇岛市北部、青龙满族自治县和抚宁区大新寨—燕河营盆地，海拔 200 米左右，主要特点是不连续，面积较小，零星分布。

山前丘陵：位于秦皇岛市北部、山地南侧，集中分布于卢龙县和抚宁区中部，为全市丘陵主体，面积约占丘陵总面积的 70%，多为圆浑和缓丘陵，海拔 100 米左右，最高不过 200 米。丘陵大部由岩浆岩或变质岩组成，少数由沉积岩构成。

蚀余丘陵：在侵蚀平原台地上，还有一些蚀余山类型的丘陵，这些地方岩性较硬，抵抗抬升风化侵蚀的能力比较强，形成蚀余丘陵，成为侵蚀平原上的孤立残丘。

二、主要丘陵

1. 联峰山

联峰山（图 2-13）位于北戴河区中部，海拔 152.6 米，面积大约有 5 千米 ^{2}。联峰山基本属于蚀余丘陵，但其南侧也有断裂抬升的作用。由前寒武纪的均质混合岩组成。由于岩石解理发育，经风化形成一些球状风化体，如莲花石、对语石、骆驼石等。莲花石表面还有因差别侵蚀形成的斑状蜂窝。

图 2-13 联峰山（下图摄于民国年间）

2. 烟台山和栖云山

烟台山位于海港区海阳镇西南，栖云山位于抚宁区深河村南。两座丘陵的海拔都在100～200米，属蚀余丘陵，面积都比较小，孤立在侵蚀平原的台地之上，形状圆浑和缓。山体由均质混合岩组成，烟台山还有片麻岩、石英岩、角闪片岩等。

3. 小南山

小南山位于海港区石门寨镇山羊寨村南，海拔173.6米，由奥陶系灰岩组成，其中在溶洞及裂隙中发现有大量第四纪中更新世哺乳动物化石堆积，其中有额鼻角犀、鹿、熊、虎、兔等32种类型，相当于周口店动物群的晚期。

第三节 盆 地

秦皇岛市盆地面积为400余千米^2，约占全市陆域总面积的5%。

一、盆地地貌

1. 褶皱地貌

褶皱地貌主要分布于盆地边缘，是构成盆地的主要条件。抚宁盆地东部有轴向呈北15°东延伸的河潮营向斜形成的较低山岭；北部有长轴呈北25°～30°东延伸的茹各庄隐伏背斜形成的山地，并将抚宁盆地与燕河营—大新寨盆地分开。在燕河营—大新寨盆地西北是上兴隆庄向斜形成的山脉，轴向呈北60°西延伸，轴面向盆地倾斜。柳江盆地（地貌）位于大洼山—义院口向斜东南部，为轴向北10°东的不对称向斜，轴核心为盆地西缘，山地向斜外翼为盆地东缘。柳江盆地向斜岩层受流水等外力侵蚀，形成一面陡、一面缓的单面山丘和两坡基本对称的猪背岭山丘。

2. 岩溶地貌

柳江盆地内及其外围有岩溶地貌分布。砂锅店、东部落一带有一些石芽，高约1.5米；还有一些溶沟，其中有少量岩溶堆积物。溶洞有5层，第一层海拔在200米左右，分布在李庄以北的天水洞和板厂峪天然洞；第二层海拔在170～180米，分布在程庄、李庄、黄土营一带，其中程庄溶洞中有第四纪哺乳动物化石堆积；第三层海拔在140～150米，分布在山羊寨小南山等地；第四层与现代河床相对高度只有几米，与第一级河流阶地相当，溶洞数量多，但规模小，堆积有砂砾；第五层在现代河床以下，广泛分布，互相沟通形成暗河，大量地表水渗入形成较丰富的地下水。

3. 河谷地貌

柳江盆地、抚宁盆地、燕河营—大新寨盆地内都有河谷地貌。这些盆地中有石河、汤河、洋河，有一些侵蚀阶地。这些侵蚀阶地按高度可分若干级，反映地壳上升的间歇和次数。同样也有若干级堆积阶地，最多达5级。柳江盆地大傍水崖是盆地中石河裁弯取直形成的离堆山。

二、主要盆地

秦皇岛市主要盆地有柳江盆地、抚宁盆地和燕河营—大新寨盆地。

1. 柳江盆地

柳江盆地位于海港区东北部，在构造上为向斜盆地，在地貌上是较小的盆地。盆地东部是海拔 317 米的老炼炉山，西部是海拔 334.5 米的大洼山，北部是海拔 283 米的王山，只有南部是海拔 100 米左右的丘陵。盆地南北长 5.5 千米，东西宽约 6 千米，面积 30 多千米^2。盆地中大部分为起伏的丘陵，但由西北向东南有石河河谷，盆地中岩层以沉积岩为主，其中石灰岩较多，在西部、北部并有较为丰富的煤炭。柳江盆地多石灰岩，多岩溶地貌，且多岩溶地下水，地表也有石芽、残峰、残丘等岩溶地貌。柳江盆地地层齐全，在中国北方较少见。

2. 抚宁盆地

抚宁盆地位于抚宁城周围，盆地北部为海拔 295 米的天马山和海拔 414 米的祥云顶山，西南部为海拔 571 米的兔耳山，南部为海拔 181.9 米的发髻槐山，东部为石井山。盆地南北长 17 千米，东西宽 12 千米，面积约 200 千米^2。盆地中部西侧有黑峰山、城山相横，打破了盆地完整的格局。盆地周围有丘陵分布，中间是洋河、饮马河河谷平原，主要由河谷、一级阶地、二级阶地组成。盆地内地势比较平坦，海拔 16 ～ 50 米，由西北向东南倾斜。抚宁盆地土壤以褐土为主，地表水和地下资源都比较丰富，是抚宁区重要的农业区。

3. 燕河营—大新寨盆地

燕河营—大新寨盆地位于抚宁区西北部和卢龙县东北部，盆地东部为大新寨，中部为台营，西部为燕河营。盆地东部为海拔 895 米的黄牛顶，北部为海拔 582 米的五顶凤凰山，西部为丘陵，南部为海拔 295 米的天马山和海拔 414 米的祥云顶山。盆地南北长 13 千米，东西宽 14 千米，面积约 180 千米^2。盆地中部台营、麻姑营北部为低山丘陵相横，故整个盆地呈现“U”形。盆地内部以丘陵为主。西部有西洋河河谷，东部有东洋河河谷，中部为洋河水库。盆地内部地势略有起伏，由北向南，海拔 40 ～ 150 米。

第四节　平　原

秦皇岛市平原面积为 1 410.2 千米^2，占全市陆域面积的 18.07%。

一、侵蚀平原

在秦皇岛市的北部山地丘陵与南部堆积平原、海岸之间，侵蚀平原以平行海岸的不连续条带状集中分布于抚宁区东南和市区的北部与东部，延伸方向为东北—西南，地形略向南倾。侵蚀平原形成于新生代早第三纪。在侵蚀平原表层，由于化学作用强烈而形成了红色风化壳。北戴河赤土山的红色风化壳剖面最为典型。侵蚀平原目前分成三级台地由北向南逐步降低。

三级侵蚀平原台地：陆续分布在低山、丘陵前缘，海拔 50 米左右。起伏稍大，平均坡度为 5°，台地表面有部分基岩裸露，坡地堆积有薄层残积物。冲沟发育，深度 5 ～ 6 米，宽可达几十米。

二级侵蚀平原台地：在三级台地南侧，海拔约 30 米，宽 400 ～ 3 000 米，台面平缓，坡度 4° ～ 5°，略向海倾斜。台面上偶有基岩出露，风化壳较厚，冲沟也较发育。

一级侵蚀平原台地：在二级台地南侧，与海岸或堆积平原相接。坡度 4° ～ 5°，海拔 20 米左右。表面风化壳厚度较大，其上多为耕作层，红色黏土层广泛保存，这里冲沟不发育。

二、堆积平原

1. 坡洪积、冲洪积平原

分布在秦皇岛市山地丘陵的前缘，或裙状分布，以冲积扇为其主要形态特征。海拔高 20 ～ 50 米，向南和缓倾斜，坡度为 0.02 ～ 0.08，组成物质多为沙性、轻壤性淋溶褐土和褐土。在坡洪积裙顶部冲沟较为发育。

石河冲积扇：从出山口至海岸砾石堤，长约 10 千米，面积约 30 千米 ^{2}，地势微向海倾，平均坡降 2.5‰。扇面平坦，河道中河漫滩高出河床 0.5 米，一级阶地高出河床 3 米左右，物质组成主要有砂砾石和亚砂土。石河下游分叉，心滩发育。

汤河冲洪积扇：分布在出山口至海阳镇一线，面积有几十千米 ^{2}，其表面基本平坦，微向海倾斜，平均坡降 1.3‰，海拔高度由 50 米下降到 10 米，河漫滩高出河床 0.8 米，一级阶地高出河面 2.2 米，物质组成以砂砾和亚砂土为主。

戴河冲洪积扇：分布在榆关镇南北，长约 10 千米，面积较小，表面平坦，海拔 5 ～ 20 米，平均坡度 1‰，物质主要由亚砂土和细砂组成。

洋河冲洪积扇：分布在洋河水库以南，长约 13 千米，海拔 5 ～ 20 米，微向海倾斜。平均坡度 1.25‰，物质组成以砂、亚砂土为主。

滦河冲洪积扇：面积较大，分布在昌黎县和唐山市的迁安市、滦县。滦河冲洪积扇自第四纪中更新世以后，几经变迁，形成几级不同的冲洪积扇，地势较为平坦，微向海倾斜。物质组成以砂、亚砂、粉砂为主。

秦皇岛市的洪积平原区地势低平、广阔，适宜耕作，是全市粮油的集中产区。

2. 冲积平原

汤河、戴河、洋河（图 2-14）、滦河的下游，都有冲积平原分布，集中分布在昌黎县铁路以南和抚宁区紫金山、高庄一线以南至海岸带，为平原的主体，面积占平原总面积的 80% 左右，海拔均在 20 米以下，坡降 0.068‰左右，地势平坦，除河谷外少有起伏。以轻壤质褐土和潮土为主，滨海有黏质盐土。冲积平原是秦皇岛市主要粮食、油料产区。

图 2-14　洋河下游冲积平原

3. 三角洲平原

石河、汤河、戴河、洋河、滦河的入海处都有三角洲。石河三角洲顶部在山海关区南海村西侧，向海呈扇形分布，组成物质为砂砾。三角洲汊河和心滩发育。石河河口沙嘴形态很明显。戴河三角洲形态鲜明，沙嘴形态也很明显。石河、汤河、戴河、洋河三角洲形态原很鲜明，但由于河口上方的水利建设，径流、泥沙补给减少，再加上挖沙取沙，三角洲形态和沙嘴发育都受到影响和侵蚀。滦河三角洲由于河流入海泥沙多，呈扇状向海突出，面积近 70 千米 ^{2}，平均每年向海推进 100 余米，淤积面积约 1 千米 ^{2}。20 世纪 70 年代，在滦河的上游修建潘家口和大黑汀水库，泥沙来源减少，三角洲堆积减慢（图 2-15、图 2-16）。

图 2-15　石河入海口三角洲（摄于 2004 年）

图 2-16　石河入海口海流堆积平原——石河南岛（摄于 2016 年）

除滦河之外，其他河流的河口都呈葫芦口形。这是河流作用与海洋作用大体平衡，河口沙嘴发育在海岸线相平行的位置上壅水而成。河口的葫芦口形面积大小与河流的长度、流域面积成正比。但也有反常现象，反映河流水系的改道和变迁。

第五节　海　岸

一、海岸地貌类型

秦皇岛市海岸线东起冀辽省界、西至滦河口，全长 162.7 千米，其中岩岸线长 20.5 千米，沙岸线长 105.1 千米，人工建筑岸段长 37.1 千米。此区海岸线类型复杂多样，按形态分类，有曲折陡峻海岸和平直低缓海岸；按构造分类，有上升海岸和下沉海岸；按组成物质分类，有基岩海岸和砾石质海岸，并有少量粉沙淤泥质海岸，其他都是沙质海岸；按动力状态分类，有侵蚀海岸和堆积海岸。在侵蚀海岸中，有海蚀崖、海蚀穴、海蚀台地、海蚀柱、海蚀拱桥等地貌。在堆积海岸中，有海滩、滨岸堤、离岸堤、潟湖、沙嘴等地貌。

二、海岸地貌分布

秦皇岛市海岸线长162.7千米，从冀辽交界的金丝河口至秦（秦皇岛市）唐（唐山市）交界的滦河口，自东向西岸线涉及山海关区、海港区[①]、北戴河区、抚宁区、昌黎县5个区、县。

1. 昌黎县海岸地貌

昌黎县海岸北起抚宁区、昌黎县交界的小黄河，南到滦河口，全长64.9千米。昌黎县海岸由滦河三角洲、离岸堤、沙丘和潟湖组成。滦河三角洲海岸由离岸堤组成，离岸堤的物质是灰黑色细砂，交错层理，下伏淤泥或潟湖相黏土，高1～2米。离岸堤内侧是潟湖，宽度一般为700～800米，三角洲两侧最宽1 500～2 200米，中部主河道处最窄，只有300～500米。

从滦河三角洲至大蒲河口，为海岸沙丘，宽1～3千米。沙丘为东北—西南向，其缓坡朝向东北。海岸沙丘一般高20～30米，最高达42米。沙丘中上部沙层，具有高角度的板状斜层理。海岸沙丘与沙坝的颗粒组成非常接近，为中细沙，含有少量海相贝壳碎片，石英含量很高，高达70%左右。砂粒分选好，比较均匀。沙丘内侧，多由潟湖组成，其中最大的为七里海。七里海面积约15千米^2，水深1.7米左右，由新开河口与海相连。海岸沙丘以新月形沙丘为主，向陆一侧已有大量植被固定，有部分灌丛分布。见图2-17。

图2-17　黄金海岸旅游区海岸

2. 抚宁区海岸地貌

抚宁区海岸西起小黄河，东到戴河口中，全长17.1千米，平均宽1.7千米，全部为沙质海岸。海岸由200～300米的沙滩组成，其向陆一侧为沙丘，其中西部较高大，最高海拔23.2米。大部沙丘已被植被固定，在沙丘内侧是潟湖，其中洋河口西侧潟湖最大，东西长超过3千米，宽300米左右。见图2-18、图2-19。

图2-18　20世纪80年代初的南戴河海滨

图2-19　南戴河海滨

3. 北戴河区海岸地貌

北戴河区海岸在戴河口至黑河口之间，全长23.9千米。基岩岬角与砂质海湾相间分布，海蚀地貌与海积地貌相间分布，形成港湾型海岸地貌。从戴河

①并非指隶属海港区，而是指从行政区划上属海港区所涉及的范围。

口往东3千米海岸称西海滩，为砂质海滩，向陆一侧有海蚀滩与海蚀崖。中海滩既有沙滩，又有海蚀岩脊滩形成的较大礁石。礁石阻挡海浪形成波影区堆积，形成连岛沙坝，造成小型陆连岛。中海滩也有海蚀崖和海蚀穴，还有几处基岩岬角与沙质海滩相间分布。北戴河东部为东海滩，其中金山嘴三面环海，海蚀地貌发育，有海蚀滩，有高4米、7米、10米的海蚀穴，有海蚀崖，有海蚀拱桥—南天门。从金山嘴向北还有几处基岩岬角与沙质海滩相间分布。小东山三面环海，为一小半岛，高约9米，顶部较平，实际是一级海蚀阶地。鹰角石基岩岬角，有海蚀滩、海蚀阶地、海蚀柱、海蚀崖、海蚀穴。鹰角石北侧有4米高的海积台地。鹰角石北1千米处，有一海退留下的白色礁石，高2米，称“蜘蛛石”。鹰角石北2千米处的赤土山，有死海蚀崖。见图2-20～图2-25。新开河以东原是一片延伸10余千米的海岸河丘，宽处达2～3千米，向东变窄至1千米。沙丘原高20多米，后被挖运及人工植树造林所固定。沙丘后侧有潟湖分布。

图2-20　20世纪20年代北戴河海滨（今北戴河鸽子窝附近）

图2-21　北戴河海岸地貌（东山附近）

图2-22　北戴河海滨（东山景区附近）

图2-23　北戴河海岸地貌（北戴河碧螺塔附近）

图2-24　20世纪20年代北戴河海滨中海滩

图2-25　北戴河海滨（鸟瞰中海滩附近）

4. 海港区海岸地貌

海港区海岸西起黑河口，东至西沙河口，全长 38.5 公里。原为海岸沙丘。20 世纪八九十年代开始的城市建设，海岸沙丘被挖运及植被固定。沙丘后侧有潟湖分布。东山海岸有基岩岬角，海蚀地貌有海蚀滩、海蚀崖、海蚀穴、海蚀阶地等。在基岩岬角西侧，原为海积沙质阶地和沙质海滩，大部分已被港口占用。新开河口以东海岸，为沙质海岸与砾石质海岸的过渡，沙滩中夹有少量小块海相扁平圆形砾石。见图 2-26 ～图 2-32。

图 2-26　20 世纪 80 年代初秦皇岛港煤码头（分 5 期建设，图为开工建设前）

图 2-27　秦皇岛煤码头（一期、二期工程）

图 2-28　海港区海岸地貌（金屋浴场附近）

图 2-29　海港区海岸地貌（西浴场附近）

图 2-30　1901 年的秦皇岛海湾（秦皇岛港开工建设初期）

图 2-31　1915 年的秦皇岛港大、小码头

图 2-32　秦皇岛港大、小码头今貌

5. 山海关区海岸地貌

山海关区海岸西起西沙河口，东至金丝河口，全长 18.3 公里。新开河口往东，原有一道高约 7 米的砂堤，向东逐渐变粗，形成砂砾混合的海堤；再向东侧变成基本由砾石组成的砾石堤，而且向东砾石变粗，砾石堤也由一道变成 3 道、5 道，过沙河口后最多变成 11 道砾石提。砾石堤高度有 7 米、4 米 2 种，反映不同年代的不同海面高度。

图 2-33　19 世纪三四十年代老龙头附近（明信

石河口以东有约 1 千米的砂质海岸，然后是老龙头基岩岬角，有海蚀滩、海蚀阶地、海蚀崖、海蚀穴。岬角两侧有 4 米、7 米、10 米三级海积台地。

图 2-34　鸟瞰山海关老龙头附近

老龙头岬角往东为长约 2 千米的沙质海岸，到山海关船舶重工有限责任公司，有死海蚀崖和海蚀滩出露。向东约 3 千米，又有小黑山基岩岬角，有海蚀滩和死海蚀崖，并有两块海蚀柱相对而立，人称“龙门石”，各有高 4 米、7 米、10 米的海蚀穴。由小黑山向东是沙质海岸，并有 4 米高的海积台地。由龙门石向东 2 千米，是止锚湾基岩岬角，有死海蚀崖，有海蚀滩，并有海蚀柱——“姜女坟”，其上有高 4 米、7 米、10 米的海蚀穴。见图 2-33、图 2-34。

6. 海岸生态修复

海岸是秦皇岛市重要的旅游资源，山海关、北戴河、南戴河、黄金海岸等独特的自然和人文景观，使秦皇岛市成为中国著名的避暑胜地。但由于气候变暖海面上升、河流上游修建水库、挖沙取沙、沿海工程逐步增加等影响，秦皇岛市海岸出现严重的侵蚀破坏，普遍出现沙滩变窄、坡度增大、砂质粗化等现象，海滩侵蚀的平均速率大于 2.5 米 / 年，侵蚀岸滩的长度达 55.6 千米，严重影响了浴场滨海旅游功能的正常发挥，引起各级政府和社会公众的高度关注。

为切实做好渤海海域特别是北戴河及相邻地区近岸海域环境保护，尽快改善区域生态环境质量，河北省海洋局编制了《北戴河及相邻地区近岸海域污染防治与生态修复实施方案》。2009 年，对北戴河东二路浴场、老虎石浴场进行土工织物袋人工岬头吹填，采取滩肩补沙的方式，迅速恢复浴场功能。2010 年，又实施北戴河西海滩恢复治理工程，工程岸线长度 3.5 千米，工程由人工海滩吹填、人工沙丘修复、人工沙坝吹填、离岸潜堤建设、人工潜礁建设等项目组成。2012 年年初，河北省政府启动《北戴河及相邻地区近岸海域环境综合整治行动计划（2012—2014 年）》。2012 年，对海港区的西浴场海岸线实施生态修复工程，对沙滩进行修复治理，修复海滩 3.39 千米，沙滩宽度增加约 50 米，主要采用滩肩补沙、修建离岸堤手段。同年，启动北戴河老虎石浴场及周边岬湾海岸修复项目，2012—2013 年分两期实施。一期工程区位于老虎石公共浴场与东侧的浪涛屿浴场，修复岸线长度为 820 米，修复后滩肩高程达 2 米以上，沙滩宽度在原有基础上平均增加 30 米；老虎石海滩西侧栈桥处建设抛石岬头一座；在离岸 200 米处海域吹填人工沙坝，长度为 600 米。二期工程区位于浪涛屿浴场以东、金山嘴以西的岬湾海岸，岸滩修复岸线长度为 1 420 米，包括 3 个专用浴场以及部分公共浴场，工程项目主要有滩肩补沙、人工沙坝以及沙质突堤，工程完工后约 2.6 千米以上的岸线受到人工沙坝的保护。

第二章 海洋

秦皇岛市海区地处渤海西部，辽东湾西翼。海岸线东起山海关区金丝河口（40°01′41″N，119°54′40″E），西至昌黎县滦河口（39°25′46″N，119°18′14″E），总长162.7千米。海区潮间带面积31.1千米^2，0～25米等深线海域面积2 629.4千米^2，全市现有捕捞作业渔场1万千米^2，有适宜发展养殖的浅海5.33万公顷（80万亩）、滩涂1 333.33公顷（2万亩）。除北戴河到山海关海域分布有部分岩礁外，大部分海域底质均为砂质。见图3-1。

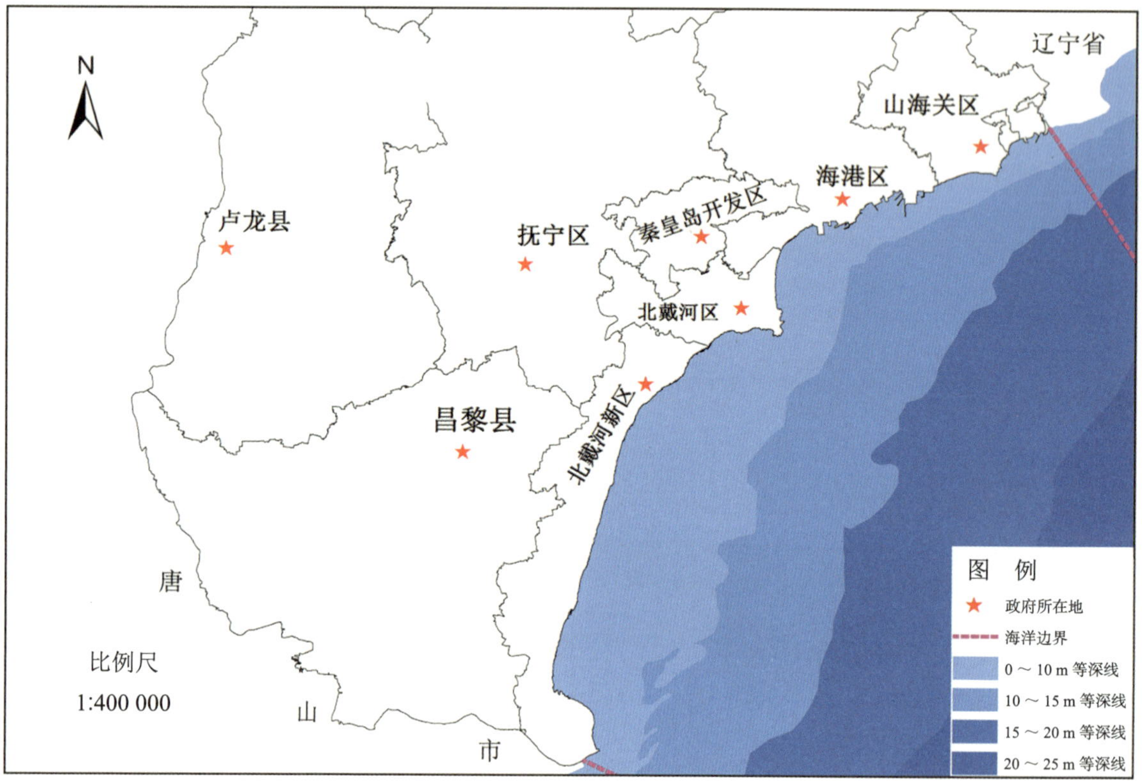

图3-1　秦皇岛市海洋图（制图：赵忠宝）

海洋作为世界最大的资源汇集地，一方面容易受到气候变化带来的各种不利影响，如海平面上升、海洋灾害加剧等；另一方面海洋也是抵御和应对气候变化诸多不利影响的重要屏障，是影响全球气候变化规律的重要因素。因此，科学合理的海洋资源开发和保护既可以获取大量的经济收益和回报，促进地方产业结构升级，提升地方经济发展水平，而且也能有效减少气候变化带来的不利影响，提升沿海地区乃至更广阔地区气候变化适应能力。

第一节　海区地貌

秦皇岛市海区在历史上发生过多次海进与海退，在昌黎、抚宁海岸共发现三期古岸线：第一期在刘台庄—泥井—草厂庄—西河南一线；第二期在王各庄—七里海北—赤洋口—南戴河一线；第三期为21世纪海岸线。据记载，第一期发生在距21世纪5 500年左右，第二期发生在距21世纪3 000～2 000年。洋河口—山海关一段海岸的研究成果较少，据中国地质矿产研究所1986—1989年完成的《秦皇岛及其附近地区第四纪地质与海陆变迁的研究》成果，在第四纪过程中，本岸段共发生过3次海侵：第一次为赤土山海侵，时间在距21世纪1万年左右，其海湾顶部在南大寺一带；第二次为秦皇岛海侵，距21世纪7 000～5 800年，秦皇岛市区全部沦于大海，南山成为独处海域的孤岛；第三次为西向河寨海侵，距21世纪1 900～1 700年，其海湾顶点在今山东堡一线。

在昌黎县城小东山、北戴河联峰山、山海关孟姜女庙3处混合花岗岩山体发现的海蚀地貌则反映了更新世时期发生的更古更大海侵范围。滨海海蚀柱上留有的9米、6米、4米、3米海蚀穴，则为上述海侵提供了有力佐证。

一、潮间带地貌与海岸地貌

1. 河口

河口砂坝：滦河口及其主要河道砂坝呈马蹄形向海中突出，大蒲河口、洋河口砂坝出露水面呈砂岛状，昌黎新开口和山海关石河口砂坝隐没水下，成为拦门坝。

河口砂嘴：饮马河、洋河、汤河、沙河河口发育有对生砂嘴，石河口发育有环状砂嘴，赤土河口发育有单生砂嘴，如图3-2。河口东侧砂嘴长，一般在400米以上，洋河口砂嘴达1 000米以上；西侧砂嘴短，一般在200米左右。

图3-2　汤河口潮间带地貌

河口冲刷槽：一般长1 000米左右，水深可达2米，以滦河河口冲刷槽最长最深，长达2 000米以上，宽200米左右，是船只在落潮时出入港的主要通道。

2. 岩滩

岩滩分布在北戴河老虎石—金山嘴—小东山—鸽子窝岬角及秦皇岛东山岬角、山海关老龙头岬角等地。这里有大量砾石堆积在滩面上，滩面坡度较陡，约 18°。在波浪的强烈作用下，形成海蚀地貌。

海蚀平台：海蚀平台是岩滩主体，出现在岬角外侧水域，宽度在 50 ～ 300 米，向海坡度在 10° 左右。在金山嘴、鸽子窝、秦皇岛东山 3 个地方的海蚀平台残留有海蚀柱。

海蚀崖：北戴河鸽子窝海蚀崖（图 3-3）高 17 米，由石英岩脉构成，崖壁陡直，是北戴河名胜之一，称为鹰角石。金山嘴海蚀崖（图 3-4）由石英脉穿插的花岗岩组成，崖高 6 ～ 15 米。大东山海蚀崖由花岗岩组成，高 5 ～ 10 米。秦皇岛东山海蚀崖（图 3-5）高 15 ～ 16 米，由石英岩组成，仍受海水的强烈侵蚀。山海关老龙头海蚀崖高 15 ～ 18 米，已不受海水侵蚀，崖壁风化，长城建在崖顶，崖壁陡峭。

图 3-3　鸽子窝（左图为 20 世纪二三十年代发行的鸽子窝明信片）

图 3-4　南天门
（上图摄于20世纪二三十年代）

图 3-5　秦皇岛东山海蚀崖
（上图摄于 20 世纪初）

海蚀穴：海蚀穴发育于海蚀崖中，一般分布在海拔 9 米、6 米、4 米、3 米和高潮线上，洞穴直径大者为 1 米以上。

连岛砂坝：位于北戴河中海滩老虎石公园，砂坝将海中的花岗岩礁石与岸边 5 米高的海蚀崖连接起来。连岛砂坝长约 60 米，宽约 20 米，高约 1 米，呈南北走向，由中细砂组成。

3. 海滩

海滩一般宽度在几十米，在河口附近可达几百米。海滩坡度平均为5°，海港区沙河口至山海关区石河口之间坡度最大，可达8°～9°；北戴河区赤土山河口坡度最小，不到1°。海滩由中细砂组成。主要地貌形态有以下几种。

沿岸砂堤：沿岸砂堤分布在洋河口到山海关沙质海岸的高潮线上部，是波浪在高潮线附近破碎后，将携带的中细砂抛在砂滩上部形成的与岸线平行的砂体。沿岸砂堤平均宽约50米，高2～3米。

水下砂堤：从滦河口到山海关，水下砂堤十分发育，在低潮线附近有2～3列水下砂堤，均与海岸平行，两堤之间距离为20～100米，砂堤平均宽度为30～80米，高1～3米。向海坡平缓，向陆坡较陡。主要由中细砂和少量贝壳及其碎屑组成。水下砂堤一般不出露水面，仅在低潮和特大低潮时有短暂的出露。在滦河口附近的水下砂堤之间还存在着潟湖，水下砂堤随波浪大小及方向变化而变化，其高度、宽度、数量都在变化中。

砾石堤：主要是在石河口以西至秦皇岛市新开河口以东滨海沿岸，其后缘为潟湖和石河冲洪积缓斜平原，分布一系列由砾石层及砂层组成的沿岸堤，简称砾石堤。由于煤码头的兴建，新开河口—沙河口的砾石堤已遭破坏，只在沙河口以西到石河口之间的卸粮口、沟渠寨、唐子寨、田家庄一带仍有较完整的砾石堤存在。砾石堤宽30～100米，高2～5米，共4～7列，与海岸平形分布。砾石堤由安山岩、花岗岩、石英岩、长石岩砾石组成，以安山岩、花岗岩为主。构成帚状的奇特地貌景观。

二、海底地貌

1. 水下三角洲

在石河、洋河、滦河等河流的河口处都有扇形的水下三角洲发育。滦河是一条游荡性河道，自全新世以来经常迁徙，1915年以来发育的现代滦河三角洲的外缘在10～12米等深线；在此以前发育的滦河三角洲规模较大，外缘水深在15～20米等深线附近，海底坡降在0.25%～0.3%。石河、洋河水下三角洲规模比较小，其外缘水深在5米左右。

2. 滨海浅滩

北戴河—秦皇岛—山海关为岬湾式海岸，在沿岸砂砾滩的外围，分布着由中细砂为主，并含砾石的滨海浅滩。滨海浅滩地形坡降为0.25%。水动力以波浪作用为主，最大波高达3.5米。岬角受蚀后退，波浪将岬角剥蚀下来的砂砾，带到滨海地区沉积，因此沉积物分选，磨圆较差。

3. 海流堆积平原

海流堆积平原分布在滨海浅滩外缘。沉积物较细，以细粉沙、泥质粉沙为主。是辽河、石河入海后泥沙在海浪作用下，向西南运动，并陆续沉积的结果。由于这一海域潮差小，潮流弱，所以大部分物质都沉积在海底，海底地形十分平缓。

4. 水下古河道

在戴河口—滦河口海底有古河道分布，多数是晚更新世或全新世初青龙河和滦河流经留下的，保存着下凹的古河道形态，其走向为东或南东向，河道中沉积物较粗，一般直径在2毫米以上。

5. 水下砂脊

在滦河口—洋河口海域发育有北东至南西向砂脊，一般长约 3 千米，宽不足 0.5 千米，高出海床 1 ～ 2 米，以中细砂为主，集中分布于七里海附近海域 5 ～ 8 米等深线水域。滦河口外海有较多分布，洋河口外海分布则较零星。

第二节　海洋水文

在秦皇岛市海区，由于外海有一 M_2 分潮无潮点，所以在山海关至北戴河海域潮汐为正规的全日潮性质，而在抚宁、昌黎海域潮汐则为不正规半日潮。海区潮差较小，一般在 1 米以内，最小仅为几十厘米。海区潮时，以无潮点为中心，由北而南沿逆时针方向顺次推进，在无潮点附近潮时变化剧烈，其余海区则变化较小。

海区海流中北黄海暖流是环流主干。海区潮流多为不正规半日潮，秦皇岛港附近海区为潮流最弱区域，潮流在中央开阔区为旋转流，近岸及海湾两侧则为往复流。涨落潮流平均流速总趋势是涨速大于落速，涨落潮历时差最大可达 2 小时 23 分。

一、潮汐·潮位

潮汐是海水的一种周期性运动，它包括海面的周期性垂直涨落和海水周期性水平流动，通常前者即为潮汐，后者即为潮流，两者是一个现象的两个侧面。全由同一规律支配。见图 3-6、图 3-7。

图 3-6　浅水湾附近海域涨潮

图 3-7　浅水湾附近海域落潮

1. 潮汐类型

秦皇岛市海区的潮汐主要受渤海海峡进入的潮波影响，由日月潮力直接引起的潮汐所占成分很少。渤海海峡进入的潮波，其主要分潮是：半日潮波（M_2 分潮），M_2 分潮波进入渤海后，分为两支，其中一支进入辽东湾，经过湾顶反射及地转和摩擦影响，在秦皇岛外形成一无潮点；日潮波（K_1 分潮），在渤海没有形成独立的旋转潮波系统。秦皇岛市海区的潮汐类型在接近无潮点的山海关到戴河口之间为正规日潮，即在一个太阴日（24 小时 50 分钟）内出现一次高潮和一次低潮；在戴河口到滦河口之间为不正规日潮，即在一个太阴日内，多数时间为正规日潮，少数时间出现一日涨落两次的半日潮情况。据秦皇岛港调查，一日中出现两次以上高潮或一日中无明显高低潮之分的情况也经常遇到。

2. 潮位

秦皇岛市海区处于 M_2 分潮无潮点和 K_1 分潮潮波腹所在地。其显著特点是潮力弱、潮差小。受气压、风向、风速、径流和海洋水文要素的季节变化影响，气压每上升 1 毫巴[①]，潮位下降 1 厘米。

秦皇岛市海区的平均海平面在潮位零点上 91 厘米，在黄海平均水面上 5 厘米。多年平均潮位为 88 厘米。1—8 月潮位逐月上升，8 月最高，为 116 厘米。8 月至次年 1 月逐月下降，1 月达最低，为 60 厘米，变幅为 56 厘米。3—7 月各月上升 10 厘米左右。9—11 月下降速度较快，10—11 月下降最快，为 18 厘米。最高值为 248 厘米，出现在 1960 年 7 月 28 日和 1972 年 7 月 26 日。历年极值多集中在夏季的 6—8 月，占 78.9%。两次最高潮位的出现，都是偏东风增水造成的。其中 1972 年 7 月 26 日最高潮位是 7203 号台风引起的增水造成的。最低潮位为 −168 厘米，出现在 2007 年 3 月 5 日。年最低值 47.4% 出现在 11 月、12 月。低于 −120 厘米的年极值占 15.8%，这些低潮都是强冷空气过境减水造成的。11 月、12 月的低潮对货轮进出港有很大的威胁。见表 3-1。

表 3-1　1960—2016 年秦皇岛市历年平均、最高、最低潮位一览表（表跨页）

单位：厘米

年度	平均	最高	最低	年度	平均	最高	最低
1960	—	248	−77	1980	81	182	−111
1961	—	193	−85	1981	73	190	−126
1962	82	211	−118	1982	84	209	−103
1963	—	212	−123	1983	85	206	−92
1964	—	206	−60	1984	86	206	−74
1965	86	208	−142	1985	86	215	−68
1966	87	216	−95	1986	88	213	−92
1967	88	205	−83	1987	90	238	−138
1968	85	211	−118	1988	88	219	−101
1969	87	216	−90	1989	87	216	−87
1970	88	216	−110	1990	87	233	−117
1971	89	230	−104	1991	89	200	−90
1972	88	248	−137	1992	89	209	−85
1973	89	226	−143	1993	84	187	−92
1974	92	215	−67	1994	88	219	−145
1975	92	199	−95	1995	87	191	−103
1976	88	210	−104	1996	86	189	−127
1977	88	196	−73	1997	87	218	−84
1978	86	192	−97	1998	91	208	−93
1979	86	207	−59	1999	88	200	−88

① 1 毫巴＝100 帕。

年度	平均	最高	最低	年度	平均	最高	最低
2000	87	196	-73	2009	90	206	-85
2001	87	198	-79	2010	89	201	-99
2002	87	201	-79	2011	91	215	-81
2003	86	205	-86	2012	90	213	-75
2004	88	231	-85	2013	91	224	-90
2005	85	213	-109	2014	92	197	-90
2006	89	203	-120	2015	89	194	-74
2007	91	214	-168	2016	91	227	-110
2008	91	214	-96				

1960—2016年，秦皇岛市平均潮差为83厘米。平均潮差的季节变化较明显。夏季（6—8月）为89厘米，春季（3—5月）为75厘米，冬季（12月至次年2月），秋季（9—11月）介于夏、春之间。夏季的7月最大，为92厘米；春季的3月最小，为71厘米。滦河口平均潮差稍大，为75厘米。57年间的最大潮差为245厘米，出现在1965年12月13日。秦皇岛平均涨潮历时8小时52分，落潮历时7小时46分，涨潮历时大于落潮历时。人造河口涨潮历时8小时56分，落潮历时9小时41分，落潮历时大于涨潮历时。滦河口涨潮历时6小时26分，落潮历时5小时58分，涨潮历时大于落潮历时。见表3-2。

表3-2　1960—2016年秦皇岛市平均潮差及最大潮差一览表（表跨页）

单位：厘米

年度	平均潮差	最大潮差	年度	平均潮差	最大潮差
1960	—	177	1977	64	167
1961	—	208	1978	64	220
1962	66	201	1979	63	182
1963	—	193	1980	66	208
1964	—	177	1981	73	224
1965	75	245	1982	69	204
1966	77	188	1983	76	207
1967	77	202	1984	77	182
1968	81	223	1985	81	210
1969	79	229	1986	81	243
1970	80	199	1987	84	263
1971	77	234	1988	82	210
1972	74	236	1989	82	220
1973	73	222	1990	80	219
1974	71	210	1991	98	190
1975	68	195	1992	95	205
1976	64	201	1993	93	174

年度	平均潮差	最大潮差	年度	平均潮差	最大潮差
1994	90	193	2006	105	196
1995	87	173	2007	103	226
1996	86	184	2008	101	184
1997	85	175	2009	98	198
1998	86	187	2010	97	186
1999	87	207	2011	93	188
2000	91	194	2012	87	208
2001	92	164	2013	90	214
2002	96	188	2014	85	167
2003	99	184	2015	84	177
2004	101	194	2016	84	175
2005	103	227			

二、海流·潮流

1. 海流

辽东湾环流由黄海暖流余脉与辽东沿岸流组成，而暖流余脉是环流的主干。暖流余脉在渤海海峡北部进入渤海，其一支趋向辽东湾处，流向除夏季有所变动外一般比较稳定。暖流余脉（高盐水流）在 10 月至次年 4 月的 7 个月内，均沿辽东湾西岸北上，与来自辽河口沿辽东湾东岸南下的低盐水流相接，形成顺时针方向的流动。6—8 月，黄海暖流余脉沿辽东湾东岸北上，而辽河水有转向西岸南下的趋势，8 月尤为明显，因此辽东湾的环流夏季一般沿逆时针方向流动，其他季节沿顺时针方向流动。

每年 10 月至次年 4 月辽东湾盛行偏北或偏西风。辽东湾为一狭隘浅海，海水运输方向与风向一致，辽东湾东、西两岸互相平行，均自东北指向西南。受风的作用，辽东湾的低盐水将推向东岸南下，暖流余脉分支相应的沿西岸北上。4—6 月，辽东湾盛行西南风，顺时针环流开始减弱，7 月多偏南风，低盐水被推向西岸。到 8 月辽河径流量骤增，同时辽东湾东岸盛行东南风而西岸却吹东北风，低盐水被推向辽河以西沿西岸南下。暖流余脉的分支将沿东岸北上。此变化除上述的因素外，与其本身和季节变化及黄海低盐水扩张的稳度有一定关系。

环流的速度 6 月较稳，流速最大可达 20 厘米 / 秒，平均流速约 10 厘米 / 秒。3 月较弱，最大流速仅 12 厘米 / 秒，平均流速约 5 厘米 / 秒。流速最大区域在渤海中央区域，其中以辽东半岛以西附近流速较大，辽东湾内稍小，且上层流速大于下层流速。

2. 潮流

根据主要分潮流最大流速的比值划分，秦皇岛市海区的潮流类型为：滦河口和海港区附近海域为正规半日潮流，北戴河海域为正规全日潮流，山海关石河口海域为不正规日潮流，其余海域为不正规半日潮流。由于海区分潮流的椭圆率（K）值为 0.2 ～ 0.4，在中央海区 K 值可达 0.4 以上，所以潮流运动形式呈明显的旋转流性质。

潮流主要有回转流和反复流两种，回转流是潮流运动的普遍形式。经对水深 -5 米层测定，滦河口外涨潮流历时 6 小时 19 分，落潮流历时 6 小时 40 分；涨潮流平均流速 35 厘米 / 秒，落潮流平均流速 31 厘米 / 秒。在昌黎沿海涨潮流历时 6 小时 20 分，落潮流历时 5 小时 43 分；涨潮流流速 25 厘米 / 秒，落潮流流速 27 厘米 / 秒。在秦皇岛市区沿海涨潮流历时 7 小时 26 分，落潮流历时 5 小时 3 分；涨潮流平均流速 12 厘米 / 秒，落潮流平均流速 11 厘米 / 秒。滦河口外海域由于地势开阔，潮流流速较弱，最大潮流流速为 1.3 节（1 节＝1 海里 / 小时），一般在 0.6 ～ 1.0 节，主流方向为东北—西南向。昌黎至山海关海域潮流更弱，这里最大潮流流速为 0.9 节，一般在 0.5 ～ 0.7 节，主流方向为东北—西南向。

三、海浪·海况

1. 海浪分布

海浪分为风浪与涌浪两种。秦皇岛市风浪频率为 96%（实际出现次数和实际观测次数的百分比），涌浪频率为 38%。历年的涌浪频率一般为 30% ～ 55%，风浪频率均高于 90%。海区风浪以南向为主，东向和西南偏南向次之，西向至西北偏北向最少。海区的涌浪以南向为主，其次是东南至东向。从整体来看，涌浪集中出现于东至西南偏南方向，而西南偏西至东北方向很少。

2. 波高

秦皇岛市海区的平均波高多年平均为 0.5 米，历年年平均值变化不大，在 0.1 米左右。其季节变化不明显，累年各月平均波高稳定在 0.5 ～ 0.6 米。平均波高在东北与东北偏东向最大，为 0.8 米。在东北偏北至东南至西南偏南方向上均大于或等于年平均波高（0.5 米），西至北方向上均小于年平均波高（0.5 米）。最大波高的极值为 3.5 米，出现在 1972 年 7 月 27 日，这是台风影响的结果。1984 年 8 月 10 日出现同样极值为 3.5 米。波高的重现期为：东、东南偏东、东南 3 个方向重现期波高为 50 年一遇（3.5 米），25 年一遇的 3.3 米，10 年一遇的 2.9 米；东面偏南、南、西南偏南 3 个方向重现期波高为 50 年一遇的 3.0 米，25 年一遇的 2.8 米，10 年一遇的 2.6 米。

3. 周期

多年平均为 2.7 秒。其历年变化与年变化趋势跟平均波高一致，差值均不大。平均周期最大出现在东北向，为 3.6 秒；最小是西北偏北向，只有 1.9 秒。东北至东南至西南各向均大于多年平均周期。这与平均波高的分布是相应的，即波高大周期也大，波高小周期也小。最大周期为 7.1 秒，出现在 1984 年 8 月 10 日；次极值出现在 1972 年 7 月 27 日，为 6.9 秒。小于 5.0 秒的年份很少，约占 8%，一般年份都在 5.0 ～ 6.0 秒。累年各月的最大周期，夏季（6—8 月）偏大，皆在 6.0 秒以上。

4. 海况

海况是在风直接作用下海面的外貌。各级海况以 0 ～ 2 级最多，占 46%；3 级与 4 级分别为 25% 与 20%；5 级以上出现较少；7 级以上海况甚少。季节变化不明显，只有春季（3—5 月）大，海况比夏季（6—8 月）、秋季（9—11 月）略多，在台风的袭击下，海面出现过 7 ～ 8 级海况。

四、水温

1. 表层水温变化规律

秦皇岛市海区多年年平均表层水温为12.0℃。月平均水温1月最低，为-1.3℃。此后逐月升高，8月最高，达26.1℃。年较差达27.4℃。由8—12月逐月下降，12月降到1.1℃。各月逐旬平均水温的变化情况：12月下旬至2月下旬，水温稳定少变，一直维持在0℃以下。1月中下旬最低，平均为-1.4℃。从多年平均情况来看，在此期间总有不同程度的冰盖层出现。正是冰盖层的存在，才使得水温比较稳定（在0℃和冰点之间），并且成为全年水温最低的时期。从3月中旬开始，水温迅速上升，4月中旬比上旬增温2.5℃，成为旬增温最快的时期。8月水温达到最高时，变温甚小，中下旬的降温速度≤0.3℃/旬。9月中旬开始，降温加快。10月上旬至12月中旬的降温速度≥2.0℃/旬，其中11月下旬达2.9℃/旬，为全年变温最快的时期。

2. 水温日较差

影响水温日变化的因素较多，除太阳辐射外，还受潮汐和海冰等因素的影响，因此水温的日变化并不像气象那样具有很强的规律性。最高水温一般出现在14时，但8时和20时也可以看到。

从11月至次年2月，日较差均小于1.0℃，1月最小，平均只有0.3℃。3—9月日较差均大于1.0℃，5月、6月最大，月平均日较差为1.7～1.8℃。

据多年平均资料，秦皇岛市海区日平均水温从0℃升至25℃共140天，从25℃降至0℃共110天，升温速度低于降温速度。用5天滑动平均法求出的稳定通过各界限温度的日期。见表3-3。

表3-3　秦皇岛市海区日平均水温稳定通过给定温度的日期一览表

	0℃	5℃	10℃	15℃	20℃	25℃
开始日期	3月10日	3月29日	4月19日	5月11日	6月12日	7月18日
终止日期	12月21日	11月27日	11月9日	10月20日	9月28日	9月2日
天数/天	297	244	205	163	109	47

3. 最高水温和最低水温多年极值

最高水温多年极端出现在1967年8月，高达31.1℃。历年最高水温出现在8月的占80%左右，其他年份皆出现在7月。最低水温多年极端出现在1971年1月，为-2.3℃。历年最低水温均≤1.6℃。低于-2.0℃的占20%左右。

4. 月水温最大变化范围

一年之中各月最高和最低的差值，变化很大。最大值出现在4月，达14.5℃；11月次之，为13.3℃；5月和10月的差值也较大。这说明变温剧烈的春秋两季水温的变化范围较大。相反，在冬季变化较小，各月均小于10.0℃，其中1月只有2.7℃，夏季介于春秋和冬季之间，见表3-4。

表 3-4　秦皇岛市海区月水温变化范围一览表

单位：℃

	1月	2月	3月	4月	5月	6月	7月	8月	9月	10月	11月	12月
最高	0.4	3.4	9.4	16.4	22.4	26.1	30.0	31.1	27.9	22.6	14.8	7.0
最低	-2.3	-2.0	-1.8	1.9	9.7	14.0	18.5	22.8	17.1	9.7	1.5	-1.9
差值	2.7	5.4	11.2	14.5	12.7	12.1	11.5	8.3	10.8	12.9	13.3	8.9

五、海冰·海发光

1. 冰期

海冰是中国北方海区特有的气候现象，由于渤海所处纬度偏高，冬季时间长，每到冬季受强烈冷空气的侵袭，气温急剧下降，致使海区表层水温降至冰点以下。秦皇岛市海区多年平均初冰日为 11 月 21 日，终冰日为 3 月 7 日，冰期为 108 天。初冰日早晚与初冬冷空气的强弱及当时潮位的高低有关。最早的初冰日为 1981 年 11 月 8 日，最晚为 1963 年 12 月 8 日，前后相差一个月。最早的终冰日为 1979 年 2 月 2 日，最晚为 1969 年 3 月 23 日，相差 50 天。最长的冰期为 1968 年度，达 136 天；其次为 1973 年度，为 133 天；最短为 1963 年度，只有 85 天，1962 年度为 86 天（年度指当年冬至次年初春）。冰期内并不是天天有冰出现。初冰日往往出现在初冬第二、三次强冷空气侵袭之后，近岸有少量初生冰出现。冷空气过后气温回升，往往接连若干天不见冰凌。在终冰日之前也有类似的情况。历年冰期内的实际有冰日 1968 年度最多，达 96 天；1962 年度最少，仅 63 天。冰期内多年平均有冰日数为 78 天。这就是说在 108 天的平均冰期内，有 30 天并未出现海冰。

随着气温的逐渐降低，冰情逐渐加重，通常在 12 月下旬岸边出现固定冰。多年平均固定初冰日为 12 月 30 日，终冰日为 2 月 19 日。固定冰期为 51 天。固定冰最早出现在 12 月 10 日，最晚出现在次年 1 月 27 日。终冰日最早出现在 2 月 2 日，最晚出现在 3 月 23 日。固定冰期 1968 年度最长，达 82 天；1977 年最短，仅有 25 天。多年平均严重初冰日为 1 月 16 日，终冰日为 2 月 13 日，平均为 29 天，历年严重冰期和长短相差悬殊，最长为 1968 年度，达 74 天，1963 年度、1974 年度和 1979 年度仅有 3 ～ 5 天，1964 年甚至没有出现。

2. 冰情

多数年度 11 月仅有初生冰出现，冰量很少，且实际有冰日数最多不超过 6 天，平均只有 3 天。在此期间，海冰对生产无任何影响。进入 12 月之后，冰情逐渐加重，平均 17 天有冰，最多达 27 天。此时多出现皮冰、并冰、初生冰，下旬可出现板冰，个别年份可出现少量厚冰，有一半以上的年份在下旬可出现固定冰，但固定冰量甚少，宽度只有几米，个别年份可达几十米。通常 12 月底冰情加重，个别年度开始进入严重冰期。进入 1 月，随着冷空气的不断侵袭，气温逐渐下降，而冰情继续发展并逐渐趋于稳定，海面上经常出现大范围的皮冰、板冰，上午 10 时以前冰量常在七八成以上。同时固定冰也有发展，不少年份从 1 月上旬开始进入严重冰期。1 月中旬到 2 月中旬是冰情最严重的阶段。此间海上流冰多、冰层厚、冰块大、冰质硬，对航行和生产有影响，同时岸边的固定冰也相应的发展，有的年份宽达几百米，厚度达 40 ～ 50 厘米，堆积高度达 300 ～ 400 厘米。2 月下旬开始，冰情逐渐减轻，冰层开始解冻融化。这时冰的厚度虽然无大的变化，但已变得松脆，在风浪作用下容易破碎，所以渔民说“甘走春前一寸冰，不冒春后三尺险”，这时冰情的另一特点是变化很快，极不稳定，离岸风和落潮流很容易将冰块带走，使近岸几十里或十几千米之内流冰很少。相反向岸风和涨潮流也往往将外海的流冰带到近岸。流冰在不断运动中逐渐破裂融化，冰块越来越小，出现大量碎冰。通常3月冰量很少，上旬末海面上基本融净。见图3-8～图3-10。

图3-8　北戴河区东海滩海冰

图3-9　海港区金梦海湾海域海冰

图3-10　山海关老龙头附近海域海冰

1962—1989年，1964年度、1972年度、1979年度的冰情特别轻，见表3-5。

表3-5　1964年度、1972年度、1979年度秦皇岛海区冰情一览表

	1964年度	1972年度	1979年度	多年平均
冰期/天	96	105	97	108
严重冰期	0	10	3	29
总冰量/成	245	295	263	437
固定冰量/成	0	0	6	20
实际有冰日数/天	70	66	58	78

这些年冰情的共同特点是冰期和严重冰期较短，总冰量、固定冰量和实际有冰日数偏少。1967年度、1968年度、1976年度的冰情较重，其中1968年度为几十年来少见的重冰年（表3-6）。

表3-6　秦皇岛市1968年度和多年平均冰情一览表

项　目	冰期/天	严重冰期/天	总冰量/成	固定冰量/成	实际有冰日数/天
1968年度	136	74	691	114	96
多年平均	108	29	437	20	78

1968年度的冰情具有冰期长、冰量大、实际有冰日数多等特点，和多年平均相比，冰期

长一个月，严重冰期为2.6倍，总冰量为1.6倍，固定冰量高达5.7倍，皆为有记录以来的最高值。在冰期内约有两个月的时间，整个能见海面出现大范围的板冰、厚冰和堆积冰。单层冰厚达30厘米，最厚者达50～60厘米。冰层的堆积重叠现象严重，海上的流冰不少是由几层冰冻在一起构成的，不少高达2米以上。在严重冰期的几十天内，经常有几平方千米甚至几十平方千米的巨大冰块，整个海面几乎完全被流冰覆盖。因此交通中断，生产停顿，造成了严重损失。据记载，万吨巨轮被夹在大冰块里，随风流漂移，不少货轮靠破冰船引导方能进港。此年度的严重冰情使许多船只受到损伤，不少海岸设施遭到破坏。

3. 海发光

又名“海火”，秦皇岛市多年测得的海发光，均为火花型。发光形态类似于萤火虫发光。海发光强度共分5级。3级可见，4级秦皇岛市未出现过。多年统计海发光1级最多，占总次数的77.7%；2级仅占21.8%；3级不足0.5%。1976年7月28日唐山大地震前夜出现3级海发光。

第三节　海水化学

秦皇岛市海区由于有滦河、洋河、石河等多条河流入海，海水中营养盐比较丰富，历年平均盐度为29.83‰，酸碱度值在8.1左右，溶解氧、磷酸盐、硅酸盐、硝酸盐、氨盐等含量较高，尤其是滦河口、大蒲河口、石河口外海域均为化学营养富集区，为发展海水养殖提供了优越条件。

一、盐度·酸度

1. 盐度

秦皇岛市海区多年平均盐度值为29.83‰，其中最高的为30.73‰（1968年），最低的为28.44‰（1964年），一般年份为29‰～30‰。盐度值的年内变化，1—6月较高，在30‰以上；7—12月较低，在30‰以下。多雨的8月最低，为28.77‰；干旱的4月最高，达30.48‰。4—8月海水含盐量逐月下降，8月到次年4月海水含盐量逐月上升。

海区的极端最高盐度值出现在1972年1月26日，达到34.2‰，最高值多出现在冬季，其概率为65%；春季次之，占20%；夏季占15%。海区的最低盐度值出现在1977年1月30日，为10.26‰，最低值多出现在夏季，其概率为60%；冬季次之，占25%；秋季占10%；春季占5%。

海区高盐度值的出现多与冬季黄海暖流携带的高盐度海水有关，低盐度值的出现多与春季的高蒸发量与冬季冰清有关。

2. 酸度

春季，秦皇岛、山海关一线近岸水域酸度较低，为8.1。在秦皇岛南方有一高酸度水域，其值大于8.2，昌黎东南方有一低酸度水域，其值为7.95～8.10。底层海水酸度均大于8.2。

夏季，山海关、秦皇岛、昌黎一带的酸度值一般在8.15左右，底层海水酸度值在8.1以下。秋季，秦皇岛近海海水酸度值在8.15左右，外海则有所下降。滦河口外有高酸度区，酸度值大于8.15。底层海水酸度值较高，从山海关到昌黎均高于8.2。冬季，从滦河口到秦皇岛海域表层海水酸度均大于8.2，并以水舌形式伸向东北方向。底层海水酸度值在8.16左右。主要由于此海区浮游植物较多，光合作用消耗二氧化碳所致。

二、溶解氧·营养盐

1. 溶解氧

春季，近海区海水溶解氧含量滦河口近海表层为6.4～7.2毫克/升，大蒲河口为6～6.8毫克/升，秦皇岛为6～6.8毫克/升，山海关为6～6.4毫克/升。夏季，滦河口海域为4～4.4毫克/升，大蒲河口为4.4～4.8毫克/升，秦皇岛为4～4.4毫克/升，山海关为5.2毫克/升。秋季，溶解氧含量回升，滦河口、大蒲河口海域均为6毫克/升，秦皇岛海域为5.6毫克/升，山海关海域为6毫克/升。冬季，近岸水域溶解氧含量在7.8毫克/升左右，远岸深水区在8毫克/升左右。

2. 磷酸盐

秦皇岛市海区磷酸盐年平均含量在0.44微摩尔/升左右，最大值为0.82微摩尔/升，最小值为0.24微摩尔/升。春季，3月平均含量为0.63微摩尔/升，4月平均含量为0.69微摩尔/升，5月平均含量为0.5微摩尔/升以下。夏季，6—7月为全年最低值，8月开始回升，整个海区表层平均含量为0.35微摩尔/升左右。在昌黎东南一封闭海区达0.4微摩尔/升。底层含磷酸盐量在0.6微摩尔/升左右。秋季，9—11月，在山海关、秦皇岛、昌黎一带水域有一低磷水舌伸向昌黎方向，磷酸盐含量小于0.4微摩尔/升，但在滦河口外可见一个高磷水域，磷酸盐含量大于1微摩尔/升。底层含磷酸盐量基本与表层相同。冬季，每年12月到次年2月，海区12月平均含量为0.69微摩尔/升，1月为0.63微摩尔/升。

3. 硅酸盐

秦皇岛市海区海水硅酸盐含量的年平均值为3.02微摩尔/升。最高值达8.4微摩尔/升，最低值为0.17微摩尔/升。其季节分布为：春季，海区硅酸盐平均含量为5微摩尔/升，且表层与底层一致，表层最高值为16微摩尔/升，底层为16.86微摩尔/升。夏季，6—7月海区含量达1.26～2.65微摩尔/升，底层含量略高于表层含量。秋季，山海关海域为5微摩尔/升，滦河口海域为9.19微摩尔/升，底层与表层海水含硅量基本一致。冬季，秦皇岛市整个海区12月硅酸盐平均为4.02微摩尔/升，1月又下降到2.53微摩尔/升。

4. 硝酸盐

秦皇岛市海区硝酸盐的年平均含量为0.23微摩尔/升，最高值为0.4微摩尔/升，最低值为0.07微摩尔/升。各季节分布为秋末春初含量较高。春季，海区平均含量为0.05～1微摩尔/升，底层平均含量小于1微摩尔/升。3月平均值为1.68微摩尔/升，4月平均值为1.37微摩尔/升，5月平均值为0.86微摩尔/升。夏季，整个海区表层平均值为0.05～0.5微摩尔/升。其中6月为0.39微摩尔/升，7月为0.22微摩尔/升，8月为0.33微摩尔/升。秋季，海区平均含量为1微摩尔/升，其中9月为0.68微摩尔/升，10月为1.35微摩尔/升，11月为1.8微

摩尔 / 升。

5. 亚硝酸盐

秦皇岛市海区平均含量为 0.16 微摩尔 / 升，变化范围在 0.01 ～ 0.78 微摩尔 / 升。年内分布变现为 9—10 月最高，5 月、8 月含量最低。春季，普遍小于 0.1 微摩尔 / 升。海水底层含量高于表层。夏季，尤其在滦河口海域形成一个梯度为 0.9 微摩尔 / 升的高硝盐水舌。在山海关、秦皇岛一带海区含量则在 0.1 ～ 0.2 微摩尔 / 升。此季亚硝酸盐含量随海水深度增加而增加。秋季，9—10 月，海区含量普遍大于 0.1 微摩尔 / 升。底层分布与表层相同。

6. 铵盐

秦皇岛市海区年平均含量在 0.8 ～ 0.9 微摩尔 / 升。其年变化趋势是春季低，夏季开始升高，秋季达到最高值，冬季稍低。年变化范围在 0.32 ～ 1.47 微摩尔 / 升，最低值出现在 5 月，为 0.25 微摩尔 / 升。此外，3 月和 8 月各有一个低峰值，10 月达到最高值 1.47 微摩尔 / 升。在滦河口海域有一高值区，春季可达 1 微摩尔 / 升，秋季达 1 ～ 2 微摩尔 / 升。氨氮的垂直分布基本为底层高、表层低。但春季表底层基本均匀，秋季则相差 0.1 微摩尔 / 升左右。

第四节　海洋生物

秦皇岛市近海海岸生物种类繁多，约有 680 种，按栖息场所和生活习性可以划分为浮游植物、浮游动物、底栖生物、潮间带生物、游泳生物等类型。不同生境生物种类及多样性存在差异，例如，砂质潮间带生物生物种类少，生物多样性低，以软体动物及甲壳类种类分布最多；泥砂质海滩生境主要有软体动物、甲壳类、多毛类，生物种类、数量、多样性高于砂质海滩；岩礁质生境主要有大型藻类、软体动物、甲壳类、多毛类，生物种类最多，生物多样性最高。

一、海洋植物

1. 海洋植物种类

秦皇岛市海域海洋植物多系广温低盐种类，分属 7 门 68 科 98 属 172 种，见表 3-7。其中浮游植物 73 种、大型底栖藻类 99 种；浮游植物种类比较丰富，多样性指数为 1.27 ～ 3.60，优势种的种类和数目在不同月份差异较大。

表 3-7　秦皇岛市海域海洋植物一览表（表跨页）

门	科	属	种	拉丁文学名
硅藻门	等片藻科	脆杆藻属	脆杆藻	*Fragilaria* sp.
		海线藻属	佛氏海线藻	*Thalassionema frauenfeldii*
		楔形藻属	短纹楔形藻	*Licmophora abbreviata*
		星杆藻属	加氏星杆藻	*Asterionella kariana*
			日本星杆藻	*Asterionella japonica*

门	科	属	种	拉丁文学名
硅藻门	等片藻科	针杆藻属	针杆藻	*Synedra* sp.
	根管藻科	根管藻属	翼根管藻	*Rhizosolenia alata*
			翼根管藻印度变型	*Rhizosolenia indica*
			刚毛根管藻	*Rhizosolenia setigera*
			柔弱根管藻（柔弱几内亚藻）	*Guinardia delicatula*
			斯托根管藻（斯氏几内亚藻）	*Guinardia striata*
	骨条藻科	骨条藻属	中肋骨条藻	*Skeletonema costatum*
		冠盖藻属	塔形冠盖藻	*Stephanopyxis turris*
	海链藻科	短棘藻属	优美旭氏藻（矮小短棘藻）	*Detonula pumila*
		海链藻属	海链藻	*Thalassiosira* sp.
			离心列海链藻	*Thalassiosira excentrica*
		圆筛藻属	圆筛藻	*Coscinodiscus* sp.
			中心圆筛藻	*Coscinodiscus centralis*
			星脐圆筛藻	*Coscinodiscus asteromphalus*
			细弱圆筛藻	*Coscinodiscus subtilis*
			蛇目圆筛藻	*Coscinodiscus argus*
			琼氏圆筛藻	*Coscinodiscus jonesianus*
			巨圆筛藻	*Coscinodiscus gigas*
			格氏圆筛藻	*Coscinodiscus granii*
			辐射圆筛藻	*Coscinodiscus radiatus*
			虹彩圆筛藻	*Coscinodiscus oculus-iridis*
	盒形藻科	盒形藻属	正盒形藻（美丽盒形藻）	*Biddulphia pulchella*
		双尾藻属	太阳双尾藻	*Ditylum sol*
			布氏双尾藻	*Ditylum brightwellii*
	棘冠藻科	棘冠藻属	棘冠藻	*Corethron criophilum*
	角毛藻科	角毛藻属	密连角毛藻	*Chaetoceros densus*
			洛氏角毛藻	*Chaetoceros lorenzianus*
			冕孢角毛藻	*Chaetoceros diadema*
			桥联角毛藻	*Chaetoceros anastomoasns*
			柔弱角毛藻	*Chaetoceros debilis*
			深环沟角毛藻	*Chaetoceros constrictus*
			旋链角毛藻	*Chaetoceros curvisetus*
			圆柱角毛藻	*Chaetoceros teres*
			窄面角毛藻	*Chaetoceros paradoxus*
			窄隙角毛藻	*Chaetoceros affinis*
			发状角毛藻	*Chaetoceros crinitus*
	菱形藻科	棍形藻属	派格棍形藻	*Bacillaria paxillifera*
		菱形藻属	菱形藻	*Nitzschia* sp.
			新月菱形藻	*Nitzschia closterium*

门	科	属	种	拉丁文学名
硅藻门	菱形藻科	菱形藻属	洛氏菱形藻	*Nitzschia lorenziana*
		拟菱形藻属	尖刺拟菱形藻	*Pseudo-nitzschia pungens*
			柔弱拟菱形藻	*Pseudo-nitzschia delicatissima*
	曲壳藻科	曲壳藻属	短柄曲壳藻	*Achnanthes brevipes*
	细柱藻科	几内亚藻属	薄壁几内亚藻	*Guinardia flaccida*
		细柱藻属	丹麦细柱藻	*Leptocylindrus danicus*
	圆筛藻科	辐环藻属	爱氏辐环藻（八幅辐环藻）	*Actinocyclus octonarius*
		漂流藻属	太阳漂流藻	*Planktoniella sol*
		小环藻属	条纹小环藻	*Cyclotella striata*
	真弯藻科	弯角藻属	短角弯角藻	*Eucampia zoodiacus*
	直链藻科	直链藻属	具槽直链藻	*Paralia sulcata*
	舟形藻科	斜纹藻属	端尖斜纹藻变形（端尖曲舟藻）	*Pleurosigma acutum*
褐藻门	翅藻科	裙带菜属	裙带菜	*Undaria pinnatifida*
	点叶藻科	点叶藻属	点叶藻	*Punctaria latifolia*
	短毛藻科	短毛藻属	短毛藻	*Elachista okamurae*
	多丝藻科	美丝藻属	考氏多丝藻	*Myrionema corunnae*
	海带科	平海带属	海带	*Laminaria japonica*
	聚果藻科	聚果藻属	聚果藻	*Botrytella parva*
	马尾藻科	马尾藻属	海蒿子	*Sargassum confusum*
			海黍子	*Sargassum muticum*
			铜藻	*Sargassum horneri*
			鼠尾藻	*Sargassum thunbergii*
		羊栖菜属	羊栖菜	*Hizikia fusiforme*
	绳藻科	绳藻属	绳藻	*Chorda filum*
	水云科	水云属	锐尖水云	*Ectocarpus acutus*
			束枝水云	*Ectocarpus fasciculatus*
	酸藻科	酸藻属	酸藻	*Desmarestia viridis*
			舌状酸藻	*Desmarestia ligulata*
	网地藻科	网地藻属	网地藻	*Dictyota dichotoma*
		网翼藻属	波状网翼藻	*Dictyopteris undulata*
			叉开网翼藻	*Dictyopteris divaricate*
	狭果藻科	海蕴属	海蕴	*Nemacystus decipiens*
	萱藻科	幅叶藻属	幅叶藻	*Petalonia fascia*
		囊藻属	囊藻	*Colpomenia sinuosa*
		萱藻属	萱藻	*Scytosiphon lomentaria*
	粘膜藻科	粘膜藻属	粘膜藻	*Leathesia difformis*
			小粘膜藻	*Leathesia nana*
红藻门	海膜科	海膜属	海膜	*Halymenia floresia*
		蜈蚣藻属	蜈蚣藻	*Grateloupia asiatica*

门	科	属	种	拉丁文学名
红藻门	海膜科	蜈蚣藻属	带形蜈蚣藻	*Grateloupia turuturu*
	海头红科	海头红属	海头红	*Plocamium telfairiae*
	红翎菜科	红翎菜属	细弱红翎菜	*Solieria tenuis*
	红皮藻科	金膜藻属	金膜藻	*Chrysymenia wrightii*
	江蓠科	江蓠属	真江蓠	*Gracilaria asiatica*
			扁江蓠	*Gracilaria textorii*
	胶粘藻科	胶粘藻属	单条胶粘藻	*Dumontia simplex*
	茎刺藻科	茎刺藻属	茎刺藻	*Caulacanthus ustulatus*
	萝蔓藻科	节荚藻属	链状节荚藻	*Lomentaria catenata*
			节荚藻	*Lomentaria hakodatensis*
	内枝藻科	海萝属	海萝	*Gloiopeltis furcata*
	杉藻科	角叉菜属	角叉菜	*Chondrus ocellatus*
			日本角叉菜	*Chondrus nipponicus*
			楔形角叉菜	*Chondrus yendoi*
		软刺藻属	中间软刺藻	*Chondracanthus intermedius*
	珊瑚藻科	珊瑚藻属	珊瑚藻	*Corallina officinalis*
	石花菜科	拟鸡毛菜属	拟鸡毛菜	*Pterocladiella capillacea*
		石花菜属	石花菜	*Gelidium amansii*
			匍匐石花菜	*Gelidium pusillum*
			小石花菜	*Gelidium divaricatum*
			异形石花菜	*Gelidium vagum*
	松节藻科	多管藻属	多管藻	*Polysiphonia senticulosa*
			日本多管藻	*Polysiphonia japonica*
		软骨凹顶藻属	异枝软骨凹顶藻	*Chondrophycus intermedia*
		软骨藻属	粗枝软骨藻	*Chondria crassicaulis*
		新松节藻属	被新松节藻	*Neorhodomela munita*
		鸭毛藻属	鸭毛藻	*Symphyocladia latiuscula*
	天门冬科	天门冬属	龙须菜	*Gracilaria lemaneiformis*
	仙菜科	仙菜属	波登仙菜	*Ceramium boydenii*
			三叉仙菜	*Ceramium kondoi*
			日本仙菜	*Ceramium japonicum*
	伊谷藻科	伊谷藻属	叉枝伊谷草	*Ahnfeltia furcellata*
	育叶藻科	拟伊藻属	扇形拟伊藻	*Ahnfeltiopsis flabelliformis*
	粘管藻科	粘管藻属	粘管藻	*Gloiosiphonia capillaries*
	红毛菜科	紫菜属	甘紫菜	*Porphyra tenera*
			条斑紫菜	*Porphyra yezoensis*
			长紫菜	*Porphyra dentata*
	绒线藻科	异管藻属	日本异管藻	*Heterosiphonia japonica*
	散生藻科	髓叶藻属	肠髓藻	*Myelophycus caespitosus*

门	科	属	种	拉丁文学名
甲藻门	扁甲藻科	扁甲藻属	斯氏扁甲藻	*Pyrophacus steinii*
	角藻科	角藻属	三角角藻	*Ceratium tripos*
			大角角藻	*Ceratium macroceros*
			纺锤角藻（梭甲藻）	*Ceratium fusus*
			叉状角藻	*Ceratium furca*
	梨甲藻科	梨甲藻属	新月梨甲藻	*Pyrocystis lunula*
	裸甲藻科	凯伦藻属	米氏凯伦藻	*Karenia mikimotoi*
		裸甲藻属	血红哈卡藻	*Akoshiwo saguinea*
	屋甲藻科	亚历山大藻属	链状亚历山大藻	*Alexandrium catenella*
	膝沟藻科	膝沟藻属	底刺膝沟藻	*Gonyaulax spinifera*
	夜光藻科	夜光藻属	夜光藻	*Noctiluca scintillans*
	原多甲藻科	原多甲藻属	海洋原多甲藻	*Protoperidinium oceanicum*
			五角原多甲藻	*Protoperidinium pentagonum*
	原甲藻科	原甲藻属	微小原甲藻	*Prorocentrum minimum*
			扁形原甲藻	*Prorocentrum compressum*
金藻门	硅鞭藻科	网骨藻属（等刺硅边藻属）	小等刺硅鞭藻	*Dictyocha fibula*
	—	金球藻属	抑食金球藻①	*Aureococcus anophagefferens*
绿藻门	顶管藻科	尾孢藻属	羽状尾孢藻	*Urospora peniciliiformis*
	刚毛藻科	刚毛藻属	苍白刚毛藻	*Cladophora albida*
			束生刚毛藻	*Cladophora fascicularis*
			具钩刚毛藻	*Cladophora uncinella*
			小枝刚毛藻	*Cladophora oligoclada*
			扇形刚毛藻	*Cladophora hutchisioides*
		根枝藻属	岸生根枝藻	*Rhizoclonium riparium*
		硬毛藻属	短节硬毛藻	*Chaetomorpha brachygona*
			线形硬毛藻	*Chaetomorpha linum*
			辽东硬毛藻	*Chaetomorpha liaodongensis*
			强壮硬毛藻	*Chaetomorpha valida*
			气生硬毛藻	*Chaetomorpha aerea*
	礁膜科	礁膜属	礁膜	*Monostroma arcticum*
			薄礁膜	*Monostroma pulchrum*
		原礁膜属	波状原礁膜	*Protomonostroma undulatum*
	石莼科	浒苔属	浒苔	*Enteromorpha prolifera*
			条浒苔	*Enteromorpha clathrata*
			肠浒苔	*Enteromorpha intestinalis*

①抑食金球藻，微微型藻类，单细胞，呈球形或椭球形，直径2～3微米，无细胞壁和鞭毛，生命周期简单。2009年开始在秦皇岛海岸出现，2012年被中国科学院确认为引起褐潮的原因种。此藻分类尚存争议，通过查阅文献和咨询专家，主要说法两种：其一，属褐鞭藻门、海金藻纲、海胞藻目、金球藻属；其二，属金藻门、海金藻纲、金球藻属。本书结合秦皇岛当地说法，将其归类为金藻门、海金藻纲、金球藻属。

门	科	属	种	拉丁文学名
绿藻门	石莼科	浒苔属	扁浒苔	*Enteromorpha compressa*
			管浒苔	*Enteromorpha tubulosa*
			缘管浒苔	*Enteromorpha linza*
		盘苔属	边缘盘苔	*Blidingia marginata*
			盘苔	*Blidingia minima*
		石莼属	孔石莼	*Ulva pertusa*
			石莼	*Ulva lactuca*
			裂叶石莼	*Ulva fasciata*
			花石莼（蛎菜）	*Ulva conglobata*
	松藻科	松藻属	刺松藻	*Codium fragile*
	羽藻科	羽藻属	假根羽藻	*Bryopsis corticulans*
			藓羽藻	*Bryopsis hypnoides*
			羽藻	*Bryopsis plumosa*
黄藻门	卡盾藻科	卡盾藻属	古老卡盾藻	*Chattonella antique*
	异鞭藻科	异弯藻属	赤潮异弯藻	*Heterosigma akashiwo*

2. 海洋植物分类

（1）海洋浮游植物

秦皇岛市海域浮游植物共有73种，隶属3门26科39属，见表3-8。其生长与分布随季节变化，一年中有两次生长高峰，一次为春季的3月，另一次为秋季的9—10月，秋季数量高于春季。

表3-8 秦皇岛市海域海洋浮游植物分类一览表

门	科	科 数	门	科	科 数
硅藻门	等片藻科	15	硅藻门	直链藻科	15
	根管藻科			舟形藻科	
	骨条藻科		甲藻门	夜光藻科	9
	海链藻科			角藻科	
	盒形藻科			原多甲藻科	
	红毛藻科			原甲藻科	
	棘冠藻科			裸甲藻科	
	角毛藻科			屋甲藻科	
	菱形藻科			梨甲藻科	
	曲壳藻科			扁甲藻科	
	细柱藻科			膝沟藻科	
	圆筛藻科		金藻门	硅鞭藻科	2
	真弯藻科			海金藻纲①	

①抑食金球藻尚未明确科属，其为海金藻纲，仍计算为一独立种属。

附：秦皇岛市海域海洋浮游植物名录

一、硅藻门

1. 直链藻属

（1）具槽直链藻 *Paralia sulcata*

2. 棘冠藻属

（2）棘冠藻 *Corethron criophilum*

3. 漂流藻属

（3）太阳漂流藻 *Planktoniella sol*

4. 小环藻属

（4）条纹小环藻 *Cyclotella striata*

5. 圆筛藻属

（5）圆筛藻 *Coscinodiscus* sp.

（6）中心圆筛藻 *Coscinodiscus centralis*

（7）星脐圆筛藻 *Coscinodiscus asteromphalus*

（8）细弱圆筛藻 *Coscinodiscus subtilis*

（9）蛇目圆筛藻 *Coscinodiscus argus*

（10）琼氏圆筛藻 *Coscinodiscus jonesianus*

（11）巨圆筛藻 *Coscinodiscus gigas*

（12）虹彩圆筛藻 *Coscinodiscus oculus-iridis*

（13）格氏圆筛藻 *Coscinodiscus granii*

（14）辐射圆筛藻 *Coscinodiscus radiatus*

6. 辐环藻属

（15）爱氏辐环藻（八幅辐环藻）*Actinocycclus octonarius*

7. 根管藻属

（16）翼根管藻 *Rhizosolenia alata*

（17）翼根管藻印度变型 *Rhizosolenia indica*

（18）刚毛根管藻 *Rhizosolenia setigera*

（19）柔弱根管藻（柔弱几内亚藻）*Guinardia delicatula*

（20）斯托根管藻（斯氏几内亚藻）*Guinardia striata*

8. 海链藻属

（21）海链藻 *Thalassiosira* sp.

（22）离心列海链藻 *Thalassiosira excentrica*

9. 短棘藻属

（23）优美旭氏藻（矮小短棘藻）*Detonula pumila*

10. 骨条藻属

（24）中肋骨条藻 *Skeletonema costatum*

11. 冠盖藻属

（25）塔形冠盖藻 *Stephanopyxis turris*

12. 细柱藻属

（26）丹麦细柱藻 *Leptocylindrus danicus*

13. 几内亚藻属

（27）薄壁几内亚藻 *Guinardia flaccida*

14. 角毛藻属

（28）密连角毛藻 *Chaetoceros densus*

（29）洛氏角毛藻 *Chaetoceros lorenzianus*

（30）冕孢角毛藻 *Chaetoceros diadema*

（31）桥联角毛藻 *Chaetoceros anastomoasns*

（32）柔弱角毛藻 *Chaetoceros debilis*

（33）深环沟角毛藻 *Chaetoceros constrictus*

（34）旋链角毛藻 *Chaetoceros curvisetus*

（35）圆柱角毛藻 *Chaetoceros teres*

（36）窄面角毛藻 *Chaetoceros paradoxus*

（37）窄隙角毛藻 *Chaetoceros affinis*

（38）发状角毛藻 *Chaetoceros crinitus*

15. 盒形藻属

（39）正盒形藻（美丽盒形藻）*Biddulphia pulchella*

16. 双尾藻属

（40）太阳双尾藻 *Ditylum sol*

（41）布氏双尾藻 *Ditylum brightwellii*

17. 弯角藻属

（42）短角弯角藻 *Eucampia zoodiacus*

18. 海线藻属

（43）佛氏海线藻 *Thalassionema frauenfeldii*

19. 星杆藻属

（44）加氏星杆藻 *Asterionella kariana*

（45）日本星杆藻 *Asterionella japonica*

20. 脆杆藻属

（46）脆杆藻 *Fragilaria* sp.

21. 针杆藻属

（47）针杆藻 *Synedra* sp.

22. 楔形藻属

（48）短纹楔形藻 *Licmophora abbreviata*

23. 曲壳藻属

（49）短柄曲壳藻 *Achnanthes brevipes*

24. 斜纹藻属

（50）端尖斜纹藻变形（端尖曲舟藻）

Pleurosigma acutum

25. 拟菱形藻属

（51）尖刺拟菱形藻 *Pseudo-nitzschia pungens*

（52）柔弱拟菱形藻

Pseudo-nitzschia delicatissima

26. 菱形藻属

（53）菱形藻 *Nitzschia* sp.

（54）新月菱形藻 *Nitzschia closterium*

（55）洛氏菱形藻 *Nitzschia lorenziana*

27. 棍形藻属

（56）派格棍形藻 *Bacillaria paxillifera*

二、甲藻门

28. 夜光藻属

（57）夜光藻 *Noctiluca scintillans*

29. 角藻属

（58）三角角藻 *Ceratium tripos*

（59）大角角藻 *Ceratium macroceros*

（60）纺锤角藻（梭甲藻） *Ceratium fusus*

（61）叉状角藻 *Ceratium furca*

30. 原多甲藻属

（62）海洋原多甲藻

Protoperidinium oceanicum

（63）五角原多甲藻

Protoperidinium pentagonum

31. 原甲藻属

（64）微小原甲藻 *Prorocentrum minimum*

（65）扁形原甲藻 *Prorocentrum compressum*

32. 凯伦藻属

（66）米氏凯伦藻 *Karenia mikimotoi*

33. 裸甲藻属

（67）血红哈卡藻 *Akoshiwo saguinea*

34. 亚历山大藻属

（68）链状亚历山大藻 *Alexandrium catenella*

35. 梨甲藻属

（69）新月梨甲藻 *Pyrocystis lunula*

36. 扁甲藻属

（70）斯氏扁甲藻 *Pyrophacus steinii*

37. 膝沟藻属

（71）底刺膝沟藻 *Gonyaulax spinifera*

三、金藻门

38. 网骨藻属（等刺硅边藻属）

（72）小等刺硅鞭藻 *Dictyocha fibula*

39. 海金藻纲

（73）抑食金球藻 *Aureococcus anophagefferens*

（2）底栖海藻

秦皇岛市海域有大型底栖海藻 99 种，分属红藻门、绿藻门、褐藻门、黄藻门，隶属 43 科 59 属，见表 3-9。

表 3-9　秦皇岛市海域海洋大型底栖海藻分类一览表（表跨页）

门	科	科　数	门	科	科　数
红藻门	海膜科	20	红藻门	萝蔓藻科	20
	海头红科			内枝藻科	
	红翎菜科			绒线藻科	
	红皮藻科			杉藻科	
	江蓠科			珊瑚藻科	
	胶粘藻科			石花菜科	
	茎刺藻科			松节藻科	

门	科	科　数	门	科	科　数
红藻门	天门冬科	20	褐藻门	多丝藻科	15
	仙菜科			海带科	
	伊谷藻科			聚果藻科	
	育叶藻科			马尾藻科	
	粘管藻科			散生藻科	
	红毛菜科			绳藻科	
绿藻门	礁膜科	6		水云科	
	石莼科			酸藻科	
	顶管藻科			网地藻科	
	刚毛藻科			狭果藻科	
	羽藻科			萱藻科	
	松藻科			粘膜藻科	
褐藻门	翅藻科	15	黄藻门	卡盾藻科	2
	点叶藻科			异鞭藻科	
	短毛藻科				

附：秦皇岛市海域大型底栖海藻名录

一、红藻门

1. 紫菜属

（1）甘紫菜 *Porphyra tenera*

（2）条斑紫菜 *Porphyra yezoensis*

（3）长紫菜 *Porphyra dentata*

2. 石花菜属

（4）匍匐石花菜 *Gelidium pusillum*

（5）小石花菜 *Gelidium divaricatum*

（6）异形石花菜 *Gelidium vagum*

（7）石花菜 *Gelidium amansii*

3. 拟鸡毛菜属

（8）拟鸡毛菜 *Pterocladiella capillacea*

4. 茎刺藻属

（9）茎刺藻 *Caulacanthus ustulatus*

5. 江蓠属

（10）真江蓠 *Gracilaria asiatica*

（11）扁江蓠 *Gracilaria textorii*

6. 天门冬属

（12）龙须菜 *Gracilaria lemaneiformis*

7. 胶粘藻属

（13）单条胶粘藻 *Dumontia simplex*

8. 珊瑚藻属

（14）珊瑚藻 *Corallina officinalis*

9. 蜈蚣藻属

（15）蜈蚣藻 *Grateloupia asiatica*

（16）带形蜈蚣藻 *Grateloupia turuturu*

10. 角叉菜属

（17）角叉菜 *Chondrus ocellatus*

（18）日本角叉菜 *Chondrus nipponicus*

（19）楔形角叉菜 *Chondrus yendoi*

11. 软刺藻属

（20）中间软刺藻 *Chondracanthus intermedius*

12. 伊谷藻属

（21）叉枝伊谷草 *Ahnfeltia furcellata*

13. 拟伊藻属

（22）扇形拟伊藻 *Ahnfeltiopsis flabelliformis*

14. 金膜藻属

（23）金膜藻 *Chrysymenia wrightii*

15. 节荚藻属

（24）节荚藻 *Lomentaria hakodatensis*

（25）链状节荚藻 *Lomentaria catenata*

16. 仙菜属

（26）三叉仙菜 *Ceramium kondoi*

（27）波登仙菜 *Ceramium boydenii*

（28）日本仙菜 *Ceramium japonicum*

17. 鸭毛藻属

（29）鸭毛藻 *Symphyocladia latiuscula*

18. 新松节藻属

（30）被新松节藻 *Neorhodomela munita*

19. 软骨藻属

（31）粗枝软骨藻 *Chondria crassicaulis*

20. 软骨凹顶藻属

（32）异枝软骨凹顶藻 *Chondrophycus intermedia*

21. 海萝属

（33）海萝 *Gloiopeltis furcata*

22. 多管藻属

（34）多管藻 *Polysiphonia senticulosa*

（35）日本多管藻 *Polysiphonia japonica*

23. 海膜属

（36）海膜 *Halymenia floresia*

24. 异管藻属

（37）日本异管藻 *Heterosiphonia japonica*

25. 海头红属

（38）海头红 *Plocamium telfairiae*

26. 红翎菜属

（39）细弱红翎菜 *Solieria tenuis*

27. 粘管藻属

（40）粘管藻 *Gloiosiphonia capillaries*

二、褐藻门

28. 水云属

（41）锐尖水云 *Ectocarpus acutus*

（42）束枝水云 *Ectocarpus fasciculatus*

29. 聚果藻属

（43）聚果藻 *Botrytella parva*

30. 网地藻属

（44）网地藻 *Dictyota dichotoma*

31. 网翼藻属

（45）波状网翼藻 *Dictyopteris undulata*

（46）叉开网翼藻 *Dictyopteris divaricate*

32. 短毛藻属

（47）短毛藻 *Elachista okamurae*

33. 粘膜藻属

（48）粘膜藻 *Leathesia difformis*

（49）小粘膜藻 *Leathesia nana*

34. 海蕴属

（50）海蕴 *Nemacystus decipiens*

35. 美丝藻属

（51）考氏多丝藻 *Myrionema corunnae*

36. 绳藻属

（52）绳藻 *Chorda filum*

37. 囊藻属

（53）囊藻 *Colpomenia sinuosa*

38. 幅叶藻属

（54）幅叶藻 *Petalonia fascia*

39. 萱藻属

（55）萱藻 *Scytosiphon lomentaria*

40. 髓叶藻属

（56）肠髓藻 *Myelophycus caespitosus*

41. 酸藻属

（57）酸藻 *Desmarestia viridis*

（58）舌状酸藻 *Desmarestia ligulata*

42. 羊栖菜属

（59）羊栖菜 *Hizikia fusiforme*

43. 裙带菜属

（60）裙带菜 *Undaria pinnatifida*

44. 平海带属

（61）海带 *Laminaria japonica*

45. 马尾藻属

（62）海蒿子 *Sargassum confusum*

（63）海黍子 *Sargassum muticum*

（64）铜藻 *Sargassum horneri*

（65）鼠尾藻 *Sargassum thunbergii*

46. 点叶藻属

（66）点叶藻 *Punctaria latifolia*

三、绿藻门

47. 礁膜属

（67）礁膜 *Monostroma arcticum*

（68）薄礁膜 *Monostroma pulchrum*

48. 原礁膜属

（69）波状原礁膜 *Protomonostroma undulatum*

49. 盘苔属

（70）边缘盘苔 *Blidingia marginata*

（71）盘苔 *Blidingia minima*

50. 石莼属

（72）孔石莼 *Ulva pertusa*

（73）石莼 *Ulva lactuca*

（74）裂叶石莼 *Ulva fasciata*

（75）花石莼（蛎菜）*Ulva conglobata*

51. 浒苔属

（76）管浒苔 *Enteromorpha tubulosa*

（77）浒苔 *Enteromorpha prolifera*

（78）条浒苔 *Enteromorpha clathrata*

（79）肠浒苔 *Enteromorpha intestinalis*

（80）扁浒苔 *Enteromorpha compressa*

（81）缘管浒苔 *Enteromorpha linza*

52. 尾孢藻属

（82）羽状尾孢藻 *Urospora peniciliiformis*

53. 刚毛藻属

（83）苍白刚毛藻 *Cladophora albida*

（84）束生刚毛藻 *Cladophora fascicularis*

（85）具钩刚毛藻 *Cladophora uncinella*

（86）小枝刚毛藻 *Cladophora oligoclada*

（87）扇形刚毛藻 *Cladophora hutchisioides*

54. 硬毛藻属

（88）短节硬毛藻 *Chaetomorpha brachygona*

（89）线形硬毛藻 *Chaetomorpha linum*

（90）辽东硬毛藻 *Chaetomorpha liaodongensis*

（91）强壮硬毛藻 *Chaetomorpha valida*

（92）气生硬毛藻 *Chaetomorpha aerea*

55. 根枝藻属

（93）岸生根枝藻 *Rhizoclonium riparium*

56. 羽藻属

（94）假根羽藻 *Bryopsis corticulans*

（95）藓羽藻 *Bryopsis hypnoides*

（96）羽藻 *Bryopsis plumosa*

57. 松藻属

（97）刺松藻 *Codium fragile*

四、黄藻门

58. 卡盾藻属

（98）古老卡盾藻 *Chattonella antique*

59. 异弯藻属

（99）赤潮异弯藻 *Heterosigma akashiwo*

二、海洋动物

1. 海洋动物种类

秦皇岛市海域海洋动物有 508 种，其中包含 15 类海洋动物幼虫，分属 15 门 212 科 355 属。见表 3-10、表 3-11。按照动物在海水中的运动形式分为浮游动物、底栖动物和游泳生物，物种在不同分类中有交叉。其中，浮游动物 49 种、底栖动物 378 种、游泳动物 92 种。

表 3-10 秦皇岛市海域海洋动物一览表（表跨页）

门	科	属	种	拉丁文学名
刺胞动物门	鲍螅水母科	水螅水母属	颠鲍螅水母（不列颠高手水母）	*Bougainvillia britannica*
			茎鲍螅水母（鳞茎高手水母）	*Bougainvillia muscus*
	介螅水母科	介螅水母属	小介穗水母	*Podocoryne minima*
	枝管水母科	枝管水母属	四枝管水母	*Proboscidactyla flavicirrata*
	棒状水母科	真囊水母属	刺胞真囊水母	*Euphysora knides*

门	科	属	种	拉丁文学名
刺胞动物门	和平水母科	和平水母属	锡兰和平水母	*Eirene ceylonensis*
			细颈和平水母	*Eirene menoni*
			短腺和平水母	*Eirene brevigona*
	玛拉水母科	玛拉水母属	卡玛拉水母	*Malagazzia carolinae*
	拟杯水母科	拟杯水母属	真拟杯水母	*Phialucium mbenga*
	秀氏水母科	秀氏水母属	嵊山秀氏水母	*Sugiura chengshanense*
	钟螅科	美螅水母属	半球美螅水母	*Clytia hemisphaerica*
		薮枝螅水母属	薮枝螅水母	*Obelia* spp.
	海棘水母科	异手水母属	烟台异手水母	*Varitentaculata yantaiensis*
	怪水母科	小舌水母属	四叶小舌水母	*Liriope tetraphylla*
	沙箸海鳃科	沙箸海鳃属	沙箸	*Virgularia* sp.
	海葵科	侧花海葵属	黄海葵	*Anthopleura* sp.
栉水母动物门	侧腕水母科	侧腕水母属	球型侧腕水母	*Pleurobrachia globosa*
节肢动物门	仙达溞科	尖头溞属	鸟喙尖头溞	*Penilia avirostris*
	圆囊藻科	三角溞属	肥胖三角溞	*Evadne tergestina*
	哲水蚤科	哲水蚤属	中华哲水蚤	*Calanus sinicus*
	拟哲水蚤科	拟哲水蚤属	小刺哲水蚤	*Paracalanus parvus*
		孔雀水蚤属	强额拟哲水蚤	*Paracalanus crassirostris*
	胸刺水蚤科	胸刺水蚤属	瘦尾胸刺水蚤	*Centropages tenuiremis*
			背针胸刺水蚤	*Centropages dorsispinatus*
		华哲水蚤属	细巧华哲水蚤	*Sinocalanus tenellus*
	宽水蚤科	真宽水蚤属	太平洋真宽水蚤	*Eurytemora pacifica*
	角水蚤科	唇角水蚤属	真刺唇角水蚤	*Labidocera euchaeta*
			圆唇角水蚤	*Labidocera rotunda*
		长足水蚤属	汤氏长足水蚤	*Calanopia thompsoni*
	伪镖水蚤科	伪镖水蚤属	海洋伪镖水蚤	*Pseudodiaptomus marinus*
			火腿伪镖水蚤	*Pseudodiaptomus poplesia*
	纺锤水蚤科	纺锤水蚤属	太平洋纺锤水蚤	*Acartia pacifica*
			克氏纺锤水蚤	*Acartia clause*
			洪氏纺锤水蚤	*Acartia hongi*
	歪水蚤科	歪水蚤属	刺尾歪水蚤	*Tortanus spinicaudatus*
	长腹剑水蚤科	长腹剑水蚤属	拟长腹剑水蚤	*Oithona similis*
	大眼水蚤科	大眼水蚤属	近缘大眼水蚤	*Corycaeus affinis*
	泉虫戎科	法虫戎属	细足法虫戎	*Themisto gracilipes*
	糠虾科	超刺糠虾属	长额超刺糠虾	*Acanthomysis longirostris*
		东刺糠虾属	粗糙东刺糠虾	*Acanthomysis aspera*
			黄海东刺糠虾	*Acanthomysis hwanhaiensis*
		新糠虾属	黑褐新糠虾	*Neomysis awatschensis*

门	科	属	种	拉丁文学名
节肢动物门	糠虾科	新糠虾属	日本新糠虾	*Neomysis japonica*
			东方新糠虾	*Neomysis orientalis*
		井伊小糠虾属	漂浮井伊小糠虾	*Iiella pelagicus*
	樱虾科	毛虾属	中国毛虾	*Acetes chinensis*
	藤壶科	藤壶属	糊斑藤壶	*Balanus cirratus*
	涟虫科	古涟虫属	宽甲古涟虫	*Eocuma lata*
		异涟虫属	萨氏异涟虫	*Heterocuma sarsi*
		长涟虫属	纤细长涟虫	*Iphince tenera*
	针尾涟虫科	针尾涟虫属	三叶针尾涟虫	*Diastylis tricincta*
	尖额涟虫科	半尖额涟虫属	二齿半尖额涟虫	*Hemileucon bidentatus*
	双眼钩虾科	双眼钩虾属	博氏双眼钩虾	*Ampelisca bocki*
			短角双眼钩虾	*Ampelisca brevicormis*
			轮双眼钩虾	*Ampelisca cyclops*
			伊予双眼钩虾	*Ampelisca iyoensis*
			美原双眼钩虾	*Ampelisca miharaensis*
			中型双眼钩虾	*Ampelisca miops*
			三崎双眼钩虾	*Ampelisca misakiensis*
		沙钩虾属	日本沙钩虾	*Byblis japonicus*
	矛钩虾科	邻钩虾属	日本邻钩虾	*Gitanopsis japonica*
	美人虾科	和美虾属	日本美人虾	*Callianassa japonica*
	浪飘水虱科	游泳水虱属	日本游泳水虱	*Natatolana japonensis*
	蜾蠃蜚科	刀钩虾属	哥伦比亚刀钩虾	*Aoroides columbiae*
		蜾蠃蜚属	河蜾蠃蜚	*Corophium acherusicum*
			隐居蜾蠃蜚	*Corophium insidiosum*
			大蜾蠃蜚	*Corophium major*
			中华蜾蠃蜚	*Corophium sinensis*
			三齿蜾蠃蜚	*Corophium tridentium*
			上野蜾蠃蜚	*Corophium ueno*
		拟钩虾属	刘氏拟钩虾	*Gammaropsis liuruiyui*
			短小拟钩虾	*Gammaropsis nitida*
			内海拟钩虾	*Gammaropsis utinomii*
			日本拟钩虾	*Gammaropsis japonica*
		亮钩虾属	夏威夷亮钩虾	*Photis hawaiensis*
			长尾亮钩虾	*Photis longicaudata*
		螯虾属	日本大螯虾	*Grandidierella japonica*
	壮角钩虾科	叶钩虾属	理石叶钩虾	*Jassa mormorata*
	利尔钩虾科	利尔钩虾属	锯齿利尔钩虾	*Liljebergia serata*
			中华利尔钩虾	*Liljebergia sinica*
		铲钩虾属	弯指铲钩虾	*Listriella curvidactyla*

门	科	属	种	拉丁文学名
节肢动物门	光洁钩虾科	弹钩虾属	小头弹钩虾	*Orchomene breviceps*
	马尔他钩虾科	泥钩虾属	头角泥钩虾	*Eriopisella propagatio*
			塞切尔泥钩虾	*Eriopisella sechellensis*
		细身钩虾属	齿掌细身钩虾	*Maera serratipalma*
		马尔他钩虾属	朝鲜马尔他钩虾	*Melita koreana*
			长指马尔他钩虾	*Melita longidactyla*
			瘤马尔他钩虾	*Melita tuberculata*
	合眼钩虾科	壳颚钩虾属	胶州湾壳颚钩虾	*Caviplaxus jiaozhouwanensis*
		蚤钩虾属	极地藻钩虾	*Pontocrates altamarimus*
		华眼钩虾属	同掌华眼钩虾	*Sinoediceros homopalmulus*
		盖钩虾属	异厚盖钩虾	*Synchelidium miraculum*
	尖头钩虾科	拟猛钩虾属	滩拟猛钩虾	*Harpiniopsis vadiculus*
	拟背尾水虱科	拟背尾水虱属	日本拟背水虱	*Paranthura japonica*
	玉蟹科	栗壳蟹属	十一刺栗壳蟹	*Arcania undecimspinosa*
		五角蟹属	斜方五角蟹	*Nursia rhomboidalis*
		拳蟹属	豆形拳蟹	*Philyra pisum*
	关公蟹科	关公蟹属	日本关公蟹	*Dorippe japonica*
			端正关公蟹	*Dorippe polita*
	长脚蟹科	隆背蟹属	泥足隆背蟹	*Carcinoplax vestitus*
		强蟹属	隆线强蟹	*Eucrate crenata*
		盲蟹属	裸盲蟹	*Typhlocarcinus nudus*
	方蟹科	近方蟹属	中华近方蟹	*Hemigrapsus sinensis*
	蜘蛛蟹科	矶蟹属	四齿矶蟹	*Pugettia quadridens*
	沙蟹科	大眼蟹属	日本大眼蟹	*Macrophthalmus japonicus*
	豆蟹科	巴豆蟹属	宽腿巴豆蟹	*Pinnixa penultipedalis*
	大眼蟹科	三强蟹属	霍氏三强蟹	*Tritodynamia horvathi*
			中型三强蟹	*Tritodynamia intermedia*
			蓝氏三强蟹	*Tritodynamia rathbunae*
	短眼蟹科	短眼蟹属	豆形短眼蟹	*Xenophthalmus pinnotheroides*
	弓蟹科	倒颚蟹属	异足倒额蟹	*Asthenognathus inaequipes*
	瓷蟹科	豆瓷蟹属	锯额豆瓷蟹	*Pisidia serratifrons*
		细足蟹属	绒毛细足蟹	*Rophidopus ciliatus*
	梭子蟹科	蟳属	双斑蟳	*Charybdis bimaculata*
			日本蟳（红夹子）	*Charybdis japonica*
		梭子蟹属	三疣梭子蟹	*Portunus trituberculatus*
	静蟹科	精武蟹属	贪精武蟹	*Parapanope euagora*
	扇蟹科	圆扇蟹属	光辉圆扇蟹	*Sphaerozius nitidus*
		毛刺蟹属	团岛毛刺蟹	*Pilumnus tuantaoensis*
		大权蟹属	特异扇蟹	*Xantho distinguendus*

门	科	属	种	拉丁文学名
节肢动物门	活额寄居蟹科	活额寄居蟹属	艾氏活额寄居蟹	*Diogener edwardsii*
	鼓虾科	鼓虾属	短脊鼓虾	*Alpheus brevicristatus*
			鲜明鼓虾	*Alpheus distinguendus*
			刺螯鼓虾	*Alpheus hoplocheles*
			日本鼓虾	*Alpheus japonicus*
		角鼓虾属	日本角鼓虾	*Athanas japonicus*
	长眼虾科	长眼虾属	东方长眼虾	*Ogyrides orientalis*
	长臂虾科	长臂虾属	锯齿长臂虾	*Palaemon serrifer*
			细指长臂虾	*Palaemon tenuidactylus*
			葛氏长臂虾	*Palaemon gravieri*
		白虾属	脊尾白虾	*Exopalaemon carinicauda*
	对虾科	鹰爪虾属	鹰爪虾	*Trachypenaeus curvirostris*
		仿对虾属	细巧仿对虾	*Parapenaeopsis tenella*
			哈氏仿对虾	*Parapenaeopsis hardwickii*
		对虾属	中国对虾	*Penaeus chinensis*
			日本对虾	*Penaeus japonicus*
		新对虾属	周氏新对虾	*Metapenaeus joyneri*
			刀额新对虾	*Metapenaeus ensis*
		滨对虾属	南美白对虾	*Litopenaeus vannamei*
	褐虾科	褐虾属	脊腹褐虾（狗虾）	*Crangon affinis*
			黄海褐虾	*Crangon uritai*
	玻璃虾科	细螯虾属	细螯虾	*Leptochela gracilis*
			尖尾细螯虾	*Leptochela aculeocaudata*
	肋钩虾科	异肋钩虾属	子异肋钩虾	*Parapleustes filialis*
	藻虾科	安乐虾属	中华安乐虾	*Eualus sinensis*
		宽额虾属	疣背宽额虾	*Latreutes planirostris*
	虾蛄科	口虾蛄属	口虾蛄（皮皮虾）	*Oratosquilla oratoria*
	蝼蛄虾科	蝼蛄虾属	大蝼蛄虾	*Upogebia major*
			伍氏蝼蛄虾	*Upogebia wuhsienweni*
毛颚动物门	箭虫科	箭虫属	强壮箭虫	*Sagitta crassa*
	住囊虫科	住囊虫属	异体住囊虫	*Oikopleura dioica*
			长尾住囊虫	*Oikopleura longicauda*
纽形动物门	强纽科	纽虫属	纽虫	*Nemertopsis* sp.
环节动物门	双栉虫科	双栉虫属	双栉虫	*Ampharete acutifrons*
			指双栉虫	*Ampharete anobothrusiformis*
			北极双栉虫	*Ampharete arctica*
			回双栉虫	*Ampharete reducta*
		扇栉虫属	扇栉虫	*Amphicteis gunneri*
		等栉虫属	伟达等栉虫	*Isolda whydahaensis*

门	科	属	种	拉丁文学名
环节动物门	双栉虫科	米列虫属	米列虫	*Melinna cristata*
		副栉虫属	副栉虫	*Paramphicteis angustifolia*
		树栉虫属	中华树栉虫	*Samytha sinica*
		羽鳃栉虫属	羽鳃栉虫	*Schistocomus hiltoni*
			苏羽鳃栉虫	*Schistocomus sovjeticus*
	仙虫科	拟刺虫属	含糊拟刺虫	*Linopherus ambiqua*
			边鳃拟刺虫	*Linopherus paucibranchiata*
	鳞沙蚕科	镖毛鳞虫属	日本镖毛鳞虫	*Laetmonice japonica*
		索沙蚕属	花索沙蚕	*Arabella iricolor*
	花索沙蚕科	线沙蚕属	丝线沙蚕	*Drilonereis filum*
	小头虫科	厚鳃蚕属	厚鳃蚕	*Dasybranchus caducus*
		丝异须虫属	丝异须虫	*Heteromastus filiformis*
		新中蚓虫属	中蚓虫	*Mediomastus californiensis*
		背蚓虫属	背毛背蚓虫	*Notomastus aberans*
			背蚓虫	*Notomastus latericeus*
	金扇虫科	稃背虫属	白稃背虫	*Paleanotus bellis*
	丝鳃虫科	刚鳃虫属	刚鳃虫	*Chaetozone setosa*
		丝鳃虫属	金毛丝鳃虫	*Cirratulus chrysoderma*
			丝鳃虫	*Cirratulus cirratus*
			细丝鳃虫	*Cirratulus filiformis*
		须鳃虫属	毛须鳃虫	*Cirriformia filigera*
			须鳃虫	*Cirriformia tentaculata*
		独毛虫属	马氏独毛虫	*Tharyx marioni*
			多丝独毛虫	*Tharyx mulnfilis*
			斑纹独毛虫	*Tharyx tesselata*
	单指虫科	拟单指虫属	足刺拟单指虫	*Cossurella aciculata*
			拟单指虫	*Cossurella dimorpha*
	豆维虫科	叉毛豆维虫属	日本叉毛豆维虫	*Schistomeringos japonica*
	矶沙蚕科	矶沙蚕属	滑指矶沙蚕	*Eunica indica*
			羽鳃矶沙蚕	*Eunice pennaata*
		岩虫属	贝氏岩虫	*Marphysa bellii*
			岩虫	*Marphysa sanguinea*
	扇毛虫科	肾扇虫属	绒毛肾扇虫	*Brada villosa*
		海扇虫属	孟加拉海扇虫	*Pherusa bengalensis*
	吻沙蚕科	吻沙蚕属	头吻沙蚕	*Glycera capitata*
			长吻沙蚕	*Glycera chirori*
			环吻沙蚕	*Glycera armigera*
			锥唇吻沙蚕	*Glycera onomichiensis*
			中锐吻沙蚕	*Glycera rouxii*

门	科	属	种	拉丁文学名
环节动物门	吻沙蚕科	半足沙蚕属	长突半足沙蚕	*Hemipodus yenourensis*
	角吻沙蚕科	甘吻沙蚕属	寡节甘吻沙蚕	*Glycinde gurjanovae*
		角吻沙蚕属	日本角吻沙蚕	*Goniada japonica*
			色斑角吻沙蚕	*Goniada maculata*
	海女虫科	英虫属	南非英虫	*Gyptis capensis*
		小健足虫属	双小健足虫	*Micropodarke dubia*
		蛇潜虫属	狭细蛇潜虫	*Ophiodromus angutifrons*
	异稚虫科	异稚虫属	中华异稚虫	*Heterospio sinica*
	特须虫科	拟特须虫属	拟特须虫	*Paralacydonia paradoxa*
	索沙蚕科	索沙蚕属	异足科索沙蚕	*Kuwaita heteropoda*
			双叉索沙蚕	*Lumbrineris bifurcate*
			双唇索沙蚕	*Lumbrineris cruzensis*
			圆头索沙蚕	*Lumbrineris inflata*
			日本索沙蚕	*Lumbrineris japonica*
			索沙蚕	*Lumbrineris latreilli*
			长叶索沙蚕	*Lumbrineris longifolia*
			翅状索沙蚕	*Lumbrineris pterignatha*
			丝线索沙蚕	*Lumbrineris tsuchimaensis*
	竹节虫亚科	竹节虫属	缩头竹节虫	*Maldane sarsi*
	真节虫亚科	拟节虫属	拟节虫	*Praxillella praetermissa*
	长手沙蚕科	长手沙蚕属	尖叶长手沙蚕	*Magelona cincta*
			日本长手沙蚕	*Magelona japonica*
	齿吻沙蚕科	内卷齿蚕属	中华内卷齿蚕	*Aglaophamus sinensis*
		无疣齿吻沙蚕属	无疣齿蚕	*Inermonephtys inermis*
		齿吻沙蚕属	寡鳃齿吻沙蚕	*Nephtys oligobranchia*
		真旋虫属	温哥华真旋虫	*Eudistylia vancouveri*
	沙蚕科	角沙蚕属	红角沙蚕	*Ceratonereis erythraeensis*
		美沙蚕属	多美沙蚕	*Lycastopsis augeneri*
		刺沙蚕属	日本刺沙蚕	*Neanthes japonica*
			黄色刺沙蚕	*Neanthes flava*
		全刺沙蚕属	多齿全刺沙蚕	*Nectoneanthes multignatha*
			锐足全刺沙蚕	*Nectoneanthes oxypoda*
		沙蚕属	多齿沙蚕	*Nereis multignatha*
			真齿沙蚕	*Nereis neoneanthes*
			长须沙蚕	*Nereis longior*
			带状沙蚕	*Nereis zonata*
		围沙蚕属	独齿围沙蚕	*Perinereis culrifera*
		背褶沙蚕属	背褶沙蚕	*Tambalagamia fauveli*
		软疣沙蚕属	软疣沙蚕	*Tylonereis bogoyawleskyi*

门	科	属	种	拉丁文学名
环节动物门	欧努菲虫科	巢沙蚕属	智利巢沙蚕	*Diopatra chiliensis*
	海蛹科	阿曼吉虫属	中型阿曼吉虫	*Armandia intermedia*
		角海蛹属	角海蛹	*Ophelina acuminata*
	眼虫科	眼虫属	多眼虫	*Polyophthalmus pictus*
	裸蛹科	海蛹属	日本臭海蛹	*Travisia japonica*
	锥头虫亚科	锥虫属	长锥虫	*Haploscoloplos elongatus*
			叉毛锥头虫	*Orbinia dicrochaeta*
		矛毛虫属	矛毛虫	*Phylo felix*
		尖锥虫属	红刺尖锥虫	*Scoloplos rubra*
	欧文虫科	欧文虫属	欧文虫	*Owenia fusiformis*
	异毛虫科	独指虫属	独指虫	*Aricidea fragilis*
		卷须虫属	叉毛卷须虫	*Cirrophorus furcatus*
			太平洋卷须虫	*Cirrophorus neapolitanus*
	笔帽虫科	双边帽虫属	日本双边帽虫	*Amphictene japonica*
		膜帽虫属	连膜帽虫	*Lagis bocki*
			那不勒斯膜帽虫	*Lagis neapolitana*
	叶须虫科	围巧言虫属	围巧言虫	*Eumida sanguinea*
		巧言虫属	双带巧言虫	*Eulalia bilineata*
			巧言虫	*Eulalia viridis*
		双须虫属	长双须虫	*Eteone longa*
			色斑神须虫	*Mysta maculata*
			乳突半突虫	*Phyllodoce apillosa*
			格陵兰半突虫	*Phyllodoce groenlandica*
			中华半突虫	*Phyllodoce chinensis*
	白毛虫科	毛虫属	贝氏白毛虫	*Pilargis sinensis*
		钩毛虫属	深钩毛虫	*Sigambra bassi*
			花冈钩毛虫	*Sigambra hamaokai*
			长须钩毛虫	*Sigambra tentaculata*
		刺毛虫属	阿氏刺毛虫	*Synelmis albini*
			中华合甲虫	*Synelmis sinica*
	杂毛虫科	杂毛虫属	蛇形杂毛虫	*Poecilochaetus serpens*
	多鳞虫科	穗鳞虫属	疏毛穗鳞虫	*Halosydna brevisetosa*
		阿鳞虫属	品川夜鳞虫	*Arctonoella sinagawaensis*
		背鳞虫属	有齿背鳞虫	*Lepidonotus dentatus*
			软背鳞虫	*Lepidonotus helotypus*
			细毛背鳞虫	*Lepidonotus tenuisetosus*
		脆鳞虫属	斑目脆鳞虫	*Lepidasthenia ocellata*
		非拟海鳞虫属	非拟海鳞虫	*Nonparahalosydna pleiolepis*
		格鳞虫属	蜂窝格鳞虫	*Gattyana deludens*

门	科	属	种	拉丁文学名
环节动物门	多鳞虫科	格鳞虫属	渤海格鳞虫	*Gattyana pohainsis*
		哈鳞虫属	复瓦哈鳞虫	*Harmothoë imbricata*
			亚洲哈鳞虫	*Harmothie asatica*
		夜鳞虫属	黄海夜鳞虫	*Hesperonoe huanghainsis*
		优鳞虫属	球玛鳞虫	*Malmgrenia ampulliferoides*
			优鳞虫	*Eunoe oerstedi*
	帚毛虫科	似帚毛虫属	锥毛似帚毛虫	*Lygdamis giarde*
		帚毛虫属	石川帚毛虫	*Sabellaria ishikawai*
	缨鳃虫科	管缨虫属	领管缨虫	*Chone collaris*
		刺缨虫属	巨刺缨虫	*Potamilla myriops*
	梯额虫科	梯额虫属	梯额虫	*Scalibregma inflatum*
	龙介虫科	盘管虫属	内刺盘管虫	*Hydroides ezonsis*
		旋鳃虫属	三犄旋鳃虫	*Spirobranchus tricornis*
	锡鳞虫科	埃刺梳鳞虫属	黄海埃刺梳鳞虫	*Ehlersileanira incisa* subsp. *Hwanghaiensis*
		镰毛鳞虫属	褐色镰毛鳞虫	*Sthenelais fusca*
		强鳞虫属	（日本）强鳞虫	*Sthenolepis japonica*
	海稚虫科	锥稚虫属	锥稚虫	*Aonides oxycepha*
		后稚虫属	后稚虫	*Laonica cirrata*
			中华后稚虫	*Laonice sinica*
		稚齿虫属	羽鳃奇稚齿虫	*Paraprionospio pinnata*
			日本稚齿虫	*Prionospio japonicus*
			昆士兰稚齿虫	*Prionospio queenslandica*
		腹钩虫属	腹钩虫	*Scolelepis lingulata*
			腹钩虫变种	*Scolelepis variegata*
		光稚虫属	蚕光稚虫	*Spiophanes bombyx*
			双光稚虫	*Spiophanes duplex*
			深蓝光稚虫	*Spiophanes fuscatus*
	不倒翁虫科	不倒翁虫属	不倒翁虫	*Sternaspis scutata*
	裂虫科	刺裂虫属	额角裂虫	*Ehlersia cornuta*
		裸裂虫属	马氏裸裂虫	*Pionosyllis malmgreni*
	蛰龙介科	似蛰虫属	西方似蛰虫	*Amaeana occidantalis*
			似蛰虫	*Amaeana trilobata*
		吻蛰虫属	吻蛰虫	*Artacama proboscidea*
		扁蛰虫属	扁蛰虫	*Loimia medusa*
		树蛰虫属	树蛰虫	*Pista cristata*
			丛生树蛰虫	*Pista fasciata*
			太平洋树蛰虫	*Pista pacifica*
		梳鳃虫属	梳鳃虫	*Terebellides stroemii*

门	科	属	种	拉丁文学名
环节动物门	蛰龙介科	毛鳃虫属	双鳃毛鳃虫	*Trichobranchus bibranchiatus*
螠虫动物门	螠科	铲荚螠属	短吻铲荚螠	*Listriolobus brevirostris*
软体动物门	薄石鳖科	鳞带石鳖属	朝鲜鳞带石鳖	*Lepidozona coreanica*
	鳞侧石鳖科	鳞侧石鳖属	低粒鳞侧石鳖	*Leptochiton rugatus*
	拟捻螺科	饰孔螺属	纵肋饰孔螺	*Decorifer matusimana*
	蛾螺科	甲虫螺属	甲虫螺	*Cantharus cecillei*
	帆螺科	管帽螺属	扁平管帽螺	*Siphopatella walshi*
	光螺科	瓷光螺属	双带瓷光螺	*Eulima bifascialis*
			马丽瓷光螺	*Eulima maria*
	骨螺科	红螺属	红螺	*Rapana veosa*
			脉红螺	*Rapana venosa*
	织纹螺科	织纹螺属	秀丽织纹螺	*Nassarius festivas*
			西格织纹螺	*Nassarius siquijorensis*
			红带织纹螺	*Nassarius succinctus*
			纵肋织纹螺	*Nassarius variciferus*
	玉螺科	扁玉螺属	扁玉螺	*Neverita didyma*
	核螺科	小笔螺属	丽核螺	*Mitrella bella*
			布尔小核螺	*Mitrella burchardi*
	囊螺科	梨螺属	东京碗梨螺	*Pyrunculus tokyoensis*
	露齿螺科	露齿螺属	耳口露齿螺	*Ringicula doliaris*
	三叉螺科	原核螺属	圆筒原核螺	*Eocylichna cylindrella*
	丽口螺科	丽口螺属	单一丽口螺	*Brachytoma flavidulus*
	塔螺科	短口螺属	黄短口螺	*Irquisitor flavidula*
		拟塔螺属	爪哇拟塔螺	*Turricula javana*
	狭口螺科	狭口螺属	光滑狭口螺	*Stenothyra glabar*
	不等蛤科	不等蛤属	中国不等蛤	*Anomia chinensis*
	蚶科	蚶属	榛蚶	*Arca avellana*
		拟蚶属	间褶拟蚶	*Arcopsis interplicata*
		毛蚶属	毛蚶	*Scapharca kagoshimensis*
			魁蚶	*Scapharca broughtoni*
	抱蛤科	异篮蛤属	雅异蓝蛤	*Anisocorbula venusta*
			东方缝栖蛤	*Hiatella orientalis*
	爱神蛤科	凯利蛤属	豆形凯利蛤	*Kellia porculus*
		共生蛤属	海参寄生蛤	*Pseudopythin ariakensis*
	鸭嘴蛤科	鸭嘴蛤属	渤海鸭嘴蛤	*Laternula marilina*
	锉蛤科	雪锉蛤属	函馆雪锉蛤	*Limaria hakodatensis*
	里昂司蛤科	昂司蛤属	沙壳里昂司蛤	*Lyonsia ventricosa*
	蛤蜊科	波纹蛤属	秀丽波纹蛤	*Raetellops pulchella*
		蛤蜊属	中华马珂蛤（黄蛤）	*Mactra chinensis*

门	科	属	种	拉丁文学名
软体动物门	蛤蜊科	蛤蜊属	方形马珂蛤（四角蛤蜊）	*Mactra veneriformis*
	海螂科	海螂属	砂海螂	*Mya arenaria*
	贻贝科	石蛏属	短石蛏	*Lithophagus curtus*
		肌蛤属	凸壳肌蛤	*Musculus senhousia*
		贻贝属	紫贻贝（海虹）	*Mytilus edulis*
	吻状蛤科	云母蛤属	薄云母蛤	*Yoldia similis* Kuroda
	胡桃蛤科	胡桃蛤属	豆形胡桃蛤	*Nucula faba*
	牡蛎科	牡蛎属	长牡蛎（太平洋牡蛎）	*Crassostrea gigas*
			猫爪牡蛎	*Ostrea pestigris*
	江珧科	江珧属	栉江珧	*Atrina pectinata*
	双带蛤科	内肋蛤属	内肋蛤	*Endopleura lubrica*
		小海螂属	微形小海螂	*Leptomya minuta*
		理蛤属	理蛤	*Theora lata*
			滑理蛤	*Theora lubrica*
	扇贝科	栉孔扇贝属	栉孔扇贝	*Chlamys farreri*
		海湾扇贝属	海湾扇贝	*Argopecten irradias*
		扇贝属	虾夷扇贝	*Pecten yessonensis*
	刀蛏科	刀蛏属	小刀蛏	*Cultellus attenuatus*
		荚蛏属	小荚蛏	*Siliqua minima*
	竹蛏科	竹蛏属	短竹蛏	*Solen dunkerianus*
			大竹蛏	*Solen grandis*
	樱蛤科	楔樱蛤属	圆楔樱蛤	*Cadella narutoensis*
			小亮樱蛤	*Nitidotellina minuta*
			彩虹明樱蛤	*Moerella iridescens*
			江户明樱蛤	*Moerella jedoensis*
			苍白亮樱蛤	*Nitidotellina pallidula*
	色雷西蛤科	鲽铰蛤属	金星蝶铰蛤	*Trigonothracia jinxingae*
	棱蛤科	棱蛤属	纹斑棱蛤	*Trapezum liratum*
	帘蛤科	青蛤属	青蛤	*Cyclina sinensis*
		镜蛤属	薄片镜蛤	*Dosinia laminata*
			日本镜蛤	*Dosinia (Phacosoma) japonica*
			凸镜蛤	*Dosinia derupta*
		凸卵蛤属	凸卵蛤	*Pelecyora trigona*
		布目蛤属	江户布目蛤	*Protothaca jedoenses*
		花帘蛤属	菲律宾蛤仔	*Ruditapes philippinarum*
		文蛤属	文蛤	*Meretrix meretmix*
	侧鳃科	无壳侧鳃属	蓝无壳侧鳃	*Pleurbbanchaea novaezealandiae*
	海笋科	全海笋属	大沽全海笋（孔雀贝）	*Bernea daviai*

门	科	属	种	拉丁文学名
软体动物门	章鱼科	章鱼属	真蛸	*Ooctopus ocellatus*
	枪乌贼科	枪乌贼属	日本枪乌贼	*Loligo japonica*
			火枪乌贼	*Loligo beka*
		拟乌贼属	莱氏拟乌贼	*Sepioteuthis lessoniana*
	耳乌贼科	耳乌贼属	双喙耳乌贼	*Sepiola birostrata*
		四盘耳乌贼属	毛氏四盘耳乌贼	*Euprymna morsei*
	乌贼科	乌贼属	金乌贼	*Sepia esculenta*
			针乌贼	*Sepia andreana*
		无针乌贼属	曼氏无针乌贼	*Sepiella maindroni*
			日本无针乌贼	*Sepiella maindroni*
	蛸科	蛸属	短蛸	*Octopus ocellatus*
			长蛸	*Octopus variabilis*
	鲍科	鲍属	皱纹盘鲍（鲍鱼）	*Haliotis discus*
腕足动物门	贯壳贝科	贯壳贝属	酸浆贝	*Terebratella coreanica*
棘皮动物门	阳遂足科	倍棘蛇尾属	日本倍棘蛇尾	*Amphioplus japonicus*
			中华倍棘蛇尾	*Amphioplus sinicus*
		阳遂足属	滩栖阳遂足	*Amphiura vadicola*
	刺蛇尾科	刺蛇尾属	马氏刺蛇尾	*Ophiothrix marenzelleri*
	真蛇尾科	真蛇尾属	金氏真蛇尾	*Ophiura kinbergi*
	海羊齿科	海羊齿属	锯羽丽海羊齿	*Antedon serrata*
	海盘车科	海盘车属	多棘海盘车	*Asterias amurensis*
	硬瓜参科	硬瓜参属	丛足硬瓜参	*Cucumaria multipes*
	尻参科	海地瓜属	海地瓜	*Acaudina molpadioides*
	沙鸡子科	赛瓜参属	陆氏花海参	*Thyone loui*
		沙鸡子属	正环沙鸡子	*Phyllophorus ordinatus*
	锚参科	柄锚参属	变化柄锚参	*Oestergrenia variabilis*
		刺锚参属	棘刺锚参	*Protankyra bidentata*
	刻肋海胆科	刻肋海胆属	哈氏刻肋海胆	*Temnopleurus hardwickii*
			细雕刻肋海胆	*Temnopleurus toreumatica*
半索动物门	殖翼柱头虫科	舌形虫属	三崎柱头虫	*Glossobalanus misakiensis*
	史氏柱壮头虫科	橡头虫属	青岛橡头虫	*Glandiceps qingdaoensis*
尾索动物门	皮海鞘科	皮海鞘属	曼哈顿皮海鞘	*Molgula manhattensis*
	柄海鞘科	柄海鞘属	柄海鞘	*Styela clava*
头索动物门	文昌鱼科	文昌鱼属	青岛文昌鱼	*Brachiostoma tsingtauense*
脊索动物门	玉筋鱼科	玉筋鱼属	玉筋鱼（面条鱼）	*Ammodytes personatus*
	鰕虎鱼科	矛尾鰕虎鱼属	六丝矛尾鰕虎鱼	*Chaeturichthys hexanema*
			矛尾鰕虎鱼	*Chaeturichthys stigmatias*
		吻鰕虎鱼属	普氏吻鰕虎鱼	*Rhinogobius pflaumi*
		孔鰕虎鱼属	孔鰕虎鱼	*Trypauchyen vagina*

门	科	属	种	拉丁文学名
脊索动物门	鳗鰕虎鱼科	栉孔鰕虎鱼属	小头栉孔鰕虎鱼	*Ctenotryponchen microcephalus*
			中华栉孔鰕虎鱼	*Ctenotrypauchen chinensis*
		锄突鰕虎属	长丝鰕虎鱼	*Cryptocentrus filifer*
		钝尾鰕虎鱼属	六丝钝尾鰕虎鱼	*Chaeturichthys hexanema*
		缟鰕虎鱼属	髭缟鰕虎鱼	*Tridentiger barbatus*
			纹缟鰕虎鱼	*Tridentiger trigonocephalus*
		狼鰕虎鱼属	红狼牙鰕虎鱼	*Odontamblyopus rubicundus*
	鳐科	鳐属	斑瓮鳐（孔鳐）	*Okamejei kenojei*
	鲱科	鰶属	斑鰶（气泡子）	*Clupanodon punctatus*
		小沙丁鱼属	中华小沙丁鱼	*Sardinella sindensis*
		鲥属	仔稚鱼	*Fish larvae*
		青鳞鱼属	青鳞鱼（青皮）	*Harengula zunasi*
		鳓属	鳓鱼（鲙鱼、白鳞鱼）	*Ilisha elongata*
		鲱属	太平洋鲱（青条鱼、青鱼）	*Clupea pallasii*
	鱚科	鱚属	少鳞鱚	*Sillago japonica*
	鳀科	鲚属	凤鲚	*Coilia mystus*
		黄鲫属	太的黄鲫	*Setipinna taty*
			黄鲫	*Setipinna tenuifilis*
		鳀属	日本鳀	*Engraulis japonicus*
		棱鳀属	赤鼻棱鳀	*Thryssa kammalensis*
		侧带小公鱼属	康氏侧带小公鱼（江口小公鱼）	*Stolephorus commersonii*
	石首鱼科	黄鱼属	小黄鱼（小黄花鱼）	*Pseudosciaena polyactis*
			大黄鱼（大黄花鱼）	*Pseudosciaena crocea*
		鮸鱼属	鮸鱼	*Miichthys miiuy*
		叫姑鱼属	叫姑鱼	*Johnius belengeri*
		黄姑鱼属	黄姑鱼（黄姑子）	*Nibea albiflora*
		白姑鱼属	白姑鱼（白姑子）	*Argyrosomus argentata*
		梅童鱼属	棘头梅童鱼	*Collichthys lucidus*
	鲳科	鲳属	银鲳（平鱼、镜鱼）	*Pampus argenteus*
			灰鲳	*Pampus cinereus*
	真鲈科	花鲈属	花鲈	*Lateolabrax japonicus*
	银鱼科	新银鱼属	安氏新银鱼	*Neosalanx anderssoni*
	鮟鱇科	黄鮟鱇属	黄鮟鱇	*Lophius litulon*
	平鲉科	平鲉属	许氏平鲉（黑鲪）	*Sebastes schlegelii*
	鲭科	鲭属	鲐鱼（日本鲭）	*Pneumatophorus japonicas*
		马鲛属	蓝点马鲛（蓝点鲅鱼、鲅鱼、燕鱼）	*Scomberomorus miphonius*
	带鱼科	带鱼属	带鱼	*Trichiurus haumela*

门	科	属	种	拉丁文学名
脊索动物门	带鱼科	带鱼属	白带鱼	*Trichiurus lepturus*
	鲻科	梭属	梭鱼	*Chelon haematocheilus*
	鲬科	鲬属	鲬	*Platycephalus indicus*
	绵鳚科	绵鳚属	绵鳚	*Enchelyopus elongatus*
	鲷科	二长棘鲷属	二长棘鲷	*Parargyrops edita*
		真鲷属	真鲷（加吉鱼）	*Pagrosomus major*
	鲂鮄科	绿鳍鱼属	绿鳍鱼	*Chelidonichthys kumu*
	狗母鱼科	蛇鲻属	长条蛇鲻	*Saurida elongata*
	狮子鱼科	狮子鱼属	细纹狮子鱼	*Liparis tanakae*
	海龙科	海马属	日本海马	*Hippocampus mohnikei*
			尖海龙	*Syngnathus acus*
	舌鳎科	舌鳎属	短吻三线舌鳎	*Cynoglossus abbreiatus*
			半滑舌鳎（鳎目）	*Cynoglossus semilaevis*
			焦氏舌鳎	*Cynoglossus joyneri*
	鳎科	条鳎属	条鳎	*Zebrias zebra*
	鲽科	黄盖鲽属	黄盖鲽	*Pleuronectes herzensteini*
		高眼鲽属	高眼鲽	*Cleisthenes herzensteini*
		石鲽属	石鲽	*Platichthys bicoloratus*
	牙鲆科	牙鲆属	牙鲆	*Paralichthys olivaceus*
	菱鲆科	菱鲆属	大菱鲆	*Scophthalmus maximus*
	单棘鲀科	马面鲀属	绿鳍马面鲀	*Navodon septentrionalis*
	六线鱼科	六线鱼属	大泷六线鱼	*Hexagrammos otakii*
	康吉鳗科	康吉鳗属	星康吉鳗	*Conger myriaster*
	鲀科	东方鲀属	假睛东方鲀	*Takifugu pseudormmus*
			红鳍东方鲀	*Takifugu rubripes*
纤毛门	中缢科	中缢虫属	红色中缢虫	*Mesodinium rubrum*

表 3-11　秦皇岛市海域海洋动物幼虫一览表（表跨页）

序　号	幼虫名称	拉丁文学名
1	帽状幼虫	*Pilidium larvae*
2	头足类幼体	*Cephalopod larvae*
3	帚虫类辐轮幼虫	*Actinotrocha larvae*
4	多毛类幼体	*Polychaeta larvae*
5	双壳类幼体	*Bivalva larvae*
6	腹足类幼体	*Gastropoda larvae*
7	桡足无节幼虫	*Copepoda* larvae
8	桡足类幼体	*Copepodite larvae*
9	蔓足类无节幼虫	*Cirripedia* larvae

序　号	幼虫名称	拉丁文学名
10	短尾类蚤状幼虫	*Brachyura* larvae
11	长尾类幼体	*Macrura* larvae
12	阿利玛幼虫	*Alima* larvae
13	海蛇尾长腕幼虫	*Ophiopluteus* larvae
14	鱼卵	*Fish eggs*
15	仔稚鱼	*Fish larvae*

2. 海洋动物分类

（1）浮游动物

秦皇岛市海洋浮游动物有 49 种，分属 4 门 30 科 37 属，见表 3-12。其中，刺胞动物门 15 种，分属 11 科，12 属；栉水母动物门 1 种，1 科，1 属；节肢动物门 30 种，分属 16 科，22 属；毛颚动物门 3 种，分属 2 科，2 属。另外，还有 15 类动物的幼虫，涉及各种门类。属以温带性和广温带性近岸低盐种为主，多样性指数在 0.19 ～ 0.84。

表 3-12　秦皇岛市海域海洋浮游动物分类一览表

门	科	科　数	门	科	科　数
刺胞动物门	鲍螅水母科	11	节肢动物门	大眼水蚤科	16
	介螅水母科			纺锤水蚤科	
	枝管水母科			角水蚤科	
	棒状水母科			糠虾科	
	和平水母科			宽水蚤科	
	玛拉水母科			拟哲水蚤科	
	拟杯水母科			泉虫戎科	
	秀氏水母科			歪水蚤科	
	钟螅科			伪镖水蚤科	
	海棘水母科			胸刺水蚤科	
	怪水母科			樱虾科	
栉水母动物门	侧腕水母科	1		圆囊藻科	
节肢动物门	仙达溞科	16		长腹剑水蚤科	
	哲水蚤科		毛颚动物门	箭虫科	2
	玻璃虾科			住囊虫科	

附：秦皇岛市海域海洋浮游动物名录

一、刺胞动物门

1. 水螅水母属

（1）颠鲍螅水母（不列颠高手水母）

Bougainvillia britannica

（2）茎鲍螅水母（鳞茎高手水母）

Bougainvillia muscus

2. 介螅水母属

（3）小介穗水母 *Podocoryne minima*

3. 枝管水母属
（4）四枝管水母 *Proboscidactyla flavicirrata*
4. 真囊水母属
（5）刺胞真囊水母 *Euphysora knides*
5. 和平水母属
（6）锡兰和平水母 *Eirene ceylonensis*
（7）细颈和平水母 *Eirene menoni*
（8）短腺和平水母 *Eirene brevigona*
6. 玛拉水母属
（9）卡玛拉水母 *Malagazzia carolinae*
7. 拟杯水母属
（10）真拟杯水母 *Phialucium mbenga*
8. 秀氏水母属
（11）嵊山秀氏水母 *Sugiura chengshanense*
9. 美螅水母属
（12）半球美螅水母 *Clytia hemisphaerica*
10. 异手水母属
（13）烟台异手水母 *Varitentaculata yantaiensis*
11. 薮枝螅水母属
（14）薮枝螅水母 *Obelia* spp.
12. 小舌水母属
（15）四叶小舌水母 *Liriope tetraphylla*

二、栉水母动物门

13. 侧腕水母属
（16）球型侧腕水母 *Pleurobrachia globosa*

三、节肢动物门

14. 尖头溞属
（17）鸟喙尖头溞 *Penilia avirostris*
15. 三角溞属
（18）肥胖三角溞 *Evadne tergestina*
16. 哲水蚤属
（19）中华哲水蚤 *Calanus sinicus*
17. 拟哲水蚤属
（20）小刺哲水蚤 *Paracalanus parvus*
18. 孔雀水蚤属
（21）强额拟哲水蚤 *Paracalanus crassirostris*
19. 胸刺水蚤属
（22）瘦尾胸刺水蚤 *Centropages tenuiremis*
（23）背针胸刺水蚤 *Centropages dorsispinatus*
20. 真宽水蚤属
（24）太平洋真宽水蚤 *Eurytemora pacifica*
21. 唇角水蚤属
（25）真刺唇角水蚤 *Labidocera euchaeta*
（26）圆唇角水蚤 *Labidocera rotunda*
22. 华哲水蚤属
（27）细巧华哲水蚤 *Sinocalanus tenellus*
23. 伪镖水蚤属
（28）海洋伪镖水蚤 *Pseudodiaptomus marinus*
（29）火腿伪镖水蚤 *Pseudodiaptomus poplesia*
24. 长足水蚤属
（30）汤氏长足水蚤 *Calanopia thompsoni*
25. 纺锤水蚤属
（31）太平洋纺锤水蚤 *Acartia pacifica*
（32）克氏纺锤水蚤 *Acartia clause*
（33）洪氏纺锤水蚤 *Acartia hongi*
26. 歪水蚤属
（34）刺尾歪水蚤 *Tortanus spinicaudatus*
27. 长腹剑水蚤属
（35）拟长腹剑水蚤 *Oithona similis*
28. 大眼水蚤属
（36）近缘大眼水蚤 *Corycaeus affinis*
29. 法虫戎属
（37）细足法虫戎 *Themisto gracilipes*
30. 超刺糠虾属
（38）长额超刺糠虾 *Acanthomysis longirostris*
31. 东刺糠虾属
（39）粗糙东刺糠虾 *Acanthomysis aspera*
（40）黄海东刺糠虾 *Acanthomysis hwanhaiensis*
32. 新糠虾属
（41）黑褐新糠虾 *Neomysis awatschensis*
（42）日本新糠虾 *Neomysis japonica*
（43）东方新糠虾 *Neomysis orientalis*
33. 井伊小糠虾属
（44）漂浮井伊小糠虾 *Iiella pelagicus*
34. 毛虾属
（45）中国毛虾 *Acetes chinensis*

35. 细螯虾属

（46）细螯虾 *Leptochela gracilis* Stimpson

四、毛颚动物门

36. 箭虫属

（47）强壮箭虫 *Sagitta crassa*

37. 住囊虫属

（48）异体住囊虫 *Oikopleura dioica*

（49）长尾住囊虫 *Oikopleura longicauda*

五、浮游幼虫

（50）帽状幼虫 *Pilidium larvae*

（51）头足类幼体 *Cephalopod larvae*

（52）帚虫类辐轮幼虫 *Actinotrocha larvae*

（53）多毛类幼体 *Polychaeta larvae*

（54）双壳类幼体 *Bivalva larvae*

（55）腹足类幼体 *Gastropoda larvae*

（56）桡足无节幼虫 *Copepoda larvae*

（57）桡足类幼体 *Copepodite larvae*

（58）蔓足类无节幼虫 *Cirripedia* larvae

（59）短尾类蚤状幼虫 *Brachyura* larvae

（60）长尾类幼体 *Macrura* larvae

（61）阿利玛幼虫 *Alima* larvae

（62）海蛇尾长腕幼虫 *Ophiopluteus* larvae

（63）鱼卵 *Fish eggs*

（64）仔稚鱼 *Fish* larvae

（2）底栖动物

秦皇岛市底栖动物378种，隶属13门154科266属，见表3-13。其中，刺胞动物门2种，分属2科2属；纽形动物门1种，1科1属；环节动物门162种，分属43科104属；螠虫动物门1种，1科1属；软体动物门85种，分属45科65属；节肢动物门94种，分属41科64属；腕足动物门1种，1科1属；棘皮动物门15种，分属10科13属；半索动物门2种，分属2科2属；尾索动物门2种，分属2科2属；头索动物门1种，1科1属；脊索动物门11种，分属4科9属；纤毛动物门1种，1科1属。主要种为文昌鱼（图3-11），其次为彩虹明樱蛤、毛蚶（图3-12）等。

图3-11　文昌鱼

图3-12　毛蚶

表3-13　秦皇岛市海域底栖动物分类一览表（表跨页）

门	科	科　数	门	科	科　数
刺胞动物门	沙箸海鳃科	2	环节动物门	不倒翁虫科	43
	海葵科			齿吻沙蚕科	
纽形动物门	强纽科	1		单指虫科	
环节动物门	白毛虫科	43		豆维虫科	
	笔帽虫科			多鳞虫科	

门	科	科数
环节动物门	海女虫科	43
	海蛹科	
	海稚虫科	
	花索沙蚕科	
	矶沙蚕科	
	角吻沙蚕科	
	金扇虫科	
	裂虫科	
	鳞沙蚕科	
	龙介虫科	
	裸蛹科	
	欧努菲虫科	
	欧文虫科	
	沙蚕科	
	扇毛虫科	
	双栉虫科	
	丝鳃虫科	
	索沙蚕科	
	特须虫科	
	梯额虫科	
	吻沙蚕科	
	锡鳞虫科	
	仙虫科	
	小头虫科	
	眼虫科	
	叶须虫科	
	异毛虫科	
	异稚虫科	
	缨鳃虫科	
	杂毛虫科	
	长手沙蚕科	
	蛰龙介科	
	真节虫亚科	
	帚毛虫科	
	竹节虫亚科	
	锥头虫亚科	
螠虫动物门	螠科	1
软体动物门	薄石鳖科	45
	爱神蛤科	
软体动物门	抱蛤科	45
	不等蛤科	
	侧鳃科	
	锉蛤科	
	刀蛏科	
	蛾螺科	
	耳乌贼科	
	帆螺科	
	骨螺科	
	光螺科	
	蛤蜊科	
	海螂科	
	海笋科	
	蚶科	
	核螺科	
	胡桃蛤科	
	江珧科	
	棱蛤科	
	里昂司蛤科	
	丽口螺科	
	帘蛤科	
	鳞侧石鳖科	
	露齿螺科	
	牡蛎科	
	囊螺科	
	拟捻螺科	
	枪乌贼科	
	三叉螺科	
	色雷西蛤科	
	扇贝科	
	蛸科	
	双带蛤科	
	塔螺科	
	吻状蛤科	
	乌贼科	
	鸭嘴蛤科	
	贻贝科	
	樱蛤科	
	玉螺科	

门	科	科　数
软体动物门	织纹螺科	45
	竹蛏科	
	鲍科	
	狭口螺科	
节肢动物门	玻璃虾科	41
	瓷蟹科	
	大眼蟹科	
	豆蟹科	
	短眼蟹科	
	对虾科	
	方蟹科	
	弓蟹科	
	鼓虾科	
	关公蟹科	
	光洁钩虾科	
	蜾蠃蜚科	
	合眼钩虾科	
	褐虾科	
	活额寄居蟹科	
	尖额涟虫科	
	尖头钩虾科	
	静蟹科	
	浪飘水虱科	
	肋钩虾科	
	利尔钩虾科	
	涟虫科	
	蝼蛄虾科	
	马尔他钩虾科	
	矛钩虾科	
	美人虾科	
	拟背尾水虱科	
	沙蟹科	
	扇蟹科	
节肢动物门	双眼钩虾科	41
	梭子蟹科	
	藤壶科	
	虾蛄科	
	玉蟹科	
	藻虾科	
	长臂虾科	
	长脚蟹科	
	长眼虾科	
	针尾涟虫科	
	蜘蛛蟹科	
	壮角钩虾科	
腕足动物门	贯壳贝科	1
棘皮动物门	刺蛇尾科	10
	海盘车科	
	海羊齿科	
	尻参科	
	刻肋海胆科	
	锚参科	
	沙鸡子科	
	阳遂足科	
	硬瓜参科	
	真蛇尾科	
尾索动物门	皮海鞘科	2
	柄海鞘科	
半索动物门	殖翼柱头虫科	2
	史氏柱壮头虫科	
头索动物门	文昌鱼科	1
脊索动物门	玉筋鱼科	4
	舌鳎科	
	鰕虎鱼科	
	鳗鰕虎鱼科	
纤毛动物门	中缢科	1

附：秦皇岛市海域底栖生物名录

一、刺胞动物门

1. 沙箸海鳃属

（1）沙箸 *Virgularia* sp.

2. 侧花海葵属

（2）黄海葵 *Anthopleura* sp.

二、纽形动物门

3. 纽虫属

（3）纽虫 *Nemertopsis* sp.

三、环节动物门

4. 双栉虫属

（4）双栉虫 *Ampharete acutifrons*

（5）指双栉虫 *Ampharete anobothrusiformis*

（6）北极双栉虫 *Ampharete arctica*

（7）回双栉虫 *Ampharete reducta*

5. 扇栉虫属

（8）扇栉虫 *Amphicteis gunneri*

6. 等栉虫属

（9）伟达等栉虫 *Isolda whydahaensis*

7. 米列虫属

（10）米列虫 *Melinna cristata*

8. 副栉虫属

（11）副栉虫 *Paramphicteis angustifolia*

9. 树栉虫属

（12）中华树栉虫 *Samytha sinica*

10. 羽鳃栉虫属

（13）羽鳃栉虫 *Schistocomus hiltoni*

（14）苏羽鳃栉虫 *Schistocomus sovjeticus*

11. 拟刺虫属

（15）含糊拟刺虫 *Linopherus ambiqua*

（16）边鳃拟刺虫 *Linopherus paucibranchiata*

12. 镖毛鳞虫属

（17）日本镖毛鳞虫 *Laetmonice japonica*

13. 索沙蚕属

（18）花索沙蚕 *Arabella iricolor*

14. 线沙蚕属

（19）丝线沙蚕 *Drilonereis filum*

15. 厚鳃蚕属

（20）厚鳃蚕 *Dasybranchus caducus*

16. 丝异须虫属

（21）丝异须虫 *Heteromastus filiformis*

17. 新中蚓虫属

（22）中蚓虫 *Mediomastus californiensis*

18. 背蚓虫属

（23）背毛背蚓虫 *Notomastus aberans*

（24）背蚓虫 *Notomastus latericeus*

19. 稃背虫属

（25）白稃背虫 *Paleanotus bellis*

20. 刚鳃虫属

（26）刚鳃虫 *Chaetozone setosa*

21. 丝鳃虫属

（27）金毛丝鳃虫 *Cirratulus chrysoderma*

（28）丝鳃虫 *Cirratulus cirratus*

（29）细丝鳃虫 *Cirratulus filiformis*

22. 须鳃虫属

（30）毛须鳃虫 *Cirriformia filigera*

（31）须鳃虫 *Cirriformia tentaculata*

23. 独毛虫属

（32）马氏独毛虫 *Tharyx marioni*

（33）多丝独毛虫 *Tharyx mulnfilis*

（34）斑纹独毛虫 *Tharyx tesselata*

24. 拟单指虫属

（35）足刺拟单指虫 *Cossurella aciculata*

（36）拟单指虫 *Cossurella dimorpha*

25. 叉毛豆维虫属

（37）日本叉毛豆维虫 *Schistomeringos japonica*

26. 矶沙蚕属

（38）滑指矶沙蚕 *Eunica indica*

（39）羽鳃矶沙蚕 *Eunice pennaata*

27. 岩虫属

（40）贝氏岩虫 *Marphysa bellii*

（41）岩虫 *Marphysa sanguinea*

28. 肾扇虫属

（42）绒毛肾扇虫 *Brada villosa*

29. 海扇虫属

（43）孟加拉海扇虫 *Pherusa bengalensis*

30. 吻沙蚕属

（44）头吻沙蚕 *Glycera capitata*

（45）长吻沙蚕 *Glycera chirori*

（46）环吻沙蚕 *Glycera armigera*

（47）锥唇吻沙蚕 *Glycera onomichiensis*

（48）中锐吻沙蚕 *Glycera rouxii*

31. 半足沙蚕属

（49）长突半足沙蚕 *Hemipodus yenourensis*

32. 甘吻沙蚕属

（50）寡节甘吻沙蚕 *Glycinde gurjanovae*

33. 角吻沙蚕属

（51）日本角吻沙蚕 *Goniada japonica*

（52）色斑角吻沙蚕 *Goniada maculata*

34. 英虫属

（53）南非英虫 *Gyptis capensis*

35. 小健足虫属

（54）双小健足虫 *Micropodarke dubia*

36. 蛇潜虫属

（55）狭细蛇潜虫 *Ophiodromus angutifrons*

37. 刺毛虫属

（56）中华合甲虫 *Synelmis sinica*

（57）阿氏刺毛虫 *Synelmis albini*

38. 异稚虫属

（58）中华异稚虫 *Heterospio sinica*

39. 拟特须虫属

（59）拟特须虫 *Paralacydonia paradoxa*

40. 索沙蚕属

（60）异足科索沙蚕 *Kuwaita heteropoda*

（61）双叉索沙蚕 *Lumbrineris bifurcate*

（62）双唇索沙蚕 *Lumbrineris cruzensis*

（63）圆头索沙蚕 *Lumbrineris inflata*

（64）日本索沙蚕 *Lumbrineris japonica*

（65）索沙蚕 *Lumbrineris latreilli*

（66）长叶索沙蚕 *Lumbrineris longifolia*

（67）翅状索沙蚕 *Lumbrineris pterignatha*

（68）丝线索沙蚕 *Lumbrineris tsuchimaensis*

41. 竹节虫属

（69）缩头竹节虫 *Maldane sarsi*

42. 拟节虫属

（70）拟节虫 *Praxillella praetermissa*

43. 长手沙蚕属

（71）尖叶长手沙蚕 *Magelona cincta*

（72）日本长手沙蚕 *Magelona japonica*

44. 内卷齿蚕属

（73）中华内卷齿蚕 *Aglaophamus sinensis*

45. 无疣齿吻沙蚕属

（74）无疣齿蚕 *Inermonephtys inermis*

46. 齿吻沙蚕属

（75）寡鳃齿吻沙蚕 *Nephtys oligobranchia*

47. 角沙蚕属

（76）红角沙蚕 *Ceratonereis erythraeensis*

48. 美沙蚕属

（77）多美沙蚕 *Lycastopsis augeneri*

49. 刺沙蚕属

（78）日本刺沙蚕 *Neanthes japonica*

（79）黄色刺沙蚕 *Neanthes flava*

50. 全刺沙蚕属

（80）多齿全刺沙蚕 *Nectoneanthes multignatha*

（81）锐足全刺沙蚕 *Nectoneanthes oxypoda*

51. 沙蚕属

（82）长须沙蚕 *Nereis longior*

（83）带状沙蚕 *Nereis zonata*

（84）多齿沙蚕 *Nereis multignatha*

（85）真齿沙蚕 *Nereis neoneanthes*

52. 围沙蚕属

（86）独齿围沙蚕 *Perinereis culrifera*

53. 背褶沙蚕属

（87）背褶沙蚕 *Tambalagamia fauveli*

54. 软疣沙蚕属

（88）软疣沙蚕 *Tylonereis bogoyawleskyi*

55. 巢沙蚕属

（89）智利巢沙蚕 *Diopatra chiliensis*

56. 阿曼吉虫属

（90）中型阿曼吉虫 *Armandia intermedia*

57. 角海蛹属

（91）角海蛹 *Ophelina acuminata*

58. 眼虫属

（92）多眼虫 *Polyophthalmus pictus*

59. 海蛹属

（93）日本臭海蛹 *Travisia japonica*

60. 锥虫属

（94）长锥虫 *Haploscoloplos elongatus*

（95）叉毛锥头虫 *Orbinia dicrochaeta*

61. 矛毛虫属

（96）矛毛虫 *Phylo felix*

62. 尖锥虫属

（97）红刺尖锥虫 *Scoloplos rubra*

63. 欧文虫属

（98）欧文虫 *Owenia fusiformis*

64. 独指虫属

（99）独指虫 *Aricidea fragilis*

65. 卷须虫属

（100）叉毛卷须虫 *Cirrophorus furcatus*

（101）太平洋卷须虫 *Cirrophorus neapolitanus*

66. 双边帽虫属

（102）日本双边帽虫 *Amphictene japonica*

67. 膜帽虫属

（103）连膜帽虫 *Lagis bocki*

（104）那不勒斯膜帽虫 *Lagis neapolitana*

68. 双须虫属

（105）长双须虫 *Eteone longa*

（106）色斑神须虫 *Mysta maculata*

（107）乳突半突虫 *Phyllodoce apillosa*

（108）格陵兰半突虫 *Phyllodoce groenlandica*

（109）中华半突虫 *Phyllodoce chinensis*

69. 巧言虫属

（110）双带巧言虫 *Eulalia bilineata*

（111）巧言虫 *Eulalia viridis*

70. 围巧言虫属

（112）围巧言虫 *Eumida sanguinea*

71. 毛虫属

（113）贝氏白毛虫 *Pilargis sinensis*

72. 钩毛虫属

（114）深钩毛虫 *Sigambra bassi*

（115）花冈钩毛虫 *Sigambra hamaokai*

（116）长须钩毛虫 *Sigambra tentaculata*

73. 毛鳃虫属

（117）双鳃毛鳃虫 *Trichobranchus bibranchiatus*

74. 杂毛虫属

（118）蛇形杂毛虫 *Poecilochaetus serpens*

75. 穗鳞虫属

（119）疏毛穗鳞虫 *Halosydna brevisetosa*

76. 哈鳞虫属

（120）复瓦哈鳞虫 *Harmothoë imbricata*

（121）亚洲哈鳞虫 *Harmothie asatica*

77. 背鳞虫属

（122）有齿背鳞虫 *Lepidonotus dentatus*

（123）软背鳞虫 *Lepidonotus helotypus*

（124）细毛背鳞虫 *Lepidonotus tenuisetosus*

78. 优鳞虫属

（125）球玛鳞虫 *Malmgrenia ampulliferoide*

（126）优鳞虫 *Eunoe oerstedi*

79. 阿鳞虫属

（127）品川夜鳞虫 *Arctonoella sinagawaensis*

80. 格鳞虫属

（128）蜂窝格鳞虫 *Gattyana deludens*

（129）渤海格鳞虫 *Gattyana pohainsis*

81. 夜鳞虫属

（130）黄海夜鳞虫
Hesperonoe huanghainsis

82. 脆鳞虫属

（131）斑目脆鳞虫 *Lepidasthenia ocellata*

83. 非拟海鳞虫属

（132）非拟海鳞虫 *Nonparahalosydna pleiolepis*

84. 似帚毛虫属

（133）锥毛似帚毛虫 *Lygdamis giarde*

85. 帚毛虫属

（134）石川帚毛虫 *Sabellaria ishikawai*

86. 管缨虫属

（135）领管缨虫 *Chone collaris*

87. 真旋虫属

（136）温哥华真旋虫 *Eudistylia vancouveri*

88. 刺缨虫属

（137）巨刺缨虫 *Potamilla myriops*

89. 梯额虫属

（138）梯额虫 *Scalibregma inflatum*

90. 盘管虫属

（139）内刺盘管虫 *Hydroides ezonsis*

91. 旋鳃虫属

（140）三犄旋鳃虫 *Spirobranchus tricornis*

92. 埃刺梳鳞虫属

（141）黄海埃刺梳鳞虫

Ehlersileanira incisa subsp. *hwanghaiensis*

93. 镰毛鳞虫属

（142）褐色镰毛鳞虫 *Sthenelais fusca*

94. 强鳞虫属

（143）强鳞虫 *Sthenolepis japonica*

95. 锥稚虫属

（144）锥稚虫 *Aonides oxycepha*

96. 后稚虫属

（145）后稚虫 *Laonica cirrata*

（146）中华后稚虫 *Laonice sinica*

97. 稚齿虫属

（147）羽鳃奇稚齿虫 *Paraprionospio pinnata*

（148）日本稚齿虫 *Prionospio japonicus*

（149）昆士兰稚齿虫 *Prionospio queenslandica*

98. 腹钩虫属

（150）腹钩虫 *Scolelepis lingulata*

（151）腹钩虫变种 *Scolelepis variegata*

99. 光稚虫属

（152）蚕光稚虫 *Spiophanes bombyx*

（153）双光稚虫 *Spiophanes duplex*

（154）深蓝光稚虫 *Spiophanes fuscatus*

100. 不倒翁虫属

（155）不倒翁虫 *Sternaspis scutata*

101. 刺裂虫属

（156）额角裂虫 *Ehlersia cornuta*

102. 裸裂虫属

（157）马氏裸裂虫 *Pionosyllis malmgreni*

103. 似蛰虫属

（158）西方似蛰虫 *Amaeana occidantalis*

（159）似蛰虫 *Amaeana trilobata*

104. 吻蛰虫属

（160）吻蛰虫 *Artacama proboscidea*

105. 扁蛰虫属

（161）扁蛰虫 *Loimia medusa*

106. 树蛰虫属

（162）树蛰虫 *Pista cristata*

（163）丛生树蛰虫 *Pista fasciata*

（164）太平洋树蛰虫 *Pista pacifica*

107. 梳鳃虫属

（165）梳鳃虫 *Terebellides stroemii*

四、螠虫动物门

108. 铲荚螠属

（166）短吻铲荚螠 *Listriolobus brevirostris*

五、软体动物门

109. 蛸属

（167）短蛸 *Octopus ocellatus*

（168）长蛸 *Octopus variabilis*

110. 鳞带石鳖属

（169）朝鲜鳞带石鳖 *Lepidozona coreanica*

111. 鳞侧石鳖属

（170）低粒鳞侧石鳖 *Leptochiton rugatus*

112. 饰孔螺属

（171）纵肋饰孔螺 *Decorifer matusimana*

113. 甲虫螺属

（172）甲虫螺 *Cantharus cecillei*

114. 管帽螺属

（173）扁平管帽螺 *Siphopatella walshi*

115. 瓷光螺属

（174）双带瓷光螺 *Eulima bifascialis*

（175）马丽瓷光螺 *Eulima maria*

116. 红螺属

（176）红螺 *Rapana veosa*

117. 织纹螺属

（177）秀丽织纹螺 *Nassarius festivas*

（178）西格织纹螺 *Nassarius siquijorensis*

（179）红带织纹螺 *Nassarius succinctus*

（180）纵肋织纹螺 *Nassarius variciferus*

118. 扁玉螺属

（181）扁玉螺 *Neverita didyma*

119. 小笔螺属

（182）丽核螺 *Mitrella bella*

（183）布尔小核螺 *Mitrella burchardi*

120. 梨螺属

（184）东京碗梨螺 *Pyrunculus tokyoensis*

121. 露齿螺属

（185）耳口露齿螺 *Ringicula doliaris* Gould, A. A.

122. 原核螺属

（186）圆筒原核螺 *Eocylichna cylindrella*

123. 丽口螺属

（187）单一丽口螺 *Brachytoma flavidulus*

124. 短口螺属

（188）黄短口螺 *Irquisitor flavidula*

125. 拟塔螺属

（189）爪哇拟塔螺 *Turricula javana*

126. 狭口螺属

（190）光滑狭口螺 *Stenothyra glabar*

127. 不等蛤属

（191）中国不等蛤 *Anomia chinensis*

128. 蚶属

（192）榛蚶 *Arca avellana*

129. 拟蚶属

（193）间褶拟蚶 *Arcopsis interplicata*

130. 毛蚶属

（194）毛蚶 *Scapharca kagoshimensis*

（195）魁蚶 *Scapharca broughtoni*

131. 异篮蛤属

（196）雅异蓝蛤 *Anisocorbula venusta*

（197）东方缝栖蛤 *Hiatella orientalis*

132. 凯利蛤属

（198）豆形凯利蛤 *Kellia porculus*

133. 共生蛤属

（199）海参寄生蛤 *Pseudopythin ariakensis*

134. 鸭嘴蛤属

（200）渤海鸭嘴蛤 *Laternula marilina*

135. 雪锉蛤属

（201）函馆雪锉蛤 *Limaria hakodatensis*

136. 昂司蛤属

（202）沙壳里昂司蛤 *Lyonsia ventricosa*

137. 波纹蛤属

（203）秀丽波纹蛤 *Raetellops pulchella*

138. 蛤蜊属

（204）中华马珂蛤 *Mactra chinensis*

（205）方形马珂蛤 *Mactra veneriformis*

139. 海螂属

（206）砂海螂 *Mya arenaria*

140. 石蛏属

（207）短石蛏 *Lithophagus curtus*

141. 肌蛤属

（208）凸壳肌蛤 *Musculus senhousia*

142. 贻贝属

（209）贻贝 *Mytilus edulis*

143. 云母蛤属

（210）薄云母蛤 *Yoldia similis*

144. 胡桃蛤属

（211）豆形胡桃蛤 *Nucula faba*

145. 牡蛎属

（212）长牡蛎 *Crassostrea gigas*

（213）猫爪牡蛎 *Ostrea pestigris*

146. 江珧属

（214）栉江珧 *Atrina pectinata*

147. 内肋蛤属

（215）内肋蛤 *Endopleura lubrica*

148. 小海螂属

（216）微形小海螂 *Leptomya minuta*

149. 理蛤属

（217）理蛤 *Theora lata*

（218）滑理蛤 *Theora lubrica*

150. 栉孔扇贝属

（219）栉孔扇贝 *Chlamys farreri*

151. 海湾扇贝属

（220）海湾扇贝 *Argopecten irradians*

152. 扇贝属

（221）虾夷扇贝 *Pecten yessoensis*

153. 刀蛏属

（222）小刀蛏 *Cultellus attenuatus*

154. 荚蛏属

（223）小荚蛏 *Siliqua minima*

155. 竹蛏属

（224）短竹蛏 *Solen dunkerianus*

（225）大竹蛏 *Solen grandis*

156. 楔樱蛤属

（226）圆楔樱蛤 *Cadella narutoensis*

（227）小亮樱蛤 *Nitidotellina minuta*

（228）彩虹明樱蛤 *Moerella iridescens*

（229）江户明樱蛤 *Moerella jedoensis*

（230）苍白亮樱蛤 *Nitidotellina pallidula*

157. 蝶铰蛤属

（231）金星蝶铰蛤 *Trigonothracia jinxingae*

158. 棱蛤属

（232）纹斑棱蛤 *Trapezum liratum*

159. 青蛤属

（233）青蛤 *Cyclina sinensis*

160. 镜蛤属

（234）薄片镜蛤 *Dosinia (Lamellidosinia) laminata*

（235）日本镜蛤 *Dosinia (Phacosoma) japonica*

（236）凸镜蛤 *Dosinia derupta*

161. 凸卵蛤属

（237）凸卵蛤 *Pelecyora trigona*

162. 布目蛤属

（238）江户布目蛤 *Protothaca jedoenses*

163. 花帘蛤属

（239）菲律宾蛤仔 *Ruditapes philippinarum*

164. 文蛤属

（240）文蛤 *Meretrix meretrix*

165. 无壳侧鳃属

（241）蓝无壳侧鳃 *Pleurbbanchaea novaezealandiae*

166. 全海笋属

（242）大沽全海笋 *Bernea daviai*

167. 枪乌贼属

（243）火枪乌贼 *Loligo beka*

（244）日本枪乌贼 *Loliolus japonica*

168. 拟乌贼属

（245）莱氏拟乌贼 *Sepioteuthis lessoniana*

169. 耳乌贼属

（246）双喙耳乌贼 *Sepiola birostrata*

170. 四盘耳乌贼属

（247）毛氏四盘耳乌贼 *Euprymna morsei*

171. 乌贼属

（248）金乌贼 *Sepia esculenta*

（249）针乌贼 *Sepia andreana*

172. 无针乌贼属

（250）曼氏无针乌贼 *Sepiella maindroni*

173. 鲍属

（251）皱纹盘鲍 *Haliotis discus*

六、节肢动物门

174. 藤壶属

（252）糊斑藤壶 *Balanus cirratus*

175. 蝼蛄虾属

（253）大蝼蛄虾 *Upogebia major*

（254）伍氏蝼蛄虾 *Upogebia wuhsienweni*

176. 古涟虫属

（255）宽甲古涟虫 *Eocuma lata*

177. 异涟虫属

（256）萨氏异涟虫 *Heterocuma sarsi*

178. 长涟虫属

（257）纤细长涟虫 *Iphince tenera*

179. 针尾涟虫属

（258）三叶针尾涟虫 *Diastylis tricincta*

180. 半尖额涟虫属

（259）二齿半尖额涟虫 *Hemileucon bidentatus*

181. 双眼钩虾属

（260）博氏双眼钩虾 *Ampelisca bocki*

（261）短角双眼钩虾 *Ampelisca brevicormis*

（262）轮双眼钩虾 *Ampelisca cyclops*

（263）伊予双眼钩虾 *Ampelisca iyoensis*

（264）美原双眼钩虾 *Ampelisca miharaensis*

（265）中型双眼钩虾 *Ampelisca miops*

（266）三崎双眼钩虾 *Ampelisca misakiensis*

182. 沙钩虾属

（267）日本沙钩虾 *Byblis japonicus*

183. 邻钩虾属

（268）日本邻钩虾 *Gitanopsis japonica*

184. 和美虾属

（269）日本美人虾 *Callianassa japonica*

185. 游泳水虱属

（270）日本游泳水虱 *Natatolana japonensis*

186. 刀钩虾属
（271）哥伦比亚刀钩虾 *Aoroides columbiae*
187. 蜾蠃蜚属
（272）河蜾蠃蜚 *Corophium acherusicum*
（273）隐居蜾蠃蜚 *Corophium insidiosum*
（274）大蜾蠃蜚 *Corophium major*
（275）中华蜾蠃蜚 *Corophium sinensis*
（276）三齿蜾蠃蜚 *Corophium tridentium*
（277）上野蜾蠃蜚 *Corophium ueno*
188. 拟钩虾属
（278）日本拟钩虾 *Gammaropsis japonica*
（279）刘氏拟钩虾 *Gammaropsis liuruiyui*
（280）短小拟钩虾 *Gammaropsis nitida*
（281）内海拟钩虾 *Gammaropsis utinomii*
189. 螯虾属
（282）日本大螯虾 *Granditrella japonica*
190. 亮钩虾属
（283）夏威夷亮钩虾 *Photis hawaiensis*
（284）长尾亮钩虾 *Photis longicaudata*
191. 叶钩虾属
（285）理石叶钩虾 *Jassa mormorata*
192. 利尔钩虾属
（286）锯齿利尔钩虾 *Liljeborgia serata*
（287）中华利尔钩虾 *Liljeborgia sinica*
193. 铲钩虾属
（288）弯指铲钩虾 *Listriella curvidactyla*
194. 弹钩虾属
（289）小头弹钩虾 *Orchomene breviceps*
195. 泥钩虾属
（290）头角泥钩虾 *Eriopisella propagatio*
（291）塞切尔泥钩虾 *Eriopisella sechellensis*
196. 细身钩虾属
（292）齿掌细身钩虾 *Maera serratipalma*
197. 马尔他钩虾属
（293）朝鲜马尔他钩虾 *Melita koreana*
（294）长指马尔他钩虾 *Melita longidactyla*
（295）瘤马尔他钩虾 *Melita tuberculata*
198. 壳颚钩虾属
（296）胶州湾壳颚钩虾 *Caviplaxus jiaozhouwanensis*
199. 蚤钩虾属
（297）极地藻钩虾 *Pontocrates altamarimus*
200. 华眼钩虾属
（298）同掌华眼钩虾 *Sinoediceros homopalmulus*
201. 盖钩虾属
（299）异厚盖钩虾 *Synchelidium miraculum*
202. 拟猛钩虾属
（300）滩拟猛钩虾 *Harpiniopsis vadiculus*
203. 拟背尾水虱属
（301）日本拟背水虱 *Paranthura japonica*
204. 隆背蟹属
（302）泥足隆背蟹 *Carcinoplax vestitus*
205. 栗壳蟹属
（303）十一刺栗壳蟹 *Arcania undecimspinosa*
206. 五角蟹属
（304）斜方五角蟹 *Nursia rhomboidalis*
207. 拳蟹属
（305）豆形拳蟹 *Philyra pisum*
208. 关公蟹属
（306）日本关公蟹 *Dorippe japonica*
（307）端正关公蟹 *Dorippe polita*
209. 强蟹属
（308）隆线强蟹 *Eucrate crenata*
210. 盲蟹属
（309）裸盲蟹 *Typhlocarcinus nudus*
211. 近方蟹属
（310）中华近方蟹 *Hemigrapsus sinensis*
212. 矶蟹属
（311）四齿矶蟹 *Pugettia quadridens*
213. 圆扇蟹属
（312）光辉圆扇蟹 *Sphaerozius nitidus*
214. 大眼蟹属
（313）日本大眼蟹 *Macrophthalmus japonicus*
215. 巴豆蟹属
（314）宽腿巴豆蟹 *Pinnixa penultipedalis*
216. 三强蟹属
（315）霍氏三强蟹 *Tritodynamia horvathi*
（316）中型三强蟹 *Tritodynamia intermedia*
（317）蓝氏三强蟹 *Tritodynamia rathbunae*

217. 短眼蟹属
（318）豆形短眼蟹 *Xenophthalmus pinnotheroides*
218. 倒颚蟹属
（319）异足倒额蟹 *Asthenognathus inaequipes*
219. 豆瓷蟹属
（320）锯额豆瓷蟹 *Pisidia serratifrons*
220. 细足蟹属
（321）绒毛细足蟹 *Rophidopus ciliatus*
221. 蟳属
（322）双斑蟳 *Charybdis bimaculata*
（323）日本蟳 *Charybdis japonica*
222. 精武蟹属
（324）贪精武蟹 *Parapanope euagora*
223. 毛刺蟹属
（325）团岛毛刺蟹 *Pilumnus tuantaoensis*
224. 大权蟹属
（326）特异扇蟹 *Xantho distinguendus*
225. 活额寄居蟹属
（327）艾氏活额寄居蟹 *Diogener edwardsii*
226. 鼓虾属
（328）短脊鼓虾 *Alpheus brevicristatus*
（329）鲜明鼓虾 *Alpheus distinguendus*
（330）刺螯鼓虾 *Alpheus hoplocheles*
（331）日本鼓虾 *Alpheus japonicus*
227. 角鼓虾属
（332）日本角鼓虾 *Athanas japonicus*
228. 长眼虾属
（333）东方长眼虾 *Ogyrides orientalis*
229. 细螯虾属
（334）尖尾细螯虾 *Leptochela aculeocaudata*
（335）细螯虾 *Leptochela gracilis*
230. 长臂虾属
（336）锯齿长臂虾 *Palaemon serrifer*
（337）细指长臂虾 *Palaemon tenuidactylus*
（338）葛氏长臂虾 *Palaemon gravieri*
231. 仿对虾属
（339）细巧仿对虾 *Parapenaeopsis tenella*
232. 鹰爪虾属
（340）鹰爪虾 *Trachypenaeus curvirostris*
233. 异肋钩虾属
（341）子异肋钩虾 *Parapleustes filialis*
234. 褐虾属
（342）黄海褐虾 *Crangon uritai*
235. 安乐虾属
（343）中华安乐虾 *Eualus sinensis*
236. 宽额虾属
（344）疣背宽额虾 *Latreutes planirostris*
237. 口虾蛄属
（345）口虾蛄 *Oratosquilla oratoria*

七、腕足动物门

238. 贯壳贝属
（346）酸浆贝 *Terebratella coreanica*

八、棘皮动物门

239. 倍棘蛇尾属
（347）日本倍棘蛇尾 *Amphioplus japonicus*
（348）中华倍棘蛇尾 *Amphioplus sinicus*
240. 阳遂足属
（349）滩栖阳遂足 *Amphiura vadicola*
241. 刺蛇尾属
（350）马氏刺蛇尾 *Ophiothrix marenzelleri*
242. 真蛇尾属
（351）金氏真蛇尾 *Ophiura kinbergi*
243. 海羊齿属
（352）锯羽丽海羊齿 *Antedon serrata*
244. 海盘车属
（353）多棘海盘车 *Asterias amurensis*
245. 硬瓜参属
（354）丛足硬瓜参 *Cucumaria multipes*
246. 海地瓜属
（355）海地瓜 *Acaudina molpadioides*
247. 赛瓜参属
（356）陆氏花海参 *Thyone loui*
248. 沙鸡子属
（357）正环沙鸡子 *Phyllophorus ordinatus*
249. 柄锚参属
（358）变化柄锚参 *Oestergrenia variabilis*
250. 刺锚参属
（359）棘刺锚参 *Protankyra bidentata*

251. 刻肋海胆属

（360）哈氏刻肋海胆 *Temnopleurus hardwickii*

（361）细雕刻肋海胆 *Temnopleurus toreumatica*

九、半索动物门

252. 舌形虫属

（362）三崎柱头虫 *Glossobalanus misakiensis*

253. 橡头虫属

（363）青岛橡头虫 *Glandiceps qingdaoensis*

十、尾索动物门

254. 皮海鞘属

（364）曼哈顿皮海鞘 *Molgula manhattensis*

255. 柄海鞘属

（365）柄海鞘 *Styela clava*

十一、头索动物门

256. 文昌鱼属

（366）青岛文昌鱼 *Brachiostoma tsingtallense*

十二、脊索动物门

257. 玉筋鱼属

（367）玉筋鱼 *Ammodytes personatus*

258. 舌鳎属

（368）焦氏舌鳎 *Cynoglossus joyneri*

259. 矛尾鰕虎鱼属

（369）六丝矛尾鰕虎鱼 *Chaeturichthys hexanema*

（370）矛尾鰕虎鱼 *Chaeturichthys stigmatias*

260. 锄突鰕虎属

（371）长丝鰕虎鱼 *Cryptocentrus filifer*

261. 吻鰕虎鱼属

（372）普氏吻鰕虎鱼 *Rhinogobius pflaumi*

262. 缟鰕虎鱼属

（373）纹缟鰕虎鱼 *Tridentiger trigonocephalus*

263. 栉孔鰕虎鱼属

（374）中华栉孔鰕虎鱼 *Ctenotrypauchen chinensis*

（375）小头栉孔鰕虎鱼 *Ctenotryponchen microcephalus*

264. 狼鰕虎鱼属

（376）红狼牙鰕虎鱼 *Odontamblyopus rubicundus*

265. 孔鰕虎鱼属

（377）孔鰕虎鱼 *Trypauchyen vagina*

十二、纤毛动物门

266. 中缢虫属

（378）红色中缢虫 *Mesodinium rubrum*

（3）游泳生物

秦皇岛市海域游泳生物有92种，分属4门51科79属，见表3-14。其中，脊索动物门61种，分属32科53属；软体动物门8种，分属6科7属；节肢动物门22种，分属12科18属；棘皮动物门1种，分属1科1属。

秦皇岛市游泳动物有鱼类和无脊椎动物的软体动物的头足类、甲壳类。其中，鱼类物种丰富，大多属于脊索动物门；甲壳类有三疣梭子蟹（图3-13）、日本蟳（图3-14）、中国对虾（图3-15）、口虾蛄（图3-16）等，头足类有短蛸、长蛸、日本枪乌贼等。

图3-13　三疣梭子蟹

图3-14　日本蟳

图3-15　中国对虾

图3-16　口虾蛄

表 3-14　秦皇岛市海域海洋游泳动物分类一览表

门	科	科　数	门	科	科　数
脊索动物门	鳐科	32	脊索动物门	牙鲆科	32
	鲱科			菱鲆科	
	鳀科			单棘鲀科	
	鱚科			鲀科	
	石首鱼科			康吉鳗科	
	鲳科			六线鱼科	
	真鲈科		软体动物门	骨螺科	6
	玉筋鱼科			乌贼科	
	银鱼科			耳乌贼科	
	鰕虎鱼科			枪乌贼科	
	鳗鰕虎鱼科			蛸科	
	鮟鱇科			章鱼科	
	平鲉科		节肢动物门	长臂虾科	12
	鲭科			对虾科	
	带鱼科			褐虾科	
	鲻科			鼓虾科	
	鲬科			樱虾科	
	绵鳚科			玻璃虾科	
	鲷科			虾蛄科	
	鲂鮄科			梭子蟹科	
	舌鳎科			关公蟹科	
	狗母鱼科			长脚蟹科	
	狮子鱼科			瓷蟹科	
	海龙科			静蟹科	
	鳎科		棘皮动物门	海盘车科	1
	鲽科				

附：秦皇岛市海域游泳生物种名录

一、脊索动物门

1. 鳐属

（1）斑瓮鳐（孔鳐）*Okamejei kenojei*

2. 鰶属

（2）斑鰶 *Clupanodon punctatus*

3. 小沙丁鱼属

（3）中华小沙丁鱼 *Sardinella sindensis*

4. 青鳞鱼属

（4）青鳞鱼 *Harengula zunasi*

5. 鳓属

（5）鳓鱼 *Ilisha elongata*

6. 鲱属

（6）太平洋鲱 *Clupea pallasii*

7. 鲚属

（7）凤鲚 *Coilia mystus*

8. 黄鲫属

（8）太的黄鲫 *Setipinna taty*

（9）黄鲫 *Setipinna tenuifilis*

9. 鱚属

（10）少鳞鱚 *Sillago japonica*

10. 鳀属

（11）日本鳀 *Engraulis japonicus*

11．棱鳀属

（12）赤鼻棱鳀 *Thryssa kammalensis*

12. 侧带小公鱼属

（13）康氏侧带小公鱼（江口小公鱼）*Stolephorus commersonii*

13. 黄鱼属

（14）小黄鱼 *Pseudosciaena polyactis*

（15）大黄鱼 *Pseudosciaena crocea*

14. 鮸鱼属

（16）鮸鱼 *Miichthys miiuy*

15. 叫姑鱼属

（17）叫姑鱼 *Johnius belengeri*

16. 黄姑鱼属

（18）黄姑鱼 *Nibea albiflora*

17. 白姑鱼属

（19）白姑鱼 *Pennahia argentata*

18. 梅童鱼属

（20）棘头梅童鱼 *Collichthys lucidus*

19. 鲳属

（21）银鲳 *Pampus argenteus*

（22）灰鲳 *Pampus cinereus*

20. 花鲈属

（23）花鲈 *Lateolabrax japonicus*

21. 玉筋鱼属

（24）玉筋鱼 *Ammodytes personatus*

22. 新银鱼属

（25）安氏新银鱼 *Neosalanx anderssoni*

23. 矛尾鰕虎鱼属

（26）矛尾鰕虎鱼 *Chaeturichthys stigmatias*

24. 钝尾鰕虎鱼属

（27）六丝钝尾鰕虎 *Chaeturichthys hexanema*

25. 缟鰕虎鱼属

（28）髭缟鰕虎 *Tridentiger barbatus*

（29）纹缟鰕虎*Tridentiger trigonocephalus*

26. 栉孔鰕虎鱼属

（30）中华栉孔鰕虎 *Ctenotrypauchen chinensis*

27. 狼鰕虎鱼属

（31）红狼牙鰕虎鱼 *Odontamblyopus rubicundus*

28. 黄鮟鱇属

（32）黄鮟鱇 *Lophius litulon*

29. 平鲉属

（33）许氏平鲉 *Sebastes schlegelii*

30. 鲭属

（34）鲐鱼 *Pneumatophorus japonicas*

31. 马鲛属

（35）蓝点马鲛 *Scomberomorus niphonius*

32. 带鱼属

（36）带鱼 *Trichiurus haumela*

（37）白带鱼 *Trichiurus lepturus*

33. 梭属

（38）梭鱼 *Chelon haematocheilus*

34. 鲬属

（39）鲬 *Platycephalus indicus*

35. 绵鳚属

（40）绵鳚 *Enchelyopus elongatus*

36. 二长棘鲷属

（41）二长棘鲷 *Parargyrops edita*

37. 真鲷属

（42）真鲷 *Pagrosomus major*

38. 绿鳍鱼属

（43）绿鳍鱼 *Chelidonichthys kumu*

39. 舌鳎属

（44）半滑舌鳎 *Cynoglossus semilaevis*

（45）短吻三线舌鳎 *Cynoglossus abbreiatus*

（46）焦氏舌鳎 *Cynoglossus joyneri*

40. 蛇鲻属

（47）长条蛇鲻 *Saurida elongata*

41. 狮子鱼属

（48）细纹狮子鱼 *Liparis tanakae*

42. 海马属

（49）日本海马 *Hippocampus mohnikei*

43. 海龙属

（50）尖海龙 *Syngnathus acus*

44. 条鳎属

（51）条鳎 *Zebrias zebra*

45. 石鲽属

（52）石鲽 *Pleuronectes bicoloratus*

46. 黄盖鲽属

（53）黄盖鲽 *Pleuronectes herzensteini*

47. 高眼鲽属

（54）高眼鲽 *Cleisthenes herzensteini*

48. 牙鲆属

（55）牙鲆 *Paralichthys olivaceus*

49. 菱鲆属

（56）大菱鲆 *Scophthalmus maximus*

50. 马面鲀属

（57）绿鳍马面鲀 *Navodon septentrionalis*

51. 东方鲀属

（58）假睛东方鲀 *Takifugu pseudommus*

（59）红鳍东方鲀 *Takifugu rubripes*

52. 康吉鳗属

（60）星康吉鳗 *Conger myriaster*

53. 六线鱼属

（61）大泷六线鱼 *Hexagrammos otakii*

二、软体动物门

54. 红螺属

（62）脉红螺 *Rapana venosa*

55. 乌贼属

（63）金乌贼 *Sepia esculenta*

56. 无针乌贼属

（64）日本无针乌贼 *Sepiella maindroni*

57. 耳乌贼属

（65）双喙耳乌贼 *Sepiola birostrata*

58. 枪乌贼属

（66）火枪乌贼 *Loligo beka*

（67）日本枪乌贼 *Loliolus japonica*

59. 蛸属

（68）长蛸 *Octopus variabilis*

60. 章鱼属

（69）真蛸 *Ooctopus ocellatus*

三、节肢动物门

61. 白虾属

（70）脊尾白虾 *Exopalaemon carinicauda*

62. 长臂虾属

（71）葛氏长臂虾 *Palaemon gravieri*

63. 对虾属

（72）中国对虾 *Penaeus chinensis*

（73）日本对虾 *Penaeus japonicus*

64. 新对虾属

（74）周氏新对虾 *Metapenaeus joyneri*

（75）刀额新对虾 *Metapenaeus ensis*

65. 滨对虾属

（76）南美白对虾 *Litopenaeus vanamei*

66. 仿对虾属

（77）细巧仿对虾 *Parapenaeopsis tenella*

（78）哈氏仿对虾 *Parapenaeopsis hardwickii*

67. 鹰爪虾属

（79）鹰爪虾 *Trachypenaeus curvirostris*

68. 褐虾属

（80）脊腹褐虾 *Crangon affinis*

69. 鼓虾属

（81）日本鼓虾 *Alpheus japonicus*

（82）鲜明鼓虾 *Alpheus distinguendus*

70. 毛虾属

（83）中国毛虾 *Acetes chinensis*

71. 细螯虾属

（84）细螯虾 *Leptochela gracilis*

72. 口虾蛄属

（85）口虾蛄 *Oratosquilla oratoria*

73. 蟳属

（86）日本蟳 *Charybdis japonica*

74. 梭子蟹属

（87）三疣梭子蟹 *Portunus trituberculatus*

75. 关公蟹属

（88）日本关公蟹 *Dorippe japonica*

76. 强蟹属

（89）隆线强蟹 *Eucrate crenata*

77. 细足蟹属

（90）绒毛细足蟹 *Rophidopus ciliatus*

78. 精武蟹属

（91）贪精武蟹 *Parapanope euagora*

四、棘皮动物门

79. 海盘车属

（92）多棘海盘车 *Asterias amurensis*

第五节 海区环境

秦皇岛市自产水量及入境水量一部分被水库、闸坝拦蓄，大部分经河流直接入海。入海水量为市区自产水量与入境水量之和减去水库、闸坝调节水量。秦皇岛市海区的污染源主要有通过各河河口排入海的工业和生活污水及来自港池内的油污染。根据《秦皇岛渤海碧海行动计划》，各种途径入海的主要污染物质总量为32 578.27吨。主要污染物为化学需氧量（COD）、TN、TP和石油类。主要污染物COD入海以点源为主，而营养物质TP、TN以面源（地表径流）入海为主。陆源污染物的大量入海是造成海域污染的主要原因。目前，除秦皇岛港区、汤河口及新开河口区域污染较严重外，其余海域均保持一类及二类海水水质标准。

秦皇岛海区有较大面积的文昌鱼、海参等海珍品分布，滨海森林区是中国著名的鸟类迁徙聚集地，并有奇特的海岸沙丘地貌景观，具有重要的保护价值。所以，国家批准在昌黎沿海建立黄金海岸国家级海洋自然保护区，林业部在海滨林场建立海滨森林公园，市政府批准在北戴河区、海港区、山海关区海域建立海参自然保护区，北戴河区政府批准在赤土山建立鸟类自然保护区。图3-17～图3-20展示了秦皇岛市各县（区）海域鸟类聚集状况。

图3-17 秦皇岛港区

图3-18 山海关海区老龙头附近海域

图 3-19 北戴河区海域

图 3-20 海港区西部海域

一、海区生态环境质量

1. 海水环境质量

全海域大部分水质处于一类和二类之间，水质能满足其相应的使用功能。但滦河口海区由于重金属（Pb、Hg）超标，水质已不能满足一类标准的要求；秦皇岛港区、汤河口海区的近岸水质为四类，环境质量界定为较清洁。全海域主要污染因子是无机磷、石油类、Pb、Hg。秦皇岛市境内河流分属滦河水系和冀东沿海水系，其中较大河流有 16 条。按照《河北省水功能区划》，青龙河、石河、汤河、戴河的上游河段水质目标为地表水Ⅱ类，汤河、洋河近海河段水质目标为Ⅲ类，饮马河、人造河、新开河水质目标为Ⅳ类。其他河流虽未列入《河北省水功能区划》，但根据河流功能要求，主要水质指标应达到Ⅳ类水质标准。根据监测结果，2015 年列入常规监测的 7 条河流 15 个监测断面中达到优良水体（Ⅰ～Ⅲ类）比例占 48.1%，轻度污染水体（Ⅳ类）占 42.1%，中度污染水体（Ⅴ类）占 2.5%，重度污染水体（劣Ⅴ类）占 7.3%（主要为饮马河）。洋河下游和饮马河全程污染状况较为严重，属于重污染水体。其中包含的主要污染物有氨氮、总磷以及生化需氧量等。通过实际考察发现：目前秦皇岛市污水排放量非常大，而且其中包含的污染物浓度偏高。总体而言，大部分主要河流均受到不同程度的污染。

从表 3-15、表 3-16 可以看出，2003—2011 年秦皇岛市海水质量相对稳定，但趋势向坏，2011—2012 年水质最差，尤其是 2012 年污染面积达到 1 387 千米 ^{2}。

表 3-15　2004—2016 年秦皇岛市近岸海域水质状况一览表（表跨页）

单位：%

年 份	抚宁南戴河浴场水质级别天数比例			北戴河老虎石水质级别天数比例			秦皇岛西浴场水质级别天数比例			秦皇岛东山浴场水质级别天数比例		
	优	良	差	优	良	差	优	良	差	优	良	差
2004	93.5		6.5	90.5		9.5	71		29	61.3		38.7
2005	90.3		9.7	90.4		9.6	77.5		22.5	70.9		29.1
2006	66.7	23．3	10	43.3	43.3	13.4	26.7	43.3	30	23.3	43.3	33.4
2007	65.5	34.5	0	37.9	62.1	0	24.1	72.4	3.5	37.9	55.2	6.9

年份	抚宁南戴河浴场水质级别天数比例			北戴河老虎石水质级别天数比例			秦皇岛西浴场水质级别天数比例			秦皇岛东山浴场水质级别天数比例		
	优	良	差	优	良	差	优	良	差	优	良	差
2008	60	40	0	55	45	0	40	55	5	30	65	5
2009	63	27	10	60	37	3	53	37	10	33	57	10
2010	59	41	0	48	52	0	21	66	13	31	69	0
2011	63	30	7	60	33	7	44	43	13	60	33	7
2012	37	56	7	33	60	7	17	70	13	13	70	17
2013	63	37	0	43	57	0	26	67	7	67	33	0
2014	63.4	33.3	3.3	51	49	0	43.3	53.4	3.3	60	40	0
2015	56.7	43.3	0	30	70	0	33.4	33.3	33.3	53.3	36.7	10
2016	33	47	20	31	42	27	27	27	46	33	37	30

表 3-16　2003—2013 年秦皇岛市海域未达到一类水质标准的海域面积一览表

单位：千米^2

年份	二类水质（较清洁）	三类水质（轻度污染）	四类水质（中度污染）	劣质水质（严重污染）	合计
2003	253	0	0	0	253
2004	467	0	0	0	467
2005	92	33	24	14	163
2006	119	22	14	11	166
2007	148	34	11	0	193
2008	158	19	18	13	208
2009	233	34	11	9	287
2010	98	20	4	3	125
2011	221	38	18	7	284
2012	127	314	320	753	1514
2013	541	100	66	35	742

秦皇岛市政府高度重视，进一步加强海域的海洋环境监视监测工作，依法查处破坏海洋环境的违法行为，及时应对溢油、赤潮等突发环境事件，逐步完善海域监测预警工作体系，海水质量有所改善，但受气温、水温、海底沙质养分释放等环境分子影响，海水质量存在波动。

根据河北省环境状况公报中关于近岸海域环境水质，2014—2016 年，海洋环境状况总体稳定，近岸海域水质均为良好。2014 年 4 个监测点位中，一类水质和二类水质各占 50%；2015 年的 4 个监测点位中，一类水质占 25%，二类水质占 75%；2016 年 5 个监测点位中，一类水质占 40%，二类水质占 60%。近岸海域沉积物质量良好，均符合第一类海洋沉积物质量标准。

（1）山海关—海港区海区环境质量

油类污染：全海区基本上受到油类污染的影响，历年均存在不同程度的超标，多出现在山海关锚地和秦皇岛港邮轮锚地附近海域，含量在 0.007 ～ 0.166 毫克 / 升。超标率丰水期＞平水期＞枯水期。

重金属（铅、铜、汞）污染：铅：全海区均无一超标，均值（缓冲均值下同）远低于评价标准。其中，丰水期含量最低，100% 未检出。枯、平水期检出率为 47%，平均值为 4.0 ～ 13.2 毫克 / 升，两水期变化较小。铜：平均值为 7.2 毫克 / 升，均值为 6.0，超标率为 24%。丰水期好于枯、平水期，水质均未超二类水质标准。汞：全海区总汞因子的均值远低于评价标准。基本上未受到污染因子的污染。总平均值为 0.023，污染指数为 0.039，检出率为 90.9%，就丰水期而言略高于枯、平水期。

无机氮：全海区历年均有不同程度的超标，总超标率为 29.9%，检出率为 98.8%，平均值为 73.74 毫克 / 升，含量值在 4.20 ～ 269.36 毫克 / 升。

无机磷：全海区超标率达 52%，平均值 31.08 毫克 / 升。水期变化，丰水期高于枯、平水期。含量过高的原因，除受浮游生物繁殖、分解的季节的变化影响外，陆源的工业污水和城镇生活污水也是无机磷和氮增大的一个因素。

COD：总超率为 14%，检出率为 100%，其平均值为 2.05 毫克 / 升，含量变化范围在 0.32 ～ 3.60 毫克 / 升。从历年水期变化来看，超评价标准出现在丰、平两水期，枯水期均无一超评价标准，枯水期平均值为 1.51 毫克 / 升，丰水期平均值为 2.61 毫克 / 升，平水期平均值为 2.02 毫克 / 升，这与季节雨水多，造成入海径流量增大有关，大量的陆源有机质污水流放海中造成耗氧量含量增高，但全海区平均值无一超标。

溶解氧：全海区无一超水质标准。平均值为 8.28 毫克 / 升，变化范围为 6.00 ～ 10.19 毫克 / 升，枯水期平均值 9.41 毫克 / 升，丰水期平均值 7.19 毫克 / 升，平水期 8.24 毫克 / 升。其变化与生物因子有关。

pH：全海区总平均值为 8.17，污染指数为 0.48，含量变化在 7.37 ～ 8.50。总超标率为 10.46%，检出率为 100%。从水期变化趋势看，枯水期平均值为 8.15，丰水期次之，平水期最低。总之水期变化不明显。变化趋势由超标趋向正常变化。

（2）北戴河—昌黎海区环境质量

油类污染：全部样本均有检出，超标率达 23.88%，平均污染指数为 0.78，仅次于无机磷和无机氮。从季节变化来看，为枯水期＞丰水期＞平水期。

重金属（铅、铜、汞）污染：铅：全海区均无一超标，虽然在个别年份有检出，但均值（缓冲均值下同）低于评价标准，均在允许范围内；铜：全海区均有检出，年平均值为 7.52 毫克 / 升，污染指数为 0.71，全部样本超标率为 14.28%。季节变化以丰水期含量最低，枯水期最高；汞：平均值为 0.023 毫克 / 升，高于渤海正常值（0.017 毫克 / 升），但低于水质评价标准。全部样本检出率达 98.39%，但无一超标，全海区污染指数为 0.04，也在允许范围之列。

无机氮：实测平均值为 83.91 毫克 / 升，变化范围 0.98 ～ 298.75 毫克 / 升，污染指数为 0.79，仅次于无机磷，全部样本超标率为 38.80%，常于丰水期含量最高，其原因主要与春末秋初浮游植物的大量消耗及大陆径流有关。

无机磷：平均含量为 25.48 毫克 / 升，已超出水质评价标准，全部样本超标率 46.27%，污染指数 1.61，污染程度已属于受污染的范围。季节变化也趋于一致，即以 5 月含量为最低，8 月居中，10 月为最高。

COD：实测平均值为 2.03 毫克 / 升，变化范围 0.80 ～ 3.64 毫克 / 升，除个别站存在超标现象外，一般均低于一类海水水质标准，全海区污染污染指数为 0.67，表明污染程度已属受影响。从历年季节变化趋势来看，4 月、5 月总平均值最低，为 1.61 毫克 / 升，丰水期 7 月、8 月最高，为 2.32 毫克 / 升，平水期 2.30 毫克 / 升。这种变化与入海径流量有关，7 月、8 月为污水集中排放期，大量富含有机质的污水被排放入海，从而造成该水期 COD 较高。

溶解氧：绝对含量变化范围为 6.72 ～ 11.29 毫克 / 升，平均值为 8.25 毫克 / 升，符合一类海水水质标准，全部标本无超标现象，污染指数为 0.61，属于受影响的污染等级。季节变化以枯水期含量为最高（9.16 毫克 / 升），丰水期为 7.20 毫克 / 升，平水期为 8.42 毫克 / 升，变化规律多与生物因子（特别是浮游植物的活动）密切相关。

pH：pH 平均为 8.18，接近渤海年平均值（8.15）。且各测站 pH 的平面分布较均匀，季节变化则以枯水期最高，为 8.21，丰水期、平水期平均为 8.17。造成这种变化的主要原因，仍在于生物作用，沿海春季 3—5 月多出现浮游植物高峰，浮游植物通过光合作用，消耗二氧化碳，释放氧气，这样一方面使溶解氧含量增加，另一方面二氧化碳含量下降，导致 pH 的升高。此外，温度、盐度、压力等因子及大陆径流对值的变化也有一定的影响。

2. 海域底质质量

按照海域的不同使用功能和环境保护目标，海洋沉积物质量可分为 3 类。其中，第一类适用于海洋渔业水域、海洋自然保护区、珍稀与濒危生物自然保护区、海水养殖区、海水浴场、人体直接接触沉积物的海上运动或娱乐区、与人类使用直接有关的工业用水区，第二类适用于一般工业用水区、滨海风景旅游区，第三类适用于海洋港口水域、特殊用途的海洋开发作业区。

秦皇岛市大部分海域沉积物质量良好，部分海域沉积物受到滴滴涕、镉的污染。其中山海关部分监测站镉含量为 0.69×10^{-6}，大清河海域部分监测站镉含量为 0.031×10^{-6}，均超出国家一类海洋沉积物质量标准。

海域底质质量状况基本良好，只有汤河口海域底质 Pb、As、Cd 和有机质超标。戴河口海区、石河口海区及洋河口海区 Pb、As 超标。

根据北戴河近岸海域陆域非点源污染现状调查，综合分析其污染来源，发现主要包括农村生活污水及固体废物、化肥农药施用量及流失量、分散式畜禽废水排放物、水土流失污染物、城镇地表径流挟带物等 5 个方面，经过计算，非点源产生量、入河量分别为 25 万吨、4.72 万吨。从各类非点源产生量、入河量统计可以看出，畜禽养殖污染物排泄量为第一位，其次为化肥流失。按秦皇岛市行政区统计，抚宁区、昌黎县非点源产生量占到全市总量的 56% 以上。两县（区）的入河量也占到非点源入河总量的 56%，2014 年调查的秦皇岛市环境统计企业共计 395 家。工业总产值 1 203.62 亿元，重点工业企业废水排放情况主要以规模以上企业调查为主，2011 年全市工业废水排放总量 6 087.14 万吨。从废水排放分布情况来看，抚宁区、昌黎县占较大的比重。其中，抚宁区工业废水主要集中在留守营地区，主要排放单位为几个造纸厂。从主要污染物质排放分布情况来看，COD 排放量抚宁区最多，占 33.60%；其次为昌黎县，占 30.39%。生活污染源的现状调查与分析，主要根据生活污水排放量及污染物排放系数估算排放量，结果显示，海港区的占比最高，约为 60%，随后依次为山海关区、昌黎县，整个城市生活污水排放污染物约合 2.6 万吨。

秦皇岛市海域环境质量状况基本良好，但局部海域个别因子超标，水质、底质及生物体已受到了不同程度的污染，部分近岸水质污染严重。海洋生物种繁多，生态系统基本稳定。但生物群落种类组成、优势种、生物量近年来均有一定程度的变化，且曾发生赤潮等生态环境问题。因此，防止生态破坏是今后海洋生态环境保护中需要关注和解决的问题。

2016 年 12 月 31 日，北戴河国家级海洋公园选划通过国家海洋局组织的专家评审。北戴河国家级海洋公园的选划以保护海洋生态环境及人与自然的和谐为主线，通过在海洋公园内实施可持续的生态环境保护、资源利用、监测评估等一系列措施和手段，合理配置海洋资源，使海洋资源利用与生态环境保护更为科学、合理、有序，对于实现区域经济、社会、资源、生态和环境的协调发展具有重要意义。

二、主要环境问题

1. 海岸侵蚀严重

海岸侵蚀主要集中汤河口—山东堡岸段，油码头—沙河口岸段，北戴河中直浴场岸段及饮马河口—滦河口段。海岸侵蚀对浴场沙滩、沿岸沙丘景观、砾石堤景观及潟湖景观构成威胁。

2. 赤潮

海域自然环境条件、水质营养条件基本满足赤潮发生所需的物质基础。赤潮生物统计有 32 种。曾发生夜光藻、角毛藻、原多甲藻、海链藻、角叉菜（叉角藻）等为优势种的不同规模的赤潮，给海洋渔业、滨海旅游带来了威胁和巨大损失（表 3-17）。表 3-17 列举了 2016 年秦皇岛市近岸海域引起赤潮的优势种（表 3-17）。

表 3-17　2016 年秦皇岛市近岸海域赤潮发生情况一览表

观测初始日期	观测消失日期	发生区域	面积 / 千米 ^{2}	赤潮优势种
4 月 30 日	5 月 4 日	秦皇岛近岸海域	4.5	链状亚历山大藻 *、夜光藻
6 月 6 日	6 月 9 日	秦皇岛东山浴场附近海域	2.3	赤潮异弯藻 *
7 月 5 日	7 月 11 日	山海关至海港区海域	18.5	红色中缢虫、夜光藻
7 月 18 日	7 月 19 日	秦皇岛东山浴场附近海域	3.0	古老卡盾藻 *
7 月 23 日	7 月 24 日	北戴河老虎石浴场附近海域	0.5	赤潮异弯藻 *、夜光藻
7 月 28 日	8 月 20 日	秦皇岛近岸海域	75.0	夜光藻、丹麦细柱藻、扁形原甲藻、中肋骨条藻、微小原甲藻 *、诺氏海莲藻、血红哈卡藻 *、红色中缢虫、赤潮异弯藻 *、旋链角毛藻

* 此藻类含有某种毒素。

3. 近岸海洋贝类污染

海洋中的贝类对周围生存环境中污染物具有极强的富集能力。通过测定贝类体内的化学污染物残留量，可以揭示海洋环境的污染状况和变化趋势，评估人类活动对近岸海洋环境质量造成的影响。在秦皇岛市监测的贝类主要有菲律宾蛤仔、文蛤、紫贻贝、毛蚶等，据《河北省环境公报》2004 年以后的记载，秦皇岛港、北戴河、昌黎新开口个别贝类体内铅的残留量有超标迹象。

在海水养殖中，主要针对虾蟹池塘养殖、鱼类池塘养殖、贝类养殖。由于养殖密度高，投饵量大，饵料利用率较低，有机和无机污染物产量大，这对海洋环境影响较大。因此需要进行养殖环境污染负荷计算。秦皇岛市各类海域污染源主要污染物年排放总量约为 1 148.06 吨，其中排放的氮污染负荷最大排放量为 453.22 吨，占主要污染物总排放量的 39.4%；磷污染负荷排放量为 280.27 吨，占 24.4%；氮污染和磷污染主要来源于海水养殖，以贝类养殖和鱼类池塘养殖产生的环境污染为主；石油类和环境污染负荷几乎全部来自渔港和船舶排污。

4. 海洋生物多样性下降，渔业资源受到破坏

由于污染和过度捕捞等人为因素及环境变化因素，秦皇岛市海域海洋生物多样化下降，渔业资源量减少，传统优质鱼类产量萎缩。

5. 海水入侵，威胁饮用水水源

海水入侵主要集中在洋河—戴河冲积平原及汤河冲积平原。在洋河—戴河冲积平原，海水入侵范围 20 千米^2，直接威胁地下水源的供水安全。

6. 海岸防护林“蚕食”严重

秦皇岛市沿岸经过多年建设，基本形成沿海一道绿色屏障，对防风固沙，改善农业生态环境，发展滨海旅游业起到重要作用。但近年来由于不合理的开发建设，海岸防护林带“蚕食”破坏严重。山东堡一带滨海沙滩上原有的森林群落破坏后，出现次生裸地。由于港口的建设，海港区沿岸原有的刺槐已所剩无几。黄金海岸和南戴河旅游度假区的开发，是在原有林地上进行的，对沿海防护林带造成一定程度的破坏。

7. 海水浴场水质下降

秦皇岛市每年的 5—8 月为旅游旺季，游人如织，见图 3-21，导致海水质量有所下降，通过对海水浴场的常规监测指标有 pH、溶解氧、化学需氧量、石油类及粪大肠菌群。结果显示浴场水质差的原因多是粪大肠菌超标和溶解氧偏低，个别浴场出现透明度偏低现象。

图 3-21　游人如织的海滨浴场

海洋作为地球三大生态系统之一，蕴含丰富的生物资源、矿产资源，是人类赖以生存的重要物质基础。秦皇岛市始终把发展海洋经济放在重要位置。海洋经济迅速发展，开发利用海洋势必会对海洋环境造成损害，带来许多生态及环境问题。如秦皇岛市近岸海域局部污染严重，一类海水水质的海域不断减小，劣四类海水水质的海域不断增加，部分海域海水水质已不能满足环境功能区划的要求；陆源污染未得到有效控制，溢油、赤潮等海洋灾害频发；围海造地肆意进行，一些重要湾口和滩涂破坏严重，部分重要海域失去原有的自然属性；部分渔场基本荒废，一些主要经济鱼虾类产卵场和育幼场遭到严重破坏；一些溯河性鱼虾资源遭到破坏等。因此，合理开发与规划是对海洋生物物种丰度和生物多样性保护的最有效办法，做好海洋环境质量综合评价是开展海洋环境保护和管理的基础和依据。近年来，在“生态立市”战略的指引下，秦皇岛市海洋环境保护得到切实加强，生态修复也在稳步开展。随着河流生态环境的不断改善，海洋陆源污染得到有效控制，海洋生态环境逐渐好转，环境问题日趋减少，海水水质有所改善，逐步满足环境功能区划要求；海洋生态系统结构逐渐恢复，功能日趋增强。海洋是秦皇岛市重要的生态系统之一，并在维护地区生态环境稳定、促进区域可持续发展等方面发挥积极作用。

第四章

气候

气候及其变化会对人类生活、生产和社会活动造成影响，而且影响是多尺度、多方位、多层次的。气候变化超越国界，危及所有生灵及自然界，在秦皇岛市主要体现为气温升高、洪涝灾害等方面。

秦皇岛市地处中纬度地带，属暖温带半湿润大陆季风性气候，高空盛行自西向东移动的西风带环流。春季因西伯利亚冷高压势力减退，气旋和反气旋交替影响，导致西南风和偏北风交替出现，气温冷暖变化大，气温回升快，多日照，少降水，蒸发快，相对湿度低，空气干燥，风速较大；夏季受西太平洋副热带高压边缘西南风影响，高温高湿多阴雨，由于每年夏季风来临早晚、强度不同，造成夏季降水量有显著差异；秋季在来自西伯利亚变性冷高压控制下，降温快，凉爽多晴天，时间短；冬季在来自西伯利亚变性冷高压的控制下，盛行偏北风，寒冷干燥，多晴天，时间长。四季分明，气温年较差大，年降水量多寡变化显著。

秦皇岛市北依燕山，南濒渤海，形成南北向气候差异。春季北部升温快于南部沿海，秋季降温又以北部为先，南北气温差异显著。由于山地和海洋的作用，初夏各地多雷阵雨，沿海地带海陆风明显，形成沿海岸走向的暑期避暑胜地。

秦皇岛市气候受海洋调节，气温年变化具有冬暖夏凉的特点，是著名的避暑胜地。北部低山丘陵区，地形较陡，水力坡度大，地下水循环交替迅速，污染物不易聚集，地下水水质较好。复杂的地貌条件，适宜的温度，使此区的景观多样性、生态系统多样性和生物多样性都较高。但是，全市地处燕山迎风坡多雨区，北部山区各河河头多处暴雨中心地带，降水量大，在特大洪水年份里，容易发生洪灾。受海风的影响，7 月大雾天气较多，不利于大气污染物的扩散。滨海平原地下水径流缓慢，垂直蒸发强烈，污染物易于聚集，地下水水质较差。北部燕山中低山区，地形切割强烈，河谷发育，岩石强烈风化，节理裂隙发育，容易发生严重的地质灾害。

第一节　四季划分与气候要素

一、四季划分

秦皇岛市四季划分，以平均气温高于 20℃为夏季，低于 5℃为冬季，介于两者之间为春、秋季。每年 11 月中旬初入冬，到次年 3 月底为冬季，长达 140 天；4 月初到 6 月中旬初为春季，长 75 天；6 月中旬初到 9 月中旬初为夏季，约 90 天；9 月中旬到 11 月上旬末为秋季，约 60 天。青龙（满族自治）县夏末秋初降温快，与其他县（区）比较，夏季略短，冬季稍长。卢龙县初春气温回升快，春季来临略早，夏季也提前，夏季时间略长。

冬季：11 月中旬初开始到 12 月中旬，候平均气温从 5℃逐渐降到 -3℃；此期间天气骤暖骤寒，是寒潮出现的主要时期，土壤常在冷空气过后开始封冻。12 月中旬到次年 2 月中旬，候平均气温降到 -3℃以下，冬至到立春期间，候平均气温低于 -5℃，日最低气温达 -15℃以下，青龙常达 -20℃以下，是一年之中最冷的时期。自 2 月下旬到 3 月底，候平均气温由 -3℃以下逐渐升到 5℃，西南风开始增强，土壤开始解冻，冷暖空气交替活动频繁。

春季：4 月西南风强盛，少雨、干旱；月初候平均气温上升到 5℃以上，土壤化通，北部山区气温开始高于南部沿海；自 4 月中旬起候平均气温上升到 10℃以上，可闻雷声。5 月下旬起有干热之感，雷雨天气开始增多，气温昼暖夜凉，日照时间长。

夏季：6 月中旬初，候平均气温升到 20℃以上，雨水增多。7—8 月为盛夏，月平均气温 24 ～ 25℃，雨水集中，且多大到暴雨，气候高温高湿。但南部沿海受海洋调节，白天海风习习，日最高气温比京、津地区低 2 ～ 4℃，少有酷暑，气候宜人，但有的年份，盛夏受西太平洋副热带高压控制，也可出现持续的闷热天气。

秋季：持续时间短，9 月中旬初候平均气温降到 20℃以下，降水明显减少，北部山区气温开始低于南部沿海，天气由暖变凉，气温日较差增大，秋高气爽。常年在 10 月中旬可见初霜冻，10 月末到 11 月上旬，当气温骤降时，便有结冰出现。

二、气温

选取建站以后秦皇岛市 5 个国家气象观测站［秦皇岛气象观测站（54449），简称“秦皇岛气象站”，1954—2017 年数据；青龙气象观测站（54436），简称“青龙气象站”，1957—2017 年数据；卢龙气象观测站（54438），简称“卢龙气象站”，1962—2017 年数据；昌黎气象观测站（54540），简称“昌黎气象站”，1955—2017 年数据；抚宁气象观测站（54541），简称“抚宁气象站”，1955—2017 年数据］的年平均气温、年极端最高气温、年极端最低气温以及月平均气温资料，采用线性趋势分析等统计方法对秦皇岛市县（区）近 64 年的气温变化进行分析，以 1981—2010 年 30 年的气象要素平均值为气候计算平均值。

1. 年平均气温变化

秦皇岛市 1954—2017 年年平均气温为 10.6℃，年平均气温最高为 12.5℃，出现在 1998 年，年平均气温最低为 8.8℃，出现在 1969 年，最高气温与最低气温相差 3.7℃。64 年来秦皇岛市年平均气温呈波动上升趋势，气候倾向率为 0.169℃ /10 年。秦皇岛市年平均气温在 1988 年以前基本处于低温阶段，只在 1975 年、1982—1983 年有短暂的升温现象，1988—1998 年处于显著偏暖阶段。1999 年秦皇岛市气象观测站由海港区迁至北戴河区赤土山，新站距离海港区 15 千米，属于湿地保护区，建筑物少，城市热岛效应明显减弱。不同的环境对温度的影响非常显著，迁站以后年平均气温比 20 世纪 90 年代显著下降，1999—2017 年 19 年平均气温 10.6℃，比 20 世纪 80 年代下降 0.4℃，与 1954—2017 年平均气温持平，但比 20 世纪 60 年代升高 0.7℃。2008—2013 年连续 6 年平均值都在气候值以下，甚至出现 9.3℃（2010 年）和 9.6℃（2012 年）的低值年。见图 4-1。

秦皇岛市经历了冷暖两个时期，以 1988 年为界，前期偏冷，之后为偏暖期。自 1988 年起秦皇岛市气候急剧变暖，且 1998 年达到 1962 年以来的最高值，1994 年次之。1988—1998 年 11 年间平均气温高达 11.8℃，比 20 世纪 60 年代升高 1.9℃。

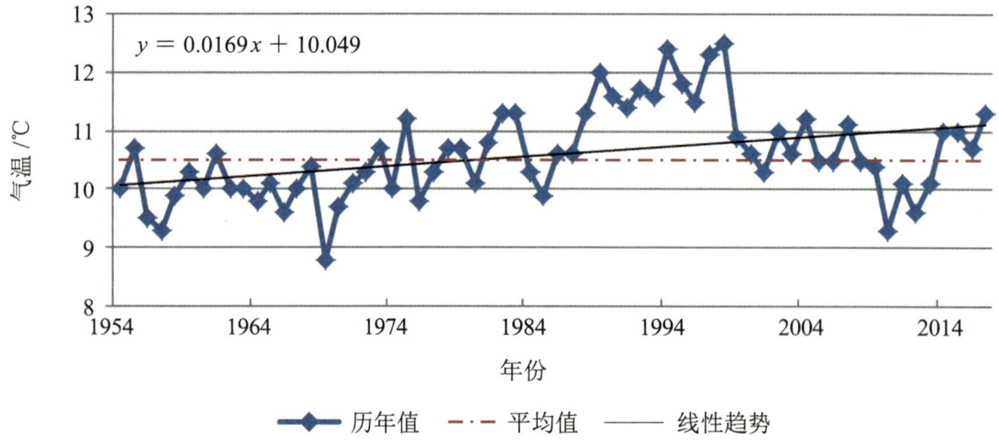

图 4-1　1954—2017 年秦皇岛市年平均气温变化趋势图

2. 月平均气温变化

秦皇岛市各月平均气温均呈上升趋势，但升温幅度不同。比较一致的特点是市、县 2 月和 3 月升温趋势最大，卢龙县 3 月升温趋势率达 0.712℃ /10 年；6—8 月和 11 月升温较弱。20 世纪 80 年代后，春季和冬季明显增暖贡献最大的是 3 月和 2 月。见表 4-1、表 4-2。

表 4-1　1954—2017 年秦皇岛市市、县月平均气温一览表

单位：℃

月　份	秦皇岛	青　龙	卢　龙	昌　黎	抚　宁
1 月	-5.5	-8.4	-5.6	-4.7	-6.1
2 月	-2.9	-4.6	-2.5	-2.0	-2.9
3 月	3.1	2.9	4.3	4.1	3.8
4 月	10.7	11.7	12.7	12.1	12.0
5 月	17.2	18.4	19.3	18.6	18.5
6 月	21.3	22.1	23.1	22.5	22.3
7 月	24.6	24.4	25.3	25.3	25.0
8 月	24.5	23.1	24.5	24.8	24.4
9 月	19.8	17.4	19.7	20.4	19.5
10 月	12.7	10.0	12.6	13.3	12.4
11 月	4.1	1.3	3.7	4.7	3.7
12 月	-2.6	-5.9	-3.2	-2.1	-3.3

表 4-2　1954—2017 年秦皇岛市市、县月平均气温变化趋势一览表（表跨页）

单位：℃ /10 年

月　份	秦皇岛	青　龙	卢　龙	昌　黎	抚　宁
1 月	0.188	0.434	0.425	0.201	0.513
2 月	0.349	0.649	0.712	0.451	0.650

月 份	秦皇岛	青 龙	卢 龙	昌 黎	抚 宁
3 月	0.407	0.468	0.502	0.493	0.504
4 月	0.272	0.319	0.359	0.370	0.425
5 月	0.134	0.156	0.162	0.223	0.296
6 月	0.059	0.131	0.131	0.125	0.221
7 月	0.075	0.175	0.172	0.128	0.202
8 月	0.016	0.195	0.159	0.161	0.252
9 月	0.108	0.274	0.240	0.207	0.398
10 月	0.146	0.154	0.120	0.207	0.320
11 月	0.063	0.081	0.119	0.091	0.278
12 月	0.183	0.298	0.359	0.181	0.458

3. 年气温极值变化

秦皇岛市县年最高气温通常出现在 5—8 月，6 月出现次数最多，变化范围通常在 31.0 ～ 40.3℃，此期间天气一般受西南或偏西的干热风的控制。极端最高气温为 40.3℃，出现在昌黎县和抚宁区（县）。年最低气温通常出现在 12 月至次年 2 月，1 月出现次数最多，变化范围通常在 −29.2 ～ −8.6℃，一般出现在晴朗干冷的天气。极端最低气温为 −29.2℃，出现在青龙。见表 4-3。

表 4-3　1954—2017 年秦皇岛市 5 个国家气象站年最低与最高气温出现次数一览表

气象站名称	年最低气温各月次数			年最高气温各月次数			
	12 月	1 月	2 月	5 月	6 月	7 月	8 月
秦皇岛	14	35	15	6	22	20	16
青龙	15	32	11	6	27	20	8
卢龙	15	31	8	7	25	19	5
昌黎	13	40	10	7	30	21	5
抚宁	10	11	38	7	27	17	8

1954—2017 年，秦皇岛全市年平均气温随时间变化均以增温为主，升温趋势率抚宁区（县）最高，为 0.379℃ /10 年，市区最低为 0.169℃ /10 年；年月平均气温均呈上升趋势，2 月和 3 月升温趋势最大，6—8 月和 11 月升温较弱；对于 20 世纪 80 年代以后增暖贡献最大的是 2 月和 3 月。年最高气温变化范围在 31.0 ～ 40.3℃，最高 40.3℃，出现在抚宁和昌黎；年最低气温变化范围 −29.2 ～ −8.6℃，最低气温为 −29.2℃，出现在青龙。

三、积温

根据《农业气象术语　第 1 部分：农业气象基础》（QX/T 381.1—2017）的规定，积温是指某一段时间内日平均气温对时间的积分。在农业气象应用中，根据不同作物的活动温度、有效温度的不同有着不同的标准。针对秦皇岛市的气候条件，选用0℃和10℃两种积温进行统计分析。

1. 0℃积温

秦皇岛市各区县历史平均全年0℃积温昌黎最高，为4 514.8℃；青龙最低，为4 081.0℃。按照逐月平均0℃积温统计，各站均为7月、8月最高，平均值分别是772.6℃和752.4℃；1月、12月最低，平均值分别为2.2℃、11.6℃。各站历史平均逐月0℃积温见表4-4。

表4-4　秦皇岛市5个国家气象站历史平均逐月0℃积温一览表

单位：℃

气象站名称	1月	2月	3月	4月	5月	6月	7月	8月	9月	10月	11月	12月
秦皇岛	2.8	13.3	108.3	322.5	532.9	639.2	762.5	760.3	595.4	393.5	136.6	16.8
昌黎	3.1	19.5	137.2	362.4	576.5	673.3	782.6	769.6	611.3	413.2	149.1	18.6
青龙	1.1	8.7	109.2	351.8	569.2	663.1	756.0	715.7	521.7	309.3	74.4	4.2
卢龙	1.8	16.1	141.3	381.2	598.7	692.9	785.9	760.2	592.1	390.9	125.2	8.6
抚宁	2.1	14.0	127.0	359.3	574.1	669.5	775.9	756.3	585.6	383.9	124.2	10.0

由于冬季平均气温较低，有部分年份在1月、2月和12月没有0℃积温。青龙冬季0℃积温出现最少，1月出现频率仅为16.4%，12月为67.2%。而各区县历史平均0℃积温出现频率1月达到48.2%，2月达到95.0%，12月为90.7%。其他各月均为100%。见表4-5。

表4-5　秦皇岛市5个国家气象站冬季0℃积温出现次数一览表

单位：年

气象站名称	总观测年数	1月	2月	12月
秦皇岛	64	40	60	61
昌黎	63	49	61	62
青龙	61	10	53	41
卢龙	54	22	55	52
抚宁	59	24	57	57

1954—2017年，全市平均年0℃积温呈波动上升的趋势，气候倾向率为60.3℃ /10年。1954—1988年，全市年0℃积温基本处于低积温阶段，35年平均0℃积温4 234.5℃，仅1975年和1982—1983年有短暂升温现象。1989—2017年，基本处于高积温阶段，29年平均0℃积温4 464.0℃，仅有1991—1992年、1995—1996年、2010年和2012年有少数几年短暂降温。全市平均最高0℃积温出现在1998年，为4 665.1℃；全市平均最低0℃积温出现在1976年，为3 956.1℃。0℃积温年代际变化见图4-2。

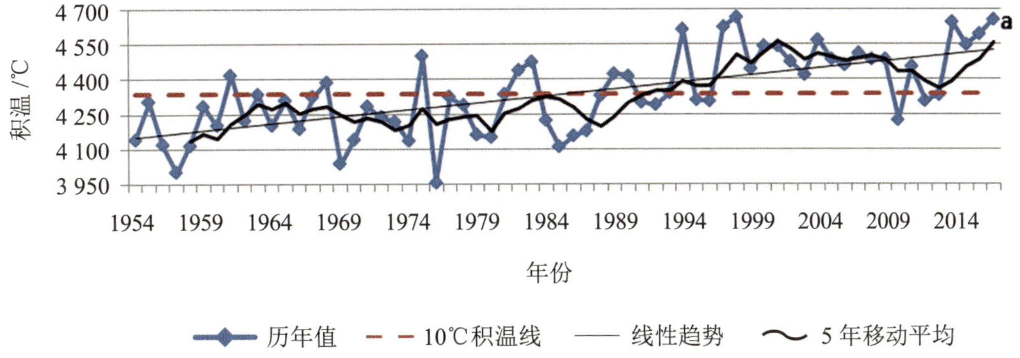

图 4-2　1954—2017 年秦皇岛市平均 0℃积温逐年变化图

由于秦皇岛气象站于 1999 年将站址从海港区迁至北戴河区赤土山，之后观测到的积温较前 10 年有显著下降，1999—2017 年平均 0℃积温为 4 265.8℃，比同时期全市平均积温（4 482.8℃）低 217℃。因此，秦皇岛市 0℃积温的气候倾向率为 35.7℃ /10 年，为全市最低。各区县历史气候倾向率抚宁区（县）最高，为 89.2℃ /10 年，1958—2017 年抚宁气象站的年 0℃积温上升得最为明显。其次分别为昌黎、卢龙、青龙，0℃积温气候倾向率分别为 62.0℃ /10 年、60.7℃ /10 年、55.1℃ /10 年。

1954—2017 年，各区县 0℃积温呈明显的上升趋势，尤其是 20 世纪 70 年代以后，上升的趋势更加明显。但因秦皇岛气象站于 1999 年将站址从海港区迁至北戴河区赤土山，20 世纪 90 年代之后平均 0℃积温下降 250℃。各区县 0℃积温年代际变化见图 4-3。

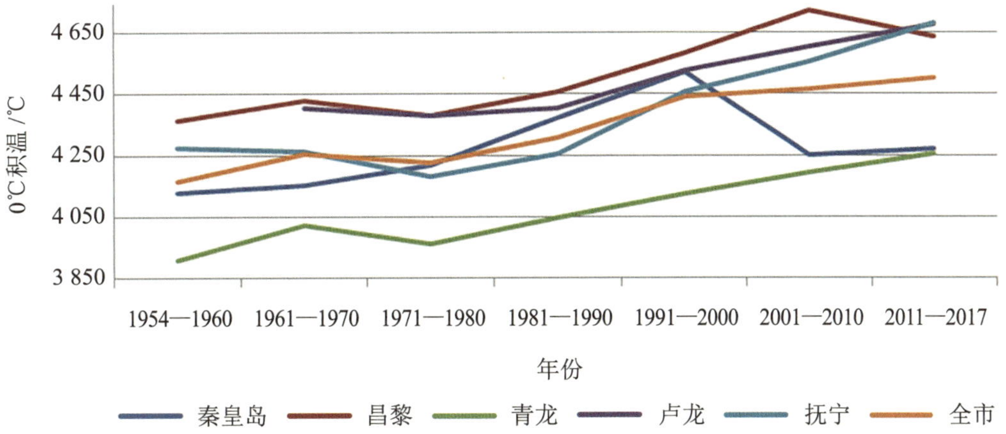

图 4-3　1954—2017 年秦皇岛市各区县 0℃积温年代际变化特征图

1954—2017 年，全市平均 0℃积温春季积温上升趋势最为明显，达到 31.3℃ /10 年；冬季上升趋势最小，为 3.1℃ /10 年。春季平均 0℃积温为 1 041.5℃，夏季为 2 189.6℃，秋季为 1 081.7℃，冬季为 25.8℃。见图 4-4。

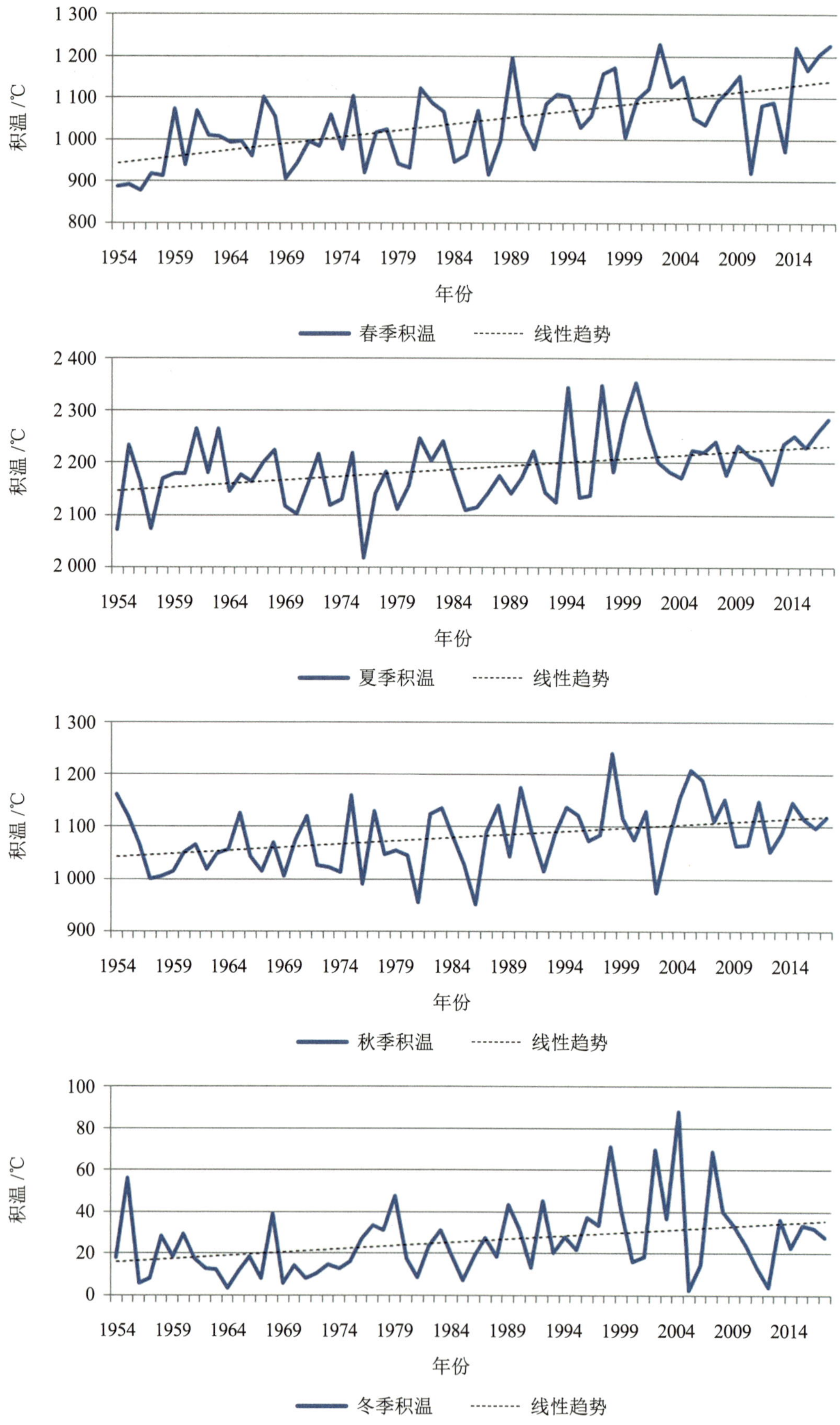

图 4-4　1954—2017 年秦皇岛市平均 0℃积温季节变化图

1954—2017年，秦皇岛市0℃积温气候倾向率平均值春季为31.13℃/10年，夏季为13.6℃/10年，秋季为12.3℃/10年，冬季为3.1℃/10年。抚宁气象站气候倾向率与其他区县相比，所有季节均为最高，尤其是秋季，达到27.6℃/10年，比全市秋季气候倾向率高15.3℃/10年。见表4-6。

表4-6 秦皇岛市各区县分季节0℃积温一览表

季节名称	类 别	秦皇岛	昌 黎	青 龙	卢 龙	抚 宁	平 均
春季	平均积温/℃	963.7	1 076.0	1 030.2	1 121.2	1 060.4	1 041.5
	最高积温/℃	1 180.9	1 274.1	1 194.7	1 312.7	1 298.2	1 229.2
	最高年份	1989年	2002年	2002年	2014年	2014年	2002年
	最低积温/℃	786.3	909.1	881.8	970.6	890.5	879.4
	最低年份	2010年	1956年	1957年	2010年	1976年	1956年
	气候倾向率/(℃/10年)	21.0	30.3	24.1	28.5	36.2	31.3
夏季	平均积温/℃	2 161.9	2 225.5	2 134.8	2 238.9	2 201.8	2 189.6
	最高积温/℃	2 358.4	2 396.3	2 309.4	2 403.2	2 384.8	2 353.6
	最高年份	1997年	2000年	2000年	2000年	2000年	2000年
	最低积温/℃	2 015.1	2 041.8	1 964.8	2 061.4	2 004.5	2 017.5
	最低年份	1976年	1976年	1976年	1976年	1 976年	1 976年
	气候倾向率/(℃/10年)	4.2	12.5	15.4	14.3	20.4	13.6
秋季	平均积温/℃	1 125.5	1 173.6	905.4	1 108.2	1 093.7	1 081.7
	最高积温/℃	1 347.7	1 366.8	1 063.7	1 236.7	1 260.5	1 240.6
	最高年份	1998年	2005年	1998年	1998年	1998年	1998年
	最低积温/℃	981.2	1 030.0	782.0	969.7	926.9	951.3
	最低年份	2002年	1986年	1986年	1986年	1981年	1986年
	气候倾向率/(℃/10年)	8.0	14.7	13.7	12.9	27.6	12.3
冬季	平均积温/℃	30.6	39.6	10.5	24.5	24.1	25.8
	最高积温/℃	117.2	138.2	42.0	87.4	95.0	88.0
	最高年份	1998年	2004年	2004年	2004年	2004年	2004年
	最低积温/℃	2.5	5.1	0.4	2.0	1.9	2.4
	最低年份	2005年	2005年	2005年	2005年	2005年	2005年
	气候倾向率/(℃/10年)	2.9	4.6	1.9	4.9	5.0	3.1

2. 10℃积温

秦皇岛市各区县历史平均全年10℃积温昌黎气象站最高，为4 139.8℃；卢龙与昌黎仅相差1.8℃，为4 138.0℃；青龙最低，为3 727.3℃。

按照逐月平均10℃积温统计，各站均为7月、8月最高，平均值分别是772.6℃和752.4℃；3月、11月最低，平均值分别为31.5℃、31.8℃；1月、2月、12月没有10℃积温。

各站历史平均逐月10℃积温见表4-7。

表 4-7 1954—2017 年秦皇岛市 5 个国家气象站历史平均逐月 10℃积温一览表

单位：℃

气象站名称	3 月	4 月	5 月	6 月	7 月	8 月	9 月	10 月	11 月
秦皇岛	25.0	231.4	531.8	639.2	762.5	760.3	595.4	338.1	35.8
昌黎	37.8	297.5	575.6	673.3	782.6	769.6	611.3	366.0	44.4
青龙	27.1	281.3	566.8	663.1	756.0	715.7	517.8	206.1	17.6
卢龙	34.9	326.5	598.0	692.9	785.9	760.2	591.9	333.8	30.0
抚宁	32.8	290.3	573.3	669.5	775.9	756.3	585.4	322.8	31.1

1954—2017 年，全市平均年 10℃积温呈波动上升的趋势，气候倾向率为 60.6℃ /10 年。其中，1954—1988 年全市年 10℃积温基本处于低积温阶段，平均 10℃积温为 3 870.7℃，仅 1975 年和 1982—1983 年有短暂升温现象；1989—2017 年基本处于高积温阶段，平均 10℃积温为 4 095.9℃，仅有 1992 年、1995—1996 年、2010 年和 2013 年有短暂降温。全市平均最高 10℃积温出现在 2014 年，为 4 353.8℃；全市平均最低 10℃积温出现在 1976 年，为 3 612.0℃。10℃积温逐年变化见图 4-5。

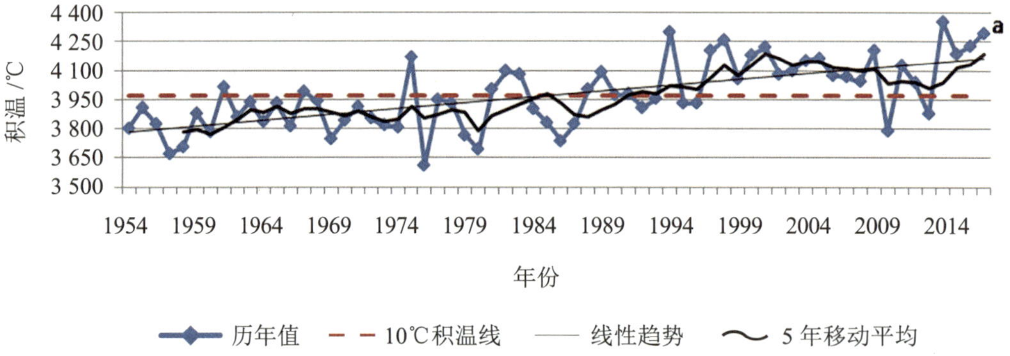

图 4-5 1954—2017 年秦皇岛市 10℃积温逐年变化图

与 0℃积温情况类似，因秦皇岛气象站于 1999 年将站址从海港区迁至北戴河区赤土山，之后观测到的积温较前 10 年有显著下降，1999—2017 年 19 年间平均 10℃积温为 3 898.6℃，比同时期全市平均积温（4 118.3℃）低 219.7℃。因此，导致秦皇岛气象站 10℃积温的气候倾向率为 37.8℃ /10 年，为全市最低。各区县历史气候倾向率，抚宁区（县）最高，达到 90.6℃ /10 年，近 60 年抚宁气象站年 10℃积温上升最为明显。其次分别为昌黎、卢龙、青龙，0℃积温气候倾向率分别为 64.1℃ /10 年、58.4℃ /10 年、53.2℃ /10 年。

1954—2017 年，秦皇岛市各区县 10℃积温呈明显的上升趋势，尤其是 20 世纪 70 年代以后，上升的趋势更加明显。因秦皇岛气象站于 1999 年将站址从海港区迁至北戴河区赤土山，20 世纪 90 年代以后秦皇岛气象站平均 10℃积温下降 313.1℃。各区县 10℃积温年代际变化见图 4-6。

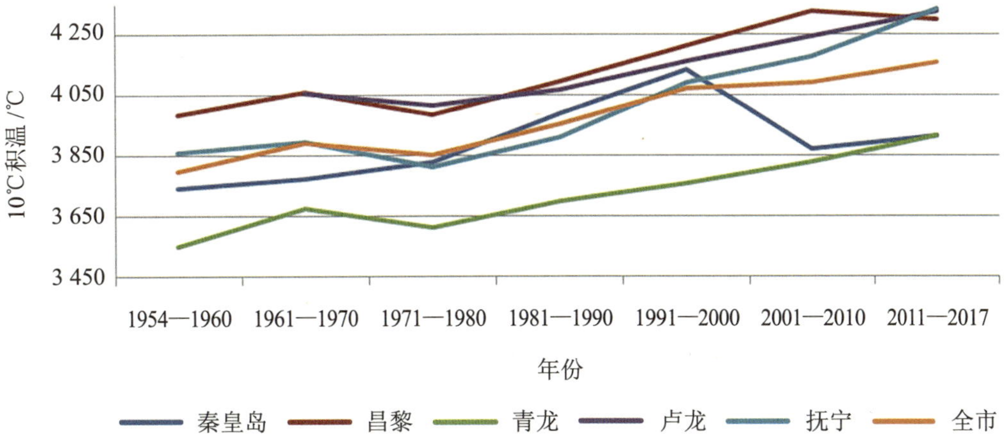

图 4-6　1954—2017 年秦皇岛市各区县 10℃积温年代际变化特征图

1954—2017 年，秦皇岛市平均 10℃积温春季上升趋势最为明显，气候倾向率达到 32.2℃ /10 年；夏季和秋季气候倾向率相差不多，分别是 13.6℃ /10 年、14.8℃ /10 年。春季平均 10℃积温为 865.8℃，夏季为 2 189.6℃，秋季为 917.4℃。全市平均 10℃积温季节变化见图 4-7。

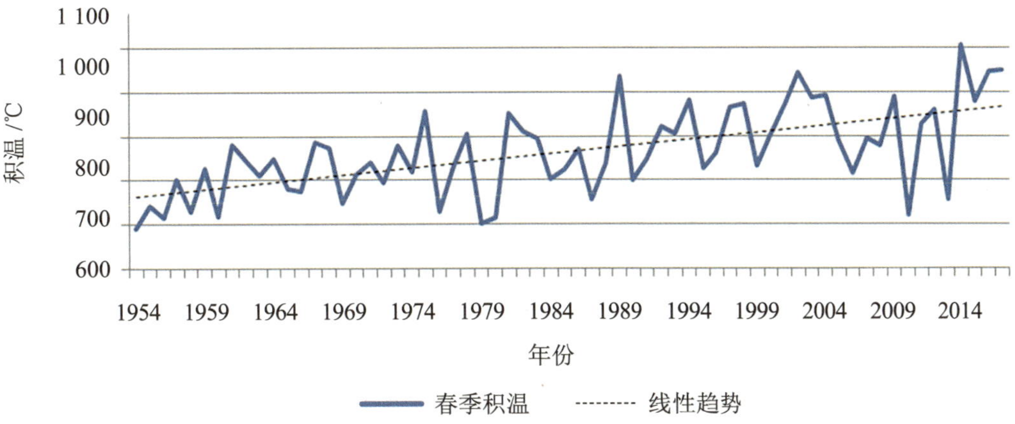

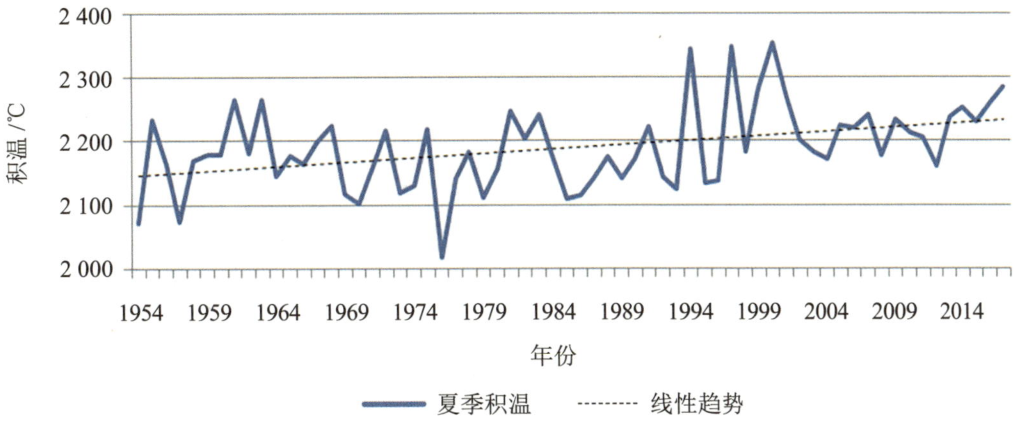

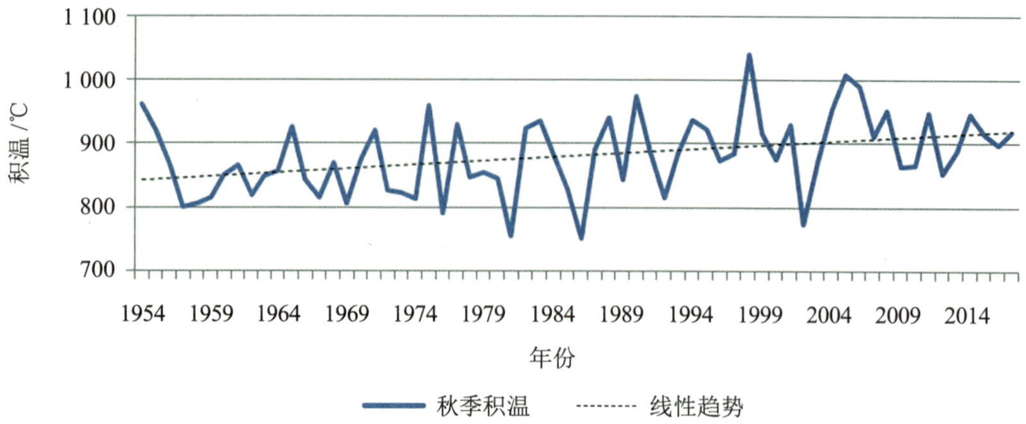

图 4-7　1954—2017 年秦皇岛市平均 10℃积温季节变化图

1954—2017 年，秦皇岛市 10℃积温气候倾向率平均值春季为 32.2℃ /10 年，夏季为 13.6℃ /10 年，秋季为 14.8℃ /10 年，各站分季节 10℃积温见表 4-8。抚宁气象站气候倾向率与其他区县相比，所有季节均为最高，尤其是秋季，达到 31.3℃ /10 年，比全市秋季气候倾向率高 16.5℃ /10 年。

表 4-8　1954—2017 年秦皇岛市 5 个国家气象站分季节 10℃积温一览表

季节名称	类　别	秦皇岛	昌　黎	青　龙	卢　龙	抚　宁	平　均
春季	平均积温 /℃	774.5	898.3	864.6	951.9	884.8	865.8
	最高积温 /℃	1 013.4	1 168.2	1 057.6	1 221.1	1 208.7	1 109.0
	最高年份	1989 年	2014 年	2014 年	2014 年	2014 年	2014 年
	最低积温 /℃	598.2	706.9	693.8	771.0	684.4	691.1
	最低年份	2010 年	1979 年	1979 年	1979 年	1980 年	1954 年
	气候倾向率 /（℃ /10 年）	21.9	33.3	22.4	28.1	38.9	32.2
夏季	平均积温 /℃	2 161.9	2 225.5	2 134.8	2 238.9	2 201.8	2 189.6
	最高积温 /℃	2 358.4	2 396.3	2 309.4	2 403.2	2 384.8	2 353.6
	最高年份	1997 年	2000 年	2000 年	2000 年	2000 年	2000 年
	最低积温 /℃	2 015.1	2 041.8	1 964.8	2 061.4	2 004.5	2 017.5
	最低年份	1976 年	1976 年	1976 年	1976 年	1976 年	1976 年
	气候倾向率 /（℃ /10 年）	4.2	12.5	15.4	14.3	20.4	13.6
秋季	平均积温 /℃	963.7	1 016.0	727.9	947.1	929.4	917.4
	最高积温 /℃	1 249.8	1 217.2	880.4	1 093.8	1 114.2	1 102.7
	最高年份	1998 年	2005 年	1998 年	1998 年	1998 年	1998 年
	最低积温 /℃	793.7	812.2	578.6	753.4	741.1	748.8
	最低年份	2010 年	1986 年	1957 年	1986 年	1986 年	1986 年
	气候倾向率（℃ /10 年）	11.7	18.4	15.5	16.0	31.3	14.8

1954—2017年，秦皇岛市各区县历史积温昌黎最高，青龙最低，总体呈上升趋势，其中0℃年积温平均每10年上升60.3℃，10℃年积温平均每10年上升60.6℃；分站点统计中，抚宁气象站升温趋势最高，秦皇岛气象站升温趋势最低。由于秦皇岛气象站于1999年将站址从海港区迁至北戴河区赤土山，之后观测到的积温较前10年有显著下降；分季节统计分析中，各区县春季积温升温趋势最高，其他季节也呈升温状态，但趋势相对平缓，其中抚宁气象站秋季积温升高趋势明显高于其他各区县。

四、地温

地温是地表及以下不同深度处土壤温度的总称。了解并掌握地温的特点及变化规律对气温的预报、农业播种生产及地下管道工程等有一定的意义。秦皇岛市5个国家气象站自1954年相继建站后对地温进行动态监测。

1. 0厘米地温日极值温度

0厘米日最高地温的月平均值全年均在10℃以上，最高出现在6月，为52.8～59.5℃，出现在卢龙，为59.5℃；最低出现在12月，为14.4～15.6℃，出现在青龙，为14.4℃。最低、最高极值均出现在北部山区，说明山区日最高地温变幅较大。地处沿海的秦皇岛、昌黎日最高地温最低，变幅较小。

0厘米日最低温度的月平均值只有5—9月为正，其他月份均在零下，说明无霜期为5—9月。最高地温出现在7月，为14.3～16.9℃，其中最高地温出现在抚宁（16.9℃），最低地温出现在青龙（14.3℃）；最低地温出现在1月，为-19.1～-24.3℃，其中最低地温出现在青龙（-24.3℃）。

0厘米地温的日最高、日最低是两条基本平行的曲线，最高值出现在6月、7月，最低值出现在12月、1月。各站0厘米地温的日最高、日最低月平均值变化见图4-8。

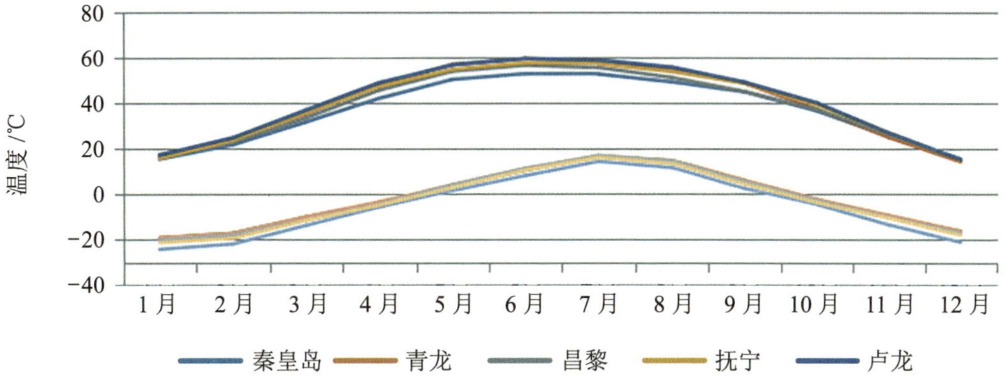

图4-8　1954—2017年秦皇岛市5个国家气象站0厘米地温的日最高、日最低月平均值变化图

0厘米日最高地温各站极值均在60℃以上，最高值出现在青龙（67.5℃），日最低气温差别较大，昌黎、抚宁在-20～-18℃，秦皇岛在-23～-22℃，青龙、卢龙在-30℃左右，最低值出现在青龙（-32.4℃）。

2. 0 ～ 320 厘米地温月平均

（1）浅层地温

一般认为为 0 ～ 40 厘米为浅层地温，月平均地温冬季均在零下。秦皇岛市 0 ～ 20 厘米地温 1954 年开始有记录，但 40 厘米地温从 2004 年开始有观测记录。0 厘米月平均地温 1 月最低，为 -9.0 ～ -5.2℃；最高出现在 7 月，为 27.9 ～ 29.4℃。青龙最低，抚宁最高。12 月到次年 2 月为负值，在 0℃以下。7 月最高，为 27 ～ 30℃。5—9 月均在 20℃以上。

5 厘米地温月平均值最高出现在 7 月，为 26.6 ～ 27.5℃；最低出现在 1 月，为 -6.7 ～ -3.5℃。10 厘米地温月平均值，最高出现在 7 月，为 26.1 ～ 26.8℃，各站 10 厘米地温月平均值见图 4-9；最低出现在 1 月，为 -6.1 ～ -2.9℃。15 厘米地温月平均值最高出现在 7 月，为 25.7 ～ 26.6℃；最低出现在 1 月，为 -5.5 ～ -2.2℃。20 厘米地温月平均值最高出现在 7 月，为 25.3 ～ 26.2℃；最低出现在 1 月，为 -5.0 ～ -1.7℃。40 厘米地温月平均值最低出现在 1—2 月，只有青龙出现在 1 月，其他均出现在 2 月，为 -3.1 ～ -0.1℃；最高均出现在 7—8 月，只有青龙出现在 7 月，其他均出现在 8 月，为 24 ～ 25.2℃。

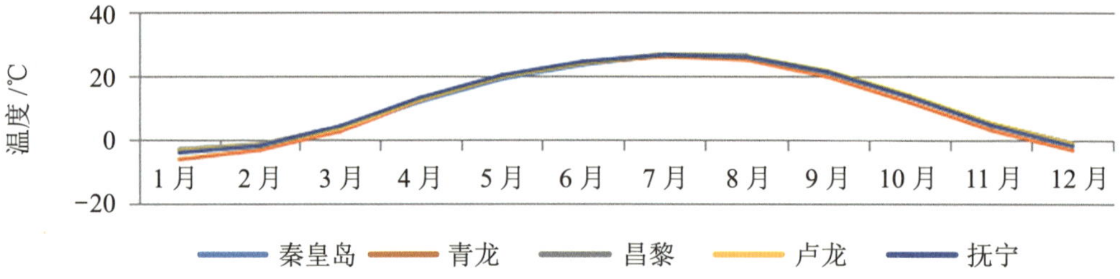

图 4-9　1954—2017 年秦皇岛市 5 个国家气象站 10 厘米地温月平均值变化图

（2）深层地温

对于 80 ～ 320 厘米地温，秦皇岛、青龙从 2004 年 1 月开始有记录，昌黎、卢龙、抚宁记录时间为 2017 年 4 月—2018 年 3 月。

80 厘米地温月平均值，最高出现在 8 月，为 23.2 ～ 25.0℃；最低出现在 2 月，为 0.6 ～ 2.1℃。秦皇岛和各县观测站的地温月平均值的峰值与谷值接近。各站 80 厘米地温月平均值见图 4-10。

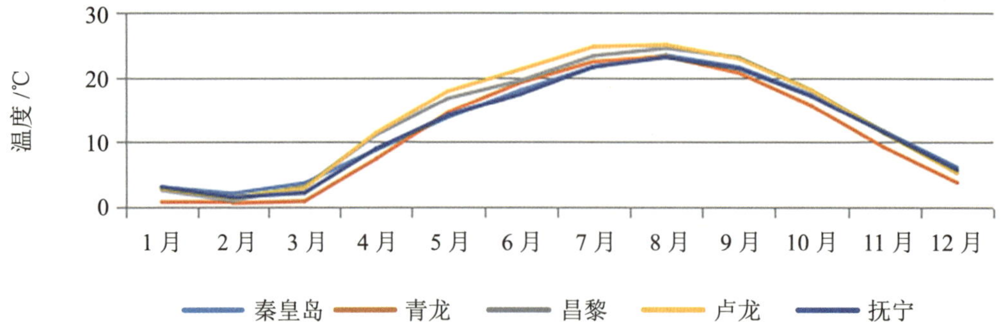

图 4-10　1954—2017 年秦皇岛市 5 个国家气象站 80 厘米地温月平均值变化图

160 厘米地温月平均值最低出现在 3 月，为 4 ～ 6℃，最低平均值出现在青龙 4.1℃；最高出现在 8 月，为 20 ～ 23℃，最高平均值出现在抚宁 22.2℃。160 厘米地温基本与 80 厘米相似，只是峰值与谷值越来越接近。

320 厘米地温月平均值最低出现在 3—4 月，接近 10℃；最高出现在 9 月、10 月。10 月温度最高 16.5℃，4 月温度最低 8.9℃；青龙最高出现在 9 月 16.5℃，最低也出现在 4 月。各站 320 厘米地温月平均值见图 4-11。

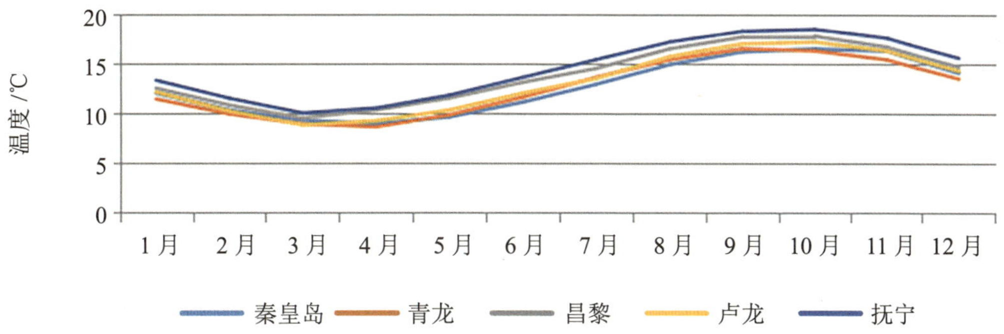

图 4-11　1954—2017 年秦皇岛市 5 个国家气象站 320 厘米地温月平均值变化图

1954—2017 年，秦皇岛气象站不同深度地温月平均值越接近地表，变幅越大；越深层越趋近平均值，而且峰值、谷值越滞后。秦皇岛气象站不同深度地温月平均值见图 4-12。

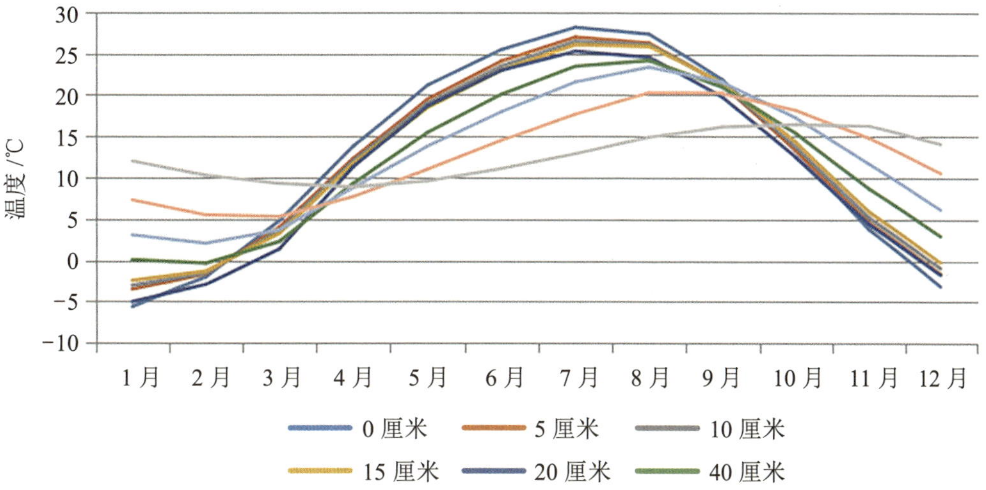

图 4-12　1954—2017 年秦皇岛气象站不同深度地温月平均值变化图

3. 地温的年际变化

0 厘米平均地温 20 世纪 50 年代比较高，60 年代、70 年代出现低值，80 年代后呈上升趋势。秦皇岛、昌黎、青龙 3 个气象站年 0 厘米地温年平均值见图 4-13。

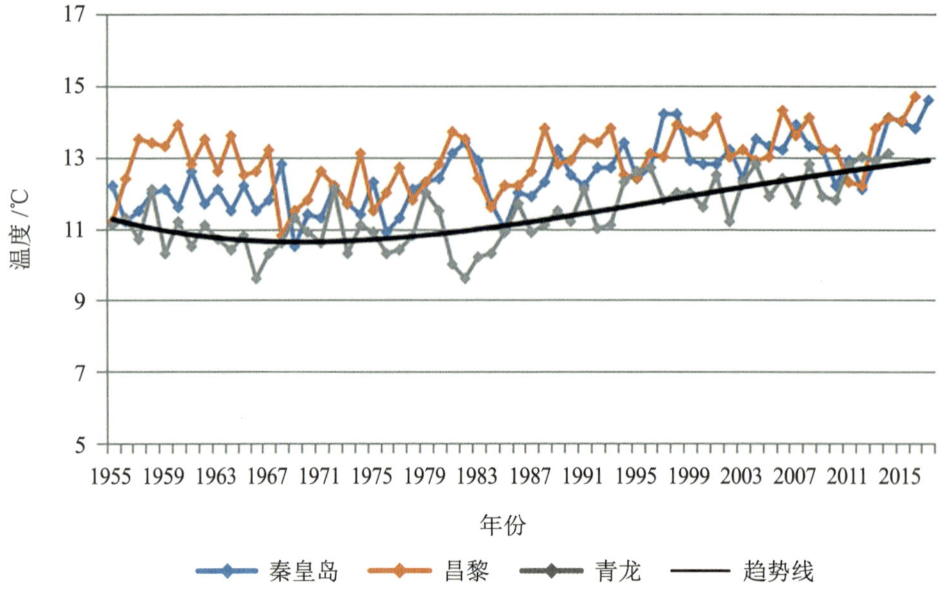

图 4-13　1954—2017 年秦皇岛、昌黎、青龙 3 个国家气象站年 0 厘米地温年平均值变化图

20 厘米年平均地温 20 世纪 70 年代后呈直线上升趋势。秦皇岛、昌黎 2 个气象站年 20 厘米年地温年平均值变化见图 4-14。

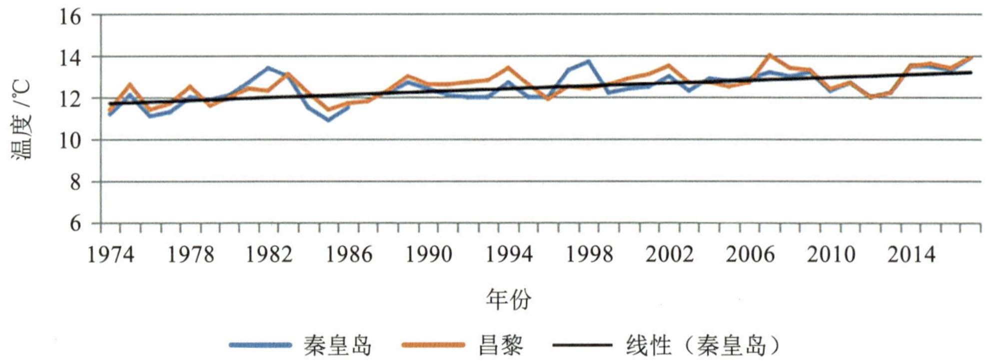

图 4-14　1954—2017 年秦皇岛、昌黎两个国家气象站年 20 厘米地温年平均值变化图

0 厘米日最高地温出现在青龙（67.5℃），日最低气温出现在青龙（-32.4℃）；0 厘米地温呈正态分布，7 月最高（卢龙，29.4℃），1 月最低（青龙，-9℃）。1 月、2 月、12 月为负值，其他月份为正值。5 厘米、10 厘米、15 厘米、20 厘米地温仍然呈正态分布，7 月最高，1 月最低，但温度的绝对值越来越小；40 厘米月平均地温仍然呈正态分布，最高出现在 7—8 月，最低出现在 1—2 月，为负值；显出滞后浅层的现象。80 厘米月平均地温最高出现在 8 月，最低出现在 2 月，没有负值，为 0 ～ 25℃。160 厘米月平均地温最高出现在 8 月，最低出现在 3 月，没有负值，为 4 ～ 23℃。320 厘米月平均地温最高出现在 9—10 月，最低出现在 3—4 月，没有负值，为 8 ～ 19℃；0 ～ 320 厘米一共 9 层地温，浅层月变化越大，深层月平均值趋近一个平均值，而且峰值越来越滞后。

五、霜冻期

霜冻是指生长季内因植株体温降至0℃以下而受害的一种农业气象灾害，发生于春秋季节。秋季日最低气温≤0℃的第一天定义为霜冻初日，春季日最低气温≤0℃的最后一天定义为霜冻终日，一年中霜冻终日至霜冻初日之间的天数称作无霜冻期。霜冻初、终日和无霜冻期是评价一个地区热量资源多寡、作物种植布局合理与否的主要依据之一，尤其是中国北方，一旦霜冻初日异常提前或者终日异常推迟，都会对农业生产造成较大影响。伴随着全球气候变暖，多地霜冻初日推迟，霜冻终日提前，无霜冻期延长，尤其是东部地区，霜冻也呈现出初日推迟、终日提前的变化特征。选取1954—2017年秦皇岛市5个国家气象观测站（青龙、卢龙、抚宁、昌黎和秦皇岛）逐日最低气温资料分析。

1. 霜冻初、终日及无霜冻期空间分布

1954—2017年，秦皇岛市霜冻初日集中在10月中旬，平均初日为10月15日；最早霜冻初日出现在青龙（满族自治）县，为9月18日（1990年）；最晚出现在昌黎县，为11月11日（2006年）；卢龙县霜冻最早、最晚初日变幅最大，达46天，其他地区霜冻最早、最晚初日相差32～44天，其中秦皇岛气象站霜冻初日变幅最小。秦皇岛市各县（区）霜冻终日集中出现在4月中上旬，平均终日为4月2日；霜冻最早终日出现在昌黎和抚宁，为3月7日（2002年）；最晚终日出现在青龙，为5月16日（1962年）；全区霜冻最早、最晚终日相差49～67天，终日变幅秦皇岛最小，卢龙最大。各县（区）平均无霜冻期为165～200天；无霜冻期最长出现在昌黎县，为200天（2002年）；最短出现在青龙满族自治县，为165天（1963年）；各地无霜冻期变幅为51～83天，昌黎变幅最小，青龙变幅最大。各站霜冻初、终日及无霜期见表4-9。

表4-9 1954—2017年秦皇岛市5个国家气象站霜冻初、终日及无霜冻期特征一览表

气象站名称	霜冻初日				霜冻终日				无霜冻期/天			
	平均日期	最早日期	最晚日期	极差/天	平均日期	最早日期	最晚日期	极差/天	平均	最短	最长	极差
秦皇岛	10月19日	10月3日	11月4日	32	4月7日	3月10日	4月29日	49	189	155	236	81
昌黎	10月20日	9月28日	11月11日	44	4月1日	3月7日	4月29日	52	200	150	245	95
抚宁	10月17日	9月20日	10月29日	39	4月5日	3月7日	5月2日	55	193	141	232	91
卢龙	10月15日	9月20日	11月5日	46	4月3日	3月7日	5月14日	67	193	129	239	110
青龙	10月5日	9月18日	10月25日	37	4月21日	3月21日	5月16日	55	165	125	215	90

2. 霜冻初、终日及无霜冻期年变化

1954—2017年，秦皇岛市霜冻初日整体呈不显著推迟或提早趋势。其中，1965—1975年推迟10天、1976—1986年推迟3天、1998—2016年霜冻初日偏早6～11天，经历“早、晚、早”的阶段变化，见图4-15（霜冻初日）。霜冻终日整体呈显著持续推迟趋势，平均每10年推迟1.9天，20世纪90年代以前霜冻终日较多年平均值偏晚1～12天，20世纪80年代以后终日较多年平均值偏早1～4天，见图4-15（霜冻终日）。

秦皇岛市总体呈现霜冻初日提早和推迟、终日推迟的趋势，各地区霜冻初、终日的变化趋势与全区一致，但变化幅度有较明显的区域性差异，北部地区霜冻初、终日年变化幅度较为明显，而东南部变化相对较小。

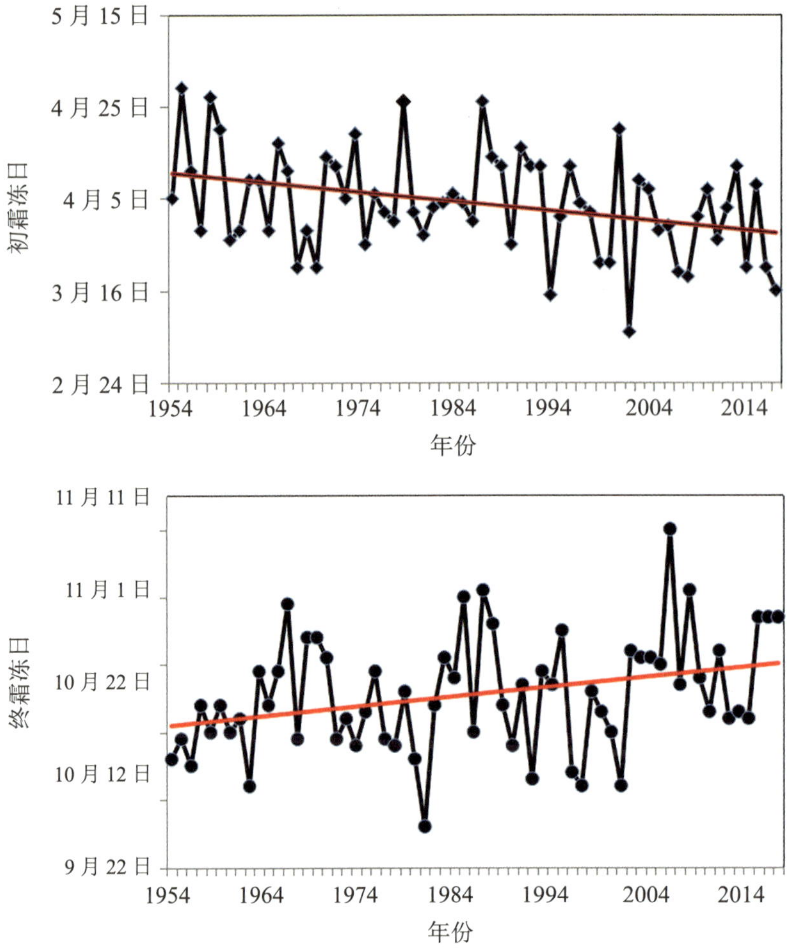

图4-15　1954—2017年秦皇岛市霜冻初日、霜冻终日变化趋势图

3. 霜冻异常初、终日时空变化

霜冻初、终日的稳定性对春秋季农事生产具有一定影响，特别是终日的不稳定性易导致春季霜冻害及倒春寒的发生，严重影响早春大田作物的播种。从绝对变率来看，秦皇岛市各县（区）霜冻初日平均绝对变率小于终日，说明霜冻初日较终日稳定，年际波动相对较小；无霜冻期平均绝对变率较前两者大，说明无霜冻期稳定性较差，年际波动更大。从绝对变率的年代际变化趋势来看，除霜冻初日无明显变化特征外，霜冻终日和无霜冻期的绝对变率均有减弱趋势，说明霜冻不稳定性有减弱倾向。

1954—2017年，秦皇岛市各县（区）霜冻极早初日各站均有出现，出现频数为3～6次，青龙、卢龙和抚宁最多，各站出现年份以20世纪70年代居多；霜冻极晚初日各站均有出现，出现频数为1～4次，以昌黎最多，各站主要出现在20世纪80年代。然而，霜冻极早终日各站点均有出现，其中，昌黎、抚宁和卢龙气象站出现频数为2～4次，均在2002年出现一次；霜冻极晚终日各站均有出现，出现频数较极早终日明显增多，为4～7次，其中抚宁和昌黎较多，集中出现在20世纪90年代。各站霜冻极早、晚初（终）日和极长（短）无霜冻期出现年份见表4-10。

表 4-10　1954—2017 年秦皇岛市 5 个国家气象站霜冻极早、晚初（终）日出现年份一览表

气象站名称	霜冻初日		霜冻终日	
	极早	极晚	极早	极晚
秦皇岛	1954 年，2008 年	1981 年，2012 年	1981 年，2014 年	1956 年，2010 年
昌黎	1981 年，2014 年	1987 年，2006 年	2002 年，2017 年	1956 年，2013 年
抚宁	1977 年，2012 年	2001 年，2015 年	2002 年，2016 年	1991 年，2010 年
卢龙	1977 年，2004 年	1970 年，2006 年	2002 年，2005 年	1997 年，2013 年
青龙	2008 年，1990 年	2015 年，2006 年	1969 年，2016 年	1962 年，2012 年

1954—2017 年，秦皇岛市霜冻初日整体呈不显著推迟或提早趋势。其中，1965—1975 年推迟 10 天、1976—1986 年推迟 3 天、1998—2016 年霜冻初日偏早 6 ～ 11 天，经历“早、晚、早”的阶段变化；霜冻终日整体呈显著持续推迟趋势，平均每 10 年推迟 1.9 天，20 世纪 90 年代以前霜冻终日较多年平均值晚 1 ～ 12 天，80 年代以后终日较多年平均值早 1 ～ 4 天。这有利于作物生长季延长、热量资源增加；霜冻变化存在波动，对农业生产极为不利，不稳定性由大到小依次为无霜冻期、霜冻终日、霜冻初日、霜冻极早初日；秦皇岛市各县（区）霜冻变化趋势整体有利于作物生长季的延长，生长季热量资源的增加，对扩大晚熟品种的种植面积、提高农产品产量和品质十分有利。然而，霜冻变化的不稳定性容易导致个别年份出现霜冻初日过早、终日偏晚现象，增加低温灾害风险，不利于农业生产。因此，在安排、调整作物种植计划和布局时，不能忽视霜冻害的影响，可采取灌溉、覆盖等措施降低霜冻危害。

六、冻土

冻土是指含有水分的土壤因温度下降到 0℃或以下而呈冻结的状态。一般可分为短时冻土（数小时 / 数日以至半月）、季节冻土（半月至数月）以及多年冻土（又称永久冻土，指的是持续 2 年或 2 年以上的冻结不融的土层）。季节性冻土的冻结和融化层在温度年变化层的上部，更接近地表，对气候变化更为敏感，反应更加迅速。研究冻土对工程建设、道路设计以及农牧业生产都具有一定的指导性意义。另有研究表明，随着气候变暖，冻土在不断退化。选取 1954—2017 年秦皇岛市 5 个国家气象观测站（青龙、卢龙、抚宁、昌黎和秦皇岛）逐日最低气温资料、逐日 0 厘米地温资料及年最大冻土深度资料进行分析。

1. 最大冻土的年际变化

1954—2017 年，秦皇岛气象站最大冻土深度总体呈下降趋势，且阶段性变化明显（图 4-16），平均冻土深度 51.84 厘米，最大冻土深度 85 厘米，最浅冻土深度 29 厘米。其变化分为两个阶段：1954—1986 年，秦皇岛气象站最大冻土深度相对较深，平均值为 62.89 厘米，最深为 1977 年的 85 厘米，最浅为 1983 年的 48 厘米；1987 年起年极值最大冻土深度有明显下降，至 2017 年最大冻土深度平均值为 40.1 厘米，最深为 2011 年的 53 厘米，最浅为 2007 年的 29 厘米。两个变化阶段中，第一阶段的最大冻土深度为第二阶段最大冻土深度的 1.6 倍，而两个阶段中最大冻土深度的最小值，前者为后者的 1.66 倍，说明 1987—2017 年与 1954—1986 年相比，

秦皇岛气象站年极值最大冻土深度变化明显，1987—2017 年最大冻土深度减小，冻土层明显变薄。

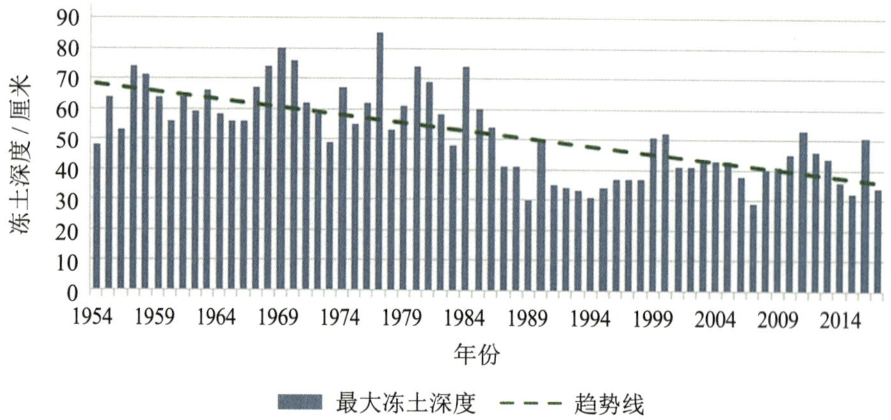

图 4-16　1954—2017 年秦皇岛最大冻土深度年际变化图

青龙气象站、昌黎气象站自 1959 年起有全年完整的冻土观测资料，至 2017 年青龙气象站和昌黎气象站年极值最大冻土深度变化不明显，总体上年极值最大冻土深度略有下降，但均未出现如秦皇岛气象站明显的阶段性变化特征。青龙气象站（图 4-17）1959—2017 年极值最大冻土深度平均 83.0 厘米；最深为 109 厘米，出现在 1968 年 2 月；最浅为 56 厘米，出现在 1987 年 2 月。昌黎气象站（图 4-17）1959—2017 年极值最大冻土深度平均 46.37 厘米；最深为 90 厘米，出现在 2011 年 2 月；最浅为 23 厘米，出现在 2015 年 2 月。

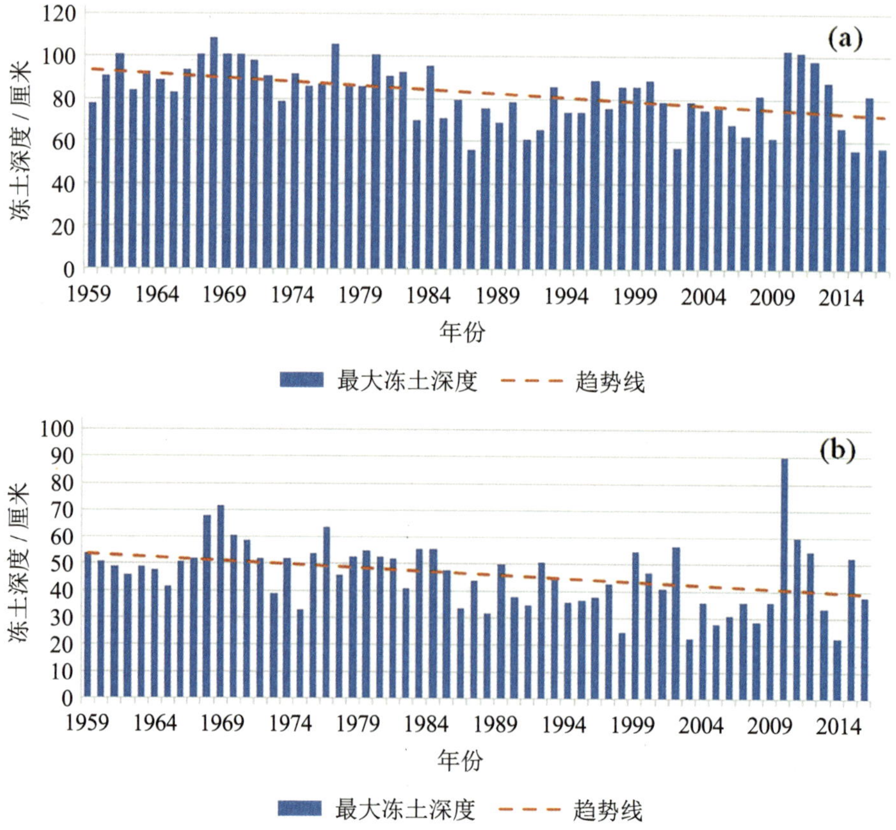

图 4-17　1959—2017 年青龙 (a)、昌黎 (b) 最大冻土深度年际变化图

另外，抚宁气象站、卢龙气象站自 1964 年有全年完整冻土观测资料，但年极值最大冻土深度分别出现 16 年和 17 年的缺测，故不再此讨论抚宁及卢龙气象站的冻土年际变化。

2. 冬季地温、气温与最大冻土深度相关分析

气温与地温有着紧密联系。地面吸收太阳辐射后，一部分热量通过辐射、传到及对流传给大气，引起气温上升；另一部分热量被地面吸收，造成地面增热。冻土深度的变化很大程度上受地温变化影响。地温的升高或降低直接影响冻土融化或冻结，影响冻土冻结厚度的深浅。

1954—2017 年，秦皇岛市 5 个国家气象站 10 月至次年 4 月平均最大冻土深度与平均最低气温、平均最低地温变化趋势十分一致，为明显的正相关关系，最低地温低于最低气温，其中 10 月及 4 月最低气温与最低地温最为接近，最小可相差不到 1℃，1 月相差最大可超过 5℃。而月平均最大冻土深度与月平均最低气温、月平均最低地温均为负相关关系，且表现出明显的滞后性，即气温、地温温度下降或上升的时间要先于冻土深度的增加或减少。5 个国家气象站的月平均最低气温、地温均在 1 月达到最低值，而平均最大冻土深度在 2 月达到最大深度（除抚宁气象站 1 月平均最大冻土深度值最大）；2 月气温、地温开始回升，相应的最大冻土深度从 3 月开始变浅。秦皇岛、抚宁、昌黎、卢龙、青龙 5 个气象站最大冻土深度与平均最低气温、平均最低地温的月变化见图 4-18。

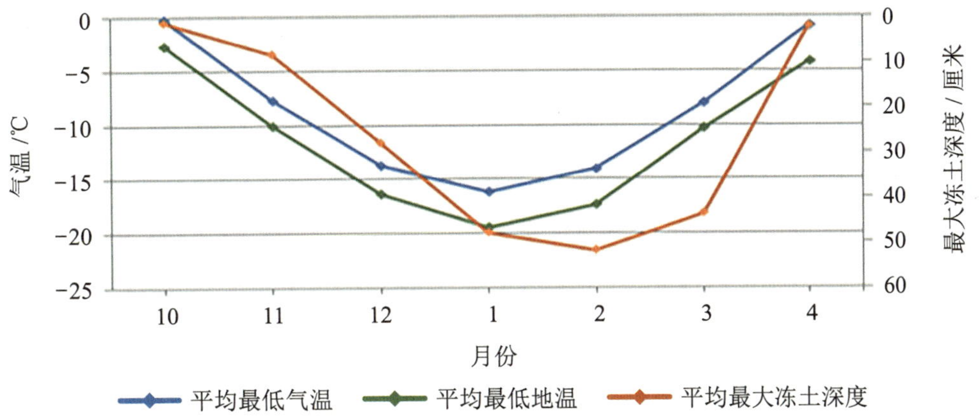

（a）秦皇岛气象站

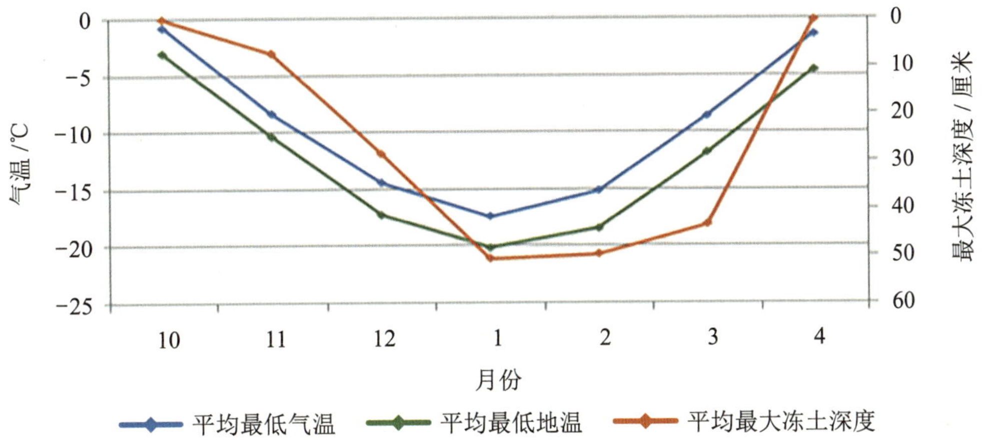

（b）抚宁气象站

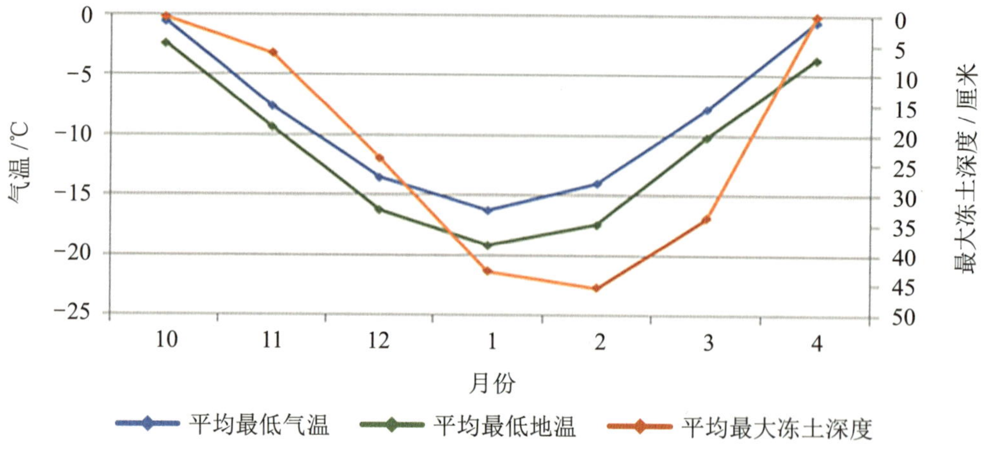

（c）昌黎气象站

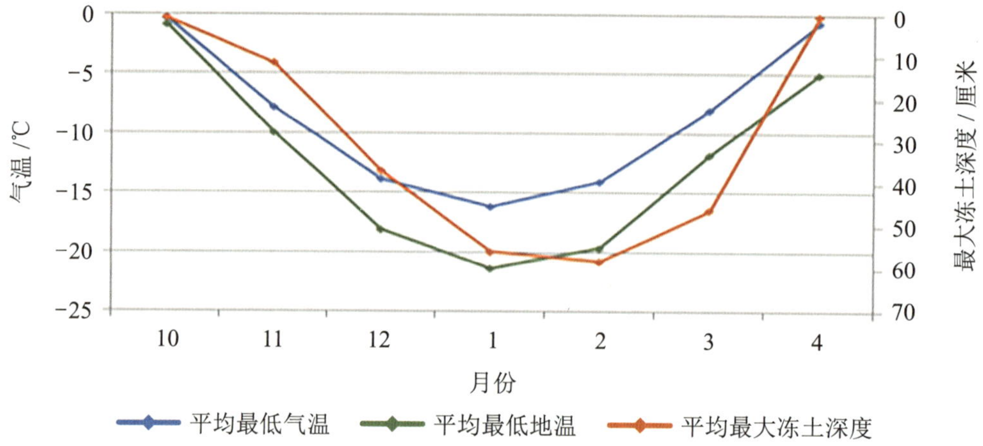

（d）卢龙气象站

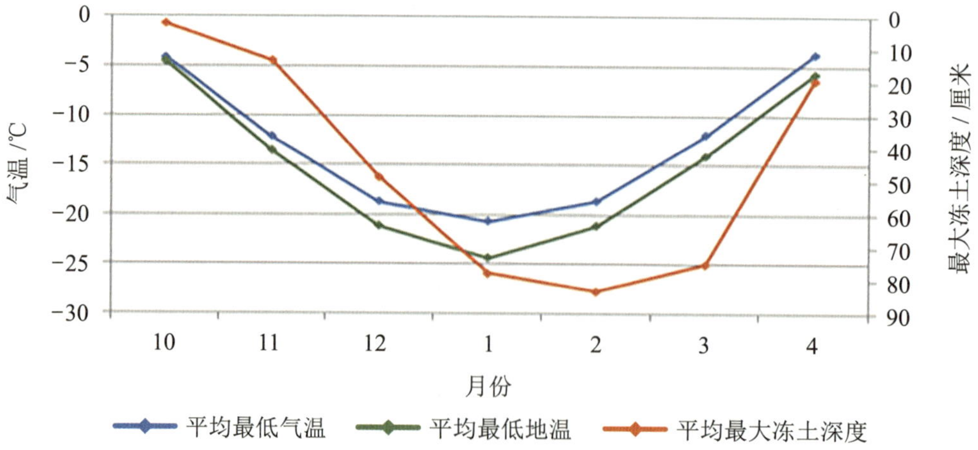

（e）青龙气象站

图 4-18　1954—2017 年秦皇岛市 5 个国家气象站最大冻土深度与平均最低气温、地温月变化图

以秦皇岛气象站［图 4-18（a）］为例，每年冻土开始于 10 月初，最低气温及地温在 0℃左右，1 月达到最低，平均分别为 −16.2℃和 −19.5℃，此时平均最大冻土深度 47.8 厘米；

2 月以后气温及地温开始回升，但冻土层对温度的响应相对迟缓，冻土层继续增厚；至 3 月，受前期持续升温的影响，冻土融化速度加快。

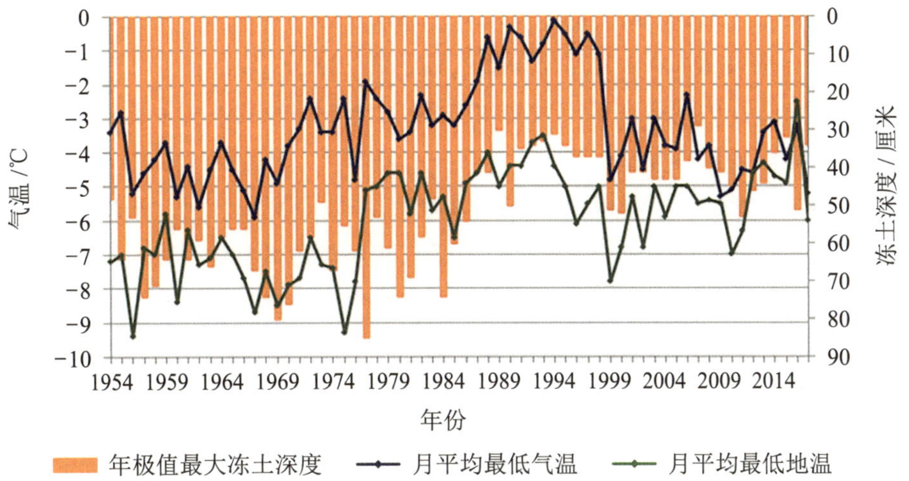

（a）秦皇岛

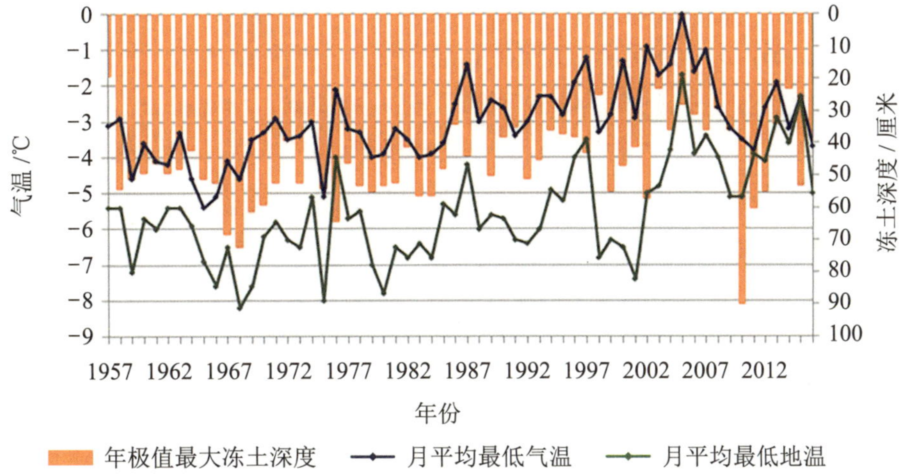

（b）昌黎

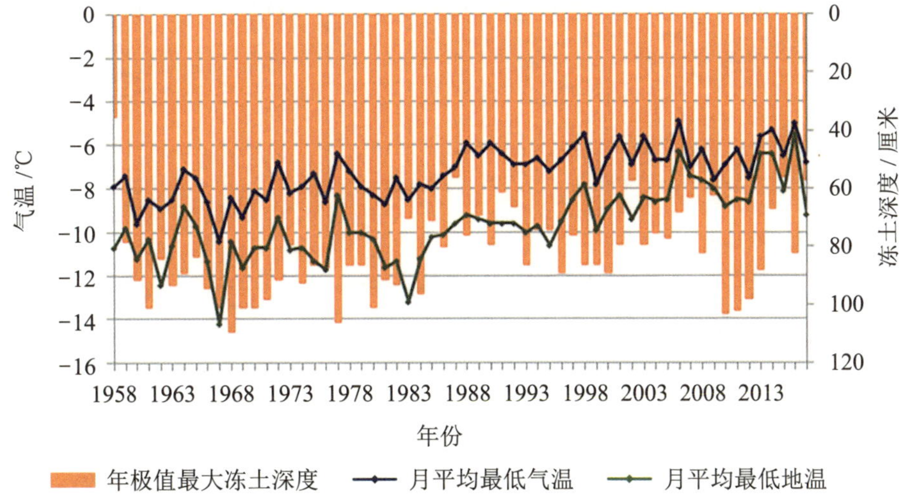

（c）青龙

图 4-19　秦皇岛市 3 个国家气象站冻土深度与平均最低气温、地温关系图

此外，分析各站2月最大冻土深度可以发现，昌黎气象站的平均最大冻土深度最浅，为45.43厘米，秦皇岛气象站及抚宁气象站次之，略超过50厘米，卢龙气象站超过60厘米，而青龙气象站冻土深度最深，2月平均值达到88.34厘米。同样对应着平均最低气温、地温也有类似的规律，如秦皇岛、抚宁、昌黎的平均最低地温均未低于-20℃，卢龙平均地温在1月达到最低（-21.1℃），青龙最低，1月平均最低气温达到-24.35℃。

冻土深度通常在2月达到最大值，因而10月至次年2月的气温和地温对该冻土期的最大冻土深度有较大影响。通过秦皇岛气象站（1954—2017年）、昌黎气象站（1957—2017年）及青龙气象站（1958—2017年）10月至次年2月的平均地面最低气温、平均地面最低地温与年极值最大冻土深度的年际变化曲线，可以看出最低气温与最低地温呈现明显的正相关关系，而最大冻土深度与二者为负相关关系。气温、地温偏低的年份冻土深度相应偏大，而秋冬季平均最低气温、平均最低地温越高，最大冻土深度越小。

因抚宁气象站、卢龙气象站年冻土观测资料缺测较多，故不在此分析抚宁、青龙气象站年极值最大冻土深度与气温、地温的关系。

秦皇岛气象站最大冻土深度多年平均可达51.84厘米，其中冻土最厚年份为1977年3月，最大冻土深度85厘米；最浅年份为2007年2月，深度29厘米；青龙气象站，极值最大冻土深度平均83.0厘米，最深为109厘米，出现在1968年2月，最浅56厘米，出现在1987年2月；昌黎气象站，极值最大冻土深度平均46.37厘米，最深90厘米，出现在2011年2月，最浅23厘米，出现在2015年2月。秦皇岛气象站冻土深度阶段性变化明显，自1987年起年极值最大冻土深度有明显下降，而昌黎气象站、青龙气象站无此特征。但总体上年极值最大冻土深度为下降趋势，与中国最大冻土深度的总体变化趋势相一致；秦皇岛市5个国家气象站最大冻土深度变化均与冻土期的平均最低地温和平均最低气温变化呈负相关关系，气温和地温低，相应的该年冻土层较厚；秦皇岛市5个国家气象站最低气温和最低地温一般出现在1月，而最大冻土深度一般出现在2月，比气温和地温滞后一个月左右；每年冻土开始于10月初，最低气温及地温在0℃左右；1月最低气温及地温达到最低，平均冻土深度增大；2月以后气温及地温开始回升，但冻土层对温度的响应相对迟缓，冻土层继续增厚，并在2月达到最大值；至3月，受前期持续升温的影响，冻土融化速度加快；4月最低气温低温基本回升至0℃以上，季节性冻土消失。

七、降水

1. 降水年际变化

（1）秦皇岛市区降水年际变化特征

秦皇岛市区年降水量集中在400～1 000毫米，年平均降水量644.5毫米，最大值出现在1969年，为1 273.5毫米；最小值出现在2001年，为347.7毫米。对1954—2017年的年降水量做线性回归，可得到线性回归方程：$y = -1.601\,9x + 696.54$。由线性回归方程可知，秦皇岛市区年降水量呈下降的趋势，气候倾向率为-16毫米/10年。5年移动平均显示，年降水量呈现不规则波动。秦皇岛市区降水量变化见图4-20。

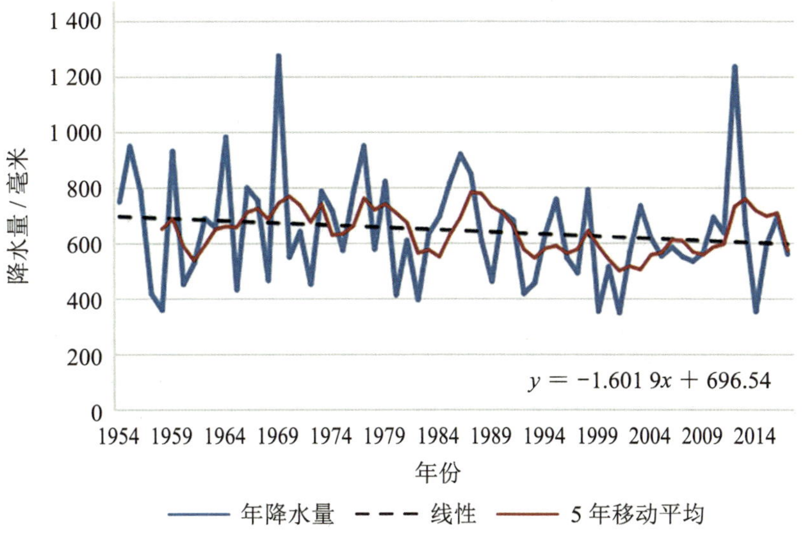

图 4-20 1954—2017 年秦皇岛市区降水量变化特征图

（2）抚宁区（县）降水年际变化特征

抚宁区（县）年降水量集中在 400 ～ 1 000 毫米，年平均降水量 685.8 毫米，最大值出现在 2012 年，为 1 201.4 毫米；最小值出现在 1982 年，为 391.4 毫米。对 1959—2017 年的年降水量做线性回归，可得到线性回归方程：$y = -2.9004x + 772.83$。由线性回归方程可知，抚宁区（县）年降水量呈下降的趋势，气候倾向率为 −29 毫米 /10 年。5 年移动平均显示，年降水量呈现不规则波动。1959—2017 年抚宁区（县）降水量变化见图 4-21。

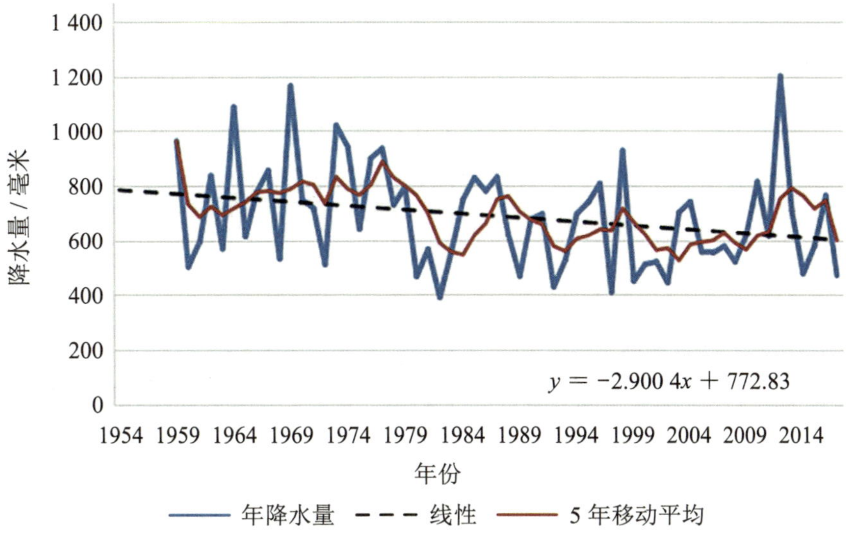

图 4-21 1959—2017 年抚宁气象站降水量变化特征图

（3）昌黎县降水年际变化特征

昌黎县年降水量集中在 400 ～ 1 000 毫米，年平均降水量 662.5 毫米，最大值出现在 1969 年，为 1 223 毫米；最小值出现在 1999 年，为 332 毫米。对 1955—2017 年的年降水量做线性回归，可得到线性回归方程：$y = -1.4553x + 709.11$。由线性回归方程可知，昌黎县年降水量呈下降的趋势，气候倾向率为 −15 毫米 /10 年。5 年移动平均显示，年降水量呈现不规则波动。1955—2017 年昌黎县降水量变化见图 4-22。

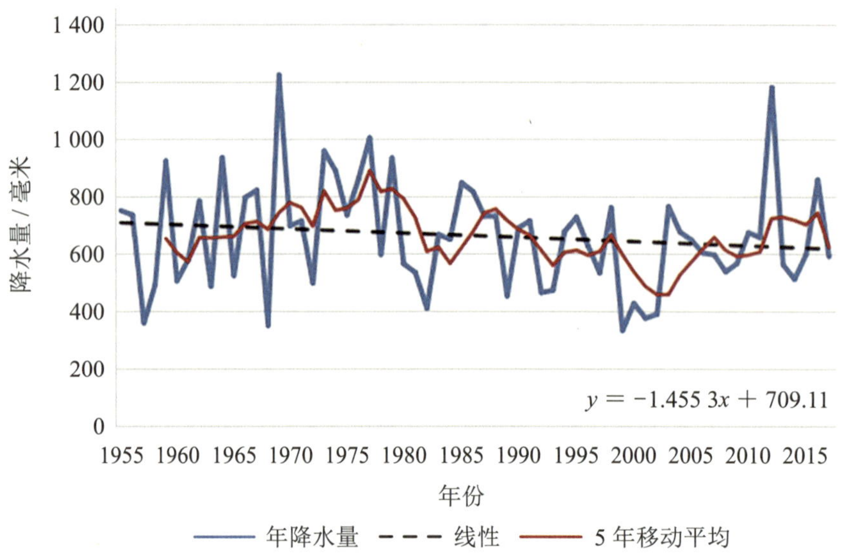

图 4-22　1955—2017 年昌黎气象站降水量变化特征图

（4）卢龙县降水年际变化特征

卢龙县年降水量集中在 400～1 000 毫米，年平均降水量 664.3 毫米，最大值出现在 2012 年，为 1 099.1 毫米；最小值出现在 1982 年，为 332.9 毫米。对 1962—2017 年的年降水量做线性回归，可得到线性回归方程：$y = -2.1229x + 724.77$。由线性回归方程可知，卢龙县年降水量呈下降的趋势，气候倾向率为 −21 毫米 /10 年。5 年移动平均显示，年降水量呈现不规则波动。1962—2017 年卢龙县降水量变化见图 4-23。

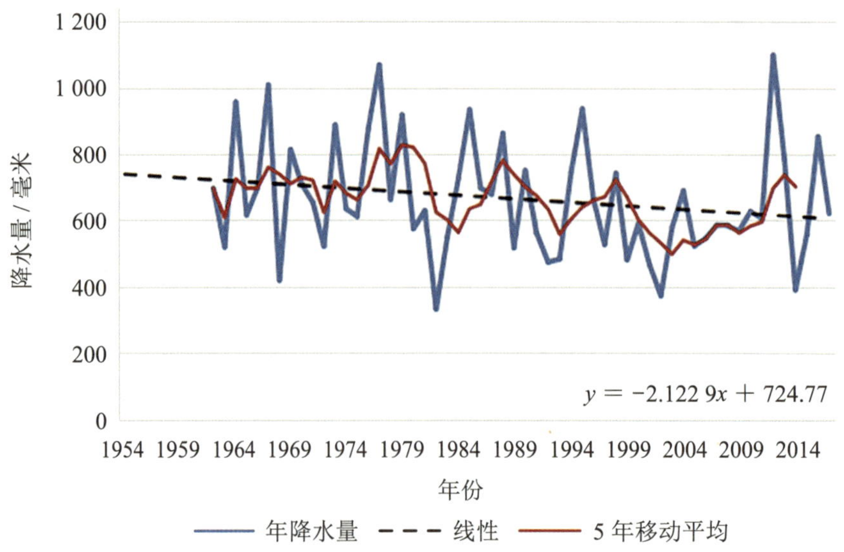

图 4-23　1962—2017 年卢龙气象站降水量变化特征图

（5）青龙满族自治县降水年际变化特征

青龙满族自治县年降水量集中在 500 ～ 1 100 毫米，年平均降水量 693.1 毫米，最大值出现在 1977 年，为 1 128.2 毫米；最小值出现在 1999 年，为 387.6 毫米。对 1957—2017 年的年降水量做线性回归，可得到线性回归方程：$y = -1.2182x + 730.91$。由线性回归方程可知，青龙满族自治县年降水量呈下降的趋势，气候倾向率为 -12 毫米 /10 年。5 年移动平均显示，年降水量呈现不规则波动。1957—2017 年青龙满族自治县降水量变化见图 4-24。

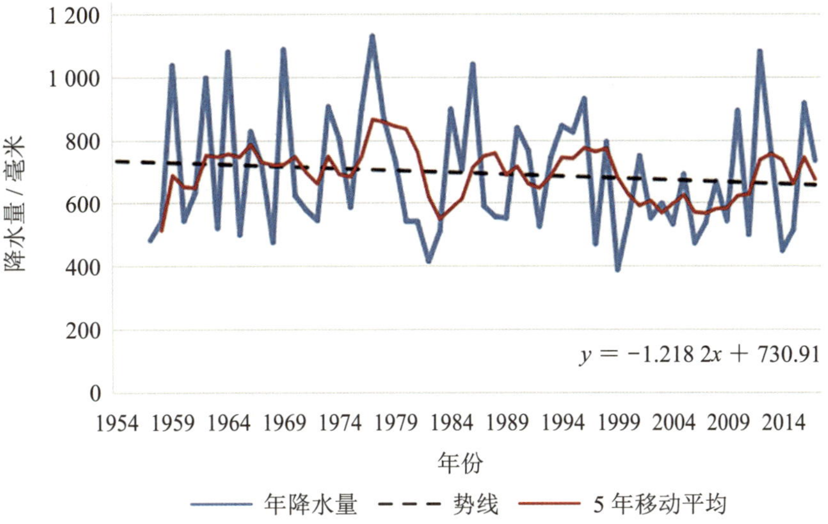

图 4-24　1957—2017 年青龙气象站降水量变化特征图

2. 降水月平均特征

秦皇岛市降水量具有明显的季节分布特征，且 5 个站的分布特征基本一致。主要降水集中在夏季，夏季多冬季少。月平均降水量为 55.8 毫米，其中 7 月是降水量最大的月份，1954—2017 年平均值达到 211.7 毫米，其次为 8 月，为 170.8 毫米；降水量最少的为 1 月，只有 2.9 毫米。各站降水量分布见图 4-25、表 4-11。

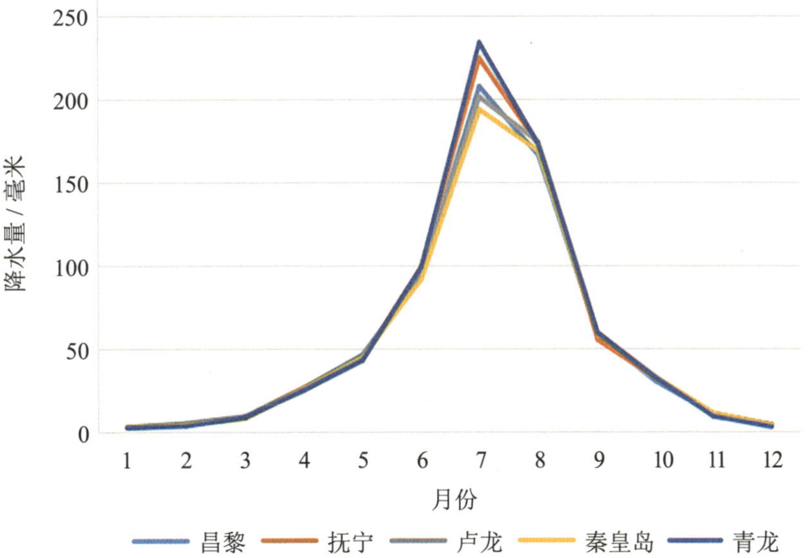

图 4-25　1954—2017 年秦皇岛市 5 个国家气象站月平均降水量分布特征图

表 4-11　1954—2017 年秦皇岛市 5 个国家气象站月平均、最大、最小降水量一览表

单位：毫米

气象站名称	站　号	月平均降水量	最大月降水量	最小月降水量
青龙	54436	57.8	233.4	2.6
昌黎	54540	55.1	207.2	3.2
秦皇岛	54449	53.8	193.1	2.7
卢龙	54438	55.3	200.8	3.1
抚宁	54541	57.0	223.9	3.1

3. 各年日降水极值变化趋势

（1）秦皇岛市区各年日降水极值变化趋势

秦皇岛市区单日降水量历史极大值出现在 1975 年 7 月 30 日，降水量为 215.4 毫米。对 1954—2017 年的各年降水量单日最大值做线性回归分析，可得到线性回归方程：$y = -0.2397x + 106.94$。秦皇岛市区年降水量单日最大值呈下降的趋势，气候倾向率为 -2.4 毫米 /10 年。5 年移动平均显示，年降水量单日最大值呈现不规则波动下降。1954—2017 年秦皇岛市区日降水极值变化见图 4-26。

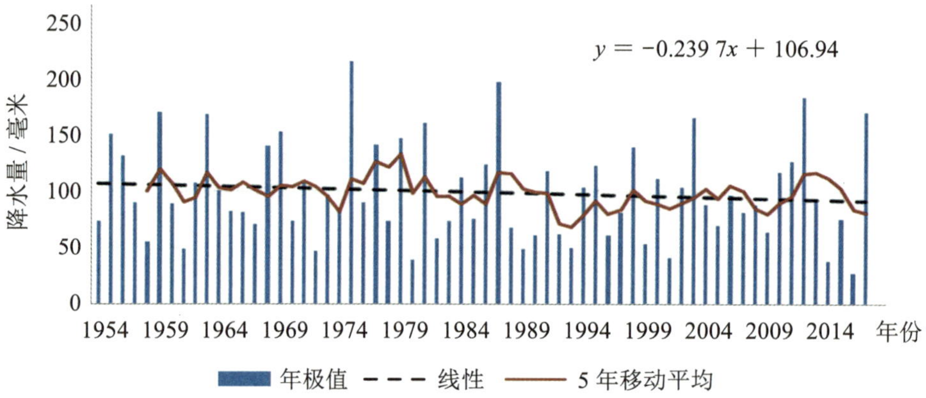

图 4-26　1954—2017 年秦皇岛市区日降水极值变化图

（2）抚宁区（县）各年日降水极值变化趋势

抚宁区（县）单日降水量历史极大值出现在 1975 年 7 月 30 日，降水量为 237.8 毫米。抚宁区（县）年降水量单日最大值呈下降的趋势，气候倾向率为 -9.5 毫米 /10 年。5 年移动平均显示，年降水量单日最大值呈现不规则波动下降。1959—2017 年抚宁区（县）日降水极值变化见图 4-27。

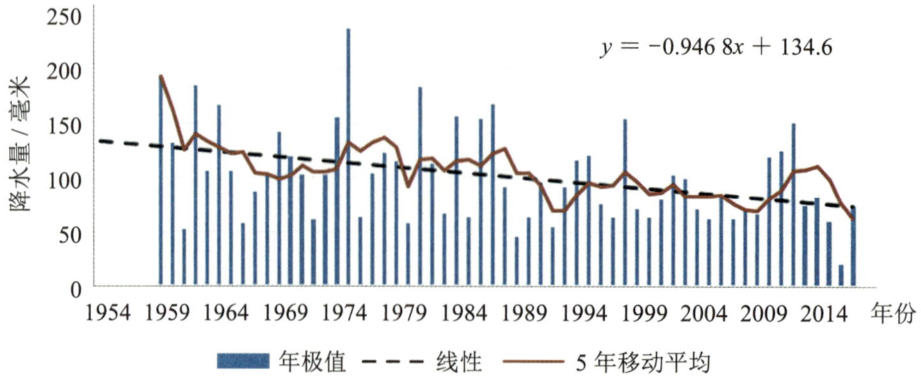

图 4-27　1959—2017 年抚宁区（县）日降水极值变化图

（3）昌黎县各年日降水极值变化趋势

昌黎县单日降水量历史极大值出现在 1975 年 7 月 30 日，降水量为 292.6 毫米。昌黎县降水量单日最大值呈下降的趋势，气候倾向率为 -1.4 毫米 /10 年。5 年移动平均显示，年降水量单日最大值呈现不规则波动下降。昌黎县日降水极值变化见图 4-28。

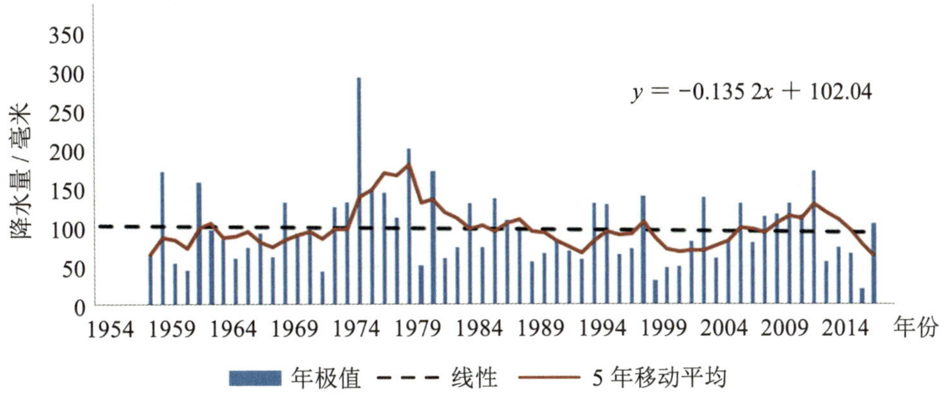

图 4-28　1958—2017 年昌黎县日降水极值变化图

（4）卢龙县各年日降水极值变化趋势

卢龙县单日降水量历史极大值出现在 2013 年 8 月 1 日，降水量为 208.9 毫米。卢龙县年降水量单日最大值呈下降的趋势，气候倾向率为 -3.3 毫米 /10 年。5 年移动平均显示，年降水量单日最大值呈现不规则波动下降。1962—2017 年卢龙县日降水极值变化见图 4-29。

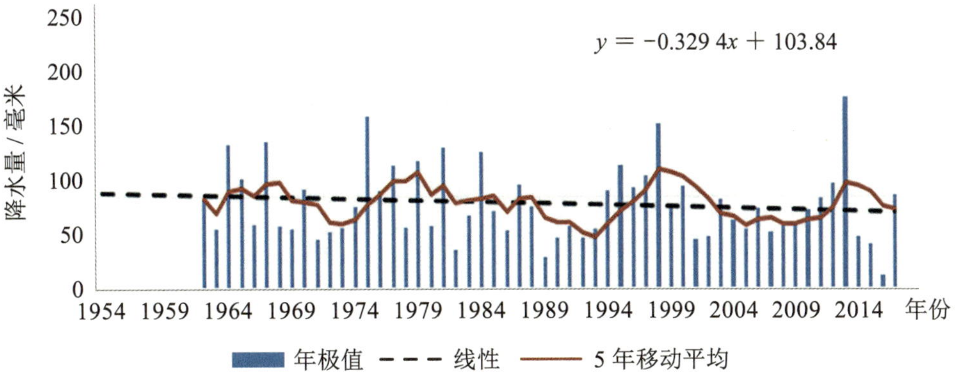

图 4-29　1962—2017 年卢龙县日降水极值变化图

（5）青龙满族自治县各年日降水极值变化趋势

青龙满族自治县单日降水量历史极大值出现在 1984 年 8 月 10 日，降水量为 291 毫米。青龙满族自治县年降水量单日最大值呈下降的趋势，气候倾向率为 -5.3 毫米 /10 年。5 年移动平均显示，年降水量单日最大值呈现不规则波动下降。1957—2017 年青龙满族自治县日降水极值变化见图 4-30。

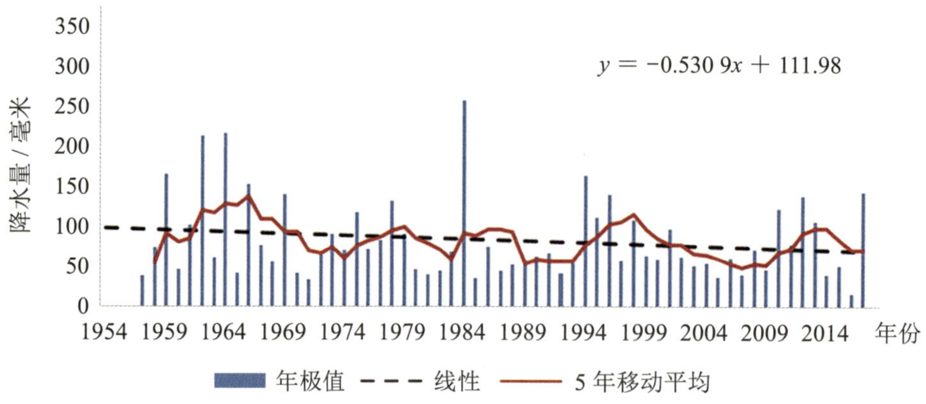

图 4-30　1957—2017 年青龙满族自治县日降水极值变化图

4. 年降水空间分布特征

根据 1954—2017 年秦皇岛市 5 个国家气象站年平均值，对秦皇岛市的空间分布特征进行总结，发现秦皇岛市降水量的空间分布特征呈北部青龙及中部抚宁最大，西部卢龙、南部昌黎次之，沿海秦皇岛气象站降水量最小。但相互之间差距不是特别明显，青龙年均降水量最大，为 693.5 毫米；最小的为秦皇岛，为 645.6 毫米，仅相差 47.9 毫米。各站平均年降水量空间分布见图 4-31。

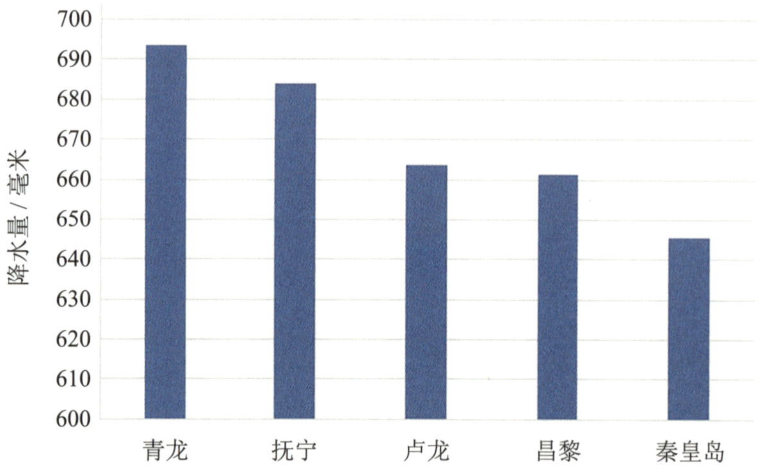

图 4-31　1954—2017 年秦皇岛市 5 个国家气象站平均年降水量空间分布对比图

5. 5 个国家气象站年降水日数

1990 年以前，各国家气象站年降水次数在 80 ～ 120 次波动，没有明显的趋势变化。1990 年以后，年降水次数呈现明显的波动下降趋势。各站平均降水日数、年最大降水日数、年最小降水日数见图 4-32、表 4-12。

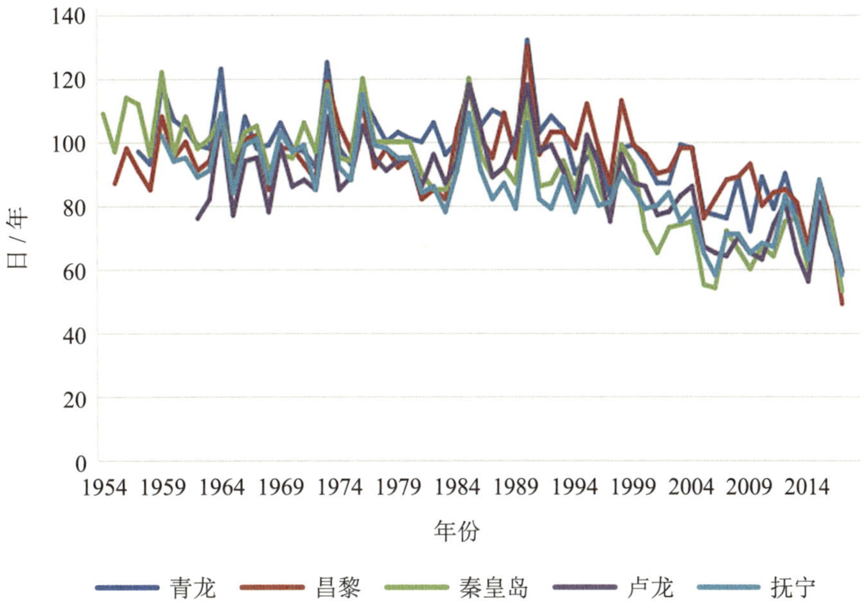

图 4-32 1954—2017 年秦皇岛市 5 个国家气象站年降水日数对比图

表 4-12 1954—2017 年秦皇岛市 5 个国家气象站年平均降水日数，年最大、最小降水日数及出现年份一览表

气象站名称	站号	年均降水日数 / 天	年最大降水日数 / 天	年最大降水日数出现年份	年最小降水日数 / 天	年最小降水日数出现年份
青龙	54436	96	132	1990	59	2017
昌黎	54540	94	130	1990	49	2017
秦皇岛	54449	90	122	1959	53	2017
卢龙	54438	86	118	1985、1990	56	2014
抚宁	54541	86	116	1973	58	2017

1954—2017 年，秦皇岛市 5 个国家气象站中青龙年均降水日数最多，达到 96 日；其次是昌黎、秦皇岛，分别为 94 日、90 日；卢龙和抚宁相等，为 86 日。年最大降水日数主要出现在 1959 年、1973 年、1990 年，年最小降水日数主要出现在 2014 年、2017 年。

1954—2017 年，秦皇岛市 5 个国家气象站的气候倾向率都是负数，表明降水呈现波动并缓慢递减的趋势；月平均降水量显示，秦皇岛市降水呈现夏季多冬季少的分布，最大降水量出现在 7 月，最小降水量为 1 月；年降水量的地理分布特征呈现北部青龙多，中部地区抚宁、卢龙居中，沿海昌黎、秦皇岛最少的规律。

八、水涝期和干旱期

选取 1954—2017 年秦皇岛市 5 个国家气象观测站逐月降水资料分析。将一年分为夏半年（5—10 月）和冬半年（11 月至次年 4 月）两个类别，采用气候统计学方法统计逐年夏半年和冬半年的降水量、平均降水量、降水量逐年的浮动比率，选取秦皇岛地区的干旱期和水涝期。

夏半年降水量：昌黎县历年平均降水量最小，为 90.4 毫米；青龙满族自治县历年平均降水量最大，为 106.7 毫米，相差不大。秦皇岛市区 1999 年平均降水量值最小，为 46.9 毫米，

1969 年最大，为 201.5 毫米；抚宁区（县）1999 年平均降水量值最小，为 60.8 毫米；1969 年最大，为 181.8 毫米；昌黎县 1999 年平均降水量值最小，为 39.4 毫米；1969 年最大，为 165.2 毫米；卢龙县 1982 年平均降水量值最小，为 50.7 毫米；1977 年最大，为 170.3 毫米。青龙满族自治县 1999 年平均降水量值最小，为 49.6 毫米；1977 年最大，为 180.5 毫米。除昌黎县外，其他 4 个县（区）降水量最小值都出现在 1999 年，1999 年为干旱年；1969 年和 1977 年都出现降水量最大值，1969 年和 1977 年为水涝年。各站夏半年降水平均值年际变化见图 4-33。

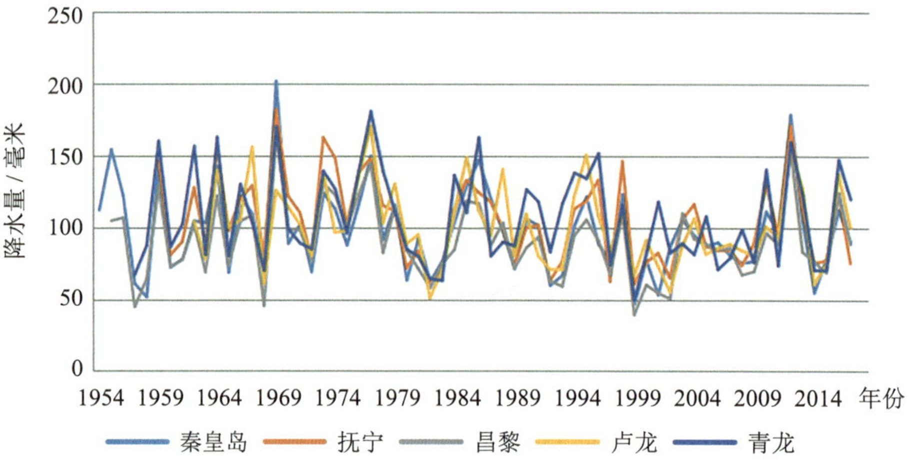

图 4-33　1954—2017 年秦皇岛市 5 个国家气象站夏半年降水平均值年际变化图

冬半年降水量：青龙满族自治县历年平均降水量最小，为 8.8 毫米；昌黎县历年平均降水量最大，为 10.1 毫米，相差不大。秦皇岛市区 1965 年平均降水量值最小，为 2.9 毫米，1983 年最大，为 27.9 毫米；抚宁区（县）1996 年平均降水量值最小，为 2.4 毫米；2013 年最大，为 26.3 毫米；昌黎县 2011 年平均降水量值最小，为 3.2 毫米；1964 年和 1983 年最大，为 25.8 毫米；卢龙县 1965 年平均降水量值最小，为 2.3 毫米；1983 年最大，为 22.9 毫米。青龙县 1961 年平均降水量值最小，为 1.3 毫米；1983 年最大，为 21.5 毫米。由此看出，降水量最小值分布不均，但有两个市县出现在 1965 年，1965 年为干旱年，除抚宁区（县）外，其他市县都在 1983 年出现降水量最大值，1983 年为水涝年。各站冬半年降水平均值年际变化见图 4-34。

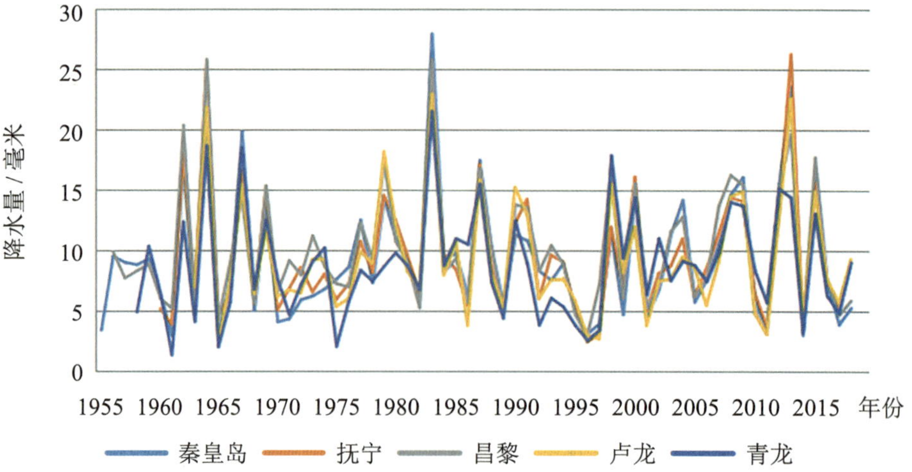

图 4-34　1955—2017 年秦皇岛市 5 个国家气象站冬半年降水平均值年际变化图

降水距平百分率：根据秦皇岛市的地理气候特征，用降水距平百分率来表示其干旱和水涝的程度，用此参数对干旱期和水涝期进行研究。

降水距平百分率=（该年平均降水量一近 60 年平均降水量）/ 近 60 年平均降水量，由此公式计算出的数值可明显看出该年份降水量与平均降水量的对比情况。

规定超出平均降水量值 60% 及以上的年份为水涝年（因冬季出现水涝灾害概率较低，所以不分析冬季水涝灾害），低于平均降水量值 60% 及以上的年份为干旱年。

从年代际上可以看出，秦皇岛市区 1957—1961 年、1970—1982 年、1992—2001 年为干旱期，1962—1969 年、1983—1987 年、2008—2013 为水涝期。年际变化上可以看出，1961 年、1965 年、1996 年、2011 年和 2014 年为干旱年，1964 年、1969 年、2012 年为水涝年。1954—2017 年秦皇岛市区降水距平百分率年际变化见图 4-35。

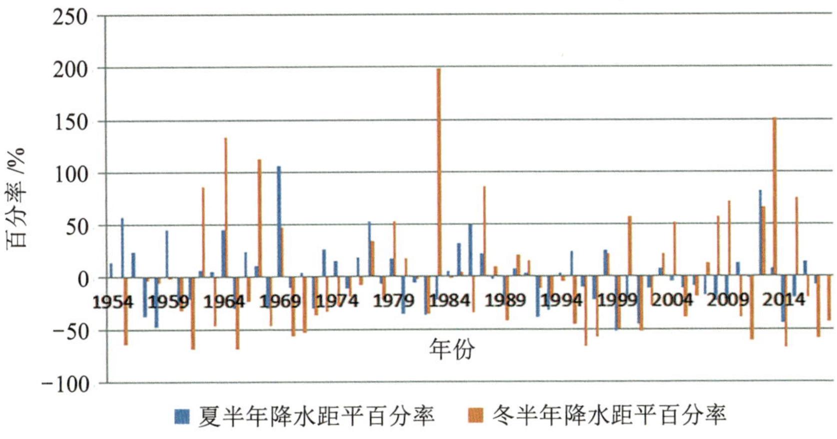

图 4-35　1954—2017 年秦皇岛市区降水距平百分率年际变化图

从年代际上可以看出，抚宁区（县）1992—1999 年、2000—2007 年为干旱期，1962—1973 年、1983—1987 年、2012—2015 年为水涝期。从年际变化上可以看出，1996 年、1997 年、2001 年和 2014 年为干旱年，1964 年、1969 年、2012 年为水涝年。1959—2017 年抚宁区（县）降水距平百分率年际变化见图 4-36。

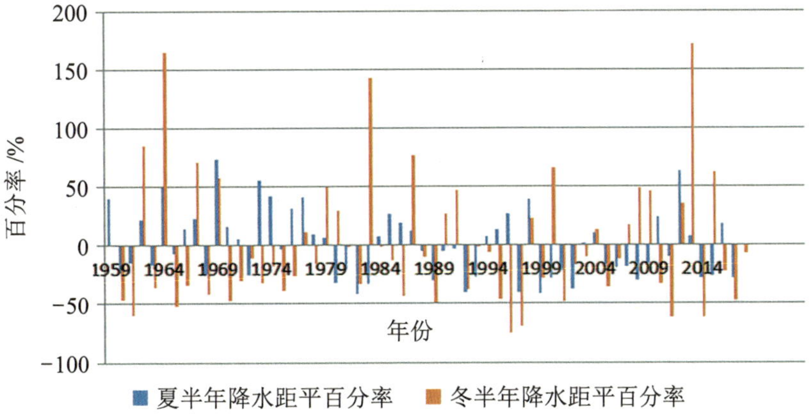

图 4-36　1959—2017 年抚宁区（县）降水距平百分率年际变化图

从年代际上可以看出，昌黎县 1957—1961 年、1989—1997 年为干旱期，1983—1987 年、2012—2013 年为水涝期。从年际变化上可以看出，1996 年、2011 年和 2014 年为干旱年，1969 年、2012 年为水涝年。1955—2017 年昌黎县降水距平百分率年际变化见图 4-37。

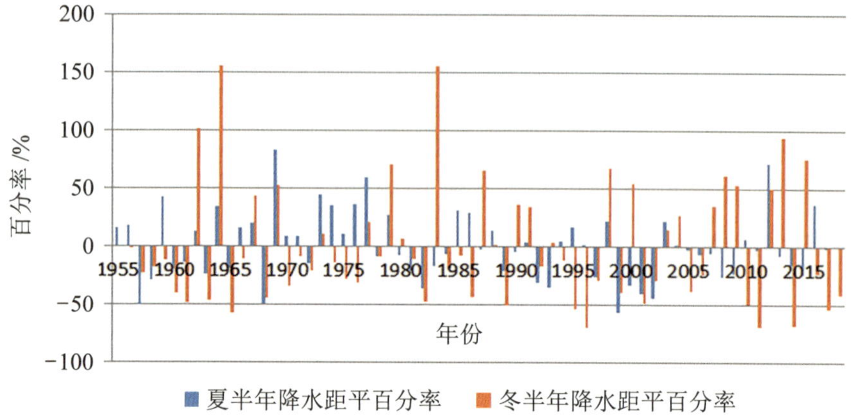

图 4-37　1955—2017 年昌黎县降水距平百分率年际变化图

从年代际上可以看出，卢龙县 1968—1976 年、1992—1997 年、2001—2007 年为干旱期，1977—1985 年、1987—1991 年、2008—2013 年为水涝期。从年际变化上可以看出，1965 年和 2011 年为干旱年，1967 年、1977 年、1987 年为水涝年。1957—2017 年卢龙县降水距平百分率年际变化见图 4-38。

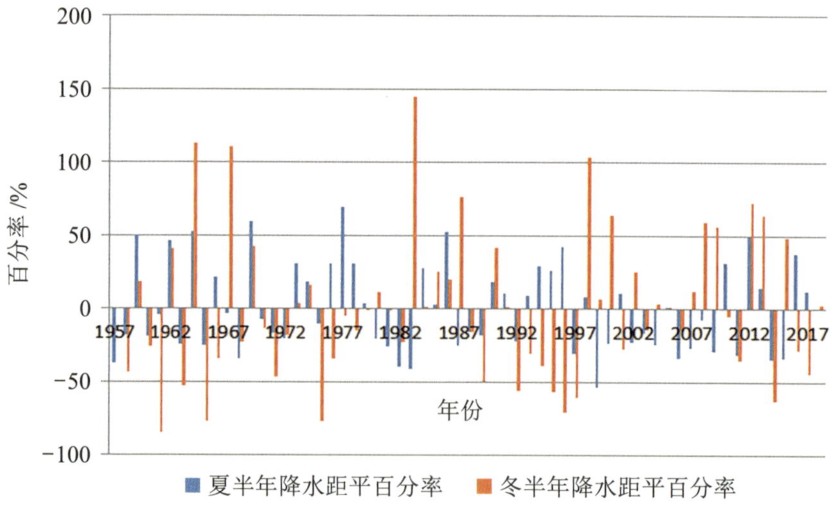

图 4-38　1957—2017 年卢龙县降水距平百分率年际变化图

从年代际上可以看出，青龙满族自治县 1970—1976 年、1992—1997 年为干旱期，1983—1987 年、2008—2013 年为水涝期。从年际变化上可以看出，1961 年、1965 年、1975 年、

1996 年 2014 年为干旱年，1964 年、1977 年、2012 年为水涝年。1962—2017 年青龙满族自治县降水距平百分率年际变化见图 4-39。

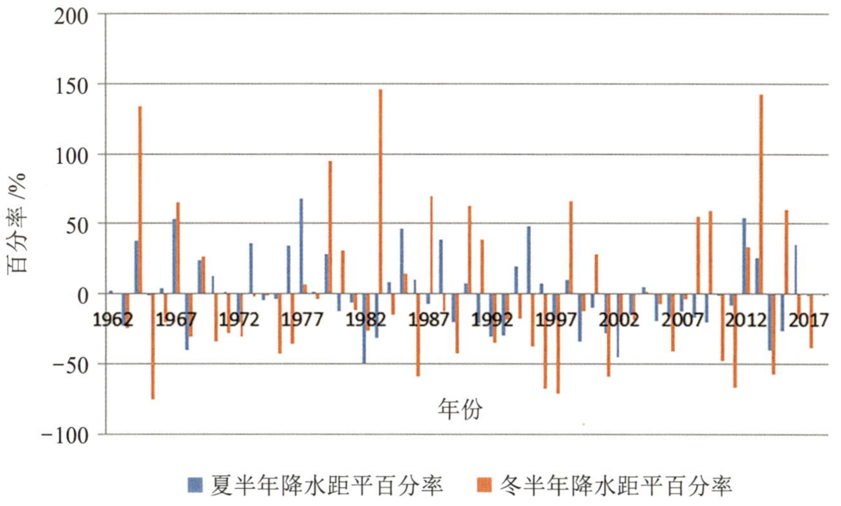

图 4-39 1962—2017 年青龙满族自治县降水距平百分率年际变化图

各市县的历年平均降水量相差不大，没有明显的互为旱涝年的情况出现；各市县水涝期和干旱期有部分重叠；整体来看，干旱年较多，水涝年较少。

九、降水强度

1. 逐年最大小时降水量

选取秦皇岛市 5 个国家气象站 1980—2018 年的年最大小时雨强资料，采用线性趋势、滑动平均等统计方法，对 1980—2018 年最大小时降水量进行分析。

（1）秦皇岛气象站

1999 年以前气象观测站位于海港区，1999 年 1 月搬迁至北戴河区赤土山。

1980—2018 年，秦皇岛国家气象站平均年最大小时降水量 39.7 毫米，年最大小时雨强最大为 102.2 毫米 / 小时，出现在 1987 年 8 月 27 日 0—1 时。次大值出现在 2017 年为 83.1 毫米 / 小时，出现在 2017 年 7 月 21 日 2—3 时。

1980—2018 年，秦皇岛气象站年最大小时降水量呈波动上升趋势，气候倾向率为 0.133 毫米 / 年。

秦皇岛气象站年最大小时雨强 1980—1987 年为上升趋势，1987—1992 年为下降趋势，之后维持波动且缓慢上升趋势。

1980—2018 年，秦皇岛气象站年最大小时雨强有 1 年出现在 5 月，占 2.6%；16 年出现在 7 月，占 41.0%；19 年出现在 8 月，占 48.7%；其余 3 年出现在 9 月，占 7.7%。秦皇岛气象站年小时极大降水量出现月份及频次、频率分布见图 4-40、表 4-13。

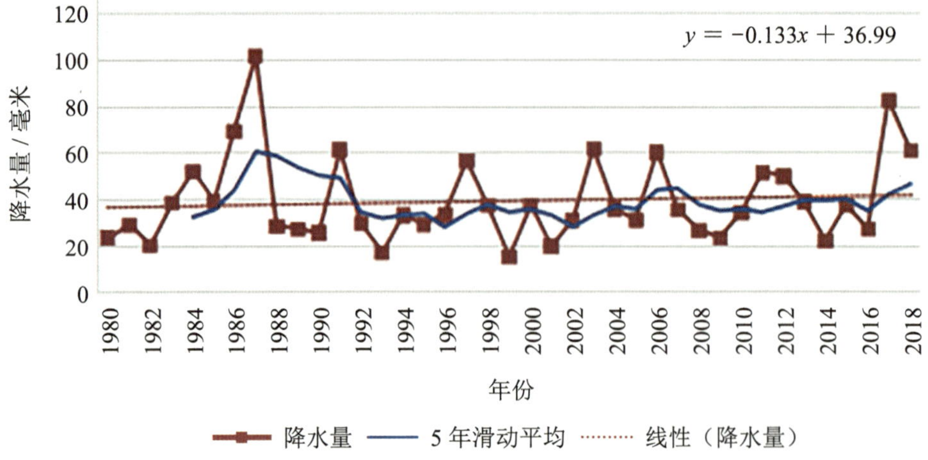

图 4-40　1980—2018 年秦皇岛气象站年小时极大降水量变化图

表 4-13　1980—2018 年秦皇岛气象站年小时极大降水量出现月份及频次、频率分布一览表

项　目	5 月	7 月	8 月	9 月
频次	1	16	19	3
频率 /%	2.6	41.0	48.7	7.7

（2）抚宁气象站

1980—2018 年平均年最大小时降水量为 42.0 毫米，年最大小时雨强最大为 77.4 毫米 / 小时，出现在 2011 年 7 月 25 日 3—4 时；次大值为 67.4 毫米 / 小时，出现在 2014 年 8 月 16 日 16—17 时。

1980—2018 年，抚宁气象站年最大小时降水量呈波动下降趋势，气候倾向率为 −0.003 毫米 / 年。年最大小时雨强滑动平均呈指数波动，围绕线性指数呈指数升降，指数周期约为 10 年。期间，年最大小时雨强有 4 年出现在 6 月，占 10.3%；15 年出现在 7 月，占 38.5%；16 年出现在 8 月，占 41.0%；其余 4 年出现在 9 月，占 10.3%。抚宁气象站年小时极大降水量出现月份及频次、频率分布见图 4-41、表 4-14。

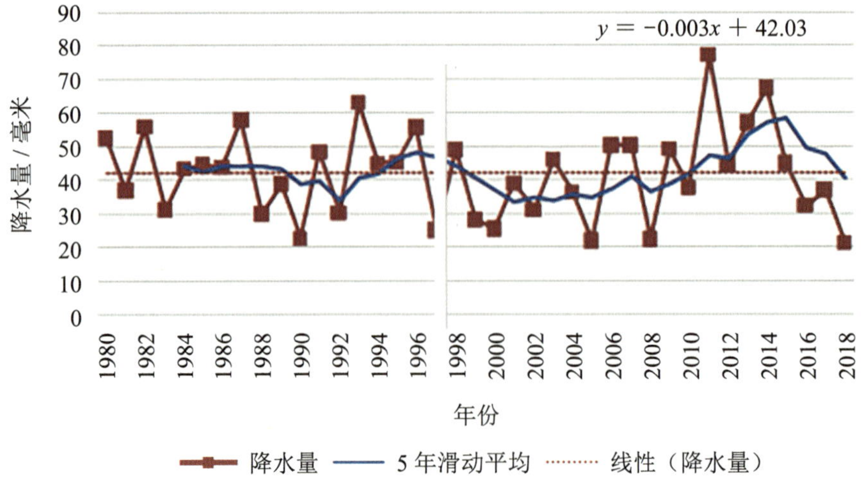

图 4-41　1980—2018 年抚宁气象站年小时极大降水量变化图

表 4-14 1980—2018 年抚宁气象站年小时极大降水量出现月份及频次、频率分布一览表

项 目	6 月	7 月	8 月	9 月
频次	4	15	16	4
频率 /%	10.3	38.5	41.0	10.3

（3）昌黎气象站

1980—2018 年平均年最大小时降水量为 40.1 毫米，年最大小时雨强最大为 71.8 毫米 / 小时，出现在 2006 年 8 月 26 日 1—2 时；次大值为 63.8 毫米 / 小时，出现在 2011 年 7 月 25 日 3—4 时。

1980—2018 年，昌黎气象站年最大小时降水量呈波动上升趋势，气候倾向率为 0.219 9 毫米 / 年；年最大小时雨强 1980—1986 年呈下降趋势，1986—1994 年呈上升趋势，1994—1997 年略有下降，1997—2000 年回升，2000—2008 年呈波动下降趋势，2008—2013 年波动上升，之后呈下降趋势。

1980—2018 年，昌黎气象站年最大小时雨强有 5 年出现在 6 月，占 12.8%；15 年出现在 7 月，占 38.5%；16 年出现在 8 月，占 41.0%；其余 3 年出现在 9 月，占 7.7%。昌黎气象站年小时极大降水量出现月份及频次、频率分布见图 4-42、表 4-15。

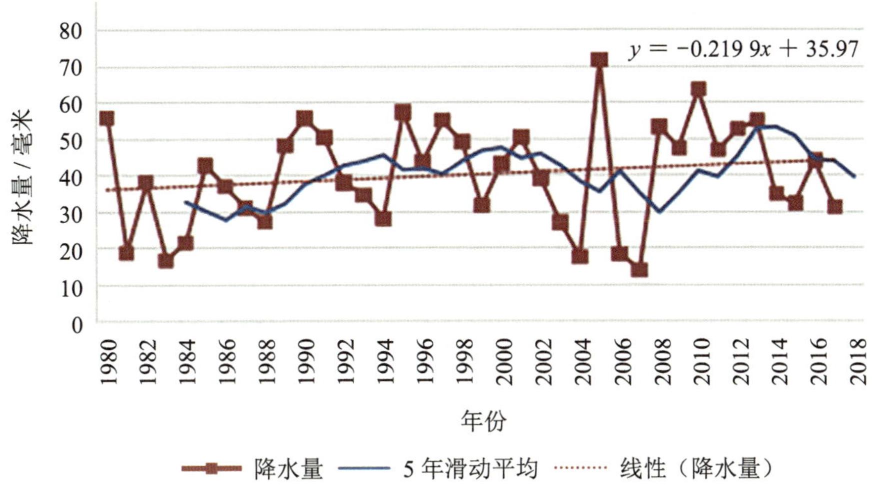

图 4-42 1980—2018 年昌黎气象站年小时极大降水量变化图

表 4-15 1980—2018 年昌黎气象站年小时极大降水量出现月份及频次、频率分布一览表

项 目	6 月	7 月	8 月	9 月
频次	5	15	16	3
频率 /%	12.8	38.5	41.0	7.7

（4）卢龙气象站

1980—2018 年平均年最大小时降水量 40.4 毫米，年最大小时雨强最大为 103.5 毫米 / 小时，出现在 2013 年 8 月 1 日 15—16 时；次大值为 63.6 毫米 / 小时，出现在 2016 年 7 月 25 日 15—16 时。

1980—2018 年，卢龙气象站年最大小时降水量呈波动上升趋势，气候倾向率为 0.262 毫米 / 年；年最大小时雨强滑动平均呈指数波动，围绕线性指数呈指数升降，指数周期约为 5 年。

1980—2018 年，卢龙气象站年最大小时雨强有 3 年出现在 6 月，占 7.7%；16 年出现在 7 月，占 41.0%；17 年出现在 8 月，占 43.6%；其余 3 年出现在 9 月，占 7.7%。卢龙气象站年小时极大降水量出现月份及频次、频率分布见图 4-43、表 4-16。

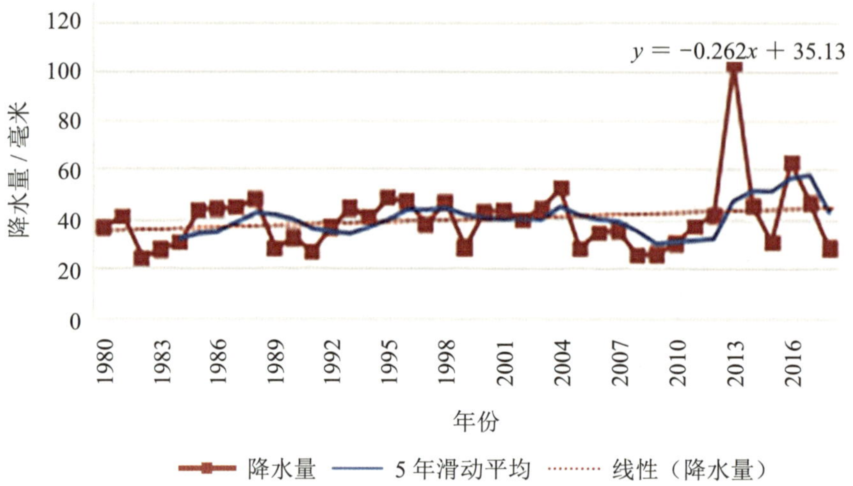

图 4-43　1980—2018 年卢龙气象站年小时极大降水量变化图

表 4-16　1980—2018 年卢龙气象站年小时极大降水量出现月份及频次、频率分布一览表

项　目	6 月	7 月	8 月	9 月
频次	3	16	17	3
频率 /%	7.7	41.0	43.6	7.7

（5）青龙气象站

1982 年未查到有效年最大小时降水量，故 1982 年为缺测。1980—2018 年（除 1982 年），平均年最大小时降水量为 37.1 毫米，年最大小时雨强最大为 55.5 毫米 / 小时，出现在 2006 年 7 月 5 日 14—15 时。

1980—2018 年（除 1982 年），青龙气象站年最大小时降水量呈波动下降趋势，气候倾向率为 −0.075 毫米 / 年；青龙气象站年最大小时雨强滑动平均围绕趋势线呈波动升降，幅度较小，最大不超过 5 毫米，且周期较短，约为 4 年。

1980—2018 年（除 1982 年），青龙气象站最大小时雨强有 5 年出现在 6 月，占 13.2%；16 年出现在 7 月，占 42.1%；13 年出现在 8 月，占 34.2%；其余 4 年出现在 9 月，占 10.5%。青龙气象站年小时极大降水量出现月份及频次、频率分布见图 4-44、表 4-17。

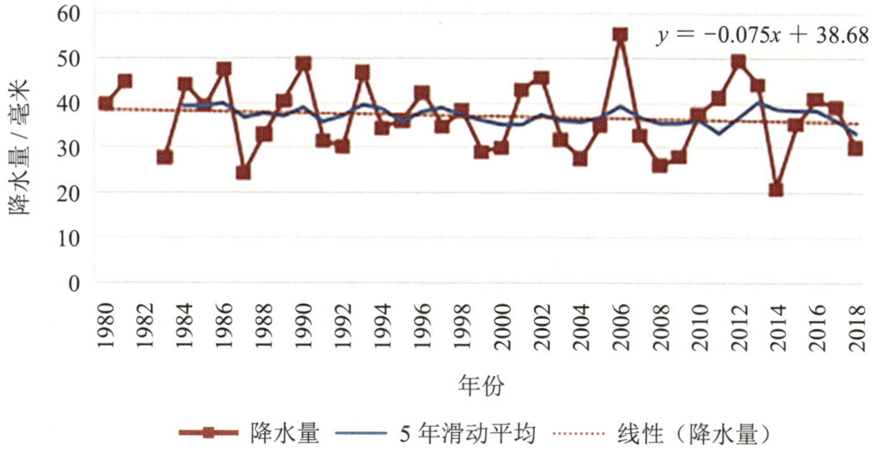

图 4-44　1980—2018 年青龙气象站年小时极大降水量变化图

表 4-17　1980—2018 年青龙气象站年小时极大降水量出现月份及频次、频率分布一览表

项　目	5 月	7 月	8 月	9 月
频次	3	16	13	4
频率 /%	13.2	42.1	34.2	10.5

2. 降水强度①

（1）对秦皇岛气象站不同量级逐小时降水统计

2005—2017 年，秦皇岛气象站降水小时数最多的年份为 2010 年。其中，小雨降水时数最多的年份为 2013 年，为 312 时次；中雨降水时数最多的年份为 2012 年，为 93 时次；大雨降水时数最多的年份为 2012 年，为 20 时次；暴雨降水时数最多的为 2012 年，为 14 时次。每年各量级降雨强度小时数由大到小分别为小雨、中雨、大雨、暴雨，秦皇岛气象站不同量级逐小时降水见表 4-18、图 4-45。

表 4-18　2005—2017 年秦皇岛气象站不同量级逐小时降水一览表（表跨页）

单位：时次

年　份	小　雨	中　雨	大　雨	暴　雨	总　计
2005	191	41	11	4	247
2006	135	31	13	5	184
2007	193	46	6	4	249
2008	202	37	7	6	252
2009	145	32	13	5	195

①定义 1 小时不同雨强的降水为不同降雨量：a. 小雨：1 小时内的雨量小于或等于 2.5 毫米的雨；b. 中雨：1 小时内的雨量为 2.6 ～ 8.0 毫米的雨；c. 大雨：1 小时内的雨量为 8.1 ～ 15.9 毫米的雨；d. 暴雨：1 小时内的雨量为 16 毫米或以上的雨。各量级逐小时降水在不同年份的出现频次分析数据：秦皇岛、抚宁、昌黎、卢龙 4 个国家气象观测站为 2005—2017 年逐小时降水数据，青龙国家气象观测站为 2004—2017 年逐小时降水数据。

年份	小雨	中雨	大雨	暴雨	总计
2010	311	39	12	6	368
2011	227	31	10	8	276
2012	295	93	20	14	422
2013	312	30	17	7	366
2014	231	34	4	1	270
2015	299	37	10	6	352
2016	293	49	16	6	364
2017	238	28	7	5	278
总计	3 072	528	146	77	3 993

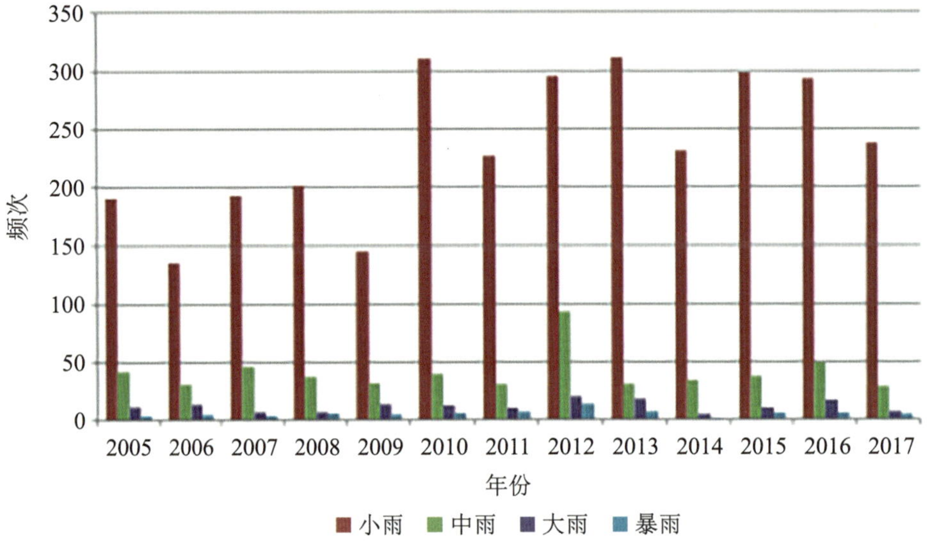

图 4-45　2005—2017 年秦皇岛气象站不同量级逐小时降水图

（2）对抚宁气象站不同量级逐小时降水统计

抚宁气象站 2005—2017 年降水小时数最多的年份为 2012 年，其中小雨降水时数最多的年份为 2012 年，为 326 时次，中雨降水时数最多的年份为 2012 年，为 98 时次，大雨降水时数最多的年份为 2008 年，为 13 时次，暴雨降水时数最多的年份为 2012 年，为 14 时次。除 2012 年与 2015 年外，每年各量级降雨强度小时数由大到小分别为小雨、中雨、大雨、暴雨，2012 年与 2015 年降雨强度小时数由大到小分别为小雨、中雨、暴雨、大雨，抚宁气象站不同量级逐小时降水见表 4-19、图 4-46。

表 4-19　2005—2017 年抚宁气象站不同量级逐小时降水一览表（表跨页）

单位：时次

年份	小雨	中雨	大雨	暴雨	总计
2005	189	40	11	4	244

年　份	小　雨	中　雨	大　雨	暴　雨	总　计
2006	162	28	7	6	203
2007	205	34	8	4	251
2008	210	34	13	2	259
2009	168	40	10	4	222
2010	263	39	13	10	325
2011	196	35	9	5	245
2012	326	98	10	14	448
2013	293	37	10	9	349
2014	222	33	12	2	269
2015	293	33	4	8	338
2016	270	47	12	11	340
2017	241	29	8	3	281
总计	3 038	527	127	82	3 774

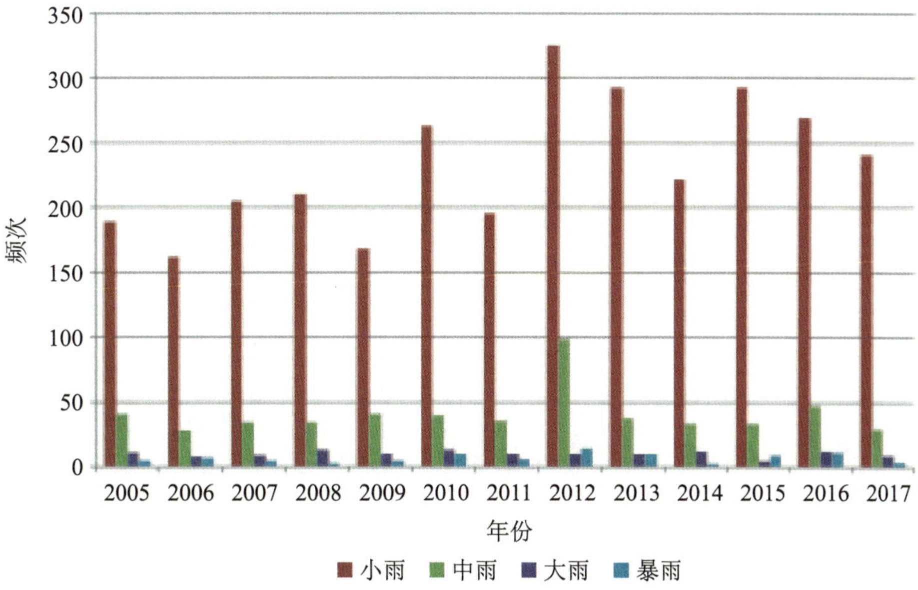

图 4-46　2005—2017 年抚宁气象站不同量级逐小时降水图

（3）对昌黎气象站不同量级逐小时降水统计

昌黎气象站 2005—2017 年降水小时数最多的年份为 2012 年，其中小雨降水时数最多的年份为 2010 年，为 279 时次，中雨降水时数最多的年份为 2012 年，为 87 时次，大雨降水时数最多的年份为 2016 年，为 27 时次，暴雨降水时数最多的年份为 2012 年，为 11 时次。除 2011 年外，每年各量级降雨强度小时数由大到小分别为小雨、中雨、大雨、暴雨，2011 年由大到小分别为小雨、中雨、暴雨、大雨昌黎气象站不同量级逐小时降水见表 4-20、图 4-47。

表 4-20　2005—2017 年昌黎气象站不同量级逐小时降水一览表

单位：时次

年　份	小　雨	中　雨	大　雨	暴　雨	总　计
2005	29	6	1	1	37
2006	21	5	2	1	29
2007	38	7	1	1	47
2008	44	3	2	0	49
2009	188	45	8	6	247
2010	279	39	10	6	334
2011	216	33	7	8	264
2012	264	87	16	11	378
2013	262	30	8	4	304
2014	159	41	6	6	212
2015	203	34	9	7	253
2016	213	46	27	8	294
2017	180	39	11	5	235
总计	2 096	415	108	64	2 683

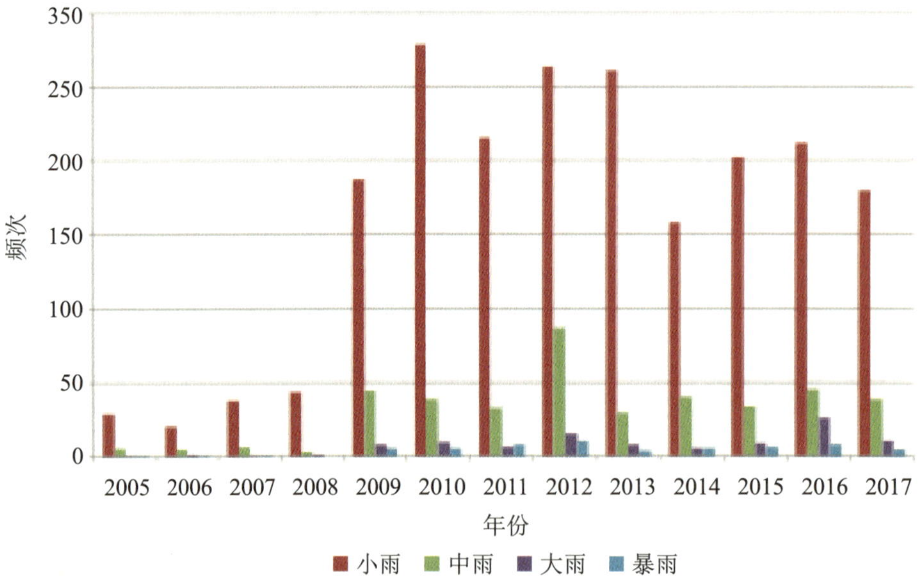

图 4-47　2005—2017 年昌黎气象站不同量级逐小时降水图

（4）对卢龙气象站不同量级逐小时降水统计

卢龙气象站 2005—2017 年降水小时数最多的年份为 2012 年，其中小雨降水时数最多的年份为 2012 年，为 257 时次，中雨降水时数最多的年份为 2012 年，为 64 时次，大雨降水时数最多的年份为 2011 年，为 15 时次，暴雨降水时数最多的年份为 2012 年，为 13 时次。除 2007 年、2010 年、2012 年外，每年各量级降雨强度小时数由大到小分别为小雨、中雨、大雨、暴雨，2007 年、2010 年、2012 年由大到小为小雨、中雨、暴雨、大雨，卢龙气象站不同量级逐小时降水见表 4-21、图 4-48。

表 4-21　2005—2017 年卢龙气象站不同量级逐小时降水一览表

单位：时次

年　份	小　雨	中　雨	大　雨	暴　雨	总　计
2005	176	43	7	5	231
2006	145	32	11	6	194
2007	182	30	5	9	226
2008	201	31	14	3	249
2009	156	31	12	5	204
2010	232	42	7	10	291
2011	171	31	15	6	223
2012	257	64	12	13	346
2013	231	33	11	10	285
2014	161	27	5	2	195
2015	191	32	7	6	236
2016	221	35	17	11	284
2017	193	33	8	7	241
总计	2 517	464	131	93	3 205

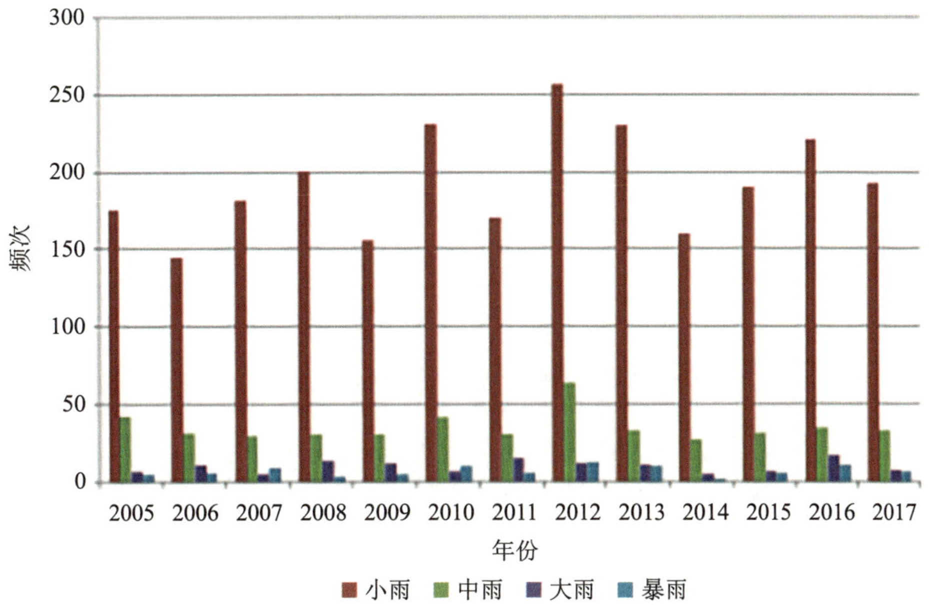

图 4-48　2005—2017 年卢龙气象站不同量级逐小时降水图

（5）对青龙气象站不同量级逐小时降水统计

青龙气象站 2004—2017 年降水小时数最多的年份为 2016 年，其中小雨降水时数最多的年份为 2016 年为 318 时次，中雨降水时数最多的年份为 2012 年，为 75 时次，大雨降水时数最多的年份为 2008 年，为 17 时次，暴雨降水时数最多的年份为 2016 年，为 13 时次。除 2004 年、2013 年外，每年各量级降雨强度小时数由大到小分别为小雨、中雨、大雨、暴雨，2004 年、2013 年由大到小为小雨、中雨、暴雨、大雨，青龙气象站不同量级逐小时降水见表 4-22、图 4-49。

表 4-22　2004—2017 年青龙气象站不同量级逐小时降水一览表

单位：时次

年　份	小　雨	中　雨	大　雨	暴　雨	总　计
2004	59	8	1	2	70
2005	221	59	12	6	298
2006	177	33	9	2	221
2007	209	29	10	4	252
2008	219	40	17	4	280
2009	166	46	9	3	224
2010	264	60	14	9	347
2011	193	36	11	2	242
2012	287	75	17	8	387
2013	265	50	9	10	334
2014	216	39	8	2	265
2015	300	37	6	6	349
2016	318	50	14	13	395
2017	242	39	12	11	304
总计	3 136	601	149	82	3 968

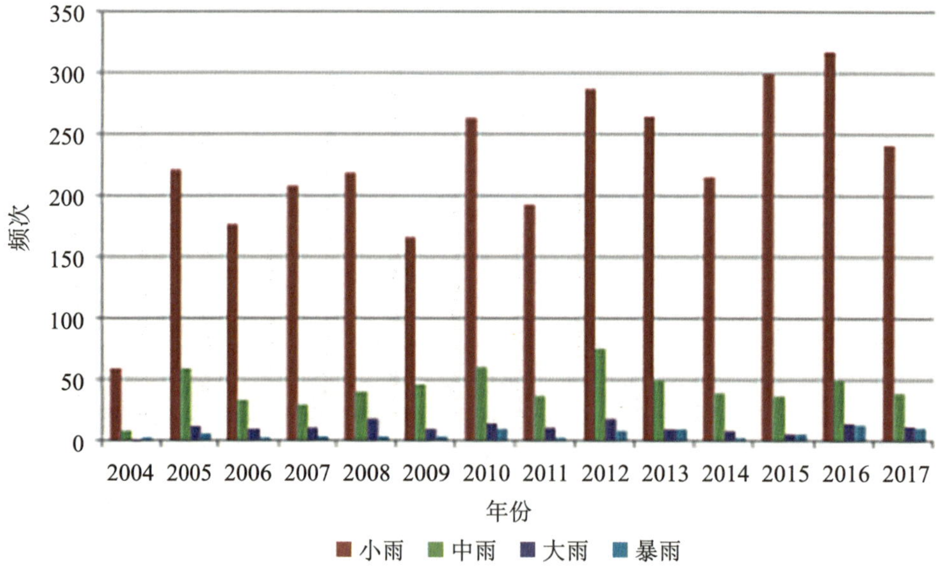

图 4-49　2004—2017 年青龙气象站不同量级逐小时降水图

（6）全市降水强度特征

1980—2018 年，秦皇岛市 5 个国家气象站年最大小时雨强最大为 103.5 毫米 / 小时，出现在卢龙气象站；除青龙气象站外，其余 4 个站年最大小时雨强的气候倾向率均为正，呈波动上升趋势，青龙气象站的年最大小时雨强的气候强项率为负，呈波动下降趋势；秦皇岛市年最大小时雨强出现时间以 7 月、8 月为主，5 月、6 月、9 月为次，未出现在其他月份；从 2005—

2017 年小时降水量统计上看，秦皇岛市逐小时降水量出现次数由大到小分别为小雨、中雨、大雨、暴雨；从 2005—2017 年降水小时数上看，秦皇岛市 5 个站年降水时数最多的年份均为 2012 年。

十、暴雨

1. 暴雨（50 毫米以上）年际变化

暴雨（50 毫米以上）年际变化时间分布上呈下降趋势，20 世纪 70 年代出现暴雨日数最多，为 153 日；80 年代出现暴雨日数最少，为 98 日。空间分布上昌黎县、抚宁区（县）、卢龙县暴雨日数相差不多，抚宁区（县）出现暴雨日数最多，为 124 日；秦皇岛市区出现暴雨日数最少，为 110 日。各站暴雨的年代际变化见表 4-23。

表 4-23　秦皇岛市 5 个国家气象站暴雨年代际变化一览表

单位：日

气象站名称	1970—1979 年	1980—1989 年	1990—1999 年	2000—2009 年	合　计
秦皇岛	22	19	18	22	81
昌黎	35	22	17	22	96
抚宁	33	16	27	22	98
卢龙	33	22	26	21	102
青龙	30	19	25	17	91
全市	153	98	113	104	468

（1）秦皇岛市全区暴雨年际变化

1955—2017 年，共出现有记录暴雨 751 日，年平均暴雨 11.9 日，总体呈缓慢上升趋势。1977 年出现暴雨日数最多，为 34 日；排名第二为 1969 年，出现暴雨 30 日；排名第三为 2012 年，为 29 日。1957 年出现暴雨日数最少，为 2 日；排名第二的为 1989 年，出现暴雨 3 日；1954 年、1961 年、1980 年、1982 年并列第三，出现暴雨 4 日。全区暴雨年际变化见图 4-50。

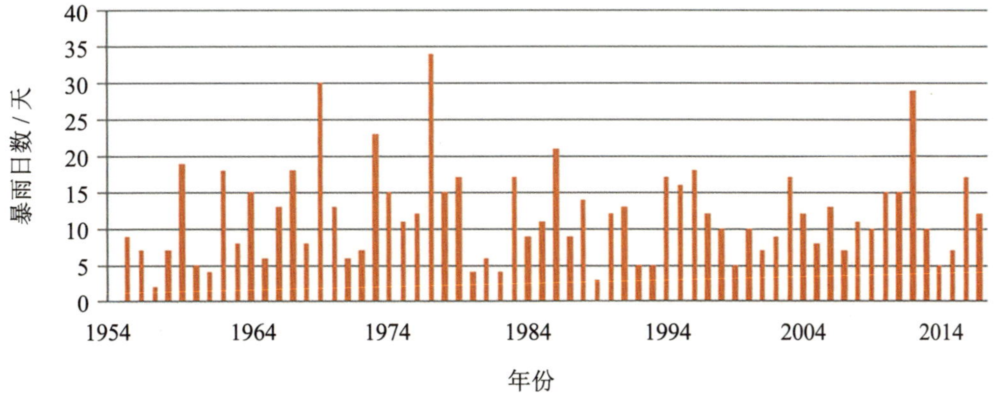

图 4-50　1955—2017 年秦皇岛市全区暴雨年际变化图

（2）秦皇岛市区暴雨的年际变化

1955—2017 年秦皇岛市区共出现有记录暴雨 150 日，年平均暴雨 2.4 日，总体呈下降趋势。1969 年出现暴雨日数最多，为 9 日；排名第二为 2012 年，出现暴雨 7 日；1955 年、1977 年、1986 年并列第三，为 5 日。1961 年、1980 年、1989 年、1993 年、2001 年、2014 年出现暴雨日数最少，为 0 日。

（3）抚宁区（县）暴雨的年际变化

1955—2017 年抚宁区（县）共出现有记录暴雨 153 日，年平均暴雨 2.4 日，总体呈上升趋势。1977 年、1996 年出现暴雨日数最多，为 7 日；1973 年、2012 年并列第二，为 6 日；1959 年、1969 年并列第三，为 5 日。

（4）昌黎县暴雨的年际变化

1955—2017 年昌黎县共出现有记录暴雨 162 日，年平均暴雨 2.6 日，总体趋势较为平稳。1969 年、1973 年出现暴雨日数最多，为 7 日；1977 年排名第二，为 6 日；1959 年、1967 年、2012 年并列第三，为 5 日。

（5）青龙满族自治县暴雨的年际变化

1955—2017 年青龙满族自治县共出现有记录暴雨 146 日，年平均暴雨 2.4 日，总体呈上升趋势。1977 年出现暴雨日数最多，为 8 日；1986 年排名第二，为 7 日；1962 年、1969 年、1996 年、2012 年并列第三，为 6 日。

（6）卢龙县暴雨的年际变化

1955—2017 年卢龙县共出现有记录暴雨 142 日，年平均暴雨 2.3 日，总体呈上升趋势。1977 年出现暴雨日数最多，为 8 日；1988 年排名第二，为 7 日；1967 年、1995 年并列第三，为 6 日。

（7）秦皇岛市暴雨年际变化特征

秦皇岛市区暴雨日数年际变化呈现下降趋势，昌黎县变化趋势平稳，其他县（区）呈现上升趋势；昌黎县出现暴雨日数最多，其次为秦皇岛市区和抚宁区（县），卢龙县出现暴雨次数最少；秦皇岛市各县（区）年平均暴雨日数为 2.3 ～ 2.6 日，年最多出现暴雨次数为 9 日。各站暴雨年代际变化见图 4-51。1955—1959 年、2010—2017 年不足十年，未进行统计。

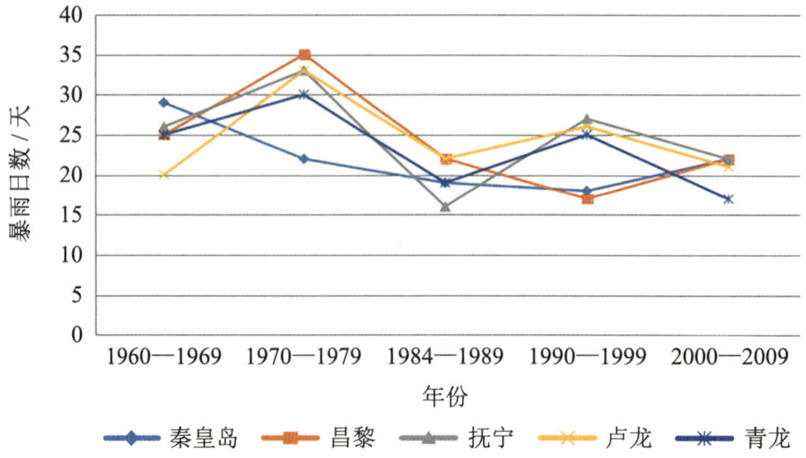

图 4-51　1955—2017 年秦皇岛市 5 个国家气象站暴雨年代际变化图

2. 大暴雨（100 毫米以上）年际变化

（1）秦皇岛市全区大暴雨年际变化

1955—2017 年秦皇岛市全区共出现有记录大暴雨 155 日，年平均暴雨 2.5 日，总体呈上升趋势。1969 年、1998 年、2012 年、2016 年出现暴雨日数最多，为 8 日；1975 年、1984 年、1995 年、2010 年、2011 年排名第二，为 6 日；1959 年、1964 年、1977 年、1979 年、1994 年并列第三，为 5 日。各县（区）每年大暴雨出现日数变化不大，均为 0 ～ 3 日。全区大暴雨（100 毫米以上）年代际变化见图 4-52。

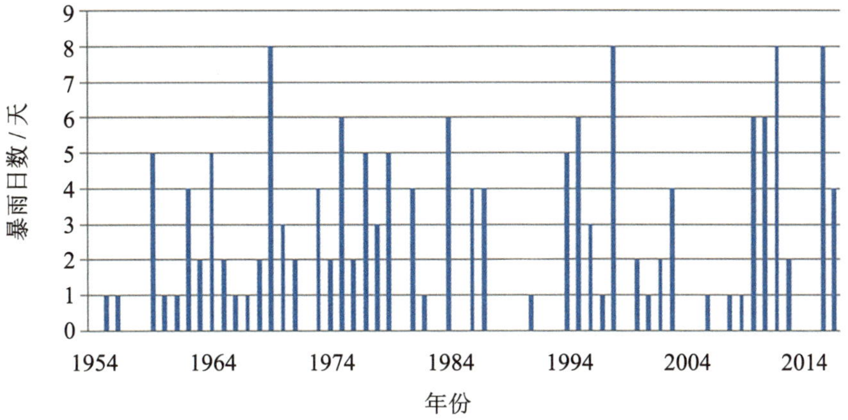

图 4-52　1955—2017 年秦皇岛市全区大暴雨（100 毫米以上）年代际变化图

（2）各国家气象站大暴雨的年代际变化

时间分布上呈下降趋势，20 世纪 70 年代出现大暴雨日数最多，为 32 日；21 世纪初出现大暴雨日数最少，为 12 日。空间分布上抚宁气象站出现大暴雨日数最多，为 28 日，青龙气象站出现大暴雨日数最多，为 18 日。各站大暴雨年代际变化见表 4-24、图 4-53。

表 4-24　秦皇岛市 5 个国家气象站大暴雨年代际变化一览表

单位：日

气象站名称	1960—1969 年	1970—1979 年	1980—1989 年	1990—1999 年	2000—2009 年	合　计
秦皇岛	7	4	5	4	4	24
昌黎	4	8	4	3	5	24
抚宁	8	9	5	5	1	28
卢龙	3	6	4	6	1	20
青龙	5	5	1	6	1	18
累计	27	32	19	24	12	114

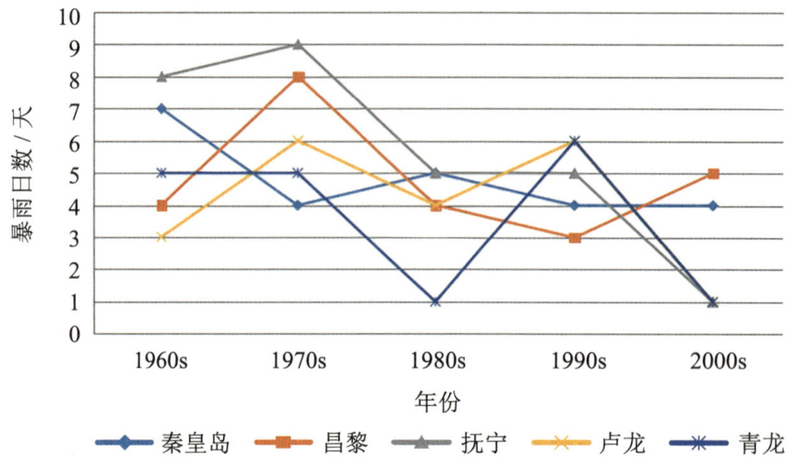

图 4-53　1960—2000 年秦皇岛市 5 个国家气象站大暴雨年代际变化图

（3）特大暴雨（100 毫米以上）

1955—2017 年秦皇岛市全区共出现有记录特大暴雨 2 次：1975 年 7 月 30 日出现在昌黎，降水量为 292.6 毫米；1984 年 8 月 10 日出现在青龙，降水量为 291 毫米。

3. 各国家气象站暴雨具体降水量分布

（1）秦皇岛市全区暴雨具体降水量分布

1955—2017 年，秦皇岛市全区共出现有记录的暴雨 751 日。其中，降水量在 50 ～ 100 毫米 596 日，占总数的 80%；100 ～ 150 毫米 107 日，占总数的 14%；150 ～ 200 毫米 40 日，占总数的 5%；200 毫米以上 8 日，占总数的 1%。各站暴雨具体降水量分布见表 4-25。

表 4-25　1955—2017 年秦皇岛市 5 个国家气象站暴雨具体降水量分布一览表

单位：次

气象站名称	暴　雨	大暴雨	特大暴雨	合　计
秦皇岛	116	34	0	150
昌黎	127	32	1	160
抚宁	117	36	0	153
卢龙	117	25	0	142
青龙	119	26	1	146
累计	596	153	2	751

（2）秦皇岛市区暴雨具体降水量分布

1955—2017 年，秦皇岛市区共出现有记录的暴雨 150 日，其中降水量在 50 ～ 100 毫米 116 日，占总数的 77%，相对偏少；100 毫米以上大暴雨日数相对较多。

（3）抚宁区（县）暴雨具体降水量分布

1955—2017 年，抚宁区（县）共出现有记录的暴雨 153 日，其中降水量在 50 ～ 100 毫米 117 日，占总数的 76%，相对偏少；100 毫米以上大暴雨日数相对较多。

（4）昌黎县暴雨具体降水量分布

1955—2017 年，昌黎县共出现有记录的暴雨 160 日，其中降水量在 50 ～ 100 毫米 127 日，占总数的 80%；100 ～ 150 毫米的暴雨日数偏多；150 毫米以上暴雨日数相对偏少。

（5）青龙满族自治县暴雨具体降水量分布

1955—2017 年，青龙满族自治县共出现有记录的暴雨 146 日，其中降水量在 50 ～ 100 毫米 119 日，占总数的 82%，相对偏多；100 ～ 150 毫米 15 日，相对偏少；150 毫米以上暴雨日数相对偏多。

（6）卢龙县暴雨具体降水量分布

1955—2017 年卢龙县共出现有记录的暴雨 142 日，其中降水量在 50 ～ 100 毫米 117 日，占总数的 82%，相对偏多；100 毫米以上相对偏少。

4. 各国家气象站暴雨具体降水量分布特征

1955—2017 年，5 个国家气象站暴雨降水量以 50 ～ 100 毫米日数最多，为 116 ～ 127 日，占比为 76% ～ 82%，其中青龙、卢龙占比偏高，秦皇岛、抚宁占比偏低；200 毫米以上日数最少，为 1 ～ 3 日，占比为 1% ～ 2%，其中青龙最多。

5. 暴雨月际变化

（1）秦皇岛市全区暴雨（50 毫米以上）月际变化

1955—2017 年秦皇岛市全区出现暴雨的月份是 4—10 月，其中 7 月暴雨日数最多，为 326 日；8 月排名第二，为 270 日；6 月排名第三，为 77 日，三者共占总暴雨日数的 89.6%。1—3 月、11—12 月未出现暴雨记录。秦皇岛市全区暴雨月际变化见图 4-54。

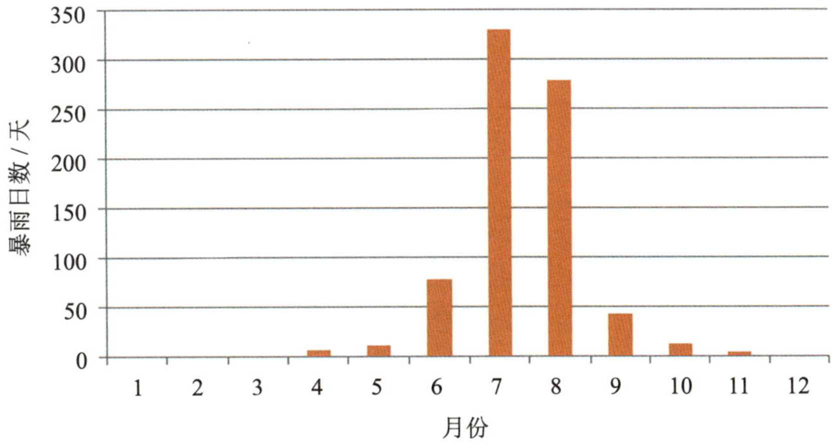

图 4-54　1955—2017 年秦皇岛市全区暴雨月际变化图

（2）各国家气象站暴雨（50 毫米以上）月际变化

1955—2017 年秦皇岛市各国家气象站均为 7 月之前上升、7 月之后下降的趋势，其中 6 月暴雨日数最多为昌黎，17 日，最少为青龙，14 日；7 月青龙最多，69 日，卢龙最少，55 日；8 月抚宁最多，58 日；秦皇岛和青龙最少为 51 日。各站暴雨（50 毫米以上）月际变化见表 4-26。

表 4-26　1955—2017 年秦皇岛市 5 个国家气象站暴雨（50 毫米以上）月际变化一览表

单位：日

气象站名称	1 月	2 月	3 月	4 月	5 月	6 月	7 月	8 月	9 月	10 月	11 月	12 月	合　计
秦皇岛	0	0	0	1	3	15	68	51	8	3	1	0	150
昌黎	0	0	0	2	4	17	68	56	11	1	1	0	160
抚宁	0	0	0	2	1	16	66	58	6	3	1	0	153
卢龙	0	0	0	1	2	15	55	54	10	4	1	0	142
青龙	0	0	0	1	1	14	69	51	8	2	0	0	146
累计	0	0	0	7	11	77	326	270	43	13	4	0	751

（3）秦皇岛市全区大暴雨（100 毫米以上）月际变化

1955—2017 年秦皇岛市全区出现大暴雨的月份是 6—9 月，其中 7 月大暴雨日数最多，为 85 日；8 月排名第二，为 58 日；6 月排名第三，为 7 日，三者共占总暴雨日数的 96.8%，其他月份未出现暴雨记录。

（4）各国家气象站大暴雨（100 毫米以上）月际变化

1955—2017 年秦皇岛市 5 个国家气象站均为 7 月之前上升、7 月之后下降的趋势，其中 6 月大暴雨日数最多，为秦皇岛、昌黎，为 2 日；其他站点为 1 日；7 月最多抚宁为 21 日，最少卢龙为 12 日；8 月最多昌黎 14 日，最少青龙为 10 日。各站大暴雨（100 毫米以上）月际变化见表 4-27。

表 4-27　1955—2017 年秦皇岛市 5 个国家气象站大暴雨（100 毫米以上）月际变化一览表

单位：日

气象站名称	1 月	2 月	3 月	4 月	5 月	6 月	7 月	8 月	9 月	10 月	11 月	12 月	合　计
秦皇岛	0	0	0	0	0	2	19	11	2	0	0	0	34
昌黎	0	0	0	0	0	2	17	14	0	0	0	0	33
抚宁	0	0	0	0	0	1	21	12	2	0	0	0	36
卢龙	0	0	0	0	0	1	12	11	1	0	0	0	25
青龙	0	0	0	0	0	1	16	10	0	0	0	0	27
累计	0	0	0	0	0	7	85	58	5	0	0	0	155

（5）各国家气象站特大暴雨（250 毫米以上）月际变化

1955—2017 年秦皇岛市全区出现特大暴雨的月份是 7 月下旬至 8 月上旬，共 2 次，分别于 1975 年 7 月 30 日出现在昌黎，1984 年 8 月 10 日出现在青龙，其他月份未出现暴雨记录。

十一、连阴雨

选取秦皇岛市 5 个县、区气象站建站以来到 2017 年逐日降水量、日照资料（日界为北京时间 20:00），以连阴雨、连阴雪（以下统称连阴雨）发生次数作为定量表征指标。采取河北省天气预报手册对连阴雨的统计标准：连续 3 天或以上日降水量≥ 0.1 毫米，同时至少连续两天日照≤2小时的天气过程，中间晴天过程不中断；开始日期为过程确定后，第一个日照≤2小时或者日降水量≥0.1毫米的日期；结束日期为连续两天日降水量<0.1毫米或者连续两天日照>2小时；季度划分以3—5月为春季，6—8月为夏季，9—11月为秋季，12月至次年2月为冬季。

秦皇岛市连阴雨变化分析采用线性趋势、滑动平均等统计方法。

1. 连阴雨年际变化

（1）秦皇岛市连阴雨年变化

1954—2017年，秦皇岛市平均连阴雨日数为2.66天，年连阴雨日数虽然呈上升趋势，但气候倾向率为0.088次/10年，上升趋势不明显。1954—2017年，有3次明显的峰谷变化。20世纪50—60年代变化平稳，波动较小；70年代、90年代出现峰值；80年代、21世纪初期出现低谷。1972年、1984年、2006年、2014年均无连阴雨出现。最大值（7次）出现在1990年、2015年；1976年出现6次；其余在1～5次。秦皇岛市连阴雨变化见图4-55。

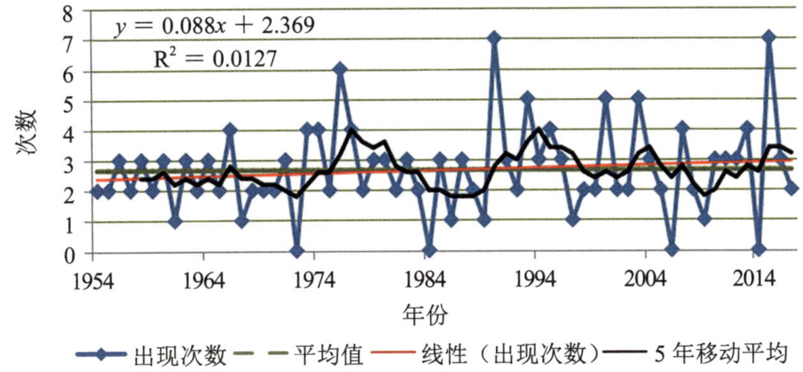

图4-55　1954—2017年秦皇岛市连阴雨变化图

（2）青龙满族自治县连阴雨年变化特征

1957—2017年，青龙满族自治县平均连阴雨日数为2.54天，连阴雨年变化呈上升趋势，气候倾向率为0.171次/10年。从5年移动平均来看，20世纪60年代到70年代为波动上升趋势，80年代开始减少，90年代也是相对低值区，到21世纪呈上升趋势。1963年、1988年、1998年均无连阴雨出现，2003年最多出现6次，1970年、1978年、2008年均出现5次，其余年份在1～4次之间变化。青龙满族自治县连阴雨变化见图4-56。

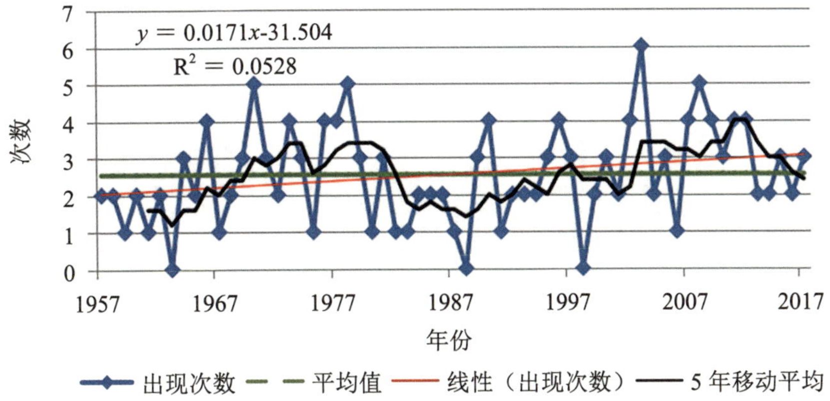

图4-56　1957—2017年青龙满族自治县连阴雨变化图

（3）抚宁区（县）连阴雨年变化

1959—2017 年，抚宁区（县）平均连阴雨日数为 2.61 天，连阴雨年变化呈下降趋势，气候倾向率为 -0.099 次 /10 年，下降缓慢。从 5 年移动平均来看，20 世纪 60 年代到 70 年代为波动上升趋势；80 年代开始减少，达到低谷；90 年代到 21 世纪围绕着平均值上下波动。1972 年、1984 年、2014 年均无连阴雨出现，1973 年、2003 年连阴雨出现次数最多，为 8 次，1976 年出现 7 次，1966 年、1970 年、1993 年、2015 年均出现 5 次，其余年份 1 ～ 4 次。抚宁区（县）连阴雨变化见图 4-57。

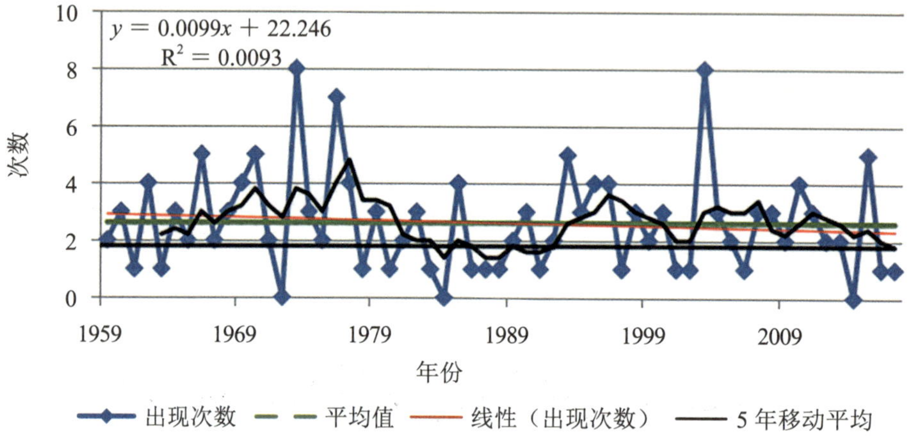

图 4-57　1959—2017 年抚宁区（县）连阴雨变化图

（4）昌黎县连阴雨年变化

1955—2017 年，昌黎县年平均连阴雨日数为 2.57 天，连阴雨年变化呈下降趋势，气候倾向率为 -0.028 次 /10 年，下降趋势不明显，接近多年平均值。从 5 年移动平均来看，20 世纪 60 年代到 70 年代为波动上升趋势，70 年代后期达到峰值；80 年代开始减少，一直到 90 年代呈小波动变化，略有升降；到 21 世纪初期出现一个小的峰值，随后波动下降。只有 2014 年未出现连阴雨；1973 年连阴雨出现次数最多，为 8 次；1976 年、2003 年均出现 7 次；1985 年、2000 年、2007 年均出现 5 次；其余年份在 1 ～ 4 次。昌黎县连阴雨变化见图 4-58。

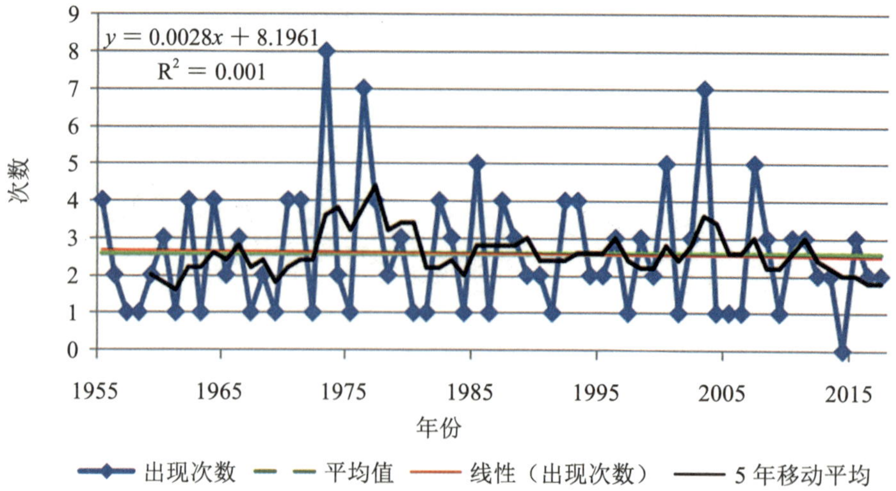

图 4-58　1955—2017 年昌黎县连阴雨变化图

（5）卢龙县连阴雨年变化

1971—2017 年，卢龙县平均连阴雨日数为 2.36 天，连阴雨年变化呈下降趋势，气候倾向率为 -0.046 次 /10 年，下降趋势不明显，接近多年平均值。从 5 年移动平均来看，20 世纪 70 年代为峰值区；80 年代开始减少，一直到 90 年代呈小波动变化，略有升降；到 21 世纪初期出现一个小的峰值，随后波动下降。2001 年、2014 年未出现连阴雨，1973 年、2003 年连阴雨出现次数最多，为 7 次，1995 年、2015 年均出现 6 次，其余年份在 1 ～ 4 次。卢龙县连阴雨变化见图 4-59。

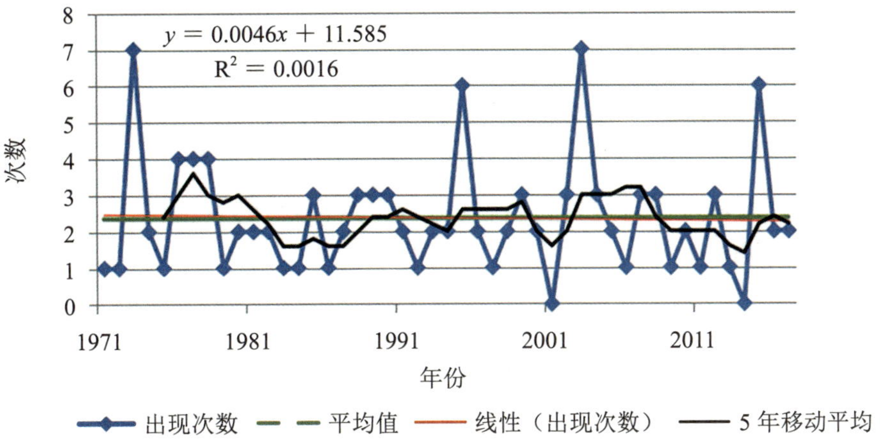

图 4-59　1971—2017 年卢龙县连阴雨变化图

2. 连阴雨四季变化

统计分析秦皇岛市 1955 年建站至 2017 年连阴雨各季出现次数：春季，连阴雨次数青龙气象站最多，为 0.41 次 / 年，卢龙气象站最少，为 0.26 次 / 年；夏季，秦皇岛气象站最多，为 1.75 次 / 年，青龙气象站最少，为 1.46 次 / 年，卢龙气象站与青龙气象站接近，为 1.49 次 / 年；秋季，全市 5 个国家气象站出现次数接近，为 0.46 次 / 年左右；冬季，青龙气象站最多，为 0.23 次 / 年，抚宁气象站最少，为 0.12 次 / 年。各站各季节连阴雨分布见表 4-28。

表 4-28　1955—2017 年秦皇岛市 5 个国家气象站各季连阴雨分布一览表

气象站名称	春　季		夏　季		秋　季		冬　季	
	次数 / 年	频率 /%	次数 / 年	频率 /%	次数 / 年	频率 /%	次数 / 年	频率 /%
秦皇岛	0.30	11	1.75	66	0.47	18	0.14	5
青龙	0.41	16	1.46	58	0.44	17	0.23	9
抚宁	0.37	14	1.66	64	0.46	17	0.12	5
昌黎	0.37	14	1.57	61	0.46	18	0.17	7
卢龙	0.26	11	1.49	63	0.47	20	0.15	6

1955—2017 年，秦皇岛市共出现连阴雨 170 次，春季出现 19 次，平均每年 0.30 次；夏季 112 次，平均每年 1.75 次；秋季 30 次，平均每年 0.47 次；冬季仅出现 9 次，平均每年 0.14 次。

连阴雨出现次数夏季占66%，秋季占18%，春季占11%，冬季占5%。

1957—2017年，青龙共出现连阴雨155次，春季出现25次，平均每年0.41次；夏季89次，平均每年1.46次；秋季27次，平均每年0.44次；冬季仅出现14次，平均每年0.23次。连阴雨出现次数夏季占58%，秋季占17%，春季占16%，冬季占9%。

1959—2017年，抚宁区（县）共出现连阴雨154次，春季出现22次，平均每年0.37次；夏季98次，平均每年1.66次；秋季27次，平均每年0.46次；冬季仅出现7次，平均每年0.12次。连阴雨出现次数夏季占64%，秋季占17%，春季占14%，冬季占5%。

1955—2017年，昌黎县共出现连阴雨162次，春季出现23次，平均每年0.37次；夏季99次，平均每年1.57次；秋季29次，平均每年0.46次；冬季仅出现11次，平均每年0.17次。连阴雨出现次数夏季占61%，秋季占18%，春季占14%，冬季占7%。

1971—2017年，卢龙县共出现连阴雨111次，春季出现12次，平均每年0.26次；夏季70次，平均每年1.49次；秋季22次，平均每年0.47次；冬季仅出现7次，平均每年0.15次。连阴雨出现次数夏季占63%，秋季占20%，春季占11%，冬季占6%。

3. 连阴雨持续时间

连阴雨持续时间长易造成农作物腐烂，食物发霉变质，给工农业生产、交通运输及人们日常生活等带来诸多不便。

（1）秦皇岛市区连阴雨持续时间

1955—2017年，秦皇岛市区连阴雨持续时间不等，最长持续时间11天，出现2次；持续时间为10天的，出现2次；持续时间为9天的，出现2次；持续时间为3天的最多，达79次，所占比率达46%；持续时间为4天的达34次，占比为20%；持续时间为5天的达31次，占比为18%；持续时间为6～8天的均不到10次。秦皇岛市区连阴雨持续时间见图4-60。

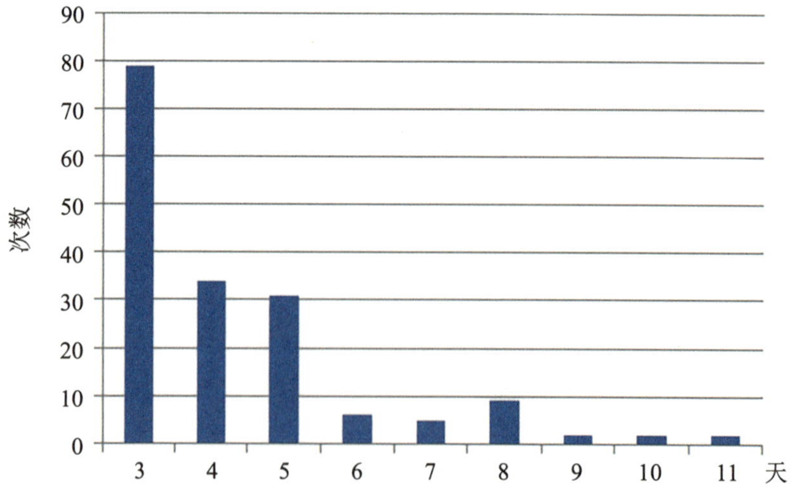

图4-60　1955—2017年秦皇岛市区连阴雨持续时间频次图

（2）青龙（满族自治）县连阴雨持续时间

青龙（满族自治）县连阴雨最长持续时间12天，共出现4次，分别出现在1959年8月、1974年8月、1976年7月、1990年7月；持续时间为11天的，出现1次；持续时间为10天未出现；持续时间为 9 天的，出现 2 次；持续时间为 3 天的最多达 68 次，占比为 44%；持续时间为 4 天达 26 次，占比为 17%；持续时间为 5 天的达 22 次，占比为 14%；持续时间为 6 天的 19 次，占比为 12%。1957—2017 年青龙（满族自治）县连阴雨持续时间见图 4-61。

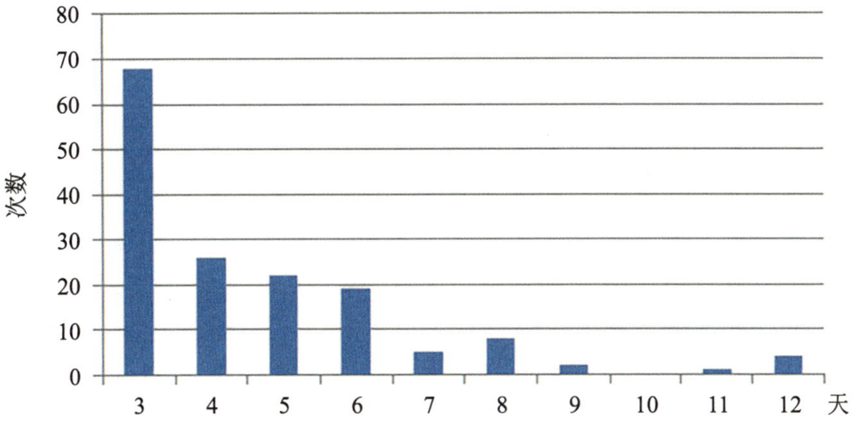

图 4-61 1957—2017 年青龙（满族自治）县连阴雨持续时间频次图

（3）抚宁区（县）连阴雨持续时间

抚宁区（县）连阴雨最长持续时间 11 天，共出现 1 次，出现在 2011 年 7 月；持续时间为 10 天的，出现 1 次；持续时间为 9 天的，出现 2 次；持续时间为 3 天的最多，达 72 次，所占比率达 47%；持续时间为 4 天的达 33 次，占比为 21%；持续时间为 5 天的达 23 次，占比为 15%；持续时间为 6 天的 12 次，占比为 8%。1955—2017 年抚宁区（县）连阴雨持续时间见图 4-62。

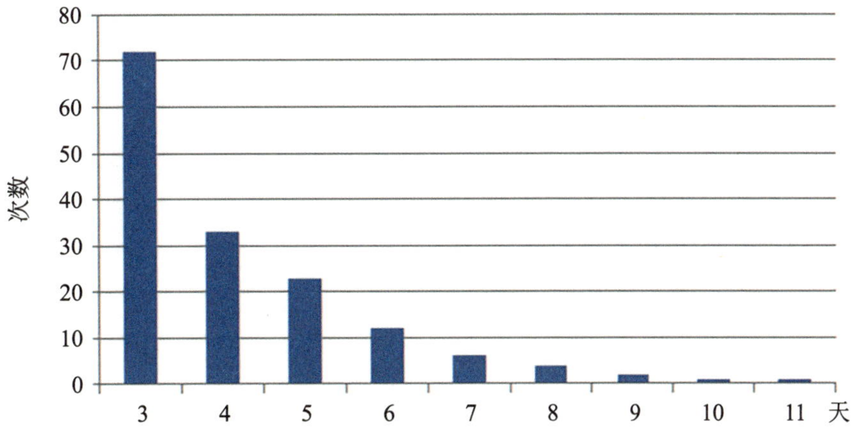

图 4-62 1955—2017 年抚宁区（县）连阴雨持续时间频次图

（4）昌黎县连阴雨持续时间

昌黎县连阴雨最长持续时间 13 天，共出现 1 次，出现在 1994 年 7 月；持续时间为 12 天的未出现；持续时间为 11 天，出现 3 次；持续时间为 10 天的，出现 1 次；持续时间为 9 天的，出现 1 次；持续时间为 3 天的最多，达 78 次，所占比率达 48%；持续时间为 4 天的达 33 次，占比为 20%；持续时间为 5 天的达 23 次，占比为 14%；持续时间为 6 天的 15 次，占比为 9%。1955—2017 年昌黎县连阴雨持续时间见图 4-63。

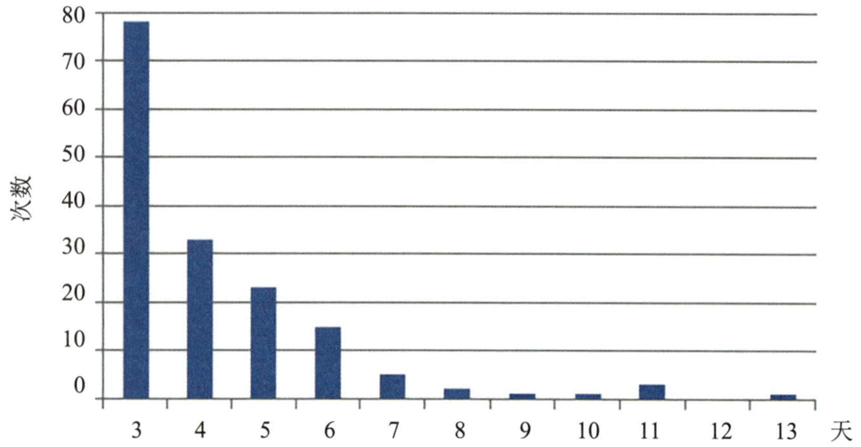

图 4-63　1955—2017 年昌黎县连阴雨持续时间频次图

（5）卢龙县连阴雨持续时间

卢龙县连阴雨最长持续时间 11 天，共出现 1 次，出现在 2004 年 6 月；持续时间为 10 天的，未出现；持续时间为 9 天的，出现 2 次；持续时间为 3 天的最多，达 50 次，所占比率达 45%；持续时间为 4 天的达 25 次，占比为 23%；持续时间为 5 天的达 16 次，占比为 14%；持续时间为 6 天的 10 次，占比为 9%。1962—2017 年卢龙县连阴雨持续时间见图 4-64。

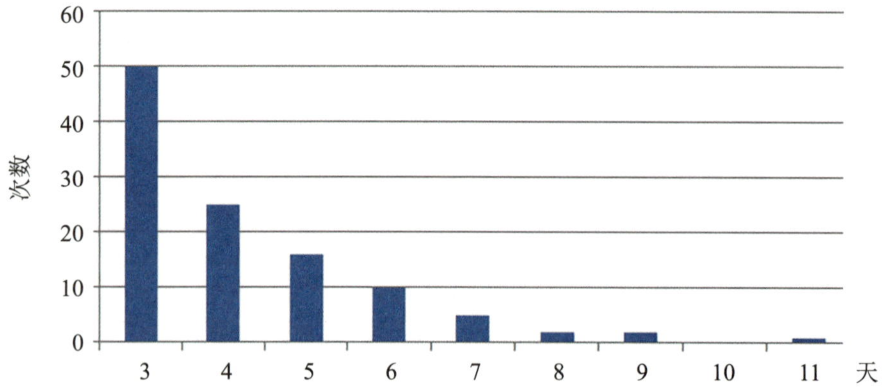

图 4-64　1962—2017 年卢龙县连阴雨持续时间频次图

4. 秦皇岛市连阴雨特征

秦皇岛市年平均连阴雨日数为 2.55 次 / 年，秦皇岛市区最多为 2.66 次 / 年，卢龙县最少为 2.36 次 / 年。沿海地区多于内陆；全市夏季连阴雨出现最多，大部分县、区秋季连阴雨多于春季，只有青龙满族自治县春、秋季连阴雨持平；全市连阴雨大部分持续时间在 3 ～ 5 天，持续时间 3 天的所占比率为 46%，持续时间 4 天的所占比率为 20%，持续时间 5 的天所占比率为 15%。

十二、冰雹

1. 冰雹年际变化

（1）秦皇岛市冰雹的年际变化

1955—2017 年，秦皇岛市共出现有记录冰雹 330 次，年平均冰雹次数 5.2 次，冰雹次数呈下降趋势。1967 年出现冰雹次数最多，为 25 次；排名第二为 1986 年的 17 次；第三为 1975 年，16 次。1994 年、2002 年、2009 年全区均未出现冰雹。秦皇岛市冰雹年际变化见图 4-65。

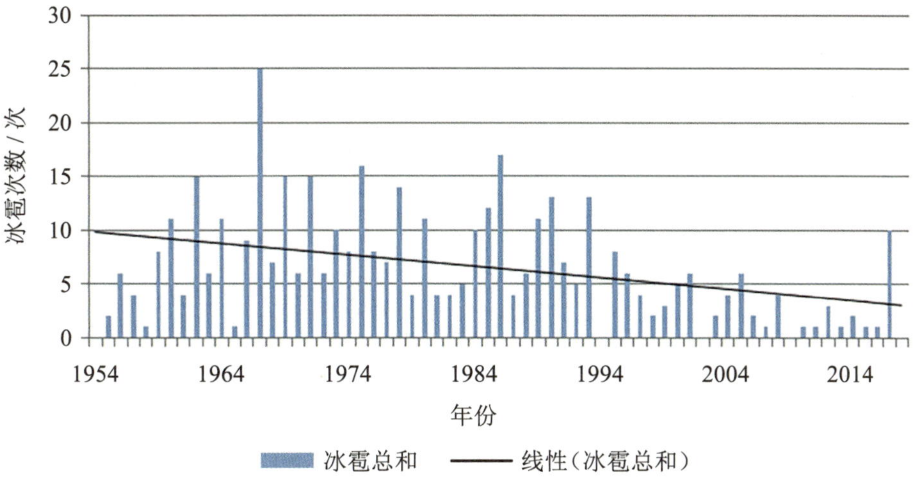

图 4-65　1955—2017 年秦皇岛市全区冰雹年际变化特征图

（2）秦皇岛市区冰雹的年际变化

1955—2017 年，秦皇岛市区共出现有记录冰雹 61 次，年平均冰雹次数约 1.0 次，冰雹次数呈下降趋势。1967 年出现冰雹次数最多，为 5 次；排名第二为 1971 年的 4 次；1956 年、1959 年、1964 年、1969 年、1970 年、1973 年、1978 年、1993 年均出现 3 次。1955—2017 年，有 33 年秦皇岛市区未出现有记录冰雹，2004—2017 年连续 14 年秦皇岛市区没有冰雹记录。

（3）抚宁区（县）冰雹的年际变化

1955—2017 年，抚宁区（县）共出现有记录冰雹 67 次，年平均冰雹次数 1.1 次，冰雹次数呈下降趋势。1967 年出现冰雹次数最多，为 6 次；其次为 1975 年的 4 次；1962 年、1969 年、1973 年、1974 年、1993 年均为 3 次，排名第三。2002—2015 年连续 14 年未出现有记录冰雹。

（4）昌黎县冰雹的年际变化

1955—2017 年，昌黎县共出现有记录冰雹 99 次，年平均冰雹次数 1.6 次，冰雹次数呈下降趋势。1960 年、1975 年均出现 5 次冰雹，排名第一；排名第二为 1962 年、1967 年、1971 年、1972 年、1986 年、1990 年、1995 年、2017 年的 4 次，1956 年、1961 年、1964 年、1969 年、1976 年、1980 年、1984 年、2005 年均为 3 次，排名第三。

（5）青龙满族自治县冰雹的年际变化

1955—2017 年，卢龙县共出现有记录冰雹 84 次，年平均冰雹次数 1.3 次，冰雹次数呈下降趋势。出现冰雹次数最多的为 1966 年、1967 年、1986 年，均为 5 次；1960 年、1964 年、1969 年、1978 年、1980 年均为 4 次，排名第二；1957 年、1962 年、1973 年、1976 年、

1981 年、1985 年、1989 年、1991 年、1992 年、1995 年、2008 年均为 3 次，排名第三。

（6）卢龙县冰雹的年际变化

1955—2017 年，卢龙县共出现有记录冰雹 103 次，年平均冰雹次数 1.6 次，冰雹年际变化平稳。1967 年、1985 年均出现冰雹 5 次，排名第二的为 1962 年、1978 年、1986 年、1988 年、1990 年、1993 年、2017 年，均出现冰雹 4 次，1971 年、1975 年、1989 年均出现 3 次。

2. 冰雹月变化

秦皇岛市北部山区出现冰雹的月份为 3—10 月，沿海地区出现冰雹的月份为 4—11 月；全区出现冰雹最多的月份为 6 月，其次为 5 月。

（1）秦皇岛市全区冰雹月变化

全区出现冰雹的月份是 3—11 月。6 月出现冰雹次数最多，为 133 次；第二为 5 月，92 次；7 月和 9 月均为 50 次，列第三位。1 月、2 月、12 月未出现冰雹记录。秦皇岛市全区冰雹月变化见图 4-66。

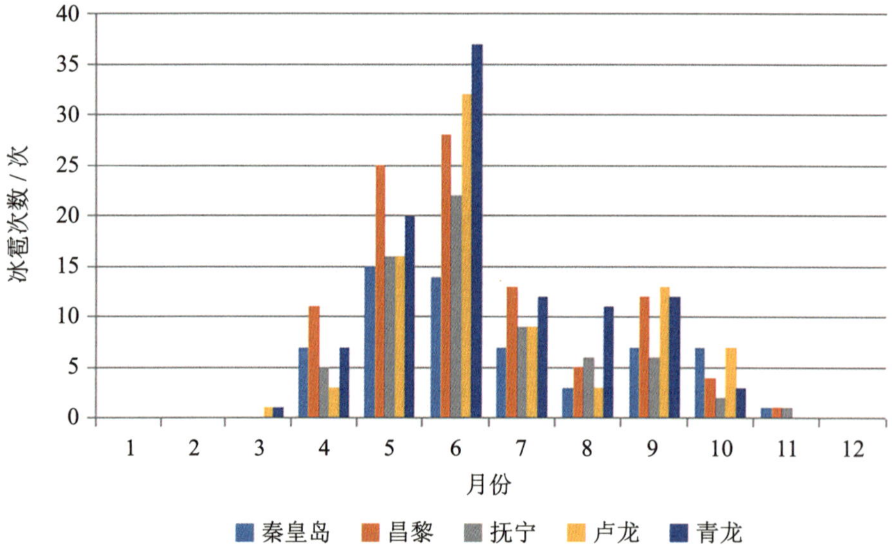

图 4-66　1955—2017 年秦皇岛市全区冰雹月变化特征图

（2）秦皇岛市区冰雹的季节变化

秦皇岛市区出现冰雹的月份是 4—11 月。其中 5 月出现冰雹次数最多，为 15 次；6 月为 14 次，排名第二；4 月、7 月、9 月、10 月均为 7 次，排名第三。1 月、2 月、3 月、12 月均未出现冰雹。

（3）抚宁区（县）冰雹的季节变化

抚宁区（县）出现冰雹的月份是 4—11 月。其中出现冰雹次数最多为 6 月的 22 次，排名第二为 5 月的 16 次；7 月为 9 次，排名第三。1 月、2 月、3 月、12 月均未出现冰雹。

（4）昌黎县冰雹的季节变化

昌黎县出现冰雹的月份是 4—11 月。其中 6 月出现冰雹次数最多为 28 次；第二为 5 月的 25 次；7 月排名第三，为 13 次。1 月、2 月、3 月、12 月均未出现冰雹。

（5）青龙满族自治县冰雹的季节变化

青龙满族自治县出现冰雹的月份是3—10月。其中6月排名第一，为37次；5月为20次，排名第二；7月、9月均为12次，排名第三。1月、2月、11月、12月均未出现冰雹。

（6）卢龙县冰雹的季节变化

卢龙县出现冰雹次的月份是3—10月。其中6月出现冰雹次数最多，为32次；5月为16次，排名第二；9月为13次，排名第三。1月、2月、11月、12月均未出现冰雹。

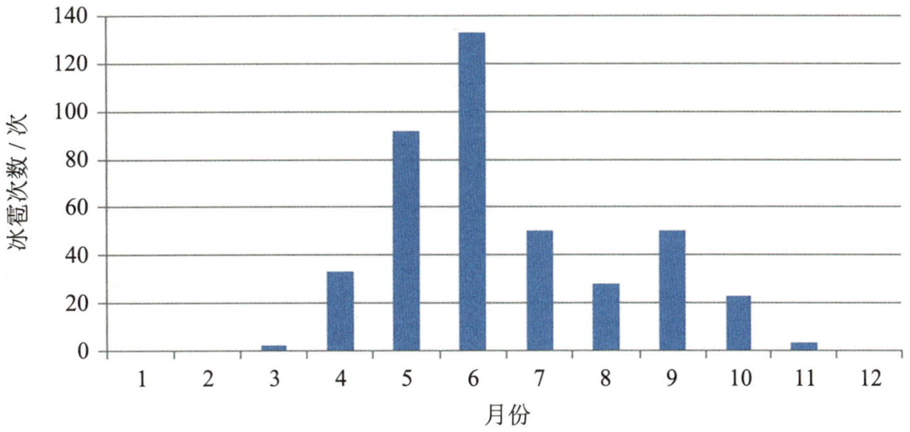

图4-67　1955—2017年秦皇岛市5个国家气象站冰雹月变化特征图

3. 冰雹日变化

秦皇岛市各县（区）出现冰雹的主要时段为午后到傍晚，冰雹出现概率最大时次为16—17时；凌晨到次日上午出现冰雹的概率较低；秦皇岛市区和青龙满族自治县几乎任何时次都可能出现冰雹。

（1）秦皇岛市全区冰雹的日变化

全区几乎任何时次都可能出现冰雹，冰雹主要的出现时段为每日的14—19时，16—17时出现冰雹的概率最大。秦皇岛市全区冰雹日变化见图4-68。

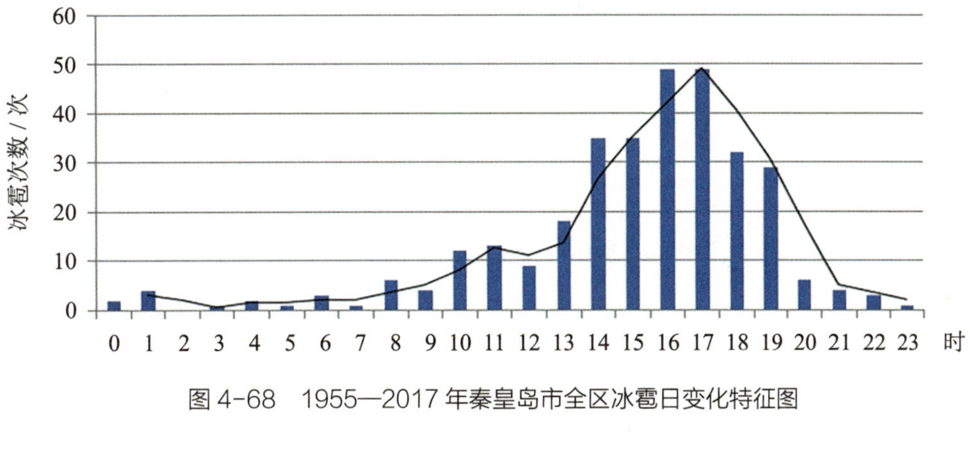

图4-68　1955—2017年秦皇岛市全区冰雹日变化特征图

（2）秦皇岛市区冰雹的日变化

秦皇岛市区几乎任何时次都可能出现冰雹，冰雹主要的出现时段为每日的13—19时，16时出现冰雹的概率最大。

（3）抚宁区（县）冰雹的日变化

抚宁区（县）9—19时可能出现冰雹，冰雹主要的出现时段为每日的14—18时，17时出现冰雹概率最大。20时至次日8时，抚宁区（县）未出现有记录冰雹。

（4）昌黎县冰雹的日变化

昌黎县6—22时可能出现冰雹，冰雹主要的出现时段为每日的10—19时，17时出现冰雹概率最大。23时至次日5时，昌黎县未出现有冰雹记录。

（5）青龙满族自治县冰雹的日变化

青龙满族自治县几乎任何时次都可能出现冰雹，冰雹主要的出现时段为每日的14—19时，14时、17时出现冰雹概率最大。

（6）卢龙县冰雹的日变化

卢龙县8～19时可能出现冰雹，冰雹主要的出现时段为每日的13—19时，16时出现冰雹概率最大。20时至次日7时，卢龙县未出现有冰雹记录。

4. 秦皇岛市冰雹特征

卢龙县冰雹次数年际变化平稳，其他县（区）均呈现下降趋势；卢龙县出现冰雹次数最多，其次为昌黎县，秦皇岛市区出现冰雹次数最少；各县（区）年平均冰雹次数为1～1.6次，年最多出现冰雹次数为6次。

十三、相对湿度

1. 相对湿度年变化

秦皇岛气象站1954—2017年平均相对湿度介于57%～72%，平均值62.83%；抚宁气象站1960—2017年平均相对湿度介于56%～69%，平均值62.83%；昌黎气象站1955—2017年平均相对湿度介于56%～67%，平均值60.22%；卢龙气象站1962—2017年平均相对湿度介于55%～66%，平均值59.30%；青龙气象站1957—2017年平均相对湿度介于55%～65%，平均值59.36%。各站相对湿度年变化见图4-69。

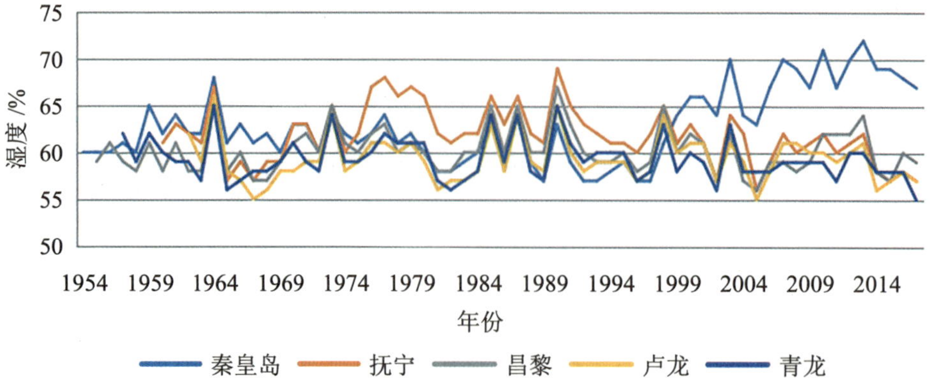

图4-69　1954—2017年秦皇岛市5个国家气象站相对湿度年变化图

2. 相对湿度月变化

1954—2017 年，秦皇岛市月相对湿度变化最小湿度集中出现在 12 月、1 月和 4 月，最大湿度集中出现在 7 月和 8 月。秦皇岛气象站月相对湿度最小为 51%，出现在 12 月；最大为 82%，出现在 7 月。抚宁气象站月相对湿度最小为 51.31%，出现在 4 月；最大为 80.44%，出现在 7 月。昌黎气象站月相对湿度最小为 49.89%，出现在 1 月；最大为 79.56%，出现在 7 月。卢龙气象站月相对湿度最小为 47.46%，出现在 4 月；最大为 78.52%，出现在 8 月；青龙气象站月相对湿度最小为 44.72%，出现在 4 月；最大为 78.18%，出现在 8 月（图 4-70）。

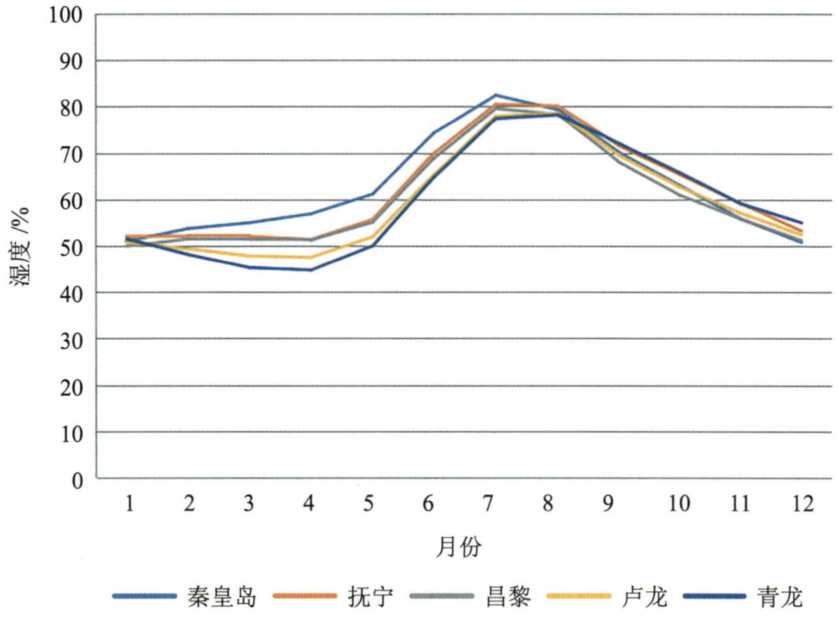

图 4-70 1954—2017 年秦皇岛市全区相对湿度月变化图

十四、蒸发量

1. 蒸发量年际变化

由于自 2002 年以后秦皇岛市区和青龙满族自治县改为 5—10 月观测大型蒸发，其他月份观测小型蒸发；自 2013 年以后，抚宁区（县）、昌黎县和卢龙县的蒸发量取消观测，故秦皇岛市蒸发量的年际变化将分为两段进行统计分析，即 1959—2001 年和 2002—2017 年。

（1）1959—2001 年秦皇岛市蒸发量年际变化

对秦皇岛市 5 个站点的小型蒸发量进行平均处理，得到 1959—2001 年秦皇岛市小型蒸发量年际变化特征，见图 4-71。1959—2001 年，秦皇岛市小型蒸发量呈逐年下降趋势，且下降速率为 5 毫米 / 年，平均小型蒸发量为 1 604.2 毫米。小型蒸发量最大出现在 1972 年，为 1 871.0 毫米；最小出现在 1985 年，为 1 327.1 毫米。各县（区）小型蒸发量最大出现在卢龙县，最小出现在秦皇岛市区。

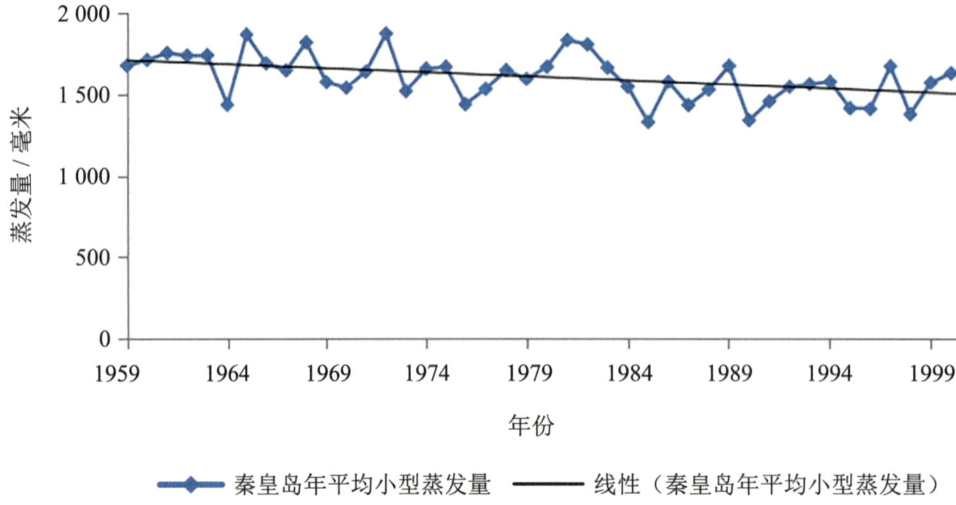

图 4-71　1959—2001 年秦皇岛市小型蒸发量年际变化特征图

1959—2001 年，秦皇岛市各县（区）小型蒸发量变化范围为 1 245.1 ～ 1 993.4 毫米。蒸发量最大出现在卢龙县，为 1972 年；最小出现在秦皇岛市区，为 1995 年。各县（区）极端小型蒸发量见表 4-29。

表 4-29　1959—2001 年秦皇岛市各县（区）极端小型蒸发量一览表

县区名称	最大蒸发量 / 毫米	最大蒸发量年份	最小蒸发量 / 毫米	最小蒸发量年份
秦皇岛市区	1 912.0	1965	1 245.1	1995
抚宁区（县）	1 778.4	1982	1 282.1	1985
昌黎县	2 201.9	1981	1 434.7	1985
青龙满族自治县	1 827.6	1961	1 249.7	1998
卢龙县	1 993.4	1972	1 374.0	1985

（2）2002—2017 年秦皇岛市蒸发量年际变化

1959—2001 年秦皇岛市区和青龙满族自治县改为 5—10 月观测大型蒸发，其他月份观测小型蒸发；而抚宁区（县）、昌黎县和卢龙县仍全年观测小型蒸发量。为对比分析大型蒸发和小型蒸发的变化特征，故将秦皇岛市区和青龙满族自治县的蒸发量进行平均处理，以此作为秦皇岛市平均蒸发量进行特征分析。

2002—2017 年，秦皇岛市大型蒸发量（夏半年）平均为 582.8 毫米，最大值出现在 2015 年，为 647.5 毫米；最小值出现在 2008 年，为 519.3 毫米。小型蒸发量（冬半年）平均为 422.2 毫米，最大值出现在 2002 年，为 523.1 毫米；最小值出现在 2015 年，为 347.5 毫米。见图 4-72。

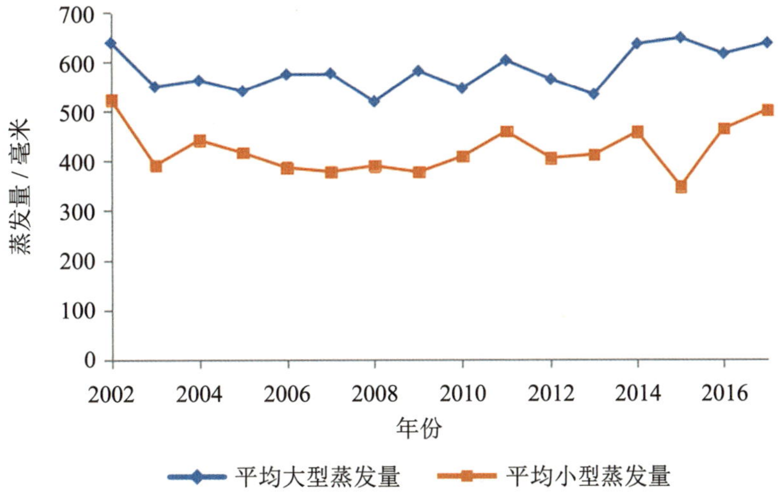

图 4-72　2002—2017 年秦皇岛市蒸发量年际变化特征图

2. 蒸发量月变化

1959—2017 年，秦皇岛市 5 个国家气象站每个月的小型蒸发量统计见图 4-73。各县（区）小型蒸发量月变化在 8.3 ～ 285.4 毫米。月蒸发量最大出现在 5 月的卢龙气象站，月蒸发量最小出现在 1 月的抚宁气象站。5 月蒸发量最大，为 218.9（秦皇岛气象站）～ 285.4 毫米（卢龙气象站）。1 月蒸发量最小，为 8.3（抚宁气象站）～ 51.5 毫米（昌黎气象站）。1—5 月，各县（区）月蒸发量呈逐渐上升趋势，5—12 月各县区月蒸发量呈逐渐下降趋势。

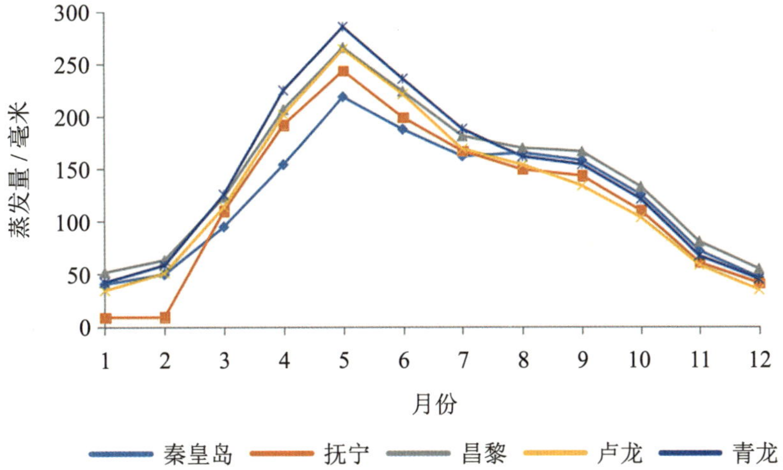

图 4-73　1959—2017 年秦皇岛市 5 个国家气象站小型蒸发量月变化特征图

十五、大雾①

1. 大雾年变化

秦皇岛气象站：1954—2017 年大雾出现的日数总体呈上升趋势，见图 4-74，且阶段性变

① 大雾是指由于近地层空气中悬浮的无数小水滴或小冰晶造成水平能见度不足 500 米的一种天气现象。气象观测规定能见度小于 500 米，空气相对湿度大于 65%，记为大雾。本部分选取秦皇岛、昌黎、抚宁、卢龙、青龙 5 个国家气象站资料分析大雾的年、季节、月变化特征。

化明显，年平均大雾日数为9.4日。1954—1989年大雾出现的日数都在13日以下，1990年大雾日数出现第一个峰值，为21日，1990—1998年大雾出现的日数都在10日以下，1999年大雾出现第二个峰值，为19日，1999—2013年大雾出现的日数都在14日以下，2014—2016年大雾出现第三个峰值，其中2014年大雾日数最多，为51日。大雾日数最多的年份为2014年，为51日；大雾日数最少的年份为1997年，为0日。第三峰值大雾出现的日数远远超过其他两个峰值，但2014年之后大雾出现的日数呈逐渐下降的趋势。

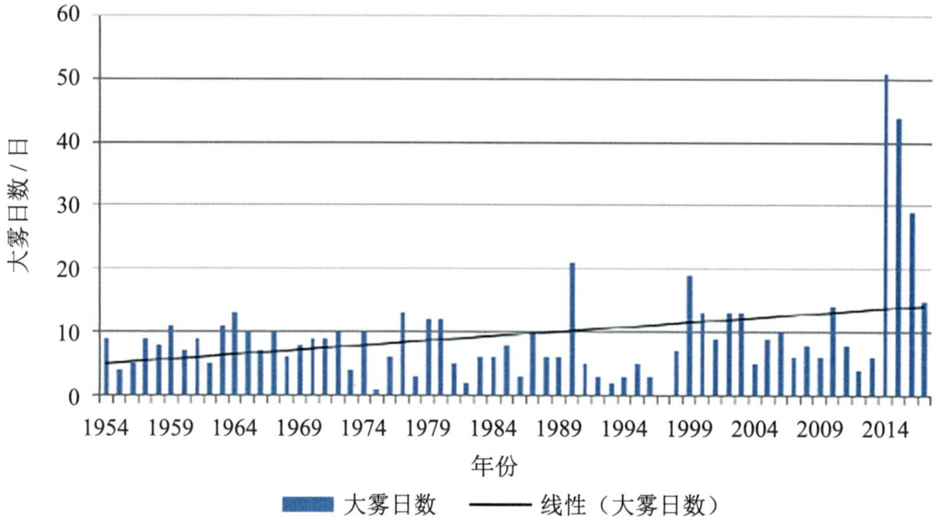

图4-74　1954—2017年秦皇岛气象站大雾年际变化特征图

抚宁气象站：1959—2017年大雾出现的日数总体呈上升趋势，见图4-75，年平均大雾日数为9.7日，没有明显的阶段特征。大雾日数最多的年份为1977年（21日），最少的年份为1962年和2001年（3日），1977年、1980年和1990年大雾日数在20日以上；其他各年份大雾日数分布波动不大，较为平均，在10日上下。

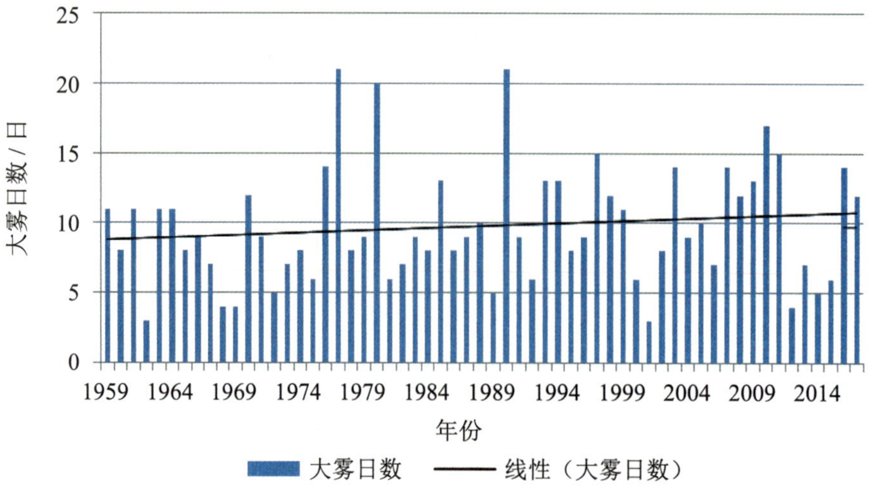

图4-75　1959—2017年抚宁气象站大雾年际变化特征图

昌黎气象站：1955—2017 年大雾出现的日数总体呈下降趋势，见图 4-76，年平均大雾日数为 9.2 日，没有明显的阶段特征。大雾日数最多的年份为 1974 年和 1990 年（20 日），最少的年份为 1992 年（3 日）。

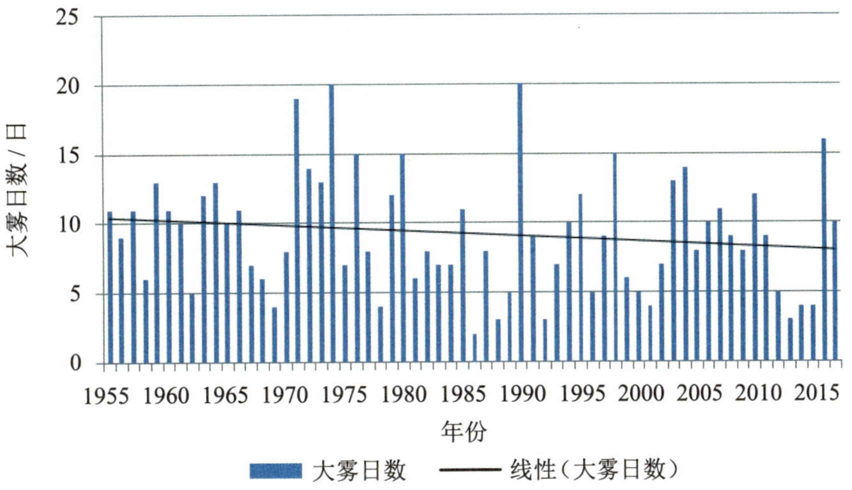

图 4-76　1955—2017 年昌黎气象站大雾年际变化特征图

卢龙气象站：1962—2017 年大雾出现的日数总体呈上升趋势，见图 4-77，且阶段性变化明显，年平均大雾日数为 16.9 日，远远高出其他各站。1985 年大雾日数出现第一个峰值，为 29 日，1990 年大雾出现第二个峰值，也为 29 日，1998 年和 1999 年大雾出现第三个峰值，其中 1998 年大雾日数最多，为 36 日。大雾日数最少的年份为 1965 年和 2014 年，为 5 日。

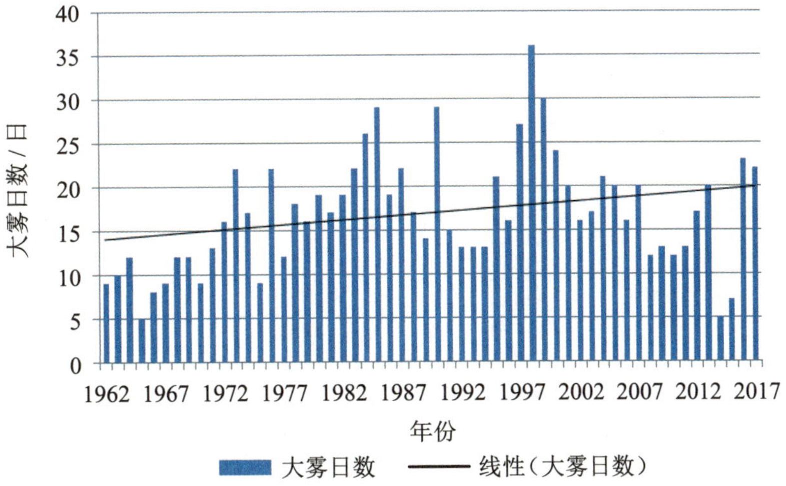

图 4-77　1962—2017 年卢龙气象站大雾年际变化特征图

青龙气象站：1957—2017 年大雾出现的日数总体变化不大，呈略微下降趋势，见图 4-78，年平均大雾日数为 8.5 日，小于其他各站。大雾日数最多的年份为 1990 年，为 21 日；大雾日数最少的年份为 1970 年、1982 年、2012 年和 2015 年，均为 2 日。

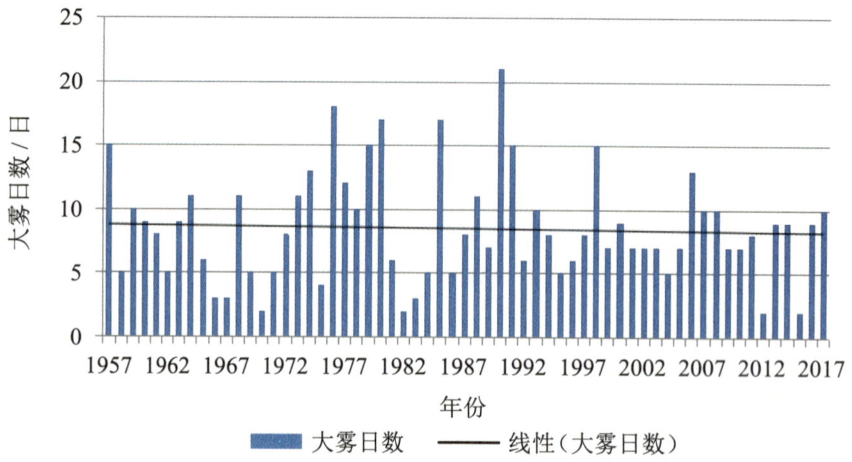

图 4-78　1957—2017 年青龙气象站大雾年际变化特征图

总之，昌黎气象站和青龙气象站大雾日数年变化呈下降趋势，秦皇岛、抚宁和卢龙 3 个气象站呈上升趋势；5 个气象站年平均大雾日数由多到少排序为卢龙（16.9 日）、抚宁（9.7 日）、秦皇岛（9.4 日）、昌黎（9.2 日）、青龙（8.9 日）；大雾日数的最大值出现在秦皇岛气象站，为 2014 年的 51 日。

2. 大雾季节变化

1962—2017 年，5 个国家气象站春季大雾日数由多到少排序为秦皇岛（149 日）、抚宁（85 日）、昌黎（83 日）、卢龙（77 日）、青龙（38 日），可以看出秦皇岛春季大雾的日数远远超过其他各站。夏季大雾日数由多到少排序为秦皇岛（159 日）、抚宁（138 日）、卢龙（132 日）、昌黎（102 日）、青龙（93 日），秦皇岛夏季大雾的日数也是最多。秋季大雾日数由多到少排序为卢龙（333 日）、青龙（209 日）、抚宁（150 日）、昌黎（132 日）、秦皇岛（98 日），可以看出卢龙秋季大雾的日数远远超过其他各站。冬季大雾日数由多到少排序为卢龙（253 日）、昌黎（153 日）、抚宁（129 日）、秦皇岛（101 日）、青龙（35 日），卢龙冬季大雾的日数也是远远超过其他各站。见图 4-79 ～图 4-82。

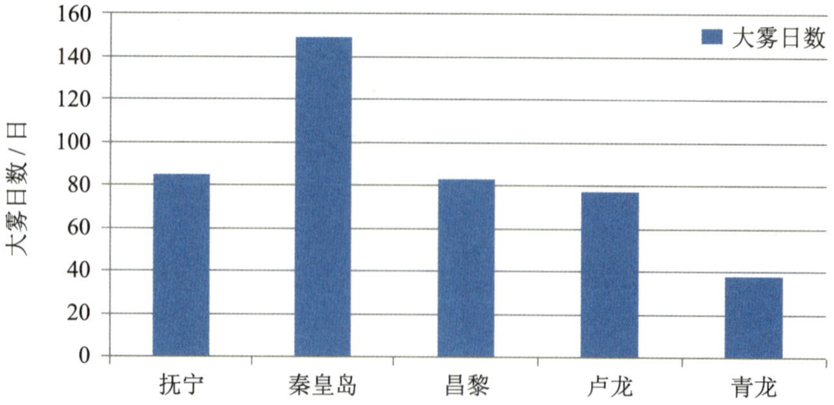

图 4-79　1962—2017 年秦皇岛市 5 个国家气象站春季大雾日数变化特征图

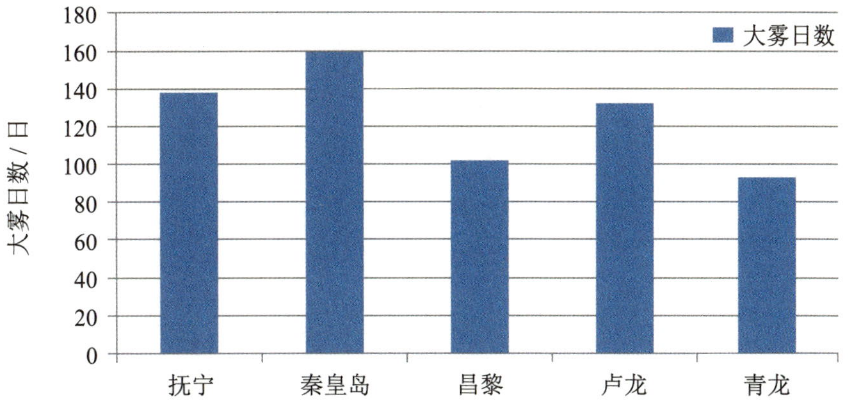

图 4-80　1962—2017 年秦皇岛市 5 个国家气象站夏季大雾日数变化特征图

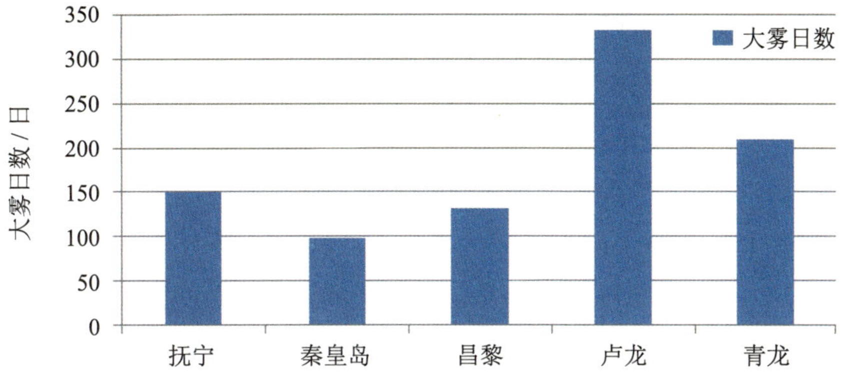

图 4-81　1962—2017 年秦皇岛市 5 个国家气象站秋季大雾日数变化特征图

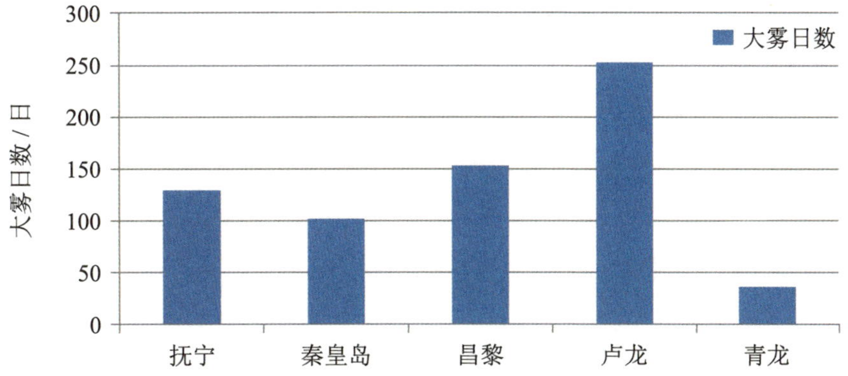

图 4-82　1962—2017 年秦皇岛市 5 个国家气象站冬季大雾日数变化特征图

秦皇岛气象站 4 个季节大雾出现的日数由多到少排序为夏季、春季、冬季、秋季，抚宁气象站 4 个季节大雾出现的日数由多到少排序为秋季、夏季、冬季、春季，昌黎气象站 4 个季节大雾出现的日数由多到少排序为冬季、秋季、夏季、春季，卢龙气象站 4 个季节大雾出现的日数由多到少排序为秋季、冬季、夏季、春季，青龙气象站 4 个季节大雾出现的日数由多到少排序为秋季、夏季、春季、冬季。

春季和夏季秦皇岛气象站出现的大雾日数最多，秋季和冬季卢龙气象站出现的大雾日数最多，且卢龙气象站出现的大雾日数远远超过其他各站。

3. 大雾月变化

除秦皇岛气象站大雾出现的日数随着月份增加呈下降的趋势，其他各站都呈上升的趋势，见图 4-83。

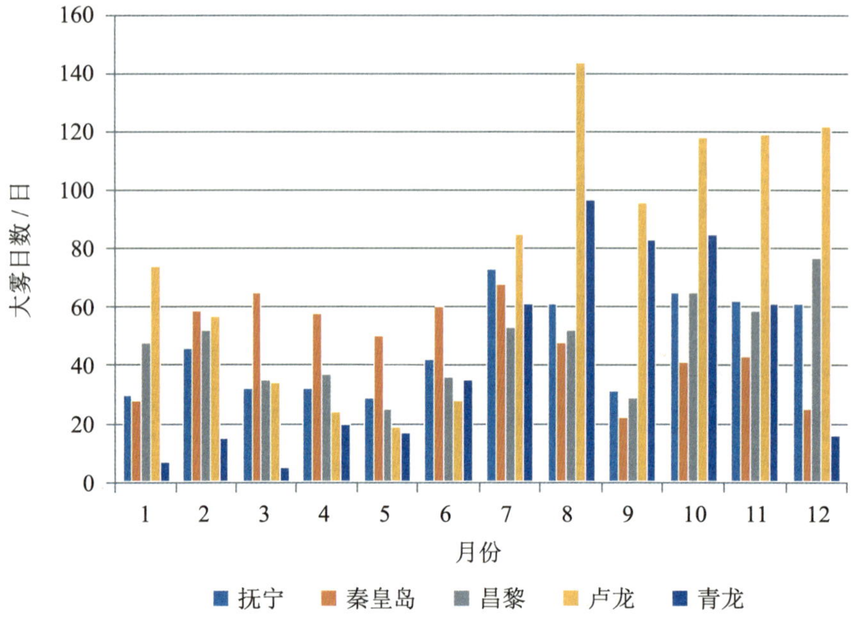

图 4-83　1954—2017 年秦皇岛市 5 个国家气象站各月大雾日数变化特征图

秦皇岛气象站和抚宁气象站大雾日数出现最多的月份在 7 月，昌黎气象站大雾日数出现最多的月份在 12 月，卢龙气象站和青龙气象站大雾日数出现最多的月份在 8 月，也就是说大雾日数最多的月份出现在 7 月和 8 月。此外，从 5 个国家气象站各月大雾出现的的日数来看，10 月和 11 月也是大雾出现的高发月份。

抚宁、昌黎和卢龙 3 个气象站大雾日数出现最少的月份都在 5 月，昌黎气象站大雾日数出现最少的月份在 3 月，秦皇岛气象站大雾日数出现最少的月份在 9 月。

十六、风

1. 风速风向

最大风速是指 10 分钟平均风速的最大值，可表征持续性大风的强度；极大风速是指瞬时风速的最大值，可表征阵性大风的强度。

（1）风速

1954—2017 年，秦皇岛气象站平均风速为 2.6 米 / 秒。各月平均风速在 2.0 ～ 3.0 米 / 秒之间波动。以 3—5 月为春季，6—8 月为夏季，9—11 月为秋季，12 月至次年 2 月为冬季。冬、春季节平均风速高于夏、秋季节平均风速；最大风速出现在 4 月，为 25.5 米 / 秒。此外，7 月最大风速也明显高出其他月份，为 19.0 米 / 秒，3 月、5 月、6 月最大风速均达到 15.0 米 / 秒以上，1 月、2 月、8—12 月最大风速均低于 15 米 / 秒，其中 8 月最小为 13.0 米 / 秒；3 月、4 月、6 月、8 月、9 月的极大风速较大，均在 17 米 / 秒以上，其中最大为 3 月的 17.5 米 / 秒，7 月、11 月达到 16 米 / 秒，1 月、2 月、5 月、10 月、12 月极大风速均在 16 米 / 秒以下。见图 4-84。

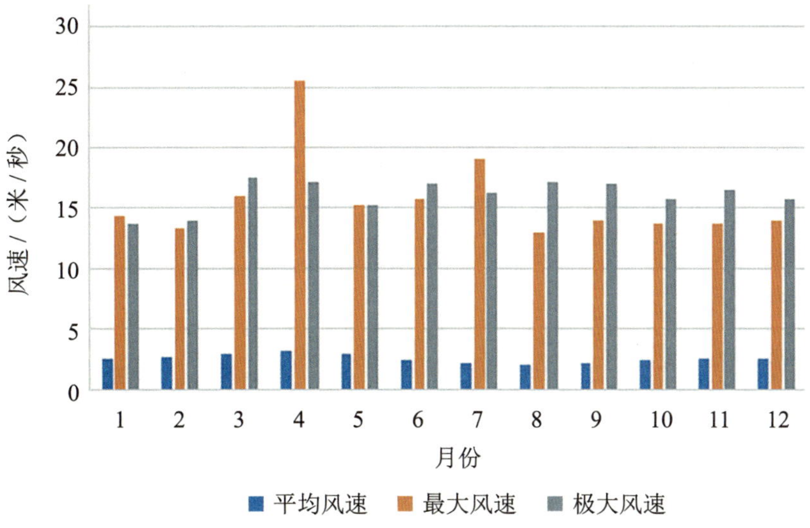

图 4-84　1954—2017 年秦皇岛气象站累年逐月风速变化特征图

1954—2017 年，秦皇岛气象站逐月大风日数分布与平均风速分布相近，冬、春季节大风日数较夏、秋季节偏多，其中 3—5 月即春季大风日数明显高于其他月份。见图 4-85。

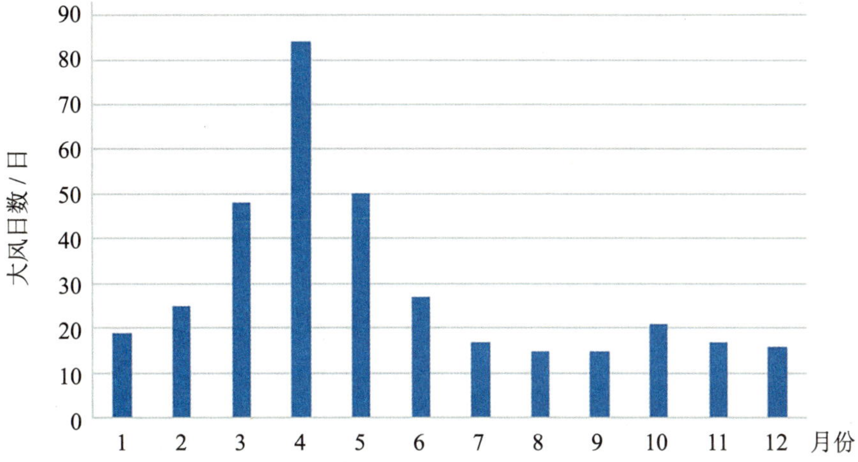

图 4-85　1954—2017 年秦皇岛气象站月大风日数统计图

（2）风向

秦皇岛气象站全年出现频率最高的 2 个风向为静风、西风，其次为西南风、西南偏西风及西北偏西风。各风向中以偏西风（W、WSW、WNW、SW、NW）为主，偏西风各风向总频率为 36%。偏东风、偏南风、偏北风出现频率相近，分别为 24%、24%、22%。4—8 月以偏南风占优势，其余月份均为偏西风占优势。按季节来看，春季、夏季以偏南风为主，冬季、秋季以偏西风为主。见图 4-86。

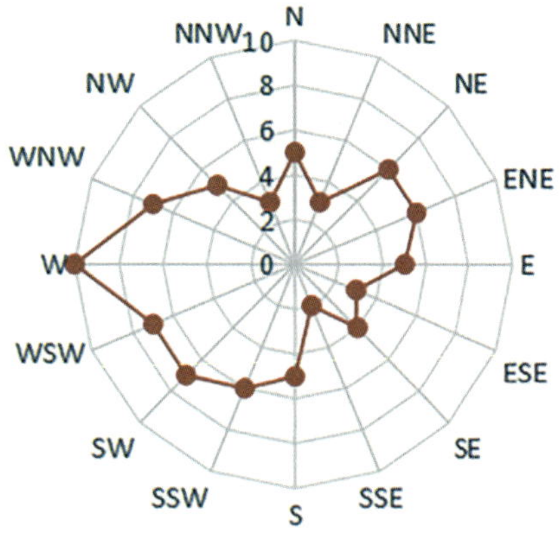

图 4-86　1954—2017 年秦皇岛气象站各风向出现频率统计图

秦皇岛气象站西北风风速相对较小，偏东风及偏南风风速相对较大。其中风速最大的 3 个风向分别为东北偏东、西南偏南、南风，风速分别为 3.7 米 / 秒、3.7 米 / 秒、3.6 米 / 秒；风速最小的 3 个风向分别为西北、西北偏西、西北偏北，风速分别为 2.0 米 / 秒、2.1 米 / 秒、2.4 米 / 秒。见图 4-87。

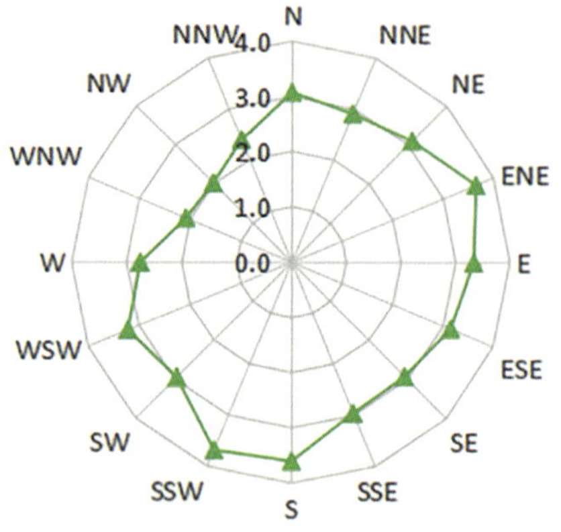

图 4-87　1954—2017 年秦皇岛市各风向平均风速图

2. 风速年际变化

秦皇岛气象站 1954—2017 年平均风速为 2.6 米 / 秒。年平均风速最高为 3.4 米 / 秒，出现在 1958 年、1960 年及 1969 年；年平均风速最低为 1.6 米 / 秒，出现在 2014 年。总体来看，年平均风速呈波动下降趋势，气候倾向率为 0.224（米 / 秒）/10 年。最大风速同样呈波动下降趋势，以每年 0.147 米 / 秒的速度递减。见图 4-88、图 4-89。

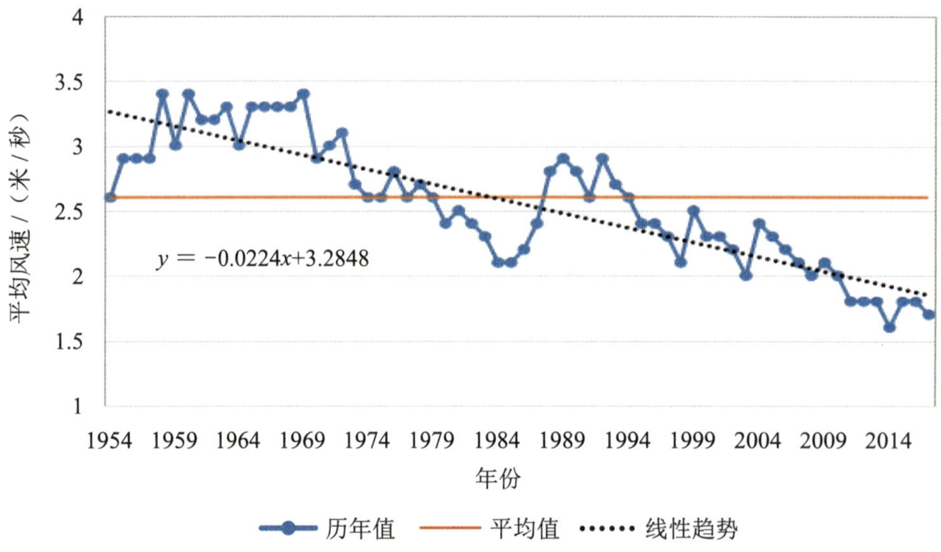

图 4-88　1954—2017 年秦皇岛气象站风速年际变化图

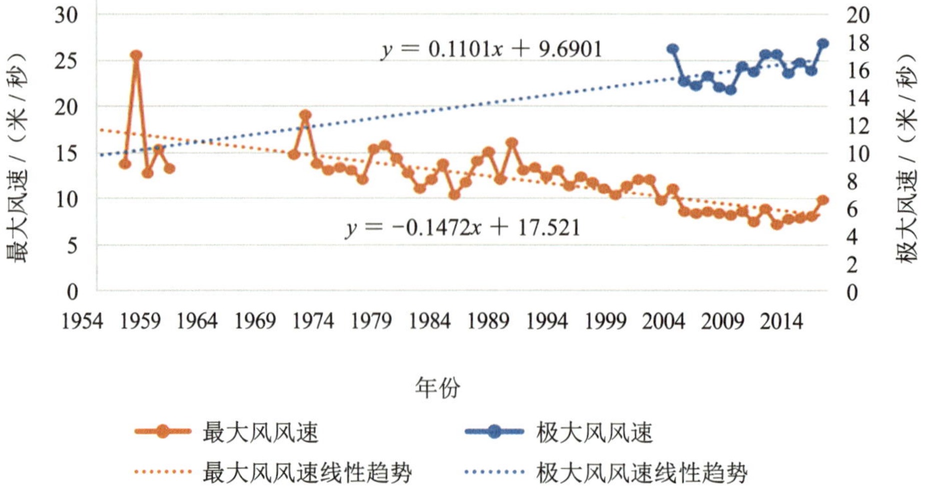

图 4-89　1954—2017 年秦皇岛气象站最大风速、极大风速年际变化图

5个国家气象站年平均风速由大到小顺序为昌黎、秦皇岛、抚宁、卢龙、青龙。昌黎气象站1—6月、10—12月平均风速较明显高于其他气象站记录，7—9月与秦皇岛气象站平均风速相同。4月、5月秦皇岛气象站平均风速小于抚宁气象站，6月秦皇岛、抚宁气象站平均风速相同，7月昌黎、秦皇岛气象站平均风速相同，抚宁、卢龙2个气象站平均风速相同，8月、9月秦皇岛、昌黎气象站平均风速相同。见图4-90。

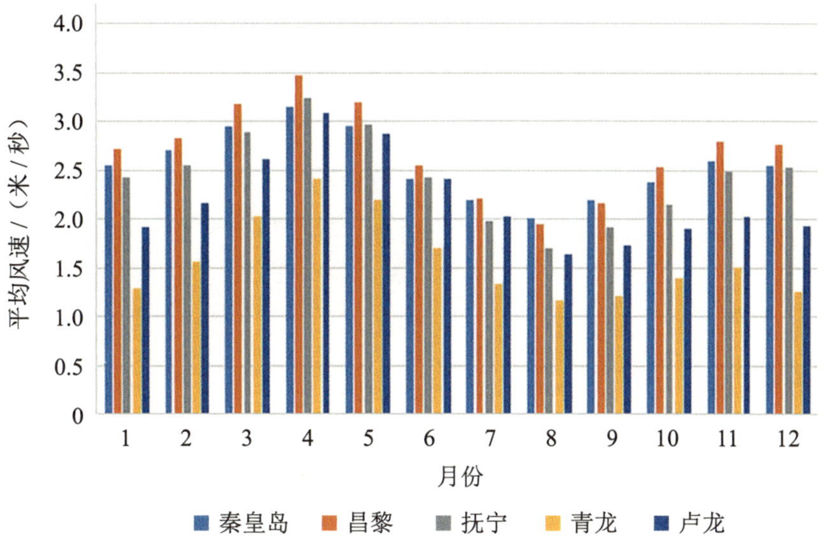

图4-90　1954—2017年秦皇岛市5个国家气象站平均风速对比图

昌黎气象站年平均大风日数明显多于其他4个国家气象站记录。5个国家气象站均为3—5月大风日数较多，其中4月最多。见图4-91。

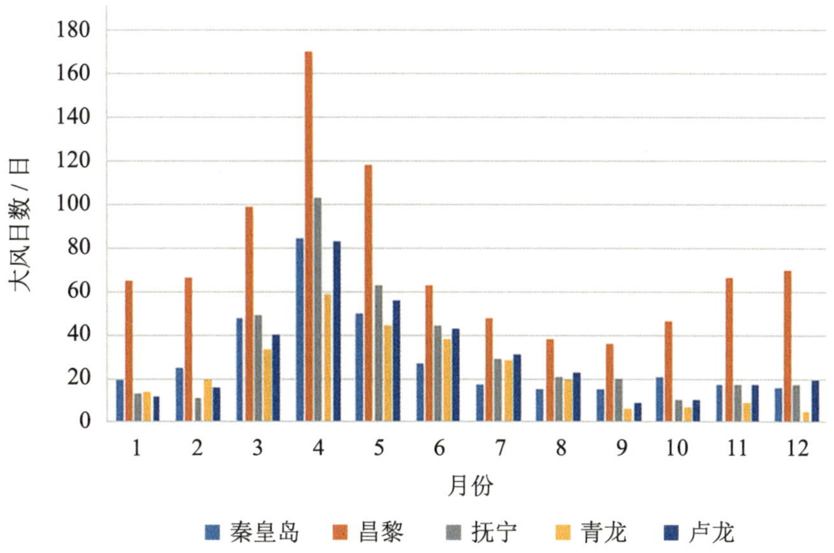

图4-91　1954—2017年秦皇岛市5个国家气象站大风日数对比图

全年出现频率最高风向：秦皇岛气象站为西风，昌黎气象站为西南偏西，抚宁气象站为西北偏北，青龙、卢龙气象站为西南。

3. 风能

风能是空气流动所产生的动能，是因空气流做功而提供给人类的一种可利用的能量，是太阳能的一种转化形式。由于太阳辐射造成地球表面各部分受热不均匀，引起大气层中压力分布不平衡，在水平气压梯度的作用下，空气沿水平方向运动形成风。风能存在于地球表面一定范围内，是可再生的清洁能源，储量大、分布广。在一定的技术条件下，风能可作为一种重要的能源得到开发利用。

平均风速是最能反映当地风能资源情况的重要参数，年平均风速越高，风资源越好。昌黎风资源最好，其次为秦皇岛、抚宁、卢龙、青龙。

年风能可利用时间是指一年中风力发电机组在有效风速范围（一般取 3 ～ 25 米 / 秒）内的运行时间，一般年风能可利用小时数＞2000 小时的地区为风能可利用区。对比有效风速范围，秦皇岛 3—4 月风资源较好，昌黎 3—5 月风资源较好，抚宁 4—5 月风资源较好，卢龙 4 月风资源较好。

十七、海陆风

海陆风是由于海、陆热力性质的不同造成的中尺度环流，一年四季均会出现，具有明显的局地特点，对当地天气、百姓生活、港口作业、海上生产活动、旅游业等都有加大的影响。

选取 2005—2017 年 1—12 月，秦皇岛、抚宁、昌黎、卢龙、青龙共 5 个国家气象站，逐日 0—24 时风的资料，对风向的时间、空间的变化进行分析，结合风的实际观测情况，把东南东（ESE）到南南西（SSW）风归纳为偏南风，西北西（WNW）到北北东（NNE）风归纳为偏北风。一般可认为偏南风为海风，偏北风为陆风。

1. 海陆风一般特征

从秦皇岛市各县（区）逐月偏南风和偏北风的逐时频率分布来看，秦皇岛气象站、抚宁气象站和昌黎气象站风向的变化体现了海陆风的特征。

（1）秦皇岛、抚宁和昌黎 4—9 月盛行偏南风和偏北风

8 月，秦皇岛气象站每天 10—19 时吹海风，20 时到次日 9 时吹陆风；抚宁气象站每天 11—20 时吹海风，21 时到次日 10 时吹陆风；昌黎气象站每天 9—19 时吹海风，20 时到次日 8 时吹陆风。海风与陆风的持续时间均不少于 10 个小时。见图 4-92。

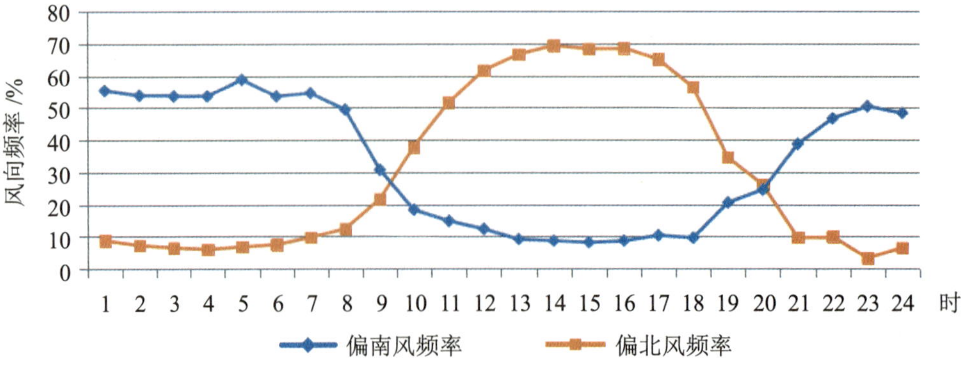

（a）秦皇岛

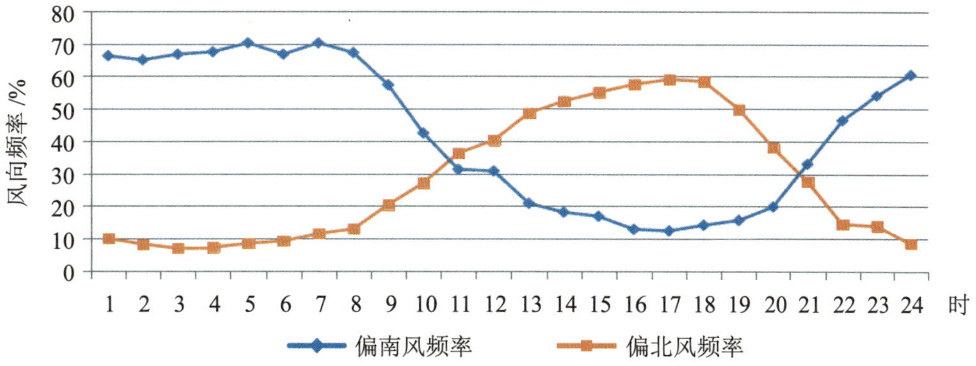

（b）抚宁

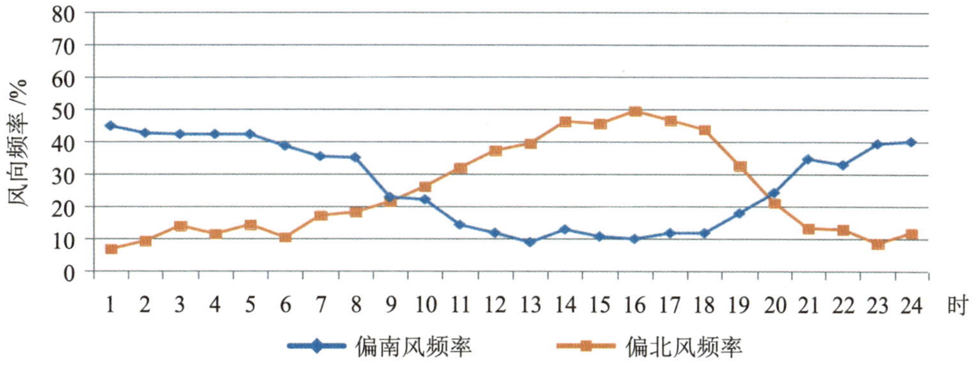

（c）昌黎

图 4-92　1954—2017 年秦皇岛、抚宁、昌黎 3 个国家气象站 8 月逐时偏南风、偏北风出现频率图

秦皇岛市因南临海、北依山，所以偏南风和偏北风出现的频率高于偏东风和偏西风出现的频率。秦皇岛、抚宁和昌黎 3 个气象站 4—9 月偏南风和偏北风频率之和的平均值分别为 61.5%、71.3%、48.5%，除去静风，偏东风与偏西风频率之和的平均值分别为 33.4%、26.9%、45.3%，见表 4-30，而偏南风和偏北风正是秦皇岛市海陆风的具体体现。

表 4-30　1954—2017 年秦皇岛、抚宁、昌黎 3 个国家气象站 4—9 月偏南风、偏北风出现频率一览表(表跨页)

单位：%

气象站名称	风　向	4 月	5 月	6 月	7 月	8 月	9 月	平　均
秦皇岛	偏南风	28.9	33.4	42.0	40.4	30.0	24.0	33.1
	偏北风	25.5	24.7	22.3	24.0	33.0	40.6	28.4
	合计	54.4	58.1	64.3	64.4	63.0	64.6	61.5
	静风	2.3	3.5	5.2	6.1	7.6	5.6	5.1
抚宁	偏南风	33.9	36.7	45.0	40.7	28.4	24.3	34.8
	偏北风	37.7	32.8	27.0	28.6	43.4	49.3	36.5
	合计	71.6	69.5	72.0	69.3	71.8	73.6	71.3
	静风	1.2	1.1	1.4	2.2	2.3	2.7	1.8

气象站名称	风　向	4月	5月	6月	7月	8月	9月	平　均
昌黎	偏南风	18.4	21.3	35.7	35.5	24.6	19.7	25.9
	偏北风	21.3	18.0	17.2	20.6	27.3	31.1	22.6
	合计	39.7	39.3	52.9	56.1	51.9	50.8	47.8
	静风	6.3	6.2	9.7	8.1	3.1	3.6	6.2

除4—9月，秦皇岛气象站和抚宁气象站在1—3月和10月、昌黎气象站在2—3月也有海陆风出现，出现频率低于4—9月；卢龙、青龙气象站全年基本没有海陆风出现。

（2）偏南风和偏北风风向频率的高峰段

从风向频率时间分布曲线上看，除青龙、卢龙气象站外，其他气象站在海陆风盛行月份每天都有一个偏南风和偏北风风向频率的高峰段。

秦皇岛、抚宁和昌黎3个气象站偏南风、偏西北风出现情况见表4-31、表4-32。其中，从表4-31可以看出，秦皇岛、抚宁和昌黎3个气象站在4—9月海风时段每日平均长达11.3小时，在海风时段中，偏南风的出现频率平均在36%以上，比月平均偏南风的频率高14%～24%；从表4-32可以看出，在4—9月陆风时段每日平均长达12.7小时，在陆风时段中，偏北风的出现频率平均在35%以上，比月平均偏北风的频率高13%～21%。

表4-31　1954—2017年秦皇岛、抚宁、昌黎3个国家气象站4—9月偏南风出现情况一览表

测站	项　目	4月	5月	6月	7月	8月	9月	平　均	平均频率与月平均频率差值/%
秦皇岛	起止时间	10时—次日19时	9时—次日20时	8时—次日20时	8时—次日20时	9时—次日19时	10时—次日18时	9时—次日19时	24.0
	持续时间/小时	10	12	13	13	11	9	11.3	
	平均频率/%	52.0	52.1	61.0	64.2	57.9	55.3	57.1	
	月平均频率/%	28.9	33.4	42.0	40.4	30.0	24.0	33.1	
抚宁	起止时间	12时—次日21时	10时—次日22时	9时—次日22时	10时—次日22时	11时—次日20时	13时—次日20时	10时—次日21时	17.2
	持续时间/小时	10	13	14	13	10	8	11.3	
	平均频率/%	46.6	48.3	58.1	59.2	52.6	47.2	52.0	
	月平均频率/%	33.9	36.7	44.9	40.7	28.3	24.3	34.8	
昌黎	起止时间	11时—次日20时	9时—次日20时	8时—次日20时	8时—次日20时	9时—次日19时	10时—次日18时	9时—次日19时	13.6
	持续时间/小时	10	12	13	13	11	9	11.3	
	平均频率/%	28.1	31.0	37.9	46.6	42.5	35.1	36.9	
	月平均频率/%	18.3	21.2	25.6	30.4	24.5	19.6	23.3	

表 4-32　1954—2017 年秦皇岛、抚宁、昌黎 3 个国家气象站 4—9 月偏北风出现情况一览表

测站	项　目	4 月	5 月	6 月	7 月	8 月	9 月	平　均	平均频率与月平均频率差值 / %
秦皇岛	起止时间	20 时—次日 9 时	21 时—次日 8 时	21 时—次日 7 时	21 时—次日 7 时	20 时—次日 8 时	19 时—次日 9 时	20 时—次日 8 时	18.7
	持续时间 / 小时	14	12	11	11	13	15	12.7	
	平均频率 / %	37.8	37.2	39.5	43.7	52.2	55.3	44.3	
	月平均频率 / %	25.5	24.7	22.3	24.0	33.0	24.0	25.6	
抚宁	起止时间	22 时—次日 11 时	23 时—次日 9 时	23 时—次日 8 时	23 时—次日 9 时	21 时—次日 10 时	21 时—次日 12 时	22 时—次日 9 时	21.1
	持续时间 / 小时	14	11	10	11	14	16	12.7	
	平均频率 / %	56.0	50.4	44.8	49.2	67.5	73.2	56.9	
	月平均频率 / %	37.0	32.0	26.4	27.9	42.7	48.7	35.8	
昌黎	起止时间	21 时—次日 10 时	21 时—次日 8 时	21 时—次日 7 时	21 时—次日 7 时	20 时—次日 8 时	19 时—次日 9 时	9 时—次日 19 时	12.5
	持续时间 / 小时	14	12	11	11	13	15	12.7	
	平均频率 / %	29.8	25.9	30.8	37.8	41.9	43.6	35.0	
	月平均频率 / %	21.1	17.8	17.2	20.5	27.3	31.0	22.5	

（3）偏南风、偏北风出现频率对比

除青龙县、卢龙县外，其他县（区）的偏南风与偏北风出现频率的逐时分布呈反位相对称形式，体现了海陆转换的特点。但青龙、卢龙县的偏南风、偏北风出现频率的逐时分布却不完全呈反位相分布，一般在 1—12 时有部分时段呈同位相走势，且青龙的偏南风频率偏低，这说明青龙、卢龙的海陆风现象已不明显，见图 4-93。

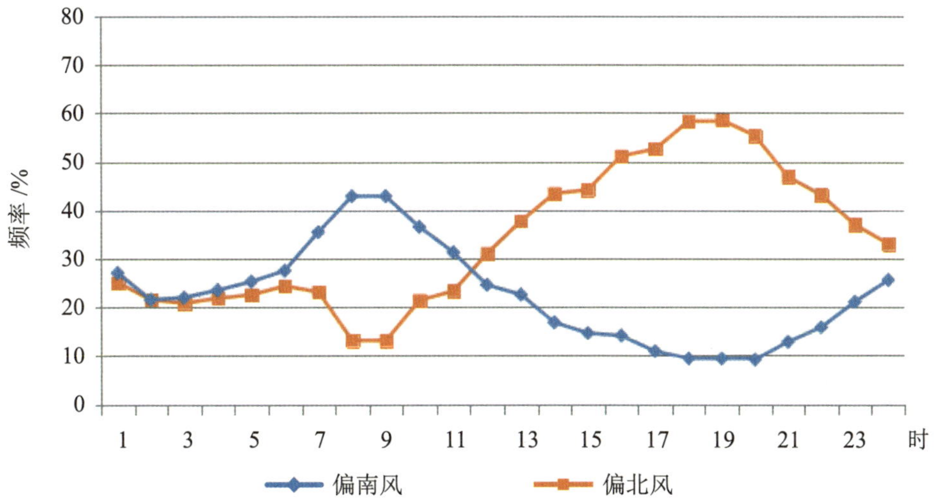

（a）卢龙气象站

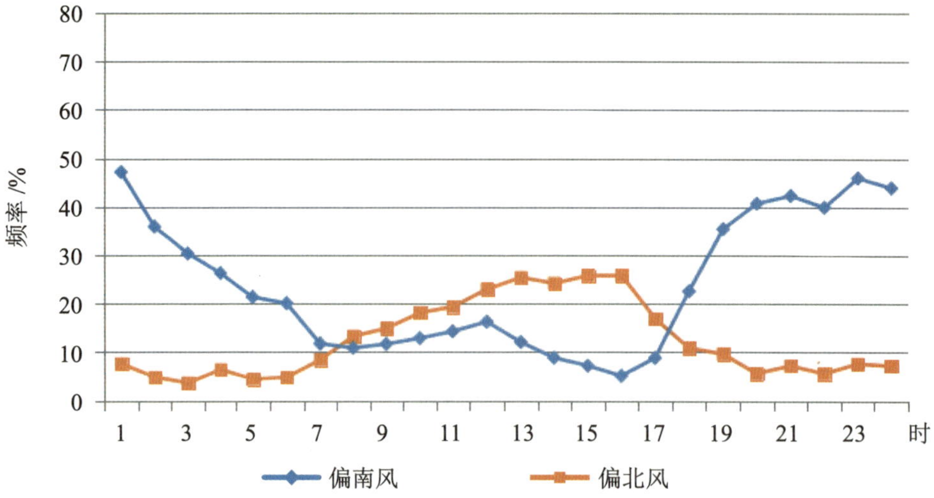

（b）青龙气象站

图 4-93　1957—2017 年卢龙、青龙两个国家气象站 8 月逐时偏南风、偏北风出现频率图

2. 海陆风空间分布

就海陆风的表现而言，卢龙、青龙已无明显的海陆风现象。在市区、昌黎、抚宁之中，以抚宁的海陆风风向变化最为突出，其表现为就夏半年的平均状况而言，在海风时段出现偏南风的频率与在陆风时段出现偏北风的频率均在 50% 以上，而市区在陆风时段出现偏北风的频率低于 45%，昌黎在海风、陆风时段出现偏南风、偏北风的频率都显得偏低，同时还可以看出市区的海风表现得最为明显。受海风影响，秦皇岛市的夏季不十分炎热，形成了著名的北戴河避暑胜地。抚宁陆风表现得最为明显，昌黎海风、陆风显得较弱，但仍表现了海陆风的存在。

就夏半年的平均状况而言，一天之中市区海风吹得最早，大约在 10 时，抚宁海风吹得最晚，大约在 12 时，昌黎居中，各地海风持续时间大致相等，平均约有 11 个小时。相应地，在一天之中市区陆风吹得最早，大约在 20 时，抚宁陆风吹得最晚，大约在 22 时，抚宁居中，各地陆风持续时间大致相等，平均约有 12 个小时。

3. 海陆风时间分布

秦皇岛市 4—9 月风的时间分布特征可以从月变化和日变化两个方面进行分析。

（1）月变化

1—5 月，各地海风出现的时间逐月提前，持续时间逐月增加，到 6 月、7 月，海风出现的时间最早，持续时间最长，以后逐月后延，持续时间逐月缩短；陆风出现的时间及持续时间与海风呈反相关变化。各地在海风时段出现的偏南风频率均以 7 月为最高，秦皇岛、抚宁、昌黎 3 个气象站分别为 64.2%、59.2% 和 46.6%，其他月份以 7 月为中心依次降低。陆风时段出现的偏北风频率则以 5 月和 6 月为最低，分别为 37.2%、44.8% 和 25.9%；9 月为最高，分别为 55.3%、73.2% 和 43.6%。秦皇岛、抚宁、昌黎 3 个气象站海陆风出现情况见表 4-33。

表 4-33 1954—2017 年秦皇岛、抚宁、昌黎 3 个国家气象站海、陆风出现情况一览表

月份	秦皇岛	抚宁	昌黎
4	海、陆风均明显，海风略强	海、陆风均明显，陆风略强	海、陆风比较明显
5	海风明显	海、陆风均明显，海风略强	海风明显
6	海风明显	海风明显	海风明显
7	海风明显	海风明显	海风明显
8	海、陆风均明显	海、陆风均明显，陆风略强	海、陆风明显
9	海、陆风均明显，陆风略强	陆风明显	陆风明显

（2）日变化

各县（区）（青龙、卢龙除外）各月逐时偏南风、偏北风出现的频率，一日之中具有一峰一谷，且偏南风、偏北风变化趋势相反的特点。以 8 月为例，一日之中各地偏南风的出现频率，秦皇岛、昌黎气象站从 7 时开始增加，到 9 时开始超过偏北风的频率，可认为海风形成，秦皇岛气象站 14 时达到最高值，昌黎气象站 16 时达到最高值，即海风最强；秦皇岛和昌黎气象站偏北风的出现频率从 18 时开始增加，到 20 时开始超过偏南风的频率，可认为陆风形成，海风结束，1 时开始偏北风达到最高值，即陆风最强。抚宁气象站偏南风出现的频率从 8 时开始增加，到 11 时超过偏北风的频率，可认为海风形成，17 时达到最高值，即海风最强；而偏北风的出现频率则从 19 时开始增加，到 21 时超过偏南风的频率，可认为陆风形成，海风结束，5 时偏北风频率达到最高值，即陆风最强。秦皇岛、抚宁、昌黎气象站偏南风、偏北风出现频率见表 4-34。

表 4-34 1954—2017 年秦皇岛市 4—9 月偏南风、偏北风出现频率变化一览表（表跨页）

单位：时

测站	月份	偏南风			偏北风		
		开始时刻	超过偏北风	峰点	开始时刻	超过偏南风	峰点
秦皇岛	4	7	10	15	18	20	23
	5	6	9	13	19	21	23
	6	6	8	13	19	21	23
	7	6	8	13	19	21	24
	8	7	9	14	18	20	1
	9	8	10	14	17	19	23
	平均	7	9	14	18	20	23
昌黎	4	7	11	16	18	21	1
	5	7	9	15	19	21	23
	6	6	8	17	17	21	23
	7	6	8	17	19	21	1
	8	7	9	16	18	20	1
	9	7	10	16	18	19	1
	平均	7	9	16	18	21	24

测站	月份	偏南风			偏北风		
		开始时刻	超过偏北风	峰点	开始时刻	超过偏南风	峰点
抚宁	4	7	12	18	19	22	4
	5	7	10	18	19	23	7
	6	6	9	15	19	23	4
	7	7	10	15	19	23	4
	8	8	11	17	19	21	5
	9	8	13	17	18	21	3
	平均	7	11	17	19	22	4

秦皇岛市因受海、陆地形影响，其风的变化具有海陆风的特征。在空间分布上，海陆风只影响到秦皇岛、昌黎和抚宁，达不到卢龙、青龙。海风以秦皇岛和昌黎出现最早（8 时），抚宁略晚（9 时），持续时间以 6 月、7 月为最长，可达 13 个小时。陆风同样以秦皇岛和昌黎出现最早（19 时），抚宁略晚（21 时），持续时间以 6 月、7 月为最短，有 11 个小时。秦皇岛和昌黎 5—7 月海风明显，抚宁只在 6 月、7 月海风明显，9 月昌黎和抚宁陆风明显，在其他有海陆风的月份，各地海陆风均明显。

十八、干热风

干热风是在小麦扬花灌浆期出现的农业气象灾害，是高温、低湿，同时伴有一定风力的灾害性天气，对冬小麦的产量和品质影响较大。选取 1954—2017 年秦皇岛、抚宁、昌黎、卢龙和青龙 5 个国家气象站的逐日气温、相对湿度及风速的资料，采用线性趋势、滑动平均等统计方法，对小麦干热风日进行分析。凡一日内以上 5 个国家气象站有一个或一个以上平均出现干热风时，即定为干热风日。河北省干热风指标见表 4-35。

表 4-35　河北省干热风指标一览表

等级	14 时气温 /℃	14 时相对湿度 /%	14 时风速 /（米 / 秒）
轻度干热风	≥ 32	≤ 30	≥ 2
重度干热风	≥ 35	≤ 25	≥ 3

1. 年干热风日数变化

1954—2017 年，秦皇岛市年平均干热风日数为 9.7 天，年干热风日数最多出现在 1999 年，为 32 天；年干热风日数最低出现在 1954—1958 年，为 0 天；年干热风日数次低出现在 1959 年、1985 年、2008 年，为 1 天。见图 4-94。

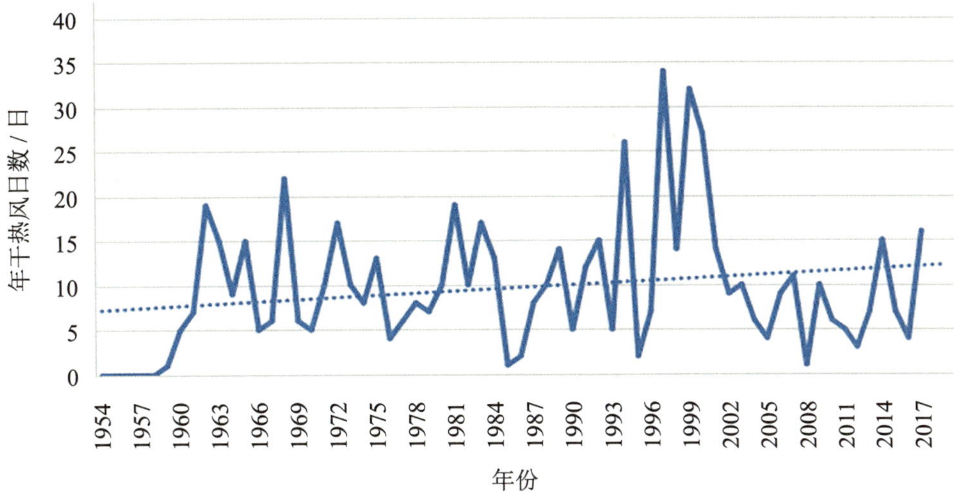

图 4-94　1954—2017 年秦皇岛市干热风日数变化图

2. 年干热风日数极端情况

秦皇岛市年干热风日数最多出现在 1999 年，为 32 天，其中重度干热风天数为 10 天；年干热风日数次多出现在 1994 年，为 26 天，但此年度重度干热风只有 1 天；值得关注的是 1998 年，年干热风日数为 14 日，其中重度干热风天数为 9 天。秦皇岛市发生重度干热风的概率不大，见图 4-95，绝大多数年份在 0 ～ 2 天。年轻度干热风日数较多的年度集中在 1990—2000 年。在 2000 年以后轻度干热风年日数呈平稳状态，最多的日数出现在 2014 年，为 15 天，次多出现在 2001 年，为 14 天；最少的日数出现在 2008 年，为 1 天，次少出现在 2012 年和 2016 年，为 2 天。

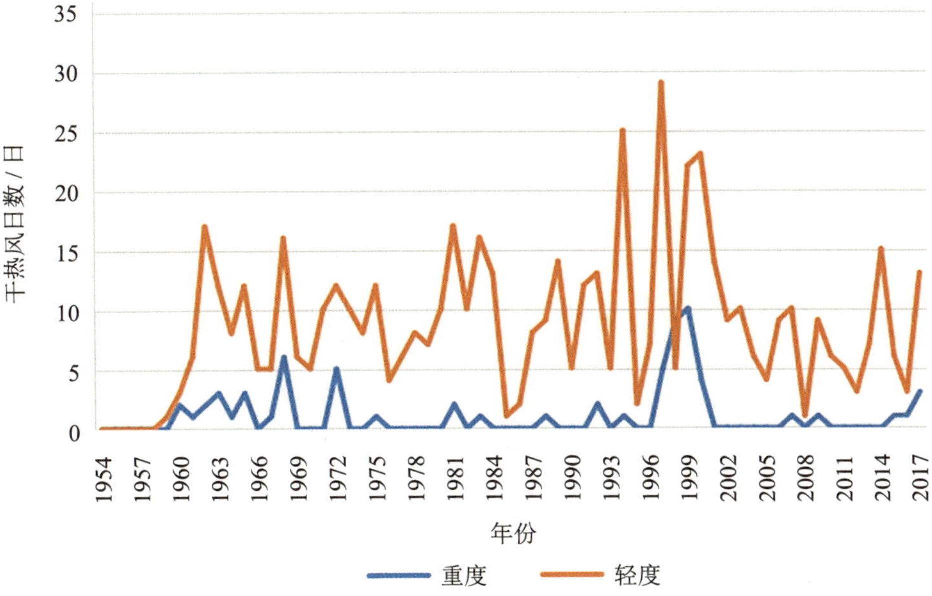

图 4-95　1954—2017 年秦皇岛市年重度及轻度干热风日数变化图

3. 干热风年代际变化

1954—2017年秦皇岛市各年代干热风统计资料见表4-36。从平均总日数来看，1990年最多，为15.2天，除20世纪50年代外，2011—2017年最少，为7.9天。20世纪60年代至80年代基本在10天。从轻度干热风平均总日数来看，除20世纪50年代外，60年代到80年代基本在9天，20世纪90年代最高，为12.5天，之后的21世纪10年代和2011—2017年，数量从9.5天变为7.3天，呈下降趋势。从重度平均总日数来看，同样是20世纪90年代最多，为2.7天，次之是60年代，为1.9天，除50年代外，其他年代均在0.5天上下浮动。

表4-36　1954—2017年秦皇岛市各年代干热风日数变化趋势一览表

单位：天

项　目	20世纪50年代	20世纪60年代	20世纪70年代	20世纪80年代	20世纪90年代	21世纪10年代	2011—2017年
轻度平均总日数	0.2	9.0	8.2	10.0	12.5	9.5	7.3
重度平均总日数	0	1.9	0.6	0.4	2.7	0.6	0.6
干热风总日数	0.2	9.9	8.8	10.4	15.2	10.1	7.9

4. 干热风总体特征

因1954—2017年少有不发生干热风天气的年份，秦皇岛市发生轻度干热风天气的年日数远大于发生重度干热风的年日数；轻度和重度干热风年平均发生日数在1990—2000年的发生概率较高；轻度和重度干热风平均总站数和平均总日数均从2001年开始呈逐渐减少的趋势，且年发生日数变化幅度变小。

十九、山谷风

山谷风是由于山坡上和坡前谷中同高度上自由大气间有温差而形成的地方性风。由于山顶与谷底附近空气之间的热力差异而引起白天风从谷底谷吹向山顶，这种风称“谷风”（valley breeze）；到夜晚，风从山顶吹向谷底称“山风”（mountain breeze）。山风和谷风总称为山谷风。山谷风是以24小时为周期的一种地方性风。

山谷风通常在一般环流微弱的少云天气下最易发展。早上日出之后2～3小时开始出现谷风，并随着地面不断增温风速逐渐加大，午后达最大。然后风速便开始减弱，到傍晚平息下来并代之以山风，直到次日早上日出后再转为谷风，从而完成昼夜之间的风向转换。

秦皇岛市北部地区为燕山山脉，青龙气象站正好位于两山顶之间，地形具有产生山谷风的特征。青龙气象站于2009年迁站，为提高统计结果的准确性，故将青龙山谷风的分析分为迁站前后两个时间段。

青龙满族自治县地形为东西向的山谷，气象观测站位于东西向山谷北侧山脉的山脚下方，海拔约250米。见图4-96。对青龙气象站2010—2017年逐小时2分钟风向风速的数据进行统计，将每日0时的作为一组数据，统计其风向频率特征，并将最大的风向频率作为此时刻的主要风向，按照此方法依次对1—23时风向频率进行统计，得到24个时刻的主要风向结论，然后绘制成逐时最多风向频率折线图，见图4-97。

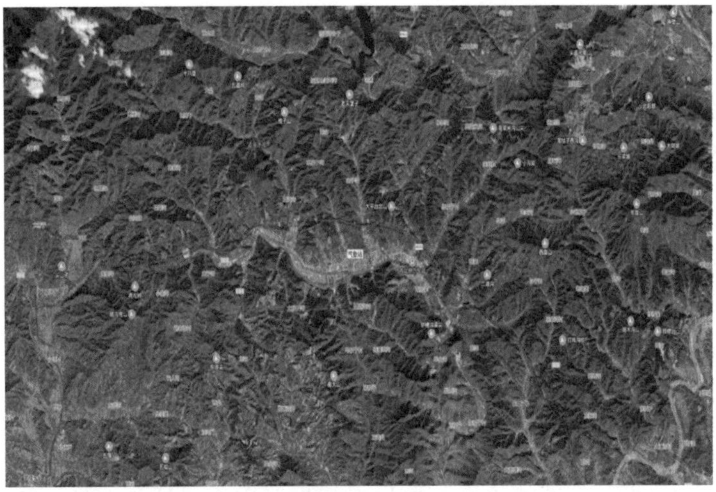

图 4-96　青龙县城及周边地形图（红色圆点为青龙气象站 2010 年以后所在位置）

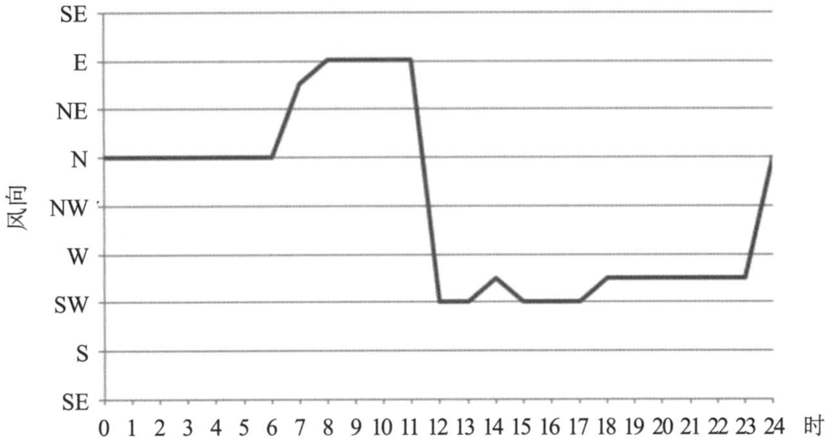

图 4-97　2010—2017 年青龙气象站逐时最多风向频率图

对 1960—2009 年 2 时、8 时、14 时、20 时 4 个时刻的 2 分钟风向风速的数据进行统计，将每日 2 时的作为一组数据，统计其风向频率特征，并将最大的风向频率作为此时刻的主要风向，按照此方法依次对 8 时、14 时、20 时风向频率进行统计，得到 4 个时刻的主要风向结论，然后绘制出逐时最多风向频率折线图，见图 4-98。

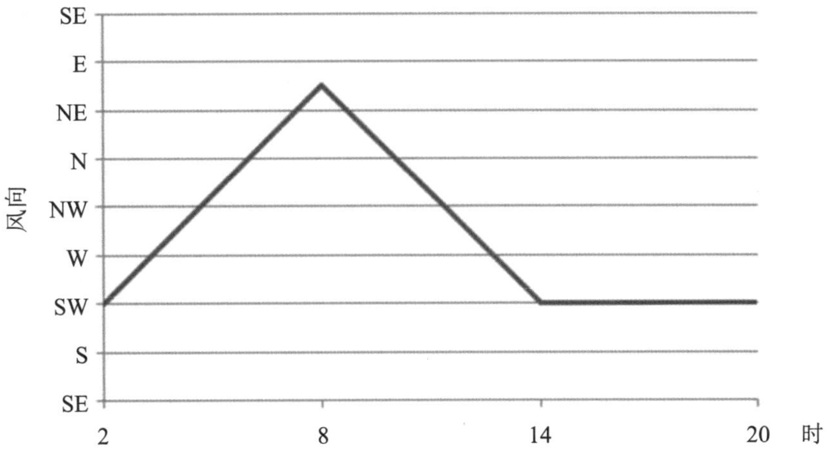

图 4-98　1960—2009 年青龙气象站 2 时、8 时、14 时、20 时最多风向频率图

2010—2017 年，0—11 时以 NE 风为主（山风），12—23 时以 SW 风为主（谷风），这两个时段的风向基本为 145° 的差别。在 12 时后为谷风（西南风），夜间 0 时到上午 11 时为山风（东到北风），山谷风特征非常明显。但是一般来讲，山谷风是因为白天在太阳辐射强烈的作用下，山坡和山顶的气温显著上升，形成谷风，大都是在早上日出之后 2 ～ 3 小时开始出现谷风。青龙县城的山谷风转换时间为 12 时和 23 时前后，这是由于此地区太阳辐射造成的山坡和山顶的气温上升相对缓慢，夜间辐射降温也相对缓慢，造成山谷风转换时间略偏晚。1960—2009 年，除 2 时风向为 SW，和 2010—2017 年统计的有偏差外，8 时、14 时、20 时的风向均和 2010—2017 年的统计结果保持一致。需要注意的是，2 时的风向频率统计中，西南—西风为较大的频率，东—北风次之，故可以近似认为迁站前后青龙地区山谷风特征保持一致。

2010—2017 年青龙气象站 4 个季节山谷风统计见图 4-99。青龙山谷风转换时间，春季为 11 时，夏季和秋季为 12 时，冬季为 15 时，冬季转换时间最晚，可能是因为冬季夜间青龙山区气温低，白天需要太阳辐射加热时间较长后，才能产生冷暖空气的流动。从山谷风持续时间上统计，春季谷风持续时间约 14 个小时，夏秋季为 10 ～ 11 个小时，冬季为 9 个小时，这可能还是由于冬季青龙地区气温低，白天太阳辐射持续时间短造成的。

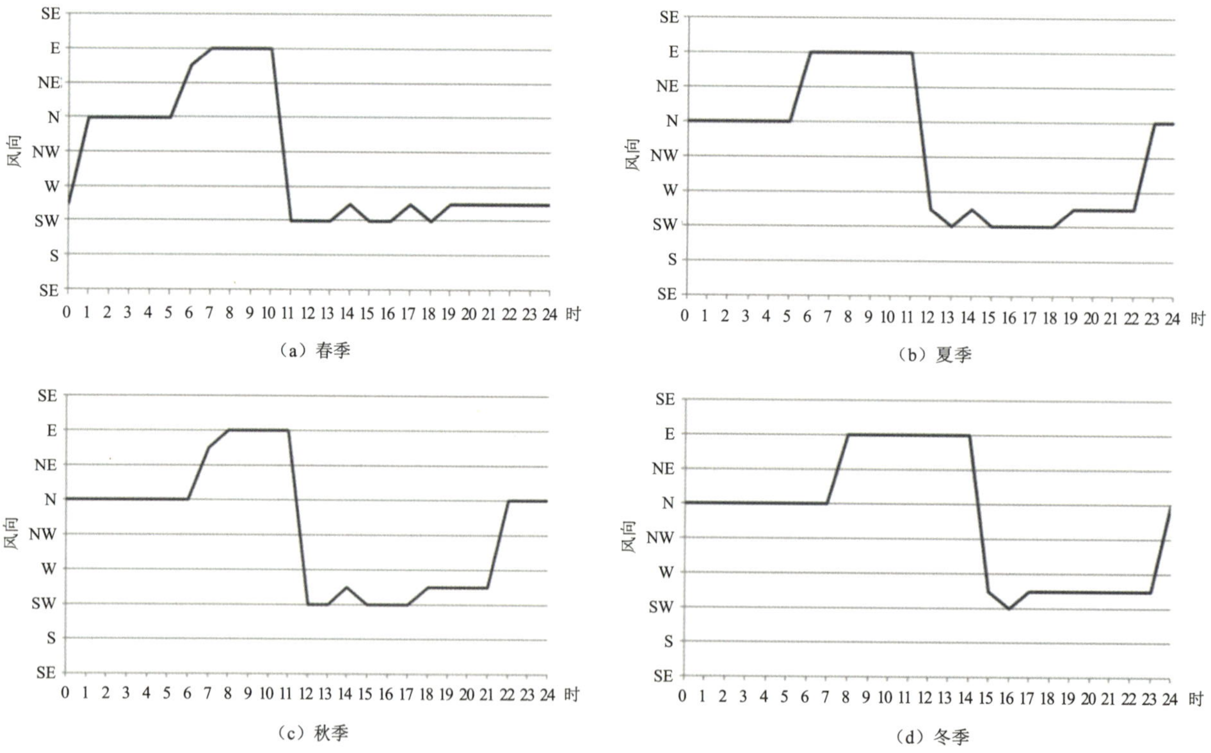

图 4-99　2010—2017 年青龙气象站四季逐时最多风向频率图

青龙气象站的小时风数据统计表明，青龙县城所在的山谷也存在山谷风的特征：青龙气象站的山谷风转换时间为 12 时（东北风转成西南风，山风转谷风）和 23 时（西南风转成东北风，谷风转山风）前后；春季青龙山谷风转换时间为 11 时左右，夏季和秋季为 12 时左右，冬季为 15 时左右。

二十、日照

选取秦皇岛市5个国家气象站日照时数气象报表资料（开始时间：秦皇岛1954年、昌黎1955年、抚宁1959年、卢龙1972年、青龙1957年）。对1954—2017年秦皇岛市各县（区）气象站春、夏、秋、冬四季划分参照气象学上的公历为标准，按照气象站实测的各日日照时数资料求出各月、各季或全年的日照时数总值，其平均值均为算术平均值。通过计算，1954—2017年秦皇岛市各县（区）四季和年日照时数的大小值、各季的平均值以及月累年平均值，直观地分析出秦皇岛市各县（区）1954—2017年的时间变化过程及变化趋势。

1. 日照时数四季变化

（1）春季日照时数

1954—2017年，秦皇岛市区、抚宁区（县）、昌黎县、卢龙县总体上呈不显著的增加趋势，青龙满族自治县呈不显著减少趋势。从年代变化来看，20世纪60年代各县（区）日照时数波动较大，90年代日照时数有所减少，2010年以后开始缓慢上升。见图4-100。

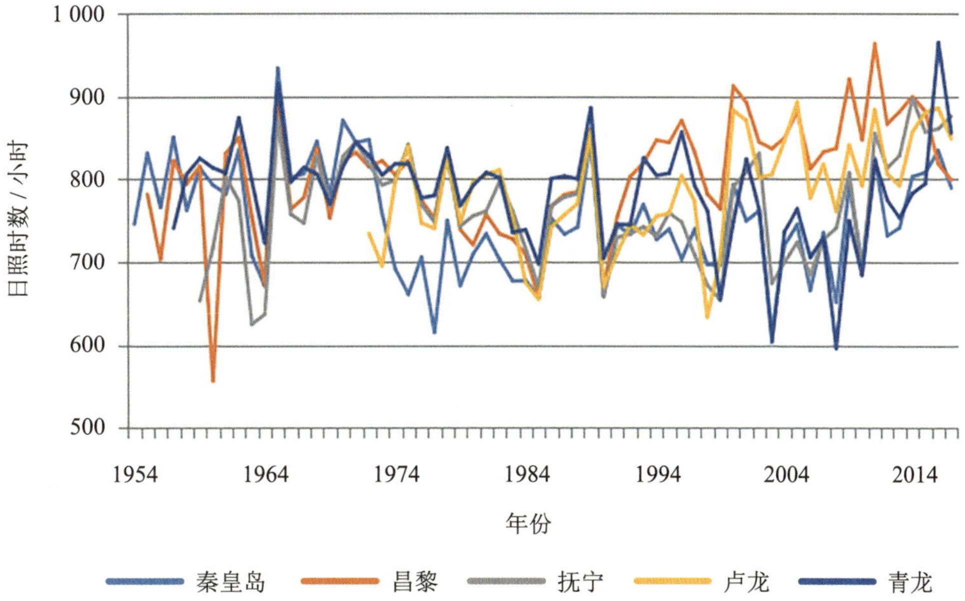

图4-100　1954—2017年秦皇岛市全区春季日照时数年代际变化图

（2）夏季日照时数

1954—2017年，秦皇岛市区、抚宁区、青龙满族自治县、卢龙县总体上呈不显著的减少趋势，昌黎县、卢龙县呈波动式上升趋势。从年代际变化来看，20世纪50—60年代日照时数较高，70—80年代呈缓慢减少趋势；90年代以后昌黎县、卢龙县呈波动式增加趋势，其他县（区）呈缓慢减少趋势。见图4-101。

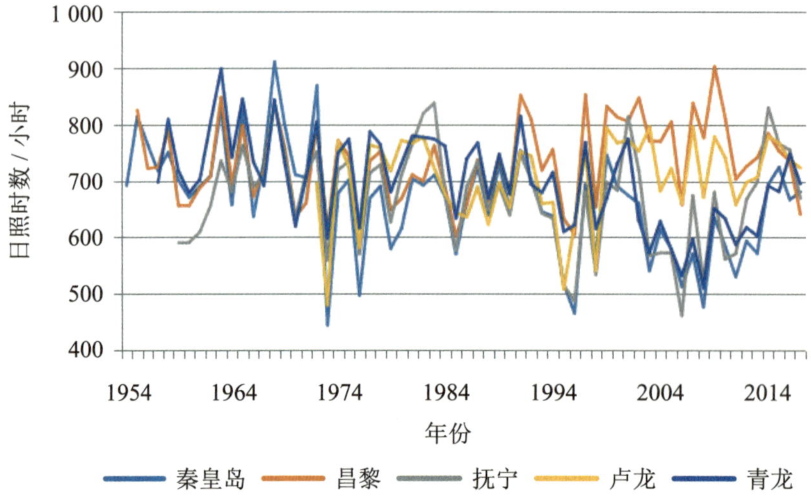

图 4-101　1954—2017 年秦皇岛市全区夏季日照时数年代际变化图

（3）秋季日照时数

昌黎县总体上波动较小，其他县（区）呈不显著的减少趋势，昌黎县、卢龙县呈波动式上升趋势。从年代际变化来看，20 世纪的 60—70 年代日照时数较高，2012 年后呈迅速减少的趋势。见图 4-102。

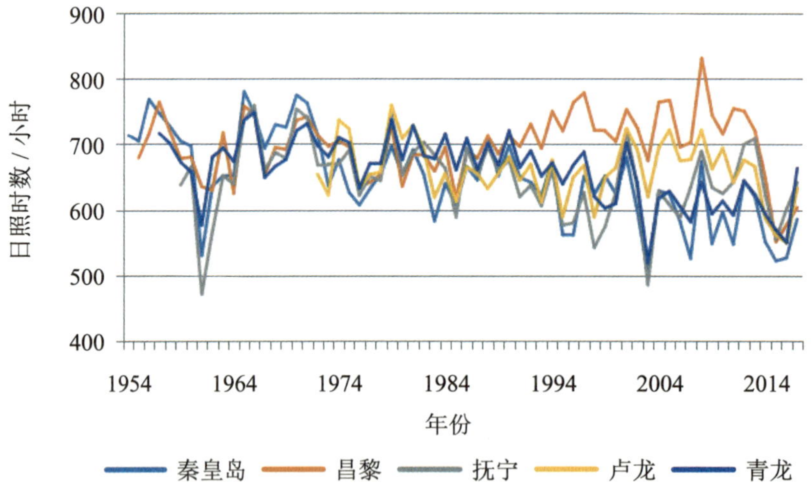

图 4-102　1954—2017 年秦皇岛市全区秋季日照时数年代际变化图

（4）冬季日照时数

卢龙县总体上波动较小，昌黎县呈不显著的上升趋势，其他县（区）呈不显著的减少趋势。从年代际变化来看，20 世纪 50—60 年代冬季日照时数较高，80—90 年代日照时数最少，2006 年日照时数迅速减少，之后呈缓慢回升趋势。见图 4-103。

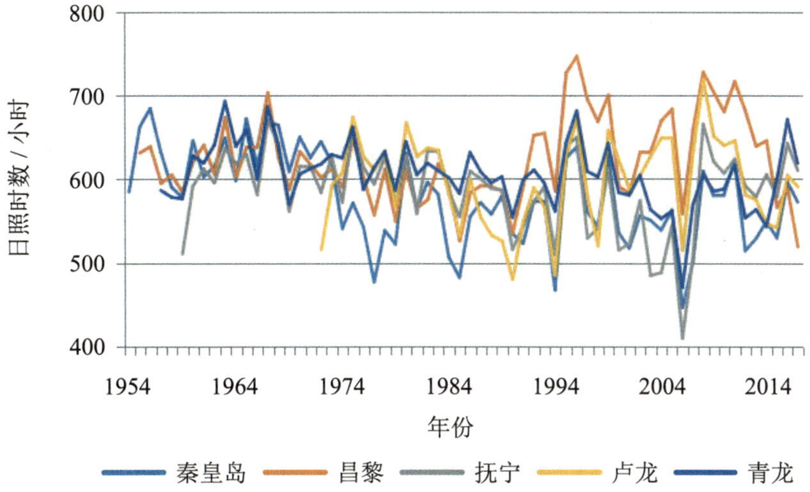

图 4-103　1954—2017 年秦皇岛市全区冬季日照时数年代际变化图

2. 日照时数月变化

受降水、云量等因素的影响，秦皇岛市各县（区）日照时数月变化趋势一致，一年中 5 月日照时数最高，11—12 月日照时数最低。由于夏季降水较多，6—7 月日照时数呈减少趋势。见图 4-104。

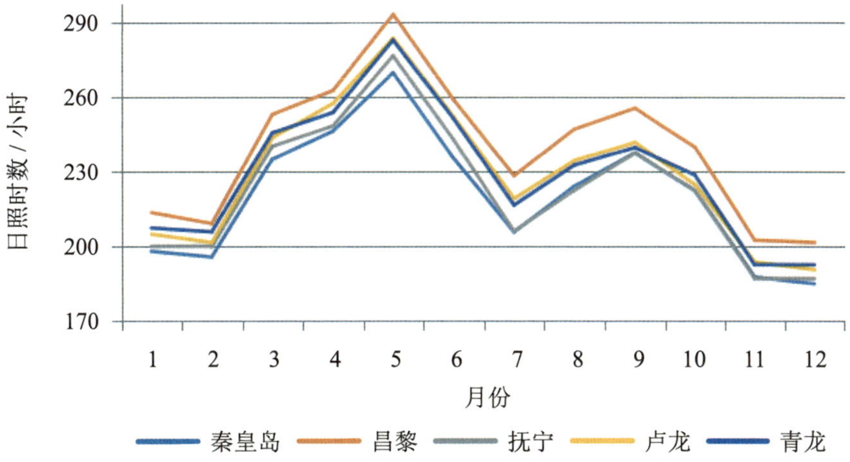

图 4-104　1954—2017 年秦皇岛市全区累年各月平均日照时数变化图

3. 日照时数年变化

受四季日照时数的影响，1954—2017 年，秦皇岛市区、抚宁区（县）、青龙满族自治县年日照时数总体上呈不显著的减少趋势，昌黎县、卢龙县呈波动式上升趋势。总体上看，年日照时数和四季的日照时数变化趋势大致相同，20 世纪 60—70 年代日照时数高于平均值，80—90 年代日照时数减少幅度最为明显，2006 年后开始缓慢回升。见图 4-105。

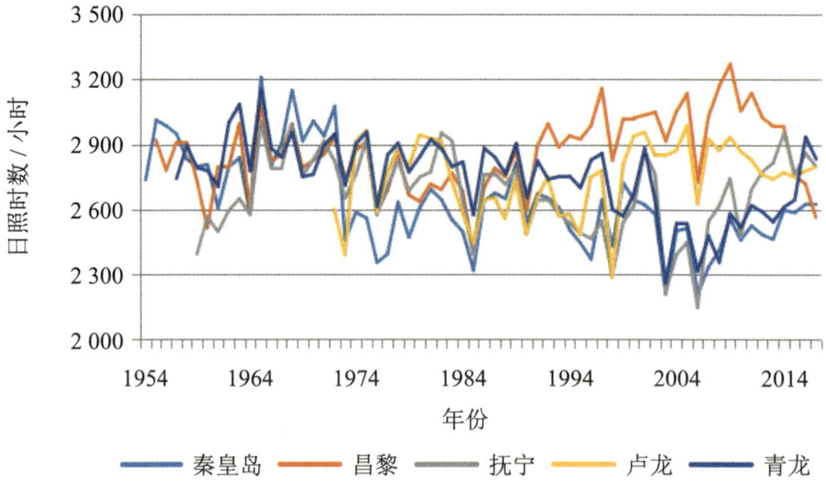

图 4-105　1954—2017 年秦皇岛市全区日照时数年代际变化图

4. 太阳辐射

以北戴河观测站 2010—2017 年太阳辐射数据进行分析。

（1）太阳辐射年变化

2010—2017 年，太阳总辐射数值在 4 500 ～ 5 700 兆焦耳 / 米 ^{2} 变动，为太阳能资源丰富地区，其中最大值出现在 2013 年，最小值出现在 2010 年，变幅为 1 230 兆焦耳 / 米 ^{2}。太阳总辐射呈先增加后减少的趋势。见图 4-106。

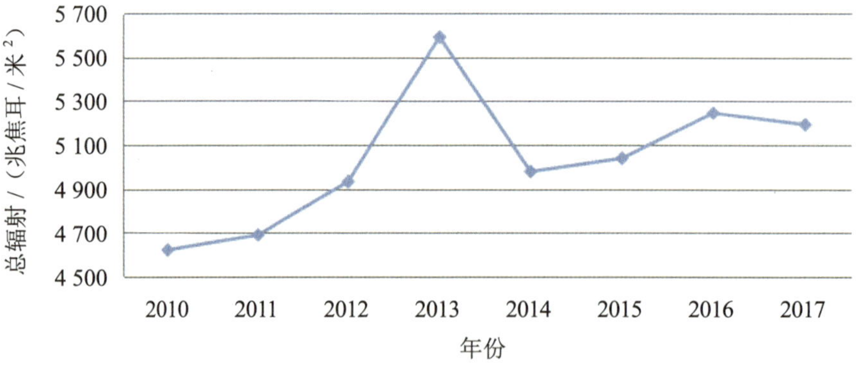

图 4-106　2010—2017 年秦皇岛市太阳总辐射历年变化图

（2）太阳辐射月变化

太阳总辐射以春季（3—5 月）、夏季（6—8 月）为最多，秋季（9—11 月）次之，冬季（12 月至次年 2 月）最少；就月份分布来看，5 月最多，12 月最少；从季节分析可以看出，春季太阳辐射量比秋季大，主要是由于春季 3 月以后太阳直射北半球，白昼时间长，秋季 9 月后直射南半球，昼短夜长所致。见图 4-107。

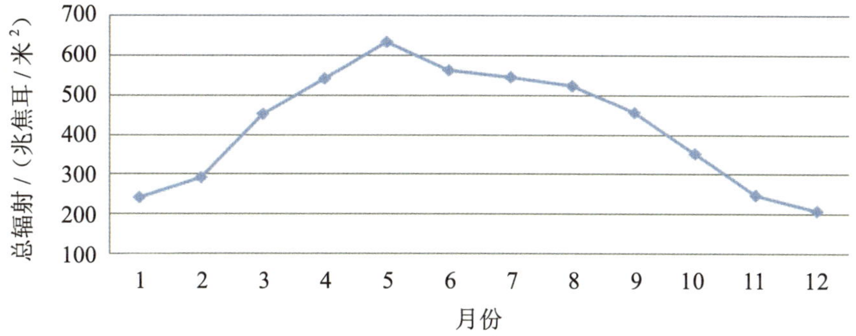

图 4-107　2010—2017 年秦皇岛市累年各月平均太阳总辐射变化图

二十一、太阳能

太阳能资源的分布与各地的纬度、海拔高度、地理状况和气候条件有关。太阳能资源一般以全年总辐射量和全年日照总时数表示。中国属太阳能资源丰富的国家之一，全国总面积 2/3 以上地区年日照时数大于 2 000 小时。根据中国气象局风能太阳能评估中心推荐的国内太阳能资源地区分类办法，共分 5 类：一类地区，全年日照时数为 3 200 ～ 3 300 小时，年辐射量在 6 700 ～ 8 370 兆焦耳 / 米 ^{2}，相当于 225 ～ 285 千克标准煤燃烧所发出的热量。主要包括青藏高原、甘肃北部、宁夏北部和新疆南部等地。二类地区，全年日照时数为 3 000 ～ 3 200 小时，年辐射量在 5 860 ～ 7 500 兆焦耳 / 米 ^{2}，相当于 200 ～ 225 千克标准煤燃烧所发出的热量。主要包括河北西北部、山西北部、内蒙古南部、宁夏南部、甘肃中部、青海东部、西藏东南部和新疆南部等地。此区为中国太阳能资源较丰富区。三类地区，全年日照时数为 2 200 ～ 3 000 小时，年辐射量在 5 020 ～ 5 860 兆焦耳 / 米 ^{2}，相当于 170 ～ 200 千克标准煤燃烧所发出的热量。主要包括山东、河南、河北东南部、山西南部、新疆北部、吉林、辽宁、云南、陕西北部、甘肃东南部、广东南部、福建南部、江苏北部和安徽北部等地。四类地区，全年日照时数为 1 400 ～ 2 200 小时，年辐射量在 4 190 ～ 5 020 兆焦耳 / 米 ^{2}，相当于 140 ～ 170 千克标准煤燃烧所发出的热量。主要包括长江中下游、福建、浙江和广东的一部分地区，春夏多阴雨，秋冬季太阳能资源还可以。五类地区，全年日照时数为 1 000 ～ 1 400 小时，年辐射量在 3 350 ～ 4 190 兆焦耳 / 米 ^{2}，相当于 115 ～ 140 千克标准煤燃烧所发出的热量。主要包括四川、贵州两省。此区是我国太阳能资源最少的地区。一、二、三类地区，年日照时数大于 2 200 小时，是中国太阳能资源丰富或较丰富的地区，面积较大，占全国总面积的 2/3 以上，具有利用太阳能的良好条件。四、五类地区虽然太阳能资源条件较差，但仍有一定的利用价值。

1. 太阳能资源太阳辐射年际变化

秦皇岛市无太阳辐射观测站，所用数据为唐山市乐亭站监测的太阳辐射数据。乐亭与秦皇岛直线距离 100 千米，接收太阳辐射情况差异较小，其监测数据可反映秦皇岛市太阳辐射情况。各年的太阳辐射值均超过 4 700 兆焦耳 / 米 ^{2}，数值在 4 747.1 ～ 5 360.8 兆焦耳 / 米 ^{2} 变动，平均值为 5 082.7 兆焦耳 / 米 ^{2}。最大值出现在 1997 年，最小值出现在 2001 年，变幅为 613.7 兆焦耳 / 米 ^{2}。1993—2013 年，太阳辐射呈缓慢递减的波动形式。见图 4-108。

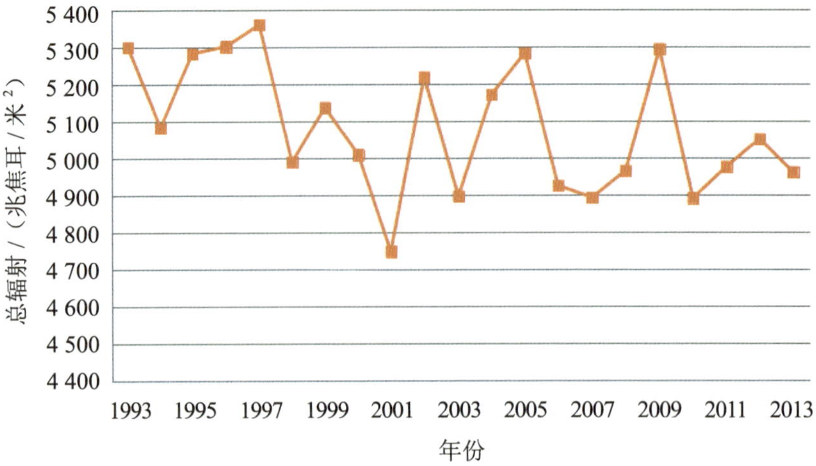

图 4-108　1993—2013 年秦皇岛市太阳总辐射历年变化图

平均气温年际变化较小，总体趋势与太阳辐射一致，呈缓慢递减的波动形式，但平均温度与总辐射量无明显相关性。年总降水量趋势与太阳辐射相反，呈缓慢递增趋势，但降水量年际变化与总辐射量亦无明显相关性。见图 4-109、图 4-110。

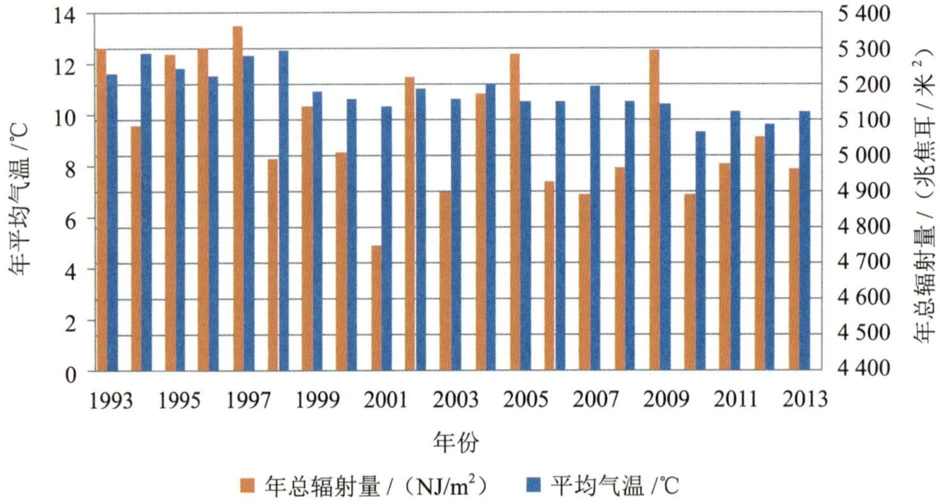

图 4-109　1993—2013 年秦皇岛市年总太阳辐射与年平均气温对比图

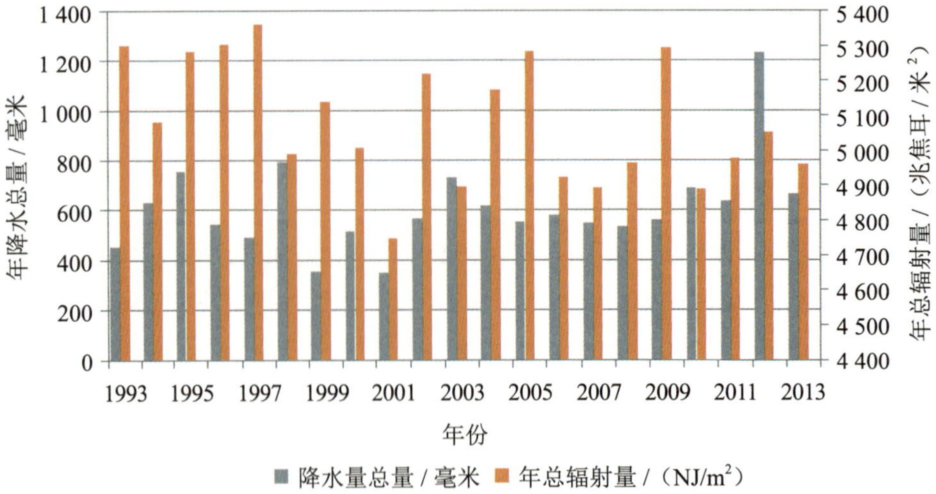

图 4-110　1993—2013 年秦皇岛市年总太阳辐射与年总降水量对比图

太阳辐射月际变化：秦皇岛市的年均太阳总辐射为 5 100 兆焦耳 / 米 ^{2} 左右。太阳总辐射的月际变化曲线呈单峰型，春夏季较大、秋冬季较小。总辐射最高值出现在 5 月，可达到 600 余兆焦耳 / 米 ^{2}；最低值出现在 12 月，为 200 余兆焦耳 / 米 ^{2}。春、夏、秋、冬四季总辐射量约分别占年总辐射量的 32%、32%、21% 和 15%。累年各月及年平均太阳总辐射量见表 4-37。

表 4-37　1993—2013 年秦皇岛市累年各月及年平均太阳总辐射量一览表

单位：兆焦耳 / 米 ^{2}

月　份	太阳总辐射量	月　份	太阳总辐射量
1 月	247.7	7 月	541.2
2 月	306.7	8 月	511.9
3 月	461.2	9 月	452.1
4 月	539.7	10 月	357.5
5 月	638.7	11 月	247.7
6 月	579.2	12 月	210.8

总辐射的季节分布与太阳沿南北回归线的运动轨迹有关，太阳越接近北回归线太阳辐射越强，秦皇岛市春、夏季太阳辐射明显比秋、冬季强。6—8 月为秦皇岛市雨季，雨季季节天空云量明显增多，日照减少，5 月秦皇岛市一般无明显天气系统影响，空气湿度较小，晴好天气较多，因此 5 月太阳辐射总量达到全年最高，6—8 月的太阳总辐射低于 5 月。进入冬季，秦皇岛市总太阳辐射量骤减，与日照时间减少和常出现雾霾和降雪天气有关。见图 4-111。

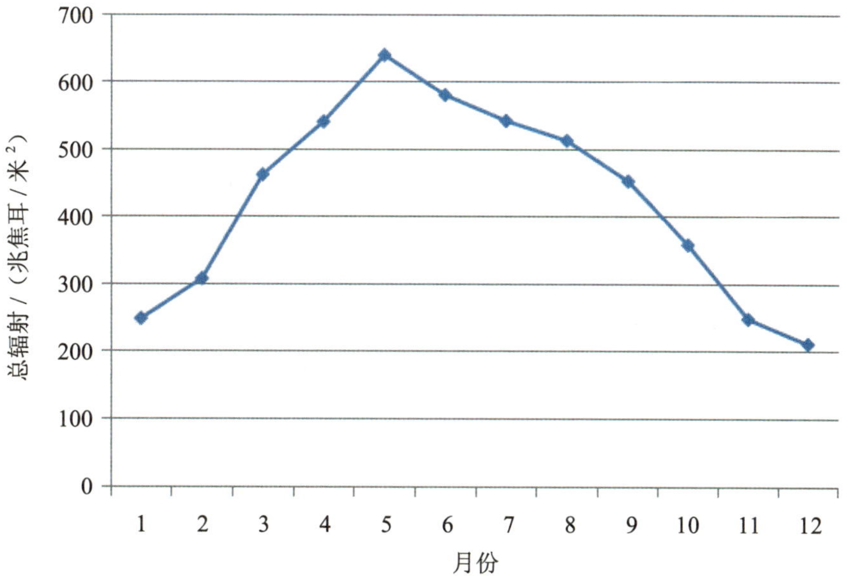

图 4-111　1993—2013 年秦皇岛市累年各月平均太阳总辐射变化图

太阳辐照度，是指太阳辐射经过大气层的吸收、散射、反射等作用后到达地球表面上单位面积单位时间内的辐射能量。秦皇岛市累年各月最大日总辐射辐照度，表征每月出现最大日辐射量时的太阳辐射强度。秦皇岛市全年最强日辐照度出现在 7 月，超过 1 200 瓦 / 米 ^{2}，符合太阳沿南北回归线运动的一般规律。这再次证明，夏季天气状况对太阳辐射总量影响较大。见图 4-112。

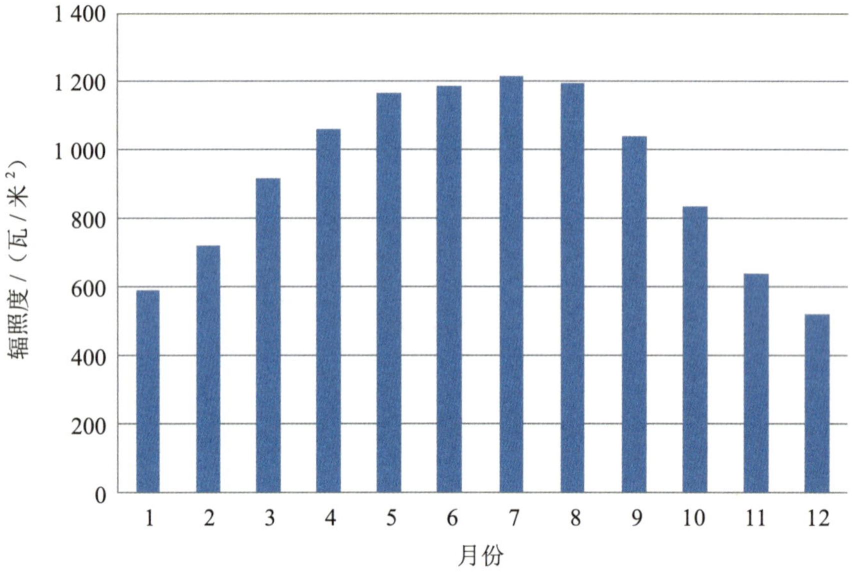

图 4-112　1993—2013 年秦皇岛市累年各月最大日总辐射辐照度图

二十二、空气质量

空气质量（air quality）的好坏反映空气污染程度，它是依据空气中污染物浓度的高低来判断的。洁净的大气对生命来说是至关重要的。一个成年人每天大约呼吸两万次，吸入的空气量为 10 ～ 15 米^3，约为每天吃入食物重量的 10 倍。

为改善环境空气质量，防止生态破坏，创造清洁适宜的环境，保护人体健康，国家环保总局根据《中华人民共和国环境保护法》《中华人民共和国大气污染防治法》，颁布了《环境空气质量标准》，标准首次发布于 1982 年，1996 年第一次修订，2000 年第二次修订，2012 年第三次修订。2012 年 2 月，正式发布《环境空气质量标准》（GB 3095—2012）及其配套标准《环境空气质量指数（AQI）技术规定（试行）》（HJ 633—2012），部分城市先后以之取代《环境空气质量标准》（GB 3095—1996），自 2016 年 1 月 1 日起在全国实施。新标准中采用空气质量指数（Air Quality Index，AQI）来评价空气质量，取代旧标准中的空气污染指数（Air Pollution Index，API）。

秦皇岛市空气质量总体情况良好，河北省环境状况公报历年数据显示，秦皇岛市各项指标均达到国家二类区的环境空气质量标准。一直以来，秦皇岛市通过抑制“煤尘”、控制“烟尘”、防治建筑“扬尘”，以及防治空气污染等多种手段，确保空气质量清新。2012 年，秦皇岛市制发《关于进一步加强扬尘污染控制的通知》，取消中小锅炉，对秦皇岛港进行防风网建设；加大对排污企业的监管力度，对大型企业增加脱硫、脱硝设施，督促企业使用清洁能源。2013 年之前，秦皇岛市使用 API 来评价空气质量时，秦皇岛市区每年的空气质量二级及以上天数达到 350 天以上，优良率达到 95%。尤其是 2011 年、2012 年，秦皇岛市城市环境空气质量达到二级标准以上天数为 354 天，优良天数比例达到 97%，位居全省之首。截至2012年，连续8年稳定保持在350天以上。

自从2013年起，秦皇岛市采用AQI来评价空气质量之后，秦皇岛2013年第一季度的空气重污染日（AQI＞200）达到14天，并且首要污染物均为PM2.5，2013年全年的优良率仅为60%。通过监测，秦皇岛市出现频率较高的污染物为PM10、PM2.5、O3。面对空气质量问题，2013年，省委、省政府印发《关于实施环境治理攻坚行动的意见》《河北省大气污染防治行动计划实施方案》和大气污染防治最直接、最紧迫的10条措施。召开“最高规格”的大气污染防治动员会，省人大常委会出台关于大气污染防治工作的决议，省政协将环境治理继续列为“一号提案”。2014年，秦皇岛市海港区以加快能源置换和发展绿色产业为抓手，环环紧扣地推进防治大气污染工作，为打造天更蓝、云更白、空气更清新的“美丽港城”发挥了积极作用，在城市建成区淘汰每小时10蒸吨及以下燃煤锅炉；12家大型传统排污企业完成环保技改升级；双轮环保科技有限公司列入“省政府节能环保产业”创建计划的骨干企业；建立健全“一企一册”制度，及时掌握耗能大户的用能情况；定期对15家市“百家”重点能耗企业进行专项节能监察，对未达标的企业下达限期整改通知书；为加快太阳能、生物质能等清洁能源的推广使用，在推进华润雪花啤酒等企业“煤改气”工程的同时，全面加强余热余压利用等六大类项目的搜集、整理和跑办，使两个项目获得市级节能专项奖励资金合计80万元，5个项目列入省争取资金项目库。此外，海港区还安排节能专项资金200万元，用于支持发展节能项目；加快发展以节能环保为主要特点的战略性新兴产业，还以严格准入为切入点，设置起不可逾越的“绿色门槛”；积极培育绿之翊环保资源开发有限公司等循环经济示范企业；加快打造东部循环经济园区。2014年，河北省压减炼铁产能1 500万吨、炼钢产能1 500万吨、水泥产能3 918万吨、平板玻璃产能2 533.5万重量箱，煤炭消费总量减少1 500万吨。2015年，秦皇岛市政府督查室对有关县区及市大气办进行督导检查。2016年，全面落实“生态立市”战略，秦皇岛市委、市政府既定290天优良天气的目标，市环保局深挖减排空间，通过做好污染天气应急管控、落实应急指挥调度、执行驻厂监督及“三限”措施、构建长效管控机制等综合措施，积极应对恶劣天气，扎实做好“冬防”工作。随着系列举措的实施，秦皇岛市空气质量有了明显的改善。2016年全市优良天数为281天，比2013年多72天，达标率为76.78%，比2013年增加19.48个百分点；重度污染及以上天数仅为1天，较2013年减少25天。秦皇岛市环境质量见表4-38。

表4-38　2013—2016年秦皇岛市环境质量优良天数一览表

年　份	优良天数 / 天	达标率 /%	重度污染及以上天数 / 天
2013	209	57.3	26
2014	239	65.5	22
2015	269	73.7	8
2016	281	76.78	1

二十三、负氧离子

空气中的负氧离子浓度是反映空气质量的重要指标，对人体作用非常明显。秦皇岛气象站从 2009 年开始对空气负氧离子浓度进行观测，可测量迁移率 $k_1 = 1.0$ 和 $k_2 = 0.4$ 两种直径的离子浓度，其中在测得的 $k_2 = 0.4$ 的离子中，包含直径更小的中 $k_1 = 1.0$ 的负氧离子数量。

1. 空气负氧离子浓度年分布

通过逐月平均统计分析，空气负氧离子浓度的年分布曲线呈现冬季浓度高、夏季浓度低的“U”形分布。月平均浓度的最高月出现在 12 月，最低月出现在 7 月，冬季浓度值比夏季高约一倍。此时段的空气质量达到维持人体基本健康要求的标准。

2. 负氧离子浓度日分布

在剔除对负氧离子浓度影响明显的降水天气日的记录后，对负氧离子浓度的逐时值进行平均，得到空气负氧离子浓度的日分布特征。一日之中，浓度最低的时间出现在 11—15 时，夜间的浓度显著高于中午。在 7—9 时和 21—23 时两个时段，浓度出现两个峰值区。见图 4-113。

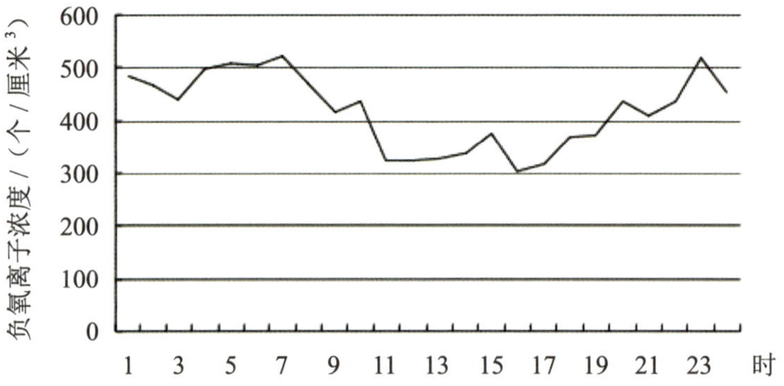

图 4-113　秦皇岛气象站空气负氧离子浓度逐时分布图

3. 负氧离子与气象要素的关系

影响空气中负氧离子浓度的因素极其复杂，通过对几个气象要素与负氧离子浓度的比较，发现负氧离子浓度和相对湿度与风的关系不明显，与温度有明显的反相关，与降水天气关联极为密切。通常情况下，温度高时，负氧离子浓度低；降水天气条件下，负氧离子浓度有明显的增加。特别是在夜间出现的降水天气，由于与夜间的浓度升高周期相叠加，负氧离子浓度升高显著。

在一年中，虽然冬季空气负氧离子的浓度最高，但冬季干燥、寒冷、尘埃多，对人体健康有不利方面，因此选择负氧离子浓度次之的春季和秋季进行休疗较好；一日之中，负氧离子浓度高的 5—7 时和 22—23 时是比较理想的休疗时段；在降水天气和降水停止之后的时段，特别是夜间出现降水的清晨，空气中负氧离子浓度极高，且污染物少，可达到对健康极为有利的标准，是休疗最佳时间。

第二节　气候变化及影响

气候是不稳定的，具有连续波动的性质。气候变化通常指较长时期的气候演变，也泛指各种时间尺度的气候演变，例如地质时期气候变迁、历史时期的气候变迁、现代气候演变等。

一、秦皇岛市气候变化情况

秦皇岛市的气候变化是在全球变暖的大背景下发生的，它遵循全球气候变化的规律，同时又具有其自身特点。秦皇岛市气候发生了显著的变化，总体上是向干热方向变化。

1. 气候变暖

自秦皇岛市有气温记录（1960—2016 年）以来，秦皇岛市的平均气温上升速率为 0.34℃ / 10 年，无霜期增加将近 20 天，≥ 10℃年积温也增加将近 300℃，这都说明秦皇岛市 1960—2016 年来气候的确明显变暖。

2. 气候变干

秦皇岛市气候变暖的同时也在变干，20 世纪 60 年代平均降水量为 741.6 毫米，70 年代、80 年代、90 年代平均降水量分别减至 742.3 毫米、660.3 毫米、613.0 毫米，2001—2016 年平均降水量减少至 570.6 毫米。1960—2016 年来秦皇岛市的年平均降水量减少 171.7 毫米，其减小幅度达 23.1%。

3. 极端天气、灾害天气增多

从历年气候统计数据可以看出，秦皇岛市极端最高温、极端最低温、夏日、热夜、暖夜、暖日、干热风几个指数呈上升趋势，冰日、霜日、冷夜、冷日 4 个指标呈下降趋势。最高气温变化呈极其微小的上升趋势，没有明显变化。20 世纪 60 年代极端最高气温的年代际平均值处于一个较高的阶段，而在 70—90 年代的极端最高气温相对于 20 世纪 60 年代有所下降，进入 21 世纪后又有所上升，其年代际平均值和 20 世纪 60 年代基本持平。秦皇岛市的年极端最低气温是升高的。极端最低气温的变化趋势在各个年代际之间随时间的变化并非一致。从年代际来看，20 世纪 60—90 年代的平均最低气温是逐渐升高的，而 21 世纪第一个 10 年，平均最低气温又有较大的下降。极端最低气温平均值总体上呈现先降低后增加的趋势。极端天气热指数呈上升的趋势，夏日由 20 世纪 60 年代到 2016 年增加 7 天，热夜增加 14 天，暖夜增加 11 天，暖日增加 5 天；极端天气冷指数呈下降趋势，冰日减少 10 天，霜日减少 13 天，冷夜减少 8 天，冷日减少 3 天。极端天气的增加会导致更多的气象灾害，对社会、人文、农业生产造成不利影响，因此对于极端温度变化造成的不良影响，需要根据科学规律进行预防。

二、气候变化对秦皇岛市的影响

1. 对河流径流的影响

秦皇岛市各河流径流规范、系统的观测起始年份不一致。青龙河从 1956 年开始观测并记载，石河从 1975 年开始观测并记载。青龙河 1956—1970 年年平均径流量为 85 012 万米^3，1971—2000 年年平均径流量为 71 996 万米^3，2001—2005 年年平均径流量为 30 140 万米^3。石河 1975—2000 年年平均径流量为 13 361.5 万米^3，2001—2005 年年平均径流量为 6 907 万米^3。青龙河 2001—2005 年年平均径流量只相当 1956—1970 年年平均径流量的 35.45%，相当于 1971—2000 年平均径流量的 41.86%。石河 2001—2005 年的平均径流只相当于 1975—2000 年年均径流的 51.47%。河流径流的变化幅度远远超过年平均气温和年平均降水量的变化幅度。这其中的原因是多方面的、复杂的，但主要原因是气候变暖变干的同时，蒸发量会随之增加，而土壤吸收的水分也会增加，径流下渗为地下水的比例也会随之增加。

河流径流减少直接影响河流生态系统，使河流水量减少，枯水期尤其显著，特别是河流生态用水大量减少，甚至有断流现象发生。秦皇岛市境内的河流径流也影响水库生态系统，近年来秦皇岛市境内的几个主要水库，如石河水库、洋河水库、桃林口水库的水量大幅度减少，水质也随之变坏，其中洋河水库夏季连年出现富营养化现象。此外，河流径流减少，也直接或间接威胁到湿地生态系统。秦皇岛市的湿地有河流湿地和沿海湿地两种。河流湿地的水分直接依靠河流补给，因此河流径流减少势必使湿地面积萎缩，水质变坏，湿地生物受到危害。沿海湿地也有一部分由河流径流补给，这部分湿地由于河流径流减少也产生了退化现象。河流径流减少，还会影响到植物和动物，对生物的生境造成损害，对生物生存造成威胁；使通过河流进入海洋的水量和泥沙减少，对海洋生态系统和海岸稳定产生不良影响。

由于河流径流的减少，河流自净能力大幅度下降，致使河水中污染物浓度明显上升，秦皇岛市几条河流的河口水质大部分时间为Ⅴ类或劣Ⅴ类。由于河流径流的减少，沿海及平原的农田灌溉几乎全部依靠地下水，造成地下水超采，在沿海出现海水入侵现象，面积达 20 多千米 ^{2}，在平原也出现地下水漏斗。

2. 对土壤的影响

气候变暖变干可引起土壤温度、土壤湿度、土壤 pH、土壤 C/N 和 N 的有效性等土壤环境因素的变化，引起凋落物的质量和数量的变化，改变土壤微生物与植物之间的养分分配，直接或间接地影响微生物的生长、活动和群落组成。

由于土壤母质在分化成土壤过程中，分化程度、植被的发育程度与当地平均降水量和气温有密切关系，因此温度和降水变化等气候要素的变化对土壤有机质、微量元素等养分的含量有重要的影响。气温升高 2.7℃，凋落物的分解速率（影响土壤养分）提高 6.68% ～ 53.83%，另外，在不同温度条件下，土壤脉酶动力学特征不同，表现在土壤对脉酶的保护能力随温度升高而有所下降。土壤温度升高和降水量的变化使土壤微生物活动发生改变，这必然引起土壤养分发生变化。气候变暖将导致微生物对土壤有机质的分解加快，从而加速土壤养分的变化，可能造成土壤肥力下降。

在较暖的气候条件下，土壤有机质的微生物分解将加快，长此下去将造成地力下降。在高浓度二氧化碳下，虽然光合作用的增强能够促进根生物量的增加，在一定程度上可以补偿土壤有机质的减少，但土壤一旦受旱，根生物量的积累和分解将受到限制，这意味着需要施用更多的肥料才能满足作物的需要。但是肥效又对环境温度的变化十分敏感，尤其是氮肥，温度升高 1℃，能被植物直接吸收利用的速效氮释放量增加 4%，释放期将缩短 3.6 天。因此要想保持原肥效，每次的施肥量增加 4% 左右，这不但增加农民投入，对土壤和环境也不利。

当温度升高时，无论夏季或冬季，也无论降水量增加或减少，土壤含水量都表现出减少的趋势，其最大减少值出现在夏季。秦皇岛气候变暖导致蒸发加剧，在降水增加不明显的条件下，会加速土壤干旱化程度。同时土壤从上层到下层，干旱发生频率呈现出逐渐增加的趋势，但干旱强度呈现出逐渐减弱的趋势；重旱主要出现在春末初夏，土壤中、上层出现重旱的概率最高，1 米以下土层基本不出现重旱现象；土壤中、下层出现概率最高，春末初夏是最干旱的时期，早春出现重旱的概率较小。

3. 对野生动植物的影响

温度是影响物种分布关键的因子之一。特定的物种分布在特定的温度带内。当生境因子的变幅在动植物的忍受范围之内时，动植物种群的大小与分布呈正相关。对那些受益于全球气候变化的动植物种群，其分布范围会随着种群的壮大而扩展。相反，对于那些不适应全球气候变化的动植物种群，其分布范围会逐渐缩减，甚至局部灭绝。

气候变化影响动植物群落结构。秦皇岛市为暖温带落叶阔叶林区，森林植被类型以落叶阔叶林、针叶林、针阔混交林、灌丛、灌草丛、盐生草甸等植被为主，由北而南、由高到低呈地带性分布。阔叶树以杨树、白桦、蒙古栎等为主。针叶树主要以油松、华北落叶松为主。气温变暖的结果对秦皇岛市植被有两种可能：其一，降水量增加或不变的情况下，气温变暖的结果不利于针叶树的生长，有利于阔叶树的生长，使森林植被的类型发生改变。森林生态系统的类型由暖温带森林生态系统变化为北亚热带北部边缘森林生态系统，森林植被物种将更加丰富，常绿阔叶树种出现。其二，降水量减少的情况下，气温变暖的结果不利于现有任何植被的生长，原有植被有可能逐渐演替为荒漠、草原及山地针叶林区。

无论出现上面哪种结果，秦皇岛市原有的农林界线、林木界线都将会随之发生变化，它会影响本地区植物群落的组成和结构。增温和二氧化碳浓度的增加对每种植物的影响是不同的，这种差异会导致因耐受性不同而引起的植物之间竞争平衡的打破，植物群落的组成和结构也会因此发生变化。这种变化进而会影响到植食性昆虫和以植物或昆虫为食的鸟类。

气候变暖对秦皇岛市海洋生物的影响更为明显。鱼类是一种变温动物，它适应环境温度变化的方式是改变栖息水域。水温的升高使鱼类时空分布范围和地理种群量发生变化，同样也会使水域基础生产者的浮游植物和次级生产者浮游动物的时空分布和地理群落构成发生长期趋势性的变化，最终导致以浮游动植物为饵的上层食物网发生结构性的改变，从而对秦皇岛市渔业产生深远的影响。

气候变化影响动植物物候期。物候是生物长期生活于特定生境，经过适应后，其发育节律与自然周期相协调的现象。如植物的开花、鸟类的产卵、昆虫的孵化、迁徙动物的第一次出现等。生物物候通常被用来作为生物对气候变化的生物感应器。研究表明，温度升高使生物的物候发生改变，通常表现为物候期提前。

气候变化影响植物生产力。气候变暖、积温增加有利于木材蓄积量的增加及树种的增多。研究表明，气候变暖，二氧化碳的增肥效应显著，大气中二氧化碳含量增多可以增加光合产物，苗木的干重、直径、高度在水土条件适宜时都会增加，同时，叶面气孔会有部分关闭，从而减少蒸腾。这些都会促使林木分枝增多，叶面积加大，生长速度加快，可缩短林木培育的周期。研究表明：年内林木需要≥ 10℃积温 1 500 ～ 1 580℃，在此基础上，≥ 10℃积温升高 100℃，林木地茎生长量和苗高生长量变化率分别为 22% 和 43%。有关研究还表明，气候变化后中国森林第一性生产力地理分布格局没有发生显著变化，但森林生长率和产量呈现不同程度的增加。在热带、亚热带地区，森林生产力将增加 1% ～ 2%，暖温带增加 2% 左右，温带增加 5% ～ 6%，寒温带增加 10%。根据有关方面对气候变化后森林生产力变化率的地理格局和树种分布状况综合预测的研究，国内主要造林树种的净生产力将出现不同程度的增加：兴安落叶松净生产力增益最大，为 8% ～ 10%，红松为 6% ～ 8%，油松为 2% ～ 6%，马尾松和杉木为 1% ～ 2%，云南松为 2%，川西亚高山针叶林为 8% ～ 10%。秦皇岛市地处暖温带地区，森林植被类型为暖温带落叶阔叶林区，根据上面的研究结果计算，森林生产力将增加 2%。但也有可能会出现相反结果，如果气候变暖，降水量减少。

气候变化影响动物的行为和生理。动物的繁殖期是动物生活史中对气候最敏感的时期，微小的气候变化都有可能影响到动物的繁殖成功率。这种影响可能是正向的也可能是负向的，关键看动物繁殖的限制因子的变化方向。当限制因子变得对动物有利时，其繁殖的机会增加，繁殖后代的成功率也会增加，种群逐渐壮大；反之，动物的繁殖会进一步受限制，繁殖后代的成功率减小。秦皇岛市由于气候的变暖，对动物的行为和生理的影响比较明显的应该是鸟类。中国学者发现，由于气候的变化鸟类的分布向北扩展，一些典型的东洋界鸟类，如叉尾太阳鸟（*Aethopya christinoe*），已经进入古北界，东洋界种类明显多于古北界，使地理区系的界线更加模糊。20 世纪 90 年代以前，斑嘴鸭（*Anas poecilorhyncha*）在秦皇岛市还是夏候鸟，近年来由于冬季气候变暖，秦皇岛市近海结冰期缩短，斑嘴鸭已经成为此地区的留鸟。

气候变暖还会使秦皇岛市越冬虫卵成活率提高，进而使孵化期、繁殖期提前，延长和加重对农业和林业的危害。

气候变化影响动植物生存环境。气候变化往往会加剧极端天气出现的频率，雷雨、大风、森林大火、干旱引起的森林、草原、荒漠及湿地面积的变化都会影响到野生动植物的生存空间。气候变化的另一个明显后果就是国内气候带的普遍北移，这对于生活在北方高纬度和高海拔地区的野生动植物造成的影响可能会更大，尤其是鸟类，因为鸟类向极地和山地顶部迁徙的距离是有限的。曾在中国东北地区有分布记录的镰翅鸡（*Falcipennis falcipennis*）和柳雷鸟（*Lagopus lagopus*），目前已近于绝迹，其原因可能与气候变暖有一定关系。

秦皇岛市也同样面临着气候变化造成野生动植物生存环境的变化。如果环境变化的速度超过物种适应和变异的速度，则很可能导致物种的丧失和多样性下降。如果气候变暖和降水减少的速度按目前发展下去，秦皇岛市有可能变成国内西部内陆干旱性气候区，会造成森林退化、土地沙化、湿地萎缩、河流干枯等生态灾害。气候变暖有可能造成秦皇岛市的生物在种群和结构上发生重组。重组有可能使那些在新环境下竞争力弱的物种遭到淘汰，从而使该生态系统的物种多样性降低。相反，新的环境和新适应亦可能导致新种产生。这些新种可能由于遗传变异产生，亦可能从其他生态系统迁移而来，并由于适应新系统中的环境而繁衍定居下来。

气候变化影响动植物病虫害。病虫害发生危害需要有一个适宜的温度范围，在适宜温度范围内，随着温度的升高，绝大多数病虫害的发生危害将呈直线上升。赵铁良等研究气温变化对全国森林病虫害的影响结果表明：全国气候变暖使全国森林植被和森林病虫害分布区系向北扩大，森林病虫害发生期提前，世代数增加，发生周期缩短，发生范围和危害程度加大。年平均温度尤其是冬季温度的上升促进了森林病虫害的大发生，其线性相关均达到显著水平。

随着全球气候的不断恶化，极端气温天气逐渐增加，严重影响了苗木生长和保存率，林木抗病能力下降，高海拔人工林表现得尤为明显，增加了森林病虫害突发成灾的频率。最新研究结果表明，随着温度的升高，刺槐叶瘿蚊在秦皇岛市年发生代数的预测值为 5.12 ～ 5.76 代。

4. 对海岸的影响

气候变化影响海平面：气温变化趋势与年平均海面变化有一定的一致性——高海面大致与高气温相对应，低海面大致与低气温相对应。

气候变化影响海岸侵蚀：气候的变化导致风暴潮的频繁发生，风暴潮常伴有狂风巨浪，因此对海岸造成严重侵蚀；一次风暴潮的侵蚀量，一般相当于一年的正常侵蚀量。秦皇岛市沿海虽然风暴潮活动不强烈，但仍时有发生。因此对一些地区海岸侵蚀会产生一定影响。

气候变化影响沿海土地和海水入侵：若按年平均蚀退速率为 3 米，蚀退岸线长 80 千米估算，中华人民共和国成立以后已损失的土地资源约 10.8 千米^2。海岸蚀退加剧海水入侵，近期海岸带有多处海水入侵，入侵面积约 24.83 千米^2，致使部分水源井废弃，有些水井因水质恶化，灌溉后农作物大面积枯萎死亡。此外，地下水的咸化对建筑基础腐蚀增强。

5. 对旅游的影响

影响旅游季节：由于秦皇岛市平均气温上升的幅度大于全国平均气温上升的幅度，会出现旅游旺季延长、淡季缩短的趋势。气温呈上升趋势，对开展冬季旅游是利好消息，秦皇岛市冬季气温变化趋势有助于人们开展冬季户外活动。

影响旅游产品或项目：夏季气温升高将会使海滨与山地休闲度假旅游产品趋热，水上娱乐项目和水域游览观光项目火爆。根据秦皇岛市居民的直观经验，气温微升有助于提高野生动植物丰富度。因此，平均气温升高，有助于科学考察旅游、自然旅游和生态旅游的开展。

影响客源的吸引力：夏季秦皇岛市平均气温上升较低，提升了气候资源的旅游价值，增加了对潜在游客的吸引力。冬季秦皇岛市平均气温虽呈明显增温趋势，但与南方相比仍属寒冷。冬季平均气温上升的幅度无碍旅游流的大格局，即宜组织秦皇岛市居民到南方“避寒游”。由于春季、秋季两季平均气温升高和国家的假日制度变革，在春季、秋季两季，秦皇岛市对北京、天津、唐山喜欢短途旅游的潜在客人的吸引力将会提高，平时要加强在这三个地区的旅游市场营销工作。

6. 对农业的影响

在全球变暖的大背景下，秦皇岛市总的变化趋势为气温缓慢升高，降水量逐渐减少。气候变化增加了农业生产的不稳定性，所以研究气候变化对农业的影响，有利于充分利用有限的气候资源，趋利避害，防灾减灾，对农业的可持续发展有着重要的现实意义和指导意义。

气候变化影响农作物耕作制度，主要体现在春播期提前和复种指数提高两方面。气候变暖以后，由于春季解冻期提前，相应春播期也较过去提前，秦皇岛市农业气象观测资料表明，现在的春播期已较 20 世纪 90 年代前提前 7 ～ 10 天。随着作物对气候适应性的进化，春播期提前，作物可生育期也相应延长，作物品种有由早熟型向中熟或晚熟型进化发展的趋向。气候变暖、变干将使蒸发力增大，加上冬季降雨量偏少，加剧了春旱的程度和概率。气候变暖的同时还会出现异常气候现象，比如 2008 年春季降雨较多，造成空气温度和土壤温度较低，影响了播种期和出苗率，易形成弱苗，弱苗抗病害能力弱，势必造成农业减产。因此对种植制度的调整应采取十分慎重的态度。气候变暖更有利于多熟制的发展。过去以长城为界，长城以南热量可满足两年三熟作物的需要，长城以北作物一年一熟。由于气候变暖，秦皇岛市的一年一熟种植区域会逐渐缩小，两年三熟的种植区域会逐渐增加，各地的复种指数将有所提高。为提高农业的经济效益，复种、间作套种各种经济作物的多熟制将会得到较大的发展。

气候变化影响化肥农药的使用。气候变化将改变施肥量，肥效对环境温度的变化十分敏感，尤其是氮肥，温度升高，会加快氮肥的释放速度和释放量。温度增高 1℃，氮向外释放量将增加约 4%，释放期将缩短 3.6 天。因此，要想保持原有肥效，每次的施肥量将增加 4% 左右。

施肥量的增加不仅使农民投入增加，其挥发、分解、淋溶流失的增加对土壤和环境也十分有害。气候变暖也将改变农药的施用。随着气候变暖，作物生长季延长，昆虫在春、夏、秋三季繁衍的代数将增加，而冬温较高也有利于幼虫安全越冬，各种病虫出现的范围扩大，加剧病虫害的流行和杂草蔓延，这意味着这些地区将不得不施用大量的农药和除草剂。有些过去当地不曾出现的农作物病虫害也会出现，将对农药生产和使用布局产生不利影响。

气候变化影响农作物品种。温度升高，≥ 10℃积温及其持续日数增加，使气候带和作物的种植北界向北移动，如冬小麦的安全种植北界将由目前的长城一线北移到沈阳—张家口—包头—乌鲁木齐一线。气候变暖会为某些作物的北移创造有利条件，北方地区种植业的种类将会增加，尤其蔬菜和水果等经济作物播种面积会显著增加。秦皇岛市地处华北平原的东北部，气候变暖的结果将增加农作物种类，使原来在南方地区才有的农作物品种北移到秦皇岛市，而秦皇岛市原有的农作物品种会由于北移而减少。

气候变化影响主要农作物产量。周林等研究气候变暖对华北平原主要农作物产量影响结论为，气候变暖使冬小麦、玉米作物产量减少，而使棉花的产量相对提高，其他许多研究也都证实了这一点。作物减产的主要原因是温度升高，降水减少，作物的生长发育加快，生育期缩短，致使总干重减少，从而导致产量下降。

气候变化影响农业用水。农业是主要的用水部门之一，温度升高条件下，作物需水量加大，直接导致农业单位面积用水量增加，尤其是在降水趋于减少或蒸发的增加大于降水增加的地区。华北地区过去几十年由于降水量明显下降、气温升高，在很大程度上影响和加剧了该地区的农业用水紧张度。旱灾一直是华北最严重的灾害之一。秦皇岛市从 20 世纪 50—90 年代，年平均气温上升 1.8℃，但年平均降水量却减少 84.3 毫米，出现了连续偏高的异常变化。年降水量呈明显减小趋势，出现了连年干旱。河流大部分处于断流状态，只有在汛期才有少量水，不足以满足河流本身的生态用水，对农田灌溉用水造成了威胁。所以气候变暖使秦皇岛市农业用水更加匮乏。

第五章

水文

秦皇岛市地处中纬度地带，属暖温带湿润半湿润大陆季风气候，气象水文特点明显。秦皇岛市境内河流分属滦河、冀东沿海河流两大水系。地下水也是本地区陆地水文的重要组成部分。秦皇岛市陆地水文作为本地区自然生态环境重要组成部分的同时，也具有重要的生态功能，为维护此地区生态环境的安全稳定及可持续发展发挥着重要的作用。

秦皇岛市断裂构造十分发育，在此基础上形成矿泉水资源。秦皇岛市的矿泉水水源地共有32处，水温均在25℃以下，矿化度低，口感好。其中，有27处赋存于风化裂隙或断裂构造（岩脉）发育的岩浆岩和变质岩中，属于太古代地层基岩裂隙水，这种赋存条件既有利于微量元素溶于水中，又有出水量稳定的保证。有4处采井位于第四系中粗砂孔隙含水层中，属于赋存在松散堆积物中的孔隙水，但其有益微量元素来自基底的混合花岗岩中的基岩裂隙水。界限指标达到命名标准的有4种，即锶型、偏硅酸型，锶及偏硅酸复合型，锶、溴及偏硅酸复合型。其中5处氡含量达到医疗矿泉水命名标准，可称为氡水。

秦皇岛市一般各河上游水体为重碳酸—钙·钠型水，酸碱度为中性或弱碱性，与其北部山区的花岗岩山体及风化产物的难溶性有关。同样，北部中低山区的地下水多为重碳酸钙或重碳酸—钙·钠型水，矿化度低，水质好。

第一节　河流水系

秦皇岛市两大水系河流中，流域面积大于30千米^{2}的河流有55条，其中流域面积大于100千米^{2}的河流23条，境内的所有河流自西北往东南汇聚成16条河流注入渤海，自东向西依次为小潮河、石河、沙河、排洪河、新开河、汤河、前道西河、归提寨河、新河、戴河、洋河、人造河、东沙河、减河、七里海水系、滦河，见图5-1。除青龙河、清河等少数几条河流外，绝大部分河流走向由西向东南，最后注入渤海。各河径流量在时间变化上有两个显著特点：其一，年内分配极不平衡，夏秋季节因直接受大气降水制约，河水暴涨暴落，易发生洪涝等自然灾害；春季大气降水偏少，各河基流比重甚小，部分河流时有断流现象发生。其二，各河流年际间变化很大，最大年径流量和最小年径流量相差达17倍，且常常出现连续丰水年、连续枯水年。

一、滦河水系

滦河水系主要由滦河及其最大支流青龙河以及这两条河流的支流所组成。

1. 滦河

古称“濡水”，唐始称滦河，是唐山市和秦皇岛市的界河。其发源于河北省丰宁满族自治县巴延图尔古山麓的小梁山，经沽源县西南进入内蒙古高原，在多伦附近有上都河注入，在隆化县郭家屯附近与小滦河汇流，再汇集燕山、七老图山、阴山东端诸水再流经承德县、宽城满族自治县，于潘家口处穿越长城后转而流向东南，穿唐山市的迁西县、迁安市，在虎头石附近有青龙河汇入，最后经秦皇岛市的卢龙、昌黎两县及唐山市的滦县、滦南县、乐亭县，于莲花

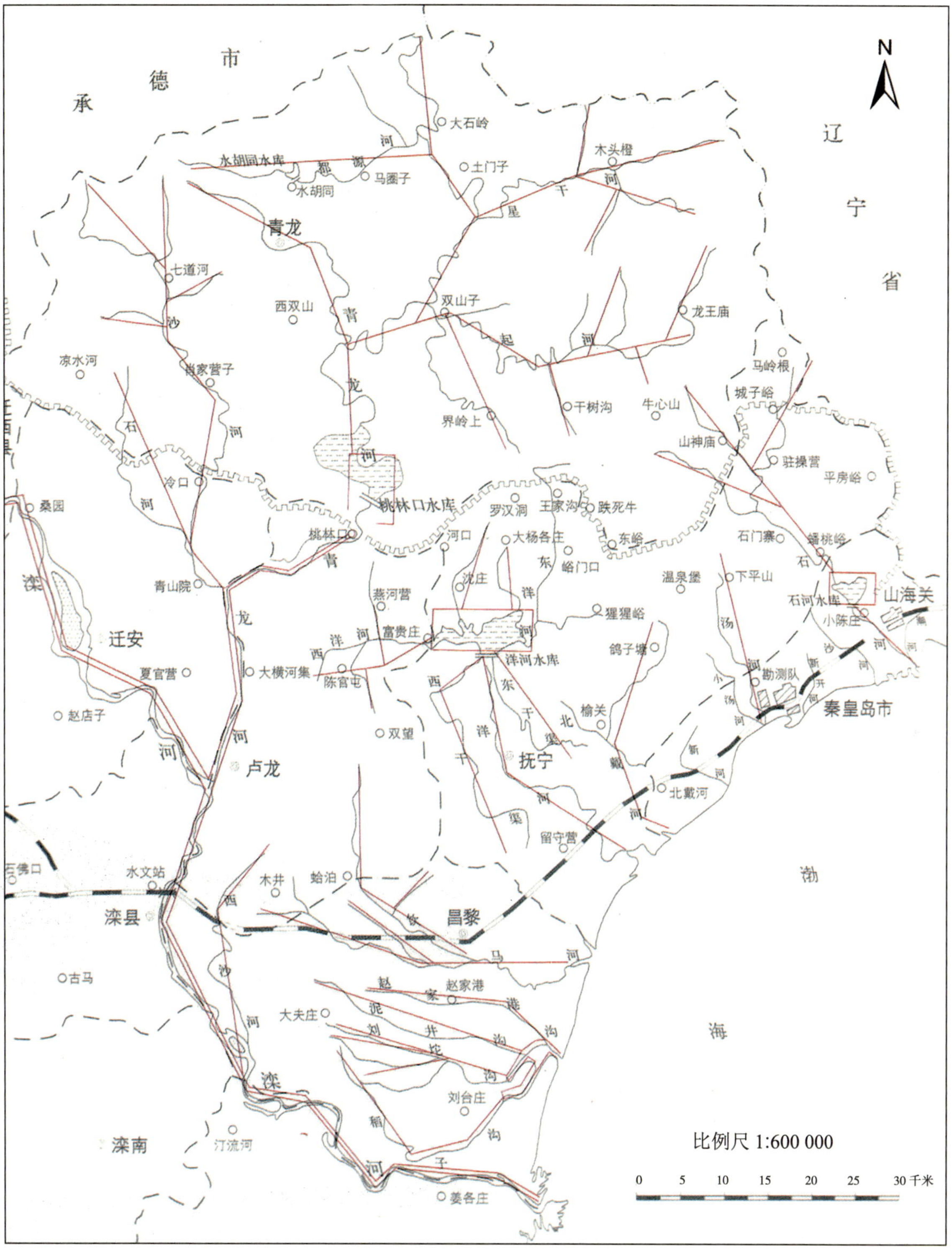

图 5-1　秦皇岛市主要河流分布图

池东南5千米的兜网铺注入渤海，全长888千米，流域面积44 750千米^2，其中在秦皇岛市境内河长91.5千米，流域面积3 773.7千米^2（包括青龙河面积）。

古滦河数次迁徙。由于滦河上游坡陡流急，携带大量泥沙顺流而下，下游水流变缓，泥沙开始逐渐下沉，日积月累致使河床抬高，在河口处附近形成堆积区。最新冲积扇形成于唐代。元代以后的600年间，滦河基本上在新冲积扇上摆动。明景泰年间（1450—1457年），滦河分东、西两支入海，东支称“葫芦河”，又称“东滦河”，入海处称“老米沟”；西支称“定流河”，又称“西滦河”，由刘家墩入海。明景泰三年，东滦河淤塞，由西滦河独流入海。清嘉庆十五年（1810年），滦河河道东迁，西滦河封闭，由东滦河独流入海。同年，滦河在昌黎县境内史家口附近决口，淹没良田数万亩。由于滦河东迁，昌黎县南部村庄变成沿河村庄，滦河口也渐由乐亭县境迁至昌黎县内。同治六年（1867年），滦河冲开赤崖村南的一条旧河道，改为从榆树村东南的甜水沟入海，后又北迁至现在河口。

历史上滦河水患频繁，时逢暴雨洪水泛滥成灾，但水量充沛。滦河自发源地下泻后，沿河汇集无数支流，其中长年有水支流500余条，仅流域面积大于1 000千米^{2}的河流即有10多条。境内有15条河流注入滦河，这些支流均属于山溪性河流，雨季河水暴涨暴落，水量较大，其他时期水量较少，河水也相对澄清。滦河多年平均水量高达48亿米^3，多年平均流量为152米^3/秒。据1962年测，瞬时最大流量达3.4万米^3/秒，清光绪九年（1883年）至今的百余年实测过程中，洪峰流量大于2万米^3/秒的年份即发生6次。历年最枯流量一般也在10米^3/秒左右。滦河水量80%来自长城以北地区，其中以青龙河水量比重最大，约占滦河水量的30%。

滦河在潘家口至罗家屯间为山区段，其间河道弯曲，河谷一般约宽500米，河床多系砂卵石组成，海拔百米有余，其坡度约为五百分之一；罗家屯至滦县为浅山丘陵区，河道曲度较小，河谷逐渐展宽，平均宽度约在千米，河床均系砂质构成，海拔在65米左右，其坡度为千分之一左右。其间两岸地势低缓，自滦县以下，进入平原地区后，河槽宽达2 000～3 000米，河床多系细砂质组成，冲淤改道变化很大，海拔一般低于20米，其坡度在四千分之一左右。滦河流经卢龙县段长14.5千米，砂卵石河床，河宽一般100～500米，坡度为千分之二，见图5-2。流经昌黎县段长77千米，河道顺直，细砂河床，河槽宽度2 000～3 000米，坡度四千分之一，见图5-3。

图5-2　滦河卢龙县钓鱼台段

图5-3　滦河昌黎县马良子段

2. 汇入滦河的河流

汇入滦河的河流主要有两条，即青河和营山河。

青河：位于青龙满族自治县西南，属滦河水系一支流。发源于青龙满族自治县与承德市宽城满族自治县接壤的小西天至北马道一带。流向先由北至南，过凉水河村西，在其南约400米处河水改由从东向西流，经小马坪继续向西，在秋皮峪村附近穿长城后入唐山市迁西县境内，河水转为南下，在南刘古庄进入低山丘陵带，水势变缓，在罗家屯西、南、东南处三度出现河道分流，其中以在罗家屯东南处的河道分流为最大，中间滩地最大距离已超过千米。这两股分流在迁安市侯吕子附近汇合注入滦河。青河有5条支流，其中4条属山间小溪式支流，位于青龙满族自治县；另一支流较大，当地人称东青河，其发源于青龙北马道，在迁西县太平寨附近汇入青河。因河道绝大部分在迁西、迁安市境内，故不赘述。在青龙的4条支流中，有2条发源于上、下柳资峪，它们在张杖子附近注入青河；另两条支流分别发源于小马坪村西侧的涧沟和西沟，在小马坪村附近注入青河。

青河在长城以北的上游河段，河道比降较大，水势较猛；过长城后，河流进入低山丘陵区，河道比降变缓，水势也渐趋和缓。河道全长41.5千米，其中在青龙满族自治县境内长17千米；流域面积为363千米^2，其中在青龙满族自治县境内的流域面积为124.2千米^2；河床宽在10～20米；河源高程为海拔700米，河口高程海拔65米，河流总落差为635米；河道平均比降为15.3‰；河流曲度为1.48；流域最大宽度为23千米，平均宽度为8.7千米，年平均流量为0.98米^3/秒。

营山河：又名“骚龙河”，位于卢龙县南、昌黎县西部。其发源于卢龙县阳黄岭南麓，流向北南，流经卢龙县的孟团店、庄坨、唱石门、张石门、李石门及昌黎县的洼里、崔庄、坎上、胡家庄、于庄子等地，在昌黎县的马芳营村南1.4千米处注入滦河。此河在昌黎县的坎上附近有源于下庄南的一条支流汇入，在汇流前其河基本上为季节性河流，汇流后为常年河。营山河全长26.5千米，流域面积105千米^2，流域平均宽度4千米，最大流域宽度为5.8千米，河流曲度1.29，源头海拔120米，河口高程10米，落差110米，河道平均比降4.2‰。

3. 青龙河

青龙河位于滦河流域的东南侧，河道全长222千米，流域面积6 500千米^2，其中秦皇岛市境内长166千米，流域面积为3 363.4千米^2，系滦河的第二大支流，但水量之丰则冠于其他支流之首。汛期最大洪峰流量17 400米^3/秒，枯水期流量7.74米^3/秒，结冰期较长，为90～100天。

图5-4 青龙河

青龙河古称“玄水”“漆水”，图5-4为青龙河一段景图，其纵贯青龙满族自治县境中部，为青龙满族自治县最大的常年河流。

青龙河上有4源：一为桃林口之青龙河，系桃林口处穿长城而入，即古“玄水”；二为徐流口之徐流河，系徐流河穿长城入，即古“元水”；三为冷口之沙河，系水于冷口穿长城；四为白羊峪口之白羊河，系白羊河穿长城入，于青山院（属迁安市境内）汇入为流，即古“卢水”。其玄、元、卢等诸水于潘庄镇汇流后统称“漆水”。

青龙河发源于燕山山脉的七老图山支脉的南侧。一是源于台头山北的朱杖子南沟，一是源于台头山西的北台子。两条支流交汇于辽宁省凌源市三十家子村北，向南流至绊马河，到宽城满族自治县，后经青龙满族自治县入卢龙，越刘家营、潘庄镇后南下，经印庄乡，至卢龙镇虎头石村西汇入滦河。主要支流在长城以北的有大北河、五道河、头道梁河、汤道河、都源河、星干河、起河、广荣山河等，在长城以南的有沙河、白洋河、蚂蚁河、徐流河、凉水河、野河、翁家沟和教场河等。

青龙河在桃林口以北段穿行于燕山山脉深山区，坡陡流急，河道坡降1/430～1/600，河谷宽度一般为400～1 000米。河床系砂卵石组成，河流出桃林口后进入卢龙县境内的丘陵区，河宽平均约500米，其间为砂砾、卵石河床，海拔高度一般在70米上下，坡度为1/1 000左右。由于此地区处于燕山山脉东侧的暴雨中心地带，所以洪水具有峰高、量大、势猛、历时短等特点。自1929年以后，洪峰流量超过6 000米^3/秒以上的就有15次之多。在汛期6—9月的水量一般占全年总水量的80%左右，而一次洪水连续6天的水量又占汛期总水量的40%。特别是1962年的特大洪水，一次洪水总量即占全年总水量的70%。在6—9月的汛期中，洪峰发生在7月的占35%，发生在8月的占54%。

青龙河在特大的洪水年份里，往往带有一定程度的危害性。据史料记载与考证，此流域内远在清代早期，大部分地区植被尚好，林丰草旺。其后由于大量移民，开垦荒地，尤其是日本侵略军实行的“三光”（杀光、烧光、抢光）政策，致使境内森林植被遭到严重的破坏，所以每逢暴雨，常造成灾害。历史上的清光绪二十年（1890年）及以后的1930年、1949年、1959年等年份，洪水曾先后几次侵入卢龙县城，生命财产损失严重，并几次威胁老京山铁路交通安全。

4. 汇入青龙河的河流

汇入青龙河的河流主要有起河、南河、星干河、都源河、沙河、三岔口河、小沙河、徐流河、教场河及南金沙等。

起河：位于青龙满族自治县东部地区，发源于龙王庙乡锥子山和祖山镇安门口，在长城北侧由东向西穿行，河道迂回曲折，坡陡流急。先后流经龙王庙、祖山、凤凰山、安子岭、平方子、双山子等乡（镇）。逐条汇入的大小支流有东哈蚂河、西哈蚂河、碾子沟、干树沟、二道河、土桥岭河等，于双山子附近的小汇河村汇于青龙河。起河河道全长76千米，河床宽度在20～300米，从河源至河口的总自然落差为435米，流域面积711.3千米^2，多年平均流量为5.41米^3/秒。起河是境内注入青龙河的最大一条支流。起河的主要支流为小沙河。小沙河发源于青龙满族自治县隔河头乡草场村，先后流经茨榆山乡等地，在马杖子村附近注入起河。小沙河全长26.4千米，流域面积135.6千米^2。

南河：位于青龙满族自治县境中部偏西，是青龙河西侧的一条主要支流。发源于青龙满族自治县头道杖子和孟杖子间的北坎子。先由西向东从青龙镇南流过（此河也因此而得名），后流至河南村附近有唐怀沟水汇入而改向南流，最后在西蔡峪注入青龙河。现南河坡陡流急，河床较狭窄，其宽度一般在 10 ～ 30 米。河道全长 36 千米，河源、河口间落差 347 米，流域面积 211.4 千米 ^{2}，多年平均流量为 1.41 米 ^{3}/ 秒。

星干河：位于青龙满族自治县东北部，是青龙河东侧的一条主流支流，主流发源于青龙满族自治县龙头和烧锅杖子间，因其源出自三星口乡及干沟乡而得名。上游另有 2 支流：一发源于庞杖子庄西，一源于大柳树沟村西，这 2 支在木头凳汇入主流后由东向西经鲁台子村、兴隆台子村，在大杖子村西约 1.6 千米处跳鱼沟水汇入，再向西经山东、小河北、草碾子、黄土坎子、和平庄等村，在罗杖子及铁炉沟中间注入青龙河。星干河河床宽度因受地形影响变化较大，最狭处仅为 15 米左右，最宽处却 200 米有余。河道全长 45 千米，河源至河口的自然落差 294 米，总流域面积 469.6 千米 ^{2}，多年平均流量为 2.83 米 ^{3}/ 秒。

都源河：位于青龙满族自治县西北部，源头位于都山东麓后干沟与狐狸太沟之间，河因此而得名。流向为西至东，其主流自源头始，过拉马沟，在水胡同水库汇由北向南流入水库的狐狸太沟水，再继续向东流去，在沈杖子河东约 1.5 千米处汇由西北方向流来的千洞沟水后，向东于影壁山庄东南 2 千米处注入青龙河。先后流经八间房、山西、老爷庙、大营子、水胡同、马圈子、沈杖子、头道河、炮手堡及影壁山庄等。河道天然比降为市内诸河之首，河源至河口自然落差为 670 米，水流甚急，洪水有峰高、量大、来势凶猛之特点。河道全长 42 千米，总流域面积 203.3 千米 ^{2}，多年平均流量 1.26 米 ^{3}/ 秒。

沙河：位于青龙满族自治县西部地区，是一条河源在秦皇岛市而河口在唐山市迁安市境内的跨地域河流。北魏时称“小沮”；清代称“凉河”“青龙河”；清以后，因其河床沙质，又称为“沙河”。沙河在中上游河段支流甚多，其主支发源于青龙满族自治县八道河乡西部的头道沟村、长沟村，此支先由南向北流至二道沟门村东后改向由西向东流，在头道沟门东 500 米处有由北向南流的小棒棰沟水汇入，再向东至王厂村西有由南向北流向的钱杖子水汇入，再向东至王厂村东有由北向南流向的抄道沟水汇入，继续向东至八道河村南约 2 千米处有源于都山南麓的由北向南流向的边杖子水汇入，此后河道流向改为由北向南直泻而下，先后在狮子坪附近有发源于鹰不落山东麓的老肖家水及盘道沟水两条支流汇入；后从狮子坪南至长城冷口的近 20 千米的中游河段内，仅在肖营子南有佛龛沟水汇入；在长城北侧的西二道河南 0.5 千米处有抱榆槐水汇入；再向南流至建昌营与大望都庄之间有七拨子水汇入，最后在卸甲庄附近与青龙河水汇流前有白洋河汇入。沙河流经八道河、娄杖子、肖营子、七道河 4 个乡镇。

沙河自源头至长城段，河道曲折，水流湍急；在冷口穿越长城后，进入迁安市境内，河道比降变缓，水流也开始渐趋平稳，在大小望都附近白洋河水汇入后水量增加。河道全长 76 千米，其中青龙满族自治县境长 59 千米。河床从上至下宽 15 ～ 100 米。流域面积 455.6 千米 ^{2}。河源至河口的自然落差为 347 米。沙河多年平均流量为 3.8 米 ^{3}/ 秒，最大年平均流量近 10 米 ^{3}/ 秒，发生在 1959 年；最少年平均流量为 0.95 米 ^{3}/ 秒，发生在 1968 年；年平均径流总量为 11 820 万米 ^{3}；最大年径流总量为 28 360 万米 ^{3}，发生在 1959 年；最小年径流量总量仅为 3 016 万米 ^{3}，发生在 1968 年；该河汛期最大洪峰流量为 2 500 米 ^{3}/ 秒，枯水年份的最小流量仅为 0.02 米 ^{3}/ 秒，结冰期为 80 ～ 90 天。

三岔口河：位于青龙满族自治县中南部，属于滦河水系最南侧的一条小河，由南台子河、八拨子河及官场河 3 股水在三岔口村北约 1 千米处汇合后，在庄南注入青龙河水中，以汇合地取河流名。三岔口河共有支流 4 条，除前述三股水外，在八拨子河东邻有走向与官场河一致，位于官场河北山北侧的小峪岭水，该股水在影午山西 200 米处与八拨子河汇流。这 4 条支流均属山溪性小河，河床皆为砂砾石组成，河道狭小，比降甚大，河水湍急，每遇暴雨，洪水涨落分明。南台子河，位于三岔口河流域最西侧，发源于厂房子东沟，流向由北向南，流经厂房子、南台子、古道子等村；八拨子河位于流域中部，发源于横岭山南麓，流经九拨子、八拨子、秋树沟等地；小峪岭河也位于流域中部，发源于老陈家沟西南，流经小峪岭后、庙岭、夹脚石、下杖子、影午山等村；官场河位于流域最东侧，发源于黑龙头北麓，流经大苇峪、官场、陆杖子、偏崖子、稍枝峪等地。三岔河全长 30 千米，流域面积 103.8 千米 ^{2}。

小沙河：位于青龙满族自治县南部，西部毗邻三岔口河，发源于长城附近的界岭山及黑龙头山的北侧。其主支有二，均为南北流向。东支发源于界岭山西侧的草厂庄东，流经界岭上村、南马圈子村、石门子村等；西支发源于海拔 863.4 米的黑龙头山北麓，流经老柳家、刘杖子、黄崖子等村。两支在隔河头村南 0.5 千米处汇合，然后改向西北流去。两支在汇流前因其穿行于深山峡谷地区，河道比降较大，水势甚猛；汇流后地势明显变缓，水流也渐趋平稳，但因受地形影响，河道翅弯较多，至大梨园村后河道曲度渐小。此段流经大森店、土胡同、大梨园、椴麻峪南沟，在烧锅杖子西有从楼子山东麓发源的一条小河汇入，再向西北流经龙王庙、茶北、荆林，至蔡峪村西有源于杉树岭的小河汇入，再向前流，过茨榆山、土桥岭、马杖子，在双山子村附近与起河相汇后在小汇河村西近 1 千米处注入青龙河。小沙河全长 26.4 千米，流域面积 135.6 千米 ^{2}。

徐流河：位于青龙满族自治县西南侧，发源于青龙老汤家村附近，在唐山市迁安市揣庄注入青龙河。河道全长 15 千米，流域面积 83 千米 ^{2}，流域平均宽度 6.9 千米，其中最大宽度为 10 千米，河流曲度 1.25，源头海拔 420 米，河口海拔 60 米，自然落差 360 米，比降 24‰。因河道比降大，每遇暴雨，河水暴涨，造成年输沙量较大。

白洋河：位于青龙满族自治县西南侧，发源于青龙的七拨子村。流向北、南转东南，流经黄花湾、六拨子、五拨子、四拨子、三拨子、张台子、二拨子及迁安市的雷庄等村镇，在迁安市的大望都庄北 2.6 千米处汇入沙河。河道全长 29.5 千米，流域面积 145 千米 ^{2}，流域平均宽度 4.9 千米，其中最大流域宽度 11 千米，河流曲度为 1.13，源头海拔 750 米，河口海拔 80 米，落差 670 米，比降 22.7‰。

教场河：位于卢龙县中部地区，东西流向，因其绕县城西教军场，故此河名。源头有二，上支源于时各庄西南 0.5 千米处，经武王庄、董各庄，至石桥东与源于下寨南，流经半壁山、张木庄的下支汇合后向西流去，经莆家河村、郑庄、韩楼、万庄，至卢龙县城北，再西流 1.5 千米处注入青龙河。河道全长 20 千米，总流域面积为 84.5 千米 ^{2}，是一条季节性河流。最大流量为 19 米 ^{3}/ 秒，枯水季节时有断流。该河流域宽度约为 6 千米，最大流域宽度 8 千米，河流曲度 1.43，河源海拔 140 米，河口海拔 40 米，落差 100 米，平均比降 5‰。

南金沙河：位于卢龙县西部，是一条汇集卢龙县中西部封闭丘陵区洪水的小河。它发源于卢龙县中部的阴山西麓，流向由东向西，流经刘家沟、马台子、陈庄子、梁家峪、尹庄子、蔡家坟等村庄，在蔡家坟西北 0.5 千米处汇入青龙河。此河支沟多山溪季节性小沟，枯水季节，多有断流发生。河道全长 11.2 千米，流域面积 72 千米 ^{2}，流域平均宽度 3.5 千米，最大流域宽度为 5.2 千米，源头海拔 200 米，河口海拔 15 米，落差 185 米，平均比降为 16.5‰，河流曲度为各河之最小，仅为 1.08。

二、冀东沿海独流入海河流

冀东独流入海河流是指源于燕山山脉南麓浅山丘陵区，并直流南下入海的各河流。这些河流的共同特征是河流均源短、流急，属于典型的山溪性河流。因受年内、年际降雨分配不均影响，径流变化很大，每遇暴雨，河水暴涨暴落，洪峰流量甚大，水势也猛，且历时短；但到枯水季节，流量甚小，汛、枯水量相差极为悬殊。

1. 洋河

古称“阳河”，是秦皇岛市冀东独流入海各河中的第一大河，水量居于诸河之首。图 5-5 为洋河局部——抚宁城南宁海大道段。河道全长 100 千米，流域面积为 1 029 千米 ^{2}。洋河上游有东西两个源头，分别发源于青龙满族自治县和卢龙县。其东源称东洋河，发源于青龙满族自治县隔河头镇界岭山南坡，南流至界岭口，穿长城后进入抚宁区境，先后经峪门口、大新寨至战马王村西折入洋河水库。其西源称西洋河，发源于卢龙县陈官屯乡北冯家沟村附近的红山侧，称冯家沟河，四各庄河汇入后始称西洋河，在抚宁区台营镇南刀崖村注入洋河水库。洋河出水库后，南流经田各庄管理区、抚宁镇、坟坨管理区、留守营等乡镇，于洋河口村注入渤海。洋河流域北部的地形特点是东北高、西南低。东洋河北部和东部为深山区，地形甚为陡峻，其间以东侧老岭山、响山为最。其余山地一般海拔均在 200 ～ 400 米。河谷上窄下宽，一般海拔均在 200 ～ 1 000 米。河床多系卵石、沙砾组成，河道平均比降为 11‰左右。西洋河地势较缓，海拔高程一般均在百米之下，且河谷较为开阔，在年家洼以下沿河地段可见很多大面积河谷盆地，其河道平均比降为 3.6‰。南部为平原区，水流较缓，下游摆幅大，曲度大。

图 5-5　洋河宁海大道段

洋河地处燕山浅山丰水区域。流域内上部东西宽度较大，而南北宽度较短，河道坡度一般较大，源短流急，属于暴涨暴落的山溪性河流。每遇暴雨，洪水急剧而下，其洪峰模数在冀东沿海各河中仅次于石河，居第二位。其洪水具有峰高、量大、势猛、历时短之特点。从清光绪二十年（1894 年）到 1990 年，在洋河水库坝址处超过 2 500 米 ^{3}/ 秒的洪峰流量即发生过 4 次。在 6—9 月汛期中，其水量约占全年总水量的 90%，而一次洪水水量有时竟占到汛期总水量的 65%。洋河多年平均径流量为 2.4 亿米 ^{3}，但其年际变化较大，丰水年时可高达 6 亿米 ^{3} 之多，枯水年份却仅为 0.6 亿米 ^{3}。历史上，洋河最大洪峰流量以 1930 年为最大，洋河抚宁县城附近最大洪峰流量达 6 550 米 ^{3}/ 秒。其次是 1959 年，最大洪峰流量达到 455 米 ^{3}/ 秒，当时洪水冲垮了下游的老京山铁路与公路，曾一度中断东西交通达数日。

洋河水质较好，污染不甚严重，位于洋河水库库区的上游段，主要污染属人、畜生活污染，其程度不超过水体自身净化能力，其下游个别地段有工业污染，但量有限。水质属重碳酸—钙钠或钙镁型水，水质较硬，硬水度不超过 0.5 克 / 升，为淡水，适于农田灌溉和国民经济各部门用水。

东洋河，发源于青龙满族自治县隔河头镇界岭下，由界岭口越长城流入抚宁区，于大新寨镇战马王村西注入洋河水库，全长 35 千米，流域面积 306 千米 ^{2}，河流曲度 1.39。

贾家河，发源于青龙满族自治县老岭，于大新寨镇郭家场村西注入东洋河，全长 11.5 千米，流域面积 38.5 千米 ^{2}，河流曲度 1.21。

梁家湾河，发源于青龙满族自治县响山，于大新寨镇峪门口村西注入东洋河，全长 12 千米，流域面积 44.1 千米 ^{2}，河流曲度 1.17。

头道河，发源于抚宁区背牛顶，于大新寨镇南寨村北注入东洋河，全长 18 千米，流域面积 55 千米 ^{2}，河流曲度 1.27。

迷雾河，发源于抚宁区台营镇陈庄村北山，于台营镇北台庄村北注入东洋河，全长 14 千米，流域面积 62.5 千米 ^{2}，河流曲度 1.02。

西洋河，主支流发源于卢龙县陈官屯乡北冯家沟村附近红山，称“冯家沟河”。于台营镇南刁崖村注入洋河水库，全长 25 千米，流域面积 343 千米 ^{2}，河流曲度 1.11。有红山河、四各庄河、燕河、兴隆河等汇入。

干涧河，发源于抚宁区扶崖沟，于台营镇康各庄村注入西洋河，全长 14.5 千米，流域面积 34.3 千米 ^{2}，河流曲度 1.16。

麻河，发源于抚宁区石碑沟，于台营镇东周各庄村注入西洋河，全长 17.5 千米，流域面积 51.5 千米 ^{2}，河流曲度 1.04。

饮马河，发源于抚宁区棋盘子顶，于茶棚乡前石河村东注入洋河，全长 20 千米，流域面积 84 千米 ^{2}，河流曲度 1.74。

小沙河，发源于抚宁区滑石山，于留守营镇黄金山头村注入洋河，全长 10 千米，流域面积 32 千米 ^{2}，河流曲度 1.05。

蒲河，发源于抚宁区下庄管理区上铺村，于南戴河街道南孟庄村注入洋河，全长 16.5 千米，流域面积 41.3 千米 ^{2}，河流曲度 1.18。

2. 石河

又称“大石河”。因河床系沙卵石组成而得名。石河位于秦皇岛市东部，发源于长城以北的马尾巴岭，其在长城以北有支流 3 条，分别于义院口、花厂峪、车厂西穿越长城。

主流经青龙满族自治县官场，至城子峪入海港区境，庄河村南有二道河水汇入，经驻操营，于杨山附近有西石河汇入，在傍水崖村有花厂峪河汇入，再向东南进入浅山丘陵区，即柳江盆地地段，经石门寨至蟠桃峪村附近有北沙河水、鸭水河水汇入，后进入山海关城东北方的深山老林区，至孟姜镇在小陈庄北流出山口，再进入近海平原地区，经山海关城西，在北门外有来自长城东侧的青石沟水汇入，后穿越老京山铁路继续南下，在城西南的石河镇田家庄附近注入渤海。河道全长 67.5 千米，其中出山口以上河道长 56 千米，总流域面积 618 千米 ^{2}，其中出山口以上控制流域面积为 560 千米 ^{2}。流域平均宽度 8.9 千米，最大流域宽度 23.5 千米，河流曲度 1.46，河流发源地海拔 400 米，河口处海拔为 0 米，河道比降为 5.9‰。石河流经燕山山脉的多雨地带，因而水量充沛，多年平均径流量 1.68 亿米 ^{3}，实测最大年为 1977 年，其年径流总量为 3.85 亿米 ^{3}，最小年为 1957 年，径流量 2 920 万米 ^{3}。最大洪峰流量为 4 750 米 ^{3}/ 秒（1959 年），洪水最大日平均流量为 337 米 ^{3}/ 秒，最大 3 日洪水总量平均为 4 455 万米 ^{3}，最大 7 日洪水总量为 5 928 万米 ^{3}；枯水最小日平均流量为 0.28 米 ^{3}/ 秒，枯水最小旬平均流量为 0.32 米 ^{3}/ 秒；实测最高水温为 30.5℃，发生在 1968 年的 7—8 月。石河流域土质多为砂砾和壤土，山区植被度颇高，可达 40% ～ 60%，因而水土流失不甚严重。河床大部系卵石组成，冲淤变化不大。实测多年平均输沙量为 11.4 万吨；年最大日输沙率为 963.0 千克 / 秒，最大年输沙量为 84.3 万吨，发生在 1959 年；最大日平均输沙率为 9 320 千克 / 秒，发生在 1959 年 7 月 22 日；最小年输沙量为 0.18 万吨，发生在 1957 年；最小日平均输沙率为 0.24 千克 / 秒，发生在 1957 年 8 月 20 日。

1972 年，秦皇岛市在石河小陈庄北的二郎庙出山口处兴建一座总库容为 7 000 万米 ^{3} 的中型水库。1975 年，水库正式拦洪蓄水，起调洪和供水作用。图 5-6 为石河下游人工修复景观。

石河的主要支流包括北沙河、西石河和花厂峪河 3 条。

图 5-6　石河下游段

3. 汤河

又称大汤河。位于抚宁区东部及秦皇岛市区西部，因其上游有汤泉而得名。图 5-7 为汤河秦皇东大街段，人工逐水而建植物园。

汤河上有二源，以东支为大，发源于海港区柳观峪村西北；西支次之，当地人称其为头河，发源于海港区温泉堡西南的方家河村。东支由北晌山南流，经上平山、徐山口、杨家山等村；西支先由西向东后改向东南流，经碾子沟、温泉堡、黑山嘴、北石庄、车庄等村；两支在平山营村东南约 1 千米处汇合后向南流，在郭高庄东南有发源于山前村东的小深港沟汇入。其下一股水发源于东北丘陵地带的焦庄南，先后流经小部落、赵庄、杜庄、北高庄、紫峰坨、徐庄等村；另一股源于肖家岗东，经碑庄、杂字部落、新华村、北张庄等地，合流后在海阳镇东南穿老京秦铁路进入秦皇岛市区，经李姓安村西、前进庄东、廉庄西傍秦皇岛经济技术开发区，穿越山广公路、老京山铁路后注入渤海。汤河属典型的山溪性河流，源短流急。河道全长 28.5 千米，流域面积为 184 千米 ^{2}。流域内除西北源头是高峻山区及入海口的平原区外，其余皆为丘陵地带。河源高程 1 070 米，比降达 37.5‰，每遇暴雨，河水暴涨暴落。1959 年汛期，实测洪峰流量高达 2 000 米 ^{3}/ 秒，洪水一度侵入秦皇岛市区西部；枯水季节流量甚小，仅为 0.05 米 ^{3}/ 秒。此河多年平均径流量为 0.368 亿米 ^{3}。汤河流域平均宽度为 6.5 千米，最大流域宽度为 16.0 千米。

图 5-7　汤河秦皇东大街附近

4. 戴河

古称“渝水”，辽代称“渝河”，到明清时仍称渝河，清光绪年间（1875—1908 年）改称“戴河”。

戴河有 3 源，其中以东源为大，它发源于抚宁区蚂蚁沟北的青石塔寺，当地亦称其为沙河，图 5-8 是沙河一景。沙河流经马家庄、东桐叶、西桐叶、吕庄、小新立庄、洼儿庄，在香房东南与发源于歪顶山的中源汇合，再过牛蹄寨，在榆关东南约 1 千米处与西源汇合。西源次之，西源名为西榆河，源于北车厂北。西源支流名为榆河，源于聂口北。两河东南流至五王庄汇合，经榆关，南至沙河村与东支沙河汇合，再往南于小米河头村与米河汇合，米河源于北坊子。在北戴河穿过老京山铁路，于联峰山西注入渤海。此河全长 35 千米，流域面积为 290 千米 ^{2}，流域平均宽度为 8.3 千米，最大流域宽度为 20.5 千米，河流曲度 1.46，河源至河口的落差为 400 米，河道比降 11.4‰。最大安全行洪能力 400 米 ^{3}/ 秒，最大洪峰流量 1 153 米 ^{3}/ 秒，多年平均径流量为 5 100 万米 ^{3}/ 秒。戴河流域形状颇似纺锤状，北宽而南窄，除上游部分地区是山区外，余者丘陵区约占 80%。境内植被不高，仅为 30% 左右。中、下游河道较宽，约 70 米，河床较浅，均系粗砂、砾石组成，见图 5-9。

图 5-8　戴河东支流——沙河

图 5-9　戴河中下游段

5. 饮马河水系

饮马河水系有干支流 10 余条，干支流河道总长约 145 千米，总流域面积为 582 千米 ^{2}。除干流饮马河外，主要支流有贾河、七道河、沿沟等。

饮马河，汉代称“宾水”，后称“蓦河”，上游源头有两条：东支发源于卢龙县银洞峪的杨山北侧，西支发源于卢龙县秦庄头南的乔家岭。两条支流在卢龙县蛤泊东北汇合。河道全长 60 千米，流域面积为 582 千米 ^{2}。饮马河属山溪性河流，流域地形是西北高东南低，在马深港以上西、北、东部多山，流域中部处于丘陵区，河道的中上游段比降 7.9‰。河床多系砾石、粗沙组成。汛期每遇暴雨，河道集水时间急促，洪水历时暂短，河水暴涨暴落的程度为丘陵区河流所鲜见。饮马河最大洪峰流量可达 2000 米 ^{3}/ 秒，含沙量达 8 千克 / 米 ^{3}；而在枯水季节，河水流量多不足 1 米 ^{3}/ 秒，并时有断流现象发生。1970 年，曾开挖“饮马减河”，增强其排泄能力。

主要支流贾河，位于饮马河西侧，发源于卢龙县万贯各庄村南，河源高程为海拔 60 米。流经安山、龙家店、封台、虹桥、钱庄子，于刘李庄西北汇入饮马河。汇流处河口高程约为海拔 10 米。全河流水势较为平稳，河道总落差不大，仅 50 米左右，平均比降为 1.6‰，河道全长约 31.5 千米。流域面积 193 千米 ^{2}。流域幅度变化不大，流域呈带状，平均流域宽度为 7.9 千米，最大流域宽度仅为 11.5 千米。河流曲度为 1.29。

主要支流沿沟，为山溪性季节河。源于西五峰山，流经两山乡、葛条港乡、大蒲河镇，于大蒲河村东注入饮马河。长 20 千米，流域面积 51.6 千米 ^{2}。

三、独流入海小河

1. 蒲河

位于抚宁区南部，全流域地处洋河、戴河平原间。发源于上白石铺村、下白石铺村南，流经大泥河、蒲兰河、狮子河，在洋河口处入渤海。河道全长 16.5 千米，流域面积为 41.3 千米 ^{2}，流域平均宽度 2.9 千米，河流曲度为 1.18，河源处高程 46.5 米，河口高程处为 0 米，比降为 2.8‰。

2. 人造河

位于抚宁区西南部，有两源，西源又名小黄河，发源于樊各庄西北，东源为人造河（图 5-10），发源于山上营村东南。全长 19 千米，流域面积为 65 千米 ^{2}，流域平均宽度约 6 千米，河源高程 290.4 米，河口处高程 0 米，河道平均比降为 15.3‰。人造河下游留守营至入海口段，曾为 1933 年沿海所属 5 个乡村民所挖，开挖长度约 9 千米，河道断面宽度约 10 米，深度 3 ～ 4 米。

图 5-10　人造河

3. 道河

又名“东沙河”，发源于后明山西部，上游比降变化较大，水势凶猛。河道全长 29.5 千米，流域面积为 129.0 千米 ^{2}。其流域平均宽度为 8.4 千米，最大流域宽度地段为 11 千米。河流曲度在全市各河之首，为 1.9。河源高程为海拔 450 米，因其直接注入渤海，其河口高程为 0 米，故全河道比降约为 15.1‰。

4. 沙河

位于山海关区的最西部，其源有 2：东源头起海港区北港镇的东陆庄村西，西源头起自海港区北港镇高岭沟村北。东源由北向南流，经麻念庄、南王庄等村，西源由西北向东南流，经东陈庄、张桥庄，二源在鹿头山庄北汇流后，流向改南偏东，至安民寨流出丘陵区进入平原区，经兴富庄、西付家店、东付家店，过红瓦店，在小郑庄南有干石河汇入，过古城村后在卸粮口村东南 1 千米注入渤海中。沙河河道全长 19 千米，流域面积为 62.5 千米 ^{2}，多年平均径流总量为 1 100 万米 ^{3}，流域平均宽度为 4.8 千米，流域最大宽度为 6.5 千米，河流曲度为 1.45，河流发源地高程 187 米，其河道自然落差亦为 187 米，河道平均比降为 9.8‰。

5. 新开河

位于海港区东部，是秦皇岛市区排水的主要河道。为民国 11 年（1919 年）人工开挖沟渠入海，故而得名。新开河的源头为海港区北港镇田家沟南山与海港区海港镇的石山、小高庄一带的山沟。其非雨季节多断流，河床沙面外露，至小李庄与小陈庄之中间地带，这些小沟方汇成小河，长年流水，穿越老京山公路即进入河道的中游段，水量逐渐加大，在东港镇东李庄北穿老京山铁路后，与来自黄土坎村、徐庄村的一股水汇合，然后向西南方向流去，过南李庄低洼盐碱地段，穿市区建设大街、港区铁路编组地段，在南李庄防潮闸下纳入由东向西流向的城东排水，在河北大街桥上游纳护城河水，再经渔港港池，于东山东侧注入渤海。河道全长 11 千米，其中主河道长 4.05 千米；流域面积为 43.9 千米 ^{2}，其中丘陵区 27.5 千米 ^{2}，平原区

16.4 千米 ^{2}。此河属于山溪性河流，多年平均径流量为 740 万米 ^{3}。新开河因上、下游两段纵坡较陡，仅中游段较缓，故在汛期洪水涨落分明；枯水期河道基流很小，时有干涸。河流上游段多为沙，中、下游段的上层为黄褐色轻亚黏土，下层为黄褐色粉细砂土。年平均淤积泥沙量为 3 041 米 ^{3}。除南李庄防潮闸下游河道断面较宽外，其余均较狭窄，排洪标准低，威胁城市安全。

6. 小汤河

位于汤河下游西侧，因其毗邻汤河且小于汤河而得名。小汤河发源于海阳镇西北的苏子峪村，向东南流，经鲤泮庄、曹庄、过海阳西、大里营村，在孟营村东有西沟水汇入。西沟水由 3 股组成，分别发源于西王岭、西张庄西北及烟台山南，于孟营村北 2 千米处汇合，流向东南，经白塔岭村东后傍秦皇岛经济技术开发区西注入渤海。河道全长 17 千米，流域面积为 56.5 千米 ^{2}，多年平均径流量 1 020 万米 ^{3}，流域平均宽度 4.3 千米，流域最大宽度为 7.5 千米，河流曲度为 1.31，落差 240 米，河道比降 14.2‰。

7. 潮河

位于山海关城南。其有 4 源，分别是东沙河、刘庄河、南水井河及西护城河。这 4 源中的东沙河、刘庄河及南水井河在山海关的东水关大桥处汇流后始称“潮河”。潮河先后流经工农新村东、肖庄东、试炮台西、马头庄村东，在南海村西约 1 千米处注入渤海。河段长 6.75 千米，流域面积为 19.3 千米 ^{2}。河床宽 10 米左右。潮河河道最大行洪能力仅为 30 余米 ^{3}/ 秒。

8. 东沙河

为潮河上游主支，又名“窑河”，位于山海关区南窑河村西侧。其源头为北部山区的诸沟流水，经南窑河村、沙河子村转西流至东水关桥西汇入潮河。全长约 15 千米，河床宽一般在 30 ～ 50 米。河道平均水流不大，枯水季节断流，夏秋季节因受降雨影响偶有山洪暴发，水势较猛，但因河道比降较大，洪水宣泄较快。

四、湖泊及其水系

秦皇岛市境湖泊只有七里海，为著名潟湖。经七里海注入渤海的河流有赵家港沟、泥井沟、刘坨沟、刘台沟、稻子沟等，合称七里海水系。流域面积 486.6 千米 ^{2}，多年平均径流量 3 890 米 ^{3}/ 秒。

1. 七里海

曾名七里滩。《明史 • 地理志》称其为“溟海”。以水域约宽七里得名，为与渤海相通的潟湖。位于昌黎县团林乡，东南岸有沙丘（俗称“沙坨峪”）与渤海相隔，东北隅通新开口与渤海相连。水域宽约 3 千米，长约 5.5 千米，面积约 15 千米 ^{2}。图 5-11 是七里海局部。

图 5-11　七里海（局部）

七里海曾是一个淡水湖，生长芦苇、蒲、菱角。清咸丰年间（1850—1861 年），因天旱水源断绝，湖水干涸。数年后湖内蓄水如旧。光绪九年（1883 年）大水，滦河泛滥，洪水倾入七里海，在东北角将沙丘冲开一条水道注入渤海，后人称为“新开口”；此后有许多渔船、商船在这里停泊，又名“兴隆口”。新开口形成后，海水随潮汐涌入七里海，淡水变成了咸水，使七里海成为省内一个著名的潟湖。

2. 注入七里海的河流

注入七里海的河流主要有赵家港沟、泥井沟、刘坨沟、刘台沟、稻子沟。

赵家港沟：流经赵家港村南而得名，原名潮河（流经潮河村南），为季节性河流。源于安山镇榆林村南，流经安山、龙家店、马坨店、泥井等乡（镇），于团林乡聂庄村东南注入七里海。全长 31 千米，流域面积 98 千米^2，流域平均宽 2.5 千米，河道曲度 1.16，比降仅为 0.649‰。

泥井沟：流经泥井村南而得名，为季节性河流。源于马坨店乡后孟营村西，流经龙家店、马坨店、泥井等乡（镇），于团林乡团林中村东南注入七里海。全长 26 千米，流域面积 72.1 千米^2，最大流域宽 3 千米。曲度 1.06，比降 0.769‰。

刘坨沟：流经前刘坨村北、后刘坨村南而得名。原名侯里河（因流经侯里村南而得名），为季节性河流。源于朱各庄镇坎上村南，流经靖安、马坨店、泥井、刘台庄等乡（镇），于团林乡侯里村东注入七里海。全长 31 千米，流域面积 128 千米^2，平均流域宽 4.1 千米，河流曲度 1.13，比降 0.56‰。1959 年，在西段原河道开挖“滦渤渠”，修到陈各庄一带；1979 年，自靖安村西北至武各庄村西南河段修整，改作引滦灌区总干渠的一部分。

刘坨沟有支流 2 条。一条名为刘坨一支沟，西起新集镇西新庄子村北，曲折东流，经新集、马坨店、泥井等乡（镇），在泥井镇李化庄西北注入刘坨沟，长 14.5 千米，流域面积 27 千米^2；另一条名为刘坨二支沟，西起马坨店乡小林上村东南，蜿蜒东流，经新集、马坨店、荒佃庄等乡镇，在泥井镇前刘坨村西北注入刘坨沟，长 17 千米，流域面积 23 千米^2。

刘台沟：原名甜水河，1972 年治理后因流经刘台庄北改称刘台沟，为季节性河流。源于马坨店乡杨柳上各庄村南，流经荒佃庄、刘台庄等乡（镇），于刘台庄镇东新立庄村东与稻子沟汇合。长 14 千米，流域面积 30.5 千米^2。

稻子沟：1940 年前后为从欧坨引滦河水种水稻开挖而得名。1971 年治理后用这条沟泄水。西起新集镇高庄村西，曲折东流，经新集、马坨店、荒佃庄、茹荷、刘台庄等乡（镇），于刘台庄镇东新立庄东与刘台沟汇合后注入七里海。全长 27 千米，流域面积 114 千米^2，平均流域宽 4.3 千米，河流曲度 1.57，为七里海水系之首，河道比降 0.59‰。

第二节　地下水

秦皇岛市地下水主要类型为潜水，只有在山区，变质岩、沉积岩地层中局部埋藏有承压水，在平原区，抚宁区和昌黎县南部滨海区第四系沉积较厚的地方，深部埋藏有承压水，有的可以自流。

秦皇岛市地下水自北向南可分为补给区、径流区和排泄区。补给区地下水的补给来源主要为大气降水，全区多年平均降水量为644.5～693.1毫米，天然补给来源比较充足。地下水另一补给来源是在雨季大气降水后汇入河流，使河水位上涨高出河流两侧的地下水位，有一部分地表水侧向补给了地下水。地下水的径流区很短，北部山区地形陡，冲沟发育，地下水流速很大，属于强径流循环区。进入平原到滨海地形坡度只有0.1%～0.2%，地下水流速非常缓慢，地下水位埋藏浅，易被大气直接蒸发，属于径流循环排泄区。地下水排泄，在山区基岩地下水按一定的自然地形坡度，由高区向低洼区运动至冲沟和河流边缘溢出地表以泉的形式排泄到河谷的冲沟中，转为地表水。在平原区内主要是人工大量开采地下水。地下水另一种排泄方式是大气直接蒸发作用，在靠近滨海地区，地下水埋藏很浅，有相当数量的地下水通过毛细作用不断地被蒸发掉。平原区的地下水主要为第四系孔隙水和基岩裂隙水。第四系孔隙水为浅层地下潜水，在局部地段有隔水层分布，主要为河流相、海相和潟湖相含水层，河流相含水层岩性主要为砂砾石、乱砾石、砂、亚砂土，水质较好，水量丰富。海相和潟湖相含水层岩性主要为亚砂土、淤泥质砂组成，富水性差或中等。在海滨林场一带为风成砂含水层。丘陵区只有河流沟谷分布着第四系孔隙水，水量差。

前第四系以岩浆岩为主，缺乏良好的储水条件，唯有柳江盆地灰岩分布区是一个良好的储水盆地。径流区的前缘，第四系较厚，形成滦河—饮马河、洋河—戴河富水区，至冲积平原的前缘径流滞缓，水位埋深变浅。

第三节　陆地河流生态特征和影响

一、生态特征

1. 水量

地表水：地表径流的自产水和过境、边界客水量作为资源量。全市地处燕山迎风坡多雨区，各河河头多处暴雨中心地带。全市多年平均降水总量53.90亿米^3，径流系数24.56%，北部山区较高，石河小陈庄水文站实测，为39.2%。全市多年平均径流深在100～250毫米，处华北径流深高值区。沿石门寨、驻操营、峪门口、榆树构等一带为最高值区，多年平均径流深250毫米；海阳、牛头崖、富贵庄及抚宁、双望一带为200毫米；昌黎、马深港、卢龙一带为100毫米。由北及南，由山区到平原呈递减趋势。境内各河流域，或大部处石质山区，或上游源头及支流处于山区，尽管产水量有所差异，但各河径流系数均在25%以上，最高值可达40%左右。青龙河、洋河、石河、沙河等主要产流河道，都属于水量较丰沛河流。据实测，青龙河（桃林口）多年平均年径流量8.70亿米^3，约占滦河年径流量的25%，为滦河诸支流之冠。洋河、石河多年平均年径流量分别为1.82亿米^3、1.68亿米^3，产流量亦属省内中、小河流前列，据计算，全市多年平均年自产水量13.24亿米^3，平水年（$P=50\%$）11.15亿米^3，偏枯水年（$P=75\%$）6.35亿米^3，特枯水年（$P=95\%$）2.29亿米^3。此外，滦河边界客水多年平均可利用水量6 400万米^3，青龙河过境客水2.27亿米^3。

受降水影响，地表径流量时空分配不均。年际丰枯交变较大，并常有连续丰水或枯水年出现，20 世纪以后，1929—1932 年为枯水段，1933—1939 年为丰水段，1940—1945 年为枯水段，1946—1952 年为平水段，1953—1959 年为丰水段，1960—1964 年为丰水段，1967—1972 年为枯水段，1973—1983 年为丰水段。据统计，1916—1972 年，秦皇岛市丰水年约占 19.5%。连续丰水最长持续期 2 年，单独一年与连续丰水年比例为 4:1；偏丰水年约占 22.8%，最长持续期 2 年，单年与连续年之比为 6:1；平水年约占 26.2%，最长持续期 3 年，单年与连续年之比为 1:1.5；偏枯水年约占 10.5%，最长持续期 1 年；特枯水年占 21%，最长持续期 2 年，单年与连续年之比为 2:1。丰、枯水年径流量相差悬殊，实测洋河最大年径流量 4.16 亿米 ^{3}（1959 年），而最小径流量仅 0.159 亿米 ^{3}（1961 年）。径流在年内分配亦不均匀。石河小陈庄水文站实测，1960 年全年径流总量 1.11 亿米 ^{3}，其中 82.9% 集中在汛期 6—9 月。洋河 23 年（1950—1972 年）统计，汛期径流量占全年总量 80% 以上年份有 16 年，其中最高年达 96.94%（1953 年）。境内年径流量空间分布不均。市区需水量大，用水保证率较高，而流径市区各河径流量偏小，不能满足市区用水需求；青龙河水量丰沛，但距市区较远，需进行跨流域引水，实施水资源再分配。

地下水：境内地下水资源量分山区、平原两部分计算。山区地下水约占 90% 以上排泄成河川基流量，采用小流域均衡计算法求得各类基岩裂隙水岩溶水的降水入渗系数，大致等量于地下水排泄量与降水总量之比值。平原区地下水以综合补给量为资源量。

平原区地下水量可分两大均衡计算区，即浅层水（潜水）、深层水（承压水）。秦皇岛市平原区为第四纪沉积物，其厚度由山前至滨海逐渐加厚，岩性由卵砾石、粗砂，逐渐过渡到粉细砂；含水层厚度由厚变薄；水质由淡变咸，即由矿化度小于 2 克 / 升的淡水至沿海区变为大于 2 克 / 升的咸水。平原区地下水主要是接受大气降水入渗补给，多年平均补给量约占总补给量的 65.29%，此外还有河川径流、灌溉回归水补给，以及少量侧向地下径沉、越流补给等。在枯水季节，河川水位降低，部分地下水排入河道形成地表径流。地下水位埋深较浅的地区，潜水蒸发量明显增大。据测定区域内不同土质多年平均降水入渗系数在 19% ～ 26%，入渗补给量 2.84 亿米 ^{3}。据计算平原地区地下水资源量为 3.75 亿米 ^{3}，总补给量 4.35 亿米 ^{3}。

山区地下水主要类型为河谷地带第四纪潜水和基岩裂隙水、岩溶水。可分两大水文地质大区：中低山水文地质大区，分布于青龙、卢龙、抚宁、昌黎等北、西北地区；丘陵台地水文地质大区，分布范围在市东部、中部地区。区域内地下水主要来源于大气降水的直接入渗，多年平均入渗量约为降水总量的 8.48%。山间河谷以青龙河干流较为宽阔，沉积物厚度 5 ～ 10 米，含水层厚度 2 ～ 5 米，水量较丰富；青龙河支流、石河、洋河河谷，沉积物厚度只有 3 ～ 5 米，含水层厚度 1 ～ 2 米。分布于抚宁、卢龙、青龙等境内的变质岩地区，主要岩性有片麻岩、片岩、斜长角闪岩等，岩层浅部有 5 ～ 10 米风化带，易于接受大气降水，多年平均降水入渗系数在 7.85% ～ 9.37%。分布在抚宁、青龙等地的大片花岗岩体区，地下水贮存和运动于裂隙之中。受构造与地形影响，地下水以上升或下降泉形式溢出地表，位于抚宁县东部的汤泉寺泉（今属海港区），5 处泉眼涌出水量合计每小时可达 40 米 ^{3}，岩密水分布不广泛，典型发育区如柳江盆地是地下水富集区，多年平均降水入渗系数约 33%。山区基岩地下水按一定裂隙构造和水利坡度运动至冲沟、河流或以泉的形式溢出地表，形成河川基流。地下水主要来源是大气降水直接补给资源量有丰、枯变化，但地下水具有多年调节性能，变幅不大。

秦皇岛市是水旱灾害频发区，水灾的发生归因于集中降水，而旱灾的原因既有降水过少，也有降雨高度集中，在非降雨时段出现旱情。根据《秦皇岛市水利志》，全市发生洪涝灾害的概率为 0.2，近年洪涝灾害的发生频率有增加的趋势。而旱灾的发生概率为 0.86。

2. 水质

地表水水质：秦皇岛市入海河流饮马河、洋河、汤河和戴河 2006—2010 年的监测结果显示，饮马河和洋河污染较重，首要污染物为溶解性无机氮和高锰酸盐指数，其次是正磷酸盐；汤河为轻度富营养化状态，戴河为中度富营养化状态，而洋河和饮马河已达到重度富营养化状态。秦皇岛市入海河流水质的恶化直接影响到了近岸海域的水质。具体见表 5-1、图 5-12。

表 5-1　秦皇岛市主要入海河流污染状况一览表

河流名称	综合污染指数	平均污染指数	环境质量	首要污染物及分担率
饮马河	56.16	7.62	严重污染	高锰酸盐指数（34.04%）、无机氮（29.53%）
洋河	34.26	2.96	重度污染	正磷酸盐（36.44%）、高锰酸盐指数（28.38%）
戴河	3.38	0.48	轻度污染	无机氮（56.79%）、高锰酸盐指数（17.04%）
汤河	1.21	0.29	轻度污染	无机氮（40.80%）、高锰酸盐指数（25.06%）

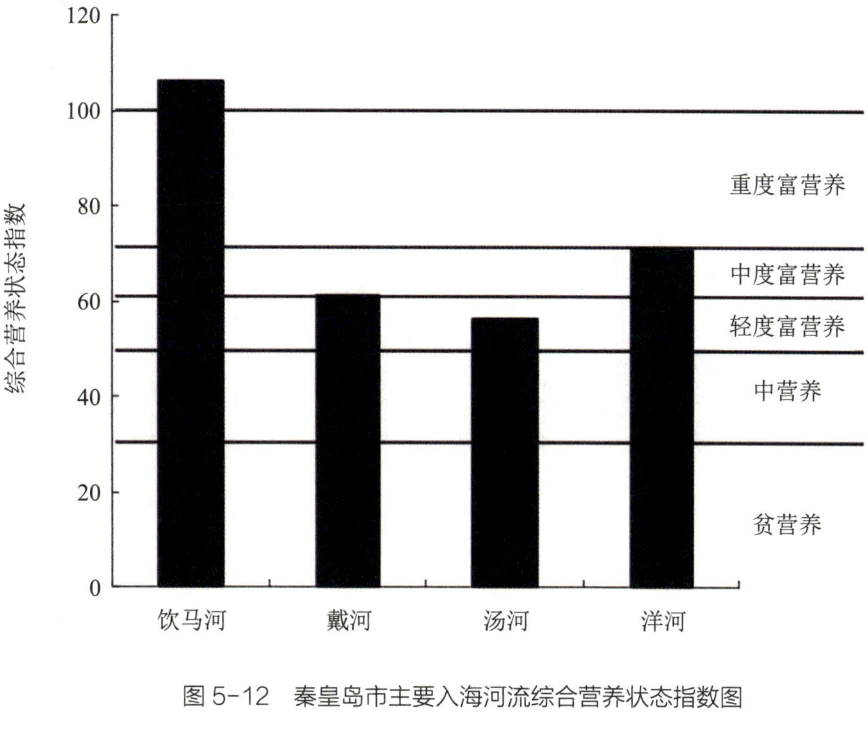

图 5-12　秦皇岛市主要入海河流综合营养状态指数图

对秦皇岛市石河、汤河、新河、戴河、洋河、东沙河和大蒲河 2013 年的监测结果显示，这些河流的水质普遍较差，为劣Ⅴ类，总氮严重超标。按照氮污染程度由高到低排列依次为大蒲河＞洋河＞戴河＞石河＞汤河＞东沙河。综合污染指数法评价结果显示，大蒲河和洋河为重度污染，戴河和汤河从以前的轻度污染加重为重度污染。虽然化学需氧量在各河流水质污染中的贡献不大，但和总氮一并列为了排放入海量最高的两种河源污染物（表 5-2）。

表 5-2 综合污染指数法对秦皇岛市主要入海河流污染状况的评价结果一览表

河流名称	综合污染指数	平均污染指数	环境质量	首要污染物及分担率
石河	5.75	1.44	中度污染	总氮（98.5%）
汤河	6.06	1.51	中度污染	总氮（92.2%）
戴河	7.71	1.94	中度污染	总氮（94.9%）
洋河	8.64	2.16	重度污染	总氮（90.8%）
东沙河	3.95	0.99	中度污染	总氮（86.9%）
大蒲河	13.05	3.26	重度污染	总氮（62.6%）、氨氮（32.8%）

各河流中的总氮普遍高于《国家地表水环境质量标准》（GB 3838—2002）V类水质标准值（≤ 143 微摩尔 / 升），为劣V类水。其中大蒲河在整个调查期间的 TN 平均值最高，为 583.18 微摩尔 / 升，在 3 月时高达 1 101.76 微摩尔 / 升，为国标V类水质标准的 7.7 倍；在 6 月时出现调查期间的最低浓度 281.34 微摩尔 / 升，仍超标约 1.96 倍。与大蒲河在地理位置上邻近的洋河、戴河中的 TN 也比较高，其最高值分别为V类水质标准的 6.9 倍和 6.5 倍，而年平均浓度值分别为 560.27 微摩尔 / 升和 522.79 微摩尔 / 升，也都大大超出V类水质标准值。其他几条河流略好，但在多数月份内也都属于劣V类水质。各河流中 TN 在时间上的变化没有明显规律，多表现为月际间的无规则波动，见图 5-13。

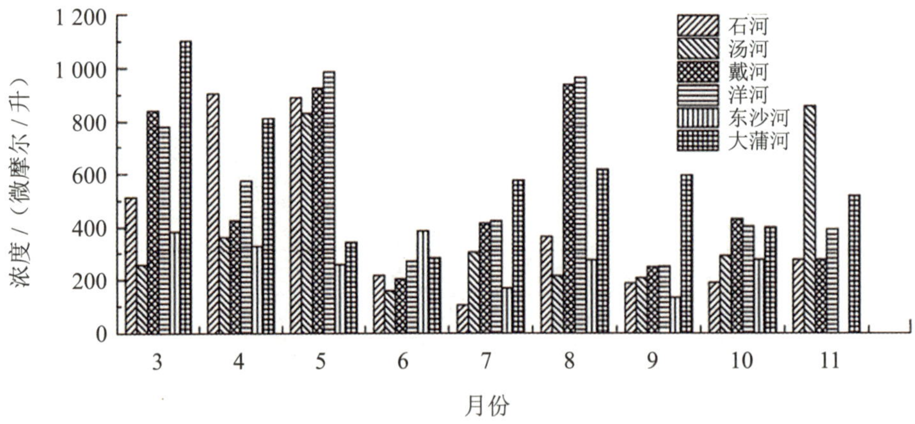

图 5-13 2013 年不同月份秦皇岛市主要河流总氮浓度变化图

各河流中化学需氧量在整个调查期间没有出现超出 GB 3838—2002 中 I 类水质标准（≤ 15 毫克 / 升）的现象。不论是不同河流之间，还是同一河流不同月份之间，化学需氧量变化都相对较小。汤河化学需氧量的年平均值最高，为 5.28 毫克 / 升，其中 6 月的化学需氧量为 9.91 毫克 / 升，为整个调查期间各河流中出现的最高值，见图 5-14。

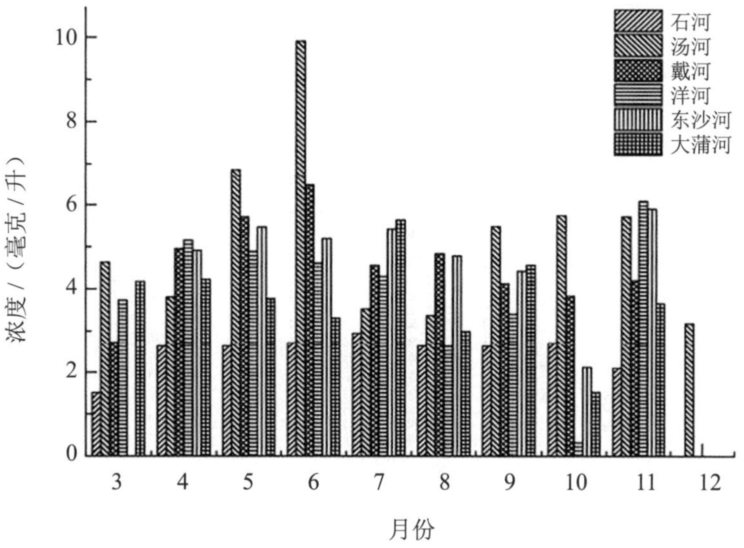

图 5-14　2013 年不同月份秦皇岛市主要河流化学需氧量变化图

各河流的总氮排放量为 2 819.31 吨，在时间上较为集中在 6—9 月的丰水期，此时段输出约 77.9% 的总氮。在此时段之外，由于各河流的入海水流量受限，河源直接排放量普遍较低；但 3 月时大蒲河流量异常高，且水体中携带高浓度氨氮，导致此月的河源总氮排放量出现异常高值，达到 273.02 吨，其中大蒲河贡献 80% 以上。各河流单独的总氮排放在不同月份间变化非常大，但没有明显规律，表现出随机排放的特点，如大蒲河在 3—4 月贡献 80% 以上的总氮，而洋河在 8—9 月贡献约 60% 的总氮。统计来看，洋河和大蒲河分别贡献总氮排放量的 38.2% 和 33.2%，排在前两位，见图 5-15。

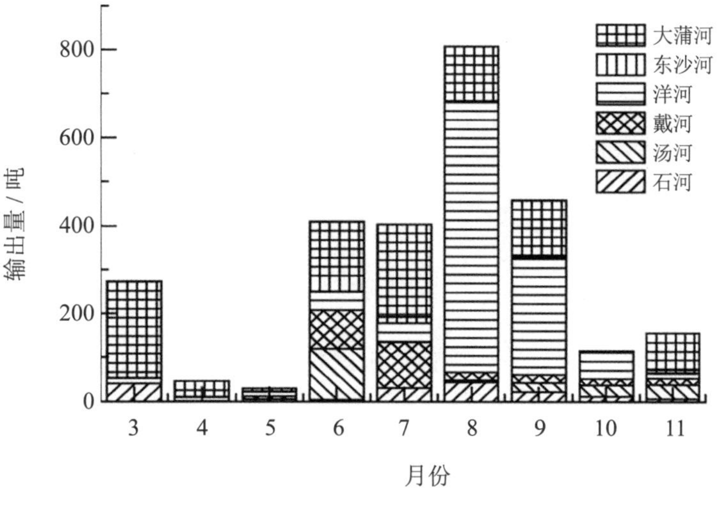

图 5-15　2013 年不同月份秦皇岛市主要河流总氮排放量变化图

各河流的化学需氧量总排放量为 2 112 吨，其中汤河、洋河和大蒲河的化学需氧量排放量相近，共输出总排放量的约 75.9%。河源化学需氧量排放较为集中在 6—9 月，这 4 个月排放量约占总量的 87.1%；但不同河流化学需氧量排放量在月份之间的变化并没有统一的季节性变化规律，表现出较强的随机性，见图 5-16。

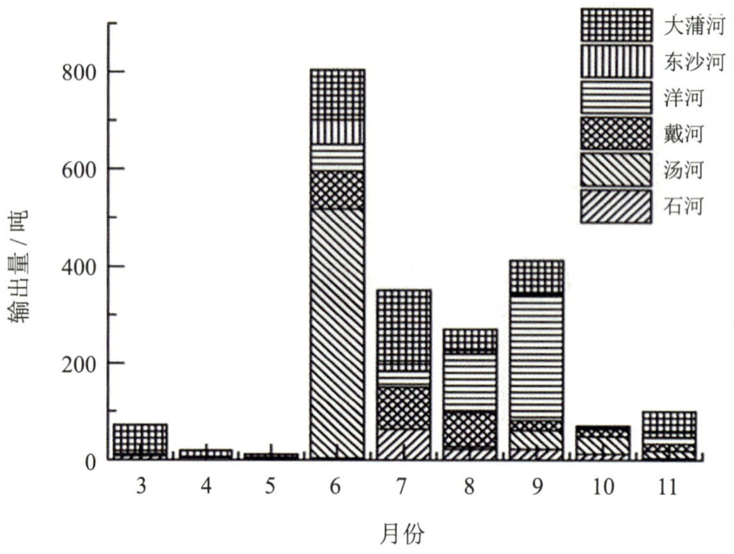

图 5-16　2013 年不同月份秦皇岛市主要河流化学需氧量排放量变化图

浅层地下水水质：在全市设置 76 眼地下水水质评价井，代表面积 7 750 千米 ^{2}。单因子法评价结果表明，秦皇岛市的浅层地下水均不符合 I 类标准（优级）；达到良好的 II 类水仅存在于抚宁马庄、昌黎城关一带；符合III类水标准的面积为 2 740 千米 ^{2}，占评价面积的 35%；超III类标准较差、极差的IV类、V类水质面积为 4 830 千米 ^{2}，占评价面积的 62%（表 5-3）。

表 5-3　秦皇岛市地下水水质评价井单因子法评价结果一览表

序　号	符合水质标准类别	代表面积 / 千米 ^{2}	占总评价面积比例 /%
1	I	0	0
2	II	180	2.3
3	III	2 740	35.4
4	超III	4 830	62.3

其中，不同地区的水质存在差别。山区地下水水质较好，多属于III类水质，山区地下水中主要污染物为铁和锰，超标率分别为 33% 和 17%。其中青龙马道沟铁含量高达 3.92 毫克 / 升，超标 12 倍；卢龙盆地多为V类水，主要污染物有氨氮、溶解性铁、总锰等，其中铁、锰的最高含量分别为 2.04 毫克 / 升和 0.86 毫克 / 升，分别超标 5.8 倍和 7.6 倍，超标率分别为 100% 和 33%；柳江盆地为IV类水，主要超标物为亚硝酸盐，超标率为 60%；市区及抚宁县、昌黎县沿海平原区多为V类水，主要污染物有高锰酸盐指数、硝酸盐氮、氨氮、氯离子等；昌黎县城关漏斗区符合 II 类水质标准的占 20%，符合III类水质标准的占 27%，IV类、V类水占 53%；留守营一带为IV类、V类水，超标物主要有氯离子、高锰酸盐指数、铁。

综合法评价结果表明，秦皇岛市浅层地下水的综合评分值小于 0.8，属于优良水质的监测井有 4 眼，只占 5.3%；评分值在 0.8 ～ 4.25，属于水质良好的或较好的监测井 11 眼，占 14%，分布在青龙城关、抚宁柳江盆地（2015 年 8 月划归海港区）、昌黎县城关一带；评分值在 4.25 ～ 7.20，属于水质较差的监测井 30 眼，占近 40%，分布在青龙满族自治县、昌黎平原及市区北部一带，主要污染物有铁、锰、硝酸盐氮等；评分值大于 7.20，属于水质较差的监测井 31 眼，占 40%，分布在昌黎县东南沿海、抚宁县东南沿海、市区滨海区及山海关桥梁厂，主要污染物有高锰酸盐指数、硝酸盐氮、氯化物、总硬度等。说明海水入侵造成的影响较大。

表 5-4　秦皇岛市浅层地下水综合法评价结果一览表

综合评分值	水质类别	评价井数量 / 眼	所占比例 /%	主要污染物
＜ 0.8	Ⅰ（优良）	4	5.2	
0.8 ～ 4.25	Ⅱ、Ⅲ（良好）	11	14.5	
4.25 ～ 7.2	Ⅳ（较差）	30	39.5	铁、锰、硝酸盐
＞ 7.2	Ⅴ（极差）	31	40.8	高锰酸盐指数、氯离子、硝酸盐、总硬度

二、生态影响

秦皇岛市具有丰富且复杂的陆地水文，对此地区的生态环境具有重要的生态影响。

1. 加强物质流动

陆地水文的存在为此地区生物的生存、繁衍和进化提供了重要的物质保障，同时加强此地区物质和能量在各生态系统间的流动，随着水资源向海洋的汇流，水流将在各陆地生态系统中携带的物质最终带入海洋，是陆地和海洋间物质输送的纽带。陆地生态系统（如森林、草原、湿地、城市等）间的物质也会在水文的作用下发生流动，并伴随着部分能量的一并流动。陆地水文在加强不同生态系统间相互联系的同时构成了更高一级的区域生态系统。

2. 促进生物多样性的形成

陆地水文特别是河流促进了整体景观的破碎化，形成了不同的景观斑块，为不同类型生物的发生创造了条件，提高了生物多样性（物种多样性、遗传多样性、生态系统多样性和景观多样性）水平，并在维持生物多样性方面发挥着重要的作用。

3. 对生态系统的间接影响

陆地水文因子的变化会改变其他生态系统的生态因子，直接影响到这些生态系统中生物群落的组成和数量，进而对其结构和功能产生影响。

4. 不利影响

陆地水文能够净化环境、调节区域气候，但其时空差异引发的旱涝灾害会对其他生态系统造成诸多不利影响，包括生物群落的演替、生态系统的组成结构和功能、生物多样性等。人类活动造成的水体污染对区域生态系统的整体质量构成威胁，不利于可持续发展。

第四节　河流水系的生态功能

一、生态结构

河流是一个完整的连续体，上下游、左右岸构成一个完整的体系，连通性是评判河道或缀块区域空间连续性的依据。高度连通性的河流对物质和能量的循环流动以及动物和植物的运动等非常重要。从横向上讲，河流宽度指横跨河流及其临近的植被覆盖地带的横向距离。影响宽度的因素有边缘条件、群落构成、环境梯度以及能够影响临近生态系统的扰乱活动（包括人为活动）。连通性和宽度构成河流生态系统的重要结构特征。

秦皇岛市河流水系的干支流、上下游和左右岸构成一个完整的体系，具有一定的连通性，有利于物质和能量在体系内的循环流动及生物（主要是动物）的迁徙运动。同时，作为一个开放系统，也有利于物质和能量在河流水系和其他系统间的循环流动，特别是与海洋生态系统间的联系。

二、生态功能

秦皇岛市河流水系作为一个完整的生态体系，具有独特的生态结构，同时发挥着重要的生态功能。结合河流的主要生态功能，秦皇岛市河流水系的生态功能主要包括栖息地功能、通道功能、过滤和屏障功以及源汇功能。

1. 栖息地功能

栖息地是植物和动物（包括人类）能够正常地生活、生长、觅食、繁殖以及进行生命循环周期中其他的重要组成部分的区域。栖息地为生物和生物群落提供如空间、食物、水源以及庇护所等生命所必需的一些要素。河道通常会为很多物种提供非常适合生存的条件，它们利用河道来觅食、饮水、繁殖以及形成重要的生物群落。河道一般包括两种基本类型的栖息地结构：内部栖息地和边缘栖息地。内部栖息地相对来说是更稳定的环境，生态系统可能会在较长的时期仍然保持着相对稳定的状态。边缘地区是两个不同的生态系统之间相互作用的重要地带。边缘栖息地处于高度变化的环境梯度之中。边缘栖息地中会比内部栖息地环境中有着更多样的物种构成和个体数量。边缘地区相当于对其内部地区起到了过滤器的作用。边缘地区也是维持大量动物和植物群系的地区。栖息地功能很大程度上受到连通性和宽度的影响。在河道范围内连通性的提高和宽度的增加通常会提高该河道作为栖息地的价值。河流流域内的地形和环境梯度（如土壤湿度、太阳辐射和沉积物的逐渐变化）会引起生物群落的变化。宽阔的、互相连接的，并且具有多样的本土植物群落的河道是良好的栖息地条件，通常会发现比那些狭窄的、性质都相似的并且高度分散的河道内存在着更多的生物物种。

2. 通道功能

通道功能是指河道系统可以作为能量、物质和生物流动的通路。河道由水体流动形成，又为收集和转运河水和沉积物服务。还有很多其他物质和生物群系通过该系统进行迁移。河道既可以作为横向通道也可以作为纵向通道，生物和非生物物质向各个方向移动和运动。有机物物质和营养成分从高处漫滩流入低洼的漫滩而进入河道系统内的溪流，从而影响到无脊椎动物和鱼类的食物供给。对于迁徙性野生动物和频繁运动的野生动物来说，河道既是栖息地同时又是通道。生物的迁徙促进了水生动物与水域发生相互作用（如某些鱼类溯河产卵的迁移活动。那些产卵的和垂死的大量成熟鱼种产卵期间溯河到达河流系统上游地段，为河流提供了营养物质输入和促进生物量的增加。因此，连通性对于水生物种的迁移是非常重要的）。河流通常也是植物分布和植物在新的地区扎根生长的重要通道。流动的水体可以长距离的输移和沉积植物种子；在洪水泛滥时期，一些成熟的植物可能也会连根拔起、重新移位，并且会在新的地区重新沉积下来存活生长。野生动物也会在整个河道系统内的各个部分通过摄食植物种子或是携带植物种子而造成植物的重新分布。河流也是物质输送的通道。结构合理的河道会优化沉积物进入河流的时间和供应量以达到改善沉积物输移功能的目的。河道以多种形式成为能量流动的通道。河流水流的重力势能不断地雕刻流域的形态。宽广的、彼此相连接的河道可以起到一条大型通道的作用，使得水流沿着横向方向和河道的纵向方向都能进行流动。狭窄的或是七零八碎的河道中常常受到限制。

3. 过滤和屏障功能

河道屏障功能是阻止能量、物质和生物运动的发生，或是起到过滤器的作用，允许能量、物质和生物选择性地通过。河道作为过滤器和屏障可以减少水体污染、最大限度地减少沉积物转移，常提供一个与土地利用、植物群落以及一些很少迁移的野生动物之间的自然边界。影响系统屏障和过滤功能作用的因素包括连通性（缺口出现频率）和河道宽度。一条宽广的河道会提供更有效的过滤作用，而一条相互连接的河道会在其整个长度范围内发挥过滤器的作用。沿着河道移动的物质在它们要进入河道的时候也会被选择性地滤过。在这些情况下，边缘的形状是弯曲的还是笔直的将会成为影响过滤功能的最大因素。物质的输移、过滤或者消失，总体来说取决于河道的宽度和连通性。在整个流域内向着大型河流峡谷流动的物质可能会被河道中途截获或是被选择性滤过。地下水和地表水的流动可以被植物的地下部分以及地上部分滤过。河道的中断缺口有时会造成该地区过滤功能作用的漏斗式破坏。例如，在沿着河道相互连接的植被中出现一处缺口，就会降低其过滤功能作用，集中增加了进入河流的地表径流，造成侵蚀、沟蚀，并且会使沉积物和营养物质自由地流入河流之中。

4. 源汇功能

“源”的功能是为其周围流域提供生物、能量和物质，“汇”的功能则是不断地从周围流域中吸收生物、能量和物质。河岸通常是作为“源”向河流中提供泥沙沉积物。当洪水在河岸处沉积新的泥沙沉积物时它们又起到“汇”的作用。在整个流域规模范围内，河道是流域中其他各种斑块栖息地的连接通道，整个流域内起到了能够提供原始物质的“源”和通道的作用。泛滥平原植被的源汇功能作用，通过减缓或是吸收洪水从而降低下游洪水泛滥；在洪水来临时期保持了沉积物和其他物质防止流失；为土壤有机物质和水生有机物质提供了来源。生物和遗传基因方面的“源汇”关系非常复杂。小的森林斑块地带可以被看作“汇”，这些区域会通过使这些物种不能在此地区得到很好的繁殖而导致它们的物种数量和遗传基因多样性减少。相比较而言，大型森林地带具有足够的内部栖息地，就能维持鸟类成功地繁殖从而成为能够提供更多个体数量和新的遗传基因组合的“源”。

三、河流水文过程的生态学效应

1. 水流动态对水生生物多样性影响的关键过程

水流是河流生境的主要决定因素，同时也是生物组成的决定性因素，水流动态的改变在不同空间尺度上改变了栖息地，而且影响了物种的分布和丰度以及水生群落的组成和多样性。河流的流动影响了河道的形状、大小和复杂性，支流和三角洲的形成，浅滩、激流、深潭和净水区域的分布，基质缀块的多样性和稳定性，食物的类型和数量，以及主河道与漫滩的相互作用特征。河流和漫滩的生物已经适应了这种复杂多变的生境格局，生物多样性常常与生境的复杂性直接相关。大型流域生境的多样性一般较高，因此也比小流域支持了更多的水生生物。

水生生物的完成生长史直接受到天然水流动态的影响，流动特征对塑造生长史产生重要的影响，同时水流动态的改变会导致土著物种多样性的丧失。许多研究表明，降雨与径流的依时变化是河流和湿地的植物、无脊椎动物和鱼类生命循环的主要驱动。

维持河流纵向和横向的连通性对于许多河流物种种群的生命力是非常必要的，纵向和横向的连通性的丧失会导致种群的隔离以及鱼类和其他生物的局部灭绝。

水流动态的改变为外来物种的入侵提供了条件。水流动态的改变在造成土著物种消失的同时留下了一定的空缺生态位，增加了河流生态系统的可入侵性，为外来物种的入侵创造了机会。

2. 水文特征变化的生物学效应

流量与频率变化对生物的影响：频繁变化会增加冲刷，致使敏感物种丧失；破坏生物生命循环流量稳定化；改变能量流动，容易被外来生物入侵；导致生物局部绝灭、威胁土著物种、改变种群组成；减少水和营养物质进入河漫滩，导致植物、幼苗干化，植物种子扩散条件变差。

来水时间的改变对生物的影响：季节性高峰流量的丧失会导致鱼类产卵、孵化和迁徙激发因素中断；鱼类无法进入湿地或回水区；改变了水生生物的食物网结构；岸边植被复原能力降低或消失；植被生长的速度减缓。

来水时期对生物的影响：长时间的小流量导致水生生物聚集；植被减少或消失；植被的多样性消失；植物生理胁迫导致植物生长速度较低。改变淹没时间会改变植被的覆盖类型，延长淹没时间则会使植被功能发生变化；对树木有致命的影响；水生生物的浅滩生境丧失。

变化的速度对生物的影响：骤涨骤落导致水生生物被冲刷或搁浅，洪水的暴落导致生物幼苗种群不能建立；导致生物生长受到胁迫，不利于其个体发育和种群构建。

第六章 土壤

秦皇岛市土壤依地势由北向南分布有棕壤、褐土、潮土、沼泽土、滨海盐土等主要土类。由于土壤受季风气候影响，有利于有机质的分解，所以有机质和氮素、磷素含量偏低。其中，有机质含量在棕壤区为2%～4%，褐土区为0.8%～1.2%，潮土区为1%～1.2%；氮素中全氮平均含量为0.071%，碱解氮在40～60毫克/千克，土壤全磷平均含量为0.072%，速效磷为5.04毫克/千克；土壤含钾量较高，全市全钾量平均值为2.084%，速效钾为80～120毫克/千克。全市土壤质地以轻壤土、砂壤土为主，耕作比较便利，但保水保肥性能较差。按照地域划分，全市土壤可分为山地棕壤林牧区，低山丘陵粗骨土、褐土林果牧区，丘陵褐土旱作杂粮果树区，山麓平原潮褐土、潮土粮油菜高产区，滨海盐土养殖防护林区5个改良利用区。由于土壤的多样性和改良利用方向的不同，为发展农、林、牧、副、渔业提供了有利条件。

秦皇岛市以长城为界，北部山区土壤多为微酸性或酸性土，酸碱度在5.0～6.5，这与北部山区的岩体构成多是花岗岩有关，花岗岩为酸性岩，在其基础上形成酸性风化母质，从而发育出微酸性和酸性土。秦皇岛市的基底多为变质花岗岩和片麻岩。作为成土岩石，片麻岩的风化特点与花岗岩类似。

第一节　土壤分布

一、土壤分布概况

全市地处山地、丘陵，地势北高南低，沿长城以北的山地，海拔300～500米，主要分布有花岗岩、片麻岩类风化后残坡积或坡积母质上发育的棕壤，其下低山丘陵、山间盆地、山前平原多分布为石质土、粗骨土和褐土，中南部河流冲积平原，土壤形成受冲积物类型、地下水活动的影响，为潮土主要分布区，南部滨海平原主要分布为盐土，局部洼地又有沼泽类型。滦河两侧故道和沿海岸因风的作用，又形成风沙土。而抚宁区留守营一带因长期人为淹水种稻，又形成水稻土。

1982—1985年，根据全国土壤普查，秦皇岛市土壤面积689 470公顷（1 034.21万亩），占总土地面积的88.25%。应用土壤地理发生学分类方法将全市土壤分为7个土纲、10个土类、20个亚类、58个土属、141个土种，见表6-1和图6-1。

表6-1　秦皇岛市土壤分类系统一览表（表跨页）

土纲	土类	亚类名称	土属		土种		面积/公顷	占土壤面积/%
			序号	名称	序号	名称		
淋溶土	棕壤	棕壤	1	酸性硅铝质残坡积棕壤	1	酸性硅铝质残坡积薄层有机质少砾石轻壤质中层棕壤	3 302.8	0.48
					2	酸性硅铝质残坡积中层有机质少砾石轻壤质中层棕壤	1 307.3	0.19

土纲	土类	亚类名称	土属		土种		面积/公顷	占土壤面积/%
			序号	名称	序号	名称		
淋溶土	棕壤	棕壤	1	酸性硅铝质残坡积棕壤	3	酸性硅铝质残坡积厚层有机质少砾石轻壤质中层棕壤	1 271.7	0.18
					4	酸性硅铝质残坡积薄层有机质少砾石轻壤质棕壤	857.5	0.12
					5	酸性硅铝质残坡积中层有机质少砾石轻壤质棕壤	6 117.7	0.89
					6	酸性硅铝质残坡积少砾石轻壤质中层棕壤	20 834.8	3.02
					7	酸性硅铝质残坡积少砾石轻壤质棕壤	1 088.4	0.19
					8	酸性硅铝质残坡积少砾石轻壤质底黏棕壤	759.3	0.11
					9	酸性硅铝质残坡积少砾石轻壤质体黏棕壤	2 199.1	0.32
					10	酸性硅铝质残坡积少砾石中壤质棕壤	114.8	0.02
					11	酸性硅铝质残坡积少砾石砂壤质中层棕壤	353.9	0.05
					12	酸性硅铝质残坡积多砾石轻壤质中层棕壤	8 414.1	1.22
					13	酸性硅铝质残坡积多砾石砂壤质中层棕壤	2 610.5	0.38
			2	钙质残坡积棕壤	14	钙质残坡积中壤质中层棕壤	1 272.0	0.18
					15	钙质残坡积薄层有机质少砾石中层棕壤	919.3	0.13
			3	硅质残坡积棕壤	16	硅质残坡积少砾石轻壤质中层棕壤	845.4	0.12
					17	硅质残坡积棕壤	502.7	0.07
			4	基性硅铝质残坡积棕壤	18	基性硅铝质残坡积棕壤	534.8	0.08
		潮棕壤	5	洪冲积壤质潮棕壤（一）	19	洪冲积轻壤质体黏潮棕壤（一）	132.0	0.12
					20	洪冲积轻壤质底黏潮棕壤（一）	115.9	0.02
					21	洪冲积中壤质潮棕壤（一）	264.5	0.03
		棕壤性土	6	酸性硅铝质残坡积棕壤性土	22	酸性硅铝质残坡积棕壤性土	37 583.2	5.55
			7	钙质残坡积棕壤性土	23	钙质残坡积棕壤性土	1 836.8	0.27
			8	泥硅铝质残坡积棕壤性土	24	泥硅铝质残坡积棕壤性土	7 600.0	1.10
			9	硅质残坡积棕壤性土	25	硅质残坡积棕壤性土	389.1	0.05
			10	中性硅铝质残坡积棕壤性土	26	中性硅铝质残坡积棕壤性土	1 505.3	0.27
			11	基性残坡积棕壤性土	27	基性残坡积棕壤性土	6 852.8	0.99
半淋溶土	褐土	淋溶褐土	12	酸性硅铝质残坡积壤质淋溶褐土	28	酸性硅铝质残坡积多砾石砂壤质中层淋溶褐土	5 490.0	0.80
					29	酸性硅铝质残坡积少砾石砂壤质中层淋溶褐土	2 734.7	0.39
					30	酸性硅铝质残坡积少砾石轻壤质中层淋溶褐土	1 006.9	1.46

土纲	土类	亚类名称	土属		土种		面积/公顷	占土壤面积/%
			序号	名称	序号	名称		
半淋溶土	褐土	淋溶褐土	12	酸性硅铝质残坡积壤质淋溶褐土	31	酸性硅铝质残坡积少砾石砂壤质淋溶褐土	401.7	0.06
					32	酸性硅铝质残坡积少砾石轻壤质淋溶褐土	5 572.7	0.81
					33	酸性硅铝质残坡积多砾石轻壤质中层淋溶褐土	6 760.7	0.98
					34	酸性硅铝质残坡积少砾石中壤质中层淋溶褐土	331.5	0.05
					35	酸性硅铝质残坡积少砾石中壤质淋溶褐土	1 266.3	0.18
					36	酸性硅铝质残坡积轻壤质淋溶褐土	1 147.1	0.17
					37	酸性硅铝质残坡积中壤质淋溶褐土	1 311.7	0.19
			13	泥硅铝质残坡积壤质淋溶褐土	38	泥硅铝质残坡积轻壤质淋溶褐土	598.7	0.08
					39	泥硅铝质残坡积少砾石轻壤质中层淋溶褐土	380.9	0.05
					40	泥硅铝质残坡积多砾石砂壤质中层淋溶褐土	486.6	0.07
					41	泥硅铝质残坡积中壤质淋溶褐土	221.6	0.03
			14	钙质残坡积壤质淋溶褐土	42	钙质残坡积少砾石轻壤质中层淋溶褐土	1 373.5	0.02
					43	钙质残坡积少砾石轻壤质淋溶褐土	569.4	0.08
					44	钙质残坡积中壤质淋溶褐土	2 005.1	0.29
					45	钙质残坡积少砾石中壤质中层淋溶褐土	751.2	0.10
			15	硅质残坡积壤质淋溶褐土	46	硅质残坡积少砾石轻壤质中层淋溶褐土	204.7	0.03
			16	中性硅铝质残坡积壤质淋溶褐土	47	中性硅铝质残坡积轻壤质淋溶褐土	82.7	0.01
					48	中性硅铝质残坡积少砾石轻壤质中层淋溶褐土	765.4	0.11
					49	中性硅铝质残坡积少砾石轻壤质淋溶褐土	124.5	0.02
			17	洪冲积壤质淋溶褐土	50	洪冲积少砾石轻壤质淋溶褐土	10 906.1	1.58
					51	洪冲积多砾石轻壤质淋溶褐土	1 248.3	0.18
					52	洪冲积轻壤质淋溶褐土	4 798.3	0.70
					53	洪冲积体卵石轻壤质淋溶褐土	490.2	0.07
					54	洪冲积底卵石轻壤质淋溶褐土	451.7	0.06
					55	洪冲积底砾石轻壤质淋溶褐土	82.1	0.01
					56	洪冲积中壤质淋溶褐土	4 467.4	0.65
					57	洪冲积少砾石砂壤质淋溶褐土	565.5	0.08

土纲	土类	亚类名称	土属		土种		面积/公顷	占土壤面积/%
			序号	名称	序号	名称		
半淋溶土	褐土	潮褐土	18	洪冲积砂质潮褐土	58	洪冲积砂土质潮褐土	2 613.0	0.38
					59	洪冲积砂土质底卵石潮褐土	89.6	0.01
					60	洪冲积砂土质体卵石潮褐土	2 329.0	0.34
			19	洪冲积壤质潮褐土	61	洪冲积砂壤质潮褐土	7 626.0	1.10
					62	洪冲积砂壤质底卵石潮褐土	389.5	0.06
					63	洪冲积砂壤质体卵石潮褐土	1 062.5	0.15
					64	洪冲积少砾石砂壤质潮褐土	389.0	0.06
					65	洪冲积轻壤质潮褐土	36 918.7	5.35
					66	洪冲积轻壤质底砂潮褐土	4 702.8	0.68
					67	洪冲积轻壤质底砾石潮褐土	699.8	0.10
					68	洪冲积轻壤质底卵石潮褐土	3 094.0	0.45
					69	洪冲积轻壤质体卵石潮褐土	1 795.4	0.26
					70	洪冲积多砾石轻壤质腰砂潮褐土	126.8	0.02
					71	洪冲积多砾石轻壤质底砂潮褐土	494.0	0.07
					72	洪冲积多砾石轻壤质体砂潮褐土	1 225.3	0.18
					73	洪冲积少砾石轻壤质体砂潮褐土	2 616.7	0.38
					74	洪冲积少砾石轻壤质底砂潮褐土	1 052.5	0.15
					75	洪冲积多砾石轻壤质潮褐土	2 677.3	0.39
					76	洪冲积少砾石轻壤质潮褐土	3 939.8	0.57
					77	洪冲积轻壤质底黏潮褐土	6 019.6	0.87
					78	洪冲积轻壤质体黏潮褐土	460.2	0.07
					79	洪冲积少砾石轻壤质夹砂潮褐土	193.5	0.03
					80	洪冲积中壤质潮褐土	12 722.9	1.84
					81	洪冲积中壤质底砂潮褐土	120.1	0.02
			20	人工堆垫潮褐土	82	人工堆垫壤质潮褐土	4072.2	0.59
			21	酸性硅铝质残坡积褐土性土	83	酸性硅铝质残坡积褐土性土	156 335.2	22.67
					84	酸性硅铝质残坡积（耕作）褐土性土	23 027.3	3.34
		褐土性土	22	泥硅铝质残坡积褐土性土	85	泥硅铝质残坡积褐土性土	11 152.7	1.62
					86	泥硅铝质残坡积（耕作）褐土性土	1143.4	0.16
			23	钙质残坡积褐土性土	87	钙质残坡积褐土性土	11 488.0	1.66
					88	钙质残坡积（耕作）褐土性土	660.9	0.09
			24	硅质残坡积褐土性土	89	硅质残坡积褐土性土	1 197.5	0.17
			25	中性硅铝质残坡积褐土性土	90	中性硅铝质残坡积褐土性土	4 371.3	0.63

土纲	土类	亚类名称	土属序号	土属名称	土种序号	土种名称	面积/公顷	占土壤面积/%
		褐土性土	25	中性硅铝质残坡积褐土性土	91	中性硅铝质残坡积（耕作）褐土性土	1 127.3	0.16
			26	基性硅铝质残坡积褐土性土	92	基性残坡积褐土性土	545.5	0.08
半水成土	潮土	潮土	27	冲积砂质潮土	93	冲积砂土质潮土	11 226.9	1.63
			28	冲积砂壤质潮土	94	冲积砂壤质潮土	13 956.9	2.02
					95	冲积砂壤质体多卵石潮土	318.8	0.05
					96	冲积砂壤质底多卵石潮土	432.7	0.06
			29	冲积轻壤质潮土	97	冲积轻壤质体砂潮土	361.7	0.05
					98	冲积轻壤质底卵石潮土	352.6	0.05
					99	冲积轻壤质底砂潮土	7 944.8	1.15
					100	冲积轻壤质体黏潮土	300.1	0.04
					101	冲积轻壤质底黏潮土	459.3	0.07
					102	冲积轻壤质底砂姜潮土	520.8	0.08
					103	冲积轻壤质潮土	27 417.7	3.98
			30	冲积中壤质潮土	104	冲积中壤质潮土	5 418.6	0.79
					105	冲积中壤质底砂姜潮土	449.4	0.07
					106	冲积中壤质底砂潮土	290.9	0.04
					107	冲积中壤质腰砂潮土	104.4	0.02
			31	冲积黏质潮土	108	冲积黏土质潮土	432.1	0.06
		脱潮土	32	冲积砂壤质脱潮土	109	冲积砂壤质脱潮土	70.2	0.01
			33	冲积轻壤质脱潮土	110	冲积轻壤质脱潮土	33.4	0.005
		盐化潮土	34	冲积轻壤质轻盐化潮土	111	冲积轻壤质轻盐化潮土	738.7	0.10
					112	冲积轻壤质底砂轻盐化潮土	280.3	0.04
					113	冲积轻壤质底黏轻盐化潮土	132.7	0.02
			35	冲积砂壤质轻盐化潮土	114	冲积砂壤质轻盐化潮土	621.7	0.09
			36	冲积中壤质轻盐化潮土	115	冲积中壤质轻盐化潮土	280.8	0.04
			37	冲积轻壤质中盐化潮土	116	冲积轻壤质中盐化潮土	383.6	0.05
			38	冲积黏质中盐化潮土	117	冲积黏土质中盐化潮土	113.3	0.02
			39	冲积轻壤质重盐化潮土	118	冲积轻壤质底黏重盐化潮土	109.0	0.02
					119	冲积轻壤质重盐化潮土	117.6	0.02
人为土	水稻土	淹育型水稻土	40	冲积中壤质淹育型水稻土	120	冲积中壤质淹育型水稻土	3600.0	0.52
盐碱土	滨海盐土	滨海盐土	41	冲（沉）积砂壤质滨海盐土	121	冲（沉）积砂壤质底黏滨海盐土	1389.3	0.20
			42	冲（沉）积轻壤质滨海盐土	122	冲（沉）积轻壤质底黏滨海盐土	102.0	0.01
			43	冲（沉）积轻壤质草甸滨海盐土	123	冲（沉）积轻壤质草甸滨海盐土	496.9	0.07
					124	冲（沉）积轻壤质底砂草甸滨海盐土	321.9	0.05

土纲	土类	亚类名称	土属		土种		面积/公顷	占土壤面积/%
			序号	名称	序号	名称		
盐碱土	滨海盐土	滨海盐土	44	冲（沉）积中壤质草甸滨海盐土	125	冲（沉）积中壤质草甸滨海盐土	310.8	0.04
					126	冲（沉）积中壤质底砂草甸滨海盐土	330.5	0.05
			45	冲（沉）积砂壤质草甸滨海盐土	127	冲（沉）积砂壤质草甸滨海盐土	6 750.4	0.97
	滨海土	潮间盐土	46	冲（沉）积砂质潮间盐土	128	冲（沉）积砂质潮间盐土	169.7	0.02
			47	冲（沉）积砂壤质潮间盐土	129	冲（沉）积砂壤质潮间盐土	32 222.6	0.46
	沼泽土	草甸沼泽土	48	冲（沉）积中壤质草甸沼泽土	130	冲（沉）积中壤质草甸沼泽土	19.4	0.003
		盐化沼泽土	49	冲（沉）积轻壤质盐化沼泽土	131	冲（沉）积轻壤质盐化沼泽土	32.8	0.005
					132	冲（沉）积轻壤质体砂盐化沼泽土	28.4	0.004
			50	冲（沉）积中壤质盐化沼泽土	133	冲（沉）积中壤质体砂盐化沼泽土	43.8	0.006
初育土	风沙土	固定风沙土	51	风积砂质固定风沙土	134	风积砂质固定风沙土	4 995.4	0.72
	新积土	新积土	52	冲（沉）积砂质新积土	135	冲（沉）积砂质新积土	8 492.4	1.23
	石质土	硅铝质石质土	53	酸性硅铝质残坡积石质土	136	酸性硅铝质残坡积壤质石质土	5 666.1	0.82
		硅铝石质土	54	硅质残坡积石质土	137	硅质残坡积石质土	240.0	0.03
	粗骨土	硅铝质粗骨土	55	酸性硅铝质残坡积粗骨土	138	酸性硅铝质残坡积粗骨土	44 852.2	6.50
			56	泥硅铝质残坡积粗骨土	139	泥硅铝质残坡积粗骨土	6 600.0	0.96
			57	中性硅铝质残坡积粗骨土	140	中性硅铝质残坡积粗骨土	6 000.0	0.87
		钙质粗骨土	58	钙质残坡积粗骨土	141	钙质残坡积粗骨土	39 173.3	5.68

来源：《秦皇岛市国土资源》，1996。

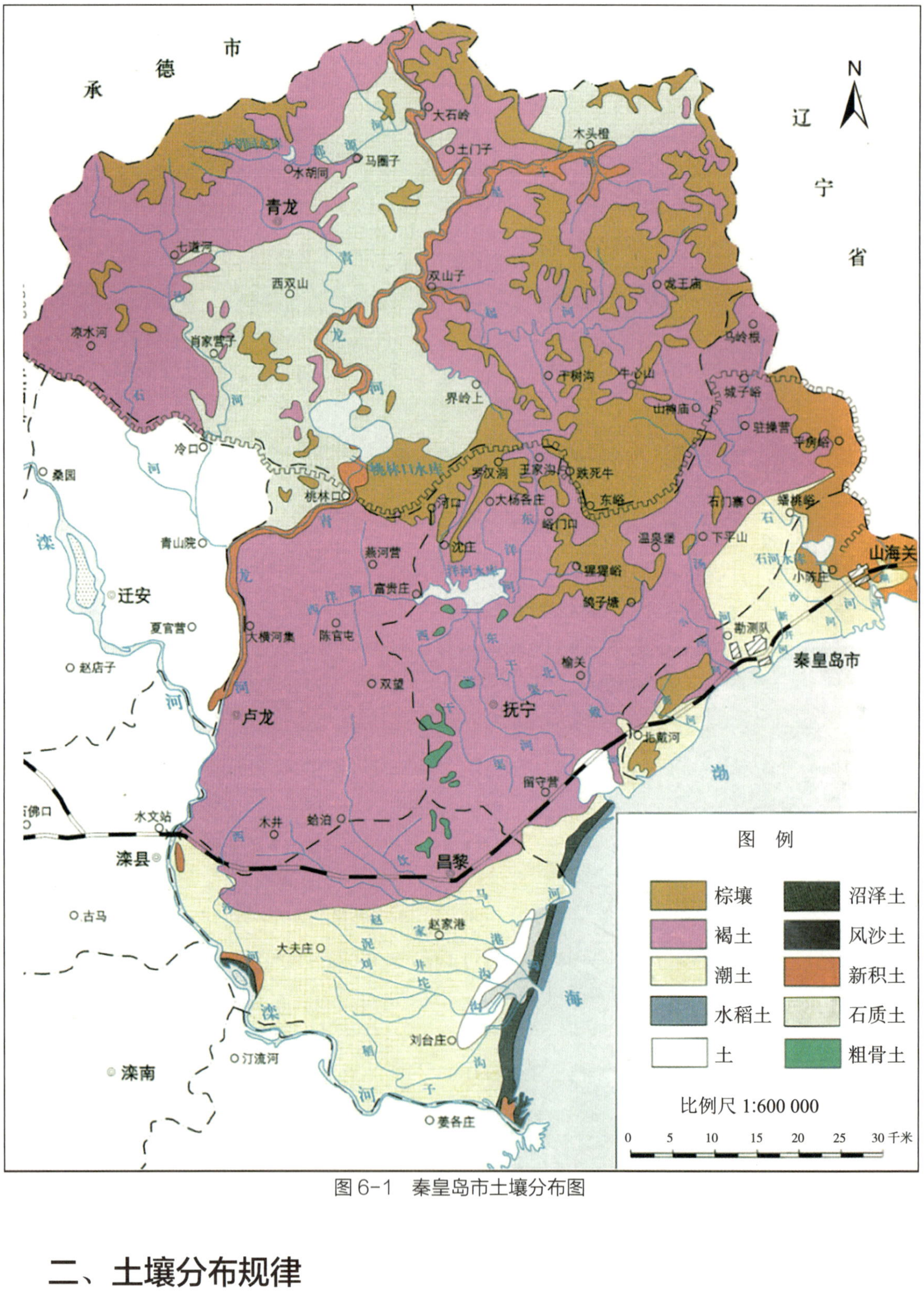

图 6-1　秦皇岛市土壤分布图

二、土壤分布规律

全区地形地貌多样且有一定规律性，土壤类型依据地形条件呈现出一定的分布规律。例如祖山海拔 1 200 米以上为棕壤，其下为褐土；丘陵区（500 米以下）顶部为粗骨土、褐土，底部为淋溶褐土；山间平原为新积土，地势稍低地带为风沙土和潮土；滨海盐土分布在沿海一带，水稻土分布面积较小。

第二节　土壤类型及特性

一、棕壤

棕壤主要分布在沿明代长城一线以北，从东向西，由南向北海拔高程在 300 ～ 500 米的中低山区，以青龙满族自治县面积最大，原抚宁县次之，卢龙县北部山地和昌黎县碣石山上部有零星分布，面积很小，由于渤海的影响，地处海滨丘陵的 3 个区，在海拔几十米以上皆有棕壤分布。总面积为 109 767 公顷（164.65 万亩），占土壤总面积的 15.92%，土壤形成母质多为酸性岩、硅质岩，部分有泥硅铝质岩、基性岩和钙质岩的残积、坡积和冲洪积物质。未经开垦的棕壤土上植被为油松、辽东栎、椴树、桦树、山杨等针叶林及阔叶林；已开垦的棕壤主要种植玉米、甘薯、谷子等作物。

由于所处地形部位和风化、淋溶作用的不同，可分为棕壤、潮棕壤和棕壤性土 3 个亚类 11 个土属 27 个土种。

残坡积棕壤：酸性硅铝质残坡积棕壤。是全市棕壤面积最大的土壤类型，分布于青龙满族自治县和抚宁、山海关、海港、北戴河 4 个区的花岗岩地区。植被比较茂密，面积 49 434 公顷（73.5 万亩），占棕壤土类的 45.04%。土壤全剖面均为棕色，土层中黏粒聚积作用明显，多出现黏化层，在结构面上多覆有铁锰胶膜。土壤表土层为腐殖质层，有机质含量在 2% 以上，心土层为半风化的母质层。土壤呈微酸性和酸性反应。土壤养分，在未开垦区表层有机质含量为 15.1%，全氮含量为 0.52%，全磷含量为 0.18%，全钾含量为 1.54%；在开垦区表层有机质含量为 1.2%，全氮含量为 0.06%，全磷含量为 0.06%，全钾含量为 1.6%。

钙质残坡积棕壤：主要分布于青龙满族自治县的大巫岚、大石岭及卢龙县的刘家营山地。岩石以石灰岩为主，海拔一般在 600 米以上，植被主要为槲栎。面积 2 200 公顷（3.3 万亩），占棕壤土类面积的 2%。土壤表层呈黑棕色，中壤质；心土层为棕色，为碎屑状结构；底土层为棕黄色，为风化母质层。土壤无石灰性反应，酸碱度为 7.0。土壤养分，据在卢龙县刘营乡桑元村尖山坨后山选择的典型剖面测定，土壤表层有机质含量为 2.22%，全氮含量为 0.81%，全磷含量为 0.045%，全钾含量为 2.37%。这一土壤由于无林被生长，多以灌木、草丛为主，土壤侵蚀严重，宜封山育林，以保持水土。

硅质残坡积棕壤：分布于青龙满族自治县干沟、卢龙县兴隆庄一带，面积 1 333 公顷（2.0 万亩），占棕壤面积的 1.2%。土壤表层为暗棕色，轻壤质；心土层为棕褐色，轻壤质；底土层为红棕色，为碎块状结构，酸碱度为 6.5。据在卢龙县兴隆庄选择的典型剖面测定，土壤表层有机质含量为 5.66%，全氮含量为 0.12%，全磷含量为 0.055%，全钾含量为 1.87%。

洪冲积潮棕壤：分布于山海关区、海港区、北戴河区滨海低山丘陵的山间平原。植被为粮食作物和蔬菜。面积 493 公顷（7 395 亩），占棕壤总面积的 0.45%。特点是土层深厚，底土黏重，地下水位较浅。土壤表层为灰棕色，轻壤质；心土层为黄棕色，中壤质；底土层为棕色，重壤质，块状结构。据在海港区范家店村北选择的典型剖面测定，土壤表层有机质含量为 0.98%，全氮含量为 0.04%，全磷含量为 0.08%，全钾含量为 0.99%，速效磷含量为

27 毫克 / 千克，速效钾含量为 48 毫克 / 千克。

残坡积棕壤性土：分布于 3 县 4 区的中低山区上部裸露部分，基本无植被生长。面积为 55 767 公顷（83.65 万亩），占棕壤面积的 50.8%。成土母质有酸性岩、泥硅质岩、硅质岩。特点是土层薄，一般不足 30 厘米；土质松散含砾石较多，一般可达 30% 以上。土壤养分含量低。据在青龙官场乡八道岭、北戴河联峰山西、抚宁东山调查测定，土壤表层有机质含量为 3% 左右，全氮含量为 0.13% ～ 0.16%，全磷含量为 0.03% ～ 0.1%，全钾含量为 1.76% ～ 2.54%。

二、褐土

褐土是秦皇岛市主要土壤类型，其分布是全市果粮产区，面积 374 142 公顷（561.21 万亩），占全市土壤总面积的 54%，分布最广。主要分布在青龙满族自治县、抚宁县、卢龙县、昌黎县境内的低山丘陵、山间盆地和山前平原地区，海拔在 20 米至几百米皆有分布。因地形的不同，在垂直带谱上从高到低一般分布着褐土性土、淋溶褐土、潮褐土。成土母质多为花岗岩、片麻岩等酸性岩。土壤多已被垦殖，植被主要为果树和农作物。

褐土酸碱度呈中性和微酸性。土壤中碳酸盐淋溶较强，土壤呈褐色。土层较厚，表土层和心土层多为轻壤质和中壤质，碎块状结构；底土层多为重壤质，块状结构。

根据成土条件、形成过程和土壤属性，褐土共有 3 个亚类 15 个土属 65 个土种。

1. 残坡积淋溶褐土

分布在全市各县区的山地、丘陵区的下部缓冲地带，多含砾石，面积为 42 647 公顷（63.97 万亩），占褐土总面积的 11.40%。随坡度的不同，由上而下分布有残坡积中层淋溶褐土和残坡积淋溶褐土。

（1）残坡积中层淋溶褐土

面积 29 347 公顷（44.02 万亩），因所处地势较高，土层较薄，一般仅 30 ～ 80 厘米，水土流失严重，土壤肥力较低，属低产土壤。中层淋溶褐土依成土母质中岩性不同，可分为酸性硅铝质残坡积中层淋溶褐土、硅质残坡积中层淋溶褐土和钙质残坡积中层淋溶褐土 3 种。其表土层均呈灰褐色，碎块状结构；心土层呈褐色、棕褐色，块状结构；底土层接近母质，为块状结构。据对抚宁县深河乡小炮上庄酸性硅铝质残积中层淋溶褐土典型剖面测定，有机质含量为 0.83%，全氮 0.057%，全磷 0.046%，全钾 2.26%。据对抚宁县上庄坨乡半壁店村（今属海港区石门寨镇）硅质残坡积中层淋溶褐土典型剖面测定，土壤表层有机质为 2.23%，全氮含量为 0.088%，全磷含量为 0.026%，全钾含量为 1.98%。据对海港区陈家沟庄南钙质残坡积中层淋溶褐土典型剖面测定，土壤表层有机质含量为 1.46%，全氮含量为 0.089%，全磷含量为 0.031%，全钾含量为 1.94%。

（2）残坡积淋溶褐土

面积 1.33 万公顷（19.95 万亩）。因所处地势较低，土层较厚，一般大于 80 厘米，保水保肥性能较好，农作物产量较为稳定。据对青龙满族自治县娄子石村北硅质残坡积淋溶褐土典型剖面测定，土壤表层有机质含量为 0.94%，全氮含量为 0.051%，全磷含量为 0.148%，全钾含量为 2.44%。

2. 洪冲积淋溶褐土

分布在残坡积淋溶褐土之下，因山麓冲积扇较短，故多靠近山脚，与山体呈环带状分布，面积 23 007 公顷（34.5 万亩），占褐土类总面积的 6.15%。母质多为山地花岗岩和变质岩的风化洪冲积物。酸碱度中性，pH 在 6.5 左右。据对卢龙县赵官屯村安山西岭典型剖面测定，土壤表层有机质含量为 1.16%，全氮含量为 0.059%，全磷含量为 0.096%，全钾含量为 2.4%。

3. 洪冲积潮褐土

分布在各县（区）的山前平原、山间盆地和沟谷地区。上与淋溶褐土相接，下与潮土相接，是褐土与潮土之间的过渡土壤类型。面积 97 434 公顷（146.2 万亩），占褐土类土壤总面积的 26.04%，是主要粮果生产基地之一。由于所处地形平坦，地下水位较浅（2 ～ 4 米），季节性地下水升降频繁，土壤中氧化、还原作用交替进行，土壤底层有潜育现象，含铁锰结核。土壤呈中性，pH 在 6.5 左右。土体结构为：表土层和心土层多为轻壤质和中壤质及砂壤质碎块，底土层多为砂质碎块状物。依其土壤质地不同，主要分布土种有洪冲积轻壤质潮褐土、洪冲积砂壤质潮褐土、洪冲积中壤质潮褐土、洪冲积体砂轻壤质潮褐土。

（1）洪冲积轻壤质潮褐土

表土层呈灰棕色，轻壤质；心土层棕褐色，中壤质；底土层暗棕色，中壤质。酸碱度为 7.5。据对卢龙县李黄岭南典型剖面测定，土壤表层有机质含量为 1.33%，全氮含量为 0.062%，全磷含量为 0.055%，全钾含量为 2.24%。

（2）洪冲积砂壤质潮褐土

表土层呈灰棕色，砂壤质；心土层为灰棕色，砂壤质；底土层为棕色，砂壤质。酸碱度为 7.5。据对青龙满族自治县双山子镇大汇河村西典型剖面测定，土壤表层有机质含量为 0.62%，全氮含量为 0.032%，全磷含量为 0.187%，全钾含量为 2.9%。

（3）洪冲积中壤质潮褐土

表土层呈褐棕色，中壤质；心土层为暗褐色，中壤质；底土层暗褐色，中壤质。酸碱度为 7。据对昌黎县十里铺乡王稗庄村典型剖面测定，土壤表层有机质含量为 1.55%，全氮含量为 0.091%，全磷含量为 0.034%，全钾含量为 2.35%。

（4）洪冲积体砂轻壤质潮褐土

表土层呈暗灰褐色，轻壤质；心土层为黄棕色，轻壤质；底土层黄棕色，砂质。酸碱度表层为 8.2，底土层为 7 ～ 7.1。据对卢龙县苏柳河村南典型剖面测定，土壤表层有机质含量为 1%，全氮含量为 0.044%，全磷含量为 0.026%，全钾含量为 2.4%。

4. 残坡积褐土性土

分布很广，多分布在 25° 以上的山地，土薄坡陡，在垂直带谱上，棕壤以下的广大丘陵区均有分布，总面积 211 048 公顷（316.57 万亩），占褐土土类总面积的 56.41%。成土母质为硅铝质岩、硅质岩、泥硅质岩等岩石风化物。土层薄，一般不足 30 厘米，底土层为基岩，人们称为“山皮土”。土壤中砾石含量较多，除坡度较缓地方已开垦为农田外，大部分属于自然状态。土壤植被以灌木草丛为主。土壤一般无层次发育。据对青龙满族自治县茨榆山乡杉树岭村田杖子南山及海港区石门寨镇潘庄村山地典型剖面测定，土壤表层有机质含量较高，为 4.15%，全氮含量为 0.098%，全磷含量为 0.034%。

三、潮土

潮土发育在冲积母质上，主要分布在京山铁路以南到滨海平原的海拔 15 ～ 2.5 米等高线范围内，包括昌黎县城以南的广大冲积平原，抚宁区和海港区、山海关区、北戴河区近海的倾斜平原的低洼处，面积共 72 867 公顷（109.31 万亩），占全市土壤总面积的 10.57%，是重要的粮油菜生产基地。土壤形成母质为滦河、饮马河、洋河、戴河的河流冲积物，地下水较浅，直接参与成土过程，由于河流泛滥，造成地形起伏，水文条件发生变化，使这一土类可续分为潮土、脱潮土、盐化潮土 3 个亚类 13 个土属 27 个土种。

1. 潮土

共 57 307 公顷（85.96 万亩），占潮土土类面积的 88.7%。依质地不同分为砂质潮土、砂壤质潮土、壤质潮土、黏质潮土。

（1）砂质潮土

主要分布在昌黎县西南部的新集、马坨店、大夫庄、西沙河、荒佃庄一带。面积为 11 227 公顷（16.84 万亩），占潮土总面积的 15.41%。土体结构为：表土层为灰黄棕色，砂土质；心土层黄棕色，砂土质；底土层灰白色，砂土质。据对新集镇高庄村北典型剖面测定，土壤表层有机质含量为 0.2%，全氮含量为 0.015%，全磷含量为 0.031%，全钾含量为 1.95%。

（2）砂壤质潮土

主要分布在昌黎县新集、马坨店、大夫庄、西沙河、荒佃庄，山海关区第一关、高建庄、长城、马头庄，抚宁县西河南等地，面积 14 707 公顷（22.06 万亩），占潮土总面积的 20.18%。土体结构为表土层黄色，砂壤质；心土层淡黄色，砂质；底土层淡黄棕色，砂质。据对昌黎县康官营村典型土壤剖面测定，土壤表层有机质含量为 0.65%，全氮含量为 0.039%，全磷含量为 0.65%，全钾含量为 1.95%。

（3）壤质潮土

主要分布在昌黎县南部的施各庄、新金铺、泥井、刘台庄一带和抚宁县留守营镇、山海关区渤海乡，面积 37 620 公顷（56.43 万亩），占潮土总面积的 51.63%。据对抚宁县蒋营村、昌黎县新二村典型土壤剖面测定，土壤表层有机质含量为 1% ～ 1.2%，全氮含量为 0.056% ～ 0.067%，全磷含量为 0.023% ～ 0.031%，全钾含量为 1.32% ～ 2%。

（4）黏质潮土

主要分布在昌黎县南部大蒲河镇段营一带浅平洼地。面积 433 公顷（6 495 亩），占潮土总面积的 0.6%。据对昌黎县葛条港乡董营村典型土壤剖面测定，土壤表层有机质含量为 1.75%，全氮含量为 0.108%，全磷含量为 0.042%，全钾含量为 2.28%。

2. 盐化潮土

多分布在昌黎县南部近海冲积平原中地势相对低洼地区，呈点片状分布。面积 2 780 公顷（4.17 万亩），占潮土总面积的 3.82%。因地下水位较高，土壤内外排水不畅，多呈斑状与潮土成复区共存，且与海岸带平行成带状。据对团林乡哨所、茹荷镇农机站、大东庄典型土壤剖面测定，土壤表层有机质含量为 1% ～ 1.9%，全氮含量为 0.05% ～ 0.1%，全磷含量为

0.037% ～ 0.06%，全钾含量为 2.1% ～ 2.3%。

3. 脱潮土

分布在昌黎县槐李庄一带，面积仅 100 公顷（1 500 亩）。

四、滨海盐土

滨海盐土主要分布在滦河三角洲的下部、昌黎县南部沿海一带、滨海平原的盐荒地上，北部与潮土接壤，海拔 0.5 ～ 2.5 米，面积 13 093 公顷（19.64 万亩），占土壤总面积的 1.90%。随着距海的远近、脱离海水的早晚、地形高低等条件的不同，土壤积盐和脱盐过程的相对强弱不同，因而含盐量和生草过程不同，据此可分为滨海盐土和潮间盐土 2 个亚类 7 个土属 9 个土种。

1. 滨海盐土

滨海盐土主要分布在全市东南部沿海一带的地形较低部位，包括昌黎县大蒲河、赤洋口、田上庄、团林、大滩和抚宁县留守营镇等沿海地区。面积 9 700 公顷（14.55 万亩），占滨海盐土面积的 74.09%。据在团林乡团林村南、团林林场典型土壤剖面测定，土壤表层有机质含量为 0.5% ～ 0.7%，全氮含量为 0.03% ～ 0.06%，全磷含量为 0.025% ～ 0.033%，全钾含量为 2.35% ～ 2.38%。酸碱度为 8.2。

2. 潮间盐土

潮间盐土是受海潮涨落直接影响到的土壤，涨潮时被海水淹没，落潮后露出地面，主要分布在昌黎县七里海、抚宁区沿海一带。面积为 3 393 公顷（5.09 万亩），占滨海盐土面积的 25.91%。据对七里海西北典型土壤剖面测定，土壤表层有机质含量为 0.3%，全氮含量为 0.022%，全磷含量为 0.032%，全钾含量为 2.31%。酸碱度为 8.3。

五、风沙土

主要分布在滦河岸边及昌黎黄金海岸和抚宁县沿海一带，呈带状分布。面积 4 850 公顷（7.28 万亩），占全市土壤总面积的 0.70%。母质主要为滦河砂质沉积物，在风力作用下，搬运堆积于向风岸，而成为起伏的沙丘带或独立的沙丘。沙丘质地较粗，生物活动微弱，基本无剖面发育，为通体砂，呈灰白色，单粒结构。其上多生长刺槐和紫穗槐。土壤通体有机质含量为 0.05%，全氮含量为 0.002%，全磷含量为 0.01%，全钾含量为 1.15%。

六、水稻土

在全市分布面积较小，且主要是淹育型水稻土，面积为 3 600 公顷（5.4 万亩），占全市土壤面积的 0.52%，主要分布在抚宁区留守营、西河南一带。据对留守营镇好马营村典型水稻土剖面测定，土壤耕作层有机质含量为 1.99%，全氮含量为 0.108%，全磷含量为 0.04%，全钾含量为 1.58%。

七、沼泽土

沼泽土主要分布在昌黎县南部大蒲河、赤洋口附近的滨海潟湖洼地，呈斑点状分布，面积小，只有 127 公顷（1 905 亩），仅占土壤总面积的 0.01%。多有盐化，因长期积水，土壤潜育化现象强烈，地下水埋深常达地表，自然植被以芦苇、三棱草为主。土体中还原作用占绝对优势，导致上部土层呈暗灰色，剖面中出现大量锈纹锈斑，表土之下可见潜育层。在干旱季节，洼地边缘积水退干的地方，常形成大量盐斑。因长时期的干旱，土壤向脱沼泽发展。共有 2 个亚类 3 个土属 4 个土种。土壤结构为轻壤和中壤质。据对赤洋口一村典型土壤剖面测定，土壤表层有机质含量为 1.23%，全氮含量为 0.066%，全磷含量为 0.026%，全钾含量为 2.15%。酸碱度为 8.2。

八、粗骨土

分布在青龙满族自治县各种岩性的残坡积母质圆浑形低山丘陵区，阳坡顶部居多，面积达 96 626 公顷（144.94 万亩），占土壤总面积的 14.01%。可分为硅铝质粗骨土和钙质粗骨土 2 个亚类。颗粒粗糙，侵蚀严重。其特征与褐土性土相同，只是土层更薄，一般为 10 ～ 15 厘米，草被更疏。据对青龙满族自治县官场乡鲇鱼洞沟北山典型土壤剖面测定，有机质含量为 2.8%，全氮含量为 0.118%，全磷含量为 0.069%，全钾含量为 1.7%。酸碱度为 6.5。

九、新积土

分布在滦河、青龙河的河漫滩地带，面积 8 492 公顷（12.73 万亩），占土壤总面积的 1.23%。直接形成于河流沉积物上，以粗砂质为主，无土壤发育过程。地下水位多在 0.5 米左右，有机质含量极低，仅为 0.08%，无碳酸盐反应。土壤无剖面发育特征，沙土之下即为卵石，土色浅灰棕，无结构，少有植物根系，无新生体，无盐碱化。

十、石质土

零星分布在昌黎县和抚宁区的山峦顶部，常与粗骨土镶嵌分布，与裸岩并存。面积 5 906 公顷（8.86 万亩），占土壤总面积的 0.86%。岩石以酸性岩为主，岩缝处有稀疏的灌木或草丛。共有 2 个亚类 2 个土属 2 个土种。

第三节　土壤肥力

一、有机质

秦皇岛市土壤因受季风气候的影响，干湿季节交替明显，夏季炎热多雨湿润，冬季多干旱。温度和水分条件均有利于有机质的分解，加之土壤反应为中性和微酸性，均适宜微生物的繁殖。所以，有机质分解强烈，积累较少，含量较低。

1. 有机质含量分布

北部山地棕壤褐土区，在森林及旱生草灌植被茂密覆盖下从未开垦，但由于土壤通透性好，氧化作用较强，有机质含量偏低，为 2% ～ 4%。

中部淋溶褐土及潮褐土区，耕作历史悠久，有机质含量为 0.8% ～ 1.2%。

南部洪冲积平原潮土区，地下水位较高，土壤以好气条件为主，有机质积累弱，平均含量为 1% ～ 1.2%。

滨海盐土区，由于土壤盐分含量高，植物生长受到抑制，土壤有机质含量在 0.5% 左右。

2. 土壤有机质含量分级面积

按照全国第二次土壤普查分级标准，全市耕地有机质含量：二级（有机质含量为 3% ～ 4%）共 587 公顷（8 805 亩），占总耕地面积的 0.26%；三级（有机质含量为 2% ～ 3%）共 7 000 公顷（10.5 万亩），占耕地面积的 3.16%，四级（有机质含量为 1% ～ 2%）11.63 万公顷（174.5 万亩），占耕地面积的 52.44%；五级（有机质含量 0.6% ～ 1%）共 7.53 万公顷（113.0 万亩），占耕地面积的 33.96%；六级（有机质含量小于 0.6%）2.26 万公顷（33.9 万亩），占耕地面积的 10.18%。

按县别分，土壤有机质含量：昌黎县为 0.989%，卢龙县为 1.16%，抚宁县为 1.48%，青龙满族自治县为 1.497%。昌黎相当于全国分级标准的五级。卢龙、抚宁、青龙及市区相当于全国分级标准的四级。

3. 主要土种表层有机质中碳和氮贮量

全市土壤的碳氮比为 9:1 ～ 12:1，但各类土种有别，见表 6-2。

表 6-2　秦皇岛市各土种表层有机质和全氮贮量一览表（表跨页）

土　种	有机质 /%	全氮 /%	C/N
酸性硅铝质残坡积薄层有机质少砾石轻壤质中层棕壤	3.58	0.157	13.2265
酸性硅铝质残坡积中层有机质少砾石轻壤质中层棕壤	1.87	0.066	16.4346
酸性硅铝质残坡积中层有机质少砾石轻壤质棕壤	1.27	0.061	12.0764
酸性硅铝质残坡积少砾石轻壤质（耕作）棕壤	1.20	0.072	9.6674
酸性硅铝质残坡积少砾石轻壤质中层棕壤	2.91	0.123	13.7230
酸性硅铝质残坡积少砾石轻壤质棕壤	0.64	0.038	9.7692
酸性硅铝质残坡积少砾石轻壤质底黏棕壤	1.14	0.059	11.2077

土　种	有机质 /%	全氮 /%	C/N
酸性硅铝质残坡积少砾石轻壤质体黏棕壤	1.16	0.057	11.8045
酸性硅铝质残坡积少砾石中壤质棕壤	1.15	0.064	10.4227
酸性硅铝质残坡积多砾石砂壤质中层棕壤	1.68	0.080	12.1810
钙质残坡积中壤质中层棕壤	7.11	0.377	10.9335
硅质残坡积少砾石轻壤质中层棕壤	3.42	0.175	11.3358
硅质残坡积中层棕壤	5.41	0.248	12.6077
洪冲积轻壤质底黏潮棕壤	1.34	0.072	10.7953
酸性硅铝质残坡积棕壤性土	2.99	0.136	12.7525
泥硅铝质残坡积棕壤性土	1.38	0.063	12.7058
中性硅铝质残坡积棕壤性土	2.46	0.138	10.3400
基性残坡积棕壤性土	3.63	0.178	11.8290
酸性硅铝质残坡积多砾石砂壤质中层淋溶褐土	0.74	0.044	9.7553
酸性硅铝质残坡积少砾石砂壤质中层淋溶褐土	0.79	0.054	8.4859
酸性硅铝质残坡积少砾石轻壤质中层淋溶褐土	0.98	0.054	10.3921
酸性硅铝质残坡积少砾石砂壤质淋溶褐土	0.96	0.052	10.6471
酸性硅铝质残坡积少砾石轻壤质淋溶褐土	1.10	0.067	9.5231
酸性硅铝质残坡积多砾石轻壤质淋溶褐土	0.97	0.05	9.8710
酸性硅铝质残坡积少砾石中壤质淋溶褐土	1.03	0.058	10.1954
酸性残坡积轻壤质淋溶褐土	1.00	0.055	10.5081
泥硅铝质残坡积轻壤质淋溶褐土	1.01	0.065	8.9579
钙质残坡积少砾石轻壤质中层淋溶褐土	2.17	0.098	12.8439
硅质残坡积少砾石轻壤质中层淋溶褐土	1.52	0.063	13.9948
洪冲积少砾石轻壤质淋溶褐土	1.07	0.060	10.3442
洪冲积轻壤质淋溶褐土	1.06	0.016	37.2636
洪冲积体卵石轻壤质淋溶褐土	1.50	—	—
洪冲积底卵石轻壤质淋溶褐土	1.27	0.123	5.9842
洪冲积底砾石轻壤质淋溶褐土	1.30	0.071	10.6206
洪冲积中壤质淋溶褐土	1.38	0.088	9.0962
洪冲积少砾石砂壤质淋溶褐土	0.90	0.052	10.0008
洪冲积砂土质潮褐土	0.47	0.039	6.9903
洪冲积砂壤质潮褐土	0.92	0.051	10.4636
洪冲积砂壤质底卵石潮褐土	0.93	0.070	7.7063
洪冲积砂壤质体卵石潮褐土	1.34	0.053	14.6653
洪冲积少砾石砂壤质潮褐土	0.95	0.051	10.7836
洪冲积轻壤质潮褐土	1.35	0.078	10.0393
洪冲积轻壤质底砂潮褐土	1.12	0.061	10.5463
洪冲积轻壤质底砾石潮褐土	1.07	0.059	10.5195
洪冲积轻壤质底卵石潮褐土	1.58	0.076	12.0589

土　种	有机质 /%	全氮 /%	C/N
洪冲积轻壤质体卵石潮褐土	1.49	0.078	11.0804
洪冲积多砾石轻壤质腰砂潮褐土	1.20	0.066	10.5463
洪冲积多砾石轻壤质底砂潮褐土	0.99	0.066	8.7007
洪冲积多砾石轻壤质体砂潮褐土	0.95	0.063	8.7467
洪冲积少砾石轻壤质体砂潮褐土	1.93	0.085	13.1705
洪冲积少砾石轻壤质底砂潮褐土	0.84	0.052	9.3700
洪冲积多砾石轻壤质潮褐土	1.18	0.068	10.6550
洪冲积少砾石轻壤质潮褐土	1.35	0.075	10.4408
洪冲积轻壤质底黏潮褐土	1.19	0.067	10.1958
洪冲积轻壤质体黏潮褐土	1.08	0.063	9.8498
洪冲积中壤质潮褐土	1.34	0.075	10.2406
洪冲积中壤质底砂潮褐土	1.51	0.091	9.6249
人工堆垫壤质潮褐土	1.07	0.058	10.6824
酸性硅铝质残坡积褐土性土	1.25	0.054	13.3283
酸性硅铝质残坡积（耕作）褐土性土	0.75	0.045	9.6674
泥硅铝质残坡积褐土性土	1.99	0.072	16.0318
泥硅铝质残坡积（耕作）褐土性土	1.10	0.063	10.1278
钙质残坡积褐土性土	2.91	0.154	10.9606
钙质残坡积（耕作）褐土性土	2.15	0.095	13.1274
硅质残坡积褐土性土	3.90	0.168	13.3936
中性硅铝质残坡积（耕作）褐土性土	2.27	0.097	13.5743
基性硅铝质残坡积褐土性土	2.25	0.138	10.5922
冲积砂土质潮土	0.34	0.029	6.8005
冲积砂壤质潮土	0.65	0.038	9.9218
冲积轻壤质底砂潮土	1.00	0.060	9.6674
冲积轻壤质体黏潮土	1.14	0.070	9.4465
冲积轻壤质底黏潮土	1.10	0.061	10.4599
冲积轻壤质底砂姜潮土	1.00	0.064	9.0632
冲积轻壤质潮土	1.07	0.066	9.4038
冲积中壤质潮土	1.43	0.083	9.9936
冲积中壤质底砂姜潮土	1.42	0.088	9.3598
冲积中壤质底砂潮土	1.44	0.094	8.8858
冲积中壤质腰砂潮土	1.69	0.102	9.6106
冲积黏土质潮土	1.77	0.113	9.0456
冲积轻壤质轻盐化潮土	1.22	0.091	7.7764
冲积轻壤质底砂轻盐化潮土	1.15	0.079	8.4437
冲积砂壤质轻盐化潮土	0.95	0.063	8.7467
冲积砂壤质中盐化潮土	1.27	0.070	10.5237

土　种	有机质 /%	全氮 /%	C/N
冲积中壤质淹育型水稻土	1.99	0.108	10.6879
冲积砂壤质底黏滨海盐土	2.77	0.025	64.2691
冲（沉）积砂壤质潮间盐土	0.90	0.061	8.6532
冲（沉）积轻壤质草甸滨海盐土	1.00	0.067	8.6834
冲（沉）积轻壤质底砂草甸滨海盐土	0.62	—	—
冲（沉）积中壤质草甸滨海盐土	0.89	0.046	11.2226
冲（沉）积砂壤质草甸滨海盐土	1.13	0.084	7.8030
冲（沉）积砂壤质草甸滨海盐土	0.71	0.041	10.4470
冲（沉）积中壤质体砂盐化沼泽土	2.59	0.150	10.1550
风积砂质固定风沙土	0.15	0.007	12.4296
酸性硅铝质残坡积粗骨土	2.77	0.139	11.5600
泥硅铝质残坡积粗骨土	2.80	0.118	13.6700
中性硅铝质残坡积粗骨土	1.03	0.056	10.6700
钙质残坡积粗骨土	4.10	0.214	11.1100

来源：《秦皇岛市志》第一卷，天津人民出版社，1994 年 12 月第一版。

二、氮、磷、钾

全市土壤由于有机质含量偏低，所以全氮含量也较低，土壤全氮含量平均值为 0.071%，碱解氮（速效氮）含量为 40 ～ 60 毫克 / 千克；土壤全磷含量为 0.072%，速效磷含量 5.04 毫克 / 千克；土壤全钾含量 2.084%，速效钾含量为 80.23 毫克 / 千克。呈现缺氮少磷钾不足状况。

全市土壤速效氮占全氮的 1% ～ 12%，土壤氮磷比为 8:1 ～ 10:1，见表 6-3。

表 6-3　秦皇岛市主要土类的养分含量一览表

土类名称	有机质 /%	全氮 /%	速效磷 /（毫克 / 千克）	速效钾 /（毫克 / 千克）
棕壤	1.98	0.087	7.3	517.5
褐土	1.08	0.088	7.3	57.5
潮土	0.98	0.061	3.5	78.4
风沙土	0.15	0.007	5	52
沼泽土	2.59	0.15	4	119
水稻土	1.99	0.108	5.7	65
粗骨土	2.8	0.118	2	113

三、微量元素

1. 土壤含铜量

根据国家分级标准，全市土壤中含铜量在 1 ～ 2 毫克 / 千克的二级土壤共 29.3 万公顷（439.5 万亩），占总面积的 37.7%；0.5 ～ 1 毫克 / 千克的三级土壤共 43.9 万公顷（658.5 万亩），占总面积的 56.42%；0.2 ～ 0.5 毫克 / 千克的四级土壤共 4.61 万公顷（69.12 万亩），占总面积的 5.92%。铜含量较高，各种作物均不缺乏。

2. 土壤含锰量

根据国家分级标准，全市土壤中含锰量在 15 毫克 / 千克以上的一级土壤共 8.28 万公顷（124.2 万亩），占总面积的 10.64%；10 ～ 15 毫克 / 千克的二级土壤共 16.675 万公顷（250.1 万亩），占总面积的 21.43%；7 ～ 10 毫克 / 千克的三级土壤共 21.33 万公顷（320.0 万亩），占总面积的 27.42%；4 ～ 7 毫克 / 千克的四级土壤共 24.113 万公顷（361.7 万亩），占总面积的 31%；小于 4 毫克 / 千克的缺锰土壤共 7.4 万公顷（111.0 万亩），占总面积的 9.5%。

3. 土壤含铁量

根据国家分级标准，全市土壤中含铁量大于 20 毫克 / 千克的一级土壤共 34.713 万公顷（520.7 万亩），占总面积的 44.57%；10 ～ 20 毫克 / 千克的二级土壤共 23.6 万公顷（354.0 万亩），占总面积的 30.33%；4.5 ～ 10 毫克 / 千克的三级土壤共 19.533 万公顷（293.0 万亩），占总面积的 25.1%。铁含量较高，可以满足所有作物生长需要。

4. 土壤含锌量

根据国家分级标准，土壤中含锌量大于 2 毫克 / 千克的一级土壤共 3.32 万公顷（49.8 万亩），占总面积的 4.26%；1 ～ 2 毫克 / 千克的二级土壤共 3 200 公顷（4.8 万亩），占总面积的 0.42%；0.5 ～ 1 毫克 / 千克的三级土壤共 34.13 万公顷（512.0 万亩），占总面积的 43.86%；0.2 ～ 0.5 毫克 / 千克的四级土壤共 31.68 万公顷（475.2 万亩），占总面积的 40.72%；小于 0.2 毫克 / 千克的五级土壤共 8.33 万公顷（125.0 万亩），占总面积的 10.74%。以作物需锌 0.5 毫克 / 千克为标准，全市缺锌面积 40 万公顷（600.0 万亩），占总面积的 51.46%。见表 6-4 ～表 6-8。

表 6-4　昌黎县土壤氮、磷、钾含量分级面积一览表（表跨页）

养分种类		有机质 /%	全氮 /%	速效磷 /（毫克 / 千克）	速效磷 /（毫克 / 千克）
一级	标准	＞ 4	＞ 0.2	＞ 40	＞ 200
	面积 / 公顷	—	—	—	—
	占总面积比例 /%	—	—	—	—
二级	标准	3 ～ 4	0.15 ～ 0.2	20 ～ 40	150 ～ 200
	面积 / 公顷	—	383	768	363
	占总面积比例 /%	—	0.58	1.17	0.55
三级	标准	2 ～ 3	0.1 ～ 0.15	10 ～ 20	100 ～ 150
	面积 / 公顷	654	1 467	2 726	5 287
	占总面积比例 /%	0.99	2.23	4.14	8.04
四级	标准	1 ～ 2	0.075 ～ 0.1	5 ～ 10	50 ～ 100
	面积 / 公顷	28 659	11 902	21 005	41 930
	占总面积比例 /%	43.56	18.09	31.93	63.73
五级	标准	0.6 ～ 1	0.05 ～ 0.075	3 ～ 5	30 ～ 50
	面积 / 公顷	20 242	27 638	30 693	13 867
	占总面积比例 /%	30.77	42.22	46.65	21.08

养分种类		有机质 /%	全氮 /%	速效磷 /（毫克 / 千克）	速效磷 /（毫克 / 千克）
六级	标准	＜ 0.6	＜ 0.05	＜ 3	＜ 30
	面积 / 公顷	16 236	24 268	10 600	4 344
	占总面积比例 /%	24.68	36.88	16.11	6.60

来源：《秦皇岛市国土资源》，1996。

表 6-5　卢龙县土壤氮、磷、钾含量分级面积一览表

养分种类		有机质 /%	全氮 /%	速效磷 /（毫克 / 千克）	速效磷 /（毫克 / 千克）
一级	标准	＞ 4	＞ 0.2	＞ 40	＞ 200
	面积 / 公顷	1 357	1 405	—	1 462
	占总面积比例 /%	2	0.5	—	1.5
二级	标准	3 ～ 4	0.15 ～ 0.2	20 ～ 40	150 ～ 200
	面积 / 公顷	2 742	30 355	—	1 687
	占总面积比例 /%	2.9	3.2	—	1.8
三级	标准	2 ～ 3	0.1 ～ 0.15	10 ～ 20	100 ～ 150
	面积 / 公顷	31 510	3 627	9 646	16 426
	占总面积比例 /%	3.3	3.8	10.0	17.1
四级	标准	1 ～ 2	0.075 ～ 0.1	5 ～ 10	50 ～ 100
	面积 / 公顷	51 163	132 895	11 003	59 271
	占总面积比例 /%	53.3	13.8	11.5	61.7
五级	标准	0.6 ～ 1	0.05 ～ 0.075	3 ～ 5	30 ～ 50
	面积 / 公顷	36 034	46 668	21 931	17 043
	占总面积比例 /%	37.5	48.6	22.8	17.7
六级	标准	＜ 0.6	＜ 0.05	＜ 3	＜ 30
	面积 / 公顷	9 168	28 075	53 508	211
	占总面积比例 /%	1.0	29.1	55.7	0.2

来源：《秦皇岛市国土资源》，1996。

表 6-6　青龙满族自治县土壤氮、磷、钾含量分级面积一览表（表跨页）

养分种类		有机质 /%	全氮 /%	速效磷 /（毫克 / 千克）	速效磷 /（毫克 / 千克）
一级	标准	＞ 4	＞ 0.2	＞ 40	＞ 200
	面积 / 公顷	41 783	33 089	51	23 605
	占总面积比例 /%	12.0	9.46	0.01	6.8
二级	标准	3 ～ 4	0.15 ～ 0.2	20 ～ 40	150 ～ 200
	面积 / 公顷	25 682	20 659	1 753	35 716
	占总面积比例 /%	7.3	5.91	0.50	10.2
三级	标准	2 ～ 3	0.1 ～ 0.15	10 ～ 20	100 ～ 150
	面积 / 公顷	53 843	61 356	4 427	60 431
	占总面积比例 /%	15.4	17.55	1.27	17.3

养分种类		有机质 /%	全氮 /%	速效磷 /（毫克 / 千克）	速效磷 /（毫克 / 千克）
四级	标准	1 ～ 2	0.075 ～ 0.1	5 ～ 10	50 ～ 100
	面积 / 公顷	119 949	41 758	28 265	131 165
	占总面积比例 /%	34.3	11.94	8.08	27.5
五级	标准	0.6 ～ 1	0.05 ～ 0.075	3 ～ 5	30 ～ 50
	面积 / 公顷	71 875	83 753	61 102	66 947
	占总面积比例 /%	20.6	23.95	17.47	19.1
六级	标准	＜ 0.6	＜ 0.05	＜ 3	＜ 30
	面积 / 公顷	36 530	10 905	254 067	3180
	占总面积比例 /%	10.4	31.19	72.7	9.1

来源：《秦皇岛市国土资源》，1996。

表 6-7　抚宁县土壤氮、磷、钾含量分级面积一览表

养分种类		有机质 /%	全氮 /%	速效磷 /（毫克 / 千克）	速效磷 /（毫克 / 千克）
一级	标准	＞ 4	＞ 0.2	＞ 40	＞ 200
	面积 / 公顷	14 439	11 720	—	7 039
	占总面积比例 /%	3.39	6.81	—	4.09
二级	标准	3 ～ 4	0.15 ～ 0.2	20 ～ 40	150 ～ 200
	面积 / 公顷	6 798	314 943	1 256	2 409
	占总面积比例 /%	3.95	1.83	0.73	1.40
三级	标准	2 ～ 3	0.1 ～ 0.15	10 ～ 20	100 ～ 150
	面积 / 公顷	23 233	25 729	11 634	21 065
	占总面积比例 /%	13.50	14.95	6.76	12.24
四级	标准	1 ～ 2	0.075 ～ 0.1	5 ～ 10	50 ～ 100
	面积 / 公顷	57 481	41 992	70 286	77 238
	占总面积比例 /%	33.40	24.40	40.84	44.88
五级	标准	0.6 ～ 1	0.05 ～ 0.075	3 ～ 5	30 ～ 50
	面积 / 公顷	45 865	59 392	51 837	48 128
	占总面积比例 /%	26.65	34.51	30.12	27.95
六级	标准	＜ 0.6	＜ 0.05	＜ 3	＜ 30
	面积 / 公顷	12 391	18 245	25 195	4 354
	占总面积比例 /%	7.20	10.59	14.64	2.53

来源：《秦皇岛市国土资源》，1996。

表 6-8　秦皇岛市三区土壤氮、磷、钾含量分级面积一览表（表跨页）

养分种类		有机质 /%	全氮 /%	速效磷 /（毫克 / 千克）	速效磷 /（毫克 / 千克）
一级	标准	＞ 4	＞ 0.2	＞ 40	＞ 200
	面积 / 公顷	4 352	738	406	—
	占总面积比例 /%	12.0	2.0	1.1	—

养分种类		有机质 /%	全氮 /%	速效磷 /（毫克 / 千克）	速效磷 /（毫克 / 千克）
二级	标准	3 ～ 4	0.15 ～ 0.2	20 ～ 40	150 ～ 200
	面积 / 公顷	638	2 828	777	3 085
	占总面积比例 /%	1.8	7.9	2.2	8.6
三级	标准	2 ～ 3	0.1 ～ 0.15	10 ～ 20	100 ～ 150
	面积 / 公顷	437	1 017	4 824	5 181
	占总面积比例 /%	1.2	2.8	13.4	14.4
四级	标准	1 ～ 2	0.075 ～ 0.1	5 ～ 10	50 ～ 100
	面积 / 公顷	6 026	5 859	11 403	14 307
	占总面积比例 /%	33.3	16.3	31.6	39.6
五级	标准	0.6 ～ 1	0.05 ～ 0.075	3 ～ 5	30 ～ 50
	面积 / 公顷	4 971	11 550	2 602	1 299
	占总面积比例 /%	13.8	32.1	7.2	3.6
六级	标准	＜ 0.6	＜ 0.05	＜ 3	＜ 30
	面积 / 公顷	1 475	1 881	3 861	—
	占总面积比例 /%	4.1	5.1	10.7	—

来源：《秦皇岛市国土资源》，1996。

四、酸碱度与土壤质地

1. 土壤酸碱度

全市以长城为界，北部山区土壤多为酸性岩风化母质，为微酸性或酸性土，酸碱度在 6.5 ～ 5.0；长城以南到老京山铁路丘陵和山前平原区，为中性和微酸性土壤，酸碱度在 7.0 ～ 6.0；老京山铁路以南到滨海为中性和偏碱性土壤，酸碱度在 7.0 ～ 8.5。一般来说，均适宜作物生长。

2. 土壤质地

全市土壤耕层质地，主要为砂土、砂壤土、轻壤土、中壤质。

砂土：共 35 646 公顷（53.47 万亩），占土壤总面积的 5.17%。分布在原抚宁县、昌黎县、卢龙县和青龙满族自治县的沿河及沿海一带。土壤容重为 1.3 克 / 厘米 ^{3}，以砂粒为主，土粒较粗，孔隙大，易耕性强，保水保肥能力差，是一种低产土壤。

砂壤土：共 133 412 公顷（200.12 万亩），占土壤总面积的 19.35%，分布在原抚宁县及昌黎、卢龙、青龙满族自治县的河套地区。土壤容重为 1.26 克 / 厘米 ^{3}，土壤孔隙度较大，易耕性强，保水保肥能力较差，为中产土壤。

轻壤土：共 489 731 公顷（734.60 万亩），占土壤总面积的 71.03%，分布在全市丘陵、盆地和平原上。土壤容重为 1.24 克 / 厘米 ^{3}，砂黏比例适中，通透性、保水保肥性好，土壤养分含量高，土性温暖，人民评价其“不砂又不黏，结构软如棉”。是全市主要作物高产区。

中壤质：共 30 681 公顷（46.02 万亩），占土壤总面积的 4.45%。分布于原抚宁县及昌黎县、卢龙县、青龙满族自治县的平原、盆地。土壤容重为 1.22 克 / 厘米 ^{3}。质地稍偏黏，易耕作，保水保肥性好，也是高产土壤。

五、秦皇岛市土壤改良利用区划

秦皇岛市土壤，根据其类型和改良利用方向的不同，可划分为5个区、10个亚区，见表6-9。5个区分别为山地棕壤林牧区，低山丘陵粗骨土、褐土、棕壤林果牧区，丘陵褐土旱作杂粮果树区，盆地平原潮褐土、潮土灌溉培肥粮油菜高产区，滨海盐土养殖防护林区。

表6-9　秦皇岛市土壤改良利用分区一览表

区号与区名	亚区号与亚区名	主要土类	发展方向	主要生产问题	改良利用措施	面积/万公顷	占总面积比例/%
Ⅰ 山地棕壤林牧区	山地棕壤林牧区	棕壤	林牧业	土层薄，水土流失严重	封山育林，养草放牧，结合小流域治理，以保持水土	16.80	21.50
Ⅱ 低山丘陵粗骨土、褐土、棕壤林果牧区	Ⅱ 1 水土保持林果牧区	褐土 粗骨土 棕壤	林果牧	水土流失严重	保护自然植被，严禁开荒，育林育草，发展果树，以防水土流失	17.20	22.11
	Ⅱ 2 培肥高产林果区	粗骨土 棕壤	林果	土壤肥力不足	科学施肥，培肥土壤，提高科学管理水平	4.13	5.31
	Ⅱ 3 培肥改土水土保持林果区	粗骨土 褐土 棕壤	林果	土壤沙质，肥力低	增施有机肥，以林为主，林果并重	4.07	5.22
Ⅲ 丘陵褐土旱作杂粮果树区	Ⅲ 1 培肥杂粮果树区	褐土	旱作杂粮果树	无灌溉条件	蓄水保墒，增施有机肥，发展旱作杂粮优种	12.67	16.28
	Ⅲ 2 培肥粮作区	褐土	旱作杂粮	无灌溉条件，土壤肥力低	蓄水保墒，增设灌溉设施，以有机旱作为主攻方向	1.8	2.31
Ⅳ 盆地平原潮褐土、潮土灌溉培肥粮油菜高产区	Ⅳ 1 培肥小麦水稻玉米高产区	褐土 潮土	小麦、水稻、玉米	肥力不能满足高产需要	培肥土壤，以有机肥为主，有机无机结合，健全灌溉措施，渠畦配套	1.13	14.57
	Ⅳ 2 改沙培肥花生高产区	褐土 潮土	花生	土壤偏沙，肥力偏低	增施有机肥，提高土壤肥力，完善灌溉设施，充分利用水源，选用高产品种	3.40	4.37
	Ⅳ 3 培肥蔬菜高产区	褐土 潮土	各种蔬菜	肥力不足	大量增施有机肥，提高蔬菜种、管、蓄、运技术，争取高产、高效益	4.00	5.14
Ⅴ 滨海盐土养殖防护林区	沿海养殖防护林区	滨海盐土	水产养殖	生产条件差	加强生产的基本建设，发展旅游事业	2.40	3.08

来源：秦皇岛市国土资源，1996。

1. 山地棕壤林牧区

位于北部山区，包括青龙满族自治县八道河、马圈子、大石岭、干沟、三星口、凤凰山、龙王庙、安子岭、祖山及海港区驻操营等乡镇。总面积16.80万公顷（252.0万亩），占全市总面积的21.59%。主要土类为棕壤。

此区为中低山区，山峰耸立，沟谷交织，雨量充沛，气温偏低。岩石以花岗岩、片麻岩为主。土壤母质以残坡积物和洪积物为主，植被以油松、橡树、栎树、山杨为主，山杏分布面积较大。土壤有机质和全氮、全磷、全钾含量较高。区内耕地较少，仅2.63万公顷（39.45万亩），占此区总面积的15.6%，水土流失严重。土层薄，一般在5～20厘米。由于长期毁林垦荒，生态环境受到较严重破坏。

2. 低山丘陵粗骨土、褐土、棕壤林果牧区

位于长城南北两侧，包括青龙满族自治县中南部和抚宁区、海港区、卢龙县北部的乡镇。总面积 25.40 万公顷（381.0 万亩），占全市总面积的 32.65%。主要土壤类型为褐土 6.99 万公顷（104.85 万亩）、粗骨土 8.93 万公顷（133.95 万亩）、棕壤 9.49 万公顷（142.35 万亩）。

此区地形为低山丘陵，山丘起伏，盆地、沟谷密布。主要岩石为花岗岩、片麻岩、石灰岩、白云岩。土壤母质以残坡积物和洪冲积物为主。主要植被为油松、栎树、橡、榆等乔木和酸枣、荆条、胡枝子等灌木。

区内地形复杂，土地资源丰富，降水充沛。但植被稀疏，水土流失严重，春旱、暴雨、冰雹、大风灾害严重。土壤质地较差，养分含量较低，灌溉条件较差。

3. 丘陵褐土旱作杂粗果树区

位于长城以南、老京山铁路以北条形区域，包括卢龙县绝大部分、抚宁区北部和海港区北部。面积 14.47 万公顷（217.05 万亩），占全市总面积的 18.75%。区内地形主要为丘陵岗地，土壤皆为褐土。

此区缓坡起伏，土层薄厚不一，丘陵顶部可薄至几厘米，低处可厚至数十米。植被以农作物为主，只有岗顶、坡坝有杨、柳、榆、刺槐、酸枣、荆条生长。果树以苹果、梨、桃为主。主要作物为玉米、甘薯、高粱、豆类，水源好的地方有小麦种植。

此区土层较厚，土壤质地适中，耕性良好，气温适宜，积温较高，但春旱严重，土壤养分含量偏低。

4. 盆地、平原潮褐土、潮土灌溉培育粮、油、菜高产区

位于老京山铁路两侧，包括昌黎县大部、抚宁区东南部、卢龙县南部、秦皇岛市区全部，总面积 18.73 万公顷（281 万亩），占全市总面积的 24.1%。主要土壤为潮褐土、潮土和盐化潮土，其中潮土占 70%，褐土占 30%。

区内为山麓平原和河流冲积平原，地势平坦，海拔在 5 ～ 20 米。雨量适中，积温较高，水土条件优越，水源丰富，交通发达，城镇密集，工业发达。是以玉米、水稻、小麦为主的粮食作物高产区。

5. 滨海潮土、盐土养殖防护林区

位于南部沿海。包括昌黎县茹荷、大滩（1988 年并入茹荷乡）、刘台庄、田上庄（1988 年并入刘台庄镇）、团林、赤洋口（1988 年并入团林乡）、大蒲河及抚宁县西河南（已并入留守营镇）等乡镇。面积 2.4 万公顷（36.0 万亩），占全市总面积的 3.08%。土壤为潮土和滨海盐土。

区内地势低洼，受海水影响，土壤含盐量较高。植被中草本植物以黄花苜蓿、白茅、马绊草、芦苇为主；木本以刺槐、杨柳、紫穗槐为主；农作物主要是水稻、高粱。

区内荒地资源多，水面较大，宜垦荒种植水稻和发展海水养殖。

第七章

陆生植物与动物

植物、动物是秦皇岛市生态系统的重要组成部分，占有重要的地位。其种类的多样性可以提高生态系统的稳定性，同时是人类生存发展的基础。植物和动物是珍贵的自然资源，是人类的宝贵财富。植物和动物不仅给人类提供生存保障，而且给人类提供工业（如食品工业、医药工业等）发展的原料。

复杂的地质地貌条件造就秦皇岛市的生境类型丰富，生物多样性比较丰富。秦皇岛市地处华北、东北、蒙新三大植物区之间，植物区系属于泛北极植物区的中国—日本植物亚区，是第三纪植物区系的直接后代。在植物区系中，以菊科、禾本科、蔷薇科、豆科植物为主，具有典型的暖温带植物区系特点。植被类型以针叶林、落叶阔叶林、灌丛、灌草丛、盐生草甸、水生植被、栽培植被为主，由北而南，由高而低，具有典型的垂直地带性分布特点。从植被分布看，可以划分为北部中低山针叶阔叶林区、长城沿线针阔叶混交林区、丘陵平原栽培植被区、滨海落叶阔叶林盐砂生植被区。

秦皇岛市按动物区系分，属季风区耐湿动物群，按生态地理动物群原则划分，属温带森林—森林草原农田动物群，动物区系可划分为3个亚群，即冀北山地丘陵针叶落叶阔叶林动物群、平原农田动物群、滨海平原盐生植被动物群。动物流动性较大，各动物群间相互渗透，但区间又有明显的差异。秦皇岛市处东北亚与东亚过渡地带，是迁徙动物途经地与停留地，尤其是候鸟的迁徙必经地，这就进一步丰富了境内的动物资源。

第一节　陆生植物

一、陆域植物区系

1. 陆域植物种类

秦皇岛市植物种类，明弘治十四年（1501年）《永平府志·土产》记载：树木有椿、槐、榆、柳、桑、松、柏、椴、楸、杨；药材有黄精、柴胡、黄芩、桔梗、苍术（图7-1）、天花粉、防风、知母、麻黄、地黄（图7-2）、芍药、藏灵仙、甘草、牵牛、皂角、紫苏、木通、天南星、大黄、苦参、荆芥、半夏、升麻、地骨皮。清光绪五年（1879年）《水平府志），树木增记桧、柘、楮（一名谷桑）、柽、白杨、橡、杜、梅、樗、孛罗木（橡属）；药材超过百种；花卉有牡丹、芍药、海棠（有西府、贴梗、垂丝、四季数种，西府尤其鲜艳）、秋海棠（有红、白两色）等近60种。有据可查的最早植物标本记录是清光绪三十三年(1907年）Y.Yabe s.n. 在山海关的采集记录（图7-3）。之后，又有大批国内外科学家到秦皇岛，开展植物调查和研究。目前已知的高等植物共有1 360种，分属于3门138科422属，

图7-1　苍术

以菊科、禾本科、蔷薇科、豆科、萝科、唇形科、莎草科、百合科、毛茛科、大戟科、葡萄科、玄参科、伞形科、藜科、旋花科、杨柳科为主（表 7-1），具有北温带植物区系的特点。由北到南、由高而低，具有典型的垂直地带性分异特点。青龙祖山、都山森林线以上的平缓顶部植被为亚高山杂草草甸，优势种群为地榆和龙牙草；北部山地丘陵地区植被有油松林、针叶阔叶混交林、阔叶林，优势种群为油松、蒙古栎、白桦、山杨、天女木兰；北部低山丘陵和山麓平原、低山丘陵植被以灌草丛和次生林为主，代表植物为栓皮栎、油松、酸枣、荆条、黄背草、白羊草；滨海洼地、沼泽区域植被主要有芦苇、香蒲、荆三棱；滨海沿岸为盐生植被，代表植物有盐地碱蓬、盐蒿、獐茅、二色补血草、柽柳；河流两侧、滨海沿岸分布着一些沙生植物，代表植物为矮生苔草、砂钻苔草（筛草）、砂引草。

图 7-2　地黄

图 7-3　沙滩黄芩（右为标本，1907 年制作）

表 7-1　秦皇岛市主要陆域植物一览表（表跨页）

门	科	属	种	拉丁文学名
裸子植物门	银杏科 Ginkgoaceae	银杏属	银杏（公孙树、白果）	*Ginkgo biloba*
	松科 Pinaceae	云杉属	白扦	*Picea meyeri*
			青扦	*Picea wilsonii*
			云杉（罗汉松）	*Picea asperata*
		落叶松属	华北落叶松	*Larix principis-rupprechtii*
		雪松属	雪松	*Cedrus deodara*
		松属	白皮松（虎皮松）	*Pinus bungeana*
			黑松	*Pinus thunbergii*
			油松（短叶松）	*Pinus tabulaeformis*
			红松（果松）	*Pinus koraiensis*
			樟子松	*Pinus sylvestris* var. *mongolica*
			华山松	*Pinus armandii*
		冷杉属	冷杉	*Abies fabri*

门	科	属	种	拉丁文学名
裸子植物门	杉科 Taxodiaceae	水杉属	水杉	*Metasequoia glyptostroboides*
	柏科 Cupressaceae	侧柏属	侧柏（扁柏）	*Platycladus orientalis*
		扁柏属	线柏	*Chamaecyparis pisifera* cv. *Filifera*
		圆柏属	圆柏（桧柏）	*Sabina chinensis*
			塔柏	*Sabina chinensis* var. *chinensis* cv. *Pyramidalis*
			龙柏（龙松）	*Sabina chinensis* var. *chinensis* cv. *Kaizuca*
			偃柏	*Sabina chinensis* var. *sargentii*
被子植物门	杨柳科 Salicaceae	杨属	毛白杨（响杨）	*Populus tomentosa*
			加杨	*Populus* × *canadensis*
			小叶杨	*Populus simonii*
			青杨	*Populus cathayana*
			新疆杨	*Populus alba* var. *pyramdalis*
			箭杆杨（电杆杨）	*Populus nigra* var. *thevestina*
			银白杨	*Populus alba*
			钻天杨	*Populus nigra* var. *italica*
			山杨	*Populus davidiana*
			大叶杨	*Populus lasiocarpa*
			北京杨	*Populus* × *beijingensis*
			梧桐杨	*Populus pseudomaximowiczii*
		柳属	垂柳	*Salix babylonica*
			旱柳	*Salix matsudana*
			龙爪柳	*Salix matsudana* var. *matsudana* f. *tortuosa*
			馒头柳	*Salix matsudana* var. *matsudana* f. *umbraculifera*
			山柳	*Salix pseudotangii*
	杨梅科 Myricaceae	杨梅属	杨梅（珠红）	*Myrica rubra*
	胡桃科 Juglandaceae	胡桃属	胡桃（核桃）	*Juglans regia*
			胡桃楸（山核桃）	*Juglans mandshurica*
			麻核桃	*Juglans hopeiensis*
		枫杨属	枫杨	*Pterocarya stenoptera*
			水胡桃	*Pterocarya rhoifolia*
	桦木科 Betulaceae	桦木属	白桦（桦木）	*Betula platyphylla*
			坚桦（杵榆）	*Betula chinensis*
			黑桦（棘皮桦）	*Betula dahurica*
			垂枝桦	*Betula pendula*
			红桦	*Betula albo-sinensis*
		榛属	榛（榛子）	*Corylus heterophylla*

门	科	属	种	拉丁文学名
被子植物门	桦木科 Betulaceae	虎榛子属	虎榛子（虎榛）	*Ostryopsis davidiana*
		千金榆属	鹅耳枥（牛筋子）	*Carpinus turczaninowii*
	壳斗科 Fagaceae	栗属	板栗（茅栗子）	*Castanea mollissima*
		栎属	槲栎（大叶橡）	*Quercus aliena*
			麻栎	*Quercus acutissima*
			蒙古栎（小叶槲树）	*Quercus mongolica*
			辽东栎（小叶青冈）	*Quercus wutaishanica*
			栓皮栎（软木栎）	*Quercus variabilis*
			河北栎	*Quercus ×hopeiensis*
			柞栎（橡树）	*Quercus denlata*
	榆科 Ulmaceae	榆属	榆（家榆）	*Ulmus pumila*
			光秃大果榆	*Ulmus macrocarpa* var. *glabra*
			黑榆（春榆）	*Ulmus davidiana*
			榔榆（秋榆）	*Ulmus parvifolia*
		榉树属	大叶榉	*Zelkova schneideriana*
		朴属	小叶朴	*Celtis bungeana*
		刺榆属	刺榆	*Hemiptelea davidii*
		青檀属	青檀	*Pteroceltis tatarinowii*
	桑科 Moraceae	桑属	桑树（家桑）	*Morus alba*
			蒙桑（刺叶桑、崖桑）	*Morus mongolica*
			华桑	*Morus cathayana*
		构属	构树（楮树）	*Broussonetia papyrifera*
		葎草属	葎草	*Humulus scandens*
		大麻属属	大麻	*Cannabis sativa*
		榕属	无花果	*Ficus carica*
	小檗科 Berberidaceae	小檗属	黄芦木	*Berberis amurensis*
			细叶小檗（针雀）	*Berberis poiretii*
	芍药科 Paeoniaceae	芍药属	芍药	*Paeonia lactiflora*
			草芍药	*Paeonia obovata*
	虎耳草科 Saxifragaceae	山梅花属	山梅花	*Philadelphus incanus*
			太平花（白花结）	*Philadelphus pekinensi*
		溲疏属	大花溲疏	*Deutzia grandiflora*
			小花溲疏	*Deutzia parviflora*
		绣球属	绣球（八仙花）	*Hydrangea macrophylla*
		茶藨子属	东北茶藨子（东北醋栗）	*Ribes mandshuricum*
		梅花草属	多枝梅花草（梅花草）	*Parnassia palustris* var. *multiseta*
	杜仲科 Eucommiaceae	杜仲属	杜仲	*Eucommia ulmoides*
	悬铃木科 Platanaceae	悬铃木属	三球悬铃木（法国梧桐）	*Platanus orientalis*

门	科	属	种	拉丁文学名
被子植物门	蔷薇科 Rosaceae	绣线菊属	绣线菊（柳叶绣线菊）	*Spiraea salicifolia*
			三裂绣线菊（三桠绣线菊）	*Spiraea trilobata*
			绣球绣线菊	*Spiraea blumei*
			华北绣线菊小叶变种	*Spiraea fritschiana* var. *parvifolia*
			曲萼绣线菊	*Spiraea flexuosa*
		珍珠梅属	珍珠梅	*Sorbaria sorbifolia*
		白鹃梅属	白鹃梅（金瓜果）	*Exochorda racemosa*
		山楂属	山楂（山里红）	*Crataegus pinnatifida*
			野山楂（红果子）	*Crataegus cuneate*
		花楸属	水榆花楸（千筋树）	*Sorbus alnifolia*
		木瓜属	皱皮木瓜（贴梗木瓜）	*Chaenomeles speciosa*
		苹果属	苹果	*Malus pumila*
			西府海棠（小果海棠）	*Malus micromalus*
			山荆子	*Malus boccata*
		梨属	河北梨	*Pyrus hopeiensis*
			白梨	*Pyrus bretschneideri*
			杜梨	*Pyrus betulifolia*
		蔷薇属	蔷薇	*Rosa multifolora*
			山刺玫	*Rosa davurica*
			玫瑰	*Rosa rugosa*
			月季	*Rosa chinensis*
			黄刺玫	*Rosa xanthina*
			长白蔷薇	*Rosa koreana*
			伞花蔷薇（散花蔷薇）	*Rosa maximowicziana*
			野蔷薇（多花蔷薇）	*Rosa multiflora*
		鸡麻属	鸡麻	*Rhodotypos scandens*
		棣棠花属	棣棠花（棣棠）	*Kerria japonica*
		桃属	桃	*Amygdalus persica*
			山桃	*Amygdalus davidiana*
			榆叶梅	*Amygdalus triloba*
		杏属	杏	*Armeniaca vulgaris*
			山杏	*Armeniaca sibirica*
		李属	李	*Prunus salicina*
		樱属	樱桃	*Cerasus pseudocerasus*
			毛樱桃（山樱桃）	*Cerasus tomentosa*
			微毛樱桃	*Cerasus clarofolia*
			东京樱花（日本樱花）	*Cerasus yedoensis*
			欧李	*Cerasus humilis*
			郁李	*Cerasus japonica*

门	科	属	种	拉丁文学名
被子植物门	蔷薇科 Rosaceae	樱属	山莓（悬钩子）	*Rubus corchorifolius*
			毛叶悬钩子	*Rubus poliophyllus*
		地榆属	地榆	*Sanguisorba officinalis*
		风箱果属	风箱果	*Physocarpus amurensis*
		龙牙草属	龙牙草	*Agrimonia pilosa*
		委陵菜属	委陵菜	*Potentilla chinensis*
			朝天委陵菜	*Potentilla supina*
			匍枝委陵菜	*Potentilla flagellaris*
			匍匐委陵菜	*Potentilla reptans*
			翻白草	*Potentilla discolor*
			钩叶委陵菜	*Potentilla ancistrifolia*
			鹅绒委陵菜	*Potentilla anserine*
			莓叶委陵菜	*Potentilla fragarioides*
	豆科 Leguminosae	合欢属	合欢（绒花树）	*Albizia julibrissin*
			山槐	*Albizia kalkora*
		紫荆属	紫荆（紫株）	*Cercis chinensis*
		皂荚属	皂荚（皂角）	*Gleditsia sinensis*
			山皂荚（日本皂角）	*Gleditsia japonica*
		刺槐属	刺槐（洋槐、德国槐）	*Robinia pseudoacacia*
		槐属	槐树（国槐）	*Sophora japonica*
			龙爪槐（倒栽槐）	*Sophora japonica* var. *japonica* f. *pendula*
		紫穗槐属	紫穗槐	*Amorpha fruticosa*
		紫藤属	紫藤（藤萝）	*Wisteria sinensis*
		决明属	豆茶决明	*Cassia nomame*
			决明（假绿豆）	*Cassia tora*
		米口袋属	米口袋	*Gueldenstaedtia verna* subsp. *multiflora*
		草木樨属	草木樨	*Melilotus suaveolens*
			白花草木樨	*Melilotus albus*
			细齿草木樨	*Melilotus dentata*
		苜蓿属	紫苜蓿	*Medicago sativa*
			天蓝苜蓿	*Medicago lupulina*
		胡枝子属	多花胡枝子	*Lespedeza floribunda*
			达乌里胡枝子	*Lespedeza davurica*
			中华胡枝子	*Lespedeza chinensis*
			胡枝子	*Lespedeza bicolor*
			细梗胡枝子	*Lespedeza virgata*
			美丽胡枝子	*Lespedeza formosa*
			兴安胡枝子	*Lespedeza daurica*

门	科	属	种	拉丁文学名
被子植物门	豆科 Leguminosae	胡枝子属	山豆花	*Lespedeza tomentosa*
			截叶铁扫帚	*Lespedeza cuneata*
			牛枝子	*Lespedeza potaninii*
		马鞍树属	朝鲜槐	*Maackia amurensis*
		豇豆属	贼小豆	*Vigna minima*
		两型豆属	两型豆	*Amphicarpaea edgeworthii*
		葛属	野葛	*Pueraria lobata*
		杭子梢属	杭子梢	*Campylotropis macrocarpa*
		野豌豆属	歪头菜	*Vicia unijuga*
			广布野豌豆	*Vicia cracca*
			山野豌豆	*Vicia amoena*
			长柔毛野豌豆（毛叶苕子）	*Vicia villosa*
		山黧豆属	山黧豆	*Lathyrus quinquenervius*
			香豌豆	*Lathyrus odoratus*
		两型豆属	三籽两型豆	*Amphicarpaea edgeworthii*
		黄耆属	黄耆（黄芪）	*Astragalus membranaceus*
			达乌里黄耆（达乌里黄芪）	*Astragalus dahuricus*
			沙打旺（直立黄芪）	*Astragalus adsurgens*
			糙叶黄芪	*Astragalus scaberrimus*
		鸡眼草属	鸡眼草	*Kummerowia striata*
		木蓝属	花木蓝	*Indigofera kirilowii*
			铁扫帚	*Inddigofera bungeana*
		锦鸡儿属	锦鸡儿	*Caragana sinica*
			小叶锦鸡儿	*Caragana microphylla*
			野大豆	*Glycine soja*
		棘豆属	硬毛棘豆	*Oxytropis fetisowi*
			山泡泡（薄叶棘豆）	*Oxytropis leptophylla*
		甘草属	甘草	*Glycyrrhiza uralensis*
	芸香科 Rutaceae	花椒属	花椒	*Zanthoxylum bungeanum*
			簕欓花椒	*Zanthoxylum avicennae*
			青花椒（崖椒）	*Zanthoxylum schinifolium*
		黄檗属	黄檗（黄菠萝）	*Phellodendron amurense*
		白鲜属	白鲜	*Dictamnus dasycarpus*
	苦木科 Simaroubaceae	臭椿属	臭椿（椿树）	*Ailanthus altissima*
	楝科 Meliaceae	香椿属	香椿	*Toona sinensis*
	大戟科 Euphorbiaceae	雀舌木属	雀儿舌头（黑钩叶）	*Leptopus chinensis*
		大戟属	大戟	*Euphorbia pekinensis*
			乳浆大戟（猫眼草）	*Euphorbia esula*

门	科	属	种	拉丁文学名
被子植物门	大戟科 Euphorbiaceae	大戟属	地锦草	*Euphorbia humifusa*
			狼毒大戟	*Euphorbia fischeriana*
		铁苋菜属	铁苋菜	*Acalypha australis*
		叶下珠属	叶下珠	*Phyllanthus urinaria*
			黄珠子草（细叶油树）	*Phyllanthus virgatus*
	黄杨科 Buxaceae	黄杨属	黄杨（万年青）	*Buxus sinica*
	漆树科 Anacardiaceae	漆属	漆树	*Toxicodendron vernicifluum*
		盐肤木属	盐肤木（五倍子树）	*Rhus chinensis*
		黄栌属	黄栌（红叶）	*Cotinus coggygria*
	冬青科 Aquifoliaceae	冬青属	冬青	*Ilex chinensis*
	卫矛科 Celastraceae	卫矛属	卫矛（鬼箭羽）	*Euonymus alatus*
			合欢卫矛	*Euonymus bungeanus*
			冬青卫矛（大叶黄杨）	*Euonymus japonicus*
		南蛇藤属	南蛇藤（南蛇风）	*Celastrus orbiculatus*
			刺苞南蛇藤	*Celastrus flagellaris*
	槭树科 Aceraceae	槭属	元宝槭	*Acer truncatum*
			三角槭	*Acer buergerianum*
			色木槭	*Acer mono*
			梣叶槭（复叶槭）	*Acer negundo*
	七叶树科 Hippocastanaceae	七叶树属	七叶树（娑罗子）	*Aesculus chinensis*
	无患子科 Sapindaceae	栾树属	栾树（木栾）	*Koelreuteria paniculata*
		文冠果属	文冠果	*Xanthoceras sorbifolium*
	鼠李科 Rhamnaceae	鼠李属	小叶鼠李	*Rhamnus parvifolia*
			鼠李	*Rhamnus davurica*
			朝鲜鼠李	*Rhamnus koraiensis*
		枣属	枣	*Ziziphus jujuba*
			酸枣	*Ziziphus jujuba* var. *spinosa*
	葡萄科 Vitaceae	葡萄属	葡萄	*Vitis vinifera*
			山葡萄（野葡萄）	*Vitis amurensis*
		地锦属	地锦（爬山虎）	*Euphorbia humifusa*
	椴树科 Tiliaceae	椴树属	辽椴（大叶椴）	*Tilia mandshurica*
			紫椴（小叶椴）	*Tilia amurensis*
			蒙椴（蒙古椴）	*Tilia mongolica*
		扁担杆属	扁担木	*Grewia biloba* var. *parviflora*
	锦葵科 Malvaceae	木槿属	木槿	*Hibiscus syriacus*
			野西瓜苗	*Hibiscus trionum*
	梧桐科 Sterculiaceae	梧桐属	梧桐（青桐）	*Firmiana platanifolia*

门	科	属	种	拉丁文学名
被子植物门	猕猴桃 Actinidiaceae	猕猴桃属	中华猕猴桃	*Actinidia chinensis*
			软枣猕猴桃	*Actinidia arguta*
	柽柳科 Tamaricaceae	柽柳属	柽柳（三春柳）	*Tamarix chinensis*
	胡颓子科 Elaeagnaceae	胡颓子属	沙枣（桂香柳）	*Elaeagnus angustifolia*
	千屈菜科 Lythraceae	紫薇属	紫薇（百日红）	*Lagerstroemia indica*
			银薇	*Lagerstroemia indica* f. *alba*
		千屈菜属	千屈菜	*Lythrum salicaria*
	五加科 Araliaceae	人参属	人参	*Panax ginseng*
		五加属	刺五加	*Acanthopanax senticosus*
			无梗五加	*Acanthopanax sessiliflorus*
		刺楸属	刺楸（棘楸）	*Kalopanax septemlobus*
	山茱萸科 Cornaceae	山茱萸属	山茱萸（萸肉）	*Cornus officinalis*
	杜鹃科 Ericaceae	杜鹃属	照山白（白镜子）	*Rhododendron micranthum*
			杜鹃（映山红）	*Rhododendron simsii*
	柿树科 Ebenaceae	柿属	柿树	*Diospyros kaki*
			君迁子（黑枣）	*Diospyros lotus*
	木犀科 Oleaceae	梣属	水曲柳	*Fraxinus mandschurica*
			白腊树	*Fraxinus chinensis*
			小叶梣（小叶白蜡）	*Fraxinus bungeana*
			花曲柳（大叶白蜡）	*Fraxinus rhynchophylla*
		连翘属	连翘（绶带）	*Forsythia suspensa*
		丁香属	紫丁香	*Syringa oblata*
			白丁香	*Syringa oblata* var. *alba*
			暴马丁香（荷花丁香）	*Syringa reticulata* var. *amurensis*
		流苏属	流苏树（茶叶树）	*Chionanthus retusus*
		女贞属	小叶女贞（小白蜡树）	*Ligustrum quihoui*
		茉莉属	迎春花（金腰带）	*Jasminum nudiflorum*
	萝藦科 Asclepiadaceae	杠柳属	杠柳（北五加皮）	*Periploca sepium*
		鹅绒藤属	鹅绒藤	*Cynanchum chinense*
			紫花合掌消	*Cynanchum amplexicaule* var. *castaneum*
			合掌消（合掌草）	*Cynanchum amplexicaule*
			牛皮消	*Cynanchum auriculatum*
			地梢瓜	*Cynanchum thesioides*
			变色白前	*Cynanchum versicolor*
			白薇	*Cynanchum atratum*
			华北白前	*Cynanchum hancockianum*
			徐长卿	*Cynanchum paniculatum*

门	科	属	种	拉丁文学名
被子植物门	萝藦科 Asclepiadaceae	萝藦属	萝藦	*Metaplexis japonica*
	马鞭草科 Verbenaceae	牡荆属	荆条	*Vitex negundo* var. *heterophylla*
	茄科 Solanaceae	枸杞属	枸杞（枸杞子）	*Lycium chinense*
		茄属	龙葵	*Solanum nigrum*
		散血丹属	华北散血丹	*Physaliastrum sinicum*
		曼陀罗属	曼陀罗	*Datura stramonium*
		酸浆属	酸浆	*Physalis alkekengi*
	玄参科 Scrophulariaceae	泡桐属	白花泡桐	*Paulownia fortunei*
			毛泡桐	*Paulownia tomentosa*
		玄参属	北玄参	*Scrophularia buergeriana*
		地黄属	地黄	*Rehmannia glutinosa*
		阴形草属	阴形草	*Siphonostegia chinensis*
		柳穿鱼属	柳穿鱼	*Linaria vulgaris* subsp. *sinensis*
		山罗花属	山罗花	*Melampyrum roseum*
		松蒿属	松蒿（小盐灶草）	*Phtheirospermum japonicum*
		通泉草属	通泉草	*Mazus japonicus*
			弹刀子菜	*Mazus stachydifolius*
		婆婆纳属	水苦荬	*Veronica undulata*
			细叶婆婆纳	*Veronica linariifolia*
			北水苦荬（水菠菜）	*Veronica anagallisaquatica*
		马先蒿属	马先蒿	*Pedicularis resupinata*
	紫葳科 Bignoniaceae	梓属	梓树	*Catalpa ovata*
			黄金树	*Catalpa speciosa*
		凌霄属	凌霄（凌霄花）	*Campsis grandiflora*
		角蒿属	角蒿	*Incarvillea sinensis*
	忍冬科 Caprifoliaceae	六道木属	六道木	*Abelia biflora*
		接骨木属	接骨木（公道老）	*Sambucus williamsii*
		荚蒾属	蒙古荚蒾	*Viburnum mongolicum*
		忍冬属	忍冬（金银花）	*Lonicera japonica*
			金银木（金银忍冬）	*Lonicera maackii*
		锦带花属	锦带花	*Weigela florida*
	禾本科 Gramineae	刚竹属	毛竹（南竹）	*Phyllostachys edulis*
		獐毛属	獐毛（马绊草）	*Aeluropus sinensis*
		隐子草属	中华隐子草	*Cleistogenes chinensis*
			糙隐子草	*Cleistogenes squarrosa*
			多叶隐子草	*Cleistogenes polyphylla*
		油芒属	大油芒	*Spodiopogon sibiricus*

门	科	属	种	拉丁文学名
被子植物门	禾本科 Gramineae	芦苇属	芦苇	*Phragmites australis*
			日本苇	*Phragmites japonica*
		画眉草属	画眉草	*Eragrostis pilosa*
			知风草	*Eragrostis ferruginea*
		䅟属	牛筋草（蟋蟀草）	*Eleusine indica*
		早熟禾属	早熟禾	*Poa annua*
			硬质早熟禾	*Poa sphondylodes*
			林地早熟禾	*Poa nemoralis*
			细叶早熟禾	*Poa angustifolia*
			散穗早熟禾	*Poa subfastigiata*
		鹅观草属	鹅观草（鹅冠草）	*Roegneria kamoji*
			纤毛鹅冠草	*Roegneria ciliaris*
			直穗鹅观草	*Roegneria gmelinii*
		野黍属	野黍	*Eriochloa villosa*
		草沙蚕属	中华草沙蚕	*Tripogon chinensis*
		牛鞭草属	牛鞭草	*Hemarthria altissima*
		结缕草属	结缕草	*Zoysia japonica*
		剪股颖属	巨序剪股颖（小糠草）	*Agrostis gigantea*
		羊茅属	羊茅	*Festuca ovina*
		双稃草属	双稃草	*Diplachne fusca*
		野青茅属	野青茅	*Deyeuxia arundinacea*
		狗尾草属	狗尾草	*Setaria viridis*
			金色狗尾草	*Setaria glauca*
			紫穗狗尾草	*Setaria viridis*
		白茅属	白茅	*Imperata cylindrica*
		荻属	荻	*Triarrhena sacchariflora*
		野古草属	野古草	*Arundinella anomala*
		孔颖草属	白羊草	*Bothriochloa ischaemum*
		锋芒草属	虱子草	*Tragus berteronianus*
		披碱草属	披碱草	*Elymus dahuricus*
			垂穗披碱草	*Elymus nutans*
			老芒麦	*Elymus sibiricus*
		赖草属	赖草	*Leymus secalinus*
		雀麦属	雀麦	*Bromus japonicus*
			无芒雀麦	*Bromus inermis*
		落草属	落草	*Koeleria cristata*
		针茅属	狼针草（贝加尔针茅）	*Stipa baicalensis*
		碱茅属	碱茅	*Puccinellia distans*
		狗牙根属	狗牙根	*Cynodon dactylon*

门	科	属	种	拉丁文学名
被子植物门	禾本科 Gramineae	雀稗属	双穗雀稗	*Paspalum paspaloides*
		三芒草属	三芒草	*Aristida adscensionis*
		龙常草属	龙常草	*Diarrhena mandshurica*
		芨芨草属	芨芨草	*Achnatherum splendens*
		臭草属	臭草	*Melica scabrosa*
		莠竹属	莠竹	*Microstegium nodosum*
		虎尾草属	虎尾草	*Chloris virgata*
		菅属	黄背草	*Themeda japonica*
		稗属	稗	*Echinochloa crusgalli*
		荩草属	荩草	*Arthraxon hispidus*
		马唐属	马唐	*Digitaria sanguinalis*
		狼尾草属	狼尾草	*Pennisetum alopecuroides*
		细柄草属	细柄草	*Capillipedium parviflorum*
		裂稃草属	裂稃草	*Schizachyrium brevifolium*
		大麦属	芒颖大麦草	*Hordeum jubatum*
		蒺藜草属	光梗蒺藜草	*Cenchrus calyculatus*
	菊科 Compositae	旋覆花属	旋覆花	*Inula japonica*
			条叶旋覆花	*Inula linariifolia*
		菊属	野菊	*Dendranthema indicum*
			紫花野菊	*Dendranthema zawadskii*
			小红菊	*Dendranthema chanetii*
		碱菀属	碱菀	*Tripolium vulgare*
		马兰属	山马兰	*Kalimeris lautureana*
		狗娃花属	狗娃花	*Heteropappus hispidus*
			阿尔泰狗娃花	*Heteropappus altaicus*
		紫菀属	紫菀	*Aster tataricus*
		款冬属	款冬	*Tussilago farfara*
		蟹甲草属	披针叶山尖子	*Parasenecio lancifolius*
		顶羽菊属	顶羽菊	*Acroptilon repens*
		鬼针草属	婆婆针（鬼针草）	*Bidens bipinnata*
			小花鬼针草	*Bidens parviflora*
			狼把草	*Bidens tripartita*
			大狼杷草（接力草）	*Bidens frondosa*
		鳢肠属	鳢肠	*Eclipta prostrata*
		豚草属	豚草	*Ambrosia artemisiifolia*
		泥胡菜属	泥胡菜	*Hemistepta lyrata*
		苍术属	苍术	*Atractylodes lancea*
			北苍术	*Atractylodes chinensis*
		香青属	铃铃香青	*Anaphalis hancockii*

门	科	属	种	拉丁文学名
被子植物门	菊科 Compositae	大丁草属	大丁草	*Gerbera anandria*
		蚂蚱腿子属	蚂蚱腿子	*Myripnois dioica*
		火绒草属	火绒草	*Leontopodium leontopodioides*
		东风菜属	东风菜	*Doellingeria scabra*
		白酒草属	小白酒草	*Conyza canadensis*
		蒿属	青蒿	*Artemisia carvifolia*
			南牡蒿	*Artemisia eriopoda*
			猪毛蒿	*Artemisia scoparia*
			歧茎蒿	*Artemisia igniaria*
			沙蒿	*Artemisia desertorum*
			牡蒿	*Artemisia japonica*
			茵陈蒿	*Artemisia capillaris*
			黄花蒿	*Artemisia annua*
			艾蒿	*Artemisia argyi*
			野艾蒿	*Artemisia lavandulaefolia*
			阴地蒿	*Artemisia sylvatica*
			万年蒿（铁杆蒿）	*Artemisia sacrorum*
			狭裂白蒿（白蒿）	*Artemisia kanashiroi*
		漏芦属	漏芦（祁州漏芦）	*Stemmacantha uniflora*
		风毛菊属	风毛菊	*Saussurea japonica*
			银背风毛菊	*Saussurea nivea*
			东北风毛菊	*Saussurea manshurica*
			蓖苞风毛菊	*Saussurea pectinata*
			蒙古风毛菊（华北风毛菊）	*Saussurea mongolica*
		苍耳属	苍耳	*Xanthium sibiricum*
			意大利苍耳	*Xanthium strumarium* subsp. *italicum*
			西方苍耳	*Xanthium occidentale*
		蓟属	刺儿菜	*Cirsium setosum*
			大蓟	*Cirsium japonicum*
		刺儿菜属	大刺儿菜	*Cephalanoplos setosum*
		泽兰属	佩兰（尖佩兰）	*Eupatorium fortunei*
		牛膝菊属	辣子草	*Galinsoga parviflora*
		飞廉属	飞廉	*Carduus nutans*
		天名精属	烟管头草	*Carpesium cernuum*
		蒲公英属	蒲公英	*Taraxacum mongolicum*
			华蒲公英	*Taraxacum borealisinense*
			白缘蒲公英（白膜蒲公英）	*Taraxacum platypecidum*
		苦苣菜属	苦苣菜	*Sonchus oleraceus*
		山莴苣属	山莴苣（北山莴苣）	*Lagedium sibiricum*

门	科	属	种	拉丁文学名
被子植物门	菊科 Compositae	山莴苣属	翼柄山莴苣	*Lagedium triangulata*
			毛脉山莴苣	*Lagedium raddeana*
		鸦葱属	鸦葱	*Scorzonera austriaca*
			蒙古鸦葱	*Scorzonera mongolica*
		苦买菜属	苦荬菜	*Ixeris polycephala*
			山苦荬	*Ixeris chinensis*
			抱茎苦荬菜	*Ixeris sonchifolia*
			匍匐苦荬菜	*Ixeris repens*
			剪刀股	*Ixeris japonica*
		金光菊属	金光菊（太阳花）	*Rudbeckia laciniata*
		兔儿伞属	兔儿伞（雷骨散）	*Syneilesis aconitifolia*
		牛蒡属	牛蒡（恶实、大力子）	*Arctium lappa*
		千里光属	黄菀	*Senecio nemoresis*
			羽叶千里光	*Senecio argunensis*
			欧洲千里光（欧洲黄菀）	*Senecio vulgaris*
		百日菊属	多花百日菊（疏花百日草）	*Zinnia peruviana*
		豨莶属	豨莶	*Siegesbeckia orientalis*
		毛连菜属	日本毛连菜	*Picris japonica*
		假还阳参属	少花假还阳参	*Crepidiastrum chelidoniifolium*
	荨麻科 Urticaceae	苎麻属	细野麻	*Boehmeria gracilis*
	马兜铃科 Aristolochiaceae	马兜铃属	马兜铃	*Aristolochia debilis*
	藜科 Chenopodiaceae	藜属	藜（灰菜）	*Chenopodium album*
			灰绿藜（碱灰菜）	*Chenopodium glaucum*
			刺藜	*Chenopodium aristatum*
			小藜	*Chenopodium serotinum*
		地肤属	地肤（扫帚菜）	*Kochia scoparia*
		沙蓬属	沙蓬	*Agriophyllum squarrosum*
		碱蓬属	灰绿碱蓬（碱蓬）	*Suaeda glauca*
			盐地碱蓬（翅碱蓬）	*Suaeda salsa*
		猪毛菜属	猪毛菜	*Salsola collina*
			无翅猪毛菜	*Salsola komarovii*
	苋科 Amaranthaceae	苋属	苋	*Amaranthus tricolor*
			皱果苋（绿苋）	*Amaranthus viridis*
	马齿苋科 Portulacaceae	马齿苋属	马齿苋（马齿菜）	*Portulaca oleracea*
	蓼科 Polygonaceae	蓼属	萹蓄（乌蓼、扁竹）	*Polygonum aviculare*
			红蓼（东方蓼）	*Polygonum orientale*
			酸模叶蓼	*Polygonum lapathifolium*

门	科	属	种	拉丁文学名
被子植物门	蓼科 Polygonaceae	蓼属	两栖蓼	*Polygonum amphibium*
			水蓼（辣蓼）	*Polygonum hydropiper*
			柳叶刺蓼（蚂蚱腿）	*Polygonum bungeanum*
			箭叶蓼	*Polygonum sieboldii*
			杠板归（犁头刺、蛇倒退）	*Polygonum perfoliatum*
			叉分蓼	*Polygonum divaricatum*
			红蓼（东方蓼）	*Polygonum orientale*
			西伯利亚蓼	*Polygonum sibiricum*
			丛枝蓼	*Polygonum posumbu*
			戟叶蓼	*Polygonum thunbergii*
		酸模属	巴天酸模	*Rumex patientia*
			皱叶酸模（皱叶羊蹄）	*Rumex crispus*
			羊蹄	*Rumex japonicus*
			齿果酸模	*Rumex dentatus*
	石竹科 Caryophyllaceae	石竹属	石竹	*Dianthus chinensis*
			瞿麦	*Dianthus superbus*
		蝇子草属	女娄菜	*Silene aprica*
			坚硬女娄菜	*Silene firma*
		霞草属	霞草	*Grpsophila oldhamiana*
		繁缕属	翻白繁缕（异色繁缕）	*Stellaria discolor*
		狗筋蔓属	狗筋蔓	*Cucubalus baccifer*
		拟漆姑属	拟漆姑	*Spergularia salina*
	檀香科 Santalaceae	百蕊草属	百蕊草	*Thesium chinense*
	金鱼藻科 Ceratophyllaceae	金鱼藻属	金鱼藻	*Ceratophyllum demersum*
	毛茛科 Ranunculaceae	白头翁属	白头翁	*Pulsatilla chinensis*
		铁线莲属	大叶铁线莲	*Clematis heracleifolia*
			山蓼	*Oxyria digyna*
			长瓣铁线莲（大瓣铁线莲）	*Clematis macropetala*
			威灵仙	*Clematis chinensis*
		乌头属	黄花乌头	*Aconitum coreanum*
			北乌头（草乌头）	*Aconitum kusnezoffii*
			圆锥乌头	*Aconitum paniculigerum*
			伏毛北乌头（伏毛草乌头）	*Aconitum kusnezoffii* var. *crispulum*
		耧斗菜属	华北耧斗菜	*Aquilegia yabeana*
			黄花华北耧斗菜	*Aquilegia yabeana* f. *luteol*
		升麻属	升麻	*Cimicifuga foetida*
			兴安升麻	*Cimicifuga dahurica*
		金莲花属	金莲花	*Trollius chinensis*

门	科	属	种	拉丁文学名
被子植物门	毛茛科 Ranunculaceae	银莲花属	银莲花	*Anemone cathayensis*
		翠雀属	翠雀	*Delphinium grandiflorum*
		飞燕草属	飞燕草	*Consolida ajacis*
		毛茛属	茴茴蒜	*Ranunculus chinensis*
			毛茛	*Ranunculus japonicus*
			单叶毛茛	*Ranunculus monophyllus*
		唐松草属	唐松草（猫爪草）	*Thalictrum aquilegiifolium* var. *sibiricum*
			东亚唐松草	*Thalictrum minus* var. *hypoleucum*
			展枝唐松草	*Thalictrum squarrosum*
			箭头唐松草	*Thalictrum simplex*
			拟散花唐松草	*Thaliotrum przewalskii*
		水葫芦苗属	黄戴戴（长叶碱毛茛）	*Ranunculus ruthenicus*
			水葫芦苗（圆叶碱毛茛）	*Halerpestes cymbalaria*
	防己科 Menispermaceae	蝙蝠葛属	蝙蝠葛	*Menispermum dauricum*
		防己属	防己	*Stephania tetrandra*
		木防己属	木防己	*Cocculus orbiculatus*
	木兰科 Magnoliaceae	木兰属	天女木兰（天女花）	*Magnolia sieboldii*
	五味子科 Schisandraceae	五味子属	五味子	*Schisandra chinensis*
	十字花科 Brassicaceae	芥属	芥菜	*Brassica juncea*
		香花芥属	北香花芥	*Hesperis sibirica*
		碎米芥属	碎米芥	*Cardamine hirsuta*
			白花碎米荠（山芥菜）	*Cardamine leucantha*
		蔊菜属	蔊菜	*Rorippa indica*
			球果蔊菜	*Rorippa globoxa*
			风花菜	*Rorippa globosa*
			欧亚蔊菜	*Rorippa sylvestris*
		花旗杆属	花旗杆	*Dontostemon dentatus*
		播娘属	播娘蒿	*Descurainia sophia*
		独行菜属	独行菜	*Lepidium apetalum*
		葶苈属	葶苈	*Draba nemorosa*
		诸葛菜属	诸葛菜（二月兰）	*Orychophragmus violaceus*
	白花丹科 Plumbaginaceae	补血草属	二色补血草	*Limonium bicolor*
			补血草	*Limonium sinense*
	景天科 Crassulaceae	八宝属	华北八宝（华北景天）	*Hylotelephium tatarinowii*
		景天属	费菜（土三七）	*Sedum aizoon*
		瓦松属	瓦松	*Orostachys fimbriatus*
			钝叶瓦松	*Orostachys malacophylla*

门	科	属	种	拉丁文学名
被子植物门	牻牛儿苗科 Geraniaceae	牻牛儿苗属	牻牛儿苗	*Erodium stephanianum*
		老鹤草属	老鹤草	*Geranium wilfordii*
			鼠掌老鹤草	*Geranium sibiricum*
	蒺藜科 Zygophyllaceae	蒺藜属	蒺藜	*Tribulus terrestris*
	远志科 Polygalaceae	远志属	远志	*Polygala tenuifolia*
			西伯利亚远志	*Polygala sibirica*
	亚麻科 Linaceae	亚麻属	野亚麻	*Linum stelleroides*
	藤黄科 Guttiferae	金丝桃属	金丝桃（金丝海棠）	*Hypericum monogynum*
			贯叶连翘	*Hyperlcurn perforatum*
	堇菜科 Violaceae	堇菜属	紫花地丁	*Viola philippica*
			硬毛堇菜（紫花地丁）	*Viola hirta*
			深山堇菜	*Viola selkirkii*
			鸡腿堇菜	*Viola acuminata*
			白果堇菜（茜堇菜）	*Viola phalacrocarpa*
	秋海棠科 Begoniaceae	秋海棠属	中华秋海棠（红黑二丸）	*Begonia grandis* subsp. *sinensis*
	瑞香科 Thymelaeaceae	狼毒属	狼毒	*Stellera chamaejasme*
		瑞香属	滇瑞香（野瑞香）	*Daphne feddei*
	千屈菜科 Lythraceae	千屈菜属	千屈菜	*Lythrum salicaria*
	柳叶菜科 Onagraceae	丁香蓼属	丁香蓼	*Ludwigia prostrata*
	伞形科 Umbelliferae	蛇床属	蛇床	*Cnidium monnieri*
		毒芹属	毒芹（细叶毒芹）	*Cicuta virosa*
			宽叶毒芹（毒芹、莳萝）	*Cicuta virosa* var. *latisecta*
		藁本属	藁本	*Ligusticum sinense*
		防风属	防风	*Saposhnikovia divaricata*
		柴胡属	柴胡	*Bupleurum chinensis*
			红柴胡（狭叶柴胡）	*Bupleurum scorzonerifolium*
		前胡属	前胡（土当归）	*Peucedanum praeruptorum*
			石防风	*Peucedanum terebinthaceum*
		邪蒿属	邪蒿	*Seseli seseloides*
		泽芹属	泽芹	*Sium suave*
		窃衣属	窃衣	*Torilis scabra*
		珊瑚菜属	珊瑚菜	*Glehnia littoralis*
	报春花科 Primulaceae	报春花属	胭脂花	*Primula maximowiczii*
		报春花属	岩生报春	*Primula saxatilis*
		珍珠菜属	狼尾巴花	*Lysimachia barystachys*
			狭叶珍珠菜	*Lysimachia pentapetala*

门	科	属	种	拉丁文学名
被子植物门	报春花科 Primulaceae	点地梅属	点地梅	*Androsace umbellata*
		海乳草属	海乳草	*Glaux maritima*
	鹿蹄草科 Pyrolaceae	鹿蹄草属	鹿蹄草	*Pyrola calliantha*
	蓝雪科 Plmbaginaceae	补血草属	中华补血草	*Limonium sinensis*
	旋花科 Convolvulaceae	打碗花属	打碗花	*Calystegia hederacea*
			肾叶打碗花	*Calystegia soldanella*
			藤长苗	*Calystegia pellita*
		牵牛属	圆叶牵牛	*Pharbitis purpurea*
			牵牛花	*Pharbitis nil*
		鱼黄草属	篱栏网（鱼黄草）	*Merremia hederacea*
		菟丝子属	菟丝子	*Cuscuta chinensis*
			金灯藤（日本菟丝子）	*Cuscuta japonica*
		旋花属	田旋花	*Convolvulus arvensis*
		虎掌藤属	瘤梗番薯	*Ipomoea lacunosa*
	紫草科 Boraginaceae	鹤虱属	鹤虱	*Lappula myosotis*
		砂引草属	砂引草	*Tournefortia sibirica*
		附地菜属	附地菜	*Trigonotis peduncularis*
			北附地菜	*Trigonotis radicans*
		勿忘草属	勿忘草（勿忘我）	*Myosotis silvatica*
		紫草属	紫草	*Lithospermum erythrorhizon*
		斑种草属	斑种草	*Bothriospermum chinese*
			多苞斑种草	*Bothriospermum secundum*
	唇形科 Labiatae	薄荷属	薄荷（山薄荷）	*Mebtha haplocalyx*
		百里香属	百里香	*THymus mongolicus*
		鼠尾草属	丹参	*Salvia miltiorrhiza*
			荔枝草	*Salvia plebeia*
		夏至草属	夏至草（小益母草）	*Lagopsis supina*
		益母草属	益母草	*Leonurus artemisia*
			细叶益母草	*Leonurus sibiricus*
			錾菜	*Leonurus pseudomacranthus*
		黄芩属	黄芩	*Scutellaria baicalensis*
			狭叶黄芩	*Scutellaria regeliana*
		假水苏属	假水苏	*Stachyopsis oblongata*
		水苏属	水苏	*Stachys japonica*
		糙苏属	大叶糙苏	*Phlomis maximowiczii*
		糙苏属	糙苏（山芝麻）	*Phlomis umbrosa*
		香茶菜属	蓝萼毛叶香茶菜（冬凌草）	*Rabdosia japonica* var. *glaucocalyx*
		水棘针属	水棘针	*Amethystea caerulea*

门	科	属	种	拉丁文学名
被子植物门	唇形科 Labiatae	香薷属	香薷	*Elsholtzia ciliata*
		风轮菜属	风轮菜	*Clinopodium chinense*
	列当科 Orobanchaceae	列当属	列当	*Orobanche coerulescens*
	透骨草科 Phrymaceae	透骨草属	透骨草	*Phryma leptostachya* subsp. *asiatica*
	苦苣苔科 Gesneriaceae	旋蒴苣苔属	旋蒴苣苔（牛耳草）	*Boea hygrometrica*
	茜草科 Rubiaceae	茜草属	茜草	*Rubia cordifolia*
		拉拉藤属	蓬子菜（拉拉藤）	*Galium aparine* var. *echinospermum*
			北方拉拉藤	*Galium boreale*
			喀喇套拉拉藤	*Galium karataviense*
			异叶轮草（车叶草）	*Galium maximowiczii*
	败酱科 Valerianaceae	败酱属	异叶败酱	*Parinia heterophylla*
			岩败酱（糙叶败酱）	*Patrinia rupestris*
			败酱（黄花龙牙）	*Patrinia scabiosaefolia*
			少蕊败酱	*Patrinia monandra*
	川续断科 Dipsacaceae	蓝盆花属	华北蓝盆花	*Scabiosa tschiliensis*
			窄叶蓝盆花（蓝盆花）	*Scabiosa comosa*
	桔梗科 Campanulaceae	沙参属	荠苨	*Adenophora trachelioides*
			石沙参	*Adenophora polyantha*
			轮叶沙参	*Adenophora tetraphylla*
			多歧沙参	*Adenophora wawreana*
			心叶沙参	*Adenophora cordifolia*
			缢花沙参	*Adenophora contracta*
			雾灵沙参	*Adenophora wulingshanica*
		党参属	党参	*Codonopsis pilosula*
			羊乳（奶参）	*Codonopsis lanceolata*
		桔梗属	桔梗	*Platycodon grandiflorus*
	车前科 Plantaginaceae	车前属	车前	*Plantago asiatica*
			平车前	*Plantago depressa*
	莕菜科 Menyanthaceae	荇菜属	荇菜	*Nymphoides peltatum*
	龙胆科 Gentianaceae	百金花属	百金花	*Centaurium pulchellum* var. *altaicum*
	香蒲科 Typhaceae	香蒲属	长苞香蒲	*Typha angustata*
			小香蒲	*Typha minima*
	眼子菜科 Potamogetonaceae	眼子菜属	眼子菜	*Potamogeton distinctus*
			浮叶眼子菜	*Potamogeton natans*
	黑三棱科 Sparganiaceae	黑三棱属	黑三棱	*Sparganium stoloniferum*
			狭叶黑三棱	*Sparganium stenophyllum*

门	科	属	种	拉丁文学名
被子植物门	水麦冬科 Juncaginaceae	水麦冬属	海韭菜	*Triglochin maritimum*
			水麦冬	*Triglochin palustre*
	泽泻科 Alismataceae	泽泻属	泽泻	*Alisma plantago-aquatica*
			草泽泻	*Alisma gramineum*
		慈姑属	慈姑	*Sagittaria trifolia* var. *sinensis*
	莎草科 Cyperaceae	藨草属	藨草	*Scirpus triqueter*
			矮藨草	*Scirpus pumilus*
			扁秆藨草	*Scirpus planiculmis*
			水毛花	*Scirpus triangulatus*
			水葱	*Scirpus validus*
			林生藨草	*Scirpus sylvaticus*
			荆三棱	*Scirpus yagara*
		荸荠属	刚毛荸荠	*Eleocharis vallcculosa*
		水莎草属	水莎草	*Juncellus serotinus*
		莎草属	碎米莎草	*Cyperus iria*
			异型莎草	*Cyperus difformis*
			白鳞莎草	*Cyperus nipponicus*
			香附子	*Cyperus rotundus*
			三轮草	*Cyperus orthostachyus*
		苔草属	披针苔草	*Carex lancifolia*
			翼果苔草（翼果苔草）	*Carex neurocarpa*
			青绿苔草	*Carex breviculmis*
			糙叶苔草	*Carex scabrifolia*
			丛生苔草	*Carex caespititia*
			卵穗苔草	*Carex ovatispiculata*
			筛草（砂砧苔草）	*Carex kobomugi*
			异穗苔草	*Carex heterostachya*
			白颖苔草	*Carex rigescens*
			宽叶苔草（宽叶苔草）	*Carex siderosticta*
			矮生苔草	*Carex pumila*
			松叶苔草	*Carex rara*
		飘拂草属	畦畔飘拂草	*Fimbristylis squarrosa*
		嵩草属	嵩草	*Kobresia myosuroides*
	浮萍科 Lemnaceae	浮萍属	浮萍	*Lemna minor*
	天南星科 Araceae	菖蒲属	菖蒲	*Acorus calamus*
		半夏属	半夏	*Pinellia ternata*
		犁头尖属	独角莲（犁头尖）	*Typhonium giganteum*
	灯心草科 Juncaceae	灯心草属	灯心草	*Juncus effusus*

门	科	属	种	拉丁文学名
被子植物门	灯心草科 Juncaceae	灯心草属	细灯心草	*Juncus gracillimus*
			小灯心草	*Juncus bufonius*
	谷精草科 Eriocaulaceae	谷精草属	宽叶谷精草	*Eriocaulon robustius* subsp. *macrorhiza*
	雨久花科 Pontederiaceae	雨久花属	雨久花	*Monochoria korsakowii*
	胡麻科 Pedaliaceae	茶菱属	茶菱（铁菱角）	*Trapella sinensis*
	狸藻科 Lentibulariaceae	狸藻属	弯距狸藻	*Utricularia vulgaris* subsp. *macrorhiza*
	百合科 Liliaceae	葱属	细叶韭（细叶葱）	*Allium tenuissimum*
			山韭（山葱）	*Allium senescens*
			薤白	*Allium macrostemon*
			长梗韭	*Allium neriniflorum*
			小山蒜	*Allium pallasii*
			花葱	*Allium giganteum*
		藜芦属	藜芦（山葱）	*Veratrum nigrum*
		黄精属	黄精	*Polygonatum sibiricum*
			大苞黄精	*Polygonatum megaphyllum*
			玉竹	*Polygonatum odoratum*
		重楼属	北重楼	*Paris verticillata*
		菝葜属	菝葜（土茯苓）	*Smilax china*
		绵枣儿属	绵枣儿	*Scilla scilloides*
		萱草属	黄花菜	*Hemerocallis citrina*
		天门冬属	兴安天门冬	*Asparagus dauricus*
			曲枝天门冬	*Asparagus trichophyllus*
		知母属	知母	*Anemarrhena asphodeloides*
		贝母属	平贝母	*Fritillaria ussuriensis*
			轮叶贝母（一轮贝母）	*Fritillaria maximowiczii* var. *viridulum*
		百合属	百合	*Lilium brownii* var. *viridulum*
			毛百合	*Lilium dauricum*
			卷丹	*Lilium lancifolium*
			山丹	*Lilium pumilum*
			渥丹	*Lilium concolor*
		万寿竹属	宝珠草	*Disporum viridescens*
		七筋姑属	七筋姑	*Clintonia udensis*
	鸭跖草科 Commelinaceae	鸭跖草属	鸭跖草	*Commelina communis*
		水竹叶属	疣草	*Murdannia keisak*
	薯蓣科 Dioscoreaceae	薯蓣属	穿龙薯蓣（穿山龙）	*Dioscorea nipponica*
			日本薯蓣（野山药）	*Dioscorea japonica*

门	科	属	种	拉丁文学名
被子植物门	鸢尾科 Iridaceae	鸢尾属	马蔺（马莲）	*Iris lactea* var. *chinensis*
			细茎鸢尾（山马蔺）	*Iris ruthenica*
			野鸢尾（白射干）	*Iris dichotoma*
		射干属	射干	*Belamcanda chinensis*
	麻黄科 Ephedraceae	麻黄属	中麻黄	*Ephedra intermedia*
	兰科 Orchidaceae	玉凤花属	十字兰	*Habenaria schindleri*
		角盘兰属	角盘兰	*Herminium monorchis*
		舌唇兰属	二叶舌唇兰	*Platanthera chlorantha*
		兜被兰属	二叶兜被兰	*Neottianthe cucullata*
		凹舌兰属	凹舌兰	*Coeloglossum viride*
		绶草属	绶草（盘龙参）	*Spiranthes sinensis*
		杓兰属	大花杓兰	*Cypripedium macranthum*
		羊耳蒜属	齿唇羊耳蒜	*Liparis campyloxtalix*
		天麻属	天麻	*Gastrodia elata*
	罂粟科 Papaveraceae	紫堇属	北京延胡索	*Corydalis gamosepala*
			小药八旦子	*Corydalis caudata*
			黄堇	*Corydalis capnoides*
	水龙骨科 Polypodiaceae	瓦韦属	乌苏里瓦韦	*Lepisorus ussuriensis*
蕨类植物门	蕨科 Pteridiaceae	蕨属	蕨	*Pteridium aquilinum* var. *latiusculum*
	卷柏科 Selaginellaceae	卷柏属	卷柏	*Selaginella tamariscina*
			中华卷柏	*Selaginella sinensis*
			小卷柏	*Selaginella helvetica*
	木贼科 Equisetaceae	木贼属	木贼（锉草）	*Equisetum hyemale*
			笔管草	*Equisetum ramosissimum* subsp. *debile*
			节节草	*Equisetum ramosissimum*
			问荆	*Equisetum arvense*
	岩蕨科 Woodsiaceae	岩蕨属	密毛岩蕨	*Woodsia rosthorniana*
	蹄盖蕨科 Athyriaceae	冷蕨属	冷蕨	*Cystopteris fragilis*
	鳞毛蕨科 Dryopteridaceae	贯众属	贯众	*Cyrtomium fortunei*

2. 陆域植物起源

秦皇岛市植物区系属于泛北极植物区的中国—日本森林植物亚区。起源于北极第三纪，是第三纪植物区系的直接后代。秦皇岛市境内分布有少数第三纪孑遗植物，如乔木类的银杏、水杉，灌木类的北五味子、软枣猕猴桃、南蛇藤、鹅耳枥、胡桃、黄檗、山葡萄、天女木兰等。在植物区系中，以菊科、禾本科、蔷薇科、豆科植物为主，具有典型的暖温带植物区系特点。

植被类型以针叶林、落叶阔叶林、灌丛、灌草丛、盐生草甸、水生植被、栽培植被为主。从植被分布来看，可以划分为北部中低山针叶阔叶林区、长城沿线针叶阔叶混交林区、丘陵平原栽培植被区、滨海落叶阔叶林盐砂生植被区。

2007 年，秦皇岛市有古树名木 76 958 株，涉及 6 科 67 属 103 种。其中，树龄 500 年及其以上的一级古树、名木 1 229 株（表 7-2）。一级古树名木中，单株 406 株、群落 20 个 823 株；树龄最大的 2 800 年，为位于抚宁县石门寨镇浅水营中村（2015 年 8 月划归海港区）的银杏树（图 7-4），其余的均在 1 500 年及其以下，1 000 ～ 1 500 年的 19 株、999 ～ 600 年的 151 株（单株 127 个、群落 2 个 13 株）、599 ～ 500 年的 1 058 株（单株 248 个、群落 18 个 818 株）；最大群落分布在青龙满族自治县祖山林场，为 480 株，树龄均为 500 年；有名木 26 株（单株 18 个，群落 1 个 8 株），一级古树 1 203 株（单株 388 个，群落 19 个 815 株）。

图 7-4　海港区浅水营中村银杏树，距今 2800 余年

表 7-2　2007 年秦皇岛市树龄超 500 年古树名木一览表（表跨页）

地　点	树　种	科	属	保护级别	树龄 / 年	株　数
抚宁县石门寨镇*浅水营中村内	银杏	银杏	银杏	一级	2 800	1
青龙满族自治县娄杖子乡后擦岭村岭上	油松	松	松	一级	1 500	1
青龙满族自治县干沟乡盘岭沟村马杖子后山	油松	松	松	一级	1 400	1
山海关区石河镇毛家沟村委会前	国槐	豆	槐	一级	1 300	1
青龙满族自治县干沟乡盘岭沟村马杖子前山	油松	松	松	一级	1 300	1
青龙满族自治县大巫岚乡陈台子村牛车沟西梁	油松	松	松	一级	1 200	1
青龙满族自治县双山子镇曾杖子村杨杖子后山	油松	松	松	一级	1 000	1
青龙满族自治县双山子镇鸡冠山村老朱家坟地	油松	松	松	一级	1 000	1
青龙满族自治县马圈子镇拉拉岭村石门沟东山	油松	松	松	一级	1 000	1
青龙满族自治县马圈子镇勃罗滩村坟地	油松	松	松	一级	1 000	1
青龙满族自治县马圈子镇三十六磙子村河南	白榆	榆	榆	一级	1 000	1
青龙满族自治县大石岭乡柳树漫村吕庄	国槐	豆	槐	一级	1 000	1
青龙满族自治县大石岭乡岭东村西山	油松	松	松	一级	1 000	1
抚宁县石门寨镇*东塔村南沟国有林	流苏树	木犀	流苏树	一级	1 000	1
抚宁县石门寨镇*鸭水河村	国槐	豆	槐	一级	1 000	1
抚宁县抚宁镇白果树村内	银杏	银杏	银杏	一级	1 000	1
抚宁县茶棚乡杨家燕山村南	油松	松	松	一级	1 000	1
昌黎县龙家店镇杨封台小学	酸枣	鼠李	枣	名木	1 000	1
昌黎县碣石山景区五峰山顶	油松	松	松	名木	1 000	1

地　点	树　种	科	属	保护级别	树龄 / 年	株　数
昌黎县城郊区中卓庄村	国槐	豆	槐	一级	1 000	1
青龙满族自治县安子岭乡砖瓦窑北窝棚	油松	松	松	一级	950	1
青龙满族自治县马圈子镇沈杖子村土桥沟西坡	油松	松	松	一级	850	1
山海关区石河镇户远寨村原供销社门口	国槐	豆	槐	一级	800	1
青龙满族自治县祖山镇牛心山村内	油松	松	松	一级	800	1
青龙满族自治县祖山镇牛心山村南地	油松	松	松	一级	800	1
青龙满族自治县祖山镇洪水村上沟	酸枣	鼠李	枣	一级	800	1
青龙满族自治县祖山镇柏树矿区	侧柏	柏	侧柏	一级	800	1
青龙满族自治县祖山镇柏树矿区	侧柏	柏	侧柏	一级	800	1
青龙满族自治县祖山镇柏树矿区	侧柏	柏	侧柏	一级	800	1
青龙满族自治县朱杖子乡朱杖子村姚家沟后山	油松	松	松	一级	800	1
青龙满族自治县朱杖子乡卧龙池村后山	油松	松	松	一级	800	1
青龙满族自治县朱杖子乡吕家沟村沙子岭	油松	松	松	一级	800	1
青龙满族自治县朱杖子乡后白枣山村后白枣山	油松	松	松	一级	800	1
青龙满族自治县土门子乡新庄子村西山	油松	松	松	一级	800	1
青龙满族自治县土门子乡水泉村黄杖子大庄	国槐	豆	槐	一级	800	1
青龙满族自治县土门子乡景杖子村李杖子前山	油松	松	松	一级	800	1
青龙满族自治县双山子镇小汇河村小庙	油松	松	松	一级	800	1
青龙满族自治县双山子镇大汇河村庄前	油松	松	松	一级	800	1
青龙满族自治县三星口乡李台子村小岭南	白榆	榆	榆	一级	800	1
青龙满族自治县青龙镇老爷庙村前山	油松	松	松	一级	800	1
青龙满族自治县七道河乡彭杖子村坟地	油松	松	松	一级	800	1
青龙满族自治县平方子乡北沟村北沟	油松	松	松	一级	800	1
青龙满族自治县马圈子镇兴隆沟村南岭	油松	松	松	一级	800	1
青龙满族自治县马圈子镇沈杖子村土桥沟西坡	油松	松	松	一级	800	1
青龙满族自治县马圈子镇三家村南山	油松	松	松	一级	800	1
青龙满族自治县马圈子镇三家村南山	油松	松	松	一级	800	1
青龙满族自治县马圈子镇三家村南山	油松	松	松	一级	800	1
青龙满族自治县马圈子镇马圈子村达子沟里	油松	松	松	一级	800	1
青龙满族自治县马圈子镇勃罗滩村坟地	油松	松	松	一级	800	1
青龙满族自治县马圈子镇勃罗滩村东山	油松	松	松	一级	800	1
青龙满族自治县龙王庙乡田杖子村老袁家坟	油松	松	松	一级	800	1
青龙满族自治县龙王庙乡龙王庙村东沟	油松	松	松	一级	800	1
青龙满族自治县龙王庙乡老院村西山梁	油松	松	松	名木	800	1
青龙满族自治县隔河头镇城山沟村头	油松	松	松	一级	800	1
青龙满族自治县干沟乡盘岭沟村盘岭沟	油松	松	松	一级	800	5
青龙满族自治县都山林场路旁	青杆	松	云杉	一级	800	1
青龙满族自治县都山林场路旁	青杆	松	云杉	一级	800	1
青龙满族自治县都山林场路旁	青杆	松	云杉	一级	800	1

地　点	树　种	科	属	保护级别	树龄 / 年	株　数
青龙满族自治县大巫岚乡张家沟村前山	油松	松	松	一级	800	1
青龙满族自治县大巫岚乡张家沟村前山	油松	松	松	一级	800	1
青龙满族自治县大巫岚乡秦牧沟村南山	油松	松	松	一级	800	1
青龙满族自治县大巫岚乡核桃沟村沟口子西山	油松	松	松	一级	800	1
青龙满族自治县大巫岚乡蛤子汀村后山	油松	松	松	一级	800	1
青龙满族自治县大巫岚乡蛤子汀村后山	油松	松	松	一级	800	1
青龙满族自治县大巫岚乡陈台子村西梁	油松	松	松	一级	800	1
青龙满族自治县大巫岚乡陈台子村牛车沟王庙	白榆	榆	榆	一级	800	1
青龙满族自治县大石岭乡岭西村东山	油松	松	松	一级	800	1
青龙满族自治县大石岭乡岭西村东山	油松	松	松	一级	800	1
青龙满族自治县大石岭乡老岭湾村沟门	油松	松	松	一级	800	1
青龙满族自治县大石岭乡老岭湾村沟门	油松	松	松	一级	800	1
青龙满族自治县大石岭乡山南村下山南南山	油松	松	松	一级	800	1
青龙满族自治县大石岭乡大石岭南庄东山	油松	松	松	一级	800	1
青龙满族自治县茨榆山乡上白城子村后山	油松	松	松	一级	800	1
青龙满族自治县茨榆山乡八拨子村九拨子沟门	油松	松	松	一级	800	1
青龙满族自治县茨榆山乡八拨子村横岭子前山	油松	松	松	一级	800	1
青龙满族自治县八道河镇公厂村王怀女沟北山	油松	松	松	一级	800	1
卢龙县燕河营镇上兴隆庄村内	国槐	豆	槐	一级	800	1
卢龙县刘田各庄镇骆驼营村内	国槐	豆	槐	一级	800	1
青龙满族自治县八道河乡王厂村后山	油松	松	松	一级	800	1
山海关区第一关镇三清观大殿前	油松	松	松	名木	780	1
卢龙县木井乡东杨庄村内	国槐	豆	槐	一级	750	1
青龙满族自治县肖营子镇温杖子村小象沟	油松	松	松	一级	740	1
青龙满族自治县平方子乡北沟村前山顶	油松	松	松	一级	700	1
卢龙县蛤泊原敬老院内二郎庙后门	侧柏	柏	侧柏	一级	700	1
抚宁县榆关镇付庄村内	国槐	豆	槐	一级	700	1
抚宁县石门寨镇*柳官峪村南天门	油松	松	松	一级	700	1
抚宁县石门寨镇*柳官峪村东	国槐	豆	槐	一级	700	1
抚宁县石门寨镇*北峪村原大汀	国槐	豆	槐	一级	700	1
抚宁县牛头崖*枣园村陈继中院内	枣	鼠李	枣	一级	700	1
抚宁县杜庄镇*韩庄村内	油松	松	松	一级	700	1
抚宁县杜庄镇*大道村内	国槐	豆	槐	一级	700	1
昌黎县荒佃庄镇大营村	国槐	豆	槐	一级	700	1
昌黎县荒佃庄镇大营村	国槐	豆	槐	一级	700	1
昌黎县荒佃庄镇大营村	国槐	豆	槐	一级	700	1
山海关区石河镇黄金庄村内	国槐	豆	槐	一级	680	1
抚宁县驻操营镇*板厂峪村翟家洞	油松	松	松	一级	650	1
山海关区西街原三中院内	侧柏	柏	侧柏	名木	640	8

地　点	树　种	科	属	保护级别	树龄/年	株　数
山海关区西街清真寺院内	侧柏	柏	侧柏	名木	630	1
山海关区西街清真寺院内	油松	松	松	名木	630	1
山海关林场（长寿山悬阳洞出口左东）	油松	松	松	名木	620	1
山海关林场（长寿山悬阳洞出口左西）	油松	松	松	名木	620	1
北戴河区戴河镇北戴河村内	国槐	豆	槐	一级	602	1
青龙满族自治县土门子乡影壁山村北山根	油松	松	松	一级	600	1
青龙满族自治县土门子乡影壁山村北山根	油松	松	松	一级	600	1
青龙满族自治县双山子镇瓦房村头道沟东山	油松	松	松	一级	600	1
青龙满族自治县三星口乡李台子村头道岭	白榆	榆	榆	一级	600	1
青龙满族自治县青龙镇向阳村杨杖子北山	油松	松	松	一级	600	1
青龙满族自治县青龙镇向阳村杨杖子北山	油松	松	松	一级	600	1
青龙满族自治县青龙镇向阳村杨杖子北山	油松	松	松	一级	600	1
青龙满族自治县青龙镇向阳村杨杖子北山	油松	松	松	一级	600	1
青龙满族自治县七道河乡石城子村内	油松	松	松	一级	600	1
青龙满族自治县七道河乡彭杖子村南山	油松	松	松	一级	600	1
青龙满族自治县七道河乡后水河村庄沟	油松	松	松	一级	600	1
青龙满族自治县马圈子镇政府东山	蒙古栎	壳斗	栎	一级	600	1
青龙满族自治县马圈子镇勃罗滩村坟地	油松	松	松	一级	600	1
青龙满族自治县龙王庙乡启河村双柳庙	油松	松	松	一级	600	1
青龙满族自治县龙王庙乡启河村双柳庙	油松	松	松	一级	600	1
青龙满族自治县龙王庙乡偏岭石村南山梁	油松	松	松	一级	600	1
青龙满族自治县龙王庙乡偏岭石村大庄	国槐	豆	槐	一级	600	1
青龙满族自治县龙王庙乡偏岭石村大庄	国槐	豆	槐	一级	600	1
青龙满族自治县龙王庙乡郝杖子村袁家沟	油松	松	松	一级	600	1
青龙满族自治县凉水河乡下草碾村观音庙	油松	松	松	一级	600	1
青龙满族自治县隔河头镇北山根村南山	油松	松	松	一级	600	1
青龙满族自治县干沟乡北胡哈村松树台子	油松	松	松	一级	600	1
青龙满族自治县凤凰山乡付杖子村老周家坟	白榆	榆	榆	一级	600	1
青龙满族自治县大巫岚乡张家沟村西洼	油松	松	松	一级	600	1
青龙满族自治县大石岭乡写字洞村东山根	油松	松	松	一级	600	1
青龙满族自治县大石岭乡山南村下山南	国槐	豆	槐	一级	600	1
青龙满族自治县大石岭乡大石岭南庄东山	油松	松	松	一级	600	1
青龙满族自治县八道河乡抄道沟村老山家	油松	松	松	一级	600	1
青龙满族自治县安子岭乡砖瓦窑村大松梁	油松	松	松	一级	600	1
青龙满族自治县安子岭乡吉利峪村桦树店子	油松	松	松	一级	600	1
青龙满族自治县安子岭乡干树沟村委会	油松	松	松	一级	600	1
青龙满族自治县安子岭乡干树沟村委会	油松	松	松	一级	600	1
青龙满族自治县安子岭乡樊杖子村内	油松	松	松	一级	600	1
卢龙县下寨乡董各庄村北	国槐	豆	槐	名木	600	1

地　点	树　种	科	属	保护级别	树龄 / 年	株　数
卢龙县卢龙镇古树村委会西南	国槐	豆	槐	一级	600	1
卢龙县刘田各庄镇杨家台村内	国槐	豆	槐	名木	600	1
卢龙县刘家营乡侯各庄村内	国槐	豆	槐	名木	600	1
卢龙县刘家营乡侯各庄村南	国槐	豆	槐	一级	600	1
海港区东港镇大高庄永安院	国槐	豆	槐	一级	600	1
海港区北港镇寺耳山原寺庙前	侧柏	柏	侧柏	一级	600	1
抚宁县驻操营镇*王庄村内	油松	松	松	一级	600	1
抚宁县驻操营镇*甘城子村杜城子	油松	松	松	一级	600	1
抚宁县驻操营镇*九门口村点将台上	油松	松	松	名木	600	1
抚宁县驻操营镇*板厂峪村南街	油松	松	松	一级	600	1
抚宁县下庄管理区齐各庄村内	国槐	豆	槐	一级	600	1
抚宁县台营镇平房店村内	国槐	豆	槐	一级	600	1
抚宁县台营镇竭家沟村白庵庙	油松	松	松	一级	600	1
抚宁县台营镇大杨各庄村内	油松	松	松	一级	600	1
抚宁县石门寨镇*卞庄村内	国槐	豆	槐	一级	600	1
抚宁县留守营镇张各前村内	国槐	豆	槐	一级	600	1
抚宁县留守营镇沙子窝村内	国槐	豆	槐	一级	600	1
抚宁县留守营镇七里涧村后庄	国槐	豆	槐	一级	600	1
抚宁县坟坨管理区杨洛木村勾兰庄	国槐	豆	槐	一级	600	1
抚宁县杜庄镇*徐山口村内	国槐	豆	槐	一级	600	1
抚宁县茶棚乡后石河村委会	国槐	豆	槐	一级	600	1
抚宁县茶棚乡后石河村内	国槐	豆	槐	一级	600	1
昌黎县朱各庄镇孙庄村	文冠果	无患子	文冠果	一级	600	1
昌黎县十里铺乡东山马庄村	侧柏	柏	侧柏	一级	600	1
青龙满族自治县平方子乡北沟村丁福后院	油松	松	松	一级	560	1
山海关林场团圆寺下	麻栎	壳斗	栎	名木	550	1
青龙满族自治县平方子乡二道河村南梁庭	油松	松	松	一级	550	1
抚宁县驻操营镇*温庄村陈家沟北梁	油松	松	松	一级	550	1
青龙满族自治县凉水河乡柳资峪村老唐家坟	油松	松	松	一级	540	1
青龙满族自治县肖营子镇五指山村许兆华西边	油松	松	松	一级	510	1
青龙满族自治县肖营子镇温杖子村小象沟	油松	松	松	一级	510	1
中央军委北戴河接待处 8 号楼南（东）	油松	松	松	一级	500	1
中央军委北戴河接待处 8 号楼南（北）	油松	松	松	一级	500	1
中央军委北戴河接待处 8 号楼南（中）	油松	松	松	一级	500	1
山海关区石河镇户远寨村内	国槐	豆	槐	一级	500	1
山海关区孟姜镇八里堡村内	白榆	榆	榆	一级	500	1
秦皇岛开发区东区梅庄村原河沟边	侧柏	柏	侧柏	一级	500	1
青龙满族自治县祖山镇上河村庄夹梁	水曲柳	木犀	梣	一级	500	1
青龙满族自治县祖山镇三间房村黄土梁子	油松	松	松	一级	500	1

地 点	树 种	科	属	保护级别	树龄 / 年	株 数
青龙满族自治县祖山镇三间房村公路边	油松	松	松	一级	500	1
青龙满族自治县祖山镇三间房村公路边	油松	松	松	一级	500	1
青龙满族自治县祖山镇三岔村桑树窝铺	酸枣	鼠李	枣	一级	500	1
青龙满族自治县祖山镇三岔村桑树窝铺	酸枣	鼠李	枣	一级	500	1
青龙满族自治县祖山镇陆杖子村圣水泉沟	山楂	蔷薇	山楂	一级	500	1
青龙满族自治县祖山镇陆杖子村南山梁	油松	松	松	一级	500	1
青龙满族自治县祖山镇花厂峪村老赵家坟	油松	松	松	一级	500	1
青龙满族自治县祖山镇花厂峪村老赵家坟	油松	松	松	一级	500	1
青龙满族自治县祖山镇东河村前后山	油松	松	松	一级	500	30
青龙满族自治县祖山镇东河村	油松	松	松	一级	500	1
青龙满族自治县祖山镇东河村	油松	松	松	一级	500	1
青龙满族自治县祖山镇东河村	油松	松	松	一级	500	1
青龙满族自治县祖山镇东河村	油松	松	松	一级	500	1
青龙满族自治县祖山镇柏树村	白榆	榆	榆	一级	500	1
青龙满族自治县祖山林场	油松	松	松	一级	500	480
青龙满族自治县朱杖子乡朱杖子村潘家坟	油松	松	松	一级	500	4
青龙满族自治县朱杖子乡吕家沟村褚杖子庄里	油松	松	松	一级	500	1
青龙满族自治县朱杖子乡焦杖子村老道沟	油松	松	松	一级	500	1
青龙满族自治县朱杖子乡焦杖子村老道沟	油松	松	松	一级	500	1
青龙满族自治县朱杖子乡焦杖子村后山	油松	松	松	一级	500	1
青龙满族自治县朱杖子乡后白枣山村南山	油松	松	松	一级	500	1
青龙满族自治县朱杖子乡后白枣山村后白枣山	油松	松	松	一级	500	1
青龙满族自治县朱杖子乡后白枣山村河东山	油松	松	松	一级	500	1
青龙满族自治县朱杖子乡后白枣山村河东	油松	松	松	一级	500	1
青龙满族自治县朱杖子乡陈杖子村双庙后山	油松	松	松	一级	500	1
青龙满族自治县朱杖子乡陈杖子村双庙后山	油松	松	松	一级	500	1
青龙满族自治县土门子乡杨安堡村小岭	油松	松	松	一级	500	1
青龙满族自治县土门子乡西蒿村后山	华北五角枫	槭树	槭	一级	500	1
青龙满族自治县土门子乡土门子村前山	油松	松	松	一级	500	1
青龙满族自治县土门子乡土门子村后街	国槐	豆	槐	一级	500	1
青龙满族自治县土门子乡水泉村黄杖子大庄	油松	松	松	一级	500	1
青龙满族自治县土门子乡水泉村东山嘴	油松	松	松	一级	500	1
青龙满族自治县土门子乡水泉村东沟里	油松	松	松	一级	500	1
青龙满族自治县土门子乡景杖子村李杖子前山	油松	松	松	一级	500	1
青龙满族自治县土门子乡景杖子村李杖子后山	油松	松	松	一级	500	1
青龙满族自治县土门子乡景杖子村李杖子后山	油松	松	松	一级	500	1
青龙满族自治县土门子乡景杖子村李杖子后山	油松	松	松	一级	500	1
青龙满族自治县土门子乡景杖子村李杖子后山	油松	松	松	一级	500	1
青龙满族自治县土门子乡景杖子村李杖子后山	油松	松	松	一级	500	1

地　点	树　种	科	属	保护级别	树龄 / 年	株　数
青龙满族自治县土门子乡景杖子村李杖子大庄	油松	松	松	一级	500	1
青龙满族自治县土门子乡景杖子村李杖子大庄	油松	松	松	一级	500	1
青龙满族自治县土门子乡景杖子村景杖子	油松	松	松	一级	500	20
青龙满族自治县土门子乡景杖子村北山	油松	松	松	一级	500	1
青龙满族自治县土门子乡架子山村西台子	油松	松	松	一级	500	1
青龙满族自治县土门子乡河东村后山	油松	松	松	一级	500	1
青龙满族自治县土门子乡河东村后山	油松	松	松	一级	500	1
青龙满族自治县土门子乡河东村后山	油松	松	松	一级	500	1
青龙满族自治县土门子乡丰果村吴杖子前山	油松	松	松	一级	500	1
青龙满族自治县土门子乡丰果村吴杖子前山	油松	松	松	一级	500	1
青龙满族自治县土门子乡丰果村吴杖子大庄	油松	松	松	一级	500	1
青龙满族自治县土门子乡丰果村藤杖子前山	油松	松	松	一级	500	1
青龙满族自治县双山子镇曾杖子村部南山	油松	松	松	一级	500	1
青龙满族自治县双山子镇小汇河村小庙	暴马丁香	木犀	丁香	一级	500	1
青龙满族自治县双山子镇王杖子村道边	油松	松	松	一级	500	1
青龙满族自治县双山子镇岭下村西山	油松	松	松	一级	500	1
青龙满族自治县双山子镇康杖子村大药房南山	油松	松	松	一级	500	1
青龙满族自治县双山子镇金宝沟村岭后	油松	松	松	一级	500	1
青龙满族自治县三星口乡李台子村头道岭	油松	松	松	一级	500	1
青龙满族自治县三星口乡李台子村水库边	油松	松	松	一级	500	1
青龙满族自治县三星口乡李台子村水库边	油松	松	松	一级	500	1
青龙满族自治县三星口乡李台子村老朱家前山	油松	松	松	一级	500	1
青龙满族自治县青龙镇向阳村张杖子北山头	油松	松	松	一级	500	1
青龙满族自治县青龙镇苏杖子村大狮子沟北山	油松	松	松	一级	500	1
青龙满族自治县青龙镇北坎子村烧锅杖子北山	油松	松	松	一级	500	1
青龙满族自治县青龙镇北坎子村南山	油松	松	松	一级	500	1
青龙满族自治县七道河乡彭杖子村南山	油松	松	松	一级	500	13
青龙满族自治县七道河乡靛池子村中	侧柏	柏	侧柏	一级	500	1
青龙满族自治县平方子乡薛庄桦树岭上	油松	松	松	一级	500	1
青龙满族自治县平方子乡冯杖子村老冯家坟	油松	松	松	一级	500	1
青龙满族自治县平方子乡冯杖子村老冯家坟	暴马丁香	木犀	丁香	一级	500	1
青龙满族自治县平方子乡冯杖子村老冯家坟	暴马丁香	木犀	丁香	一级	500	1
青龙满族自治县平方子乡冯杖子村老冯家坟	暴马丁香	木犀	丁香	一级	500	1
青龙满族自治县平方子乡陈家屯东山尖	油松	松	松	一级	500	1
青龙满族自治县平方子乡北沟村丁鹏前院	油松	松	松	一级	500	1
青龙满族自治县平方子乡北沟村北沟	油松	松	松	一级	500	1
青龙满族自治县平方子乡北沟村北沟	油松	松	松	一级	500	1
青龙满族自治县平方子乡北沟村北沟	油松	松	松	一级	500	1
青龙满族自治县木头凳镇木头凳村庄中心	油松	松	松	一级	500	1

地　点	树　种	科	属	保护级别	树龄/年	株　数
青龙满族自治县木头凳镇木头凳村东凳	油松	松	松	一级	500	17
青龙满族自治县木头凳镇东洼子村东洼子	白榆	榆	榆	一级	500	1
青龙满族自治县马圈子镇头道河村亮子沟东山	油松	松	松	一级	500	1
青龙满族自治县马圈子镇头道河村亮子沟东山	油松	松	松	一级	500	1
青龙满族自治县马圈子镇头道河村亮子沟东山	油松	松	松	一级	500	1
青龙满族自治县马圈子镇沈杖子村崔杖子庄头	油松	松	松	一级	500	1
青龙满族自治县马圈子镇三家村南山	油松	松	松	一级	500	1
青龙满族自治县马圈子镇马圈子村南沟	油松	松	松	一级	500	1
青龙满族自治县娄杖子乡小鹿沟村前山	油松	松	松	一级	500	1
青龙满族自治县娄杖子乡西台子村沟门子后山	蒙古栎	壳斗	栎	一级	500	1
青龙满族自治县娄杖子乡前牛山村椴树沟	侧柏	柏	侧柏	一级	500	1
青龙满族自治县娄杖子乡前擦岭村西山	油松	松	松	一级	500	1
青龙满族自治县娄杖子乡前擦岭村委会	侧柏	柏	侧柏	一级	500	1
青龙满族自治县龙王庙乡圣宗庙村北山	油松	松	松	一级	500	1
青龙满族自治县龙王庙乡圣宗庙村北山	油松	松	松	一级	500	1
青龙满族自治县龙王庙乡启河村老王家坟	油松	松	松	一级	500	18
青龙满族自治县龙王庙乡偏岭石村南山梁	油松	松	松	一级	500	1
青龙满族自治县龙王庙乡偏岭石村南山梁	油松	松	松	一级	500	1
青龙满族自治县龙王庙乡偏岭石村南山梁	油松	松	松	一级	500	1
青龙满族自治县龙王庙乡偏岭石村南山梁	油松	松	松	一级	500	1
青龙满族自治县龙王庙乡偏岭石村南山梁	油松	松	松	一级	500	1
青龙满族自治县龙王庙乡偏岭石村南山梁	油松	松	松	一级	500	1
青龙满族自治县龙王庙乡偏岭石村南山梁	油松	松	松	一级	500	1
青龙满族自治县龙王庙乡孟杖子村西	油松	松	松	一级	500	1
青龙满族自治县龙王庙乡龙王庙村东沟坟地	油松	松	松	一级	500	20
青龙满族自治县龙王庙乡郝杖子村袁家沟	流苏树	木犀	流苏树	一级	500	1
青龙满族自治县龙王庙乡郝杖子村袁家沟	暴马丁香	木犀	丁香	一级	500	1
青龙满族自治县龙王庙乡郝杖子村袁家沟	暴马丁香	木犀	丁香	一级	500	1
青龙满族自治县龙王庙乡郝杖子村袁家沟	暴马丁香	木犀	丁香	一级	500	1
青龙满族自治县龙王庙乡郝杖子村袁家沟	暴马丁香	木犀	丁香	一级	500	1
青龙满族自治县龙王庙乡郝杖子村袁家沟	暴马丁香	木犀	丁香	一级	500	1
青龙满族自治县龙王庙乡郝杖子村王力民家前院	流苏树	木犀	流苏树	一级	500	1
青龙满族自治县龙王庙乡郝杖子村王力民家前院	流苏树	木犀	流苏树	一级	500	1
青龙满族自治县龙王庙乡龚杖子村庄北山梁	油松	松	松	一级	500	1
青龙满族自治县龙王庙乡龚杖子村庄北山梁	油松	松	松	一级	500	1
青龙满族自治县龙王庙乡龚杖子村庄北山	油松	松	松	一级	500	1
青龙满族自治县龙王庙乡龚杖子村马青门前	蒙古栎	壳斗	栎	一级	500	1
青龙满族自治县龙王庙乡偏岭石村南山梁	油松	松	松	一级	500	60
青龙满族自治县龙王庙乡孟杖子村西	油松	松	松	一级	500	1

地　点	树　种	科	属	保护级别	树龄 / 年	株　数
青龙满族自治县凉水河乡落地村西山	油松	松	松	一级	500	1
青龙满族自治县凉水河乡达子沟村菩萨庙	油松	松	松	名木	500	1
青龙满族自治县凉水河乡达子沟村菩萨庙	油松	松	松	名木	500	1
青龙满族自治县库区乔杖子西山	油松	松	松	一级	500	1
青龙满族自治县库区乔杖子村	油松	松	松	一级	500	1
青龙满族自治县官场乡粘鱼洞沟村老优家	油松	松	松	一级	500	1
青龙满族自治县官场乡粘鱼洞沟村老优家	油松	松	松	一级	500	1
青龙满族自治县官场乡小岭后村学校后	油松	松	松	一级	500	1
青龙满族自治县官场乡头道铺村磨坑	秋子梨	蔷薇	梨	一级	500	1
青龙满族自治县官场乡山岭高村亮马台	油松	松	松	一级	500	1
青龙满族自治县官场乡官厂村偏岭后崖	蒙古栎	壳斗	栎	一级	500	1
青龙满族自治县隔河头镇南新庄村大庙山	油松	松	松	一级	500	1
青龙满族自治县隔河头镇南新庄村西山	油松	松	松	一级	500	1
青龙满族自治县隔河头镇南新庄村西沟南坡	油松	松	松	一级	500	1
青龙满族自治县隔河头镇南新庄村西沟南坡	油松	松	松	一级	500	1
青龙满族自治县隔河头镇南新庄村西沟北坡	油松	松	松	一级	500	1
青龙满族自治县隔河头镇花果山水帘洞	油松	松	松	一级	500	1
青龙满族自治县隔河头镇樊家店村后山坟地	油松	松	松	一级	500	1
青龙满族自治县隔河头镇樊家店村后山坟地	油松	松	松	一级	500	1
青龙满族自治县隔河头镇董杖子村曹杖子后山	蒙古栎	壳斗	栎	一级	500	1
青龙满族自治县隔河头镇董杖子村曹杖子	核桃	胡桃	核桃	一级	500	1
青龙满族自治县隔河头镇大森店村北沟	糠椴	椴树	椴树	一级	500	1
青龙满族自治县隔河头镇城山沟村城山沟	油松	松	松	一级	500	5
青龙满族自治县干沟乡盘岭沟村马杖子后山	油松	松	松	一级	500	50
青龙满族自治县干沟乡东沟村腾庄	油松	松	松	一级	500	1
青龙满族自治县凤凰山乡歪顶沟村腰庄西山	油松	松	松	一级	500	1
青龙满族自治县凤凰山乡汤杖子村大柳树沟后山	蒙古栎	壳斗	栎	一级	500	1
青龙满族自治县凤凰山乡娘娘庙村东山	核桃楸	胡桃	核桃	一级	500	1
青龙满族自治县凤凰山乡娘娘庙村东山	油松	松	松	一级	500	1
青龙满族自治县凤凰山乡娘娘庙村东山	油松	松	松	一级	500	1
青龙满族自治县凤凰山乡碾子沟村九蒿沟	油松	松	松	一级	500	20
青龙满族自治县凤凰山乡碾子沟村九蒿沟	油松	松	松	一级	500	18
青龙满族自治县凤凰山乡付杖子村窑上西山	油松	松	松	一级	500	1
青龙满族自治县凤凰山乡付杖子村窑上西山	油松	松	松	一级	500	1
青龙满族自治县凤凰山乡付杖子村黄土干沟	油松	松	松	一级	500	1
青龙满族自治县大巫岚乡张家沟村张家沟	油松	松	松	一级	500	7
青龙满族自治县大巫岚乡张庄村西山坡	油松	松	松	一级	500	1
青龙满族自治县大巫岚乡张家沟村张家沟	油松	松	松	一级	500	6
青龙满族自治县大巫岚乡张家沟村张家沟	油松	松	松	一级	500	7

地　点	树　种	科	属	保护级别	树龄 / 年	株　数
青龙满族自治县大巫岚乡秦牧沟村头	油松	松	松	一级	500	1
青龙满族自治县大巫岚乡秦牧沟村头	油松	松	松	一级	500	1
青龙满族自治县大巫岚乡牡丹沟村西水泉子	栓皮栎	壳斗	栎	一级	500	1
青龙满族自治县大巫岚乡核桃沟村杨杖子西山	油松	松	松	一级	500	1
青龙满族自治县大巫岚乡核桃沟村山梁	油松	松	松	一级	500	1
青龙满族自治县大巫岚乡核桃沟村公路边	油松	松	松	一级	500	1
青龙满族自治县大巫岚乡和平庄村东庄南山	油松	松	松	一级	500	1
青龙满族自治县大巫岚乡蛤子汀村大地	油松	松	松	一级	500	1
青龙满族自治县大巫岚乡东汉沟村内	皂荚	豆	皂荚	一级	500	1
青龙满族自治县大巫岚乡陈台子村牛车沟前山	蒙古栎	壳斗	栎	一级	500	1
青龙满族自治县大巫岚乡陈台子村刘庄后山	蒙古栎	壳斗	栎	一级	500	1
青龙满族自治县大石岭乡写字洞村东山根	油松	松	松	一级	500	1
青龙满族自治县大石岭乡写字洞村东山根	油松	松	松	一级	500	1
青龙满族自治县大石岭乡老岭湾村沟门	油松	松	松	一级	500	1
青龙满族自治县大石岭乡写字洞村东庄东山	油松	松	松	一级	500	5
青龙满族自治县大石岭乡山南村下山南	国槐	豆	槐	一级	500	1
青龙满族自治县大石岭乡大石岭南庄南山	油松	松	松	一级	500	1
青龙满族自治县大石岭乡大石岭南庄东山	油松	松	松	一级	500	1
青龙满族自治县大石岭乡大石岭南庄东山	油松	松	松	一级	500	1
青龙满族自治县茨榆山乡杨台子村水洼庄前山	流苏树	木犀	流苏树	一级	500	1
青龙满族自治县茨榆山乡杨台子村后山	蒙古栎	壳斗	栎	一级	500	1
青龙满族自治县茨榆山乡上白城子村道寺沟	华北五角枫	槭树	槭	一级	500	1
青龙满族自治县茨榆山乡磨盘山村桑树沟门	油松	松	松	一级	500	1
青龙满族自治县茨榆山乡磨盘山村前山	油松	松	松	一级	500	1
青龙满族自治县茨榆山乡尖山子村学校后山	油松	松	松	一级	500	1
青龙满族自治县茨榆山乡尖山子村前山	油松	松	松	一级	500	1
青龙满族自治县茨榆山乡八拨子村横岭子南山	油松	松	松	一级	500	1
青龙满族自治县草碾乡杨树底下村王文西边	油松	松	松	一级	500	1
青龙满族自治县草碾乡杨树底下村东山	油松	松	松	一级	500	1
青龙满族自治县草碾乡闫杖子前陡岭南山	油松	松	松	一级	500	1
青龙满族自治县草碾乡闫杖子前陡岭南山	油松	松	松	一级	500	1
青龙满族自治县草碾乡闫杖子楼上前山	油松	松	松	一级	500	1
青龙满族自治县草碾乡东滩村后院	侧柏	柏	侧柏	一级	500	1
青龙满族自治县八道河镇公厂村王怀女沟前山	油松	松	松	一级	500	1
青龙满族自治县八道河镇公厂村王怀女沟前山	油松	松	松	一级	500	1
青龙满族自治县八道河镇公厂村王怀女沟前山	油松	松	松	一级	500	1
青龙满族自治县八道河镇公厂村王怀女沟前山	油松	松	松	一级	500	1
青龙满族自治县八道河乡王厂村南山	油松	松	松	一级	500	1
青龙满族自治县八道河乡王厂村南山	油松	松	松	一级	500	1

地　点	树　种	科	属	保护级别	树龄 / 年	株　数
青龙满族自治县八道河乡沙河村方杖子西地	板栗	壳斗	栗	一级	500	1
青龙满族自治县八道河乡沙河村方杖子西大地	板栗	壳斗	栗	一级	500	1
青龙满族自治县八道河乡牧马村南山	油松	松	松	一级	500	1
青龙满族自治县八道河乡牧马村南山	油松	松	松	一级	500	1
青龙满族自治县八道河乡二道沟村西山	油松	松	松	一级	500	1
青龙满族自治县八道河乡二道沟村前山	油松	松	松	一级	500	1
青龙满族自治县八道河乡二道沟村前山	油松	松	松	一级	500	1
青龙满族自治县八道河乡大转村杨树沟台子	板栗	壳斗	栗	一级	500	1
青龙满族自治县八道河乡抄道沟村老朱家	油松	松	松	一级	500	1
青龙满族自治县安子岭乡砖瓦窑村赵家坟	油松	松	松	一级	500	1
青龙满族自治县安子岭乡吉利峪村桦树店子	油松	松	松	一级	500	1
青龙满族自治县安子岭乡吉利峪村桦树店子	油松	松	松	一级	500	1
青龙满族自治县安子岭乡东山村黄梁子	油松	松	松	一级	500	1
青龙满族自治县安子岭乡东山村黄梁子	油松	松	松	一级	500	1
卢龙县印庄乡西马庄村中心	国槐	豆	槐	一级	500	1
卢龙县燕河营镇下兴隆庄村内	国槐	豆	槐	一级	500	1
卢龙县潘庄镇秀各庄村内	国槐	豆	槐	一级	500	1
卢龙县卢龙镇招军屯村南	国槐	豆	槐	一级	500	1
卢龙县蛤泊乡原鲍子沟归真园	柿树	柿树	柿	一级	500	1
卢龙县陈官屯乡陈官屯村中心	国槐	豆	槐	一级	500	1
海港区东港镇卸粮口原村内	国槐	豆	槐	名木	500	1
海港区东港镇卸粮口原村内	国槐	豆	槐	名木	500	1
抚宁县驻操营镇*庄河村小学院内	侧柏	柏	侧柏	一级	500	1
抚宁县驻操营镇*庄河村南龙王庙	油松	松	松	一级	500	1
抚宁县驻操营镇*张庄村东河西梁	侧柏	柏	侧柏	一级	500	1
抚宁县驻操营镇*张庄村东河西梁	油松	松	松	一级	500	1
抚宁县驻操营镇*东王庄村西山上	油松	松	松	一级	500	1
抚宁县驻操营镇*潘庄村西坎上	油松	松	松	一级	500	1
抚宁县驻操营镇*潘庄村西坎上	油松	松	松	一级	500	1
抚宁县驻操营镇*刘家房村内	油松	松	松	一级	500	1
抚宁县驻操营镇*城子峪村东五道庙	油松	松	松	一级	500	1
抚宁县石门寨镇*南峪村内	国槐	豆	槐	一级	500	1
抚宁县石门寨镇*柳官峪村南	国槐	豆	槐	一级	500	1
抚宁县石门寨镇*老爷庙村庙遗址上（中）	侧柏	柏	侧柏	一级	500	1
抚宁县石门寨镇*老爷庙村庙遗址上（西）	侧柏	柏	侧柏	一级	500	1
抚宁县石门寨镇*老爷庙村庙遗址上（东）	侧柏	柏	侧柏	一级	500	1
抚宁县石门寨镇*北杨庄村内	国槐	豆	槐	一级	500	1
抚宁县石门寨镇*上花野村	国槐	豆	槐	一级	500	1

地　点	树　种	科	属	保护级别	树龄 / 年	株　数
抚宁县深河乡东桐叶村西	国槐	豆	槐	一级	500	1
抚宁县深河乡东桐叶村东	国槐	豆	槐	一级	500	1
抚宁县牛头崖镇*大泥河村内	国槐	豆	槐	名木	500	1
抚宁县留守营镇小营村内	国槐	豆	槐	一级	500	1
抚宁县留守营镇东大村内	国槐	豆	槐	一级	500	1
抚宁县大新寨镇迷雾村内	国槐	豆	槐	一级	500	1
抚宁县大新寨镇贾家河村东梁	国槐	豆	槐	一级	500	1
抚宁县大新寨镇呼各庄村内	国槐	豆	槐	一级	500	1
抚宁县茶棚乡前石河村内	国槐	豆	槐	一级	500	1
抚宁县茶棚乡下官营村	国槐	豆	槐	一级	500	1
抚宁县茶棚乡后石河村委会	国槐	豆	槐	一级	500	1
抚宁县渤海林场沙岭殿宝石顶	油松	松	松	一级	500	1
抚宁县渤海林场宏量寺一道沟西梁顶	油松	松	松	一级	500	1
抚宁县渤海林场宏量寺松木盖子	油松	松	松	一级	500	1
抚宁县渤海林场宏量寺三道沟梁路边	油松	松	松	一级	500	1
昌黎县朱各庄镇孙庄村	白杜卫矛	卫矛	卫矛	一级	500	1
昌黎县两山乡正明山村	油松	松	松	一级	500	1
青龙满族自治县龙王庙乡田杖子村	油松	松	松	一级	500	30

注：（1）*2015 年 8 月，抚宁县行政区划调整，原属抚宁县的驻操营镇、石门寨镇、杜庄镇划归海港区；原属抚宁县的牛头崖镇划归北戴河区。

（2）根据 2007 年 12 月出版的《年轮档案——秦皇岛名木古树摄影报告集》整理。

有油松、枣、皂荚、酸枣、文冠果、银杏、青杆、秋子梨、山楂、柿树、栓皮栎、水曲柳、流苏树、麻栎、蒙古栎、华北五角枫、糠椴、国槐、核桃、核桃楸、暴马丁香、侧柏、白榆、板栗、白杜卫矛共 25 种，以油松为大宗。其中，油松 1 084 株（单株 269 个、群落 19 个 815 株），树龄最大的 1 500 年，1 000 年以上的 11 株，9 株位于青龙满族自治县，其余 2 株位于抚宁县和昌黎县；国槐 62 株，最大树龄 1300 年，位于山海关区石河镇毛家沟村，树龄 1 000 年的 3 株，分别位于青龙满族自治县大石岭乡柳树漫村、抚宁县石门寨镇鸭水河村（2015 年 8 月划归海港区）、昌黎县城郊区中卓庄村；侧柏 25 株（单株 17 个，群落 1 个 8 株），树龄最大的 800 年，共 3 株，均位于青龙满族自治县祖山镇柏树矿区；暴马丁香 9 株，树龄均为 500 年，全部位于青龙满族自治县；蒙古栎 9 株，树龄最大的 600 年，位于青龙满族自治县；白榆 8 株，最大树龄 1 000 年，位于青龙满族自治县马圈子镇三十六磙子村；流苏树 5 株，树龄最大的 1 000 年，位于抚宁县石门寨镇东塔村南沟（2015 年 8 月划归海港区）；酸枣 4 株，树龄最大的 1 000 年，位于昌黎县龙家店镇杨封台小学；板栗 3 株，树龄均为 500 年，全部位于青龙满族自治县；青杆 3 株，树龄均为 800 年，全部位于都山林场；华北五角枫 2 株，树龄均为 500 年，全部位于青龙满族自治县；银杏 2 株，树龄分别为 2 800 年、1 000 年；白杜卫矛、核桃、核桃楸、糠椴、麻栎均、秋子梨、山楂、柿树、栓皮栎、水曲柳、文冠果、枣、皂荚各 1 株。

有松、柏、豆、椴树、胡桃、壳斗、木犀、槭树、蔷薇、柿树、鼠李、卫矛、无患子、银杏、榆 15 科及松、侧柏、槐、皂荚、椴树、核桃、栎、栗、流苏树、白蜡树、丁香、槭、山楂、梨、柿、枣、云杉、卫矛、文冠果、银杏、榆21属，以松科、松属最多。其中，松科有松属、云杉属，共1 087株（松属1 084株、云杉属3株）；豆科有槐属（见图7-5）、皂荚属，共63株（槐属62株、皂荚属1株）；柏科有侧柏属，共25株；木犀科有流苏树属、白蜡树属、丁香属，共15株（丁香属9株、流苏树属5株、白蜡树属1株）；壳斗科有栎属、栗属，共14株（栎属11株、栗属3株）；鼠李科有枣属，共5株；榆科有榆属，共8株；蔷薇科有山楂属、梨属，共2株（山楂属、梨属各1株）；胡桃科有核桃属，槭树科有槭属，银杏科有银杏属，各2株；柿树科有柿属，卫矛科有卫矛属，无患子科有文冠果属，椴树科有椴树属，各1株。

图7-5　北戴河区北戴河村国槐，距今600余年

500年及其以上的一级古树和名木在全市各县（区）均有分布。其中，以青龙满族自治县最多，为1 115株（单株300株，群落19个815株），其后依次为抚宁县61株（2015年10月，原属抚宁县的杜庄镇、驻操营镇、石门寨镇划归海港区，牛头崖镇划归北戴河区，涉及古树名木34株）、山海关区20株（单株12株、群落1个8株），秦皇岛经济技术开发区东区1株、卢龙县15株、昌黎县10株、海港区4株、北戴河区4株。分属全市的60个乡镇（全市共75个乡镇），青龙满族自治县龙王庙乡最多，共160株，其中单株32株、群落4个128株。

3. 陆域植物区系地理成分

植物区系的地理成分以北温带（欧洲）成分为主，如木本植物的杨、柳、槭、桦、鹅耳枥、栗、栎、胡枝子、七叶树、椴、刺柏、圆柏、落叶松、云杉、榆、黄栌、盐肤木、榛、山楂、苹果、绣线菊、杜鹃等；草本植物如蒿、景天、紫堇、芍药、罂粟、报春花、点地梅、委陵菜、葱、野古草、獐茅、鸢尾等。有旧大陆温带成分，如沙棘、丁香、梨、柽柳、沙参、益母草、隐子草、苜蓿等。有东亚成分，如猕猴桃、溲疏、枫杨、梧桐、银杏、刺楸、萝藦、桔梗、锦带花、黄檗、泡桐等。有世界广泛分布的草本植物，如紫菀、老鹳草、毛茛、蓼、苔草、芦苇；木本植物如槐、悬钩子、鼠李；水生及沼生草本植物，如莎草、香蒲、浮萍、眼子菜、大叶藻；盐砂生植物，如猪毛菜、碱蓬、黄芪、补血草等。有泛热带成分，如木本植物的冬青，黄杨、柿、朴、枣、酸枣、荆条；草本植物白茅等。有热带美洲和热带亚洲成分，如栽培植物的落花生、向日葵、辣椒、番茄、美人蕉、龙舌兰、凤眼莲等来自热带美洲，而楝科的椿、苦木科的臭椿则来自热带亚洲。中国特有成分，如文冠果、蚂蚱腿子、花蒿、知母等。

4. 陆地野生木本植物资源

野生木本植物是比较珍贵的种质资源，是大自然留给人类的巨大财富，与人类的生产生活密切相关。明弘治十四年(1501年)《永平府志·土产》记载：秦皇岛地区野生干果有黑枣、栗、榛、枣、胡桃、白果、楸子。清光绪五年（1879年）《永平府志·物产》记载：干果有栗子、核桃（昌黎漏瓢最佳）、枣（有数种，昌黎油头枣尤佳）、羊枣（有无核、有核两种）、榛、银杏；野果有山桃、山杏、猕猴桃、山葡萄、楸子（山核桃）、榛子、松籽、橡子等。目前，秦皇岛市主要野生木本植物有40科142种（不含重复科、种）。种数超过5种以上的科有10科、89种。

其中，蔷薇科 19 种、豆科 12 种、榆科 10 种、壳斗科 9 种、桑科 8 种、忍冬科 7 种、桦木科 7 种、葡萄科 6 种、杨柳科 6 种、木犀科 5 种（表 7-3）。按经济用途分为食用植物 58 种（保健饮料及野果植物 26 种、蜜源植物 20 种、淀粉植物 12 种）、观赏花卉植物 24 种、药用植物 21 种、农用杀虫植物 10 种、工用植物 31 种（纤维植物 12 种、鞣料植物 8 种、树胶和树脂植物 4 种、油脂植物 7 种，均不含重复科、种）（表 7-4）。

表 7-3　秦皇岛市陆地野生木本植物主要科、种数一览表

科　名	种　数	科　名	种　数	科　名	种　数
蔷薇科 Rosaceae	19	松科 Pinaceae	3	山矾科 Symplocaceae	1
豆科 Leguminosae	12	猕猴桃科 Actinidiaceae	3	柏科 Cupressaceae	1
榆科 Ulmaceae	10	胡桃科 Juglandaceae	2	大戟科 Euphorbiales	1
壳斗科 Fagaceae	9	杜鹃花科 Ericaceae	2	桑寄生科 Loranthaceae	1
桑科 Moraceae	8	漆树科 Anacardiaceae	2	唇形科 Labiatae	1
忍冬科 Caprifoliaceae	7	槭树科 Aceraceae	2	秋海棠科 Begoniaceae	1
桦木科 Betulaceae	7	虎耳草科 Saxifragaceae	2	柿树科 Ebenaeeae	1
葡萄科 Vitaceae	6	苦木科 Simaroubaceae	2	茄科 Solanaceae	1
杨柳科 Salicaceae	6	木兰科 Magnoliaceae	2	柽柳科 Tamaricaceae	1
木犀科 Oleaceae	5	卫矛科 Celastraceae	2	萝藦科 Asclepiadaceae	1
椴树科 Tiliaceae	4	马鞭草科 Verbenaceae	1	无患子科 Sapindaceae	1
五加科 Araliaceae	4	小檗科 Berberidaceae	1	防己科 Menispermaceae	1
芸香科 Rutaceae	4	胡颓子科 Elaeagnaceae	1		
鼠李科 Rhamnaceae	3	锦葵科 Malvaceae	1		

表 7-4　秦皇岛市陆地野生木本植物资源种类一览表（表跨页）

植物资源类别		科　名	种　名
1 食用植物	A 保健饮料及野果植物	壳斗科 Fagaceae	蒙古栎 *Quercus mongolica*
			辽东栎 *Quercus wutaishanica*
		桦木科 Betuiaceae	榛 *Corylus heterophylla*
		胡桃科 Juglandaceae	核桃楸 *Juglans mandshurica*
			野核桃 *Juglans Juglans*
		蔷薇科 Rosaceae	山杏 *Armeniaca sibirica*
			山桃 *Amygdalus davidiana*
			山楂 *Crataegus pinnatifida*
			刺梨 *Ribesburej ense*
			山荆子 *Malus baccata*
			毛樱桃 *Cerasus tomentosa*
			欧李 *Cerasus humilis*
			毛叶稠李 *Padus racemosa* var. *pubescens*
			牛迭肚 *Rubus crataegifolius*

植物资源类别		科　名	种　名
1 食用植物	A 保健饮料及野果植物	鼠李科 Rhamnaceae	枣 *Ziziphus jujuba*
			酸枣 *Ziziphus jujuba* var. *spinosa*
		小檗科 Berberidaceae	细叶小檗 *Berberis poiretii*
		木兰科 Magnoliaceae	北五味子 *Schisandra chinensis*
		芸香科 Rutaceae	野花椒 *Zanthoxylum simulans*
		葡萄科 Vitaceae	山葡萄 *Vitis amurensis*
		猕猴桃科 Actinidiaceae	软枣猕猴桃 *Actinidia arguta*
			狗枣猕猴桃 *Actinidia kolomikta*
			木天蓼 *Actinidia polygama*
		柿树科 Ebenaeeae	黑枣 *Diospyros lotus*
		茄科 Solanaceae	枸杞 *Lycium chinense*
		虎耳草科 Saxifragaceae	东北茶镳子 *Ribes mandshuricum*
	B 蜜源植物	豆科 Leguminosae	胡枝子 *Lespedeza bicolor*
			多花胡枝子 *Lespedeza floribunda*
			刺槐 *Robinia pseudoacacia*
		椴树科 Tiliaceae	糠椴 *Tilia mandschurica*
			紫椴 *Tilia amurensis*
		忍冬科 Caprifoliaceae	六道木 *Abelia biflora*
		唇形科 Labiatea	百里香 *Thymus mongolicus*
		马鞭草科 Verbenaceae	荆条 *Vitex negundo* var. *heterophylla*
		葡萄科 Vitaceae	山葡萄 *Vitis amurensis*
		五加科 Araliaceae	刺五加 *Acanthopanax senticosus*
		蔷薇科 Rosaceae	牛迭肚 *Rubus crataegifolius*
			西伯利亚杏 *Prunus sibirica*
			灰栒子 *Cotoneaster acutifolius*
			美蔷薇 *Rosa bella*
		鼠李科 Rhamnaceae	酸枣 *Ziziphus jujuba* var. *spinosa*
		杜鹃花科 Ericaceae	迎红杜鹃 *Rhododendron mucronulatum*
			照山白 *Rhododendron micranthum*
		木犀科 Oleaceae	暴马丁香 *Syringa reticulata* var. *amurensis*
			巧玲花 *Syringa pubescens*
		胡颓子科 Elaeagnaceae	木半夏 *Elaeagnus multiflora*
		忍冬科 Caprifoliaceae	金花忍冬 *Lonicera chrysantha*
		柏科 Cupressaceae	侧柏 *Platycladus orientalis*
		木兰科 Magnoliaceae	天女木兰 *Magnolia sieboldii*
			五味子 *Schisandra chinensis*
	C 淀粉植物	壳斗科 Fagaceae	槲栎 *Quercus aliena*
			辽东栎 *Quercus wutaishanica*
			蒙古栎 *Quercus mongolica*

植物资源类别		科 名	种 名
1 食用植物	C 淀粉植物	壳斗科 Fagaceae	麻栎 *Quercus acutissima*
			柞栎 *Quercus denlata*
			河北栎 *Quercus ×hopeiensis*
			北方麻栎 *Quercus acutissima* var. *septentrionalis*
		榆科 Ulmaceae	榆 *Ulmus pumila*
			黑榆 *Ulmus davidiana*
		桑科 Moraceae	鸡桑 *Morus australis*
			蒙桑 *Morus mongolica*
		蔷薇科 Rosaceae	山楂 *Crataegus pinnatifida*
			山荆子 *Malus baccata*
			水榆花楸 *Sorbus alnifolia*
			花楸树 *Sorbus pohuashanensis*
			牛迭肚 *Rubus crataegifolius*
		葡萄科 Vitaceae	山葡萄 *Vitis amurensis*
			桑叶葡萄 *Vitis heyneana* subsp. *ficifolia*
			爬山虎 *Parthenocissus tricuspidata*
		猕猴桃科 Actinidiaceae	软枣猕猴桃 *Actinidia arguta*
			狗枣猕猴桃 *Actinidia kolomikta*
		胡颓子科 Elaeagnaceae	木半夏 *Elaeagnus multiflora*
		柿树科 Ebenaeeae	黑枣 *Diospyros lotus*
2 观赏花卉植物	—	虎耳草科 Saxifragaceae	东陵绣球 *Hydrangea bretschneideri*
		蔷薇科 Rosaceae	金露梅 *Potentilla fruticosa*
			三裂绣线菊 *Spiraea trilobata*
			大叶蔷薇 *Rosa macrophylla*
			多花蔷薇 *Rosa multiflora* var. *Cathayensis*
			光叶山刺玫 *Rosa davurica* var. *glabra*
			金露梅 *Potentilla fruticosa*
			稠李 *Padus racemosa*
		豆科 Leguminosae	山合欢 *Albizia kalkora*
			合欢 *Albizia julibrissin*
			红花锦鸡儿 *Caragana rosea*
			锦鸡儿 *Caragana sinica*
			多花胡枝子 *Lespedeza floribunda*
			花木蓝 *Indigofera kirilowii*
		忍冬科 Caprifoliaceae	金花忍冬 *Lonicera chrysantha*
			忍冬 *Lonicera japonica*
			刚毛忍冬 *Lonicera hispida*
			鸡树条荚蒾 *Viburnum opulus* var. *calvescens*
			锦带花 *Weigela florida*

植物资源类别		科　名	种　名
2 观赏花卉植物	—	忍冬科 Caprifoliaceae	接骨木 *Sambucus williamsii*
		秋海棠科 Begoniaceae	中华秋海棠 *Begonia grandis* subsp. *sinensis*
		锦葵科 Malvaceae	木槿 *Hibiscus syriacus*
		卫矛科 Celastraceae	南蛇藤 *Celastrus orbiculatus*
		木兰科 Magnoliaceae	天女木兰 *Magnolia sieboldii*
		唇形科 Labiatea	百里香 *Thymus mongolicus*
		杜鹃花科 Ericaceae	迎红杜鹃 *Rhododendron mucronulatum*
3 药用植物	—	银杏科 Ginkgoaceae	银杏 *Ginkgo biloba*
		木犀科 Oleaceae	连翘 *Forsythia suspensa*
			白蜡树 *Fraxinus chinensis*
			花曲柳 *Fraxinus rhynchophylla*
		桑寄生科 Loranthaceae	槲寄生 *Viscum coloratum*
		木兰科 Magnoliaceae	五味子 *Schisandra chinensis*
		蔷薇科 Rosaceae	欧李 *Cerasus humilis*
		鼠李科 Rhamnaceae	枣 *Ziziphus jujuba*
			酸枣 *Ziziphus jujuba* var. *spinosa*
		茄科 Solanaceae	枸杞 *Lycium chinense*
		葡萄科 Vitaceae	蘡薁 *Vitis bryoniaefolia*
		葎叶蛇葡萄 Ampelopsis humulifolia	白蔹 *Ampelopsis japonica*
		芸香科 Rutaceae	黄檗 *Phellodendron amurense*
			臭檀 *Evodia daniellii*
			野花椒 *Zanthoxylum simulans*
			崖椒 *Zanthoxylum schinifolium*
		防己科 Menispermaceae	蝙蝠葛 *Menispermum dauricum*
		漆树科 Anacardiaceae	盐肤木 *Rhus chinensis*
		豆科 Leguminosae	山合欢 *Albizia kalkora*
			皂荚 *Gleditsia sinensis*
			杭子梢 *Campylotropis macrocarpa*
			锦鸡儿 *Caragana sinica*
			野葛 *Pueraria lobate*
			胡枝子 *Lespedeza bicolor*
			短梗胡枝子 *Lespedeza cyrtobotrya*
		苦木科 Simaroubaceae	臭椿 *Ailanthus altissima*
		榆科 Ulmaceae	榔榆 *Ulmus parvifolia*
4 农用杀虫植物	—	柏科 Cupressaceae	侧柏 *Platycladus orientalis*
		杨柳科 Salicaceae	垂柳 *Salix babylonica*
		柽柳科 Tamaricaceae	柽柳 *Tamarix chinensis*
		萝藦科 Asclepiadaceae	杠柳 *Periploca sepium*

植物资源类别		科　名	种　名
4 农用杀虫植物	—	壳斗科 Fagaceae	柞栎 *Quercus denlata*
		豆科 Leguminosae	苦参 *Sophora flavescens*
		鼠李科 Rhamnaceae	乌苏里鼠李 *Rhamnus ussuriensis*
		杜鹃花科 Ericaceae	迎红杜鹃 *Rhododendron mucronulatum*
		胡桃科 Juglandaceae	核桃楸 *Juglans mandshurica*
		大戟科 Euphorbiaceae	一叶萩 *Flueggea suffruticosa*
		苦木科 Simaroubaceae	苦木 *Picrasma quassioides*
		山矾科 Symplocaceae	白檀 *Symplocos paniculata*
5 工业用植物	A 纤维植物	杨柳科 Salicaceae	山杨 *Populus davidiana*
		胡桃科 Juglandaceae	核桃楸 *Juglans mandshurica*
		榆科 Ulmaceae	大叶朴 *Celtis koraiensis*
			小叶朴 *Celtis bungeana*
			裂叶榆 *Ulmus laciniata*
			青檀 *Pteroceltis tatarinowii*
			刺榆 *Hemiptelea davidii*
		桑科 Moraceae	构树 *Broussonetia kazinoki*
			柘树 *Cudrania tricuspidata*
			山桑 *Morus mongolica* var. *diabolica*
			桑 *Morus alba*
			鸡桑 *Morus australis*
			华桑 *Morus cathayana*
			蒙桑 *Morus mongolica*
			葎草 *Humulus scandens*
		蔷薇科 Rosaceae	牛迭肚 *Rubus crataegifolius*
		山矾科 Symplocaceae	白檀 *Symplocos paniculata*
		葡萄科 Vitaceac	白蔹 *Ampelopsis japonica*
		椴树科 Tiliaceae	扁担木 *Grewia biloba* var. *parviflora*
			蒙椴 *Tilia mongolica*
		马鞭草科 Verbenaceae	荆条 *Vitex negundo* var. *heterophylla*
	B 染料和鞣料植物	松科 Pinaceae	华山松 *Pinus armandii*
			落叶松 *Larix gmelinii*
		杨柳科 Salicaceae	小叶杨 *Populus simonii*
			毛白杨 *Populus tomentosa*
			旱柳 *Salix matsudana*
			垂柳 *Salix babylonica*
			崖柳 *Salix floderusii*
		桦木科 Betulaceae	黑桦 *Betula dahurica*
			白桦 *Betula platyphylla*

植物资源类别		科　名	种　名
5 工业用植物	B 染料和鞣料植物	蔷薇科 Rosaceae	三裂绣线菊 *Spiraea trilobata*
		壳斗科 Fagaceae	栓皮栎 *Quercus variabilis*
	C 树胶和树脂植物	松科 Pinaceae	华北落叶松 *Larix principis-rupprechtii*
			落叶松 *Larix gmelinii*
			樟子松 *Pinus sylvestris* var. *mongolica*
			油松 *Pinus tabulaeformis*
		漆树科 Anacardiaceae	盐肤木 *Rhus chinensis*
		木兰科 Magnoliaceae	五味子 *Schisandra chinensis*
		蔷薇科 Rosaceae	山桃 *Amygdalus davidiana*
		猕猴桃科 Actinidiaceae	软枣猕猴桃 *Actinidia arguta*
			狗枣猕猴桃 *Actinidia kolomikta*
		榆科 Ulmaceae	大果榆 *Ulmus macrocarpa*
		卫矛科 Celastraceae	白杜卫矛 *Euonymus bungeanus*
		桦木科 Betulaceae	糙皮桦 *Betula utilis*
	D 油脂植物	槭树科 Aceraceae	元宝槭 *Acer truncatum*
			色木槭 *Acer mono*
		无患子科 Sapindaceae	文冠果 *Xanthoceras sorbifolia*
		松科 Pinaceae	落叶松 *Larix gmelinii*
			油松 *Pinus tabulaeformis*
		胡桃科 Juglandaceae	核桃楸 *Juglans mandshurica*
			野核桃 *Juglans cathayensis*
		桦木科 Betuiaceae	黑桦 *Betula dahurica*
			榛 *Corylus heterophylla*
			毛榛 *Corylus mandshurica*
			虎榛子 *Ostryopsis davidiana*
			鹅耳枥 *Carpinus turczaninowii*
		榆科 Ulmaceae	大叶朴 *Celtis koraiensis*
		苦木科 Simaroubaceae	臭椿 *Ailanthus altissima*
		漆树科 Anacardiaceae	黄连木 *Pistacia chinensis*
		五加科 Araliaceae	刺楸 *Kalopanax septemlobus*
			楤木 *Aralia chinensis*
			辽东楤木 *Aralia elata*
			刺五加 *Acanthopanax senticosus*

秦皇岛市野生木本植物资源主要分布在全市的森林、路旁及丘陵地带，植物资源种数最多的是青龙满族自治县，其余依次为抚宁区、海港区、山海关区、昌黎县、卢龙县、北戴河区。海拔 800 米以上分布的主要有蒙古栎、辽东栎、鹅耳枥（见图 7-6）、南蛇藤、榛、毛榛、槲寄生、暴马丁香等，海拔 800 米以下主要有北五味子、软枣猕猴桃、狗枣猕猴桃、悬钩子、

花楸、茶镳子、青檀、白檀、忍冬、山楂、构树、木枸子、山桃、大叶朴、裂叶榆、枳树、小叶朴、细叶小檗等，文冠果、刺楸主要分布在北戴河丘陵地带，苦参主要分布在山海关区长寿山脚下，油松、侧柏、荆条、光叶山刺玫、照山白、卫矛、山合欢、胡枝子、花木蓝等在秦皇岛市四区三县均有分布，且数量很多。秦皇岛市地处东北与华北两大植物区系的交界处，山海关区大量分布着东北植物区系的核桃楸（图 7-7）、野核桃、东北茶镳子、稠李、西伯利亚杏等野生树种。有了这些野生植物资源，为选择适生树种提供了有利条件。

图 7-6 鹅耳枥

秦皇岛市野生木本植物资源蕴藏量大，特别是保健饮料及野果植物数量较多，如蒙古栎、辽东栎、鹅耳枥、榛、毛榛、野葡萄、软枣猕猴桃、狗枣猕猴桃、山杏等，含多种维生素和氨基酸、糖类、蛋白质、脂肪、果胶、单宁、矿物质、微量元素等，其维生素和有机酸的含量远远高于栽培植物的 2 ～ 3 倍，可作为鲜果、干果或制成果脯饮料、保健饮品等。在人们注重饮用无污染绿色食品的时代，这些资源的开发利用前景非常乐观；野生木本观赏花卉植物，特别是木兰科的天女木兰，生长在海拔 600 米以上，花大、色白、味香，是最好的野生木本观赏植物；杀虫植物杠柳，叶及根皮均可制作杀虫剂，是很好的原材料；另外还蕴藏着很多药用、淀粉、纤维等野生植物资源。

图 7-7 胡桃楸

（1）早春开花植物

初步调查，秦皇岛市野生早春开花植物共计 30 科 50 属 94 种（表 7-5）。其中，木本植物有 14 科 22 属 46 种，主要集中在杨柳科（14 种）、榆科（6 种）、桑科（4 种）、蔷薇科（4 种）4 个科。草本植物有 19 科 28 属 48 种，堇菜科最多，共 10 种；其次是十字花科和菊科，各 6 种；紫草科 4 种，其他多数科仅含 1 ～ 3 种。

表 7-5 秦皇岛市主要陆地野生早春开花植物一览表（表跨页）

科 名	种 名	花期花色	生 境
杨柳科 Salicaceae	河北杨 *Populus hopeiensis*	5 月	丘陵山坡或山沟
	山杨 *Populus davidiana*	4—5 月	山坡、沟谷、杂木林
	小叶杨 *Populus simonii*	4— 5 月	河边或山沟近水地方
	小青杨 *Populus psendo-simonii*	4 月	农田渠旁
	辽杨 *Populus maximowiozii*	4 月	1 000 米以上的山沟溪旁
	旱柳 *Salix matsudana*	4 月	河边
	杞柳 *Salix integra*	4 月	溪旁或湿地灌丛
	筐柳 *Salix linearistipularis*	4 月	山坡
	沙柳 *Salix psammophila*	4—5 月	山谷溪旁或林缘

科　名	种　名	花期花色	生　境
杨柳科 Salicaceae	蒿柳 *Salix viminalis*	4—5 月	山沟路旁或杂木林
	中国黄花柳 *Salix sinica*	5 月	半坡、疏林
	河北柳 *Salix taishanensis*	5 月	山谷、灌丛、沟底
	大黄柳 *Salix raddeana*	4—5 月	稀疏杂木林或林缘
	皂柳 *Salix wallichiana*	4—5 月	溪谷
榆科 Ulmacea	榆 *Ulmus pumila*	3 月	丘陵或平原地带
	大果榆 *Ulmus macrocarpa*	4 月	向阳山坡、岩石缝间等
	裂叶榆 *Ulmus laciniata*	4—5 月	阴湿的山坡和沟谷
	黑榆 *Ulmus davidiana*	4—5 月	干燥多岩的高山地带或向阳的山坡
	春榆 *Ulmus davidiana* var. *japonica*	4—5 月	山谷岩石缝间和向阳的山坡
	小叶朴 *Celtis bungeana*	4 月	向阳的山坡、平地
桑科 Moraceae	鸡桑 *Morus australis*	4—5 月	阳坡、陡崖、石灰岩石山地
	华桑 *Morus cathayana*	4—5 月	沟边、路边、石灰岩山疏林中，阳坡
	蒙桑 *Morus mongolica*	4—5 月	向阳山坡、平原、低地
	山桑 *Morus mongolica* var. *diabolica*	4—5 月	向阳山坡、平原、低地
藜科 Chenopodiaceae	小藜 *Chenopodium serotinum*	4—6 月；浅绿色	荒地、河滩、沟谷潮湿地
毛茛科 Ranunculaceae	毛茛 *Ranunculus japonicus*	4—8 月；黄色	山地、沟边、草丛、林边
	白头翁 *Pulsatilla chinensis*	4—5 月；蓝紫色	山坡、平地向阳处
罂粟科 Papaveraceae	白屈菜 *Chelidonium majus*	4—7 月；亮黄色	山坡、山谷、林边、草地、路旁
	地丁草 *Corydalis bungeana*	4—5 月；淡紫色	荒地、山麓、平原
	小黄紫堇 *Corydalis raddeana*	4—6 月；黄色至棕黄色	山沟阴湿处
十字花科 Cruciferae	诸葛菜 *Orychophragmus violaceus*	4—5 月；淡紫色	平原、山地、路旁、田边、沟边等
	荠 *Capsella bursa-pastoris*	4—6 月；白色	田边、路旁、荒地等
	葶苈 *Draba nemorosa*	4—6 月；黄色	田野、山坡、田间
	光果葶苈 *Draba nemorosa* var. *leiocarpa*	4—6 月；黄色	田野、山坡、田间
	碎米荠 *Cardamine hirsuta*	4—5 月；白色	山坡、路旁、田间潮湿处
	播娘蒿 *Descurainia sophia*	5—7 月；浅黄色	路旁、沟边、田间、湿地、山坡等
虎耳草科 Saxifragaceae	钩齿溲疏 *Deutzia hamata*	4—5 月；白色	山谷、路旁石崖上、灌丛
	大花溲疏 *Deutzia grandiflora*	4—5 月；白色	山谷、路旁石崖边
蔷薇科 Rosaceae	绣球绣线菊 *Spiraea blumei*	4—6 月；白色	阳坡、石岩上
	杜梨 *Pyrus betulifolia*	4 月；白色	平原、山坡向阳处
	褐梨 *Pyrus phaeocarpa*	4 月；白色	平原、向阳山坡
	山荆子 *Malus baccata*	4— 5 月；白色	山坡杂木林中及山谷灌丛中
	楸子 *Malus prunifolia*	4—5 月；白色	山坡、平地或山谷梯田边

科 名	种 名	花期花色	生 境
蔷薇科 Rosaceae	绢毛匍匐委陵菜 *Potenilla reptans* var. *sericophylla*	4—8 月；黄色	山坡、湿地
	毛樱桃 *Cerasus tomentosa*	4 月；白色或浅粉红色	海拔 100 ～ 2 000 米向阳山坡、林缘、灌丛中
豆科 Leguminosae	米口袋 *Gueldenstaedtia verna* subsp. *multiflora*	4—5 月；紫红色或蓝紫色	田边、路旁山坡草地
	海滨米口袋 *Gueldenstaedtia maritima*	4—5 月；紫色	海滨草地、田边、路旁
	锦鸡儿 *Caragana sinica*	4—5 月；黄带红色	山坡灌丛
牻牛儿苗科 Geraniaceae	牻牛儿苗 *Erodium stephanianum*	4—5 月；淡紫色或蓝紫色	山坡、河岸沙地、草地
大戟科 Euphorbiaceae	乳浆大戟 *Euph esula*	4—6 月	干燥沙地、山坡草地、沟谷
	雀儿舌头 *Leptopus chinensis*	4—6 月；白色	山坡、田边、路旁、林缘
卫矛科 Celastraceae	卫矛 *Euonymus alatus*	4—5 月；黄绿色	山坡、林缘
	刺苞南蛇藤 *Celastrus flagellaris*	5—6 月；淡黄色	山坡灌丛林
槭树科 Aceraceae	五角枫 *Acer mono*	4—5 月；黄绿色	山坡、山谷林缘或丛林
	元宝槭 *Acer truncatum*	4—5 月；黄绿色	山坡、山谷、平地杂木林
无患子科 Sapindaceae	文冠果 *Xanthoceras sorbifilia*	4—5 月；白色	山地、路旁
葡萄科 Vitaceae	华北葡萄 *Vitis bryoniaefolia*	4—6 月；黄绿色	低山灌丛、沟边
堇菜科 Violaceae	裂叶堇菜 *Viola dissecta*	4 月；淡紫堇色	山坡林下、山脊草丛中
	南山堇菜 *Viola chaerophylloides*	4— 5 月；白色或淡紫色	阔叶下或溪谷阴湿地
	球果堇菜 *Viola collina*	4—5 月；淡紫色或近白色	林下、山坡、溪谷
	斑叶堇菜 *Viola variegata*	4— 5 月；暗紫色，具堇色条纹	阳坡草地、路旁
	北京堇菜 *Viola pekinensis*	4—5 月；淡紫色	山坡、林缘、沟地
	深山堇菜 *Viola selkirkii*	5—9 月；紫色，具深紫色条纹，距长	林下
	东北堇菜 *Viola mandshurica*	4—9 月；花色或淡紫色	山坡草丛、疏林下、田边
	紫花地丁 *Viola philippica*	3— 4 月；花紫堇色	草地、林缘
	早开堇菜 *Viola prioantha*	3—5 月；紫色，具深紫色条纹	山坡、路旁、林缘
	鸡腿堇菜 *Viola acuminata*	5 月；淡紫色或近白色	杂木林下、山坡草地、河谷湿地
杜鹃花科 Ericaceae	迎红杜鹃 *Rhododendron mucronulatum*	5—6 月；淡紫色	林下及灌丛中
报春花科 Primulaceae	点地梅 *Androsace umbellate*	4— 5 月；白色	荒地
木犀科 Oleaceae	白蜡树 *Fraxinus chinensis*	4 月	杂木林中
	大叶白蜡树 *Fraxinus chinensis* var. *Rhynchophylla*	3—4 月	沟谷两旁、山坡等
马钱科 Loganiaceae	姬苗 *Mitrasacme alsinoides*	4—5 月；白色	沿海沙地

科　名	种　名	花期花色	生　境
龙胆科 Gentianaceae	笔龙胆 *Gentiana zollingeri*	4—7 月；蓝色	山坡
萝藦科 Asclepiadaceae	白薇 *Cynanchum atratum*	4—8 月；深紫色	山沟、林下草地及河边荒地
紫草科 Boraginaceae	斑种草 *Bothriospermum chinense*	4—6 月；淡蓝色	田间、路旁
	多苞斑种草 *Bothriospermum secundum*	5 月；蓝色至淡蓝色	山坡、草地、路旁、河滩等湿地
	狭苞斑种草 *Bothriospermum kusnezowii*	4—5 月；蓝紫色、紫色	山坡、河谷、路旁
	附地菜 *Trigonotis peduncularis*	5—6 月；蓝色	田野、路旁、荒地
唇形科 Labiatae	夏至草 *Lagopsis supine*	3—5 月；白色	路旁、田野、荒地
	活血丹 *Glechoma longituba*	5—7 月；淡蓝色或紫色	林下、草地、沟边
玄参科 Scrophulariacea	地黄 *Rehmannia glutinosa*	4—5 月；紫红色	山坡、荒地、路旁
	通泉草 *Mazus japonicus*	4—5 月；淡紫色或蓝色	沙质河岸湿草地、草坡、沟边、路旁
忍冬科 Caprifoliaceae	接骨木 *Sambucus williamsii*	6—7 月；黄白色	山地灌丛、林缘
	锦带花 *Weigela florida*	5—8 月；玫瑰红色	山地灌丛或杂木林下
	北京忍冬 *Loniceraelisae*	4 月；白色或粉红色	沟谷、灌丛
菊科 Compositae	白花蒲公英 *Taraxacum leucanthum*	5—6 月；白色	原野、路旁
	亚洲蒲公英 *Taraxacum asiaticum*	5—8 月；白色或淡黄色	海拔 1 800 米左右或山坡
	芥叶蒲公英 *Taraxacum brassicaefolium*	5—6 月；黄色	山地草甸、林缘沙质湿地
	蒲公英 *Taraxacum mongolium*	5—7 月；黄色	山野、路边、荒地、田间等
	山苦菜 *Ixeris chinensis*	4—7 月；黄色或白色	荒地、路旁、山野等
	抱茎苦荬菜 *Ixeris sonchifolia*	4—7 月；黄色	平原、荒地、山坡、路旁
百合科 Liliaceae	小顶冰花 *Gagea hiensis*	4 月；黄绿色	林缘、灌丛、山坡草地
	三花顶冰花 *Gagea triflora*	5—6 月；白色且有绿脉纹	山坡、灌丛、河沼边
鸢尾科 Iridaceae	细叶鸢尾 *Iris tenuifolia*	5 月；蓝色或蓝紫色	沙地、石质坡地、草原

根据资源利用形式，主要包括观赏植物资源、经济植物资源两大类。在观赏植物资源中，一些早春开花植物的花具有颜色鲜艳、花形奇特、花序大等特点，具有很高的观赏价值（图 7-8～图 7-10）。如裂叶堇菜、点地梅、迎红杜鹃、夏至草、小顶冰花等。有些种类还兼有观果、赏叶、切花、绿篱及荫棚的作用。如毛樱桃果实颜色艳丽，缀满枝头，可作为观果树种；锦鸡儿可以作为绿篱树种。在经济植物资源中，既有蜜源植物、药用植物，还有野菜植物和野果植物。秦皇岛市野生早春开花植物中，大多数为蜜源植物，这些植物可以为蜜蜂提供花露、蜜露和花粉。其中主要蜜源植物包括旱柳、蒿柳、中国黄花柳，还有许多辅助蜜源植物，如山杨、葶苈、荠等。充分利用这些早春开花蜜源植物将会促进秦皇岛市养蜂业的发展。某些早春开花植物由于具有较高的营养价值和独特的风味，没有污染，可以开发为野菜资源，如小藜、荠、

图 7-8　隆兴生态示范园桃花

图 7-9　南戴河沿海一带槐花

图 7-10　海港区石门寨一带梨花

附地菜、东北堇菜等。秦皇岛市野生早春开花植物中，野生果树资源较丰富，如蔷薇科的山荆子、楸子、杜梨等果实均可以生食，果味鲜美，也可制成果酱、酿制果酒等，是宝贵的野生果树资源。

（2）秦皇岛市的国家珍稀濒危植物

《中国植物红皮书——稀有濒危植物》及国家重点保护植物第一批、第二批中在秦皇岛市发现的国家珍稀濒危植物共计 23 种（表 7-6）。按接受威胁程度分：极危 3 种，分别是人参（图 7-11）、河北梨和珊瑚菜，尤其是河北梨，数量稀少、珍贵、特有，受威胁严重，经济价值高，科学及文化意义大；易危 5 种，近危 2 种，无危 6 种，没有评价的 7 种。按重点保护级别分：一级 2 种，分别是人参、大花杓兰（图 7-12），其余 21 种植物均为二级保护。上述植物中，有草本植物 14 种、木本植物 9 种。

图 7-11　人参

图 7-12　大花杓兰

表 7-6　分布于秦皇岛市的国家珍稀濒危植物一览表

序　号	科　名	种　名	物种濒危等级	保护级别
1	五加科 Araliaceae	人参 *Panax ginseng*	极危	国家一级保护野生植物
2		刺五加 *Acanthopanax senticosus*	易危	国家二级保护（第二批）野生植物
3	蔷薇科 Rosaceae	河北梨 *Pyrus hopeiensis*	极危	国家二级保护（第二批）野生植物
4	伞形科 Umbelliferae	珊瑚菜 *Glehnia littoralis*	极危	国家二级保护（第一批）野生植物
5	木犀科 Oleaceae	水曲柳 *Fraxinus mandschurica*	易危	国家二级保护野生植物
6	芸香科 Rutaceae	黄檗（黄柏）*Phellodendron amurense*	易危	国家二级保护（第一批）野生植物
7	豆科 Leguminosae	野大豆 *Glycine soja*	易危	国家二级保护（第一批）野生植物
8	麻黄科 Ephedraceae	中麻黄 *Ephedra intermedia*	近危	国家二级保护（第二批）野生植物
9	五味子科 Schisandraceae	五味子 *Schisandra chinensis*	无危	国家二级保护（第二批）野生植物
10	薯蓣科 Dioscoreaceae	穿龙薯蓣（穿山薯蓣 / 穿地龙）*Dioscorea nipponica*		国家二级保护（第二批）野生植物
11	百合科 Liliaceae	北重楼 *Paris verticillata*	无危	国家二级保护（第二批）野生植物
12	兰科 Orchidaceae	十字兰 *Habenaria schindleri*	易危	国家二级保护（第二批）野生植物
13		角盘兰 *Herminium monorchis*	近危	国家二级保护（第二批）野生植物
14		二叶舌唇兰 *Platanthera chlorantha*	无危	国家二级保护（第二批）野生植物
15		二叶兜被兰 *Neottianthe cucullata*		国家二级保护（第二批）野生植物
16		凹舌兰 *Coeloglossum viride*		国家二级保护（第二批）野生植物
17		绶草 *Spiranthes sinensis*	无危	国家二级保护（第二批）野生植物
18		大花杓兰 *Cypripedium macranthum*		国家一级保护野生植物
19		齿唇羊耳蒜 *Liparis campylostalix*		国家二级保护（第二批）野生植物
20	虎耳草科 Saxifragaceae	东北茶藨子 *Ribes mandshuricum*	中国特有	国家二级保护（第二批）野生植物
21	豆科 Leguminosae	甘草 *Glycyrrhiza uralensis*	无危	国家二级保护（第二批）野生植物
22	椴树科 Tiliaceae	紫椴 *Tilia amurensis*		国家二级保护（第一批）野生植物
23	猕猴桃科 Actinidiaceae	软枣猕猴桃 *Actinidia arguta*	无危	国家二级保护（第二批）野生植物

（3）分布于秦皇岛市的河北省重点保护植物

分布于秦皇岛地区的河北省重点保护植物共计 62 种（表 7-7），其中包括 1 种蕨类植物，3 种裸子植物，其余均为被子植物。从分布区域看，82% 的重点保护植物分布于青龙满族自治县，尤以祖山和都山分布为多。从数量上看，百合科的七筋姑（图 7-13）数量为极少；百合科渥丹和毛百合、木犀科的流苏树、桔梗科的羊乳数量较少。

天女木兰（图 7-14）：又叫小花木兰、天女花，世界上稀有珍贵树种之一，为落叶小乔木，高可达 10 米，分布于长江以南和长城以北，多产于辽宁、安徽、江西、广西北郊，是中国唯一的国家三级重点保护野生木兰属濒危植物，野生原始天女木兰仅在河北省秦皇岛市青龙满族自治县的祖山成片开放，是中国东北地区唯一的野生木兰属植物。常与鹅耳枥、灯台树伴生，可以在海拔 1 600 ～ 2 000 米的山地生长。天女木兰喜欢湿润、凉爽的环境以及肥沃、深厚的土壤。适合生长在阴湿的山坡山谷里，而不适于干旱、高温和碱性土壤。它适于栽植在地上，也可以盆养，适合在砂壤土或林下腐殖土、pH 为 5.5 ～ 7.0 环境下，在疏林阴坡下长势良好，能耐 -30℃的低温。

图 7-13　七筋姑

图 7-14　祖山天女木兰

天女木兰因花的花瓣洁白、雄蕊紫色、香气迷人、形似天女而得名天女木兰。天女木兰乃珍奇花木，系太古第四纪冰川期幸存的珍稀名贵花卉，叶如翠雕，花似玉琢，具有浓郁的芳香，是重要的园林绿化树种和提取香料的轻工业原料，它的驯化培育成功将为城市绿化美化增添新的色彩。

表 7-7　分布于秦皇岛市的河北省重点保护植物一览表（表跨页）

序　号	科　名	种　名	分布区域
1	蕨科 Pteridiaceae	蕨 *Pteridium aquilinum*	各县（区）山区
2	松科 Pinaceae	白扦 *Picea meyeri*	青龙祖山、北戴河
3		青扦 *Picea wilsonii*	青龙祖山、都山
4		油松 *Pinus tabulaeformis*	青龙、抚宁、海港
5	木兰科 Magnoliaceae	天女木兰 *Magnolia sieboldii*	青龙祖山、抚宁黄牛顶
6	天南星科 Araceae	半夏 *Pinellia ternata*	各县（区）
7	眼子菜科 Potamogetonaceae	眼子菜 *Potamogeton distinctus*	昌黎
8		浮叶眼子菜 *Potamogeton natans*	北戴河
9	百合科 Liliaceae	七筋姑 *Clintonia udensis*	青龙都山，极少见
10		轮叶贝母 *Fritillaria maximowiczii*	青龙祖山、都山
11		渥丹 *Lilium concolor*	海港驻操营镇，少见
12		毛百合 *Lilium dauricum*	抚宁，少见
13		卷丹 *Lilium lancifolium*	各县（区）

序　号	科　名	种　名	分布区域
14	百合科 Liliaceae	知母 *Anemarrhena asphodeloides*	青龙
15		黄精 *Polygonatum sibiricum*	各县（区）
16		大苞黄精 *Polygonatum megaphyllum*	海港北部
17	雨久花科 Pontederiaceae	雨久花 *Monochoria korsakowii*	山海关、海港、北戴河、抚宁、昌黎
18	黑三棱科 Sparganiaceae	黑三棱 *Sparganium stoloniferum*	抚宁、青龙
19	毛茛科 Ranunculaceae	金莲花 *Trollius chinensis*	青龙
20		伏毛北乌头 *Aconitum kusnezoffii* var. *crispulum*	山海关、海港、抚宁、青龙
21		升麻 *Cimicifuga foetida*	青龙
22		银莲花 *Anemone cathayensis*	青龙都山
23		白头翁 *Pulsatilla chinensis*	各县（区）
24	芍药科 Paeoniaceae	芍药 *Paeonia lactiflora*	海港、抚宁、青龙
25		草芍药 *Paeonia obovata*	青龙
26	豆科 Leguminosae	朝鲜槐 *Maackia amurensis*	山海关、青龙祖山
27		贼小豆 *Vigna minima*	各县（区）
28		两型豆 *Amphicarpaea edgeworthii*	各县（区）
29	远志科 Polygalaceae	远志 *Polygala tenuifolia*	各县（区）
30	蔷薇科 Rosaceae	风箱果 *Physocarpus amurensis*	青龙都山
31	榆科 Ulmaceae	青檀 *Pteroceltis tatarinowii*	青龙祖山
32	胡桃科 Juglandaceae	胡桃楸 *Juglans mandshurica*	山海关、海港、抚宁、青龙、昌黎、卢龙
33		麻核桃 *Juglans hopeiensis*	青龙祖山
34	桦木科 Betulaceae	虎榛子 *Ostryopsis davidiana*	青龙
35	秋海棠科 Begoniaceae	中华秋海棠 *Begonia grandis* subsp. *sinensis*	海港、青龙
36	杨柳科 Salicaceae	梧桐杨 *Populus pseudomaximowiczii*	青龙祖山
37	芸香科 Rutaceae	白鲜 *Dictamnus dasycarpus*	海港、青龙
38	椴树科 Tiliaceae	蒙椴 *Tilia mongolica*	青龙
39	十字花科 Brassicaceae	北香花芥 *Hesperis sibirica*	青龙祖山、都山
40	白花丹科 Plumbaginaceae	二色补血草 *Limonium bicolor*	北戴河
41		补血草 *Limonium sinense*	山海关、北戴河、昌黎
42	报春花科 Primulaceae	胭脂花 *Primula maximowiczii*	青龙都山
43		岩生报春 *Primula saxatilis*	青龙都山
44	萝藦科 Asclepiadaceae	华北白前 *Cynanchum hancockianum*	青龙大冰沟
45		合掌消 *Cynanchum amplexicaule*	山海关
46	木犀科 Oleaceae	连翘 *Forsythia suspensa*	青龙
47		流苏树 *Chionanthus retusus*	海港、青龙，少见
48	胡麻科 Pedaliaceae	茶菱 *Trapella sinensis*	各县（区）
49	玄参科 Scrophulariaceae	北玄参 *Scrophularia buergeriana*	青龙
50	狸藻科 Lentibulariaceae	弯距狸藻 *Utricularia vulgaris* subsp. *Macrorhiza*	海港、北戴河

序　号	科　名	种　名	分布区域
51	唇形科 Labiatae	丹参 *Salvia miltiorrhiza*	各县（区）
52		黄芩 *Scutellaria baicalensis*	各县（区）
53	桔梗科 Campanulaceae	桔梗 *Platycodon grandiflorus*	各县（区）
54		党参 *Codonopsis pilosula*	青龙祖山、都山
55		羊乳 *Codonopsis lanceolata*	海港、青龙，少见
56		雾灵沙参 *Adenophora wulingshanica*	青龙祖山、都山
57	莕菜科 Menyanthaceae	荇菜 *Nymphoides peltatum*	各县（区）
58	菊科 Compositae	苍术 *Atractylodes lancea*	各县（区）
59		蚂蚱腿子 *Myripnois dioica*	各县（区）
60	川续断科 Dipsacaceae	窄叶蓝盆花 *Scabiosa comosa*	青龙
61	五加科 Araliaceae	刺楸 *Kalopanax septemlobus*	山海关、青龙
62		无梗五加 *Acanthopanax sessiliflorus*	青龙祖山、都山

（4）分布于秦皇岛市的河北省新记录植物种

秦皇岛市共计有 37 种河北新记录植物物种（见表 7-8），包括石松类和蕨类植物 3 种，即小卷柏、冷蕨、密毛岩蕨，其余 34 种新记录种均为被子植物。65% 的新记录植物物种分布于青龙满族自治县，尤以生长在祖山和都山的植物为多。新记录物种中，菊科植物为多，占 9 种；其次为蔷薇科，4 种。

表 7-8　分布于秦皇岛市的河北省新记录植物种一览表（表跨页）

序　号	科　名	种　名	分布区域
1	卷柏科 Selaginellaceae	小卷柏 *Selaginella helvetica*	抚宁
2	蹄盖蕨科 Athyriaceae	冷蕨 *Cystopteris fragilis*	青龙
3	岩蕨科 Woodsiaceae	密毛岩蕨 *Woodsia rosthorniana*	青龙
4	百合科 Liliaceae	宝珠草 *Disporum viridescens*	海港、抚宁、青龙
5	莎草科 Cyperaceae	松叶苔草 *Carex rara*	青龙
6	禾本科 Gramineae	芒颖大麦草 *Hordeum jubatum*	昌黎
7		日本苇 *Phragmites japonica*	青龙、抚宁
8		光梗蒺藜草 *Cenchrus calyculatus*	昌黎黄金海岸
9	罂粟科 Papaveraceae	北京延胡索 *Corydalis gamosepala*	青龙
10		小药八旦子 *Corydalis caudata*	青龙
11		黄堇 *Corydalis capnoides*	青龙
12	毛茛科 Ranunculaceae	黄花华北耧斗菜 *Aquilegia yabeana* f. *luteola*	山海关、海港
13		圆锥乌头 *Aconitum paniculigerum*	青龙祖山、都山
14	豆科 Leguminosae	牛枝子 *Lespedeza potaninii*	北戴河
15	蔷薇科 Rosaceae	长白蔷薇 *Rosa koreana*	青龙都山
16		伞花蔷薇 *Rosa maximowicziana*	山海关、抚宁

序　号	科　名	种　名	分布区域
17	蔷薇科 Rosaceae	野蔷薇 *Rosa multiflora*	昌黎、山海关
18		曲萼绣线菊 *Spiraea flexuosa*	青龙都山
19	鼠李科 Rhamnaceae	朝鲜鼠李 *Rhamnus koraiensis*	青龙都山
20	虎耳草科 Saxifragaceae	多枝梅花草 *Parnassia palustris* var. *multiseta*	青龙满族自治县大石岭乡
21	大戟科 Euphorbiaceae	黄珠子草 *Phyllanthus virgatus*	山海关
22	十字花科 Brassicaceae	欧亚蔊菜 *Rorippa sylvestris*	青龙大巫岚
23	茜草科 Rubiaceae	喀喇套拉拉藤 *Galium karataviense*	青龙马圈子镇
24		异叶轮草 *Galium maximowiczii*	海港区驻操营镇，青龙祖山、都山
25	旋花科 Convolvulaceae	瘤梗番薯 *Ipomoea lacunosa*	北戴河
26	桔梗科 Campanulaceae	缢花沙参 *Adenophora contracta*	海港、北戴河、抚宁、青龙
27	菊科 Compositae	蒙古风毛菊 *Saussurea mongolica*	青龙祖山、都山
28		日本毛连菜 *Picris japonica*	青龙
29		白缘蒲公英 *Taraxacum platypecidum*	青龙祖山、都山
30		少花假还阳参 *Crepidiastrum chelidoniifolium*	青龙都山
31		欧洲千里光 *Senecio vulgaris*	海港
32		狭裂白蒿 *Artemisia kanashiroi*	昌黎
33		大狼杷草 *Bidens frondosa*	各县（区）
34		意大利苍耳 *Xanthium strumarium* subsp. *italicum*	北戴河
35		西方苍耳 *Xanthium occidentale*	抚宁
36	败酱科 Valerianaceae	少蕊败酱 *Patrinia monandra*	青龙祖山飞天谷景区
37	伞形科 Umbelliferae	窃衣 *Torilis scabra*	抚宁、青龙

二、陆域植被类型

1. 针叶林

以针叶树为建群种，包括针叶纯林及针叶树为主的针阔叶混交林，是秦皇岛市面积最大、分布最广的植被类型之一。

（1）油松林

以油松为建群种，广泛分布于青龙满族自治县（图 7-15）、抚宁区、海港区山区和昌黎碣石山、山海关林场、北戴河海滨。松林面积 50 666.67 公顷（76.00 万亩），多为天然更新林和人工栽培林。一般树龄 15 ～ 40 年，少数 40 年以上，在北戴河海滨风景区生长有百年以上老树。这些树木树干笔直，葱郁茂密。在青龙满族自治县祖山（即老岭）林场、都山林场、

图 7-15　都山油松林

抚宁区平市庄林场、昌黎县碣石山后山、山海关林场、北戴河联峰山一带长势更为良好，已完全郁闭为纯林。林内湿润，林下植物很少。其他地方，因为抚育不当，或乱砍滥伐，多为疏林和幼林，郁闭度不大。林下灌木有照山白、胡枝子、大花溲疏、蚂蚱腿子、三裂绣线菊、榛、雀儿舌头、花木蓝，草本植物有黄背草、白羊草、野古草、野葡萄、蒿、石竹、铁线莲、兰铃等。

油松喜阳，耐干旱瘠薄，病害少，生长快，材质优良，是全市森林植被的主要树种，应加强抚育管理，以促其生长发育。

（2）华北落叶松林

呈点片状分布于祖山、都山国有林场海拔 1 000 米以上的山地上（图 7-16）。面积 466.67 公顷（7 000 亩），多分布在阴坡，为人工种植的幼龄纯林。林相整齐，呈微密的浅绿色景观，林下植物稀少。较稀疏的落叶松林下有忍冬、花楸、六道木、绣线菊、苔草、唐松草、委陵菜分布。除华北落叶松外，近年又引进日本落叶松在青龙满族自治县试种。

图 7-16 都山落叶松林

落叶松属寒温性松林，需在 1 000 米以上高山种植，林木生产率高，是山区的良好造林树种。

（3）针阔叶混交林

零星分布于青龙满族自治县（图 7-17）和抚宁区、海港区海拔 500 米以上的山地上。针叶林为油松，阔叶林为山杨、白桦、黑桦、蒙古栎、核桃楸等，多分布于阴坡。林下灌木以胡枝子、锦带花、照山白、绣线菊为主。

图 7-17 都山白桦林（华北少见）

2. 阔叶林

秦皇岛市主要为壳斗科栎属、杨柳科的杨属植物。

（1）栎林

分布于北部低山丘陵海拔 100 ～ 1 200 米区域的山地上，面积 5 333.33 公顷（8.00 万亩），以蒙古栎、辽东栎、槲树为主。分布面积大，叶可饲养柞蚕，为河北省柞蚕的主产区。

蒙古栎林，又名“柞树林”。蒙古栎属于国家珍贵二级树种，是秦皇岛市的次生林树种，是栎林中比较耐寒的类型，分布于青龙满族自治县、抚宁区、海港区海拔 800 ～ 1 200 米的山地上。由于其对生存环境的要求并不严格，所以在阴坡、阳坡均有分布，林下土壤多为棕色森林土。一般树龄在 10 ～ 30 年，多为纯林，林木郁闭度较低。在阴坡多伴生有槲树、辽东栎、山杨、黄檗、黑桦、紫椴等，在阳坡多伴生有油松。林下灌木和草本植物，在阳坡、山脊为三裂绣线菊、红杜鹃、胡枝子、锦带花、花木蓝、苔草、野古草等；在土层较厚的阴坡为毛榛、天女木兰、苔草、唐松草、玉竹等。

蒙古栎林萌生性强，根系发达，可防止水土流失，涵养水源，橡子可作饲料，叶可养蚕，具有较好的生态和经济价值。

辽东栎林又名“小叶青冈林”。多分布于青龙满族自治县、抚宁区、海港区、卢龙县山区，山海关林场、北戴河联峰山、昌黎竭石山亦有零星分布。分布区域为海拔 500 米以上山地阴坡的棕色森林土和褐土上，多呈灌木状的萌生林，极少纯林，多与蒙古栎、黑桦、山杨伴生，林下灌木以胡枝子、三裂绣线菊、大花溲疏为多，草本植物以地榆、羊胡子草、北柴胡为主。辽东栎多为薪柴，每年砍伐后，次年萌发枝多而低矮，可饲养柞蚕。

槲树林，分布在海拔 100 ～ 500 米山地的阴坡上，广泛分布于青龙满族自治县和抚宁区、海港区。由于叶子可用作果品包装或饲养柞蚕，所以砍伐破坏严重，成林成材者极少，多为多次萌发形成的稀疏、低矮的疏幼林，树干弯曲，冠幅密集，一般高 3 米左右。伴生树种多为油松。林下灌木为荆条、花木蓝、榛等；草本植物为羊胡子草、疏花百日草、丹参、益母草、地榆、委陵菜、白头翁、东北石竹、茜草等。

槲树林再生能力强，能适应各种较差的自然环境，是良好的水土保持林和经济林。

（2）山杨林

分布于青龙满族自治县（图 7-18）、抚宁区、海港区海拔 1 200 米以上的山地林区，面积 1 000 公顷（1.5 万亩）。纯林较少，多与油松、色木槭、槲栎、小叶椴、花曲柳等混生，林下灌木有胡枝子、平榛、绣线菊、溲疏、照山白等，草本植物有苔草、羊胡子草、蒿类、黄背草、蕨类等。

山杨生长迅速，是纸张、火柴杆、建筑的良好材料，成熟期为 25 ～ 35 年。

图 7-18　山杨林

3. 灌丛和灌草丛

是以灌木为优势组成的植被类型。群落高度一般在 5 米以下，盖度大于 30%，分布于全市山地丘陵区，约 167 333 公顷（251.00 万亩），见图 7-19、图 7-20。

图 7-19　都山灌丛

图 7-20　都山灌草丛

（1）灌丛

分布面积大，经济价值高的灌丛主要有山杏、酸枣、榛、胡枝子、绣线菊、胡桃楸等。

山杏灌丛。主要分布于青龙满族自治县和卢龙县山区海拔 600 米以上阳坡，面积 10 200

公顷（15.30 万亩），其中青龙满族自治县 10 066.67 公顷（15.10 万亩），是河北省山杏集中产区之一。灌丛所生长的土壤一般比较干燥瘠薄。建群种山杏株高 2 ～ 3 米，覆盖度 5% 左右。伴生种为大花溲疏、山桃、雀儿舌头、三裂绣线菊，草本层矮生苔草占优势，其次为黄背草、白羊草、野古草、鸦葱、铁杆蒿等。山杏经济价值高，是青龙重要特产，宜加以保护和发展。

酸枣灌丛。主要分布于卢龙县、青龙满族自治县和抚宁区，面积 5 200 公顷（7.80 万亩），其中卢龙县 1 200 公顷（1.80 万亩），抚宁区 1 333.33 公顷（2.00 万亩），青龙满族自治县 2 666.67 公顷（4.00 万亩）。主要生长在山地阳坡、坝埂上，点片分布，多为纯林。伴生种为荆条，草本层以黄背草、白羊草为主。酸枣果实可入药，有较高的经济价值。酸枣也是较好的水土保持植物，应加以保护和发展。

平榛灌丛。分布于北部山区海拔 200 ～ 500 米的林缘和林间隙地上，是全市分布面积最大的灌丛，仅青龙满族自治县就有 10 133.33 公顷（15.20 万亩），阳坡、阴坡均有分布。建群种高 1 米左右，覆盖度 50% ～ 70%。伴生灌木为胡枝子、三裂绣线菊、荆条、蚂蚱腿子、大花溲疏、雀儿舌头等，草本层以苔草、铁杆蒿、翻白草、白头翁为主。榛是一种优良的野生干果，是天然绿色食品，应加以保护和发展。

胡枝子灌丛。分布于山区丘陵的空旷地带，在无林地段群聚成丛，覆盖度 40% ～ 50%。伴生种为绣线菊、照山白、榛、卫矛等，草本层为白羊草、野古草、蒿类。有的胡枝子灌丛中还夹生有辽东栎、坚桦、油松等。胡枝子是最有生命力的水土保持植被，为山区重点保护植被之一。

三裂绣线菊灌丛。主要分布在青龙满族自治县、抚宁区、海港区的中低山区山坡上，为阔叶林破坏后形成的次生灌丛。生存环境土层薄、植被稀疏，人为干扰破坏少，所以比较稳定。伴生种在高海拔地区为虎榛子、锦鸡儿，在低海拔地区为蚂蚱腿子、胡枝子等。草本层为黄背草、野古草、鹅冠草、北苍术等。三裂绣线菊树姿优美，枝叶繁密，花朵小巧密集，布满枝头，可形成一条条拱形的花带，宛如积雪。宜在绿地中丛植或孤植，栽于庭院、公园、街道、山坡、小路两旁、草坪边缘，也可用作花篱、花径，是园林绿化中优良的观花观叶树种。

红杜鹃灌丛。分布于青龙满族自治县的祖山、都山及海港区驻操营镇海拔 1 000 米以上的山地上，成片分布，每年 5 月开花，覆盖度 30% ～ 50%。面积 666.67 公顷（1.00 万亩），混生灌木极少，草本层有苦参、老鹳眼、山药、羊胡子草等耐寒植物。红杜鹃是重要的观赏植物，面临灭绝危险，要加以保护。

柽柳灌丛。为盐生灌丛，分布于海滨滩涂上，呈带状分布，滦河口、北戴河残留较多。柽柳（图 7-21）平均高约 2 米，外貌不整齐。草本层为翅碱蓬、獐茅、芦苇、白茅、猪毛菜、茵陈蒿等。灌丛附近的乔木多为旱柳、桂香柳、刺槐等。

混生灌丛。秦皇岛市有许多混生灌丛，这些灌丛很难分出优势种。如在海港区傍水崖村南阴坡分布有红杜鹃、小叶华北绣线菊、三裂绣线菊、蚂蚱腿子、榛、雀儿舌头、一叶荻等混生灌丛，在抚宁区桃园山则分布有蚂蚱腿子、大花溲疏、榛、三裂绣线菊、荆条混生灌丛。

图 7-21　柽柳

（2）灌草丛

以中生或旱中生多年生草本植物为主要建群种，植物群落以散生灌木为主，该群落是森林砍伐后，由于水土流失，土壤日益瘠薄，生境干旱化后生成的次生植被。

荆条、酸枣、黄背草灌草丛。广泛分布于北部山地丘陵，在森林破坏后，水分条件较好的地方会出现。群落的建群层片为草本层，生长茂密，主要由黄背草组成，覆盖度可达 60%，水分条件好的地方可达 60% 以上，株高 60 ～ 80 厘米。其他草本植物为白杨草、委陵菜、大油芒、蒿属、白头翁、荩草、鸡眼草等。散生草丛中的灌木以荆条、酸枣为常见，伴生种有花木蓝、胡枝子等。

荆条、酸枣、白羊草灌草丛。分布于北部山地丘陵水分条件较差的地方。群落的建群种为白羊草，株高 30 厘米左右，覆盖度一般在 50% 左右。群落中疏生灌木为荆条、酸枣，高度不到 100 厘米。其他灌木和草本植物较少，主要为胡枝子、苦参、委陵菜、鹅冠草等。

图 7-22　红蓼

4. 草甸

由多年生、中生草本植物为主体的群落类型，是在水分较好条件下形成和发育起来的，是重要的牧场，秦皇岛市分布面积较小。

（1）河岸草甸

分布于滦河、青龙河等主要河流两岸，以碎末莎草、扁穗莎草、蓼科为主，覆盖率较小，面积约 6 666.67 公顷（10.00 万亩），是重要的草场。其中，蓼科有红蓼（见图 7-22）、水蓼等。

（2）盐生草甸

分布在昌黎县和抚宁区沿海，土壤属盐土，面积约 4 400 公顷（6.60 万亩），覆盖度为 60%，是当地的重要草场。

特殊的地域环境造就秦皇岛市丰富的盐生植物资源，据统计沿海野生植被共有 52 科 125 属 175 种，草本植物占绝大多数，碱蓬（*Suaeda glauca*）（图 7-23）、盐地碱蓬（*Suaeda salsa*）、矮生苔草（*Carex pumila*）、筛草（*Carex kobomugi*）、滨麦（*Leymus mollis*）、二色补血草（*Limonium bicolor*）（图 7-27）、獐毛（*Aeluropus sinensis*）、滨藜（*Atriplex patens*）、芦苇（*Phragmites australis*）等都是该区的重要建群种（表 7-9）。其中具有生态价值、园林应用价值的野生盐生植物 17 科 23 属 24 种（表 7-10）；野生药用盐生植物 108 种，隶属 38 科、80 属（表 7-11），秦皇岛市野生药用盐生植物的优势科是菊科，其所含种数有 16 种，占总种数的 14.81%；在秦皇岛市的 108 种野生药用盐生植物中，草本植物共有 99 种，占总种数的 91.7%，其余为灌木及半灌木。

图 7-23　碱蓬

图 7-24　二色补血草

表 7-9 秦皇岛市滨海地区盐生植物科、属、种类一览表

单位：个

种数量	科 名	属 数	种 数	种数量	科 名	属 数	种 数
＞10	菊科 Compositae	14	21	2～4	水麦冬科 Juncaginaceae	1	2
	藜科 Chenopodiaceae	17	17	1	桑科 Moraceae	1	1
	豆科 Leguminosae	13	16		马齿苋科 Portulacaceae	1	1
	禾本科 Gramineae	8	11		泽泻科 Alismataceae	1	1
5～10	旋花科 Convolvulaceae	5	8		虎耳草科 Saxifragaceae	1	1
	十字花科 Cruciferae	4	6		牻牛儿苗科 Geraniaceae	1	1
	玄参科 Scrophulariaceae	5	6		柽柳科 Tamaricaceae	1	1
	唇形科 Labiatae	3	5		胡颓子科 Elaeagnaceae	1	1
	蓼科 Polygonaceae	2	5		千屈菜科 Lythraceae	1	1
	毛茛科 Ranunculaceae	2	5		柳叶菜科 Onagraceae	1	1
	石竹科 Caryophyllaceae	4	5		伞形科 Umbelliferae	1	1
	蔷薇科 Rosaceae	4	5		马钱科 Loganiaceae	1	1
	萝藦科 Asclepiadaceae	4	5		夹竹桃科 Apocynaceae	1	1
2～4	车前科 Plantaginaceae	1	4		天蓝星科 Araceae	1	1
	大戟科 Euphorbiaceae	2	4		灯心草科 Juncaceae	1	1
	莎草科 Cyperaceae	3	4		兰科 Orchidaceae	1	1
	蒺藜科 Zygophyllaceae	2	3		鸢尾科 Iridaceae	1	1
	紫草科 Boraginaceae	2	2		茜草科 Rubiaceae	1	1
	茄科 Solanaceae	2	2		鼠李科 Rhamnaceae	1	1
	杨柳科 Salicaceae	2	2		榆科 Ulmaceae	1	1
	堇菜科 Violaceae	2	2		槭树科 Aceraceae	1	1
	景天科 Crassulaceae	2	2		虎耳草科 Saxifragaceae	1	1
	报春花科 Primulaceae	2	2		鸭跖草科 Commelinaceae	1	1
	木贼科 Equisetaceae	2	2		苋科 Amaranthaceae	1	1
	列当科 Orobanchaceae	1	2		锦葵科 Malvaceae	1	1
	马鞭草科 Verbenaceae	1	2				

表 7-10 秦皇岛市主要野生观赏盐生植物资源及园林应用一览表（表跨页）

科	属	种	园林应用
柽柳科	柽柳属	柽柳 *Tamarix chinensis* var. *Simplicifolia*	落叶小乔木，重要的观枝、叶、花植物；修剪后既可作行道树也可作绿篱；可在湖边、岸旁、河滩上、庭院中、风景林带等地配置。老树桩也可作盆景
胡颓子科	胡颓子属	沙枣 *Elaeagnus angustifolia*	灌木或乔木，根系发达，可作沙区或盐碱荒地的绿化树种；叶片背面覆盖一层白色鳞片，十分美丽，可用作行道树；花、叶芳香，可作蜜源植物
马鞭草科	牡荆属	单叶蔓荆 *Vitex trifolia* var. *simplicifolia*	落叶小灌木，夏季观花植物，也可作缀花地被
茄科	枸杞属	枸杞 *Lycium chinense*	丛植于池畔、台坡，可作河岸护坡或绿篱栽植，也可作树桩盆栽

科	属	种	园林应用
蒺藜科	白刺属	西伯利亚白刺 *Nitraria sibirica*	观花观果植物，匍匐生长，是优良的地被植物，庞大的根系可用于公路生物护坡，也可制成形状各异的根雕艺术品
萝摩科	杠柳属	杠柳 *Periploca sepium*	落叶藤本，花色艳丽，紫红色。覆盖面积大、绿化效果好，是良好的垂直绿化植物
旋花科	打碗花属	肾叶打碗花 *Calystegia soldanella*	蔓生草本，茎蔓粗壮，叶片宽大，肥厚，覆被性很强。具有很高的护滩抗风性能。春末夏初，植株碧绿、喇叭花粉红遍开，如绿带镶嵌在开阔的海岸上，赋予滩涂草场以美丽的季相
藜科	碱蓬属	盐地碱蓬 *Suaeda salsa*	群植于滨水地带或重盐渍土上，春季观暗黑绿色嫩叶，秋季籽和枝叶一派血红，犹如无边的红云铺地，瑰丽壮观
	盐角草属	盐角草 *Salicornia europaea*	栽植于滨海沿岸重盐碱地上，秋后变红，植株单体或群植均具有很强的观赏性
菊科	碱菀属	碱菀 *Tripolium vulgare*	花朵蓝紫色，花序梗长，适于作鲜切花；花期较长，碱菀株型较整齐，适于作观花地被
夹竹桃科	罗布麻属	罗布麻 *Apocynum venetum*	可作夏季观花植物和鲜切花，花朵形状优美，颜色漂亮；也可作观干植物；适合荒地造林，根系发达，花香遍野，可作为花粉源和植物蜜源
白花丹科	补血草属	二色补血草 *Limonium bicolor*	可作观赏花卉片植或丛植，花色花形均漂亮；被誉为“花中情种”，寓意“情浓厚意”“友谊万岁”，花后不凋，花色持久，具有永恒的意味，可作为地被植物应用
紫草科	砂引草属	砂引草 *Messerschmidia sibirica*	林下缀花地被
	滨紫草属	滨紫草 *Mertensia maritima*	花蓝紫色，适于作林下地被。同时也是美丽的高山花卉，可引种观赏
唇形科	黄芩属	沙滩黄芩 *Scutellaria strigillosa*	海边沙地绿化、林下缀花地被
豆科	香豌豆属	海边香豌豆 *Lathyrus odoratus*	盐性砂地上的指示植物，海边沙地绿化，观花为主
水麦冬科	水麦冬属	水麦冬 *Triglochin palustris*	观叶类植物\地被植物
禾本科	结缕草属	结缕草 *Zoysia japonica*	优良的草坪植物和良好的固土护坡植物
	碱茅属	碱茅 *Puccinellia distans*	适应性、抗逆性力强，耐践踏，耐啃食，返青早，嫩绿色，草质柔软，适于草坪建植
鸢尾科	鸢尾属	马蔺 *Iris lactea* var. *chinensis*	观形、观花、观叶的理想材料，可用于庭院绿化、林下地被、道路绿化、建筑物或花坛绿化及水边绿化

表 7-11　秦皇岛市野生药用盐生植物资源一览表（表跨页）

科　名	种　名	药用部位	主要功能
桑科 Moraceae	葎草 *Humulus scandens*	全草	清热解毒、凉血
蓼科 Polygonaceae	萹蓄 *Polygonum aviculare*	全草	清热、利尿、解毒、杀虫
	酸模叶蓼 *Polygonum lapathifolium*	果	清热、消积、止泻
	西伯利亚蓼 *Polygonum sibiricum*	全草	杀虫、清热、凉血
	小箭叶蓼 *Polygonum sieboldii*	草	清热、凉血、可治疗肺结核病
马齿苋科 Po rtulacaceae	马齿苋 *Portulaca oleracea*	全草	清热解毒
石竹科 Caryophyllaceae	女娄菜 *Silene aprica*	全草	下乳、利尿、清热、凉血
	拟漆姑 *Spergularia salina*	全草	祛风除温

科　名	种　名	药用部位	主要功能
藜科 Chenopodiaceae	藜 *Chenopodium album*	全草	止泻痢、止痒
	地肤 *Kochia scoparia*	全草及种子	
	碱地肤 *Kochia scoparia* var. *sieversiana*	果实	强壮、利尿，主治皮肤病
	碱蓬 *Suaeda glauca*	全草	清热、消积
	盐地碱蓬 *Suaeda salsa*	全草	降糖降压、扩张血管
	盐角草 *Salicornia europaea*	全草	可作利尿剂和抗坏血剂
	猪毛菜 *Salsola collina*	全草	清热凉血、降低血压
	中亚滨藜 *Atriplex centralasiatica*	果实	清肝明目、祛风活血、消肿
	西伯利亚滨藜 *Atriplex sibirica*	果实	清肝明目、祛风活血、消肿
毛茛科 Ranunculaceae	茴茴蒜 *Ranunculus chinensi*	全草	外敷可消炎、消肿
	毛茛 *Ranunculus japonicus*	全草	散瘀化结
	石龙芮 *Ranunculus sceleratus*	全草	治乳腺癌、食道癌
	长叶碱毛茛 *Halerpestes ruthenica*	全草	可治疗咽喉疾患
	水葫芦苗 *Halerpestes cymbalaria*	全草	利水消肿、祛风除湿
十字花科 Cruciferae	播娘蒿 *Descurainia sophia*	种子	利尿消肿、祛痰定喘
	独行菜 *Lepidium apetalum*	全草	利尿、止咳、化痰
	密花独行菜 *Lepidium densiflorum*	种子	可当“葶苈子”而入药
	沼生蔊菜 *Rorippa islandica*	全草	清热、利尿、解毒、消肿
	球果蔊菜 *Rorippa globosa*	全草	补肾、凉血
蔷薇科 Rosaceae	荠菜 *Capsella bursa-pastoris*	全草	凉血、止血、清热明目、消积
	鹅绒委陵菜 *Potentilla anserina*	全草	健胃、祛风止痛
	委陵菜 *Potentilla chinensis*	全草	清热解毒、收敛止血
	龙芽草 *Agrimonia pilosa*	全草	收敛止血、消炎
豆科 Leguminosae	海滨米口袋 *Gueldenstaedtia maritima*	全草	清热解毒、利尿、健胃、驱虫
	野大豆 *Glycine soja*	花与叶	可治浮肿、腹痛及疟疾
	白香草木犀 *Melilotus albus*	根	通乳、利湿
	达乌里胡枝子 *Lespedeza davurica*	全草	解表散寒
	鸡眼草 *Kummerowia striata*	全草	利尿通淋、解热止痢
	长萼鸡眼草 *Kummerowia stipulacea*	全草	清热解毒、健脾利湿、收敛固脱
	天蓝苜蓿 *Medicago lupulina*	全草	舒筋活血、消炎解暑
	合萌 *Aeschynomene indica*	全草	清热利湿、消肿解毒
牻牛儿苗科 Geraniaceae	牻牛儿苗 *Erodium stephanianum*	全草	强筋骨、祛风湿、清热解毒
蒺藜科 Zygophyllaceae	蒺藜 *Tribulus terrester*	果	散风、平肝、明目
	白刺 *Nitraria tangutorum*	种子	降血脂
	小果白刺 *Nitraria sibirica*	果	可治肺病和胃病
大戟科 Euphorbiaceae	地锦草 *Euphorbia humifusa*	全草	清热解毒、止血利尿、通乳等
	铁苋菜 *Acalypha australis*	全草	清热解毒、利水消肿、止血等

科　名	种　名	药用部位	主要功能
锦葵科 Malvaceae	野西瓜苗 *Hibiscus trionum*	全草	清热、止咳、解毒疗疮
堇菜科 Violaceae	早开堇菜 *Viola prioantha*	全草	清热解毒
	紫花地丁 *Viola philippica*	全草	清热解毒
柽柳科 Tamaricaceae	柽柳 *Tamarix chinensis*	枝条	解表、透疹、利尿、祛风湿
胡颓子科 Elaeagnaceae	沙枣 *Elaeagnus angustifolia*	果实、花、皮	清热凉血、止咳平喘、止泻镇静等
千屈菜科 Lythraceae	千屈菜 *Lythrum salicaria*	全草	收敛止泻
柳叶菜科 Onagraceae	丁香蓼 *Ludwigia prostrata*	全草	清热解毒、利湿消肿
伞形科 Umbelliferae	珊瑚菜 *Glehnia littoralis*	全草	养阴清肺、祛痰止咳
报春花科 Primulaceae	点地梅 *Androsace unbellata*	全草	清凉解毒、消肿止痛
萝藦科 Asclepiadaceae	紫花合掌消 *Cynanchum amplexicaule* var. *castaneum*	根	祛风解毒、健胃止痛
		茎	乳汁外敷、治疗疣赘
	鹅绒藤 *Cynanchum chinense*	全草	化瘀解毒、也可用作驱风剂
	地梢瓜 *Cynanchum thesioides*	全草及果实	益气、通乳
	萝藦 *Metaplexis japonica*	全草	有壮阳、止血之功效
旋花科 Convolvulaceae	打碗花 *Calystegia hederacea*	全草	调经活血、滋阴补虚
	肾叶打碗花 *Calystegia soldanella*	全草及根	祛风利湿、化痰止咳
	田旋花 *Convolvulus arvensis*	茎	调经活血、滋阴补虚
	菟丝子 *Cuscuta chinensis*	全草	补肝肾、益血、润燥
	金灯藤 *Cuscuta japonica*	种子	补肝肾、益血、润燥
	裂叶牵牛 *Pharbitis nil*	种子	泻下、利尿、驱虫
	圆叶牵牛 *Pharbitis purpurea*	种子	泻下、利尿、驱虫
白花丹科 Plumbaginaceae	二色补血草 *Limonium bicolor*	全草	收敛止血、利尿、活血
	中华补血草 *Limonium sinense*	全草	祛湿、清热、止血等
夹竹桃科 Apocynaceae	罗布麻 *Apocynum venetum*	嫩叶	治疗高血压、头晕、失眠
		根	强心、减慢心率、利尿、镇静
紫草科 Boraginaceae	鹤虱 *Lappula myosotis*	果实	驱虫
唇形科 Labiatae	益母草 *Leonurus artemisia*	全草	活血调经、利尿消肿
	细叶益母草 *Leonurus sibiricus*	全草	活血调经、利尿消肿
	薄荷 *Mentha haplocalyx*	全草及精油	可作驱风剂、镇痛、发汗、解热
	并头黄芩 *Scutellaria scordifolia*	根	山西民间将本种根入药
茄科 Solanaceae	枸杞 *Lycium chinense*	果实	滋补强壮、益精明目
		根皮	清虚热、凉血
	龙葵 *Solanum nigrum*	全草	清热解毒、利水消肿
玄参科 Scrophulariaceae	阴行草 *Siphonostegia chinensis*	全草	治肝炎、尿结石、尿血等

科 名	种 名	药用部位	主要功能
玄参科 Scrophulariaceae	柳穿鱼 *Linaria vulgaris*	全草	可治疗风湿性心脏病
	陌上菜 *Lindernia procumbens*	全草	肝火上炎、湿热泻痢、红肿热毒、痔
列当科 Orobanchaceae	黄花列当 *Orobanche pycnostachya*	全草	补肾助阳、强筋骨
	列当 *Orobanche coerulescens*	全草	补肾、强筋骨
车前科 Plantaginaceae	车前 *Plantago asiatica*	全草及种子	利水、解热清目、祛痰
	平车前 *Plantago depressa*	全草及种子	利水、解热清目、祛痰
菊科 Compositae	旋覆花 *Inula japonica*	花	平喘镇咳、健胃
	苍耳 *Xanthium sibiricum*	全草及果实	发汗通窍、散风祛湿、消炎镇痛
	大蓟 *Cirsium japonicum*	根与叶	可治疗热性出血病
	刺儿菜 *Cirsium setosum*	全草	利尿、止血
	蒲公英 *Taraxacum mongolicum*	全草	清热解毒
	华蒲公英 *Taraxacum borealisinense*	全草	清热解毒
	蒙古鸦葱 *Scorzonera mongolica*	全草	清热解毒、利尿
	茵陈蒿 *Artemisia capillaris*	幼茎与叶	清热利湿
	黄花蒿 *Artemisia annua*	全草	清热凉血、褪虚热、解暑
	艾蒿 *Artemisia argyi*	叶	散寒、止痛、温经、止血
	猪毛蒿 *Artemisia scoparia*	全草	可治疗黄疸型肝炎
	鳢肠 *Eclipta prostrata*	全草	凉血、止血
	苦荬菜 *Ixeris polycephala*	全草	清热解毒
	泽兰 *Eupatorium japonicum*	枝叶	解表祛湿、和中化湿
	苣荬菜 *Sonchus arvensis*	全草	祛湿、清热解毒
	碱菀 *Tripolium vulgare*	全草	清热凉血
水麦冬科 Juncaginaceae	水麦冬 *Triglochin palustre*	果实	消炎、止泻
	海韭菜 *Triglochin maritimum*	全草	清热养阴、生津止渴
泽泻科 Alismaraceae	泽泻 *Alisma plantago-aquatica*	球茎	清湿热、利尿、降血脂
禾本科 Gramineae	芦苇 *Phragmites australis*	根状茎	清热、生津止渴、止呕
		叶	止泻、止血
		花	止血、解毒
	滨麦 *Leymus mollis*	根	清热、止血、利尿
	白茅 *Imperata cylindrica*	根茎	凉血止血、清热利尿
莎草科 Cyperaceae	香附子 *Cyperus rotundus*	块茎	疏肝解郁、理气止痛、调经安胎
天南星科 Araceae	菖蒲 *Acorus calamus*	根茎	化痰开窍、化湿和中
灯心草科 Juncaceae	灯心草 *Juncus effusus*	茎	利湿、清热
兰科 Orchidaceae	绶草 *Spiranthes sinensis*	全草	滋阴凉血、益气生津

（3）海滨沙生草甸

分布于山海关老龙头至滦河口的滨海沙滩，是重要的护岸植被。

砂钻苔草（筛草）（图7-25）、滨旋花、匍匐苦荬菜草甸。分布在沿海沙滩上，经常受到海水浪花的天然灌溉。土壤为无层次的粗砂，地下水位1米以内。主要优势种为砂钻苔草、滨旋花、苦卖菜等好盐性砂生植物；伴生种有沙参、秃萝卜丁、苍耳、砂引草、海边香豌豆、地稍瓜等。

图7-25　砂钻苔草（筛草）

矮丛苔草、砂钻苔草草甸。分布在昌黎县、抚宁区沿海沙丘边缘，植物生长的土壤为砂土，质地疏松，肥力极低，但苔草、砂钻苔草根系发达，适应沙埋，可以通过根系的大范围生长进行养分和水分的吸收。伴生种有滨旋花、沙蓬、达乌里胡枝子等，覆盖度一般为20%～30%。

图7-26　芦苇

5. 沼泽和水生植被

主要分布于昌黎县及抚宁区、北戴河区、海港区滨海沼泽地和内陆池沼中，面积较小，约12公顷（180亩），包括芦苇（图7-26）和香蒲。沼泽植被可作为造纸、编织原料，水生植被可作饲料。

（1）沼泽植被

以芦苇为建群种，多为单优势群落，以昌黎县七里海、大蒲河、团林及抚宁区西河南、北戴河海滨林场、海港区唐子寨一带较多。株高1～2米。伴生种为稗、水葱、水蓼、水车前、飘拂草、碎米莎草等。

图7-27　水葱

以香蒲为建群种。分布零星，伴生种为芦苇、藨草、水葱（图7-27）、水蓼、泽泻、慈姑、荆三棱、灯心草等。

（2）水生植被

分布于池沼中，挺水植物为芦苇、慈姑、香蒲（图7-28）、荆三棱、稗、雨久花、旱苗蓼；沉水植物为眼子菜、菹草、苦草、黑藻、金鱼藻、轮藻；漂浮植物为浮萍、紫背浮萍；浮叶植物为菱、睡莲、莲、荇菜、水龙等。

图7-28　河岸湿地的香蒲群落

6. 人工植被

主要分布于丘陵、平原，是面积最大的植被类型。包括大田作物、蔬菜作物、人工林、果园4个类型。

（1）大田粮食作物

秦皇岛地区粮食作物种植历史悠久。明弘治十四年（1501 年）《永平府志·土产》记载粮食作物有粱（谷）、粳、糯、稻、黍、稷（糜）、大麦、小麦、黑豆、荞麦、蜀秫（高粱）、绿豆、黄豆、白豆、赤豆、黎豆、豌豆、杂豆、稗子。清光绪五年（1879 年）《永平府志·物产》记载粮食作物有麦（有大、小、春、秋 4 种）、黍（分黑、白、红、黄 4 种）、稷（又名糜子）、谷（粟，有数种）、高粱（又名蜀黍）、秫（黏谷）、稻、粳、糯、玉米（玉蜀黍）、荞麦、豆（有数种，五色俱有）、豌豆、稗（分黑、白两种）、西丰谷。清光绪二十四年（1898 年）前后，秦皇岛地区高粱种植面积占粮食作物的 60% 以上。1920 年，引入关东青、红壳白、黄壳白、大黏高粱、歪脖白、歪脖黄、象牙白等，后象牙白高粱逐渐成为当地农家优种。截至 1949 年，秦皇岛地区种植的粮食作物主要有高粱、玉米、小麦、旱稻、水稻、谷子、甘薯、大豆等，其中高粱、谷子、玉米、甘薯、大豆、小麦、旱稻的种植面积分别占总种植面积的 40.4%、15.3%、12.8%、7.2%、5.4%、3.7%、1.6%。中华人民共和国成立后，在各级政府的领导下，有组织、有计划地种植农作物。随着农田水利基本建设的发展、农业科学技术措施的推广应用，选用和引进各种农作物新品种，以及人民生活水平的提高，粮食作物构成不断发生变化，至 1979 年，秦皇岛地区仍以粮食作物种植为主，主要粮食作物玉米、小麦、高粱、甘薯、水稻、谷子、大豆的种植面积分别占总种植面积的 21.9%、17.2%、15.7%、10.2%、10.2%、2.2%、2.0%。20 世纪 80 年代以后，粮食作物种植进一步向商品化发展。市委、市政府和农业主管部门根据市场需要，调整种植业结构，甜玉米、甘薯、杂粮等经济价值较高的粮食作物种植面积增加幅度较大，而小麦、水稻等低效农作物种植面积逐渐压缩。1990 年，主要粮食作物玉米、甘薯、水稻、小麦、高粱、大豆、谷子的种植面积分别占总种植面积的 31.8%、15%、10%、9.9%、7.1%、3.8%、3.7%。2016 年，全市大田作物分为旱地作物亚型和水田作物亚型。其中，旱地作物主要有玉米（甜糯玉米、籽粒玉米、青饲玉米）、小麦、甘薯、马铃薯、谷子、高粱、旱稻、豌豆、大豆、杂豆、花生、油葵、棉花；水田作物主要以水稻为主。大田粮食作物的播种面积为 137 072 万公顷，主要粮食作物玉米、薯类（主要是甘薯、马铃薯）、豆类（主要是大豆、绿小豆、红小豆）、稻谷、谷子、小麦、高粱的播种面积分别占全市粮食作物总播种面积的 63.07%、16.32%、6.85%、6.14%、3.75%、1.61%、1.34%。

秦皇岛市主要农作物种植模式包括玉米—小麦—玉米二年三熟制、马铃薯（豌豆）—夏玉米（蔬菜）等一年两熟制、菜—粮—菜一年三熟制和玉米、甘薯、花生、水稻、棉花、杂粮、杂豆等一年一熟制。其中，玉米—小麦—玉米二年三熟制，主要集中在卢龙县西部、南部及昌黎县京沈铁路沿线两侧；马铃薯（豌豆）—夏玉米（蔬菜）等一年两熟制，主要集中在昌黎县中部、南部，卢龙县南部，抚宁区东南部；菜—粮—菜一年三熟制，主要集中在昌黎中部沙地、卢龙南部；玉米、甘薯、花生、水稻、棉花、杂粮、杂豆等一年一熟制，在上述地区以外地区均有分布。

高粱种植，秦皇岛地区有 3 000 ～ 5 000 年的历史。中华人民共和国成立前，高粱种植遍布各地，主要在低洼易涝地块和山脊薄地。1949 年，秦皇岛地区高粱种植面积 7.64 万公顷（114.67 万亩）。随着洋河水库等水利设施的修建，低洼易涝地带被改造为稻田，高粱种植面积大幅减少，20 世纪 60 年代高粱种植面积在 3.33 万公顷（50 万亩）左右徘徊，1985 年缩减至 1.98 万公顷（29.77 万亩），2002 年播种面积 6 063 公顷，2016 年播种面积仅为 1 837 公顷。

甘薯，俗称白薯、红薯，始种于清咸丰年间（1851—1861 年），首栽于昌黎县蛤泊（今属卢龙县）。清光绪二十九年（1903 年），引种于邸柏各庄（今属卢龙县木井乡）邸九儒家。后种植面积逐渐扩大。1931 年前后，甘薯已占民众食粮的 10%。1940 年以后，昌黎县开始逐渐扩种甘薯。1944 年，“胜利百号”品种传入，前后延种数十年。1949 年，卢龙县甘薯种植面积居于秦皇岛地区之首，为 6 933 公顷（10.4 万亩），20 世纪六七十年代甘薯面积扩大到 13 333 公顷（20 万亩）。20 世纪 80 年代中期，甘薯面积直线上升。1996 年，卢龙县被命名为“中国甘薯之乡”，并被列入《中国特产名乡大典》。近几年，由于甘薯茎线虫病日趋严重，加之种植成本增加，甘薯种植面积明显下滑，2009—2016 年，秦皇岛市甘薯种植面积稳定到 1 万公顷，主要集中在卢龙县（图 7-29）。

图 7-29　卢龙县甘薯种植

玉米种植，始于清同治九年（1870 年），为昌黎县种植的小黄玉米。清光绪初年，秦皇岛地区已普遍种植，逐渐成为主要粮食作物。清宣统二年（1910 年）以后，引种白马牙玉米。玉米种植的历史虽然较短暂，但发展很快。20 世纪 60 年代，杂交玉米种植面积明显增加。1986 年，昌黎、抚宁、卢龙 3 个县被确定为玉米生产基地，后逐年建设成集中连片、产量高而稳、商品率高的玉米生产基地。1989 年，秦皇岛市玉米种植面积占全省玉米种植面积的 3.4%。1990 年开始，玉米成为秦皇岛市粮食作物之首。2016 年，玉米播种面积 86 458 公顷。

小麦种植，以昌黎县最早，清同治九年（1870 年）由乐亭县引入，以滦河沿岸为起源地，随后由南向北发展。1949 年，秦皇岛地区播种面积 0.89 万公顷（13.34 万亩），其中昌黎县占 72.56%。随着生产技术的发展和水利条件的变化，小麦种植面积不断扩大。1959 年，曾发展到 3.23 万公顷（48.38 万亩）。此后，一般保持在 1.33 万公顷（20 万亩）左右。20 世纪 70 年代中后期，曾提倡大搞两茬，亩产超千斤，麦田面积迅速增加，1974 年小麦种植面积达到 5.66 万公顷（89.89 万亩）。1978 年以后，小麦种植面积逐年减少，1985 年缩减至 2.11 万公顷（31.6 万亩），2002 年缩减至 18 267 公顷，2016 年为 2 206 公顷。

水稻种植，始于北齐年间（550—577 年），为河北省水稻的主要种植区之一。北齐皇建元年（560 年），平州（治今卢龙县城）刺史嵇晔建议，开督亢渠，置屯田，岁收稻米数十万石。元・王恽撰《乌台笔补》：“北齐皇建中，平州刺史建议开陂（水边地），岁收稻谷数十万石。”辽保宁七年（975 年），颁令禁止决河种稻。辽清宁十年（1064 年），再次重申“禁南京民决水种粳稻”。辽咸雍四年（1068 年）三月，辽廷许南京道除军用地外，余地皆种稻。元至正十二年（1352 年），丞相脱脱拨银 50 万锭，自江南招募两千名“农师”，在西起大都（今北京），东至迁民镇（今山海关）的海滨垦荒引水指导种稻。明万历年间（1573—1620 年）御史徐贞明与清雍正年间（1723—1735 年）怡亲王、贤亲王均在京东永平地区进行过营田种植水稻。1939 年，抚宁县西河南小庄村民杨子丰从东北请来两户朴姓朝鲜族人，在人造河一带试种水稻成功。翌年，迁来 20 户朝鲜族人，在西河南、东苏镗子两处开垦稻田，开渠引洋河水灌溉种植水稻。当年，西河南水稻种植面积 26.7 公顷（400 亩）、东苏镗子 33.3

公顷（500 亩），连续种稻 6 年，一般亩产 200 ～ 250 千克。抚宁大米素以“清水稻”著称，米色无腹白，颗粒均匀，通碧透明，宛如珍珠。1945 年，因朝鲜人返国，种植中断。日伪统治期间，日本人曾在昌黎县刘台庄种植水稻。中华人民共和国成立后，兴修水利，建成水库、干渠等水利设施，打机井。20 世纪 70 年代以后，秦皇岛市郊区和抚宁县、昌黎县实施南部沿海低洼易涝盐碱田改造稻田工程，还修建了水库、干渠等水利设施，农田机井数量增加，水稻种植面积迅速扩大。尤以抚宁县水稻生产发展最快，1983 年建成水稻基地 3 333.33 公顷（5 万亩），留守营大米成为河北省知名农产品。1986 年，秦皇岛市被省农业厅确定为全省水稻生产基地，抚宁县、昌黎县为水稻生产基地县。1978—1991 年水稻年平均种植面积在 2.33 万公顷（34.95 万亩）左右。20 世纪 90 年代以后，受持续干旱、灌溉水源不足和稻谷市场价格波动、农业种植结构调整等原因的影响，水稻种植面积总体上呈逐年下降趋势。2016 年，全市水稻播种面积为 8 420 公顷，大多集中于抚宁区、昌黎县南部沿海（其中原京山铁路至海为北戴河新区代管），见图 7-30。

图 7-30　北戴河新区水稻田

谷子种植，历史悠久，其抗旱能力强，主要集中在山地、丘陵和沙，曾是 20 世纪 60 年代以前的主要食粮。1949 年，秦皇岛地区谷子种植面积 3.66 万公顷（54.93 万亩）。随着农田水利建设和水利条件是提高，加之谷子的产量偏低，一些适宜种植谷子的地块通过改造被改种玉米、高粱等高产作物，谷子的种植面积逐年减少。1980 年，秦皇岛地区谷子种植面积缩减至 0.52 万公顷（7.83 万亩）。后通过改良品种，实行科学管理，谷子种植面积在 20 世纪 80 年代曾一度增加。但 90 年代以后，随着居民消费结构的改变，谷子的种植面积逐年减少，昌黎县和市区仅有零星种植，抚宁县、卢龙县所占的份额不大，主要集中在青龙满族自治县。2002 年，全市谷子播种面积为 5 761 公顷；2016 年，谷子播种面积为 5 136 公顷。

（2）棉花和油料作物

棉花种植，可以追溯到明弘治年间（1488—1505 年）。至明天启年间（1621—1627 年），棉花已在昌黎、卢龙两县种植推广。清代，棉花种植得到较大发展。清康熙年《永平府志》：昌黎“绵花，出沙程社。”清同治年间（1861—1875 年），已在卢龙、昌黎两县普及。光绪年间（1875—1908 年），秦皇岛地区所种植的棉花被销往奉天（今沈阳）作棉服絮套用，颇受欢迎。民国初期，抚宁县开始有棉花种植。日伪统治时期，划地强迫农民种植棉花。此后，棉花种植面积逐年扩大。至中华人民共和国成立，棉花已成为秦皇岛地区主要经济作物之一。20 世纪 70 年代以后，因侧重粮食生产，特别是 80 年代以后受尼龙纤维轻化纺织产品的影响，全市棉花播种面积减少。2016 年，全市棉花播种面积仅 384 公顷。

油料作物，主要包括花生、芝麻、向日葵等，以花生为大宗。1949 年，秦皇岛地区油料作物种植面积 1.97 万公顷（29.59 万亩）。1990 年，全市油料作物种植面积为 1.50 万公顷（22.51 万亩）。2016 年，全市油料作物播种面积为 23 514 公顷。

花生种植，始于清光绪年间（1875—1908 年），当时昌黎县、卢龙县已种植小角花生，后传入爬秧大花生，民国初年又传入立秧大花生。中华人民共和国成立初期，丘陵山区和沙地等土质贫瘠地区多有种植。20 世纪 80 年代，昌黎县成为河北省花生主要产地县，播种面积位居全省第四。1990 年，全市花生播种面积为 1.50 万公顷（22.51 万亩）；2002 年，为 21 705 公顷；2016 年，为 23 021 公顷。

（3）蔬菜和食用菌作物

秦皇岛地区蔬菜种植历史较长。明弘治十四年（1501 年）《水平府志·土产》记载蔬菜 15 种，即芹、苋、葱、韭、白菜、胡荽（香菜）、冬瓜、王瓜、稍瓜、萝卜、芥菜、茄、蒜、莙荙、菠菜。清康熙年间（1661—1722 年）山海关城郊北园村就已成片种植蔬菜。清代中叶，山海关菜农培育出了“五色地芽韭菜”。清光绪五年（1879 年）《永平府志·物产》记教：蔬菜 40 种，即葱、韭菜、蒜、薤（又名藠头）、胡荽（即芫荽）、芹菜、芥菜、白菜、萝卜（有长、圆两种，分红、白、绿 3 色）、胡萝卜、蔓菁、菠菜、莴苣、擘蓝、辣椒、壶卢、瓠、茄子（紫、白两种）、水茄、扁豆（即芸豆）、豇豆、刀豆（有数种）、蚕豆、黄瓜（有数种）、冬瓜、倭瓜（即南瓜）、菜瓜（又名勺瓜）、金瓜（南瓜的一种）、丝瓜、搅瓜、山药、莙荙、苦菜、茼蒿、蕨、藜（俗名扫帚菜，嫩苗可吃）、黄花菜（又名金针菜）、地螺蛳、木兰芽、薯蓣（通称山药）。清光绪二十四年（1898 年）秦皇岛被辟为商埠以后，来自山东的农民在城区以蔬菜种植为业。山海关的北园、南园以及秦皇岛的北菜园、菜园胡同等村庄、街道名称皆源自蔬菜种植。而北戴河东联峰山南麓人称“贾家菜园”。截至中华人民共和国成立前，山海关区有北园、南园、北后街、肖庄、侯庄、申庄、董庄、回马寨等 10 余个村从事蔬菜种植，其中蔬菜种植面积约 133.3 公顷（2 000 亩）。昌黎、抚宁、卢龙等县城附近村庄，约有菜园千百亩不等，均系农民私人种植，所产蔬菜一部分供自家食用，另一部分被贩至城镇销售。

中华人民共和国成立后，蔬菜种类和品种不断改进，新菜田区发展尤为迅速。20 世纪 80 年代后期，市、县蔬菜主管部门先后引进茭白、莲藕、油菜、芦笋、乌塌菜、丝瓜、苦瓜、瓠子、绿菜花、桐荡、团生菜、苋菜、西芹、皱叶莴苣、菊花脑、木耳菜、空心菜、菜心、紫菜苔、牛蒡、芥蓝、茼蒿、黄秋葵等蔬菜，并组织开发平菇、袋料木耳等食用菌，蔬菜种类 80 余种。20 世纪 90 年代中期，随着居民生活水平的日益提高，各种芽苗菜、羽衣甘蓝、樱桃萝卜、豆瓣菜、番杏、油麦菜、紫甘蓝、紫背天葵、四棱豆、蛇瓜、香葱、香芹、球茎茴香、凉薯、抱子甘蓝、群达菜、韭薹等保健蔬菜开始被农民引种。

目前，全市栽培食用蔬菜按大类分 15 类 160 种，食用菌有 19 种。食用蔬菜中，根茎类有 8 种，主要是萝卜、樱桃萝卜、胡萝卜、芜菁、根甜菜、牛蒡、球茎茴香、百合，栽培较多的主要是萝卜、胡萝卜，萝卜类就有红萝卜、红心萝卜、水萝卜、白萝卜等多个变种；白菜类 11 种，分别为大白菜、白菜、乌塌菜、菜薹、菜心、油菜、芥蓝、快菜、盖菜、京水菜、奶白菜；甘蓝类 8 种，主要是结球甘蓝、花椰菜、松花菜、青花菜、苤蓝、羽衣甘蓝、抱子甘蓝、宝塔菜，甘蓝、花椰菜种植面积较大；芥菜类 2 种，根用芥、叶用芥；茄果类 4 种，主要是番茄、茄子、辣椒、酸浆；豆类 6 种，主要是菜豆、豇豆、扁豆、豌豆、四棱豆、油豆；瓜类 15 种，主要是黄瓜、冬瓜、南瓜、笋瓜、西葫芦、西瓜、甜瓜、丝瓜（图 7-31）、苦瓜、瓠瓜、节瓜、蛇瓜、搅瓜、梢瓜、佛手瓜；葱蒜类 7 种，主要是韭菜、大葱、洋葱、大蒜、韭葱、香葱、薹韭；绿叶菜类 21 种，主要是菠菜、芹菜、莴苣、莴笋、蕹菜、茴香、苋菜、芫荽、茼蒿、落葵、菊苣、紫背天葵、菊花脑、香芹、千叶红、油麦菜、苦苣、臭菜、梅菜、芦蒿、叶用番薯；薯芋类 7 种，主要是马铃薯、山药、姜、芋头、甘薯、草石蚕、菊芋；水生蔬菜 4 种，主要是莲藕、茭白、芽菜、菱角；多年生蔬菜 5 种，主要是芦笋、草莓、香椿、叶用枸杞、朝鲜蓟；其他蔬菜（保健营养）15 种，主要是秋葵、藤三七、穿心莲、叶用枸杞、食用菊花、紫苏、洋蓟、罗勒、荆芥、薄荷、芝麻菜、香茅、百里香、迷迭香、藿香；山野菜 28 种，主要是苦菜、蒲公英、扫帚菜、车前草、荠菜、苦荬菜、山苜楂、盐蓬、碱蓬、猪毛菜、灰菜、曲麻菜、黄花菜、马齿苋、小根蒜、榆钱、铁苋菜、槐花、水芹、蕨菜、萹蓄菜、鱼腥草、景菜、费菜、桔梗、山白菜、野山葱、鸦葱；食用菌 19 种，主要是平菇、木耳、香菇、杏鲍菇、蟹味菇、白玉菇、银耳、猴头、灵芝、桑黄、白灵菇、榆黄菇、小姬菇、滑子、金针菇、鸡腿菇、大球盖菇、草菇、羊肚菌。

图 7-31　北戴河集发农业生态观光园丝瓜（其长度曾破吉尼斯世界纪录）

秦皇岛市特殊的气候水土孕育了独具特色的地方农家品种，地方传统名优品种有马芳营旱黄瓜（图 7-32）、山海关白黄瓜、海阳葱、深河白玉瓜、留守营叶三黄瓜、孟营萝卜、山海关五色韭（铁丝苗）、山海关生菜等。

全市蔬菜年播种面积达 5.33 万公顷（80 万亩）（复种指数 1.8），产量 35 亿千克，其中 70% 销往北京、天津及东北市场，主要品种包括西红柿、黄瓜、豆角、生姜、甘蓝、大白菜、食用菌等。近年来，全市蔬菜产业呈现生产设施化、产品高端化发展趋势，设

图 7-32　马芳营旱黄瓜

施蔬菜总面积2.64万公顷(39.6万亩),其中高端设施蔬菜6 866.67公顷(10.3万亩),国家级、省、市三级蔬菜标准园达到46个,其中国家级15个、省级12个。昌黎、抚宁被评为环渤海设施蔬菜重点区域县,昌黎被誉为"河北蔬菜之乡",抚宁是"河北蔬菜示范县""河北豆角之乡"和"河北生姜之乡"。"马芳营黄瓜"被评为河北省十大地方特色蔬菜,其代表生产企业昌黎嘉诚蔬菜产业园区占地面积近8 000亩,嘉诚批发市场年交易量20亿千克,交易额22亿元,已成为冀东地区重要的蔬菜产地批发市场;昌黎县恒丰种植专业合作社被评为农业部千亩蔬菜标准化示范区(全省共3家),种植面积达188.73公顷(2 831亩),年产黄瓜3 000万千克以上,主要销往北京、天津及东北等地,产值达1.26亿元。昌黎丰科食用菌生产基地一期投资3.5亿元,年生产能力达1 250万千克,成为北方地区工厂化水平最高的食用菌生产加工基地。

(4)人工林

20世纪初,秦皇岛地区先后引入刺槐(别名洋槐)、紫穗槐、加拿大杨、美国白杨、山海关杨(黑杨派)、加杨雌株等优良树种。1920年,山海关从东北引入红松。1937年,从日本引入美国白杨。

目前秦皇岛市主要的人工林树种为刺槐、杨、柳、紫穗槐。刺槐分布于丘陵坡地,村落附近、沿海沙地;杨、柳分布于河流、渠道、道路两旁(图7-33),是农田、沿海防护林主要树种;紫穗槐分布于梯田地埂,沿海滩涂,为重要编织材料和绿肥原料。截至2008年,全市人工林面积为215 076公顷(3 226 140亩)。自2009年以来,全市依托"三北"、沿海等国家重点林业工程,抓重点、破难点、出亮点,采取多种措施,全力推进造林工作,人工林面积稳步增加,到2016年人工林面积达279 854公顷(4 197 810亩),比2008年增长30%。

图7-33 祖山大道两侧人工林

(5)果园型植被

秦皇岛地处东北与华北两大经济区的接合部,毗邻北京、天津,位于渤海湾的中心,是环渤海地区的重要城市。果树栽培在秦皇岛已有悠久的历史,据《战国策·燕策》记载:"燕国南有碣石、雁门之饶,北有枣、栗之利。民虽不由田作,枣、栗之实足食于民矣,此所谓天府也。"这是公元前334年,苏秦在鼓吹"合纵"时向燕文侯说的一段话。这说明,在公元前4世纪,秦皇岛碣石山一带就有果树栽培的记载。1914 年，昌黎凤凰山的王家从外地引入玫瑰香葡萄。1920 年前后，玫瑰香葡萄逐渐传入秦皇岛地区。1924 年，归提寨村民从东北引入国光、倭锦、红玉、元帅等 10 多种苹果品种。1931 年，美国人辛柏森将大樱桃、红星苹果（第二代元帅苹果）引入北戴河。1934 年，引入的红星苹果接穗经高竹林等人在红玉、红花皮苹果树上实现了改劣换优。1936 年，从美国留学归国的李柏仁引入元帅系红星、金冠露、长把晚熟李子地等品种。在中华人民共和国成立前，西洋属苹果栽培面积和产量偏低。改革开放以来，秦皇岛市果品产业蓬勃发展。1979 年，全市果树面积为 17 467 公顷，果品年产量 8 513.3 万千克。经过长足发展，果树种植面积从 2000 年的 4.99 万公顷，年产量 3.24 亿千克，迅速发展到 2006 年的 7.58 万公顷，年产量 5.63 亿千克。截至 2016 年，全市果树面积为 125 667 公顷（188.50 万亩），果品年产量 91 578.1 万千克，主要树种有苹果、梨、板栗、山楂、核桃、桃和葡萄。

1980—1994 年多种果树快速发展 。1980 年以后，农村实行家庭联产承包责任制，在中央 1 号文件“允许农民有果树经营自主权、收益所有权”等精神影响下，人们发展果树的积极性日渐高涨，每年以 1 167 公顷（1.75 万亩）的速度递增；1986—1995 年又以年均 5 333 公顷（8.00 万亩）的速度增加，最高年份 1987 年达 11 933 公顷（17.90 万亩）。

1995—2002 年名特稀优果品稳步发展、果品结构不断优化。 20 世纪 90 年代中后期，随着苹果、桃等大宗果品的快速增长，先后出现不同程度的“卖难”现象，为扭转不利局面，各级政府及时采取有效措施，提出“提高果品质量、发展设施果树、优化果业结构、实施无公害标准化管理”的发展对策，使果品产业较快地回到了良性发展轨道。2002—2016 年全市经济林面积大幅增加，干鲜水果产量较为稳定。2016 年，全市果园面积 48 240 公顷，水果年产量 87 287 万千克。

苹果：苹果是秦皇岛市鲜果的主导树种，早期以黄魁、伏花皮、祝光、元帅、青香蕉、黄香蕉、金丰、祥玉、倭锦、印度、红玉、鸡冠、小国光、大国光、国庆、葵花、胜利等 110 多个品种为主，广布于全市 3 个区 4 个县。1980 年，全市苹果栽培面积 1.34 万公顷（20.10 万亩），700 多万株，产量 3 480 万千克。1984 年以后，全市苹果产业发展迅速，1985—1989 年，红富士、新红星等新品种先后引进秦皇岛市，年均发展面积达 3 200 公顷（4.80 万亩）。1987 年栽植面积创历史新高，达 6 466 公顷（9.70 万亩）。20 世纪 90 年代初期，优质红富士苹果上市后销售价高达 5.2 元 / 千克，因而激发了新一轮发展高峰，1994 年和 1995 年新栽面积分别为 4 866 公顷（7.30 万亩）和 2 733 公顷（4.10 万亩），苹果生产突飞猛进，继而果品市场由“供不应求”逐渐转变为“供过于求”，国光等老劣品种先后出现“卖难”与批量更新，栽培面积趋降。2000 年前后，苹果面积基本稳定，优种率由原来的 40% 左右提高到 68% 以上。主栽品种以富士系列为主，先后引进长富 1、长富 2、秋富 1、岩富 10、青富 13、长富 6 等，以长富 2 发展较多。2004 年，全市共有苹果园面积 2.95 万公顷（44.30 万亩），年产量 12 663.7 万千克，分别占全市鲜果总面积和总产量的 51.6% 和 26.18%，长年间接出口量约 20 万千克，主要出口新加坡、俄罗斯等国家和地区。全市 75 个乡镇均有苹果栽培，主要栽培品种有 20 多个，乔那金、红富士、王林等优良品种面积约占全市苹果面积的 41%，集中分布于四县（青龙和抚宁最多）；红星、金冠、胜利、葵花等中档品种约占苹果面积的 25%；老品种如国光、倭锦、鸡冠、红玉等栽培面积仍较大，约占苹果面积的 26%，主要分布在青龙和抚宁北部苹果老产区。一些优良新品种，如松本锦、藤木一号、新嘎拉、珊夏、昌红等面积较少，仅占苹果面积的 8%

左右，且多是3年生以下的幼龄树，尚未进入结果期。截至2016年年底，全市苹果园面积2.39万公顷（35.81万亩），年产量871 31.4万千克（图7-34）。

图7-34　海港区黄土营一带苹果园

秦皇岛市优质苹果生产基地有海港区杜庄乡大深港村、石门寨镇上花野村，抚宁区大新寨镇狮子庄，青龙满族自治县土门子乡丰果村、水泉村。这些地区是20世纪90年代以后全市苹果外销与出口创汇的重要基地。其中，抚宁县茶棚乡小所庄在20世纪90年代初曾因苹果矮化密植、早果早丰而受到全国果树界关注。2001年，抚宁县、青龙满族自治县被河北省林业局确定为“优质苹果生产基地县”。2002年青龙满族自治县被国家林业局授予“中国苹果之乡”的称号。

梨：1981年，全市梨园面积3 355公顷（5.03万亩），年产量3 943.1万千克。主要品种有安梨、花盖梨、玻璃脆、蜜梨、京白梨、雪花梨、鸭梨、巴梨、鸭广梨、长把梨、酸梨、籽梨、红梨、小五香、黄花缸、小热花盖、水红绢、蜜梨缸、大核白、小核白、六大瓣、八里香、鹅头梨、蜜梨脆、谢花甜、波梨脆、黄野梨、半斤酥、钟梨、香水梨、苹果梨、小香水梨、糖梨、红花盖、白花盖、肚里红、铁皮红、砂霄梨、芝麻酥梨、小黄梨、秋五香、黄山梨、白花梨、香酥梨、茄梨、三季梨、日面红、伏茄梨、长十郎等60个品种。主栽地分布在青龙满族自治县的西部王厂、凉水湾、小马坪、白家店、娄杖子、八道河等地，以安梨为主；抚宁县的茶棚、榆关、西河南、马家峪、后白塔、上徐各庄、东新寨和海港区的驻操营、上庄坨、石门寨等地，以酸梨为主；西河南、茶棚、榆关、上徐各庄等地，以蜜梨、雪花梨、秋白梨为主；昌黎县的北部山区梁各庄、两山、十里铺、城南犁弯河、泥井等地，主要以蜜梨、京白梨为主；卢龙县的下兴隆庄、燕河营、榆林甸、孟柳河等地，以酸梨、京白梨、蜜梨为主；3个区也有栽培，多以白梨系统为主。全市梨树80%以上分布在山坡瘠薄地，因品种老化、管理粗放、经济效益相对低下，在相当长一段时间内发展起落变化很小。到20世纪90年代后期，随着全国对日本、韩国梨的大量引进，全市先后引进一批优良的新品种，如爱宕梨、黄金梨、中梨1号、大果水晶、丰水梨以及红巴梨等。2004年，全市梨栽培面积7 326.67公顷（10.99万亩），产量4 621.7万千克。截至2016年，全市梨栽培面积7 500公顷（11.25万亩），产量11 255.6万千克。全市梨树主栽品种近20个，安梨是传统品种，主要分布在青龙满族自治县，果品除少数销往东北及内蒙古外，大部分用于安梨汁加工；爱宕梨、黄金梨、黄冠梨、金20世纪梨、红巴梨等优新品种刚起步发展，多数未进入结果期，产量很少。

昌黎蜜梨（图7-35），河北省传统名优果品，有“香、甜、脆、嫩”的特点，被冠以“天津蜜梨”由天津口岸远销东南亚等地。以两山地区最优，20世纪50年代后两山第一社果农作为地方名产献给毛泽东主席。

图7-35 昌黎蜜梨

桃：桃树具有结果早、见效快、丰产却不耐贮等特点，因而发展起落变幅较大。1981年，全市桃树栽培面积1 170公顷（1.76万亩），年产量652.15万千克，主栽品种有春白、白凤、早凤、五月鲜、六月白、大久保、岗山白、岗山五百号、庆丰、麦香、燕红（绿化九号）、深洲蜜桃、颐红（宫廷水蜜）、天津水蜜、传十郎等30多个品种。主要栽培地分布在抚宁县的榆关、曹东庄、茶棚、台营、城关、坟坨、麻姑营、留守营、兴龙庄、沙河，主栽品种以大久保、白瓦、白凤、岗山白、深洲水蜜；程各庄、曹家堡子、南望庄等地的蟠桃，程各庄的红蟠桃，大新寨的雪桃为全市特产。昌黎县以五峰山、西张各庄居多，栽培品种以大久保、传十郎、天津水蜜为主。卢龙县普遍栽植的桃树品种以大九保、岗山白、白瓦、天津水蜜为主。全市3个区均有栽植，以大九保、天津水蜜、传十郎、岗山白等品种为主。20世纪80年代以后，先后引进栽培的品种有早美、京红、早凤王、晚蜜、莱山蜜、川中岛、陆王仙、中华寿桃、雪桃、京艳等水蜜桃，瑞光系、艳光、曙光、华光、早红珠、早红2号、晴朗、中油5号、极早518、NJN72和NJN76等油桃，以及早露蟠桃、瑞蟠系等蟠桃。诸多新品种的引进与相对过热的发展，导致1990年前后多次出现桃果“卖难”以及成片砍树现象。1991年，优质大久保桃售价3.5元/千克，桃农收不抵支，生产积极性严重受挫，大批桃园、桃树被毁。1992年全市桃树栽培面积仅为33公顷（495亩）。直至1995年以后，桃果品价格回升，桃树种植面积开始增长，平均年栽植面积333～400公顷（4 995～6 000亩）。到2000年前后，全市桃树面积和果品产量基本稳定。

20世纪90年代中期，桃树优质生产基地抚宁县坟坨管理区黄宝峪村有70余公顷桃果基地，品种有早熟、中熟到晚熟多达二三十个。每到桃果成熟季节，到基地购买桃果的车辆高达数十辆，最多时超过100辆。产品远销北京、天津、东北与上海等地。2004年，全市桃栽培面积达到10 060公顷（15.09万亩）。截至2016年，全市桃栽培面积达到6 666.67公顷（10.00万亩），占全市鲜果总面积的13.9%，主产区分布在抚宁、昌黎、卢龙和山海关区。主要品种有大久保、重阳红、硕红、颐红、绿化九号、早凤王、雨花露、庆丰、金宝、21世纪及早红珠、早红霞、曙光、艳光、华光、瑞光系列、晴朗等油桃和早露蟠桃、瑞蟠5号、瑞蟠8号等。早、中、晚熟品种比例大致为15:65:20。全市桃优种率达75%，产量高而稳定。桃鲜果供应期由每年的4月下旬至10月下旬长达6个月以上，是全市在东北等市场占份额最大的果品。抚宁县黄宝峪水蜜桃、优质晚熟的昌黎重阳红桃、21世纪桃及山海关宫廷水蜜桃等均在北京、天津及东北、上海、广州等市场享有盛誉。2001年，抚宁县被河北省林业局确定为“优质桃生产基地县”。

葡萄：葡萄栽培历史悠久。1998年河北人民出版社出版的《河北省志·林业志》记载："6个葡萄品种是在唐代由新疆传入河北的，即龙眼、白牛奶、无子露、牛心、红鸡心、老虎眼。龙眼主要产于昌黎、丰润、涿鹿、怀来等县。白牛奶产于宣化区。其他品种主要集中于昌黎县。"这说明，不晚于唐代，昌黎县就有葡萄栽培。明弘治十四年（1501年）《永平府志》记载的第一个果类就是葡萄。清康熙二年（1663年）重修的《永平府志》卷五"物产"记载："蒲萄、接桃出顺德社……""顺德社"距昌黎城西"六十里"，就是现在昌黎县靠近滦河的丘陵地带。到清代中期，昌黎县凤凰山一带的葡萄产区形成。20世纪初，玫瑰香葡萄被引入昌黎县，最先种植在凤凰山一带的刘家大院。随着津榆铁路的运营，远销北京、天津和东北三省，"皆获厚利"，"昌黎葡萄"这一具有乡土风味的独特产品开始形成。20世纪50年代，随着昌黎果酒厂的建成投产，昌黎县五里营、十里铺、凤凰山一带种植的葡萄被列为生产基地。20世纪70年代开始，昌黎果酒厂（后更名为昌黎葡萄酒厂）为研制干红葡萄酒，从山东、河南、北京等地引进佳丽酿、北醇等酿酒葡萄。1981年，全市葡萄种植面积297公顷（4 455亩），主要集中在昌黎县，全市葡萄总产量为265万千克，主栽品种为龙眼、玫瑰香（图7-36）、无子绿、鸡心、马乳（又名马奶，图7-37）、玛瑙等鲜食葡萄和佳丽酿等酿酒葡萄。20世纪80年代初，昌黎葡萄酒厂被轻工业部选定为中国干红葡萄酒生产研发基地后，又引入佳利酿、法国兰、贵人香、烟73、烟74、白羽、白雅、赤霞珠（图7-38）、品丽珠、蛇龙珠、梅鹿辄等酿酒葡萄品种。1983年5月20日，中国第一瓶干红酒——"北戴河"牌赤霞珠干红酒在昌黎葡萄酒厂诞生；1984年12月，在轻工业部举办的国内酒类品质大赛上，昌黎葡萄酒厂新研制的"北戴河"牌赤霞珠干红酒，获得冠军和金杯奖。为提升葡萄酒品质，1986年从法国进口5万株赤霞珠、品丽珠等脱毒苗木，进行优质葡萄种苗的培育。随着家庭联产承包责任制在农村的全面推行，红地球、美人指等粒大、果肉硬脆、汁多、味甜的优良品种被引入，设施葡萄种植也开始出现。20世纪90年代开始，干红葡萄酒产业在昌黎县得到快速发展。1997年，昌黎县提出"倾全县之力，打造'中国干红葡萄酒城'"的规划。1998年，昌黎县政府从法国引进100万根酿酒葡萄种条。此举带动了卢龙、抚宁等县（区）的迅速跟进。各地通过政府财政补贴、银行贷款等优惠政策，鼓励农民种植酿酒葡萄，扩充酿酒葡萄基地规模。1997—1999年，全市以昌黎县和卢龙县为主，新增酿酒葡萄3 733公顷（5.60万亩），酿酒葡萄以赤霞珠为主栽品种，呈现出前所未有的发展高峰。同时，在市委、市政府各项优惠政策的大力扶持下，诸多酿酒葡萄加工企业纷纷到秦皇岛市落户。2004年，全市葡萄种植面积达7 780公顷（11.67万亩），其中酿酒葡萄3 866.67公顷（5.80万亩）、鲜食葡萄3 913.33公顷（5.87万亩）。葡萄总产量为13 956.4万千克，其中酿酒葡萄产量5 510

图7-36　昌黎玫瑰香葡萄

图7-37　昌黎县西山场村马奶葡萄，距今百余年

图7-38　赤霞珠葡萄

万千克、鲜食葡萄产量 8 446.4 万千克，分别居全省葡萄总面积和总产量的第二位和第三位。葡萄酒加工企业发展到 39 家，年加工能力达 0.6 亿千克。2011 年以后，受酿酒葡萄收购价格下滑等因素影响，酿酒葡萄种植面积有所下降。2016 年，全市葡萄种植面积为 4 613 公顷，总产量为 14 889.1 万千克。鲜食葡萄品种主要有玫瑰香、红地球、维多利亚、美人指、巨峰等；酿酒葡萄品种主要有赤霞珠、梅鹿辄、品丽珠、蛇龙珠等，鲜食和酿酒兼用品种为玫瑰香、龙眼等。葡萄生产基地集中分布在昌黎县十里铺、五里营、张各庄、耿庄、东山马庄、秦庄等地，其次是卢龙县的孟柳河、李柳河、潘庄等地，抚宁区曹东庄、城区周边、榆关等地也有少量种植，3 个城市区也有零星种植。酿酒葡萄主要分布在昌黎县的北部山区、山前平原和中部沙地，其次是卢龙县的蛤泊、刘田各庄、木井、石门、双望等地。

鲜食葡萄虽无出口，但昌黎玫瑰香葡萄在全国久负盛名，昌黎红地球葡萄在全国也享有很高的盛誉，远销北京、天津、东北及江苏、浙江、广东等地，卢龙鲍子沟葡萄在河北也有一定的知名度；酿酒葡萄主要供应全市加工企业，部分销往天津、山东等地。2001 年，昌黎县被河北省林业局确定为“优质葡萄生产基地县”，被中国地区开发促进会命名为“中国酿酒葡萄之乡”；卢龙县被中国地区开发促进会命名为“中国酿酒葡萄生产基地”。2002 年，昌黎县被国家林业局授予“中国葡萄之乡”。

甜樱桃：又称洋樱桃。19 世纪末 20 世纪初引入，主要分布在昌黎县杏树园村。1985 年，山海关区开始引种栽培，1989 年正式结果，到 1995 年发展到 24.67 公顷（370.05 亩），1996 年以后，甜樱桃栽培技术逐步成熟，1998 年栽植面积达到 86.67 公顷（1 300.05 亩），产量 7.5 万千克，产值 150 余万元。甜樱桃价格自 1991 年起直线飚升，1998 年优质果最高售价 70 元 / 千克，平均批发价 20 元 / 千克。2000 年，市政府在农业结构调整中，出台优惠政策向樱桃种植倾斜，进一步调动了农民种植的积极性，截至 2004 年，全市栽培面积发展到 333.33 公顷（4 999.95 亩），年产量达到 265.5 万千克，年产值 3 000 多万元。产地批发价在 12 元 / 千克左右。甜樱桃生产基地主要分布在山海关区石河镇柴家沟、毛家沟、安庄等 25 个行政村（图 7-39），栽种面积约占全市面积的 90%，昌黎县、北戴河区等占 10%。主栽品种由最初的红灯、那翁、红艳、黄香蕉等发展为早大果、意大利早红、红灯、萨米豆、美早、宇宙、胜利、先锋、拉宾斯等多品种共存的局面。2002 年山海关区被国家林业局授予“中国大樱桃之乡”的称号。2004 年，山海关区大樱桃果园面积 850 公顷。

图 7-39　山海关大樱桃园

板栗：其种植历史悠久。长城沿线是河北省板栗重要产区。1981年，秦皇岛市板栗面积4 996公顷（7.49万亩），年产量71.65万千克。20世纪80年代中后期，全市板栗呈现强势发展，年增面积最高达1 333公顷（2.00万亩）。1996年，市委、市政府确定“以外贸出口为龙头的板栗产加销体系建设”项目，板栗得到快速发展。截至2004年全市板栗发展到21 073.33公顷（31.61万亩），年产量718.1万千克。20世纪80年代初期主要栽培品种以燕山早丰、燕山短枝（大叶青）、燕山红、遵化短刺等为主，1990年以后，以燕山短枝（大叶青）、燕山早丰（3113）、大板红、燕魁、燕明、紫珀等为主要栽培品种。秦皇岛市板栗产区主要分布在青龙满族自治县的娄杖子、王厂、白家店、逃军山以及土门子乡炮手堡村、磨石沟村和马圈子镇的孤山子村等地（图7-40）。其所产板栗色泽鲜艳，含糖量高，味道甘美，易剥皮，在国内外享有盛誉；在国内市场称为“京东板栗”，在国际市场称为“天津甘栗”。1997年在河北省农产品博览会上被评为“名优产品”。多年来，经外贸加工后出口日本，在日本市场上经久不衰。其次板栗种植地分布在抚宁县的坟坨、庄河、义院口、上庄坨等地，以及卢龙县的潘庄、大刘庄、燕河营、石门、李柳河等地，昌黎县的长峪山、五峰山、两山等也有少量栽植。板栗是北部山区农民脱贫至富的重要产业，也是出口创汇的拳头产品。秦皇岛市优质板栗生产基地分布在青龙满族自治县木头凳、干沟、龙王庙，抚宁区台营镇、大新寨，以及海港区驻操营镇等30余个乡镇。截至2016年全市板栗种植面积77 272公顷（115.91万亩），产量4 366.9万千克。

图7-40　青龙甘栗

核桃：秦皇岛市历史上是全国核桃著名产区之一，尤以卢龙县石门地区所生产和销售的“石门核桃”（图7-41）名扬海内外。秦皇岛市核桃生产基地主要分布在卢龙县石门镇、杨黄岭、木井、庄坨、万各庄等地。抚宁区坟坨、城关、台营、大新寨，海港区驻操营、石门寨以及昌黎县两山、凤凰山、朱各庄等地也有分布。“石门核桃”是与山西“汾州核桃”、云南的“漾濞核桃”一起曾经驰名国际、国内市场的著名产品和品牌。历史上“石门核桃”产地以卢龙县石门镇、木井乡2个乡（镇）为中心，并辐射卢龙全县及燕山东段长城以南的抚宁、昌黎、迁安、迁西等县（市）。

图7-41　石门核桃

卢龙县核桃栽培历史悠久，具体年限尚未考证，但现在在石门镇钓鱼台村仍存有数十株明、清年间栽植的核桃古树，最大的树龄达500年左右，至今这些古树仍然枝繁叶茂，硕果累累。“石门核桃”以坚果大、取仁容易、仁色浅、香味浓郁而著称，早在明朝中叶即成为地方名产，从清朝末开始出口外销，先后销往20多个国家，年出口量达30万～40万千克，在欧洲市场颇受消费者欢迎，产品供不应求。“石门核桃”的栽培规模在明、清时期及中华人民共和国成立以前没有数据记载，中华人民共和国成立以后鼎盛时期是在20世纪五六十年代，栽培面积达到3 000公顷（4.5万亩）左右，年核桃坚果产量50万～60万千克。1957年，全国供销系统核桃生产现场会在“石门核桃”中心产地之一的卢龙县杨黄岭召开。“文化大革命”期间，受“以粮为纲”政策的影响，毁树种较多的核桃大树；20世纪70年代末至80年代初分田到户以后，卢龙县红薯淀粉和粉条产业达到顶盛时期，大量的核桃树被砍伐变成红薯田，这一时期“石门核桃”资源曾遭受破坏。这两个时期，“石门核桃”的栽培面积锐减到600公顷（9 000亩）左右。进入21世纪以来，随着国家经济的发展和农村种植结构调整的深入，特别是最近几年“石门核桃”产业得到市政府和林业主管部门的高度重视，2009年被列为国家地理标志保护产品，它是国内唯一能与美国“钻石核桃”相媲美的核桃品牌。

1981年，全市核桃面积1 472公顷（2.21万亩）。20世纪90年代中期，随着核桃优新品种（系）辽宁1号、辽4、辽宁7号、中林1号、礼品1、礼品2、冀丰、清香、香铃等的引进，栽培面积逐渐扩大，生产基地由卢龙县、抚宁县，扩大到青龙满族自治县、海港区等地。截至2004年，全市核桃面积已发展到700公顷（1.05万亩），年产量162.1万千克。截至2016年，全市核桃种植面积11 127公顷（16.69万亩），年产量569.1万千克。

山楂：1982年，全市山楂种植面积58公顷（870亩），年产量29.25万千克。主要栽培品种有大面楂、六形山楂、大金星、小金星、大青口、敞口、白玫、铁皮青等。主要分布在青龙满族自治县的三间房、龙王庙、干沟、南杖子等地；卢龙县以卢龙镇、陈官屯、下寨等地为多；昌黎县则是以两山、凤凰山一带为主；抚宁北部山区均有栽植。由于山楂果实具有软化血管等良好的保健作用，在20世纪80年代后期，山楂走俏市场，价格为同期苹果价的4～5倍，引发全市种植面积不断攀升，1986—1989年，年均增速达到1 400公顷（2.10万亩）。1989年，山楂产量达到291.8万千克，继而导致20世纪90年代中期，产量速增。到1994年，种植面达到2 584公顷（3.88万亩），年产量达到1 005.7万千克，销售价格大幅下跌（0.4～0.6元/千克），全市山楂生产呈下降趋势。到2000年，种植面积下降到1 112公顷（1.67万亩），产量下降到500.2万千克。截至2004年，全市山楂面积1 073.33公顷（1.61万亩），年产量687.4万千克。

枣：枣树的发展始终处于缓慢平稳状态。1981年全市面积为116公顷（1 740亩），年产量20.6万千克，主栽品种长期以大麻枣、团枣、葫芦头、菱枣、长枣、大翠、金丝等品种为主。主要分布于抚宁县曹东庄、驻操营、台营、大新寨等山区，昌黎县的北部山区一带，卢龙县的燕河营、潘庄、刘家营等地，青龙满族自治县的祖山、青龙、七道河等地。2000年前后，果农在售价高的冬枣影响下，又引进梨枣、赞皇大枣、大王枣等优新品种。2004年，全市枣栽培面积达233.33公顷（3 500亩），年产量36.5万千克。截至2016年，全市枣栽培面积达291公顷（4365亩），年产量41万千克。

杏、李：20世纪80年代中后期，随着其他大宗果品的相对饱和，杏、李等热杂果步入较快的发展阶段。年发展面积逐渐增至400公顷（6 000亩）。主栽品种李子有香扁李、大红李、牛心李、玉皇李等；杏品种有麦黄、绿黄、荷包、麻丝黄、银杏、银白杏、香白杏、白土杏、大白土杏、大黄土杏等。90年代后期，又逐渐引进的李子新品种有奥李14、大石早生、大石中生、早美丽、盖县大李（美丽李）、太妃李、女神梅李等；引进的杏品种有凯特杏、金太阳、大棚王等。截至2004年，全市李子面积为533.33公顷（8 000亩），年产量274.1万千克；杏树面积 353.33 公顷（5 300 亩），年产量 308.5 万千克。截至 2016 年，杏树栽培面积 532 公顷（7 980 亩），年产量 622.3 万千克。

三、秦皇岛市外来入侵植物

秦皇岛市存在的外来入侵植物共计 24 科 57 种，其中水生植物 3 科 3 种、陆生植物 21 科 54 种（表 7-12）。从原产地分布来看，大部分入侵植物来源于美洲，其次来源于欧洲、非洲和亚洲。上述 57 种外来入侵植物有 9 种被农业部列入《国家重点管理外来入侵物种名录（第一批）》（表 7-13）。这 9 种外来入侵植物传播能力强，潜在危害大。

表 7-12　秦皇岛市外来入侵植物一览表（表跨页）

类　别	科　名	种　名	原产地
水生植物	雨久花科 Potederiaceae	凤眼莲 *Eichhornia crassipes*	巴西
	禾本科 Gramineae	大米草 *Spartina anglica*	欧洲
	苋科 Amaranthaceae	空心莲子草 *Alternanthera philoxeroides*	巴西
陆生植物		苋 *Amaranthus tricolor*	印度
		皱果苋 *Amaranthus viridis*	美洲热带地区
		尾穗苋 *Amaranthus caudatus*	美洲热带地区
		反枝苋 *Amaranthus retroflexus*	美洲
	紫茉莉科 Nyctaginaceae	紫茉莉 *Mirabilis jalapa*	美洲热带地区
	马齿苋科 Portulacaceae	土人参 *Talinum paniculatum*	美洲热带地区
	商陆科 Phytolaccaceae	美洲商陆 *Phytolacca ameyicana*	北美洲
	桑科 Moraceae	大麻 *Cannabis sativa*	中亚
	石竹科 Caryophyllaceae	王不留行 *Vaccaria segetalis*	欧洲
	藜科 Chenopodiaceae	土荆芥 *Chenopodium ambrosioides*	美洲热带地区
		杂配藜 *Chenopodium hybridum*	欧洲和西亚
	菊科 Compositae	三叶鬼针草 *Bidens pilosa*	美洲热带地区
		菊芋 *Helianthus tuberosus*	北美洲
		辣子草 *Galinsoga parviflora*	美洲
		孔雀草 *Tagetes patula*	墨西哥
		多花百日菊 *Zinnia peruviana*	墨西哥
		蛇目菊 *Sanvitalia procumbens*	墨西哥
		万寿菊 *Tagetes erecta*	墨西哥
		秋英 *Cosmos bipinnata*	墨西哥
		胜红蓟 *Ageratum conyzoides*	中南美洲
		苦苣菜 *Sonchus oleraceus*	欧洲
		黄顶菊 *Flaveria bidentis*	南美洲
		剑叶金鸡菊 *Coreopsis lanceolata*	北美洲
		豚草 *Ambrosia artemisiifolia*	北美洲

类 别	科 名	种 名	原产地
陆生植物	菊科 Compositae	三裂叶豚草 *Ambrosia trifida*	北美洲
		小白酒草 *Conyza. Canadensis*	北美洲
		水飞蓟 *Silybum marianum*	欧洲、非洲
	旋花科 Convolvulaceae	圆叶牵牛 *Pharbitis purpurea*	南美洲
		裂叶牵牛 *Pharbitis nil*	美洲热带地区
	十字花科 Brassicaceae	密花独行菜 *Lepidium densiflorum*	北美洲
	大戟科 Euphorbiaceae	斑地锦 *Euphorbia maculata*	北美洲
		蓖麻 *Ricinus communis*	非洲
	豆科 Leguminosae	刺槐 *Robinia pseudoacacia*	北美洲
		白车轴草 *Trifolium repens*	欧洲和北非
		白香草木樨 *Mdilotus alba*	欧洲、亚洲西部
		紫苜蓿 *Medicago sativa*	亚洲西部
		决明 *Cassia tora*	美洲热带地区
		红车轴草 *Trifolium pratense*	欧洲中部
	锦葵科 Malvaceae	野西瓜苗 *Hibiscus trionum*	非洲中部
		苘麻 *Abutilon theophrasti*	欧洲和北美
	柳叶菜科 Onagraceae	月见草 *Oenothera biennis*	北美洲
	酢浆草科 Oxalidaceae	铜锤草 *Oxalis corymbosa*	南美洲热带地区
	茄科 Solanaceae	曼陀罗 *Datura stramonium*	墨西哥
		洋金花 *Datura metel*	印度
	伞形科 Umbelliferae	野胡萝卜 *Daucus carota*	欧洲
		芫荽 *Coriandrum sativum*	欧洲地中海地区
	马鞭草科 Verbenaceae	马缨丹 *Lantana camara*	美洲热带地区
	葡萄科 Vitaceae	五叶地锦 *Parthenocissus quinquefolia*	北美洲
	禾本科 Gramineae	野燕麦 *Avena fatua*	南欧地中海
		蒺藜草 *Cenchrus echinatus*	美洲热带地区
		少花蒺藜草 *Cenchrus pauciflorus*	北美洲
		野牛草 *Buchloe dactyloides*	美洲
		石茅（假高粱）*Sorghum halepense*	亚洲南部及地中海
		毒麦 *Lolium temulentum*	欧洲

表 7–13 秦皇岛市发现的被列入《国家重点管理外来入侵物种名录（第一批）》物种一览表（表跨页）

科 名	种 名	原产地
雨久花科 Potederiaceae	凤眼莲 *Eichhornia crassipes*	巴西
苋科 Amaranthaceae	空心莲子草 *Alternanthera philoxeroides*	巴西
菊科 Compositae	黄顶菊 *Flaveria bidentis*	南美洲
	豚草 *Ambrosia artemisiifolia*	北美洲
	三裂叶豚草 *Ambrosia trifida*	北美洲

科　名	种　名	原产地
马鞭草科 Verbenaceae	马缨丹 *Lantana camara*	美洲热带地区
禾本科 Gramineae	少花蒺藜草 *Cenchrus pauciflorus*	北美洲
	石茅（假高粱）*Sorghum halepense*	亚洲南部及地中海
	毒麦 *Lolium temulentum*	欧洲

第二节　陆生动物

秦皇岛市动物区系属温带森林—草原农田动物群，全境处于东北亚与东亚过渡地带，有鸟类、兽类、爬行类、两栖类、鳞介类、昆虫等。动物资源比较丰富，尤其是候鸟重要的迁徙停息地。

一、陆地野生动物种类

1. 鸟类

秦皇岛市地处中国鸟类迁徙的东部沿海通道上，野生动物种类和数量比较丰富，尤其迁徙鸟类物种多样性较高，是国内野生动物资源研究开发、保护的重要基地。鸟类在全国地级以上城市中排名处于前列，特别是水鸟，无论是鸟种种数还是珍稀度都在全国首屈一指。秦皇岛市是世界著名的四大观鸟胜地之一，2015 年 5 月 9 日，秦皇岛市以其良好的生态环境和观鸟资源优势成为国内第二个获得“中国观鸟之都”称号的城市。

明嘉靖《山海关志》记载，羽类有鸡、莺、鹅、鸭、燕、鹊、雀、凫、鹰、鸽、雕、画眉、雉、鸠、雁、鹤、鸨、鹳、鹘、鸢、鸬、青鸥、鸳鸯、黄鸹、水鸦、乌鸦、鸶鹚、鹌鹑、布谷、天鹅、铜嘴。

清光绪五年（1879 年）《永平府志·物产》记鸟类：雁、燕、鹊、乌鸦（纯黑反哺者谓之乌，小而腹下白不反哺者谓之鸦）、雉、雀、斑鸠、布谷、鸽、雕、鹘、鹰、海东青、鹞（即隼）、凫、鸥、鹭鸶、鸳鸯、信天翁、鹳、鹑（俗名淘河）、鱼狼（似鹭而小，白色曲翅）、鱼虎（又名鱼狗）、戴胜、桑扈（俗名铜嘴）、鹡鸰（俗名哗唧棒）、黄鹂、黑鹂、鸢、鸱鸮、鸨、鹑、鴷（啄木鸟）、黄雀、练雀、苏雀、鹂雀、百舌、蜡嘴、铁脚、晶眼、沙鸡、剖苇、阿兰、咽脂变、红点颏、蓝点颏、靛青儿、红嘴鸭、拖白练、黑老婆、云里雁、青燕儿、青头鬼（夜鸣）、乌式鸟儿（夏秋之际夜鸣声如牛）、乌露儿（似鹑无后趾）、金翅儿、柳叶儿、鹨（有红、黄、麻 3 色）、拳头鸡、胡八喇、王乾哥、蒲螬、老和尚披袈、铁树皮（似啄木鸟）、太平雀、松鸡。

2000 年年末，北戴河鸟类占中国鸟类总数的 1/3，其中国家重点保护鸟种 68 个，可看到鸥类 18 种、天鹅 3 种、鹤类 6 种；鹊鹞记录曾经达到 14 534 只，为世界所发现鹊鹞记录最多的地点；遗鸥记录达 850 只，是世界记录的 15%。

根据 2015 年秦皇岛市鸟类调查报告，全市鸟类资源总数达 504 种，隶属 20 目 78 科（表 7-14），在全国地级以上城市排名居首，与全国重点鸟区内蒙古地区（430 种）、北京地区（420

种）、成都地区（440种）相比，远超过这些地区的鸟类种数。此外，最新的欧洲大陆鸟种统计结果为440种。因此，根据2015年的调查数据进一步巩固了秦皇岛市“世界观鸟圣地”的地位。

表7-14　2015年秦皇岛市鸟类一览表（表跨页）

目	科	名　称	居留类型	区系类型
（一）潜鸟目 Gaviiformes	（1）潜鸟科 Gaviidae	红喉潜鸟 *Cavia stellate*	W	P
		黑喉潜鸟 *Gavia arctica*	W	P
（二）鸊鷉目 Podicipediformes	（2）鸊鷉科 Podicipedidae	小鸊鷉 *Tachybaptus ruficollis*	R	C
		角鸊鷉 *Podiceps auritus*	P	P
		凤头鸊鷉 *Podiceps cristatus*	P	P
		赤颈鸊鷉 *Podiceps grisegena*	P	P
		黑颈鸊鷉 *Podiceps nigricollis*	P	P
（三）鹱形目 Procellariiformes	（3）鹱科 Procellariidae	白额鹱 *Calonectris leucomelas*	V	C
	（4）海燕科 Hydrobatidae	白腰叉尾海燕 *Oceanodroma leucorhoa*	V	P
		黑叉尾海燕 *Hydrobates monorhis*	V	P
（四）鹈形目 Pelecaniformes	（5）鹈鹕科 Pelecanidae	卷羽鹈鹕 *Pelecanus crispus*	P	P
	（6）鸬鹚科 Phalacrocoracidae	普通鸬鹚 *Phalacrocorax carbo*	P	C
		海鸬鹚 *Phalacrocorax pelagicus*	P	P
		斑头鸬鹚（绿背鸬鹚）*Phalacrocorax capillatus*	P	P
	（7）军舰鸟科 Fregatidae	白腹军舰鸟 *Fregata andrewsi*	V	P
		黑腹军舰鸟（小军舰鸟）*Fregata minor*	P	C
（五）鹳形目 Ciconiiformes	（8）鹭科 Ardeidae	苍鹭 *Ardea cinerea*	S	C
		草鹭 *Ardea purpurea*	S	C
		池鹭 *Ardeola bacchus*	S	C
		牛背鹭 *Bubulcus ibis*	S	C
		绿鹭 *Butorides striata*	S	C
		大白鹭 *Egretta alba*	S	C
		中白鹭 *Egretta intermedia*	P	C
		白鹭 *Egretta garzetta*	S	C
		黄嘴白鹭 *Egretta eulophotes*	S	C
		夜鹭 *Nycticorax nyticorax*	S	C
		黄斑苇鳽 *Ixobrychus sinensis*	S	C
		紫背苇鳽 *Ixobrychus eurhythmus*	S	P
		栗苇鳽 *Ixobrychus cinnamomeus*	S	C
		大麻鳽 *Botaurus stellaris*	S	C
		黑苇鳽 *Dupetor flavicollis*	V	C
	（9）鹳科 Ciconiidae	东方白鹳 *Ciconia boyciana*	P	P
		黑鹳 *Ciconia nigra*	S	P

目	科	名　称	居留类型	区系类型
（五）鹳形目 Ciconiiformes	（10）鹮科 Threskiornithidae	白鹮 *Threskiornis melanocephalus*	P	C
		白琵鹭 *Platalea leucorodia*	P	P
		黑脸琵鹭 *Platalea minor*	P	C
（六）雁形目 Anseriformes	（11）鸭科 Anatidae	豆雁 *Anser fabalis*	P	P
		鸿雁 *Anser cygnoides*	P	P
		斑头雁 *Anser indicus*	P	P
		白额雁 *Anser albifrons*	P	P
		小白额雁 *Anser erythropus*	P	P
		灰雁 *Anser anser*	P	P
		黑雁 *Branta bernicla*	P	P
		绿头鸭 *Anas platyrhynchos*	R	P
		斑嘴鸭 *Anas poecilorhyncha*	R	C
		绿翅鸭 *Anas crecca*	W	P
		针尾鸭 *Anas acuta*	P	C
		花脸鸭 *Anas formosa*	P	P
		美洲绿翅鸭 *Anascaro linensis*		
		罗纹鸭 *Anas falcata*	P	P
		赤颈鸭 *Anas penelope*	P	P
		白眉鸭 *Anas querquedula*	P	P
		琵嘴鸭 *Anas clypeata*	P	P
		赤膀鸭 *Anas strepera*	P	P
		红头潜鸭 *Aythya ferina*	P	P
		青头潜鸭 *Aythya baeri*	P	P
		凤头潜鸭 *Aythya fuligula*	P	P
		斑背潜鸭 *Aythya marila*	P	P
		白眼潜鸭 *Aythya nyroca*	P	P
		赤嘴潜鸭 *Netta rufina*	P	P
		鹊鸭 *Bucephala clangula*	W	P
		鸳鸯 *Aix galericulata*	P	P
		长尾鸭 *Clangula hyemalis*	W	P
		棉凫 *Nettapus coromandelianus*	P	C
		丑鸭 *Histrionocus histrionicus*	P	P
		小绒鸭 *Polysticta stelleri*	V	P
		斑头秋沙鸭 *Mergus albellus*	P	P
		红胸秋沙鸭 *Mergus serrator*	P	P
		普通秋沙鸭 *Mergus merganser*	P	P
		中华秋沙鸭 *Mergus squamatus*	P	P
		赤麻鸭 *Tadorna ferruginea*	W	P

目	科	名 称	居留类型	区系类型
（六）雁形目 Anseriformes	（11）鸭科 Anatidae	翘鼻麻鸭 *Tadorna tadorna*	W	P
		斑脸海番鸭 *Melanitta fusca*	P	P
		大天鹅 *Cygnus cygnus*	P	P
		小天鹅 *Cygnus columbianus*	P	P
		疣鼻天鹅 *Cygnus olor*	P	P
（七）隼形目 Falconiformes	（12）鹗科 Pandionidae	鹗 *Pandion haliaetus*	P	C
	（13）鹰科 Accipitridae	凤头蜂鹰 *Pernis ptilorhyncus*	P	C
		黑翅鸢 *Elanus caeruleus*	V	C
		黑鸢（黑耳鸢）*Milvus migrans*	P	C
		苍鹰 *Accipiter gentilis*	P	P
		赤腹鹰 *Accipiter soloensis*	P	O
		雀鹰 *Accipiter nisus*	W	P
		松雀鹰 *Accipiter virgatus*	V	C
		日本松雀鹰 *Accipiter gularis*	S	C
		普通鵟 *Buteo buteo*	W	P
		大鵟 *Buteo hemilasius*	W	P
		毛脚鵟 *Buteo lagopus*	W	P
		灰脸鵟鹰 *Butastur indicus*	P	P
		乌雕 *Aquila clanga Pallas*	P	P
		白肩雕 *Aquila heliaca*	P	P
		短趾雕 *Circaetus gallicus*	P	P
		白尾海雕 *Haliaeetus albicilla*	P	P
		虎头海雕 *Haliaeetus pelagicus*	P	P
		玉带海雕 *Haliaeetus leucoryphus*	P	P
		金雕 *Aquila chrysaetos*	P	P
		草原雕 *Aquila nipalensis*	P	C
		白头鹞 *Circus aeruginosus*	P	P
		白尾鹞 *Circus cyaneus*	W	P
		鹊鹞 *Circus melanoleucos*	P	P
		白腹鹞 *Circus spilonotus*	P	C
		秃鹫 *Aegypius monachus*	R	P
	（14）隼科 Falconidae	游隼 *Falco peregrinus*	P	C
		燕隼 *Falco subbuteo*	P	P
		红脚隼 *Falco amurensis*	S	C
		灰背隼 *Falco columbarius*	P	P
		黄爪隼 *Falco naumanni*	P	P
		猎隼 *Falco cherrug*	P	P
		红隼 *Falco tinnunculus*	R	C

目	科	名 称	居留类型	区系类型
（八）鸡形目 Galliformes	（15）松鸡科 Tetraonidae	花尾榛鸡 *Bonasa bonasia*	R	P
	（16）雉科 Phasianidae	石鸡 *Alectoris chukar*	R	P
		日本鹌鹑 *Coturnix japonica*	W	P
		雉鸡 *Phasianus colchicus*	R	P
		勺鸡 *Pucrasia macrolopha*	R	C
		白冠长尾雉 *Syrmaticus reevesii*	R	C
		斑翅山鹑 *Perdix dauurica*	R	P
（九）鹤形目 Gruiformes	（17）鸨科 Otididae	大鸨 *Otis tarda*	W	P
	（18）三趾鹑科 Turnicidae	黄脚三趾鹑 *Turnix tanki*	S	C
	（19）秧鸡科 Rallidae	普通秧鸡 *Rallus aquaticus*	S	P
		小田鸡 *Porzana pusilla*	S	C
		灰胸秧鸡 *Gallirallus striatus*	S	O
		花田鸡 *Coturnicops exquisitus*	P	P
		红胸田鸡 *Porzana fusca*	S	C
		白胸苦恶鸟 *Amaurornis phoenicurus*	S	O
		斑胁田鸡 *Porzana paykullii*	S	P
		董鸡 *Gallicrex cinerea*	S	O
		黑水鸡 *Gallinula chloropus*	S	C
		骨顶鸡 *Fulica atra*	S	C
	（20）鹤科 Gruidae	白鹤 *Grus leucogeranus*	P	P
		白头鹤 *Grus monacha*	P	P
		沙丘鹤 *Grus canadensis*	V	P
		白枕鹤 *Grus vipio*	P	P
		灰鹤 *Grus grus*	W	P
		丹顶鹤 *Grus japonensis*	P	P
		蓑羽鹤 *Anthropoides virgo*	P	P
（十）鸻形目 Charadriiformes	（21）彩鹬科 Rostratulidae	彩鹬 *Rostratula benghalensis*	S	C
	（22）蛎鹬科 Haematopodidae	蛎鹬 *Haematopus ostralegus*	S	C
	（23）鸻科 Charadriidae	灰斑鸻 *Pluvialis squatarola*	P	P
		金鸻 *Pluvialis fulva*	P	P
		美洲金鸻 *Pluvialis dominica*	V	
		欧金鸻 *Pluvialis apricaria*	V	
		金眶鸻 *Charadrius dubius*	S	C
		剑鸻 *Charadrius hiaticula*	S	P
		环颈鸻 *Charadrius alexandrinus*	S	C
		蒙古沙鸻 *Charadrius mongolus*	P	P
		铁嘴沙鸻 *Charadrius leschenaultii*	P	P
		东方鸻 *Charadrius veredus*	P	P

目	科	名 称	居留类型	区系类型
（十）鸻形目 Charadriiformes	（23）鸻科 Charadriidae	长嘴剑鸻 *Charadrius placidus*	S	P
		凤头麦鸡 *Vanellus vanellus*	P	P
		灰头麦鸡 *Vanellus cinereus*	P	P
	（24）鹬科 Scolopacidae	鹤鹬 *Tringa erythropus*	P	P
		灰尾漂鹬 *Tringa brevipes*	P	P
		红脚鹬 *Tringa totanus*	P	P
		青脚鹬 *Tringa nebularia*	P	P
		白腰草鹬 *Tringa ochropus*	P	P
		林鹬 *Tringa glareola*	P	P
		矶鹬 *Actitis hypoleucos*	P	P
		泽鹬 *Tringa stagnatilis*	P	P
		小青脚鹬 *Tringa guttifer*	P	P
		白腰杓鹬 *Numenius arquata*	P	P
		大杓鹬 *Numenius madagascariensis*	P	P
		中杓鹬 *Numenius phaeopus*	P	P
		勺嘴鹬 *Eurynorhynchus pygmeus*	V	P
		小杓鹬 Numenius minutus	P	P
		黑尾塍鹬 *Limosa limosa*	P	P
		斑尾塍鹬 *Limosa lapponica*	P	P
		流苏鹬 *Philomachus pugnax*	P	P
		翘嘴鹬 *Xenus cinereus*	P	P
		半蹼鹬 *Limnodromus semipalmatus*	P	P
		红颈瓣蹼鹬 *Phalaropus lobatus*	P	P
		灰瓣蹼鹬 *Phalaropus fulicarius*	P	P
		翻石鹬 *Arenaria interpres*	P	P
		丘鹬 *Scolopax rusticola*	S	P
		漂鹬 *Heteroscelus incanus*	V	P
		姬鹬 *Lymnocryptes minimus*	P	P
		尖尾滨鹬 *Calidris acuminata*	P	P
		三趾鹬 *Crocethia alba*	P	P
		西方滨鹬 *Calidris mauri*	V	P
		斑胸滨鹬 *Calidris melanotos*	P	P
		黑腹滨鹬 *Calidris alpina*	P	P
		红腹滨鹬 *Calidris canutus*	P	P
		弯嘴滨鹬 *Calidris ferruginea*	P	P
		小滨鹬 *Calidris minuta*	P	P
		红颈滨鹬 *Calidris ruficollis*	P	P
		长趾滨鹬 *Calidris subminuta*	P	P

目	科	名　称	居留类型	区系类型
（十）鸻形目 Charadriiformes	（24）鹬科 Scolopacidae	青脚滨鹬 *Calidris temminckii*	P	P
		大滨鹬 *Calidris tenuirostris*	P	P
		岩滨鹬 *Cnlidris ptilocnemis*	V	P
		阔嘴鹬 *Limicola falcinellus*	P	P
		扇尾沙锥 *Gallinago gallinago*	P	P
		大沙锥 *Gallinago megala*	P	P
		针尾沙锥 *Gallinago stenura*	P	P
		澳南沙锥 *Gallinago hardwickii*	V	P
		孤沙锥 *Gallinago solitaria*	P	P
	（25）反嘴鹬科 Recurvirostridae	反嘴鹬 *Recurvirostra avosetta*	P	P
		黑翅长脚鹬 *Himantopus himantopus*	S	P
		鹮嘴鹬 *Ibidorhyncha struthersii*	R	P
	（26）燕鸻科 Glareolidae	普通燕鸻 *Glareola maldivarum*	S	C
（十一）鸥形目 Lariformes	（27）海雀科 Alcidae	斑海雀 *Brachyramphus marmoratus*	P	P
	（28）鸥科 Laridae	黑尾鸥 *Larus crassirostris*	W	P
		灰背鸥 *Larus schistisagus*	W	P
		海鸥 *Larus canus*	W	P
		银鸥 *Larus argentatus*	P	P
		北极鸥 *Larus hyperboreus*	P	P
		西伯利亚银鸥（织女银鸥） *Larus vegae*	W	P
		黄脚银鸥 *Larus cachinnans*	W	P
		红嘴鸥 *Larus ridibundus*	W	P
		黑嘴鸥 *Larus saundersi*	S	P
		渔鸥 *Larus ichthyaetus*	P	P
		细嘴鸥 *Larus genei*	V	
		弗氏鸥 *Larus pipixcan*	V	
		三趾鸥 *Rissa tridactyla*	P	P
		小鸥 *Larus minutus*	P	P
		遗鸥 *Larus relictus*	W	P
		棕头鸥 *Larus brunnicephalus*	P	P
	（29）燕鸥科 Sternidae	普通燕鸥 *Sterna hirundo*	S	P
		白额燕鸥 *Sterna albifrons*	S	C
		中华凤头燕鸥 *Sterna bernsteini*	P	P
		须浮鸥（灰翅浮鸥）*Chlidonias hybrida*	S	C
		白翅浮鸥 *Chlidonias leucopterus*	P	P
		鸥嘴噪鸥 *Gelochelidon nilotica*	P	P
		红嘴巨燕鸥 *Hydroprogne caspia*	P	C
		红嘴巨鸥 *Sterna caspia*	P	C

目	科	名 称	居留类型	区系类型
（十一）鸥形目 Lariformes	（29）燕鸥科 Sternidae	小凤头燕鸥 *Thalasseus bengalensis*	V	O
		黑枕燕鸥 *Sterna sumatrana*	P	C
		黑浮鸥 *Chlidonias niger*	P	P
（十二）鸽形目 Columbiforme	（30）沙鸡科 Pteroclidae	毛腿沙鸡 *Syrrhaptes paradoxus*	W	P
	（31）鸠鸽科 Columbidae	原鸽 *Columba livia*	V	C
		岩鸽 *Columba rupestris*	R	P
		山斑鸠 *Streptopelia orientalis*	R	C
		灰斑鸠 *Streptopelia decaocto*	R	C
		火斑鸠 *Streptopelia tranquebarica*	S	C
		火斑鸠普通亚种 *Oenopopelia tranquebarica*		
		珠颈斑鸠 *Streptopelia chinensis*	R	O
（十三）鹃形目 Cuculiformes	（32）杜鹃科 Cuculidae	鹰鹃 *Cuculus sparverioides*	S	O
		红翅凤头鹃 *Clamator coromandus*	S	O
		四声杜鹃 *Cuculus micropterus*	S	C
		棕腹杜鹃（北鹰鹃）*Cuculus fugax*	S	O
		大杜鹃 *Cuculus canorus*	S	C
		霍氏中杜鹃（东方中杜鹃）*Cuculus horsfieldi*	S	C
		小杜鹃 *Cuculus poliocephalus*	S	C
		褐翅鸦鹃 *Centropus sinensis*	V	O
		小鸦鹃 *Centropus bengalensis*	V	C
（十四）鸮形目 Strigiformes	（33）草鸮科 Tytonidae	草鸮（东方草鸮）*Tyto longimembris*	V	C
	（34）鸱鸮科 Strigidae	红角鸮（东方角鸮）*Otus scops*	S	C
		领角鸮 *Otus bakkamoena*	R	C
		雕鸮 *Bubo bubo*	R	P
		日本鹰鸮（北鹰鸮）*Ninox scutulata*	S	O
		纵纹腹小鸮 *Athene noctua*	R	P
		灰林鸮 *Strix aluco*	R	P
		长尾林鸮 *Strix uralensis*	R	P
		长耳鸮 *Asio otus*	R	P
		鬼鸮 *Aegolius funereus*	V	P
		短耳鸮 *Asio flammeus*	W	C
		雪鸮 *Bubo scandiacus*	W	P
（十五）夜鹰目 Caprimulgiformes	（35）夜鹰科 Caprimulgidae	普通夜鹰 *Caprimulgus indicus*	S	C
（十六）雨燕目 Apodiformes	（36）雨燕科 Apodidae	白喉针尾雨燕 *Hirundapus caudacutus*	P	C
		雨燕（普通楼燕）*Apus apus*	S	P
		白腰雨燕 *Apus pacificus*	S	C

目	科	名　称	居留类型	区系类型
（十七）佛法僧目 Coraciiformes	（37）翠鸟科 Alcedinidae	冠鱼狗 *Megaceryle lugubris*	S	C
		斑鱼狗 *Ceryle rudis*	S	C
		普通翠鸟 *Alcedo atthis*	S	C
		蓝翡翠 *Halcyon pileata*	S	O
	（38）佛法僧科 Coraciidae	三宝鸟 *Eurystomus orientalis*	S	C
（十八）戴胜目 Upupiformes	（39）戴胜科 Upupidae	戴胜 *Upupa epops*	R	C
（十九）䴕形目 Piciformes	（40）啄木鸟科 Picidae	蚁䴕 *Jynx torquilla*	P	P
		灰头绿啄木鸟（黑枕绿啄木鸟）*Picus canus*	R	C
		棕腹啄木鸟 *Dendrocopos hyperythrus*	P	C
		大斑啄木鸟 *Dendrocopos major*	R	P
		星头啄木鸟 *Dendrocopos canicapillus*	R	O
		小星头啄木鸟 *Dendrocopos kizuki*	R	P
		小斑啄木鸟 *Dendrocopos minor*	R	P
		白背啄木鸟 *Dendrocopos leucotos*	R	P
		鳞腹绿啄木鸟 *Picus squamatus*	V	O
（二十）雀形目 Passeriformes	（41）八色鸫科 Pittidae	蓝翅八色鸫（仙八色鸫）*Pitta brachyura*	P	O
	（42）百灵科 Alaudidae	蒙古百灵 *Melamocorypha mongolia*	P	P
		大短趾百灵 *Calandrella brachydactyla*	P	P
		短趾百灵 *Calandrella cheleensis*	S	P
		凤头百灵 *Galerida cristata*	R	C
		云雀 *Alauda arvensis*	W	P
		角百灵 *Eremophila alpestris*	W	P
	（43）燕科 Hirundinidae	崖沙燕 *Riparia riparia*	P	P
		岩燕 *Hirundo rupestris*	S	P
		家燕 *Hirundo rustica*	S	P
		金腰燕 *Hirundo daurica*	S	C
		毛脚燕 *Delichon urbica*	S	P
		烟腹毛脚燕 *Delichon dasypus*	S	C
	（44）鹡鸰科 Motacillidae	山鹡鸰 *Dendronanthus indicus*	S	C
		黄鹡鸰 *Motacilla macronyx*	P	P
		黄头鹡鸰 *Motacilla citreola*	P	C
		黄眉黄鹡鸰（西黄鹡鸰）*Motacilla flava*		
		日本鹡鸰 *Motacilla grandis*	V	
		灰鹡鸰 *Motacilla cinerea*	S	C
		白鹡鸰 *Motacilla alba*	S	C
		理氏鹨 *Anthus richardi*	S	C
		林鹨 *Anthus trivialis*	V	P

目	科	名 称	居留类型	区系类型
（二十）雀形目 Passeriformes	（44） 鹡鸰科 Motacillidae	北鹨 *Anthus gustavi*	P	P
		红喉鹨 *Anthus cervinus*	P	P
		水鹨 *Anthus spinoletta*	P	P
		树鹨 *Anthus hodgsoni*	S	P
		布氏鹨 *Anthus godlewskii*	P	P
		粉红胸鹨 *Anthus roseatus*	P	C
		黄腹鹨 *Anthus rubescens*	P	P
	（45）山椒鸟科 Campephagidae	灰山椒鸟 *Pericrocotus divaricatus*	P	P
		长尾山椒鸟 *Pericrocotus ethologus*	P	O
		暗灰鹃鵙 *Coracina melaschistos*	P	O
	（46）鹎科 Pycnonotidae	白头鹎 *Pycnonotus sinensis*	R	O
		栗耳短脚鹎 *Hypsipetes amaurotis*	P	O
	（47）太平鸟科 Bombycillidae	太平鸟 *Bombycilla garrulus*	W	P
		小太平鸟 *Bombycilla japonica*	W	P
	（48）伯劳科 Laniidae	虎纹伯劳 *Lanius tigrinus*	S	P
		牛头伯劳 *Lanius bucephalus*	R	P
		红尾伯劳 *Lanius cristatus*	S	P
		灰伯劳 *Lanius excubitor*	W	P
		红背伯劳 *Lanius collurio*	V	P
		棕背伯劳 *Lanius schach*	V	O
		灰背伯劳 *Lanius tephronotus*	V	P
		楔尾伯劳 *Lanius sphenocercus*	W	P
	（49）黄鹂科 Oriolidae	黑枕黄鹂 *Oriolus chinensis*	S	O
	（50） 卷尾科 Dicruridae	黑卷尾 *Dicrurus macrocercus*	S	O
		灰卷尾 *Dicrurus leucophaeus*	P	O
		发冠卷尾 *Dicrurus hottentottus*	P	O
	（51 ）椋鸟科 Sturnidae	北椋鸟 *Sturnus sturninus*	S	P
		灰椋鸟 *Sturnus cineraceus*	S	P
		紫翅椋鸟 *Sturnus vulgaris*	P	P
		八哥 *Acridotheres cristatellus*	R	O
		黑领椋鸟 *Sturnus nigricollis*	V	P
		丝光椋鸟 *Sturnus sericeus*	S	O
	（52）鸦科 Corvidae	红嘴蓝鹊 *Urocissa erythrorhyncha*	R	O
		喜鹊 *Pica pica*	R	P
		灰喜鹊 *Cyanopica cyana*	R	P
		星鸦 *Nucifraga caryocatactes*	R	P
		松鸦 *Garrulus glandarius*	R	P
		红嘴山鸦 *Pyrrhocorax pyrrhocorax*	R	P

目	科	名　称	居留类型	区系类型
（二十）雀形目 Passeriformes	（52）鸦科 Corvidae	达乌里寒鸦 *Corvus dauuricus*	R	P
		秃鼻乌鸦 *Corvus frugilegus*	R	P
		小嘴乌鸦 *Corus corone*	P	P
		大嘴乌鸦 *Corvus macrorhynchos*	P	P
		白颈鸦 *Corvus torquatus*	R	O
		渡鸦 *Corvus corax*	P	P
	（53）河乌科 Cinclidae	褐河乌 *Cinclus pallasii*	R	C
	（54）鹪鹩科 Troglodytidae	鹪鹩 *Troglodytes troglodytes*	R	P
	（55）岩鹨科 Prunellidea	领岩鹨 *Prunella collaris*	W	P
		棕眉山岩鹨 *Prunella montanella*	W	P
		褐岩鹨 *Prunella fulvescens*	V	P
	（56）鸫科 Turdidae	红尾歌鸲 *Luscinia sibilans*	P	P
		日本歌鸲 *Erithacus akahige*	P	P
		红喉歌鸲（红点颏）*Luscinia calliope*	P	P
		白背矶鸫 *Monticola saxatilis*	S	O
		白喉矶鸫 *Monticola gularis*	S	P
		蓝矶鸫 *Monticola solitarius*	S	C
		紫啸鸫 *Myiophoneus caeruleus*	S	O
		乌灰鸫 *Turdus cardis*	V	P
		乌鸫 *Turdus merula*	R	C
		褐头鸫 *Turdus feae*	S	P
		白眉地鸫 *Zoothera sibirica*	P	P
		虎斑地鸫 *Zoothera dauma*	P	C
		白眉鸫 *Turdus obscurus*	P	P
		灰背鸫 *Turdus hortulorum*	P	P
		赤颈鸫 *Turdus ruficollis*	W	P
		赤胸鸫 *Turdus chrysolaus*	P	P
		红尾鸫（斑鸫）*Turdus naumanni*	W	P
		白腹鸫 *Turdus pallidus*	P	P
		宝兴歌鸫 *Turdus mupinensis*	S	P
	（56）鹟科 Muscicapidae	棕头歌鸲 *Luscinia ruficeps*	V	O
		栗腹歌鸲 *Luscinia brunnea*	V	O
		红胁蓝尾鸲 *Tarsiger cyanurus*	P	P
		蓝喉歌鸲（蓝点颏）*Luscinia svecica*	P	P
		蓝歌鸲 *Luscinia cyane*	P	P
		北红尾鸲 *Phoenicurus auroreus*	R	P
		白腹短翅鸲 *Hodgsonius phoenicuroides*	R	P
		白尾（蓝）地鸲 *Myiomela leucurum*	R	O

目	科	名 称	居留类型	区系类型
（二十）雀形目 Passeriformes	（56）鹟科 Muscicapidae	蓝额红尾鸲 *Phoenicurus frontalis*	V	O
		红尾水鸲 *Rhyacornis fuliginosus*	R	C
		赭红尾鸲 *Phoenicurus ochruros*	P	P
		红腹红尾鸲 *Phoenicurus erythrogaster*	P	P
		黑喉红尾鸲 *Phoenicurus hodgsoni*	V	O
		黑喉石䳭 *Saxicola torquata*	S	C
		灰林䳭 *Saxicola ferrea*	S	O
		穗䳭 *Oenanthe oenanthe*	S	P
		白顶䳭 *Oenanthe pleschanka*	R	P
		沙䳭 *Oenanthe isabellina*	S	P
		白眉（姬）鹟 *Ficedula zanthopygia*	S	P
		黄眉（姬）鹟 *Narcissina flycatcher*	S	P
		红喉（姬）鹟 *Ficedula parva*	P	P
		白腹蓝姬鹟 *Cyanoptila cyanomelana*	P	P
		鸲（姬）鹟 *Ficedula mugimaki*	P	P
		乌鹟 *Muscicapa sibirica*	P	P
		北灰鹟 *Muscicapa latirostris*	P	C
		褐胸鹟 *Muscicapa muttui*	V	O
		橙胸（姬）鹟 *Ficedula strophiata*	V	O
		灰纹鹟 *Muscicapa griseisticta*	P	P
		铜蓝鹟 *Eumyias thalassinus*	V	O
	（57）玉鹟科 Stenostiridae	方尾鹟 *Culicicapa ceylonensis*	V	O
		寿带（鸟） *Terpsiphone paradisi*	S	O
		紫寿带（鸟）*Terpsiphone atrocaudata*	P	C
	（58）噪鹛科 eiothrichidae	画眉 *Garrulax canorus*	V	O
		红嘴相思鸟 *Leiothrix lutea*	V	O
		山噪鹛 *Garrulax davidi*	R	P
		黑领噪鹛 *Garrulax pectoralis*	V	O
		黑脸噪鹛 *Garrulax perspicillatus*	V	O
	（59）幽鹛 Pellorneidae	褐脸雀鹛 *Alcippe poioicephala*	V	O
	（60）文须雀科 Panuridae	文须雀 *Panurus biarmicus*	W	P
	（61）莺鹛科 Sylviidae	棕头鸦雀 *Paradoxornis webbianus*	R	C
		灰头鸦雀 *Paradoxornis gularis*	V	O
		震旦鸦雀 *Paradoxornis heudei*	R	C
		白喉林莺 *Sylvia curruca*	V	P
		山鹛 *Rhopophilus pekinensis*	R	P
	（62）扇尾莺科 Cisticolidae	棕扇尾莺 *Cisticola juncidis*	R	C
	（63）苇莺科 Acrocephalidae	细纹苇莺 *Acrocephalus sorghophilus*	S	P

目	科	名　称	居留类型	区系类型
（二十）雀形目 Passeriformes	（63）苇莺科 Acrocephalidae	东方大苇莺 *Acrocephalus orientalis*	S	P
		黑眉苇莺 *Acrocephalus bistrigiceps*	S	P
		稻田苇莺 *Acrocephalus agricola*	P	P
		远东苇莺 *Acrocephalus tangorum*	P	P
		芦莺 *Acrocephalus scirpaceus*	V	P
		钝翅苇莺 *Acrocephalus concinens*		
		厚嘴苇莺 *Acrocephalus aedon*	P	P
	（64）树莺科 Cettiidae	短翅树莺（日本树莺）*Cettia diphone*	P	C
		鳞头树莺 *Urosphena squameiceps*	P	P
		远东树莺 *Horornis canturians*	V	O
		淡脚树莺 *Cettia pallidipes*	V	O
		强脚树莺 *Cettia fortipes*	V	O
		黄腹树莺 *Cettia acanthizoides*	V	O
	（65）蝗莺科 Locustellidae	斑胸短翅蝗莺 *Bradypterus thoracicus*	S	C
		棕褐短翅蝗莺 *Bradypterus luteoventris*	R	O
		斑背大尾莺 *Megalurus pryeri*	P	P
		小蝗莺 *Locustella certhiola*	S	P
		矛斑蝗莺 *Locustella lanceolata*	P	P
		苍眉蝗莺 *Locustella fasciolata*	P	P
		黑斑蝗莺 *Locustella naevia*	V	P
		北蝗莺 *Locustella ochotensis*	P	P
		中华短翅蝗莺 *Locustella tacsanowskia*	P	P
		东亚蝗莺 *Locustella pleskei*	V	P
	（66）柳莺科 Phylloscopidae	褐柳莺 *Phylloscopus fuscatus*	P	P
		棕眉柳莺 *Phylloscopus armandii*	S	P
		巨嘴柳莺 *Phylloscopus schwarzi*	P	P
		黄眉柳莺 *Phylloscopus inornatus*	P	P
		黄腰柳莺 *Phylloscopus proregulus*	P	P
		极北柳莺 *Phylloscopus borealis*	P	P
		冕柳莺 *Phylloscopus coronatus*	P	P
		暗绿柳莺 *Phylloscopus trochiloides*	V	P
		淡脚柳莺（灰脚柳莺）*Phylloscopus tenellipes*	P	P
		欧柳莺 *Phylloscopus trochilus*	V	C
		叽喳柳莺 *Phylloscopus collybita*	V	P
		黄腹柳莺 *Phylloscopus affinis*	V	O
		灰柳莺 *Phylloscopus griseolus*	V	P
		橙斑翅柳莺 *Phylloscopus pulcher*	V	O

目	科	名 称	居留类型	区系类型
（二十）雀形目 Passeriformes	（66）柳莺科 Phylloscopidae	四川柳莺 *Phylloscopus forresti*	S	P
		淡眉柳莺 *Phylloscopus humei*	P	P
		双斑绿柳莺 *Phylloscopus plumbeitarsus*	P	P
		黑眉柳莺 *Phylloscopus ricketti*	V	O
		冠纹柳莺 *Phylloscopus reguloides*	S	O
		比氏鹟莺 *Seicercus valentini*	V	O
	（67）戴菊科 Regulidae	戴菊 *Regulus regulus*	P	P
	（68）绣眼鸟 Zosteropidae	红胁绣眼鸟 *Zosterops erythropleurus*	P	P
		暗绿绣眼鸟 *Zosterops japonica*	P	O
	（69）攀雀科 Remizidae	攀雀 *Remiz consobrinus*	S	P
	（70）长尾山雀科 Aegithalidae	银喉（长尾）山雀 *Aegithalos caudatus*	R	P
		红头（长尾）山雀 *Aegithalos concinnus*	V	O
	（71）山雀科 Paridae	大山雀 *Parus major*	R	C
		沼泽山雀 *Parus palustris*	R	P
		黄腹山雀 *Parus venustulus*	R	O
		煤山雀 *Parus ater*	R	P
		褐头山雀 *Parus montanus*	R	P
		杂色山雀 *Parus varius*	V	C
	（72）䴓科 Sittidae	普通䴓 *Sitta europaea*	R	P
		黑头䴓 *Sitta villosa*	R	P
		红翅旋壁雀 *Tichodroma muraria*	R	P
	（73）旋木雀科 Certhiidae	欧亚旋木雀 *Certhia familiaris*	R	P
	（74）雀科 Passeridae	麻雀 *Passer montanus*	R	C
	（75）燕雀科 Fringillidae	燕雀 *Fringilla montifringilla*	W	P
		粉红腹岭雀 *Leucosticte arctoa*	W	P
		苍头燕雀 *Fringilla coelebs*	P	P
		金翅（雀）*Carduelis sinica*	R	P
		黄雀 *Carduelis spinus*	P	P
		白腰朱顶雀 *Carduelis flammea*	W	P
		（普通）朱雀 *Carpodacus erythrinus*	P	P
		北朱雀 *Carpodacus roseus*	W	P
		长尾雀 *Uragus sibiricus*	W	P
		红交嘴雀 *Loxia curvirostra*	P	P
		白翅交嘴雀 *Loxia leucoptera*	P	P
		灰腹灰雀 *Pyrrhula pyrrhula* subsp.	P	P
		锡嘴雀 *Coccothraustes coccothraustes*	P	P
		黑尾蜡嘴雀 *Eophona migratoria*	S	P
		黑头蜡嘴雀 *Eophona personata*	P	P

目	科	名　称	居留类型	区系类型
（二十）雀形目 Passeriformes	（76）鹀科 Emberizidae	芦鹀 *Emberiza schoeniclus*	P	P
		苇鹀 *Emberiza pallasi*	W	P
		黄鹀 *Emberiza citrinella*	V	P
		栗斑腹鹀 *Emberiza jankowskii*	P	P
		红颈苇鹀 *Emberiza yessoensis*	P	P
		小鹀 *Emberiza pusilla*	W	P
		田鹀 *Emberiza rustica*	W	P
		赤胸鹀（栗耳鹀）*Emberiza fucata*	P	C
		黄喉鹀 *Emberiza elegans*	W	P
		黄眉鹀 *Emberiza chrysophrys*	P	P
		灰头鹀 *Emberiza spodocephala*	P	P
		黄胸鹀 *Emberiza aureola*	P	P
		栗鹀 *Emberiza rutila*	P	P
		三道眉草鹀 *Emberiza cioides*	R	P
		白眉鹀 *Emberiza tristrami*	P	P
		白头鹀 *Emberiza leucocephalos*	W	P
		铁爪鹀 *Calcarius lapponicus*	W	P
		雪鹀 *Plectrophenax nivalis*	W	P
		灰眉岩鹀 *Emberiza godlewskii*	R	P

注：（1）居留类型：R—留鸟、S—夏候鸟、W—冬候鸟、P—旅鸟、V—迷鸟。
（2）区系类型：O—东洋界、P—古北界、C—广布种。
（3）根据 2015 年秦皇岛市鸟类调查报告整理，拉丁文学名根据《中国生物物种名录 2020》进行核实。

表 7–15　秦皇岛市陆地面积、鸟种与中国及全球陆地面积、鸟种一览表

项　目	陆地面积 / 万千米 ^{2}	鸟　种
全球	14 900	9 000
中国	960	1 400
秦皇岛市	0.78	504
比例	19 073:1 229:1	17.4:2.7:1

秦皇岛市不仅鸟类资源丰富，珍稀度高，而且具有科研价值和经济价值的鸟种数量极多。其中，分布有国家一级保护鸟类 20 种：东方白鹳（图 7-42）、黑鹳（图 7-43）、中华秋沙鸭、白肩雕（图 7-44）、金雕（图 7-45）、玉带海雕、白尾海雕（图 7-46）、虎头海雕（图 7-47）、白头鹤（图 7-48）、丹顶鹤（图 7-49）、白鹤（图 7-50）、大鸨（图 7-51）、角鸊鷉、斑嘴鹈鹕、遗鸥（图 7-52）、黑嘴鸥；分布有国家二级保护鸟类 56 种：雉鸡、黄嘴白鹭、疣鼻天鹅、大天鹅（图 7-42）、小天鹅、小白额雁、毛脚鵟、黄爪隼等；分布有中国与澳大利亚保护鸟类协议名录鸟种 67 种（总计 81 种）；分布有中国与日本保护鸟类协议名录鸟种 205 种（总计 227 种）。中国特有鸟种中，秦皇岛市有 5 种，分别是白冠长尾雉（种群现状需进一步调查）、山鹛、山噪鹛、黄腹山雀、云南柳莺。

图 7-42　大天鹅（前排）、东方白鹳（后排）（拍摄于抚宁天马湖）

图 7-43　黑鹳（拍摄于青龙桃林湖）

图 7-44　白肩雕（拍摄于海滨国家森林公园）

图 7-45　金雕（拍摄于山海关）

图 7-46　白尾海雕（拍摄于鸽子窝湿地）

图 7-47　虎头海雕（拍摄于鸽子窝湿地）

图 7-48　白头鹤（拍摄于山海关石河）

图 7-49　丹顶鹤（拍摄于昌黎）

图 7-50　白鹤（拍摄于滦河口）

图 7-51　大鸨（拍摄于昌黎七里海）

图 7-52　遗鸥（拍摄于鸽子窝湿地）

秦皇岛市鸟类物种：优势种（YS）19 种，常见种（CJ）244 种，偶见种（OJ）139 种，稀有种（XY）102 种。优势种包括红嘴鸥、黑尾鸥、麻雀、白头鹎、喜鹊、小鹛鹛、大山雀、白鹭、家燕、斑嘴鸭、绿头鸭、黑翅长脚鹬、三道眉草鹀、环颈鸻、金眶鸻、白腰草鹬、灰斑鸠、灰鹡鸰、黄腰柳莺等。优势种中，鸥科中的红嘴鸥、黑尾鸥为地区优势种，鹟科种群在秦皇岛市是优势科。

常见种中的海鸥、红颈滨鹬、鹊鸭、红嘴蓝鹊、斑鸫等都是秦皇岛市的特色鸟种；红脚鹬、青脚鹬、长嘴剑鸻等在秦皇岛市都有少量繁殖；金眶鸻、环颈鸻、长嘴剑鸻等在秦皇岛市都有批量繁殖；银鸥、织女银鸥、海鸥均在秦皇岛市越冬。雀形目中，黑枕黄鹂、白眉姬鹟、棕眉山岩鹨、戈氏岩鹀、红喉歌鸲等个别种群也在秦皇岛市繁殖。

偶见种中则以候鸟居多。例如，鹟科的鸲姬鹟、白腹蓝姬鹟、白眉鸫、宝兴歌鸫；鸥科的遗鸥；燕鸥科的白额燕鸥。鹬科中的红腹滨鹬、大滨鹬、翘嘴鹬、蛎鹬，以及黑颈鹛鹛、游隼等。

稀有种中秦皇岛市的品种极其丰富。尽管单种数量很少，但涉及目科众多。如，大型涉禽的东方白鹳、丹顶鹤、黑鹳；鸥科的小鸥、三趾鸥、黑嘴鸥；鸭科的斑脸海番鸭、花脸鸭；鸻形目的三趾鹬、流苏鹬、彩鹬（在秦皇岛市繁殖）、丘鹬；雀形目的三宝鸟、黄鹀、栗鹀、铁爪鹀等。而猛禽类在秦皇岛市也是种类丰富，如雕鸮、东方角鸮、白尾海雕、白头鹞、雀鹞等。

共有 130 余种以上鸟类在秦皇岛市繁殖，占全市鸟类的 25%，除以秦皇岛市的勺鸡、石鸡、雕鸮、黄腹山雀、鹮嘴鹬为代表的留鸟外，夏候鸟是秦皇岛市繁殖鸟类的主要来源，共占本地区繁殖鸟的 65% 左右（原有繁殖记录的各种鸥类和鹬鸻类鸟类由于繁殖地破坏而迁往他地）。境内候鸟的迁徙主要发生在春秋两季，第一次迁徙高峰从 3 月开始，4 月进入高潮，5 月底终止；第二次迁徙高峰从 9 月初开始，10 月底结束。迁徙路线以南北向为主，少数鸟类从南方或北方迁徙到此后，转向西方或东方。都山、祖山是森林鸟类的聚集地，滨海的老龙头、海滨林场、联峰山、七里海、滦河口是珍禽聚集地和观鸟胜地。

2013 年 8 月，在昌黎七里海和北戴河湿地分别发现“深色型白鹭”各一只，可能与基因变异有关。2014 年 12 月，在山海关发现“杂交赤麻鸭”一只。

根据 2015 年统计调查，山海关区石河入海口湿地（鸟种 409 种）、昌黎县七里海湿地（鸟种 205 种）、北戴河森林公园湿地（鸟种 276 种），这 3 个典型地域是秦皇岛市鸟类资源极为丰富、珍稀鸟类高度集中的地带。同时发现，鸟类单种数量下降明显，特别是秦皇岛市原本繁殖的鸥、鹬、鸻等诸多鸟类的繁殖数量下降非常严重，原因主要是湿地缩减严重以及河域治理改造过程中吞食河流湿地（缩减河域宽度）和河流入海口“防潮坝”造成的大量物种种群灭绝，鸟类食物链受到破坏。由于大力宣传，市民对自然世界的认识不断提高，人为直接破坏的因素正逐渐减少。

丰富的资源吸引了国内外专家到秦皇岛地区开展鸟类考察与研究。据记载，秦皇岛地区鸟类的迁徙研究最早始于清宣统二年（1910 年），丹麦人 La Touche 到秦皇岛做鸟类迁徙调查。

1936 年，中国著名鸟类学家寿振黄等在北戴河调查鸟类。

1942—1945 年，丹麦鸟类学者赫明森（Hemmingsen）和根尔德（Guilder）在北戴河东部沿海一带进行鸟类观察记录。

1952—1955 年，中国著名鸟类学家郑作新等在昌黎县林区做鸟类种类的益害调查，他们在昌黎县发现食虫鸟 53 种（其中啄木鸟、右黄鹂、大山雀、灰顶伯劳分别见图 7-53）。其调研成果结集《河北昌黎果区主要食虫鸟类的调查研究》一书，1958 年 1 月，由科学出版社出版。

图 7-53《河北昌黎果区主要食虫鸟类的调查研究》登载的鸟类
（上左绿啄木鸟、上右黄鹂，下左大山雀、下右灰顶伯劳）

1985 年，英国剑桥大学博士、著名鸟类专家马丁·威廉姆斯首次到北戴河观鸟，被本地丰富的鸟类资源所吸引，称北戴河为“观鸟的麦加”。他回国后，在颇具国际影响力的《剑桥学报》上发表关于北戴河境内发现大量珍稀鸟类资源的论文，引起国际轰动。此后，马丁博士每年都组织团队到北戴河进行观鸟活动，队伍不断扩大，每年 7 ～ 8 个团队，人员 100 ～ 150 人。

1986 年，中国鸟类学者陶宇和金龙荣与英国剑桥观鸟团在秦皇岛市观察鸟类迁徙。

1987 年，中国鸟类学者陶宇等在山海关、北戴河调查猛禽迁徙情况。

1988 年 3 月至 1990 年 11 月，市林业局种苗场对秦皇岛市沿海及内陆地区的鸟类资源状况进行为期 3 年的大面积的调查。1988 年 10 月，首批美国鸟类考察团一行 10 人到秦皇岛市进行为期 3 天的鸟类考察与访问活动。

1992 年 5 月，由香港世界自然基金会（WWF）、中华人民共和国林业部保护司、大连鸟类研究中心及秦皇岛市鸟类保护环志站组成的联合调查组首次发现黑嘴鸥在滦河口繁殖。

1993 年 10 月，瑞典自然博物馆馆长奥博斯坦到秦皇岛市进行为期两天的鸟类考察活动。

1994 年，瑞典自然博物馆派人到秦皇岛市对鸟类资源进行两天的考察。

1998 年 4 月，美国湿地考察团一行 7 人到秦皇岛市进行为期 4 天的考察访问。

1999 年 4 月，挪威鸟类学者 Peter Johan Schei 到秦皇岛市进行为期两天的考察。5 月 8—16 日，在北戴河举办"海天杯"首届国际观鸟大赛。大赛共有英国、法国、美国、瑞典、芬兰等 11 个国家和中国"自然之友""绿家园"观鸟团 200 多人参赛，其中有英国的"太阳鸟""野翅膀""观鸟休闲"3 支观鸟队参赛。观鸟人中年龄最大 83 岁，最小 9 岁。大赛以观鸟数量、种类、质量作为评定标准，大赛在北戴河新发现蓝额红尾鸲、白尾歌鸲、栗冠莺、黑翅鸢 4 种珍奇鸟类，白尾歌鸲和栗冠莺为中国鸟类图鉴中没有记藏的种类。英国"野翅膀"观鸟团（观鸟总数 194 种）、英国"太阳鸟"观鸟团、瑞典"瑞格拉斯"观鸟团分获大赛团体一等奖、二等奖、三等奖，英国的保罗（观鸟总数 183 种）、美国的克斯和盖瑞分获个人一等奖、二等奖、三等奖。5 月，北京师范大学生命科学学院与秦皇岛市鸟类保护环志站建立长期合作关系，每年的 5 月、8 月、10 月，到秦皇岛市观鸟和进行鸟类环志。

2000 年 5 月，英国剑桥大学博士马丁·成廉姆斯和英国"野翅膀旅行社"观鸟专业领队托尼·马来到北戴河观鸟。

2001 年 4 月中旬至下旬，日本山阶鸟类研究所鸟类学家茂田良光一行 7 人，在全国鸟类环志中心钱法文研究员带领下与秦皇岛市鸟类保护环志站工作人员在海港区董家口村，对"三道眉草鹀"进行为期 7 天的专门研究，并进行鸟类环志。11 月 19—21 日，全国鸟类环志中心及秦皇岛市鸟类保护环志站组成联合调查组，调查组在昌黎县境类发现环渤海地区最大的鹤类种群，共计 500 多只。

2002 年 8 月 1—5 日，来自加拿大、荷兰、中国香港等的鸟类学家、鸟类环志专家和北京师范大学副教授赵欣如等 20 多人在市鸟类保护环志站举行第一次鸟类环志培训活动。

2004 年 10 月 1—5 日，北京师范大学副教授赵欣如等 20 多名鸟类爱好者与市鸟类保护环志站现场拍摄鸟类环志教学片，并进行鸟类环志培训。

2. 兽类

明嘉靖《山海关志》记载，毛类有马、虎、牛、猪、羊、驴、骡、豹、貍、狍、野猪、鹿、獐、兔、麇、熊、狐、狼、猴、山羊。

清代，秦皇岛市境山上多猴，康熙年《抚宁县志》、光绪五年（1879 年）《永平府志》（永平府治所位于今卢龙县城，光绪年间辖昌黎、抚宁、临榆、卢龙、迁安、乐亭 6 个县和滦州）均有记载。清康熙年《抚宁县志·山川》记载：猩猩峪北二十里之黄崖山（今抚宁区北部黄牛顶）"瓜果熟时，猿来窃食，不下数十百，僧饭之"。黄崖猿啸为抚宁县古续八景之一。王运恒《黄崖猿啸》诗："悬崖佛踞三生石，绝壁龙开两眼泉。果熟猿啼峰岭上，饭香鸟集钵盂前。"诸元寿《黄崖猿啸》诗："黄崖远上碧霄边，蹴尽寒云尺五天。孤角呈将西子黛，双瞳流出老龙涎。山空莫辨生公石，碑古犹存大定年。何处猿声啼不断，乡心已在剡溪前。"《抚宁县志·山川》记载："三峦山最多，每至八月，义院口、温泉堡外辄有数万，至弥月乃去，田家苦之。"三峦山在角山北，即今后寺湖山。清光绪五年《永平府志·志余》："永平与边城近，地多山，山多猴。一旦群猴移家百十为伍，携持保抱，遍山谷山下。居民聚观甚众。有稚子拍手呼，猴谓人将图己，并狂窜去。遗土盎甚多，范土而成，大可受斗许，小亦数升，浑合如铸。居民拾而凿焉，清汁满中，深红浅碧不一色，酸甘涩不一味，并芳冽。盖猴杂采山果酿成，大风雪不能出，乃开饮之，亦旨蓄御冬之意也，因名曰'猴儿酒'。"

清康熙初年，定居在今青龙满族自治县西双山、肖营子一带的旗丁猎手，每年向朝廷内务府都虞司御膳房缴纳 7 000 多只野鸡，以示完税。

清代临榆县（治所今山海关城）多虎患。雍正十二年（1734 年）三月，有虎入山海关城。清乾隆六年（1741 年）在山海关立浙江人程川撰《伏虎碑记》："临榆辖关山海，地险而多山，通道杂出，崇丘峻岭夹以荒林丛树，虎之出没，隐伏其中，由来旧矣。乾隆六年春，白门张令君调宰是邑，不数月而政和民安，神人胥悦，惟虎尚窃出戕畜物为患……遂檄石门巡司谢君惟贤督其事，选徒一十有二人，令君复致斋虔祷，上下用命，三日而连获其虓者，群亦敛迹。"清光绪四年（1878 年）《临榆县志·志余》："康熙年间，邑多虎患，石门文游府兴明手刺一虎；蒲河宁都阃忠怀前后力戕二虎；关门满洲诸公城北射杀一虎；城西射杀一虎。近患少息，刍荛便焉。"

秦皇岛市兽类动物资源共有 6 目 12 科 60 余种（主要野生兽类见表 7-16）。其中，中型兽类有赤狐、貉、狗獾、猪獾、狼、草兔等；小型兽类有刺猬、黄鼬、黑线仓鼠、黑线姬鼠、褐家鼠、小家鼠、伏翼等。以獾、赤狐、草兔、黄鼬，小家鼠为常见。在抚宁、青龙满族自治县深山区，岩松鼠、棕背䶄、黄羊、豹、狍、野猪也有分布。兽类资源中，列入国家一级保护动物的有 1 种：豹。列入国家二级保护动物的有 6 种：猞猁、狗獾、猪獾、黄鼬、艾鼬、黄羊。列入《河北省级重点保护动物》的有家蝠、草兔、赤狐、黄鼬、狗獾、猪獾、狍 7 种。

表 7-16　秦皇岛市主要陆地野生兽类一览表（表跨页）

目	科	名　称	别　名	保护级别
一、食肉目 Carnivora	（1）犬科 Canidae	赤狐 *Vulpes vulpes*	草狐、红狐	
		狼 *Canis lupus*		
		貉 *Nyctereutes procyonoides*	狗獾	
	（2）猫科 Felidae	金钱豹 *Panthera pardus*		国家一级
		豹猫 *Prionailurus engalensis*	狸猫	
		猞猁 *Lynx lynx*	猞猁狲	国家二级
	（3）鼬科 Mustelidae	猪獾 *Arctonyx collaris*	猪獾	国家二级
		狗獾 *Meles meles*		国家二级
		黄鼬 *Mustela sibirica*	黄鼠狼	国家二级
		松貂 *Martes martes*		
		艾鼬 *Mustela eversmanii*	艾虎	国家二级
二、偶蹄目 Artiodactyla	（4）鹿科 Cervidae	狍 *Capreolus capreolus*	狍子	

目	科	名　称	别　名	保护级别
二、偶蹄目 Artiodactyla	（5）洞角科 Bovidae	黄羊 *Procapra gutturosa*	蒙古瞪羚	国家二级
	（6）猪科 Suidae	野猪 *Sus scrofa*		
三、啮齿目 Rodentia	（7）鼠科 Muridae	褐家鼠 *Rattus norvegicus*	大家鼠、耗子	
		黑线姬鼠 *Apodemus agrarius*	野耗子	
		小林姬鼠 *Apodemus sylvaticus*		
		小家鼠 *Mus musculus*		
	（8）仓鼠科 Cricetidae	大仓鼠 *Tscherskia triton*	大腮帮	
		黑线仓鼠 *Cricetulus barabensis*	纹背仓鼠	
		棕背䶄 *Myodes rufocanus*		
	（9）松鼠 Sciuridae	松鼠 *Sciurus vulgaris*	灰鼠	
		岩松鼠 *Sciurotamias davidianus*	石松鼠	
		蒙古黄鼠 *Citellus dauricus*		
四、兔形目 Lagomorpha	（10）兔科 Leporidae	草兔 *Lepus capensis*	野兔	
五、猬目 Erinaceomorpha	（11）刺猬 Erinaceidae	刺猬 *Erinaceus amurensis*		
六、翼手目 Chiroptera	（12）蝙蝠科 Vespertilionidae	伏翼 *Pipistrellus pipistrellus*	家蝠	

3. 爬行类动物

秦皇岛市爬行类动物共约 2 目 5 科 12 种（表 7-17）。以无蹼壁虎、鳖、丽斑麻蜥、山地麻蜥、红脖颈槽蛇、红点锦蛇、赤链蛇、黄脊游蛇为主，其次还有黑眉锦蛇等。很多种类为重要的中药资源。爬行类动物中，列入河北省重点保护的有红点锦蛇、黑眉锦蛇。

表 7-17　秦皇岛市主要陆地野生爬行类动物一览表

目	科	名　称	别　名
（一）有鳞目 Squamata	（1）壁虎科 Gekkonidae	无蹼壁虎 *Gekko swinhonis*	守宫
	（2）蜥蜴科 Lacertidae	山地麻蜥 *Eremias brenchleyi*	华北麻蜥
		丽斑麻蜥 *Eremias argus*	
		白条草蜥 *Takydromus wolteri*	
	（3）石龙子科 Scincidae	宁波滑蜥—北方亚种 *Scincella modesta*	
	（4）游蛇科 Colubridae	红点锦蛇 *Elaphe rufodorsata*	水蛇
		红脖颈槽蛇 *Rhabdophis subminiatus*	红脖游蛇
		黄脊游蛇 *Coluber spinalis*	
		黑眉锦蛇 *Elaphe taeniura*	
		蝮蛇 *Agkistrodon halys*	
		赤链蛇 *Lycodon ufozonatum*	火赤链
（二）龟鳖目 Testudoformes	（5）鳖科 Trionychidae	鳖 *Pelodiscus sinensis*	甲鱼、团鱼、王八

4. 两栖动物

秦皇岛市两栖动物数量较少，只有无尾目，共 2 科 7 种（表 7-18）。以花背蟾蜍、黑斑蛙数量最大，其次为金线蛙、中国林蛙、狭口蛙、泽蛙等。很多为重要中药资源。列入河北省重点保护的为中华蟾蜍、黑斑蛙、中国林蛙 3 种。

表 7-18　秦皇岛市主要陆地野生两栖类动物一览表

目	科	名　称	别　名
无尾目 Anura	（1）蟾蜍 Bufonidae	花背蟾蜍 *Strauchbufo raddei*	
		中华蟾蜍 *Bufo gargarizans*	癞蛤蟆
	（2）蛙科 Ranidae	黑斑蛙 *Rana nigromaculata*	青蛙、田鸡
		中国林蛙 *Rana chensinensis*	
		金线蛙 *Pelophylax plancyi*	
		泽蛙 *Fejervarya kawamurai*	梆声蛙
		中国雨蛙 *Hyla chinensis*	

5. 鳞介类动物

明嘉靖《山海关志》记载，鳞介类有鲤、鳝、鳗、青、梭、鳢、白眼、鲫、鲝、鲁、石、鳆、白条、海胎、对虾、蛎房、蚌、鳖、海鹌鹑、石首、海蟹、蛤蜊、蛏、蠹、海鳗头。

（1）鱼类。秦皇岛市主要淡水鱼类共 8 目 16 科 44 种，主要种类详见表 7-19。许多鱼类是重要的经济鱼类。野生鱼类主要有鲫鱼、香鱼、梭鱼、鲤鱼、棒花鱼、花鲳、麦穗鱼等，养殖鱼类有青鱼、草鱼、鲢鱼、鳙鱼、鲤鱼、团头鲂、罗非鱼、虹鳟鱼等。野生鱼类主要分布于滦河水系，滦河鲤鱼、鲫鱼、棒花鱼、花鲳等远近闻名；产于石河下游的香鱼（又名海胎鱼）更是鱼中佳品，清代曾为贡品，属国家二级保护动物，现在野生已灭绝。

表 7-19　秦皇岛市主要淡水鱼类一览表（表跨页）

目	科	名　称
（一）鲤形目 Cypriniformes	（1）鲤科 Cyprinidae	棒花鱼 *Abbottina Rivularis*
		赤眼鳟 *Squaliobarbus curriculus*
		鰵 *Hemiculter leucisculus*
		麦穗鱼 *Pseudorasbora parva*
		翘嘴红鲌 *Erythroculter ilishaeformis*
		彩石鲋 *Pseudoperilampus lighti*
		马口鱼 *Opsariichthys bidens*
		草鱼 *Ctenopharyngodon idella*
		鲢 *Hypophthalmichthys molitrix*
		鳙 *Aristichthys nobilis*
		青鱼 *Mylopharyngodon piceus*
		鲤 *Cyprinus carpio*

目	科	名称
（一）鲤形目 Cypriniformes	（1）鲤科 Cyprinidae	团头鲂 *Megalobrama amblycephala*
		鲫 *Carassius auratus*
		银鲫 *Carassius auratus gibelio*
		鳡 *Elopichthys bambusa*
		中华鳑鲏 *Rhodeus sinensis*
		红鳍鲌 *Cultrichthys erythropterus*
	（2）花鳅科 Cobitidae	泥鳅 *Misgurnus anguillicaudatus*
		北方花鳅 *Cobitis granoei*
（二）颌针鱼目 Beloniformes	（3）怪颌鳉（大颌鳉）科 Adrianichthyidae	青鳉 *Oryzias latipes*
（三）鲇形目 Siluriformes	（4）鲇科 Siluridae	鲇 *Silurus asotus*
	（5）鲿科 Bagridae	黄颡鱼 *Pelteobagrus fulvidraco*
（四）合鳃鱼目 Synbranchiformes	（6）合鳃鱼科 Synbranchidae	黄鳝 *Monopterus albus*
（五）鲈形目 Perciformes	（7）鰕虎科 Gobiidae	普栉鰕虎鱼 *Ctenogobius giurinus*
		弹涂鱼 *Periophthalmus cantonensis*
	（8）刺鳅科 Mastacembelidae	中华刺鳅 *Mastacembelus aculeatus*
	（9）鳢科 Channidae	乌鳢 *Channa argus*
	（10）丝足鲈科 Osphronemidae	圆尾斗鱼 *Macropodus chinensis*
	（11）狼鲈科 Moronidae	鲈鱼 *Lateolabrax japonicus*
	（12）丽鱼科 Cichlidae	奥利亚罗非鱼 *Oreochromis coaureus*
		莫桑比克罗非鱼 *Oreochromis mossambicus*
		尼罗罗非鱼 *Oreochromis niloticus*
	（13）金梭鱼科 Sphyraenidae	梭鱼 *Sphyraena barracuda*
（六）鲑形目 Salmoniformes	（14）鲑科 Salmonidae	虹鳟鱼 *Oncorhynchus mykiss*
		细鳞鲑 *Brachymystax lenok*
（七）胡瓜鱼目 Osmeriformes	（15）胡瓜鱼科 Osmeridae	香鱼 *Plecoglossus altivelis*
（八）鳗鲡目 Anguilliformes	（16）鳗鲡科 Anguillidae	鳗鲡 *Anguilla japonica*

注：物种已经过《中国生物名录 2020 版》和网络资源核实。

（2）介甲类。主要包括虾、蟹、贝壳类等。其中，虾蟹类主要为节肢动物门的中华绒螯蟹（又名河蟹，*Eriocheir sinensis*）、青虾（学名日本沼虾，又名河虾，*Macrobrachium nipponensis*）、白虾等；贝类主要有软体动物门的泥螺（*Bullacta exarata*）、河蚌（*Anodanta woodiana*）、田螺（*Cipangopallcdina chinensis*）、河蚬（*Corbicula fluminea*）等。

6. 昆虫

清光绪五年（1879 年）《永平府志・物产》记虫类：蚕、蜂、蝉、萤火虫、蛾、蝶、蚁、蝎、蝇、蚊、蜻蜓（分青、黄、红 3 种）、蜘蛛、蟾蛸、蠋、蟋蟀、蚱蜢、蜡螂、蛣蜣、蜉蝣、天牛、蜗牛、水马、灶马、鼠妇、木虻、促织、蚰蜒、蝼蛄、斯螽、莎鸡、樗鸡、斑猫、蜎蠉、货郎虫、叩头虫、蛇舅、土鳖、蛴螬、马蛭。

秦皇岛市分布的昆虫主要包括节肢动物门中的昆虫纲、蛛形纲、唇足纲、重足纲动物等，数量庞大，以昆虫纲为最多。昆虫纲中又以鞘翅目、鳞翅目、双翅目、半翅目、同翅目、直翅目、膜翅目为多。由于无系统调查，种数不详，其主要种为：昆虫纲鞘翅目的中华虎甲、步行甲、金针虫、瓢虫、天牛、金花虫、负泥虫、跳甲、金龟子、象鼻虫、谷蠹、谷盗、玉米象、豆象；鳞翅目的弄蝶、凤蝶、粉蝶、峡蝶、眼蝶、蝙蝠蝶、麦蛾、钩翅蛾、天社蛾、豆蛾、谷蛾、毒蛾、桑蚕、柞蚕、蓖麻蚕、造桥虫、尺蠖、黏虫、钻心虫、玉米螟、二化螟、地老虎、松毛虫、果树食心虫、棉铃虫、大豆食心虫；双翅目的蚊、牛虻、家蝇、蠓蚋、稻瘿蚊、吸浆虫、潜叶蝇、寄生蝇、食蚜蝇、中华盗蝇、麦杆蝇、果蝇、水蝇、种蝇；半翅目的田鳖、花蝽、绿盲蝽、粟小绿蝽、地臭蝽；同翅目的蚜虫、飞虱、介壳虫、梨木虱、菜粉虱；直翅目的蝗虫、蟋蟀、蝼蛄、螽嘶；膜翅目的蚂蚁、蜜蜂、土蜂、胡蜂、螯蜂、赤眼蜂、金小蜂、姬蜂、茧蜂、麦叶蜂；缨翅目的蓟马；脉翅目的草蛉、粉蛉、蚁蛉；螳螂目的螳螂；蜻蛉目的蜻蜓；蜚蠊目的土鳖虫；蜱螨目的红蜘蛛、壁虱、针螨、粉螨；蚤目的人蚤、兽蚤、犬蚤、鼠蚤等；蛛形纲蝎目的蝎子、真蜘蛛目的草蜘蛛；唇足纲的石蜈蚣、蚰蜒；倍足纲的马陆等。另次还有软体动物的蜗牛、蛞蝓，毛足纲寡毛目的蚯蚓等。

第八章

自然资源

秦皇岛市土地总面积 7 802.93 千米 ^{2}，主要土地类型为林地、耕地、草地。多年平均水资源总量为 15.7068 亿米 ^{3}，其中地表水 11.7433 亿米 ^{3}，地下水 3.9635 亿米 ^{3}（扣除重复量）。主要供水水源为滦河，主要供水工程为桃林口水库。秦皇岛市海洋资源主要有海岸港址资源、海洋生物资源、滨海旅游资源，还有海水、海底矿藏等未利用的海洋资源。全市林业用地面积 444 800 公顷，活立木蓄积 513.2 万米 ^{3}，森林覆盖率 46.75%。秦皇岛市矿产资源中优势矿种有煤、金、铁、水泥灰岩及非金属建材，主要分布在北部山区及柳江盆地地区。2016 年秦皇岛市农作物播种面积 21 3531 公顷，其中粮食作物 137 022 公顷，粮食总产量达到 84.44 万吨，经济作物播种面积 76 459 公顷，蔬菜产品产量达到 340.25 万吨。农业三大优势产业为蔬菜、畜牧和水产。秦皇岛市境内旅游资源类型极其丰富，秦皇岛先后荣获“中国优秀旅游城市”“最美中国・休闲度假、健康旅游目的地城市”“中国观鸟之都”“全国避暑旅游城市”等称号。

第一节　土地资源

一、土地资源利用规模与结构

秦皇岛市土地总面积 780 293.2 公顷（11 704 398 亩），总人口 309.46 万人，人均土地 0.252 公顷。土地利用类型共涉及 3 个一级类（农用地、建设用地、其他土地）（表 8-1）、8 个二级类（耕地、园地、林地、牧草地、城镇村及工矿用地、交通运输用地、水域及水利设施用地、其他土地）（见表 8-2）、33 个三级类。其中，农用地面积为 630 335.56 公顷，占全市土地总面积的 80.8%；建设用地面积为 132 408.65 公顷，占全市土地总面积的 17.0%；其他土地面积为 17 548.99 公顷，占全市土地总面积的 2.2%。

表 8-1　2016 年秦皇岛市各县（区）一级地类土地利用一览表

单位：公顷

土地类型	全市合计	海港区	山海关区	北戴河区	青龙满族自治县	昌黎县	抚宁区	卢龙县
土地总面积	780 293.20	24 617.7	19 350.42	7 289.89	350 557.93	120 999.50	161 895.21	95 582.55
农用地	630 335.56	8 321.67	10 704.57	2 861.16	323 092.22	79 868.70	131 997.66	73 489.58
建设用地	132 408.65	15 833.75	7 593.39	4 177.26	24 527.69	35 188.22	26 407.52	18 680.82
其他土地	17 548.99	462.28	1 052.46	251.47	2 938.02	5942.58	3 490.03	3 412.15

表 8-2　2016 年秦皇岛市各县（区）二级地类土地利用一览表（表跨页）

单位：公顷

土地类型	全市合计	海港区	山海关区	北戴河区	青龙满族自治县	昌黎县	抚宁区	卢龙县
土地总面积	780 293.20	24 617.70	19 350.42	7 289.89	350 557.93	120 999.50	161 895.21	95 582.55
耕地	188 321.47	4 976.56	3 030.55	724.24	29 424.08	62 865.53	42 478.13	44 822.38
园地	90 086.58	1 158.96	1 748.98	576.68	49 470.21	5 925.20	24 344.06	6 862.49

土地类型	全市合计	海港区	山海关区	北戴河区	青龙满族自治县	昌黎县	抚宁区	卢龙县
林地	22 3104.83	1 222.41	5 481.09	1 538.79	147 600.53	10 023.54	47 806.98	9 431.49
牧草地	128 822.68	963.74	443.95	21.45	96 597.40	1 054.43	17 368.49	12 373.22
城镇村及工矿用地	78 429.58	14 093.63	4 694.94	3 052.89	11 842.98	18 650.20	14 734.13	11 360.81
交通运输用地	17 618.75	1 170.08	1 414.87	487.70	3 192.93	3 881.42	4 473.93	2 997.82
水域及水利用地	36 360.32	570.04	1 483.58	636.67	9 491.78	12 656.60	7 199.46	4 322.19
其他土地	17 548.99	462.28	1 052.46	251.47	2 938.02	5 942.58	3 490.03	3 412.15

1. 农用地

在全市农用地中，耕地 188 321.47 公顷，园地 90 086.58 公顷，林地 223 104.83 公顷，牧草地 128 822.68 公顷。其中，耕地中昌黎县比例最大，占其土地面积的 52.0%；其次为卢龙县，占其土地面积的 46.9%；青龙满族自治县比例最小，占其土地面积的 8.4%；北戴河区的耕地面积占比较少，仅为其土地面积的 9.9%。园地中抚宁区和青龙满族自治县比例最大，分别占其土地面积的 15.0% 和 14.1%；海港区和昌黎县比例最小，分别占其土地面积的 4.7% 和 4.9%。林地中青龙满族自治县比例最大，占其土地面积的 42.1%；海港区比例最小，占其土地面积的 5.0%。牧草地主要分布在青龙满族自治县、抚宁区和卢龙县，分别占其土地面积的 27.6%、10.7% 和 12.9%，北戴河区和昌黎县比例最小，分别占其土地面积的 0.3% 和 0.9%。

耕地：全市耕地面积为 188 321.47 公顷，占全市土地总面积的 24.1%，为秦皇岛市第二大土地利用类型。共涉及 3 个三级类土地利用类型，其中，水田 9 751.18 公顷、水浇地 62 107.58 公顷、旱地 116 462.71 公顷。水田面积以抚宁区最多，占其耕地面积的 10.7%；水浇地面积以昌黎县所占比例最大，占其耕地面积的 70.4%；全市旱地面积最大，占其耕地面积的 61.8%，其中青龙满族自治县所占比例最大，占其耕地面积的 98.3%，昌黎县最少，占其耕地面积的 23.6%。

园地：全市园地面积为 90 086.58 公顷，占全市土地总面积的 11.5%，涉及 2 个三级类土地利用类型，其中，果园面积 59 542.98 公顷、其他园地面积 30 543.6 公顷。在分布上，青龙满族自治县和抚宁区最多，海港区和昌黎县最少。

林地：全市林地面积为 223 104.83 公顷，占全市土地总面积的 28.6%，为秦皇岛市第一大土地利用类型。林地共涉及 3 个三级类土地利用类型，其中，有林地 115 116.48 公顷、灌木林地 76 983.67 公顷、其他林地 31 004.68 公顷。在分布上，青龙满族自治县最多，海港区最少。

牧草地：全市牧草地面积为 128 822.68 公顷，占全市土地总面积的 16.5%。涉及 2 个三级类土地利用类型，天然草地仅在山海关区有少量分布，占其牧草面积的 0.08%；其他草地在各县（区）均有分布，且主要分布在青龙满族自治县、抚宁区和卢龙县。

2. 建设用地

在全市建设用地中，城镇村及工矿用地 78 429.58 公顷，交通运输用地 17 618.75 公顷，水域及水利设施用地 36 360.32 公顷。其中，城镇村及工矿用地，海港区和北戴河区所占比例最高，分别占其土地面积的 57.2% 和 41.9%；青龙满族自治县比例最少，占其土地面积的 3.4%。

交通运输用地，海港区、山海关区和北戴河区所占比例最大，分别占其土地面积的 4.8%、7.3% 和 6.7%；青龙满族自治县所占比例最小，占其土地面积的 0.9%。水域及水利设施用地，昌黎县比例最大，占其土地面积的 10.5%，其次为山海关区和北戴河区，分别占其土地面积的 7.7% 和 8.7%，其他县（区）所占比例不足 5%。

城镇村及工矿用地：全市城镇村及工矿用地面积为 78 429.58 公顷，占全市土地总面积的 10.1%。涉及 5 个三级类土地利用类型，其中，城市用地 12 590.99 公顷、建制镇用地 7 334.91 公顷、村庄 52 652.97 公顷、采矿用地 4576.23 公顷、风景名胜及特殊用地 1 274.48 公顷。在分布上，海港区和北戴河区最多，青龙满族自治县最少。

交通运输用地：全市交通运输用地面积为 17 618.75 公顷，占全市土地总面积的 2.3%。涉及 5 个三级类土地利用类型，其中，铁路用地 1 822.01 公顷、公路用地 6 830.29 公顷、农村道路用地 8 509.74 公顷，机场用地 393.28 公顷、港口码头用地 63.43 公顷。在分布上，山海关区最多，青龙满族自治县最少。

水域及水利设施用地：全市水域及水利设施用地 36 360.32 公顷，占全市土地总面积的 4.7%。涉及 8 个三级类土地利用类型，其中，河流面积 13 487.08 公顷、水库水面 4 284.62 公顷、湖泊水面 328.89 公顷、坑塘水面 6 280.05 公顷、沿海滩涂 3 417.78 公顷、内陆滩涂 5 077.24 公顷、沟渠 2 899.38 公顷、水工建筑用地 585.28 公顷。在分布上，昌黎县最多，海港区最少。

3. 其他土地

全市其他土地面积为 17 548.99 公顷，占全市土地总面积的 2.2%。涉及 5 个三级类土地利用类型，其中，设施农用地 4 874.89 公顷，昌黎县面积最大，为 2 075.84 公顷，海港区、山海关区、北戴河区和青龙满族自治县的面积最小，在 200 ～ 350 公顷；田坎 7 868.88 公顷，青龙满族自治县和卢龙县所占比例最大，北戴河区所占比例最小；裸地 2 458.01 公顷，山海关区所占比例最大，其次为昌黎县和抚宁区，海港区最少；盐碱地 200.72 公顷，主要分布在昌黎县和抚宁区；沙地 2 146.49 公顷，仅分布在昌黎县。

二、土地资源利用的特点和优势

1. 土地利用类型多样，区域分异明显

全市土地利用类型多样，区域分异明显：北部山区以园地、林地为主，间以零星的自然保留地、耕地和建设用地；中部山地丘陵区以林地为主，间以零星的自然保留地和建设用地；中部山前平原区以耕地为主，间以零星的建设用地等；南部冲积平原区以耕地、水域为主，间以零星的园地、林地、建设用地和自然保留地等；东南部滨海平原区以建设用地、滩涂沼泽、耕地为主，间以零星的园地、林地等农用地。见图 8-1。

2. 农用地比重大，以林地为主

全市农用地占土地总面积的 80.8%，为秦皇岛市最大的土地利用类型。其中，林地占用面积最大，森林覆盖率达 46.81%。大面积的林地提供了良好的生产生活环境，为发展生态旅游提供了良机，也为园林式、生态型城市的建设提供了重要保障。

3. 城市用地呈带状组团分布，城区绿色空间大

城市用地呈沿海带状组团式分布，组团与组团间以农用地为主形成组团隔离带。城市绿色

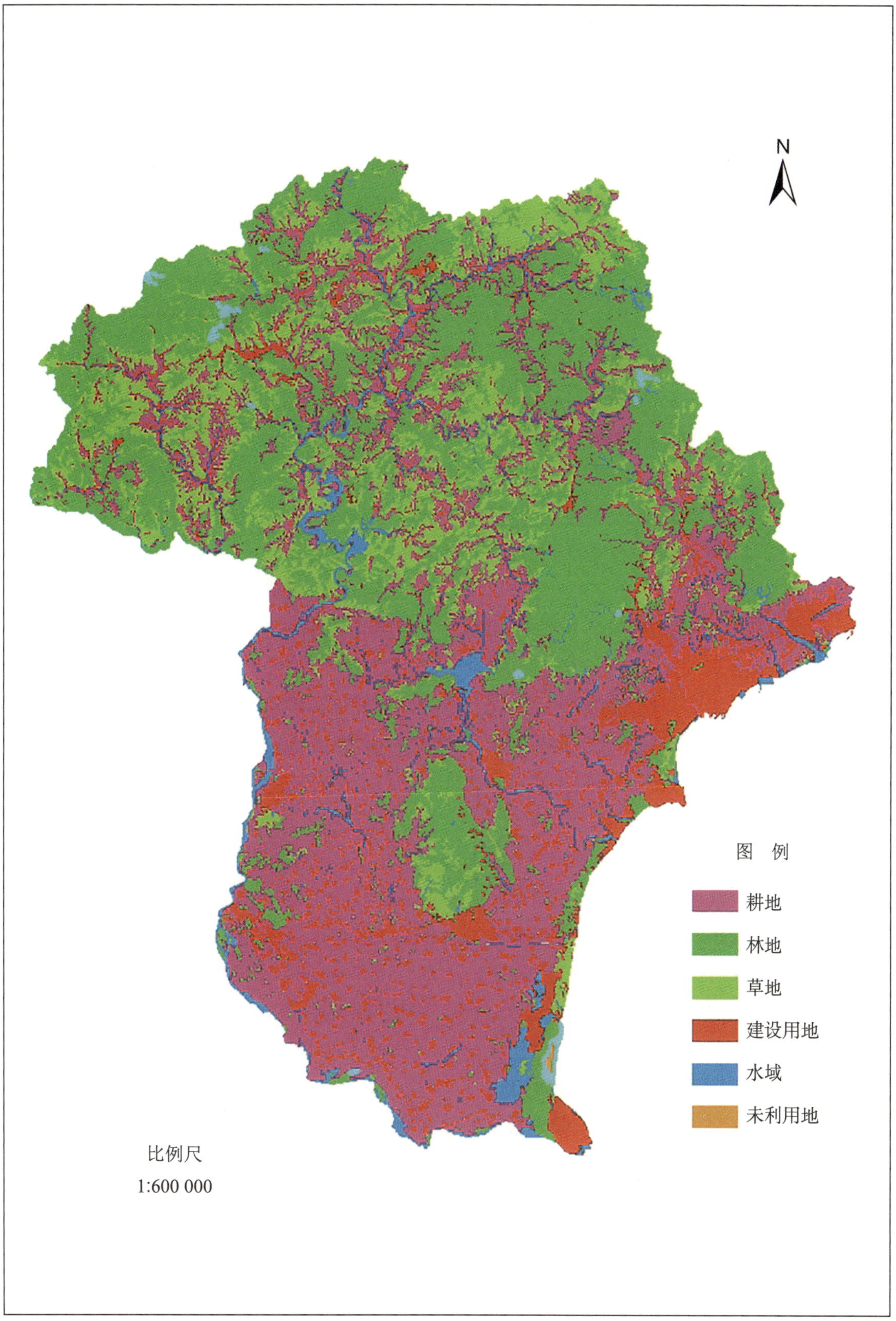

图 8-1　2015 年秦皇岛市土地利用类型分布图（制图：赵忠宝）

开敞空间面积大，城区绿地覆盖率为 43.20%，人均公共绿地面积 9.2 米 ^{2}。

4. 交通运输用地类型齐全，对外服务特点明显

全市交通设施有铁路、公路、机场、港口、管道等，用地类型齐全。世界最大能源输出港秦皇岛港，港口用地 795 公顷，在中国能源运输中发挥着巨大的作用；对外铁路用地比重高，其中城市区有分属北京铁路局、太原铁路局、沈阳铁路局的 5 条国铁干线（大秦、京山、京秦、秦沈、沈山）和多条联络线、专用线、站特线等，铁路线路网密度（960 米 / 千米 ^{2}）为全国平均水平（7 米 / 千米 ^{2}）的 137 倍，海港区的铁路线路网密度（2 190 米 / 千米 ^{2}）高达全国平均水平的 312 倍。

三、土地资源开发利用存在的问题

1. 耕地质量差，人均耕地水平低

耕地以中低产田为主，有机质含量低，农药、化肥的持续使用造成土地板结化，导致地力下降，总体质量不高；农田水利设施相对不完备，灌溉保证率较低；北部山区和中部山地丘陵区耕地分布零散，不利于机械化生产，农业生产效率低。2005—2016 年全市人均耕地从 0.98 亩减少到 0.91 亩，人均耕地占有量小，耕地保护压力大。

2. 城乡建设用地需求量大，但集约利用水平不高、结构不尽合理

随着城市化进程的加快，一批交通、旅游等重点工程项目的实施，导致秦皇岛市建设用地需求增多，其用地需求与农田矛盾日益突出，需要占用较多的耕地。随着城镇人口的增加和城镇产业的迅速扩张，使得城镇土地面积增加，城镇空间范围扩大。但部分旧城区集约利用水平较低，城乡接合部的部分土地利用效率有待提高；农村居民点用地布局零散，土地利用整体效益不高。

城镇工矿用地占城乡建设用地的 59.23%，其中独立工矿用地布局分散，规模偏小，不利于产业集聚发展；农村居民点用地占城镇村及工矿用地的 67.13%，总量大、占比高、分布零散，农村居民点无序发展，不利于城乡二元结构的改善，城乡建设用地亟待进行结构性调整。

3. 土地利用程度高，可开发利用的后备土地资源不足

2016 年，秦皇岛市土地利用率高达 98.20%，未利用地仅占 1.80%，主要为盐碱地、裸地、沙地等，土地后备资源严重不足。

4. 长城沿线等区域生态环境相对脆弱

全市森林覆盖率较高，但在丘陵地带部分裸岩地区土层薄、树木少，尤其是长城沿线等区域水土流失较为严重，生态环境相对脆弱。

四、土地资源利用面临的形势

1. 保护耕地的要求进一步提高

随着人口持续增长，经济社会快速发展，非农建设用地需求日趋旺盛，占用耕地在所难免，耕地总面积和人均耕地占有水平日趋减少；加之耕地后备资源有限，耕地补充任务艰巨，耕地保护压力不断增大。此外，水土流失、海水入侵、化肥农药过度使用等现象均一定程度上导致耕地质量下降。为确保粮食安全、生态安全、经济安全和社会安全，国家和地方的耕地保护要求进一步提高，已从单纯的数量保护发展到数量、质量、生态保护并重。

2. 保障建设用地需求的压力不断增大

全市在加快城镇化进程推进、产业聚集发展和旅游立市战略的实施过程中，对城镇工矿用地和交通基础设施建设用地的需求将大幅增加。同时，随着新农村建设的加快落实，农村基础设施建设用地需求也相应增加，各业各类用地需求相当旺盛，保障建设用地需求的压力随之不断加大。强化集约用地理念，改变土地利用方式，提高土地集约利用水平势在必行。

3. 保护土地生态环境的任务更加艰巨

近年来，受自然和人为因素影响，全市面临生态维护和修复的艰巨任务。北部山区矿山开发经营粗放导致水土流失严重；中部山地丘陵区和山前平原区施用大量化肥、农药导致农用地面源污染、水体富营养化，此外坡耕地水土流失严重、部分土地特别是耕地质量下降；东部、南部沿海平原区部分海岸被侵蚀，旅游污染日趋严重，港区、河口海域受到污染，赤潮现象时有发生。规划期内应加强土地生态建设，改善土地生态环境。加之，“旅游立市”发展战略和建设“宜居宜业宜游、富庶文明和谐”新秦皇岛目标的提出，对全市土地生态建设与环境保护提出更多和更高要求，任务更加艰巨。

4. 统筹区域、协调城乡的难度加大

北部山区、中部山地丘陵区、中部山前平原区、南部冲积平原区和东南部滨海平原区的自然条件、区位条件和经济社会发展水平各有不同，土地资源禀赋与土地利用方式、土地利用强度也存在差异，加上各县（区）的城镇发展定位、产业发展方向各不相同，区域统筹难度加大；同时，随着城镇化进程的加快和新农村建设的推进，有序促进城乡用地结构性调整，实现城乡协调发展的难度不断加大，如何实行差异化的调控政策和措施是规划期内需着重解决的问题。

五、土地资源可持续利用的管理对策

1. 强化土地利用总体规划在土地管理中的主导作用

土地利用总体规划是土地管理的龙头，要管好土地，用好土地，就必须编制一个科学、合理、实用、可操作的土地利用总体规划。当前，首先要科学合理地做好土地利用总体规划的修编工作，其次要严格执行土地利用总体规划，充分发挥规划的引导作用，严格按照土地利用总体规划审批、管理和利用土地。

2. 严守耕地红线，实行永久基本农田保护

围绕落实国家粮食安全战略，贯彻执行最严格的耕地保护制度，严守耕地红线，确保实有耕地面积基本稳定。严格控制耕地流失，尤其是非农建设占用耕地；积极开展农用地整理、建设用地整理、工矿废弃地复垦、土地开发，加大耕地补充力度，提高耕地综合生产能力。

严格落实上级下达的基本农田保护任务，合理调整基本农田、科学划定基本农田集中区，加强基本农田建设，保证基本农田数量不减少、质量有提高，划定永久基本农田保护红线，并实行永久性保护。任何单位和个人不得擅自占用或改变永久基本农田用途。强化各级政府永久基本农田保护主体责任，严格考核审计，严肃执法监督，对违法违规占用、破坏永久基本农田的行为要严厉查处。

3. 促进建设用地节约集约利用

从严控制建设用地总规模，科学确定各类建设用地总量，落实土地利用总体规划确定的建设用地规模、布局、结构和时序安排；实行以人均建设用地为基本标准的城镇工矿用地规模控制，按照土地利用总体规划确定的人均建设用地标准从严控制规划期内城镇工矿用地。

优化城乡建设用地内部结构，理性增加城镇工矿用地，有序推进土地整治，减少农村居民点用地；统筹规划调配用地，推动城镇低效用地再开发和工矿废弃地复垦，盘活闲置、低效利用土地，落实占补平衡、占优补优政策。创新城市建设用地投放机制，合理确定开发强度。合理保障交通水利及其他建设用地需求。

按照城乡统筹发展要求，规范开展农村建设用地整理，优化城乡建设用地布局，促进城乡要素平等交换和公共资源均衡配置，改善农村人居环境和农业生产条件，促进美丽宜居乡村建设和城乡发展一体化，合理引导农民居住向集镇、中心村集中，优化用地结构布局，提高节约集约用地水平。

4. 构建生态导向型国土空间开发格局

根据《河北省主体功能区规划》，按照“山海联动、功能互补”的思路，坚持国土开发与生态资源承载能力相匹配，依据资源禀赋、承载能力、产业基础，明确国土空间开发的规模、结构、布局和时序。统筹市域南部、中部、北部等三大板块，构建以滨海经济区、浅山丘陵经济区和山区经济区为主体的国土空间开发格局。以生态为导向，结合资源分布情况，科学合理确定功能区块，构建产业、城市、人口合理分布、和谐共生的空间布局，逐步实现生产空间集约高效、生活空间宜居适度、生态空间山清水秀。

5. 加强土地生态环境保护与建设

切实加强对国家禁止开发区、重点生态功能区、生态环境敏感区和脆弱区等区域的保护，严格控制对天然林、公益林地、天然草地、河湖、湿地等基础性生态用地的开发利用，对依法设立的自然保护区、风景名胜区、森林公园、湿地公园等实行强制保护，按照相关法律法规实施严格管制，对已经存在经济活动的区域通过完善制度等政策引导外迁，必要时实行强制迁出。建立加强自然保护区、水源保护区和风景名胜区的长效管理机制，严禁各种人为破坏，保护生态建设与环境保护用地。

6. 禁止开发型生态建设与环境保护用地

保护范围：包括昌黎黄金海岸、老岭、都山等自然保护区核心区，桃林口水库、洋河水库、石河水库和昌黎县后孟营地下水等水源保护区核心区，北戴河风景名胜区核心景区，柳江国家地质公园核心部分，北戴河国家湿地公园，水土保持区，滨海海岸带等重要湿地资源，以及其他重要生态建设与环境保护用地。

调控规则：严禁开展各类与保护无关的开发建设活动，按照自然保护区、湿地公园、水源保护区、风景名胜区等相关法律法规实施严格管制，对已经存在经济活动的区域通过完善制度等政策引导外迁，必要时实行强制迁出。建立加强自然保护区、水源保护区和风景名胜区的长效管理机制，严禁各种人为破坏。滨海资源及岸线资源的利用应与发展旅游业相符。

7. 控制开发型生态建设与环境保护用地

保护范围：包括黄金海岸、老岭、都山等自然保护区的缓冲区、实验区，北戴河风景名胜区核心景区以外部分，青龙河、滦河、饮马河、洋河、戴河、汤河、石河等河流蓄滞洪区及两侧防护用地，城市组团绿化隔离带等重要生态建设与环境保护用地。

调控规则：严格控制各项与生态保护无关的开发建设活动，按照自然保护区、水源保护区和风景名胜区等相关法律法规实施管制，在进行城镇建设时，必须全面考虑到周边用地的限制条件及其对城市的保护功能，对城镇发展的布局和规模要做出明确控制。对于其中现有的成片建筑区，严禁继续扩大，有条件的区域，鼓励将建设用地逐步调整为林地、草地；严禁擅自退耕还林；鼓励将影响生态环境和水源保护的其他用地调出。

8. 适度开发型生态建设与环境保护用地

保护范围：包括北部山区和中部山地丘陵区经济林地，中部山前平原区、南部冲积平原区绿色果蔬基地和生态农业观光园地，以及坑塘水面、其他土地的大部分等。

调控规则：维护和扩大耕地、园地、草地等城乡绿色空间，在不改变农业生产功能的基础上，规划和建设与生态性、观光性、科普性和示范性农业新技术相关联的产业，统筹安排城郊生态和城市绿地相结合的绿色系统。利用农田、绿地疏解城市，形成合理的城市组团生态隔离带和旅游观光、休闲度假区。

总之，秦皇岛市土地资源相对紧缺，人均占用土地和耕地都较低，但土地利用类型多样，其中主要特点为农用地所占比重大，尤以林地面积占有绝对优势，加之城市用地中绿色空间大，支撑了秦皇岛市良好的生态环境。然而，在土地利用开发中存在人均土地少、土地质量差、土地利用程度不高、可开发的后备土地资源不足等问题。尽管全市森林覆盖率较高，但仍然存在部分裸露地区树木少、生态环境脆弱的地带。根据全市土地利用现状和现存问题，应进一步加强土地整治与管理，坚守耕地红线，推进土地整理，节约集约用地，优化用地结构，提高土地利用效率，以改善土地生态环境为核心，合理安排土地复垦与宜耕后备土地资源开发，提高土地可持续利用水平。

第二节　水资源

一、水资源概况

秦皇岛市年平均水资源总量 15.706 8 亿米 ^{3}，其中地表水资源量 11.743 3 亿米 ^{3}、地下水资源量 3.963 5 亿米 ^{3}（扣除重复量）。水资源可利用量 11.743 3 亿米 ^{3}，其中地表水资源可利用量 7.354 6 亿米 ^{3}、地下水可开采量 6.150 9 亿米 ^{3}。全市人均水资源量为 507.56 米 ^{3}。

秦皇岛市没有外调水，全部使用当地水。此外，每年还通过桃林口水库向辖区外调水。按照河北省政府规定，桃林口水库按多年调节运行，每年可调节水量 7.02 亿米 ^{3}，唐山、秦皇岛市水量分配按照 56:44 计算，每年为唐山市调出多年平均水量 3.93 亿米 ^{3}。

由于秦皇岛市平原区域较少，所以地下水的利用较河北省其他市偏少。可用的地表水资源主要有滦河、洋河、石河，其控制工程分别为桃林口水库、洋河水库、石河水库。由于洋河、石河流域相对较小，所以全市主要供水水源为滦河，主要供水工程为桃林口水库。由于受自然条件的限制，全市除了桃林口水库、海水淡化以外已经不可能再有新的水源，所以说，桃林口

图 8-2　桃林口水库（桃林湖）

水库就是全市未来发展的重要保障。

秦皇岛市城市区供水以地表水水源为主，地表水供水量占城市全部供水量的95%左右。各地表水水源地通过配套的输水工程将原水输送到城市区的6个市政自来水厂和多个直供水用户，从而实现水源供给。

海港区、山海关区、北戴河区的原水水源供应均由市水务部门负责，自来水厂及城市自来水的供应管理工作由市城市管理局负责。秦皇岛市的城市原水主要来自桃林口水库（图 8-2）、石河水库（图 8-3）和洋河水库（图 8-4），3个水库的原水分别通过引青济秦工程和石河水库供水管线工程输送到各个自来水水厂。桃林口水库、石河水库、洋河水库是城市区的大水缸，其中桃林口水库是省水利厅直接管理的大型水库，承担着向唐山市、秦皇岛市两市供水的任务。按照省定的分水比例，桃林口水库枯水年每年可向秦皇岛市提供水量1.75亿米^3，石河、洋河水库95%保证率年份（特枯水年份）可分别向城市区提供水资源3220万米^3、3230万米^3，3个大、中型水库在枯水年份水资源的保障能力是2.395亿米^3。

图 8-3　石河水库（燕塞湖，下图摄于民国年间）

图 8-4　洋河水库（天马湖）

二、水资源利用现状

1. 水资源及开发利用现状

秦皇岛市已形成包括当地地表水、地下水供水工程在内的较为完整的供水工程体系。供水工程按类型可分为地表水源工程、地下水源工程以及非常规水源工程等。

图 8-5　水胡同水库

地表水源工程分为蓄水工程、引水工程和提水工程，蓄水工程主要为水库和塘坝，以大中型水库为主。秦皇岛市境建有 2 座大型水库（即桃林口水库、洋河水库）、2 座中型水库［石河水库、水胡同水库（图 8-5）］、294 座小型水库，总库容 14.91 亿米^3，设计供水能力 9.5 亿米^3，现状供水能力 9.12 亿米^3。有引、提水工程 6 处，设计引水能力 21.18 亿米^3，现状引水能力 21.18 亿米^3。水库工程原来主要以防洪和农业灌溉供水为主，随着城市用水量的增加，已有相当数量的水库增加了城市供水任务。大型水库桃林口水库和洋河水库承担着向下游地区和城市供水的任务；中型水库石河水库承担着秦皇岛市的供水任务。由于入库径流的减少和水库下游灌区水利工程的年久失修，水库工程实际供水能力有所下降。

地下水供水工程是秦皇岛市工农业生产及居民生活用水的重要供水工程，北部山区地下水供水工程以浅井居多，深层地下水井多分布在平原区，多为居民生活用水井，在滨海平原区浅层地下水为咸水，地下水供水工程均为深层地下水井。

秦皇岛市供水量由地表水和地下水组成，地表水与地下水的组成比例为 33.6%:66.4%，以地下水供水为主。现状总供水能力 18.006 3 亿米^3，其中地表水源工程供水能力 12.064 3 亿米^3，地下水源工程供水能力 5.942 0 亿米^3。

2. 水资源开发利用

（1）地表水开发利用

用地表水开发利用率表示地表水的开发利用程度。地表水开发利用率指当地地表水供水量占地表水资源量的百分比。目前，地表水开发潜力分布不均，除沿海平原地区尚有一定开发潜力外，北部山区已基本没有开发的可能。

（2）地下水开发利用

浅层地下水资源量 6.638 亿米^3，同期浅层地下水平均开采量为 5.347 2 亿米^3，地下水开发利用率 80.5%。由于开采条件不同，开采程度有很大差别，其中南部沿海平原地区开采程度较高，并有不同程度的超采。

（3）水资源总量开发利用

水资源总量开发利用程度为 80.1%，总体超过国际公认 40% 的最高开发利用率限额，属于用水高度紧张区。

从以上分析可以看出，无论是地表水资源还是地下水资源，秦皇岛市水资源开发利用程度都比较高，水资源开发的潜力已经很小。

3. 水资源开发利用中的问题

（1）流域水源水量危机

秦皇岛市自 1999 年以来持续干旱，降水量明显减少，流域下游一些常年有水的河道出现了断流现象，基本步入了由常年有水河流向季节性河流转变的危险境地。

由于地表水资源量逐年减少，造成水库蓄水不足，下游河道断流，地表水供水量也呈现逐年减少的趋势，表现为农业干旱缺水，生活及工业用水挤占农业用水和生态环境用水，入海水量大幅减少。入海水量大幅锐减，必将造成河口生态环境恶化等问题。

（2）水资源利用效率低

秦皇岛市存在水资源利用效率低，水资源浪费的现象。主要表现在：生活用水节水器具普及率偏低，很多地方没有普及节水设备，节水意识不强，居民生活用水浪费的现象依然存在；农田综合灌溉定额偏大。由于农业水利设施老化失修，工程配套较差，造成灌溉技术落后，渠系利用系数为 0.60 ～ 0.71，灌溉水利用系数为 0.51 ～ 0.59；节水灌溉面积小，喷灌、滴灌等节水灌溉面积仅占 29.8%；农田灌溉用水没有限制，秦皇岛市 3 区水田灌溉定额也高达 19 650 米^3/公顷；工业结构不尽合理，用水效率偏低。区内工业是以冶金、能源、原材料为主的高耗能、高耗水产业，还存在着部分企业缺乏监管、生产工艺落后、节水设施不完善、单位产品耗水量偏高的问题。

（3）地下水超采严重

随着国民经济的快速发展，用水量急剧增加。由于水资源分布不平衡，地表水源供水不足，致使局部地区地下水不断超量开采，造成地下水位持续下降。地下水超采区主要出现在秦皇岛市南部沿海地区。海水入侵面积 289.612 千米^2，重度入侵区面积 169.262 千米^2，入侵距离达 6 ～ 8 千米。

（4）水环境总体呈恶化趋势

随着用水量的增加，废水排放量也相应增加，水环境总体上呈恶化趋势，水污染引起的水质型缺水加剧了水资源的短缺，使得人们用水紧张和用水不安全。受污水处理能力的限制，仍有部分企业排放的污水不能进入集中污水处理厂，而直接排入河道，造成部分河段水污染。在一些工业较发达的城镇，这种现象比较突出。

（5）非常规水源用量较低

实现污水资源化不仅可以增加总的可供水量，避免因缺水造成的经济损失，同时削减了对水环境的污染负荷，改善生态与社会经济环境，促进工业、旅游业、水产养殖业、农业和牧业的发展，满足人口增加对水的需求量。

随着秦皇岛市经济的快速发展，用水量将急剧增加，面对淡水资源日益减少的形势，应加快发展海水直接利用和海水淡化利用，减少淡水资源供水量，缓解用水紧张的局面。

三、地下水资源

1. 地下水利用

秦皇岛市地下水资源由于多年开采，造成地下水位持续下降，海港区由河北大街自红旗路、建设大街、文化路、港城大街、五四路、秦山路以南区域海水入侵较为严重；已出现地下水漏斗等水文环境问题，地下水资源受到不同程度破坏。1985 年以来，秦皇岛市城市规划区内水务局备案的自备井 294 眼，目前正在使用的有 173 眼，年开采量为 500 万米 ^{3}。目前在水务局注册、正在使用的有证自备井为 147 眼。以山海关区为例，山海关区自 1995 年水厂扩建完毕后，自来水公司就具备了日供水量 7 万米 ^{3} 的能力，但事实上山海关自来水公司在山海关开发区成立以后的售水量并未增加多少，用水增加量主要为地下水，见表 8-3。2000 年以后，山海关区的洗浴中心、大众浴池、私营小企业等除饮用水外基本不用自来水，使山海关区地下水开采日益严重。

表 8-3　1990—2005 年山海关区用水量变化一览表

	1990 年	1995 年	2000 年	2005 年
实际日需水量 / 万米 ^{3}	2.3	2.8	3.3	4.3
自来水日售水量 / 万米 ^{3}	2.0	2.2	2.3	2.5
地下水日使用量 / 万米 ^{3}	0.3	0.6	1.0	1.8

由于地下水的多年严重超采，山海关区的海水入侵日益严重。1980 年、1985 年、1999 年、1995 年、2000 年和 2005 年山海关区海水入侵距海边距离分别为 0 米、50 米、100 米、300 米、600 和 1 200 ～ 1 500 米。因此，山海关区在 2000 年以后海水入侵速度加快，虽然政府加大地下水管理力度，地下水开采速度有所下降，但海水入侵面积仍在增加。

2. 地下水的脆弱性

（1）秦皇岛市地下水脆弱性分区

对秦皇岛市沿海地下水脆弱性评价结果显示，由于全市地下水赋存条件和水动力条件的不同，总体上由东向西、由内陆向沿海脆弱性越来越强，并分为如下 4 个区：强脆弱区（极易污染区）。分布在滦河口至老龙头沿海一线，沿海岸线展布，地下水位一般小于 2 米，包气带岩性多为单一的砂砾卵石或中粗砂，包气带渗透系数 K 为 100 ～ 1 000 米 / 吨，地势平坦，该区包气带厚度薄，透水性极强，有利于地表污染物的渗透和迁移。包气带自净化能力弱，地下水抗污染能力弱，故极易被污染。较强脆弱区（易污染区）。分布在滦河东岸茹荷—赤洋口—赤土山—海港区—老龙头一线，地下水位埋深在 2 ～ 4 米，包气带岩性以亚砂土为主，结构单一，渗透系数 K 为 50 ～ 100 米 / 吨，该区地势平坦，包气带厚度较薄，透水性强，有利于污染物的迁移和渗透，包气带自净化能力弱，地下水易被污染，应为地下水重点保护区。中等脆弱区（较易污染区）。呈狭窄带状分布在滦河东岸至山海关一线地下水位埋深 2 ～ 4 米，包气带岩性以亚砂土为主，夹轻亚黏土夹层，地下水埋深 2 ～ 4 米或大于 4 米，渗透系数 K 为 50 ～ 100 米 / 吨，该区包气带厚度较大，呈双层结构，透水性较弱，自净能力较强，地下水不易污染，属地下水保护区。弱脆弱区（不易污染区）。分布于皇后寨至山海关一带，地下水位埋深大于 4 米，包气带岩性以亚砂土、轻亚砂土为主，该区包气带厚度较大，呈双层结构或多层结构，透水性较弱，自净能力强，地下水不易污染。

（2）秦皇岛市地下水脆弱性的影响因素

地貌因素：主要表现为污染质的迁移和积累过程。低山丘陵地区，地形较陡，水力坡度大，地下水循环交替迅速，污染物不易聚集；山前堆积平原，地形较平坦，水力坡度小，地下水以溶滤作用为主；而滨海平原，地下水径流缓慢，垂直蒸发强烈，污染物易于聚集。

地质因素：包括包气带的岩性和地层结构等方面。包气带岩性是影响污染物向含水层迁移和积累的主要因素。根据区内包气带岩性组成特点，可划分为单一结构、双层结构和多层结构。单一的砂卵砾石层，介质疏松，透水性强，地下水极易污染；上细下粗的双元结构地层，由于上覆细颗粒层较薄，地下水易受污染；多层结构地层由于出现粗颗粒和细颗粒互层，使得污染物不太容易进入地下水。

水文地质因素：水文地质因素主要包括包气带的自净能力和含水层本身对污染的净化性能。包气带自净能力的大小取决于包气带岩性、厚度、渗透性和吸附能力。包气带的渗透性与岩性的粗细有关，与地下水脆弱性呈正相关关系；包气带厚度，用地下水水位埋深表示，地下水位埋深越浅，污染物迁移到含水层的时间越短，包气带自净能力越弱，地下水脆弱性越强；含水层净化能力由含水层的稀释能力和污染物在含水层中的滞留时间等因素影响决定；另外地下水水质反映了地层、气候等自然条件下含水层的水质背景情况。

人类影响因素：主要体现在人类活动对地下水的污染程度。人类活动强度越大，污染源越多，对地下水的污染就越大。

3. 洋河、戴河流域浅层地下水

对秦皇岛市洋河、戴河流域浅层地下水咸化的研究发现，此流域内地下水咸化分为 4 个等级，分别是未咸化、轻微咸化、中等咸化、严重咸化。咸化区域主要集中在沿海平原区和低山丘陵区。咸化最为严重的区域是枣园村、王各庄村；中度咸化区域是枣园周围的都寨村、西陆庄村、蒋营村，以及樊各庄和低山丘陵区的大湾子村、兴隆寨村；轻微咸化区主要分布在中等咸化区周围；未咸化区集中在山前平原区。地下水咸化主要是海水、工业污水、农业污水、生活污水进入地下水造成的。沿海平原咸化严重和中度咸化区主要是海水入侵造成的。而樊各庄附近有十几家造纸厂，地下水咸化也受到工业废水的影响；位于低山丘陵区的大湾子村和兴隆寨村则是由于水岩作用、农业污水、生活污水造成的地下水咸化。

4. 滨海地区地下水

（1）开采利用现状

地下水是滨海地区的重要水源，区内地下水开采层位主要为浅层水，其次为深层水。近几年随着浅层水水位降低、水量减少，加大了深层水的开采力度。区内地下水开采的用途以农业用水为主，工业和生活用水次之。昌黎县和抚宁区因种植水稻和造纸，故其地下水开采的数量和密度均较大，农业用水和工业用水量较大；城市区限制地下水开采，且管理力度较强，地下水开采井的数量和密度均较小，20 世纪 60 年代先后在抚宁县枣园、海港区、山海关区修建 3 座地下水厂，供市区工业区、居民生活用水，开采能力为 2.3 万米^3/吨。截至 1999 年，全区约有机井 2 534 眼，其中市区 228 眼。

据秦皇岛市水务局统计，2003 年滨海地区地下水开采量为 1.31 亿米^3，其中，浅层水开采量为 1.23 亿米^3，占总开采量的 93.9%；深层水开采量为 0.08 亿米^3，占总开采量的 6.1%。按用途划分，用于农田灌溉的地下水开采量为 0.68 亿米^3，占总开采量的 51.91%。用于工业的地下水开采量为 0.42 亿米^3，占总开采量的 32.06%。用于生活的地下水开采量为 0.21 亿米^3，占总开采量的 16.03%。

（2）存在的问题

随着城市、港口建设规模的不断扩大，人口增加，工农业生产大幅增长，滨海地区原始自然地貌及地质环境多被改变，地表水、地下水的天然状况亦发生了变化，由于入海河流中上游修建水库，大大减少了河流入海量。城市人口增加、工农业生产的发展加大了滨海地区地下水的开采程度，加之近年出现的干旱气候，改变了区域水资源的排补平衡，尤其是打破了区域地下水的采补平衡，产生一系列生态环境问题。

地下水位下降形成大面积降落漏斗：地下水位动态直接受人为开采和大气降水的影响。近几年，干旱年份增多，大气降水补给减少，中小蓄水工程蓄水不足，地表水满足不了经济的发展，这样对地下水的需求量越来越大。通过对地下水位监测资料分析，2002 年和 1995 年相比，水位全面下降，平均下降 0.44 米，昌黎县下降最大为 1.73 米，抚宁县下降最大值为 1.65 米，城市区相对下降较小，最大值为 0.35 米。

随着地下水开采强度的加大，在滨海地区形成大面积的地下水降落漏斗，在抚宁区留守营地区由于旱田改水稻，并相继建成留守营镇、南樊各庄、前韩家林等造纸厂，这些单位都是用水大户，2002 年仅造纸厂工业用地下水开采量即达 2 000 万米^3，形成以留守营、樊各庄为中心的地下水下降漏斗，漏斗覆盖了洋、戴河平原，北起四照各庄—枣园村北，南至渤海岸的全部地区，其中也包括原独立为一面积 23 千米^2 的枣园地下水开采漏斗，使其仅成为留守营漏斗东冀的边缘地带，漏斗中心移向西部的留守营、南樊各庄一带，漏斗中心最低水位埋深 25.0 米，水位标高 -17.40 米，漏斗面积 96.2 千米^2。

地下水质污染加剧：滨海地区地下水质量采用评分法进行评价，地下水质量级别基本为较差—极差，超标项目为矿化度、总硬度、硫酸根、氯离子、硝酸根、酚、氟离子以及耗氧量几项。

地下水质污染可以分为点污染和面污染，点污染是包括工厂产生的废水、城镇乡村生活废水、生活垃圾等不经过处理直接排放集中垂直渗入地下所造成的污染。留守营等地造纸厂每年排放的污水化学需氧量为 4 969 吨，严重污染地下水，水质变劣，2002 年地下水水质分析结果和 1995 年相比，矿化度的增值为 116.22 ～ 422.54 毫克 / 升，总硬度增加 14.10 ～ 264.70 毫克 / 升。硫酸根、氯离子含量也分别增加了 13.56 ～ 222.82 毫克 / 升和 107.32 ～ 253.95 毫克 / 升。面污染以农业种植产生的残余农用化肥和农药为主，2001 年与 1985 年相比，农药施放量增加 3.2 倍，化肥氮、磷施用量分别增加 1.06 倍和 31.8 倍。残留化肥、农药随重力水渗入地下，或随地表径流流入河中，常年积累对地下水污染程度不可忽视。

海水入侵面积扩大：据水化学监测资料，20 世纪 60 年代以前，滨海地区地下水水质良好；70 年代初，个别水井开始出现微咸化现象，表现出海水入侵迹象；80 年代以来，海水入侵活动迅速发展，1990 年海水入侵面积 63.60 千米^2；到 2003 年，入侵面积达 87.86 千米^2。

海水入侵造成的地下水咸化，给工农业生产带来很大损失。因海水入侵，造成原抚宁县枣园水源地地下水中矿化度、氯化物、硫化物等超过饮用水标准而不能饮用，使水源地 21 眼供水井中的 14 眼井报废，造成直接经济损失 28 万余元。在枣园水源地附近的 13 个村庄有 157 眼机井水质变坏，其中 5 个村发生饮用水困难。海港区东港镇卸粮口村自 1996 年以来地下水水质开始恶化，1998—2002 年，氯离子含量均超过 1 000 毫克 / 升，最高达 8 063 毫克 / 升。据调查，该村配套大口井、机井以及压水井已全部报废，合计经济损失 32 万元。地下水咸化使该村水稻田不得不改种大田作物，由于天气干旱使农田减产以致绝收，每年合计损失约 60 万元。

湿地减少：秦皇岛市滨海湿地分布在入海河流河口附近，昌黎县的滦河口、七里海、团林、大蒲河，抚宁县的西河南、渤海林场，北戴河区的赤土山、山海关区的唐子寨等地都有成片湿地存在。据 20 世纪 80 年代调查，湿地面积 296 千米 ^{2}。由于港口建设、旅游开发、围垦养殖等经济活动的影响，再加上得不到水源补给，湿地面积呈急剧萎缩状态，湿地的储水、净化、调节小气候的功能逐渐降低。

5. 昌黎县地下水

昌黎县地下水总补给量为 2.347 亿米 ^{3}/ 年，总排泄量为 3.504 亿米 ^{3}/ 年，均衡差为 −1.157 亿米 ^{3}/ 年，处于负均衡状态；模型验证期地下水总补给量为 2.606 亿米 ^{3}/ 年，总排泄量为 2.737 亿米 ^{3}/ 年，均差为 −0.131 亿米 ^{3}/ 年，处于负均衡状态；浅层地下水的主要是降水入渗补给和灌溉回归，主要排泄方式为人工开采。

昌黎县地下水平原淡水区在 50%、75%、95% 保证率下的地下水可开采量分别为 21 324.21 万米 ^{3}/ 年、19 220.33 万米 ^{3}/ 年、16 064.53 万米 ^{3}/ 年，预测分析在 2015 年和 2020 年区内总需水量分别为 27 561.9 万米 ^{3}/ 年和 31 964.1 万米 ^{3}/ 年，在 50% 保证率下将缺水 6 219.69 万米 ^{3}/ 年和 10 621.89 万米 ^{3}/ 年，75% 保证率下将缺水 8 341.57 万米 ^{3}/ 年和 12 743.77 万米 ^{3}/ 年，在 95% 保证率下将缺水 11 497.37 万米 ^{3}/ 年和 15 899.57 万米 ^{3}/ 年。随着经济社会发展，区内地下水可开采量完全满足不了未来的总需水量，需加强地下水开发利用管理，大力开展节水措施，建议建立小型水库等新的地表水供水水源，进行供水量的补充。

昌黎县浅层地下水超Ⅲ类水的单项监测指标按超标率由大到小依次为锰、硝酸盐、亚硝酸盐、氟化物、总硬度、溶解性总固体、氨氮、氯化物、硫酸盐、铁、氰化物。根据综合评价结果，昌黎县浅层地下水水质总体较差，水质较好的水点主要位于沿海各乡镇，这些地区农田、企业分布较少，且进行了多年的污水排放治理，因此地下水质量相对较好；水质较差的水点主要位于城镇区和农田区，人口密度大，农业活动强烈，地下水污染严重。

昌黎县地下水主要污染特征是工业污染、农业面源污染，包括种植业、畜禽养殖，以及居民生活等四种主要污染源，主要污染物是化学需氧量、生化需氧量、氨氮、磷素、氮素，其排放量分别为 61 627.1 吨 / 年、26 820.31 吨 / 年、8 309.48 吨 / 年、2 087.48 吨 / 年、10 743.04 吨 / 年。主要污染方式是间接污染，污染质通过下渗进入包气带，附着吸附在包气带地层，待地下水位上升时再淋滤、溶解其污染质，造成地下水污染。

昌黎县地下水系统整体上倾向于易受污染、脆弱性偏高，极高脆弱区和高脆弱区分别占总面积的 40.9% 和 32.4%，主要分布在昌黎平原中部的城镇区和农田区；中等脆弱区零星分布在平原区，仅占总面积的 6.85%；低脆弱区主要分布在沿海一带，占总面积的 15.0%；极低脆弱区分布在北部山区，仅占总面积的 4.8%。

结合县城地下水水源地分布和污染源分布情况，将昌黎县划分为 5 个地下水污染防治区：地下水水源地保护区、修复治理区、重点防护区、一般防护区和自然防护区。其中地下水水源地一级保护区范围是以外围井的外接多边形为边界，向外径向距离为 360 米的多边形区域，总面积 1.9 千米 ^{2}；二级保护区范围是以外围井的外接多边形为边界，向外径向距离为 2 070 米的多边形区域，总面积为 19.5 千米 ^{2}。修复治理区主要分布在昌黎县县城和农田区；重点防护区主要分布于修复治理区外围的农田区；一般防护区主要位于沿海一带；自然防护区位于北部山区。并针对各地下水污染防治区内的污染源提出整治措施。

秦皇岛市水资源在河北省内比较丰富，供水以地表水水源为主，约占 95%，地下水的利用较其他市偏少。地表水水源主要来自桃林口水库、石河水库和洋河水库，用水量呈缓慢增加趋势，其中农业用水比例达 70% 以上。由于地表水资源面临水量危机、利用率低、水环境恶化等问题，地下水供水量呈增加趋势。但受到地貌、地质、水文地质和人类活动等因素的影响，秦皇岛市地下水具有一定的脆弱性，因此在开发利用的过程中应切实加强保护，促进地下水资源的可持续利用。

四、湿地资源

根据《湿地公约》的定义，“湿地系指不问其为天然或人工、常久或暂时之沼泽地、湿原、泥炭地或水域地带，带有或静止的或流动的、或为淡水、微咸水或咸水的水体者，包括低潮时水深不超过 6 米的浅海区域。”按此定义，湿地包括湖泊、河流、沼泽（森林沼泽、藓类沼泽和草本沼泽）、滩地（河滩、湖滩和沿海滩涂）、盐湖、盐沼以及海岸带区域的珊瑚礁、海草区、红树林和河口等。秦皇岛市湿地生态系统类型多样，主要有滨海湿地、水库水面、河流水面、湖泊水面、坑塘水面、沟渠、沼泽和芦苇地等。湿地资源作为秦皇岛市一种极为重要的国土资源，具有诸如抵御洪水、调节径流、补充地下水、改善气候、控制污染、美化环境和维护区域生态平衡等方面生态服务功能（图 8-6）。

图 8-6　海滨国家森林公园内河流湿地

湿地可简单地理解为有水之地，因此秦皇岛市湿地分布于地表水之处。根据《秦皇岛市土地利用数据》整理得出2005年、2010年和2015年秦皇岛市湿地面积分别为43 002.85公顷、36 533.78公顷和35 910.83公顷（表8-4～表8-6）。可见，2005年以来秦皇岛市滨海湿地面积逐年下降，2005年到2010年5年间湿地面积下降15.04%（湿地面积缩减6 469.07公顷）。湿地面积的减少与经济社会的发展密切相关。

表8-4　2005年秦皇岛市湿地面积一览表

单位：公顷

县（区）	合　计	河流水面	水库水面	坑塘水面	滩　涂	沼泽地	芦苇地	沟　渠
海港区	743.15	210.53	60.81	190.65	73.42	21.54	63.33	122.87
山海关区	1 549.22	733.92	216.66	56.05	368.56	3.11	0.58	170.33
北戴河区	292.79	118.67	27.61	85.09	0.00	1.55	0.00	59.87
抚宁县	8 252.59	3 019.07	2 720.92	989.61	325.04	0.00	0.82	1 197.12
卢龙县	5 458.35	751.21	635.66	295.03	2 525.95	0.44	5.11	1 244.96
青龙满族自治县	11 955.39	6 263.89	1 136.74	79.62	2 083.03	0.34	32.70	2 359.06
昌黎县	14 587.94	3 767.70	70.64	4 459.65	2 729.15	0.00	43.44	3 517.36
秦皇岛开发区	163.42	163.42	0.00	0.00	0.00	0.00	0.00	0.00
合计	43 002.85	15 028.41	4 869.03	6 155.71	8 105.15	26.99	145.97	8 671.57

表8-5　2010年秦皇岛市湿地面积一览表

单位：公顷

县（区）	合　计	河流水面	湖泊水面	水库水面	坑塘水面	沿海滩涂	内陆滩涂	沟　渠
海港区	598.43	299.48	0.00	17.76	269.15	1.87	0.00	10.17
山海关区	1 527.19	664.49	0.00	308.29	255.26	229.23	22.76	47.16
北戴河区	643.76	134.01	0.00	0.00	116.20	362.55	0.00	31.00
抚宁县	7 263.56	3 221.44	0.00	1 651.62	576.91	268.14	954.01	591.44
卢龙县	4 318.22	1 903.14	0.00	89.81	634.56	0.00	1 384.58	306.13
青龙满族自治县	9 533.28	5 250.11	0.00	2 153.93	26.76	0.00	2 064.43	38.05
昌黎县	12 517.75	2 143.41	328.90	62.63	4 659.33	2 666.60	749.79	1 907.09
秦皇岛开发区	131.59	131.59	0.00	0.00	0.00	0.00	0.00	0.00
合计	36 533.78	13 747.67	328.90	4 284.04	6 538.17	3 528.39	5 175.57	2 931.04

表8-6　2015年秦皇岛市湿地面积一览表（表跨页）

单位：公顷

县（区）	合　计	河流水面	湖泊水面	水库水面	坑塘水面	沿海滩涂	内陆滩涂	沟　渠
海港区	568.36	291.50	0.00	18.57	248.10	1.21	0.00	8.98
山海关区	1 474.07	637.40	0.00	308.30	236.77	225.03	20.60	45.97
北戴河区	631.83	132.30	0.00	0.00	108.20	361.94	0.00	29.39
抚宁县	7 170.42	3 189.53	0.00	1 651.60	555.31	265.58	923.49	584.91

县（区）	合　计	河流水面	湖泊水面	水库水面	坑塘水面	沿海滩涂	内陆滩涂	沟　渠
卢龙县	4 288.44	1 880.31	0.00	89.81	633.31	0.00	1 381.41	303.60
青龙满族自治县	9 464.67	5 236.56	0.00	2 153.93	26.76	0.00	2 009.48	37.94
昌黎县	9 667.69	2 130.33	328.89	62.41	4 486.83	24.25	745.75	1 889.23
秦皇岛开发区	124.98	124.98	0.00	0.00	0.00	0.00	0.00	0.00
北戴河新区	2 544.62	0.00	0.00	0.00	0.00	2 544.62	0.00	0.00
合计	35 910.83	13 497.93	328.89	4 284.62	6 295.28	3 422.63	5 080.73	2 900.02

第三节　海洋资源

秦皇岛市有162.7千米的海岸线和1 805.27千米^{2}的海域面积，海岸砂岩相间，以砂质岸为主，砂质岸长106千米，岩石岸长20千米。山海关老龙头、海港区东山、北戴河金山嘴一带为岬湾式海岸。石河口至新开河之间岸段有多条国内海岸罕见的砾石堤。北戴河中海滩有连岛沙坝。由洋河口到滦河口分布有3～4列由沙垄组成的沙丘海岸，沙丘一般高20～30米，最高40米，即现今的“黄金海岸”。

秦皇岛市海区可供开发利用的自然资源主要有港口、渔业、旅游、矿产、海水、能源、海洋空间资源等。目前，港口、渔业、旅游开发已具有一定规模，其他资源的开发随着科学技术的进步，亦将提上议程。见图8-7～图8-11。

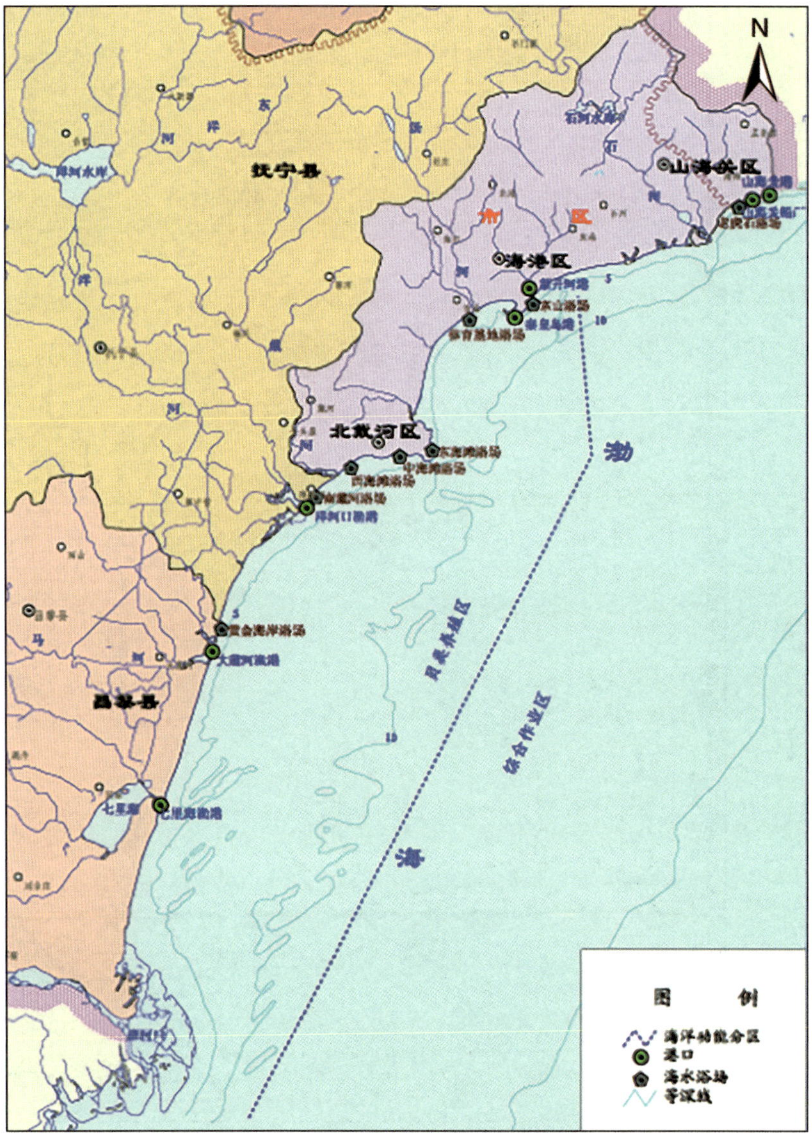

图8-7　秦皇岛市海洋资源分布示意图

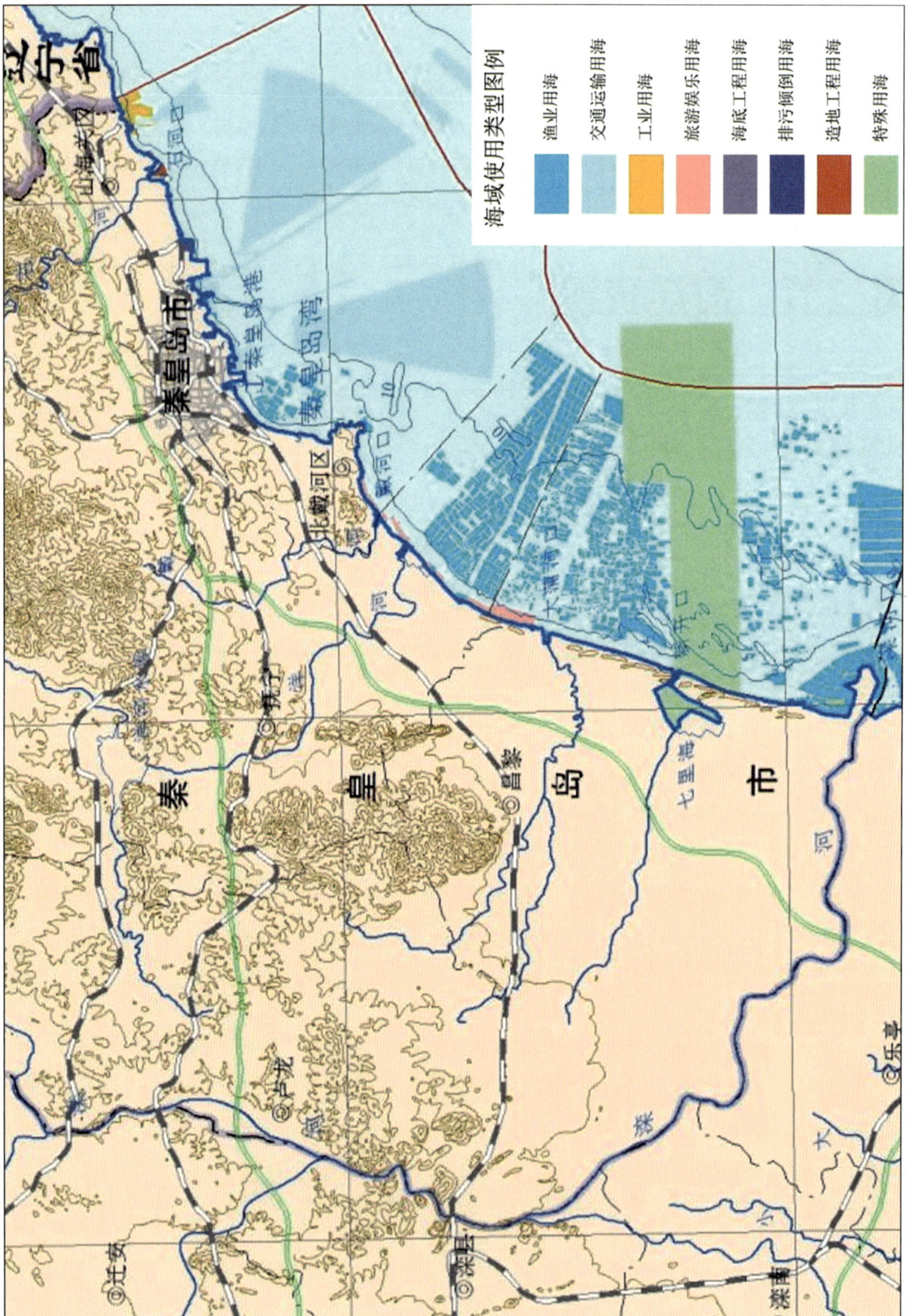

图 8-8　秦皇岛市海域使用现状图（根据河北省海域使用现状图整理）

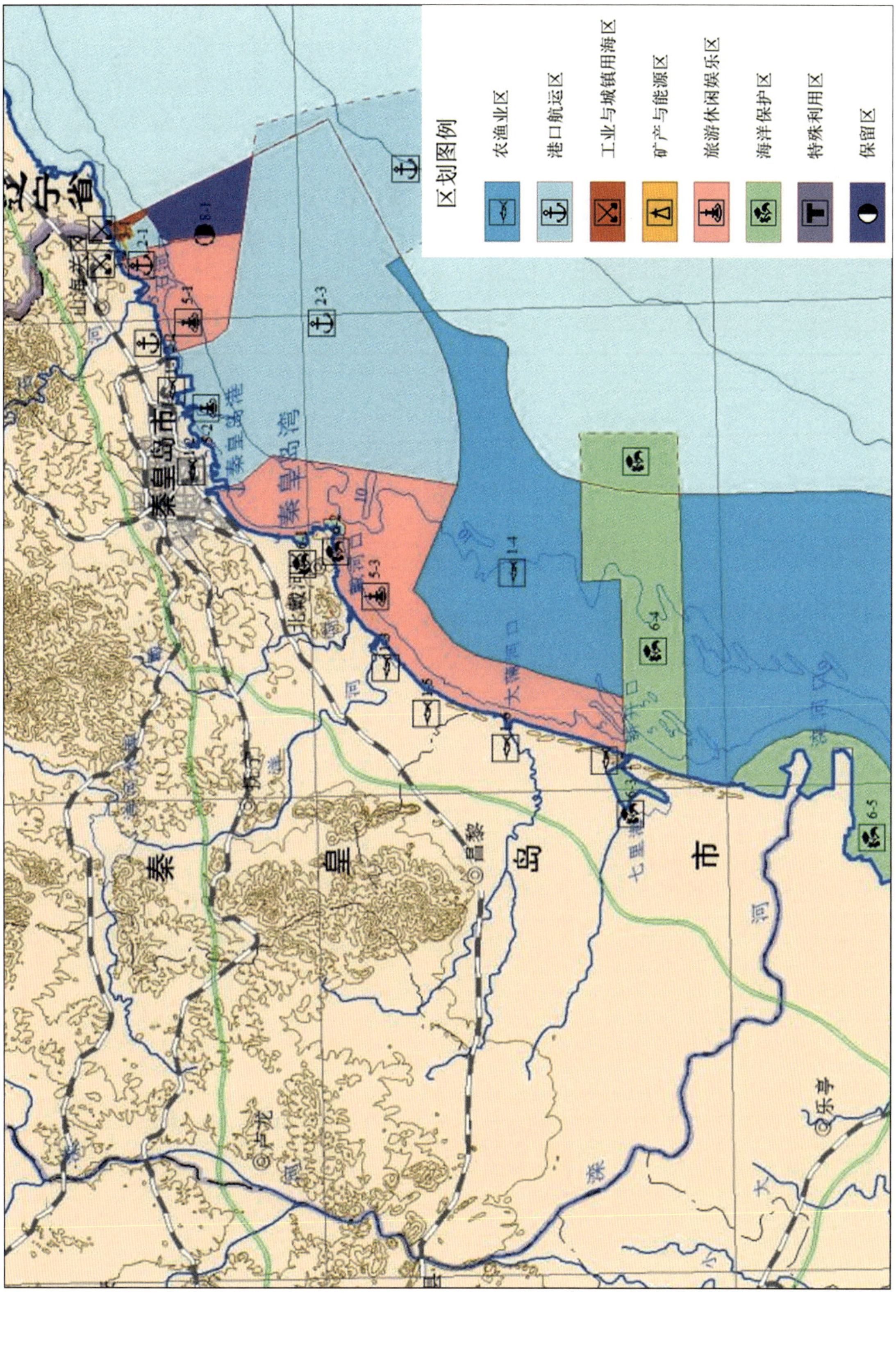

图 8-9 秦皇岛市海洋功能区划图（根据河北省海洋功能区划图整理）

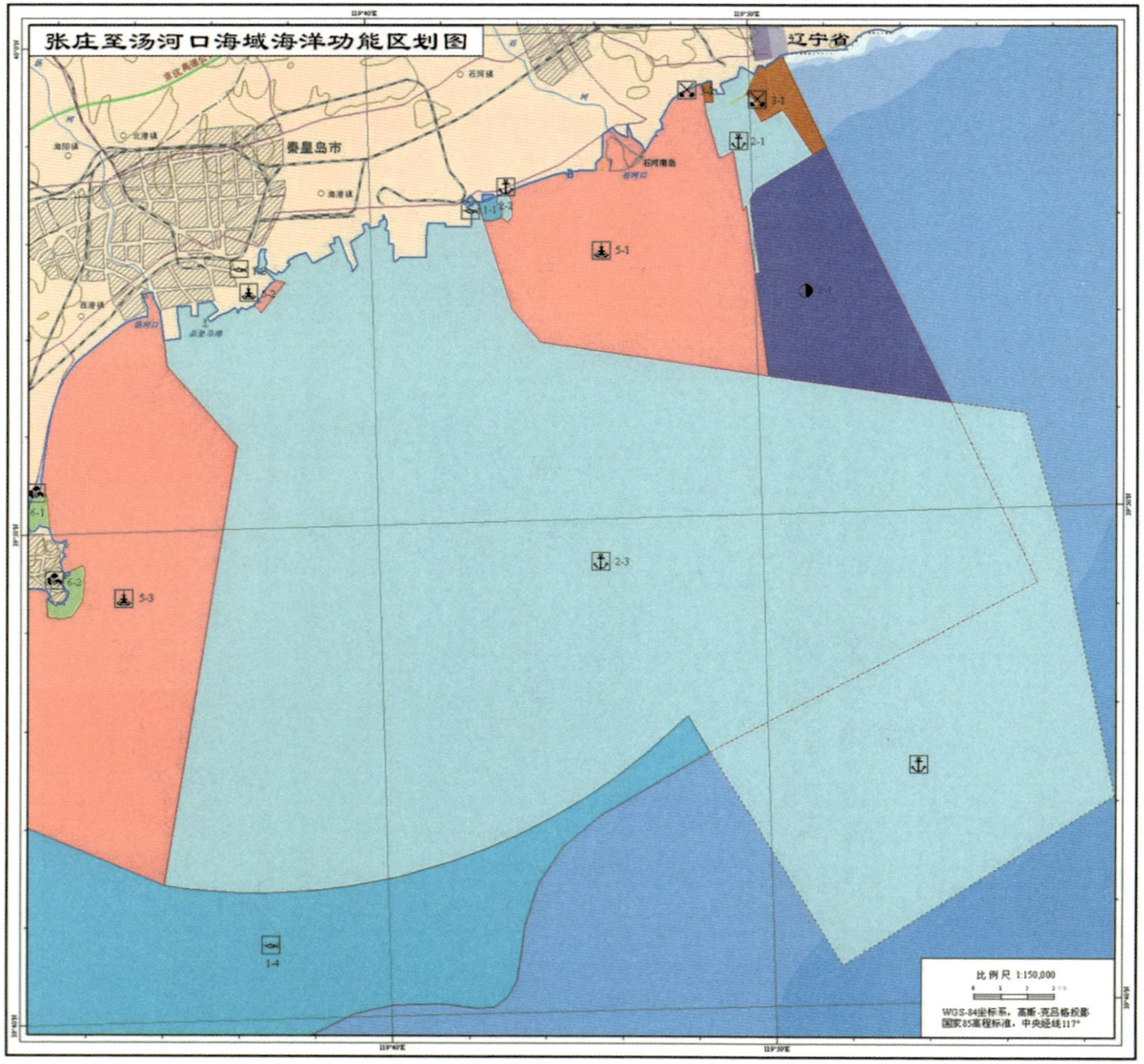

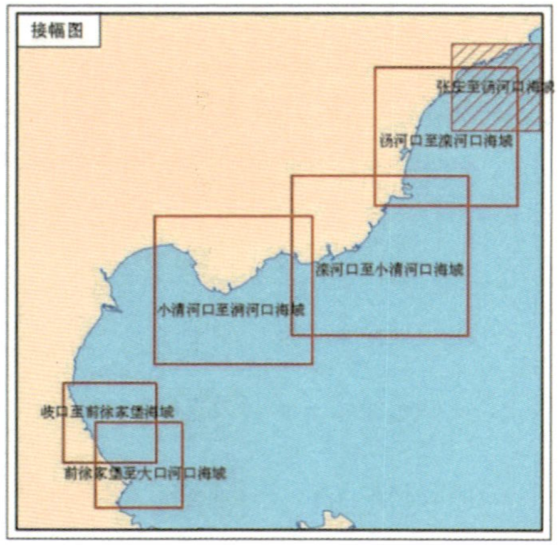

功能区一览表

代码	功能区名称	地区	地理范围	面积（公顷）	岸线长度（公里）
1-1	沟渠寨农渔业区	秦皇岛市山海关区	沙河口近岸海域	68.39	2.51
1-2	新开河农渔业区	秦皇岛市海港区	新开河口内	4.03	0.51
1-4	洋河口至新开口农渔业区	秦皇岛市海港区、北戴河区、抚宁县、昌黎县	洋河口至新开口2.5海里以外海域	33717.43	
2-1	山海关港口航运区	秦皇岛经济技术开发区	冀辽海域界至哈动力海域	1007.59	2.82
2-2	沙河口港口航运区	秦皇岛市山海关区	沙河口东侧海域	41.19	0.44
2-3	秦皇岛港口航运区	秦皇岛市海港区、山海关区、经济技术开发区	沙河口至汤河口海域	51035.50	27.66
3-1	山海关工业与城镇用海区	秦皇岛经济技术开发区	冀辽海域界至山海关船厂东侧近岸海域	438.47	1.48
3-2	哈动力西工业与城镇用海区	秦皇岛经济技术开发区	哈动力西侧近岸海域	26.67	0.79
5-1	山海关旅游休闲娱乐区	秦皇岛市山海关区、开发区	哈动力出海口至沙河口2.5海里以内近岸海域	7302.86	12.73
5-2	秦皇岛东山旅游休闲娱乐区	秦皇岛市海港区	新开河口至秦皇岛旅游码头西侧近岸海域	53.05	1.38
8-1	山海关保留区	秦皇岛经济技术开发区	山海关港区南部	4137.86	

图 8-10　张庄至汤河口海域海洋功能区划图

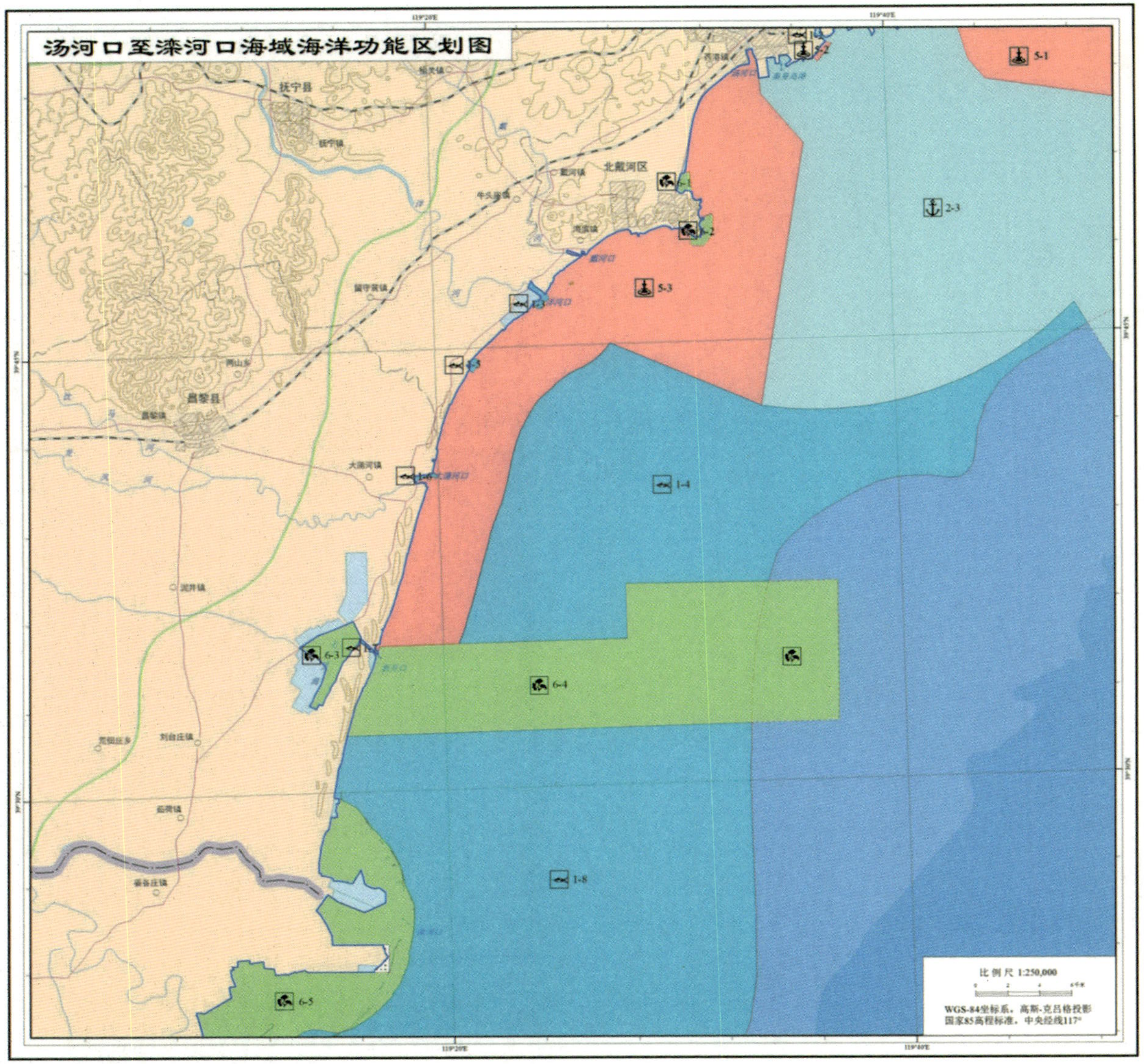

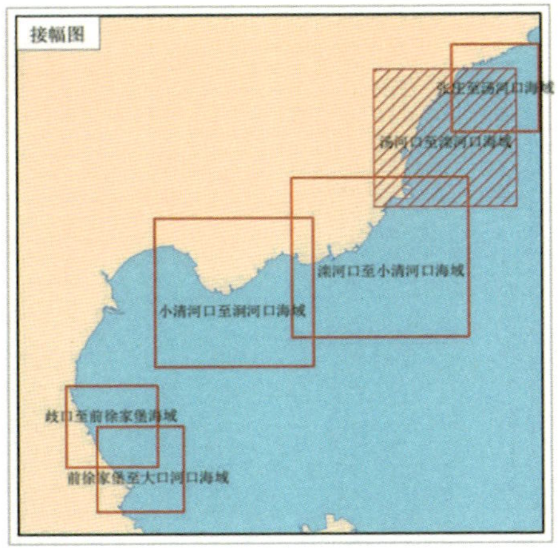

功能区一览表

代码	功能区名称	地区	地理范围	面积（公顷）	岸线长度（公里）
1-3	洋河口农渔业区	秦皇岛市抚宁县	洋河口	80.16	3.68
1-4	洋河口至新开口农渔业区	秦皇岛市海港区、北戴河区、抚宁县、昌黎县	洋河口至新开口2.5海里以外海域	33717.43	
1-5	人造河口农渔业区	秦皇岛市抚宁县	人造河口	40.33	1.46
1-6	大蒲河口农渔业区	秦皇岛市昌黎县	大蒲河口	35.88	1.76
1-7	新开口农渔业区	秦皇岛市昌黎县	新开口	24.76	2.96
1-8	滦河口农渔业区	秦皇岛市昌黎县、唐山市乐亭县	新开口至京唐港海域	102192	9.27
5-3	北戴河旅游休闲娱乐区	秦皇岛市北戴河区、抚宁县、昌黎县	汤河口至新开口2.5海里以内近岸海域	27610.3	54.4
6-1	赤土河口海洋保护区	秦皇岛市北戴河区	赤土河口周边近岸海域	90.46	2.63
6-2	金山嘴海洋保护区	秦皇岛市北戴河区	金山嘴海岸及近岸海域	146.1	2.87
6-3	七里海海洋保护区	秦皇岛市昌黎县	新开口内海域	789.91	15.87
6-4	黄金海岸海洋保护区	秦皇岛市昌黎县	新开口外海域	16365.75	5.68
6-5	滦河口海洋保护区	秦皇岛市昌黎县、唐山市乐亭县	昌黎塔子口至乐亭浪窝口近岸海域	8793.22	44.06

图 8-11　汤河口至滦河口海域海洋功能区划图

一、港址资源

秦皇岛市海岸由于燕山山脉逼近海岸，形成4个大的岬角式港湾，一是东起辽宁绥中环海寺地嘴，西至山海关老龙头岬角的南张庄港湾，建有山海关造船厂和渤海乡海产品养殖场；二是东起老龙头，西至秦皇岛东山的石河港湾，为秦皇岛港能源输出港和新开河渔港区；三是东起秦皇岛东山，西至北戴河金山嘴的汤河、赤土山河港湾，为秦皇岛港杂货港和海上运动场区；四是东起金山嘴岬角，西至滦河口的沙质港湾区，分布有洋河口、大蒲河口、新开河口3个渔港及北戴河、南戴河、黄金海岸3个旅游区。在金山嘴以东海区由于港阔水深不淤不冻，适宜建设5万～10万吨的泊位。金山嘴以西海区受滦河影响，海域水深较浅，适宜建设中小型泊位。

1. 秦皇岛港

位于北纬39°58′，东经119°37′，可利用建设万吨以上泊位的岸线长达15千米。这里由东向西南伸入海中而形成的秦皇岛东山基岩岬角可以阻挡东北风，在海岛西南不远的金山嘴岬角，作为屏障可避西南风。港湾岸线明显凹入，港湾开阔隐蔽，海岸为稳定型和轻微抬升型。这里港阔水深，不淤不冻，-5米等深线距岸仅500米，-10米等深线距岸3 500米，-15米等深线距岸12 500米。可以建设5万～10万吨泊位。港内潮差极小，年平均值仅0.74米，风平浪静。港外为砂质海底，无岛屿礁石罗列，航行安全，进出通畅，锚地宽阔，为国内少有良港。见图8-12。

图8-12　河北港口公司秦皇岛第六公司码头

2. 山海关船厂

位于北纬 39°59′，东经 119°51′，可利用建设万吨以上泊位的岸线 5 千米。这里处于环海寺地嘴和老龙头岬角怀抱之间，背后为基岩台地，-5 米等深线距岸不足 500 米，-10 米等深线距岸仅 3 000 米。东部辽河、西部石河入海泥沙受两个岬角阻挡无法搬运，无淤积之患，水文条件与秦皇岛港基本相同，是优良港址。目前，船厂共有 4 个 5 000 吨级泊位和 6 万吨级干船坞，见图 8-13。

图 8-13　山海关船厂

3. 新开河港

位于北纬 39°55′，东经 119°37′ 之新开河口，为一渔港。码头长 200 米，可容纳船只 300 余艘。口门南北建有防波堤，港内掩护条件较好，较少淤积。港池底质为细砂淤泥，锚着力好，易疏浚、挖深。港区陆域面积较少，但仍可布置仓库和堆场，可以开辟 5 000 吨左右中型港口。若能浚深港池，还能进一步发展，但需乘潮出入。

4. 洋河口港

位于北纬 39°46′，东经 119°25′，洋河口左岸为渔港，码头长 100 米。砂质海岸，回淤较轻，港池水深 3 米，可容纳船只 100 余艘。-5 米深线距岸 1.75 千米，-10 米等深线距岸 10 千米，可建 2 000 ～ 3 000 吨级泊位。见图 8-14。

图 8-14　洋河口港湾

5. 大蒲河口港

位于北纬 39°40′，东经 119°20′，属昌黎县大蒲河乡。-5 米等深线距岸 1 500 米，是渔船和运输船舶的停泊地，每年停泊渔船 130 条左右，运输船 100 条左右。此地陆域开阔，海岸稳定，无明显淤积和冲刷，地基具有一定承载力，但深水区距岸较远，可建 2 000 吨级泊位。

6. 七里海港

位于北纬 39°34′，东经 119°17′，地处昌黎七里海入海通道处。-5 米等深线距岸 1 500 米，-10 米等深线距岸 1.2 万米，-15 米等深线距岸 2.5 万米。岸段为沙质，淤积不重，可保持 3 米水深。七里海港址水域开敞，避风条件较差，岸边 -5 米等深线有沙堤潜伏，影响船舶航行。此地地势平坦，风景优美，地基承载力强，可建渔业、旅游码头，亦可建 2 000 ～ 3 000 吨级货运泊位。

二、海水旅游资源

秦皇岛市海岸线总长 162.7 千米，除北戴河到山海关分布有 20.5 千米岩石岸线外，其余均为沙质岸线。其中沙质岸线沙细、滩缓、水清、潮平，是中国北方地区最优秀的天然浴场与沙滩、海上活动场所（图 8-15、图 8-16）；岩石海岸形象奇特，风光秀丽，具有极高的观赏价值。由于地貌、气象、水文等资源条件的组合优势，秦皇岛市海上运动场成为世界较好的海上运动场之一。此外，海岸线上也分布有重要的人文旅游资源。秦皇岛市海洋旅游景区主要有老龙头景区、乐岛公园、秦皇求仙入海处、新澳海底世界、观鸟湿地、鸽子窝、南戴河国际娱乐中心、黄金海岸等。

图 8-15　21 世纪的秦皇岛西沙滩海水浴场

图 8-16　北戴河海滨浴场（右图拍摄于 20 世纪二三十年代）

海洋浴场资源是秦皇岛市的优势资源之一。秦皇岛市海岸与中国其他岸段比较，海水浴场广阔，总计可作浴场的岸线长度达 100 千米，已利用率 50%，每个浴场长 250 米，可同时容纳 20 万人下海。浴场沙软潮平，质量为国内所少见（表 8-7）。由于海岸绿荫覆盖，海岸带区空气中负离子含量较高。北戴河海滨空气中的负离子含量为 4 000 个 / 米 ^{3}，为农村和城市的 4 ～ 20 倍。暑期气温较低，空气湿度较青岛和大连小，舒适度好。可进行海水浴、沙浴、日光浴、森林浴、空气浴等多种海滨旅游休疗活动。滨海森林覆盖率高达 30% 以上，为全国海岸绿化最好岸段，堪称“绿色海岸”。地理位置优越，距离京、津、唐等大城市较近，是华北地区唯一的海岸旅游休疗岸段。

表 8-7　北戴河、青岛、大连浴场海水质量对比表

浴场名称	沙滩质地	沙粒度 /%	潮差 / 米	浪高 / 米	风速 /（米 / 秒）	水温 / ℃	海水透明度 / 米	安全因素
浴场标准	细粗	20 ～ 80 占 80% 以上	＜ 1.5	＜ 0.5	＜ 5.5	25±2	＞ 1	无障碍物和攻击物
青岛第一浴场	粗沙	29.8	3.9	0 ～ 0.6	3.9	22.8	3.6	有鲨鱼
大连浴场	卵石	0	3.1	0 ～ 0.5	3.4	23.4	1.4	安全
北戴河浴场	细沙	88.5	1.13	0 ～ 0.6	3.9	24.2	1.05	安全

三、海洋空间资源

秦皇岛市海区潮间带及 0 ～ 25 米等深线面积总计 2 660.5 千米 ^{2}，相当于全市陆域面积的 34.3%。海洋空间资源可供发展海上航运、海洋牧场、海洋倾废、海底仓库、海上城市、填海造地等，将是 21 世纪的开发重点。目前秦皇岛港已建有海上抛泥场，秦皇岛热电厂在沙河口以西建设了海上储灰池。

四、海洋生物资源

海洋生物根据其生活方式分为浮游生物、底栖生物和游泳生物三大生态类群。秦皇岛市海区海洋生物共约 500 种，其中重要经济鱼类有黄鲫、日本鳀（鳀鱼）、孔鳐、银鲳、斑鰶、蓝点马鲛、梭鱼、牙鲆等；软体动物有日本枪乌贼、曼氏无针乌贼；虾蟹类有对虾、口虾蛄、三疣梭子蟹等。此外，还有文蛤、青蛤、蓝蛤及海珍品文昌鱼、海参、扇贝等，具有很大的开发潜力。

1. 浮游植物

秦皇岛市海域的网（浅Ⅲ）采浮游植物主要包括硅藻和甲藻两类，隶属圆筛藻属、直链藻属、角毛藻属、根管藻属、菱形藻属、双尾藻属、盒形藻属和夜光藻属。无论种类数或者数量硅藻都占绝对优势。调查结果显示，春季的优势种主要包括具槽直链藻、苏氏圆筛藻、翼根管藻、斯托根管藻和布氏双尾藻，所占比例分别为 27.6%、13.5%、10.9%、7.73%、7.15%；夏季优势种主要包括中肋骨条藻、发状角毛藻、窄隙角毛藻、旋链角毛藻和洛氏角毛藻，所占比例分别为 12.5%、10.6%、10.1%、6.60%、6.09%。

一年中浮游植物的生长有两次高峰，一次在春季的 3 月，一次在秋季的 9—10 月，秋季数量高于春季。3 月浮游植物的密集区分布于滦河口到大蒲河口海域，数量为 100×10^{4} 细胞 / 米 ^{3}，最高达 368×10^{4} 细胞 / 米 ^{3}，为河北海区最密集区。5 月密集区分布于山海关石河口海域，数量在 50×10^{4} 细胞 / 米 ^{3} 以上，最高可达 73×10^{4} 细胞 / 米 ^{3}。8 月密集区在秦皇岛至止锚湾及滦河口海域，数量在 50×10^{4} ～ 100×10^{4} 细胞 / 米 ^{3}。11 月密集区仍集中于秦皇岛至止锚湾及滦河口至大蒲河口海域，数量为 50×10^{4} ～ 100×10^{4} 细胞 / 米 ^{3}，最高可达 406×10^{4} 细胞 / 米 ^{3}。

秦皇岛海区浮游植物共70种，隶属25科37属。

2. 浮游动物

秦皇岛市海域的浮游动物群落主要以广温低盐近岸种为主体，群落生态属性为广温低盐生态型。大型浮游动物优势种为强壮箭虫、中华哲水蚤、背针胸刺水蚤、真刺唇角水蚤；中小型浮游动物优势种为洪氏纺锤水蚤、太平洋纺锤水蚤、小刺哲水蚤、拟长腹剑水蚤、隶属毛颚动物门的毛颚类和节肢动物门的桡足类，以桡足类最多。

春季浮游动物的高生物量区在滦河口至七里海海域，生物量在500毫克/米^{3}以上，其余海域在500毫克/米^{3}以下；夏季生物量降低，在100毫克/米^{3}左右；秋季生物量在100毫克/米^{3}以下；冬季生物量的高值区离开近岸进入深水区。

秦皇岛市海域浮游动物群落中的优势种变化如下。

中华哲水蚤：是国内沿海浮游桡足类优势种之一，不仅数量大，而且分布广，在浮游动物量中占有重要地位，是秦皇岛市海域春季大型浮游动物优势种，密集区在海区外缘，夏季减少。

背针胸刺水蚤：主要分布在黄海、渤海沿岸水域，季节变换明显，春季形成密集高峰，成为秦皇岛市海域春季浮游动物量的主要贡献者之一。

真刺唇角水蚤：为夏秋季优势种。春季海区分布较少，夏季在昌黎近海有一密集区，秋季在山海关外形成高值区。

强壮箭虫：在秦皇岛市海域终年都有分布，为春夏季优势种。春季密集区在滦河口外海，夏季高密度区仍集中在滦河口；秋季高密度区在秦皇岛市区海域；冬季减少。

洪氏纺锤水蚤：为黄海、渤海沿岸广分布的一种小型浮游桡足类，虽然个体小，但是数量大，在中网浮游动物中占有重要地位，是秦皇岛市海域春夏季优势种。

小刺哲水蚤：为国内沿海广泛分布的一种小型桡足类优势类群，在中网浮游动物组成中也占有重要地位，是秦皇岛市海域夏季优势种。

拟长腹剑水蚤：为国内沿岸水域广泛分布的一种小型浮游剑水蚤，终年都有分布，为夏秋季优势种，高密度区出现在滦河口海域。

3. 鱼卵仔鱼

秦皇岛市域区鱼类产卵场广为分布，产卵群体多，产卵时间集中在3—8月，产卵盛期在5月、6月，到11月结束，可达9个月。海区鱼卵主要隶属于鲱形目的鳀科和鲱科，鲈形目的石首鱼科和带鱼科；仔鱼主要隶属于鲱形目的鳀科和鲱科，鲈形目的石首鱼科，带鱼科和鲭科。鱼卵仔鱼的主要种类有太平洋鲱、斑鰶、日本鳀、黄姑鱼、小黄鱼、大黄鱼、棘头梅童鱼、小带鱼、日本鲭（鲐鱼）。

4. 底栖生物

底栖生物是在海洋底部生活的生物，有植物，也有动物。在底栖动物中，有的也能够游泳，但它们的游泳能力较差，只能进行短距离的移动，对环境适应能力比较强。底栖生物的种类繁多，生活方式更是多种多样。

秦皇岛市海域大型底栖生物的主要类群为环节动物多毛类、软体动物和节肢动物甲壳类，一年中上述3类群种类数占海域总种类数的80%以上。夏季全海域底栖生物量明显比秋季、春季和冬季多。秦皇岛市海域底栖生物的主要优势种为环节动物的不倒翁虫、拟特须虫、中华内卷齿蚕、乳突半突虫、长吻沙蚕、理蛤，以及节肢动物的日本拟背尾水虱、塞切尔泥钩虾。

文昌鱼为国家二级保护动物，主要分布在南戴河和昌黎县沿海，20 世纪 80 年代在一些调查站位生物量能达 98.13%。

主要经济种类为扁玉螺、口虾蛄、日本鼓虾、毛虾、褐虾、葛氏长臂虾、矛尾鰕虎鱼。

海区的年平均生物量为 26.72 克 / 米 ^{2}，生物密度为 186.1 个 / 米 ^{2}。据对山海关、秦皇岛、金山嘴、滦河口 4 个海底断面调查，其生物量依次为 13.2 克 / 米 ^{2}、27.8 克 / 米 ^{2}、38.14 克 / 米 ^{2}、28.64 克 / 米 ^{2}；生物密度依次为 55 个 / 米 ^{2}、183.2 个 / 米 ^{2}、428.9 个 / 米 ^{2}、84.9 个 / 米 ^{2}，在金山嘴至滦河口海区为高生物量分布区，生物量随季节而变化，夏季最高，春秋次之，冬季最低，见表 8-8。

表 8-8　金山嘴至滦河口海区底栖生物量年内分布一览表

	春季			夏季			秋季			冬季	
	3 月	4 月	5 月	6 月	7 月	8 月	9 月	10 月	11 月	12 月	1 月
生物量 /（克 / 米 ^{2}）	12.4	14.7	36.6	61.4	23.9	26.4	12.2	10.1	28.2	12.1	20.4
占比 /%	21.28			37.24			16.83			16.27	

5. 潮间带生物

潮间带生物是指生活在潮间带的各种生物所组成的生态类群，在海洋生态系统的食物链中占相当重要的地位。

2004 年春、夏两次调查秦皇岛市海域出现的潮间带生物有 80 种（表 8-9），2007 年春、秋两次调查秦皇岛市海域出现的潮间带生物有 65 种，以软体动物种类最多，环节动物多毛类次之，还有甲壳类、棘皮类、藻类、鱼类等。潮间带生物的优势种有蓝蛤、蛤蜊、青蛤、长吻沙蚕、异足科索沙蚕、光滑狭口螺、日本大眼蟹、日本美人虾等。秦皇岛市南部昌黎海区，分布有面积约 500 公顷的文蛤，资源现存量约 278.2 吨，文蛤营养价值高，是潮间带开展增养殖的重要经济品种。

表 8-9　2004 年秦皇岛市海域潮间带生物种类组成及季节变化一览表

类　别	春　季		夏　季		两　季	
	种数	占比 /%	种数	占比 /%	种数	占比 /%
多毛类	11	23.91	16	28.07	19	23.75
腹足类软体动物	5	10.87	5	8.77	6	7.50
双壳类软体动物	10	21.74	8	14.04	16	20.00
甲壳类动物	6	13.04	15	26.32	17	21.25
棘皮动物	2	4.34	3	5.26	5	6.25
藻类	4	8.70	8	14.04	8	10.00
鱼类	0	0.00	1	1.75	1	1.25
其他	8	17.39	1	1.75	8	10.00
合计	46	100	57	100	80	100

2004年春、秋两次调查秦皇岛市海域采集的潮间带生物的平均密度为66.23个/米²，2007年春、秋两次调查秦皇岛市海域采集的潮间带生物的平均密度为161.89个/米²；2004年春、秋两次调查秦皇岛市海域采集的潮间带生物的平均生物量为41.44克/米²，2007年春、秋两次调查秦皇岛市海域采集的潮间带生物的平均生物量为161.89个/米²。

6. 游泳生物

（1）鱼类

通过1984—1985年调查，海区共捕到鱼类78种，占海区生物量组成1%以上的鱼种有12种，包括日本鳀、鲈鱼、斑鰶、银鲳、绿鳍马面鲀、蓝点马鲛、牙鲆、黄鲫、孔鳐、油魣、黄盖鲽、白姑鱼。2004年调查，海区共捕捞到鱼类21种，占渔获重量1.0%以上的种类有8种，包括青鳞鱼、鳀、黄鲫、小黄鱼、玉筋鱼、小带鱼、蓝点马鲛、银鲳。由于捕捞强度的增大和水域污染等因素，秦皇岛市海域长距离洄游性鱼类资源衰竭明显，鱼类低龄化、小型化、幼鱼比例增加现象严重。

表8-10　秦皇岛市海域主要鱼类生物组成及季节变化一览表

种　名	春　季		夏　季	
	重量组成	个体组成	重量组成	个体组成
青鳞鱼	—	—	2.4	4.8
鳀	49.4	12.3	—	—
赤鼻棱鳀	—	—	—	1.4
黄鲫	—	—	31.4	75.0
安氏新银鱼	—	—	—	1.4
小黄鱼	—	—	2.3	2.3
玉筋鱼	25.1	85.9	—	—
小带鱼	—	—	1.2	2.3
蓝点马鲛	—	—	53.3	6.5
银鲳	15.4	—	8.4	6.0
鲬	2.3	—	—	—
假睛东方鲀	5.8	—	—	—
共计	98.0	98.2	99.0	99.7

注：秦皇岛市海区鱼类平均密度为3 788尾/（网·时），月均值密度为3 438尾/（网·时），月均值资源密度为879千克/千米²，月均值资源量为2 300吨/千米²。

（2）无脊椎动物

主要种类为软体动物的头足类，包括短蛸、长蛸、日本枪乌贼、曼氏无针乌贼；甲壳动物中的三疣梭子蟹、日本蟳、中国对虾、鹰爪虾、日本鼓虾、脊尾白虾、葛氏长臂虾、脊腹褐虾、口虾蛄等。无脊椎动物的生物量，以三疣梭子蟹为多，总生物量为77.05千克/（网·时），占总生物量的42.9%。其次为口虾蛄405.2千克/（网·时），占22%；日本枪乌贼269千克/（网·时），占14.6%；曼氏无针乌贼112.5千克/（网·时），占6.1%；日本蟳78.2千克/（网·时），占4.2%；短蛸61.8千克/（网·时），占3.4%；中国对虾57.5千克/（网·时），占 3.2%。从个体数量看，日本枪乌贼为多，口虾蛄和三疣梭子蟹次之。

（3）文昌鱼

为脊索动物，属国家二级保护动物，主要分布在南戴河和昌黎县沿海，是国内文昌鱼最大种群分布海域。

五、其他资源

1. 矿产资源

独居石：分布于北戴河金山嘴一带，贮存于第四系松散沉积地层中，富集不均。片麻状花岗岩是独居石原岩。矿体呈条带状，不连续透镜状，近与海岸线平行，长 1 340 米，宽 3 ～ 160 米，含矿厚度 0.8 ～ 4 米，平均 2.21 米。独居石与磁铁矿共生，品位最高 13 136.8 克 / 米 ^{3}，平均 721.1 克 / 米 ^{3}，储量 91.65 吨。远景不大，向南远景有一定希望，但已深入海内。

砂矿：位于抚宁、昌黎海岸沙丘。矿物以石英为主，石英、长石比在 1:2.37 ～ 1:2.83，其次为岩屑和少量重矿物，重矿物平均含量 2.09%，以角闪石、绿帘石、石榴子石、钛铁矿、锆石为主。可作玻璃砂用。

2. 石油资源

渤海石油含油构造在滦河口 0 千米以外、秦皇岛市 50 千米以外海域，近岸无储油构造。

3. 波浪能

根据秦皇岛中心海洋站 11 年波浪资料统计计算，单位时间（秒）跨过单位长度（米）波峰线能量为春季 0.6 千瓦 / 米，夏季 0.4 千瓦 / 米，秋季 0.6 千瓦 / 米，全年平均值为 0.6 千瓦 / 米。

4. 风能

据气象观测资料，秦皇岛市沿海风能资源比较丰富，全年有效风速（3 ～ 20 米 / 秒）出现时间，北戴河为 5 593 小时，昌黎沿海为 4 144 小时。全年有效风能北戴河 1 036 千瓦时 / 米 ^{2}；昌黎沿海为 317 千瓦时 / 米 ^{2}。

5. 地热

在昌黎滨海有地热异常送，面积约 269 千米 ^{2}，为第四纪地层复盖，底部为太古界混合岩化片麻岩，地下热水为氯化物钠型水，钻孔单井出水量 14 ～ 50 吨 / 小时，水温 26 ～ 56℃。其次在北戴河赤土山一带也发现地热异常区。

6. 海水资源

海水中含有 80 多种元素，从海水中可直接提取溴、镁、钾、铀、重水等。秦皇岛市沿海历史上就用海水煮盐，从山海关到滦河口形成冀东著名的“归化盐场”。海水冷却，海水淡化亦在全国沿海开始投入工业规模生产及利用，秦皇岛热电厂已利用海水冷却，海水淡化将最终解决城市缺水问题。

秦皇岛市海洋资源丰富，包括港址资源、旅游资源、空间资源、生物资源以及包括矿产资源等其他资源。其中海洋生物有 680 种，包括浮游植物、浮游动物、鱼卵仔鱼、底栖生物、潮间带生物和游泳生物等，是本地区自然资源的重要组成部分。合理开发利用这些海洋资源将成为本地区经济发展的重要推动力，也将进一步为海洋生态环境的保护提供保障。

第四节　矿产资源

一、矿产资源概况

在漫长的地质发展史中，秦皇岛市地层齐全，构造复杂，岩浆活动强烈，且具有多期多幕分布的特点，而使秦皇岛市形成了较为丰富的矿产资源。秦皇岛市现已发现各类有用矿产资源56种，其中金属矿产17种、非金属矿产36种、液体矿产3种。其中，黑色金属矿产3种，有铁矿、锰矿、铬矿；有色金属矿产7种，为铜矿、铅矿、锌矿、钨矿、汞矿、钼矿、锡矿；贵金属矿产2种，为金矿、银矿；稀有金属矿产2种，为绿柱石（铍矿）、铀钽铌矿；稀土金属矿产2种，有独居石、铈矿；放射性矿产1种，为铀矿。冶金辅助原料非金属矿产7种，有耐火黏土、冶金用白云岩、石英砂岩、石英岩、石英、溶剂灰岩、萤石；燃料矿产5种，有烟煤、无烟煤、草煤、泥煤、油页岩；化工原料非金属矿产4种，有磷矿、硫铁矿、重晶石、制碱灰岩；建材原料及其他非金属20种，有白云母、石棉、石墨、水泥灰岩、水泥用黏土、水泥配料石英砂岩、玻璃用白云岩、玻璃用石英砂岩、水晶、长石、玛瑙、刚玉、白垩土、硅藻土、砖瓦黏土、花岗岩、大理石、建筑砂、建筑石、麦饭石。液体矿产3种，为地下水、矿泉水、地下热水。

56种矿产中，上储量表的22种，矿产地86处，其中能源矿产2处、金属矿产59处、非金属矿产25处。其中，有大型矿床7处、中型矿床11处、小型矿床40处，较大规模矿床主要分布在青龙满族自治县和抚宁区、海港区境内。56种矿产中，现已开发利用的25种，其中以煤、铁、金、非金属建材矿产蕴藏量较大，现已探明保有资源储量分别为煤矿1.69亿吨，铁矿4.46亿吨，金矿9.87吨，水泥灰岩4.68亿吨，其他非金属建材矿1.51亿吨。

二、矿产资源分布与利用

全市矿产资源按其自然分布区域可分为2个矿产资源区。

1. 北部矿产资源区

主要分布在老京秦铁路线以北，地处燕山山脉东段，面积5 000多千米^2，煤、金属矿产和花岗岩资源丰富，优势矿产为煤、铁、金、花岗岩。全市煤炭资源和绝大部分水泥灰岩资源均产自此区的柳江盆地。

2. 南部矿产资源区

位于老京秦铁路线以南的丘陵和平原区，面积2 000多千米^2，优势矿产为铁、建筑用石料、建筑用砂、地下热水、矿泉水。

矿泉水： 全市天然矿泉水具有得天独厚的形成机理和赋存条件，主要赋存在太古代的花岗岩与变质岩的构造裂隙和风化裂隙之中。从地理分布上看，矿泉水在市区有20处，原抚宁县有6处，昌黎县有3处，青龙县有2处，卢龙县有1处，共计32处。从地形地貌看，矿泉水水源地位于山区与平原交接地带的有16处，即山前或台地一带，此区广泛分布着元古界—太古界混合花岗岩和燕山期花岗岩，山区大气降水补给基岩裂隙及断层破碎带，渗入地下形成径流，山前地带接受山区基岩裂隙水的径流补给，且水质一般受污染程度小。还有 11 处分布于冲洪积平原或山区，其他 5 处以泉的形式出露，位于低山丘陵的沟谷或坡脚地带。从赋存条件来看，全市矿泉水有 27 处，赋存于风化裂隙或断裂构造（岩脉）发育的岩浆岩和变质岩中，属于太古代地层基岩裂隙水。还有 4 处开采井位于第四系中粗砂孔隙含水层中，属于赋存在松散堆积物中的孔隙水，但其有益微量元素来自基底的混合花岗岩中的基岩裂隙水。本市仅有卢龙县燕窝庄 1 处矿泉水出露于白垩纪砂砾岩地层中，属于沉积岩基岩裂隙水，但其基底为变质岩，岩性为片麻岩、麻粒岩、黑云变粒岩、斜长角闪岩，附近还分布有灰岩及白云岩。全市矿泉水的主要类型有锶，偏硅酸，锶及偏硅酸，锶、溴及偏硅酸等 4 种类型。已通过国家与省有关部门评审批准的有 32 处，注册登记开发利用的有 6 处。从勘探规模来说，全市有大型矿泉水水源地 1 处、中型矿泉水水源地 27 处、小型矿泉水水源地 4 处。

地热：全市有昌黎县平原地热异常区（龙家店—晒甲坨）、北戴河区牛头崖镇大泥河和小泥河冲积扇地热异常区、青龙满族自治县汤杖子山区地热异常区、卢龙县崔庄地热异常区、海港区温泉堡异常区、山海关区石河山区异常区、北戴河区赤土山地热异常区 7 处地下热水资源区，面积达 330 千米 ^{2}。其成因属非火山岩型深循环水，热对流形成的热水资源比较丰富。地热资源总量 29 500 万焦，可全部开采。

煤炭资源：煤炭储量约 85 千米 ^{2}。无烟煤资源赋存于柳江盆地内石炭系含煤地层中。除柳江煤田外，另有大槽沟煤矿、老柳江煤矿、曹山煤矿、马蹄岭煤矿、义院口煤矿、唐苏煤矿、青龙长城煤矿 7 处。

油页岩：位于卢龙县，属于褐藻煤油页岩。

铁矿：以变质沉积铁矿为主。

锰矿：分布于原抚宁县和青龙满族自治县。

金矿和银矿：全市银矿与金矿伴生，主要分布在青龙满族自治县。

铜矿：分布在青龙满族自治县、原抚宁县、卢龙县、昌黎县。

铅矿：分布于青龙满族自治县，矿床类型为花岗岩中脉状矿床，属多金属硫化矿石。

铅锌矿：全市有铅锌矿产地 11 处，按成因类型分为矽卡岩型、石英脉型、裂隙充填型 3 种。

钨矿：分布于青龙满族自治县。

钼矿：分布于青龙满族自治县，属矽卡岩型。

水泥灰岩：水泥灰岩矿资源比较丰富，全市有 11 处。

玻璃用石英砂岩矿：分布于原抚宁县、卢龙县、青龙满族自治县。

铁钒土矿：位于原抚宁县，为耐火黏土矿伴生矿床。

黄铁矿：位于原抚宁县，矿体呈似层状或透镜体状。

萤石矿：位于原抚宁县，矿体呈脉状产于均质混合岩中。

冶金用熔剂白云岩：位于卢龙县下庄，其矿石质量可作为玻璃用白云岩。海港区驻操营产的白云岩质量较好，适合露天开采。

花岗岩饰面石材：秦皇岛市饰面用花岗岩蕴藏丰富，潜力巨大，花岗岩远景储量可达 12.3 亿米 ^{3}，品种多、质量好。已发现产地 24 处，主要分布于青龙满族自治县、原抚宁县、昌黎县花岗岩地区。

辉绿岩资源：分布于原抚宁县、青龙满族自治县一带，有一定规模。

新型建筑材料矿产：主要为分布在柳江向斜的石岭高存制砖页岩。

建筑装饰石材资源：主要为分布在青龙满族自治县肖营子的花岗岩体、卢龙县王铁庄的角闪变粒岩（铁路道渣用料）和海港区暴庄、北戴河区栖云寺的辉绿岩（装饰、墓碑用材）。

其他矿产：主要有青龙满族自治县的汞矿、石墨矿、石棉矿；抚宁区、青龙满族自治县的白云母矿；卢龙县的泥煤等；分布在青龙满族自治县的大理岩矿。

秦皇岛市矿产资源储量能够保障或基本能够保障全市自身产业发展需求的矿产有：磁铁矿、无烟煤、水泥灰岩、水泥配料用砂岩、饰面用花岗岩、制碱灰岩及建材类矿产；在国内市场仅部分满足需求的矿产有金、耐火黏土、萤石、石墨、玻璃用石英岩等矿；因资源储量严重不足而不能满足现有矿山生产需求的矿产有锰、铜、铅、锌、铝土矿、油页岩、钼、银、重晶石、玻璃用白云岩矿等。但是，全市矿产资源开发利用不平衡。金矿、铁矿和无烟煤的开采强度较大，建筑材料类矿产的开采强度较小，仅占各类矿床、矿点总数的46.89%。在秦皇岛市的矿床、矿点中，耐火黏土矿、熔剂用灰岩、陶瓷用砂岩、建筑用砂岩等12种矿产已被全部开发利用，磁铁矿、无烟煤矿产地大部被开发利用，草煤、泥煤、钾长石等因资源条件较差尚未利用。除冶金用白云岩、饰面用花岗岩外，其余大部分固体矿产资源都面临着后备资源不足的问题。秦皇岛市矿泉水、地热资源丰富，开发潜力较大。

三、矿产资源勘察布局与区划

全市对矿产资源的勘查重点及鼓励勘查矿种为金、磁铁矿、银、铜、铅、锌、油页岩、地热；限制勘查矿种为超贫磁铁矿；禁止勘查矿种为砂金。其中，规模开采并形成经济支柱的磁铁矿、金、无烟煤及水泥用灰岩、建材等矿产，当属秦皇岛市的重点勘查矿种和找矿勘查方向。要在煤、铁的已知矿区外围和深部加强接替资源勘查，勘查深度根据资金投入和成矿条件，逐步向1 000米以上延伸，原则上控制在1 500米以内。依据勘察重点，全市矿产资源勘查布局为：北部青龙满族自治县主要对金、铁、多金属矿产的勘查，在重点勘查区域内的矿产优先考虑勘查，在大新庄等16个区块开展金矿勘查工作，杨杖子等25个区块开展铁矿勘查工作，大冬杖子等6个区块开展多金属矿勘查工作；东部海港区境内主要对煤在原有矿区周边范围内进行深部勘查，兼顾金、铁、多金属矿产；西部卢龙县境内主要对铁、水泥用灰岩及地热进行勘查，其中在潘庄等7处开展铁矿普查；南部昌黎县境内主要开展铁及地热勘查，在党各庄与刘官营两地开展铁矿普查。

全市设定的矿产资源勘查的区划为重点勘查区、鼓励勘查区和禁止勘查区。重点勘查区：包括大中型矿山的深部和外围等具有资源潜力的区域。全市规划重点勘查区8处，即青龙满族自治县二拨子金矿区、马圈子金矿区、茨榆山金铁矿区、安子岭金铁矿区，抚宁区大新寨铁矿区，卢龙县潘庄航磁查证区，北戴河区牛头崖地热区，昌黎县大夫庄铁矿区，总面积2 145.41千米^2。其中青龙满族自治县二拨子金矿区与昌黎县大夫庄铁矿区为省级重点勘查区。鼓励勘查区：在青龙满族自治县境内划定八道河金铁鼓励勘查区1处，面积579.02千米^2。金、铁具有较好找矿前景，鼓励开展勘查活动，在探矿权的投放时序和数量上给予政策倾斜，优先安排勘查程度较高的项目。禁止勘查区：全市划分禁止勘查区30处，青龙满族自治县境内3处、昌黎县境内3处、原抚宁县境内16处及秦皇岛市区8处，总面积837.30千米^2。包括砂金分布区、风景名胜区、名胜古迹所在地、地质公园、水库保护区、重要工业区、水利工程设施等。此外，全市境内国家级或省级名胜区、名胜古迹所在地、重要公路、铁路、城镇市政工程设施及城镇区等向外300米以内，港口、机场、国防工程设施规定范围内禁止以露天开采为目的矿产资源勘查，但未单独划区。凡在保护区范围内的矿产资源除地热、矿泉水外一律禁止勘查。禁止勘查区内除地热、矿泉水外不再新设探矿权，除公益性地质工作外，已有的矿产资源勘查活动要逐步有序退出。

四、秦皇岛市矿产资源存在的问题

1. 找矿难度增大，主要矿种后备资源储量不足

秦皇岛市矿产勘查程度较高，浅部资源及矿化大多经过勘查或查证，今后找矿重点应进行深部找矿，找矿成本与难度加大，使可供矿山建设的储量不足、储采比失调、供需不平衡等矛盾更加突出。

2. 资源开发利用程度不均衡，后备资源严重不足

全市矿产资源开发利用程度总体较高，但不平衡，金矿、铁矿和无烟煤的开采强度较大，后备资源已严重不足，建筑材料类矿产的开采强度较小，仅占各类矿床、矿点总数的46.89%。

3. 深加工矿产品少，资源利用效率低

矿产品仍以初级加工为主，产业链短，深加工矿产品少，附加值低，单位产值资源消耗量大。大中型矿山企业的技术装备和工艺较为完善，但一些小型矿山依然存在“多、小、散”的情况，矿产资源回收率较低，单位产品能源消耗较高；矿产资源利用上没有形成开采—选矿—冶炼及深加工的产业链条，资源利用效率低。

4. 矿山地质环境保护与治理恢复任务艰巨

矿山开采使矿区及其周围的地貌景观及植被遭受破坏，地下水均衡受到较轻影响，并伴生地质灾害。现有矿山对地质环境重视程度不够，矿山地质环境恢复与治理保证金制度实施较晚，缴存保证金比例低，治理成本高，延缓了矿山地质环境恢复与治理的开展。历史遗留矿山地质环境问题较多，点多面广，治理难度较大，形势较严峻，亟待加强保护与治理恢复工作。

综上所述，秦皇岛市矿产资源分布相对集中，区域内矿产资源规划和配套组合较为理想，已逐步形成青龙金、铁等金属矿产生产开发基地和抚宁煤（2015年抚宁县行政区划调整后，当属海港区）、非金属矿产开发基地以及新兴的秦皇岛地热、矿泉水开发基地，逐步形成集约利用、布局合理的矿业格局。但是，全市矿产资源不仅存在中小型矿床多，大型矿床少，贫矿多、富矿少，难选矿多、易选矿少的特点，而且矿产资源的开发利用不平衡。根据全市矿产资源的特点和开发利用中存在的问题，应提高宏观调控能力，加强对矿产资源勘查的引导机制，在规划指导下有序地进行开采利用，并重视在矿山资源开发的同时保护好矿山生态环境，及时做好矿山环境治理与修复工作，为可持续的矿产资源开发和利用提供有力保证。

第五节　陆生植物资源

一、概况

秦皇岛市陆生植物共138科1 360种，具有资源意义的植物1 000种以上。按经济用途分为木材、果树、生态林、牧草、纤维、酿造、油脂、芳香、鞣料、观赏、中草药、其他12类。其中：

木材类，共40余种，主要是用于建筑、家具、工具等用材。主要种类有油松、华北落叶松、侧柏、杨树、柳树、栎树、桦树、山杨、榆树、槭树、椴树、刺槐、鹅耳枥等。

果树类，共300余种栽培品种和野生品种。栽培品种主要有苹果、梨、桃、葡萄、杏、李子、山楂、柿子、板栗、核桃、枣等；野生品种主要有榛、山杏、猕猴桃、酸枣等。栽培品种以青龙龙富苹果、卢龙石门核桃、抚宁富宁苹果、昌黎碣石葡萄、山海关“天宫”牌大樱桃、青龙板栗为优质品种。

生态林类，包括防护林、特种用途林和水土保持林，主要有杨柳、刺槐、辽东栎、家榆、沙棘、锦鸡儿、胡枝子、绣线菊、山刺玫、山杏、毛樱桃等。

牧草类，共500多种，以禾本科、豆科牧草最多，其次为菊科、蔷薇科、唇形科、十字花科等。优等牧草主要有野豌豆、歪头菜、鸡眼草、米口袋、马唐、大油芒、隐子草、稗草；良等牧草主要有胡枝子、山扁豆、木兰、草木犀、黄芪、白羊草、白茅、狗尾草、芦苇草、野谷草、早熟禾；中等牧草主要有画眉草、虎尾草、地毯草、披碱草、赖草、拂子茅、鹅冠草、小糠草、苔草、莎草、委陵菜、鬼针草；低等牧草主要有黄背草、榛、翅碱蓬、旋复花、沙参；劣等牧草主要有黄荆条、酸枣、锦鸡儿等。

纤维类，共140余种。主要用于纺织原料、造纸原料、绳索、编织、填充料等所用纤维。主要种类有南蛇藤、罗布麻、白茅、芦苇、紫穗槐、柽柳等。

酿造类，共90余种，主要用于工业用淀粉制造和酿酒。用于制造淀粉的有栓皮栎、麻栎、槲栎、蒙古栎、辽东栎、葛藤、蕨菜、委陵菜；用于酿酒原料的有酿酒葡萄，昌黎葡萄全国闻名。

油脂类，共100多种，主要用于食品、医药、皮革、纺织、橡胶、化妆品的重要原料。可做油脂的植物主要有胡桃、野皂荚、黄连木、山椒、山杏、君迁子、核桃、酸枣、文冠果、栾树等。

芳香类，共90多种。主要有玫瑰、黄刺玫、百里香、天女木兰、薄荷、荆芥、黄芩、侧柏、铃兰、茵陈蒿、独活、泽兰、照山白、荆条等。

鞣料类，共80多种。又称单宁植物，可提取栲胶。以壳斗科的栎属植物为主，其他有白桦、虎榛子、酸模、地榆、鼠李、油松、云杉、落叶松、胡桃、槭树等。

观赏类，近100种。主要有锦鸡儿、山刺玫、山桃、山杏、东陵八仙花、六道木、暴马丁香、锦带花、天女木兰、杜鹃、迎春等。

中草药类，共1 000多种。其中经鉴定的635种，资源蕴藏量约5 000万千克，年可提供药材400万千克以上。主要有玉竹、黄芩、知母、枣仁、北沙参、丹参、徐长卿、柴胡、黄柏、刺五加、猕猴桃、白藓皮、映山红、照山白、苦参、远志、苍术、升麻、老鹳草、白薇、桔梗、中夕、板蓝根、黄花、艾蒿、艾叶、薏米、扁豆、瓦楞子、小蓟、三颗针、漏芦、银柴胡、白芍、赤芍、地芋、茵陈、仙鹤草、苍耳子、稀草、藿香、鸭跖草、连翘、金银花、萱草、紫参、防风等91种，全市大宗利用的品种共56个，主要为防风、知母、柴胡、远志、苍术、玉竹、黄柏、丹参、徐长卿、白头翁、漏芦、地芋、茵陈、白薇、板蓝根、黄芪等。

其他类。维生素类植物有沙棘、玫瑰、猕猴桃、酸枣、君迁子。蜜源植物有刺槐、荆条、酸枣、紫椴、二色胡枝子、香薷、山刺玫等。编织类植物有荆条、紫穗槐、杞柳、家榆、柽柳、芨芨草、芦苇、马蔺、香蒲、花楸、胡枝子、条桑等。食用植物和食用菌类有蕨菜、百合、木耳、蘑菇、黄花菜、花木蓝等。

二、林业资源

秦皇岛市北部山区森林，日本侵略军侵华时搞“三光”（烧光、杀光、抢光）政策，被破坏严重。中华人民共和国成立初期，秦皇岛市境内尚有资源117 373.33公顷，森林覆盖率为19.3%。1954年，根据周恩来总理的指示，秦皇岛市在南部海岸建立林场，营造大面积的防风固沙林，获得成功。但中华人民共和国成立后也有砍伐天然次生林的现象。1979年，林地面积达到225 240公顷。1981年，《中共中央、国务院关于保护森林发展林业若干问题的决定》指出，全面开展林业“三定”（即稳定山权林权、划定自留山、制定林业生产责任制）工作。全面纠正了在林业生产中“左”的错误，调动了群众植树造林的积极性，当年全市共造林1 894公顷。截至1985年，全市完成造林面积5 913公顷，有林地面积达到204 987公顷。1986年，国家重点林业建设工程京津周围绿化工程启动，秦皇岛市被列入其中。1987—1990年，全市农村在完成林业“三定”的基础上，进一步完善林业生产承包责任制，对承包内容不合理或不完善的，经过充分协商，进行了必要的调整，农民群众吃了定心丸。1990年，随着改革开放的不断深入，全市林业生产开始进入持续、快速、稳定、健康发展的新时期。中共秦皇岛市委、市政府提出15年绿化秦皇岛市的奋斗目标，动员全社会的力量，全党办林业，全民搞绿化。是年，卢龙县的长山围山转工程、青龙满族自治县的霍杖子经济沟工程，昌黎县施各庄沙地防护林工程，抚宁县大深港（今属海港区）经济林工程在全市评比中获“首都周围绿化优质工程奖”。1997年，为迎接香港回归，市政府就开展大规模植树造林活动，发布《告全市人民书》，提出在“九五”期间消灭宜林荒山、荒地、荒滩，使全市的绿化覆盖率跃居全国先进行列，把秦皇岛市建设成为全国一流的花园式城市。1998年2月全国绿化委员会、林业部、交通部、铁道部联合发出通知，在全国实施绿色通道工程（即以公路、铁路和江河沿线绿化），构建国土绿化新格局。据此，市委、市政府确立以林果基地建设为中心，以绿色通道工程为重点，以建设林业生态防护林体系为目的的工作思路。截至1999年，林地面积达到265 527公顷，森林覆盖率达到32.2%。2000年，市委、市政府提出把秦皇岛市建成生态型、国际性、现代化的工业港口旅游城市，在实施过程中，绿化工作是首要任务。2001年以来，秦皇岛市先后组织实施退耕还林工程、“三北”防护林工程、沿海防护林工程、京秦林业带和绿色通道工程、环城绿化“3318”工程等林业重点工程。2004年年底，秦皇岛市林业用地面积达到444 800公顷，占全市总土地面积57.04%；林地面积上升到291 044公顷，与1979年相比，增加1.29

倍；森林覆盖率由27%提高到40.4%，提高13.4个百分点。之后，全市森林面积稳步增长，2009年，林地面积达到328 000公顷，森林覆盖率为41.98%。近年来，依托“三北”、沿海等国家林业重点工程，采取“以奖代补”造林、政府补贴造林、大户造林、合作社造林、工矿企业自筹资金造林、村规划户栽植、义务植树等造林模式，推进荒山荒地绿化（图8-17）、沿海沿河绿化、国省干道绿化和村庄沿路绿化。2014年，全市林地面积增加到342 000公顷，森林覆盖率达到44.50%。截至2016年，全市林地面积达到396 700公顷，是2004年林地面积的1.36倍；森林覆盖率达到46.75%，比2004年增加6.35个百分点。秦皇岛市森林资源见图8-18。

图8-17　卢龙县桃林口附近山林

1. 林业资源分布

秦皇岛市属暖温带落叶林带，种类繁多，木本植物62科101属350种。山区原始林早已不见，被天然次生林所代替，主要乔木树种有油松、侧柏、柞树、椴树、杨树、桦树，其次为白蜡、山榆、五角枫，零星分布的有臭椿、香椿、合欢、银杏、柳树、皂角等20科38属77种。灌木树种主要有荆条、胡枝子、绣线菊、榛、酸枣，其次有锦鸡儿、鼠李、野花椒、鹅耳枥、悬钩子等18科29属43种，其中还有国家三级保护植物小花木兰（当地称天女木兰）。经济林树种有苹果、梨、桃、板栗、红果、梨、柿、核桃、葡萄等16科16属52种。

秦皇岛市的林业资源分布，随着地貌类型的不同，树种品种也有差别。长城以北中、低山区，地处燕山东麓青龙满族自治县境内，主要树种有油松、柞树、杨树、桦、椴、枫等。长城以南低山、丘陵地带，地处燕山南麓，包括卢龙县北部刘家营、大杨各庄、潘庄、庄坨等乡，抚宁区北部王家沟、双岭、吕良峪、大新寨、北寨、猩猩峪、义院口、驻操营、黄土营、上庄坨、石门寨、栏马庄等地，昌黎县北部低山丘陵区的十里铺、两山、梁各庄等地。主要树种有油松、侧柏、槲栎、柏、榆、杨槐等。滨海沙丘区、地处四区一县（山海关区、海港区、北戴河区、抚宁区和昌黎县）沿海海岸一带，东起山海关，西经北戴河直到黄金海岸，主要树种有杨、杨槐、紫穗槐等。低洼盐碱地带，主要树种有柽柳、紫穗槐、沙枣，同时还有海蓬子、芦苇、臭蒿子等多年生草本植物。平原地带的树种多为零星分布，有杨、柳、榆、槐、臭椿、香椿、泡桐等。

2. 林种结构

（1）防护林

防护林是以防护为主要目的的森林、林木和灌木丛。秦皇岛市依托国家林业重点工程建设项目，高标准完成“‘三北’防护林、沿海防护林”等国家重点林业工程年度造林任务，防护林面积增长迅速，2003—2016年，新增防护林面积142 268公顷，年均增10 162公顷，新增防护林面积较大的年份分别是2003年、2008年、2010年、2011年和2012年，尤以2012年防护林面积增长最快，年新增防护林面积21 767公顷。截至2016年，全市防护林面积

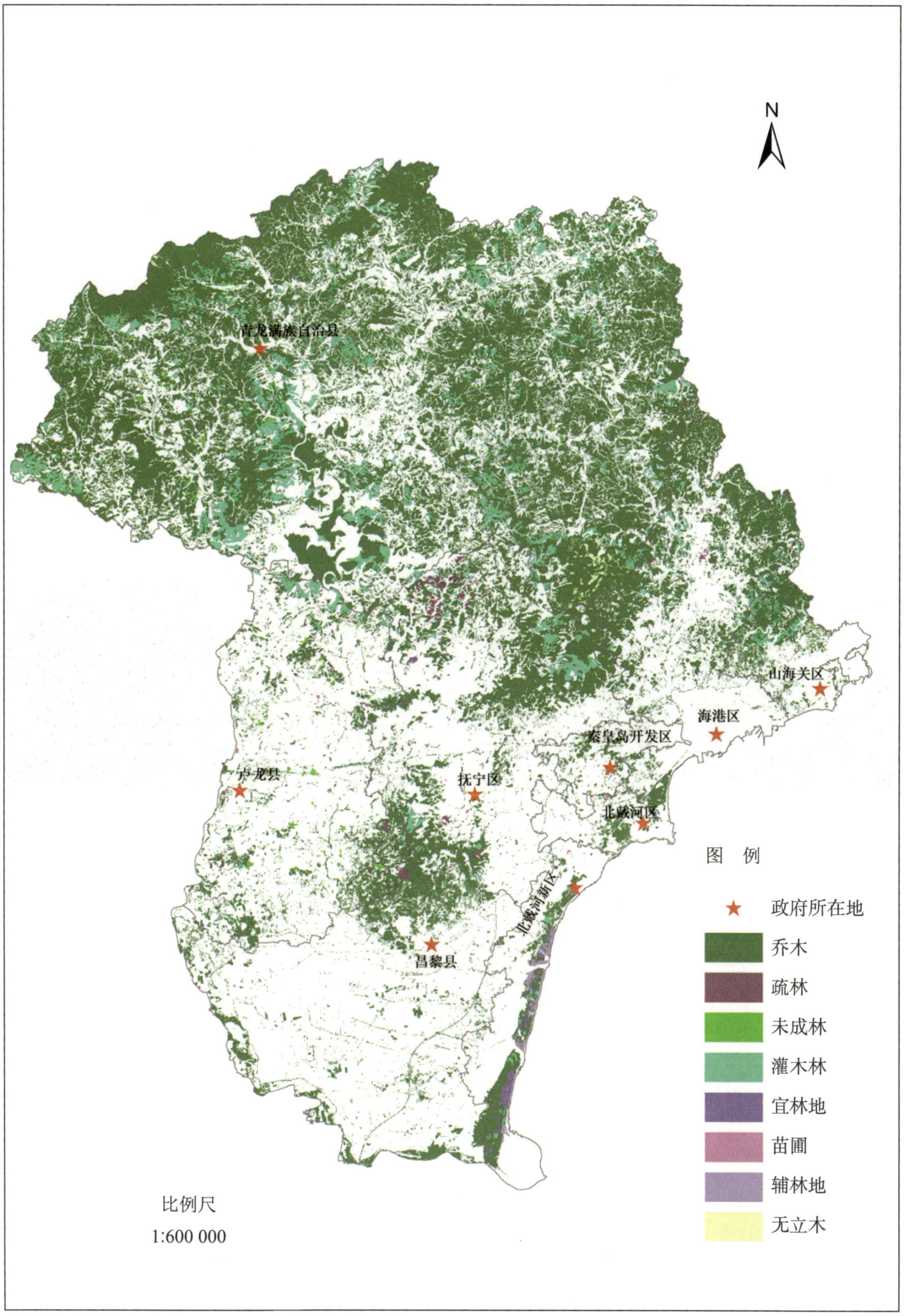

图 8-18　秦皇岛市森林资源分布图

212 226.67 公顷（318.34 万亩），主要树种为油松、柞树、杨、柳、椴、桑、桦、洋槐、山杏、紫穗槐等，主要分布在沿海海岸一带防护林，滦河水系，河流的护岸林，池塘坝系，水库周围的水土保持、水源涵养林，四区三县公路两侧的护路林。

沿海防护林：2001—2017 年，秦皇岛市全面实施沿海防护林建设，已完成沿海防护林工程任务 64 326.67 公顷（96.49 万亩），其中人工造林 34 880 公顷（52.32 万亩）、封山育林 29 446.67 公顷（44.17 万亩），见图 8-19。

图 8-19　沿海防护林黄金海岸段

“三北”防护林：1979 年，国家决定在西北、华北、东北风沙危害、水土流失严重的地区，建设大型防护林工程，即带、片、网相结合的“绿色万里长城”。“三北”防护林工程，东西长约 4 480 千米，南北宽 560 ～ 1 460 千米，规划范围包括陕西、甘肃、宁夏、青海、新疆、山西、河北、北京、天津、内蒙古、辽宁、吉林、黑龙江共 13 个省、自治区、直辖市的 559 个县（旗、市、区），农村人口 4 400 万人，总面积 2.6 亿公顷（39 亿亩），撑起了祖国的“半壁江山”。“三北”防护林工程使“三北”地区的森林覆盖率大大提高，从根本上改善生态环境和生产条件，被誉为“世界生态工程之最”。

按照工程建设总体规划，从 1979 年开始到 2050 年结束，分 3 个阶段、8 期工程，建设期限 71 年，共需造林 0.36 亿公顷（5.35 亿亩）。在保护现有森林植被的基础上，采取人工造林、封山封沙育林和飞机播种造林等措施，实行乔、灌、草结合，带、片网结合，多树种、多林种结合，建设一个功能完备、结构合理、系统稳定的大型防护林体系，使“三北”地区的森林覆盖率由 5% 提高到 15%，沙漠化土地得到有效治理，水土流失得到基本控制，生态环境和人民群众的生产生活条件从根本上得到改善。

秦皇岛市“三北”防护林工程从 1986 年第二期开始实施，已实施二期、三期、四期、五期“三北”防护林工程。即 1986—1995 年的第二期、1996—2000 年的第三期、2001—2010 年的第四期、2011—2020 年的第五期。“三北”二期到四期工程秦皇岛市涉及青龙满族自治县、卢龙县、抚宁县、昌黎县、海港区、山海关区和北戴河区；“三北”五期只有青龙满族自治县和卢龙县为工程县。主要开展“三北”防护林工程的人工造林、封山育林和飞播造林。“三北”防护林工程实施后，秦皇岛市“三北”防护林工程已累计完成人工造林 17 108.67 公顷（25.66 万亩），封山育林 150 000 公顷（225 万亩），飞播造林 35 533.33 公顷（53.30 万亩），森林覆盖率由 1986 年的 27.0% 提高到 2016 年的 46.7%，提高了 19.7 个百分点。

“三北”防护林工程实施以来，特别是实施三期、四期、五期工程以后，水源涵养林基地、水土保持林基地、干鲜果品基地、速生丰产林基地建设取得了令人瞩目的成就。秦皇岛市年增活立木蓄积 30 万米^3。封山育林工程项目区的植被得到了恢复，植物种类和数量明显增多，林区各类鸟类和野生动物种群日渐繁多。水土保持面积增加 22 万多公顷（330 万亩），水土流失面积减少 9.33 万公顷（140 万亩），防风固沙面积增加 3.07 万公顷（46 万亩），保护农田面积增加 6.47 万公顷（97 万亩），保护铁路、公路长度 550 多千米，粮食产量大幅提高，人民生活水平明显改善。在“三北”防护林工程建设，尤其是“三北”五期工程中，制定优惠的发展政策，广泛吸引社会资金参与造林，大户承包造林、买断经营权造林、股份合作制造林、企业开发造林等多种形式造林得到进一步完善发展，非公有制造林成为林业发展的一支重要力量。2001 年以后，民营林造林面积达 66 666.67 公顷（100 万亩），民营林造林面积占同期造林总数的 80% 以上，吸引社会投资 4 亿多元。同时“三北”防护林工程的实施转移农村剩余劳动力近 10 万人，从事服务业和养殖业等，拓宽了农民收入渠道，提高了农民收入，社会效益显著，见图 8-20。

图 8-20　海港区板厂峪一带的“三北”防护林

（2）用材林

用材林是指以生产木材为主要目的的森林和林木。秦皇岛市水资源供需矛盾突出，合理减少用材林种植面积是减少农业用水、优化用水结构、保障生活和经济社会发展用水的主要措施之一，因此秦皇岛市用材林总面积基本稳定。2003—2016 年，新增用材林面积 2 768 公顷（41 520 亩），年均增长 197.71 公顷（2 965.65 亩），其中 2003 年完成用材林基地建设 1 011 公顷（15 165 亩），2006 年完成 805 公顷（12 075 亩），2007 年完成 67 公顷（1 005 亩），2014 年完成 640 公顷（15 165 亩），2015 年新发展用材林 245 公顷（3 675 亩），其余年份均未种植用材林。目前，用材林面积控制在 101 646.67 公顷（152.47 万亩），主要树种有油松、橡、檞、柞、侧柏、柳、杨（杨树又分为小叶杨、山海关杨、北京杨、毛白杨、新疆杨等）、榆、槐、椿等，主要分布在燕山东麓、长城南北两侧山区，以都山林场、八道河、娄杖子、双山子、肖营子、祖山林场、花榆岭、义院口、驻操营、王家沟、双岭、刘家营、大杨各庄、潘庄等地为多。

（3）经济林

经济林是指以经济效益为主要目的的果树、桑、柞等树种。2003—2016 年，新增经济林面积 14 618 公顷，年均新增经济林面积 1 044.14 公顷；其中 2003 年、2004 年、2008 年、2011 年和 2015 年增幅较快，尤以 2011 年为最，是年新增经济林面积 2 197 公顷。截至 2016 年，全市经济林总面积为 79 080 公顷（118.62 万亩），其中果树面积 79 013.33 公顷（118.52 万亩）。其他经济林 66.67 公顷（1 000.05 亩）。果树在山区、平原均有栽植，干果中板栗以青龙满族自治县西部为多，核桃以卢龙县南部山区、抚宁区北部山区为多，鲜果以青龙、抚宁中部丘陵、昌黎北部山区为多。

（4）特种用途林

特种用途林是指具有保存稀有物种资源、保护生态环境，巩固国防、森林旅游和科学实验等特定功能的有林地、疏林地和灌木林地。秦皇岛市的特种用途林主要分布在都山林场、祖山林场、山海关林场等地。主要是油松母树林、杨槐母树林、野生资源猕猴桃等。多年来面积稳定，为 126.67 公顷（1 900.05 亩）。

总之，秦皇岛市植物资源丰富，植物功能多样，植物资源用途广泛，很多种类具有重要的经济、美学、保健和生态价值，为秦皇岛市滨海地区植物开发利用提供了多样的材料。

第六节　自然旅游资源

山、海、湖、林、河、泉、瀑、洞、石、沙、花、草、候鸟、珍稀动物等，秦皇岛市应有尽有，尤以山、海闻名，这些构成了独特、丰富的自然旅游资源，使秦皇岛市成为世界闻名的旅游避暑地，见图 8-21。

一、自然旅游资源概况

1. 地质地貌奇观

秦皇岛市拥有典型的地层剖面和地貌奇观，其中柳江盆地有比较齐全的地质地层剖面、动植物化石和矿物岩石标本，是一处典型的科考园地；祖山和长寿山的险峰岩墙、峡谷峰林、岩

图 8-21 秦皇岛市旅游资源分布示意图

屑坡等，以及都山的石海都是极为典型的地貌奇观，见图 8-22 ～图 8-24。

秦皇岛市地势北高南低，成梯状分布，依次为山地、丘陵、盆地、平原、海岸及浅海海域，形成多种多样的旅游地貌类型。地貌特征上多峡谷、险峰、绝壁，构成了奇特险峻、秀丽幽深的山地景观。这些山地生有天然林，构成以都山、祖山、碣石山、天马山、联峰山、角山、长寿山等为代表的天然山林旅游资源。

秦皇岛市地热资源丰富，主要分布在燕山山地和南部断陷盆地，部分可用于温泉洗浴。除黄金海岸开采深度大以外，其他地区埋藏浅，易开采，属于低温泉水，适宜直接利用。

2. 陆地水系景美

秦皇岛市较大的河流有 7 条，分别为滦河、青龙河、洋河、石河、汤河、戴河、饮马河。在这些河流上建有大型水库 2 座，即洋河水库（天马湖）和桃林口水库（桃林湖）；中型水库 2 座，即石河水库（燕塞湖）和水胡同水库。河流两岸，生态优良，杨柳依依，水质较洁净。

3. 湿地林海观鸟

秦皇岛市位于候鸟南北迁徙的重要通道上，广阔的滩涂，茂密的山林，为众多的候鸟停留、觅食、栖息提供了极好的生态环境，是中国北方地区重要的候鸟栖息地（图 8-25）。截至 2015 年，秦皇岛市全市共有鸟类 20 目 28 科 504 种，其中丹顶鹤等国家一类保护动物 20 种、国家二类保护动物 56 种。

图 8-22　板厂峪石筒峡

图 8-23　冰糖峪峡谷峰林

图 8-24　板厂峪九道缸瀑布

图 8-25　秦皇岛万鸟齐飞

4. 海岸风光秀丽

海岸线东起山海关区张庄，西止昌黎县滦河口，总长 162.7 千米。除北戴河到山海关分布有 20.5 千米岩石岸线外，其余均为沙质岸线。其中沙质岸线沙细、滩缓、水清、潮平，是中国北方地区最优秀的天然浴场与沙滩、海上活动场所；岩石海岸形象奇特，风光秀丽，具有极高的观赏价值。黄金海岸沿岸分布着一道道平行分列的沙丘，沙丘连绵不断，陡缓交错，是世界上罕见的海洋大漠风光。由于地貌、气象、水文等资源条件的组合优势，秦皇岛成为世界较好的海上运动场之一（图 8-26）。

图 8-26　北戴河新区海域帆船帆板运动赛

5. 地方物产丰饶

秦皇岛市山海兼备，地方物产丰饶。北部山地植被垂直分布明显，还拥有丰富的山地观赏性动、植物资源和珍稀动、植物。其中，祖山有成片生长的中国稀有植物——天女木兰；中、北部山地丘陵地区拥有类型丰富的野生观赏性花木和狍、獾、松鼠、野兔、雉鸡、朝鸡、啄木鸟等野生动物。

秦皇岛市河北省重要的果品产区，盛产苹果、梨、葡萄、水蜜桃、板栗、杏仁、猕猴桃、核桃等干鲜果品，黄花、木耳、蕨菜等山野菜以及黄芩、桔梗、远志、苍竹等名贵中药材；有螃蟹、对虾、口虾蛄（皮皮虾）、玉筋鱼、海蛏子、牡蛎（海蛎子）等海洋生物，有文昌鱼等国家保护鱼类。

6. 生态休闲农业勃兴

20 世纪 90 年代初，以欣赏田园风光、亲手采摘葡萄、品尝农家饭、感受乡土风情的秦皇岛市乡村旅游最先在昌黎县凤凰山地区兴起。之后，北戴河区集发公司从引进、种植特色蔬菜、瓜果入手，利用无土栽培、植物组培等高新技术成果，建成农业观光园，发展特色观光农业。进入 21 世纪，利用田园景观、自然生态及环境资源，结合农林渔牧生产、农业经营活动、农村文化及农家生活，为民众提供休闲、农业及农村生活体验的生态休闲农业渐渐兴起。市委、市政府围绕高品质、高质量、高档次、多元化市场需求，着力推进全市域、全季节的休闲农业。2016 年，全市建成省级以上各类农业园区 81 个，市级生态循环、休闲农业、山区综合开发等园区 62 个，昌黎县被列入“第三批国家现代农业示范区”，北戴河区集发农业观光园及北戴河村片区被命名为“中国农业公园”（全市首个、全省第二个）。

二、特色旅游活动

秦皇岛市依托优美的自然景观和良好的生态环境，开发了具有地方特色的大量的旅游活动，有海水浴、沙浴、日光浴、森林浴、登山览胜、休疗养、观鸟、垂钓、康养等，旅游方式也从以观光旅游为主向包括休闲度假游、体育健身游、生态旅游、文化旅游等在内的多元化、个性化发展。

1. 海浴、沙浴、日光浴

秦皇岛市海域辽阔，0 ～ 25 米浅海海域面积 2 650 千米 ^{2}。海水水质洁净，无礁石碎块，无污染；海水透明度高，春秋季节可达 9 米，夏季亦大于 1 米。海水水温适宜，多年年平均表层水温为 12℃。7—8 月水温最高为 26.1℃ , 年较差 27.4℃，最大极值 -2.3℃。海水含盐量适中，表层盐度多年平均为 29.83‰，含有机物质年平均值为 0.15 毫克 / 升。水面开阔，潮水平缓，最高潮位 1.66 米，最低潮位 0.66 米，潮差 1 米左右，水深适度 , 安全可靠。

秦皇岛海滨沿岸大多为沙质海滩，沙滩平均宽度为 15 米 , 最宽的达到 200 米，坡度为 2%，深度为 26 ～ 30 米。海沙色黄如金，细柔洁净，粒度在 20 ～ 28 目，大部分为 25 目左右，含土率低于 2%，沙温最高达 38℃，暑期平均沙温为 31℃。沿海岸林带绵延数十里，绿树葱郁，浓荫覆盖。

秦皇岛海滨全年日照时间长年多年平均日整时数为 2 770.2 小时，年日照百分率最高为 72%，最低为 53%。

得天独厚的海水、沙滩、阳光资源，使秦皇岛市的海滨成为举世闻名的海浴场所。

（1）海浴

海水浴不仅能使人获得无穷的乐趣，而且还能够锻炼人的身体 , 增强人的体质。在海上，海浪有节奏的撞击，产生大量的被称为“空气维生素”的负离子，负离子多可使空气清新。负离子进入人体，促进人体的新陈代谢 , 还能定神、镇痛、降血压，还可辅助治疗肺结核、哮喘、高血压、神经衰弱等疾病。海水中还有许多浮游生物吞噬菌体，能杀死人体皮肤上的病菌。海水含有的几十种化学元素，在海水浴时被人体适量吸收，供体内所需。此外，海浪对人体的冲积也是一种很好的大自然按摩。这种按摩不仅使人们感到特别舒适，还能刺激皮肤，促进血液循环。因此，经常进行海水浴 , 可以使人的心肌更加发达，血管更富弹性，提高心血管功能，对防止心脏病和心血管疾病有一定疗效。

海水浴之后，即可进行日光浴、沙浴。最好选在 20℃左右的海滩，可由刚开始的 5 ～ 6 分钟，直至达到每次 1 ～ 2 小时，时间以 10 时左右和 13—16 时为佳。

（2）日光浴

日光浴就是人接受太阳紫外线和红外线的照射。紫外线的照射有助于维生素 D 的形成，并刺激内分泌系统。放射的紫外线能削弱细菌和病毒的活力，直射的紫外线能直接杀死细菌和病毒。人在阳光下久待后，红外线能深入人体内部，使上皮细胞释放出类似组织胺样的物质，使皮肤血管扩张，出现温热，有利于促进血液循环，具有抗炎症抗神经痛、抗过敏等多种健身效应，改善皮肤营养状况，提高皮肤抗病能力。加深呼吸，增加心脏跳动能力和全身新陈代谢（图 8-27）。

图 8-27　日光浴

（3）沙浴

与日光浴同时进行的。海水浴后，在沙滩上俯卧或仰卧于细沙中，舒畅无比。人在沙中，对治疗关节炎、皮肤病、神经衰弱有特效。

境内的海浴、沙浴场所主要有东山浴场、西浴场、山东堡浴场、浅水湾浴场、老虎石浴场、老龙头浴场、南戴河海滨浴场、黄金海岸浴场等。

2. 观鸟旅游

观鸟旅游是一种高雅、学术性较强的旅游项目。秦皇岛市是中国众多候鸟的迁徙通道和栖息地，北戴河鸽子窝湿地、北戴河隆兴示范园、联峰山公园、昌黎翡翠岛、南戴河至黄金海岸沿海林带、祖山、昌黎七里海等地是最佳鸟类观测点，其中北戴河是世界闻名的四大观鸟胜地之一。

20 世纪 80 年代，经过中外鸟类专家、学者及爱好者的多次实地观察、统计，在北戴河能见到的鸟达 405 种（中国能见到的鸟共 1 186 种）。根据 2015 年秦皇岛市鸟类调查报告，全市鸟类资源总数达到 504 种，有大量候鸟迁徙。1923 年版《北戴河海滨志略》中的“胜事汇记”记载：“鸟类习贝者，燕雀、鸦、鹊与呼晴唤雨之鹁鸪、飞翔上下之海鸥。鸦或成阵而过，他鸟绝少。是以联峰山范围以内，公益会有猎禽之禁。八月，野凫、竹鸡为多，九月十五后，鹬尤丛集。”

图 8-28　1999 年 4 月挪威鸟类学家 Peter Johan Schei 在七里海观鸟

候鸟迁徙途径秦皇岛市多发生在春秋两季，第一次迁徙高峰从 3 月开始，4 月进入高潮，5 月底终止；第二次迁徙高峰从 9 月初开始，10 月底结束。

在北戴河进行鸟类迁徙研究始于清宣统元年（1909 年）。1985 年，国内及英国、美国、日本、丹麦、比利时、澳大利亚等国的众多鸟类科研专家和鸟类爱好者来到北戴河，进行学术研究和观鸟活动。从 1990 年开始，每逢春秋，秦皇岛市气温舒适，风景优美，万鸟齐飞，吸引大量的国内外鸟类爱好者到北戴河观鸟、赏鸟，见图 8-28。

3. 登山览胜

秦皇岛市境山峦起伏，群峰竦峙，林木丛生，到处是险峰幽谷，奇石怪洞，著名的山有祖山、联峰山、角山、长寿山、碣石山、天马山、阳山等。游人可根据自身喜好选择登山旅游路线，登山望远、探幽赏景，寄情山水，春秋两季比较适宜。

祖山山势雄伟，谷幽石奇，花香林郁，瀑布成群，古迹奇特，传说动听，资源多样，物产丰富。登临祖山，可欣赏到神女云床、乌龟探海、醉卧刘伶、秀才看榜、十里画廊等景观以及国家三级保护植物——天女木兰。联峰山空气清新，幽雅安静，负氧离子含量 7 000 ~ 10 000 个 / 米 ^{3}，是一些大城市闹市区的几十倍，且山不高，坡不陡，男女老少皆能攀登。角山集风景名胜于一体，历来是人们踏青访古、吟诗抒怀的佳境。登临角山，可欣赏角山长城、瑞莲捧日、栖贤寺、山寺雨晴等景观。长寿山奇峰险峻，古洞幽深，花草树木自然天成，绝少刻意修饰。在长寿山的悬阳古洞、神医石窟、寿字碑林，游客可感受到以长寿延年为主题的自然风光。碣石山有碣石观海、天桥凌云、水岩春晓、东峰耸翠、西嶂排青等景观。登临碣石山，游客可勘踏秦皇、汉武、魏武、唐宗留下的足迹。天马山巨石迭叠，险峻挺拔，似云中奔马，登天马山可游览摩崖石刻、玄真观、戚公亭等。背牛顶因山后有石如牛而得名，其以风景优美、形势险要而著称，又以画面多、文化要素丰富为特点，是朝顶拜佛、寻幽探胜之绝处。主要景观有龙潭、绿色长廊、太清观、金光洞、百米天梯等。

4. 观海上日出

在秦皇岛观赏海上日出，是游人最喜爱的别具特色的旅游活动。秦皇岛北戴河风景名胜区被誉为中国十大最美日出观赏地。“万顷龙波走红鳞，血染绿波色流频。初若轻绡之漫天，继若万烛之烧空”，这首诗是民国年间肖德宣在北戴河观日出后所写。1923 年版《北戴河海滨志略》中的“胜事汇记”的“东隅初日”对登高观“旭日出浴’的美景作出了详细的描述：“风日晴和之际，五鼓披衣而起，手杖携灯。登最高处，甫辫色于东方。烟波浩瀚中，熊熊红光纷射天空。波涛相激，如万道金光。一轮初日，若火球之跃起，耀目缘擎。其始，忽隐忽现，所谓浴日也。渐上渐圆，愈上而轮愈小。”

图 8-29　鸽子窝海上日出

在秦皇岛观赏海上日出，既可在大海边，亦可山之巅。在海边观日出主要有海港区“秦皇求仙入海处”、北戴河鸽子窝公园、山海关老龙头和北戴河新区南戴河海滨浴场、黄金海岸等，其中北戴河鸽子窝公园最负盛名（图 8-29）。在山之巅观海上日出，主要有联峰山望海亭、角山之巅。登角山之巅俯视东方日出，是清代榆关（山海关古称）十四景、民国临榆县二十四景之一“瑞莲捧日”。民国《临榆县志·舆地》记载：“角山顶将晓，俯见海中日出，红云四拥，恍如莲座，日升则座沉。”

5. 休疗养

自 1979 起，依托秦皇岛得天独厚的自然条件对人体健康的影响，秦皇岛市休养、疗养事业迅猛发展，休疗养机构数量不断增加，各种服务设施逐年完善，北戴河海滨单一提供服务的局面被打破，形成以北戴河海滨为主，昌黎县黄金海岸和抚宁区南戴河为辅的休养、疗养格局。

休养疗养生活适于休疗养旅游的游客群体。主要有患有弥漫性和局限性胃炎、慢性胃肠炎、十二指肠炎、非急性恶化期的胃及十二指肠炎球部溃疡（但必须处于静止期、无出血倾向、无幽门狭窄的人）、胃下垂、便秘、胃黏膜脱垂、腹泻的患者，神经衰弱患者，非结核性呼吸系统疾病、轻度肺气肿（无并发肺心病者）、Ⅰ期矽患者、Ⅱ期矽患者，高血压，无脑、心、肾等器质性病变及血管硬化（血压一般 180/100 毫米汞柱以下）的患者，非急性期或急性期发作数日的风湿性和类风湿性关节炎、风湿性肌痛、腰肌劳损患者，术后或外伤后恢复期及外伤后遗症患者，营养不良性贫血患者，糖尿病患者。

6. 其他特色旅游活动

（1）森林浴

秦皇岛市森林覆盖率高，在登山览胜之时，还可以进行森林浴。森林中的空气清洁、湿润，氧气充裕，负氧离子含量高，尘埃少。松、柏等树木散发出的挥发性物质，具有刺激大脑皮层、消除神经紧张的作用。上午，阳光充沛时是进行森林浴的好时机。海滨国家森林公园和联峰山、祖山、都山、长寿山等众多森林覆盖率高的地方均可进行森林浴。

（2）泡温泉

秦皇岛市地热水，分为低温泉水和高温泉水。高温泉水水温一般 43℃以上，具有兴奋和刺激人体的作用，对心血管疾病有一定的疗效，能改善体质，增强人体抵抗力。低温温泉水一般水温 38 ～ 40℃，含有多种活性作用的微量元素，具有镇静人体的作用，对神经衰弱、失眠、高血压、心脏病、风湿、腰腿疼、伤风感冒、屈伸不便有一定疗效。明弘治十四年（1501 年）《永平府志》记载：“（汤泉）寺（汤泉寺位于海港区杜庄镇温泉堡村东）常温，浴之可以愈疾。”冷口温泉（位于青龙满族自治县城肖营子镇温杖子村），为清代“口外”古八景之一。目前，秦皇岛市建有金龙温泉、泥河热水、冷口温泉、渔岛海洋温泉（图 8-30）等温泉沐浴场所。

图 8-30　渔岛海洋温泉

（3）垂钓、赶海

垂钓、赶海活动，可与观海上日出活动相结合。

垂钓是一项户外体活动，历经千年不衰，老少皆宜，小可怡情，大可养志。垂钓者可通过抛竿投食、或蹲、或站、或坐等姿势的改变，锻炼人体的各个部位的机能；鱼儿上钩，需要眼、脑、手的密切配合，可锻炼钓鱼者的视觉功能和大脑反应能力。钓鱼之所，位于户外的河湖池塘边，或是海上，生态环境优良，垂钓者回归大自然，与大地、阳光、水亲密接触，放松心情，陶冶情操（图 8-31）。

秦皇岛市河、湖（水库）较多，紧邻渤海，既有河流、大海等自然钓场，还有水库、沟塘

图 8-31　海上垂钓

等人工场所，既可淡水钓鱼，还可乘船出海钓鱼。明代御史韩应庚中年返乡，隐居于滦河边钓鱼台，筑月白楼别墅（位于今卢龙县石门镇钓鱼台村滦河边），垂钓岸边。“钓台月台”成为卢龙县古八景之一。1923 年版《北戴河海滨志略》中的“胜事汇记”有“扁舟垂钓”的记载：“濒海临河皆堪垂钓。若求巨鳞者，当打桨海水深处。金山嘴相近之独石、东西花石、横桥墙子石、分水石，皆适于垂钓之所。海中行藻附于石根，游鱼逐队丛集其间也。戴河与其支流之清水河，迄西之洋河，亦皆可骑驴往钓，计程历一二小时。”顾维钧（1888—1985 年，中国近现代社会活动家、外交家）是钓鱼能手，任职北洋政府期间，每逢夏季经常在星期五晚上到北戴河度周末。在北戴河休假，“很喜欢游泳和钓鱼”，常将捕获的鲈鱼派人送给在北戴河度假的梁（启超）家尝鲜。20 世纪 90 年代以后，随着人民生活条件的改善，钓鱼活动日渐普及，钓鱼人数逐渐增多，晨钓、夜钓蔚然成风。一些景区还推出旅游项目，如乘坐渔船、帆船等出海，体验垂钓、捕鱼的乐趣。2014 年、2016 年，秦皇岛市曾举办“天下第一关·白鹭岛杯”全国海钓邀请赛、“葡萄岛俱乐部杯”海钓赛。

赶海一般是指居住在海边的人们，根据潮涨潮落的规律，利用潮落的时机，到海岸的滩涂、礁石上打捞或采集海产品的过程。秦皇岛人凭借临海的天然优势，有赶海的习惯。到秦皇岛休疗度假的游客，也将赶海当作重要的旅游活动，在海边捡拾蛤蜊、牡蛎、海蛏子、海虹、小螃蟹、海星、裙带菜等海产品时体验别样的生活乐趣。秦皇岛市海岸沙质岸线长，绝大多数地方适合赶海，主要有山海关老龙头、东山浴场、浅水湾浴场、鸽子窝公园、北戴河中海滩、南戴河海滨、昌黎黄金海岸等 滨海区域，赶海最佳的时间为每个月农历初一、十五前后的大潮汛期间天气晴朗的日子，可准备手套、小耙子、长镊子、小桶等赶海工具。

第九章

自然灾害

秦皇岛市是气象灾害频发地区，气象灾害主要有寒潮降温、大风、冰雹、暴雨、旱灾等。海洋灾害种类较多，发生频率较高。地质灾害种类繁多，主要有崩塌、滑坡、泥石流、采空塌陷、岩溶塌陷及地裂缝等。区域内有北东、北北东、北西向和近东西向断裂，为地震多发区。秦皇岛市经常发生并造成经济损失的森林病虫害有美国白蛾、赤松毛虫、杨干象、春尺蠖、白杨透翅蛾、天牛类、杨树溃疡病等，目前危害最严重的是美国白蛾和赤松毛虫。

第一节　气象灾害

秦皇岛市极端天气和气候灾害的发生除了受全球变化的大背景影响外，与当地的地理环境、社会发展和人类活动有密切关系。

气象灾害主要类型极端天气有暴雨、洪涝、干旱、低温冷害、连阴雨、冰雹等，其中影响最大的是暴雨、洪涝、干旱、冰雹、大风，低温连阴雨。各种气象灾害在不同时间段影响不同，但主要出现在4—10月，见表9-1。

表9-1　秦皇岛市主要气象灾害可能或主要影响时段一览表

灾害名称	干　旱	洪　涝	干热风	连阴雨	冰　雹	霜　冻	大　风	低温冷害
可能或主要影响时段	全年	夏季为主	5月11日—6月15日	春季和秋季	4—10月	10月—次年4月	全年	9月—次年4月

一、水涝灾害

水涝灾害常发生于丰水年份。每年的6—9月，尤其是盛夏的7月、8月，是秦皇岛市暴雨集中时期，水涝灾害亦常发生于此时。据1949—2016年不完全统计，有35年发生水涝灾害，概率为51%；全区发生大的水涝灾害9次，即1949年、1954年、1959年、1964年、1969年、1975年、1977年、1979年和2012年，其中8次年降水量在900毫米以上。境内的水涝灾害按季节可分为夏涝和秋涝。其中，夏涝发生在7月中旬至8月中旬，且常与洪涝年份相联系，以1949年、1959年、1969年、1977年和2012年最为严重；秋涝发生于8月下旬至9月下旬。由于夏季风强度的减弱，雨量明显减少，秋涝的次数远少于夏涝。中华人民共和国成立后，秦皇岛地区发生秋涝4次，即1955年、1956年、1969年和1987年。洪涝灾害的总趋势是频次逐渐减少，强度逐渐减弱。

北魏太平真君八年（447年）七月，平州大水。太和六年（482年）八月，平州大水。

唐贞元八年（792年）八月，平州大水，“平地水深五尺”。

宋淳化二年（991年）六月，卢龙淫雨成灾。大中祥符四年（1011年）三月庚寅，平州大水。咸淳五年（1269年）九月，大雨，滦河大水。

元至元九年（1272年）九月，永平（指永平路，治所位于今卢龙县城）淫雨不断，滦河水溢，毁坏房屋和庄稼。至元二十三年十一月丙子，平滦路（治所位于今卢龙县城）水灾。至元二十六年六月、九月，平滦路连降几天大雨，庄稼受灾；十月大水，民田毁坏0.73万公顷（11万亩）。至元三十年八月，平滦路大水。大德三年（1299年）四月，连日降雨，滦河发水。五年八月，平滦路连日降雨，滦河发水，水淹县城，“漂没官民庐舍殆尽，溺死人畜甚多”。十一年十一月庚午，卢龙、昌黎、抚宁等县大水。延祐六年（1319年）六月，永平路大水。泰定三年（1326年）七月庚午，永平路属县大水，大风雨雹。天历元年（1328年）六月，永平路大水。二年六月丙午，永平大风骤雨，平地出水。至正四年（1344年）七月，滦河“水溢出平地丈余，永平庄稼房舍漂没甚多”。二十五年十月，卢龙大水。

明洪武十年（1377年）六月，永平（指永平府，治所位于今卢龙县城）滦河、青龙河水溢，淹没房舍；秋九月丙辰，大水。永乐十四年（1416年）七月，永平暴雨成灾。景泰元年（1450年），卢龙大水入域，与东西城几平，滦河改道。三年八月辛丑，永平降暴雨淹毁庄稼。六年四月，卢龙刘家营大水；十月大雷，整日降雨。成化元年（1465年）八月，永平“大雨坏城”。三年，雷电击死刘家营官马8匹。六年六月戊辰，永平大水。十七年六月甲辰，滦河水溢，漂没房舍庄稼。弘治二年（1489年）七月，永平属县大水。十七年七月，永平大水。正德十二年（1517年）六月，昌黎大水。十四年秋，永平大水。嘉靖四年（1525年）六月，大水。七年四月，山海关水入西关，“民舍有淹没者”。十四年夏，卢龙连降淫雨，滦河水溢。十五年四月，昌黎大水。二十年九月辛酉，昌黎连降大雨，癸酉雨雹，甲辰滦河水溢。二十一年夏，抚宁淫雨连降，庄稼受害。二十三年，滦河水溢。二十五年夏，临榆连降淫雨40余日。二十七年八月，永平水灾。二十九年，临榆大水。三十年七月，卢龙大水。三十二年七月，永平大水。三十四年正月戊申，卢龙大雷雨。三十七年七月，永平雨水成灾。三十八年六月戊午，卢龙连日降雨，滦河、青龙河水溢。三十九年，永平春涝。四十二年八月，卢龙大水。隆庆元年（1567年），临榆大水，“河溢涨入西关，卧牛桥坏”。六年七月，抚宁洋河水溢，“有大树数百成筏”。万历十一年（1583年）四月，抚宁大水；八月庚戌，永平大雨。十二年正月，卢龙雷雨，滦河水溢。十三年夏，昌黎淫雨不止。十五年七月，卢龙连日降雨；庚子，滦河水溢，毁坏田地房屋。十六年秋，抚宁大水成灾；昌黎饥荒。二十三年八月二十七日夜，临榆雷震异常。二十五年七月，卢龙大水。二十六年夏，卢龙、昌黎连日降雨，庄稼被淹。三十二年夏，永平连日淫雨“四十余日”；六月癸卯，滦河水溢；丁未复溢；七月，永平大水。三十六年十月戊辰，卢龙大雷雨。天启二年（1622年）秋，滦河水溢。六年，临榆淫雨为灾。崇祯六年（1633年）二月戊子，临榆、永平大雨，洪水淹坏郭田舍，人畜被淹无数。九年六月，卢龙雨水连绵，庄稼被淹。十一年，临榆大水。

清顺治七年（1650年），抚宁大水，高出城濠。顺治十年四月，昌黎、卢龙淫雨40余日，滦河水溢，淹没田地房屋；临榆大水。十一年七月，滦河水溢，临榆大水。十三年四月，卢龙、昌黎大雨，平地成河，滦河水溢。康熙二年（1663年）六月，大雨，永平府东南角楼遇雷焚毁。临榆大水；十月十二日，天空响雷。三年滦河水溢，永平“漂木无数”。四年秋七月，连降暴雨。六年七月，抚宁夜雨，洋河“东徙近城”。七年六月二十八日，临榆大水，“入西罗城北门，卧牛桥坏”。十六年十二月，昌黎雷电交加。二十二年五月二十三日，抚宁暴雨，洋河水溢，城中水深3尺。三十四年，临榆大水，冲坏南北水关边城百余丈。三十五年，临榆大水。三十六年，临榆大水，冲坏边城百余丈。四十五年夏，洪水冲坏临榆南水关百余丈。五十八年夏，洪水冲坏临榆拱宸门外龙王庙及城北水门。雍正十一年（1733年）六月，滦河水溢。乾隆九年（1744年），抚宁大水，洋河河道东徙。十六年六月，滦河水溢。十九年六月，滦河水溢。

二十二年十月二十四日，昌黎大雨倾盆，雷鸣电闪。二十七年四月至闰五月，昌黎连日降雨，田地尽淹。乾四十六年夏，永平淫雨连绵，庄稼受害。五十二年夏，临榆霖雨，北水关河溢，入西罗城北后街，娘娘庙被水淹。五十三年，临榆大水。五十七年夏，永平大水。五十九年夏秋，永平淫雨连天，滦河水溢，庄稼尽淹，漂没田地房屋无数。嘉庆六年（1801 年）六月十九日，滦河水溢，昌黎“漂没田庐无数”。夏，临榆淫雨连旬，是年大水。十年六月十六日，大风雨；秋七月十八日，大雨夹雹。十一年夏，临榆大水。十三年春、夏，永平大雨，滦河水溢。十八年夏，滦河决口，昌黎县尖角庄塌淤数家。二十三年六月，滦河水溢；六月二十四日，大雨如注，山洪陡发，抚宁洋河桥座冲塌 30 余处，临榆石河桥座被冲 80 余处，青龙河正副桥座全部被冲，水涨 4 尺，新建桥木冲走 30 余根；秋，连降暴雨，石河水溢。二十五年九月十八日，永平天降大雨夹雪，“人畜有冻死者”。道光元年（1821 年）七月，临榆淫雨连绵，至十余日，石河溢入拱宸门。三年六月，永平淫雨 40 余日，水大溢。道光四年六月，永平连日降雨。五年五月，临榆连连降雨。六年六月，临榆淫雨连绵。六月十四日，抚宁大水，洋河口改道东徙。十二年七月初六、七日，抚宁洋河大水。道光十三年，昌黎大水。十四年七月甲子，抚宁大水。十九年六月己丑，永平降暴雨；十二月乙丑，天降大雨，终日结冰，厚尺许。二十年六月二十八日，洋河水溢。二十四年六月，永平淫雨连绵，损害庄稼，滦河水溢。二十五年六月，永平淫雨连旬，“屋宇倾倒无数”，滦河大溢；洋河、蒲河、戴河同日水溢。二十九年六月初十，抚宁县深河雷震；十七日，洋河水涨，三日方落；八月初一，抚宁县留守营雷震死人。咸丰二年（1852 年）九月庚午夜，永平大雷雨；十一日，“郡城大雨雹，炸雷震坏屋舍”。三年三月初五夜，抚宁大雪；十六日午后，北山冰雹，河水暴涨出槽。光绪九年（1883 年）六月，大雨连降 10 余天，滦河改道，永平府城街进水，深至丈余，卢龙倒房 3 612 间，昌黎倒房 493 间，山海关街道被水淹没，车马难行，旗民衙署及民房塌漏甚多。二十年五至七月，昌黎淫雨不止，滦河、饮马河水溢，漂没庄稼。三十四年六月十九日，昌黎大水 20 日，大雨，滦河水涨；夏，暴风雨袭击，秦皇岛大码头防波堤石块填料全部被风浪冲掉。宣统元年（1909 年）四月初一夜，昌黎大雨大风；初二，滦河水涨；六月初四，大水。三年六月初五，滦河水涨。

1913 年 7 月 12 日，秦皇岛市降特大暴风雨，海潮达 2.5 米，所有海口附近村庄均被淹没。

1915 年 7 月，昌黎大水。

1917 年 7 月 16 日，昌黎大水；7 月 24 日，大水；8 月 6 日夜，大雨。

1929 年夏，卢龙患水灾，籽粒未收；7 月落雨，8 月 6 日，滦河大溢。

1930 年伏间，昌黎县山洪暴发；7 月，滦河水溢。

1935 年 8 月 8 日，秦皇岛连雨，低处被淹。1939 年秋，秦皇岛淫雨为患，雨如注，枯苗更生。

1941 年 6 月 29 日，昌黎大雨；6 月 17 日，抚宁大雨如注。

1949 年 7 月，台风、海溢，秦皇岛市发生大面积灾害，重灾土地 262.67 公顷（3 940 亩），塌房 155 间，倒墙 250 段，倒树 300 余棵，需救济灾户 507 户、2 555 人；8 月初，秦皇岛市受灾 844 户，受灾土地 262.67 公顷（3 940 亩），塌房 165 间，长城煤矿因井淹而停产；北戴河大部分土地受灾，沿海渔民的渔船网具多被水冲没；山海关石河溢水，民房倒塌 400 多间，59.67 公顷（895 亩）农田绝收；抚宁县成灾面积 1.01 万公顷（15.16 万亩），倒塌房屋 5 858 间，倒墙 10.87 万米（3.26 万丈），毁树 5.5 万棵，死 8 人，全县平均亩产粮只有 33.2 千克，比常年减产 60%；昌黎沿滦河流域水深达 4 米，6 昼夜后洪水方退，总受灾面积达 5.6 万公顷（84

万亩），其中绝产 2.93 万公顷（44 万亩），淹没村庄 289 个，受灾人口 22.34 万人，全县有 13 万人靠救济度荒，倒塌房屋 30 215 间，死大牲畜 250 头、猪羊 3 580 头（只），沿河渔民渔船、渔网大部分被冲走。8 月 14 日，卢龙县发生特大洪水，受灾严重，粮食大面积减产；青龙县受灾农田 0.73 万公顷（10.93 万亩），倒树 100 余棵，水果大部分落地，8 月上、中旬冲毁农田 435.07 公顷（6 526 亩），沙压农田 279.67 公顷（4 195 亩），冲走房屋 11 间，倒塌 5 095 间，冲走大牲畜 18 匹、猪 95 头，死 3 人，伤 5 人，青龙县政府驻地双山子被水淹，9 月县政府被迁往大杖子。

1950 年 7 月 17 日，山海关大水，北山山洪暴发，石河决口，冲毁两岸不少农田及铁路路基一段、公路路基一段，造成铁路、公路短期中断。

1951 年，昌黎县部分地区沥涝，成灾面积 1.6 万公顷（24 万亩）。

1953 年 7 月 25 日—8 月 25 日，昌黎县阴雨连绵，共降水 876.7 毫米，滦河水 3 次暴涨，淹地 5.79 万公顷（86.8 万亩），积水地 2.33 公顷（35 万亩），减产 4 ～ 6 成，倒塌房屋 7 850 多间，倒墙 960 余米（290 多丈），死大牲畜 3 匹、猪羊 8 头（只）。8 月 4 日，抚宁县大雨，淹地面积达 0.53 万公顷（8 万亩），无收成 826.67 公顷（1.24 万亩），塌房 1 094 间，死 5 人，伤 6 人；大所各庄南山出现泥石流，毁松树 2 万多棵。8 月上旬，卢龙县连降大雨，山洪暴发，受灾面积 0.56 万公顷（8.4 万亩），粮食减产 197 万千克。8 月 19 日，青龙县大部分地区连降大雨 5 小时，洪水暴发，冲地 0.99 万公顷（14.9 万亩），沙压地 397.85 公顷（5 922.7 亩）；峪耳崖区水灾最重。8 月，秦皇岛市因连降雨，沥涝成灾，农村重灾面积 1 069.2 公顷（5 346 亩），绝收 64 公顷（980 亩），塌房 1 892 间，山海关城墙倒塌 3 处。

1954 年 8 月 9 日夜，抚宁县降大暴雨，城关一次降水 160 毫米，海阳镇降水 215 毫米，河水出槽，冲毁庄稼 333.33 公顷（5 000 亩），过水地 0.43 万公顷（6.5 万余亩），老京山铁路暂时停运，留守营粮库大部分浸水。8 月 10 日，秦皇岛市连降暴雨，石河水泛滥，冲地 1.33 公顷（20 亩），淤压庄稼 2 公顷多（30 余亩）；昌黎县沥涝，受灾面积 0.38 万公顷（5.7 万亩），成灾 280 公顷（4 200 亩）。

1955 年 8 月 15—16 日，青龙县普降大雨，大杖子、肖营子两区水灾严重。9 月上旬，昌黎降雨 122.0 毫米，为常年的 6 倍，造成十余年来少见秋涝。

1956 年 7 月，抚宁县平市庄一带 7 个乡受暴风雨灾害，造成大量减产，刮倒树木 3 149 棵，塌房 35 间。9 月 4 日，山海关降暴雨，降雨量达 131.8 毫米，河水上涨，低洼地带被淹。

1958 年，昌黎县先旱后涝，受灾面积 1.03 万公顷（15.4 万亩），成灾 0.92 万公顷（13.8 万亩）。7 月 13—15 日，青龙县连续 3 天降雨，有的地方降雹，0.67 万余公顷（10 万余亩）地受灾，冲去房屋 19 间，死、伤 5 人，小型水库和防洪坝多处被冲垮。

1959 年 4 月 21 日，秦皇岛地区普降大雨，后又雨夹雪并降温 10℃以上。老岭有积雪，雪线高约 500 米。7 月 21 日夜，因台风影响，西起滦河口，东到山海关，遭暴风雨袭击。截至 22 日，一般降水量为 200 毫米，最大降水量达 360 毫米，山洪暴发，河水浸溢。石河水位猛涨至 6 米以上，洪水最大流量 5.16 万米 ^{3}/ 秒，死 40 余人。昌黎县受灾面积 4 698.67 公顷（704 780 亩），成灾面积 3 万公顷（45 万亩），倒房 4 470 间，死伤 38 人，死亡大牲畜、猪、羊 88 匹（头 / 只）。抚宁县柳各庄公社、双岭公社的王黑石、梁家湾山坡出现泥石流共 100 余处，30 个村庄受到大水的威胁，伤亡 30 多人，冲走大牲畜 1 330 头（匹），鸡、鸭、鹅 1 800 只，倒房 8 180 间，淹地 1.07 万公顷（16 万亩），冲毁 666.67 公顷（1 万亩）见图 9-1。青龙县被水冲走 93 户，水淹 448 户，死伤 120 人，冲走房屋 559 间，倒塌房 1 271 间，冲走大牲畜 4 684 匹（头）、猪羊 753 头（只），水冲沙压农田 0.47 万公顷（7.08 万亩）。秦皇岛市 96 个大队 379 个村庄受淹，灾民 12 769 户 48 953 人，过水地 1.27 万公顷（19.09 万亩），冲毁 3 026.53 公顷（45 398 亩），倒房 8 785 间、墙 1.1 万段、树 39 671 棵，坏圈 3 368 个、棚 125 个，冲走木材 200 米^3，死猪 1 380 头、大牲畜 13 头、羊 27 只、蜂 286 箱。山海关到留守营段铁路有 11 段路基被冲毁，地方铁路被冲坏 40 多段，毁桥 1 座。秦皇岛市 17 个工厂被淹，12 个工厂停产；市商业局仓库全部被淹，百货公司损失折款 40 万元；生产资料公司 2.5 万千克化肥被水浸泡，损失折款 15 万元；粮食局损失粮 2 万余千克。

1960 年 8 月 1 日，昌黎遭雷电袭击，死 3 人，伤 4 人。

图 9-1　1959 年抚宁县遭洪涝灾害后的情景

1961 年夏、秋，昌黎县出现局部沥涝灾情，成灾 0.63 万公顷（9.5 万亩）。7 月 18 日 21 时，卢龙县降大暴雨，成灾面积 7 865.33 公顷（117 980 亩），倒树 6 169 株。7 月 24 日，抚宁县降暴雨 231 毫米，洋河最大洪水流量 1 700 米^3/秒，河水外溢，受灾面积 1.26 万公顷（18.95 万亩），死 7 人，冲走大牲畜 16 头（匹）、猪羊 129 头（只），塌房 5 746 间，坏房 1 322 间，减产粮食 681.25 万千克。7 月 24—27 日，昌黎县遭洪水、沥涝灾害，滦河洪水流量 3.4 万米^3/秒。全县河堤全部漫溢崩溃。靖安、新集、刘台庄 3 个工委的 12 个公社 146 个大队受灾，重灾 120 个大队，大史家口、王家楼等村被大水灭掉。受灾耕地 3.6 万公顷（54 万亩），成灾 2.93 万公顷（44 万亩）。倒房 21 380 间，死大牲畜 113 头、猪羊 2 500 头（只）。7 月 24—26 日，卢龙县遭水灾，青龙河出现 2 次洪峰，流量达 7 700 米^3/秒。河水外溢，全县一片汪洋，120 个村受灾严重，33 个村被淹，0.85 万公顷（12.77 万亩）庄稼减产。7 月 24—26 日，青龙县降特大暴雨，总降水量 369.4 毫米，其中 7 月 25 日降水量达 241.9 毫米。七道河公社磨盘山一个自然村被泥石流冲走，全县受灾农田 9 109.4 公顷（136 641 亩），冲走房屋 552 间，倒房 11 155 间，死 13 人，冲走大牲畜 46 匹（头）、猪羊 1 014 头（只），交通、通信全部中断。同期，秦皇岛市连降大雨，降水量 180 毫米以上，戴河、石河及各小河流河水外溢，部分农田受灾。

1964 年 8 月 13 日夜，秦皇岛地区沿海发生海啸，并伴有暴风雨，海水浸溢。北戴河区刘庄 6 座楼花园水深齐腰，海浪淘空外交部休养所环海路基 3 处，中海滩南花园全部花木被淹死；海港区降雨量达 172 毫米，河水陡涨，交通邮电中断，部分工厂受淹，损失 11 万元；抚宁县降暴雨，倒房 2 000 多间，倒墙 1.5 万米（4 500 丈），倒塌牲畜棚 40 多处，死 5 人，大片地过水；青龙县降特大暴雨，降水量达 243.8 毫米，冲走人家 43 户、房屋 105 间，倒房 782 间，死 30 人，受灾农田 5 983.2 公顷（89 748 亩），毁树 9.58 万株，倒果树 647 棵，冲走大牲畜

51匹（头）、猪羊376头（只），毁堤坝180处长17 685米，95%的公路路基被冲坏，冲毁桥梁3座，倒电杆520根。8月，昌黎县多雨成灾，4.47万公顷（67万亩）农田减产，重灾3.27万公顷（49万亩），倒房1 415间，死大牲畜10匹（头）。

1966年7月28—29日，青龙县特大暴雨成灾，降水量221毫米，冲光地板102.67公顷（1 540亩），沙压土地2 337亩，倒房75间，死8人，毁坝8 366米。

1967年夏，昌黎县沥涝，成灾1.22万公顷（18.3万亩）。

1969年2月3—4日，秦皇岛市出现强寒潮，海港区、北戴河区最低气温 –18℃，海水结冰封冻，海冰厚度达30～80厘米，5艘万吨货轮被海冰挤压受损。3月下旬，冰冻逐渐减退。7月14—15日，除青龙县外，各地均降大到暴雨，海港区、昌黎县降雨量达240毫米，昌黎县果乡水库下游出现泥石流，0.13万余公顷（2万多亩）地受淹，水深1.0～1.5米。8月11—12日、16—17日，秦皇岛地区普降暴雨或大暴雨。

1970年8月2日、7—8日，秦皇岛地区普降暴雨到大暴雨，昌黎、抚宁、卢龙3个县有水涝。

1972年7月26日下午至27日上午，秦皇岛地区遭台风袭击，风力8～9级，最大阵风10级，普降中到大雨，有的地方降暴雨。昌黎县，沿海地区发生海啸，海浪比常年平均值高出2.5米，各河进水2 500米左右，沿海5个公社20个村庄和团林农场被海水包围，冲走渔船13只、渔网752领，渔铺全部被冲毁，全县2.26万公顷（33.9万亩）农作物受灾，倒折果树2.94万棵，倒房64间，倒牲畜棚、猪圈66处，死伤牲畜和猪羊300多头（只），折电杆871根，断电线多处；抚宁县遭台风、海啸袭击，倒伏大田作物0.67万余公顷（10万余亩），沿海大队被海水淹没240余公顷（3 600余亩），塌房700多间，倒墙330处、高压电杆187根、电话杆1 000多根，折断各种树木7.5万棵，损失水果216万千克，冲走渔船18只，损坏渔船171只，死伤4人；秦皇岛市遭台风、暴雨袭击，农作物倒伏0.15万公顷（2.3万亩），果树落果100万千克，倒大树2 000多棵，海啸使沿海的海港区马坊公社南李庄村被淹，村内积水约1米，海港区10个工厂、23个企业受淹，北戴河区海滨公社河东寨大队的防潮堤冲断650米，堤内8公顷（120亩）稻田尽淹；卢龙县遭台风、暴雨袭击，农作物、果树等均受损失。

1973年7月4—5日，秦皇岛地区普降大暴雨。山海关区石河水流量达2 090米^3/秒，溺亡19人；抚宁县37个公社284个大队遭水灾，收获的麦子因被水浸泡导致发芽霉烂而损失25万千克；昌黎县0.97万公顷（14.6万亩）沥涝成灾。夏，抚宁县吕良峪公社降特大暴雨，90分钟降雨达241毫米，1个小水库被冲垮。

1974年7月1日—8月15日，昌黎县降雨8次，降雨量为469毫米，17个公社降雨量达550～660毫米，全县受灾2.79万公顷（41.9万亩），成灾0.71万公顷（10.6万亩）。7月21—25日，抚宁县降大雨，最大降雨量为200毫米，过水地0.3万公顷（4.6万亩），成灾0.14万公顷（2.04万亩），沙压地486.67公顷（7 300亩）；倒房、畜棚、猪圈1 676间，倒墙4 000多米，毁机井、大口井107眼，冲走树木2.06万棵。

1975年7月29—30日，秦皇岛地区普降大到暴雨，并伴有大风。昌黎县，降雨量为300～370毫米，积水面积2.58万公顷（38.7万亩），受灾面积1.03万公顷（15.4万亩），绝收800公顷（1.2万亩），倒树4.8万棵，水果损失10%左右，减产7.5万千克，侧塌住房3 411间、仓库177间、牲畜棚896座、猪圈3 129个，死亡1人，压死牲畜30匹（头），冲走渔船2只，冲没水泵6台；抚宁县，降雨量为200～450毫米，数万亩庄稼受害；卢龙县连雨成灾，6 666 余公顷（10 万亩）多亩高秆作物全被刮倒吹折。北戴河区，降雨量为 238 毫米以上，戴河水溢岸出槽，玉米等作物倒伏在地；海港区，降雨量为 220 毫米，高秆作物均倒伏；山海关区降雨量为 196 毫米，部分作物侧伏。8 月 11 日，青龙县小马坪公社遭严重水灾。8 月 20 日，青龙县连降大到暴雨 34 小时，小马坪公社被冲走房屋 77 间，死 6 人，伤 19 人，其中 7 户房屋物资全部被冲走。

1977 年 7 月 22—24 日和 26—27 日，卢龙县出现 2 次大到特大暴雨，双望、陈官屯到潘庄片降雨 300 ～ 400 毫米，城关、刘田各庄到木井降雨 400 ～ 500 毫米，大李佃子到万贯各庄公社降雨量高达 550 ～ 700 毫米。大雨中，雷击死 2 人，塌房压死 1 人，大水淹死 1 人，伤 24 人；死羊 33 只、骡 2 头，大水冲毁塘坝 21 座，积水地 3 714.33 公顷（55 715 亩），2 666 余公顷（4 万多亩）农作物倒伏。倒树 7 000 多棵，塌房 3 000 多间。武山石矿、县化肥厂和陶瓷厂受淹。7 月 20 日—8 月 3 日，昌黎县相继遭受 3 次沥水、3 次洪水灾害。7 月 20—23 日、26—27 日、8 月 2—3 日 3 次暴雨，每次降雨量 200 毫米左右，最大一次 320 毫米。14 天中，全县平均降雨量 552 毫米，最多的大蒲河公社降雨 718 毫米。全县耕地过水面积 4.67 万公顷（70 万亩），占全部耕地的 76%，倒伏庄稼 8.93 万公顷（134 万亩），倒塌房屋 13 751 间、牲畜棚 3 591 座、猪圈 11 694 个，死 5 人、大牲畜 12 头（匹）、猪 190 头，冲毁树木 3.5 万棵、较大桥梁 5 座，多条公路交通被中断。同期，秦皇岛市也受到暴风雨灾害。8 月 4 日，抚宁县王家沟公社一带，两个半小时内降雨 240 毫米，山上出现泥石流，西峪沟的房屋部分被冲走。

1978 年 7 月 23—28 日，青龙县受 5 号台风影响，连续 6 天降雨。26—28 日出现暴雨，总降水量 285.3 毫米，42 个公社 331 个大队受灾，面积 6 484.6 公顷（97 269 亩），死 3 人，倒塌房 169 间，倒树 14 580 棵，冲毁半成品小水库 2 座、塘堤 4 个、水渠 20 多条，价值万元的 8 年生人参 25 床，冲走小拖拉机 1 台，多条公路被冲断。9 月 15 日，卢龙县燕河营公社 1 名学生遭雷电袭击致死。

1979 年 6 月 24 日 3—18 时，昌黎县连降暴雨，伴 8 级阵风，全县过水面积 2.07 万公顷（31 万亩），成灾 0.14 万亩（2.1 万亩），各种农作物倒伏，塌房 156 间，倒树 2 200 棵。9 个公社电话线路中断。7 月 28 日，青龙县普降暴雨，14 个公社、56 个大队受重灾，其中三拨子公社 7 小时降雨超过 400 毫米，出现泥石流。全县被冲光地面土的 1 100.07 公顷（16 501 亩），沙压地 1 424.33 公顷（21 365 亩），1 881.73 公顷（28 226 亩）秋粮绝收，死 12 人，伤 31 人，倒房 2 904 间，毁截潜流工程 5 处、扬水站 52 处、机电井 200 眼、防护坝 19.3 万米、公路干线 50 千米。7 月 28—29 日大雨连绵，沿滦河、青龙河两岸的卢龙、昌黎等县部分地方受灾，昌黎县受灾农田 66 余公顷（1 000 多亩）。12 月 18 日，秦皇岛地区普降大雨，抚宁县雨量达 44 毫米。近冬至降大雨，乃历史上罕见。

1982 年 8 月 9 日凌晨至 10 日上午，抚宁县遭暴风雨袭击，阵风 8 级，降雨 200 ～ 300 毫米，有的地区达 380 毫米，洋河上游出现 5 700 米 ^{3}/ 秒的大洪峰。因洋河水库上游水溢，有 19 个村被淹，539 户院里进水，倒房 458 间、墙 3.2 万米，死 2 人，冲走、淹死家畜 954 头；倒电杆 925 根，毁桥梁 8 座、机井和大口井 409 眼、水渠 1.44 万米、河防工程 45 处，冲走淹没柴油机 255 台、水泵 55 台、脱粒机 1 台，倒大树 11.7 万棵，水冲、沙压耕地 0.14 万公顷（2.1 万亩），毁田 460.4 公顷（6 906 亩），倒伏庄稼 2.35 万公顷（35.3 万亩），水淹地 613.33 公顷（9 200 亩），总计损失 6 020 万元。

1982年8月9日14时至10日15时，昌黎县遭受暴风雨袭击，滦河出现1979年以后最大洪峰，流量为8 800米3/秒，降雨量最大的晒甲坨乡为263毫米，降雨期间伴有7～8级大风，全县倒伏庄稼2.36万公顷（35.4万亩），严重倒伏1.54万公顷（23.08万亩），刮倒树木22 832棵，山区果树落果2～3成，损失水果400万千克，刮倒电杆134根，3个工委全部停电，倒塌房屋354间，院墙710米，死大牲畜20头，积水面积1.89万公顷（28.3万亩），滦河套被洪水淹没的作物0.53万公顷（8万亩）。同期，卢龙县遭受暴雨灾害，北部秀各庄降雨量达593毫米，其他地方达200毫米以上，同时伴有大风，最大风速11级，受灾面积15 540.93公顷（233 114亩），水冲沙压0.27万余公顷（4万多亩），2 000多间房屋倒塌或下陷，毁桥梁7座、公路10多处、水利设施718处；北戴河区降大雨，农作物、沿海水产及城市设施受到损坏。8月9—11日，青龙县连降暴雨，并伴有8级以上大风，全县平均降雨量为343.4毫米，县城降雨量为379毫米，相当50年一遇；西双山乡降雨量为540毫米，相当200年一遇；官场乡降雨740毫米，相当500年一遇。全县死21人、伤139人；冲走房屋27间，倒房6 482间；受灾面积1.31万公顷（19.62万亩），其中冲光地板0.34万公顷（5.13万亩），沙压地0.48万公顷（7.2万亩），毁防洪坝463.5千米、截流工程6处、小水库6座，倒树、死牲畜甚多。8月14日，海港区、山海关区、北戴河区降大雨。其中，北戴河区农田受损50%以上；海港区农田受灾面积2 562.53公顷（38 438亩），倒树1 500棵，部分老旧房屋塌倒；山海关区农作物受损坏。

1985年6月10日、12日，青龙县张杖子、朱杖子、马圈子等14个乡63个村遭暴风雨冰雹灾害，农田受灾0.52万公顷（7.8万亩），其中冲走地皮1 300公顷（1.95万亩），约计损粮1 750万千克、鲜果500万千克。6月30日、7月2日，青龙县小马坪、干树沟、八道河、娄杖子等9个乡先后遭风、雹、水灾，造成3 334.13公顷（50 012亩）农作物绝收。7月1日—8月16日，青龙县董杖子、大石岭、白家店、七道河、前庄等8个乡陆续遭风、雹、水灾，成灾总面积1 633.33公顷（2.45万亩），66余公顷（1 000多亩）土地绝收。7月下旬至8月，昌黎县连续降雨，平均降雨量448.3毫米，最大达489毫米。受灾面积2.25万公顷（33.75万亩），占总耕地面积的41.6%。养鱼坑塘被雨水漫灌1783.67公顷（26 755亩），跑鱼214万尾。因大风海啸，冲毁滩涂养虾池2公顷，损失虾苗50万尾；撞毁渔船4只，卷走渔网500多领。全县20个重灾村，约计减产粮食2 250万千克。

1986年7月10日、18日、20日、22日，青龙县连续出现降雨、冰雹，南杖子、新城沟、木头凳等12个乡的部分村庄受灾。受灾面积2 335.73公顷（35 036亩），其中重灾面积0.17万公顷（2.55万亩），减产粮食107.5万千克，果品损失73.25万千克。

1986年8月9日零时，抚宁县遭特大暴风雨，暴风雨持续半小时，降雨量最大110毫米，平均风力7级，阵风9～10级，部分地区出现龙卷风。受灾较重的有5个区36个乡340个村，受灾严重的有5个乡64个村。受灾粮田1.07万公顷（16万亩），减产粮食达1.36万千克；刮掉果品6 285.5万千克，刮倒刮折各种树11.43万棵；损失房屋1万多间；刮倒电线杆10根，断线4处，倒通信电杆63根、折25根，直接经济损失1 150万元。同日，市区降雨量达114.6毫米，降雨最强时，2小时雨量达72毫米，多处积水成河，立交桥下水深1～2米，低洼处居民室内进水，深者半米以上，数日不能居住。山海关林场3.33公顷（50亩）树苗积水被淹，采石场500米^{3}碎石被水冲走。在8级风力下，市拆船公司位于海边、重约5吨、占地面积 280 米^{2}的仓库铁瓦中架屋顶被大风吹掉。

1986 年 9 月 1 日，全市普降大雨，部分县（区）降暴风雨。中午至晚 20 时，抚宁、青龙两县的一些乡村连降暴雨达 8 小时之久。其中，抚宁县降雨量为 170 毫米，驻操营区雨量为 170 ～ 180 毫米，义院口乡达 260 毫米，最大降雨量的猩猩峪达 270 毫米；青龙县降雨量为 260 毫米，山神庙乡低地水深达 2 807 毫米。洋河水库最大洪峰达 1 300 米^3/ 秒。因山洪暴发，河水猛涨，抚宁县有 8 人、青龙县有 4 人被洪水卷走死亡。受灾农作物面积 6 137.6 公顷（92 064 亩），其中水冲、沙压面积 588.2 公顷（8 823 亩），冲光地板 49 公顷（735 亩），减产粮食 550 多万千克；冲倒冲走树木 7 万多棵，其中果树 3 025 棵，果品损失 295 万千克；暴雨冲毁乡级以上桥涵 22 座、县乡村公路 78 千米；冲毁高压线杆、广播线杆及电话线杆 151 根、各种电线 1.6 万米，损坏大小河坎 23.1 千米、丁字坝 6 座、支渠以上渠道 10 条（3.4 万米）；淤死机井 161 眼、塘坝 2 座、干渠渡槽 2 座，造成经济损失约 193 万元。暴雨使乡镇企业和农户财产受到严重损失，抚宁县榆关乡 4 个乡办企业，被冲走、毁坏物资合款 25 万元；县办大企业配件厂被冲毁，损失 40 万元；板厂峪村曹计岚新置的 3 间房物料、0.13 公顷（2 亩）树苗和家禽等物资被水冲走，损失 3 339 元；狮子河养鱼专业户李均义的鱼池被冲垮，130 尾鱼苗全部被冲光，价值 3 万元。

1987 年 7 月 4 日 21 时左右，青龙满族自治县干树沟、官场两个乡遭暴雨冰雹灾害，其中干树沟村受灾较重。两个乡共有 227.33 公顷（3 410 亩）农作物受灾，其中重灾 73.33 公顷（1 100 亩），水冲沙压绝收面积 12 公顷，粮食减产 13.5 万千克；水果减产损失约 30 万元。8 月 19 日 4 时至 5 时半，昌黎县大部分地区遭受 7 级大风和雷阵雨袭击，21 个乡镇受灾，其中泥井、刘台庄、新集 3 个工委的 14 个乡镇受灾较重。农作物倒伏面积达 9 646.4 公顷（144 741 亩），其中早玉米 4 831.93 公顷（72 479 亩）、晚玉米 1 737.73 公顷（26 066 亩）、高粱 1 930.73 公顷（28 961 亩）、水稻 362.87 公顷（5 443 亩）、其他杂粮 786.13 公顷（11 792 亩）。受灾面积中，减产 3 成以下的 3 441.4 公顷（51 621 亩）、减产 3 ～ 5 成的 5 280.87 公顷（79 213 亩）、减产 5 成以上的 927.13 公顷（13 907 亩）。8 月 26 日 18 时至 27 日 4 时，全市遭受特大暴风雨袭击，降雨量为 232 毫米，风力 8 级以上，最大达 10 级，188 个乡镇中 162 个遭灾。全市 20 万公顷大秋作物受灾面积达 7.27 万公顷，其中减产 1 ～ 2 成的 3.07 万公顷（46 万亩）、减产 3 ～ 4 成的 3.61 万公顷（54.2 万亩）、减产 6 ～ 8 成的 0.45 万公顷（6.8 万亩）、绝收的 0.13 万公顷（2 万亩），1.07 万公顷（16 万亩）夏玉米减产 6 成以上。因连续干旱、冰雹和暴风雨，全市大约减产粮食 1.5 亿千克；刮落果 890 万千克，直接经济损失 700 万元；刮倒树木 44 491 棵；倒房 205 间，沉船 60 只，毁坏网具 2 800 领；跑虾池 16 个（463 亩）；死亡 1 人。

1988 年 8 月 20 日 21 时 30 分，青龙满族自治县西双山乡遭受暴风雨，全乡 451.6 公顷农作物被刮倒，刮折 300 公顷。同日 23 时许，抚宁县遭暴风雨袭击，其中台营、大新寨区受灾最重，其 10 个乡 119 个村共倒伏农作物 1 101.13 公顷（16 517 亩），大部分作物从距地面 20 厘米处折株，多数地块作物铺倒在地，共减产粮食 330 万千克。暴风雨夹杂冰雹，砸伤刮落水果约 7.5 万千克。粮果损失折款 205 万元。22 日 19 时，青龙满族自治县双山子镇三合店村遭暴风雨袭击，风雹持续 20 多分钟，全村 186.67 公顷（2 800 亩）农作物有 90 公顷受灾。

1994 年 7 月 13 日，秦皇岛市降暴雨，局部地区降大暴雨，加之承德地区降暴雨影响，滦河流量 14 日达 8 900 米^3/ 秒。昌黎县沿滦河河套 0.27 万公顷（4 万亩）农作物受淹，部分农作物被渍死。卢龙县河流水位猛涨，库渠出现险情，农作物受灾面积达 2 873.42 公顷（43 101.3 亩），其中甘薯受灾面积 1 005.5 公顷（15 082.5 亩）、玉米受灾面积 1 181.67 公顷（17 725 亩）、花生受灾面积 237.5 公顷、水稻受灾面积 59 公顷，其他作物受灾面积 389.75 公顷（5 846.3 亩），绝收的 86.21 公顷（1 293.1 亩），预计减产粮食 1 139.74 万千克，冲走树木 4 900 棵，倒塌房 45 间，全县直接经济损失约 755.2 万元。青龙满族自治县死亡 8 人，直接经济损失 4 000 万元。

1995 年 7 月 28—30 日，卢龙县普降暴雨，平均过程雨量为 200 毫米以上，北部部分乡镇超过 300 毫米，全县农作物受灾面积 0.56 万公顷，其中成灾面积 0.28 万公顷、绝收面积 400 公顷，共计减产粮食 1 080 万千克。果树被淹 133 余公顷（2 000 多亩），冲走树木 1 820 棵。倒塌温室大棚 276 个 16.67 公顷（250 亩）。损坏房屋 620 间，其中倒塌 215 间。倒塌猪圈 1 441 个、院墙 3 万余米。损毁乡村道路 58.7 千米，冲毁桥涵 44 座，断交 23 处。冲毁水利工程 187 处，其中倒塌渠墙 1 563 延长米，损坏机井、大口井 30 眼。造成直接经济损失 3 300 多万元。

1996 年 7 月 29 日，青龙满族自治县普降大到暴雨，部分地区出现大暴雨。农作物受灾面积 111.33 公顷（1 670 亩），绝收面积 210 公顷，毁坏耕地 180 公顷，减产粮食 126 万千克。冲走粮食 1.4 万千克，冲走畜禽 278 头，淡水养殖受灾 133.33 公顷（2 000 亩），毁坏堤防 32 千米，公路中断 5 条 25 千米。毁坏房屋 1 500 间 3 万米^2，工矿企业停产 45 家，冲走刮倒各种树木 5.2 万株，全县有 16 个乡镇 108 个行政村 15.6 万人受灾，总经济损失达 1 185 万元。8 月 2—3 日，青龙满族自治县普降大到暴雨，过程总降水量 184.4 毫米。农作物受灾面积 1 900 公顷，农作物绝收 400 公顷，毁坏耕地 150 公顷，粮食减产 250 万千克，冲走畜禽 350 头（只），淡水养殖受灾 110 公顷，冲走商品鱼 2 万千克，冲断公路 3 条 12 千米，冲毁房屋 5 500 间，冲走各种树木 4.3 万株，全县总经济损失达 1 580 万元，见图 9-2。8 月 10 日，卢龙县降大暴雨，降水量达 109.9 毫米，造成饮马河、西洋河、教场河、龙凤河、营山河、骚龙河河水漫溢，19 座水库溢洪，大量农田被淹，水利设施、县乡道路、房屋院墙等损坏严重。全县农作物成灾面积 3 205.8 公顷（48 087 亩），其中减产 3～5 成的 1 941.13 公顷（29 117 亩），减产 5～7 成的 9 70.6 公顷（14 559 亩），绝收面积 294.07 公顷（4 411 亩）。预计减产粮食 1.24 万吨，直接经济损失 1 240 万元，损坏日光温室 450 个，损失 135 万元，损坏 14 座水库、堤防 5 处 6 000 米、渡槽 3 处 120 米、机井 350 眼、桥涵 19 座，渠道决口 4 处 343 米，路面冲刷 7 000 米，道路中断 2 处，水毁工程损失 187.5 万元，损坏树木 2 300 棵，损失 12 万元。全县共损坏房屋 160 间，其中倒塌 93 间，倒塌猪圈 351 个、院墙 3 136 米，损失 101 万元。全县共 1 382 户居民住宅进水，其中 8 户 32 人被淹，损失 251 万元。各项损失共计 1 926 万元。

图 9-2　1996 年七八月间，青龙满族自治县暴风雨后情景

1998 年 8 月 7—8 日，昌黎县出现大暴雨，15 个乡镇受灾，其中马坨店、辛集、靖安、昌

黎镇等10个乡镇受灾严重，受灾面积2.77万公顷（41.61万亩），减产面积1.60万公顷（23.93万亩），绝收1.2万公顷（18万亩）。

2003年7月27日，秦皇岛市部分区、县遭暴雨、大暴雨袭击，其中市区降水量106.0毫米。其中，北戴河区大薄荷村低洼地段积水严重，局部水位深达125厘米，部分村民院落进水，房屋受淹；昌黎县平均降雨量152.8为毫米，农作物受灾面积1.50万公顷（22.45万亩），成灾面积0.35万公顷（5.2万亩），受灾人口10.93万人，成灾人口2.4万人，部分旧房出现不同程度的漏雨，共倒塌房屋39间，毁坏路基11.72千米、输电线路6千米、通信线路15千米，溺水死亡1人，农业直接经济损失600万元；卢龙县平均降雨量为96.9毫米，农作物受灾面积0.33万公顷（5万亩），其中成灾面积0.23万公顷（3.5万亩），绝收286.67公顷（0.43万亩），受灾人口4.5万人，成灾人口3万人，倒塌房屋11间，出现危房326间，冲毁桥3座，冲断道路近100米，冲坏渠道378米，因灾减产粮食310万千克，共造成经济损失850万元，其中农业经济损失600万元。

8月4—6日，秦皇岛市普遍遭受两次较强风雨袭击，降雨量均在45毫米以上，抚宁县平房峪雨量达128毫米，最大风力达到8级以上。暴风雨致使高秆农作物大面积严重倒伏，有的被大风折断，果树叶片和果品被风吹落地严重。卢龙县、青龙满族自治县部分地区还遭受冰雹、泥石流灾害，重灾区农作物全部绝收。全市灾情较重的乡镇达28个，受灾面积4.31万公顷（64.72万亩），成灾面积3.18万公顷（47.63万亩），绝收面积0.45万公顷（6.7万亩）。果树受灾10.75万株，果品减产6 679.4万千克。受灾人口74.8万人，成灾38.4万人。冲毁道路400米，冲走羊棚、羊圈4个，冲走绒山羊443只，倒塌房屋3间，受损107间，泥石流石块砸伤1人住院，初步估算经济损失13 276.3万元。

2012年7月21日—8月4日，秦皇岛市平均降雨量达567.9毫米，创1978年以后的最大记录，6次强降雨过程之间都只间隔2～3天。其中，8月1—4日全市平均降雨量285.8毫米，是历年8月上旬平均降雨量的3.4倍多，是1962年以后的最大值，全市共有77个水文雨量站次日雨量超过100毫米。受上游水库泄洪影响，石河、滦河、戴河、洋河均超过警戒水位，戴河河道洪峰流量超过1 000米^3/秒（推算值），相当于50年一遇洪水，滦河最大洪峰流量达到4 650米^3/秒。全市有9个县（区）、89个乡镇、252.68万人受灾，因灾死亡4人；农作物受灾面积18.45万公顷，其中成灾面积12.6万公顷；倒塌损坏房屋1.62万间，因灾直接经济损失167亿元，其中水利设施直接经济损失46.12亿元。损坏小型水库101座、塘坝157座、堤防559.71千米、闸涵243座、渠道519处、道路73.5千米；205座小水库、339座塘坝蓄满溢流。全市内涝面积达1 238.8千米^2，近400家工矿企业遭受不同程度损毁，成为自1983年以后造成损失最为巨大的一次自然灾害。

2013年6月28日夜，青龙满族自治县遭受暴雨袭击，平均降水量达80.9毫米，最大降水量132.6毫米。造成部分农作物倒伏，耕地冲毁，房屋漏雨等灾害。土门子、青龙镇、茨榆山、平方子、朱杖子、娄杖子、八道河、马圈子镇、双山子等9个乡镇受灾严重。受灾人口3.74万人，农作物受灾面积2 250公顷，其中农作物成灾面积1 080公顷，倒损房屋253户、841间。共造成直接经济损失2 175万元，其中农业损失1 945万元、家庭财产损失230万元。7月1日，全市普遍出现强降雨，其中青龙满族自治县、卢龙县达到暴雨级别，全市最大降雨量位于青龙满族自治县土门子镇，为186.1毫米。造成卢龙县、青龙满族自治县、海港区、秦皇岛经济技术开发区4个县（区）受灾，受灾人口54 233人，农作物受灾面积4 430公顷，紧急转移安置313人（分散安置），倒塌房屋6户11间，损坏房屋85户281间，两人失踪，共造成直接经济损失约5 099.3万元（其中卢龙县4 028.3万元，青龙满族自治县1 065万元）。

2015年8月1—2日，秦皇岛市出现强降雨天气，青龙满族自治县南部、抚宁县北部、卢龙县中北部、昌黎县南部、海港区、山海关区为大雨或暴雨，其中有9个雨量站降雨量超过100毫米，为大暴雨级别，最大降雨量为卢龙县雷店子，达147.2毫米。卢龙县有3个乡镇受灾，受灾人口9 632人，农作物受灾面积799公顷，成灾面积419.6公顷，绝收面积210公顷，大部分为玉米、水稻等农作物被淹或倒伏；卢龙镇招军屯、崔庄、东胡庄3个村19户、下寨乡10户房屋进水，部分损坏；冲毁道路8 890米、乡村桥梁15座，并造成引青灌区渠旁路20千米不同程度损坏。共造成经济损失890万元，其中农业损失为574.6万元、家庭财产损失为8.7万元、基础设施损失为306.7万元。

2016年7月20日4时至21日6时40分，秦皇岛市出现区域性大暴雨天气，52个雨量站降雨量超过200毫米，其中8个雨量站降雨量超过300毫米，最大降雨量为祖山（614毫米），其次为花厂峪（447毫米）。全市平均降雨量为194毫米，其中青龙满族自治县284毫米，卢龙县198毫米，昌黎县192毫米，抚宁区227毫米，北戴河区133毫米，海港区163毫米，山海关区161毫米。据民政系统统计，全市受灾人口89.51万人次，死亡2人，失踪1人，倒塌房屋557间，严重损坏房屋2 290间，一般损坏房屋11 245间。农作物受灾面积约5.7万公顷，农作物成灾面积为3.02万公顷，绝收面积6 959.4公顷，毁坏耕地面积1 147.7公顷，农业损失7.47亿元。工矿企业损失254.2万元，基础设施类损失16.25亿元，公益设施类损失7 146万元，家庭经济损失1.69亿元，其他损失8.68亿元（一是岸滩及旅游设施损失5.58亿元，二是海产养殖损失和27条公务执法船、92条渔船沉没，造成经济损失3.1亿元）。合计损失34.82亿元。

二、旱灾

干旱是降水时空分布不均，长时间缺降水而形成的气象现象。但干旱的发生并不完全取决于降水，还与地形、土壤、植被等条件有关。而人为因素诸如人口的快速增长、经济社会的发展也会加重旱涝灾害的程度和影响。

秦皇岛市受季风影响，雨量分布不均，旱象发生的概率较大。春旱、夏旱、秋旱年有发生，以春旱为多。旱灾程度北部山区重于南部沿海。1949—2016年不完全统计，发生旱灾21年次，概率为31%。20世纪60年代干旱发生次数最多，旱情最重，其中1960年、1961年的连续干旱，1968年、1999年的全年少雨大旱，都给农业生产造成极其严重的危害；70年代后，干旱次数和程度有明显减少和缓和；80年代后干旱次数又增多。春旱，一般出现在4月中旬到5月上旬，1950—2016年发生春旱的年份共22年，其中大旱年14年，以1960—1961年、1980—1982年的干旱年最为严重，严重春旱占春旱年的半数以上。夏旱主要发生在7月中旬到下旬，中华人民共和国成立后的40年间，发生夏旱11次，以1958年、1968年、1980年、1981年、1984年、1989年和1999年为大旱，夏旱以北部山区的为重。秋旱发生在8月下旬至9月下旬。中华人民共和国成立后，共有13个年份发生秋旱，其中严重秋旱7年，即1963年、1972年、1977年、1979年、1982年、1983年和1999年。干旱灾害的总趋势是频次提高，干旱强度逐渐增强。

明洪武四年（1371 年），永平（指永平府，治所位于今卢龙县城）秋旱。九年（1376 年），永平秋旱。嘉靖十三年（1534 年）春，永平旱。三十五年，卢龙春旱。三十九年秋，永平旱。四十二年四月，昌黎大旱。万历二十六年（1598 年）春，卢龙、昌黎干旱无雨。四十三年春，昌黎、卢龙大旱，正月至七月不降雨。崇祯七年（1634 年）五月，临榆（指临榆县，治所位于今山海关城）干旱。九年夏，卢龙干旱，小麦颗粒不收。十三年春，昌黎、卢龙、临榆干旱。

清康熙元年（1662 年）夏，昌黎大旱。乾隆二十四年（1759 年）三月，昌黎、抚宁干旱。五十七年夏，永平大旱。嘉庆五年（1800 年），昌黎干旱，小麦颗粒不收。十六年夏，抚宁旱，夜遍地起火。十八年春，永平大旱。道光十一年（1831 年）六月，抚宁干旱。十二年春、夏，临榆大旱。十九年春，昌黎旱；夏，永平旱。二十五年春，永平大旱。光绪元年（1875 年）夏五月，永平久日不雨，至六月大旱，“人多渴死”；抚宁三冬无雪。二年春、夏，水平大旱。

1929 年春，抚宁县旱；入夏后至七月，卢龙干旱。

1930 年春、夏，昌黎旱，树多枯死。

1935 年春、夏，秦皇岛旱，春多不能播种，呈酷旱之象。

1939 年春，秦皇岛苦旱无雨，六月始雨；夏，又旱。秋，临榆久旱无雨，禾苗苦旱。

1942 年，卢龙春旱；抚宁春缺雨，井大半旱干；四至六月再旱，南洋河一步迈过，青苗均呈枯槁象。

1957 年春，秦皇岛市大旱无雨，截至 6 月 15 日仍有 333.33 公顷（5 000 亩）土地未能下种，占应耕种地的 44.7%。

1960 年，秦皇岛地区冬季到初夏雨雹稀少，旱情严重。持续至 1961 年。

1963 年春，昌黎县干旱，灾面 1.53 万公顷（23 万亩），成灾 0.8 万公顷。6 月中旬，青龙县干旱，虫灾严重，旱谷子被害株率平均达 47.7%。

1964 年 5 月 24 日，卢龙县春旱，0.87 万公顷（13 万亩）耕地未下种。

1965 年春旱，秦皇岛市及昌黎、卢龙县至 5 月底前无透雨。

1968 年 6—8 月，除青龙县外，秦皇岛市和抚宁、昌黎、卢龙 3 个县，发生大旱灾。抚宁县全年未降过透雨，各地减产严重。昌黎县有 1.22 万公顷（18.3 万亩）重灾区，产量只达常年的 40%；海港区、抚宁县只抵常年的 50%；北戴河区、昌黎县、卢龙县旱情较轻，亩产相当常年的 60% 以上。

1972 年春，秦皇岛市大旱，地下水位下降 3 米左右，3 000 多眼机井干枯，1.52 万余公顷（22.8 万多亩）农田，半数以上不能下种，已出苗的地块有 0.27 万公顷（4 万亩）被旱死。

1978 年 4 月 1 日—5 月 15 日，青龙县连续干旱无雨，影响了适时播种。

1980 年 8 月上旬始，秦皇岛市和抚宁、昌黎、卢龙、青龙 4 个县的部分地区出现卡脖旱，不同程度受灾。

1982 年，卢龙县、抚宁县、青龙县出现春、夏、秋连续大旱。卢龙县全年降水量为 332.9 毫米，3.53 万公顷（53 万亩）农作物全部受灾，其中 2.73 万公顷（41 万亩）受灾严重，0.09 万公顷（1.4 万亩）绝收，减产 4.93 万余公顷（74 余万亩）；抚宁县全年降水总量为 391.4 毫米，有两次连续 46 天无降水，平均每亩减产 15.4%，减产 4 000 万千克，河水断流，地下水下降 3～4 米，山区井干涸，台营镇一带旱淤 685 眼井，旱死树 3 600 多棵；青龙县全年降水量为 414.7 毫米，2 637 眼井水枯竭，受旱农田 2.22 万公顷（33.3 万亩），51 公顷土地至秋后亦没出苗。7.69 万口人和1.9万头大牲畜饮水发生严重困难。

1983年6月下旬，全市旱象严重，受旱面积15万公顷，占耕地面积的72.6%，旱死苗面积1.11公顷（16.6万亩），0.2万公顷稻苗干尖、黑根萎缩。抚宁县枣园和渤海公社133眼机井水质变咸；青龙县164个村出现人畜饮水困难，旱灾面积达2万公顷，死苗日趋严重的0.67万公顷（10万亩）；昌黎县大蒲河镇等村水位下降1～3米，地表干土层深达16.67厘米（半尺），钱庄子公社140公顷套种作物中120公顷萎蔫，其中53.33公顷（800亩）干枯，313.33公顷（4 700亩）大田作物中226.67公顷（3 400亩）打蔫。8月5—28日，抚宁县未降雨，全县受旱面积2.67万公顷（40万亩），重灾面积1.4万公顷。7—8月，全市出现伏旱连卡脖旱，9.07万公顷（136万亩）土地受旱，严重减收地4.99万公顷（74.84万亩）。

1984年7月中旬至8月8日，青龙县出现伏旱，农田受灾面积2.49万公顷（37.4万亩），其中重灾面积1.65万公顷（24.8万亩），粮食减产75.2万千克。

1986年7月31日，进入汛期后全市降水明显偏少，旱象越发严重。全市受旱农作物面积达0.95万公顷，占农作物总面积的48%，个别严重地块作物下部叶片已干枯。

1989年7月下旬至8月31日，卢龙、昌黎、抚宁3个县发生严重夏旱。其中，卢龙县受旱面积3.53万公顷（53万亩），因旱粮食减产3～5成的有0.65万公顷（96 925亩）、减产5～9成的有0.69万公顷（10.3万亩），绝收面积0.27万公顷（4万亩），经济损失35 333.33万元；昌黎县因旱灾减产面积11.53万公顷（173万亩），受旱严重的4.33万公顷（65万亩），经济损失43 386.7万元；抚宁县，受灾面积10 467公顷，粮食作物绝收8 133公顷，果品损失4 400万元，35个村的1.6万人出现饮水困难。

1991年7月31日—8月6日、8月18—28日，卢龙县因高温无雨，旱象比较严重，大田作物造成不同程度的减产，减产3成以上的0.43万公顷（6.4万亩）。8月8—30日，青龙观测站平均气温25℃，最高气温33.8℃，降水量仅为31.7毫米，蒸发量达128.9毫米，全县85%的乡镇出现严重的掐脖旱，谷子、豆类作物绝收。

1997年，卢龙县出现历史上罕见的春旱和伏旱，8月1—18日无25毫米以上的降水，比历年同期少4成，粮食、油料作物大面积减产，旱灾造成经济损失达2 332万元。7月，昌黎县持续高温，刘台庄一带基本无降水，干旱严重，受干旱和红蜘蛛影响，晚玉米约333.33公顷绝收，夏播大豆减产3～4成。

1999年6月下旬开始，昌黎县出现较为严重的旱情，7月降水量仅为58.1毫米，农作物受灾面积43 666.67公顷，成灾面积31 800公顷，绝收面积5 733.33公顷，其中玉米受灾面积26 066.67公顷，花生受灾面积11 266.67公顷。山海关区3个镇95个行政村因旱受灾，直接经济损失4 455万元。

2000年6—7月中旬，秦皇岛市发生夏旱。卢龙县除滦河外其他河流基本干涸，121座水库中有80座干涸，水利工程蓄水量只有500万米^3，地下水补给严重不足，全县秋粮受灾面积3.72万公顷，0.27万公顷（4万亩）果树不同程度受灾，直接经济损失2.25亿元。抚宁县北部山区，持续干旱造成部分农作物绝收。截至7月12日，青龙满族自治县连续42天未出现降水，气温较高，全县13座水库全部干涸，山泉小溪和4条主要河流干涸，地下水位下降5～20米，全县3 160眼机井成为干井，工农业生产和农民生活用水陷入困境。昌黎县入夏以后降水稀少，7月气温27.4℃，比历年高2.3℃，降水量1 14.1毫米，比历年偏少54%，农作物和果树大面积减产和绝收，受灾面积47 160.17公顷，成灾面积40 217.77公顷，其中减产5成以上的18 670.77公顷，绝收329.29公顷。

2002年，秦皇岛市冬季无雪，春季少雨，出现地下水位下降、土地失墒情况，出现春旱，全市受灾面积10万公顷，其中成灾6.67万公顷（100万亩）。昌黎县、青龙满族自治县部分地区出现人畜饮水困难。

2006年4月6日—5月20日，秦皇岛市无有效降水，土壤失墒严重，出现春旱。全市受旱面积约12万公顷，占春播面积的66%。因旱不能播种面积约10万公顷，占春播面积的55%；29座小型水库干涸，2 430眼机井出水不足，占机井总数的6%；水利工程有效蓄水0.8亿米^3，大中型水库蓄水量明显不足，供需矛盾突出。7月中、下旬，青龙满族自治县降水偏少，部分地区出现严重干旱，全县受灾人口35.5万人，占全县总人口的69.2%。粮田受灾面积2.04万公顷，占总耕地面积的61.8%。8 500眼井干枯，3万人口和17万头大牲畜出现饮水困难；桑、柞蚕减产7.5万千克，损失约180万元。9月，全市降水异常偏少，大部县（区）出现旱情，影响了冬小麦的播种、出苗。11月，全市降水量仍然偏少，影响了小麦冬前正常分蘖。

2014年夏，秦皇岛市降水量比常年偏少3～6成，为有气象记录以来次少值，各地旱情严重，各水库蓄水量严重不足。其中，卢龙县（县民政局统计）12个乡镇及1个经济开发区受灾，受灾人口28.84万人，农作物受灾面积2.94万公顷，成灾面积2.05万公顷，绝收面积0.60万公顷，造成经济损失2.4亿元（全部为农业经济损失）。昌黎县（县民政局统计），受灾人口42 970人，受灾作物主要有小麦、豌豆、玉米、花生，受灾面积2 609公顷，直接经济损失623万元（全部为农业经济损失）。

三、雹灾

冰雹天气，秦皇岛市多数年份出现，造成局部地区农业减产、绝收，甚至伤害人畜。对1949—2016年共68年的统计表明，46年有冰雹天气，概率为68%。各地年平均降雹次数1.5～2.5次，北部山区多于南部平原，卢龙县北部和抚宁县为冰雹的加强区和雹灾区。降雹的季节性变化较明显，有52.5%的冰雹集中在5月中旬—6月中旬，46.3%集中在7月中旬—9月下旬。俗话说“雹打一条线”，秦皇岛市降雹路经主要有4条，即：东路从青龙满族自治县的干沟、三星口、牛心山到海港区的石门寨、拦马庄，南下到山海关区的高建庄一带入海；中路从青龙满族自治县的张杖子、邱杖子、隔河头进入抚宁区的猩猩峪、北庄河，海港区的平山营、海阳镇，至城市建成区入海；偏西路从青龙满族自治县的王厂、白家店进入卢龙县的桃林口、大杨庄，到抚宁区的后白塔、曹东庄经城关到坟坨、马家峪，再入昌黎县东部经刘台庄入海；西路从迁安市沿滦河进入卢龙县庄坨、石门东进昌黎县境内后，一条沿铁路往东到十里铺，另一条继续南下往新集镇入唐山市乐亭县境内。

每次冰雹并不完全依上述路线移动，亦有不少次降雹仅在卢龙县、抚宁县境内发生。冰雹发生的局地性十分明显。

元至元二十四年（1287年）十二月，平滦路（治所位于今卢龙县城）风、雹成灾。大德三年（1299年）八月己巳，降雨雹。至治元年（1321年）六月，永平路（治所位于今卢龙县城）降冰雹，深1尺。天历元年（1328年）六月，永平路属县降冰雹。

明嘉靖四年（1525年）正月庚午，抚宁降冰雹，雹如鹅卵，毁害庄稼。八年四月，永平大冰雹成灾，损坏庄稼。十三年六月，永平降雹。二十二年六月，卢龙降冰雹。二十七年八月，抚宁雨雹毁坏庄稼。隆庆三年（1569年）五月，昌黎降雹。万历元年（1573年）秋，卢龙雨雹大如拳。十三年六月戊辰，卢龙降雹。天启三年（1623年）八月，昌黎、卢龙“大雨雹，有冻死者”。

清康熙十二年（1673年）五月辛卯申刻，昌黎、卢龙飓风大电，碣石、黄岭一带“雹有大如斗者”。道光九年（1829年）四月甲戌，永平降雹；五月丁未，又降冰雹。十三年八月初三，永平降雨雹；初七，又降雹。二十年六月二十八，大风夹雨雹；八月二十五夜，降风雹。光绪三十四年（1908年）八月初三，昌黎裴家堡降大雨雹，农田房屋多被损坏。

1950年8月24—27日，青龙县5个区先后遭受风、雹灾，木头凳区最重，粮食减产70%。

1952年9月4日14时，昌黎县三、五、六区部分地区遭受雹灾，降雹15分钟，雹大如核桃，受灾面积0.11万公顷（1.64万亩），减产39.9万千克。

1953年6月1日，抚宁县201个村遭受雹灾，王家沟乡的王家沟、贾家河等附近5个村积雹16.67厘米（半尺）厚，粒大的如鸡蛋。

1955年5月31日，秦皇岛市郊区的归提寨、慕义寨、小乐安寨及北戴河区蔡各庄乡的甘各庄一带降雹40分钟，成灾面积246.33公顷（3 695亩）。

1959年6月12日16时，昌黎县遭受暴风雨、冰雹灾害，风力8级，1.67万公顷（25万亩）小麦受灾，农作物倒伏0.23万公顷（3.41万亩），16个公社降雹，其中11个公社受灾，面积约8万公顷（120万亩），果树减产约30%。

1960年6月21日，抚宁县榆关以北、以东一带村庄遭受雹灾。

1961年7月26日16时，卢龙县5个公社154个大队遭受雹灾，受灾面积0.32万公顷（4.8万亩），占其总耕地的57%。

1962年5月23日15时，卢龙县24个公社遭雹灾，受灾面积3.0万公顷（46万亩），占全县总耕地的65%。同时，昌黎县也遭大风冰雹袭击，受灾面积13 730公顷（205 950亩），重灾面积7 316.13公顷（109 742亩）。十里铺等7个公社受灾严重，雹粒大如鸡蛋，平地积雹20～30厘米。1 629.93公顷（24 449亩）小麦绝收，全县砸坏房屋861间、薯炕507铺，7 689人受伤，重伤400多人，砸死牛、驴各1头。5月23日、6月3日，青龙县两次遭雹灾，雹粒最大重12.4克，玉米、甘薯、蔬菜受损严重。6月4日，秦皇岛市降冰雹，直径11毫米，农作物及蔬菜受轻害。8月22日14—15时，北戴河区蔡各庄公社、海港区归提寨公社一带遭风雹灾害，冰雹大的直径13～15厘米，半小时降雨量达41毫米，积雹厚达15～20厘米，3个公社18个大队89个生产队共3 700户7 889人受灾，受灾粮食作物2 444.53公顷（36 668亩）、经济作物397.67公顷（5 965亩），减产粮食262.2万千克、花生4.3万千克、蔬菜291万千克、水果7.5万千克，倒树百余棵，并砸伤5人，电死1人。

1963年6月13日20时，昌黎县降冰雹，城关及附近6个大队受灾，面积1 534.47公顷（23 017亩），仅小麦即减产6.5万多千克。6月14日，昌黎县再降冰雹，最大重量83克，受灾面积0.13万公顷（2万多亩），钱庄子、两山公社的棉花几乎被打成光秆。8月13日下午，青龙县降暴雨，并伴有冰雹，最大雹粒重400克，砸伤放牧员4人，砸死牛1头、山羊12只、鸡44

只，砸坏瓦房 285 间，受灾面积 1 242.0 公顷（18 631 亩）。8 月 15 日 6 时，卢龙县降雹并伴大风，持续 1 小时，燕河营—花台一带灾情最重，粮食及其他作物减产 5 成。11 月 15 日 10 时，抚宁县留守营、城关、台营镇的 47 个大队降冰雹 15 分钟，砸坏蔬菜、麦苗 0.24 万公顷（3.67 万亩）。

1964 年 6 月 20 日 15 时，秦皇岛市大雨夹杂冰雹，14 个公社、22 个大队灾情严重，受灾面积 2 478.67 公顷（37 180 亩）。同日，青龙县暴雨冰雹，部分香瓜、棉花被砸。7 月 15 日夜，抚宁县西至宋庄、东至卢王庄、北至榆关、下庄一带遭雹砸，雹粒大如鸡蛋，受灾面积 0.27 万公顷（4 万亩）。7 月 16 日，北戴河附近 185.73 公顷（2 786 亩）庄稼受雹风灾害，减产 5 成以上。

1966 年 6 月 15 日，抚宁县北部双岭至大新寨一带的 12 个大队遭雹灾，受灾面积 251.07 公顷（3 766 亩）。7 月 2 日，昌黎县 15 个公社遭雹灾，落雹 27 分钟，墙角处积雹粒 4 厘米多厚，受灾面积 0.27 万余公顷（4 万多亩），门窗玻璃几乎全部被砸碎，城关镇因雷电袭击死 2 人、雹伤 5 人。同日 16 时，抚宁县 7 个公社 62 个大队、256 个生产队遭风雹灾害，风力七八级，降雹 40 分钟，砸伤 35 人，农作物受灾严重。

1967 年 5 月 22 日，秦皇岛地区除卢龙县外，各地都有降雹。海港区上午降雹 4 分钟，雹直径 2.8 厘米，平均重 25 克；晨，因雷电袭击死 2 人，伤 3 人。6 月 9 日，卢龙县 5 个公社 400 余公顷庄稼遭受雹灾；25 日，5 个工委遭雹灾，受灾面积 0.86 万公顷，其中 333 余公顷（5 000 多亩）重新播种。

1969 年 5 月 15 日，青龙县遭冰雹袭击，降雹雨 40 分钟，降水量大 36.2 毫米，雹重平均 6.3 克，最重 9.4 克，最大直径 2.6 厘米。受灾面积 322.2 公顷（4 833 亩），重新播种 117.87 公顷（1 768 亩）。

1970 年 6 月 21 日，卢龙县 5 个公社 22 个大队遭雹灾，受灾面积 0.13 万余公顷（2 万多亩）。7 月 21 日，抚宁县遭狂风暴雨及冰雹袭击，瞬时风力 11 级，受灾面积 2 万公顷，重灾面积 5 234.93 公顷（78 524 亩），马家峪公社、牛头崖镇及马坊甸村以北最重，马坊甸雹粒积 16.67 厘米（半尺）厚，粒大如鸡蛋；海港区 9 个公社 95 个大队受遭雹灾；昌黎县降雹并伴有大风，玉米等农作物受灾。9 月 24 日，抚宁县、秦皇岛市出现雹灾。抚宁县马家峪、牛头崖公社受灾最重，牛头崖公社马坊村雹粒堆积约 16.67 厘米（半尺）厚，大者如鸡蛋，晚玉米、谷子等落粒 40% ～ 80%；秦皇岛市冰雹直径 18 毫米，9 个公社 65 个大队受灾。

1971 年 6 月 19 日，昌黎县降冰雹 2 ～ 10 分钟，雹大者如鸡蛋，两山、十里铺公社的果树、蔬菜、甘薯等不同程度受损。6 月 20 日 4 时 15 分至 5 时 10 分，秦皇岛市市郊部分地区遭冰雹、暴雨袭击，冰雹最大直径 10 厘米，有些地方积雹 3 ～ 4 厘米，一次降雨量 43 毫米，阵风 8 级，铁庄、马坊公社一带雹灾较重，小麦、蔬菜损坏严重。同日，抚宁县平山营、姚周寨一线遭冰雹、暴雨袭击。秦皇岛市、抚宁县受灾面积 0.51 万余公顷（7.7 万多亩）。11 月 20 日，昌黎县、抚宁县降雷阵雨，并伴有冰雹。冬季雷阵雨、冰雹相继出现，属历史罕见。

1972 年 6 月 19 日，昌黎县降冰雹，雹大如鸡蛋，杏树园和城关镇部分果树、蔬菜、棉花受害。10 月 8 日晚，青龙县 77 个大队遭雹灾，降冰雹 20 分钟，受灾面积 1 611.6 公顷（24 174 亩），粮谷落粒严重，菜、果全部被砸落。10 月 8—9 日，秦皇岛市和昌黎县、抚宁县降暴雨，伴有冰雹。昌黎县受灾面积 0.18 万公顷（2.7 万亩），晚高粱、水稻等减产约 3.75 万千克；抚宁县麻姑营、牛头崖的部分晚高粱、白菜受灾。

1973 年 8 月 7 日，抚宁县降雹，伴 9 级以上大风，28 个公社 336 个大队受灾，农田受灾面积 0.55 万公顷（8.24 万亩），沥涝面积 166.67 公顷（4 000 亩）。9 月 2 日，抚宁县降雹，14 个公社受灾，受灾面积 0.91 万公顷（13.7 万亩），减产 15 万千克。9 月 22—23 日，抚宁县遭冰雹袭击，降雹 20 ～ 35 分钟，14 个公社 147 个大队受灾，受灾面积 0.71 万公顷（10.7 万亩），造成粮食、棉花、水果减产，共计 1 963.5 千克，其中粮食减产 1 700 万千克。9 月 23 日，山海关区户远寨公社西部与抚宁县遭雹灾，受灾面积 660 余公顷（1 万多亩）。

1974 年 6 月 2 日，抚宁县 8 个公社 54 个大队遭雹灾，0.4 万余公顷（6 万多亩）庄稼受灾。6 月 20 日，卢龙县 8 个公社 82 个大队遭雹灾，兴隆庄和燕河营受灾最重，雹粒大如核桃。

1975 年 6 月 6 日，抚宁县、青龙县遭雹灾。其中，抚宁县上庄坨、义院口一带降雹，坑沟处雹粒积半尺（半尺为 16.67 厘米）余；青龙县降暴雨并伴有冰雹，大部分区、公社土地被冲毁、沙压，大田作物被砸成光秆。6 月 28 日，昌黎县大蒲河镇降雹，4 个公社 45 个大队 0.15 万公顷（2.2 万亩）农田遭灾。7 月 11 日 16 时 20 分，抚宁县 15 个公社、157 个大队遭雹灾，田各庄公社白家堡子大队灾情最重，全县受灾面积 0.71 万公顷（10.63 万亩），2.1 万棵果树约损果 150 万千克，200 公顷棉花需重种，减产 3 ～ 5 成的 0.12 万公顷。7 月 13—14 日，卢龙县 16 个公社遭暴风雨、冰雹袭击，全县水冲沙压地 200 公顷，雹灾面积 0.13 万公顷（1.9 万亩），风灾面积 0.17 万公顷（2.5 万亩），刮倒树木 3 000 棵。陈官屯一带风力达 10 级以上，130 根电杆被刮倒或折断。

1976 年 6 月 10—12 日，抚宁县 17 个公社遭风雹袭击，受灾面积 1 万公顷，3 人因雷击触电死亡。8 月 19 日，抚宁县北起桃园村、南至渤海公社的沙窝大队、约 25 千米^{2}范围内降雹，伴有六七级西北大风，雹粒如栗子，一些防震棚被雹砸坏或被大风吹倒。

1977 年 6 月 4 日，青龙县东起龙王庙，西至小马坪等 10 个公社遭暴风雨及冰雹袭击，受灾面积 0.41 万公顷（6.1 万亩），刮倒大树 2 057 棵，毁民房 23 间。6 月 14 日，卢龙县双望、单庄、应各庄 3 个公社降雹，雹粒大的如鸡蛋，密度高，降雹仅 3 ～ 5 分钟，但损失颇大，严重受灾面积 0.15 万公顷（2.3 万亩）。9 月 18 日，昌黎县、青龙县遭雹灾。其中，昌黎县靖安镇张各庄、新集镇裴各庄一带降雹，66 余公顷（1 000 多亩）水稻受灾严重；青龙县狮子坪、王厂、三拨子等公社降雹，受灾面积 556.67 公顷（8 350 亩），平均减产两成以上。

1978 年 6 月 4 日，昌黎县团林、柴庄及青龙县的草碾、娄子石等村遭雹灾，其中青龙县受灾面积 286 余公顷（4 300 多亩）。6 月 20 日，青龙、昌黎、卢龙 3 个县降雹，青龙、昌黎 2 个县受灾面积 0.67 万公顷（10 万亩）。其中，青龙县沿长城 11 个公社 37 个大队受灾面积 0.4 万余公顷（6 万多亩），三拨子乡六柱坪大队降雹 48 分钟，雹大如鸡蛋。6 月 30 日，青龙县遭大风雨袭击，局部伴有冰雹，17 个公社、137 个大队受灾，毁房屋 186 间，伤 1 人。7 月 11 日，海港区、抚宁县、卢龙县降雹，抚宁县、卢龙县受灾面积 0.53 万余公顷（8 万多亩）。其中，卢龙县城关至刘田各庄、木井等 10 个公社、97 个大队受灾面积 0.23 万公顷（3.5 万亩）。

1980 年 6 月 7 日下午，昌黎县陈各庄到陆营村一片遭雹灾，受灾面积 133.33 公顷（2 000 亩）。6 月 19 日，青龙、卢龙两个县降雹。其中，青龙县农田受灾面积 507.33 公顷（7 610 亩）；卢龙县受灾面积 2 623.4 公顷（39 351 亩），砸伤 1 人，大杨各庄公社同时降大雨 85 毫米，冲毁农田 20 余公顷。8 月 31 日，青龙县龙王庙、干树沟等 7 个公社、25 个大队遭雹灾，受灾农田

1 140 公顷（1.71 万亩），减产 1～2 成，约损失粮食 7.5 万千克，砸落鲜果 50 万千克。其中，干树沟、吉利峪、三界岭等村的梨果被砸光，秋粮损失 4 成以上。

1981 年 6 月 27 日，青龙县凤凰山、安子岭、娄子石 3 个公社 17 个大队遭雹灾，农田受灾面积 423.86 公顷（6 358 亩），砸落鲜果 10.5 万千克，砸死驴 1 头、羊 102 只，冲走树木 90 棵。9 月 18 日下午，抚宁县榆关、上徐各庄和东新庄一片 4 个公社 32 个大队遭雹灾，受灾面积 693.33 公顷（1.04 万亩），减产粮食 112 万千克，落果 70 万千克。

1982 年 6 月 27 日上午，抚宁县黄土营、东贺庄公社一带降雹 15 分钟，砸坏农作物 100 公顷，水冲、沙压 26 余公顷（400 多亩）。

1983 年 8 月 29 日，昌黎县、抚宁县、卢龙县遭风暴袭击。其中，昌黎县 11 个公社、66 个大队遭暴风雨和冰雹灾害，受灾范围东西长 12.5 千米，南北宽 15 千米，降雨期间阵风 6～8 级，最大降雨量 103 毫米，冰雹最大直径 3～4 厘米，作物受灾面积 9 060.53 公顷（135 908 亩）；抚宁县石门寨工委和吕良峪、王家沟公社受风雹灾害，受灾面积 903.2 公顷（13 548 亩），其中石门寨工委的 4 个公社、62 个大队作物受灾面积 733.33 公顷（1.1 万亩），吕良峪等 2 个公社 6 个大队作物受灾面积 67.13 公顷（1 007 亩），王家沟公社 10 个大队作物受灾面积 102.73 公顷（1 541 亩）；卢龙县大杨各庄、刘家营、时各庄 3 个公社的部分大队遭雹灾，成灾面积 304.33 公顷（4 565 亩），粮食减产 22.4 万千克，棉花（皮棉）减产 0.24 万千克。9 月 11 日，抚宁县王家沟、双岭等公社 11 个大队遭雹灾，雹大如鸡蛋，高粱、水稻严重碎叶掉粒。9 月 14 日 13 时 30 分至 19 时 30 分，抚宁县田各庄、牛头崖等 33 个公社 392 个大队遭受特大风雹灾害，受灾面积 1.73 万公顷（26 万亩），减产粮食、棉花、蔬菜、果品 1 911.6 万千克，其中白菜、水果损失较重，23 个公社 183 个大队成灾，成灾面积 0.81 万公顷（12.27 万亩）。

1986 年 7 月 5—6 日，抚宁、卢龙、青龙 3 个县 39 个乡 231 个村遭冰雹、大风危害，冰雹大者如鸡蛋，持续降雹 10 分钟，风力 5～6 级，最大 7 级，其中 14 个乡受灾严重。高粱、玉米被砸成“蝇甩子”状，大豆茎尖被砸断，果品伤痕累累。农作物受灾面积 0.93 万公顷（14.02 万亩），其中减产 1～3 成的 0.57 万余公顷（8.58 多万亩），减产 4～5 成的 0.29 万公顷（4.28 万亩），减产 5 成以上的 472.4 公顷（7 086 亩），基本绝收的 293.33 公顷（4 400 亩）；共减产粮食 1 543.5 万千克，打伤、刮落果品 465 万千克，刮倒树木 453 棵。7 月 22 日，抚宁县、卢龙县遭受风雹灾害。24 日，卢龙县遭受风雹灾害。两次涉及 7 个乡 28 个村，成灾面积 803.53 公顷（12 053 亩）。其中，卢龙县涉及 5 个乡 23 个村，成灾面积 750.53 公顷（11 258 亩），粮食减产 113.94 万千克，损失果品 2.5 万千克，卢龙县种子公司 106.67 公顷（1 600 亩）玉米种子基地受害，减产 16 万千克；抚宁县涉及 2 个乡 5 个村，受灾面积 53 公顷。9 月 11 日下午，卢龙县木井、杨黄岭、潘庄、卸甲庄、大杨各庄等乡遭风雹灾害。降雹 5 分钟，雹径 10～15 毫米。33.33 公顷（500 亩）白薯受灾严重，叶片被打落，水稻倒伏 94.47 公顷（1 417 亩），高粱倒伏 150.93 公顷（2 264 亩），部分高粱、谷子掉粒。全县损失粮食 35 万千克。

1987 年 6 月 19 日 18 时 40 分左右，抚宁县、山海关区、海港区部分乡村遭冰雹袭击。其中，抚宁县驻操营、石门寨、海阳、台营 4 个区、10 个乡遭受雹灾，受灾面积 4 万多亩，其中灾情较重的驻操营、石门寨、海阳 3 个区面积达 0.2 万余公顷，黄土营乡小河营、西沟等村的玉米、高粱叶被砸成丝状，白薯、大豆折茎，果树被砸；山海关区户远寨乡 19 个村遭灾，受灾面积达 800 公顷，玉米、高粱折茎 15%～20%，果树落果率 30%～40%，树上果实全部受雹伤，刮折树53棵，粮食减产3～4成，打碎农户住房玻璃696块；海港区黄土坎乡、马坊乡8个村的333.33公顷（5 000亩）农作物受灾。

1988年5月26日18时，青龙满族自治县草碾乡、七道河乡12个村遭暴雨、冰雹灾害。降雹20多分钟，地面积雹厚度达8厘米，冰雹最大直径4厘米，农作物受灾面积3 556.07公顷（53 341亩），其中白薯156.67公顷（2 350亩）、玉米103公顷（1 545亩），60%以上的白薯茎被砸断，玉米、高粱30%的茎被硬断，90%的叶片被打碎。果树皮层被砸裂，叶片和部分果实被砸落，树上果实受雹伤，果品减产50.25万千克。5月31日20时30分，青龙满族自治县双山子、茨榆山2个乡的10个村遭冰雹和暴雨袭击，降雹半个多小时，地面积雹厚6厘米，冰雹直径约2.5厘米，降雨30毫米左右，其中双龙寺、瓦房2个村受灾较重。玉米、高粱等作物叶被砸成丝状，50%以上薯秧被砸断。农作物受灾面积566.93公顷（8 504亩），其中雹灾156公顷（2 340亩），水冲、沙压地410.33公顷（6 155亩），需毁种100公顷。遭灾果树4 500棵，约减产15万千克果品。受灾蔬菜面积9.33公顷（140亩），冲毁桥梁1座。5月31日晚和6月2日14时，抚宁县上徐各庄、杜庄、曹东庄、茶棚等7个乡遭受冰雹袭击，成灾面积66.67公顷（7 000亩），其中杜庄、曹东庄、上徐各庄3个乡的12个村受灾较重。8月31日17时左右，卢龙县石门镇李庄坨和杨黄岭乡莫台营等9个村，遭受严重的冰雹、雷雨、大风袭击，持续16分钟。雹径最大7毫米，坡坎处积雹深达40毫米，受灾严重的白薯叶片几乎全部被打光，晚玉米严重倒伏，苹果、梨大部分被砸落地，葡萄基本绝收。9月15日17时，昌黎县遭受冰雹、暴雨袭击，降雹持续20多分钟，雹径2～4厘米，严重地区积雹厚度达15厘米，最大雨量的泥井镇达80毫米，雹灾涉及12个乡镇103个村。全县受灾面积0.7万公顷，受灾作物主要是水稻、晚玉米、白薯、甜菜、大白菜、高粱和水果等，送电和通信线路全部中断。虹桥乡灾情最重，成灾面积590.2公顷（8 853亩），其中水稻226.67公顷（3 400亩），稻粒几乎全部被砸落、冲走；晚玉米408.67公顷（6 130亩），被砸成丝状；23.33公顷（350亩）白菜被雹砸平，白菜被埋在积雹中厚达16.67厘米（半尺）。庭院、田间积水较多。

1989年6月1日，抚宁县、青龙满族自治县和山海关、北戴河两个区的44个乡镇588个村遭受冰雹袭击，271个村受灾严重。降雹持续10～15分钟，个别乡镇达20分钟。雹粒小如栗子，大似鸡蛋，最大直径6厘米，地面积雹厚7厘米以上，降雹14小时后仍可见未化净的雹粒。农作物和果树受灾面积44 951.2公顷（674 268亩），其中粮油作物32 004.01公顷（480 061亩），成灾22 083.47公顷（331 252亩）；蔬菜受灾面积2 405.07公顷（36 076亩），估计损失蔬菜1 666.5万千克；果树受灾10 542.07公顷（158 131亩），估计损失果品3 252.5万千克，玉米、高粱、水稻、白薯、大豆等作物的茎、叶都不同程度地被砸断和打碎，需毁种的0.14万公顷（2.14万亩）。砸坏房屋56间，死猪1头、羊5只，受伤羊21只。很多野外作业者被砸伤，仅抚宁县田各庄乡程各庄村就有30人受伤。农民住宅的玻璃、养鸡舍、貂棚等均有损失。其中，抚宁县25个乡镇413个村受灾，6个乡镇受灾严重，全县农作物受灾面积1.91万公顷（28.6万亩），成灾0.85万公顷（12.7万亩）。受灾最重的田各庄乡，积雹7～8厘米，全乡14个村受灾面积0.12万公顷，成灾面积533.33公顷（8 000亩），需毁种252.13公顷（3 782亩）；曹东庄乡22个村全部受灾，农作物受灾0.17万公顷（2.5万亩），需毁种70公顷。青龙满族自治县2个区9个乡镇76个村受灾，受灾面积14 692公顷（220 380亩）。北戴河区3个乡25个村受灾，重灾11个村，受灾面积1 538.33公顷（23 075亩）。山海关区

7个乡74个村受灾，重灾31个村，受灾面积0.48万公顷（7.15万亩）。7月1日18时30分至19时，青龙满族自治县张杖子乡兴隆沟、石杖子、蒲杖子3个村遭雹灾。降雹40分钟，雹径3～5厘米，地面积雹厚度10厘米左右。受灾面积199.07公顷（2 986亩），减产3～5成的117.13公顷（1 757亩），受灾果树1.05万棵，果品损失60万千克，直接经济损失60多万元。

1990年6月6日17时30分、18时35分，青龙满族自治县干沟乡、土门子乡、周杖子乡两次降暴雨和特大冰雹。每次持续15分钟，雹大如鸡蛋。3个乡15个村受灾农作物0.13万公顷（1.91万亩），其中减产3～5成的0.08万公顷（1.24万亩）。12.9万株果树严重遭灾，70%果子被砸落，666.67公顷（1万亩）山杏，其中400公顷绝收。砸坏房屋2 117间，110间不能居住；砸伤2人，砸死羊6只、鸡6只，全县直接经济损失140万元。受灾最重的干沟乡东沟村，87.07公顷（1 306亩）农作物全部受灾，其中减产3～5成的77.06公顷（1 156亩），3.6万棵果树果子被砸落60%，939间房屋被砸坏。6月8日19时40分，昌黎县党各庄、指挥、靖安、朱各庄、陈各庄5乡镇的23个村遭暴风雨、冰雹袭击。风力6～7级，降雹20多分钟，平均雹径15毫米，最大30毫米。受灾严重的党各庄乡，地面积雹厚度达10厘米，受灾面积0.14万公顷（2.15万亩），减产0.06公顷（0.84万亩），其中小麦受灾0.07公顷（1.05万亩），减产3～5成的0.04万公顷（0.62万亩）。

1994年6月6日，青龙满族自治县木头凳、山东降雹1小时，造成1人死亡，1人失踪。

1995年6月26日17时至17时30分，卢龙县孟柳河、李柳河两个乡遭受冰雹袭击，最大冰雹直径6～7厘米，降雹持续20分钟，最严重的地块积雹厚15厘米。孟柳河乡鲍子沟、牛心山村最重，其中鲍子沟53.33公顷（800亩）农作物、果树全部绝收，牛心山村90%农作物、果树绝收。全部受灾面积333.33公顷（5 000亩），其中绝收面积83.33公顷（1 250亩），减产5成以上的116.67公顷（1 750亩），直接经济损失500万元。同日17时20分至18时20分，昌黎县十里铺乡和两山乡出现雹灾，冰雹最大直径40毫米，降雹30分钟，积雹100毫米，其中重灾村16个，受灾面积1 712公顷（25 680亩），受灾作物主要为葡萄，绝收面积547.33公顷（8 210亩），葡萄蔓折、枝断、穗落、浆果被砸裂，直接经济损失1 145万元。

2000年7月31日17时30分至18时10分，卢龙县下寨乡、印庄乡、燕河营镇、刘田各庄镇、潘庄镇、陈官屯乡、卢龙镇遭冰雹袭击，持续时间短的刘田各庄镇5～10分钟，长的下寨乡达20分钟，雹径小的10毫米左右，大的达40毫米，受灾面积4 968.8公顷（74 532亩），直接经济损失4 665万元。

2001年7月2日13时40分左右，昌黎县、抚宁县12个乡镇遭大风冰雹袭击，降雹15分钟，雹径最大的如乒乓球，有4个乡镇46个行政村受灾严重。农作物受灾面积2.47万公顷（37万亩），成灾面积1.67公顷（25万亩），绝收面积0.37万亩（5.5万亩）。受灾作物种类为麦收后的下茬作物和酿酒葡萄，大田作物大部分被刮断，酿酒葡萄受灾最重的地块，叶子全部被打掉，掉粒在50%左右，农业直接经济损失4 000万元。

2002年5月11日，卢龙县印庄乡部分村遭受冰雹袭击，降雹25分钟，最大雹径2厘米，地面冰雹堆积厚8～10厘米。受灾面积328.67公顷（4 930亩），其中果树受灾面积164.67公顷（2 470亩），白薯秧苗受灾面积164公顷。直接经济损失80万元。7月15日14—16时，青龙满族自治县、抚宁县2个乡镇15个村遭暴雨和冰雹袭击，暴雨持续2小时，降雨量达53

毫米，降雹 20 多分钟，雹径最大的如乒乓球。因暴雨青龙满族自治县隔河头乡山洪暴发，造成两人死亡，大量农田被毁，部分道路和管线被冲毁，数十间民房损坏和倒塌，部分牲畜和物资被冲走。冰雹使果树受灾严重，造成大面积落果、落叶现象，落果率 30% 以上。农作物成灾面积 0.12 万公顷，绝收面积 600 公顷，粮食减产 300 万千克；果树受灾 21 万株，果品减产 900 万千克；61 只羊被山洪冲走，1 700 米自来水管线和 25 千米乡村公路被冲毁，28 间民房被山洪毁坏，其中 6 间倒塌。直接经济损失约 3 000 万元。8 月 12 日，抚宁县驻操营镇部分村遭受风雹袭击，风雹持续 7 分钟，冰雹最大直径 1 厘米，地面冰雹堆积厚度为 2 ～ 4 厘米。九门口、黄土营、龙泉庄 3 个村的灾情最重。风雹受灾面积 240 公顷，成灾面积 200 公顷，苹果大部分被砸落，未被打落的有雹伤，果品平均减产 3 ～ 5 成。直接经济损失 200 万元。

2003 年 7 月 4 日，青龙满族自治县、抚宁县和昌黎县部分乡镇遭受暴雨和冰雹袭击。其中，青龙满族自治县祖山镇黑沟村苹果等果树果实大部分被砸落，未被打落的有雹伤，平均减产 4 ～ 7 成，果品减产 42.5 万千克，直接经济损失 35 万元，农作物成灾面积 21.33 公顷（320 亩）；抚宁县坟坨管理区 20 个行政村中有 19 个村遭灾，成灾面积 0.15 万公顷（2.2 万亩），桃、苹果、板栗等果品受灾严重，减产 2 527.2 万千克，直接经济损失近 2 957.8 万元；昌黎县 3 个乡 31 个行政村遭灾，受灾面积 2 066.67 公顷（3.1 万亩），成灾面积 1 208 公顷，其中林果业受灾 1 926.67 公顷（2.89 万亩），减产 2 610 万千克，全县经济损失 2 420.3 万元。7 月 19 日 20 时，青龙满族自治县、抚宁县部分地区遭受特大暴风雨和冰雹袭击，雹径如核桃，降雹 40 分钟，部分地区瞬间降雨量达 80 毫米以上，并伴有 8 级大风，为近 50 年所罕见。其中，青龙满族自治县 5 个乡镇 33 个村受灾，农作物受灾面积 2 990.27 公顷（44 854 亩），成灾面积 2 007.87 公顷（30 118 亩），绝收面积 599.2 公顷（8 988 亩），减产粮食 856 万千克，大田作物全部被雹砸秃，120 公顷蔬菜和 10 公顷枸杞绝收，冲走树木 4.8 万株，果树受灾 6.3 万株，果品减产 327 万千克，冲毁房屋 64 间、乡村公路 65 千米、防洪坝 4 300 米、桥涵 36 座，冲走畜禽 139 头只、农机具 15 件套，击毁电视机 8 台、电话 16 门，全县共造成经济损失 2 000 万元；抚宁县 1 个镇 10 个行政村受灾，果树受灾最重。

2004 年 6 月 21—22 日，秦皇岛市各县（区）均遭受暴风雨和风雹的袭击，冰雹持续时间 40 多分钟，平均雹径 15 毫米，最大雹径 5 厘米，最厚的地方积雹 16.67 厘米（半尺），全市因灾直接经济损失 5 894.74 万元，其中农业损失 5 394.5 万元。6 月 28 日 22—24 时，抚宁县、青龙满族自治县部分乡镇遭受冰雹和风雨灾害，降雨量为 37.5 毫米，最大风力达 7 级，全市因灾共造成经济损失 1 155 万元，其中农业经济损失 355 万元。

2005 年 7 月 9 日，卢龙县遭受大风（最大风速达 28 米 / 秒）、暴雨（20 分钟 54 毫米）、冰雹等强对流天气袭击。死亡 3 人，10 余个乡镇受灾，直接经济损失达 3 449 万元。7 月 11 日 14 时 30 分至 16 时 30 分，青龙、昌黎、抚宁 3 个县遭受强对流天气袭击，出现短时冰雹（最大直径达 20 毫米）、暴雨、大风天气，30 余个乡镇受灾，直接经济损失达 4 000 万元以上。

2007 年 9 月 1 日 17 时，抚宁县大新寨镇 12 个村遭受冰雹灾害，冰雹最大直径 5 厘米，全镇林果受灾面积 338 公顷（5 070 亩），绝收面积 43.33 公顷（650 亩），农作物受灾面积 152.33 公顷（2 285 亩），绝收面积 19 公顷，直接经济损失 916.3 万元。9 月 2 日 13 时 10—30 分，抚宁县大新寨镇 4 个村遭受冰雹灾害，冰雹最大直径约 4 厘米，受灾面积 49.67 公顷（745 亩），绝收面积 16.57 公顷（248.5 亩）其中林果受灾面积 40.67 公顷（610 亩），绝收面积 13.87 公顷（208

亩），直接经济损失 136.7 万元。

2008 年 4 月 1 日晚，卢龙县 3 个乡镇 28 行政村遭受风雹灾害，农作物受灾面积 35 公顷，大棚受灾 158 个，因灾造成直接经济损失 68 万元，其中农业损失 55 万元。6 月 5 日 16 时左右，昌黎县突降阵雨，并伴有大风，瞬时风力达 7 级，刘台庄镇、泥井镇 34 个村遭受冰雹袭击，冰雹约豆粒大小，持续时间约 20 分钟，小麦大面积倒伏，果树损果、落果严重，直接经济损失约 317 万元。

2009 年 6 月 14 日 16 时 30 分左右，昌黎县、抚宁县部分村庄遭受冰雹灾害，雹径 20 毫米左右，持续时间约 30 分钟，局部冰雹厚度 10 厘米左右，受灾面积 1 274.9 公顷，成灾面积 870.5 公顷，绝收面积 30 公顷，减产面积 840.5 公顷，其中粮食作物成灾面积 226 公顷，雹灾造成经济损失 444.8 万元，其中农业直接损失 437.3 万元。

2013 年 9 月 17—18 日 7 时，秦皇岛市普遍出现雷阵雨天气，局部地区伴随大风并有冰雹天气，其中北戴河新区大蒲河管理处降雹持续 30 分钟，降雨持续 1 小时。全市农作物成灾面积 700 公顷，绝收 50 公顷，果树及农业设施栽培受损失严重，共造成直接经济损失 196 万元，其中农业经济损失 124 万元。

2015 年 9 月 18 日 17 时 50 分左右，抚宁区大新寨镇出现雷雨，并伴有冰雹，冰雹平均持续 10 分钟，最长高达 20 分钟，冰雹最大直径 2.5 厘米，20 个行政村不同程度受灾，受灾面积 768 公顷，以苹果受灾为主，苹果受灾面积 639 公顷，全镇直接经济损失达约 3 966 万元。

2016 年 6 月 8 日 18 时，昌黎县突发短时暴雨、冰雹、大风天气，冰雹主要集中在两山乡，持续时间短的 10 分钟，长的近半小时，雹径如花生粒。冰雹造成苹果、梨、葡萄、桃、李子等水果破果和落果较重。受灾人口 7 670 人，受灾面积 675 公顷，成灾面积 542 公顷，造成经济损失 912 万元。6 月 23 日凌晨，昌黎县部分乡镇突降冰雹，普遍直径 1 厘米多，大白菜、卷心菜、玉米等作物受灾。重灾区主要分布在小营、韩营、桃园，受灾面积 200 公顷，其中蔬菜成灾面积 30 公顷，经济损失约 101.7 万元。

四、风灾

秦皇岛市 8 级以上大风日数，年平均 3 ～ 16 天，青龙最少，昌黎最多。最多年大风日数 36 天（昌黎 1966 年），最少年份无大风日出现。累年最大平均风速极值为 22.7 米 / 秒（卢龙 1973 年 9 月 9 日），瞬时最大风速极值达 26.0 米 / 秒（秦皇岛市 1972 年 7 月 7 日）。大风主要出现在每年的 3—6 月，4 月大风日数为全年之首，占全年的 1/4 左右。抚宁、青龙占全年大风月数的 65% ～ 68%，其他地区占 51% ～ 63%。春季大风使作物幼苗受害，或使土壤失墒造成播种困难，且极易出现干旱天气。夏季大风危害最大，尤其雨后或雷雨天气带来的阵性大风，时间虽短，但风力甚猛，伴之冰雹，造成作物大面积倒伏、被砸而减产，人民生命财产受到损失。

台风：进入渤海直接影响秦皇岛市的机会极少。自有气象记录至 2016 年，仅 1972 年 7 月 26—27 日有 3 天台风北上抵达渤海湾，影响华北沿海地带，出现异常的天气现象。瞬时风力在 10 级以上，阵风达 26 米 / 秒，为 40 余年的最高纪录。沿海海潮比常年高 2.5 米，发生严重海啸，使地面气压在 1 小时之内下降 11.7 百帕。这次台风给农业带来较大灾害。

台风直接影响秦皇岛市的机会甚少，但一旦台风移到东海北部至渤海南部时，秦皇岛市则可受台风外围影响，风力逐渐加大，海浪增高，海面风力可达6级或6级以上；天空云量增多，或有阵雨、雷阵雨，给港口运输和渔业生产带来不利影响。

龙卷风：秦皇岛市发生的机会较少，但对所经过的地区破坏极大。1977年8月14日21时，昌黎县两山、钱庄子乡铁路沿线出现的龙卷风，当天20时昌黎地面气压1 003.5百帕，比14时下降1.5百帕，14时水汽压27.2百帕，气温26.4℃，相对湿度79%，天气闷热。1983年9月14日13时，抚宁县发生龙卷风，途经卢王庄、都寨、东河南、西河南到官庄等地，龙卷直径81米。当天天气闷热，14时气温29.0℃，龙卷影响时，乌云密布，雷声隆隆；气压突降2.5百帕，气温在6小时之内下降10.6℃。

干热风：5月中旬到6月中旬秦皇岛市会不同程度发生。历年平均2.8天，其中的69%为轻干热风，重干热风出现机会很小，仅占出现次数的4%，20世纪60年代和70年代干热风较频繁。卢龙县是干热风易发区，年平均4.6天，但重干热风仅出现3次。沿海一带由于气温略低，空气潮湿，干热风次数明显偏少。干热风对小麦危害较大，使其失水，旱死，造成减产。

明正德二年（1507年）闰二月癸亥，卢龙“大风拔树”。嘉靖七年（1528年）四月，大风昼晦。嘉靖二十五年七月，昌黎大风。嘉靖二十七年八月，抚宁大风拔树。嘉靖三十五年三月戊辰，卢龙大风蔽日。万历十一年（1583年）三月，抚宁大风蔽日。万历十四年七月二十二，抚宁大风，伤害庄稼。万历十六年闰六月丁未，卢龙大风损坏庄稼。万历二十年七月，卢龙大风雨伤害庄稼。万历三十七年三月丁未，卢龙大风昼晦。万历四十六年闰四月甲申，永平大风蔽日。万历四十七年二月二十，临榆“风霾昼晦，黄尘四塞”。崇祯十五年（1642年）五月，卢龙大风夹雹，“城颓四十余丈，卢龙学宫尽圮，大树皆拔”；六月，抚宁“大风拔树，飘屋瓦”。

清顺治元年（1644年）三月丙辰，昌黎大风蔽日。康熙四年（1665年）辛亥，昌黎大风蔽日。嘉庆十年（1805年）秋七月十八，临榆大风拔树。嘉庆二十三年四月初八，临榆大风蔽日，黄雾四塞；二十六，大风折木。嘉庆二十五年七月，永平大风拔树。道光十四年（1834年）七月甲子，狂风折木，渔船多有沉海。道光十五年三月戊辰己巳，永平大风蔽日。道光十七年二月甲子，永平大风蔽日。道光十八年六月十八，大风雨自永平西南而来，“郡城南门女墙揭去大半，城内瓦箔乱飞，车瓮等物有越墙飞去数里外者”。道光二十年三月初四，抚宁大风蔽日。光绪十九年（1888年）六月二十三，大风拔树。

1951年10月，抚宁县石门寨响水一带，刮起由北至南方向的龙卷风，长10千米，宽1千米，所过之处，直径（23.33～26.67厘米）七八寸粗的树，均被风由地面0.67米（2尺）处折断。

1957年9月28日14时，渤海海面刮起大风，北戴河区海平村渔社1名社员、渔丰农渔社2名社员溺亡。

1959年6月，抚宁县刮起8级大风，倒伏小麦129.33公顷（1 940亩），吹坏草房44间，5间的房草被吹出500多米。

1960年3月26日，抚宁县气象站蒸发器内的水被大风吹干，乃历史罕见。7月16日和9月10日，昌黎县遭受两次大风袭击，果树落果达80%。

1964年3月29日，秦皇岛市刮起8～9级西北大风，部分电线和简易房屋被吹毁。

1973年8月7日23时30分，抚宁县普降大暴雨，并有大风，风力9级以上，持续半小时，直径0.33米（一尺）多粗的树有的连根拔起或刮折。

1977年8月10日，卢龙县城关至下寨一带5个公社落雹15分钟，伴有偏北大风8～9级。

2 000 余公顷（3 万多亩）农作物受灾，倒树 1 万多棵，倒塌震后建的简易房 1 500 多间。8 月 14 日晚 9 时，昌黎县两山公社一带的铁路沿线，出现龙卷风，迫使火车停运 5 小时；农作物倒伏 730 余公顷（1.1 万多亩），断树 800 多棵，折水泥电杆 63 根。

1978 年 6 月 9 日，秦皇岛市农村及抚宁县部分地方刮起 9 级大风，小麦被刮瘫倒地；山海关区长城公社的大树有的被连根拔出，海上大风 10 级，渔民不能出海作业。

1979 年 8 月 4 日，青龙县 164 个大队遭风灾，飓风中心风力 8 级，风速 17 米 / 秒。农田受灾面积 0.26 万余公顷（4 万多亩），农作物大部分倒伏，果树受灾 700 多棵，水果减产 5 万千克。年内，青龙县连续遭风灾 6 次。

1980 年 7 月 19 日 3 时，青龙县刮飓风，最大风力 9 级，凉水河、七道河等 7 个公社遭灾，倒伏庄稼 1 923.07 公顷（28 846 亩），倒树 1 200 多棵、果树 570 棵，损坏住房 113 间。7 月 25 日，昌黎县遭受风灾，靖安工委 40 个大队 0.21 万公顷（3.2 万亩）农田受灾严重。党各庄及陈各庄 246.67 公顷（3 700 亩）农田又遭雹击。

1981 年 8 月 10 日，卢龙县、昌黎县、抚宁县遭风灾，卢龙县局地降雹。卢龙县、昌黎县 646 余公顷（9 700 多亩）粮田、66 余公顷（1 000 多亩）菜地受害，水果减产 1 万千克。抚宁县台营等 4 个公社、19 个大队风灾严重，成灾面积 306.67 公顷（4 600 亩）。

1982 年 8 月 16 日，青龙县出现飓风，最大风力 8 级，41 个公社 342 个大队遭灾。倒伏庄稼 1.13 万余公顷（16.9 万多亩），倒树 3.6 万多棵、果树 3 034 棵，落果 14 万千克；塌畜棚 14 座，死牲畜 7 头；住房损失 182 间。

1983 年 3 月，山海关城西关出现龙卷风，山海关制桶厂一次损失 3 万元。5—6 月，海港区、北戴河区和昌黎县出现干热风，小麦受灾减产。8 月 5 日，青龙县龙王庙、双山子、大杖子等 29 个社、镇，出现 8 级大风和暴雨，倒伏农作物 0.47 万公顷（7 万亩），果树落果 65 万千克，折断果树 95 棵、其他树 1 074 棵。同日，郊区黄土坎公社出现 8 级西北阵风，最大阵风持续 10 分钟，5 棵直径 20 厘米左右的树被狂风吹断。9 月 14 日，抚宁县卢王庄公社刮起龙卷风，在都寨村大作，刮至西河南公社又返回都寨（龙卷风中心），全村 600 多户，损坏房屋 113 间，刮走窗户 18 付，刮碎玻璃 3 113 块，刮折电线杆 38 根，损坏变压器 2 台、电表 1 块，刮倒树木 2 000 棵、水稻 133.33 公顷（2 000 亩），刮走在房顶晾晒等粮食 19 349 千克、花生 8 810 千克、芝麻 400 多千克；官庄大队 7 人被卷入高空，4 人受伤住院；卢王庄大队 233.33 公顷（3 500 亩）水稻被刮倒，刮倒树木 400 多棵，伤 1 人。

1984 年 7 月 15 日 4 时 20 分，昌黎县遭受 8 ～ 9 级大风和雷阵雨灾害，茹荷、大滩、皇后寨、槐李庄 4 个乡遭受不同程度冰雹袭击，涉及 38 个村，其中重灾村 15 个，全县作物受灾面积 3 263.27 公顷（48 949 亩）。同日，抚宁县与昌黎县毗邻地区亦遭受大风、雷雨和冰雹灾害，作物受灾面积 943.2 公顷（14 148 亩），受灾果树 4 000 棵。7 月 17 日下午 17 时 30 分至 18 时 10 分，青龙县大石岭、马圈子等 5 个乡 24 个村遭暴风雨袭击，雹雨降水量 60 毫米，风力 8 级以上。倒伏庄稼 2 966.67 公顷（4.45 万亩），成灾面积 1 055.47 公顷（15 832 亩），减产 3 ～ 8 成的 461.33 公顷（6 920 亩）；刮倒大树 878 棵、果树 2 619 棵，损失果品 35.5 万千克。

1985 年 6 月 2 日 17 时 40 分至 18 时，昌黎县遭大风和雷阵雨袭击，夹有短时冰雹，风力 8 ～ 11 级。农田受灾面积 33 258.27 公顷（498 874 亩），农田成灾面积 22 278.13 公顷（334 172 亩）。倒伏小麦 0.27 万公顷（4 万亩），桃、李等水果损失 50 万千克，刮倒树木 1 万余棵、电杆 288 根，刮断电线3 400米，损坏30千伏变压器1台，触电死亡1人、伤13人，倒塌房屋2 754间，县直企业也有不同程度损失。6月2日，卢龙县遭风雹灾害。受灾面积10 416公顷（156 252亩）；刮倒树木5.8万多棵、果树1.7万多棵、电杆1 500多根，倒塌房屋3 000多间；毁塘坝1座、渡槽50孔、小桥8座。

1987年6月4—5日，青龙满族自治县三拨子乡遭受暴风雨袭击，风力7～8级，六拨子、七拨子村受灾较重。全县农作物受灾面积70.67公顷（1 060亩），大部分苗被刮折刮倒，4 198棵果树落果30%，约减产55万千克。6月5日21时至6日7时，青龙满族自治县大营子乡大营子村遭大风雨袭击，作物受灾面积113.33公顷（1 700亩），幼龄杨树折断1 500棵，刮倒房屋1处。8月26日20时至27日6时30分，卢龙县遭暴风雨袭击，降雨量80～130毫米，风力6～7级，最大风力8～9级，瞬时达10级以上，大风持续3小时20分钟。高秆作物几乎全部倒伏，折断率达40%以上。受灾面积1.56万公顷（23.39万亩），其中减产3～5成的10 421.87公顷（156 328亩），减产6～8成的2981.13公顷（44 717亩），减产8成以上的760.67公顷（11 410亩），绝收面积268.6公顷（4 029亩）。加上旱灾，全县减产粮食7 000万千克；暴风雨刮倒树木13 721棵，果树落果114.65万千克，损坏民房28间、猪圈49个，砸死猪3头，倒墙3 252米、电线杆23根，毁坏机井7眼、桥2座。

1988年8月4日16—18时，青龙满族自治县白家店、木头凳、三里口、周杖子、土门子、新城沟等21个乡镇124个村遭暴风雨袭击，最大风力7.5级，大风持续1个多小时，致使高粱、玉米、谷子等高秆作物全部倒伏，部分折损，一些果品被摇落地。受灾面积1.01万公顷（15.1万亩），成灾面积0.81万公顷（12.1万亩），其中高粱0.27万公顷（4.1万亩）、玉米0.26万公顷（3.9万亩）、谷子0.23万公顷（3.5万亩）。减产3～5成的有0.43万公顷（6.4万亩），减产5～8成的有0.21万公顷（3.1万亩），减产8成以上的有1 080公顷（1.62万亩），绝收的有653.33公顷（0.98万亩），减产粮食1 100多万千克，刮掉果品65万千克，刮折树木2 545棵，冲毁房屋4间。白家店乡533余公顷（8 000多亩）农作物受灾，占全乡总耕地面积的74.1%。白家店乡姚杖子村46.67公顷（700亩）耕地，其中38.33公顷（575亩）高秆作物全部扑倒。三里口乡受灾面积526.67公顷（7 900亩），占全乡总耕地面积的66.8%。9月2日，卢龙县潘庄、大横河、刘家营、刘田各庄、孟时各庄等乡镇的31个村遭暴风雨灾害，风力6～7级，降雨量70～90毫米。部分晚玉米侧伏，有的被刮折。部分水稻扑倒，4条主要电线被雷击坏。9月7日3—5时，昌黎县遭暴风雨灾害，阵风最大8级以上，个别地区伴有冰雹。农作物受灾面积1万公顷（15万亩），成灾面积0.63万公顷（9.4万亩）。减产3～4成的有0.28万公顷（4.2万亩），减产4～5成的有0.21万公顷（3.1万亩），减产5成以上的有0.14万公顷（2.1万亩），损失粮食1 250万千克。刮倒树木352棵、电线杆24根，水果、蔬菜亦有损失。

1989年6月26日16—19时，抚宁县、卢龙县、青龙满族自治县的31个乡镇440个村遭受风雹灾害，抚宁县、卢龙县最大风力10级。农作物受灾面积9 322公顷（139 830亩），其中重灾面积525.2公顷（7 878亩）；果树受灾面积1 635.4公顷（24 531亩），果品损失241.5万千克。刮倒刮断四旁树木15 716棵，刮倒果树1 556棵、电杆185根，损坏房屋283间，死亡1人，降雹砸死山羊10只。其中，抚宁县20个乡镇300个村庄受灾，农作物受灾面积4 080公顷（6.12万亩），大风刮折的58.53公顷（878亩），刮倒果树1 556棵，其中折断

192 棵，刮落水果约 100 万千克，刮倒四旁树木 7 289 棵，其中折断 2 347 棵，刮倒电杆 136 根，打碎门窗玻璃 1 800 多块，损坏房屋 205 间，其中 20 间仓库房顶被掀掉，上徐各庄乡水泥构件厂库存 25 吨水泥因房顶被掀而遭雨淋，洋河水库 3 条捕鱼船被刮入湖底，6 条鱼船被风刮碎，死 1 人；卢龙县 7 个乡镇 125 个村受灾，农作物受灾面积 4 088.67 公顷（61 330 亩），果树受灾面积 835.4 公顷（12 531 亩），风刮、雹砸落果约 60 万千克，刮折电杆 49 根，损坏房屋 76 间，大刘庄乡化工厂屋顶铁板被风刮走；青龙满族自治县 4 个乡镇 15 个村遭灾，农作物受灾面积 1 153.33 公顷（1.73 万亩），果树受灾面积 54.67 公顷（820 亩），砸烂砸落水果 81.5 万千克，一些房屋被砸坏。7 月 10 日 17 时 30 分，卢龙县 8 个乡镇 79 个村遭风灾，雷电子乡、潘庄乡的 3 个村同时降雹，风力 8 级，阵风 10 级以上。雹径如栗，并伴有暴雨。最大 40 分钟内降雨 60 毫米，农作物受灾面积 4 320 公顷（6.48 万亩），其中风灾面积 2 866.67 公顷（4.3 万亩），雹灾面积 1 420 公顷（2.13 万亩），水冲沙压 33.33 公顷（500 亩）。刮落和砸伤水果 15 万千克，刮倒树 1 672 棵、电杆 5 根。7 月 19 日 19 时 15 分，青龙满族自治县青龙镇孟家铺、土坎子、拉马沟等村遭风雹袭击，风雹持续 15 分钟，雹大如核桃，小如栗，地面积雹厚度达 10 厘米，风力 8 级，农作物受灾面积 118.67 公顷（1 780 亩），其中 26.67 公顷（320 亩）绝收，共减产粮食 22 万千克。受灾果树 8 450 棵，损失干鲜果品 3.75 万千克；砸毁蔬菜 5.33 公顷（80 亩），刮倒刮折树木（果树在内）480 棵；死羊 2 只。经济损失 25 万元。

1990 年 4 月 12 日，卢龙县遭大风袭击，风力 6 级，持续 20 小时。大风吹损地膜 94.5 公顷（1 417.5 亩），折合 6 万余元。5 月 19 日 17 时 10 分至 19 时 30 分，昌黎县、卢龙县遭大风和冰雹袭击。风力 6 ～ 7 级，雹径 5 ～ 30 厘米，持续 10 ～ 20 分钟。32 个乡镇受灾严重。小麦倒伏面积 7 686.67 公顷（11.53 万亩），其中昌黎县 4 900 公顷（7.35 万亩）、卢龙县 2 786.67 公顷（4.18 万亩）。卢龙县 1 466.67 公顷（2.2 万亩）白菜和玉米的茎叶受到不同程度的损坏。两县果树受灾面积 2 058 公顷（30 870 亩），其中昌黎县 1 866.67 公顷（2.8 万亩），葡萄受灾最重。6 月 8 日 19 时 10 分，卢龙县大部分地区遭风、雹袭击。风雹夹暴雨，持续 20 ～ 30 分钟，风力 8 ～ 9 级，阵风 10 级以上，雹径大的 3 厘米，降雨量 30 ～ 50 毫米。县城西部 14 个乡镇受灾，大横河、雷店子、卢龙镇、石门等 7 个乡镇灾情较重。农作物受灾面积 0.98 公顷（14.7 万亩），果树受灾面积 666.67 公顷（1 万亩），其中小麦 0.17 万公顷（2.6 万亩）、玉米 0.27 万公顷（4.1 万亩）、白薯 0.47 万公顷（7 万亩），果品损失 172 万千克。7 月 15 日 20 时至 21 时 30 分，青龙满族自治县小马坪、肖营子、马圈子、木头凳、茨榆山、七道河等 27 个乡镇 176 个村遭受严重风雹灾害，风力 8 级以上，持续 20 分钟，有 9 个乡 56 个村为重灾。全县农作物受灾面积 9 316.4 公顷（139 746 亩），成灾面积 5 781.87 公顷（86 728 亩），减产 5 ～ 8 成的 1 440.33 公顷（21 605 亩），减产 8 成以上的 461.4 公顷（包括绝收的 84.6 公顷）；刮倒树木 3 269 棵，其中果树 795 棵，果品损失 125 万千克；刮倒电杆 17 根，刮断高压线 7 处、低压线 17 处；砸坏房屋 16 间，砸伤 1 人。七道河乡白城子村 300 多年生的梨树被拦腰折断；双山子乡龙潭村 63.33 公顷（950 亩）耕地全部遭雹灾，雹径大的如鸡蛋、核桃，农作物被砸成光杆，果子落满地。7 月 24 日 17 时 20 分，抚宁县台营镇 36 个村遭暴风雨袭击。暴风雨持续 40 分钟，风力 6 ～ 7 级，最大 8 级，造成高秆作物严重倒伏、折断，果树大量落果。全镇受灾面积 571.73 公顷（8 576 亩），成灾面积 295.2 公顷（4 428 亩），水果损失 7.5 万千克，马家坊、泊河寨、麻达峪等 10 个村受灾严重。8 月 6 日 10 时 30 分至 11 时，青龙满族自治县的青龙镇、肖营子、八道河、朱杖子、土门子、牛心山等32个乡镇302个村遭受大风、冰雹灾害。风力9级左右，持续1小时，20分钟降雨49.5毫米。13个乡镇100个村庄受灾严重。全县农作物受灾面积1.45万公顷（21.76万亩），成灾面积1.10公顷（16.51万亩），减产3～5成的0.43万公顷（6.5万亩），减产5～8成的0.54万公顷（8.1万亩），减产8成以上的0.13万公顷（1.91万亩）。果品减产246.5万千克，刮倒各种树5.2万棵，损坏房屋411间，刮倒高压线和低压线杆83根、广播线杆1 162根，冲走山羊18只，砸死猪7头、牛1头，砸坏拖拉机1台，伤2人。龙王庙区5个乡农田面积为0.39万公顷（5.8万亩），其中的0.27万公顷（4万亩）遭重灾，倒折的0.17万公顷（2.6万亩）。青龙镇23个村的0.2万余公顷（3万多亩）农田全部受灾，其中重灾村15个。青龙镇孟家铺村100公顷农作物，全部倒折的73.33公顷（1 100亩），果品损失15万千克，刮折树木1 159棵。8月20日21—22时，青龙满族自治县白家店、肖营子、官场等7个乡镇63个村遭受严重的风雹灾害。最大风力8～9级，风雹雨持续40多分钟。高秆作物全部倒折，粮、果被砸落满地，河系、行道的多年生树木被连根拔起，其中2个乡19个村为重灾。受灾面积4 080公顷（6.12万亩），成灾面积3 666.67公顷（5.5万亩），减产3～5成的1 400公顷，减产5～8成的0.15万公顷（2.3万亩），减产8成以上的0.07万公顷（1.1万亩）。刮倒杨柳树2 335棵、果树413棵，损失果品60万千克。刮倒电线杆53根，损失高、低压线4 600米，击毁变压器3台，砸坏房屋10间。9月16日晚，昌黎县刘台庄等乡镇遭受暴风雨袭击，最大风力9级，随风降雨20毫米。受灾面积1 828.33公顷（27 425亩），其中倒伏水稻906.67公顷（1.36万亩）、晚玉米867.67公顷（13 015亩），刮倒刮折大树840多棵、电杆30根，倒塌院墙20米。此次风雨灾害对水稻损失严重，减产3～5成。灾情最重的刘台庄镇大庄村有214.67公顷（3 220亩）水稻受灾，其中倒伏的159.33公顷（2 390亩）、扑地的120公顷。

1991年7月10日20时至21时30分，昌黎县出现雷雨大风天气，最大风速18米/秒。全县玉米倒伏0.65万公顷（9.7万亩），减产1～3成的0.34公顷（5.1万亩）、3～5成的0.21万公顷（3.2万亩）、5成以上的0.09万公顷（1.4万亩），刮倒树木2 306棵。

1997年8月20日，受11号热带风暴影响，昌黎县、卢龙县遭大风袭击，风力8级。其中，昌黎县沿海因天文大潮引起潮位浪高2米左右，农作物受灾面积17 320公顷，成灾面积17 320公顷，其中早玉米8 000公顷、晚玉米6 600公顷、高粱3 200公顷、大豆1 666.67公顷、水稻533.33公顷、苏子200公顷，旅游设施损失折合35万元，海堤损坏4千米，海水养殖几乎绝收。卢龙县，高秆农作物受灾面积0.66万余公顷（10多万亩），成灾面积0.45万公顷（6.7万亩），减产5成以上的0.22万公顷（3.3万亩），减产粮食1 335万千克，经济损失1 869万元；果树受灾面积0.08万公顷（1.25万亩），减产6成以上的453.33公顷（6 800亩），减产果品760万千克，经济损失1 520万元；倒折树木1.5万棵，经济损失105万元；损失房屋87间、猪舍和门楼140处、院墙5 200延长米，经济损失120万元。以上共计损失3 645.6万元。

1998年9月4日21时40分至22时30分，昌黎县出现雷阵雨过程，并伴有7～8级大风和冰雹。葛条港乡受风灾，大风刮倒水稻400公顷，减产1～3成的176.67公顷，经济损失50.09万元；安山镇19个村受灾，受灾面积2 533.33公顷，成灾面积1 666.67公顷，其中晚玉米733.33公顷、白薯面积933.33公顷，两项共计减产折粮375万千克，经济损失487.5万元。

2001年8月7日，抚宁县出现大风天气，风速最大30米 / 秒，风力强，倒伏玉米1 663公顷、大豆和谷子472公顷、架芸豆86.7公顷，果品损失250千克。

2002年11月11日，昌黎县出现大风天气，瞬间最大风速26米 / 秒，昌黎镇刘李庄被刮坏蔬菜大棚33.33公顷，损失15万元；靖安被刮坏蔬菜大棚3.33公顷，损失5万元。

2003年7月8日下午，青龙满族自治县茨榆山乡普降大雨并伴大风，大田作物被风刮倒严重，受灾面积613.33公顷（9 200亩），成灾面积277.33公顷（4 160亩），减产8成以上的141.33公顷（2 120亩），各种经济损失30万元。

10月10日14时至10月12日12时，秦皇岛市普降大到暴雨，部分县（区）遭受大风、风雪和霜冻灾害，最大风力10级，渤海海域发生特大风暴潮灾害，农作物受灾面积1.67万公顷（25万亩），成灾面积0.59万公顷（8.9万亩），粮食作物减产1 100万千克，全市因灾损失约2.9亿元。

2004年9月14日，受“海马”台风和南下冷空气的影响，秦皇岛市出现暴雨、大风天气，风力7～8级。昌黎县、抚宁县、北戴河和山海关区的19个乡镇413个村受灾，农作物受灾面积约13 955公顷，直接经济损失2 807万元，其中农业经济损失2 423万元，因灾死亡3人。

2005年7月9日，卢龙县遭大风（最大风速达28米 / 秒）、暴雨（20分钟，降雨量54毫米）、冰雹等强对流天气袭击。10余个乡镇受灾，直接经济损失3 449万元，因灾死亡3人。

2007年7月3—4日，卢龙县遭受暴风雨袭击，平均风速6～7级，阵风9级（风速22米 / 秒）持续4～5分钟，15分钟降水量21毫米。9个乡镇受灾，高秆农作物受灾严重，玉米倒伏达70%，农作物受灾面积3 657公顷，减收粮食956万千克，造成直接经济损失1 211万元。此外，因风损坏输电线路0.5千米，经济损失3万元。

2009年6月1日23时左右，秦皇岛市沿海遭大风袭击，沿海阵风8～9级。昌黎县部分乡镇扇贝养殖直接经济损失80余万元，抚宁县榆关镇官石东沟村一户的彩钢瓦被风刮至大秦铁路供电线路，致使铁路停运3小时。6月4日下午，卢龙县双望镇、蛤泊乡、陈官屯乡、石门镇等乡镇遭受大风灾害，风力7级，阵风达8级，造成直接经济损失147万元。

2010年5月18日傍晚，卢龙县、昌黎县出现大风天气。昌黎县风力达8级，持续时间20分钟左右，全县11个乡镇的53个村受灾，直接经济损失361万元。卢龙县，瞬时风力8～9级，32个设施农业大棚被损毁，受灾面积3公顷，直接经济损失约50万元。5月24日上午，卢龙县遭受大风袭击，瞬时风力达到8级，蛤泊乡闫深港村7个蔬菜大棚被损坏，受灾面积0.73公顷（11亩），直接经济损失12万元。9月20日夜，卢龙县普降中雨，刘家营乡出现局部大风，农作物受灾面积2.27公顷，其中15个暖棚（面积1.27公顷）、7个冷棚（面积1公顷），直接经济损失15万元。

2011年5月30日16时，卢龙县遭受大风袭击，局部地区瞬间风力9级，大风持续约6分钟。全县6个乡镇14个行政村受灾，受灾设施农业棚室达141个，受灾面积13.93公顷（208.9亩），其中33个棚室受损严重，棚膜全部被掀翻，直接经济损失36.26万元。

2012年3月23日、24日，卢龙县、昌黎县、青龙满族自治县、海港区海阳镇遭受大风袭击。卢龙县造成的损失主要涉及农业设施大棚和畜牧养殖棚圈，其中农业设施大棚149个。农作物受灾面积14.53公顷，绝收面积3.37公顷。4月27日，秦皇岛市出现大风天气，造成部分基础设施及设施农业遭受损失。昌黎县农作物受灾面积221.67公顷，农业直接经济损失144万元。

6月13日，卢龙县遭受短时大风袭击，并伴有大雨、冰雹。5个乡镇8个行政村受灾，受灾面积173.93公顷，成灾面积161.6公顷，绝收面积0.33公顷，因灾造成直接经济损失131.9万元，其中农业经济损失127.9万元。8月3—4日，昌黎县受强热带风暴影响普降大暴雨，并伴有强风，最大风力8级，出现严重的风灾和洪涝灾害，滦河堤坝多处出现险情。全县17个乡镇（区）418个行政村全部受灾，紧急转移安置人口1.2万人，6个乡镇82个行政村被淹。全县农作物受灾面积3.73万公顷，成灾面积3.36万公顷，绝收面积1.22万公顷。全县因灾造成直接经济损失5.6亿元，其中农业损失3.9亿元。9月27日，昌黎县、抚宁县、卢龙县遭受雷雨大风灾害。卢龙县部分乡镇短时强对流天气（伴有雷电、大风、短时冰雹，最大风速24.2米/秒），造成蔬菜大棚和秋收作物损失严重，农作物受灾面积714.87公顷，成灾面积486.87公顷，绝收面积58公顷，直接经济损失666.84万元。

2013年8月4—5日，昌黎县、卢龙县、抚宁县遭受雷雨大风袭击。其中，抚宁县台营镇、驻操营镇、石门寨镇风力达到8级以上，136个行政村受灾，农作物受灾面积2 347公顷，经济损失1 863万元；卢龙县局地瞬时风速15.8米/秒，平均降水量16.17毫米（最大降水量出现在刘家营乡，27.8毫米），刘家营乡、潘庄镇、陈官屯乡、印庄乡、卢龙镇、燕河营镇、蛤泊乡、木井乡）农作物受灾面积1 031.3公顷，绝收面积72公顷，因灾造成直接经济损失1 050.2万元，其中农业经济损失1 033.2万元、家庭经济损失9万元、工矿企业损失8万元。

2014年8月16日，昌黎县、卢龙县遭受雷雨、大风、冰雹袭击，瞬时风力8～9级。其中，昌黎县昌黎镇、马坨店、泥井、朱各庄、城郊区、两山6个乡镇受灾，农作物受灾面积1 820公顷，成灾面积683公顷，绝收面积13公顷，造成直接经济损失2 515万元，其中农业损失2 503万元、家庭财产损失12万元；卢龙县卢龙县木井镇18个村受灾，其中郎柏各庄、高柏各庄、牛柏各庄、卢柏各庄、谭家坡、安口、康各庄较重，农作物受灾面积约266.67公顷（4 000亩）（其中玉米3 500亩，食用葡萄500亩），成灾面积200公顷，绝收面积53公顷，直接经济损失150万元。

2015年6月1日17时30分左右，卢龙县普遍出现雷阵雨天气，且局地伴有大风、雷电、冰雹等强对流天气，瞬时风速22.1米/秒（属9级），最大降水量22.3毫米（潘庄镇），最大雹径1.5厘米，持续约20分钟。全县9个乡镇26个村受灾，受灾面积489.3公顷，成灾面积306.6公顷，绝收面积1.3公顷，直接经济损失926.45万元，其中农业经济损失911.45万元、家庭经济损失15万元。7月26日16时至27日8时，卢龙县出现阵雨天气，并伴有短时大风，最大风速22.6米/秒（属9级）。全县有6个乡镇受灾，农作物受灾面积3 195.9公顷，成灾面积1 801.6公顷，绝收面积882.4公顷，其中玉米绝收881.3公顷。印庄乡杨上沟村26.6公顷苹果树受灾，部分苹果被刮落；印庄乡四家营村6个钢架结构大棚受损严重，棚骨严重变形，棚膜损坏，棚内等待收获的西红柿损失严重。共造成经济损失2 975.5万元，全部为农业经济损失。

第二节　海洋灾害

海洋作为秦皇岛市的重要生态系统之一，具有丰富的资源，同时发挥着重要的生态功能。

但受地理位置、环境变化和人类活动等方面的综合影响，海洋灾害时有发生，并造成诸多不利影响。秦皇岛市海洋灾害主要包括风暴潮、海冰、海水入侵、海岸侵蚀和赤潮等方面。

一、风暴潮

又名“海啸”“增减水”。大致每 10 ～ 15 年发生一次。秦皇岛市海区由于受大风影响，增减水十分显著。当渤海海面出现东南或西南及东西迎岸风时，以增水为主，反之为离岸风，以减水为主。秦皇岛港在 1965—1975 年，大于 50 厘米的增水为 48 次，减水 181 次，增水最大幅度为 1 米左右，最大延时 10 ～ 20 小时。

明崇祯七年（1634 年），海啸，漂没沿海居民无数。

清康熙三年（1664 年），海啸，滦河溢。乾隆十五年（1750 年），大风雨，海潮涨，沿海田庐禾稼淹没。嘉庆十六年（1811 年）6 月，大雨，昌黎沿海海溢没田，367 个村缓征税赋。道光二十五年（1845 年）4 月，昌黎、抚宁沿海海啸，海水上溢十余千米（20 余里），渔舍尽没。光绪二十一年（1895 年）4 月 28—29 日，海水浸溢至北戴河陆庄关帝庙前，村民扶老携幼逃上联峰山。

1913 年 6 月 9 日，秦皇岛海潮达 2.44 米，所有海口附近村庄均被淹没。

1923 年 6 月，大雨，海水涨，秦皇岛平地水深 1.67 米左右，商民、警署房屋被淹。

1939 年，海啸，海浪击毁北戴河海滨浴场木制跳台。

1949 年，台风，昌黎海啸溢地 5.59 万公顷（83.9 万亩），倒房 3.6 万间，沿海渔船网具被毁无数。

1958 年 7 月 21 日，受台风影响，海水上溢，沿海庄稼被水冲沙压，京山铁路留守营段 11 处被冲毁。北戴河西海滩路面水深 1 米以上，港养池全部冲毁。秦皇岛市 17 个工厂被淹停产。死亡 40 人。

1964 年 8 月 13 日，海啸，北戴河刘庄 6 座楼花园水深齐腰。海浪淘空外交部休养所环海路路基 3 处，中海滩南花园全部花木被淹死。昌黎、抚宁海潮上溯，农田积水。

1972 年 7 月 26—27 日，海上刮 8 ～ 9 级台风，引起海啸，持续 10 小时，各河河水上溯 2.5 千米。北戴河河东寨防潮堤被冲断 650 米。昌黎县沿海 5 个公社 20 个村庄被海水包围，冲走渔船 13 条、网具 752 件。抚宁县沿海村庄淹地 240 公顷（3 600 亩），塌房 70 多间。秦皇岛市 23 家工厂进水停产。

1976 年 7 月 26 日，伴随唐山地震，发生短瞬海啸，未造成破坏。

1985 年 7 月下旬，海啸，昌黎摧毁船只 4 只、网具 500 多件，冲毁虾池 2 公顷。山海关渤海养殖场养的贻贝被冲走。

1987 年 8 月 26 日凌晨，渤海海啸，山海关海神庙中水深达 33 厘米以上。

1997 年 8 月 20 日，受 9711 号台风“温妮”影响，秦皇岛市渔民养殖的文蛤被冲跑 2 150 吨，扇贝损失 4 415 台。

2002 年 10 月 18—21 日，受强冷空气与东海气旋影响，渤海、黄海出现 4 ～ 5 米巨浪，昌黎县外海沉没船舶 2 艘，失踪 2 人，直接经济损失 60 万元。

2003 年 10 月 11—12 日，受北方强冷空气影响，秦皇岛市发生近 10 年最强的温带风暴潮，并伴有 3.5 米的大浪，造成秦皇岛市渔业和养殖业经济损失 2.0 亿元。

2004 年 9 月 7 日，受黄海气旋影响，风浪造成昌黎附近海域 1 艘渔船沉没，死亡（失踪）4 人，经济损失 30 万元。9 月 14 日，受黄海气旋影响，秦皇岛港第 5 施工现场，1 人被卷入海中。

2005 年 1 月 14 日，冷空气引发大浪，秦皇岛港 7# 泊位附近海域 1 艘渔船沉没，死亡（失踪）3 人，经济损失 10 万元。8 月 17 日，"渚扬 3 号"集装箱船受风浪影响沉没，死亡（失踪）1 人，经济损失 1 500 万元。9 月 1 日，昌黎一扇贝养殖户的 2 艘渔船被海浪打翻，船上 5 名渔民死亡，2 人受伤，直接经济损失 20 万元。

2007 年 8 月 12 日，海风引发大浪，秦皇岛市一艘扇贝养殖渔船被大浪打翻，造成 1 人死亡。

2012 年 8 月 3 日，受 1210 号台风"达维"北上影响，秦皇岛市海域出现风暴潮和大浪灾害，海水倒灌，市区主要道路被淹没，造成直接经济损失 6 130 万元。

2016 年 7 月 20—21 日，受温带气旋影响，秦皇岛市出现超过黄色警戒潮位值（218 厘米）的风暴潮，造成直接经济损失 1 030 万元。

二、海冰

秦皇岛市严重冰期约 20 天，一般从 1 月下旬到 2 月中旬。海域固定冰平均宽度 200 米，最宽可达 400 米，平均厚度 30 厘米，最大厚度 50 厘米，堆积冰厚度 2 ～ 3 米，最大可到 10 米以上。海冰可造成港口封冻，航道堵塞，交通中断。1930 年 1 月，秦皇岛海域发生冰冻，距岸延伸 100 英里（160.93 千米）外。20 世纪 30 年代以后，秦皇岛市海上严重封冻年有 6 次，即 1936 年、1947 年、1958 年、1960 年、1969 年、2011 年，见表 9-2。

表 9-2　2003—2016 年秦皇岛海区海冰发生情况一览表（表跨页）

年　度	初冰日	终冰日	冰期 / 天	主要冰型
2003—2004 年	2003 年 12 月 7 日	2004 年 2 月 9 日	65	浮冰冰型主要为初生冰、莲叶冰为主，间有灰冰，浮冰冰状为碎冰
2004—2005 年	2004 年 12 月 21 日	2005 年 2 月 26 日	68	浮冰冰型主要为初生冰、莲叶冰为主，间有灰冰，浮冰冰状为碎冰、冰块
2005—2006 年	2005 年 12 月 11 日	2006 年 3 月 2 日	82	浮冰冰型主要为初生冰、莲叶冰，尼罗冰、冰皮为主，间有灰冰，表面为平整冰，浮冰冰状为碎冰、冰块
2006—2007 年	2006 年 12 月 18 日	2007 年 2 月 2 日	47	浮冰冰型主要为初生冰、莲叶冰，浮冰冰状为碎冰
2007—2008 年	2007 年 12 月 30	2008 年 2 月 24 日	57	浮冰冰型主要为初生冰、莲叶冰、冰皮，浮冰冰状为碎冰、冰块
2008—2009 年	2008 年 12 月 22 日	2009 年 2 月 26 日	67	浮冰冰型主要为初生冰、莲叶冰，并间有尼罗冰、灰冰、冰皮，浮冰冰状为碎冰、冰块
2009—2010 年	2009 年 12 月 31 日	2010 年 2 月 26 日	58	冰型主要为初生冰、莲叶冰、尼罗冰、冰皮，严重冰期出现灰白冰和灰冰，最大冰厚 20 厘米
2010—2011 年	2010 年 12 月 15 日	2011 年 2 月 15 日	63	浮冰冰型以初生冰、莲叶冰和尼罗冰为主
2011—2012 年	2012 年 1 月 1 日	2012 年 2 月 25 日	56	未出现固定冰，浮冰冰型以初生冰、莲叶冰和尼罗冰为主，偶见少量的灰冰和灰白冰

年　度	初冰日	终冰日	冰期 / 天	主要冰型
2012—2013 年	2012 年 12 月 9 日	2013 年 2 月 23 日	77	近岸浅水区域局部少量固定冰，浮冰冰型主要为尼罗冰和灰冰为主，偶见灰白冰出现，固定冰主要为沿岸冰、搁浅冰和冰脚
2013—2014 年	2013 年 12 月 19 日	2014 年 2 月 18 日	62	未出现固定冰，浮冰冰型以初生冰为主
2014—2015 年	2015 年 1 月 7 日	2015 年 2 月 1 日	26	未出现固定冰，仅出现微量初生冰
2015—2016 年	2015 年 11 月 25 日	2016 年 3 月 12 日	109	海水兼有浮冰和固定冰，浮冰冰型主要为莲叶冰、灰冰、灰白冰，固定冰主要为沿岸冰、搁浅冰

1947 年 1 月下旬至 2 月中旬，渤海发生冰封，一般结冰厚度 30 厘米，最厚冰凌 80 厘米。

1969 年 1—3 月，渤海冰封达两个多月，海上石油钻井平台被冰推倒，秦皇岛港航道堵塞达 57 天。

2011 年 2 月，秦皇岛港冰情严重，港口航道灯标被流冰破坏，港内外数十艘船舶被海冰围困，造成航运中断，锚地有 40 多艘船舶因流冰作用走锚。

三、海水入侵

主要发生在洋河、戴河、汤河、新开河入海口附近区域。

在洋河、戴河冲洪积平原，由于枣园、西河南水源地的城市用水和造纸工业大量抽取地下水，而形成面积 20 多千米^2、中心水位下降 7 米的降落漏斗，加之两河上游大量截取河川径流，使下游水量减少，枯水季节基本无水入海，海水随潮汐上溯涌入洋河主流和支流及戴河下游河段，使河床中充满了高矿化度的河海水混合咸水。通过河床的侧向补给，使地下水变成，地下水矿化度达 2 ～ 3 克 / 升，高的达 7 克 / 升。枣园、渤海一带 13 个村庄 1 000 公顷（1.5 万亩）耕地受其危害，157 眼机井报废，5 个村庄 3 000 人饮水发生困难。

汤河流域下游地段是海港区工业用水集中开采地下水区。在耀华玻璃厂、秦皇岛港务局、市造纸厂、市棉纺厂附近形成面积为 7 千米^2 的地下水降落漏斗。海水涨潮时，汤河入海口河水氯离子浓度大幅提高，向含水层侵入，而使漏斗区地下水变咸，氯离子浓度最高达到 473.2 毫克 / 升。

海港区的半环形排水沟通过新开河入海，海潮逆沟而上，使沿河两侧 20 ～ 30 米范围内水质恶化。

表 9-3　秦皇岛市滨海地区监测站位海水入侵情况一览表

	严重入侵 /%	轻度入侵 /%	无入侵 /%	入侵最大距离 / 千米
2015 年	11.1	22.2	66.7	—
2016 年	22.2	22.2	56.6	13.6

四、海岸侵蚀

自 20 世纪中叶以后，秦皇岛市海岸海蚀作用明显加强。北京大学地理系经对 1980 年和 1954 年航空相片比较，发现从山海关到洋河口岸段，都遭到不同程度的冲刷，岸线最大后退速度高达每年 4 米。

海岸侵蚀造成全新世晚期的堆积地貌受到冲蚀。使岸段由海积平原、海积陆地、沿岸堤等形成连续的冲刷陡坎，坎高一般 0.5 ～ 2 米，其上植被被冲入现代激浪带。秦皇岛油码头东的古潟湖沉积，沙河口东的古砾石堤被冲刷出露于滩面。整个海滩普遍变窄、变陡、砂质粗化。洋河口至滦河口岸段，岸滩变陡、海滩陡坎达 70° 以上，使海岸失去支撑倾入海中。

海岸人工建筑因海侵而遭破坏。汤河口两侧 20 世纪 50 年代初修筑的 10 余个碉堡，原离岸 200 多米，已全部被海水浸没。北戴河海滨中直机关浴场的防波堤被冲毁，海滩基岩被剥蚀出露。

进入 21 世纪，秦皇岛市海岸侵蚀速度加快。2012—2013 年监测结果显示，滦河口至戴河口砂质海岸岸段平均侵蚀速度为 9.1 ～ 11.0 米 / 年。

五、赤潮

1990 年 6 月 27 日—7 月 4 日，因夜光藻急剧繁殖，在北戴河海滨到秦皇岛港区发生长约 22 千米、宽约 5 千米、面积 110 千米 ^{2} 的赤潮，赤潮波及北戴河海滨浴场及亚运会海上赛场，未造成危害。

2009 年 5 月 26 日—6 月 1 日，昌黎新开口附近海域发生夜光藻赤潮，最大面积 460 千米 ^{2}。

2010 年 5—6 月，昌黎县沿海海域发生赤潮，造成直接经济损失约 2 亿元。6 月 24 日，秦皇岛一绥中沿岸海域发生大面积赤潮，持续时间 19 天，最大面积约 3 350 千米 ^{2}，赤潮区水体呈黄绿色。7 月 24—30 日，北戴河一抚宁沿海海域发生红色中缢虫赤潮，造成直接经济损失约 0.05 亿元。

2011 年 6 月 17 日，北戴河鸽子窝至抚宁与昌黎分界线附近海域发生微微藻赤潮，最大面积 180 千米 ^{2}。

2012 年 5 月 18—28 日，秦皇岛市附近海域发现赤潮，持续时间 10 天，最大面积 16 千米 ^{2}。6 月 8 日—8 月 20 日，再次暴发赤潮，持续时间长达 73 天，最大面积 3 400 千米 ^{2}。

2013 年 5 月 25 日—8 月 31 日，秦皇岛一绥中附近海域发生抑食金球藻赤潮，持续时间长达 98 天，最大面积 1 450 千米 ^{2}，对滨海旅游业等影响较大。

2014 年 5 月 15 日—8 月 7 日，秦皇岛市近岸海域发生抑食金球藻赤潮，持续时间 85 天，最大面积 2 000 千米 ^{2}。6 月 11—15 日，发生夜光藻和微小原甲藻赤潮，最大面积 228 千米 ^{2}。

第三节 地质灾害

一、地质灾害现状

秦皇岛市气候条件时空差异大，人类工程活动强烈，地质灾害多发。地质灾害具有种类多、分布广、突发性强、危害大等特点。区内地层出露较为齐全，岩性的物理力学性质和风化程度直接影响着地质灾害的形成。出露于燕山地区的太古界、下元古界老变质岩，由于变质岩的结构、构造和矿物成分的特点，经物理、化学风化，易导致岩体崩解，矿物或岩石表面裂开形成碎屑或砂，为泥石流的形成提供了大量的固体松散物质，是泥石流灾害的高易发区；在燕山寒武系碳酸盐岩地层中，部分存在着页岩和夹有薄层泥灰岩等软弱地层，容易发生滑坡、崩塌地质灾害；在白垩系地层中的泥岩、砂岩、砂砾岩呈半胶结状，结构松散，遇暴雨很容易发生地质灾害。

1949 年 10 月至 2016 年年底，秦皇岛市共有 102 处发生地质灾害。其中，特大级 1 处、较大级 4 处、一般级 97 处；崩塌 40 处、泥石流 32 处、滑坡 14 处、地面塌陷 11 处、地裂缝 5 处，造成 61 人死亡，7 人受伤，毁坏房屋 848 间、农田 201.07 公顷，损毁公路 41.65 千米，直接经济损失 2 203.5 万元。秦皇岛市发生的发生地质灾害处数最多的年份是 1998 年，达 17 处，主要发生在青龙满族自治县。特大级地质灾害发生在 1959 年夏季（降雨量 843 毫米），青龙满族自治县七道河乡石城子村磨盘山发生泥石流地质灾害，死亡 37 人，冲毁房屋 35 间，冲毁、掩埋农田 4.466 7 公顷，直接经济损失达 67 万元；其次 4 处较大级地质灾害分别是：卢龙县武山于 1998 年 11 月 2 日 14 时发生山体滑坡，造成 9 人死亡、3 人重伤、1 人轻伤，经济损失约 250 万元；青龙满族自治县龙王庙乡陈村庄于 1998 年、2001 年、2005 年发生 3 次泥石流，青龙满族自治县大石岭乡榆树沟村 1998 年发生泥石流，两地发生的地质灾害经济损失均大于 100 万元；抚宁县石门寨黑山窑西山（2015 年 8 月后划属海港区）采空塌陷（1940 年后形成，20 世纪 80 年代盛发，集中形成时间多在 1996—1999 年），毁坏农田 13 333 公顷，毁坏房屋 238 间，直接经济损失达 269.3 万元。此外，地质灾害造成村民吃水用井、农田灌溉用井水位的逐年下降，大部分水井已经干枯。

在地质灾害发生时间上，崩塌、滑坡、泥石流灾害主要集中在雨季，资源开发引起的地面沉降和地面塌陷灾害的发生相对滞后于资源的开采时间。

地质灾害在地域分布上，崩塌、滑坡、泥石流为主的地质灾害易发区主要分布在燕山中低山青龙满族自治县一带。这一地区地形切割强烈，沟谷发育，岩石强烈风化，节理裂隙发育，降水集中，是地质灾害严重区。崩塌、滑坡、泥石流地质灾害主要集中在汛期，突发性强，随机性大，对居民区、矿山、交通、水利等工程基础设施危险大，灾害损失严重。

地面塌陷、地裂缝是矿区和岩溶发育区主要地质灾害。采矿引发的地面塌陷与地裂缝主要分布在以地下开采煤等矿产资源为主的海港区柳江矿区。地面塌陷与地裂缝不仅是矿山安全隐

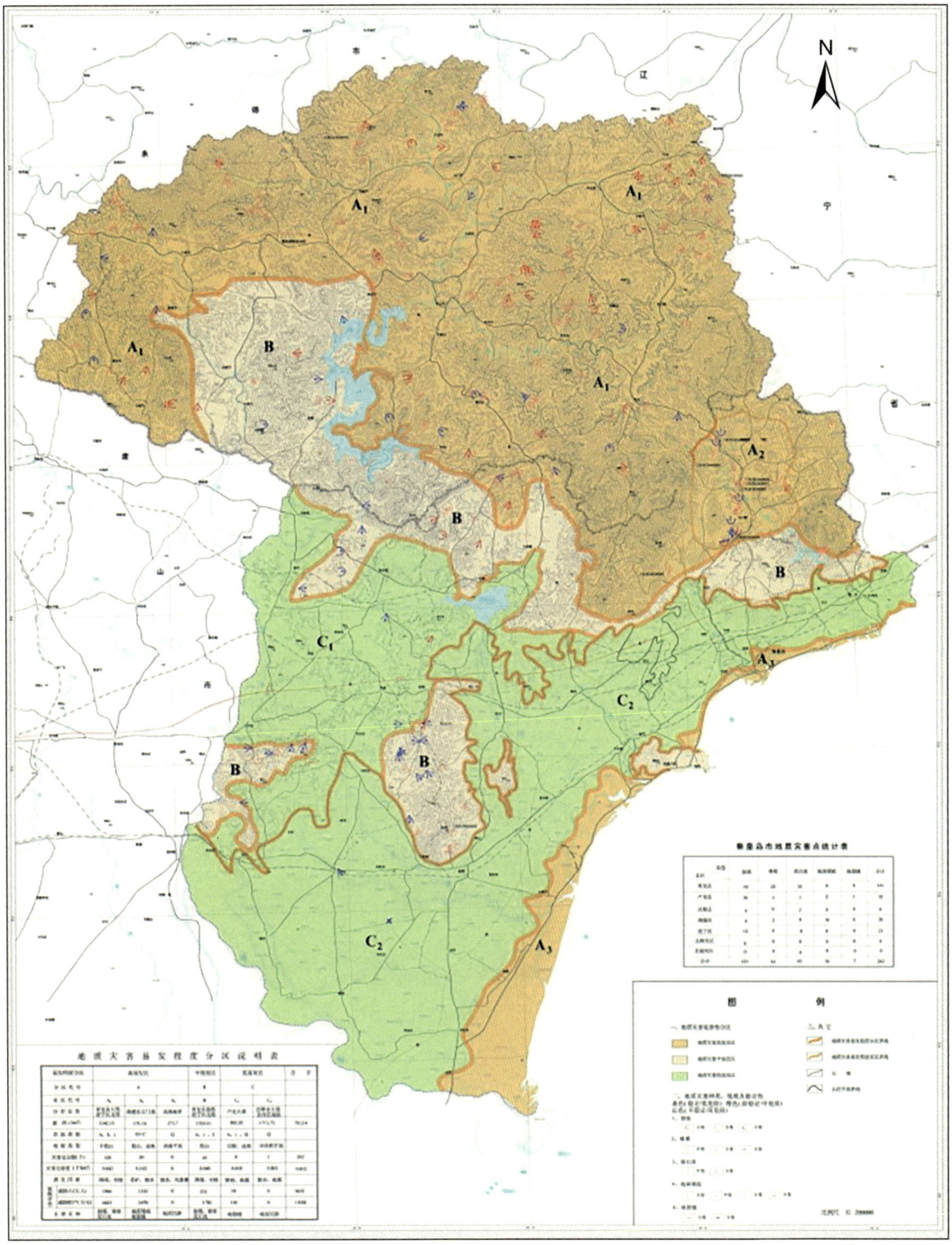

图 9-3　秦皇岛市地质灾害分布与易发程度分区图

患，而且破坏了矿区及周围生态环境，危及生产、生活安全。岩溶塌陷主要分布于柳江盆地等地的覆盖型浅埋岩溶区，对建筑物和基础设施造成破坏。地面塌陷隐蔽性强，防治难度大，已成为危害人民生命财产安全和社会稳定的重要地质灾害。

二、地质灾害易发程度分区

根据河北省国土资源厅监制、河北省地矿局秦皇岛市矿产水文工程地质大队编制的秦皇岛市地质灾害分布与易发区图，并结合秦皇岛市地质灾害发育现状情况，将全市划分为地质灾害高易发区、中易发区和低易发区，地质灾害高易发区 3 793.98 千米 ^{2}，占秦皇岛市总面积的 48.6%；中易发区 1 335.81 千米 ^{2}，占 17.1%；低易发区 2 682.61 千米 ^{2}，占 34.3%。详见图 9-3。

1. 高易发区

分为崩塌、滑坡、泥石流高易发区，地面塌陷高易发区及地面沉降高易发区 3 个区。

崩塌、滑坡、泥石流高易发区：主要分布在青龙满族自治县凉水河—八道河、平方子—安子岭、青龙镇北部、茨榆山—官场、龙王庙—祖山等大部及抚宁区大新寨北部，面积 3 342.13 千米 ^{2}，占地质灾害高易发区面积的 88.1%，地质灾害发育类型主要为崩塌、滑坡、泥石流，共计 161 处，发育强度为 0.048 处 / 千米 ^{2}。

地面塌陷高易发区：分布在海港区柳江盆地、驻操营—石门寨一带，面积 178.15 千米 ^{2}，占地质灾害高易发区面积的 4.7%。地质灾害很发育，发育类型主要为采空区塌陷、岩溶塌陷和地裂缝等，共发育 27 处，发育强度为 0.152 处 / 千米 ^{2}。

地面沉降高易发区：分布在昌黎县滦河口—大蒲河一带，面积 273.7 千米 ^{2}，占地质灾害高易发区面积的 7.2%。

2. 中易发区

广泛分布于山前丘陵地区、青龙满族自治县肖营子—卢龙县燕河营一带及卢龙—山海关一带，面积 1 335.81 千米 ^{2}。地质灾害发育类型主要为崩塌、滑坡、泥石流，共发育崩滑流 54 处，发育强度为 0.040 处 / 千米 ^{2}。

3. 低易发区

分布于卢龙县大部丘陵盆地区（C1）和昌黎县南部广大平原区新集—葛条港一带（C2），面积分别为 908.88 千米 ^{2} 和 1 773.73 千米 ^{2}，低易发区面积共为 2 682.61 千米 ^{2}。

三、地质灾害防治分区

根据秦皇岛市地质灾害易发区分布，依据地形地貌、地质构造、岩土体类型、历史地质灾害发育程度、引发地质灾害的自然因素和人类工程经济活动程度，以及人口密度、社会财富和重要基础设施分布，结合国民经济与社会发展总体规划和国土开发总体规划等，按地质灾害类别，将秦皇岛市地质灾害防治区划分重点防治区、次重点防治区和一般防治区。

1. 崩塌、滑坡、泥石流防治区

崩塌、滑坡、泥石流防治区总面积 5 553.05 千米 ^{2}，区内以中低山为主，包重点防治区和次重点防治区两个亚区。此区自然地理条件和地质环境变化较大，类型复杂，雨量充沛，为河北省的暴雨中心之一，是泥石流、崩塌、滑坡地质灾害多发区，而人类工程活动则加剧了这些地质灾害的发生。

崩塌、滑坡、泥石流重点防治区：包括青龙满族自治县八道河—凉水河、青龙镇、大石岭—隔河头、平方子—安子岭、龙王庙—祖山等乡镇大部和长城沿线一带的抚宁区台营镇—大新寨镇、海港区杜庄镇—驻操营镇及山海关区孟姜镇，面积 2 856.00 千米 ^{2}，占山区总面积的 53%。境内山峦叠嶂、沟谷纵横、地势东、北、西三面高突，中间略凹，南部较低，最高海拔 1 864.3 米（都山），农田多在海拔 250 ～ 500 米。此区自然边坡坡度一般为 15° ～ 65°，并以 20° ～ 45° 多见，自然边坡坡高一般 10 ～ 110 米，局部地区高达 300 米以上，基岩全风化可见厚度 0.5 ～ 3.5 米，残坡积厚度 1.0 ～ 5.0 米，部分地带大于 5 米，因修路建房开挖的边坡高度一般在 10 ～ 20 米，个别可达 30 米，坡度一般为 50° ～ 90°，极易引起崩塌。多年平均降水量 698.44 毫米（1957—2015 年），是暴雨多发地带，且暴雨多发生在 6—9 月，占全年降水量的 80% 以上，是秦皇岛市地质灾害易发区。区内共有地质灾害隐患点 149 处，类型以崩塌、滑坡、泥石流为主，是重点防治区。

崩塌、滑坡、泥石流次重点防治区：包括青龙满族自治县西南部和北部、卢龙县大部分地区、抚宁区中部及海港区北部，主要分布青龙满族自治县于肖营子—蛇盘兔、都山—写字洞、草碾、寿桃山—干沟 4 个地段，抚宁区台营镇、大新寨镇、茶棚乡和海港区北港镇，昌黎县西部，面积 2 697.05 千米 ^{2}，占山区总面积的 47%，海拔标高一般 200 ～ 500 米，属低山丘陵区。多年降水量 594.68 毫米（1980—2015 年），年内降水量多集中在 6—9 月，占全年降水量 79%，是河北省降雨中心之一。区内地层主要有变质岩、碎屑岩、碳酸盐岩、花岗岩等，自然边坡坡度一般为 20° ～ 60°，并以 20° ～ 45° 多见，自然边坡高 20 ～ 100 米，局部地区大于 100 米，基岩风化层可见厚度 0.5 ～ 3.0 米，残坡积层厚度 0.5 ～ 5.0 米，局部地区大于 5 米。因地层风化剥蚀强烈，加之人类工程活动影响，在雨季地质灾害时有发生。区内有地质灾害隐患点 74 处，类型以崩塌、滑坡、泥石流为主，地裂缝零星分布。

2. 地面塌陷和地裂缝防治区

地面塌陷和地裂缝防治区为重点防治区（I2），主要分布在柳江盆地一带海港区驻操营镇至石门寨镇，地貌为低山、盆地，总面积 178.15 千米 ^{2}。区内有地质灾害隐患点 27 处，类型以地面塌陷和地裂缝为主。

3. 地面沉降防治区

沿海地带地面沉降重点防治区：主要分布在北戴河新区及昌黎县、抚宁区近岸海域附近区域沿海地带，面积 342.13 千米 ^{2}，为地面沉降地质灾害易发区。区内地势由北向东南微倾，近岸海域分布有众多的沙岛，沙坎和冲沟。地质环境条件复杂，地质灾害以人为诱发为主，过量开采地下水和不合理采砂等工程经济活动引起地面沉降地质灾害。

平原地面沉降一般防治区：位于昌黎县、卢龙县及海港区、山海关区、北戴河区，区内以山前倾斜平原和滨海平原为主，地面沉降地质灾害低易发区，总面积 1 760.55 千米 ^{2}。主要工作是初步调查地面沉降范围和程度，指导区内工程经济建设。

四、地质灾害防治工作的主要措施及成果

秦皇岛市地质灾害防治工作，1987—2002 年由市地质矿产局负责，2002—2011 年由市国土资源局负责。

1987—2002 年，在每年 4—5 月的汛期之前，市地质矿产局要求各县（区）地质矿产局组织排查地质灾害隐患点的分布、类型、危险程度等基本情况。在每年 6—9 月的汛期，要求各县（区）地质矿产局加强巡查工作，发现险情及时上报市地质矿产局，由市地质矿产局组织专家现场勘查，提出防治措施并组织开展治理工作。1996 年，发现抚宁县石门寨镇房庄村（今属海港区）山体出现地裂缝，河北省地质矿产局于 1997 年投入资金进行勘查，同年年底市地质大队提交了《河北省抚宁县石门寨镇房庄村山体地裂缝调查报告》。1999 年，国家地质矿产部投资 80 万元，进行地裂缝防治工程勘查。2001 年 4 月，市矿产水文工程地质大队提交了《河北省抚宁县石门寨镇房庄村山体地裂缝灾害防治工程勘查报告》。

2002 年，市地质矿产局与市土地管理局合并组建秦皇岛市国土资源局，局内设立地质环境科。此后，地质灾害防治工作制度、措施日臻完善，逐步走上制度化、规范化管理的轨道。

地质灾害防治工作组织和制度建设。2003 年开始，秦皇岛市各级政府逐级成立以政府主管副市长、副县（区）长为组长，主管副秘书长、主管办公室副主任和国土资源局局长为副组长，水务、交通、气象等相关部门领导为成员的地质灾害防治工作领导小组，同时建立地质灾害应急专家库，形成了政府主导，国土资源管理部门组织、协调、指导和监督，有关部门分工负责，社会公众广泛参与的地质灾害防治体制机制。此外，市国土资源局分别于 2004 年 4 月和 2005 年 4 月组织制定《秦皇岛市地质灾害防治规划（2004—2020 年）》和《秦皇岛市地质灾害应急预案》。

地质灾害隐患汛前排查。每年 4—5 月，市国土资源局安排专项资金，委托具有甲级资质的秦皇岛市矿产水文工程地质大队对重要地质灾害隐患点进行汛前排查，在排查的基础上编制年度《地质灾害防治方案》，并经市政府批准印发，发放给各县（区）政府、相关部门和地质灾害点监测人员。方案中明确地质灾害隐患点的类型、位置、规模、诱发因素、受威胁对象、灾害程度、防治措施、避让路线、灾害监视监测责任人和联系方法；明确以城镇、乡村、医院、学校、集市、旅游景点、矿山、工棚等人员聚集区、重要铁路和公路等交通干线沿线和重要工程活动区、重要基础设施周边等为重点防治区域。各县（区）国土资源局负责市级以下地质灾害点的排查，组织编制县（区）年度《地质灾害防治方案》，并经县（区）政府批准后印发。《地质灾害防治方案》的实施，为做好汛期地质灾害防范工作奠定了基础。

地质灾害群测群防。每年汛前将包括地质灾害基本情况、预警信号、转移路线、避险地点等内容的地质灾害防灾责任卡和防灾明白卡发放到受地质灾害威胁的单位和群众手中。同时，设置地质灾害隐患警示牌，划定危险区。并采取县包乡、乡包村、村包户、监测人包点的办法，逐级逐点落实地质灾害防治责任领导和具体责任人，建立健全市、县、乡、村四级地质灾害群测群防监测网络。自从 2010 年开始，河北省逐步开展地质灾害群测群防“有组织、有经费、有规划、有预案、有制度、有宣传、有预报、有监测、有手段、有警示”的“十有县”建设，秦皇岛市辖县均达到“十有县”建设标准。市、县、区国土资源局建立 24 小时汛期值班制度，

每年向社会群众公布值班电话，明确带班领导、值班人员。

实时管理与应急指挥。2007 年 7 月，秦皇岛市地质灾害防治实时管理与应急指挥系统建设工作起步，2008 年 6 月完成。市国土资源局成立秦皇岛市地质灾害防治中心，各县局、山海关区分局分别成立地质灾害监测中心，43 个乡镇国土资源所分别成立了地质灾害监测站。河北省国土资源厅拨专款为各地质灾害防治中心（站）配备计算机、打印传真机、数码相机、GPS 等设备，为地质灾害监测责任人配备了监测包，安装了互联网。河北省国土资源厅、秦皇岛市国土资源局、各地质灾害防治中心（站）通过互联网实现了地质灾害信息互联互通，信息共享。此外，秦皇岛市地质灾害防治中心与市气象局进行网络连接，实现了网上地质灾害气象可视会商。

地质灾害气象预警预报。2002 年开始，秦皇岛市各级国土资源局加强与各级气象部门的合作，每逢汛期，气象部门将每次重要雨情通过传真、手机短信、电话等方式及时告知国土资源部门，国土资源部门组织地质灾害防治专家分析雨情、预测灾情，同时与气象部门沟通分析研究，必要时，市国土资源局与市气象局采取电视、传真、电话等手段联合发布地质灾害气象与预警预报，发布范围是各级政府、相关部门、基层监测人和受地质灾害威胁的群众。

地质灾害勘察治理。2002—2011 年，秦皇岛市共实施地质灾害勘察项目 5 个，投入勘察资金 224 万元；实施地质灾害隐患治理工程 5 个，投入治理资金 509 万元。所投入的勘查资金和治理资金均为省级财政资金，其中昌黎县安山镇后石庄小型崩塌勘查资金 33 万元、青龙满族自治县茨榆山乡八拨子村七组小型泥石流勘查资金 36 万元、青龙满族自治县大石岭乡榆树沟村杨树村中型泥石流勘查资金 61 万元、青龙满族自治县龙王庙镇陈庄村杨树沟 44 万元、青龙满族自治县吕家沟村泥石流勘查资金 50 万元、青龙满族自治县八道河乡头道沟寄宿小学地质灾害治理工程 70 万元、青龙满族自治县安子岭乡干树沟榆树林子泥石流治理工程 70 万元、青龙满族自治县木头凳范杖子村公路边坡治理工程 30 万元、青龙满族自治县祖山宾馆地质灾害勘查治理治理工程 100 万元、山海关区九纹山危岩体地质灾害防治工程 239 万元。2016 年，青龙满族自治县投入县级财政资金 1 000 万元，实施地质灾害隐患治理工程 6 个。资金投入保证了防灾工程的顺利实施，为预防地质灾害的发生，保护人民群众的生命财产安全发挥了重要作用。

地质灾害防治的宣传培训。2007 年 1 月 11 日—4 月 25 日，秦皇岛市举办 23 场农村地质灾害防治知识培训班。对各乡镇的乡镇长、党委组织部长、主管乡镇长、地质灾害防治中心校负责人、相关学校的教师及学生代表、国土资源所全体人员、地质灾害隐患点所在村和组负责人、各隐患点监测责任人和重点矿山企业进行集中培训。2010 年 7 月 21—23 日，秦皇岛市国土资源局组织开展了乡镇国土资源所地质灾害防治“五到位”宣传培训，培训对象为存在地质灾害隐患的县（区）国土资源局主管局长和市国土资源局地质环境科有关人员、主管乡镇长、国土资源所所长和从事地质灾害防治管理的人员、地质灾害监测责任人。2011 年 7 月，邀请省国土资源资源厅领导和省级地质灾害防治专家对秦皇岛市国土资源系统地质灾害防治工作人员进行全员培训，提高其地质灾害防治工作的水平和能力。2017 年 6 月，由秦皇岛市国土资源局组织，分别到抚宁区、卢龙县、海港区、青龙满族自治县，对县（区）国土资源局、各乡镇主管乡镇长、国土所全体人员、地质灾害隐患点所在村和组负责人集中培训地质灾害基本知识。

第四节　地震灾害

秦皇岛市位于华北平原地震带的宁河—滦县地震构造小区的东部边缘，区域内主要有北东、北北东、北西向和近东西向断裂（图 9-4），在现代构造应力场作用下，这些断裂基本上控制了秦皇岛市的构造格局和地震活动，历史上就是个地震多发区。据考证，有文字记载的地震活动始于北魏（386—534 年）。在近 500 年的历史中，秦皇岛市 4 级以上地震就达 70 多次（不含唐山强余震），史书上有多次“坏城廓、倾民舍”的记载。到了近代，随着测震仪器的使用，记录的地震明显增多。周边发生的多次中强地震都曾使秦皇岛市遭受过不同程度的破坏和影响，其中 1976 年唐山 7.8 级大地震对秦皇岛市的损害最为严重、影响最大。

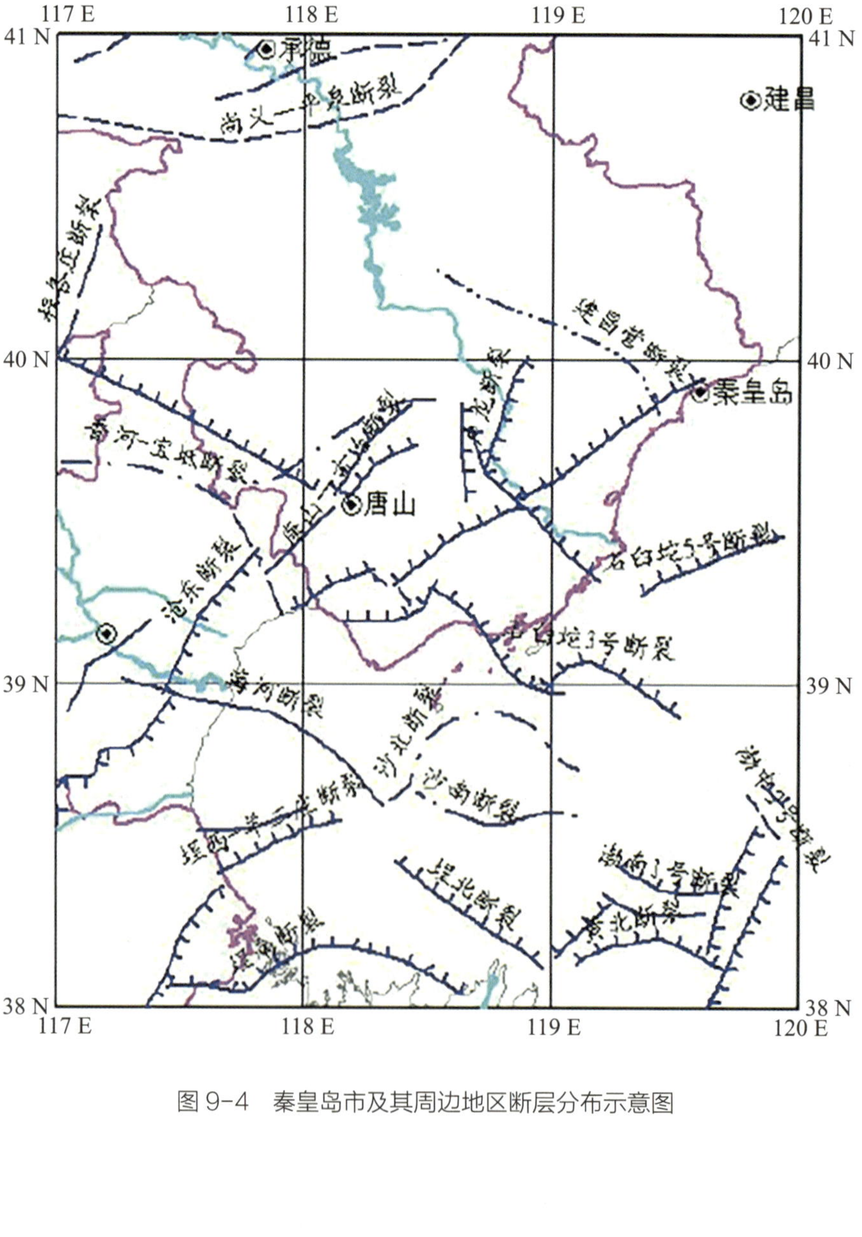

图 9-4　秦皇岛市及其周边地区断层分布示意图

一、秦皇岛市地震活动

1. 1969 年以前地震活动

从北魏太和三年（479 年）至 1969 年有记载的地震就有 75 次，发生在全区的有 66 次，见表 9-4。

表 9-4　479—1969 年秦皇岛地区及邻区历史地震情况一览表

发震时间		发震地点	发震时间		发震地点	发震时间		发震地点
479 年	北魏太和三年	平州	1569 年	明隆庆三年	山海关	1730 年	清雍正八年	永平
991 年	辽统和九年	永平	1572 年	明隆庆六年	永平	1795 年	清乾隆六十年	永平、滦州
1479 年	明成化十五年	永平	1580 年	明万历八年	永平	1796 年	清嘉庆元年	永平、乐亭
1481 年	明成化十七年	永平	1595 年	明万历二十三年	山海关	1797 年	清嘉庆二年	永平、滦州
1495 年	明弘治八年	滦州	1597 年	明万历二十五年	昌黎	1799 年	清嘉庆四年	永平、临榆
1496 年	明弘治九年	永平	1599 年	明万历二十七年	永平	1800 年	清嘉庆五年	永平、昌黎
1497 年	明弘治十年	永平	1618 年	明万历四十六年	乐亭	1802 年	清嘉庆七年	临榆
1499 年	明弘治十二年	昌黎	1622 年	明天启二年	永平	1805 年	清嘉庆十年	永平、滦州
1502 年	明弘治十五年	昌黎	1623 年	明天启三年	山海关	1821 年	清道光元年	抚宁
1519 年	明正德十四年	永平	1624 年	明天启四年	永平、乐亭	1824 年	清道光四年	抚宁
1522 年	明嘉靖元年	永平	1627 年	明天启七年	永平	1831 年	清道光十一年	抚宁
1523 年	明嘉靖二年	昌黎、滦州	1629 年	明崇祯二年	滦州	1849 年	清道光二十九年	永平、抚宁
1526 年	明嘉靖五年	昌黎	1630 年	明崇祯三年	永平、迁安	1874 年	清同治十三年	永平
1527 年	明嘉靖六年	抚宁	1631 年	明崇祯四年	永平、迁安	1875 年	清光绪元年	永平
1528 年	明嘉靖七年	昌黎、滦州	1639 年	明崇祯十二年	永平、迁安	1878 年	清光绪四年	永平
1548 年	明嘉靖二十七年	永平	1640 年	明崇祯十三年	永平、迁安	1880 年	清光绪六年	滦县
1551 年	明嘉靖三十年	昌黎	1657 年	清顺治十四年	永平、昌黎	1888 年	清光绪十四年	昌黎、滦县
1554 年	明嘉靖三十三年	迁安	1661 年	清顺治十八年	永平、滦州	1898 年	清光绪二十四年	昌黎
1557 年	明嘉靖三十六年	永平	1664 年	清康熙三年	永平、滦州	1905 年	清光绪三十一年	昌黎
1558 年	明嘉靖三十七年	永平	1665 年	清康熙四年	永平、昌黎	1910 年	清宣统二年	昌黎
1560 年	明嘉靖三十九年	永平	1666 年	清康熙五年	永平、滦州	1913 年		昌黎
1562 年	明嘉靖四十一年	永平	1667 年	清康熙六年	永平、滦州	1922 年 9 月 29 日		渤海 6.0 级
1563 年	明嘉靖四十二年	永平	1668 年	清康熙七年	永平、滦州	1934 年 10 月 27 日		抚宁 5.0 级
1567 年	明隆庆元年	永平、昌黎	1673 年	清康熙十二年	永平、昌黎	1945 年 9 月 23 日		滦县 6.0 级
1568 年	明隆庆二年	迁安	1679 年	清康熙十八年	永平、昌黎	1969 年 7 月 14 日		渤海 7.4 级

2. 1970—2016 年地震活动

1970—2016 年，秦皇岛市及邻区（北纬 39.3° ～ 40.7°，东经 118.5° ～ 119.9°）共发生 M_L2.0 ～ 2.9 级地震 1 345 次、M_L3.0 ～ 3.9 级地震 214 次、M_L4.0 ～ 4.9 级地震 405 次、M_L5.0 ～ 5.9 级地震 35 次、M_L6.0 ～ 6.9 级地震 2 次，见图 9-5 ～图 9-8。

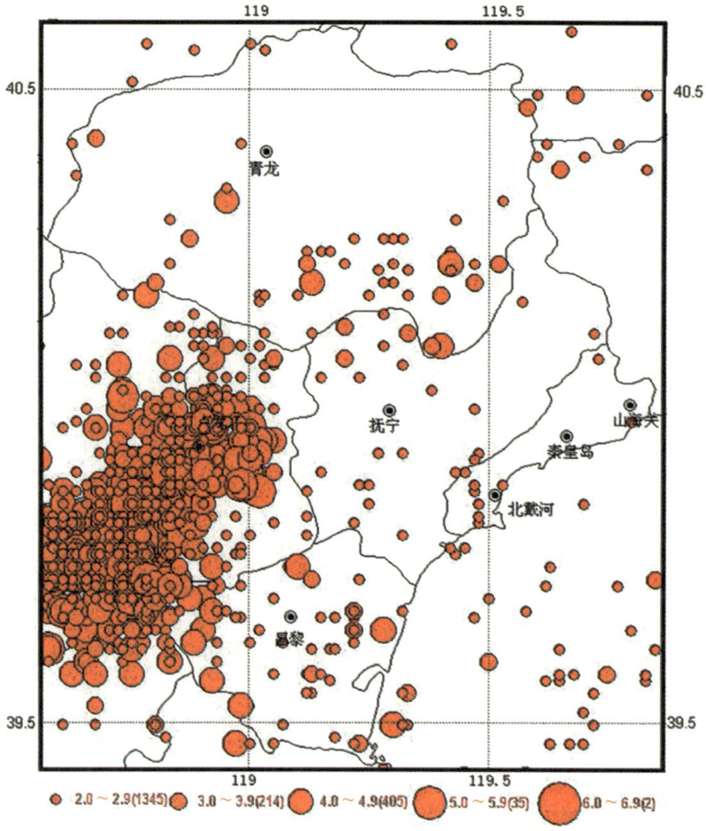

图 9-5　1970—2016 年秦皇岛市及邻区 $M_L \geq 2.0$ 级地震震中分布图

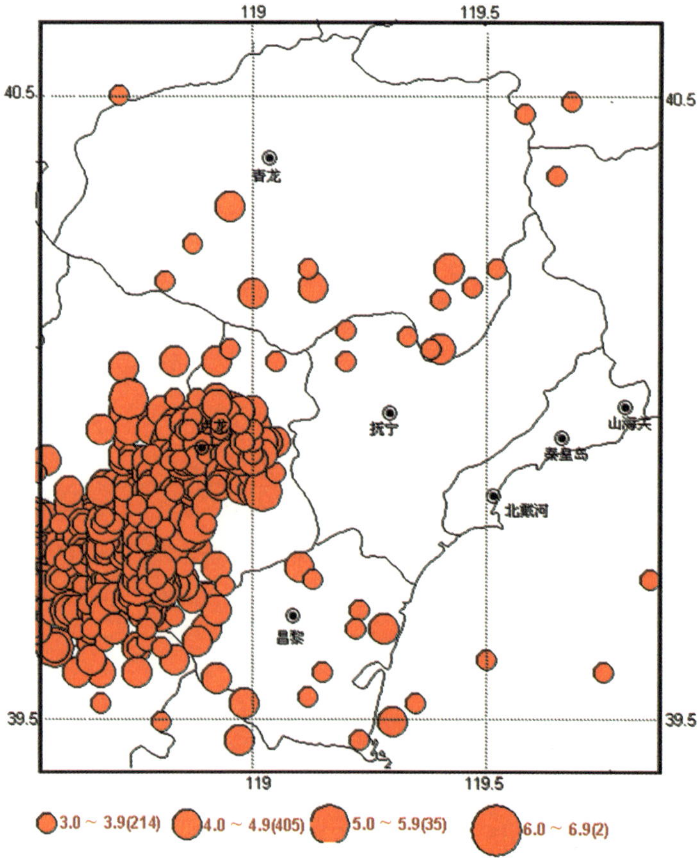

图 9-6　1970—2016 年秦皇岛市及邻区 $M_L \geq 3.0$ 级地震震中分布图

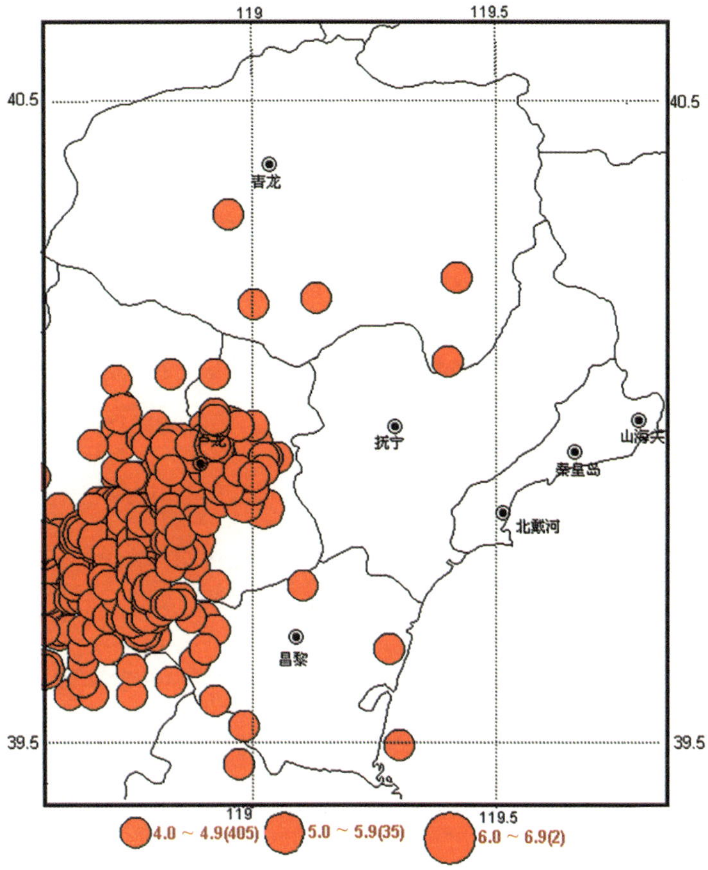

图 9-7　1970—2016 年秦皇岛市及邻区 M_L ≥ 4.0 级地震震中分布图

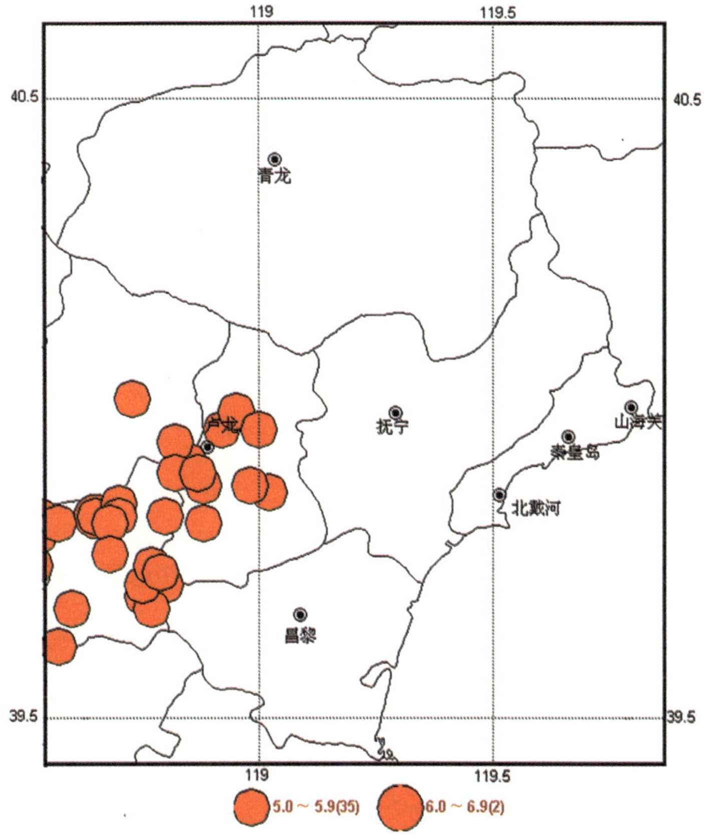

图 9-8　1970—2016 年秦皇岛市及邻区 M_L ≥ 5.0 级地震震中分布图

二、秦皇岛市地震灾害

1. 1567—1974 年地震灾害

明隆庆元年（1567 年）至 1974 年，历史上秦皇岛市境的地震记载中，对秦皇岛市造成较大破坏的地震有 10 次，见表 9-5。

表 9-5　1567—1974 年对秦皇岛地区造成较大破坏的地震资料一览表

序　号	发震时间	北纬，东经	震　级	震中烈度及震害	震　中
1	1567 年 5 月 6 日	39.7°，119.2°	$4\frac{3}{4}$	6 度。山崩树鸣	昌黎
2	1624 年 4 月 17 日	39.7°，118.7°	$6\frac{1}{4}$	8 度。卢龙倾官舍民房甚多	滦县
3	1679 年 9 月 2 日	40.0°，117.0°	8	11 度。抚宁、昌黎房墙有倒	三河、平谷
4	1805 年 8 月 5 日	39.7°，119.2°	$5\frac{1}{2}$	7 度。衙署、监狱等墙垣有倒	昌黎
5	1888 年 6 月 13 日	38.5°，119.0°	$7\frac{1}{2}$	昌黎、卢龙房墙有倒	渤海湾
6	1934 年 10 月 27 日	39.9°，119.2°	5	6 度。朽旧建筑物多有坍塌	抚宁
7	1945 年 9 月 23 日	39.7°，118.7°	$6\frac{1}{4}$	8 度。昌黎各院墙及山墙倒塌较多	滦县
8	1969 年 7 月 18 日	38.2°，119.4°	7.4	抚宁、昌黎房屋破损 5000 余间	渤海
9	1974 年 5 月 7 日	39.8°，119.6°	4.5	破旧墙倒塌，个别房屋裂缝	秦皇岛市南
10	1974 年 5 月 7 日	39.5°，119.3°	4.4	破旧墙倒塌，个别房屋裂缝	昌黎东南

2. 1976 年唐山大地震

1976 年 7 月 28 日 3 时 42 分，唐山（北纬 39°38′，东经 118°11′）发生 7.8 级大地震，震中区烈度 11 度。18 时 45 分，滦县商家林（北纬 39°50′，东经 118°39′）又发生 7.1 级地震，震中区烈度 9 度。这是有文字记载以来秦皇岛市遭受的最为严重的震害，造成卢龙县 8 度烈度，昌黎县、秦皇岛市、抚宁县 7 度烈度，青龙县 6 度烈度的破坏。全市共死亡 1 400 多人，重伤 5 000 多人（包括因公因事去唐山的），55 万余间房屋倒塌，48 万余间房屋受到严重破坏。其社会、经济影响之大前所未有。

秦皇岛市：建筑被破坏 195 万米^2，占总面积的 46.3%，其中倒塌和严重破坏的占 10%。倒塌房屋 1.3 万间，破坏房屋 3.8 万间。破坏情况多种多样，如地面变形、裂缝、喷水冒砂、承重墙错断、烟囱折断、山墙倒塌等。

卢龙县：死亡 228 人，重伤 1 250 人，轻伤 8 140 人。死亡大牲畜 1 768 头、猪 10 938 头、羊 3 472 只。倒塌房屋 20 万余间，严重破坏的 10.8 万余间。以石门受灾较重，房屋大部分倒塌。县城西侧地势较低地区出现喷水冒砂和地裂缝，最大宽度 1.5 米。

昌黎县：死亡 961 人，重伤 2 693 人，轻伤 17 534 人。死亡大牲畜 1 108 头、猪羊 22 577 头（只）。倒塌房屋 21.9 万间，严重破坏的 13.4 万间。地面见有少量裂缝和沉降现象，公路路面出现 10 ～ 20 厘米、长 1.5 米的地裂缝，有的地方上拱 30 厘米。沿海地区喷水冒砂尤重，团林公社侯里村一户室内淤沙和炕一样高。大夫庄农机厂地基下沉，使屋顶呈波浪形，厂房下沉 0.33 米（一尺）左右。武埝坨大队全村房屋几乎都遭破坏。

抚宁县：死亡 200 人，重伤 1 100 人，轻伤 1 000 余人。死亡大牲畜 7 120 头、猪 10 万头。倒塌房屋 11 万余间，严重破坏的 16 万间。地面有少量裂缝，大的砖头烟囱个别折断。县革命委员院内有 70% 房屋受到破坏，城关、下庄、田各庄等公社破坏较重。洋河水库大坝顶上裂缝，沉降 27 毫米，防浪墙从根部折断。

青龙县：死亡 1 人，重伤 7 人，轻伤 168 人。倒塌房屋 11 881 间，严重破坏的 48 893 间。大巫岚公社有 850 户倒塌房屋 1 546 间，大院大队 118 户有 115 户房屋倒塌。县城少数房屋倒山墙，部分出现裂缝或倾斜。

3. 1976 年 11 月至 2016 年地震灾害

唐山大地震后，在秦皇岛市和唐山老震区多次发生 4 级以上破坏性或有感地震，其中 5.0 级及其以上的地震 12 次（表 9-6），部分房屋出现倒塌、破坏现象，但没有造成人员伤亡。

1976 年 11 月 12 日，卢龙发生 5.0 级地震。卢龙县倒塌永久性住房 1 617 间，倒塌山墙或房前后坝墙的有 2 695 间，倒墙近 30 万米。人畜无伤亡。

1976 年 11 月 15 日，宁河发生 6.9 级地震。卢龙县倒塌永久性住房 541 间，山墙倒塌 876 处。有较大裂缝房屋 1 335 间，倒墙 7 141 米，死羊 1 只。

1977 年 3 月 7 日，卢龙县发生 5.7 级地震，震中烈度 7 度强。卢龙县倒塌维修老房 25 间，破坏房屋 2 100 间。破坏较严重的有刘田各庄、潘庄、木井。全县人畜无伤亡。

2015 年 9 月 14 日，昌黎县发生 4.2 级地震。村庄部分老旧房屋有裂缝和墙皮脱落情况，震区没有人员伤亡。

表 9-6　1976 年以后秦皇岛市 5.0 级以上地震资料一览表

序　号	时　间	纬度 N	经度 E	震　级	震　中
1	1976 年 8 月 28 日	39.97°	118.92°	5.0	卢龙
2	1976 年 8 月 31 日	39.88°	118.88°	5.7	卢龙
3	1976 年 8 月 31 日	39.82°	118.88°	5.1	卢龙
4	1976 年 9 月 2 日	40.00°	118.95°	5.0	卢龙
5	1976 年 9 月 7 日	39.97°	119.00°	5.0	卢龙
6	1976 年 9 月 19 日	39.72°	118.80°	5.1	卢龙
7	1976 年 9 月 29 日	39.87°	119.02°	5.3	卢龙
8	1976 年 11 月 12 日	39.90°	118.82°	5.0	卢龙
9	1977 年 3 月 7 日	39.90°	118.87°	5.7	卢龙
10	1982 年 10 月 19 日	39.88°	118.98°	5.3	卢龙
11	2004 年 1 月 20 日	39.74°	118.79°	5.0	昌黎
12	2015 年 9 月 14 日	39.74°	118.79°	4.2	昌黎

三、秦皇岛市重大地震科研项目及成果

1. 秦皇岛市防震减灾快速反应系统

秦皇岛市防震减灾快速反应系统于 1995 年实施，由遥测地震台网、地震信息数据库及 728 寻呼台组成。遥测地震台网改造后显著提高了秦皇岛市及邻区地震监测速报能力，M_L1.0 级地震监测能力由原来的 3 597.8 千米 ^{2} 提高到 5 388.4 千米 ^{2}。实现了地震信息数据库、无线寻呼网、防震减灾信息的网络互联，可及时向决策机关、公众发送信息，达到震后及早救灾，稳定社会生产生活的目的。系统项目获市科技进步一等奖、省科技进步三等奖。

2. 首都圈防震减灾示范区工程（秦皇岛市项目）

首都圈防震减灾示范区工程（秦皇岛市项目）于 2000—2001 年实施，建设了高标准的秦皇岛市防震减灾指挥中心、数字化地震台网、数字化前兆台、分析会商系统、地震应急快速响应系统和宣传教育系统。工程对秦皇岛市及周边地区发生的地震可以快速完成自动检测与定位，及时提供灾害评估的初步结果，提高震害快速评估与辅助决策的能力。实现了全市防震减灾技术系统向数字化、网络化、现代化的跨越式发展，其建设成果为推进全市防震减灾三大工作体系建设、提高全市的防震减灾综合能力提供了重要的技术支撑和条件保障，使全市的防震减灾事业发展走在全国前列。

3. 秦皇岛市城市活断层探测与地震危险性评价及震害预测工程

秦皇岛市城市活断层探测与地震危险性评价及震害预测工程于 2005—2013 年实施，工程利用多种探测定位技术，对秦皇岛市 3 个城市区的 5 条断裂带的空间展布位置精确定位，对这 5 条断裂带进行活动性判定和地震危险性评价，在此基础上做出 3 个城市区震害预测与防御对策。其结果作为城市规划的重要依据，对有效减轻全市地震灾害，提高城市综合抗震能力，保障经济社会可持续发展方面具有重大意义。

第五节　生物灾害

一、森林生物灾害

1. 林业有害生物

秦皇岛市森林病虫害记载有 300 余种，经常发生并造成经济损失的森林病虫害有美国白蛾、赤松毛虫、杨干象、春尺蠖、白杨透翅蛾、天牛类、杨树溃疡病等，目前危害最严重的是美国白蛾和赤松毛虫。

秦皇岛市林业主要有害生物有美国白蛾等 31 种，见表 9-7。其中，美国白蛾 1989 年 9 月首次在海港区东山公园被发现。

表 9-7 秦皇岛市主要林业有害生物及发生地一览表

序号	有害生物名称	发生地	序号	有害生物名称	发生地
1	美国白蛾	山海关区、海港区、北戴河区	17	核桃细菌性黑斑病（核桃黑斑病）	抚宁区、昌黎县、卢龙县
2	杨干象	抚宁区、青龙满族自治县、昌黎县、卢龙县	18	斑衣蜡蝉（红娘子、斑衣、臭皮蜡蝉）	山海关区、北戴河区、抚宁区、青龙满族自治县、昌黎县
3	杨扇舟蛾	海港区、北戴河区、昌黎县	19	臭椿沟眶象	海港区、山海关区、抚宁区、青龙满族自治县、昌黎县
4	光肩星天牛（黄斑星天牛）	海港区、山海关区、北戴河区、抚宁区、青龙满族自治县、昌黎县	20	桃瘤头蚜（桃瘤蚜、桃纵卷瘤蚜）	青龙满族自治县、昌黎县、卢龙县
5	桃红颈天牛	山海关区、北戴河区、抚宁区、昌黎县	21	栗瘿蜂	海港区、抚宁区、青龙满族自治县、昌黎县、卢龙县
6	柳毒蛾	山海关区、北戴河区、抚宁区、昌黎县	22	板栗大蚜	海港区、抚宁区、青龙满族自治县、卢龙县
7	春尺蠖	山海关区、昌黎县、卢龙县	23	白蜡绵粉蚧（白蜡绵蚧、白蜡囊介壳虫）	海港区、山海关区、北戴河区、抚宁区、昌黎县
8	微红梢斑螟（松梢螟）	山海关区、北戴河区	24	桑白盾蚧（桑白蚧）	北戴河区、昌黎县、卢龙县
9	赤松毛虫	山海关区、抚宁区、青龙满族自治县、昌黎县	25	针叶小爪螨（板栗红蜘蛛）	青龙县、昌黎县、卢龙县
10	油松大蚜（松大蚜）	北戴河区、抚宁区、青龙满族自治县	26	苹果轮纹病	北戴河区、昌黎县、卢龙县
11	果梢斑螟	山海关区、北戴河区	27	苹果炭疽病	海港区、北戴河区、昌黎县
12	杨树烂皮病	北戴河区、抚宁区、青龙满族自治县、昌黎县、卢龙县	28	苹果腐烂病	北戴河区、抚宁区、青龙满族自治县、昌黎县、卢龙县
13	杨树溃疡病（毛白杨水泡溃疡病）	北戴河区、抚宁区、昌黎县	29	松树梢枯病（松梢枯病）	北戴河区
14	杨树黑斑病（毛白杨黑斑病）	青龙满族自治县、昌黎县	30	苹果灰斑病	昌黎县、卢龙县
15	葡萄霜霉病	昌黎县、卢龙县	31	山楂叶螨（山楂红蜘蛛）	卢龙县
16	冠瘿病（杨根癌病）	山海关区、青龙满族自治县、昌黎县			

2005—2016 年，美国白蛾是秦皇岛市林业有害生物的第一大灾害，见表 9-8。

表 9-8 2005—2016 年秦皇岛市主要林业有害生物发生面积一览表（表跨页）

单位：万公顷

年份	全市林业主要有害生物发生面积	美国白蛾发生面积	其他有害生物发生面积
2005	1.51	0.82	0.69
2006	2.87	2.21	0.67
2007	2.38	1.97	0.41
2008	2.56	1.80	0.76
2009	2.39	1.85	0.54

年　份	全市林业主要有害生物发生面积	美国白蛾发生面积	其他有害生物发生面积
2010	2.51	1.98	0.67
2011	2.56	1.99	0.57
2012	2.56	1.93	0.55
2013	2.43	1.90	0.53
2014	2.46	1.91	0.55
2015	2.46	1.88	0.58
2016	2.36	1.87	0.49

2. 林业病虫害防治

（1）防治手段

1979—1983 年，森林病虫害防治管理由秦皇岛市林业局的林业科负责。1983 年，秦皇岛市实行市管县体制后，由市、县（区）林业局下设的森防站负责，乡（镇）由林业站负责。其主要职责：贯彻、执行有关森保森检法规、规章；负责林业有害生物的监测、预报，制定治理方案和组织实施；组织森保新技术、新农药、新药械的试验、示范、推广和评价；培训森保森检技术人员，并进行资格审查与认证；宣传普及森保森检科技知识；法规赋予的其他职责，组织开展森保防灾减灾和社会化服务等。

20 世纪 80 年代，森林病虫害发生面积基本上控制在 70 年代中期的水平（防治面积占发生面积的 25% ～ 30%），但是防治能力却大大增加，防治技术继续提高，每年平均防治面积占发生面积的 40%。主要防治种类是松毛虫、春尺蠖、榆树金花虫、柳毒蛾、白杨透翅蛾、杨干象和松针褐斑病、落叶松落叶病等。在用药上采用高效低毒、药量少的菊酯类（溴氰菊酯、氯氰菊酯）农药，以及无公害污染、不杀伤天敌的仿生性农药（灭幼脲）等，均取得良好效果。在防治方法上，除大量使用常量、低量、超低量的喷药技术外，还推广综合治理技术措施，并取得明显的经济效益和社会效益。在实施防治过程中，各地采取多种形式的承包责任制。1982 年，青龙、抚宁两县的林业部门与河北省林业厅签订承包防治松毛虫合同，县又与区、乡签订合同，三级承包，根据林地、天敌资源、虫口密度划定不同类型，进行综合设计、分类施策，采用化防、生防、人工防治、招引益鸟和天敌昆虫等不同措施。封山育林，补植各种阔叶树，改善生态条件，大部分松林达到有虫不成灾，较好地完成承包合同规定的防治任务。卢龙县采取集资联防承包责任制，以乡为单位成立机构，统筹安排，采取多种防治措施，也取得较好的经济效益。全市有松林面积 77 333.33 公顷，经常发生松毛虫害 5.2 万公顷。截至 1989 年，防治面积 1.3 万公顷，占发生面积的 25%，比 1986 年虫灾发生面积下降 42%，重灾减少 67%，中灾减少 51%。基本上控制了森林病虫害成灾现象。

进入 20 世纪 90 年代以后，市、县各级政府认真贯彻落实“预防为主，综合治理”的方针和“谁经营，谁防治”的责任制度。全市森防森检工作逐步由重防治向重预防，由治标向标本兼治、以治本为主，由一般防治向工程治理转变，使森林病虫害防治工作取得明显的效果。这一时期的主要病虫害是美国白蛾、松毛虫、杨扇蛾等。

生物防治。1995 年开始，年繁蜂量达 8 亿头。截至 2004 年，全市生物天敌繁育总量达到 30 亿头，已形成年人工繁殖周氏啮小蜂 5 亿头、赤眼蜂 10 亿头的规模，生物防治面积可达

33 333.3 公顷次（50 万亩次），具备了大批量、工厂化生产这几种天敌的条件。在防治用药方面，本着保护生态环境、改善林木景观、减少污染、保护天敌的原则。抓仿生制剂、生物制剂的推广应用以及植保型杀虫剂、专用型病毒复合制剂的试验工作，初步形成以防生制剂、生物制剂防治为主导，以菊酯类农药防治为辅助的局面，基本实现由化学防治为主向生物防治、仿生制剂防治为主的转变。截至 2002 年，已全部应用仿生制剂灭幼脲 3 号和植物性杀虫剂苦烟乳油，生物防治比例达到 100%。

森防检疫。1979 年，全市只有青龙满族自治县设立森林病虫害防治站。1980 年，4 个县开始建森林病虫害防治机构。1983 年，市林业局始设森林病虫害防治检疫站。1989 年，3 个区分别建立森防检疫站。截至 1990 年，全市各县（区）全部建立森林病虫害防治检疫站，共建成森林病虫害防治检疫站 8 个，有专职防治检疫员 45 名，配备兼职检疫员 65 名，基本上形成上下一体、层层负责的统一指挥系统。1991 年，全市有河北省批准的公路检疫哨卡 4 处（山海关区边墙子、青龙满族自治县木头凳镇、抚宁县海阳镇、昌黎县滦河大桥）、县级政府批准设哨卡 4 处（昌黎县段家店和青龙满族自治县白家店、牛心山、王厂）。1992 年，国家治理公路“三乱”，检疫检查站被取消。由于美国白蛾疫情的发展，1993 年 10 月 31 日省政府批准恢复山海关检疫哨卡。“哨卡”的恢复，推动了秦皇岛市产地、调运检疫工作向纵深开展。1999 年，以标准站建设为主要内容的森防体系建设工作开始展开，2000 年抚宁县、山海关区建成国家级标准站，2001 年海港区国家级标准站建成。截至 2004 年，全市 8 个森防检疫站中已有 4 个建成国家级森防标准站，建立 2 个国家级中心测报点、2 个全国无检疫对象苗圃和 1 个森林植物检疫检查站，配备检疫专用车 6 台、大型喷药车 10 台、三轮喷药车 40 台、背负式机动喷雾器 120 台、喷烟机 80 台、频震式杀虫灯 100 台。全市直接从事森防工作的技术干部 65 人、专职检疫员 86 人、专兼职测报员 110 人，有高级工程师 8 名、工程师 18 名。

监测预报体系建设。为在森林病虫害的预防和防治中做到“治早、治小、治少”，把病虫害控制在初发阶段，1990 年以后，开始加强监测预报体系的建设。河北省森防站在秦皇岛市设 2 个测报点，即青龙满族自治县王子店和抚宁县岩子口。同时，开展对果树病虫害测报工作，青龙满族自治县对栗瘿蜂、卢龙县对春尺蠖和黑星麦蛾进行观察。全市有病虫害测报点 124 个，其中中心测报点 2 个，有专职测报人员 6 人、兼职 16 人。2001 年，在昌黎县建立国家级美国白蛾、松毛虫、杨扇舟蛾中心测报点 1 个，2003 年在卢龙县建立国家级松毛虫、美国白蛾、春尺蠖监测点 1 个，并各建立 20 个固定监测点。在测报方法上，采取系统监测与普遍调查相结合、固定点调查与临时点调查相结合、专业测报与群众测报相结合的方法，通过人工调查、黑光灯诱杀、性诱芯诱集等手段开展虫情监测工作。建立起虫情测报数据库，实现数据、信息的微机化管理，病虫害信息传递已彻底改变过去传统手工传递方式，省、市、县病虫害防治统计和信息交流已经实现联网传输。2003 年，制定《秦皇岛市森林病虫害预测预报实施方案》。目前，全市已建立起 10 个中心测报点、一般测报点 107 个，其中美国白蛾测报点 24 个、松毛虫（松材线虫病）49 个。一个以各级测报点为终端、网络传输为纽带、各级测报机构为枢纽的测报网络系统已具雏形。

目标管理责任制。1992 年，森防检疫工作开始全面实行森防目标管理责任制。“四率”指标即森林病虫害发生率（从 2001 年改为成灾率）、无公害防治率、监测覆盖率和种苗产地检疫率。通过建立以“四率”为基本内容的目标管理责任制，采取定量考核森防工作成效的方法，使森防工作由软任务变成硬任务，强化政府行为，调动各个方面的积极性，强化调控手段和约束机制，推动全市森防工作的开展，实现了“一降三提高”（森林病虫害发生面积和成灾率下降、无公害防治率、测报准确率和林木种苗产地检疫率提高）的管理目标。

（2）防治成效

截至 2004 年，全市主要病虫害的发生得到有效控制，全市有林地面积 31.4 万公顷，主要病虫害发生面积 1.42 万公顷，其中轻度发生 8 066.67 公顷、中度 5 760 公顷、重度 340 公顷，防治面积 1.34 万公顷，病虫害监测面积 24.48 万公顷，种苗产地检疫面积 1 106.67 公顷。森林病虫害成灾率、防治率、监测覆盖率和种苗产地检疫率分别达到 1.26‰、94.4%、91% 和 92%，完成了省林业局下达的“四率”指标（5.4‰、72%、81% 和 90%）。

2009—2016 年，秦皇岛市完成省林业厅下的“四率”（成灾率、无公害防治率、测报准确率、种苗产地检疫率）指标，主要有害生物没有成灾现象。

2009 年，完成林业病虫害防治作业面积 6.63 万公顷次，监测覆盖面积 33.53 万公顷次，种苗产地检设面积 0.13 万公顷次，主要林业有害生物的成灾节控制在 4.3‰以下，无公害防治率、测报准确率和种苗产地检疫率分别达到 98.5%、96%、98% 以上，完成省林业局下达的“四率”指标（成灾率 4.3‰、无公害防治率 85%、测报准确率 85%、种苗产地检疫率 96%）。全市平均有虫株率为 0.09%，其中重点防控区 0.04%，经济、用材林防控区 0.03%，村庄四旁林防控区 0.14%，达到省政府确定的控制指标（重点防控区 0.1% 以下，经济、用材林防控区 1% 以下，村庄四旁林防控区 5% 以下），有防治任务的县（区）和相关部门全部达标。

2011 年，全市美国白蛾、杨干象、松毛虫等林业有害生物发生面积 2.56 万公顷。其中，中度以上发生 5 673.33 公顷；美国白蛾发生面积 1.99 万公顷，疫点 915 个，涉及全市 67 个乡镇、17 个街道办事处和 3 个沿海国有林场。全市完成病虫害防治作业面积 5.49 万公顷次，监测覆盖面积 33.53 万公顷次，种苗产地检疫面积 1 173.33 公顷次，主要林业有害生物的成灾率控制在 2.78‰以下。

2012 年，主要有害生物发生面积 2.55 万公顷，完成防治作业面积 5.24 万公顷次。

2013 年，加强林业有害生物防治，完成地面人工防治作业面积 4.75 万公顷次，在京沈高速公路、沿海高速公路两侧林带、沿海国有林场和重点景区景点区域执行飞机作业防治面积 8 866.67 公顷次。完成绿化苗木产地检疫 520 公顷，执行苗木、花卉调运检疫和复检近 1.5 亿株，检疫木材 1.27 万米^3，均未发现检疫性有害生物，全市主要林业有害生物未发生成灾现象。无公害防治率、测报准确率和种苗产地检疫率分别达到 97.06%、99.61% 和 98.07%，完成省下达的各项控制指标。

2014 年，完成主要林业有害生物防治作业面积 5.6 万公顷次，监测覆盖面积 33.53 万公顷，种苗产地检疫面积 1 600 公顷，检疫苗木花卉 3 500 万株，主要林业有害生物没有成灾现象，无公害防治率、测报准确率和种苗产地检疫率分别达到 94.75%、99.62%、94.09%，完成省下达的“四率”指标。

2015 年，完成主要林业有害生物防治作业面积 5.86 万公顷次，监测覆盖面积 40.44 万公顷，种苗产地检疫面积 500 公顷，检疫苗木花卉 26.87 万株，主要林业有害生物没有成灾现象，无公害防治率、测报准确率和种苗产地检疫率分别达到 94.74%、99.62%、94.09%，完成省下达的“四率”指标。

2016年，完成主要林业有害生物防治作业面积6.07万公顷次，监测覆盖面积51.06万公顷，种苗产地检疫面积1 430公顷，检疫苗木花卉720万株，主要林业有害生物没有成灾现象，无公害防治率、测报准确率和产地检疫率分别达到98.02%、94%、96.96%，完成省下达的“四率”指标。

（3）重大生物灾害与防治

赤松毛虫灾害。赤松毛虫危害赤松，其次危害黑松、油松和樟子松，主要以幼虫蚕食松树针叶，大发生时，针叶常被吃光，如同火烧。此外，幼虫和茧上遍布毒毛，人体一经接触，容易引起皮炎、关节炎等病症。

秦皇岛市最早记载有赤松毛虫发生危害始于1956年，发生在青龙县八道河乡沙河村。1966年在青龙县范围内首次进行赤松毛虫发生情况全面普查工作，统计发生面积为0.73万公顷。1976年，青龙县赤松毛虫发生面积2万公顷。20世纪80年代，全市常年发生面积5.2万公顷，其中1980年青龙满族自治县达3.4万公顷。1983—1986年，全市投入资金69万元，在青龙县开展赤松毛虫防治作业51.52万公顷次，使灾情得到控制，松林林相开始恢复好转。1986—1989年，继续对青龙满族自治县赤松毛虫进行综合治理，截至1989年年底赤松毛虫重灾区由1983年的1.83万公顷减少到0.11万公顷。1990年，全市赤松毛虫发生面积38 467公顷。1991年，抚宁县、青龙满族自治县共发生面积51公顷。1992年，全市发生面积19 113公顷，1993年为20 293公顷，青龙满族自治县发生危害一直维持在4 000公顷之内。1994—1996年，全市发生危害面积逐年增加，从26 833公顷扩大到29 253公顷。1995年，渤海林场赤松毛虫大发生，面积300公顷，虫口密度平均200条/株。1997年开始，全市松林和赤松毛虫发生面积呈递减之势。截至2001年，逐年发生面积分别为20 720公顷、18 860公顷、13 389公顷、13 647公顷和9 533公顷。2002年，青龙满族自治县赤松毛虫再一次暴发成灾，轻灾以上面积达14 687公顷。全市发生面积再次扩展到17 140公顷，在各级政府的高度重视和行政推动下，对青龙满族自治县全部疫情区进行普遍防治，截至2004年年底已经达到有虫不成灾的水平。2009—2016年，秦皇岛市完成省级下达的各项控制指标，未发现赤松毛虫成灾现象。

美国白蛾灾害。美国白蛾是国际性检疫对象，其食性杂，寄主植物多，繁殖量大，适应性强，传播途径广，是危害严重的世界性检疫害虫。幼龄幼虫常群集寄主叶片上吐丝作网幕，并在其中取食寄主的叶肉危害，受害叶片叶脉呈白包膜状而枯萎，叶片因幼虫啃食呈缺刻和孔洞，严重者树木被食成光秆，树势衰弱，易遭病虫的侵袭，从而削弱树木抗害、抗逆的能力，连续危害、终致死亡。直接给林业事业造成重大损失。

美国白蛾，1989年9月7日在海港区首次被发现，疫情引起市委、市政府的高度重视，市及各县（区）均先后成立查防美国白蛾指挥部，由政府主要领导任总指挥，定期召开美国白蛾查防会，与疫情单位签订防治美国白蛾责任状，做到层层有人抓，处处有人管。制定了《秦皇岛市美国白蛾立体综合防治方案》。1990年，美国白蛾发生范围为山海关、海港区和北戴河区，有疫点28个，面积6.67公顷。1991年8月，在团林林场、渤海林场也发现美国白蛾疫情。截至2016年，美国白蛾成为秦皇岛市林业主要有害生物。1991—1994年，全市发生面积分别达3 333公顷、2 473公顷、3 220公顷和3 687公顷。1995年，全市沿海一带普遍发生，出现老疫点普遍复发，新疫点大幅增加，且单株虫口密度加大，呈现连点成片、连片成面的局面，而且有向北部、西北昌黎、抚宁、卢龙、青龙广大农田、果园、山林扩大的趋势。美国白蛾分布于3个城市区及抚宁县、昌黎县的沿海乡村和国营林场，其中山海关区、海港区境内普遍发生，全市发生面积10 920公顷，有疫点234个。为尽快控制疫情，林业部、省、市各级从人力、物力、财力上进行大量投入。“八五”期间（1991—1995年），秦皇岛市共投入资金178.91万元，出动打药车5 000台次，动用防治人员两万人次，建立美国白蛾检疫哨卡1处，经过大量的工作，初步控制了美国白蛾的传播蔓延速度，到1995年年底美国白蛾被控制在京山公路以南，没有造成大的危害。1999年开始，两大主要害虫美国白蛾、松毛虫分别被列入国家级《京津冀美国白蛾联防联治工程治理项目》和省级《河北省松毛虫工程治理项目》。2000年以后，全市防治作业面积45 666.67公顷次，在沿海3个国有林场建立起6 666.67公顷的飞防示范区。美国白蛾发生面积由立项前的8 000公顷下降到2004年的3 600公顷，发生乡镇由31个减少到15个，青龙、卢龙两个县实现基本灭疫。2004—2006年，全市疫点数逐年增加，2006年全市美国白蛾发生面积达到2.21万公顷（33.1万亩），疫点达到877个，2007年后发生面积逐步下降，危害程度减轻。2009年，秦皇岛市主要林业有害生物的成灾节控制在4.3‰以下，美国白蛾73.24万亩次。2011年，美国白蛾发生面积1.99万公顷，设疫点915个，涉及全市67个乡镇、17个街道办事处和3个沿海国有林场，主要林业有害生物的成灾率控制在2.78‰以下。截至2016年，全市发生面积控制在1.87万公顷（28万亩）。近年来，秦皇岛市在美国白蛾喷药防治上每年投入资金百万元以上，每年喷药总面积都在4.67万公顷次（70万亩次）以上。由于连年喷药防治，全市范围内美国白蛾虫情虽分布较广，但虫口密度不大，危害程度较轻，疫情扩散趋势基本已被遏制。2011年，美国白蛾平均有虫株率控制在0.89%以下，有效防治任务的县（区）全部实现达标。2014—2016年，秦皇岛市美国白蛾防治全部达标。

二、病虫害

病虫害在秦皇岛市地区发生的概率较低，但一经发生，灾情甚重。中华人民共和国成立前，蝗虫危害庄稼的事件时有发生。据记载，自唐开元二十二年（734年）至1939年，共发生蝗虫37次，概率为2.9%。平均35年发生一次。年率虽不高，但其一般来势凶猛，灾害性大。诸如“飞蝗蔽天，落地尺余”“食稼殆尽”等。中华人民共和国成立后，经过大规模地灭蝗活动，全区蝗虫危害日见微小。而松毛虫、地老虎、钻心虫、黏虫、蚜虫、玉米螟、棉蛉虫、高粱条螟及水稻稻瘟病、小麦锈病、花生叶斑病等病虫害年有发生。虫害一般发生在春、夏、秋季，且常常随旱象的出现紧跟而至。

1. 灾情

唐开元二十二年（734年）八月，榆关虫害，“入平州（治所位于今卢龙县城）界，有群雀食之，一日而尽”。

宋太平兴国八年（983年）九月癸丑，平州大旱，蝗虫成害。隆兴二年（1164年）九月己酉，天旱，平州蝗虫成害。

元泰定三年（1326年）八月，永平路蝗虫成灾。天历二年（1329年）七月，蝗虫成灾。

明洪武七年（1374年），昌黎蝗虫成灾。正统五年（1440年）六月，永平府（治所位于今卢龙县城）蝗虫成灾。明正统十二年七月，永平（指永平府，治所位于今卢龙县城）蝗虫成灾。弘治四年（1491年）五月，永平蝗虫成灾。正德八年（1513年）四月，昌黎、卢龙蝗虫成灾。嘉靖元年（1522年）七月，昌黎、卢龙螟虫成灾。三年八月丙午，永平蝗虫成灾。四年四月，昌黎蝗虫成灾。八年五月、七月，永平蝗虫成灾。十三年六月，蝗虫落地尺厚。十七年四月，昌黎蝗虫成害。二十一年夏，抚宁风沙屡作，蝗虫遍地。三十七年七月，蝗虫成灾。三十八年八月，蝗虫成灾。四十年夏，永平蝗虫成灾，“人食草根树皮”。四十三年秋，昌黎螟虫成害。隆庆二年（1568年）六月，飞蝗蔽日。万历二十六年（1598年）秋，卢龙螟虫成害。万历三十四年九月，永平飞蝗蔽天。万历四十四年七月，永平“飞蝗蔽天，落地尺余”。崇祯九年（1636年）秋，卢龙蝗虫成灾。十三年（1640年）夏，昌黎、卢龙、临榆蝗虫成灾。

清顺治十三年（1656年）六月，永平蝗虫成灾。康熙十八年（1679年）六月，抚宁飞蝗蔽天。四十年秋，抚宁蝗虫成灾。乾隆十六年七月，永平蝗虫成灾，“食稼殆尽”。二十四年夏，昌黎、抚宁虫灾。嘉庆七年（1802年），春夏至秋蝗虫未绝。道光四年（1824年）秋，永平飞蝗压境。五年六月，临榆（治所位于今山海关城）蝗虫随海潮至，飞天蔽日。六年五月八日，蝗虫自抚宁西北方来，“伤田苗殆尽”。咸丰八年（1858年）三月，抚宁蝗蝻生。

1915年7月，临榆大蝗。1929年夏，昌黎旱蝗成灾。

1929年，昌黎县、卢龙县、抚宁县多起蝗蝻为灾，见表9-9。

表9-9　1929年秦皇岛地区各县蝗虫灾情一览表

县（区）	害虫名称	发生日期	肃清日期	被害农作物种类	农作物被害程度/%	发生地点
卢龙县	蝗	7月	8月	谷、玉蜀黍、高粱、蔬菜	80	刘家营、小刘庄等村
抚宁县	蝻	8月20日	8月24日	玉蜀黍、豆、高粱、谷、稻、稷	50	小李庄、五里铺
昌黎县	蝗蝻	5月20日	10月	玉蜀黍、豆、高粱、旱稻	30	六区、二区、蛤泊镇以北等处

1930年4月中下旬至7月上旬，河北省62县发生蝗虫。其中特重7县，卢龙和昌黎为四等灾县。

1934年，全省农作物病虫害严重，主要害源为蝗虫、地蚕、浮尘子、蚜虫、锈病、黑穗病、立枯病，经济损失粮食6 029.68万千克，其中秦皇岛地区损失粮食892.225万千克，见表9-10。

表9-10　1934年秦皇岛地区各县农作物病虫害灾情一览表（表跨页）

病虫害名称	县　名	被害作物	被害状况	损失总额/万千克	每亩损失数量/千克
地蚕	卢龙县	白薯	被食后发现裂绝	12.5	4.5
	昌黎县	豆	残啮苗根	7.5	2.5
浮尘子	昌黎县	稻	汁竭苗枯	35	5
蚜虫	昌黎县	豆、高粱	腻叶黄烂	194	2.5
	卢龙县	高粱、玉蜀黍	茎叶生育黏液，妨碍生长	29.6	8.5
	抚宁县	中美棉	因气候无常雨量不调，时阴时晴，阳光不足，蚜虫渐渐发现，麇集嫩叶，重者全叶如拳状	13.875	12.5

病虫害名称	县　名	被害作物	被害状况	损失总额 / 万千克	每亩损失数量 / 千克
锈病	昌黎县	梨、苹果、林檎	皮色黑锈	200	250
黑穗病	卢龙县	高粱	穗部长苞，内黑外白，俗名白茬头	0.75	3.5
	昌黎县	高粱、谷子	粒黑无实	12.5	5
立枯病	昌黎县	粟	干枯粒空	325	25
	抚宁县	粟	每逢暑期而量多，阳光不足，由全田粟穗直立，叶色全失而成枯状	61.5	10

1943 年 6 月，抚宁县发生蝗灾。

1946 年六月十四，抚宁县发生蝗蝻，危害农田。

1951 年 4 月，昌黎县发生各种虫灾，主要有黑盖虫、黑豆虫、土猴、棍虫（金针虫）、地老虎、象鼻虫、麦叶蜂等。

1952 年夏，昌黎县沿海一带发生蝗虫，面积达 4 490.67 公顷（67 360 亩），一个月后捕打消灭。

1953 年 4 月，卢龙县 2 257.33 公顷松树遭虫害，人工捕打松毛虫 23 267 千克，7 月基本得到控制。

1955 年 6 月下旬，昌黎县普遍发生虫害，以黏虫、蚜虫最为严重。黏虫发生面积 0.89 万公顷，棉蚜虫发生面积 2 514.4 公顷，红蜘蛛发生面积 107.67 公顷，钻心虫发生面积 155.33 公顷。受灾最严重的是靖安、泥井镇一带，有 49.27 公顷晚玉米、谷子等作物被黏虫吃光。8 月 16 日，秦皇岛市发生虫灾，以黏虫为害，成灾面积 326.07 公顷。

1960 年 6 月上晚，昌黎县发生各种病虫害，棉蚜虫、黏虫、钻心虫最为严重。棉蚜虫发生面积 2 315.07 公顷，钻心虫普遍发生，被害株率 50%。

1961 年 8 月 13 日，秦皇岛市农田发生第三代黏虫，虫口密度大的 300 头 / 米 ^{2}。

1963 年 6 月中旬至 7 月 5 日，抚宁县发生虫灾，危害面积 0.74 万公顷，以蚜虫、钻心虫为重。

1965 年 8 月 5 日，青龙县 4 094.53 公顷松林发生松毛虫，松树死亡面积达 100 公顷。

1966 年春至秋，抚宁县发生三代黏虫、地老虎、小麦锈病等 11 种病虫害，受灾面积 1.93 万公顷。秋，秦皇岛市郊 3 个区发生黏虫灾，海港区最重，黄土坎公社的玉米、谷子叶几乎全被吃光。

1969 年夏秋间，抚宁县 0.53 万公顷水稻发生白叶枯病。

1972 年因春旱，秦皇岛地区虫害发生，屡治屡起，为害高粱。黏虫普遍，还有棉蛉、稻卷叶虫、蝼蛄等为害较烈。

1976 年 5 月，青龙县松毛虫为害，面积达 2.4 万公顷，死树 1 500 余棵。

1978 年春，北戴河区莲蓬山松毛虫蔓延，受害面积占松树面积的 23%，死树 1 500 多棵。秦皇岛市郊第三代黏虫自 7 月初始见，7 月 26 日、8 月 3 日出现 2 次蛾蜂。

1979 年 8 月，秦皇岛市郊区 0.4 万公顷春玉米发生玉米黏虫，被害率达 80% 以上。

1982 年 7 月中旬到 8 月上旬，青龙县 1.73 万公顷农田遭虫灾，1 226.67 公顷谷子被吃成光秆，0.07 万公顷高粱、200 公顷大豆等粮油作物遭蚜虫灾。

1983年7月下旬至8月中旬，抚宁县2.67万公顷农田蚜虫为害，虫口密度很高，屡治屡起。秦皇岛市郊及各县都有发生。夏，青龙县黏虫灾害发生面积1 026.67公顷，蚜虫灾害发生面积1 713.33公顷，除治及时，未遭严重损失。

1985年7月，多阴雨，少日照，林果病虫害严重，昌黎县葡萄霉病发生。夏，抚宁县发生花生蛴螬虫害，面积达0.73万公顷，减产2成左右；水稻穗茎瘟发生面积0.47万公顷，亩减产1～1.5成。

1987年7月4日，全市出现黏虫灾害，发生面积2.57万公顷，除治1.66万公顷。其中，昌黎县发生面积1.34万公顷，投放农药20万千克，除治0.65万公顷；卢龙县发生面积0.47万公顷，投放农药10多万千克，除治0.42万公顷；抚宁县发生面积0.47万公顷，除治0.33万公顷；青龙满族自治县发生面积0.27万公顷，除治0.26万公顷。

1988年8月中旬，青龙满族自治县娄杖子、八道河、白家店、朱杖子、三星口等29个乡镇大面积发生黏虫、玉米螟、棉蛉虫、高粱条螟等多种虫害，害虫啃食高粱、玉米、谷子等叶片及穗部籽粒。虫灾严重的娄杖子乡，每棵高粱平均有虫5～7条，最多达26条。朱杖子乡姚家沟3.33公顷谷子全部被吃成光秆。全县1.96万公顷高粱、玉米、谷子三大作物受灾，占三大作物总播种面积2.12万公顷的92.7%，其中绝收面积366.67公顷。

1989年5月25日，全市小麦普遍发生蚜虫。主要麦区昌黎县、卢龙县麦田有蚜株率达100%，一般地块百株蚜量达1 000头以上，发生严重的地块百株蚜量达3 000头以上，最高达7 400头，远远超过了百株蚜量800～1 000头的防治指标。

1990年5月，小麦蚜虫发生较为严重，昌黎县、卢龙县、抚宁县小麦蚜虫株率已达95%以上，平均百株蚜量达2 000头以上，最高百株蚜量达上万头，超过防治指标10倍。

2001年，夏蝗在河北省再度发生，东亚飞蝗在秦皇岛市发生较为严重。

2. 主要病虫草害种类

据统计，秦皇岛市常发病虫草害主要有水稻病虫害、小麦病虫害、玉米病虫害、甘薯病虫害、杂粮病虫害、花生病虫害、马铃薯病虫害、地下害虫、检疫性病虫、杂食性及有潜在危害病虫10类65种，见表9-11。

表9-11　秦皇岛市常发病虫草害一览表（表跨页）

病虫草害种类	种　数	病虫草害名称
水稻病虫害	13	稻瘟病、水稻稻曲病、水稻纹枯病、水稻胡麻斑病、水稻恶苗病、水稻烂秧、水稻干尖线虫病、水稻条纹立枯病、水稻二化螟、中华稻蝗、稻纵卷叶螟、水稻飞虱、稻水象甲
小麦病虫害	7	小麦锈病、小麦白粉病、小麦纹枯病、小麦丛矮病、小麦根腐病、小麦蚜虫、小麦红蜘蛛
玉米病虫害	10	玉米螟、玉米蚜虫、玉米蓟马、玉米红蜘蛛、玉米毒病、玉米丝黑穗病、玉米大、小斑病、玉米褐斑病、玉米茎基腐病
甘薯病虫害	4	甘薯茎线虫病、甘薯黑斑病、甘薯软腐病、甘薯天蛾
杂粮病虫害	5	高粱丝黑穗病、高粱蚜虫、高粱条螟、粟灰螟、谷子白发病
花生病虫害	4	花生蚜虫、花生蛴螬、花生叶斑病、花生病毒病
马铃薯病虫害	1	马铃薯晚疫病

病虫草害种类	种　数	病虫草害名称
地下害虫	4	蛴螬、蝼蛄、地老虎、金针虫
检疫性病害	11	番茄溃疡病、黄瓜黑腥病、美洲斑潜蝇、稻水象甲、小麦全蚀病、花生根结线虫病、棉花黄萎病、豚草、美国白蛾、苹果棉蚜、水稻条纹叶枯病
杂食性及有潜在危害病虫	6	黏虫、棉铃虫、土蝗、小麦红吸浆虫、玉米耕葵粉蚧、花生新黑地蛛蚧

秦皇岛市主要病虫害主要有小麦锈病、小麦全蚀病、稻瘟病、水稻稻曲病、水稻白叶枯病、甘薯黑斑病、甘薯茎线虫病、花生根结线虫病、棉花枯黄萎病、番茄溃疡病、黄瓜黑腥病、黏虫、玉米螟、蚜虫、棉铃虫、美洲斑潜蝇、甜菜夜蛾、稻水象虫、稻飞虱、烟粉虱、苹果棉蚜、蜉蝣和地下害虫（蝼蛄、蛴螬、金针虫、地老虎等），见表 9-12。

表 9-12　秦皇岛市主要病虫害及发生情况一览表（表跨页）

病虫害名称	受害情况
小麦锈病	1984 年，昌黎县大发生，成灾面积 1.4 万公顷。1995 年，全市发病面积 1.56 万公顷，1989 年发生面积 433 公顷；2001 年，昌黎县受害面积 54.9 公顷
小麦全蚀病	1988 年在昌黎县首次被发现；1990 年发生最重，面积 667 公顷；2001 年受害面积 54.9 公顷
稻瘟病	1983—1985 年，穗茎瘟连续大发生，全市发生面积 3.5 万公顷，1985 年 1.58 万公顷，1989 年 2.2 万公顷，1990 年 24 067 公顷
水稻稻曲病	1986 年，全市发病面积 6 400 公顷
水稻白叶枯病	1980 年，全市发病面积 887 公顷，1985 年发病面积 267 公顷，1990 年发病面积 434.8 公顷
甘薯黑斑病	1980 年春，调查的 66 个村 396 个薯井，病井、烂井和病薯率分别达 77%、9.8% 和 14%
甘薯茎线虫病	1985 年，卢秦公路以南的 17 个乡镇都不同程度地发生。1986 年秋季，卢龙县发生范围 26 个乡镇 247 个村约 2 955 公顷。1986 年，昌黎县发病面积 2 389 公顷
花生根结线虫病	1984 年，全市发病面积 3 576 公顷。1987—1990 年，发病面积分别达 3 013 公顷、2 147 公顷、2 347 公顷和 1 662 公顷，主要分布于抚宁县、昌黎县、海港区和山海关区
棉花枯黄萎病	1979 年，卢龙县发病面积 2.1 公顷。1984 年，全市发病面积 34.2 公顷，集中在卢龙县、抚宁县、昌黎县
番茄溃疡病	1990 年，秦皇岛市发病面积 3.87 公顷，涉及 3 个区。2001 年，发生面积 3.82 公顷，涉及 4 个县（区）
黄瓜黑腥病	1990 年，全市发病面积 3.08 公顷，分布在抚宁县和 3 个区。2001 年，全市发生病害面积 72.33 公顷，分布在 4 个县（区）
黏虫	卢龙县，1979—1985 年，除 1981 年、1982 年和 1984 年外，其余 4 年成灾严重；抚宁县，1979—1983 年二代黏虫连年发生，20 世纪 70 年代年发生灾害面积 6 600 公顷，最高 1.5 万公顷。1985 年，二代黏虫大发生，全市发生灾害面积 27 333 公顷，青龙县谷子、玉米、高粱等农作物发生黏虫 13 333 公顷。1988 年，全市 17 067 公顷麦田受灾；玉米二代黏虫、三代黏虫混合发生，发生灾害面积 24 173 公顷。1990 年，全市发生灾害面积 39 553 公顷。2002 年 6 月，黏虫发生严重
玉米螟	1986—1989 年，均为中度发生，占玉米种植面积的 50%。1990 年，全市有 69 333 公顷玉米均发生灾害
蚜虫	1983—1985 年发生较重，全市累计发生面积 140 913 公顷。1986—1990 年，全市小麦、花生累计发生灾害面积 151 847 公顷。1988—1990 年，累计发生灾害面积 56 513 公顷。2000 年，小麦蚜虫大发生

病虫害名称	受害情况
地下害虫（蝼蛄、蛴螬、金针虫、地老虎等）	1985 年和 1990 年，全市分别发生灾害面积 7.04 万公顷和 8.5 万公顷。蛴螬从 1979 年起逐年增多，20 世纪 80 年代末期更为严重
棉铃虫	2000 年，棉铃虫大发生，蛾量之大，发生程度之高，危害时间之长，历年罕见。6 月 6 日—9 月 23 日，昌黎县一盏黑光灯累计诱蛾 6 030 头，是 1999 年的 20.1 倍。花生、大豆、蔬菜等，被害株率达 100%
美洲斑潜蝇	1995 年，全市均有发生，达 106 个乡镇，发生灾害面积约 6 667 公顷。2001 年，发生灾害面积 11 467 公顷
甜菜夜蛾	2000 年，全市大发生，尤其在蔬菜上发生极为严重，被害株率为 100%，单株最多有虫 20 头
稻水象虫	1990 年 7 月 31 日首次在抚宁县被发现。全市常年发生面积约 2 万公顷，四县三区均有分布，严重地块有成虫 80 ～ 120 头 / 米 ^{2}。1994 年，田间扫网，百网有成虫 1 690 头。抚宁县部分稻区越冬代发生严重，造成稻田毁秧。2000 年，田间虫口密度严重地块 150 头 / 米 ^{2}。2001 年，全市发生灾害面积 20 667 公顷
稻飞虱	1991 年 9 月上旬，抚宁县各稻区普遍发生，面积 8 033 公顷；西河南乡前朱建坨、后朱建坨和苏鐣子等沿海稻区发生最严重
烟粉虱	2000 年，番茄、豆角、芹菜、茼蒿、白菜、桃皆有发现。以温室豆角最多，单叶最多达 203 头。番茄发生最普遍，造成的损失最重，单叶有虫一般 20 ～ 30 头，最高有虫 82 头，被害株率达 100%
苹果棉蚜	1990 年，在北戴河区蔡各庄苹园首次被发现。1997 年，全市发生灾害面积 38.7 公顷，有 11 个疫点，主要分布在除青龙满族自治县以外的 6 县（区）。2002 年，发展至全市各县（区）
蜉蝣	1997 年 8 月 30 日傍晚，抚宁县城西 102 国道洋河大桥桥栏、桥面被难以计数的蜉蝣笼罩，桥面最厚处达 20 厘米，导致 4 辆汽车首尾相撞

三、鼠害

1983 年，全市鼠害面积 12.2 万公顷，平均 4.05 只 / 公顷。1986—1990 年，全市累计农田鼠害发生面积 227 367 公顷。1999 年，农田发生鼠害面积 10.6 万公顷。

四、农田杂草

秦皇岛市农田杂草发现木贼、蓼、藜、苋、马齿苋、石竹、十字花、旋花、堇菜、紫草、玄参、车前、菊、禾本、鸭跖草、莎草共 16 科 78 种，见表 9-13、图 9-9 ～图 9-12。

图 9-9　附地菜（紫草科）

图 9-10　陌上菜（玄参科）

图 9-11　香附子（莎草科）

图 9-12　紫花地丁（堇菜科）

表 9-13 秦皇岛市农田杂草一览表

农田杂草种类	种 数	农田杂草名称
木贼科	2	节节草、问荆
蓼科	5	萹蓄、巴天酸模、西伯利亚蓼、水蓼、粘毛蓼（香蓼）
藜科	5	地肤、猪毛菜、灰绿藜、藜（灰菜）、小藜
苋科	2	反枝苋、凹头苋
马齿苋科	1	马齿苋
石竹科	1	繁缕（鹅肠草）
十字花科	6	风花菜、荠菜、离子草、播娘蒿、蔊菜（野油菜）、独行菜
堇菜科	1	紫花地丁
旋花科	4	打碗花、田旋花、菟丝子、篱打碗花
紫草科	1	附地菜
玄参科	4	地黄、陌上菜、白花水八角、松蒿
车前科	2	车前、平车前
菊科	18	小白酒草（小飞蓬）、苍耳、狼把草、刺儿菜、泥胡菜、蒲公英、苣荬菜、黄花蒿、牛膝菊（辣子草）、豚草、三裂叶豚草、鳢肠、鬼针草、烟管蓟、野艾蒿、桃叶鸭葱、苦菜、抱茎苦荬菜
禾本科	18	马唐草、大画眉草、荩草、牛筋草、野燕麦、狗尾草、稗草、看麦娘、止血马唐、白茅、芦苇、虎尾草、棒头草、早熟禾、金色狗尾草、假稻、星星草、鹅观草
鸭跖草科	1	鸭跖草
莎草科	7	黄颖莎草、褐穗莎草、异型莎草、牛毛毡、香附子、藨草、萤蔺

第六节　森林火灾

一、森林火灾发生情况

1983—2004 年，全市共发生森林火灾、火警 134 起，受害森林面积 1 158.96 公顷，年森林火灾受害率始终控制在 3‰以下。2009 年，共发生省挂账森林火灾 3 起，过火面积 4.3 公顷，无森林林木受害。2010 年，全市发生省局挂账森林火灾 2 起，过火面积 50 余公顷，森林受害率低于 0.001% 的控制指标，达到全省控制指标。2011 年，全市发生省挂账森林火灾 25 起，过火面积 1 353 公顷，森林受害面积 306.4 公顷。2012 年，发生省级挂账森林火灾 11 起，森林火灾过火面积 28.7 公顷，违法火灾 592 起，省挂账 11 起森林火灾案件全部侦破。2013 年，全市未发生有较大影响的火灾事故。2014—2016 年，全市实现森林火灾受害率低于 0.003% 的控制目标。

抚宁县“4·12”火灾。2011 年 4 月 12 日 11 时，抚宁县大新寨镇大石窟村突发森林火灾。由于秦皇岛市自 2010 年 10 月至 2011 年 4 月中旬连续近 200 天无有效降水，气候异常干燥，火势蔓延迅速。经过 14 262 名参战军民七昼夜奋战，终将大火扑灭，实现了确保重点部位安全、确保祖山景区安全、确保不发生人员伤亡事故的目标。经勘查，火灾过火面积 1 080 公顷（1.62

万亩），受害森林面积 205.2 公顷（3 078 亩）。

抚宁县“4·21”森林火灾。2014 年 4 月 21 日 15 时 30 分左右，抚宁县大新寨镇猩猩峪村发生森林火灾，经市、县两级专业扑火队 290 人、森警部队 100 人、承德专业扑火队 100 人、保定专业扑火队 100 人、唐山专业扑火队 100 人、秦皇岛市军分区民兵预备役 400 人、武警应急分队 250 人和抚宁县干部群众 1 200 人的全力扑救，明火于 23 日 11 时 40 分全部扑灭。经勘查，过火面积 45.6 公顷（684 亩），受害森林面积 12.47 公顷（187.05 亩），无人员伤亡。

青龙满族自治县“3·31”森林火灾。2016 年 3 月 31 日 14 时 9 分，青龙满族自治县祖山镇牛心山村十一组萝卜地沟发生山火，经过专业扑火队共 320 人（其中市直大队 100 人、青龙满族自治县 130 人、抚宁区 40 人，海港区 30 人、山海关区 20 人），武警官兵、消防、民兵预备役 200 余人的全力扑救，当日 18 时 58 分火场内明火被全部扑灭。经勘查，过火面积 24.8 公顷（372 亩），受害森林面积 17.93 公顷（268.95 亩），无人员伤亡。

昌黎县“4·9”森林火灾。2016 年 4 月 9 日 20 时 40 分左右，昌黎县十里铺乡西山场村发生山火。经秦皇岛、承德、张家口、保定、葫芦岛等地专业扑火队 800 余人，以及消防、武警、民兵预备役、公安干警、干部群众共计 3 100 余人全力扑救，4 月 12 日 11 时火场内明火被全部扑灭。经勘查，过火面积约 120 公顷（1 800 亩），森林受害面积 24 公顷（360 亩），无人员伤亡。

二、森林防火工作

中共十一届三中全会以后，秦皇岛市各级人民政府多次召开护林防火工作会议，研究部署森林防火工作，进一步严密森林防火组织，加强扑火队伍和防火基础设施建设。1983 年，实行市管县的体制后，秦皇岛市成立护林防火指挥部，市长任总指挥，专设森林火警电话。各县都建立健全护林防火规章制度，实行护林防火责任制和部门领导责任制。1988 年 1 月，国务院颁布《森林防火条例》，做出森林防火工作实行各级人民政府行政领导负责制的规定，森林防火工作开始由专业部门负责变为由政府负责。1990 年，按照《森林防火条例》的规定，市政府调整护林防火指挥部成员，建立秦皇岛市森林防火办公室，为常设机构。1993 年，市森林防火办公室与市林业公安处合署办公，森林防火管理纳入森林公安机关的职责范围。主要职能是：贯彻执行国家森林防火工作的方针、政策，监督森林防火条例和有关法规的实施；进行森林防火宣传教育，制定森林防火措施，组织群众预防森林火灾；组织森林防火安全检查，消除火灾隐患；组织森林防火科学研究，推广先进技术，培训森林防火专业人员；检查本地区森林防火设施的规划和建设，组织有关单位维护、管理防火设施及设备；掌握火情动态，制定扑火预案，统一组织和指挥扑救森林火灾；配合有关单位调查处理森林火灾案件；进行森林火灾统计，建立火灾档案等。同时各县（区）也相应地建立森林防火办公室，并配备专职工作人员，坚持在防火期间 24 小时值班制度，保证防火工作不间断指挥。

1990 年以后，全市各级人民政府认真贯彻落实《森林防火条例》，各级政府全面落实森林防火工作行政领导负责制、指挥部成员单位负责制、防火办人员负责制，市、县、乡（镇）层层签订森林防火责任状，防火责任直接落实到人。每年春冬季节，各级政府和防火办都深入到林区进行防火大检查，召开防火动员总结会，开展大规模防火宣传活动，市政府规定每年 3

月为防火宣传月。届时，通过报纸电台、电视台、宣传车、宣传牌、标语、送明白纸、在重点林区的中小学开设防火教育课等形式进行宣传，使全市的森林防火工作在“电视里有影像、广播中有声音、报纸上有文章”。

各级森林防火指挥部都制定规章制度和措施，完善扑火预案，在防火期到来之前，市及各县（区）、乡镇、国有林场对扑火预案都进行修改和完善，逐一落实扑火组织指挥、机具装备、通信联络、扑火经费、后勤保障等措施；规定每年 11 月 1 日至次年的 5 月 31 日为秦皇岛市森林防火戒严期，届时市、县政府发布防火戒严期通告；实行生产用火许可证制度，凡是在野外用火的单位或个人，必须经过县级人民政府或林业主管部门批准，领取用火许可证；对进入林区的重要路口设防火检查站，对进入林区的人员实行检查，扣留火种；在重要路口、地段设置防火警示牌；在每年清明节前后，对坟头进行死看死守；对放牧等重点人员进行重点管理，与村委会签订责任状；重点林区实行联防制度，制定联防章程，每年召开联防会议。1996 年，《河北省护林防火实施办法》颁布。1998 年，市护林防火指挥部制定《秦皇岛市护林防火检查办法》，为此，市森林防火办公室创建森林防火档案库。档案分市、县（区）、乡（镇）、村、国营林场五级，内容按省防火办要求制定，式样由市防火办统一印制，防火工作实现了制度化和规范化。

1998 年，市政府与军分区召开驻秦部队首长防火工作协调会，审定了《秦皇岛市驻军支援地方森林防火实施方案》，划分扑火责任区，制定扑火预案，组织扑火演练和扑火知识培训，军地双方还适时召开防火协调会，研究解决防火灭火中出现的问题。

2001 年，全市认真贯彻落实温家宝总理在重点省（区）森林草原防火会上提出的衡量森林防火行政领导责任制的“五条标准”，进一步完善了森林防火行政领导责任制，把行政首长负责制、领导包片负责制、目标管理责任制分解到山头、地块、人头，抓细、抓实、抓到位。

2003 年，制定《秦皇岛市森林防火责任制暂行办法》和《秦皇岛市森林火灾事故责任追究办法》，明确了市森林防火指挥部成员单位、县（区）、乡镇、国有林场、村及林区内企事业单位的森林防火职责，同时对发生森林火灾事故明确了单位、部门及个人的责任追究办法。

2004 年，市森林防火指挥部成立扑火应急分队，由武警部队组成。各县（区）森林消防队伍建设主要发挥民兵预备役的作用，由县（区）人武部负责在本县（区）民兵预备役队伍中明确应急扑火队伍，并负责组织培训。8 月，秦皇岛市森林防火指挥中心在市林业局建成。截至 2004 年年底，全市已建立半专业扑火队 12 个 1 110 人、临时扑火队 56 个 6 862 人；全市共投入森林防火资金 1 499.22 万元，其中国家专项补助 835 万元、省级投入 161.5 万元、地方配套资金 502.72 万元。

2010 年 3 月，秦皇岛市森林消防大队成立，首批队员 45 人，承担着全市 40 万公顷林地的火灾防控和扑救工作。2011—2016 年，秦皇岛市开展防火宣传，严厉打击野外用火，开展防火督导，降低林木受害率。

第十章

生物多样性与自然生态系统健康

由于秦皇岛市地貌类型复杂，河流纵横，海岸线较长，这样复杂的自然条件造就了生态系统类型的多样性。秦皇岛市自然生态系统类型主要有森林、草原、湿地、海洋等，属于二级健康，即生态系统结构合理、格局尚完整，系统活力较强，外界干扰较小，无生态异常，生态系统生态功能较完善，系统尚稳定，生态系统可持续。

秦皇岛市陆生植物共138科1 323种，植物种多样；野生动物种类和数量较丰富，目前发现的野生鸟类有20目61科405种。秦皇岛市近海海岸生物种类繁多，有600多种。

第一节　生物多样性

依据中国综合生态环境区划方案，秦皇岛市大致属于东部湿润、半湿润生态大区中的暖温带湿润、半湿润落叶阔叶林生态地区。秦皇岛市在中国植物区系分区上，隶属泛北极植物区中国—日本森林植物亚区，华北地区；在中国动物区系分区上，隶属古北界范畴。

一、生态系统多样性

1. 森林生态系统多样性

依据《河北森林》，秦皇岛市森林生态系统分属暖温带落叶阔叶林林区和燕山山地温性针叶林落叶阔叶林区。1949年后，封育和恢复了大片次生林，并且营造以油松林为主的人工林以及木本粮油林等经济林种，森林覆盖率达到49%。

暖温带落叶阔叶林林区植被以落叶阔叶林和稀松油松林为代表。在森林被破坏后，出现次生的灌草丛。地带性植被类型是落叶阔叶林，但由于开垦历史悠久，自然植被已被破坏。在秦皇岛市最高峰都山海拔1 300米以上有华北落叶松、青扦、白扦分布。

燕山山地温性针叶林落叶阔叶林区主要分布在青龙、卢龙、抚宁、昌黎部分地区。林区内西北高东南低，海拔由北部的800～1 200米，向东南降到100米，分布有中低山、丘陵以及丘陵间的开阔的山间盆地。林区内植被类型主要有温性针叶树种油松林、落叶栎林、次生的白桦山杨林和荆条、酸枣、白羊草、黄背草灌草丛。海拔750米以上有山杨林分布，海拔在1 000米以上有白桦林分布；老岭海拔800米以上分布有天女木兰，在阔叶林下为灌木，在海拔1 200米左右的乱石窖地段有天女木兰纯林分布。在海拔1 300米以上的山顶台地上，分布有亚高山杂草草甸；中海拔及低山丘陵分布有油松林及少量侧柏林；灌草丛生态系统主要分布在1 000米以下的山坡。其中大约在1 000米以下为纯林，在1 000米以上有油松与栎林的混生生态系统，伴生树种有蒙古栎、辽东栎、栓皮栎、槲栎等；河谷盆地多已开垦为农田，以农田生态系统为主，丘陵及低山多为经济林生态系统，主要树种为板栗、核桃、梨、苹果、山楂等。

低山丘陵地区，原生植被已荡然无存，分布有酸枣、荆条、三裂绣线菊、大花溲疏、扁担木、蚂蚱腿子、花木蓝以及胡枝子属植物组成的的灌丛。

燕山山地温性针叶林落叶阔叶林区历史上是森林茂密、气候宜人的好地方。但由于农业生产的发展，社会活动的增加，森林资源遭到破坏，水土流失逐步加剧。残存的次生林只分布在深山地区。秦皇岛市主要的森林类型见表10-1。林种结构多样性详见第八章“自然资源”第五节“陆域植物资源”。

表10-1 秦皇岛市主要森林类型一览表

植被类型	植被亚型	群 落
针叶林	针叶林	油松林
		华北落叶松
	针阔混交林	油松栎林
阔叶林	落叶阔叶林	落叶阔叶林树种以落叶栎类为主。在山谷比较湿润的地带有椴属、桦属、白蜡属、核桃楸、槭属、杨属、柳属等组成的落叶阔叶杂木林
灌丛	平榛灌丛	
	荆条灌丛	
	山杏灌丛	
	酸枣灌丛	
	胡枝子灌丛	
	三裂绣线菊灌丛	
	柽柳灌丛	
	蚂蚱腿子灌丛	

2. 草原生态系统多样性

依据中国综合生态环境区划方案，秦皇岛市主要的草地资源属于西北干旱、半干旱生态大区、半干旱草原生态地区、内蒙古高原东南缘农牧交错带脆弱生态区中的一部分。秦皇岛市草原生态系统包括暖性山地灌木草丛生态系统和滨海滩涂草甸生态系统两种类型，见表10-2。

表10-2 秦皇岛市草原生态系统类型一览表

生态系统类型	生活型	群 落
山地灌木草丛	灌木草型	白羊草群落、禾草、苔草群落
	乔木林草型	铁杆篙群落、白羊草群落、绣线菊群落
滨海滩涂草甸生态系统	多年生禾草型	芦苇群落、獐茅群落
	一年生禾草型	稗草草地群落
	一年生杂类草型	盐地碱蓬群落

暖性灌木草丛生态系统主要分布在秦皇岛市的山地丘陵、低中山山地丘陵地区的河谷阶地，以及山麓洪冲积扇的中上部。自然植被以中生和中旱生落叶阔叶灌木和草本植物为主，除少数为原生植被类丛以外，多数为次生落叶阔叶灌木草丛，以荆条为主，草本层以禾草、苔草、铁杆蒿、糙隐子草、苔草、白羊草、野古草等群落为主。

滨海滩涂草甸生态系统主要分布在海拔低、地势平坦低洼处。径流汇集水分过多，地表有长期或短期积水分布的地区，草地生态系统植被以喜湿的植物为主。植物种类主要有芦苇、荆三棱、香蒲等。滨海草地生态系统以耐盐碱植物为主，植物种类主要有盐地碱蓬、碱蓬、獐茅、二色补血草、碱茅等。

3. 湿地生态系统多样性

秦皇岛市湿地总面积61 106公顷，湿地类型丰富，主要包括沙质海岸湿地、岩石性海岸湿地、河口湿地、潟湖湿地、浅海水域、内陆湿地及人工湿地，见表10-3。秦皇岛市滨海湿地具有生态多样性和稀有性，有中国北方最大的咸淡水交汇潟湖和原始海岸沙丘等自然地质景观。同时也是生物多样性保护重要区域之一，是东北亚—澳大利亚鸟类迁徙通道，重要迁徙停歇地，是许多珍稀水生生物和重要经济鱼类栖息繁衍的良好生境，是重要的鹤类及水鸟研究观测基地。其中北戴河湿地、滦河口湿地、黄金海岸湿地被列入中国重要湿地名录。秦皇岛市湿地生态系统类型详见第八章“自然资源”第二节“水资源”之“湿地资源”。

表10-3　秦皇岛市湿地生态系统类型一览表

湿地类名称		湿地型名称
天然湿地	海洋海岸湿地	沙质海岸湿地
		岩石性海岸湿地
		河口湿地
		潟湖湿地
		浅海水域
	内陆湿地	河流湿地
		湖泊湿地
人工湿地		水产池塘
		灌溉地
		盐田
		蓄水区

4. 海洋生态系统多样性

秦皇岛市海域位于渤海北部，东起山海关区渤海乡张庄，与辽宁省海域交界，南至昌黎县茹荷镇滦河口，与唐山市海域交界。秦皇岛市管辖海域面积180 527公顷，海岸线长162.7千米；管辖海岛1个，为石河南岛，属沙泥岛，物质组成以细砂、中细砂为主，黏结性差，抗侵蚀性弱，分布于山海关区海域，海岛陆域面积82.38公顷。

海洋生态系统整体上具有明显的地区性和封闭性特征。海洋生态系统发育典型，海岸线类型齐全。海岸类型以平原海岸为主67.7%，其次是人工海岸24.3%，山地海岸8.0%。平原海岸又分为砾质海岸、沙质海岸、沙丘海岸、沙堤-潟湖海岸、沙泥质海岸。山地海岸又分为基岩海岸、基岩岬湾沙滩海岸，见表10-4。

表10-4　秦皇岛市海岸类型与分布一览表（表跨页）

海岸大类	海岸类型	分　布
山地海岸	基岩海岸	山海关老龙头、秦皇岛东山、北戴河鸽子窝
	基岩岬湾沙滩海岸	北戴河金山嘴、北戴河老虎石
平原海岸	砾质海岸	石河口
	沙质海岸	南戴河

海岸大类	海岸类型	分布
平原海岸	沙堤—潟湖海岸	滦河口
	沙丘海岸	黄金海岸
	沙泥质海岸	七里海潟湖
人工海岸		秦皇岛港、山海关港、汤河口

依据中国海情况，秦皇岛市海域生态系统划分为沿海生态系统、河口生态系统、上升流生态系统 3 种类型，见表 10-5。

表 10-5　秦皇岛市海洋生态系统类型一览表

类型	备注
沿海生态系统	从海岸向海到水深 50 米范围，包括海岸带及沿海沼泽湿地、基岩、沙滩、泥滩等类型
河口生态系统	河口区限于海洋潮汐涨落区内的水域
上升流生态系统	在上升流海域由特定的生物及周围的环境构成，食物链较短、生产力很高的生态系统

秦皇岛市海洋资源禀赋优良，资源类型多样，有得天独厚的港口、海洋生物、旅游等海洋资源，详见第八章“自然资源”第三节“海洋资源”。

秦皇岛市海洋、森林、湿地三大生态系统汇集，非常罕见。

二、物种多样性

物种多样性是指一定区域内动物、植物及微生物种类的多样性的程度。秦皇岛市物种种类较为丰富。有些物种，如鸟类的多样性十分突出。

1. 陆生物种多样性

秦皇岛市陆生植物共 138 科 1 360 种，具有资源意义的植物有 1 000 种以上，国家三类以上保护植物 7 种。秦皇岛市野生木本植物主要科、种数统计及野生木本植物资源种类详见第七章“陆生植物与动物”。

秦皇岛市野生动物种类和数量较丰富，2015 年发现的野生鸟类有 20 目 78 科 504 种，其中国家一级重点保护鸟类 20 种、国家二级重点保护鸟类 56 种、河北省重点保护鸟类 27 种、列入中国生物多样性保护行动计划的优先保护鸟类 19 种。兽类有 6 目 12 科 60 种，列入《河北省级重点保护动物》的有 7 种。爬行类动物共约 2 目 5 科 10 种，其中河北省重点保护 2 种。两栖动物共约 7 种，列入河北省重点保护 3 种。秦皇岛市野生淡水鱼类共有 10 目 17 科，共约 38 种。秦皇岛市物种数量与全国物种数量对比情况见表 10-6。

由表 10-6 可知，秦皇岛市相对最丰富的物种为鸟类，全市共有鸟类 504 种，约占全国的 40.22%；所占比例最低的是两栖类动物，仅有 7 种，约占全国该类总数的 0.36%；其次是爬行类动物，约占 2.66%；总体而言，动物物种数所占比例要高于植物所占比例，植物总数仅占全国总数的 3.7%。秦皇岛市物种中国家一级、二级重点保护野生物种偏少，其中鸟类数量最多，有 49 种。

表 10-6　秦皇岛市主要生物类群物种数量与中国物种数量一览表

类　群	秦皇岛市物种数	中国物种总数	占中国物种总数的百分比 /%
陆域高等植物	1 360	35 784	3.80
鸟类	504	1 253	40.22
兽类	60	544	11.03
爬行类	10	376	2.66
两栖类	7	279	0.36
淡水鱼类	38	800	4.75
小计	3 163	39 036	8.10

2. 海域物种多样性

秦皇岛市近海海岸生物种类繁多，有 600 多种，按栖息场所和生活习性可以划分为浮游植物、浮游动物、底栖生物、潮间带生物、游泳生物等类型（具体见第三章第四节）。其中，浮游植物 73 种、大型藻类 99 种，多系广温低盐种类；浮游动物 49 种，以广温带性近岸低盐种为主；游泳动物 92 种；底栖动物共有 378 种。浮游植物种类比较丰富，多样性指数为 1.27 ～ 3.6，优势种的种类和数目在不同月份之间差异较大。浮游动物多样性指数为 0.19 ～ 0.84。不同生境生物种类及多样性存在差异，如沙质潮间带生物生物种类少，生物多样性低，以软体动物及甲壳类种类分布最多；泥沙质海岸生境主要有软体动物、甲壳类、多毛类，生物种类、数量、多样性高于沙质海滩；岩礁质生境主要有大型藻类、软体动物、甲壳类、多毛类，生物种类最多，生物多样性最高。

三、遗传多样性

秦皇岛市植物物种遗传多样性特有情况为：中国特有属有 8 个，即虎榛子属（*Ostryopsis*）、青檀属（*Pteroceltis*）、独根草属（*Oresitrophe*）、锥果芥属（*Berteroella*）、文冠果属（*Xanthoceras*）、土贝母属（*Bolbostemma*）、蚂蚱腿子属（*Myripnois*）和知母属（*Anemarrhena*），占中国特有属数的 2.8%；秦皇岛市与辽东共有种有天女木兰（*Magnolia sieboldii*，老岭）、黑水缬草（*Valeriana amurensis*，老岭）、辽东乌头（*Aconitum liaotungense*，老岭）、单叶蔓荆（*Vitex trifolia* var. *simplicifolia*，北戴河）、乳头灯心草（*Juncus papillosus*，老岭）和山樱桃（*Cerasus serrulata*，老岭）等，在冀北山地小区仅分布于秦皇岛市。秦皇岛市不但生态系统类型和野生物种众多，而且具有繁多的栽培植物和家养动物品种及其野生近缘种。天女木兰、鹅耳枥、胡桃、文冠果、合欢、栾树等为第三纪植物区系的孑遗种。但对遗传多样性的系统研究不够，现从物种类别方面揭示秦皇岛市遗传多样性的特征。

1. 栽培植物

栽培作物：主要有玉米、小麦、甘薯、马铃薯、谷子、高粱、旱稻、豌豆、大豆、杂豆、花生、油葵、棉花、水稻。栽培食用蔬菜按大类分 15 类 160 种，涵盖根茎类 8 种、白菜类 11 种、甘蓝类 8 种、芥菜类 2 种、茄果类 4 种、豆类 6 种、瓜类 15 种、葱蒜类 7 种、绿叶菜类 21 种、薯芋类 7 种、水生蔬菜 4 种、多年生蔬菜 5 种、其他蔬菜（保健营养）15 种、山野菜 28 种。

地方传统名优品种有马芳营旱黄瓜、山海关白黄瓜、海阳葱、深河白玉瓜、留守营叶三黄瓜、孟营萝卜、山海关五色韭（铁丝苗）、山海关生菜等。栽培植物具体名录见第七章第一节“陆生植物”。

栽培菌类：食用菌 19 种，主要是平菇、木耳、香菇、杏鲍菇、蟹味菇、白玉菇、银耳、猴头、灵芝、桑黄、白灵菇、榆黄菇、小姬菇、滑子、金针菇、鸡腿菇、大球盖菇、草菇、羊肚菌。

药用植物：秦皇岛市中药材种植主要集中在青龙满族自治县及抚宁区北部山区，其他县区虽零星种植，但规模较小。现已探明的有 450 多种，主要品种有枸杞、黄芪、黄芩、丹参、柴胡、远志、知母、板蓝根、防风、药用牡丹、赤芍、苍术等 20 多个品种，其中主要道地药材以黄芪、黄芩、枸杞、北苍术、丹参、柴胡为主。

果树：秦皇岛市干果类主要有板栗、核桃、柿子等；鲜果主要有梨、苹果、杏、桃、葡萄、李等。果品上形成了一批中外闻名的产品：京东板栗、石门核桃、红星苹果、南大寺水蜜桃、昌黎葡萄等。详见第七章第一节“陆生植物”。昌黎县酿酒葡萄种植（图 10-1）。

图 10-1　昌黎县酿酒葡萄种植基地

2. 野生杂草类

农田杂草发现 16 科 78 种，包含木贼科 2 种，节节草、问荆；蓼科 5 种，萹蓄、巴天酸模、西伯利亚蓼、水蓼、粘毛蓼（香蓼），藜科 5 种，地肤、猪毛菜、灰绿藜、藜（灰菜）、小藜；苋科 2 种，反枝苋、凹头苋；马齿苋科 1 种，马齿苋；石竹科 1 种，繁缕（鹅肠草）；十字花科 6 种，风花菜、荠菜（图 10-2）、离子草、播娘蒿、蔊菜（野油菜）、独行菜；堇菜科 1 种，紫花地丁；旋花科 4 种，打碗花、田旋花、菟丝子、篱打碗花；紫草科 1 种，附地菜；玄参科 4 种，地黄、陌上菜、白花水八角、松蒿；车前科 2 种，车前、平车前；菊科 18 种，小白酒草（小飞蓬）、苍耳、狼把草、刺儿菜、泥胡菜、蒲公英、苣荬菜、黄花蒿、牛膝菊（辣子草）、豚草、三裂叶豚草、鳢肠、鬼针草、烟管蓟、野艾蒿、桃叶鸭葱、苦菜、抱茎苦荬菜；禾本科 18 种，马唐草、大画眉草、荩草、牛筋草、野燕麦、狗尾草（图 10-3）、稗草、看麦娘、止血马唐、白茅、芦苇、虎尾草、棒头草、早熟禾、金色狗尾草、假稻、星星草、

图 10-2　荠菜

鹅观草；鸭跖草科1种，鸭跖草；莎草科7种，黄颖莎草、褐穗莎草、萤蔺、异型莎草、牛毛毡、香附子、藨草。

图 10-3　狗尾草

3. 养殖鱼类

秦皇岛市沿海所产鱼类多达110多种，海产虾类20多种、蟹类10多种，主要有小黄鱼、真鲷、牙鲆、黄姑鱼、章鱼、对虾、海蜇、刺参等。贝类中较主要的有文蛤、青蛤、蛏、牡蛎等。秦皇岛市海域分布的头索动物文昌鱼属国家二类保护动物。淡水养殖品种主要有草鱼、鲢鱼、鳙鱼、鲤鱼、团头鲂、罗非鱼、虹鳟鱼、中华绒螯蟹、青虾、白虾等。

4. 驯养动物

秦皇岛市多样化的地理、生态、气候条件，形成了丰富多彩的畜禽品种资源，畜禽遗传资源主要有猪、牛、羊、马、驴、骡、鸡、鸭、鹅、兔、貂、狐、貉等30余种，见表10-7。

表 10-7　秦皇岛市主要畜禽品种结构一览表

	品　种	小计 / 种
猪	长白、长白杂、金华、金华杂、长金杂、内江、内本杂、昌黎猪、昌黎杂、荣昌、荣长杂、北京黑、北黑杂、约克夏、约长杂、巴克夏、巴本杂、民猪、浙白、杜洛克、其他	21
牛	本地黄牛、蒙古牛、杂种牛、南阳牛、南阳杂、西门塔尔、夏洛来、黑白花	8
羊	山羊、无角山羊、绵羊（杂）、奶山羊、蒙古羊、小尾寒羊、东北细毛羊、新疆细毛羊、美利奴羊、高加索羊	10
马	本地马、杂种马、蒙古马、伊犁马、张北马、苏高血、重辕马	7
驴	渤海驴、杂交驴、渤本杂、关中驴、德州驴	5
鸡	柴鸡、迷航、来塞斯、星杂288、京白、星杂579、尼克、红育、新汉县、罗斯、白洛克、芦花、庄河、澳洲黑、星布罗	15
鸭	本地鸭、高邮鸭、北京鸭、康贝尔鸭、杂种鸭	5
鹅	本地鹅、狮头鹅	2
兔	青紫兰、中国白兔、杂种兔、加利福尼亚兔、黑优兔、安哥拉、德州安哥拉、银灰、日本大耳白、比利时兔	10
貂	水貂、丹麦种貂	2
狐	银狐、白狐、蓝狐、彩狐、北极狐	5
貉	白貉、乌苏里貉	2
蜂	意大利黄金蜂、意大利蜂、高加索蜂	3

四、生物多样性特点

1. 生物物种组成丰富

秦皇岛市自然资源条件优越、复杂的地形、宜人的气候为丰富繁多的生物创造了条件。

2. 生态系统类型多样

秦皇岛市森林覆盖率高，海岸类型齐全、海岛资源独特，浅海、潮间带、海岛、河口、海岸潟湖等海洋生态系统发育典型，滨海湿地极具保护和利用价值。

3. 区系起源古老、遗传资源丰富

在中国植物区系分区上，秦皇岛市隶属泛北极植物区；在中国动物区系分区上，隶属古北界范畴。拥有天女木兰、文昌鱼等稀有生物资源。

第二节　自然生态系统健康与生态功能

一、自然生态系统健康评价指标

结合景观生态学理论，利用多元数据（遥感影像、环境监测数据和社会统计数据）的综合集成，根据秦皇岛市生态系统特征，构建了生态系统健康评价的指标体系，见图 10-4。

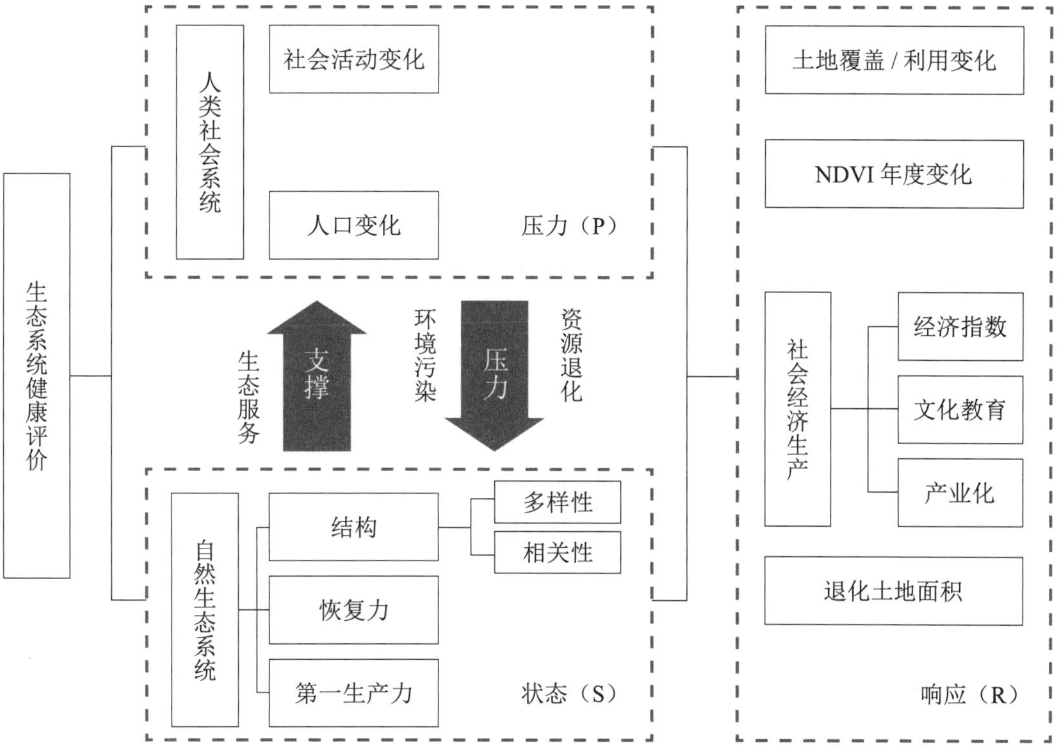

图 10-4　秦皇岛市生态系统健康评价压力—状态—响应概念框架图（引自 OECD）

状态指标：状态指标是生态系统内各种生物、非生物因素长期作用的结果，也是生态系统特性和功能的最直接体现。

结构指标：结构是功能和动态的基础，景观格局的复杂性和多样性对生态系统是极为重要的，它是生态系统适应环境变化的基础，也是生态系统稳定和功能优化的基础。因此，用景观结构变化和景观多样性来表征生态系统组织结构。景观多样性主要指景观类型的丰富度和复杂度。类型多样性一般考虑景观中不同的景观类型（如森林、草地等）的数目多少及它们所占面积的比例。斑块面积指数指景观中不同类型斑块的数量、大小和斑块所占比例。景观中，有林地和高覆盖草等绿色植物斑块在生态系统中的地位和作用始终是第一位的，它既是系统中其他生物所需能量的提供者，同时又为其他生物提供了栖息场所，生态系统的功能多数都由这些生态功能较高的土地覆盖类型来完成。因此，在计算结构指标时，选择具有典型生态意义的土地覆盖类型——有林地、灌木林和高覆盖草地的平均斑块面积、密度、比例和形状作为结构指标，并用高质量植被重要值来表示。

恢复力指标：生态系统受到压力胁迫后，能够保持或恢复结构和功能的稳定性的能力称为生态系统的恢复力。在本评价指标体系中，根据不同土地覆盖 / 利用类型对生态恢复的贡献和作用，分别赋以不同级别的生态恢复力值，得出一个综合指数来反映生态系统的恢复力。

活力指标：生态系统的活力是指简单地测量它的活动性、新陈代谢和初级生产力。在评价体系中，活力最直接也最容易测量。研究表明，植被的生产量与归一化植被指数（NDVI）具有明显的正相关，因此选择 NDVI 值作为衡量生产能力的活力指标。

压力指标：生态系统研究强调过程与演替，当受到人类干扰时，生态系统会出现一系列变化。干扰（自然的和人为的）的介入改变了生态系统的演替系列。其中，人为干扰是多方面的，往往会改变生态系统的发展方向，加速生态系统改良或退化的过程。因此，在生态系统健康评价中，采用人口密度和人类干扰指数作为人为压力因子。借鉴国内外的研究方法，利用遥感信息提取建设用地类型和面积，利用统计人口数据计算单位建筑面积人口数，然后再将每个流域内所有建筑面积相加，得到流域内人口总数。人类对自然生态系统的作用主要体现在耕地与建筑建设上，可在解译数据中将耕地与建设用地提取出来，计算这些人工景观在评价单元内所占的面积比，来代表人类对生态系统的干扰。对人口密度和人类干扰指数归一化处理后，作为生态健康评价的指标值。

响应指标：生态系统服务功能越来越成为评价生态系统健康的一个关键性的指标。生态系统服务功能指的是生态系统对人类社会的功能，如涵养水源、水体净化、提供娱乐、减少土壤侵蚀等。一般的胁迫将会从数量和质量上减少这些生态服务，而健康的生态系统将会更充分地提供这些生态服务。在本次研究中，以水土保持和水质保持程度作为生态系统健康评价的响应指标。其中，水土保持是将土壤侵蚀强度作为保护水土的负向指标，把点源和面源污染作为水质保持的负向指标来处理，并赋以不同级别的分值作为生态系统对人为的干扰的响应。

二、自然生态系统健康评价

按照生态系统健康综合评价的得分排序、分级，以反映生态系统的健康状态。生态系统健康分级及生态系统健康状态的含义见表 10-8。

表 10-8　生态系统健康状态分级一览表（表跨页）

健康分级	健康状态	生态系统特征
一级	很健康	生态结构十分合理，系统活力极强，外界压力较小，无生态异常出现，生态系统的生态功能完善，系统稳定，处于可持续状态

健康分级	健康状态	生态系统特征
二级	健康	生态系统结构合理，格局尚完整，系统活力较强，外界较小，无生态异常，生态系统生态功能较完善，系统尚稳定，生态系统可持续
三级	亚健康	生态结构比较合理，系统尚稳定，外界压力较大，接近生态阈值，但敏感地带较多，已有少量的生态异常出现，可发挥基本的生态功能，生态系统可维持
四级	不健康	生态结构出现缺陷，系统活力较低，外界压力大，生态异常较多，生态功能已经不能满足维持生态系统的需要，生态系统已经开始退化
五级	病态	生态结构极不合理，自然植被斑块破碎化严重，活力极低，出现大面积的生态异常区，生态系统已经严重恶化

根据生态系统健康评价指标体系，得出秦皇岛市生态系统健康状态分布格局，见表 10-9。

表 10-9　秦皇岛市生态系统健康分级一览表

健康等级	健康值	流域的健康值	分布流域个数	面积百分比 /%
一级区	35.07 ～ 49.88	15	117 867.92	15.08
二级区	25.61 ～ 35.06	39	193 077.21	24.71
三级区	17.78 ～ 25.60	37	193 735.07	24.79
四级区	9.83 ～ 17.77	43	180 547.98	23.11
五级区	0 ～ 9.82	25	96 189.86	12.31

结果表明，秦皇岛市自然生态系统总体属于二级健康，即生态系统结构合理，格局尚完整，系统活力较强，外界较小，无生态异常，生态系统生态功能较完善，系统尚稳定，生态系统可持续。健康状态相对好的主要分布在青龙满族自治县西北部、中部和东南部及抚宁区西北部。从所有小流域的土地利用结构来看，以林地、草地为主的小流域健康状况最好，以耕地为主的小流域健康受其他因素影响，等级差异较大。

三、秦皇岛市生态保护红线

生物多样性是人类赖以生存的条件，是经济社会可持续发展的基础，也是生态安全和粮食安全的保障。划定“生态红线”和相应的配套政策措施，通过严格土地规划和利用，可从根本上减轻生态系统受到的来自城镇化和工业化的压力，从而减缓生物多样性丧失。依据国家法律法规、国务院文件、国家相关重要规划与区划、河北省相关规划与区划、技术标准等相关文件规定，结合秦皇岛市生态环境健康状况，运用红线管控区边界核定技术流程，对全区生态保护红线进行了划定。经划定核算，秦皇岛市生态保护红线区总面积为 2 526.79 千米^2，占秦皇岛市国土面积比例为 32.38%（该红线面积不包括饮用水水源地的面积），红线区分布在海港区、山海关区、北戴河区、抚宁区、北戴河新区、青龙满族自治县、昌黎县以及卢龙县（图 10-5）。秦皇岛市涉及生态保护红线类型为重要生态功能区中的水源涵养红线区、土壤保持红线区和生物多样性保护红线区；生态敏感区脆弱区中的河滨岸带生态敏感红线区和湖滨岸带生态敏感红线区和禁止开发区中的饮用水水源地红线区、湿地公园红线区、自然保护区和国家级公益林。以县界、河流和道路为划界依据，将本市划分为 20 个生态保护红线区（引自《秦皇岛市生态建设专项规划研究报告（2016—2020）》）。

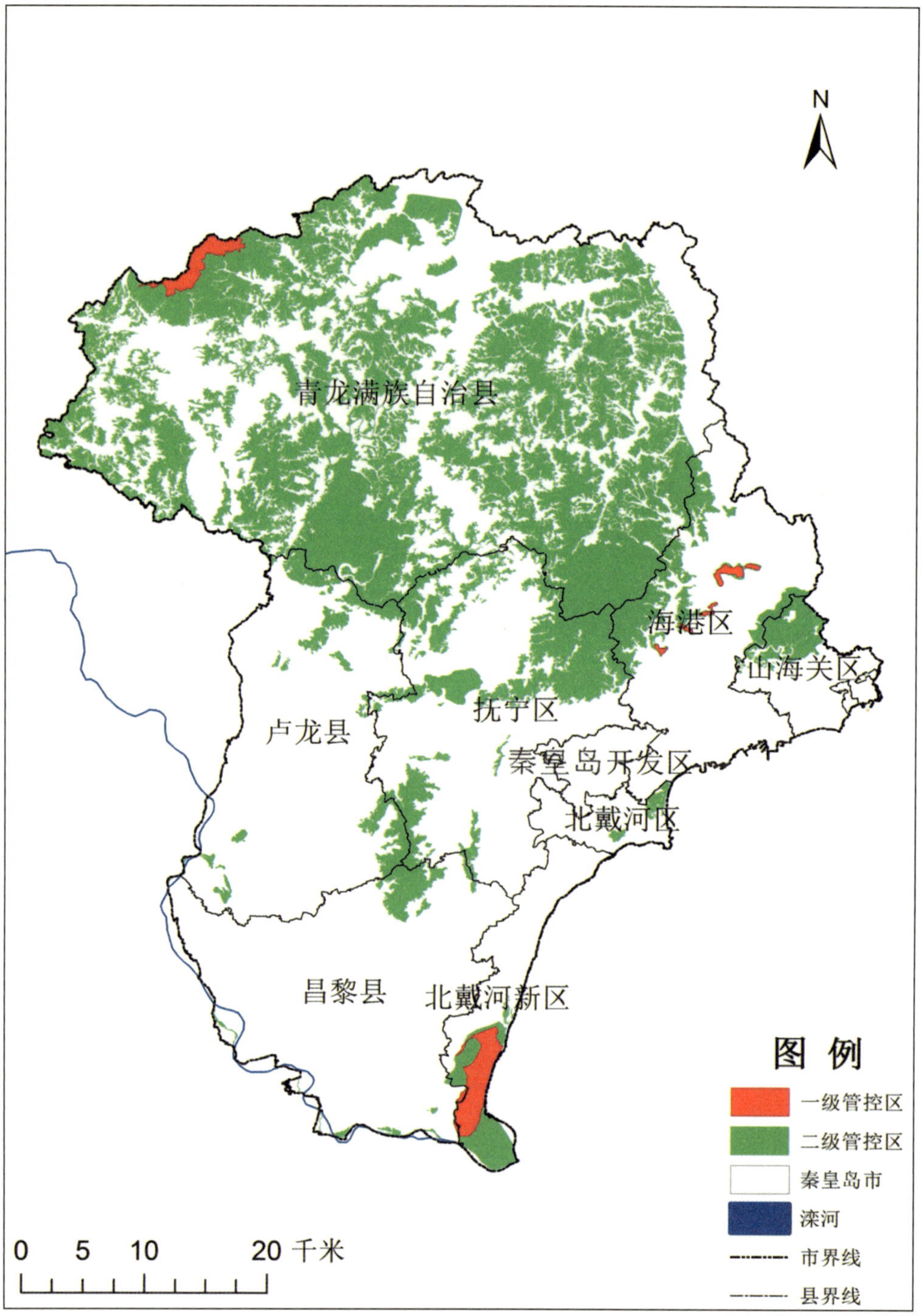

图 10-5　秦皇岛市生态保护红线管控区分布图

1. 重要生态功能红线区

重要生态功能红线区主要包括水源涵养红线区、土壤保持红线区、防风固沙红线区、生物多样性保护红线区和洪水调蓄红线区。秦皇岛市重要生态功能以水源涵养、土壤保持、生物多样性为主，所涉及的保护区有联峰山水源涵养红线区、海滨林场水源涵养红线区、黄金海岸水源涵养红线区、山海关林场土壤保持水源涵养红线区、花峪河土壤保持水源涵养红线区、天马湖土壤保持水源涵养红线区、龙潭峡土壤保持水源涵养红线区、桃林口土壤保持水源涵养红线区、阳山土壤保持水源涵养红线区、碣石山土壤保持水源涵养红线区、青龙湖水源涵养土壤保持红线区、鸡冠山水源涵养土壤保持红线区、凉水河水源涵养土壤保持红线区、阳山洞水源涵养土壤保持红线区、都山水源涵养土壤保持红线区、祖山水源涵养土壤保持生物多样性保护红线区，见图 10-6。

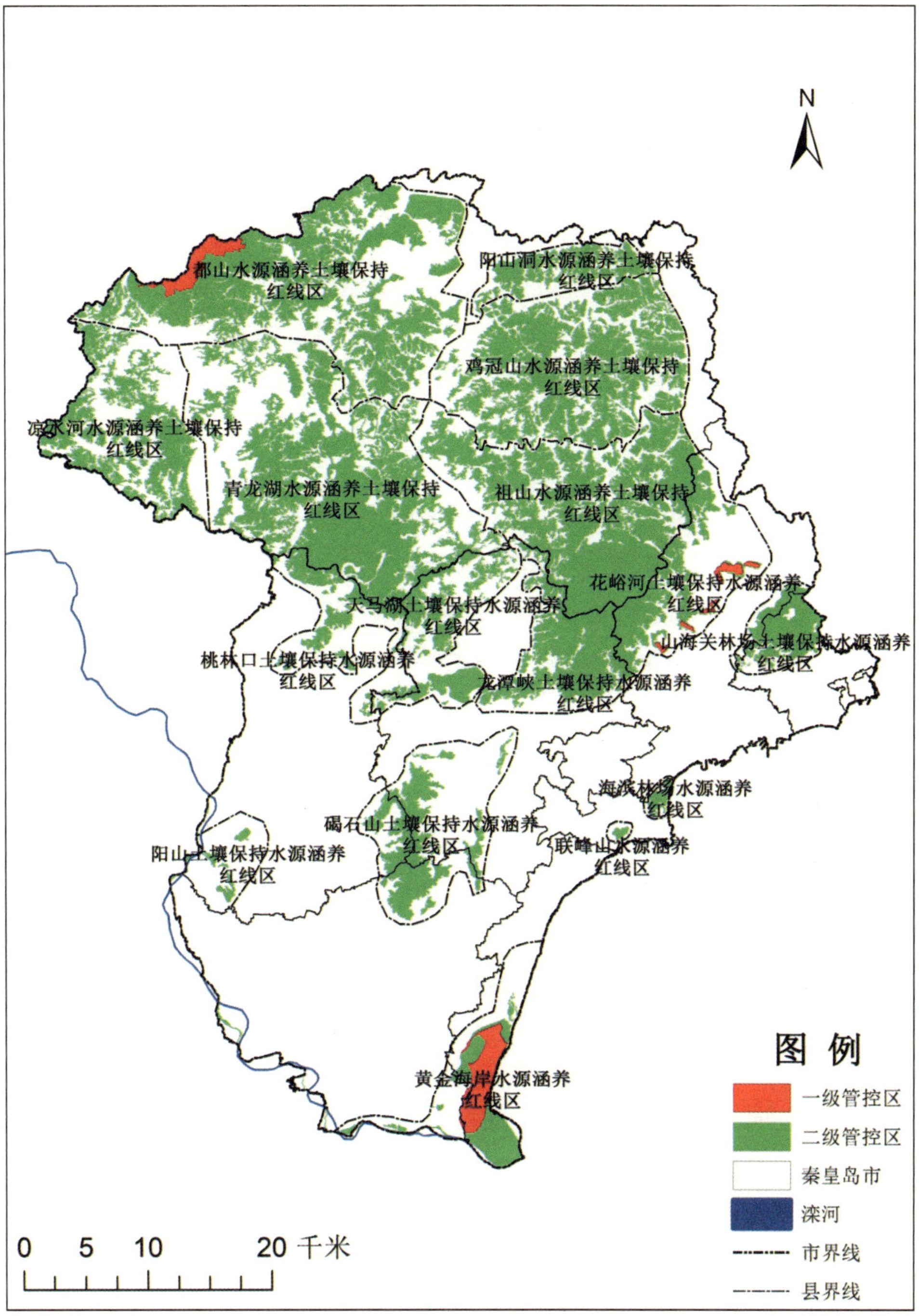

图 10-6　秦皇岛市生态保护红线管控区类型图

2. 生态敏感区和脆弱区红线区

生态敏感区和脆弱区红线区主要包括土地沙化敏感区红线区、水土流失敏感区红线区和河湖滨岸带敏感区红线区。秦皇岛市的生态敏感区和脆弱区红线区为桃林口水库、洋河水库和滦河河湖滨岸带敏感区，此部分红线区包含青龙湖水源涵养土壤保持红线区、天马湖土壤保持水源涵养红线区、阳山土壤保持水源涵养红线区、黄金海岸水源涵养红线区。

其中，青龙湖水源涵养土壤保持红线区中包括桃林口水库湖滨岸带敏感区；天马湖土壤保持水源涵养红线区中包括洋河水库湖滨岸带敏感区；阳山土壤保持水源涵养红线区中包含滦河在卢龙县境内的河流滨岸带敏感区；黄金海岸水源涵养红线区中包含滦河在昌黎县、北戴河新区境内的河流滨岸带敏感区。

3. 禁止开发区红线区

（1）饮用水水源地保护红线区

饮用水水源地保护红线区，主要是日供水万吨以上的饮用水水源地保护区。秦皇岛市饮用水水源地面积为 203.02 千米^2，占秦皇岛市国土面积的 2.41%。主要包括石河水库水源地保护区，面积约 36.60 千米^2；洋河水库水源地保护区，面积约 22.97 千米^2；桃林口水库水源地保护区，面积约 83.89 千米^2；昌黎县后孟营水源地、靖安水源地保护区面积分别为 20.9 千米^{2}和 38.66 千米^2，见表 10-10。

（2）自然保护区红线区

自然保护区红线区，指对有代表性的自然保护区生态系统及有特殊意义的自然遗迹等保护对象所在的陆地、陆地水体或者海域，依法划出一定面积予以特殊保护和管理的区域。秦皇岛市自然保护区面积为 235.91 千米^2，占秦皇岛市国土面积的 3.02%。主要包括柳江盆地地质遗迹国家级自然保护区，面积为 14.22 千米^2；黄金海岸国家级自然保护区，面积为 94.16 千米^2；都山省级自然保护区，面积为 47.06 千米^2；老岭市级自然保护区，面积为 80.47 千米^2，见表 10-11。

（3）国家级公益林红线区

国家级公益林红线区，指以生态效益和社会效益为主体功能，以提供公益性、社会性产品或者服务为主要利用方向，并依据国家规定和有关标准划定的森林、林木和林地。秦皇岛市国家级公益林面积为 37.41 千米^2，占秦皇岛市国土面积的 0.48%。主要包括山海关林场，面积为 30.01 千米^2；海滨林场，面积为 7.40 千米^2，见表 10-11。

（4）湿地公园红线区

湿地公园红线区，指以保护湿地生态系统、合理利用湿地资源为目的，可供开展湿地保护、恢复等活动的特定区域。秦皇岛市湿地公园面积为 74.39 千米^2，占秦皇岛市国土面积的 0.95%。主要包括青龙湖湿地公园，面积为 74.39 千米^2，见表 10-11。

秦皇岛市是环渤海地区重要港口城市，生态健康状况属于二级健康，主要因为区域生态系统压力大，水土流失相对严重，部分景观功能缺失，人为活动干扰严重。秦皇岛市是京津地区的海防安全重要屏障，通过生态红线的划定，可以逐步恢复海岸海域区域内的水产种质资源栖息地以及沿海防护林；逐渐恢复流域内珍稀濒危野生动植物栖息地以及珍稀野生动植物栖息地与集中分布区。

表 10-10　秦皇岛市生态保护红线管控区一览表

县级行政区名称	行政区国土面积 / 千米 ^{2}	生态保护红线区面积 / 千米 ^{2}	生态保护红线区面积比例 /%	一级管控区		二级管控区		生态保护红线区主导生态功能	生态保护红线区名称
				面积 / 千米 ^{2}	占国土面积比例 / %	面积 / 千米 ^{2}	占国土面积比例 / %		
海港区	696.32	117.77	16.91	10.13	1.45	107.64	15.46	土壤保持水源涵养	山海关林场土壤保持水源涵养红线区 花峪河土壤保持水源涵养红线区
山海关区	184.69	54.63	29.58	—	—	54.63	29.58	土壤保持水源涵养	山海关林场土壤保持水源涵养红线区
北戴河区	112.46	10.87	9.67	—	—	10.87	9.67	水源涵养	联峰山水源涵养红线区 海滨林场水源涵养红线区
青龙满族自治县	3506.1	1835.56	52.35	27.62	0.79	1807.94	51.57	水源涵养土壤保持生物多样性湖滨岸带敏感区	青龙湖水源涵养土壤保持红线区 鸡冠山水源涵养土壤保持红线区 凉水河水源涵养土壤保持红线区 阳山洞水源涵养土壤保持红线区 都山水源涵养土壤保持红线区 祖山水源涵养土壤保持生物多样性保护红线区
昌黎县	1002.10	42.78	4.27	0.18	3.69	40.93	4.08	水源涵养河滨岸带敏感区	碣石山土壤保持水源涵养红线区 黄金海岸水源涵养红线区
抚宁区	968.22	264.92	27.36	—	—	264.92	27.36	土壤保持水源涵养湖滨岸带敏感区	天马湖土壤保持水源涵养红线区 碣石山土壤保持水源涵养红线区 龙潭峡土壤保持水源涵养红线区
卢龙县	956.01	106.08	11.10	—	—	106.08	11.10	土壤保持水源涵养河滨岸带敏感区	碣石山土壤保持水源涵养红线区 桃林口土壤保持水源涵养红线区 阳山土壤保持水源涵养红线区
北戴河新区①	270.62	94.18	34.80	41.52	—	52.66	19.46	水源涵养	黄金海岸水源涵养红线区
合计	7 696.52	2 526.79	32.38	81.12	1.04	2 445.67	31.34	—	—

注：代行行政区划职能，其辖域范围为昌黎县、抚宁区原京山铁路以南至海区域。

表 10-11 秦皇岛市禁止开发区域一览表

禁止开发区种类	名　称	级　别	管控区面积 / 千米 ^{2}		总面积 / 千米 ^{2}	占全市面积比例 /%	所属县区
			一　级	二　级			
自然保护区	柳江盆地地质遗迹自然保护区	国家级	10.13	4.09	14.22	0.18	海港区
	黄金海岸自然保护区	国家级	43.37	50.79	94.16	1.21	北戴河新区
	都山自然保护区	省级	27.63	19.43	47.06	0.60	青龙满族自治县
	老岭自然保护区	市级	—	80.47	80.47	1.03	青龙满族自治县、抚宁区
国家级公益林	山海关林场	国家级	—	30.01	30.01	0.38	山海关区、海港区
	海滨林场	国家级	—	7.4	7.4	0.09	北戴河区
湿地公园	青龙湖湿地公园	国家级		74.39	74.39	0.95	青龙满族自治县
饮用水水源地	石河水库水源地		14.60	22.00	36.6	0.47	山海关区
	洋河水库水源地		2.97	20.00	22.97	0.29	抚宁区
	桃林口水库水源地		46.61	37.28	83.89	1.07	青龙满族自治县
	后孟营水源地		2.15	17.94	20.9	0.27	昌黎县
	靖安水源地		2.19	36.47	38.66	0.50	昌黎县

第十一章

自然资源价值与自然生态系统服务功能价值

秦皇岛市自然资源价值、自然资产核算有利于摸清秦皇岛市自然资源的家底。核算自然资源资产，才能划定资源环境生态红线、明晰自然资源资产产权，有利于对自然资源进行管控、建立自然资产离任审计、生态环境资源损害赔偿和责任追究和生态补偿机制。

秦皇岛市自然资源主要包括海洋资源、土地资源、水资源、耕地资源、森林资源、草地资源、矿产资源。经核算，自然资源总价值为 6 991.74 亿元。秦皇岛自然资产核算分非生态资产与生态资产核算。其中，非生态资产包括国土资源资产、矿产资源资产，生态资产按照海洋、森林、湿地、农田、草地五大生态系统为人类提供生态服务的效益进行评估。通过统计核算，截至 2015 年，秦皇岛市自然资产总值为 35 457.69 亿元，其中非生态资产 7 861.42 亿元。总之，秦皇岛市自然生态基础雄厚，自然资产规模较大，自然资源为秦皇岛市的经济社会发展提供了生态保障，同时也说明，多年来秦皇岛市的生态环境保护工作成绩显著，取得了良好的社会效益、经济效益和生态效益。

第一节　自然生态的结构和特点

秦皇岛市地处华北、东北两大自然单元的交接地带，北靠燕山，南临渤海，决定了秦皇岛市受陆地和海洋两大系统强烈的交互作用。受山地的影响，秦皇岛市自然景观的整体结构呈环带状。由环绕于北部的山地（如燕山山脉东端的都山、老岭以及七老图山脉的西端等），从东、北、西三面构成一个向南敞开的“C”形。从北到南形成南北差异明显的北部山地温带森林生态系统、中部丘陵平原的农业生态系统和城市生态系统、南部近海海域暖温带海洋生态系统、南部沿岸线分布的海岸带湿地生态系统。这种格局控制着全区生物群落、土壤组合、物质和能量的流动。北部环带状山地景观构成秦皇岛市的天然生态屏障，挡住了南部沿海来的水汽，在老岭一带形成一个不可多得的降雨中心，光照充足、温度适中、雨热同季，为各种喜温作物、果树林木的生长以及海洋生物生长提供了优越条件。海洋在秦皇岛市景观系统中，与陆地的各景观系统有紧密的联系，不仅仅是水、热的调节器，还是环境的清洁器。因此，北部山地森林景观和南部海岸带景观构成维护秦皇岛市生态安全的最重要的两道生态防线。在秦皇岛市，北部的都山、老岭、滦河三角洲湿地、北戴河鸟类自然保护区、昌黎“黄金海岸”自然保护区、柳江盆地地质遗迹、北戴河和老龙头风景区等共同构成本区生物多样性保护的关键点。而重要的水源地，如桃林口水源地、洋河水库水源地、石河水库水源地等则构成秦皇岛市水资源安全的关键点。

一、自然生态结构及其特点

1. 空间结构

秦皇岛市地势北高南低，呈西北—东南向的阶梯向分布，因此景观生态呈带状结构。北部山区为森林生态系统，中部丘陵平原为农业生态系统和城市生态系统，沿海为湿地生态系统，南部为海洋生态系统。河流是连接这几大生态系统的天然廊道，由北向南输送水和泥沙。北部山区森林生态系统是全市生态安全的制高点，但天然林面积较少，大部分为人工林。

2016 年以来，秦皇岛市积极响应河北省财政厅、河北省林业厅关于加强停止天然林商业性采伐补助资金管理的通知（冀财农〔2016〕23 号）精神，已完成河北省林业厅下达的秦皇岛市 59 333.33 公顷（89 万亩）天然林落界核定任务和天然林保护任务。

2. 时间结构

秦皇岛市属暖温带半湿润季风气候，四季分明，季节温差较大，降水集中在夏季，且往往多暴雨。气候的年际变化也较大。近年来由于全球气候变化，秦皇岛市气候也在变暖，极端天气和灾害呈现增加趋势。

二、自然生态功能及其特点

自然生态系统具有直接和间接的生态功能，各自然生态系统既有自身功能，还有整体功能，且复杂而重要，其中许多功能是人力无法替代的。

1. 森林生态系统

秦皇岛市森林生态系统以乔木树种为主体，见图 11-1～图 11-4。截至 2016 年年底，全市林业用地面积 444 799.92 公顷，占全市总土地面积 57.04%。其中有林地面积 314 000 公顷、未成林造林地 21 473.33 公顷、疏林地 8 393.33 公顷、灌木林地 37 593.33 公顷、苗圃地 960 公顷、宜林地 62 373.33 公顷、其他林地 6.6 公顷。森林覆盖率为 46.75%，比 2011 年增加 4.83 个百分点。

（1）涵养水源、保持水土

森林可以促进水分循环，增加降水量，被称为“天然蓄水池”和“绿色水库”。每降大雨，树叶截留部分水分透过林冠和沿着树干缓缓流落地面，慢慢渗透到土壤进而补充地下水；此外，枯枝落叶层能吸收大量的降水。因此，提高森林覆盖率有利于防止土壤侵蚀，缓冲暴雨对土壤的直接打击，减少泥石流自然灾害的发生。秦皇岛市有燕塞湖水库、天马湖和桃林口 3 座水库，水库周边的植被更好地保持了水土和涵养了水源，减少了水库清淤工作的费用，使得水库在受季节变化影响的同时，水位差值能够保持在较小水平上。秦皇岛市水土保持林主要有刺槐、沙棘、胡枝子、绣线菊、山刺玫、山杏等。例如，2016 年 7 月 20 日 4 时开始，秦皇岛市出现大暴雨，到 21 日 6 时 40 分，全市平均降水量 194 毫米，有 52 个雨量点超过 200 毫米，其中 8 个站点超过 300 毫米，最大为祖山 614 毫米，花厂峪次之，为 447 毫米。这样的大暴雨，在秦皇岛市并没有引发泥石流等自然灾害，其主要原因是森林发挥了巨大的涵养水源和防止水土流失的生态功能。

图 11-1　都山森林公园

（2）防治沙漠化

林能防止沙漠化和沙漠化的扩大，为防止土地沙漠化秦皇岛市实施天然林保护、人工造林、减少森林砍伐、退耕还林、沿海防护林建设等措施。目前秦皇岛市沿海主要有渤海、团林、北戴河3个林场，有效地防止了周边土地沙漠化，降低了风速，保护了公路、铁路，保护了村庄和农田，提高了农作物单产。

（3）净化空气

森林通过光合作用吸收二氧化碳，释放出大量的氧气，被誉为天然的“吸尘器”和“过滤器”。经测算，每公顷森林每年可吸收二氧化碳2.2吨、二氧化硫748吨、一氧化氮0.38吨。1公顷（15亩）的阔叶林，每天消耗1吨二氧化碳能释放出0.37吨氧气，可供约1 000人呼吸。森林能吸附灰尘，很多树木还能分泌较多的杀菌素，起到杀菌消毒的作用。

图 11-2　海滨国家森林公园

图 11-3　抚宁区北部山区森林

图 11-4　海港区板厂峪一带森林

2. 海洋生态系统

秦皇岛市 162.7 千米长的海岸线和 2 629.4 千米^2（0 ～ 25 米等深线）的海域面积是大自然赋予秦皇岛人的宝贵财富，以巨大的蓄热、散热功能调节气候，以广阔无垠的水域容量给环境以消化自净能力，是秦皇岛市生态环境建设中的一个重要的决定性因素。此外，秦皇岛市海洋生态系统也是许多珍稀水生物和重要经济鱼类繁衍栖息的良好生境。被动物分类学家誉为“活化石”的文昌鱼是昌黎黄金海岸国家级自然保护区中底栖动物的优势种，在浅海 10 ～ 12 米等深线附近栖息密度达到 1 035 尾 / 米^2，是国内文昌鱼分布密度最高的地区之一。

3. 湿地生态系统

秦皇岛市滨海湿地是生物多样性保护的重要区域之一，是东北亚—澳大利亚鸟类迁徙通道，是鸟类特别是水鸟的重要迁徙停歇地（图 11-5 ～图 11-8），被国际湿地保护组织命名的“北戴河湿地”吸引了全国近 1/3 的鸟种在这里繁衍生息，是国际公认的世界级观鸟胜地。

秦皇岛市滨海湿地动态变化的趋势是自然湿地面积逐渐萎缩，人工湿地面积扩张较快，湿地总量随沿海经济的开发而减少。

相关资料显示，秦皇岛市全市湿地总面积约 5 万公顷，其中滨海湿地总面积约 4 万公顷。滨海湿地中，自然湿地约 3.5 万公顷，类型有沿海滩涂、河口滩涂和浅海水域、内陆潟湖；人工湿地约 0.5 万公顷，主要集中在北戴河、洋河口、七里海和滦河口等滩涂养殖开发区的鱼虾池。其中，2000 年 9 月北戴河沿海湿地、黄金海岸湿地、滦河口湿地被列入中国重要湿地名录；2015 年这 3 处湿地被列入河北省首批重要湿地名录。2014 年，北戴河沿海湿地、黄金海岸七里海湿地、昌黎县滦河口湿地、山海关石河南岛湿地、青龙满族自治县青龙湖（桃林口库区）湿地、卢龙县“一渠百库”湿地、抚宁县天马湖库区湿地、山海关燕塞湖库区湿地被列为市级重点保护湿地。截至 2016 年年底，秦皇岛市有湿地公园 3 处，即：北戴河国家湿地公园、青龙湖（桃林口库区）国家湿地公园（试点）和卢龙“一渠百库”国家湿地公园（试点）。其中，北戴河国家湿地公园，2011 年建设成为国家级湿地公园试点，2015 年 12 月通过国家验收，正式挂牌，湿地公园总面积 306.7 公顷；青龙湖（桃林口水库）流域，2015 年 12 月，建设成国家级湿地公园（试点），湿地公园总面积 8 400 公顷；卢龙“一渠百库”区域，2016 年 12 月建设成国家级湿地公园（试点），湿地公园面积 922.88 公顷。

图 11-5　戴河湿地

三、自然生态过程及其特点

1. 能量流动

秦皇岛市特有的海陆位置与地形，使得海陆之间、山地与平原之间的海陆风与山谷风现象比较频发，进而使能量频繁流动。这对调节气候及大气污染物的转移与扩散具有十分重要的作用。

2. 物质流动

受海陆位置和地形的双重影响，北部山区地形降水较多，且集中在夏季，往往多暴雨。秦皇岛市的河流受地形控制，多数由北向南流动并直流入海，由山区向平原及沿海输送河水及其泥沙，形成由山地向平原与沿海的物质输送。这对平原、沿海湿地、沿海渔场、沿海沙滩的作用是非常重要的。因此，河流廊道作用非常显著。

图 11-6　海滨国家森林公园湿地

四、自然生态的优越性和脆弱性

图 11-7　石河湿地

1. 自然生态的优越性

主要表现在自然生态的典型性、稀缺性和自然性等方面。

（1）典型性

秦皇岛市海岸属典型的基岩岬角与沙质海滩相向分布的港湾式海岸。市内分布的石河、汤河、新河、戴河、洋河等的河口属典型的海洋与河流的力平衡的葫芦口型河口。由海滨林场、渤海林场、团林林场等建设的沿海防护林工程是沿海生态防护功能的重大修复工程，是秦皇岛市宝贵森林资源的重

图 11-8　汤河口湿地

要组成部分，是国内典型的海岸防风固沙林。老岭等山地天然次生林是典型的暖湿带落叶阔叶林。秦皇岛市属于典型的候鸟迁徙的中间停歇栖息地。鸟类中候鸟占90%，而候鸟中途中鸟占90%，即途中鸟占鸟类总数的80%以上。

（2）稀缺性

秦皇岛市自然生态环境优越，保护较好，破坏较轻。鸟类种类丰富；人工林长势良好，乔木、灌木、草本3个层次分明，结构完整，特别是北部老岭、都山、山海关3个林场的天然次生林保护良好。秦皇岛市海岸由基岩岬角和沙质海滩相间分布，既适于观海，又适合开展海水浴，配合巧妙，形势天成。秦皇岛市生物物种极具珍稀性，海洋生物中有国家二级保护动物文昌鱼；鸟类中有国家一级保护鸟类16种，二级保护鸟类56种，分布有中国与澳大利亚保护鸟类协议名录鸟种67种（总计81种）；分布有中国与日本保护鸟类协议名录鸟种205种（总计227种）；秦皇岛市分布有中国特有鸟种5种。分布有国家珍稀濒危植物11种，其中蕨类植物1种、被子植物10种；按接受威胁程度分：濒危1种、渐危9种、稀有1种；按重点保护级别分：一级1种、二级1种、三级9种。其中，草本植物5种、木本植物6种。

（3）自然性

秦皇岛市自然生态环境保护较好，破坏较轻，自然性较强。海洋生态系统保留有绝大部分海洋生物物种；湿地生态系统也基本保持自然原貌；鸟类种类比较完整；人工林长势良好，乔木、灌木、草本3个层次分明，结构完整，特别是北部老岭、都山、山海关3个林场的天然次生林保护良好。

2. 自然生态的脆弱性

秦皇岛市北部山区夏季多暴雨，水土流失威胁大，脆弱度为0.624，属强脆弱生态；南部沿海既敏感，也较脆弱。近年来由于各种因素，海岸侵蚀非常严重，海水入侵的威胁也较大；人工湿地有所增加，而天然湿地近年来有所减少，湿地生态效益有所降低。总之，由于地形和气候的双重作用，生态脆弱性强，极易破坏。

总之，秦皇岛市生态多样性突出；空间结构呈梯状分布，时间结构上变动较大，生态脆弱度强脆弱带；生态过程特色明显，尤其是河流廊道的物质输送作用较强；生态功能多样而重要；秦皇岛市自然生态的综合效益较高，是经济社会发展的宝贵资源和主要基础，是“生态立市”战略的可靠支撑。

第二节　自然资源与自然资产

自然资源价值是指自然资源对于人类所表现出来的积极意义和有用性。很明显，自然资源的价值及其大小与人类对自然资源的认识程度和主观判断有很强的关联性。总体来说，自然资源的价值可分为使用价值、选择价值和非使用价值，其中使用价值包括直接使用价值、间接使用价值；非使用价值包括存在价值、遗产价值、选择价值。中共十八届三中全会提出“自然资源资产”一词，自然资产是指在自然界天然产生的具有稀缺性与使用价值、产生效益及产权明确且被社会利用提高人类当前和未来福利的自然环境总体。自然资源资产的价值包括其资源价值、环境价值、生态价值、经济价值、社会价值和文化价值等在内，其中经济价值是自然资源资产价值的核心体现。自然资产分为非生态资产与生态资产。非生态资产包括国土资源、矿产资源资产等；生态资产是自然资源资产的主要构成部分，是指在一定时间、空间范围内和技术经济条件下可以给人们带来效益的生态系统，包括森林、草地、湿地、农田等，是形成生态效益的基础。

自然环境各部分中固有的价值以及自然环境为整个社会、尤其是为经济提供的投入，均属于“自然资源资产”或者“环境资产”。这些资产可以用实物也可用货币来衡量。

一、自然资源价值

自然资源既包括未经人类劳动的自然资源，也包括经过一定人类劳动的自然资源。其中的人类劳动价值，应该由劳动价值理论的定价方法来确定。其中天然成分的价值，应该与其资源的有用性、稀缺性有关。自然资源的价值包括直接价值与间接价值，此部分仅核算各种自然资源直接经济价值，自然资源间接价值如水源涵养、土壤保持、固碳释氧、气候调节、科研文化、休闲旅游等在自然生态系统服务功能价值类目核算。

秦皇岛市自然资源主要包括海洋资源、土地资源、水资源、耕地资源、森林资源、草地资源、矿产资源。依据各自然资源特点分别核算价值。见图 11-9。

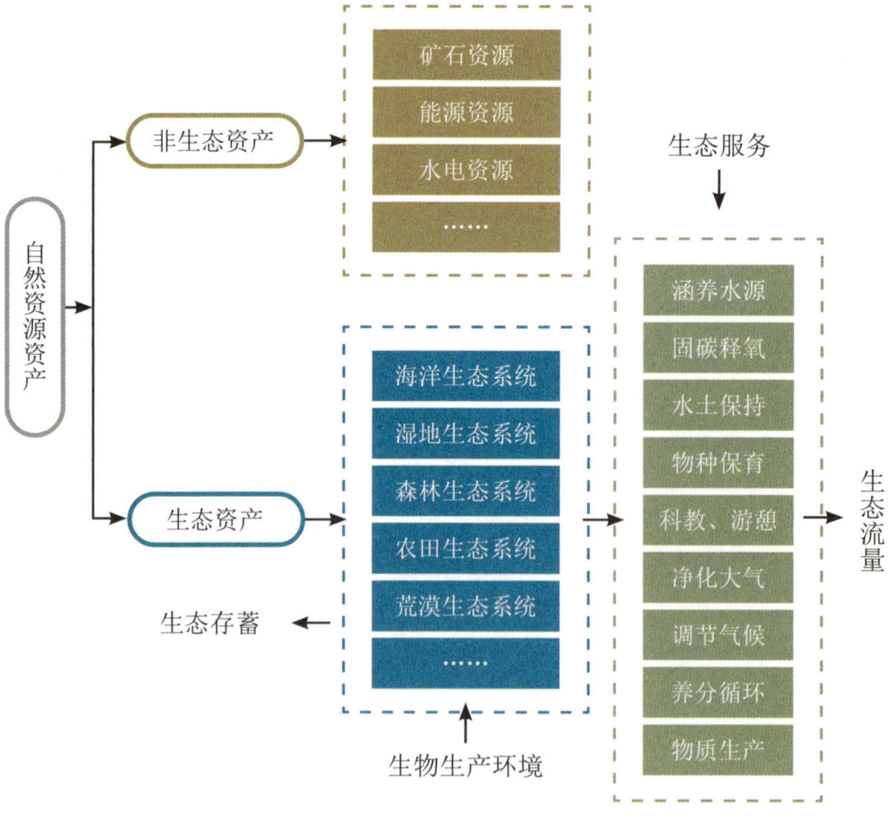

图 11-9　秦皇岛市自然资源资产构成图

核算数据来源：统计年鉴方面有《秦皇岛市统计年鉴（2016年）》《秦皇岛市统计年鉴（2017年）》《秦皇岛市国民经济和社会发展统计公报（2015年）》《秦皇岛市国民经济和社会发展统计公报（2016年）》及其他统计资料。在各自然资源核算方面，海洋资源部分数据来源于《河北省海洋环境保护规划（2016—2020年）》和《河北省海洋生态红线（2014）》；土地资源部分数据来源于2015年河北省土地调查统计年鉴、2015年秦皇岛市土地利用数据；森林资源部分数据来源于2015年秦皇岛市森林资源二类调查数据、秦皇岛市园林绿地调查数据。

价值核算方法：参考综合环境与经济核算体系（SEEA—2012）、《海洋生态资本评估技术导则》（GB/T 28058—2011）及相关文献。

价值核算时间：截至2015年12月31日。

1. 海洋资源价值

秦皇岛市海洋资源价值评估主要考虑渔业生产价值。渔业生产指海洋提供鱼类、贝类、虾蟹、头足类、海藻等海产品，这些海产品通常可以被人类所直接利用，即具有可食性。经统计核算，2015年海产品产量为268 621吨，海洋渔业生产价值为234 495.96万元，其中沿海各区秦皇岛经济技术开发区、海港区、山海关区、北戴河区和北戴河新区海洋渔业生产价值分别为982.08万元、1 017.00万元、5 454.27万元、1 002.16万元和226 040.45万元。

2. 森林资源价值

森林资源具有林产品生产价值，其中木材价值核算采用市场价值法，林果价值核算采用秦皇岛市统计年鉴数据。经核算森林资源价值总价值为503 701.93万元，其中木材价值为22 887.73万元、林果价值为480 814.2万元。

（1）活立木蓄积价值

根据秦皇岛市森林资源二类调查数据，2015年林木活立木总蓄积量为5 211 756米^3，城市绿地单位面积平均蓄积为24.5米^3/公顷，城市绿地活立木蓄积量为163 850.15米^3。根据不同林木年生长率，计算出秦皇岛市森林植被活立木年蓄积量，根据中国木材网市场价格，2015年森林植被总蓄积量价值为521 664.52万元，年蓄积量为236 004.85米^3，年价值量为22 887.73万元。

（2）林副产品价值

根据秦皇岛市统计年鉴，2015年全市林果产量为92 688.6万千克，其中水果按照市场价格每千克5元，干果按照市场价格每千克9元取值，经核算，林果价值为480 814.2万元。

3. 水资源价值

秦皇岛市水资源具有淡水渔业生产价值、供水价值、水资源生态经济价值。经核算水资源总价值为407 640.38万元，其中淡水渔业生产价值13 665.00万元、供水价值72 261.38万元、水资源经济价值321 714.00万元。

淡水渔业生产价值：根据统计年鉴资料，2015年淡水养殖产量为704.4万千克，产值13 665万元。

供水量及价值：根据秦皇岛市水务局提供的统计数据，2015年秦皇岛市年地表水供水总量为31 218.12万米^3，其中农业灌溉用水量17 624.25万米^3、工业生产用水量5 649.46万米^3、公共服务供水2 519.71万米^3、居民生活供水4 088.78万米^3、生态环境补水量1 386.92万米^3。

查阅参考文献农业灌溉用水价格为 0.75 元 / 米 ^{3}，秦皇岛市工业生产用水价格为 6.24 元 / 米 ^{3}，居民生活用水价格为 3.6 元 / 米 ^{3}，经核算得到秦皇岛市供水总价值为 72 261.38 万元。

水资源经济价值：根据各县（区）水务局提供的地表水资源量数据，2015 年秦皇岛市的地表水资源总量为 89 365 万米 ^{3}，水资源价格按照水价计算 3.6 元 / 米 ^{3}，计算得到地表水资源价值为 321 714.00 万元。

4. 农田资源价值

农田资源价值包括农产品生产价值与花卉生产价值。采用市场价值法进行核算。经核算农田资源总价值为 985 601 万元，其中农产品生产价值 978 347 万元、花卉产业总价值 7 254 万元。

农产品生产价值：2015 年秦皇岛市农田主要农作物播种总面积 220 179 公顷，农作物中粮食作物播种面积 148 331 公顷，产量 844 406 吨，其中谷物播种面积 119 524 公顷，产量 705 352 吨，稻谷播种面积 8 540 公顷，产量 61 426 吨，玉米播种面积 101 010 公顷，产量 600 142 吨；豆类播种面积 8 908 公顷，产量 22 998 吨；薯类播种面积 19 899 公顷，产量 580 278 吨；油料播种面积 18 324 公顷，总产量 59 846 吨；蔬菜（含菜瓜类）播种面积 48 564 公顷，产量 3 402 503 吨；瓜果类播种面积 1 073 公顷，产量 43 770 吨。经核算农产品生产价值为 978 347 万元。农产品生产价值主要集中于昌黎县、抚宁区、青龙满族自治县、卢龙县。

花卉生产价值：2015 年，秦皇岛市花卉产业总价值为 7 254 万元。花卉生产产值主要产值分布在昌黎县、北戴河区。

5. 草地资源价值

草地资源价值核算主要核算畜产品如肉类、奶类产品价值。2015 年，秦皇岛主要肉类产品量为 349 129 吨，奶类产量 98 984 吨，畜产品产值为 337 881 万元。

6. 国土资源价值

2015 年，秦皇岛市土地资源总面积 780 293.2 公顷，其中耕地 188 650 公顷、园地 90 222.64 公顷、林地 223 196.30 公顷、牧草地 128 942.05 公顷、城镇村及工矿用地 77 508.64 公顷、交通运输用地 17 475.64 公顷、水域及水利设施用地 36 386.06 公顷、其他用地 17 911.45 公顷。

考虑数据采集的可行性，国土资源账户核算主要针对主要土地利用类型，定为耕地、园地、林地、牧草地、城镇村及工矿用地。林地价格参考国家统计局以及国家林业局有关调查数据，按照 2.95 万元 / 公顷；草地价值采用收益还原法估算，按照 7.41 万元 / 公顷；耕地价格估算根据《农用地估价规程》（GB/T 28406—2012）中规定的农用地估价方法，即收益还原法进行估算，按照 76 万元 / 公顷；园地按耕地的 2 倍计算为 152 万元 / 公顷；参考秦皇岛基准地价表，城镇村及工矿用地地价按照 480 万元 / 公顷。

经核算，2015 年秦皇岛市主要土地资源总价值为 66 869 310 万元，其中耕地价值为 14 337 432 万元、园地价值为 13 713 841 万元、林地价值为 658 429 万元、草地价值为 955 461 万元、城镇村及工矿用地价值为 37 204 147 万元。

7. 矿产资源价值

矿产资源是社会经济发展的物质基础。矿产资源的价值评估只有通过具体的市场交换来衡量。秦皇岛市注重合理开发利用矿产资源，重视对矿产资源价值的评估。根据秦皇岛市矿产资源开发利用实际为基础，进行矿产资源价值评估，从而提高全社会对矿产资源价值评估的认识，提高矿产资源保障能力。

秦皇岛市矿产资源中优势矿种有煤、金、铁、水泥灰岩及非金属建材，主要分布在北部山区及柳江盆地地区。2015 年，优势矿种探明保有资源储量分别为煤矿 1.69 亿吨、铁矿 4.46 亿吨、金矿 9.87 吨、水泥灰岩 4.68 亿吨。

矿产资源的价值以当前矿业生产的增加值为准。2015 年，秦皇岛市矿业工业增加值包括金属矿工业增加值 437 616 万元与非金属矿工业增加值 149 629 万元，矿产资源价值约为 587 245 万元。

二、自然资产

秦皇岛市自然资产核算分非生态资产与生态资产核算。其中非生态资产包括国土资源资产、矿产资源资产。生态资产按照海洋、森林、湿地、农田、草地 5 大生态系统为人类提供生态服务的效益进行评估。

1. 非生态资产

国土资源资产： 国土资源价值即为国土资源资产。根据国土资源价值部分核算结果，截至 2015 年土地资源资产为 66 869 310 万元。

矿产资源资产： 矿产资源的现价以当前矿业生产的增加值为准。矿产资源资产等于其现价按 3% 的贴现率在资源的使用年限内进行加和。按平均可开采 30 年估算（贴现率为 3%），截至 2015 年矿产资源资产为 11 744 900 万元。

2. 生态资产

各资源资产的价值采用世界银行的计算方法，假设某种资源处于永续利用状态，资源资产的总价值可用资源所属生态系统服务价值按 3% 的贴现率折算成的永久值来表示。各生态系统服务价值核算见自然生态系统服务价值部分。

通过统计核算，截至 2015 年秦皇岛市自然生态资产价值共计为 27 596.27 亿元，其中森林生态资产价值为 11 101.55 亿元、海洋生态资产价值为 8 145.55 亿元、湿地生态资产价值为 2 540.06 亿元、农田生态资产价值为 3 358.99 亿元、草地生态资产价值为 2 321.77 亿元。此外，还包括独立核算得到的鸟类资产价值 119.60 亿元、名树古木资产价值 8.75 亿元。

第三节　自然生态服务功能价值

长期以来，海洋、森林、湿地等自然生态资源的公共服务产品没有纳入国民经济核算，人类无偿占用这部分生态服务产品，造成了自然生态资源的价值无法体现出来。随着资源短缺、生态破坏、环境污染与经济发展、人类需求之间的矛盾日趋突出，自然生态资源的重要性和有偿性也日趋凸显出来。

秦皇岛生态系统服务功能价值核算包括海洋、森林（包括建设用地中的城市绿地）、湿地和农田四大生态系统。

1. 海洋生态系统服务功能价值

数据来源：包括政府部门发布的统计资料、科技文献和网络数据资料等，其中统计资料包括《秦皇岛市统计年鉴（2016年）》《秦皇岛市统计年鉴（2011年）》《秦皇岛市统计年鉴（2006年）》《河北省海洋环境保护规划（2016—2020年）》《河北省海洋生态红线（2014）》。对所获取的数据进行统计整理，利用相应的评估方法对秦皇岛市及沿海各区海洋生态系统服务功能价值进行评估。

经核算，2015年秦皇岛市海洋生态系统服务价值为237.25亿元，见表11-1。在海洋生态系统服务价值中文化服务价值最高，所占比例为79.47%。这与秦皇岛市“旅游兴市”的发展战略相一致。其中秦皇岛经济技术开发区、海港区、山海关区、北戴河区和北戴河新区海洋生态系统服务价值分别为5 282.61万元、309 600.25万元、419 771.09万元、687 353.32万元和950 458.30万元。

表11-1　2015年秦皇岛市沿海各区海洋生态系统服务价值一览表

单位：万元

海洋生态系统服务价值		秦皇岛经济技术开发区	海港区	山海关区	北戴河区	北戴河新区
供给服务	食品生产	982.08	1 017	5 454.27	1 002.16	226 040.5
调节服务	释放氧气	492.87	6 834.93	7 156.61	6 831.00	16 053.68
	固定二氧化碳	712.51	9 880.94	10 345.97	9 875.25	23 208.03
	水质净化	173.33	2 379.57	2 497.86	2 378.42	5 616.32
	增加空气湿度	334.29	4 635.87	4 854.05	4 633.20	10 888.58
文化服务	休闲娱乐	—	248 968.80	351 890.40	626 770.80	584 370.00
	科研与知识扩展服务	968.45	13 430.22	14 062.29	13 422.49	31 544.47
支持服务	生物多样性维持	1 619.08	22 452.92	23 509.64	22 440.00	52 736.72
总计		5 282.61	309 600.25	419 771.09	687 353.32	950 458.30

在秦皇岛市沿海各区海洋生态系统服务价值比例分配中，秦皇岛经济技术开发区、海港区、山海关区、北戴河区和北戴河新区海洋生态系统服务价值中文化服务价值分别占18.33%、84.75%、87.18%、93.14%和64.80%，其中北戴河区占比最大，这与北戴河区以旅游业为主推产业的城市发展战略相一致。秦皇岛经济技术开发区占比很低，这与其很低的休闲娱乐价值有关。

2015年，秦皇岛市海洋生态系统服务价值为237.25亿元/a，是全区年GDP（2015年为1 250.44亿元）的18.97%。2015年秦皇岛经济技术开发区、海港区、山海关区、北戴河区和北戴河新区海洋生态系统服务功能价值分别为0.53亿元、30.96亿元、41.98亿元、68.74亿元和95.05亿元。海洋生态系统在支持本地区生态、经济和社会的可持续发展方面发挥着重要的作用。因此，应采取切实有效的措施对秦皇岛市海洋生态系统服务功能进行有效利用和保护，为全地区的经济社会发展做出更大的贡献。

2. 森林生态系统服务功能价值

2015年，秦皇岛市有林地面积为323 376公顷，活立木蓄积量为5 310 581.49米^3。天然林面积为 214 722 公顷，天然林资源以中幼龄林为主，天然林活立木蓄积量为 2 694 252 米^3，人工林面积为 176 167 公顷，人工林活立木蓄积量为 2 437 832 米^3。有林地中生态公益林面积为 193 096 公顷，活立木蓄积量为 4 124 527 米^3；商品林面积为 130 281 公顷，活立木蓄积量为 1 087 472 米^3；果品经济林面积为 98 163 公顷。

数据来源：2015 年秦皇岛市森林资源二类调查数据、秦皇岛市 2015 年土地利用数据、2015 年秦皇岛市绿化统计年报、2015 年秦皇岛市土地二类调查数据、2016 年秦皇岛市统计年鉴。

经核算，2015 年森林植被生态服务功能总流量价值为 323.35 亿元，见表 11-2，森林植被生态服务价值占秦皇岛市同期 GDP（2015 年 GDP 为 1 250.44 亿元）的 25.86%，河北省的 1.09%（2015 年河北省 GDP 2.98 万亿），中国的 0.05%（2015 年中国 GDP 68.91 万亿）。其中油松、柞树、杨属、灌木、经济林等树种是全市森林植被生态服务功能的主体。森林生态服务价值主要分布在北部中低山区。其中都山林场、祖山林场、桃林口水库流域、海滨林场、联峰山、渤海林场、团林林场、山海关林场、碣石山及滦河沿岸生态服务年价值相对较高。各县（区）森林服务价值大小顺序为：青龙满族自治县（50.27%）＞抚宁区（11.82%）＞昌黎县（9.22%）＞卢龙县（8.64%）＞北戴河区（6.86%）＞海港区（5.85%）＞山海关区（4.02）＞北戴河新区（2.54%）＞秦皇岛经济技术开发区（0.77%）。森林植被生态服务价值主要分布在青龙满族自治县，占 50.27%；其次是抚宁区，占 11.82%；最小为秦皇岛经济技术开发区，占 0.77%。

表 11-2　2015 年秦皇岛市各县（区）森林植被生态服务功能流量价值一览表

单位：万元 / 年

县（区）	供给服务价值	调节服务价值	支持服务价值	文化服务价值	合　计
青龙满族自治县	149 038.98	821 408.53	131 909.3	523 032.97	1 625 389.78
卢龙县	99 873.09	89 262.21	7 466.14	82 903.68	279 505.12
昌黎县	108 477.71	82 357.70	4 440.46	102 725.93	298 001.80
抚宁区	93 318.05	142 916.11	13 904.21	132 061.17	382 199.54
北戴河区	2 459.81	104 946.78	15 037.22	99 474.94	221 918.75
海港区	26 710.96	39 121.41	3 576.75	119 848.17	189 257.29
山海关区	17 880.56	20 906.99	1 466.62	89 723.82	129 977.99
北戴河新区	1 173.08	22 484.99	2 421.85	56 168.86	82 248.78
秦皇岛经济技术开发区	4 769.69	7 907.60	673.44	11 612.52	24 963.25

2015 年，秦皇岛市森林植被生态服务价值为 323.35 亿元 / 年，单位面积生态服务价值为 7.95 万元 / 公顷，单位面积生态服务价值高于全国森林生态系统单位面积价值 2.31 万元 / 公顷，高于河北省的 4.8 万元 / 公顷，也高于承德市的 3.1 万元 / 公顷。

秦皇岛市地处燕山山脉的东段，森林植被资源丰富，目前森林植被总面积为 406 778.2 公顷。森林植被资源主要分布在北部山区和沿海地带，在保障秦皇岛市国土生态安全、涵养水源、水土保持、防风固沙、平衡城市发展碳排放、维护生物多样性和生态文明城市建设等方面发挥着十分重要的作用。

3. 湿地生态系统服务功能价值

秦皇岛湿地生态系统类型多样，主要有水库水面、河流水面、湖泊水面、坑塘水面、沟渠、沼泽、芦苇地和滩涂湿地等。参照《秦皇岛市土地利用数据》（2015 年）整理得出，秦皇岛市 2015 年的总湿地面积分别为 35 910.83 公顷。

数据来源：《秦皇岛市统计年鉴（2016 年）》；秦皇岛市旅游局、水务局、环保局等部门提供的数据资料；秦皇岛市土地利用数据；部分数据采用样地调查、实验室分析以及公开发表的文献资料。

经核算，2015 年湿地生态服务功能的总价值为 76.20 亿元，见表 11-3。2015 年湿地生态服务功能占秦皇岛地区同年 GDP（2015 年 GDP 为 1 250.44 亿元）的 6.09%。从湿地单位面积价值来看，2015 年湿地单位面积生态服务功能价值为 21.22 万元 / 公顷。

表 11-3　2015 年秦皇岛市各县（区）湿地生态服务功能流量价值一览表

单位：万元

县（区）	供给服务价值	调节服务价值	支持服务价值	文化服务服务价值	合　计	湿地生态服务价值所占比例 /
海港区	35 186.07	1 734.70	3 510.35	8 764.45	49 195.57	6.46
山海关区	5 937.67	3 630.49	15 487.38	22 731.04	47 786.58	6.27
北戴河区	4 446.83	3 235.00	513.24	9 743.19	17 938.26	2.35
抚宁区	9 077.40	12 432.83	1 586.24	110 572.14	133 668.61	17.54
卢龙县	8 158.00	6 314.79	6 013.06	6 6130.30	86 616.15	11.37
青龙满族自治县	7 294.00	14 519.35	3 345.77	145 950.84	171 109.96	22.45
昌黎县	3 723.50	14 800.55	12 485.91	149 081.53	180 091.49	23.63
秦皇岛经济技术开发区	11 332.90	181.85	1 950.32	1 927.26	15 392.33	2.02
北戴河新区	770.00	19 994.72	562.92	39 239.55	60 218.11	7.90

湿地生态服务价值大小顺序为：昌黎县＞青龙满族自治县＞抚宁区＞卢龙县＞北戴河新区＞海港区＞山海关区＞北戴河区＞秦皇岛经济技术开发区。湿地生态服务价值主要分布在昌黎县、青龙满族自治县和抚宁区，分别占总价值的 23.63%、22.45% 和 17.54%，价值最小为秦皇岛经济技术开发区，仅占 2.02%。

湿地生态系统作为秦皇岛地区的重要自然资源，其各项服务功能在区域经济和社会发展中发挥着重要作用，湿地保护状况对秦皇岛区域经济建设和社会可持续发展至关重要。

4. 农田生态系统服务功能价值

2015 年，秦皇岛市实现农业总产值 137.64 亿元，粮食总产达到 84.44 万吨，蔬菜产品产量达到 340.25 万吨。2015 年秦皇岛市农田生产保持基本稳定，主要农作物播种总面积 220 179 公顷，农作物中粮食作物播种面积 148 331 公顷，产量 844 406 吨。其中，谷物播种面积 119 524 公顷，产量 705 352 吨；稻谷播种面积 8 540 公顷，产量 61 426 吨；玉米播种面积 101 010 公顷，产量 600 142 吨；豆类播种面积 8 908 公顷，产量 22 998 吨；薯类播种面积 19 899 公顷，产量 580 278 吨；油料播种面积 18 324 公顷，总产量 59 846 吨；蔬菜（含菜瓜类）

播种面积 48 564 公顷，产量 3 402 503 吨，瓜果类播种面积 1 073 公顷，产量 43 770 吨。

数据来源：《秦皇岛统计年鉴（2016 年）》、《秦皇岛市国民经济和社会发展统计公报（2015 年）》、秦皇岛市各单位提供文件资料、秦皇岛市现代农业“十三五”发展规划。

经核算，2015 年农田生态服务总价值为 223.47 亿元，见表 11-4。2015 年农田生态服务价值占秦皇岛市同年 GDP（2015 年 GDP 为 1 250.44 亿元）的 17.87%，河北省的 0.75%（2015 年河北省 GDP 2.98 万亿元），中国的 0.03%（2015 年中国 GDP 68.91 万亿元）。从单位面积来看，2015 年农田平均单位面积年生态服务价值为 10.25 万元 / 公顷。各县（区）农田生态服务价值大小顺序为：昌黎县＞抚宁区＞卢龙县＞青龙满族自治县＞山海关区＞海港区＞北戴河区＞北戴河新区＞秦皇岛经济技术开发区。

表 11-4　2015 年秦皇岛市各县（区）农田生态服务价值一览表

单位：万元 / 年

县（区）	供给服务价值	调节服务价值	支持服务价值	文化服务价值	合　计
海港区	27 381	25 068.67	1 866.64	21 742	76 058.31
山海关区	54 748	34 633.26	773.43	37 860	128 014.69
北戴河区	14 143	19 737.85	604.94	28 388	62 873.79
青龙满族自治县	155 999	149 016.86	6 726.81	28 939	340 681.67
昌黎县	308 624	327 474.79	17 477.88	68 736	722 312.67
抚宁区	256 486	161 977.39	5 406.04	30 321	454 190.43
卢龙县	153 043	202 152.18	7 258.76	32 288	394 741.94
秦皇岛经济技术开发区	6 526	12 449.96	608.92	993	20 577.88
北戴河新区	8 651	23 871.88	910.04	1 823	35 255.92

5. 自然生态系统旅游价值评估

生态系统游憩的全部价值包括消费者支出和消费者剩余两部分，实质上是消费者的自愿支付总值。旅行费用包括交通费用、食宿费用和门票及保护区内服务费 3 项。

根据秦皇岛市旅游局提供的数据，秦皇岛市主要旅游景点接待为 1 010 万人次，门票收入为 40 177 万元，见表 11-5。

表 11-5　2015 年秦皇岛市旅游景点收入一览表（表跨页）

景区名称	接待人次 / 万人次	门票收入 / 万元
老龙头	128.0	4 833.9
长寿山	7.3	377.3
燕塞湖	14.4	381.8
欢乐海洋公园	51.5	3 847.0
鸽子窝公园	120.7	2 322.2
联峰山	41.9	343.1
碧螺塔	22.9	903.0

景区名称	接待人次 / 万人次	门票收入 / 万元
老虎石	80.1	619.2
野生动物园	83.9	5 593.7
海上游船	26.4	967.8
鸟类博物馆	3.4	0.0
新澳	37.8	1 900.1
兴奥	20.6	694.4
求仙	58.1	696.9
游船	10.5	263.6
海洋乐园	101.4	12 056.6
海上乐园	13.1	586.3
仙螺岛	24.4	1 197.8
天马湖	2.0	4.5
板厂峪	4.3	62.7
董家口	0.2	1.7
滑沙场	41.5	1 519.9
翡翠岛	9.4	311.5
碣石山	3.0	16.5
葡萄沟	65.0	72.9
鲍子沟	21.3	425.0
桃林口景区	8.9	177.6
柳河北山	8.0	0.0
总计	1 010	40 177

秦皇岛市旅游收入是旅游人次和人均消费的乘积，其中人均消费包括门票、交费和住宿，旅游费用支出价值等于旅游总收入。2015 年，秦皇岛市旅游收入 362.4 亿元、旅游人数 3 372.5 万人次、旅游费用支出 362.4 亿元。通过以上核算，2015 年四类生态系统的生态服务价值合计为 860.27 亿元，见表 11-6、表 11-7。各生态系统服务价值大小顺序为：森林＞海洋＞农田＞湿地。从单位面积来分析，2015 年单位面积平均生态服务价值大小顺序为：湿地（21.22 万元 / 公顷）＞海洋（13.14 万元 / 公顷）＞农田（10.25 万元 / 公顷）＞森林（7.95 万元 / 公顷）。与同年秦皇岛市地区生产总值相比，占 GDP 的 64%，从人均生态服务功能价值量来看，人均年价值分别为 2.62 万元 / 年。

表 11-6　2015 年秦皇岛市各生态系统服务价值及构成变化一览表（表跨页）

生态系统类型	生态服务价值 / 亿元	比例 /%
海洋	237.25	27.58
湿地	76.20	8.86
森林	323.35	37.59
农田	223.47	25.98

生态系统类型	生态服务价值 / 亿元	比例 /%
总计	860.27	100
其中旅游收入	362.40	44.95

表 11-7　2015 年秦皇岛市各县（区）生态系统服务功能价值一览表

单位：亿元

县（区）	海　洋	湿　地	森　林	农　田	总　计
青龙满族自治县	—	17.11	162.52	34.07	213.70
卢龙县	—	8.66	27.95	39.47	76.08
昌黎县	—	18.01	29.80	72.23	120.04
抚宁区	—	13.37	38.22	45.42	97.01
海港区	30.96	4.92	18.93	7.61	62.42
山海关区	41.98	4.78	13.00	12.80	72.56
北戴河区	68.74	1.79	22.19	6.29	99.01
北戴河新区	95.05	6.02	8.22	3.53	112.82
秦皇岛经济技术开发区	0.53	1.54	2.50	2.06	6.63
总计	237.25	76.20	323.35	223.47	860.27

第四节　自然资源账户

目前，主流的自然资源资产分类核算一般遵循综合环境与经济核算体系 SEEA—2012 自然资源核算体系中的原则与方法，首先对自然资源建立核算框架体系，在此基础上，对每个账户分别进行实物量统计与价值量核算。

一、自然资源实物量与价值量账户

1. 海洋资源账户

2015 年，秦皇岛市海产品产量为 268 621 吨，渔业生产价值为 234 495.96 万元，见表 11-8。

表 11-8　2015 年秦皇岛市海洋资源账户一览表

区　域	海产品产量 / 吨	渔业生产价值 / 万元
北戴河区	1 148	1 002.16
北戴河新区	258 935	226 040.45
山海关区	6 248	5 454.27
海港区	1 165	1 017.00
沿海各区、秦皇岛经济技术开发区	1 125	982.08
总计	268 621	234 495.96

2. 森林资源账户

（1）活立木蓄积实物量及价值

2015 年，秦皇岛市活立木总量为 5 310 581.49 米^3，年活立木生长 236 004.85 米^3，总价值量为 521 664.52 万元，年价值 21 427.73 万元，见表 11-9。

表 11-9　2015 年秦皇岛市森林资源植被活立木蓄积账户一览表

县（区）	活立木总量 / 米^3	年活立木生长量 / 米^3	总价值量 / 万元	年价值 / 万元
青龙满族自治县	2 762 147.97	125 697.47	278 622.30	12 618.48
卢龙县	415 896.59	21 047.24	40 331.26	2 005.19
昌黎县	368 842.49	20 641.43	31 609.81	1 753.61
抚宁区	589 281.14	24 636.03	60 868.91	2 503.35
北戴河区	276 875.85	11 885.29	23 843.97	1 016.31
海港区	493 771.7	15 472.77	49 474.21	1 491.26
山海关区	140 806.4	6 773.99	12 590.10	616.76
北戴河新区	219 741	7 678.33	20 544.46	693.58
秦皇岛经济技术开发区	43 218.35	2 172.30	3 779.50	189.19
总计	5 310 581.49	236 004.85	521 664.52	21 427.73

（2）林副产品实物量及价值

2015 年，秦皇岛市林果产量为 926 886 吨，林果价值为 480 814.2 万元，见表 11-10。

表 11-10　2015 年秦皇岛市林副产品账户一览表

县（区）	年林果产量 / 吨	年林果价值 / 万元
青龙满族自治县	260 009	136 420.5
卢龙县	194 831	97 867.9
昌黎县	213 437	106 724.1
抚宁区	170 011	90 814.7
北戴河区	2 887	1 443.5
海港区	41 073	25 219.7
山海关区	34 518	17 263.8
北戴河新区	959	479.5
秦皇岛经济技术开发区	9 161	4 580.5
总计	926 886	480 814.2

3. 水资源账户

2015 年，秦皇岛市水产品总产量为 360 706 吨，物质生产功能价值为 13 665 万元，水产品总产量以北戴河新区居多，海水养殖量以卢龙县居多，见表 11-11。

表 11-11　2015 年秦皇岛市水资源渔业生产账户一览表

县（区）	水产品总产量 / 吨	淡水养殖产量 / 吨	物质生产功能价值 / 万元
青龙满族自治县	1 500	1 500	2 467
卢龙县	2 005	2 005	2 908
昌黎县	81 985	930	1 541
抚宁区	5 816	1 830	2 784
北戴河区	1 195	47	79
海港区	1 525	360	626
山海关区	6 350	102	157
北戴河新区	259 205	270	320
秦皇岛经济技术开发区	1 125	0	2 783
总计	360 706	7 044	13 665

（1）供水量及价值账户

2015 年，秦皇岛市地表水供水总量为 31 218.12 万米^3，其中生产经营用水 5 649.46 万米^3、农业灌溉用水 17 624.25 万米^3、公共服务用水 2 519.71 万米^3、居民生活用水 4 088.78 米^3，供水功能价值为 72 261.38 万元，见表 11-12。

表 11-12　2015 年秦皇岛市水资源供给账户一览表

县（区）	地表水供水总量 / 万米^3	生产经营 / 万米^3	农业灌溉 / 万米^3	公共服务 / 万米^3	居民生活 / 米^3	供水功能价值 / 万元
青龙满族自治县	2 220	425	1 460	95	205	4 827.00
卢龙县	7 300	0	7 000	0	0	5 250.00
昌黎县	2 910	0	2 910	0	0	2 182.50
抚宁区	6 465	360	5 396	0	0	6 293.40
北戴河区	600	0	600	0	0	450.00
海港区	7 333.8	3 090.3	0	1 956.5	2 287	34 560.07
山海关区	1 383.53	581.81	258.25	73.85	469.62	5 780.67
北戴河新区	1 427.22	56	0	394.36	721.86	4 367.83
秦皇岛经济技术开发区	1 578.57	1 136.35	0	0	405.3	8 549.90
总计	31 218.12	5 649.46	17 624.25	2 519.71	4 088.78	72 261.38

（2）水资源经济价值账户

2015 年，秦皇岛市地表水资源量为 89 365 万米^3，水资源价值为 321 714.00 万元，见表 11-13。

表 11-13　2015 年秦皇岛市水资源经济账户一览表

县（区）	地表水资源量 / 万米^3	水资源价值 / 万元
青龙满族自治县	40 223	144 802.8
卢龙县	14 140	50 904
昌黎县	8 400	30 240
抚宁区	4 416	15 897.6
北戴河区	1 458	5 248.8
海港区	4 440	15 984
山海关区	16 000	57 600
秦皇岛经济技术开发区	288	1 036.8
总计	89 365	321 714.00

4. 农田资源账户

（1）农产品生产账户

2015 年，秦皇岛市播种面积为 218 097 公顷，总产量为 4 857 079 吨，生产服务价值为 978 347 万元，见表 11-14。

表 11-14　2015 年秦皇岛市农田生产账户一览表

县（区）	播种面积 / 公顷	产量 / 吨	生产服务价值 / 万元
海港区	11 302	162 900	27 222
山海关区	5 055	238 759	53 778
北戴河区	3 769	79 622	12 449
青龙满族自治县	33 762	514 177	155 868
昌黎县	73 135	1 657 444	304 840
抚宁区	38 075	1 279 606	256 250
卢龙县	44 211	851 653	153 043
秦皇岛经济技术开发区	3 099	26 949	6 246
北戴河新区	5 689	45 969	8 651
总计	218 097	4 857 079	978 347

（2）花卉生产账户

2015 年，秦皇岛市花卉种植面积为 416 公顷，生产鲜切花 217 万支、盆栽观赏植物 691.61 万盆，花卉产业价值为 7 254 万元，见表 11-15。

表 11-15　2015 年秦皇岛市花卉生产账户一览表（表跨页）

县（区）	花卉种植面积 / 公顷	鲜切花 / 万支	盆栽观赏植物 / 万盆	花卉产业价值 / 万元
海港区	33	29	12.11	159
山海关区	27	—	100	970
北戴河区	229	—	176.4	1 694

县（区）	花卉种植面积 / 公顷	鲜切花 / 万支	盆栽观赏植物 / 万盆	花卉产业价值 / 万元
青龙满族自治县	5	—	13	131
昌黎县	20	—	39.1	3 784
抚宁区	23	15	0	236
卢龙县	—	—	—	—
秦皇岛经济技术开发区	—	173	—	280
北戴河新区	—	—	—	—
总计	416	217	691.61	7 254

5. 草地资源账户

2015 年，秦皇岛市草地面积为 128 941.71 公顷，肉类产量为 349 129 吨，奶类产量为 98 984 吨，产品价值为 337 881 万元，见表 11-16。

表 11-16　2015 年秦皇岛市草地资源生产账户一览表

县（区）	草地面积 / 公顷	肉类产量 / 吨	奶类产量 / 吨	产品价值 / 万元
海港区	970.89	11 887	5 040	8 578
山海关区	449.94	9 452	3 149	5 209
北戴河区	28.06	3 299	3 261	1 528
抚宁区	17 442.70	100 202	18 073	49 215
青龙满族自治县	96 603.92	69 730	210	63 689
昌黎县	1 057.74	80 787	43 732	104 260
卢龙县	12 388.46	73 772	25 519	105 402
总计	128 941.71	349 129	98 984	337 881

6. 国土资源账户

2015 年，秦皇岛市土地面积为 780 293.2 公顷，土地价值为 66 869 310 万元，见表 11-17。

表 11-17　2015 年秦皇岛市土地资源核算账户一览表

资源类型	土地面积 / 公顷	土地价值 / 万元
耕地	188 650.42	14 337 432
园地	90 222.64	13 713 841
林地	223 196.30	658 429
草地	128 942.05	955 461
城镇村及工矿用地	77 508.64	37 204 147
交通运输用地	17 475.64	—
水域及水利设施用地	36 386.06	—
其他土地	17 911.45	—
总计	780 293.20	66 869 310

7. 矿产资源账户

2015 年，秦皇岛市铁产量为 4.46 亿吨，金产量为 9.87 吨，煤产量为 1.69 亿吨，水泥灰岩产量为 4.68 亿吨，见表 11-18。

表 11-18 2015 年秦皇岛市优势矿产资源实物量账户一览表

资源类型	矿 种	单 位	产 量
金属矿产	铁矿	亿吨	4.46
	金矿	吨	9.87
非金属矿产	煤矿	亿吨	1.69
	水泥灰岩	亿吨	4.68

二、自然资产账户

秦皇岛自然资产核算分非生态资产与生态资产核算。其中非生态资产包括国土资源资产、矿产资源资产。生态资产按照海洋、森林、湿地、农田、草地五大生态系统为人类提供生态服务的效益进行评估。自然资产账户在以上自然资源账户基础上计算得到。

此外，独立核算鸟类资产与名树古木资产价值账户。秦皇岛市古树名木生态资产价值为 87 522.5 万元，鸟类总价值为 119.60 亿元，见表 11-19、表 11-20。

表 11-19 2015 年秦皇岛市各县（区）古树名木生态资产价值一览表

县（区）	一级保护树木棵数	二级保护树木棵数	三级保护树木棵数	名木树木棵数	一级保护树木价值 / 万元	二级保护树木价值 / 万元	三级保护树木价值 / 万元	名木树木价值 / 万元	合计 / 万元
青龙满族自治县	1 113	868	22 953	1 500	5 565	2 170	22 953	3 750	34 438
卢龙县	12	9	335	4	60	22.5	335	10	427.5
昌黎县	8	4	928	14	40	10	928	35	1 013
抚宁区	34	48	16 263	79	170	120	16 263	197.5	16 750.5
海港区	17	33	13 147	38	85	82.5	13 147	95	13 409.5
北戴河区	10	2 515	8 375	1 687	50	6 287.5	8 375	4 217.5	18 930
山海关区	6	23	786	235	30	57.5	786	587.5	1 461
北戴河新区	3	2	1 073	—	15	5	1 073	—	1 093
总计	1 203	3 502	63 860	3 557	6 015	8 755	63 860	8 892.5	87 522.5

注：参照《北京市古树名木保护管理条例（1998）》《南京市古树名木保护和管理办法（2011）》《陕西省古树名木保护条例（2010）》。一级保护古树名木 5 万元 / 株、二级保护古树名木 2.5 万元 / 株、三级古树名木 1 万元 / 株、名木 2.5 万元 / 株。

表 11-20 2015 年秦皇岛市鸟类价值一览表

鸟类级别	种类数量 / 种	每种鸟类价值 / 亿元	鸟类总价值 / 亿元
国家一级	12	5.00	60.00
国家二级	49	0.50	24.50
其他有益或有重要经济和科研价值	351	0.10	35.10
合计	412	5.60	119.60

三、生态系统服务功能价值账户

1. 海洋生态系统服务功能价值账户

海洋生态系统服务功能价值账户评价项目包括供给服务、调节服务、文化服务、支持服务，分食品生产、释放氧气、固定二氧化碳、水质净化、增加空气湿度、休闲娱乐、知识扩展、科研教育、生物多样性维持等指标。2015 年，秦皇岛市海洋年生态服务功能实物量以调节服务最大，其中固定二氧化碳量 514 501.95 吨、氧气产量 373 690.89 吨、浮游植物固定氮磷量 83 042.42 吨；海洋生态系统服务价值 2 372 472.99 万元，以文化服务的休闲娱乐的服务价值最大，占海洋生态系统服务价值的 76.38%，见表 11-21、表 11-22。

表 11-21　2015 年秦皇岛市海洋年生态服务功能实物量一览表

评价项目	评价指标	功能量指标	价值量
供给服务	食品生产	海产品产量 / 吨	26 8621
调节服务	释放氧气	氧气产量 / 吨	373 690.89
	固定二氧化碳	固定二氧化碳量 / 吨	514 501.95
	水质净化	浮游植物固定氮磷量 / 吨	83 042.42
		海鱼固定氮磷量 / 吨	350.99
	增加空气湿度	空气湿度的增加单位量	3
文化服务	休闲娱乐	涉海旅游人数 / 万人	925.36
	知识扩展	知识扩展	—
	科研与教育服务	科研与教育	—
支持服务	生物多样性维持	物种保护	—

表 11-22　2015 年秦皇岛市海洋生态系统服务价值一览表

单位：万元

海洋生态系统服务功能		价值量
供给服务	食品生产	234 495.96
调节服务	释放氧气	37 369.09
	固定二氧化碳	54 022.7
	水质净化	13 052.97
	增加空气湿度	25 345.99
文化服务	休闲娱乐	1 812 000
	科研与知识扩展服务	73 427.92
支持服务	生物多样性维持	122 758.36
总计		2 372 472.99

2. 森林生态系统服务功能价值账户

森林生态系统服务功能价值账户评价项目包括供给服务、调节服务、文化服务、支持服务，分林木及林副产品、固碳释氧、净化空气、涵养水源、防风固沙、林木营养物质积累、保护生物多样性、科研与教育、休闲价值等指标。2015 年，秦皇岛市森林生态系统服务功能价值为 3 233 462.30 万元，见表 11-23 ～表 11-25。

表 11-23　2015 年秦皇岛市森林植被面积一览表

年　份	活立木蓄积 / 米³	有林地面积 / 公顷	生态公益林面积 / 公顷	生态公益林蓄积 / 米³	建成区绿地面积 / 公顷
2015	5 310 581.49	323 376	193 096	4 124 527	5 103.57

表 11-24　2015 年秦皇岛市森林植被年生态服务功能实物量一览表

评价项目	评价指标	功能量指标	价值量
供给服务	林木产品	木材年平均蓄积量 / 米³	236 004.85
	林副产品	林果 / 吨	926 886
调节服务	固碳释氧	固定二氧化碳 / 吨	1 134 239.86
		释放氧气 / 吨	426 275.64
	净化空气	释放负离子	—
		吸收二氧化硫 / 吨	43 574.02
		吸收 NO_x/ 吨	155 200.57
		滞尘 / 吨	5 452 305
		降低噪声	—
		杀菌	—
	涵养水源	调节水量 / 米³	728 302 501.1
		净化水质 / 米³	728 302 501.1
	防风固沙	固土 / 吨	11 464 646.69
		保肥（N、P、K 和有机质）/ 吨	375 531.45
		防风作物增产量 / 千克	95 469.92
支持服务	林木营养物质积累	N、P、K/ 吨	22 715.48
	保护生物多样性	物种保护 / 物种个数	—
文化服务	科研与教育价值	科研与教育	—
	休闲价值	景观、旅游 /（有门票收入旅游人数 / 万人）	—

表 11-25　2015 年秦皇岛市森林植被生态服务价值量汇总表（表跨页）

单位：万元

服务类型	评价指标	功能量指标	价值量
供给服务	林木产品	木材	22 887.73
	林副产品	林果	480 814.2
调节服务	固碳释氧	固定二氧化碳	118 999.8
		释放氧气	42 627.56
	净化空气	释放负离子	38 237.4
		吸收二氧化硫	11 024.22

服务类型	评价指标	功能量指标	价值量
调节服务	净化空气	吸收 NO_x	39 265.79
		滞尘	163 569.16
		降低噪声	88 617.6
		杀菌	43 925.94
	涵养水源	调节水量	554 238.2
		净化水质	72 830.24
	防风固沙	固土	81 609.59
		保肥	33 228.02
	防风固沙	防风	43 138.83
支持服务	林木营养物质积累	N、P、K	45 389.9
	保护生物多样性	物种保护	135 506.05
文化服务	科研与教育价值	科研与教育	130 352.07
	休闲价值	景观与美学、旅游	1 087 200
总计			3 233 462.30

3. 湿地生态系统服务功能价值账户

湿地生态系统服务功能价值账户评价项目包括供给服务、调节服务、文化服务、支持服务，分物质生产、供水功能、水资源资产、固碳释氧、涵养水源、净化水质、消浪促淤、栖息地功能、保护生物多样性、科研与教育、休闲价值等指标。2015 年，秦皇岛市湿地生态服务功能价值量为 762 017.06 万元，见表 11-26 ～表 11-28。

表 11-26　2015 年秦皇岛市各县（区）湿地面积一览表

单位：公顷

县（区）	合　计	河流水面	湖泊水面	水库水面	坑塘水面	沿海滩涂	内陆滩涂	沟　渠
海港区	568.36	291.50	0.00	18.57	248.10	1.21	0.00	8.98
山海关区	1 474.07	637.40	0.00	308.30	236.77	225.03	20.60	45.97
北戴河区	631.83	132.30	0.00	0.00	108.20	361.94	0.00	29.39
抚宁县	7 170.42	3 189.53	0.00	1 651.60	555.31	265.58	923.49	584.91
卢龙县	4 288.44	1 880.31	0.00	89.81	633.31	0.00	1 381.41	303.60
青龙满族自治县	9 464.67	5 236.56	0.00	2 153.93	26.76	0.00	2 009.48	37.94
昌黎县	9 667.69	2 130.33	328.89	62.41	4 486.83	24.25	745.75	1 889.23
秦皇岛经济技术开发区	124.98	124.98	0.00	0.00	0.00	0.00	0.00	0.00
北戴河新区	2 544.62	0.00	0.00	0.00	0.00	2 544.62	0.00	0.00
总计	35 910.83	13 497.93	328.89	4 284.62	6 295.28	3 422.63	5 080.73	2 900.02

表 11-27　2015 年秦皇岛市湿地年生态服务功能实物量一览表

评价项目	评价指标	功能量指标	价值量
供给服务	物质生产	淡水养殖产品 / 吨	7 044.00
	供水功能	供水总量 / 万米 ^{3}	31 218.12
	水资源资产	地表水资源量 / 万米 ^{3}	89 365
调节服务	固碳释氧	固定二氧化碳 / 吨	156 667.37
		释放氧气 / 吨	22 806.97
	涵养水源	调节水量 / 万米 ^{3}	4 404.61
	净化水质	净化水量 / 万吨	1 521
	消浪促淤	抵御风暴潮	—
支持服务	栖息地功能	保护湿地投资 / 万元	25 729.39
	保护生物多样性	物种保护	—
文化服务	科研与教育价值	科研与教育	—
	休闲价值	景观旅游人数 / 万人	3 372.50

表 11-28　2015 年秦皇岛市湿地年生态服务功能价值量一览表

单位：万元

评价项目	评价指标	功能量指标	价值量
供给功能	物质生产	淡水养殖产品	13 665
	供水功能	供水总量	72 261.37
调节功能	固碳释氧	固碳释氧	18 743.42
	涵养水源	调节水量	34 699.88
	净化水质	净化水量	1 521
	消浪促淤	抵御风暴潮	21 897.99
支持功能	栖息地功能	保护栖息地	37 505.63
	保护生物多样性	物种保护	7 949.55
文化服务功能	科研与教育价值	科研与教育	10 173.22
	休闲价值	景观与美学、旅游	543 600
合计			762 017.06

4. 农田生态系统服务功能价值账户

农田生态系统服务功能价值账户评价项目包括供给服务、调节服务、文化服务、支持服务，分农产品、花卉产品、固碳释氧、净化空气、涵养水源、废弃物处理、秸秆还田、土壤形成与保护、休闲价值、科研与教育等指标。2015 年，秦皇岛市农田生态系统服务功能价值量为 2 234 707.31 万元，见表 11-29、表 11-30。

表 11-29　2015 年秦皇岛市农田生态系统年生态服务功能实物量一览表

评价项目	评价指标	功能量指标	价值量
供给服务	农产品	农田作物产量 / 吨	4 857 079
	花卉产品	花卉种植面积 / 公顷	416
调节服务	固碳释氧	固定二氧化碳 / 吨	4 307 874
		释放氧气 / 吨	3 191 018
	净化空气	吸收二氧化硫 / 吨	7 552
		吸收 NO_x/ 吨	5 618
		滞尘 / 吨	159
	涵养水源	调节水量 / 亿米 ^{3}	1.10
	废弃物处理功能	农村人口废物量 / 万吨	112.54
		畜禽废物量 / 万吨	795.73
支持服务	秸秆还田	N、P、K/ 吨	20 107
	土壤形成与保护	固土 / 万吨	375
		保肥（N、P、K）/ 吨	109 774.95
文化服务	休闲价值	景观、旅游 /（旅游人数 / 万人）	300
	科研与教育价值	科研与教育	—

表 11-30　2015 年秦皇岛市农田生态系统服务功能一览表

单位：万元 / 年

评价项目	评价指标	功能量指标	价值量
供给功能	农产品	农作物	978 347
	花卉产品	花卉	7 254
调节功能	固碳释氧	固定二氧化碳	452 326.78
		释放氧气	319 101.79
	净化空气	吸收 SO_2	1 910.63
		吸收 NO_x	1 421.28
		滞尘	2.39
	涵养水源	调节水量	83 526.85
	废弃物处理功能	农村人口废物量处理	13 074.61
		畜禽废物量处理	85 018.53
支持功能	秸秆还田价值	N、P、K	18 678.7
	土壤形成与保护	固土	6 931.12
		保肥（N、P、K）	16 023.63
文化服务功能	休闲价值	景观、旅游价值	181 200
	科研与教育价值	科研与教育价值	69 890
合计			2 234 707.31

四、结论

1. 自然资源价值与自然资产

秦皇岛市自然资源主要包括海洋资源、土地资源、水资源、耕地资源、森林资源、草地资源、矿产资源。经核算，自然资源总价值为 6 992.58 亿元，其中海洋资源价值 23.45 亿元，森林资源价值为 50.37 亿元，水资源价值为 40.76 亿元，农田资源价值 98.56 亿元，草地资源价值为 33.79 亿元，土地资源价值为 6 686.93 亿元，矿产资源价值约为 58.72 亿元。

秦皇岛自然资产核算分非生态资产与生态资产核算。其中，非生态资产包括国土资源资产、矿产资源资产，生态资产按照海洋、森林、湿地、农田、草地 5 大生态系统为人类提供生态服务的效益进行评估。通过统计核算，截至 2015 年，秦皇岛市自然资产总值为 35 457.69 亿元，其中非生态资产 7 861.42 亿元，包括国土资源资产为 6 686.931 0 亿元，矿产资源资产为 1 174.49 亿元；自然生态资产价值共计为 27 596.27 亿元，其中森林生态资产价值为 11 101.55 亿元，海洋生态资产价值为 8 145.55 亿元，湿地生态资产价值为 2 540.06 亿元，农田生态资产价值为 3 358.99 亿元，草地生态资产价值为 2 321.77 亿元，另外还包括独立核算得到的鸟类资产价值 119.60 亿元，名树古木资产价值 8.75 亿元。

总体来说，秦皇岛市自然生态基础雄厚，自然资产规模较大，自然资源为秦皇岛市的经济社会发展提供了生态保障，同时也说明，多年来秦皇岛市的生态环境保护工作成绩显著，取得了良好的社会、经济和生态效益。

2. 自然生态服务功能价值

秦皇岛市集海洋生态系统、森林生态系统、湿地生态系统和农田生态系统于一体，自然资源基础雄厚，生态环境条件优越。2015 年自然资产总值为 35 457.69 亿元，其中生态资产 27 596.27 亿元，生态资产占总资产的 77.8%，生态资产是同期 GDP 的 20.09 倍。自然生态系统为秦皇岛市的经济社会发展提供了巨大的生态支撑和服务价值。说明良好的生态是经济社会永续发展的基础，是当前最普惠的民生，是秦皇岛面向未来的核心竞争力。要维护与管理好目前的自然资源及其生态系统，使其生态服务功能达到永续利用，这就要牢固树立“绿水青山就是金山银山”理念，坚持生态优先、绿色发展，把生态环境保护摆上优先地位，更大力度保护优质自然资源，全面统筹生态保护、建设、开发，共抓大保护，不搞大开发，加快打造京津冀生态标兵城市。因此，生态立市战略的提出符合市情，秦皇岛市应该坚定实施生态立市战略。

第十二章

生态功能区划与自然生态保护

生态功能区划是根据区域生态系统格局、生态环境敏感性与生态系统服务功能空间分异规律，将区域划分成不同生态功能的地区。

第一节　生态功能区划

一、国家、省层面生态功能区划

推进形成主体功能区，就是要根据不同区域的资源环境承载能力、现有开发强度和发展潜力，统筹谋划人口分布、经济布局、国土利用和城镇化格局，确定不同区域的主体功能，并据此明确开发方向，完善开发政策，控制开发强度，规范开发秩序，逐步形成人口、经济、资源环境相协调的国土空间开发格局。根据《全国主体功能区规划（2010 年）》，秦皇岛市位于国家层面的优化开发区域—环渤海地区—京津冀地区。

根据《全国生态功能区划（修编版）（2015 年）》，秦皇岛市北部部分区域位于全国重要生态功能区—水源涵养重要区—京津冀北部水源涵养重要区。根据全国生态功能区划方案，秦皇岛涉及 3 类功能区，分别是生态调节功能区—水源涵养功能区—京津冀北部水源涵养功能区；产品提供功能区—农产品提供功能区—冀东平原农产品提供功能区；人居保障功能区—大都市群人居保障功能区—京津冀大都市群。

根据《全国海洋主体功能区规划（2015 年）》，秦皇岛市海域属于渤海湾海域优化开发区域，拥有 4 个海洋国家级水产种质资源保护区。

根据《全国水土保持区划（试行）（2012 年）》，秦皇岛市区划为北方土石山区—燕山及辽西山地丘陵区—燕山山地丘陵水源涵养生态维护区。根据《水利部办公厅关于印发〈全国水土保持规划国家级水土流失重点预防区和重点治理区复核划分成果〉的通知》（2013 年），秦皇岛市抚宁区、青龙满族自治县为燕山国家级水土流失重点预防区。

根据《河北省主体功能区规划（2013 年）》，秦皇岛市海港区、山海关区、北戴河区、昌黎县为河北省优化开发区域，抚宁区、卢龙县、青龙满族自治县为限制开发区域。根据《河北省建设京津冀生态环境支撑区规划（2016—2020 年）》（2016 年）与《河北省生态环境保护“十三五”规划》（2017 年），秦皇岛市处于燕山—太行山生态涵养区和海岸海域生态防护区。根据《河北省海洋主体功能区规划（2018 年）》，秦皇岛市山海关区、海港区为优化开发区域；昌黎县、北戴河区、抚宁区海域为限制开发区域，均为重点海洋生态功能区，其中昌黎县海域为重要地理生境保护型生态功能区，北戴河区、抚宁区海域为人文与景观资源保护型生态功能区。禁止开发区域为河北昌黎黄金海岸国家级自然保护区、北戴河国家湿地公园。根据《河北省水利厅关于发布省级水土流失重点预防区和重点治理区的公告》（2018 年），秦皇岛市北戴河区、昌黎县为沿海省级水土流失重点预防区，海港区、山海关区、卢龙县为燕山省级水土流失重点治理区。

二、秦皇岛市生态功能区划

根据秦皇岛生态市建设规划（2006—2020 年），秦皇岛市生态功能区划分为北部中、低山生态保护区，中部丘陵平原生态建设与保护区，南部沿海环境综合整治区，见表 12-1。

表 12-1　秦皇岛市三级生态功能区体系一览表

生态功能区	生态功能亚区	生态功能小区	范　围
北部中、低山生态保护区	北部中低山保护亚区	青龙满族自治县北部保护区	青龙满族自治县北部
		山海关孟姜镇北部保护区	山海关区孟姜镇北部
	北部低山、丘陵保护亚区	青龙满族自治县中南部保护区	青龙满族自治县中南部
		抚宁县北部保护区	抚宁县驻操营镇、大新寨镇、石门寨镇
		卢龙县北部保护区	卢龙县的刘家营、燕河营
中部丘陵平原生态建设与保护区	中部丘陵生态建设亚区	卢龙县中部丘陵建设区	卢龙县中部
		抚宁县中部丘陵建设区	抚宁县中部
	山间盆地生态建设亚区	抚宁县北部盆地建设区	抚宁县北部
		燕河营盆地建设区	燕河营
		柳江盆地建设区	柳江
	平原生态建设亚区	市区大部生态建设区	市部北部
		昌黎县大部生态建设区	昌黎县大部
		抚宁县南部生态建设区	抚宁县南部
		卢龙县南部生态建设区	卢龙县南部
南部沿海环境综合整治区	海岸带环境保护亚区	山海关旅游区	山海关
		海港城市建设区	海港
		北戴河旅游区	北戴河
		南戴河旅游开发区	南戴河
		昌黎海岸带环境保护区	昌黎海岸带
	近海环境保护亚区	近海环境保护区	秦皇岛市管辖的距海岸带 12 海里的海域

注：2015 年 8 月抚宁县行政区划调整，原属抚宁县的驻操营、石门寨、杜庄 3 个镇划归海港区，牛头崖镇划归北戴河区，抚宁县改称抚宁区。

《秦皇岛市生态专项建设规划研究报告（2016—2020 年）》对生态功能区划进行调整，如下：秦皇岛市生态功能三级区划，分为 2 个一级区、5 个二级区和 19 个三级区，见表 12-2。

表 12-2　2016—2020 年秦皇岛市生态功能三级区划一览表（表跨页）

一级区	二级区	三级区
Ⅰ燕山东部生态涵养区	Ⅰ 1 北中山地生态保护及水源涵养区	Ⅰ 1（1）青龙满族自治县水源涵养及林业保护区
		Ⅰ 1（2）抚宁区北部生态保护及农业生产区
		Ⅰ 1（3）海港区北部生态保护及工矿发展区

一级区	二级区	三级区
Ⅰ燕山东部生态涵养区	Ⅰ 1 北中山地生态保护及水源涵养区	Ⅰ 1（4）山海关北部特色农业生产区
		Ⅰ 1（5）卢龙县北部生态保护区
		Ⅰ 1（6）中部交界特色农业生产区
	Ⅰ 2 中西低山丘陵农业生产区	Ⅰ 2（1）卢龙县农产品生产区
		Ⅰ 2（2）抚宁区中部工农业发展区
	Ⅰ 3 中部盆地农业生产及生态保护区	Ⅰ 3（1）燕河营盆地水源涵养及农业生产区
		Ⅰ 3（2）抚宁盆地综合发展区
		Ⅰ 3（3）柳江盆地地下水源涵养及重要自然保护区
Ⅱ滨海生态防护区	Ⅱ 1 西南平原农业生产及建设发展区	Ⅱ 1（1）抚宁区南部工业发展区
		Ⅱ 1（2）昌黎县中部地下水源涵养及特色农业发展区
		Ⅱ 1（3）卢龙县南部农业生产区
	Ⅱ 2 南部滨海旅游发展及综合发展区	Ⅱ 2（1）昌黎县南部重要自然生态保护及渔业生产区
		Ⅱ 2（2）抚宁区南部渔业及工农业综合发展区
		Ⅱ 2（3）北戴河区旅游及滨海湿地保护区
		Ⅱ 2（4）海港区南部临港综合发展区
		Ⅱ 2（5）山海关区南部滨海生态及文物古迹保护区

注：摘自《秦皇岛市生态专项建设规划研究报告（2016—2020 年）》。

1. 燕山东部生态涵养区

包括秦皇岛市北部中低山、中西部丘陵、中部盆地部分，共计 6 402.2 千米^2，占全市陆域面积的 81.95%。

（1）北中山地生态保护及水源涵养区

包括卢龙县刘家营乡、潘庄镇、燕河营镇以北，抚宁区茶棚乡、抚宁镇、榆关镇、深河乡以北，海港区海阳镇、北港镇以北，山海关区石河水库（包括石河水库）以北以及卢龙县、昌黎县、抚宁区交界处的低山区域，区域内不包括燕河营盆地、柳江盆地。下设 6 个三级区，分别是青龙满族自治县水源涵养及林业保护区、抚宁区北部自然保护及农业生产区、海港区北部自然保护及工矿发展区、山海关北部特色农业生产区、卢龙县北部山地保护区和中部交界特色农业生产区。

全区以中低山地形为主，海拔 200 ～ 1 500 米，植被以针阔混交为主。北中山地生态保护及水源涵养区是秦皇岛市的生态屏障，具有水土保持、抵御风沙、保护物种多样性的作用，是秦皇岛市最重要的森林保护区，老岭自然保护区、山海关国家级森林公园、南山省级森林公园、板厂峪风景名胜区均在此区域内，也是最重要的水源涵养区，桃林口水库、石河水库均在区内。全区也含有农业生产区域，尤其是卢龙县、昌黎县、抚宁区交界区域的葡萄种植及葡萄酒生产和山海关北部的樱桃大规模种植所形成的特色农业发展区域，在当地经济发展中起到了推动作用。

此外，此区域也是秦皇岛市主要的工矿发展地区，青龙满族自治县内有丰富的矿产资源，主要有金、银、铜、铁、锰、铀、重晶石、石英石、花岗岩、大理石、石灰石、煤炭等 40 多种矿产，驻操营镇和石门寨也是主要的石灰石矿开采区域和水泥生产区域。但由于部分地区矿业生产经营粗放，对森林造成一定程度的破坏，部分地区存在水土流失的情况。

因此，生态建设以森林保护和水源涵养为主，加强水源地的保护管理力度，桃林口水库、石河水库区内禁止建设有污染的项目，对现有企业实施搬迁或严格排放标准管理，加强对矿区开采的监管。加强桃林口水库、石河水库等水利工程维护工作。充分发挥森林涵养水源、保持水土和调节气候的功能，进行森林生态建设，继续实施“三北”防护林工程，完成荒山绿化、封山育林、矿山生态恢复等生态工程项目，加强林业基础设施建设。继续加强对青龙都山省级自然保护区、青龙祖山自然保护区的监管，争取到2020年青龙纳入国家重点生态功能区，祖山、都山纳入国家公园体系。大力发展生态农业，建立北部山区绿色生态农业区（主要包括青龙满族自治县），突出发展肉羊、绒山羊、肉鸡、蛋鸡等畜牧发展基地。经济以林业、牧业为主要发展方向。

（2）中西低山丘陵农业生产区

包括卢龙县内刘家营乡、燕河营镇以南及朱各庄镇、木井乡、刘田各庄镇以北的区域，以及抚宁区内茶棚乡、抚宁镇、榆关镇、深河乡区域。下设两个三级区，分别是卢龙县农产品生产区，抚宁区中部工农业发展区。

区域以丘陵地形为主，海拔200米以内，秦皇岛重要的农业生产区之一，其中的榆关镇是抚宁区全区的农业发达地区之一，深河乡是抚宁区蔬菜生产重点乡镇之一，有“木耳之乡”之美誉。但是区内植被脆弱，农业生产方式较为落后。

生态建设以保护耕地和基本农田为主，提升农业设施装备现代化水平，加大农业高新技术的引进、推广力度，改进落后的农业生产方式，大力发展生态循环农业，建设现代农业园区。经济以农业、畜牧业为主要发展方向。

（3）中部盆地农业生产及生态保护区

主要包括柳江盆地、燕河营盆地和抚宁盆地三部分。区域下设3个三级区，分别是燕河营盆地水源涵养及农业生产区、抚宁区盆地综合发展区、柳江盆地地下水源涵养及重要自然保护区。

全区是全市优质耕地的集中分布区，也是秦皇岛市主要的地表水水源和地下水水源涵养地之一。其中柳江盆地内的柳江盆地地质遗迹国家级自然保护区，荟萃新太古代至新生代中国华北地区在漫长的地球演化过程中的地壳运动、岩浆活动，沉积环境变化及生物进化等地质现象的精华，地层完整，界限清楚，岩类齐全，化石丰富，沉积构造发育，被公认为“天然地质博物馆”。但仍存在一定的生态环境环境问题，农业耕种方式较为粗犷且坡耕地水土流失较严重，洋河水库富营养化较为严重。

生态建设以水源涵养和保护耕地、基本农田为主，加强对洋河水库的保护管理力度，加强对柳江盆地地址遗迹保护区的监管。经济以农业和旅游业为主要发展方向。

2. 滨海生态防护区

包括秦皇岛市中南部平原、滨海平原及近岸海域，陆域面积共计1 410.2千米^2，占全市陆域面积的18.05%，海域面积1 805千米^2。

（1）西南平原农业生产及建设发展区

包括卢龙县石门镇以南、刘田各庄镇西南，昌黎县十里铺乡、两山乡以南，昌黎县荒佃庄镇、泥井镇、葛条港乡以北，以及抚宁区留守营镇所在区域。区域下设3个三级区，分别是抚宁区南部工业发展区、昌黎县中部地下水源涵养及特色农业发展区、卢龙县南部农业生产区。

西南平原农业生产及建设发展区是秦皇岛市主要的特色农业经济发展区，区域内的昌黎县皮毛动物养殖及葡萄种植、葡萄酒生产业是全市特色农业的主要代表。皮毛产业是昌黎县推动农民增收致富的主导产业之一，昌黎以貂、狐、貉为主的毛皮动物养殖覆盖全县所有乡镇，总量达 1 400 多万只，是名副其实的全国毛皮动物养殖第一大县；昌黎县有酿酒葡萄基地 3 333.33 公顷（5 万亩），葡萄总加工能力 14 万吨，形成集酿酒葡萄种植、葡萄酒酿造、橡木桶生产、彩印包装、酒瓶制造、塞帽生产、交通运输、物流集散为一体的葡萄酒产业集群。此外，也是秦皇岛市主要的地下水水源涵养地，秦皇岛市五大地下水水源地柳江、前刘坨、康官营、后孟营、靖安地下水水源地中有 4 个位于此区域内。存在的主要生态环境问题有：毛皮动物养殖产生的粪便和屠宰废水对区域内水质的污染较为严重，过多的化肥、农药的施用对本地区土壤和水体，尤其是地下水水源造成潜在的威胁。

生态建设以保护耕地和基本农田为主，加强农业面源治理。推广施用农家肥、有机肥，建立当地的农家肥料集中回收、发放站，减轻动物养殖对水体造成的粪便污染，减少无机化肥的施用量。经济以农产品加工业、畜牧业为主要发展方向。

（2）南部滨海旅游发展及综合发展区

包括昌黎县荒佃庄镇、泥井镇、葛条港乡以南，抚宁区留守营镇南部，北戴河区，海港区杜庄镇、石门寨镇以南，山海关区石河水库以南。区域下设 5 个三级区，分别是：昌黎县南部重要自然生态保护及渔业生产区、抚宁区南部渔业及工农业综合发展区、北戴河区旅游及滨海湿地保护区、海港区南部临港综合发展区、山海关区南部滨海生态及文物古迹保护区。

南部滨海旅游发展及综合发展区是秦皇岛市重要的国家级自然保护区所在地、国家级重点文物保护单位、旅游资源所在地、疗养度假区所在地、滨海养殖区域和重要港口所在地。区域内的黄金海岸国家级自然保护区位于河北省秦皇岛市昌黎县东南面的渤海岸边，海岸线全长 52.1 千米，主要保护对象为沙丘、沙堤、潟湖、林带和海洋生物等构成的沙质海岸自然景观及所在海区生态环境和自然资源，是研究海洋动力过程和海陆变化的典型岸段，具有重要的生态价值、科研价值和观赏价值；北戴河国家湿地公园内的湿地是河北省沿海湿地的典型代表，属于国家重要湿地，是全国野生动物保护科普教育基地，是全国最大的城市湿地，已发现鸟类 412 种；老龙头位于山海关区城南 5 千米处，是明代长城的东部起点，也是万里长城唯一集山、海、关、城于一体的海陆军事防御体系，和北部的山海关古城遥相呼应，共同组成独一无二的长城文化景观；也是秦皇岛市主要的渔业、海水养殖区，16.2 千米海岸线孕育了 1.3 万余公顷（20 余万亩）的浅海及滩涂资源。区域内主要生态问题有：区域内部分入海河流水污染现象严重，河口污染较为严重，海域内水体富营养化时有发生，海洋生物资源过量开采。

生态建设为近岸海域环境综合整治为主，实施入海河流生态恢复和综合整治、浅海水生生态修复、侵蚀岸滩及海岸生态修复、海洋环境保障等工程。继续实施沿海防护林工程、沿海基干林带改造提升工程。大力发展循环经济、提高工业企业清洁生产水平、建设绿色低碳工业体系。大力发展生态渔业建设，建设沿海高效渔业产业带（主要包括昌黎县茹荷镇、大蒲河镇、团林乡和北戴河新区），大力发展生态旅游建设，建设大北戴河滨海休闲度假区，加强对湿地生态系统的恢复和保护，整体提升湿地保护区的管护能力与规范建设水平，力争将北戴河湿地和鸟类自然保护区、滦河口湿地自然保护区建成为省级自然保护区。借助海洋优势，经济上可大力发展旅游业、渔业、港口物流业等产业。工业也是该区主要经济发展方向之一。

第二节 自然生态保护

中共秦皇岛市委、市政府坚定实施生态立市战略，打造京津冀生态标兵城市，实施天然林保护工程、退耕还林工程、沿海防护林工程、造林绿化、矿山生态修复工程、山水林田湖海生态建设工程，推进北戴河区近岸海域环境综合整治，建立市县乡村四级河长制，保护河流、海洋和湿地，打击盗采海砂等破坏环境违法犯罪行为，开展大气污染治理、工业排污治理、面源污染整治、矿山环境治理等一系列破坏环境问题。持续开展造林绿化，秦皇岛市森林覆盖率达到46.75%。

一、生态恢复及工程

1. 海岸生态修复工程

秦皇岛市海岸线长162.7千米，海域面积1 805.27千米^2，以海洋生态文明建设为主题，以改善海洋生态环境、建设美丽海洋为核心，统筹兼顾、因地制宜、突出重点，全面谋划、科学设置海域海岛生态恢复工作，实现海洋资源开发和生态环境保护协调发展，服务“经济强省、和谐河北”建设，开展了一系列的海域、海岛生态恢复工作。

（1）北戴河老虎石浴场及周边岬湾海岸修复工程

北戴河老虎石浴场海洋资源和生态环境受到一定程度的损害，海岸侵蚀、沙滩退化等问题日益严峻。2012年5月—2015年7月，实施北戴河老虎石浴场及周边海岸修复工程（一期）工程。通过对北戴河老虎石浴场及周边海岸进行前期勘察，查清项目区海岸侵蚀灾害现状与形成机理，取得工程区域及邻近区域的工程地质、环境地质、水动力条件等基础资料，进行数值模拟和物理模型试验，为修复工程提供参考与依据，有效改善、恢复海岸带旅游功能，促进资源环境可持续利用。对中海滩老虎石公共浴场以及浪涛屿工程浴场进行沙滩整治与修复，增大了浴场沙滩宽度，提升了沙滩质量，恢复了旅游海滩的原始风貌。治理工程后在北戴河区域构建立体化动态海洋环境监测体系，对北戴河海域和工程区域的海洋水动力条件、海洋水质、海洋生态等开展调查与评价，通过北戴河老虎石浴场及周边岬湾海岸修复工程的监测，查清北戴河老虎石周边浴场工程前后的水动力变化、海滩侵淤变化特征，及时掌握岸滩恢复工程区的环境动态，进行工区综合研究，为将来海岸修复工程提供借鉴依据。全面掌握北戴河及周边海洋环境现状、面临的主要环境问题，为完善海洋灾害监测预警系统、逐步实现海洋环境预测与灾害预警提供科学依据，以最大限度地减少和避免海洋灾害损失。通过此项目的实施，修复受损的海滩和岸线资源，维持海岸的动态平衡，形成景观生态价值更为突出的滨海旅游资源，为岸线资源和海洋生态环境的恢复和发展创造良好的生态条件，其生态效益是非常显著的，有效改善海岸带资源环境，打造清洁、有序的生态海岸，创造绿色经济、环保经济的良好发展氛围。资源环境的改善也将更好地提升北戴河的旅游品牌，使北戴河旅游休闲度假区名副其实，从而提高旅游收入，带来更大的经济效益。而且从长远来看，通过沙滩修复工程，形成优良的滨海环境，能够为区域海洋经济的持续发展提供健康的生态安全保障。项目实体工程的后期监测评估表明，沙滩宽度平均增加约 30 米，稳定性良好，工程的设计理论与实施技术方法具有推广价值。

（2）北戴河新区洋河—葡萄岛岸线整治与修复

北戴河新区沙质海滩全线侵蚀后退，海滩资源环境退化严重，秦皇岛市“旅游立市”战略的基础条件几近丧失。通过整治修复工程营造北戴河新区环境优美的滨海环境，促进地方经济社会可持续发展，2013 年 6 月—2015 年 12 月开展北戴河新区洋河—葡萄岛段岸线整治修复项目，见图 12-1。对整治海域进行勘察设计、人工沙坝的吹填、滩肩补沙、人工沙丘以及景观廊道工程，于 2014 年 7 月全部完成；工程开始直至 2015 年 12 月进行工程的跟踪监测。在离岸 400 米左右位置吹填沙坝，沙坝总长度约 3.5 千米，吹填方量约 32 万米 ^{3}。在沙滩原有基础上修复被侵蚀海滩，修复后滩肩高程达 2 米以上，滩肩宽度平均增加 30 米，滨海景观廊道建设 2.88 万米 ^{3}。项目的实施，有效遏制了北戴河新区沙滩退化、岸滩侵蚀问题，有效改善、恢复海岸带旅游功能，为公众滨海旅游提供优质的海岸带和海域环境，促进资源环境可持续利用。整治后的 2016 年，滨海区游客纷至，旅游经济效益显著，对城市滨海景观恢复和建设起到了示范作用。

图 12-1　北戴河新区洋河口与人造河口之间森林公园东侧近海海域，入海项目为人工填海造地工程——葡萄岛

（3）海港区西浴场海滩修复工程

秦皇岛市海岸普遍遭受侵蚀，沙质海滩变窄，坡度变陡，沙粒变粗，海滩退化速度加快，部分海滩已经失去浴场功能，沿岸建筑物正在遭受海浪破坏。近年来秦皇岛市的降水量明显减

小，水库弃水减少，间流流入泥沙数量极少，这样就中断了海岸泥沙的补给来源，造成海滩侵蚀补给平衡破坏，带来严重的海滩侵蚀。2013 年 5 月—2015 年 5 月实施秦皇岛市海港区西浴场海滩修复工程，工程主要包括海滩修复、海滩污染整治、海滩景观提升 3 个方面内容。通过雨水排水口修复整治，消除排水口对海滩的侵蚀；通过海岸生态廊道的建设，强化景观功能，提高沙滩的视觉美感，提升海滩的亲水性。其中，木栈道成功与北戴河木栈道对接，全线总长 1.17 万米，是中国最长的亲海沙滩木栈道，东起体育基地游船码头，西至北戴河湿地公园，尽显秦皇岛碧海、金沙、蓝天的优美自然景观，为中外游客打造了一个康体运动的生活海岸，自然休闲的生态海岸，文化休闲的人文海岸。

（4）北戴河国家湿地公园生态修复工作

2014 年开始逐步实施北戴河国家湿地公园及周边湿地保护与恢复项目。2015 年 2 月，委托国家林业局调查规划设计院编制完成《河北北戴河国家湿地公园及周边生态修复专项规划（2014—2020 年）》，于 2016 年 4 月 21 日在第 35 次秦皇岛市政府常务会议审议原则通过。拟定投资 9 322.05 万元，完成北戴河湿地公园水资源综合修复、生态系统恢复、宣教与展示、科研监测、基础设施建设等工程。

（5）山海关旅游海滩岸线修复工程

随着区域经济的快速发展，山海关海域承受的压力也越来越大，尤其是海岸侵蚀、沙滩退化等问题日益严峻，旅游软硬件条件较差与人民群众日益增长的休闲旅游需求的矛盾逐渐凸显。石河口西侧的白鹭岛项目分陆地和海岛两部分，陆地主要以住宅为主，随着居民的大量入住，暑期海滨资源迎来巨大的压力，对沙滩资源的需求非常强烈。石河口西侧海岸，后方有沙丘植被，由于交通不变，岸滩杂乱，无旅游配套设施，鲜有游客进入，沙滩受到海岸侵蚀的威胁，部分岸段沙丘呈现 1 米高的侵蚀陡坎。2015 年 12 月—2016 年 12 月实施山海关旅游海滩岸线修复工程，通过人工补沙修复沙滩，修复沙滩宽度达 30 ～ 50 米，修复沙滩总长约 2.0 千米；修建两座离岸潜堤，总长度 300 米，木栈道建设总长度约 600 米，宽度为 3 米，总建设面积约 1 932 米 ^{2}；非自行车道建设总长度约 600 米，宽度为 3 米，总建设面积约 1 926 米 ^{2}，铺装建设面积为 3 432 米 ^{2}，工程的实施有效遏制了山海关旅游岸线沙滩退化、岸滩侵蚀问题。山海关旅游海滩修复工程的实施，可有效保护滨海地区稀有自然资源，又能合理推动社会与自然的和谐发展，保障地区经济健康发展，提升海岸地区生态环境和社会经济环境，可以逐步改善海湾沙质退化速度、岸滩物质粗化的强度以及岸滩侵蚀下切的深度，维持海岸的动态平衡，形成景观生态价值更为突出的沙滩旅游资源，为海洋再生资源的恢复和发展创造良好的生态条件：沿岸滨海景观带的开发与建设，为当地人民的生产生活提供高质量的生态环境。通过海滩的修复和保护，形成优良的沙滩浴场和优美的海岸生态廊道，为区域海洋经济的持续发展提供健康的生态安全保障。

（6）河北省石河南岛生态保护与修复工程

石河南岛早期并未进行合理的海岛利用规划，岛体破坏严重，整体景观性差。石河入海口以及河道内普遍存在淤积现象，长期淤积的河道沉积物逐渐腐化变质，对石河南岛周边环境造成较明显的影响，河道沉积物中的腐殖质等污染物不断向海水及河水中释放，对海岛周边水域造成一定的影响。由于石河南岛环岛围堤为直立式防潮堤，亲水性及景观性均较差，且该护岸在风暴潮作用下已经坍塌，不利于石河南岛的生态保护及景观建设，亟须开展生态护岸的改造工程来改善环岛围堤亲水性差的现状。石河南岛陆域面积较小、物质组成松散、生态系统脆弱、自然修复能力较差，由于缺乏科学的规划，使海岛开发利用活动具有一定的随意性和盲目性。因此，石河南岛生态功能逐渐退化，保护石河南岛的地理文化、生态功能迫在眉睫。为此，2015 年 12 月—2017 年 12 月实施河北省石河南岛生态保护与修复工程。石河南岛岛体修复面积 37.5 公顷，修建生态护岸总长度 2 300 米，护堤路长度 3 500 米，植被覆盖面积 17 500 米^2；水系建设及湿地修复核心区总面积 80 000 米^2；建立生态实验站（450 米^2）一座。通过此工程的实施，在保护石河南岛生态环境的基础上，对石河南岛进行统一规划，因地制宜、统筹发展，改善山海关区旅游环境，带动了附近区域社会效益的可持续发展，提高公众对政府公共服务的满意度，形成良好的社会氛围和社会秩序。此外，满足人类亲海的海洋休闲基本要求，拓展居民的亲海休闲空间，提升海洋文化品位，形成人海和谐相处的良好形势。改善了海岛无序开发现状，在保护石河南岛独特生物资源基础上，对海岛生态进行分区整治，形成景观生态资源，为海岛再生资源的恢复和发展创造良好的条件。

2. 林业生态建设

（1）天然林保护工程

秦皇岛市现有天然林总面积 16.12 万公顷（241.84 万亩），其中有林地面积 11.98 万公顷（179.66 万亩）、国家特别规定的灌木林地面积 153.33 公顷（0.23 万亩）、其他灌木林地面积 3.58 万公顷（53.76 万亩）、未成林封育地面积 346.67 公顷（0.52 万亩）、疏林地面积 0.51 万公顷（7.64 万亩），天然林中纳入国家公益林管理面积的 9.96 万公顷（149.33 万亩），图 12-2 为祖山天然林景观。

2015 年，秦皇岛启动实施天然林保护工程。按照《河北省停止商业性采伐天然林落界核定办法（试行）》的标准，秦皇岛市及时开展停止天然林商业性采伐落界核定工作。按照停止天然林商业性采伐补助资金标准，2015 年和 2016 年，河北省财政厅下达秦皇岛市停止天然林商业性采伐管护费补助共计 2 726.736 万元，其中，渤海林场国有天然林管护费补助 39.84 万元，集体和个人天然林管护费补助 2 686.896 万元（青龙满族自治县 1 470.006 万元、抚宁区 1 216.89 万元）。截至 2017 年 7 月 31 日，共停止天然林商业性采伐面积 60 108.8 公顷，河北省林业厅下达秦皇岛市停止天然林商业性采伐面积 61 922.13 公顷（青龙满族自治县 32 666.67 公顷、抚宁区 27 042 公顷）。

图 12-2　祖山林海

（2）退耕还林工程

秦皇岛市自2002年开始实施退耕还林工程，涉及青龙满族自治县、抚宁区、卢龙县、昌黎县、山海关区等6个县区70个乡镇1 200多个行政村。截至2008年，共完成退耕还林38 866.67公顷，其中退耕地造林14 200公顷、匹配荒山荒地造林19 666.67公顷、封山育林6 311.11公顷。自2008年开始实施巩固退耕还林成果项目，目前共实施抚育经营12 933.33公顷，组织退耕农民技能培训21.98万人次，补植补造4 640公顷。

（3）沿海防护林工程

秦皇岛市海岸线东起山海关张庄，西至滦河入海口，海岸线总长162千米，海岸带长96千米。自东向西经由山海关区、海港区、北戴河区、抚宁区、昌黎县。沿海岸分布着海滨、渤海、团林3个国营林场。秦皇岛市海岸除小部分基岩岸段和泥质海岸外，大部分地段属沙质海岸。秦皇岛市沿海县区总面积333 133.33公顷，林业用地119 333.33公顷，现有林地90 666.67公顷，森林覆盖率为27.2%。在96千米海岸带中，已经绿化基干林带77千米，绿化面积6 000多公顷。全市沿海县区尚有宜林荒滩、荒地2万公顷：沿海国营林场还需绿化基干林带长度约10千米，绿化面积666.67公顷。进入20世纪90年代以后，秦皇岛市的沿海防护林工程建设得到进一步完善，截至2016年完成沿海防护林工程建设1万余公顷。图12-3、图12-4为北戴河海滨沿海防护林工程。

图12-3　北戴河海滨沿海防护林1

图12-4　北戴河海滨沿海防护林2

（4）绿化造林

1979年，国家决定在西北、华北、东北（简称“三北”）风沙危害、水土流失严重的地区，建设大型防护林工程，使“三北”地区的森林覆盖率由5%提高到15%。根据年度绿化工作任务，秦皇岛市通过人工造林、封山育林、飞播造林、义务植树等方式，截至2016年，有林地面积增加到396 672公顷，占林业用地的92.3%：乔木林323 524公顷，占有林地面积的81.56%；未成林造林地22 486公顷，占有林地面积的5.7%：疏林地2 815公顷，占有林地面积的0.71%。为完成上述造林工程，秦皇岛市在城镇绿化中，贯彻“以人为本、生态优先”的绿化理念和把握“林荫型、景观型、休闲型”的绿化方向正在成为社会共识；在农村，由党委、政府主导，林业部门具体操作，包括县城、村庄在内的整体绿化开始起步。在造林绿化中，优化布局、示范带动、集中力量办大事成为自觉行动。在创新机制上，县区研究制定奖补政策，鼓励造林主体和广大群众开展造林绿化，主要造林模式包括大户统造统管模式、统造分管模式、土地入股造林模式、政府租地造林模式、招商引资造林模式。挖掘造林空间，各县区利用拆除违建地块和闲置建筑用地实施造林，增加了绿量。在绿化标准上，各县区在扩充绿化增量的同时，努力提高绿化质量，工程造林中的容器育苗、施用ABT生根粉、地膜覆盖、截干深栽、精细化管理等先进技术措施得到广泛应用，封山育林、现场检查、验收评比等管理措施得到落实，造林成活率和工程质量明显提高。

3. 矿山地质环境保护与恢复治理

（1）规范和落实矿山地质环境保护制度

1996年5月，为贯彻地质矿产部《关于开展矿山地质环境检查整顿的通知》精神，整顿矿业秩序，保护矿山地质环境，市地质矿产局下发《关于开展矿山地质环境检查整顿工作的通知》（以下简称《通知》），要求对国有矿山、集体和个人矿山是否具有“矿山建设项目环境影响报告书”进行检查，没有履行《矿山建设项目环境影响报告书》中承诺的矿山环境保护责任和义务的矿山企业要限期改正，没有《矿山建设项目环境影响报告书》的矿山企业要限期补做；要求对矿山废气、废水、废物排放是否达标，是否有崩塌、滑坡、泥石流、地面塌陷等隐患进行检查。7月，通过检查，青龙满族自治县三家金矿、半壁山金矿、响水沟金矿、兴隆沟金矿4个矿山企业完成《矿山建设项目环境影响报告书》，对响水沟金矿的王家沟坑口实施停采，小秋子沟铁矿进行限期治理。要求对存有隐患的矿山采取治理措施，加强检查，并及时向有关部门通报情况。8月，开展柳江盆地地质遗迹自然保护区建设的规划和论证工作，完成立项申请和规划报告。1997年，完成柳江盆地地质遗迹保护区前期野外勘察工作，并于8月底通过部、省专家论证。1999年5月，经省政府正式批准建立柳江地质遗迹保护区。是年，在开发矿业的同时，科学办矿和环境保护意识开始增强，提出促进科学办矿，注重环境保护的新要求。7月，市地质矿产局下发《关于转发〈关于加强矿山生态环境保护工作的通知〉的通知》，明确指出，搞好矿山生态环境监督管理是各级地矿行政部门的一项重要职责，要求对因矿山开采造成的大气、水源和土壤污染问题，破坏自然景观和植被问题，诱发地质灾害问题，要及时监测、预防和治理，努力实现有效保护、合理利用矿产资源与创造良好的矿山生态环境同步达标。要求205国道、102国道和高速公路及铁路两侧视野范围内不再批建新的露天开采矿山；要求新建矿山必须具有《地质环境评价报告》，作为新建矿山地质环境保护的依据。2001年1月，市政府批转市地质矿产局《关于加强地质环境管理，保护地质地貌景观的意见》（以下简称《意见》），明确规定，开办矿山企业必须开展矿山地质环境评估，没有地质环境评估或经评估会对地质环境造成破坏的，不得批准设立采矿权：对已取得采矿权的，结合年检、换证工作进行矿山地质环境评估。2001年4月起，全市新办和续证矿山全部提交《矿山地质环境影响评估报告》。2001年2月13日，为贯彻落实国土资源部《关于实行建设用地地质灾害危险性评估的通知》和省国土资源厅《关于实行建设项目地质灾害危险性评估有关问题的通知》精神，市地质矿产局与市土地规划管理局联合印发《关于实行建设用地地质灾害危险性评估的意见》，明确指出，建设项目在土地利用总体规划确定的城市建设用地范围外单独选址的，各县区具体安排的建设项目及土地利用总体规划确定的城市建设用地范围内位于地质灾害易发区的和可能导致地质灾害发生的建设项目，在选址阶段必须进行地质灾害危险性评估。评估结果由省级以上国土资源行政主管部门认定，并作为该建设项目用地审查根据的必备条件之一。对建设用地地质灾害危险性评估的评估单位实行资质认证制度，地质灾害危险性评估结果分为一级、二级、三级。2002年，市政府印发《关于加强地质环境管理工作的意见》，对全市地质环境管理工作提出具体要求。市国土资源局依据市政府工作意见制定《采矿权现场勘验制度》，由市国土资源局地质环境科和矿产管理科联合对新设立的拍卖、协议出让的采矿权进行现场勘查。重要公路可视范围内，对河道、旅游区、保护区、电力设施有影响的矿山不得设立采矿权。年内有4个矿山被关闭而选择新址。2001—2002年，对全市范围内的国道、高速公路、京沈铁路及旅游区可视范围内的71个矿山制订分批取缔计划。2002年10月，市国土资源局下发《关于认真贯彻落实全省地质环境工作会议精神的意见》，要求认真执行矿山地质环境影响评估制度，做好矿山生态环境和地貌景观保护及恢复治理。2004年2月，市国土资源局依据国务院《地质灾害管理条例》和《河北省绿色矿山建设实施方案》有关规定，下发《关于进一步规范矿山地质环境影响评估工作的通知》，主要内容包括：各县区国土资源局在将矿山地质环境影响评估工作作为矿山企业年检的一项重要内容的同时，要求经过开采造成矿山地质环境发生明显变化的矿山企业、进行联合办矿的矿山企业、矿区范围发生变化且其中一个矿区坐标变化超过100米的矿山企业、开采方式发生变化的延续采矿权的矿山企业，要重新提交矿山地质环境影响评估报告。此外，要求矿山地质环境影响评估报告编写人实行实名实签制度，主要编写人员要具备水文地质、工程地质或环境地质中级以上资格证书。

（2）编制《矿山地质环境保护与恢复治理方案》

2007年5月，根据《河北省矿山生态环境恢复治理保证金管理暂行办法》的要求，市国土资源局下发《关于组织矿山企业编制矿山生态环境保护与综合治理方案的通知》，要求辖区内所有矿山企业委托具有地质灾害评估、地质灾害治理勘查、地质灾害治理设计资质的地勘单位按照国土资源部发布的行业标准的要求编写治理方案，组织专家审查后进行备案登记，并要求矿山企业与各县区国土资源局签订《矿山生态环境保护与综合治理责任书》，严格落实治理责任。截至2011年年底，全市矿山企业《矿山地质环境保护与治理恢复方案》编制比率达到100%。

（3）矿山地质环境保证金缴存

2006年，为促进矿产资源合理开发，推进产业结构调整，落实“谁开发、谁保护，谁破坏、谁治理”的原则，建立矿山生态环境恢复治理新机制，省国土资源厅、省财政厅和省物价局联合下发《关于印发〈河北省矿山生态环境恢复治理保证金管理暂行办法〉的通知》，省国土资源厅于2007年12月29日下发《关于认真实施〈河北省矿山生态环境恢复治理保证金管理暂行办法〉的通知》。2008年2月，市国土资源局下发《关于认真实施〈河北省矿山生态环境恢复治理保证金暂行办法〉的通知》，重点强调实施保证金制度的重大意义，并对保证金缴存、返还和管理等提出具体的要求，将缴存保证金作为采矿权人设立、变更、转让、延续采矿权手续和年检的必备要件。9月3日，为严格征收工作，市国土资源局下发《关于下达2008年全市矿山生态环境恢复治理保证金征收任务的通知》，将任务分解各县区局。11月，全市矿山生态环境恢复治理保证金工作调度会议召开。会议分析了因受金融危机的影响，全市矿山生态环境恢复治理保证金征收工作所面临的困难，要求提高思想认识，加大工作力度，增强矿山环境治理工作的责任感，努力推进矿产开发和矿山生态环境保护的良性循环。会议要求通过加强各县区国土资源机构矿山企业保证金台账的管理和月报年报制度的建立，对全市的征收工作实行动态监控，明确矿山地质环境治理恢复保证金的使用坚持“企业所有、政府监管、专户存储、专款专用”的原则，在保证金制度的实施中做好服务工作，建立切实可行的保证金收缴保障措施。2009年5月1日，国土资源部《矿山地质环境保护规定》的实施为矿山地质环境保护工作提供了法律依据。市国土资源局加大法律法规宣传力度，并针对全市矿山地质环境保证金征收工作中遇到的难点问题召开专门工作会议，研究解决问题的办法。截至2016年年底，全市累计征收矿山地质环境保证金1.27亿元。

（4）矿山环境恢复治理工程

自2002年开始，市国土资源局抓住地质环境治理项目建设，加大矿山地质环境恢复治理力度。2005年9月，为解决抚宁县大石河水沿地裂缝进入矿井的问题，投资347万元，开工建设国营马蹄岭煤矿矿山地质环境治理工程项目。2006年4月，投资18.43万元的抚宁县蔡庄煤矿矿山环境治理（挡土墙工程）项目开始施工。5月，投资100万元开工建设山海关长梁山原采石场。8月，投资80万元的抚宁县老柳江煤矿矿山地质环境治理项目开工建设；9月，投资40万元的青龙满族自治县秋子沟铁矿开工建设，其中一采区匹配16.6万元的第一废石场和第二废石场地质环境治理工程建成后，美化了矿区环境，排除了尾矿库被冲埋的威胁，有效阻止了扬尘飞沙，改变了矿区及周边群众的生产生活环境。2007年3月，投资60万元的青龙满族自治县三家金矿矿山地质环境治理工程开工建设，此项工程解决了因缺少植被而造成的扬沙问题、排水困扰当地居民的问题和尾矿库排水冲毁农田问题。是年，为解决大石河水沿裂隙大量渗入地下采空区的问题，实施投资125.96万元的抚宁县长城煤矿矿山地质环境治理项目、投资100万元的抚宁县马蹄岭煤矿矿山地质环境治理工程（大石河段）项目、投资300万元的曹山煤矿矿山地质环境治理项目。抚宁县马蹄岭煤矿和曹山煤矿矿山环境治理工程竣工后，大石河水沿地裂缝进入矿井的现象得到有效遏制，矿山安全生产得到保证，两矿每年因矿井排水用电节约费用近200万元。2008年3月，建设投资280万元的山海关区长梁山原采石场矿山环境治理项目和投资120万元的海港区北港镇王庄石矿矿山环境治理工程。4月，建设投资110万元的青龙满族自治县庙沟铁矿一期环境治理工程。5月，建设投资75万元的青龙满族自治县半壁山金矿沙金沟采区地质环境恢复治理工程。7月，建设投资100万元的卢龙县631省道城关—康各庄段闭坑矿山地质环境恢复治理项目。10月，建设投资100万元的山海关原石河采石场矿山环境治理工程、柳江国家地质公园园区，投资100万元开展卢龙县地热资源调查评价。2009年4月，投资50万元的北戴河区丁庄采石场矿山地质环境恢复治理工程开工建设。2010年8月，青龙满族自治县庙沟铁矿矿山地质环境治理二期工程开工，项目申请财政资金1 400万元，匹配资金420万元。是年，建设投资80万元的卢龙县邵家峪、康各庄矿山地质环境恢复治理工程，建设投资80万元的山海关区石柯采石场矿山环境治理项目，建设投资50万元的山海关国家地质公园景区地质遗迹保护项目。2003—2011年，全市争取矿山地质环境治理省财政资金3 716.39万元，地方配套资金436.6万元。

（5）绿色矿山建设

2004年4月6日，市政府办公室印发《秦皇岛市“百矿复绿”工程实施方案》，市国土资源局下发《关于贯彻〈秦皇岛市“百矿复绿”工程实施方案〉的通知》，在市区、县城、建制镇周围、旅游公路、国道、省道干线两侧和易引发地质灾害的矿山中确定100家为首批重点建设的矿山，对这些矿山生态环境恢复治理提出明确的标准。9月，成立由主管副市长任组长，市国土资源局、环保局、水务局、林业局主管局长为成员的领导小组。在绿色矿山建设中，市国土资源局按照“突出重点、因地制宜、全面推动”的原则，落实各项措施。2005年7月，市国土资源局委托秦皇岛矿产水文工程地质大队编制《秦皇岛市“绿色矿山”建设规划》，9

月通过省国土资源厅组织的专家审查。2006年4月，市政府下发《关于印发〈秦皇岛市“绿色矿山”建设规划〉的通知》，要求各级政府、各有关部门要高度重视“绿色矿山”建设，采取“典型引路，分类指导，分批实施，逐步到位”的原则，因地制宜，有计划、有步骤地开展“绿色矿山”建设，实现规划目标，提高全市社会经济和环境的可持续发展能力。2005年12月8日，由省国土资源厅确立的首批绿色矿山示范区——秦皇岛浅野水泥有限公司驻操营矿通过市国土资源局和抚宁县国土资源局的联合验收。示范区建设资金由省国土资源厅补助13万元，其余为企业自筹。2004—2007年，全市清理采矿场、矿石堆放、选场违章占地52.87公顷，复耕面积36.33公顷，查处违法侵占林地5公顷，依法处罚金50万元，清理侵占河道的尾矿废石35处，整治地质灾害隐患25处，排除安全隐患210处，绿化厂区尾矿库、选厂、矿区166.67公顷，植树86万株。2008年，市国土资源局督促矿山企业抓住春季植树造林的有利时机在矿区植树绿化。全年矿山共植树50万余株，绿化面积20公顷，复垦土地面积33公顷。2004—2009年10月，全市各矿山绿化及复垦土地面积合计为67.94公顷。2011年8月，市国土资源局推荐河北钢铁集团矿业有限公司庙沟铁矿为国家级绿色矿山试点单位。次年，庙沟铁矿被批准为国家级绿色矿山试点单位。庙沟铁矿坚持综合开发、贫富兼采、节约利用、提高矿山经济效益的原则，发展循环经济，促进了矿产资源利用方式由粗放型向集约型的转变，矿区绿化覆盖率达到可绿化区域面积的80%以上。

二、自然保护区

中国第一个自然保护区建立于1956年，而秦皇岛市保护区建设起步较晚，保护区大都建立于20世纪90年代。截至2016年12月，秦皇岛市有4个自然保护区，即昌黎黄金海岸自然保护区（国家级）、柳江盆地地质遗迹自然保护区（国家级）、都山自然保护区（省级）、老岭自然保护区（市级）。

1. 昌黎黄金海岸国家级自然保护区

（1）昌黎黄金海岸国家级自然保护区概况

昌黎黄金海岸国家级自然保护区位于河北省秦皇岛市昌黎县东北部沿海，东起东经119°37′，西至低潮线，北纬39°32′～39°37′，保护面积3万公顷，其中海域面积20 850公顷、陆域面积9 150公顷。

河北昌黎黄金海岸国家级自然保护区是1990年国务院批准的5个首批国家级海洋类型自然保护区之一，其主要保护对象为海岸自然景观及所在海区生态环境和资源，包括沙丘、沙堤、潟湖、林带、鸟类、海水、文昌鱼等海洋生物构成的海岸海洋生态系统。属海洋海岸类型自然保护区。

保护区海滨因受风、潮汐、海流及河流的作用，形成长30千米、宽4千米的沙带和沿海数道沙堤、潟湖等沿海沉积地貌。海滨沿线内侧800米宽的林带中有连绵不断的高20～40米的沙丘，最高处达44米，为全国海岸沙丘最高峰。不仅在中国罕见，世界亦少见，对研究海陆变迁、海洋动力作用具有重要的科学价值。被动物分类学家誉为“活化石”的文昌鱼在区内浅海10～12米等深线附近栖息密度达到1 035尾/米^2，是中国文昌鱼分布密度最高的地区之一。

2013年12月，保护区范围调整通过环保部组织的专家评审委员会评审，2015年11月19

日国务院办公厅（国办函〔2015〕138 号）批准同意保护区范围进行调整。2016 年 6 月 23 日，环境保护部公布保护区总面积由 300 千米^2 调整到 336.2 千米^2，分为陆域和海域两部分，其中陆域面积 95.55 千米^2、海域面积 240.65 千米^2，具体划分有核心区、缓冲区和实验区，见图 12-5。核心区面积 117.44 千米^2，占保护区总面积的 34.93%，除自然保护区上级行政主管部门批准的科学研究观测、调查活动以外，禁止任何人进入；缓冲区面积 166.84 千米^2，占保护区总面积的 49.63%，只允许开展经自然保护区管理机构批准的以教学科研为目的的非破坏性科学研究、教学实习和标本采集活动；实验区面积 51.92 千米^2，占保护区总面积的 15.44%，经保护区上级主管部门批准可开展参观、旅游活动。黄金海岸自然保护区经过多年建设，已经具备齐全的管护设施，组建了完备的管护队伍，制定了完善的管护制度，围绕宣传教育、科研监测、巡护执法等方面开展了大量工作。

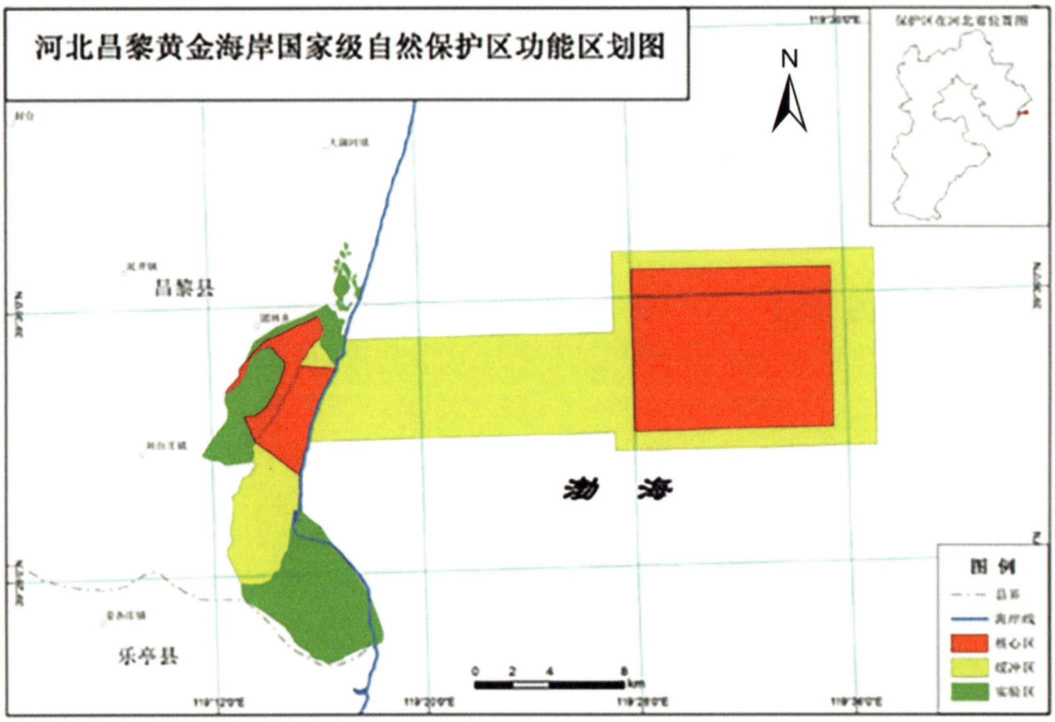

图 12-5　昌黎黄金海岸国家自然保护区功能区划图

设陆域、潟湖、海域 3 个核心区，总面积 117.44 千米^2。其中，陆域核心区范围：北起大圩管理站南 100 米处与七里海北堤东端的连线，南至主沙丘南缘，距新立庄通海路北 950 米，西抵七里海东侧沿湖小路，东达海岸低潮线，面积 12.36 千米^2（包括 0.42 千米^2 海滩）。潟湖核心区（潟湖治理核心区）范围：七里海围堰内区域，面积 9.17 千米^2。海域核心区范围：界址坐标依次为 39°36′51.62″、119°35′32.38″，39°32′0.58″、119°35′32.38″，39°32′0.58″、119°27′58.32″，39°36′51.62″、119°27′58.32″，面积 95.91 千米^2。

设立陆、海各两个缓冲区，总面积 166.84 千米^2，其中陆域缓冲区总面积 22.1 千米^2、海域缓冲区总面积 144.74 千米^2。陆域北部缓冲区范围：新开口南部公路至核心区北界，七里海东侧小路至海岸高潮线；陆域南部缓冲区范围：核心区南界至大滩通海小路，七里海东侧小路

图 12-6　黄金海岸沙丘

至海岸高潮线。海域缓冲区范围：界址坐标依次为 39°34′58.98″、119°17′12.63″，39°35′0.32″、119°27′17.97″，39°37′24.37″、119°27′19.17″，39°37′19.26″、119°37′9.21″，39°31′27.45″、119°37′4.84″，39°31′27.48″、119°27′16.50″，39°32′0.50″、119°27′16.49″，39°31′58.94″、119°15′42.66″，所含区域中除海域核心区部分，面积 144.74 千米 ^{2}。

设立金沙湾实验区、新开口实验区、七里海潟湖实验区、滦河口湿地实验区 4 个陆域实验区，总面积 51.925 千米 ^{2}。金沙湾实验区范围：渔岛景区以北及金沙湾沙雕大世界景区对面区域，共计 9 个地块，面积 1.825 千米 ^{2}。新开口实验区范围：北至渔岛景区南侧，南至新开口南岸 500 米部分地区，西至沿海公路，东至海岸低潮线，面积 3.05 千米 ^{2}。七里海潟湖实验区范围：围堤外虾池等水面和荒草地、农田组成，面积 13.91 千米 ^{2}。滦河口湿地实验区范围：北界为大滩通海路至塔子口区域，东、南、西均以保护区区界为界，面积 33.14 千米 ^{2}。

保护区主要保护对象为文昌鱼、沙丘、沙堤、潟湖、林带和海洋生物等构成的沙质海岸自然景观及所在海区生态环境和自然资源。

海岸沙丘。海岸沙丘是保护区内的特色地貌，在国内独树一帜，是世界罕见的海岸地貌景观。保护区内海岸沙丘分布范围北起大蒲河口，南至滦河口北，以陆域核心区（翡翠岛）岸段发育最为典型，见图 12-6、图 12-7。

七里海潟湖。七里海潟湖是国内仅存的现代潟湖之一。由潟湖水体、湖内水生生物和候鸟、水禽等组成的潟湖生态系统，在海岸潟湖中具有典型性和代表性。同时，因地处海陆交互作用地带，受海陆动力变化及人类活动影响较大，环境演变迅速且动态复杂，是进行湿地形成、演变和生物多样性研究的绝佳场所。

海滩。保护区海滩为典型的沙丘开敞式岸滩，以坡缓、沙软、潮平、浪小、水清而著称。2005年被《中国国家地理》评为中国最美的八大海岸之一，具有极高的旅游休憩和观赏价值。

海岸防护林带。保护区内的海岸防护林为20世纪50—60年代人工营造的，北起大蒲河口南至滦河河口，绵延近30千米。主要林种为刺槐林、杨树林和紫穗槐灌丛，是保护区的主要植被类型之一。

滦河口湿地。保护区南端的滦河现代河口三角洲，为沉积类型发育齐全，地貌组合独特的河口原生湿地生态系统。在地貌学、沉积学、水文地质学诸多领域内，有较高的学术价值。世界濒危生物黑嘴鸥在此区域为优势种，已引起世界自然基金会的关注。

鸟类。保护区地处候鸟南北、东西迁徙带的交会处，区内植被覆盖率较高，滩涂水面广阔，人类活动相对较少，鸟类组成丰富，珍稀种类多。已发现鸟类鸟纲19目66科375种，是国内外观赏和研究鸟类重点地区之一。

文昌鱼。它是国家二级保护动物，是生物进化研究的“活化石”。保护区海域是文昌鱼在渤海的主要栖息地，分布密度高，生物量大，根据历年来的监测结果，保护区海域平均生物量达到60克/米^{2}左右。

图12-7　黄金海岸沙丘沙脊

（2）保护区管理机构及职责

保护区管理处于1991年由河北省编委批准成立，为河北省国土资源厅（河北省海洋局）所属处级事业单位，编制15人，在职员工12名。保护区管理处的主要职责为贯彻执行国家有关海洋类型自然保护区的法律、法规和方针、政策，会同有关部门拟定保护区的建设规划；会同有关部门开展保护区内的自然资源调查和自然环境监测，并建立档案；协助有关部门开展保护区内的生态环境恢复和科学研究活动，进行自然保护的宣传教育。2006年4月管理处加挂中国海监昌黎黄金海岸国家级自然保护区支队的牌子，开始履行海监相应职能。

（3）保护区建设和管理工作

保护区建设：1994年，昌黎黄金海岸国家级自然保护区管理处办公区建成，占地面积2公顷；2010年，在办公区新建800米^2

的科普博物馆和200米^{2}的海洋监测实验室，配有一般性理化分析测试仪器和GPS-RTK沙丘动态变化监测仪器。2011年，改造完成120米^{2}标本馆，馆内布展鸟类标本183种、海洋生物标本50余种；陆域核心区建设有保护站，可以满足巡查人员全天入驻开展管理工作；在昌黎县新开口码头南岸建设独立的海监执法基地，包括码头、油库和办公用房。管理处装备有1部巡护车和1艘巡护执法艇，配备有数码相机、摄像机、GPS、海监通等信息采集设备。2002年保护区完成陆域第一次界桩设置，共埋设界桩398块；2008年进行二次边界界碑建设和功能分区界碑建设工作，共建界碑35个，有区碑1座，海域核心区有浮式界标4个。2012年和2013年保护区在陆域核心区建设1万米的钢筋混凝土围栏。保护区主要入口设有大型宣传牌13块、小型宣传碑9块，沿途设有指示牌20块，保护区办公地及区内主要旅游景点内设有小型宣传标牌46块。2012年，围绕科普博物馆和标本馆建设完成保护区科普基地，包括建设室外科普园和各种宣传科普栏、购置移动电子显示屏、设计制作保护区吉祥物和宣传纪念品和拍摄制作保护区宣传片、保护区画册和宣传册等。2011年、2012年，保护区建设完成包括12个前端固定视频监控点和2套移动监控点的远程视频监控系统。监控平台设置在管理处办公楼内，监控点位主要布设在陆域核心区域，监控范围能够辐射到缓冲区和保护区近岸海域，已实现与北海分局、河北省海洋局监控平台联网。2013年，在陆域核心区内建设300米木质管护走廊。2014年，在管理处办公区建设鸟类救护站。同年5月，申请蓬莱19-3油田溢油事故生态补偿资金项目昌黎黄金海岸国家级自然保护区基础能力及管护能力建设，资金总额1 100万元，主要开展基础能力和管护能力建设。其中，基础能力建设，包括保护区办公地400米深机井、保护区道路、警卫室及大门、管护设备购置；管护能力建设，包括管护走廊、界碑、标识、警示牌建设。截至2016年，这两个项目正在建设中。

保护区管理：2003年，昌黎黄金海岸国家级自然保护区管理处和昌黎县人民政府共同编制《昌黎黄金海岸国家级自然保护区总体规划（2003—2010年）》。并在保护、管理、建设和资源利用等方面严格按照规划实施，使得保护区建设管理更加规范和科学。规划期满后，2009年昌黎黄金海岸国家级自然保护区管理处，组织编制《昌黎黄金海岸国家级自然保护区总体规划（2010—2015年）》，并通过省海洋局组织的专家评审。2015年，又重新编制新版保护区总体规划，重新编制的《昌黎黄金海岸国家级自然保护区总体规划（2016—2025年）》正在准备报国家海洋局审批。

科学研究与生态监测：2002年，为摸清保护区内各类自然资源底数，昌黎黄金海岸国家级自然保护区管理处启动保护区资源本底和生物多样性调查工作。通过调查基本掌握区内地貌、土壤、植被、土地利用、陆域野生动物（鸟类）、滨海湿地、海洋生物等要素情况。近年来通过与河北省科学院地理研究所、河北师范大学等单位合作，完成《昌黎黄金海岸保护区保护与开发研究》《海岸地貌形态控制模型及应用研究》《旅游沙丘形态控制研究》《昌黎黄金海岸国家级自然保护区自然资源保护与合理利用研究》《旅游海滩侵蚀过程及返化机理研究》《昌黎黄金海岸国家级自然保护区自然资源开发利用状况动态监测与分析评价》等科研项目，获省科学技术进步一等奖3项、二等奖1项，获省国土资源优秀成果二等奖1项。保护区海洋环境监测工作已经连续开展了18年，按照《河北省海洋环境监测方案》的要求，管理处每年至少开展两个航次的海洋生态环境监测和两次岸线沙丘动态变化监测，积累了大量连续的数据。为使这些监测结果更好地指导实际工作，2013—2014年昌黎黄金海岸国家级自然保护区管理处开展了历年来监测数据的总结分析工作，2015 年 12 月编纂出版《昌黎黄金海岸国家级自然保护区海洋生态研究》一书，系统地阐述了保护区生态环境现状、影响因素、变化趋势以及今后的保护管理措施等。

宣传教育： 多年来，昌黎黄金海岸国家级自然保护区管理处始终将海洋知识传播和提高人们海洋环境保护意识作为自己的工作职责，始终把科普和宣传教育工作作为一项重要工作来抓。不仅先后与天津科技大学、河北师范大学、天津农学院、河北环境工程学院和河北科技师范学院签订协议，成为这些院校的教学实习基地，而且还成为全市中小学学生开展科普教学活动的重要场所。每年接待来自院校的师生和到此考察、参观的专家、学者千余人次。保护区先后被河北省科技厅命名为首批河北省非场馆类科普教育基地，被国土资源部命名为第二批国土资源科普基地，被国家海洋局命名为海洋意识教育基地。

巡查执法： 昌黎黄金海岸国家级自然保护区管理处严格履行自身职责，依据相关法律法规认真开展区内巡护工作，制定巡查工作制度，建立巡查档案。近年来，每年陆域巡查都在百次以上，海域巡查均在 50 次以上，做到了问题的及时发现和处理。对发现的违法挖沙、违法用海等活动进行立案查处，对较大违法违规活动及时上报。在野外巡护执法上，保护区管理处非常重视与地方其他执法部门的合作。2011—2013 年，保护区管理处联合公安边防、公安交警等执法单位，连续开展越野车专项治理工作。对进入保护区内开展越野活动的车辆进行阻截、教育和处罚。累计劝阻车辆 390 余辆，查扣 7 辆。为有效打击海域核心区内私自圈地、占地和违法海底捕捞行为，保护区管理处与昌黎县海洋局 2013 年联合开展海域核心区专项执法活动，保护区对擅自占用核心区海域进行扇贝养殖的违法活动进行立案查处。2015 年，保护区管理处共开展 192 次陆域巡查，行程 12 924 千米；开展 110 次海域巡查，航行 2 263 海里；累计出动巡护人员 913 人次。通过高频率、全覆盖的巡查，保证了区内违法违规活动的及时发现和处理。针对陆域核心区的越野活动，保护区管理处联合公安边防在暑期开展专项治理工作。累计阻截、驱离越野车千余辆。针对核心区越野活动的管理，秦皇岛市边防支队在保护区管理处设立一个大队，与保护区一道对越野车进行管理。

核心区治理和生态修复： 核心区是昌黎黄金海岸国家级自然保护区最重要的保护区域，也是保护对象最典型、最丰富的区域，因此法律法规对该区域的规定更加严格。保护区陆域核心区（翡翠岛）内存在一处旅游景点，为保护区建区以前建设而成。此景点为昌黎县旅游局下属企业，全部收益归县旅游局所有。2011 年，拆除自然保护区核心区内部分景区停车场，并进行生态修复，将滑沙、滑草等旅游项目迁移到核心区边缘区域。2015 年，保护区管理处将景区南半部分区域进行拆除，并进行生态恢复。

2. 柳江盆地地质遗迹自然保护区

（1）柳江盆地地质遗迹自然保护区概况

柳江盆地地质遗迹国家级自然保护区位于秦皇岛市北部，地理坐标为北纬 40°02′～40°14′，东经 119°30′～119°40′，区域海拔 200～300 米，属暖温带半湿润大陆季风气候，总面积 1 395 公顷。主要保护对象为标准地质剖面、典型地质构造等地质遗迹。

保护区完整且系统地保存华北地区从元古至今 20 亿年地壳演化、地理环境变迁和生物演化史，被誉为“华北地区地质演化的教科书”，是中国规模最大的地学教学野外实习基地和研究基地。地球上的火成岩、沉积岩、变质岩三大岩类均在此展露，岩石种类繁多，含有大量的哺乳动物化石，被公认为“天然地质博物馆”。

柳江盆地地质遗迹自然保护区由张岩子—潮水峪—沙锅店、亮甲山—瓦家山、黑山窑—大洼山、鸡冠山、吴庄等 7 个分散的片区构成，其中国家级保护区域的面积为 14.22 千米 ^{2}，保护区涉及海港区 3 个乡镇 30 个行政村，居民近万人。

河北柳江盆地地质遗迹国家级自然保护区地质遗迹资源荟萃了中国北方 20 多亿年以来各个地质历史时期形成的 24 个组级地层单位、六大地壳不整合面和多种典型地质构造与地貌。区内三大岩类出露齐全，各年代沉积地层发育良好，底层单位界线清晰，化石丰富多样。主要保护对象包括：由吕梁运动、蓟县运动、加里东运动、海西运动、印支运动和燕山运动所形成的六大不整合面；元古界、古生界、中生界三套地层；古生物化石组合带；岩浆岩、变质岩、沉积岩三大岩类；不同级别的褶皱、不同性质的断裂及其他构造形迹；金属、矿点、非金属矿化点；岩溶作用形成的象鼻山、溶洞、天井、石芽、溶沟等；流水作用形成的离堆山、跌水、河流阶地等。见图 12-8 ～图 12-11。

图 12-8　沙锅店岩溶地貌

图 12-9　亮甲山地层剖面

图 12-10　黑山窑断层壁

图 12-11　鸡冠山断层

（2）保护区管理机构及职责

秦皇岛柳江盆地地质遗迹省级自然保护区管理处，1999 年经河北省机构编制委员会批准设立，隶属省国土资源厅，为相当处级事业单位，编制 15 名，下设现场管理科、科研开发科、办公室，主要职责包括：贯彻执行有关自然保护区建设的法律法规；开展保护区基础调查、科研和学术交流活动；负责保护区现场保护、监测和宣传工作。

2005 年 7 月，经国务院批准，柳江盆地自然保护区晋升为国家级自然保护区，保护区管理处更名为河北柳江盆地地质遗迹国家级自然保护区管理处。随着保护区事业的发展，2009 年，经河北省机构编制委员会批准，设立河北柳江盆地地学实习基地管理服务中心，属柳江盆地地质遗迹国家级自然保护区管理处下设机构，为科级事业单位，事业编制 6 名，主要职责是：负责与来柳江盆地开展教学实习院校的联络和实习师生的接待服务工作；负责组织地学知识讲座、学术研讨活动；负责地学博物馆的运行管理、展品收集和讲解服务工作。

（3）保护区建设和管理工作

保护区内建设了比较完备的基础设施，配备了巡查车、望远镜、GPS、对讲机等巡护设备，完成核心区、缓冲区、实验区等功能区标界界碑、界桩埋设，以及标准地层剖面的建立、科研实习线路的修整和宣传碑、警示碑、导向牌的设置。

在日常管护方面，柳江盆地地质遗迹国家级自然保护区管理处建立动态巡查和分区管理责任制度，明确巡查工作任务、责任和周巡查次数，多次联合国土部门开展大规模的区内矿山的集中整治行动，先后关停区内严重威胁地质遗迹状况的以露天采石场为主的各类小矿山 10 余处，并逐步对亮甲山等处开展矿山地质环境治理工作，使得区内的非法的采石采矿行为得到根本的遏制。

3. 都山自然保护区

都山自然保护区主管部门为青龙满族自治县林业局，管理机构设自然保护区管理处，所处位置属青龙满族自治县辖区。都山自然保护区位于青龙满族自治县城西北部 15 千米处，2013 年 10 月由省政府批准设立，属于省级自然保护区，总面积 47.06 千米^2，区内森林资源丰富，森林覆盖率达 97.2%，全部为国有林，林木总蓄积量为 32 万米^3。都山主峰海拔 1 864 米，为京东第二高峰、秦皇岛市第一高峰。主要树种有松树、柞树、椴树、桦树、楸树等，大多数为天然次生林，动物资源种类繁多，有动物上百种，其中包括国家一级珍稀保护动物金钱豹、金雕，图 12-12 为都山自然保护区鸟瞰图。保护区前身为都山林场，成立保护区管理处之后，保持都山林场 77 名财政性资金定额（定项）保证经费事业编制不变。保护区管理处下设 6 个管护站，都设在进入保护区主要道路的入口处，新建一条从山脚直通都山山顶的防火通道，总投资 640 万元，此项工作得到省环保厅的资金支持。在车辆配备上有猎豹警车 1 辆、都山消防大队运兵车 5 辆、机具车 1 辆、水罐车 1 辆。

图 12-12　鸟瞰都山自然保护区

4. 老岭自然保护区

老岭自然保护区主管部门为青龙满族自治县旅游局，自然保护区没有单独设置管理机构，由祖山景区代行管理。所处位置属青龙满族自治县辖区。老岭自然保护区是在祖山林场经营的森林资源基础上建立的，1992 年 7 月 21 日经河北省林业厅批准成立市级自然保护区，总面积 0.84 万公顷（12.6 万亩），其中国有林面积 0.65 万公顷（9.8 万亩）、周边集体林面积 0.19 万公顷（2.8 万亩）。老岭自然保护区属于森林和野生动植物类型自然保护区，保护区森林大部分为天然次生林，有少量的人工林，森林覆盖率为 84.6%。据统计，保护区内有高等植物 693 种，其中国家级保护植物 9 种；有 116 种陆生脊椎动物，其中国家级保护动物 7 种。见图 12-13、图 12-14。

图 12-13　祖山冬季

图 12-14　祖山秋季

三、森林公园、地质公园、湿地公园

1. 森林公园

（1）海滨国家森林公园

中华人民共和国成立前，这里原为一片荒漠，间有少量树木，风沙漫天。1949 年，秦皇岛市政府向河北省政府上报了沿海沙荒情况。1950 年，河北省海滨造林局成立，20 名职工开始在汤河口至赤土山之间造林、改造沙荒。之后，又动员群众，掀起了声势浩大的营造海岸防护林的建设工程。1953 年 5 月 7 日，新华社就此发表《渤海北岸营造海岸防护林带》的专题报道。1954 年夏，周恩来总理到北戴河参加会议。当他从山海关机场乘汽车途经这段治理沙路，看到路两旁是一座座光秃秃的沙丘、沙子被海风吹得到处飞、有的路段还被沙子掩埋的情况，非常关心海滨防沙造林工作。1955 年春天，北戴河区发动群众展开了治理沙丘会战，并找到了提高植树造林成活率的好办法，即：先用草袋装土，将树苗、树种栽下去，一起埋进沙坑，再在树苗周围挡上土墙防止树苗被风沙掩埋，治沙群众用肩挑人扛的办法浇水养护。经过一代又一代林业工作者的不懈努力，海滨国家森林公园建设成为绿色的生态走廊。海滨国家森林公园位于北戴河区，1950 年成立，时称河北省海滨造林局。1954 年，改建为海滨林场。图 12-5、图 12-6 为滨海森林公园成立前后对比图。1991 年，国家林业局批准成立海滨国家级森林公园。其所经营的森林主要是以防风固沙为主，属沿海防护林，经营总面积 1 001.33 公顷，其中林业用地 873.33 公顷，有林地面积 700 公顷，疏林地、无林地 126 公顷，森林覆盖率为 72.7%，林木总蓄积为 4.5 万米 ^{3}。

海滨国家森林公园优美的自然环境，为鸟类提供了良好的栖息地，每年有大量的候鸟从这里迁飞经过，停留数月繁衍生息，为此吸引大批鸟类专家和鸟类爱好者到此观鸟考察。海滨国家森林资源是 20 世纪 50 年代人工林，成过熟林所占比重大，树种单一，树木生长量连年下降。为加强森林资源保护和实现森林资源的可持续发展和利用，2008 年投入近千万元对海滨林场森林资源进行更新改造，加强病虫害防治，结合动物园的发展，选择适生的园林绿化树种，合理营造混交林，增加常绿树、花灌木比例，增加树种多样性，使森林公园四季常绿、三季有花，季季有特色，季季有新意。2011 年按森林分类经营方案海滨林场被划定为国家级生态公益林。所经营的森林为沿海防护林，按生态功能定位有 740 公顷林地为国家级公益林。海滨国家森林公园利用自身优势，于 1995 年建成秦皇岛野生动物园，是继深圳野生动物园之后的全国第二大野生动物园，是国内城市中规划面积较大、森林覆盖率最高、环境最优美的野生动物园。园区主要分为笼养动物区、猛兽区、非洲动物区、中心广场、草食动物区、雉鸡园、百花园、天鹅湖等景区，园区内放养着来自国内外的 120 余种 7 000 余头（只）动物，很多是世界珍禽、名兽和国家一、二级保护动物。为保护生态环境，满足游客回归自然、森林旅游休闲的心理需求，野生动物园采用森林小火车为主、汽车为辅的旅游交通工具。截至 2016 年，已成为集动物观赏、娱乐休闲、科普宣传、动物科研、动物保护和繁育为一体的大型综合性野生动物园，基础设施完善、旅游功能齐全的综合性旅游景区。

图 12-15　海滨国家森林公园

图 12-16　民国年间北戴河沙山（大体位于今海滨国家森林公园位置）

（2）山海关国家森林公园

山海关国家森林公园（图12-17），位于山海关区，距山海关城约4千米，东与辽宁省接壤。始建于1948年。1958年10月，改称为山海关林场。1997年12月，经林业部批准成立国家森林公园，名为长寿山国家森林公园。2003年，长寿山国家森林公园更名为山海关国家森林公园。公园总面积4 880公顷，有木本植物52科104属210种、鸟类18目60科143属359种，并有野生动物狼、狐狸、野兔、蛇等。山海关国家森林公园是风景名胜区，植被面积达76%以上。自然旅游资源非常丰富，众多的山溪河流、瀑布流泉、奇石险峰组成一幅美丽的山水画卷；文化底蕴厚重，北齐长城从公园内穿越，有明清时期寺庙遗址10余处和围春山庄遗址。截至2016年，已建成角山、长寿山、燕塞湖3个旅游区。

图12-17 山海关国家森林公园

（3）黄金海岸森林公园

黄金海岸森林公园，位于北纬39°44′～39°23′，东经119°11′～119°21′，总面积12 969公顷。1993年3月被批准为省级森林公园。黄金海岸森林公园海岸线长52.1千米，占河北省海岸线的10.7%，可供利用的优质沙质海岸达26.8千米。在2005年中国地理杂志开展的“中国最美八大海岸”评选活动中排在第五位。黄金海岸独特的风貌由条件优良的海岸与浴场、雄奇苍莽的沙山、沧桑变化的潟湖、玲珑碧透的翡翠岛、绵延百里的海岸防护林、原始风貌的自然保护区六大特色景观组成。26.8千米的优质沙质海岸，沙细、滩缓、水清、潮平，可开辟近百个浴场和同时容纳30万人下海。在海岸分布众多沙丘，绵延20余千米，气势雄奇苍莽，为世界罕见的海洋大漠风光，构成一幅“山、海、滩”自然融合的雄浑景象。沙丘带内侧的七里海，是典型的半封闭潟湖，面积约8.5千米^2，是国内沿海最大的潟湖，也是秦皇岛海域难得的一片湿地。以新开口为界，往南有一舌形半岛。岛上东部为沙滩海岸带，中部为沙山带，西部为森林带。沙山高达44米，为沙丘的至高点。这里生存着属于国家重点保护的鸟类有68种。半岛把海洋大漠风光、戈壁绿洲景象、远古遗存的物种、濒危珍稀的鸟类魔幻般拼合在一起。20世纪60年代在海岸附近建起宽一两千米、绵延百里的海防林。昌黎黄金海岸1990年9月30日被国务院批准为全国首批5个国家级海洋类型自然保护区之一，在黄金海岸森林公园内已建成国际滑沙活动中心、翡翠岛生态观光园和沙雕大世界、渔岛等大、中型旅游娱乐项目。

（4）渤海森林公园（省级）

渤海森林公园，位于抚宁区南部（实为北戴河新区管委代管），为全国重要的沿海防护林带、景观带。始建于1962年3月，时称渤海林场。1993年3月15日，在渤海林场基础上建成省级森林公园，与渤海林场“实行两块牌子，一套班子的管理体制，经营面积、隶属关系不变”。林场经营管理面积为 3 439.67 公顷，其中有林地面积为 2 518.13 公顷、国家级重点公益林面积为 2 293.6 公顷。全场分为渤海作业区和平市庄作业区，经营面积分别为 1 333.27 公顷和 2 106.4 公顷，重点公益林面积分别为 655.8 公顷和 1 637.8 公顷。渤海作业区建有景观休闲绿道（图 12-18）。

图 12-18　渤海森林公园内骑行道路

（5）团林森林公园（省级）

团林森林公园，位于昌黎县南端黄金海岸（实为北戴河新区管委代管），为全国重要的沿海防护林带、景观带。1951 年开始植树造林，1960 年团林林场成立。1993 年 3 月，在团林林场基础上建成省级森林公园。2018 年，公园占地面积 12 966.77 公顷，森林覆盖率为 45.4%，主要乔木为洋槐、毛白杨、紫穗槐、油松等，建有 6.7 千米的景观休闲绿道。

（6）祖山森林公园（省级）

祖山森林公园，位于青龙满族自治县东南部。始建于 1955 年，时称老岭森林经营所。1960 年，改称老岭林场。1993 年 3 月，在老岭林场基础上建成省级森林公园。1996 年，老岭林场更名为祖山林场、祖山森林公园。公园规划面积为 11 800 公顷。

图 12-19　祖山冰臼

祖山山体形成久远，第一个形成时期是距今 2.08 亿年至距今 0.65 亿年发生的燕山地壳运动，第二个形成时期是距今 0.65 亿年以来发生的喜马拉雅地壳运动，经过冰川作用，形成石海、冰臼地貌（图 12-19），经过风化剥蚀，形成奇石、绝壁地貌，经过流水冲刷，形成瀑布、峡谷地貌。祖山拥有四绝，即云海、佛光（图 12-20）、奇石、木兰。

四季美景和四绝奇景，构成了画的意境、诗的天地，著名诗人臧克家题其为“画境诗天”。1984年开始，投资发展旅游业，已建成祖山风景区。

图 12-20 祖山佛光

（7）南山森林公园（省级）

南山森林公园（图12-21），位于青龙满族自治县城南山。2007年，开工建设，时称南山生态观光园。2012年11月，在南山生态观光园的基础上建成省级森林公园，总占地面积679.8公顷，森林覆盖率为87%，主要植被以大面积油松为主，还有成规模的栗园、苹果园、梨园、桃园和杏园，有民族文化宫、休闲广场、登山步道等设施，已成为居民休闲场所。

图 12-21 南山森林公园

2. 地质公园

截至2016年年底，全市只有一家地质公园，即秦皇岛柳江国家地质公园。公园总面积141.109千米^2，包含柳江盆地地质遗迹保护区、祖山地质地貌景观区、长寿山地质地貌景观区、角山地质地貌景观区和燕塞湖地质地貌景观区，各个景区都设有专门的管理处，负责地质遗迹的保护和旅游管理。

（1）国家地质公园的申报

2001年1月8日，为把秦皇岛市建设成为“生态性、国际性、现代化港口工业旅游城市”，市地质矿产局下发《关于加强地质环境管理，保护地质地貌景观的意见》。意见要求按照“统一规划，明确重点，积极保护，合理开发”的原则，突出重点，依法加强全市地质地貌景观保护。2月1日，市地质矿产局正式向市政府上报《关于申报国家地质公园的请示》。3月16日，市地质矿产局局长带队参加国土资源部首批国家地质公园授匾大会，就秦皇岛国家地质公园的有关事项向部领导和有关专家咨询。3月20日，市地质矿产局组织召开由计划、环保、旅游等部门负责人和有关地学专家参加的申报国家地质公园论证会。5月8日，市地质矿产局下发《关于保护地质地貌景观的实施意见》。意见根据秦皇岛市实际情况，将102国道、205国道、京沈高速公路、京沈铁路两侧及旅游景区可视范围，海洋和地质遗迹保护区及其他具有保护价值的地质地貌和地质遗迹确定为重点保护范围，初步确定11个重点保护区。对专项保护区采取有效措施，依法进行保护。主要保护措施是由市、县区政府成立组织领导机构；划定保护范围、设立保护碑、依法埋设界标，向社会公告，在保护区内严禁伐木、取土、烧荒；在保护区内不再审批兴办新的矿山，对已有矿山进行联合改造或逐步搬迁取缔，严格控制建筑工程，确需建设的，建筑设计方案要经市地矿行政主管部门审批，在保护区招商引资开发，要经市地矿产行政主管部门同意等。随后，各项工作相继展开。2001年3月—11月26日，秦皇岛柳江国家地质公园申报工作在市委、市政府领导下，由市地质矿产局具体负责，东北大学秦皇岛分校承担申报资料的编制和陈述工作。其间，先后组织召开专家论证会 4 次、汇报审查会 2 次，邀请国家地质科学院和国土资源部专家、领导视察 2 次，并多次向国土资源部常务副部长孙文盛、副部长寿嘉华等领导进行专题汇报；制作有关申报文字资料 6 种 20 套、摄影图片集和专题汇报片各 20 套、图件资料 7 种 20 套、多媒体陈述资料 1 套。11 月 26 日，市人大常委会副主任徐建得带队，到北京向国家地质公园评委陈述秦皇岛柳江国家地质公园筹建情况，申报工作获得成功。12 月 20 日，国土资源部正式批准建立河北秦皇岛柳江国家地质公园。2002 年 2 月 28 日，国土资源部向秦皇岛柳江国家地质公园授匾。9 月 8 日，秦皇岛柳江国家地质公园举行开园揭碑仪式，国土资源部副部长寿嘉华、河北省政府副省长何少存为公园揭碑。公园纪念碑见图 12-22。

图 12-22　秦皇岛柳江国家地质公园纪念碑

（2）秦皇岛柳江国家地质公园的建设与开发

从 2002 年 3 月开始，市国土资源局承担公园建设与开发的组织协调和建设工作。市国土资源局聘请专家撰写公园碑文，举行碑文论证会，聘请中国地质科学院副院长赵逊翻译碑文，举办国家地质公园导游员培训班，编辑国家地质公园画册、光盘。投入资金 120 万元，用于制作宣传碑和地学解释碑 28 座，建成长寿山展览馆、祖山展览馆 2 个。

（3）地质公园景区

分为柳江盆地地质遗迹保护区、长寿山地质地貌景观区、祖山地质地貌景观区、燕塞湖地质地貌景观区、角山地质地貌景观区 5 个部分。

柳江盆地地质遗迹保护区：1999 年，经河北省政府批准建立柳江盆地省级地质遗迹自然保护区。柳江盆地省级地质遗迹自然保护区位于海港区北部，新太古界变质花岗岩和燕山期花岗岩构成高耸的周边，古生界和中生界构成中部低矮的丘陵和谷地。盆地南北长 20 千米，东西宽 12 千米，面积 240 千米^2。其中，地质遗迹景观区 9 千米^2。主要地质遗迹包括吕梁运动、蓟县运动、晚加里东—早海西运动、晚海西—早印支运动、晚印支运动、燕山运动所形成的六大不整合面；元古界、古生界、中生界三套地层；岩浆岩、沉积岩、变质岩三大岩类；亮甲山组、黑山窑组两套地层的命名地；丰富的古生物化石；不同类型、不同规模的构造形迹；金属、非金属矿化、矿点、矿床和第四纪地貌景观。盆地的演化形成过程可分为 5 个阶段，分别为基底形成阶段（新太古代晚期，距今 25 亿年前）；基底抬升剥蚀阶段（古元古代—中元古代，距今 25 亿～ 9 亿年）；盖层发育阶段（晚元古代—古生代，距今 9 亿～ 2.45 亿年）；盆地形成阶段（中生代，距今 2.45 亿～ 0.65 亿年）；盆地定型阶段（新生代，距今 0.65 亿年以后）。柳江盆地的地质遗迹系统完整地记录了华北地区新太古代晚期至今 20 多亿年的地壳演化、地理环境变迁和生物进化的历史，是华北地区地质演化的教科书。自清同治八年（1869 年）开始，众多地学家对其进行考察研究，使其成为中国现代地学发祥地之一。柳江盆地是中国规模最大的地学野外实习基地之一，被称为“地质教科书”“地球地质博物馆”，是培养地学科学家、地质工程师和地理教师的摇篮。

附：柳江地质考察活动

清同治八年（1869 年），德国地理学家、地质学家李希霍芬（Richthofen，Ferdinandvon，1833—1905 年）在柳江盆地进行煤田地质调查。

1918 年，翁文灏（中国第一位地质学博士，曾任北洋政府矿产股长、国民政府农矿部地质调查所所长、行政院院长）在柳江一带开展深入地质矿产调查的基础上，著《河北东北部抚宁县金属矿产调查报告书》。

1919 年，北洋政府农商部地质调查所调查员叶良辅、刘季晨对柳江盆地进行全面调查，以石门寨北侧的亮甲山命名创建“亮甲山组”地层，并沿用至今。

1922 年，德国地质学家马底幼（F.F.Mathieu）在柳江盆地进行柳江灰岩、砂岩的研究。

1935 年，北京大学教授孙云铸连续发表《中国北部上寒武纪之三叶虫化石》《中国北部下奥陶纪笔石化石》两篇古生物的开创性论文，修正了前人对奥陶系不正确的划分，在当时震动了学界，其基础之一就是对柳江盆地的地层化石进行的研究。

中华人民共和国成立后，北京大学、中国地质大学、西北大学、中国科学院等 70 余所大专院校和科研单位在秦皇岛进行专题研究和教学实习。

1982 年 8 月 25 日—9 月 4 日，中国地质学会创会 60 周年大会在北戴河召开，到会代表 420 多人。澳大利亚、英国、美国、德国、希腊、加拿大、法国、日本等 10 个国家和中国香港地区的 54 位外国地质学家，及中国地质学家参加庆祝活动。会上，与会人员考察了柳江盆地。

1993 年，中国第一次承办的世界地质大会——第 30 届世界地质大会将柳江盆地作为专门科考的路线。

2000 年，第六届国际古植物学大会在秦皇岛召开。

长寿山地质地貌景观区：长寿山属燕山山脉，位于山海关区东北部，地质地貌景观区面积 48 千米^2，主峰海拔 797 米。1999 年，长寿山被评为全国文明风景旅游区示范景点。组成山体的主要岩石为燕山运动所形成的花岗岩。燕山运动是发生在距今 2.08 亿～0.65 亿年的地壳运动。距今 0.65 亿年以后的喜马拉雅运动使花岗岩抬升，形成山体。景观区受地质构造影响，花岗岩节理发育，裂隙纵横，经风化剥蚀，形成石壁、石洞、石柱、象形石等地貌景观。长寿山石奇洞幽，山势峻美，“国画石壁”浑然天成，“寿字碑林”（图 12-23）挺拔屹立，“悬阳洞”（图 12-24）洞深悬阳，“飞来石”“樵夫石”“骆驼石”造型奇特。

图 12-23　长寿山寿字碑林

图 12-24　长寿山悬阳洞

祖山地质地貌景观区：祖山位于青龙满族自治县境内，属燕山山脉，地质地貌景观区面积98千米^2，区内海拔1 200米以上的山峰有12座，主峰天女峰海拔1 424米。组成祖山山体的岩石为燕山运动所形成的花岗岩。花岗岩节理发育，裂隙纵横，经风化剥蚀，形成石壁、石穴、石罅、石柱及象形石等地貌景观。在第四纪冰期寒冻风化作用下，形成大规模石海和冰臼群地貌景观。祖山地质地貌景观区是大石河的发源地，泉水、溪流发育，形成瀑布、峡谷等地貌景观。祖山气势磅礴，风光优美。“窟窿山”“棋盘山”“花果山”千姿百态，“五人岭”“八戒岩”“万佛石”惟妙惟肖，“龙潭飞瀑”“白蛇吐布”蔚然壮观，“画廊谷”“情人谷”如诗如画，“十二裙钗”亭亭玉立，“仙女云床”飘渺凌空。

燕塞湖地质地貌景观区：燕塞湖为石河水库，位于秦皇岛市山海关区西北部，地质地貌景观区面积24千米^2。组成燕塞湖周边山体的岩石为燕山运动所形成的火山喷发岩和花岗岩。距今0.65亿年，此处为河流下游，曲流发育。之后，山体抬升，河流下切，保留了原河流形态。1974年，石河水库（燕塞湖）建成，水碧林幽，峡谷蜿蜒，石壁陡峭，湖光山色，因其居北方幽燕之地，长城边塞之侧，故得名燕塞湖。

角山地质地貌景观区：角山属燕山山脉，位于山海关区北部，地质地貌景观区面积2千米^2，主峰海拔518米。组成山体的主要岩石为燕山运动所形成的火山喷发岩和花岗岩。角山奇峰突起，形势陡峻，是万里长城西行第一山。明洪武十四年（1381年），大将徐达主持修建角山长城。明隆庆元年（1567年），在蓟镇总兵戚继光主持下，对角山长城进行重修。

3. 湿地公园

2000年9月，经国务院批准，秦皇岛市的北戴河沿海湿地、滦河口湿地（图12-25）、黄金海岸湿地被列入中国重要湿地名录，这3处湿地2015年被列入河北省重要湿地名录。2011年，北戴河沿海湿地建设成为国家级湿地公园（试点），2015年正式挂牌。2015年12月，青龙满族自治县青龙湖（桃林口水库）流域建设成国家级湿地公园（试点）。2016年12月，卢龙县一渠百库区域建设成国家级湿地公园（试点）。截至2016年年底，全市有国家级湿地公园（试点）3处，见图12-26～图12-28、表12-3。

图12-25　滦河口湿地

图 12-26　青龙湖湿地

图 12-27　卢龙“一渠百库”湿地

图 12-28　北戴河沿海湿地

表 12-3　2016 年秦皇岛市国家级湿地公园（试点）一览表

单位：公顷

公园名称	建设时间	公园面积	湿地面积	湿地类型
北戴河沿海湿地公园	2011[注]	306.7	165.67	浅海水域、坑塘湖泊和沼泽洼地
青龙湖湿地公园	2015.12	8 400	3 567	河流、水库、水源地
卢龙“一渠百库”湿地公园	2016.12	922.88	534.3	河流、水库、水源地

注：2011 年，北戴河沿海湿地建设成为国家级湿地公园（试点），2015 年正式挂牌。

北戴河沿海湿地公园，位于渤海之滨，是依托新河水资源及 1 000 公顷沿海防护林打造的生态系统风景区，园区由合理利用区、恢复重建区、宣教展示区、生态保育区、管理服务区、封闭管理区 6 个功能区组成，总占地面积 577.4 公顷。2016 年以来，本着“科学规划、有效保护、合理利用”的原则，秦皇岛市政府分期对湿地公园进行保护性恢复建设，重点对原有生态系统进行保护与恢复，丰富湿地物种，对巡护路网、桥体、楼道等服务设施进行整合与建设，对河道、水渠、池塘等水系分类进行生态改造；在此基础上，还配套建成具有管理服务功能的小体量建筑。其中，合理利用区占地面积 110 公顷，主要由垂钓乐园、荷塘风情、田园风光、浆果乐园 4 个部分组成；恢复重建区占地面积 40 公顷，这里是中国北方重要的鸟类栖息地之一，在国内现存的 1 370 种鸟类中，北戴河就有 400 多种，其中国家重点保护的品种达 68 种；宣教展示区占地面积 20 公顷，建成鸟类博物馆一座，多媒体展示了湿地生态及鸟类保护等知识，是集知识性、趣味性于一体的专题科普博物馆；生态保育区占地面积 135 公顷，是新河入海时形成的大潮坪，这里是鸟类理想的栖息地，是著名的世界级观鸟胜地，管理服务区占地面积 1.3 公顷。封闭管理区占地面积 270 公顷，主要栽植林木有杨树、槐树、松、柏，同时点缀云杉、五角枫、紫叶李、黄栌等彩叶树种。

4. 种质资源保护区

（1）秦皇岛（北戴河）海域国家级水产种质资源保护区

保护区位于北戴河海域，北侧为亚运村和新澳海底世界，西侧为海滨国家森林公园、鸟类湿地保护区和鸽子窝公园，南侧为金山嘴、老虎石公园和中直疗养院。总面积 3 125 公顷，其中核心区面积 613 公顷、实验区面积 2 512 公顷。特别保护期为每年的 3 月 1 日—7 月 31 日。保护区距岸边 0.5 ～ 2.5 海里，范围北纬 39°47′ ～ 39°52′，东经 119°27′ ～ 119°34′。核心区分为两个，第一核心区位于天然礁区大石山，面积为 340 公顷；第二核心区位于金山嘴外侧，面积 273 公顷。保护区内除核心区外为实验区。主要保护对象为褐牙鲆、红鳍东方鲀、刺参，其他保护对象包括三疣梭子蟹、日本蟳、长蛸、短蛸、许氏平鲉（黑鲪）、魁蚶、文蛤等。

（2）昌黎海域国家级水产种质资源保护区

保护区位于昌黎县黄金海岸东南部海域，近岸点 11.5 海里，远岸点 18.5 海里。总面积 11 568 公顷，其中核心区面积 2 393 公顷、实验区面积 9 175 公顷。特别保护期为每年的 3 月 1 日—10 月 31 日。保护区是由 5 个拐点顺次连线围成的海域，拐点坐标分别为东经 119°31′29.90″、北纬 39°31′20″，东经 119°41′38.29″、北纬 39°32′17.07″，东经 119°41′56.59″、北纬 39°28′17.42″，东经 119°37′22.03″、北纬 39°26′45.32″，东经 119°32′44.98″、北纬 39°27′33.21″。主要保护对象是三疣梭子蟹、花鲈。

（3）南戴河海域国家级水产种质资源保护区

保护区位于南戴河海域，东南距洋河口渔港码头 11.13 海里，西南距洋河口渔港码头 11.46 海里，西北距洋河口渔港码头 6.42 海里，东北距洋河口渔港码头 7 海里。总面积 6 268 公顷，其中核心区面积为 1 200 公顷、实验区面积为 5 068 公顷。特别保护期为每年的 4 月 1 日—7 月 31 日。保护区是由 4 个拐点顺次连线围成的海域，拐点坐标分别为东经 119°36′53″、北纬 39°40′18.15″，东经 119°34′31″、北纬 39°37′49.81″，东经 119°28′45.4″、北纬 39°40′13.80″，东经 119°32′25.10″、北纬 39°43′38.44″。主要保护对象为栉江珧和魁蚶，其他保护对象包括毛蚶、竹蛏等。

（4）山海关海域国家级水产种质资源保护区

保护区位于山海关海域，以石河入海口为中心，近岸东侧为长城入海处“老龙头”、西至山海关一级渔港。总面积 3 019.11 公顷，其中核心区面积为 931.44 公顷、实验区面积为 2 087.67 公顷。核心区特别保护期为全年。保护区是由 4 个拐点顺次连线围成的海域，拐点坐标为东经 119°45′10″、北纬 39°56′1″，东经 119°49′32″、北纬 39°56′2″，东经 119°49′32″、北纬 39°53′21″，东经 119°45′11″、北纬 39°53′28″。保护区主要保护对象为石鲽、魁蚶、褐牙鲆，其他保护对象包括蓝点马鲛、玉筋鱼、小黄鱼、鳀鱼、口虾蛄、三疣梭子蟹、短蛸和日本枪乌贼等物种。

参考文献

[1] Bruzzone L, Serpico S B. Detection of changes in remotely-sensed images by the selective used multi-spectral information[J]. Int J Remote Sensing, 1997, l8(18): 3883-3888.

[2] Chen S, Zhang Z H, MaY, et al. Program for service evaluation of marine ecosystems in China waters[J]. Advances in Earth Science, 2006, 21(11): 1127-1133.

[3] Costanza R, d'Arge R, de Groot R, et al. The value of the world's secosystem service and natural capital [J]. Nature. 1987, 387(6630): 253-260.

[4] Daily G C. Nature's services: societal dependence on natural ecosystems[M]. Washington DC: Island Press, 1997.

[5] De Groot R S, Wilson M A, Boumans R M J. A typology for the classifification, description, and valuation of ecosystem functions, goods, and services[J]. Ecological Economics, 2002, 41(3): 393-408.

[6] Dixon R K, Solomon A M, Brown S, et al. Carbon pools and flux of global forest ecosystems [J]. Science, 1994, 263(5144): 185-90.

[7] Ehrlich P R, Ehrlich A H. Extinction[M]. NewYork:Ballantine, 1981.

[8] Häyhä T, Franzese P P, Paletto A, etal. Assessing, valuing,and mapping ecosystem services in Alpine forests[J]. Ecosystem Services, 2015, 14(4): 12-23.

[9] Holdren J P, Ehrlich P R. Human population and the global environment[J]. American Scientist, 1974, 62: 282-292.

[10] Institute E D. The economic appraisal of environmental projects and policies. A practical guide[M]. Paris: OEDE, 1995.

[11] Leopold A. A sandy county almanac and sketches here and there[M]. New York: Cambridge University Press, 1949.

[12] Lu F, Wang X K, Han B, et al, Soil carbons equestrations by nitrogen fertilizer application, straw return and no-tillage in China'scrop land[J]. Global Change Biology, 2009, 15(2): 281-305.

[13] Mace G M. Millennium ecosystem assessment[M]. New Jersey: John Wiley & Sons, Ltd, 2008.

[14] Marsh G P. Man and nature:or physical geography as modified by human action[M]. New York: Charles Scribner, 1864. (Reprinted in 1965 by Harvard University Press).

[15] Reid W V, Mooney H A, Cropper A, et al. Millennium ecosystem assessment. Ecosystem sand human well-being: synthesis[M]. Washington, DC: Island Press, 2005.

[16] Shaw C H, Hilger A B, Metsaranta J, et al. Evaluation of simulated estimates of forest ecosystem carbon stocks using ground plot data from Canada's National Forest Inventory[J]. Ecological Modelling, 2014, 272(24): 323-347.

[17] Sub-global assessment selection working group of the millennium ecosystem assessment(MA).

Sub-global component:purpose,structure and protocols[R]. Millennium Ecosystem Assessment, 2001.
[18] UNEP. Guide lines for country study on biological diversity[M]. New York: Oxford University Press, 1993.
[19] Vogt W, Freeman S I. Road to survival[M]. Montana: Literary Licensing, LLC, 1948.
[20] Westman W E. How much are nature's service worth[J]. Science, 1977, 197: 960-964.
[21] 安洪声 . 秦皇岛市水利志 [M]. 天津 : 天津人民出版社 ,1993.
[22] 白杨 , 欧阳志云 , 郑华 , 等 . 海河流域农田生态系统环境损益分析 [J]. 应用生态学报 , 2010, 21(11): 2938-2945.
[23] 白杨 , 欧阳志云 , 郑华 , 等 . 海河流域森林生态系统服务功能评估 [J]. 生态学报 , 2011, 31(7): 2029-2039.
[24] 柏方敏 . 森林与负氧离子 [J]. 林业与生态 , 2011(3): 12-13.
[25] 北京林业大学 . 江西省森林生态系统综合效益评估研究报告 [R]. 2011.
[26] 毕于运 , 高春雨 , 王亚静 , 等 . 中国秸秆资源数量估算 [J]. 农业工程学报 , 2009(12): 211-217.
[27] 毕于运 . 秸秆资源评价与利用研究 [D]. 北京 : 中国农业科学院 , 2010.
[28] 蔡晓辉 . 河流的生态功能及水文变化的生物学效应 [J]. 河南水利与南水北调 , 2008(8): 23-24.
[29] 曹西华 , 俞志明 , 宋秀贤 , 等 . 秦皇岛入海河流的污染水平、排放特征及对褐潮暴发区生源要素的影响 [J]. 海洋与湖沼 , 2017, 48(5): 970-981.
[30] 曹新向 . 城市湿地生态系统服务功能价值评价研究——以开封市湿地为例 [J]. 安徽农业科学 , 2008, 36(16): 6935-6938.
[31] 曹子辉 , 解天华 , 马印 , 等 . 青龙满族自治县志（1979—2004）[M]. 北京 : 方志出版社 , 2010.
[32] 曾曙才 , 苏志尧 , 陈北光 . 我国森林空气负离子研究进展 [J]. 南京林业大学学报（自然科学版）, 2006, 30(5): 107-111.
[33] 陈静生 , 汪晋三 . 地学基础 [M]. 北京 : 高等教育出版社 . 2001.
[34] 陈灵芝 . 暖温带森林生态系统结构与功能的研究 [M]. 北京 : 科学出版社 , 1997.
[35] 陈鹏 . 厦门湿地生态系统服务功能价值评估 [J]. 湿地科学 , 2006, 4(2): 101-106.
[36] 陈尚 , 任大川 , 夏涛 , 等 . 海洋生态资本理论框架下的生态系统服务评估 [J]. 生态学报 , 2013, 33(19): 6254-6263.
[37] 陈世斌 , 魏遐 . 新编地貌学教程 [M] 北京 : 气象出版社 . 1997.
[38] 陈耀 . 秦皇岛市限采地下水的必要性 [J]. 河北水利 , 2006(8), 19.
[39] 陈雨时 . 昌黎县志 [M]. 北京 : 中国国际广播出版社 , 1992.
[40] 陈仲新 , 张新时 . 中国生态系统效益的价值 [J]. 科学通报 . 2000, 45(1): 17-22.
[41] 程娜 . 海洋生态系统的服务功能机器价值评估研究 [D]. 大连 : 辽宁师范大学 , 2008.
[42] 储照源 , 赵静 , 尚辛亥 . 秦皇岛沿海湿地现状与保护建议 [J]. 河北林业科技 , 2006(5): 52-54.
[43] 丛继信 . 神奇的负氧离子 [J]. 解放军健康 , 2003(3): 39-39.

[44] 崔丽娟 . 扎龙湿地价值货币化评价 [J]. 自然资源学报 ,2002,17(4):451-456.
[45] 丁小迪 , 丁咚 , 李广雪 . 山东省滨海湿地生态价值评估 [J]. 中国海洋大学学报 , 2015, 45(1): 71-75.
[46] 董耀会 . 秦皇岛历代志书校注 [M]. 北京 : 中国审计出版社 , 2001.
[47] 窦连起 . 山海关志 [M]. 天津 : 天津人民出版社 , 1994.
[48] 杜国英 , 陈尚 , 夏涛 , 等 . 山东减缓生态资本价值评估——近海生物资源现存量价值 [J]. 生态学报 , 2011, 31(19): 5553-5560.
[49] 方精云 , 刘国华 , 徐嵩龄 . 我国森林植被的生物量和净生产量 [J]. 生态学报 , 1996, 16(5): 497-508.
[50] 冯继广 , 丁陆彬 , 王景升 , 等 . 基于案例的中国森林生态系统服务功能评价 [J]. 应用生态学报 , 2016, 27(5): 1375-1382.
[51] 高宏颖 . 唐河滨 . 秦皇岛野生植物图鉴 [M]. 秦皇岛 : 燕山大学出版社 , 2020.
[52] 高云峰 . 北京山区森林资源价值评价 [J]. 中国农村经济 , 2005(7): 19-29.
[53] 高云山 , 朱桂新 . 北戴河志（1988—2003）[M]. 北京 : 方志出版社 , 2008.
[54] 郭正山 . 秦皇岛年鉴 1987—1989[M]. 北京 : 中国标准出版社 , 1990.
[55] 韩维栋 , 高秀梅 , 卢昌义 , 等 . 中国红树林生态系统生态价值评估 [J]. 生态科学 , 2000, 19(1): 40-46.
[56] 海洋生态资本评估技术导则 . GB/T 28058—2011.
[57] 河北省秦皇岛柳江盆地地质遗迹自然保护区管理处 . 柳江盆地地质遗迹自然保护区 [R]. 2002.
[58] 呼贵礼 . 抚宁县志（1979—2002）[M]. 北京 : 方志出版社 , 2010.
[59] 胡广利 . 青龙满族自治县志 [M]. 北京 : 中国城市出版社 , 1997.
[60] 黄永梅 , 张春茹 , 杨新兵 , 等 . 冀北山区各县森林生态系统生态服务功能价值评估 [J]. 河北林果研究 , 2013, 28(1): 55-60.
[61] 黄志明 , 魏延森 . 卢龙县志（1978—2002）[M]. 北京 : 方志出版社 , 2014.
[62] 江波 , 张路 , 欧阳志云 . 青海湖湿地生态系统服务价值评估 [J]. 应用生态学报 , 2015, 26(10): 3137-3144.
[63] 蒋菊生 . 生态资产评估与可持续发展 [J]. 热带生物学报 ,2001, 7(3): 41-46.
[64] 靳芳 , 鲁绍伟 , 余新晓 , 等 . 中国森林生态系统服务功能及其价值评价 [J]. 应用生态学报 , 2005, 16(8): 1531-1536.
[65] 靳芳 , 鲁绍伟 , 余新晓 , 等 . 中国森林生态系统服务功能及其价值评价 [M]. 北京 : 中国林业出版社 , 2007.
[66] 阚莉 , 陈明 . 空气中负氧离子研究现状 [J]. 资源节约与环保 , 2015(7): 123-123.
[67] 康占忠 . 抚宁县志 [M]. 石家庄 : 河北人民出版社 , 1990.
[68] 孔繁德 , 崔力拓 . 秦皇岛市气候变化对河流径流的影响及对策 [J]. 中国环境管理干部学院学报 , 2007, 17(1): 7-9.
[69] 孔繁德 . 秦皇岛山羊寨动物群及其生存环境的研究 [J]. 中国环境管理干部学院学报 , 2009(1): 1-3.

[70] 李翠格 . 秦皇岛沿海地学旅游资源开发研究 [D]. 石家庄 : 河北师范大学 , 2008.
[71] 李佳 . 秦皇岛市陆地植被碳汇研究 [D]. 陕西杨凌 : 西北农林科技大学 , 2011.
[72] 李江波 , 苏忆楠 , 饶秀勤 . 基于高光谱成像及神经网络技术检测玉米含水率 [J]. 包装与食品机械 , 2010, 28(6): 1-4.
[73] 李京梅 , 张国庆 , 陈尚 , 等 . 罗源湾海域生态资本对区域经济贡献度的实证分析 [J]. 中国海洋大学学报 (社会科学版), 2012(1): 43-47.
[74] 李克让 . 土地利用变化和温室气体净排放与陆地生态系统碳循环 [M]. 北京 : 气象出版社 , 2000.
[75] 李丽峰 , 惠淑荣 , 宋红丽 , 等 . 盘锦双台河口湿地生态系统服务功能能值价值评价 [J]. 中国环境科学 , 2013, 33(8): 1454-1458.
[76] 李秦生 . 秦皇岛老照片 [M]. 香港 : 香港文汇出版社 , 2003.
[77] 李少宁 , 王兵 , 赵广东 , 等 . 森林生态系统服务功能研究进展——理论与方法 [J]. 世界林业研究 , 2004, 17(4): 14-18.
[78] 李士美 , 谢高地 . 典型农田生态系统水源涵养服务流量过程研究 [J]. 北方园艺 , 2014(3): 193-196.
[79] 李文华 . 生态系统服务功能价值评估的理论、方法与应用 [M]. 北京 : 中国人民大学出版社 , 2008.
[80] 李志伟 , 崔力拓 . 秦皇岛主要入海河流污染及其对近岸海域影响研究 [J]. 生态环境学报 , 2012, 21(7): 1285-1288.
[81] 刘红艳 . 河北省畜禽粪便负荷与警报分级 [J]. 农业环境与发展 , 2007(1): 75-77.
[82] 刘鸣达 , 黄晓姗 , 张玉龙 , 等 . 农田生态系统服务功能研究进展 [J]. 生态环境 , 2008, 17(2): 834-838.
[83] 刘起 . 中国草地资源生态经济价值的探讨 [J]. 四川草原 , 1999, 4: 1-4.
[84] 刘瑞玉 . 中国海洋生物名录 [M]. 北京 : 科学出版社 ,2008.
[85] 刘献明 , 肖家良 , 孙玉柱 , 等 . 沧州市农田林网发展中的问题与对策 [J]. 河北林业科技 , 2005(1): 14-16.
[86] 柳成志 , 庞庆山 , 赵荣 , 等 . 秦皇岛地区地质实习教学指导书 [M]. 内部资料 . 2003.
[87] 柳儒田 . 柳江国家地质公园 [M]. 秦皇岛 : 燕山大学出版社 , 2014.
[88] 柳云龙 , 朱建青 , 施振香 , 等 . 上海城市绿地净化服务功能及其价值评估 [J]. 中国人口・资源与环境 , 2009, 19(5): 28-32
[89] 卢小慧 , 靳孟贵 , 汪丙国 . 栾城农业生态系统试验站土壤水分特征曲线分析 [J]. 中国农村水利水电 , 2006(12): 30-32, 57.
[90] 罗细芳 , 古育平 , 陈火春 , 等 . 我国沿海防护林体系生态效益价值评估 [J]. 华东森林经理 , 2013(1): 25-27.
[91] 马新辉 , 任志远 , 孙根年 . 城市植被净化大气价值计量与评价——以西安市为例 [J]. 中国生态农业学报 , 2004(4): 180-182.
[92] 马新辉 , 孙根年 , 任志远 . 西安市植被净化大气物质量的测定及其价值评价 [J]. 干旱区资源与环境 , 2002, 16(4): 83-86.

[93] 马学智 . 山海关区志（1979—2004）[M]. 北京 : 方志出版社 , 2011.

[94] 马宇骏 . 百年港与城 [M]. 北京 : 中央文献出版社 , 2014.

[95] 毛富玲 , 郭雅儒 , 刘雅欣 . 雾灵山自然保护区森林生态系统服务功能价值评估 [J]. 河北林果研究 . 2005, 20(3): 220-223.

[96] 孟凡杰 . 秦皇岛市海岸带地下水资源的合理开采利用 [J]. 海洋地质动态 , 2004, 20(12): 22-25.

[97] 孟丽静 . 河北省典型湿地生态系统综合评价及其调控对策 [D]. 石家庄 : 河北师范大学 , 2006.

[98] 苗艺 . 中国・秦皇岛经济技术开发区志（1984—2003）[M]. 深圳 : 海天出版社 , 2004.

[99] 莫惠婷 . 秦皇岛市昌黎县地下水资源评价及保护方法研究 [D]. 天津 : 天津大学 , 2014.

[100] 慕长龙 , 龚固堂 . 长江中上游防护林体系综合效益的计算与评价 [J]. 四川林业科技 , 2001, 22(1): 15-23.

[101] 聂道平 . 森林生态系统营养元素的生物循环 [J]. 林业科学研究 , 1991(4): 435-440.

[102] 欧阳志云 , 王如松 , 赵景柱 . 生态系统服务功能及其生态经济价值评价 [J]. 应用生态学报 , 1999(5): 635-640.

[103] 欧阳志云 , 赵同谦 , 王效科 , 等 . 水生态服务功能及其间接价值评价 [J]. 应用生态学报 , 2004, 24(4): 2091-2099.

[104] 欧阳志云 , 郑华 , 高吉喜 , 等 . 区域生态环境质量评价与生态功能区域 [M]. 北京 : 中国环境科学出版社 , 2009.

[105] 欧阳志云 , 郑华 , 岳平 . 建立我国生态补偿机制的思路与措施 [J]. 生态学报 , 2013, 33(3): 686-692.

[106] 欧阳志云 , 朱春全 , 杨广斌 , 等 . 生态系统生产总值核算 : 概念、核算方法与案例研究 [J]. 生态学报 , 2013, 33(21): 6747-6761.

[107] 彭勃 . 卢龙县志 [M]. 天津 : 天津人民出版社 , 1994.

[108] 秦灿 . 山东省海洋环境保护对策研究 [D]. 济南 : 山东大学 , 2014.

[109] 耿建扩 . 秦皇岛斑鬣狗化石发掘获重大进展有望佐证现代人起源假说 [N]. 光明日报 , 2008-7-30 (005 版).

[110] 秦皇岛市北戴河区地方志编纂委员会 . 北戴河志 [M]. 北京 : 方志出版社 , 2008.

[111] 秦皇岛市地名办公室 . 秦皇岛风物志 [M]. 石家庄 : 河北人民出版社 , 1986.

[112] 秦皇岛市旅游局 , 秦皇岛市国土资源局 . 河北秦皇岛柳江国家地质公园 [R].（内部资料）.

[113] 秦皇岛市水利局 , 秦皇岛市地矿局 . 河北省秦皇岛市地下水资源开发利用规划报告 . 1997 年 5 月（内部资料）.

[114] 森林生态系统服务功能评估规范 . LY/T 1721—2008.

[115] 邵先杰 , 褚庆忠 , 马平华， 等 . 秦皇岛地质实习指导书 [M]. 北京 : 石油工业出版社 , 2017.

[116] 生态系统与人类福利 : 评估框架 .http://www.Millenniumassessment.org/en/Framework.html.

[117] 湿地生态风险评估技术规范 .GB/T 27647—2011.

[118] 石家庄经济学院秦皇岛市胜超地质矿产开发有限公司 . 河北省秦皇岛市柳江盆地地质遗迹保护区勘查与规划报告 [R]. 1997.

[119] 时晓峰 . 山海关旧志校注 [M]. 天津 : 天津人民出版社 , 1999.
[120] 宋春青 , 张振春 . 地质学基础（第二版）[M]. 北京 : 高等教育出版社 , 1993.
[121] 宋兆民 , 陈建业 , 杨立文 , 等 . 河北省深县农田林网防护效应的研究 [J]. 林业科学 , 1981(1): 8-19.
[122] 苏斐华 . 秦皇岛年鉴 1996[M]. 沈阳 : 沈阳出版社 , 1996.
[123] 苏斐华 . 秦皇岛年鉴 1997[M]. 沈阳 : 沈阳出版社 , 1997.
[124] 苏斐华 . 秦皇岛年鉴 1998[M]. 北京 : 方志出版社 , 1999.
[125] 苏斐华 . 秦皇岛年鉴 1999[M]. 沈阳 : 沈阳出版社 , 1999.
[126] 苏斐华 . 秦皇岛年鉴 2000[M]. 北京 : 中国审计出版社 , 2000.
[127] 苏斐华 . 秦皇岛年鉴 2001[M]. 北京 : 中国标准出版社 , 2002.
[128] 苏斐华 . 秦皇岛年鉴 2002[M]. 石家庄 : 河北人民出版社 , 2003.
[129] 孙继胜 . 北戴河老照片 [M]. 香港 : 香港文汇出版社 , 2014.
[130] 孙继胜 . 秦皇岛年鉴 2004[M]. 北京 : 方志出版社 , 2004.
[131] 孙继胜 . 秦皇岛年鉴 2005[M]. 北京 : 方志出版社 , 2006.
[132] 孙继胜 . 秦皇岛年鉴 2006[M]. 北京 : 方志出版社 , 2006.
[133] 孙继胜 . 秦皇岛年鉴 2007[M]. 深圳 : 海天出版社 , 2007.
[134] 孙继胜 . 秦皇岛年鉴 2010[M]. 北京 : 方志出版社 , 2010.
[135] 孙继胜 . 秦皇岛年鉴 2011[M]. 北京 : 方志出版社 , 2011.
[136] 孙继胜 . 秦皇岛年鉴 2012[M]. 北京 : 方志出版社 , 2012.
[137] 孙继胜 . 秦皇岛年鉴 2013[M]. 北京 : 方志出版社 , 2013.
[138] 孙继胜 . 秦皇岛年鉴 2014[M]. 北京 : 方志出版社 , 2015.
[139] 孙继胜 . 秦皇岛年鉴 2015[M]. 北京 : 中国文史出版社 , 2015.
[140] 孙继胜 . 秦皇岛年鉴 2016[M]. 北京 : 中国文史出版社 , 2017.
[141] 孙继胜 . 秦皇岛鸟类图志 [M]. 香港 : 香港文汇出版社 , 2005.
[142] 孙继胜 . 秦皇岛市志（1979—2002）[M]. 北京 : 方志出版社 , 2009.
[143] 孙继胜 . 山海关老照片 [M]. 北京 : 中国文史出版社 , 2015.
[144] 孙立达 , 朱会光 . 水土保持林体系综合效益研究与评价 [M]. 北京 : 科学出版社 , 1995.
[145] 孙新章 , 周海林 , 谢高地 . 中国农田生态系统的服务功能及其经济价值 [J]. 中国人口・资源与环境 , 2007, 17(4): 55-60.
[146] 孙振宇 , 宋献方 , 卜红梅 , 等 . 秦皇岛洋河—戴河流域浅层地下水咸化程度评价 [J]. 安全与环境学报 , 2015, 15(3): 356-341.
[147] 唐博 , 龙江平 , 章伟艳 , 等 . 中国区域滨海湿地固碳能力研究现状与提升 [J]. 海洋通报 , 2014, 33(5): 481-490.
[148] 王兵 , 鲁绍伟 , 尤文忠 , 等 . 辽宁省森林生态系统服务价值评估 [J]. 应用生态学报 , 2010, 21(7): 1792-1798.
[149] 王伯民 , 彭芳检 , 欧阳翠凤 , 等 . 江西省武功山袁河流域森林净化环境价值评估 [J]. 华东森林经理 , 2015(2): 36-39.
[150] 王春泽 , 乔光建 . 河北省沿海湿地现状评价与保护对策 [J]. 南水北调与水利科技 , 2009,

7(4): 46-49.
[151] 王大尚 , 郑华 , 欧阳志云 . 生态系统服务供给、消费与人类福祉的关系 [J]. 应用生态学报 , 2013, 24(6): 1747-1753.
[152] 王方浩 , 马文奇 , 窦争霞 , 等 . 中国畜禽粪便产生量估算及环境效应 [J]. 中国环境科学 , 2006, 26(5): 614-617.
[153] 王家生 . 北戴河地质认识实习简明手册 [M]. 武汉 : 中国地质大学出版社 . 2004.
[154] 王茂剑 , 马元庆 . 渤海山东海域海洋保护区生物多样性图集（第二册）鸟类 [M]. 北京 : 海洋出版社 ,2017.
[155] 王茂剑 , 宋秀凯 . 渤海山东海域海洋保护区生物多样性图集（第三册）常见底栖生物 [M]. 北京 : 海洋出版社 ,2017.
[156] 王茂剑 , 刘爱英 . 渤海山东海域海洋保护区生物多样性图集（第五册）常见游泳动物 [M]. 北京 : 海洋出版社 ,2017.
[157] 王敏 , 陈尚 , 夏涛 , 等 . 山东近海生态资本价值评估——供给服务价值 [J]. 生态学报 , 2011, 31(19): 5561-5570.
[158] 王青春 , 胡胜军，史继忠 , 等 . 秦皇岛地质认识实习教程（第二版）[M]. 北京 : 地质出版社 , 2016.
[159] 王澍 . 秦皇岛市海港区志（1983—2002）[M]. 北京 : 方志出版社 , 2009.
[160] 王效科 , 冯宗炜 , 欧阳志云 . 中国森林生态系统的植物碳储量和碳密度研究 [J]. 应用生态学报 , 2001, 12(1): 13-16.
[161] 王昕 , 安凯军 , 单共萌 , 等 . 农业灌溉水价成本分析与探讨 [J]. 地下水 , 2014, 36(3): 113-114.
[162] 王岳辰 , 齐家璐 . 秦皇岛市志（第一卷）[M]. 天津 : 天津人民出版社 , 1994.
[163] 王岳辰 , 齐家璐 . 秦皇岛市志（第四卷）[M]. 天津 : 天津人民出版社 , 1994.
[164] 王岳辰 , 齐家璐 . 秦皇岛市志（第八卷）[M]. 天津 : 天津人民出版社 , 1994.
[165] 吴际友 , 程政红 , 龙应忠 , 等 . 园林树种林分中空气负离子水平的变化 [J]. 南京林业大学学报（自然科学版）, 2003, 27(4): 78-80.
[166] 吴玲玲 , 陆健健 , 童春富 , 等 . 长江口湿地生态系统服务功能价值的评估 [J]. 长江流域资源与环境 , 2003, 12(5): 411-416.
[167] 吴姗姗 , 刘容子 , 齐连明 , 等 . 渤海海域生态系统服务功能价值评估 [J]. 中国人口・资源与环境 , 2008, 18(2): 65-69.
[168] 吴松声 , 印宝富 . 北戴河志 [M]. 天津 : 天津人民出版社 , 1994.
[169] 伍光和 , 田连恕等编著 . 自然地理学（第三版）[M] 北京 : 高等教育出版社 , 2006.
[170] 武文婷 . 杭州市城市绿地生态服务功能价值评估研究 [D]. 南京 : 南京林业大学 , 2011.
[171] 肖笃宁 , 胡远满 , 李秀珍 , 等 . 环渤海三角洲湿地的景观生态学研究 [M]. 北京 : 科学出版社 , 2005.
[172] 肖寒 , 欧阳志云 , 赵景柱 , 等 . 森林生态系统服务功能及其生态经济价值评估初探 [J]. 应用生态学报 , 2000, 11(4): 481-484.
[173] 肖建武 , 康文星 , 尹少华 . 城市森林净化环境功能及经济价值评估——以“国家森林城市”

长沙市为例 [J]. 浙江林业科技 , 2009, 29(6): 71-75.
[174] 肖滋民 , 王立华 , 郝亮 , 等 . 潍坊市城市绿地生态系统环境净化服务价值研究 [J]. 湖北农业科学 , 2011, 50(19): 3929-3933.
[175] 谢高地 , 鲁春霞 , 冷允法 , 等 . 青藏高原生态资产的价值评估 [J]. 自然资源学报 , 2003, 18(2): 189-196.
[176] 谢高地 , 张彩霞 , 张昌顺 , 等 . 中国生态系统服务的价值 [J]. 资源科学 , 2015, 37(9): 1740-1746.
[177] 谢高地 , 张镱锂 , 鲁春霞 , 等 . 中国自然草地生态系统服务价值 [J]. 自然资源学报 , 2001, 16(1): 47-53.
[178] 谢亚琼 , 杨燕雄 . 秦皇岛沿海地下水脆弱性评价 [J]. 中国环境管理干部学院学报 , 2007, 17(3): 27-30.
[179] 辛琨 , 肖笃宁 . 盘锦地区湿地生态系统服务价值估算 [J]. 生态学报 , 2002, 22(8): 1345-1346.
[180] 邢留逮 . 秦皇岛历史辞典 [M]. 北京 : 中央文献出版社 , 2014.
[181] 徐春霞 , 刘树庆 , 安虹宇 , 等 . 秦皇岛市地下水环境质量评价与分析 [J]. 水土保持研究 , 2007, 14(2): 330-332.
[182] 许中旗 , 李文华 , 闵庆文 , 等 . 锡林河流域生态系统服务价值变化研究 [J]. 自然资源学报 , 2005, 20(1): 99-104.
[183] 薛达元 , 包浩生 , 李文华 . 长白山自然保护区生物多样性旅游价值评估研究 [J]. 自然资源学报 , 1999, 14(2): 140-145.
[184] 杨丙中 , 李良芳 , 徐开志 , 等 . 石门寨地质及教学实习指导书 [M]. 长春 : 吉林大学出版社 , 1984.
[185] 杨光梅 , 李文华 , 闵庆文 . 生态系统服务价值评估研究进展 : 国外学者观点 [J]. 生态学报 , 2006, 26(1): 205-212.
[186] 杨丽莎 . 农村秸秆产量的测算与影响因素分析——基于构建低碳农业经济的视角 [J]. 安徽农业科学 , 2011, 39(10): 6243-6245, 6248.
[187] 杨永辉 , 毕绪岱 , 陈立标 . 河北省平原农田防护林网增产节水效益评估 [J]. 中国生态农业学报 , 1997(3): 49-53.
[188] 杨志新 , 郑大玮 , 文化 . 北京郊区农田生态系统服务功能价值的评估研究 [J]. 自然资源学报 , 2005, 20(4): 564-571.
[189] 于大江 . 近海资源保护与可持续利用 [M]. 北京 : 海洋出版社 , 2001.
[190] 余新晓 , 鲁绍伟 , 靳芳 , 等 . 中国森林生态系统服务功能价值评估 [J]. 生态学报 , 2005, 25(8): 2096-2102.
[191] 余新晓 , 秦永胜 , 陈丽华 , 等 . 北京山地森林生态系统服务功能及其价值初步研究 [J]. 生态学报 , 2002, 22(5): 783-786.
[192] 郁和平 . 秦皇岛年鉴 2003[M]. 深圳 : 海天出版社 , 2003.
[193] 元媛 , 刘金铜 , 靳占忠 . 栾城县农田生态系统服务功能正负效应综合评价 [J]. 生态学杂志 , 2011, 30(12): 2809-2814.

[194] 张朝晖，叶属峰，朱明远. 典型海洋生态系统服务及价值评估 [M]. 北京：海洋出版社，2008.

[195] 张春来. 北戴河新区湿地生态景观规划策略 [J]. 产业与科技论坛，2011, 10(9): 44-45.

[196] 张东，李晓赛，陈亚恒. 怀来县农田生态系统服务价值分类评估 [J]. 水土保持研究. 2016, 23(1): 234-239.

[197] 张贵田. 昌黎县志（1986—2002）[M]. 北京：方志出版社，2011.

[198] 张新时. 草地的生态经济功能及其范式 [J]. 科技导报，2000, 8: 3-7.

[199] 张绪良，徐宗军，张朝晖，等. 青岛市城市绿地生态系统的环境净化服务价值 [J]. 生态学报，2011, 31(9): 2576-2584.

[200] 张云翔，李永项，王薇，等. 秦皇岛山羊寨中更新世哺乳动物群的发现及其动物地理意义 [J]. 科学通报，2009, 54(21): 3325-3356.

[201] 张治军，唐芳林，朱丽艳，等. 轿子山自然保护区森林生态系统服务功能价值评估 [J]. 中国农学通报，2010, 26(11): 107-112.

[202] 赵怀木. 秦皇岛年鉴 2008[M]. 深圳：海天出版社，2008.

[203] 赵怀木. 秦皇岛年鉴 2009[M]. 北京：方志出版社，2010.

[204] 赵景柱，肖寒，吴刚. 生态系统服务的物质量与价值量评价方法的比较分析 [J]. 应用生态学报，2000, 11(2): 290-292.

[205] 赵荣钦，黄爱民. 农田生态系统服务功能及其评价方法研究 [J]. 农业系统科学与综合研究，2003, 19(4): 266-270.

[206] 赵士洞，张永民. 生态系统与人类福祉——千年生态系统评估的成就、贡献和展望 [J]. 地球科学进展，2006, 21(9): 895-902.

[207] 赵士杰，孙文周. 秦皇岛市海港区志 [R]. 1990.

[208] 赵同谦，欧阳志云，王效科，等. 中国陆地地表水生态系统服务功能及其生态经济价值评价 [J]. 自然资源学报，2003, 18(4): 443-452.

[209] 赵同谦，欧阳志云，郑华，等. 中国森林生态系统服务功能及其价值评估 [J]. 自然资源学报，2004, 19(4): 480-491.

[210] 赵烨. 环境地学 [M]（第二版）. 北京：高等教育出版社，2015.

[211] 赵云峰，苏万磊. 秦皇岛市水资源开发利用程度分析 [J]. 水利科技与经济,2013,19(12):89-90,93.

[212] 赵忠宝，耿世刚，柏祥，等. 秦皇岛市森林植被碳储量、碳密度及其空间分布 [J]. 水土保持通报,2016,36(1):315-320.

[213] 郑作新，钱燕文，傅守三，等. 河北昌黎果区主要食虫鸟类的调查研究 [M]. 北京：科学出版社，1958.

[214] 植物通 [DB/OL].http://zhiwutong.com/index.asp

[215] 中国农业年鉴编辑委员会. 中国农业年鉴 [M]. 北京：中国农业出版社，2006.

[216] 中华人民共和国环境保护局. 中国生物多样性国情研究报告 [M]. 北京：中国环境科学出版社，1998.

[217] 中国生物志库 [DB/OL]. https://species.sciencereading.cn/biology/v/biologicalIndex/122.html

[218] 中科院动物研究所，植物研究所，等 . 中国生物名录 2020 版 [DB/OL]. http://www.sp2000.org.cn/
[219] 中科院昆明植物研究所，中科院植物所，中科院武汉植物园和中科院华南植物园联合建设 . 中国植物物种信息数据库 [DB/OL]. http://db.kib.ac.cn/Default.aspx
[220] 周冰冰 . 北京市森林资源价值 [M]. 北京 : 中国林业出版社 , 2000.
[221] 周德平，佟维华，温日红，等 . 闾山国家级森林公园负氧离子观测及其空气质量分析 [J]. 干旱区资源与环境 , 2015, 29(3): 181-186.
[222] 周俊杰，杜振川 . 秦皇岛石门寨野外地质调查实习指导书 [M]. 徐州 : 中国矿业大学出版社 , 2016.

编后记

党的十七大提出“建设生态文明，基本形成节约能源资源和保护生态环境的产业结构、增长方式、消费模式。”党的十七届四中全会把生态文明建设提升到与经济建设、政治建设、文化建设、社会建设并列的战略高度，形成“五位一体”的建设目标。党的十八大进一步将生态文明提到建设“美丽中国”的战略高度，把生态文明建设贯穿五大文明建设的始终，要求全党全社会加快推进生态文明建设。2016年1月，中共秦皇岛市委十一届八次全会议召开，提出了“生态立市”的城市发展新战略。年内，市委数次召开常委会议，强调要采取强有力措施推进生态文明建设，全面统筹生态保护、建设、开发，让好山好水好空气好风光遍布城乡大地，将秦皇岛加快打造成“京津冀生态标兵城市”。

市委、市政府提出“生态立市”战略后，市政府地方志办公室充分发挥自身优势，责成专人着手收集自然生态方面的资料，为市政府进行生态保护决策提供重要依据。2016年10月20日，中国环境管理干部学院（2016年3月更名为河北环境工程学院）副院长、曾参加首轮新方志编修工作的孔繁德教授，到市政府地方志办公室看望他的老朋友孙继胜主任，并向市政府地方志办公室递交并转呈市政府《关于编写〈秦皇岛市自然生态志〉的建议》。市政府地方志办公室认为，以志书形式反映秦皇岛市自然生态状况的建议，对全面建设小康社会、深入推进秦皇岛市“生态立市”战略的实施有着重要的现实意义，不仅可以摸清全市自然生态的历史与现状，进一步深入认识秦皇岛市自然生态状况，还可以为子孙后代留存丰富、系统、科学的自然生态资料。当日，孙继胜主任将建议呈报市政府。薛永纯常务副市长认为编修《秦皇岛市自然生态志》（以下简称《自然生态志》）很有必要，随即做出批示，由市政府地方志办公室牵头组织编纂，经费由市财政列入预算。11月，市政府地方志办公室专门成立了编纂工作小组，孙继胜主任带队拜会了河北环境工程学院副院长耿世刚教授，商讨了合作编写的相关事宜，并达成了共识。双方认为，发挥各自优势，共同编纂《自然生态志》，能够加强校地间的合作，搭建培养人才的平台，全面认清自然生态的历史价值与现实意义，以工作实绩为“生态立市”战略的实施，提供资治辅政之参考。

2017年1月3日，市政府地方志办公室向市政府递交了《关于编纂出版〈秦皇岛市自然生态志〉的请示》，上报了《自然生态志》的编纂方案、编纂委员会组成人员、基本篇目和分工等，1月5日、9日，薛永纯常务副市长、张瑞书市长分别做出批示，批准了编纂《自然生态志》。4月28日，市政府办公厅以秦政办字〔2017〕47号文件印发《关于成立秦皇岛市自然生态志编纂委员会的通知》。编纂委员会主任为市委副书记、市长张瑞书，副主任为市委常委、常务副市长薛永纯和河北环境工程学院副院长耿世刚教授，聘请河北环境工程学院原副院长孔繁德教授为顾问，委员由市政府秘书长吕国新、副秘书长孙志川及市国土资源局（后更名为“自然资源与规划局”）、环境保护局（后更名为“生态环境局”）、水务局、农业局（后更名为“农业农村局”）、林业局、海洋和渔业管理局、气象局、科技局、河北省地矿局秦皇岛矿产水文工程地质大队、国家海洋局秦皇岛海洋环境监测中心站、市政府地方志办公室等市直有关部门负责人组成。编纂委员会下设编辑部，编辑部具体负责综合协调和志稿的编写与出版，主任为市政府地方志办公室主任孙继胜，副主任为河北环境工程学院生态学系主任魏国印教授和市政府地方志办公室副主任李淑萍。明确了责任分工，《自然生态志》编纂以河北环境工程学院为主，市政府地方志办公室负责综合协调、终审定稿。之后，市政府地方志办公室、河北环境工程学院分别成立《自然生态志》编写组，确定主要编纂人员，明确编纂人员任务分工。孙继胜主任负总责，组织协调、统筹好《自然生态志》资料收集、志稿撰写、审核定稿、出版发行等全部工作。李淑萍副主任协助孙继胜主任做好《自然生态志》稿编纂的各项工作，统筹好市政府地方志办公室编写组，以及与河北环境工程学院的沟通协调、参编人员业务培训等。市政府地方志办公室编写组由范沙沙、郭晓丹、吴畴组成，负责联络各承编单位，做好志稿撰写、指导和历史上自然生态资料的查找等；选聘王满光、周雪峰收集整理市情照片资料。河北环境工程学院编写组，由魏国印教授负责统筹各项工作，并完成气候相关资料收集整理撰写工作；孔繁德教授从志书编纂大纲的起草、修改到数次审阅书稿，均提出了宝贵的意见；刘小丹负责概述部分及自然资源价值与自然资产、自然资产账户、自然生态系统服务价值，并完成了志书的统稿工作；秦津负责整理编写气候、气候资源、气象灾害；曾广娟、彭红丽负责整理编写土壤、农作物生物灾害、植物、动物、森林资源、森林生物灾害、森林火灾、自然生态结构和特点；赵美微、魏建梅负责整理编写地质、地形、地貌、国土资源、能源资源、地质灾害、地震；柏祥、塔莉负责整理编写陆地水文、水资源、洪水灾害、海洋、海洋资源、海洋灾害、湿地资源；王连龙、谭海霞负责整理编写自然生态保护与自然保护区、生物多样性与自然系统健康、生态功能区划与生态功能保护区；赵忠宝协同刘小丹完成自然资源价值与自然资产、自然资产账户、自然生态系统服务价值的编写；徐学哲负责志书照片的收集及拍摄。市政府地方志办公室对全体参编人员进行了全员培训，组织试写了相关章节。5月17日，《自然生态志》编纂动员会召开，市政府秘书长吕国新对《自然生态志》编纂工作进行安排部署并作动员讲话。《自然生态志》编纂工作全面启动后，市气象局、国家海洋局秦皇岛海洋环境监测中心站、省地矿局秦皇岛矿产水文工程地质大队、市自然资源与规划局、市科技局、市林业局、市农业农村局、市水务局、市生态环境局、市海洋和渔业管理局等单位明确了主管领导和撰稿人，着手按照篇目分工撰写稿件。与此同时，市政府地方志办公室和河北环境工程学院全体参编人员按照分工，深入各参编单位，与各撰稿人共同拟定资料收集提纲，有的放矢指导志稿撰写；各自发挥自身优势查阅、收集、整理相关资料，市政府地方志办公室查阅、收集、整理了历代志书、年鉴、地情书中关于自然生态的记述，河北环境工程学院重点收集了部分相关领域科研课题成果资料、积累的近几十年的科学观测资料与数据、参考文献。在志稿编纂过程中，实行流水作业，各环节紧密协作，按照成熟一块、编写一块、写好一块、打印一块的原则有序推进，对发现资料短缺、要素不全的，随时与原单位沟通补充收集，并设专人负责校对。各章节初稿完成后，全体编辑人员相互交换阅稿，最后通过集体讨论，共同修改调整，做好各章节间的衔接，串成一体。

2018年1月初，河北环境工程学院组织编写的《自然生态志》初稿完成。1月18日，《自然生态志》编辑部组织召开了初稿内部审评会，指出了志稿存在的问题和下一阶段的工作重点。之后，按照审评会意见，河北环境工程学院对志稿进行了修改。6月，《自然生态志》征求意见稿完成，并辑印成册，市政府地方志办公室将志稿函发各承编单位和社会各界知名人士，广泛征求意见。根据各方面提出的修改意见和建议，河北环境工程学院编写组对志稿进一步修改、完善。9月，《自然生态志》评审稿完成。10月18—19日，《自然生态志》专家评审会在秦皇岛大酒店会见厅召开。中国地方志指导小组办公室副主任邱新立教授、北京大学城市与环境学院原党委书记莫多闻教授、北京师范大学刘定震教授、东北师范大学环境学院副院长边红枫教授、北京市地方志办公室原副主任谭烈飞、浙江省政府地方志办公室省志工作处处长颜越虎、河北省秦皇岛环境监测中心主任刘明华7名专家，按照《地方志书质量标准》《河北省地方志书质量规定》的要求，从历史学、地理学、生态学、气象学、水文学、生物学等专业学科的视角，对志稿进行了认真评审。一致认为，志稿与“生态立市、产业强市、开放兴市、文明铸市”战略紧密结合，结构清晰、内容科学，方法创新，可读性强，比较全面、系统、客观地记述了有史以来至2016年12月31日秦皇岛市自然生态环境的历史与现状，是一部合格的成熟的志稿。同时，分别对志稿的进一步完善提出了修改意见和建议。专家评审会后，市政府地方志办公室和河北环境工程学院逐条梳理了与会领导和专家提出的修改意见和建议，确定了志稿修改方案。河北环境工程学院编写组对志稿的文字、照片等又一次进行全面的补充、修改及核实，制作了相关统计图、示意图等。2019年9月，《自然生态志》终审稿完成，基本具备了出版条件。但仍存在着志稿行文不规范、个别内容记述不完整、动植物拉丁学名书写不规范等问题。截至2021年3月底，《自然生态志》编辑部3次召开讨论会，河北环境工程学院编写组前后2次修订完善志稿，对文字和照片等进行了补充、修改及核实，秦津、塔莉还通过查阅、对比《中国生物名录2020》《中国动物志数据库》《中国植物物种信息数据库》等大量数据库及专家文献，对秦皇岛市所有的动植物物种拉丁学名进行全面核实，最终形成了送审稿。2021年4月开始，《自然生态志》编辑部又责成李淑萍、秦津对送审稿进行两次大的全面通纂。通纂中，他们既各自独立又相互协作，舍弃了节假日、休息日和非工作时间，又再次查阅了大量资料，对志稿进行了全面的调整、补充和完善。如调整了志稿篇目，由原7章调整为12章，将第一章“自然资源”拆分为7章，“生态功能区划”和“自然生态保护”两章合并为一章，使篇目整体布局更趋合理严谨、排列有序；从文体、用词、人称、名称、计量单位等方面规范了志稿行文，使志稿行文更趋严谨、朴实、简洁、流畅，符合志体要求；调整了照片，体现了秦皇岛市的自然生态特色，特别是增补历史照片与现状照片的对比，体现自然生态状况的变与不变，反映人与自然的和谐共处；增写了海洋生物、自然生态旅游资源等内容，改写了陆生生物、海区环境等内容，调整了机械交叉重复的记述内容，使内容记述完整，记述出事物的发展脉络，反映出事物的基本特征；鉴别、考证、核实了相关资料，使记述时间、地点、事实、数据等真实准确。2021年7月初，志稿送中国环境出版集团初审。之后，又按照中国环境出版集团的初审意见进行了修改，2021年8月19日正式送交中国环境出版集团出版。2021年12月，志稿中所收录的30余幅地图通过秦皇岛市自然资源和规划局审查。经一校、二校、三校、四校、印前质检等环节，最终于2022年6月公开出版。在二、三校中，为核对动植物拉丁文学名，征求了有关专家的意见。

编纂《自然生态志》在全国城市特别是地级市中尚属首次，具有开创性。自然生态是指生物之间以及生物与环境之间的相互关系与存在状态，可分为水生、陆生两大生态系统，内涵、外延十分丰富。秦皇岛市陆域面积7 802.93千米^2，海域面积1 805.27千米^2。秦皇岛市依山襟海，自然生态复杂多样，有森林、海洋、湿地、农田、城市等不同的生态系统，海洋、森林、湿地3个自然界中最重要的自然生态系统在秦皇岛汇集，在全国乃至世界比较少见。物种多样性突出，陆地植物区系属于泛北极植物区的中国—日本植物亚区，是第三纪植物区系的直接后代，共有植物138科1 360种；北部山区保存的天然次生林，乔木虽多幼树，但树种基本齐全，而灌木层和草本层保存良好；山海关林场、老岭林场、都山林场经过60余年的封山育林，天然次生林恢复良好；野生动物属温带森林—森林草原、农田动物群，是东亚鸟类迁徙的重要途经地和停留地，鸟类多达20目78科504种，被誉为“中国观鸟之都”，是世界著名的四大观鸟胜地之一；海洋生物680种，其中国家二类保护动物文昌鱼数量巨大。景观生态多样，自北向南呈梯状分布，山地、丘陵、平原、海岸、浅海等自然景观在全国地级市中比较突出。生态空间、时间结构上变动较大，过程特色明显，特别是河流廊道的物质输送作用较强，生态效益与综合效益较高。

如何用志书的体例，反映纵贯古今的这些自然生态的典型性、稀缺性、自然性，全体参编人员在编纂工作全面启动前，对《自然生态志》编什么、怎么编、编成什么样的志书，以及志书涉及的空间、时间范围进行了广泛深入的讨论与研究。经数次的探究，《自然生态志》按照自然生态特点，以自然环境（如地质、地貌、气候、水文、土壤、植物、动物）及其与之相关的自然资源、自然灾害、自然生态系统、自然资源价值、自然生态系统服务功能价值、生态功能区划、自然生态保护等要素，进行篇目设定，全面记述秦皇岛市自然生态环境的历史与现状、秦皇岛市生态文明建设取得的重大进展和积极成效，如实反映出人与自然和谐发展的理念。为体现秦皇岛市的海洋特色，升格设置“海洋”章，综合记述海洋地貌、水文、生物和海水化学、海区环境。要设置“大事记”，放于“概述”之后，可提纲挈领自然生态的变化，还可以弥补因主体记述内容受限不能收录、但生产生活中对自然生态有重大影响的事项。“大事记”主要收录涉及自然生态及自然生态改变与保护等方面的大事、要事。即：秦皇岛市境域、行政区划发生重大变化的；因人类活动而改变自然状态的；辖域内林、果、蔬、畜、禽等及附属物的栽植、开发、养护、交流、发现、破坏以及获奖授牌等；较大的考古发现；各类较大自然灾害；使自然环境受到较大影响的工程项目、事件；市级及其以上部门、领导针对改善自然生态环境所开展的一系列活动，如举行的重要会议，制定的重大措施，颁行的重要文件、法规，开展的调研、考察、督查活动等。

资料是修志的基础，是编写志书的关键环节，直接关系着志书的质量。这就要求收集的资料不仅要准确、真实、可靠，还要注意对资料的把握和运用。《自然生态志》记述的时间范围跨度长，纵贯古今，而许多的科学观测与记录的数据大多是中华人民共和国成立后才开始，秦皇岛市辖域范围内行政区划变化频繁，机构历经数次改革行政职能变化大。资料收集难，一直伴随着《自然生态志》编纂的全过程。在志书编纂过程中，全体参编人员多措并举，广泛收集基础资料，破解资料的收集难。一是依据所设篇目共同讨论提出编纂所需资料清单，将需要收集的资料任务层层分解到各承编单位，参编人员按照分工包系统，深入各承编单位，与撰稿人共同拟定资料收集提纲，撰稿人员有的放矢地查阅档案、摘录、复印有关资料，分类整理成稿，经单位领导审阅签字，加盖公章后报送给编辑部。二是深入市统计局、档案馆等单位查阅了中华人民共和国成立后的统计资料和历次党代会工作报告、人代会的政府工作报告，检索了全市性综合统计数据资料及不同历史时期党委、政府关于自然生态建设方面的重大举措、重大成果。三是数次走访咨询老干部和植物、地质、地方历史文化研究等方面的专家，咨询、核实自然生态环境方面的重要事件或线索。四是发挥自身优势，市政府地方志办公室查阅了自身编纂和馆藏的《秦皇岛历代旧志校注》《山海关旧志校注》《秦皇岛市志》《秦皇岛年鉴》《秦皇岛历史辞典》《抚宁县志》《昌黎县志）》《卢龙县志》《青龙满族自治县志》《抚宁县水利志》《秦皇岛市水利志》《北戴河老照片》等志鉴、地情书100余卷册；河北环境工程学院依托科研院所优势，重点收集部分相关领域科研课题成果资料、积累的近几十年的科学观测资料与数据，并收集参考部分文献。五是实地踏查了山海关区、海港区、北戴河区、北戴河新区的部分海岸，及柳江国家地质公园、祖山、洋河等重要地质地貌节点。六是通过互联网、微信公众号（如“北戴河文物”“话说抚宁”等）查阅了海滨国家森林公园、南戴河海滨、北戴河海滨等特色历史资料。七是查阅了《渤海山东海域海洋保护区生物多样性图集》第二册（鸟类）、第三册（常见底栖生物）、第五册（常见游泳动物）和植物通（http://1.zhiwutong.com/index.asp）、中国动物志数据库、中国生物志库、中国植物物种信息数据库等专业文献资料，及国内外相关专业文章。多渠道收集资料，更要对收集到的资料按照志书篇目进行科学分类，对入志资料进行了去伪存真、去虚求实、去粗取精的鉴别和考订，力求做到资料分类详略适当，准确翔实无差错。

《自然生态志》是一部关于自然生态方面的专志，涉及地质学、地貌学、海洋学、气候学、水文学、生态学、土壤学、生物学、植物学、动物学、自然灾害学、生态学、地理学、历史学、气象学等20多个学科，这些学科间还存在着交叉，专业性、学术性极强。河北环境工程学院的参编人员大多博士研究生毕业，有较高的学术素养，但他们对志书体例了解不多，对秦皇岛市情市况熟悉程度不够；各承编单位撰稿人员，有的参加工作时间不长，对本部门、本行业的情况特别是近期的情况比较了解和熟悉，对历史上的史实了解不多；市政府地方志办公室参编人员长期在史志部门工作，掌握并能熟练运用志书体例，经过数年的积累能够从历史、宏观的角度把握秦皇岛市情市况，但在各学科的学术性上存在着欠缺。为使参编人员既能熟练运用志体又能掌握各学科的专业知识，胜任《自然生态志》编纂工作，能精准把握好自然生态各方面发展的起点、终点、亮点和节点，真实反映出秦皇岛市自然生态发展过程中各阶段的特点和变化，采取个人自学与集中培训相结合、“走出去”与“请进来”相结合、团队分工与资源共享相结合、相互拜师等办法，取长补短，分别把关定向，共同发展进步，很好地解决了如何编纂专业性、学术性强的志书问题。

在《自然生态志》的编纂过程中，张瑞书市长、薛永纯常务副市长、刘亚洪常务副市长经常关注编纂工作，认真审阅志稿，把关定向；市政府地方志办公室与河北环境工程学院精诚合作，精益求精，多次热烈讨论修改完善志稿，并在与各部门交流中也获得诸多有益的启示和帮助；中国海洋大学甄毓教授和秦皇岛市海洋和渔业管理局生态科科长张佳林、水产技术站站长饶庆贺在海洋生物物种核对过程中给予了专业上的指导与帮助。中国环境出版集团美编宋瑞、责编曹玮在书稿编校过程中，千方百计克服疫情防控带来的不利影响，为志书出版倾尽了全力。借此机会，向关心和支持《自然生态志》编纂的各级领导和各界朋友们表示衷心的感谢！

虽然在编纂这部志稿中我们做了诸多工作，但由于获取自然生态方面资料和数据难度比较大和我们的理论水平及业务素质的局限，必然存在疏漏和不足，我们真诚地希望各位读者给我们提出宝贵的意见。

编　者

2022年6月

河北环境工程学院简介

河北环境工程学院坐落在气候宜人、环境优美的避暑胜地河北省秦皇岛市北戴河区，拥有得天独厚的区位优势。

发展历程：河北环境工程学院前身中国环境管理干部学院被社会誉为环保系统的“黄埔军校”、环保人才的“绿色摇篮”。学校是1981年经国家城乡建设环境保护部批准、教育部备案的一所以培养环境保护专业人才为主的高等学校，是我国最早开展生态环境教育的高校之一。2016年3月，学校经教育部批准正式升格为全日制普通应用型、技术技能型本科院校，是目前全国唯一一所以生态环境教育为办学特色的本科高校，是河北省人民政府和生态环境部共建高校，是中美应用技术教育“双百计划”首批试点高校，是中美产教融合+高水平应用型高校建设第三批建设高校。原全国人大环境与资源保护委员会主任委员曲格平教授和中国气候变化事务特别代表、原国家发展和改革委员会副主任解振华先生曾先后兼任院长。

建校40年来，学校在中国生态环境保护事业发展的各个历史阶段都发挥了重要作用，见证了我国生态环境保护事业的发展历程。

学校现状：学校设有环境科学系、环境工程系、生态学系、环境艺术系、经济与管理系、信息工程系、人文社科系、体育系、马列主义理论教学部、基础部、继续教育部等11个教学单位；设有环境教育研究所、环境监察与应急管理研究中心、循环经济研究所、生态保护研究所、环境法咨询与服务中心等11个研究所。学校构建了“环境科学与工程类”“环境保护支撑类”“环境人文艺术教育类”三大专业群，形成了“环境类专业齐全强势、非环境类专业特色优势”的专业建设格局。设有环境科学、环境工程、环境生态工程等24个本科专业，专科专业38个，其中环境类本专科专业近20个，涵盖了环境保护工作的各个领域和环境保护工作的全过程。“环境管理专业”“环境监察专业”“生态保护专业”是学校的首创专业，具有深厚的办学底蕴和广泛的影响。先后建成了2门国家级精品资源共享课程、2门国家级精品课、1门省级精品资源共享课程、4门省级精品在线开放课程、10门省级精品课、3个省级示范专业、2个省级优秀教学团队和2个中央财政支持的实习实训基地。学校拥有环境科学、环境工程、环境生态工程和园林等6个省级一流专业建设点。

学校现有教职工547人，其中专任教师469人，专任教师中具有高级职称教师181人，具有博士学位教师60人，具有硕士及以上学位教师占专任教师总数的90%。教师中有河北省教学名师2名，河北省青年拔尖人才1人，入选河北省“三三三”人才第二层次1人、第三层次9人，国家、省、市级优秀教师和优秀教育工作者40多名，秦皇岛市首批市管优秀专家2名，秦皇岛市级专业技术拔尖人才2名，11名专家、教授被西北农林科技大学、哈尔滨体育学院、河北大学、燕山大学、石家庄铁道大学、河北农业大学等知名大学聘为硕士研究生导师。

学校总占地44.4万米^2，总规划校舍建筑面积21.5万米^2，已建成投入使用15.6万米^2。现有教学仪器设备总值近1亿元。全校印本图书83.2万册、电子图书184万册、有使用版权的数据库资源26个。拥有数量充足、设备完善、环境仿真的校内外实习实训室（基地），其中“环境监测与治理技术实训基地”“环境艺术设计实训基地”为中央财政支持的国家实习实训基地，“电子废水处理技术实验室”是与富士康科技集团合作建立的实验室，特别是在学校建设的中国与荷兰政府合作项目、由荷兰政府资助的水处理技术实验室——中荷水处理示范研究培训中心已成为中外合作典范。

人才培养：建校40年来，学校在河北省委、省政府和生态环境部的正确领导下，始终不渝为生态环境保护事业和地方经济发展服务，形成了鲜明的生态环境教育特色，在环保系统岗位培训、环境专业成人教育、普通高等教育中取得了优异的成绩。学校是生态环境部确定的全国5个环保培训基地之一，有6 000多名地（市）、县级环保局长在学校接受了岗位培训，3万余名环保在职干部在学校接受了继续教育；累计为社会培养各类大专学历毕业生3万余人，全日制毕业生就业率一直在90%以上，毕业生以“高度的敬业精神、过硬的业务技术、较强的责任意识和良好的团队协作精神”受到用人单位的广泛认可和媒体高度关注。

科学研究：学校建立“以科学研究与成果转化为主体”的科技服务体系，组织编写了中国第一部环保大型工具书《环境保护通论》，出版中国第一套环境管理专业系列教材和第一套环保局长岗位系列教材。现有校级科研团队12个。2010年以来，教师主持厅（局）级以上科研项目600余项，其中国家、省（部）级130余项，教学改革研究项目100余项；获得厅（局）级以上科研和教学成果奖100余项，其中省（部）级以上13项；发表学术论文1 400余篇，其中核心期刊及以上论文近570余篇，被三大检索收录论文290余篇；获得专利190余项；完成咨询报告70余项；出版学术著作、教材100多部，其中90%以上为环境类教材。“十一五”以来，有11种教材被列入国家规划教材，《环境经济学》被评为“2008年度普通高等教育精品教材”。拥有河北省农业生态安全重点实验室和河北省河道水质净化及生态修复重点实验室。2020年9月27日，中国管理科学大会暨第七届管理科学奖颁奖典礼在北京香山饭店隆重召开。学校党委书记朱立杰牵头的《以垃圾分类为载体的高校“三全育人”管理模式创新》项目，荣获“管理科学奖专项奖 - 促进奖”。

社会服务：学校以环保行业和地方需求为出发点，推动校地合作、校企合作、校校合作，促进行业区域发展和创新体系建设。与河北、新疆、沈阳、秦皇岛等50多个生态环境厅局建立战略合作关系，完成生态环境保护部门、地方政府大量的课题研究，在秦皇岛市、盘锦市等10个城市的环境规划方面发挥了“思想库”和“智囊团”的作用，得到当地政府部门的充分认可；与秦皇岛市人大常委会、秦皇岛市人民检察院、衡水市人大常委会、山海关区人民政府共建校地合作基地4个；作为中国生态产教联盟理事长单位，学校先后与阿里巴巴菜鸟网络、北控水务集团、中持（北京）环保发展有限公司、河北先河环保有限公司等共建校企合作实验室18个，主动为企业提供环保技术与管理咨询上千次；与清华大学、哈尔滨工业大学、燕山大学等共建校校合作实验室3个；与北控水务集团联合成立全国首家北控水务学院，与河北企美公司联合成立全国首家有机产业学院，与生态环境部宣传教育司共建全国首家环境传播学院。作为秦皇岛市首家就业创业培训基地，学校通过开设SYB创业培训班，帮助近千名城乡居民实现就业，受到社会各界广泛赞誉。

文化传承创新：学校作为河北省首个生活垃圾分类与资源化利用科普教育基地，始终坚持“人才培养与环境教育并重，科学知识与环境素质”兼修的理念，依托环境教育品牌优势，实施大学生绿色人文素质教育工程，逐步形成了与环境教育专业相融合的绿色校园文化。学校一批有影响力的生态环境保护专家和生态环境教育专家，他们为学校的建设与发展发挥了重要作用。曲格平、刘天齐、张坤民、解振华等老一辈领导和专家的言传身教至今深深激励着新一代学校人为生态环境保护事业献身的信心和决心。

“自然之家”“绿色青年同盟”等 30 多个绿色社团蓬勃发展，从维护校园环境、保护海滩到服务企业、参与城市生态建设，从校内外到省内外遍布学生们的绿色足迹，具有广泛的社会影响力。

2019 年由省科技厅、省科协授牌首个“河北省生活垃圾分类处理与资源化利用科普教育基地”，并在全国高校中率先开设“垃圾分类与资源化利用课程”作为全校学生的必选课程。垃圾分类的有效实施得到了省委领导的批示肯定。

对外交流合作：学校积极开展国际间的学术交流与合作，先后与美国、荷兰、日本等国家的大学或环保机构建立了友好关系，互派访问学者，进行学术交流和研究。近年来，学校成功举办了环境教育与可持续发展论坛大会、中欧环境管理创新与可持续发展大会、中欧城市废物管理能力建设网络项目，接待了地球理事会联合会代表团的访问。1999 年开始与荷兰万豪学院建立了联合办学关系，有一大批学生赴万豪学院留学并取得本科或研究生学历；2009 年学校与美国蒙东那大学签署了工商学士学位及本硕连读合作办学备忘录；2012 年学校与美国西雅图城市大学签署了 3+1 合作办学模式友好合作备忘录。同时，学校先后与国内十几所高校开展了形式多样的合作办学，与清华大学、同济大学、哈尔滨工业大学、西北农林科技大学等国内知名高校建立了战略合作关系。

展望未来：学校将以习近平生态文明思想为指导，秉承“团结、严谨、求实、创新”的校训，发扬“笃学、致用、绿色、和谐”的校风，恪守“严谨求实、止于至善”的教风和“勤奋诚信、志存高远”的学风，坚持“实现人与社会相适应、人与自然相和谐的教育”的办学理念，以建设特色鲜明的高水平应用型大学为目标，全力提升办学内涵，使学校真正成为生态文明建设的探索先行者、榜样引领者和辐射带动者，为生态文明建设和绿色发展培养更多优秀人才，为“美丽中国”建设发挥重要作用。